Systemprogrammierung für AVR-Mikrocontroller

Interrupts, Multitasking, Fließkommaarithmetik und Zufallszahlen

Manfred Schwabl-Schmidt

Elektor-Verlag, Aachen

Für die Mitteilung eventueller Fehler sind Verlag und Autor dankbar.

Umschlaggestaltung: Etcetera, Aachen
Satz und Aufmachung: Manfred Schwabl-Schmidt
Druck: WILCO, Amersfoort (NL)

Printed in the Netherlands

ISBN 978-3-89576-218-5

Elektor-Verlag GmbH, Aachen
www.elektor.de

089021-1/D

Inhaltsverzeichnis

1. Einführung

Die Bedeutung des Wortes Systemprogrammierung ist nicht präzise festgelegt. Ein Programmierer eines Superrechners versteht etwas anderes darunter als der Programmierer eines Prozessors, der eine Waschmaschine steuert. Die Prinzipien, die der Systemprogrammierung zugrunde liegen, sind jedoch stets gleich, verschieden sind nur die Blickwinkel, aus denen heraus die Systeme betrachtet werden. Einen entscheidenden Einfluss auf die Sichtweise des Programmierers übt natürlich die Potenz des Systems aus, für das programmiert wird. Vieles, das mit einem Großrechner und auch schon mit einem gewöhnlichen PC durchgeführt werden kann, ohne darüber nachdenken zu müssen, ist bei einem AVR-Prozessor überhaupt undenkbar. Das liegt nicht nur an der vergleichsweise geringen Rechengeschwindigkeit, sondern zu einem guten Teil auch an der mangelnden Systemunterstützung. Hier sind einige Beispiele von Unterstützungsmängeln:

- AVR-Prozessoren geben keinerlei Hilfe bei der Erkennung von Stapelüber- und unterlauf.
- Interrupts können keine Prioritäten zugeordnet werden, jeder Interrupt kann jeden anderen unterbrechen, wenn Interrupts allgemein erlaubt sind[1].
- Alle Steuerungsorgane eines AVR-Prozessors sind jederzeit jedem zugänglich, es gibt keine geschützten Bereiche, mit deren Hilfe ein System seine Identität wahren könnte.
- AVR-Prozessoren stellen keinen Mechanismus zur Verfügung, mit dem ein systemweit genormtes *exception handling* durchgeführt werden kann. Das macht sich z.B. in Abschnitt 9.4 bemerkbar.

Die Liste könnte noch verlängert werden. Sie macht aber auch so schon deutlich, dass an eine klassische Systemprogrammierung wie für einen Großrechner überhaupt nicht zu denken ist. Es gibt jedoch eine Tatsache, die in gewisser Weise einen Ersatz für all die fehlenden Eigenschaften leistet. Bei einem eingebetteten System mit einem AVR-Mikrocontroller ist es doch häufig so, dass derselbe Programmierer die System- und die Anwendungsprogrammierung vornimmt. Hier weiß also die linke Hand, was die rechte tut, und ein guter Programmierer kann viele der fehlenden Eigenschaften durch eiserne Disziplin ersetzen! Das ist bei einem Großsystem, das ständigen Attacken einer Vielzahl von Personen ausgesetzt ist, natürlich ganz unmöglich. Diese Disziplin des als Einzelperson in einer Vielfachbedeutung auftretenden Programmierers macht es möglich, ein kleines Betriebssystem auf einem AVR-Prozessor längere Zeit unfallfrei laufen zu lassen.

Die ausführliche und bis in die letzten Einzelheiten gehende Erklärung von Programmen ist nicht immer einfach. Hat man es als Programmierer damit zu tun, dass sich manches leicht in Worte fassen lässt, das nur mit Mühe zu programmieren ist, so gilt

[1] Nur für den Fall, dass zwei oder mehr Interrupts *gleichzeitig* ausgelöst werden, wählt der Prozessor einen Interrupt nach einem starren Schema aus. Siehe dazu auch Abschnitt 4.2.

für den Buchautor eher das Umgekehrte, dass manches, das sich leicht programmieren lässt, nur mit Mühe in Worte gefasst werden kann, und diese Worte zählen dann ganz sicher nicht zur Hochliteratur. Die Hauptsache ist allerdings, nicht schöne Worte zu formulieren, sondern solche Worte zu finden, dass der Leser versteht, was der Autor ihm sagen will. Das ist besonders schwierig in einer schmalen Kommentarspalte. Problematisch sind auch die sich ständig wiederholenden Sachverhalte. Z.B. müssen ständig Register geladen werden, es steht aber nur eine begrenzte Anzahl von Wendungen zur Verfügung, dieses in Sprache zu fassen. Hat man die Wahl zwischen ausdrucksarmer Sprache, aber präzise wiedergegebenem Inhalt und farbiger, ausdruckskräftiger Sprache, aber nicht genau erfassbarem Inhalt, so ist in einem Buch durch und durch technischen Inhaltes natürlich Ersteres vorzuziehen.

Das Buch ist keine Einführung. So wird eine Kenntnis des Befehlssatzes der AVR-Prozessoren[2] und der Assemblersyntax des AVR-Assemblers vorausgesetzt. **Nicht** vorausgesetzt wird jedoch die Fähigkeit, ein Assemblerprogramm auch wirklich schreiben zu können, im Gegenteil, es ist eine Intention des Buches dazu beizutragen, diese Fähigkeit zu erwerben. Und die bestgeeignete Methode dazu ist eben die Präsentation ausführlich und sorgfältig erklärter Programme.

Der im Buch durchweg verwendete AVR-Assembler[3] kann von der *homepage*

`http://www.atmel.com`

des Herstellers der AVR-Prozessoren heruntergeladen werden. Er ist unter

`Microcontrollers`

und dann unter

`AVR 8-bit-RISC`

zu finden. Er ist Bestandteil von AVR Studio 4.xx, kann aber auch separat verwendet werden.

Die im Buch vorgestellten Programme können von der *homepage* des Autors heruntergeladen werden:

`http://www.Schwabl-Schmidt.de`

Dort sind auch Ergänzungen, Korrekturen, Vorschläge usw. zu finden.

[2]Siehe z.B. [Atm2].
[3]Man vergleiche hierzu die Ausführungen in Abschnitt B.1.

2. Zum Inhalt

2.1. Zu Kapitel 4

Interrupts werden gewöhnlich nur in dem Kontext behandelt, dem sie anzugehören scheinen, also der seriellen Schnittstelle, einem Timer usw., nicht jedoch als eigenständiges Programmierwerkzeug angesehen. Tatsächlich lassen sich aber viele Interrupts zur Lösung ganz allgemeiner Programmierprobleme einsetzen. Das gilt besonders für solche Interrupts, deren Auslösung von einem Zählregister angestoßen wird. Dazu gehören z.B. Interrupts der seriellen Schnittstelle und des SPI (*serial peripheral interface*), das Zählregister ist natürlich das Register, mit dem der serielle Takt aus dem Prozessortakt abgeleitet wird. Aber auch der Interrupt des Analog/Digitalwandlers gehört dazu, der ADC arbeitet ja mit einem eigenen Takt, der ebenfalls über ein Zählregister erzeugt wird. Ein Zähler ist jedoch nicht unbedingt notwendige Voraussetzung dafür, dass ein Interrupt Dienst als Programmierwerkzeug tun kann. So lässt sich etwa mit einem externen Interrupt ein *software interrupt* oder *trap* realisieren.

Also beschreibt Kapitel 4 die Interrupts *nicht* in ihrem Kontext, sondern demonstriert mit Beispielprogrammen, die leicht zu verallgemeinern sind, dass Interrupts vielseitig einsetzbar sind. Sie lassen sich sehr gut zur Implementierung von Hintergrundprozessen verwenden, wie es in den Abschnitten 4.6.2 und 4.7 vorgeführt wird. Das sind allerdings ganz natürliche Anwendungen, deshalb zeigt Abschnitt 4.9 eine exotische Verwendung eines Interrupts: Das Abarbeiten einer Programmschleife wird beschleunigt, indem sie durch Entfernen des Schleifenzählers in eine Endlosschleife verwandelt wird, die zum rechten Zeitpunkt durch einen Interrupt abgebrochen wird. Diese etwas aus dem Rahmen des Üblichen fallenden Verwendungen von Interrupts sind deshalb nützlich, weil bei manchem Mikrocontroller-Einsatz nicht die gesamte Peripherie der CPU eingesetzt wird. Wenn etwa der Analog/Digitalwandler nicht gebraucht wird, kann zumindest sein Interrupt zum Einsatz kommen.

Ein wichtiges Thema des Kapitels sind natürlich die Synchronisationsprobleme, die bei der Verwendung von Interrupts auftreten können. Es werden kritische Codesequenzen eingeführt und es wird gezeigt, wie man sie entdecken und — falls möglich — entschärfen kann. Zur Lösung des Produzenten-Konsumenten-Problems mit Schlangen wird ein gebrauchsfertiges Modul präsentiert, das im Buch oft bei der Nutzung der seriellen Schnittstelle eingesetzt wird.

Abschnitt 4.2 ist der Prioritätssteuerung von Interrupts gewidmet. In ihm wird vorgeführt, wie man die bei AVR-Prozessoren fehlende Prioritätssteuerung mit Software realisieren kann. Allerdings ist das ohne jegliche Unterstützung durch Hardware eine aufwendige Lösung des Problems.

Es werden auch einige klassische Themen im Zusammenhang mit Interrupts behandelt und zwar die interruptgesteuerte Benutzung der seriellen Schnittstelle und des EEPROMs. Und natürlich wird auch auf den Mechanismus des Interrupts eingegangen.

Eines wird in diesem Kapitel und auch in den folgenden Kapiteln über Multitasking jedenfalls deutlich, dass es bei Interrupts und bei Multitasking sehr auf den Einsatz des Stapels ankommt!

2.2. Zu Kapitel 5

Um Multitasking zu realisieren ist kein Betriebssystem nötig. Es lässt sich schon mit solch einfachen Mitteln erreichen, dass auch ein am unteren Ende der Skala der AVR-Controller angesiedelter **ATtiny2313** mit drei oder vier parallel laufenden Prozessen betrieben werden kann und trotz des winzigen Arbeitsspeichers noch Raum für nützliche, d.h. nicht nur die Infrastruktur aufrechterhaltende Tätigkeit vorhanden ist. Diesem Sonderfall ist Abschnitt 5.2.3 gewidmet. Aber auch bei potenteren Controllern bietet ein maßgeschneidertes, sich an der Lösung eines Problems orientierendes Multitasking viele Vorzüge. Einer dieser Vorzüge, der generell unterschätzt oder gar nicht erst wahrgenommen wird, ist, dass keine Fremdsoftware berücksichtigt werden muß, dass man also vollständiger und absoluter Herr über den Controller ist. Setzt man dagegen ein *RTOS*[1] ein, so ist ein Teil der Peripherie gar nicht mehr verfügbar und der Zugriff auf die *CPU* ist eingeschränkt. Ein *RTOS* benötigt zumindest einen Timer samt Interrupt, es benötigt Arbeits- und Programmspeicher und es macht mehr oder weniger rigide Vorschriften über den Aufbau und den Gebrauch der Prozesse. Um einen Eindruck davon zu bekommen, durchblättere man kurz Kapitel 6. Hinzu kommt die Tatsache, dass ein AVR-Controller einem *RTOS* keinen, aber auch gar keinen Schutzmechanismus zur Verfügung stellt, die Wahrscheinlichkeit also groß ist, dass ein Programm — besonders natürlich in der Entwicklungsphase — dem System schadet. Das geschieht manchmal auf eine subtile, schwer zu durchschauende Weise, besonders im Zusammenhang mit Interrupts, sofern dem Anwenderprogramm überhaupt erlaubt ist, Interrupts zu bedienen.

Maßgeschneidertes Multitasking bietet natürlich noch weitere Vorzüge. So können z.B. einige Register als globale Variable betrachtet werden, deren Inhalt also bei der Prozessumschaltung nicht bis zum nächsten aktiven Zustand des Prozesses gerettet wird. Das beschleunigt nicht nur die Prozessumschaltung, es macht es auch möglich, den *test and set*-Befehl, den es bei AVR-Controllern nicht gibt, so zu simulieren, dass Interrupts nicht gesperrt werden müssen.[2]

Beide Methoden, mit denen parallel arbeitende Prozesse simuliert werden, nämlich *cooperative multitasking* und *preemptive multitasking*, werden umgesetzt. Ein System mit drei Prozessen wird mit beiden Methoden implementiert, um Vergleiche zu ermöglichen.

Ein wesentlicher Unterschied zwischen den Methoden ist, dass beim *cooperative multitasking* keine Synchronisierung von Prozessen nötig ist. Für das *preemptive multitasking* wird eine einfach anzuwendende Synchronisierung mit *spin-lock* vorgestellt. Natürlich müssen bei beiden Methoden Interrupts mit Prozessen synchronisiert werden.

[1] *Real Time Operating System.*
[2] Das gilt auch für *preemptive multitasking*.

Die Programmbeispiele des Kapitels sind einerseits möglichst einfach gehalten, um leicht nachvollzogen werden zu können, andererseits aber so konstruiert, dass sie leicht verallgemeinert oder an die Anforderungen größerer Projekte angepasst werden können.

2.3. Zu Kapitel 6

Wurden in Kapitel 5 einfache, leicht zu implementierende Methoden zur Bereitstellung von Multitasking vorgestellt, so hat dieses Kapitel weiter reichende Ambitionen. Es wird ein kleines *RTOS* implementiert, das zwar nur diejenigen Teile eines Betriebssystems enthält, die für das Multitasking benötigt werden, also keine Speicherverwaltung usw., das aber alle wesentlichen Funktionen zur Verfügung stellt, um Programme schreiben zu können, die eine Vielzahl von Prozessen einsetzen.

Als Synchronisationsobjekte gibt es Ereignisse und Semaphore. Die Schläfer sind dazu vorgesehen, dass Prozesse nach Belieben inaktiv werden können, ohne den Prozessor zu belasten, d.h. sie sollen Warteschleifen ersetzen, die in einer Multitasking-Umgebung nicht akkurat funktionieren und überhaupt verpönt sind, da die nutzlos vertane Rechenzeit anderen Prozessen im System zugute kommen könnte. Ereignisse können vom Programmierer zu verschiedenen Zwecken genutzt werden, sie werden aber auch eingesetzt, um gewisse Systemfunktionen zu erfüllen.

- Prozesse können auf das Eintreten von Ereignissen warten und sie können das Eintreten eines Ereignisses signalisieren. Wird das Eintreten eines Ereignisses signalisiert, so werden alle Prozesse, die darauf warten, aktiviert. Während ein Prozess auf ein Ereignis wartet, ist er blockiert, er befindet sich in der Warteschlange des Ereignisses.
- Ein Ereignis kann zu einem *rendezvouz* benutzt werden, mit dem mehrere Prozesse aufeinander warten können, z.B. auf die Fertigstellung von Zwischenergebnissen.
- Das Auftreten eines Interrupts kann ein Ereignis sein, auf das Prozesse warten können. Das ist eine elegante Methode, Interrupts in das System zu integrieren.
- Die Aufnahme eines neuen Prozesses in das System ist ein Ereignis, auf das der neue Prozess wartet und das ein schon im System befindlicher Prozess auslösen kann.

Ereignisse sind also vielseitig nutzbare Synchronisationsobjekte. Alle in der Aufzählung genannten Einsatzpunkte werden an einem Beispiel erläutert.

Semaphore werden nahezu im klassischen Stil aufgebaut. Mit ihnen werden kritische Regionen geschützt, das sind Codebereiche, in denen sich nur eine bestimmte Anzahl von Prozessen aufhalten darf. Wollen mehr Prozesse die kritische Region betreten, werden diese geblockt, d.h. wie schon bei den Ereignissen in die Warteschlange des Semaphors eingefügt.

Das Kapitel schließt mit einem größeren Beispiel, in dem fast alle Synchronisationsobjekte zum Einsatz kommen. Es besteht aus der Simulation einer Tankstelle. Diese Simulation läuft in Echtzeit ab, aber etwa so, wie eine Modelleisenbahn in Echtzeit abläuft, also mit einer verzerrten Zeitachse. Es kommt keine der Methoden zum Zuge, wie sie in der Simulationstechnik angewendet werden, es wird nur mit den Mitteln gearbeitet, die das System anbietet. Z.B. wird die Reihe der Zapfsäulen durch einen Semaphor dargestellt.

Das Programm besteht aus über 850 Programmzeilen, die Beispielprogramme nicht eingerechnet. Alle seine Teile werden aber ausführlich bis in die Einzelheiten hinein erklärt und es gibt viele Zeichnungen, die komplizierte technische Vorgänge anschaulich machen. Es wird immer wieder gezeigt, wie Verfahren gewählt oder geändert werden können, um sie den technischen Gegebenheiten des Prozessors — meist ein Mangel des Befehlssatzes oder eine fehlende Adressierungsart — anzupassen. Besonders eingehend wird die Verwendung der im Programm oft auftretenden verketteten Listen beschrieben.

2.4. Zu Kapitel 7

Dieses Kapitel stellt eine Speicherverwaltung vor, welche die kleinen Arbeitsspeicher von AVR-Controllern sehr effektiv nutzt. In jedem ausgegebenen Speicherblock ist nur ein Byte von der Verwaltung reserviert. Die Folge davon ist zwar, dass die Blockgröße nach oben durch 255 beschränkt ist, aber das ist bei den Einsatzgebieten der AVR-Controller keine echte Beschränkung. Werden wirklich einmal größere Blöcke benötigt, können diese mit anderen Mitteln verwaltet werden.

Großer Wert wird auf die Rekombination von Blöcken gelegt. Der Preis, der für eine gute Rekombinationsfähigkeit gezahlt wird, ist allerdings ein recht komplexes Programm. Auch hier werden mit vielen Zeichnungen die Vorgänge anschaulich gemacht.

Die Kombination der Speicherverwaltung mit dem rudimentären *RTOS* aus Kapitel 6 ergibt ein schon für recht komplexe Abläufe brauchbares Betriebssystem, wie das Simulationsprogramm aus Kapitel 6 zeigt, in dem beides zusammen eingesetzt wird.

2.5. Zu Kapitel 8

Eine Fließkommaarithmetik zu implementieren bedeutet natürlich, den Standard IEEE 754 umsetzen zu müssen. Dieser Standard stellt allerdings hohe Anforderungen. Um diese besser zu verstehen und dann auch realisieren zu können, empfiehlt es sich, Fließkommazahlen einmal unabhängig von jeglichen Implementierungen, Standards, Bitmustern usw. zu betrachten.

Nach einer motivierenden Einleitung werden Fließkommazahlen als Objekte eingeführt. Es ist zu erkennen, dass man nicht generell von *der* Fließkommazahl sprechen kann, sondern dass deren Eigenschaften von der Anzahl der zur Darstellung verwendeten Ziffern und vom Exponentenbereich abhängen. Das macht die Einführung von Fließkommazahlenbereichen plausibel, die schon einen Bezug zur Implementierung herstellen.

Der Eindeutigkeit der Darstellung wegen geht man bei allgemeinen Betrachtungen gerne zu normalisierten Zahlen über. Die sich dabei ergebende Lücke im Zahlengitter deutet aber schon darauf hin, dass sich bei der Beschränkung auf normalisierte Fließkommazahlen in Extremfällen Genauigkeitsprobleme ergeben, die den Standard veranlassen, auch nichtnormalisierte Zahlen zuzulassen.

Weil das Runden im Standard eine so große Rolle spielt, wird es hier ausführlicher behandelt als sonst wohl in einem Buch über Programmierung üblich. Die Einführung eines Fehlerterms wird sich in den folgenden Kapiteln als sehr nützlich erweisen.

Der Standard verlangt das sinnvolle Rechnen mit $+\infty$ und $-\infty$. Weil die Eigenschaften von $\pm\infty$ natürlich vom Standard ganz unabhängig sind, werden ihre Eigenschaften besser vom Standard unabhängig betrachtet. Die Ergebnisse von Operationen mit den Unendlichkeiten lassen sich leicht mit Hilfe von konvergenten und divergenten Zahlenfolgen bestimmen. Das Rechnen mit $\pm\infty$ bringt gewisse Vorteile, es wird aber auch kurz auf die Gefahren hingewiesen, die darin lauern.

2.6. Zu Kapitel 9

Die Umsetzung des Standards für einen 8-Bit-Prozessor ist ein schwieriges und langwieriges Unterfangen. Tatsächlich erwies sich das Projekt als so aufwendig, relativ zu seinem Nutzen betrachtet, dass es auf etwa halbem Wege abgebrochen wurde. Das Rechnen mit Unendlich, mit Nichtzahlen und nichtnormalisierten Zahlen, der verlangte Nachweis der Genauigkeit oder Ungenauigkeit eines jeden Rechenergebnisses, die komplexe Behandlung von Unterlauf, die Organisation von Falltüren (*traps*) usw. sind gut, möglicherweise essentiell für die Lösung komplizierter numerischer Probleme, etwa die Bestimmung von Eigenwerten großer Matritzen, bei einem AVR-Prozessor erscheint das alles jedoch wie die sprichwörtlichen Kanonen, mit denen auf Spatzen geschossen werden soll. Schon die einfachste aller Operationen, die Bildung des Absolutbetrages einer Zahl, wird bei strikter Befolgung des Standards zu einem Monstrum, verglichen mit der Simplizität des Vorgangs außerhalb des Standards, der nur darin besteht, das Vorzeichenbit zu löschen!

Das Projekt wurde zwar abgebrochen, aber es ist damit nicht vertan, denn nichts kann den Standard besser illustrieren und erläutern als die ausgeführten Implementierungen! Alle wesentlichen Schwierigkeiten kommen darin vor, alle wesentlichen Implementierungstechniken kommen zum Einsatz. Das Kapitel kann also als eine große, mit vielen Programmierbeispielen gespickte Erläuterung des Standards gelesen werden. Andererseits sind aber die gezeigten Unterprogramme vollständig und voll funktionsfähig, sie können zu einem den ganzen Standard implementierenden Paket ergänzt werden. Nötig wäre dazu „nur" die Implementierung von Addition/Subtraktion, Division, Vergleich und Umwandlung vom Binär- ins Dezimalsystem und umgekehrt, alles nach den strikten Vorschriften des Standards. Für diesen Fall wurden die für die Division schon geleisteten Vorarbeiten in das Kapitel aufgenommen.

Nach der Vorstellung der Zahlenformate werden Falltüren, die Ausnahmesituationen und die Genauigkeit erläutert. Der Implementierungsteil beginnt mit der Darstellung der Realisierung von Falltüren und Kontrollvariablen. Es folgen die später gebrauchten nichtnumerischen Operationen wie die Zerlegung einer Zahl in ihre Bestandteile, die Normalisierung einer Zahl, die Behandlung von Über- und Unterlauf und natürlich das Runden. Es schließen sich drei numerische Implementierungen an: Die Bildung des Absolutbetrages, das Runden zu einer ganzen Zahl und die Multiplikation.

Es muss allerdings darauf hingewiesen werden, dass die Unterprogramme den Standard nicht total umsetzen. Es wird nämlich nicht das einfach genaue Zahlenformat umgesetzt, sondern ein Format, das im Kapitel *zweidrittelgenau* genannt wird. Es wird so genannt, weil seine Mantisse nicht drei, sondern nur zwei Bytes umfasst. Das ist aber auch der einzige Unterschied, in allen anderen Belangen sind beide Formate nicht zu unterscheiden.

2.7. Zu Kapitel 10

Zwar lassen sich Rechnungen mit Fixkommazahlen sehr viel schneller durchführen als mit Fließkommazahlen, aber wenn die Absolutgrößen der Operanden zu sehr differieren, wird Fixkommarechnung impraktikabel. Eine Fließkommaarithmetik sollte also zur Verfügung stehen, und sie sollte auch für die kleineren AVR-Prozessoren mit wenig Arbeits- und Programmspeicher zur Verfügung stehen. Das vorangehende Kapitel macht es klar, dass diese Forderung nicht mit einer Fließkommaarithmetik zu erfüllen ist, die den Standard IEEE 754 buchstaben- und sinngetreu (!) realisiert. Deshalb wird in diesem Kapitel eine Fließkommaarithmetik präsentiert, die mit bedeutend weniger Speicherplatz auskommt als die des vorigen Kapitels, die aber, was Rechenergebnisse betrifft, nur in einigen Extremfällen vom Standard abweicht. Das Falltürsystem des Standards ist durch ein einfaches System zur Fehlerbehandlung ersetzt, das es aber doch gestattet, eine durch einen Fehler unterbrochene Rechnung fortzusetzen, wenn der Fehler in der Fehlerbehandlung beseitigt oder umgangen werden kann.

Implementiert wird in diesem Buch allerdings nur eine Grundausstattung: Die Grundrechenarten Addition, Subtraktion, Multiplikation und Division, der Vergleich von Fließkommazahlen und die Umwandlung vom Binär- in das Dezimalsystem. Eine Fließkommazahl besteht aus drei Bytes, damit kann ein **ATtiny2313** 5×5-Matrizen verarbeiten und es bleibt noch genug Speicherplatz für den Stapel und einige weitere Datenstrukturen übrig. Die Zahlen haben allerdings eine 16-Bit-Mantisse, die etwa fünf Dezimalstellen entspricht. Zur Verarbeitung von Messdaten ist das vollkommen ausreichend. Die Umwandlung leistet nur einen Basisdienst, kann aber leicht ausgebaut werden. Implementierungen von Wurzel, Exponentialfunktion usw. gibt es in diesem Buch nicht.

Zwei Beispiele zeigen, wie einfach die Arithmetik in einem Assemblerprogramm einzusetzen ist. Im ersten Beispiel berechnet ein AVR-Prozessor aus Messdaten die Durchflussmenge einer Ölleitung. Dazu wird ein Integral durch eine Trapezsumme approximiert. Das zweite Beispiel enthält ein Unterprogramm zum Sortieren von Fließkommazahlen, es demonstriert die Anwendung der Vergleichsoperatoren.

2.8. Zu Kapitel 11

Zufallszahlen haben einen weiten Anwendungsbereich. Dazu zählen insbesondere Simulationsprogramme, und Kapitel 6 enthält mit dem Tankstellensimulationsprogamm ein Beispiel dafür. Sie können aber durchaus praktischen Zwecken dienen. Soll z.B. eine Modelleisenbahnanlage mit einem Flackerlicht ausgestattet werden, das einen Feuerbrand simuliert, so kann das mit einem **ATtiny2313**, einem Zufallszahlengenerator aus diesem Kapitel und einem digitalen Filter in die Tat umgesetzt werden.

Oft kommt es darauf an, Zufallszahlen mit größtmöglicher Geschwindigkeit zu erzeugen. Es werden deshalb Verfahren präsentiert, die es gestatten, auch mit einem 8-Bit-Prozessor exponential- und normalverteilte Zufallszahlen mit großer Geschwindigkeit zu erzeugen. Diese Zufallszahlen sind allerdings Fixkommazahlen. Das Tankstellensimulationsprogramm zeigt, dass das in manchen Fällen ideal ist. Für die anderen Fälle werden aber auch Fließkommaversionen der Zufallszahlen implementiert.

Für das Erzeugen von Zufallszahlen mit einer diskreten Verteilung wird eine spezielle Technik präsentiert, welche die üblicherweise verwendete Folge von Vergleichen vermeidet und stattdessen einen (schnellen) indizierten Zugriff auf eine aus den Werten der diskreten Verteilung konstruierte Tabelle ersetzt.

Zum Verstehen der im Kapitel angewandten Verfahren sind Basiskenntnisse der Wahrscheinlichkeitsrechnung erforderlich. Zur Anwendung der im Kapitel präsentierten Unterprogramme genügen dagegen nur oberflächliche Kenntnisse aus Wahrscheinlichkeitsrechnung und Statistik. Es ist ein Hauptprogramm vorhanden, das alle Unterprogramme des Kapitels einsetzt.

2.9. Zu Kapitel A

Den Titel des Kapitels kann man (gutwillig) mit Vermischtes übersetzen. Die Bezeichnung ist ganz passend, denn die präsentierten Themen haben wenig miteinander und mit den vier Hauptthemen des Buches zu tun.

Da ist zunächst einmal eine Methode zur Fehlererkennung z.B. bei einer Datenübertragung, die im Wesentlichen mit vier Takten für jedes zu prüfende Byte auskommt (Abschnitt A.1). Um das zu erreichen werden allerdings Befehlssatz und 8-Bit-Architektur der AVR-Prozessoren bis zum Äußersten ausgereizt.[3] Die Güte der Fehlererkennung kommt nicht an *CRC* heran, aber sie ist in der Praxis vollkommen ausreichend, wenn man nicht gerade Sendungen von einer Marssonde empfangen will oder unter einem Sendermast wohnt. Und sie ist eben mit sehr viel weniger Aufwand zu implementieren. Übrigens enthält der Abschnitt ein schönes Beispiel für aufwendige Optimierung am falschen Platz.

Der nächste Abschnitt (A.2) präsentiert eine Datenstruktur, die leider viel zu wenig bekannt ist. Die Grundfunktion eines Funktors lässt sich beschreiben als die zeitliche Entkoppelung eines parametrisierten Funktionsaufrufs. Besonders im Zusammenhang mit verketteten Listen lassen sich mit Funktoren komplexe Aufgaben auf eine saubere und nachvollziehbare Weise lösen, wie es mit konventioneller Programmiertechnik kaum zu erreichen ist. Das Äußerste an Eleganz wird erreicht, wenn Funktore mit einem Zustandsautomaten (*state machine*) gekoppelt werden. Der Abschnitt präsentiert eine mögliche Basisversion eines Funktors, sozusagen ein Funktorskelett. Ein kleiner Wermutstropfen ist leider, dass die Anwendung von Funktoren programmtechnisch nicht zu den ganz einfach zu meisternden Aufgaben zählt. Die Mühe lohnt sich aber!

[3] Irgendwelche „magische" Zahlen und ähnlicher Unsinn wie in dem Wikipedia-Beitrag zum Thema *Fletcher* sind jedoch nicht erforderlich. Dieser Beitrag ist kein Einzelfall, erstklassiger Arroganz gepaar mit drittklassigem Können begegnet man bei Wikipedia leider zu oft.

Es folgen noch zwei kleinere Beiträge. Da ist einmal ein einfacher Timer, der in der Urversion des Buches von einigen Programmen benutzt wurde, zum anderen wird gezeigt, wie bei AVR-Prozessoren der Systemstapel für eine einfache Speicherverwaltung genutzt werden kann.

2.10. Zu Kapitel B

Dass dieses Kapitel überhaupt geschrieben werden musste, ist dem AVR-Assembler zu verdanken, besser gesagt, seinen Defekten.

Der fehlende Linker
: erschwert das modulare Programmieren. Man kann sich mit dem Einzug von Codedateien behelfen, muss dann aber die Namensgebung von Symbolen regeln. Im Kapitel wird ein mögliches Regelsystem vorgeschlagen, das im Buch selbst durchweg verwendet wird. Zusätzlich wird noch demonstriert, wie in dieser Situation mit Interrupts umgegangen werden kann. Auch davon wird im Buch Gebrauch gemacht.

Die Insuffizienz des Makroprozessors
: lässt es geraten erscheinen, einen externen Makroprozessor zu benutzen. Vorgeschlagen wird der Makroprozessor ML/I (siehe `http://www.ml1.org.uk`). An einem kleinen Testlauf wird gezeigt, wie ML/I in das Entwicklungssystem integriert werden kann.

Das Kapitel legt auch dar, warum nicht gleich zu einem anderen Assembler übergegangen wurde. Jedenfalls lassen sich mit dem im Buch verwendeten System auch große Programme schreiben, wie Kapitel 6 zeigt.

3. Die verwendeten Symbole

Um Klarheit für den Leser zu schaffen, wird, sofern das nicht zu Exzessen führt, stets zwischen einem Register und seinem Inhalt, allgemein zwischen einem Speicherplatz und seinem Inhalt unterschieden. Z.B. bezeichnet $\mathbf{r_0}$ den Speicherplatz im Prozessor, auf den in Programmen unter diesem Namen zugegriffen werden kann. Dagegen bezeichnet $\mathfrak{r}_0$ die Zahl, die momentan in $\mathbf{r_0}$ gespeichert ist. Offenbar kann nur $\mathbf{r_0}$ ein Wert zugewiesen werden, niemals aber $\mathfrak{r}_0$. Deshalb finden sich in den Kommentaren und Erläuterungen viele Zuweisungen wie $\mathbf{r_0} \leftarrow$ **1F**, aber niemals etwas wie $\mathfrak{r}_0 \leftarrow$ **1F**. Genauso finden sich viele Vergleiche wie $\mathfrak{r}_0 =$ **1F**, aber niemals etwas wie $\mathbf{r_0} =$ **1F**.

Adressen werden oft mit griechischen Buchstaben bezeichnet, etwa α, β, φ, aber auch π. Eine Verwechslung mit **der** Zahl π ist nicht zu befürchten.

Ist α eine Adresse, so ist $\alpha[i]$ der an der Adresse $\alpha + i$ gespeicherte Wert. Das ist meistens ein Byte, aber es kann auch etwas anderes sein, z.B. ein Wort. Das hängt davon ab, wie die Adresse α gebraucht wird und geht immer aus dem Kontext hervor. In manchen Kommentaren steht aus Platzmangel $\alpha[i]$ aber auch für den Speicherplatz an der Adresse $\alpha + i$. So bedeutet dann $\alpha[i] \leftarrow$ **FF**, dass dem Speicherplatz an der Adresse $\alpha + i$ der Wert **FF** zugewiesen wird.

$\mathbf{r_0}$ bis $\mathbf{r_{31}}$	Die 32 Register für allgemeinen Gebrauch (*GPR*)
$\mathfrak{r}_0$ bis $\mathfrak{r}_{31}$	Die *Inhalte* der 32 Register.
$\mathbf{r_{1:0}}$ bis $\mathbf{r_{31:30}}$	Die aus den Registern $\mathbf{r_0}$ bis $\mathbf{r_{31}}$ zu bildenden Doppelregister
$\mathfrak{r}_{1:0}$ bis $\mathfrak{r}_{31:30}$	Die Werte der Doppelregister, z.B. $\mathfrak{r}_{1:0} = \mathfrak{r}_1 2^8 + \mathfrak{r}_0$
X	Das Doppelregister $\mathbf{r_{27:26}}$
$\mathfrak{X}$	Der Wert des Doppelregisters $\mathbf{r_{27:26}}$
Y	Das Doppelregister $\mathbf{r_{29:28}}$
$\mathfrak{Y}$	Der Wert des Doppelregisters $\mathbf{r_{29:28}}$
Z	Das Doppelregister $\mathbf{r_{31:30}}$
$\mathfrak{Z}$	Der Wert des Doppelregisters $\mathbf{r_{31:30}}$
$\mathbf{r_0}.0$ bis $\mathbf{r_{31}}.7$	Bit 0 des Registers $\mathbf{r_0}$ usw. bis Bit 7 von $\mathbf{r_{31}}$
$\mathfrak{i}$	Das globale Interruptfreigabebit
$\mathfrak{t}$	Das temporäre Speicherbit
$\mathfrak{h}$	Das „halbe" Übertragsbit

$\mathfrak{v}$	Das Überlaufbit
$\mathfrak{n}$	Das Negativbit
$\mathfrak{s}$	Das Vorzeichenbit
$\mathfrak{z}$	Das Nullbit
$\mathfrak{c}$	Das Übertragsbit
$\mathbf{R}_{\mathsf{XYZ}}$	Das IO-Register mit dem Namen XYZ.
$\mathfrak{R}_{\mathsf{XYZ}}$	Der Inhalt des IO-Registers mit dem Namen XYZ.
$\mathcal{I}(\alpha)$	Der Inhalt der Adresse α
$\mathcal{A}(\mathrm{v})$	Die Adresse der Variablen v
$w^{\top}$	Das obere Byte des 16-Bit-Wortes w
$w^{\perp}$	Das untere Byte des 16-Bit-Wortes w
o, ı	Die Binärziffern o = 0 und ı = 1
0 bis **9**, **A** bis **F**	Die Hexadezimalziffern **0** = 0 bis **F** = 15
$\lvert r\rvert$	Der Absolutbetrag der rationalen Zahl r, also $\lvert r\rvert = r$ falls $r \geq 0$, $r = -r$ falls $r < 0$
$\lfloor r\rfloor$	Der ganzzahlige Anteil der rationalen Zahl r, z.B. $\lfloor 3/2\rfloor = 1$
$\langle r\rangle$	Der gebrochene Anteil der rationalen Zahl r, z.B. $\langle 3/2\rangle = 1/2$

4. Interrupts

Etwas vereinfachend gesagt ist ein Interrupt nichts weiter als ein Unterprogrammaufruf: Es wird eine Rückkehradresse in den Stapel geschrieben, dann wird eine bestimmte Adresse angesprungen, und schließlich muss das angesprungene Programmstück mit einem speziellen Befehl die Rückkehradresse anspringen. Betrachtet man allerdings die Einzelheiten etwas genauer, so zeigt sich doch, dass ein Interrupt ein viel komplexeres Gebilde ist als ein Unterprogrammaufruf. Dabei ist es gar nicht so sehr das Programmiertechnische, das Schwierigkeiten bereitet, denn die Regeln, die zu beachten sind, wenn ein Programm mit Interrupts arbeiten soll, sind recht schnell verinnerlicht. Es ist etwas anderes. Denn so, wie sich durch das Öffnen der Büchse der Pandora, die ein reiches Sortiment von Übeln enthielt, diese Übel bald über die ganze Welt verbreiteten, so öffnet die Verwendung von Interrupts, bildlich gesprochen, die Büchse der **Parallelität**, eine Büchse mit solch ausgesucht raffinierten Übeln, dass Gottvater Zeus[1], hätte er davon Kenntnis gehabt, vor Neid hätte erblassen müssen.

Im Prinzip stimmt es schon, dass ein Interrupt so etwas wie ein Unterprogrammaufruf ist, aber es ist ein unfreiwilliger! Nicht das Programm ruft ein Unterprogramm auf, sondern der Prozessor tut es. Daraus folgt schon, dass ein Interrupt oder besser gesagt das Vehikel des Interrupts, nämlich das bei seinem Eintritt aufgerufene Unterprogramm, alles tun muss, um keine Nebenwirkungen auf das unterbrochene Programm hervorzurufen. Ganz strikt genommen ist das unmöglich, denn während das unterbrochene Programm in Ohnmacht verharrt, schreiten der Prozessor und seine Umgebung in der Zeit weiter fort: Zähler zählen weiter, die serielle Schnittstelle akkumuliert Zeichen, der vom unterbrochenen Programm gesteuerte Motor ruckt ein Stück vorwärts, und so weiter und so fort. Man ahnt hier wohl, welches eines der größeren Übel aus der geöffneten Büchse ist, nämlich **alle** Auswirkungen auf das unterbrochene Programm zu erkennen. *Eine* übersehene Nebenwirkung kann Stunden, Tage, aber auch Jahre später grimmige Konsequenzen nach sich ziehen. Und ist es gar so, dass der Interrupt und das unterbrochene Programm voneinander abhängig sind, dass z.B. gewisse Abläufe synchronisiert werden müssen, so muss man sehr darauf achten, dass es einem nicht ergehe wie dem Esel auf dem glatten Eis! Der gesunde Menschenverstand oder auch die bei sich selbst vermutete Intuition sind, was die Parallelität angeht, keine guten Lehrmeister! Auch die erfahrendsten (und ergrautesten) Programmierer haben das schon zu spüren bekommen. Parallelität (und auch Logik!) sind nicht im menschlichen Nervensystem verankert, es gibt kein Gefühl für das Richtige und das Falsche.

Nun kann aber in vielen Projekten auf Interrupts ganz verzichtet werden. Beispielsweise lassen sich die seriellen Schnittstellen sehr gut ohne Interrupts verwenden. Dieser Verzicht bedeutet aber meist, dass in Warteschleifen Statusbits abgefragt werden müssen (*polling*), aus dem Prozessor also nur ein Teil der möglichen Leistung herausgeholt werden kann. Eine Zeitbasis nur mit Warteschleifen aufzubauen ist sicherlich

[1] Pandora empfing ihre Büchse von Zeus.

keine gute Idee. Das ist auch gar nicht nötig, denn mit etwas Sorgfalt lassen sich einfache Verwendungen von Interrupts sehr gut beherrschen. Die Schwierigkeiten treten erst auf, wenn Vorgänge synchronisiert werden müssen.

4.1. Der Mechanismus

Ob überhaupt Interrupts zugelassen sind und wenn ja welche, ist jedoch leicht zu steuern. Es gibt einen Hauptschalter, das Bit i im Statusregister `SREG`, *global interrupt enable Bit* genannt. Hat dieses Bit den Wert 0, so sind generell keine Interrupts zugelassen, andernfalls, also bei i = 1, sind Interrupts möglich. Das Bit kann mit den Befehlen `bclr 7` und `cli` gelöscht und mit den Befehlen `bset 7` und `sei` gesetzt werden.

Jede Interruptquelle hat einen eigenen Schalter, mit dem Interrupts aus dieser Quelle unterdrückt werden können. Diese Schalterbits sind in verschiedenen Registern zu finden. Z.B. ist das Schalterbit für den externen Interrupt INT0 das Bit 6 in Register $\mathbf{R}_{\mathsf{GICR}}$. Leider sind die Befehle `cli` und `sbi`, mit denen Bits in IO-Registern gelöscht und gesetzt werden können, selten nutzbar, da diese nur IO-Adressen unter **20** zulassen. Register `GICR` hat z.B. die IO-Adresse **3B**. Es muss daher die etwas umständlichere Sequenz

```
in    r0,GICR    1    r0 ← ℜGICR
sbr   r0,INT0    1    r0.INT0 ← 1
out   GICR,r0    1    RGICR ← r0
```

benutzt werden, um externe Interrupts von Pin INT0 zuzulassen. Sollen Interrupts von Pin INT0 und `INT1` möglich werden, kann man das zweite Bit einfach zusätzlich setzen:

```
in    r0,GICR    1    r0 ← ℜGICR
sbr   r0,INT0    1    r0.INT0 ← 1
sbr   r0,INT1    1    r0.INT1 ← 1
out   GICR,r0    1    RGICR ← r0
```

Das ist leicht zu verfolgen und auch vom gewählten Controller unabhängig, sofern die Datei mit den controllerspezifischen Symboldefinitionen eingezogen wird. Es geht freilich auch mit nur drei Befehlen:

```
in    r0,GICR    1    r0 ← ℜGICR
ori   r0,0xC0    1    r0.7-6 ← 11
out   GICR,r0    1    RGICR ← r0
```

Allerdings werden hier die absoluten Bitpositionen verwendet, die möglicherweise nicht für alle Controller gleich sind. Das lässt sich vermeiden, wenn man bedenkt, dass Symbole wie INT0 als Wert die *Position* des entsprechenden Bits in seinem Register haben, dass also das Bit selbst durch $2^{INT0} = 0100\,0000$ gegeben ist. Daraus lassen sich die gewünschten Bitfolgen kombinieren, z.B. **C0** $= 1100\,0000 = 2^{\mathrm{INT0}} + 2^{\mathrm{INT1}}$. Für den Assembler muss die Potenzierung durch einen Shift ersetzt werden:

```
(1 << INT0) + (1 << INT1)
```

Denn wenn die 1 in 0000 0001 n-mal nach links geshiftet wird, erhält man offenbar gerade 2^n.

Etwas schwieriger wird es, wenn gleichzeitig Bits gelöscht und gesetzt werden sollen. Es sei z.B. angenommen, dass Interrupts von INT0 und `INT2` zugelassen, von `INT1` aber verhindert werden sollen. Das kann am einfachsten mit den Bitbefehlen durchgeführt werden:

`in`	`r0,GICR`	1	$\mathbf{r}_0 \leftarrow \mathfrak{R}_{\mathsf{GICR}}$
`sbr`	`r0,INT0`	1	$\mathbf{r}_0$.`INT0` $\leftarrow 1$
`cbr`	`r0,INT1`	1	$\mathbf{r}_0$.`INT1` $\leftarrow 0$
`sbr`	`r0,INT2`	1	$\mathbf{r}_0$.`INT2` $\leftarrow 1$
`out`	`GICR,r0`	1	$\mathbf{R}_{\mathsf{GICR}} \leftarrow \mathfrak{r}_0$

Werden aber Maskenoperationen verwandt, so kommt man mit zwei Befehlen zur Bitmanipulation aus, unabhängig von der Anzahl der zu manipulierenden Bits. Um Bits zu löschen, wird der Befehl `andi`, um Bits zu setzen der Befehl `ori` eingesetzt.

`in`	`r0,GICR`	1	$\mathbf{r}_0 \leftarrow \mathfrak{R}_{\mathsf{GICR}}$
`andi`	`r0,0x7F`	1	$\mathbf{r}_0.7 \leftarrow 0$, **7F** $=$ 0111 1111
`ori`	`r0,0x60`	1	$\mathbf{r}_0.6 \leftarrow 1$ und $\mathbf{r}_0.5 \leftarrow 1$, **60** $=$ 0110 0000
`out`	`GICR,r0`	1	$\mathbf{R}_{\mathsf{GICR}} \leftarrow \mathfrak{r}_0$

Auch hier können die Bitfolgen für `andi` und `ori` mit Shifts zusammengesetzt werden.

Angenommen nun, es tritt ein Ereignis ein, das einen Interrupt auslösen kann, etwa ein Potentialsprung an Pin INT0. Dann wird ein diesem Interrupt zugeordnetes Statusbit in einem Register gesetzt und zwar unabhängig davon, ob ein solcher Interrupt oder überhaupt ein Interrupt durchgeführt werden darf. Das ist bei INT0 z.B. das Bit `INTF0` in Register $\mathbf{R}_{\mathsf{GIFR}}$. Das kann dazu genutzt werden, den Eintritt eines Ereignisses auch ohne Interrupt durch Testen des Statusbits festzustellen. Wenn aber die Ausführung dieses speziellen Interrupts und die Ausführung von Interrupts generell erlaubt ist, dann leitet das gesetzte Statusbit die folgenden Vorgänge ein:

- Der laufende Befehl wird bis zu seinem Ende ausgeführt.
- Das Bit i im Statusregister wird gelöscht. Damit kann kein weiterer Interrupt mehr auftreten.
- Das Statusbit des Interrupts wird gelöscht. Das stellt sicher, dass nach Beendigung des Interrupts derselbe Interrupt nicht noch einmal auftritt[2]
- Die Adresse des nächsten Befehls wird in den Stapel gebracht.
- Die dem Interrupt zugeordnete spezielle Adresse im Programmspeicher wird angesprungen.

Im Programmspeicher jedes AVR-Prozessors ist ein Bereich reserviert, dessen Adressen fest jeweils einer der möglichen Interruptquellen zugeordnet sind. Ohne weiteres Zutun beginnt dieser Bereich, Vektortabelle genannt, bei Adresse **0001** oder **0002**,

[2]Das ist aber nicht immer der Fall, deshalb sollte vorsichtshalber das Handbuch zu Rate gezogen werden.

abhängig von der Größe des Programmspeichers. Bei Prozessoren mit bis zu 4KB Programmspeicher, bei denen jedes Befehlswort mit einem *relativen* Sprungbefehl erreicht werden kann, beginnt der Bereich bei *Wortadresse* **0001** und jedem Interrupt ist eine Wortadresse zugeordnet. Für Prozessoren mit mehr als 4KB Programmspeicher beginnt der Bereich jedoch bei der Wortadresse **0002**, und jeder Interruptquelle sind zwei aufeinanderfolgende Wortadressen zugeordnet.

Wie im letzten Punkt der obigen Aufzählung schon angesprochen, wird diese Adresse oder die erste der beiden Adressen, die zu einem Interrupt gehören, bei seinem Auftreten angesprungen. Damit endet aber auch die Verantwortlichkeit des Prozessors! Welcher Befehl sich an der angesprungenen Adresse befindet ist Sache des Programmierers. Hier sind die grundlegenden Regeln, die er zu befolgen hat:

(i) Die Hauptregel: Es muss alles getan werden, damit das unterbrochene Programm nach dem Interrupt genau so weiterläuft, als habe es nie einen Interrupt gegeben.

(ii) Da das Statusregister nicht automatisch in den Stapel gerettet wird, muss das nachgeholt werden, falls Befehle verwendet werden, die den Inhalt des Statusregisters verändern können. Dazu zählen insbesondere alle logischen und arithmetischen Befehle. Auch darf dann nicht vergessen werden, das Statusregister am Ende des Interrupts zu restaurieren.

(iii) Was für das Statusregister `SREG` gilt, ist natürlich auch für jedes andere Register richtig. Für $\mathbf{r_0}$ bis $\mathbf{r_{31}}$ ist das kein Problem, auch ihr Inhalt kann während des Interrupts im Stapel abgelegt werden. Bei Registern, die der Steuerung der Prozessorabläufe oder der Peripherie dienen, können allerdings Probleme entstehen, hier muss von Fall zu Fall entschieden werden. Der extreme Fall ist der, dass zwei Prozesse, das unterbrochene Programm und der Interrupt, „gleichzeitig" auf ein Objekt zugreifen, etwa auf einen Timer, aber auch auf Variablen im Arbeitsspeicher. Darauf wird später näher eingegangen.

(iv) Im Normalfall wird der Interrupt mit dem Befehl `reti`, das ist *return from interrupt*, verlassen. Dieser Befehl wirkt wie der gewöhnliche Befehl `ret`, d.h. er holt die Rücksprungadresse aus dem Stapel und verzweigt zu ihr, aber er setzt auch noch das Interruptbit `i` im Statusregister, das zu Beginn des Interrupts gelöscht worden war.

Das Unterprogramm, das von einem Interrupt aufgerufen wird, ist unter verschiedenen Namen bekannt. In diesem Buch wird *ISR* verwandt, das ist die Abkürzung von *interrupt service routine*, also die Prozedur, welche dem Interrupt zu Diensten ist. Im Buch ist *ISR* weiblich, abgeleitet von *die* Prozedur. Ein anderer Name ist noch *IRH*, von *interrupt request handler*.

Die kürzeste *ISR* besteht offenbar aus dem einzelnen Befehl `reti`. Sie verletzt sicherlich keine der in der obigen Aufzählung statuierten Regeln, und sie findet auch ganz in der Vektortabelle Platz. Man sollte sich mit dieser *ISR* gegen das ungewollte Zulassen von nicht verwendeten Interrupts absichern. Bei Prozessoren mit maximal 4KB Programmspeicher ist sie auch die einzige *ISR*, die ganz in die Vektortabelle passt. Da bei Prozessoren mit größerem Programmspeicher jeder Vektor in der Vektortabelle zwei Speicherworte belegt, kann er zweiwortige Unterprogramme enthalten, z.B. `sbi PORTA,0` gefolgt von `reti`. Aber das sind Spezialfälle, normalerweise enthält der Vektor einen Sprungbefehl, und von daher hat er auch den Namen.[3]

Das Statusbit eines Interrupts dient nicht nur dazu, anzuzeigen, dass ein Ereignis stattgefunden hat, das solch einen Interrupt auslöst, es wirkt auch als Speicher der Interruptanforderung. Sind nämlich in einem Zeitintervall wegen $i = 0$ Interrupts global abgeschaltet und ergeben sich in diesem Zeitintervall einige Interruptanforderungen, so gehen diese nicht verloren, so lange ihr Statusbit gesetzt bleibt. Wird irgendwann das globale Interruptbit wieder gesetzt, $i \leftarrow 1$, so werden alle die Interrupts ausgeführt, deren Statusbit noch gesetzt ist und die lokal nicht abgschaltet sind. Die Reihenfolge, in der diese Interrupts ausgeführt werden, hängt von ihrer *Priorität* ab. Diese wird durch die Anordnung in der Vektortabelle festgelegt, und zwar ist die Priorität eines Interrupts desto größer, je näher er dem Anfang der Vektortabelle kommt. Interruptpriorität kommt aber wirklich nur dann zum Zuge, wenn zu einem Zeitpunkt mehrere Interrupts darauf warten, bedient zu werden. Setzt ein laufender Interrupt das globale Interruptbit i, so kann er von *jedem* Interrupt unterbrochen werden, ganz gleich, welche Priorität beide Interrupts haben.

Das Statusbit eines jeden Interrupts kann vom Programm gelöscht werden, damit wird ein eventuell wartender Interrupt vollständig unterdrückt. Diese Statusbits werden allerdings so gelöscht, dass eine 1 an ihre Bitposition des betreffenden Registers geschrieben wird!

Es muss aber darauf hingewiesen werden, dass nicht alle Interrupts nach diesem Schema ablaufen. Insbesondere gibt es Interrupts, die kein Statusbit besitzen. Solche werden so lange immer wieder von neuem angestoßen, bis ihre Ursache beseitigt ist. Beispiele dafür sind externe Interrupts, die nicht von einem Potentialsprung (einer Flanke) ausgelöst werden, sondern von einer Potentialebene. Z.B. kann man durch ein Nullpotential, das am Interrupteingang INT0 anliegt, einen Interrupt anstoßen.

Die Verwendung eines jeden Interrupts setzt gewisse Vorbereitungsarbeiten voraus, die für einen korrekten Ablauf unerlässlich sind. Meist geht es darum, gewisse Register mit gewissen Werten zu laden. Diese Codesequenz soll das *Ritual* heißen, da sie gewöhnlich nach einem starren Schema abläuft, das von der Art des Interrupts diktiert wird. Weiter gehört zu jedem Interrupt eine (meist kurze) Codesequenz, die sein Eintreten ermöglicht und welche die*Befähigung* genannt werden soll. Spiegelbildlich gehört zu jedem Interrupt eine Codesequenz, die sein Eintreten verhindert und welche die *Entfähigung* heißen soll. Die letzte Bezeichnung ist zweifellos sprachlich etwas problematisch, sie macht aber doch den Charakter der Einklammerung deutlich: *Befähigung* ist die öffnende Klammer „(" und *Entfähigung* ist die schließende Klammer „)", die einen mathematischen Ausdruck umgibt, der als ein Ganzes behandelt werden soll. Verwendet man diese Bezeichnungen, so lassen sich Programme sehr viel leichter verfolgen, wenn in ihnen Rituale, Befähigungen und Entfähigungen als solche gekennzeichnet werden, wie es im Buch durchweg geschieht. Auch ist es von Vorteil, in diesem etwas konfusen Bereich der Programmierung eine gewisse Systematik zur Verfügung zu haben.

Beispiele für Interrupts folgen noch zahlreich, deshalb genügt an dieser Stelle eine

[3]Gemeint sind physikalische Größen, die eine bestimmte Richtung haben und durch einen Pfeil dargestellt werden, etwa die Kraft oder die Geschwindigkeit.

einfache Demonstration. Um es aber etwas interessanter zu gestalten, wird gezeigt, wie ein Interrupt umgelenkt werden kann. Denn die Adresse der *ISR* ist zwar fixiert, aber sie kann sich eine Zieladresse aus dem Arbeitsspeicher holen, damit wird die Reaktion auf den Interrupt zur Laufzeit des Programms steuerbar. Beispielsweise könnte am Programmstart ein Prozessorpin abgefragt werden.

```
           .include m32def.inc"
           .device  ATmega32                  16 MHz
           .cseg
  Zwei Interruptvektoren: Reset und OC1A-Interrupt
           .org     0
           jmp      Start                3    Sprung bei Reset
           .org     OC1Aaddr
           jmp      OC1Ahdlr             3    Sprung bei ℜOCR1A = ℜTCNT1
           .dseg
  Die Adresse der für den OC1A-Interrupt zu verwendenden Erweiterungsprozedur
OC1Adest:  .byte    2
           .cseg
  Das Programm beginnt nach dem letzten Interruptvektor
           .org     SPMRaddr+2
  Die ISR für OC1A
OC1Ahdlr:  push     r30                  2    Z wird für icall benötigt
           push     r31                  2
           in       r30,SREG             1    Statusregister retten
           push     r30                  2
           lds      r30,OC1Adest         2    Z ← Adr. der Erweiterungspr.
           lds      r31,OC1Adest+1       2
           icall                         3    Erweiterungsprozedur aufrufen
           pop      r30                  2    Statusregister und Z restaurieren
           out      SREG,r30             1
           pop      r31                  2
           pop      r30                  2
           reti                          4
  Die erste ISR-Erweiterung für den OC1A-Interrupt
OC1A1st:   in       r30,PINA             1    Pins von PA in r30 einlesen
           ldi      r31,0b00000001       1    Bitmaske für PA0 in r31 laden
           eor      r30,r31              1    r30.0 ← r30.0 ⊕ 1 = ¬r30.0
           out      PORTA,r30            1    RPORTA ← r30
           ldi      r30,LOW(OC1A2nd)     1    OC1A2nd als Erweiterungsprozedur .
           sts      OC1Adest,r30         2    .. einrichten
           ldi      r30,HIGH(OC1A2nd)    1
           sts      OC1Adest+1,r30       2
           ret                           4
  Die zweite ISR-Erweiterung für den OC1A-Interrupt
OC1A2nd:   in       r30,PINA             1    Pins von PA in r30 einlesen
```

34		`ldi`	`r31,0b00000010`	1	Bitmaske für `PA1` in $\mathbf{r_{31}}$ laden
35		`eor`	`r30,r31`	1	$\mathbf{r_{30}}.1 \leftarrow \mathbf{r_{30}}.1 \oplus 1 = \overline{\mathbf{r_{30}}.1}$
36		`out`	`PORTA,r30`	1	$\mathbf{R}_{\mathsf{PORTA}} \leftarrow \mathfrak{r}_{30}$
37		`ldi`	`r30,LOW(OC1A1st)`	1	`OC1A1st` als Erweiterungsprozedur ..
38		`sts`	`OC1Adest,r30`	2	.. einrichten
39		`ldi`	`r30,HIGH(OC1A1st)`	1	
40		`sts`	`OC1Adest+1,r30`	2	
41		`ret`		4	
	Die Einsprungstelle des Programms				
42	`Start:`	`ldi`	`r16,LOW(RAMEND)`	1	Stapel einrichten
43		`out`	`SPL,r16`	1	
44		`ldi`	`r16,HIGH(RAMEND)`	1	
45		`out`	`SPH,r16`	1	
46		`clr`	`r16`	1	Datenregister von `PA` löschen
47		`out`	`PORTA,r16`	1	
48		`ldi`	`r17,0b11111111`	1	`PA` als Ausgang programmieren
49		`out`	`DDRA,r17`	1	
	`OC1A1st` wird als Erweiterungsprozedur eingerichtet				
50		`ldi`	`r17,LOW(OC1A1st)`	1	
51		`sts`	`OC1Adest,r17`	2	
52		`ldi`	`r17,HIGH(OC1A1st)`	1	
53		`sts`	`OC1Adest+1,r17`	2	
	Das **Ritual** des `OC1A`-Interrupts				
54		`ldi`	`r17,HIGH(15625)`	1	$\mathbf{R}_{\mathsf{OCR1A}} \leftarrow \frac{16\times 10^{16}}{1024} = 15624$
55		`out`	`OCR1AH,r17`	1	
56		`ldi`	`r17,LOW(15625)`	1	
57		`out`	`OCR1AL,r17`	1	
58		`out`	`TCNT1H,r16`	1	$\mathbf{R}_{\mathsf{TCNT1}} \leftarrow \mathbf{0000}$
59		`out`	`TCNT1L,r16`	1	
60		`out`	`TCCR1A,r16`	1	Timer1 konfigurieren
61		`ldi`	`r17,0b00001101`	1	
62		`out`	`TCCR1B,r17`	1	
	Die **Befähigung** des `OC1A`-Interrupts				
63		`in`	`r17,TIMSK`	1	
64		`ori`	`r17,0b00010000`	1	$\mathbf{R}_{\mathsf{TIMSK}}.4 \leftarrow 1$
65		`out`	`TIMSK,r17`	1	
	Globale Befähigung aller Interrupts und die Hauptschleife				
66		`sei`		1	Hauptschalter für Interrupts ein
67	`Ewig:`	`rjmp`	`Ewig`	2	Nur Hintergrundarbeit

Es wird eine *ISR* für den `OC1A`-Interrupt von Timer1 eingerichtet. Seine Vektoradresse ist in der Datei `m32def.inc` als das Symbol `OC1Aaddr` definiert, in Zeile *7* kommt an diese Adresse ein Sprungbefehl an die Adresse der *ISR*. Die *ISR* lädt **Z** mit der Adresse einer *Erweiterungsprozedur* aus der in Zeile *9* reservierten 16-Bit-Variablen und ruft die Erweiterungsprozedur auf. Diese kann $\mathbf{r_{30}}$ und $\mathbf{r_{31}}$ beliebig nutzen.

Das Programm wird nach dem Einschalten des Prozessors oder nach einem Reset in Zeile *42*

betreten. Dort wird zunächst wie üblich der Stapel aufgebaut. Anschließend wird PORTA zum Ausgang erklärt, nachdem vorsichtshalber das Register $\mathbf{R}_{\text{PORTA}}$ gelöscht wurde (Zeilen *46–49*).
Es gibt zwei Erweiterungsprozeduren, `OC1A1st` und `OC1A2nd`. Die erste wird in den Zeilen *50–53* zum Gebrauch durch die *ISR* eingerichtet, dort wird ihre Adresse in die 16-Bit-Variable `OC1Adest` geschrieben, aus welcher sich die *ISR* ja ihre Zieladresse holt.
Es folgt das Ritual des `OC1A`-Interrupts. Dieser wird — falls erlaubt — dadurch angestoßen, dass das Zählerregister $\mathbf{R}_{\text{TCNT1}}$ von Timer1 beim Hochzählen den Wert des Vergleichsregisters $\mathbf{R}_{\text{OCR1A}}$ erreicht. Im Einzelnen geschieht Folgendes:

- Das Vergleichsregister $\mathbf{R}_{\text{OCR1A}}$ wird mit 15625 geladen und zwar in der Reihenfolge oberes, dann unteres Byte, die eingehalten werden muss! (Zeilen *54–57*).
- Das Zählerregister $\mathbf{R}_{\text{TCNT1}}$ wird gelöscht (Zeilen *58–59*). Register $\mathbf{r_{16}}$ enthält noch von Zeile *46* her den Wert **00**. Auch hier ist die Reihenfolge oberes Byte, dann unteres Byte einzuhalten.
- Die Bits des Konfigurationsregisters $\mathbf{R}_{\text{TCCR1A}}$ werden gelöscht (Zeile *60*). Das bedeutet zum einen, dass Timer1 von den Pins des Prozessors abgekoppelt ist, da nur seine reine Zählfunktion gebraucht wird (Bits 4 bis 7). Zum anderen müssen Bit 0 und Bit 1 den Wert 0 haben, damit der Zähler im Modus 4 betrieben werden kann.
- Das Konfigurationsregister $\mathbf{R}_{\text{TCCR1B}}$ wird mit dem Bitmuster 00001101 geladen. Die Bitfolge (TCCR1B.4, TCCR1B.3, TCCR1A.1, TCCR1A.0) = 0100 versetzt Timer1 in den Modus 4 (CTC), in welchem das Zählregister $\mathbf{R}_{\text{TCNT1}}$ zurückgesetzt wird, sobald sein Wert mit dem von $\mathbf{R}_{\text{OCR1A}}$ übereinstimmt. Mit der Bitfolge (TCCR1B.2, TCCR1B.1, TCCR1B.0) = 101 wird der Zähler erstens angestoßen, und zweitens wird als Takt nicht direkt der Systemtakt gewählt, sondern es wird ein Vorteiler zugeschaltet:

  $$f = \frac{f_{\text{clk\_io}}}{1024}$$

  Darin ist $f_{\text{clk\_io}}$ der Systemtakt, der hier 16MHz betragen soll. Es ist dann also $f = 15625\text{Hz}$. Da das Vergleichsregister $\mathbf{R}_{\text{OCR1A}}$ den Wert 15625 erhalten hat, vergeht genau eine Sekunde, bis das Zählerregister $\mathbf{R}_{\text{TCNT1}}$ von **0000** kommend auch diesen Wert erreicht.[4]

Auf das Ritual des Interrupts folgt seine Befähigung (Zeilen *63–65*). Diese besteht eigentlich nur darin, das Bit $\mathbf{R}_{\text{TIMSK}}$.4 zu setzen. Allerdings ist die IO-Adresse des Registers größer als **20**, weshalb `sbi` nicht verwendet werden kann, sondern mit der Bitmaske 00010000 gearbeitet werden muss.
Schließlich wird in Zeile *66* die generelle Erlaubnis für Interrupts gegeben, was, um bei den gewählten Ausdrücken zu bleiben, auch als generelle Befähigung aller Interrupts bezeichnet werden kann. Das Programm endet dann mit einer Endlosschleife, Aktivitäten sind jetzt nur noch über Interrupts möglich.
Die *ISR* startet in Zeile *12* damit, **Z**, also das Doppelregister $\mathbf{r_{31:30}}$, in den Stapel zu retten. Es wird für den Sprung zur Erweiterungsprozedur gebraucht. Anschließend wird in den Zeilen *14–15* auch das Statusregister in den Stapel gebracht. Für den indirekten Sprung zur Erweiterungsprozedur in Zeile *18* wird **Z** in den Zeilen *16–17* mit deren Adresse geladen, die von der Variablen `OC1Adest` im Arbeitsspeicher geholt wird, für die Platz in Zeile *9* geschaffen wird. Nach dem Aufruf der Erweiterungsprozedur werden die Vorgänge der Zeilen *12–15*

[4] Die in diesem Punkt gemachte Aussage ist nicht ganz korrekt. Da das Zählerregister nämlich einen Takt lang auch den Wert **0000** hat, muss Register $\mathbf{R}_{\text{OCR1A}}$ den Wert $n-1$ haben, wenn der Timer genau n Takte zählen soll!

rückgängig gemacht, ehe die *ISR* in Zeile *23* verlassen wird.
Die erste Erweiterungsprozedur ändert bei jedem Aufruf das Potential an Pin `PA0`, die zweite das Potential an Pin `PA1`. Leider gibt es keinen Befehl, mit dem ein Bit eines Registers umgeschaltet werden könnte, also werden die Bits mit dem `xor`-Befehl umgeschaltet, da $\mathfrak{b} \oplus 1 = \overline{\mathfrak{b}}$. Und leider gelten arithmetische und logische Befehle auch nur für die Register $\mathtt{r}_i$, also müssen die Bits vor dem Umschalten eingelesen und danach wieder ausgeschrieben werden. Dabei wäre es eigentlich nicht nötig, die Pins direkt zu lesen, der Befehl `in,r30 PORTA` genügte, da Port `PA` auf Ausgang geschaltet ist. Das alles geschieht in den Zeilen *24–27* und den Zeilen *33–36*. Als zweite Handlung richten `OC1A1st` und `OC1A2nd` sich gegenseitig als Erweiterungsprozedur ein und zwar jeweils in den Zeilen *28–31* und Zeilen *37–40*.

Die Erweiterungsprozedur erweitert aber nicht nur die Fähigkeiten der *ISR*, sie erweitert leider auch die Reaktionszeit des Interrupts. Es ist trotzdem eine nützliche Einrichtung und dies nicht nur im Testfall.

4.2. Prioritätssteuerung

Es wurde schon kurz darauf hingewiesen, dass es keine echte Priorität für Interrupts gibt. Solange keine *ISR* das Interruptbit $\mathfrak{i}$ manipuliert, solange also Interrupts nicht wieder unterbrochen werden können, spielt das keine Rolle. Erlaubt eine *ISR* aber Interrupts, indem sie das Interruptbit setzt, so lässt sie damit *jeden* Interrupt zu, darunter möglicherweise auch den, welchen sie sie gerade bedient.

Sind die Interrupts, die vorkommen können, in zwei Gruppen eingeteilt und zwar in eine Gruppe mit hoher Priorität und in eine zweite mit geringer Priorität, so lässt sich diese Einteilung einfach so realisieren, dass die *ISR* eines Interrupts mit niedriger Priorität weitere Interrupts erlaubt, die *ISR* eines Interrupts der anderen Gruppe dagegen nicht. Aber natürlich können Interrupts niedriger Priorität weitere Interrupts nicht beliebig zulassen, praktisch jede *ISR* enthält Teile, die nicht unterbrochen werden dürfen, etwa weil Befehle in einem bestimmten zeitlichen Rahmen ablaufen müssen.

Sind dagegen drei Klassen von Interrupts vorhanden, etwa IntA, IntB und IntC genannt, und sollen die Interrupts in IntA hohe, die in IntB mittlere und die in IntA niedrige Priorität haben, so ist das mit dem globalen Interruptbit nicht zu erreichen. Das Problem liegt darin, was mit den Interrupts in der Gruppe IntB zu geschehen hat. Lassen sie weitere Interrupts zu, so ergibt sich im Effekt eine Einteilung in zwei Gruppen, nämlich die Gruppe IntA mit hoher Priorität und die vereinigte Gruppe der IntB und IntC mit niedriger Priorität. Lassen Interrupts der Gruppe IntB aber keine weiteren Interrupts zu, so ergibt sich ebenso eine Zweiteilung, nämlich in die Gruppe IntC niedriger Priorität und die vereinigte Gruppe der IntA und IntB mit hoher Priorität.

Mit den lokalen Befähigungsbits lässt sich jedoch sehr wohl eine Prioritätssteuerung aufbauen. Diese ist jedoch recht aufwendig zu realisieren und verlängert die Reaktionszeit nicht unbeträchtlich. Z.B. besitzt der **ATmega168** 26 Interruptquellen, die, sollen sie alle an der gleich vorgestellten Prioritätssteuerung teilhaben, damit einen guten Teil der Ressourcen des Prozessors verbrauchen.

Die Idee ist, bei einer Unterbrechung die Befähigungsbits der am Prioritätsschema teilnehmenden Interrupts in einem gesonderten Stapel zu speichern und diese dann so zu setzen, dass nur die nach dem Schema zulässigen Interrupts erneut unterbrechen können. Am Ende der Unterbrechung muss dann die Reihe der Befähigungsbits wieder in ihren vorigen Zustand versetzt werden. Interrupts, die nicht am Prioritätsschema teilnehmen, können ohne Schaden wie gewöhnlich auftreten, aber sie dürfen keinen Einfluß auf die Prioritätssteuerung nehmen. Es ist sogar möglich, dass zwei oder mehr Prioritätssteuerungen nebeneinander ablaufen.

Zur Demonstration wird den drei externen Interrupts INT0, INT1 und INT2 des **ATmega32** folgendes Prioritätsschema auferlegt: INT2 hat die höchste, INT1 die mittlere und INT0 die niedrigste Priorität. Die Wahl ist auf diese Interrupts gefallen, weil sie für Testzwecke von außen leicht zugänglich sind. Es ist kein großes Problem, das Programm für andere Interrupts umzuschreiben. Dazu sei angemerkt, dass eigentlich ein Programm konzipiert war, das eine vollkommen allgemeine Prioritätssteuerung realisieren sollte, aber dieses Programm wäre ein sehr großer Verbraucher von Prozessortakten geworden. Das vorliegende Programm ist schon umfangreich genug.

Auf etwas ist noch hinzuweisen. „Feuern" zwei Interruptquellen zur selben Zeit, so gilt zur Auflösung des Konfliktes das dem Prozessor innewohnende Prioritätsschema. Im Falle der drei externen Interrupts sieht es dann so aus, als funktioniere die Prioritätssteuerung nicht. Werden z.B. INT0 und INT2 gleichzeitig ausgelöst, so wird INT0 zuerst bedient.

Die Anzahl der Unterbrechungen und die maximale Stapelgröße

```
.equ npfPriInt  = 3
.equ nPriIntMax = 5
            .dseg
```

Die laufende Schachteltiefe τ und der Stapel für die Befähigungsbits

```
bPriIntLau: .byte  1
pbPriStapl: .byte  2
vbPriStapl: .byte  npfPriInt*nPriIntMax
```

Die Adressen der sekundären Interruptprozeduren

```
pfPriI0:    .byte  2
pfPriI1:    .byte  2
pfPriI2:    .byte  2
```

Der Startwert für den Zeiger des Befähigungsstapels

```
.equ pbPriStpAnf = vbPriStapl-npfPriInt
            .cseg
```

Die *ISR* für INT0

```
INT0hdlr:   push   r0                  2    Statusbits retten
            in     r0,SREG             1
            push   r30                 2    Z retten
            push   r31                 2
            lds    r30,bPriIntLau      2    m ← m − 1
            subi   r30,1               1
            brcs   INT0hdl1            1/2  War m = 0 ? Dann keine Unterbr.
            sts    bPriIntLau,r30      2    Merke m
            lds    r30,pbPriStapl      2    σ ← σ + n
            lds    r31,pbPriStapl+1    2
```

```
               adiw   r31:r30,npfPriInt     2
               sts    pbPriStapl,r30        2
               sts    pbPriStapl+1,r31      2
               push   r16                   2
               rcall  PriI2Ein              3   INT2 befähigen
               rcall  PriI1Ein              3   INT1 befähigen
               rcall  PriI0Aus              3   INT0 entfähigen
               pop    r16                   2
               sei                          1   Globale Befähigung
               lds    r30,pfPriI0           2   Unterbrechungsprozedur
               lds    r31,pfPriI0+1         2   aufrufen
               icall                        3
               cli                          1   Globale Entfähigung
               lds    r30,pbPriStapl        2   Z ← σ
               lds    r31,pbPriStapl+1      2
               rcall  PriAlt                3   Fähigkeiten von INTx restaurieren
               subi   r30,npfPriInt         1   σ ← σ − n
               sbci   r31,0                 1
               sts    pbPriStapl,r30        2
               sts    pbPriStapl+1,r31      2
               lds    r30,bPriIntLau        2   m ← m + 1
               inc    r30                   1
               sts    bPriIntLau,r30        2
INT0hdl1:      pop    r31                   2   Z restaurieren
               pop    r30                   2
               out    SREG,r0               1   Statusregister restaurieren
               pop    r0                    2
               reti                         4
```

Ein Makro für eine *ISR*

```
.macro         INTxhdlr
               push   r0                    2
               in     r0,SREG               1
               push   r30                   2
               push   r31                   2
               lds    r30,bPriIntLau        2
               subi   r30,1                 1
               brcs   @4                    1/2
               sts    bPriIntLau,r30        2
               lds    r30,pbPriStapl        2
               lds    r31,pbPriStapl+1      2
               adiw   r31:r30,npfPriInt     2
               sts    pbPriStapl,r30        2
               sts    pbPriStapl+1,r31      2
               push   r16                   2
               rcall  @0                    3
```

```
             rcall  @1                   3
             rcall  @2                   3
             pop    r16                  2
             sei                         1
             lds    r30,@3               2
             lds    r31,@3+1             2
             icall                       3
             cli                         1
             lds    r30,pbPriStapl       2
             lds    r31,pbPriStapl+1     2
             rcall  PriAlt               3
             subi   r30,npfPriInt        1
             sbci   r31,0                1
             sts    pbPriStapl,r30       2
             sts    pbPriStapl+1,r31     2
             lds    r30,bPriIntLau       2
             inc    r30                  1
             sts    bPriIntLau,r30       2
@4:          pop    r31                  2
             pop    r30                  2
             out    SREG,r0              1
             pop    r0                   2
             reti                        4
.endmacro
```

Die *ISR* für INT1

```
INT1hdlr:
INTxhdlr PriI2Ein,PriI1Aus,PriI0Aus,pfPriI1,INT1hdl1
```

Die *ISR* für INT2

```
INT2hdlr:
INTxhdlr PriI2Ein,PriI1Aus,PriI0Aus,pfPriI2,INT2hdl1
```

Die Prozeduren zur Aufbewahrung und Veränderung der Befähigungsbits

```
PriI0Ein:    in     r16,GICR             1    INT0 befähigen
             st     Y+,r16               2
             sbr    r16,1 << INT0        1
             out    GICR,r16             1
             ret                         4
PriI0Aus:    in     r16,GICR             1    INT0 entfähigen
             st     Y+,r16               2
             cbr    r16,1 << INT0        1
             out    GICR,r16             1
             ret                         4
PriI1Ein:    in     r16,GICR             1    INT1 befähigen
             st     Y+,r16               2
             sbr    r16,1 << INT1        1
             out    GICR,r16             1
```

```
                ret                             4
PriI1Aus:       in      r16,GICR                1   INT1 entfähigen
                st      Y+,r16                  2
                cbr     r16,1 << INT1           1
                out     GICR,r16                1
                ret                             4
PriI2Ein:       in      r16,GICR                1   INT2 befähigen
                st      Y+,r16                  2
                sbr     r16,1 << INT2           1
                out     GICR,r16                1
                ret                             4
PriI2Aus:       in      r16,GICR                1   INT2 entfähigen
                st      Y+,r16                  2
                cbr     r16,1 << INT2           1
                out     GICR,r16                1
                ret                             4
```

Die Prozedur zur Restaurierung der Befähigungsbits

```
PriAlt:         push    r16                     2
                ldd     r16,Z+2                 2   Befähigung INT2 restaurieren
                bst     r16,INT0                1
                in      r16,GICR                1
                bld     r16,INT0                1
                out     GICR,r16                1
                ldd     r16,Z+1                 2   Befähigung INT1 restaurieren
                bst     r16,INT1                1
                in      r16,GICR                1
                bld     r16,INT1                1
                out     GICR,r16                1
                ldd     r16,Z+0                 2   Befähigung INT0 restaurieren
                bst     r16,INT2                1
                in      r16,GICR                1
                bld     r16,INT2                1
                out     GICR,r16                1
                pop     r16                     2
                ret                             4
```

Die Initialisierung der Prioritätssteuerung: $\mathfrak{r}_{17:16} = \pi_0$, $\mathfrak{r}_{19:18} = \pi_1$, $\mathfrak{r}_{21:20} = \pi_2$

```
PriIni:         sts     pfPriI0,r16             2   π0
                sts     pfPriI0+1,r17           2
                sts     pfPriI1,r18             2   π1
                sts     pfPriI1+1,r19           2
                sts     pfPriI2,r20             2   π2
                sts     pfPriI2+1,r21           2
                ldi     r16,LOW(pbPriStpAnf)    1   σ initialisieren
                sts     pbPriStapl,r16          2
                ldi     r16,HIGH(pbPriStpAnf)   1
```

```
151          sts    pbPriStapl+1,r16    2
152          ldi    r16,nPriIntMax      1   m initialisieren
153          sts    bPriIntLau,r16      2
     Das Ritual: Die Befähigung der beteiligten Interrupts
154          in     r16,GICR            1
155          ori    r16,0b11100000      1   INT0, INT1, INT2 befähigen
156          out    GICR,r16            1
157          ret                        4
```

Um die Beschreibung etwas allgemeiner zu halten, sei mit n die Anzahl der am Schema beteiligten Interrupts bezeichnet. Es ist also $n = 3$. Jeder *ISR* R_i, $i = 1, \ldots, 2$ ist die Adresse π_i einer Funktion F_i zugeordnet. F_i wird von R_i über π_i letztendlich aufgerufen, um für den Interrupt nützliche Arbeit zu verrichten. Die n Funktionsadressen werden in den Variablen `pfPri0` bis `pfPri2` in den Zeilen *7–9* bereitgestellt. In Zeile *1* wird der Assemblervariablen `npfPriInt` die Anzahl der Funktionsadressen zugewiesen, also n. R_0 ist die *ISR* von INT2, R_1 die von INT1 und R_2 die von INT0. In dem zu realisierenden Prioritätsschema hat R_0 also die höchste, R_1 die mittlere und R_2 die geringste Priorität.
In Zeile *2* wird der Assemblervariablen `nPriIntMax` die maximale Verschachtelungstiefe t zugewiesen. Es ist $t > n$, da INT2 erlaubt wird, sich selbst zu unterbrechen. Sind t Unterbrechungen aktiv, so werden weitere Unterbrechungen unterdrückt. Der Einfachheit halber geschieht das im Programm schweigend, irgendeine Meldung oder Anzeige erscheint jedoch ratsam. Wichtig ist sich klar zu machen, dass die Interruptprozedur F_0 von INT2 unbedingt *reentrant* sein muss, d.h. ein Aufruf von F_0 muss ohne Schaden von einem Aufruf von F_0 unterbrochen werden können. Braucht die Funktion Speicherplatz, so muss sie diesen etwa im Systemstapel oder einem extra dafür angelegten Stapel bereitstellen.
Der Stapel für die Befähigungsbits besteht aus t Bytevektoren der Länge n, die in Zeile *6* reserviert werden. Die Variable `pbPriStapl` enthält den Zeiger σ dieses Stapels.
Zunächst zur Initialisierung, die in Zeile *142* ihren Anfang nimmt. Wie im Programm schon angemerkt, müssen der Initialisierungsprozedur `PriIni` die Adressen π_i der Interruptfunktionen in den Registerpaaren $\mathbf{r}_{17:16}$, $\mathbf{r}_{19:18}$ und $\mathbf{r}_{21:20}$ übergeben werden. Diese werden in den Zeilen *142–147* in die zugehörigen Variablen kopiert. Es folgt die Initialisierung des Stapelzeigers. Da dieser bei Eintritt in eine *ISR* um n erhöht wird, ist er mit der um n verminderten Anfangsadresse des Stapels zu belegen, die in Zeile *10* berechnet wird, wie es auch in den Zeilen *148–151* geschieht. In den folgenden beiden Zeilen wird die Variable für die laufende Schachteltiefe mit ihrem Anfangswert t belegt. Es wird also nicht die Anzahl der durchgeführten Schachtelungen mitgeführt, sondern die Anzahl m der noch möglichen Schachtelungen. Zuletzt folgt das Ritual, in welchem alle drei Interrupts befähigt werden.
Da die gewählten Interrupts sich nur in wenigen Eigenschaften unterscheiden, gibt es auch im Wesentlichen nur eine *ISR*. Da bietet es sich an, um Platz zu sparen, aber auch um Fehler zu vermeiden, ein Makro zu benutzen. Nun eignet sich Makrotext aber nicht gut für Erklärungen, weshalb hier ein Mittelweg beschritten wurde: Eine *ISR*, nämlich `INT0hdlr`, wird in den Zeilen *12–49* als Funktion ausgeführt, die beiden anderen als Makro.
Beim Betreten der *ISR* wird als erste Aufgabe der Inhalt des Statusregisters in Register $\mathbf{r}_0$ kopiert, nachdem der Inhalt von $\mathbf{r}_0$ in den Systemstapel gebracht wurde. Danach wird auch das Doppelregister **Z** in den Stapel gebracht. Die nächste Aufgabe ist, die Schachteltiefe zu überprüfen und den neuen Wert festzuhalten, falls die maximale Schachteltiefe noch nicht erreicht ist. Dazu wird in Zeile *16* Register $\mathbf{r}_{30}$ mit der vorigen Schachteltiefe geladen und in der nächsten Zeile um 1 vermindert. Eine Schachteltiefe von **00** ist ein akzeptabler Wert, da er besagt, dass, nach der Ausführung keine weitere Schachtelung mehr möglich ist. Eine

Fehlerbedingung wird deshalb durch eine Schachteltiefe von −1 angezeigt, und das bedeutet, dass zur Verminderung der Schachteltiefe nicht der Befehl `dec r30` angewandt werden kann, sondern der Befehl `subi 30,1` benutzt werden muss, der das Ergebnis −1 durch das Setzen des Übertragsbits `c` anzeigt. Wird also in Zeile *17* das Übertragsbit gesetzt, so wird zum Ende der *ISR* verzweigt, die Unterbrechung folglich nicht bedient. In echter Anwendung sollte hier irgendeine Reaktion erfolgen. Als Nächstes wird der Stapelzeiger des Stapels der Befähigungsbits auf den neuesten Stand gebracht. Sein alter Wert wird in den Zeilen *20–21* in das Doppelregister $\mathbf{r}_{31:30}$ geladen, dann um n erhöht und wieder zurückgeschrieben. Zur Erinnerung: Jeder Stapelplatz umfaßt einen Bytevektor der Länge n (hier $n = 3$).

Es folgen nun die vom Prioritätsschema vorgeschriebenen Be- und Entfähigungen. Für jeden Interrupt, der am Schema teilnimmt, gibt es eine Be- und eine Entfähigungsprozedur. Ist R_i die *ISR* der laufenden Unterbrechung, so werden für R_0 bis R_{i-1} die Befähigungsprozeduren aufgerufen und zwar genau in dieser Reihenfolge, denn R_0 bis R_{i-1} haben eine höhere Priorität und dürfen die laufende Unterbrechung unterbrechen. Darf die laufende Unterbrechung sich selbst unterbrechen, so wird als nächstes die Befähigungsprozedur von R_i aufgerufen, andernfalls natürlich die Entfähigungsprozedur. Schließlich werden für R_{i+1} bis R_{n-1} die Entfähigungsprozeduren aufgerufen und zwar genau in dieser Reihenfolge, denn R_{i+1} bis R_{n-1} haben eine mindere Priorität und dürfen die laufende Unterbrechung nicht unterbrechen. Da die laufende Unterbrechung INT0 als Quelle hat (die *ISR* ist `INT0hldr`), ist zuerst die Befähigungsprozedur von INT2 und dann die von INT1 aufzurufen, dann die Entfähigungsprozedur von INT0, da nach dem Schema nur INT2 sich selbst unterbrechen darf. Eben das geschieht in den Zeilen *26–28*. Ein Blick auf die Be- und Entfähigungsprozeduren in den Zeilen *94–123* zeigt, dass diese in Register **Z** die Adresse des Stapelbytes erwarten, das sie für das Speichern des vorgefundenen Befähigungsbits verwenden sollen, und dass sie diese Adresse auf das nächste Byte weiterschalten.[5] Die Speicheraktion führen alle Prozeduren gleich aus, dann wird das Befähigungsbit ihres Interrupts entweder gesetzt oder gelöscht. Bei den gewählten Interrupts liegen die Befähigungsbits alle in demselben IO-Register $\mathbf{R}_{\mathsf{GICR}}$, ein Stapelelement mit einem einzigen Byte wäre also ausreichend. Solch eine Optimierung wurde aber nicht durchgeführt, um die Anpassung an andere Interruptgruppen nicht zu erschweren.[6]

Nach all diesen Vorbereitungen kann endlich die Unterbrechungsfunktion F_i aufgerufen werden. Dazu wird in den Zeilen *35–36* Register **Z** mit der Adresse π_i der Funktion geladen und die Funktion dann indirekt aufgerufen. Dort findet die eigentliche Unterbrechungsarbeit statt. Diese und der Funktionsaufruf laufen wegen Zeile *30* mit globaler Befähigung ab, d.h. ein Interrupt mit höherer Priorität kann unterbrechen, allerdings möglicherweise auch ein Interrupt, der nicht an der Prioritätssteuerung teilnimmt.

Nach getaner Unterbrechungsarbeit müssen die Prioritäten wieder auf den vorigen Stand gebracht werden. Dazu muss natürlich zuerst global entfähigt werden (Zeile *34*). Darauf wird Register **Z** mit dem laufenden Zeiger des Befähigungsstapels geladen und die Prozedur `PriAlt` aufgerufen, welche den Zustand der Befähigungsbits vor dem laufenden Interrupt wiederherstellt (Zeilen *124–141*). Das geschieht in der Reihenfolge von R_{n-1} bis R_0, um zu betonen, dass hier das Stapelprinzip herrscht (LIFO, d.h. *last in, first out*) nötig ist es allerdings nicht. Das Stapelbyte, welches das alte Befähigungsbit enthält, wird in Register $\mathbf{r}_{16}$ geladen, dann wird dieses Bit in das T-Bit `t` im Statusregister kopiert, der Inhalt des entsprechenden IO-Registers wird in Register $\mathbf{r}_{16}$ geladen und das Befähigungsbit wird durch `t` ersetzt. Nach dem Zurückschreiben des IO-Registers ist der vorige Befähigungszustand wiederhergestellt.

---

[5]Nebenbei folgt daraus, dass man die Addition in Zeile *22* vermeiden kann, wenn der Gebrauch des Befähigungsstapels etwas anders organisiert wird.

[6]Im Prinzip wäre mit einem Stapelelement auszukommen, das ein Bit pro Interrupt enthält.

Zweierlei ist nun noch zu erledigen, bevor die *ISR* verlassen werden kann. Zum einen muss der Zeiger des Befähigungsstapels zurückgesetzt werden, zum anderen ist der Schachteltiefenzähler zu inkrementieren. Ersteres beginnt in Zeile *38* damit, dass n vom Zeiger subtrahiert wird, gefolgt vom Abspeichern des neuen Zeigerwertes in seine Variable `pbPriStapl`. Letzteres wird in den Zeilen *42–44* durchgeführt.
Wie man den Makroaufrufen in der Zeile *91* und der Zeile *93* entnehmen kann, hat das Makro in den Zeilen *50–88* fünf Parameter und zwar fünf Label. Die ersten drei sind die Namen der Be- und Entfähigungsprozeduren, der nächste ist der Name der Variablen mit der Adresse der Unterbrechungsfunktion. Der letzte Parameter hat seine Existenz einem unguten Gefühl zu verdanken. Der Assembler scheint in Makros eingeführte Label als für das Makro lokal anzusehen, man kann das aber nur daraus schließen, dass bei zweimaligem Aufrufen des Makros kein Mehrfachlabelfehler auftritt. Auch wenn eine Makroexpansion aufgelistet wird, bleibt die Ungewissheit bestehen, denn das Label wird ohne irgendeine Reaktion zweimal aufgeführt. Es geht natürlich um das Label in Zeile *84*, das dem Label in Zeile *45* entspricht. Es sieht zwar etwas merkwürdig aus, ein in einem Makro eingeführtes Label diesem als Parameter zu übergeben, aber es ist sicher. Jedenfalls könnte die dem AVR-Assembler mitgegebene Dokumentation ruhig etwas großzügiger gestaltet werden.

4.3. Synchronisation

4.3.1. Kritische Codesequenzen

Wenn es möglich ist, dass das Ergebnis einer Codesequenz durch einen Interrupt verändert wird, der in dieser Codesequenz auftritt, so müssen Gegenmaßnahmen getroffen werden, um eine potentielle Änderung zu verhüten. Eine Codesequenz mit dieser Eigenschaft soll hier *kritisch*[7] oder *verwundbar* heißen. Das Ergebnis einer kritischen Codesequenz kann ein Rechenergebnis sein, das eine *ISR* zu verfälschen in der Lage ist, es kann aber auch die Herstellung oder Beseitigung eines bestimmten Zustandes sein.

Eine einfache Situation liegt vor, wenn der Vordergrundprozess und eine *ISR* gemeinsam einen Zähler benutzen. Ist dieser Zähler eine Variable `bZ` im Arbeitsspeicher, so muss der Vordergrundprozess die folgende Codesequenz ausführen, um den Zähler zu erhöhen.

```
1  lds   r0,bZ    ↯
2  inc   r0       ↯
3  sts   bZ,r0    ↯
```

Programmzeilen, die zu einer kritischen Codesequenz gehören, sind mit ↯ gekennzeichnet. Wenn zur Ausführungszeit obiger Codesequenz Interrupts möglich sind, so ist diese Sequenz kritisch. Denn angenommen, dass nach der ersten Zeile eine Unterbrechung auftritt, deren *ISR* ebenfalls den Zähler `bZ` erhöht. Die *ISR* muss dazu eine ähnliche Codesquenz ausführen, deren für die Erhöhung des Zählers wesentlichen Teile man sich zwischen die ersten beiden Zeilen eingeschoben denken kann, sie sind mit ⇝ markiert.

[7] *Kritische Regionen* sind der Gegenstand von Abschnitt 5.3.2.

```
1    lds   r0,bZ   ↯   r0 ← n
2    lds   r1,bZ   ⇝   r1 ← n
3    inc   r1      ⇝   r1 ← n+1
4    sts   bZ,r1   ⇝   bZ ← n+1
5    inc   r0      ↯   r0 ← n+1
6    sts   bZ,r0   ↯   bZ ← n+1
```

Angenommen, bei Ausführung von Zeile *1* hat die Variable bZ den Wert n. Dann ist nach Zeile *1* $\mathfrak{r}_0 = n$, die nächste Zeile ergibt $\mathfrak{r}_1 = n$, nach Zeile *3* ist $\mathfrak{r}_1 = n + 1$, und nach der nächsten Zeile hat bZ den Wert $n+1$. Die *ISR* läuft nun weiter ab und kommt zu ihrem Ende, damit gewinnt der Vordergrundprozess in Zeile *4* die Kontrolle zurück, es wird $\mathfrak{r}_0 = n + 1$, und in Zeile *6* erhält bZ den falschen Wert $n + 1$. Der korrekte Wert ist natürlich $n + 2$.

Wenn die obige Codesequenz Ereignisse zählt, dann wurden nur $n + 1$ statt $n + 2$ Ereignisse registriert.

Das falsche Ergebnis wird zwar dadurch möglich, dass die Codesequenz unterbrechbar ist, aber die Unterbrechbarkeit selbst ist nicht unbedingt schädlich. Ein Programm habe z.B. die Aufgabe, auf ein äußeres Ereignis hin eine bestimmte Aktion auszuführen. Das Ereignis wird so angezeigt, dass eine Variable bE des Arbeitsspeichers ihren Wert von **00** in **FF** ändert. Die Codesequenz, die das Warten ausführt, könnte etwa so aussehen:

```
1  L: lds   r0,bE   ↯
2     tst   r0      ↯
3     breq  L       ↯
```

Wird wie oben nach der ersten Zeile der wesentliche Teil der *ISR* eingeschoben, welcher die Unterbrechung durchführt, ergibt sich hier

```
1  L: lds   r0,bE   ↯   r0 ← 00
2     lds   r1,bE   ⇝   r1 ← 00
3     com   r1      ⇝   r1 ← FF
4     sts   bE,r1   ⇝   bE ← FF
5     tst   r0      ↯   r0 = 00?
6     breq  L       ↯   Ja: weiter warten
```

Bei Erreichen der Zeile *1* habe bE den Wert **00**. Dann ist nach dieser Zeile $\mathfrak{r}_0 =$ **00**. Nach den Zeilen *2–4* hat bE den Wert **FF**. Der Vordergrundprozess testet dann in Zeile *5* zwar den alten Wert **00** und springt deshalb in die Zeile *1* zurück, aber beim nächsten Schleifendurchlauf wird der neue Wert **FF** von bE erkannt und die Schleife verlassen.

Offensichtlich wird das Ereignis korrekt wahrgenommen, auch wenn der Erkennungsvorgang unterbrochen und die Variable bE dabei verändert wird. Aber, wie eine offensichtliche Verallgemeinerung des obigen Beispiels zeigt, ist eine Codesequenz *Lesen, Ändern, Schreiben* stets kritisch. Dabei steht *Lesen* für das Lesen aus irgendeinem Speicher, also Programmspeicher, Arbeitsspeicher, EEPROM, aber auch für das Auslesen eines IO-Registers, z.B. `in r0,GPIOR0`.

Es ist nun zu überlegen, wie kritische Codesequenzen entschärft werden können. Die einfachste und gleichzeitig auch effizienteste Methode ist, globale Variablen zu verwenden, deren Änderung nicht unterbrechbar ist. Dazu zählen bei AVR-Prozessoren nur die Register $\mathbf{r_0}$ bis $\mathbf{r_{31}}$. Wird z.B. statt der Variablen `bZ` das Register $\mathbf{r_{15}}$ als Ereigniszähler verwendet, so ist die sich ergebende Codesequenz `inc r15` natürlich nicht kritisch, da ein einzelner Befehl nicht unterbrochen werden kann. Das kann allerdings nur dann funktionieren, wenn absolut sichergestellt werden kann, dass sich alle Programmteile strikt an die Regel halten, $\mathbf{r_{15}}$ nur für diesen einen Zweck zu verwenden. Das gilt auch für alle später hinzugefügten oder veränderten Progammteile!

Kann das nicht garantiert werden oder kann kein Register allein für eine bestimmte Funktionalität bereitgestellt werden, so müssen kritische Codesequenzen dadurch entschärft werden, dass während ihrer Ausführung Interrupts unterbunden werden. Die globale Entfähigung wirkt zwar immer, ist aber bei einem unterbrechungsgesteuerten System nicht angebracht. Es sollte vielmehr derjenige Interrupt temporär entfähigt werden, der die Codesequenz überhaupt kritisch macht. Jedenfalls ist die folgende Codesequenz nicht mehr kritisch.

```
cli                  globale Entfähigung
lds   r0,bZ
inc   r0
sts   bZ,r0
sei                  globale Befähigung
```

Sie ist aber dennoch gefährlich! Denn angenommen, sie ist Bestandteil eines Unterprogramms, das von einem Programmstück aufgerufen wird, das Interrupts global verboten hat. Dann sind nach der Rückkehr aus diesem Unterprogramm Interrupts global erlaubt! Das ist sicherlich ein Seiteneffekt, der gravierende Folgen haben kann. Um den Seiteneffekt zu vermeiden, lässt sich das Interruptstatusbit natürlich vor der zu entschärfenden Codesequenz irgendwohin retten und danach restaurieren. Die einfachste Methode ist die Verwendung eines Registers.

```
1  in    r0,SREG   ↯  Statusbits in r0 retten
2  cli             ↯  Interrupts global verhindern
3  lds   r0,bZ
4  inc   r0
5  sts   bZ,r0
6  out   SREG,r0      Statusbits restaurieren ?
```

Die Intention ist, dass für eine (kurze) Zeit zwar Unterbrechungen verhindert werden sollen, dass aber nach dieser Zeit der vorgefundene Zustand des Interruptstatusbits `i` mit `out SREG,r0` wiederhergestellt werden soll. Aber angenommen, bei Erreichen von Zeile *1* sind Interrupts erlaubt. Es ist dann möglich, dass das Programm zwischen der Zeile *1* und der Zeile *2* unterbrochen wird und dass die *ISR* des Interrupts einige Statusbits ändert, legal und mit bestimmter Absicht. Beispielsweise könnte die *ISR* Interrupts verbieten.[8] Das unterbrochene Programm lässt Unterbrechungen in Zeile *6* jedoch wieder zu! Die Codesequenz `in r0,SREG, cli` ist also kritisch.

Die Situation kann leicht experimentell erkundet werden, es ist dazu nur ein *SWI*-Befehl[9] einzufügen:

[8] Sie müsste dann natürlich mit dem Befehl `ret` und nicht mit `reti` zurückkehren.

[9] Siehe Abschnitt 4.5.

```
in     r0,SREG   ↯ Statusbits in r0 retten
SWI                software interrupt auslösen
cli              ↯ Interrupts global verhindern
```

In der *ISR* des Interrupts kann dann, abhängig vom Kontext, allerlei Schaden angerichtet werden. Dieser Trick, „echte" Interrupts durch den gezielten Einsatz von *software interrupts* zu simulieren, kann bei der Analyse von Programmen eine große Hilfe sein.

Daß die obige Codesequenz kritisch ist, kann nicht geheilt werden. Glücklicherweise gibt es aber nur wenige AVR-Programme, in der die Sequenz tatsächlich verwundbar ist. Es muss aber bei Programmen, die mit geschachtelten Interrupts arbeiten, als Möglichkeit in Betracht gezogen werden.

4.3.2. Synchronisation mit Schlangen

Erzeuger und Verbraucher lassen sich mit Schlangen[10] ausgezeichnet synchronisieren. Schlange ist ein Synonym für *FIFO-queue*. Eine Schlange hat also zwei Enden, den Kopf (etwas prosaisch *front* im Amerikanischen) und den Schwanz (*rear*). Ein Byte betritt die Schlange am Kopf und verlässt sie am Schwanz, und nimmt die Schlange mehrere Bytes auf, so verlassen diese die Schlange in derselben Reihenfolge, in der sie die Schlange betreten hatten. Der Datenteil einer Schlange der Länge n ist ein Byte-

Tabelle 4.1.: Struktur einer Schlange

Adresse	Funktion
σ	Die Länge n der Schlange in Bytes
$\sigma + 1$	Der Kopfindex i_K
$\sigma + 2$	Der Schwanzindex i_S
$\sigma + 3$	Der Bytevektor s

vektor s mit n Elementen, auf den mit einem Kopfindex i_K und einem Schwanzindex i_S zugegriffen wird. Allerdings wird s als Ring verwendet, d.h. für die Indexfortschaltung gilt $i_K \leftarrow (i_K + 1) \bmod n$ und entsprechend für i_S. Eine leere Schlange soll durch $i_K = i_S$ charakterisiert werden. Daraus folgt, dass eine solche Schlange nur $n - 1$ Datenbytes aufnehmen kann, denn soll ein Byte in $s[i_K]$ eingefügt werden, und gilt $(i_k + 1) \bmod n = i_S$, so wäre nach dem Enfügen die Bedingung für eine leere Schlange erfüllt.

Tabelle 4.1 zeigt die genaue Struktur einer Schlange. Die Länge und Indizes sind in Bytes enthalten, eine Schlange kann also höchstens die Länge $n = 255$ haben. Die Mindestlänge für eine nutzbare Schlange ist offensichtlich $n = 2$.

Eine Schlange muss ganz in eine Seite passen, d.h. die Adressen aller Schlangenelemente müssen dasselbe obere Byte haben: $\texttt{HIGH}(\sigma) = \texttt{HIGH}(\sigma + n + 2)$. Wie man diese Bedingung bei der Assemblierung überprüfen kann, wird weiter unten demonstriert werden.

Eine Schlange muss vor ihrem ersten Gebrauch initialisiert werden. Diese Aufgabe übernimmt die

[10] Siehe dazu [Mss] Abschnitt **2.5.3**.

Prozedur QueueIni

Eine Schlange S wird initialisiert.

Input

$\mathbf{r}_{31:30}$	Die Anfangsadresse σ der Schlange S
$\mathbf{r}_{16}$	Die Länge n der Schlange (Bytes)

```
1  QueueIni:st      Z,r16     2    S[0] ← r16 = n
2           push    r0        2
3           clr     r0        1    i_K = i_S = 0
4           std     Z+1,r0    2    S[1] ← i_K = 0
5           std     Z+2,r0    2    S[2] ← i_S = 0
6           pop     r0        2
7           ret               4
```

Die Initialisierung ist ein simpler Vorgang. Das Längenbyte erhält seinen Wert n (Zeile *1*), und die Schlange wird mit $i_K = i_S$ in den Zeilen *3–5* zu einer leeren Schlange gemacht.

Da in diesem Buch eine Schlange eine Datenstruktur mit variable Länge ist, muss das Einfügen etwas anders implementiert werden als in [Mss]. Es kommt noch hinzu, dass das Einfügen *sicher* sein muss, d.h. das Einfügen muss ein atomarer, ein unteilbarer Vorgang sein, der nicht unterbrochen werden kann. Ferner muss die Prozedur von mehreren Prozessen gleichzeitig aufgerufen werden können (*reentrantcy*), und schließlich darf sie keine Annahmen darüber machen, welchen Wert das Interruptfreigabebit hat.

Prozedur QueuePut

Ein Byte b wird in eine Schlange S eingefügt.

Input

$\mathbf{r}_{31:30}$	Die Anfangsadresse σ der Schlange S
$\mathbf{r}_{16}$	Das einzufügende Datenbyte b

Ist die Schlange voll, so setzt die Prozedur das Überlaufbit. Dieses kann mit den Sprungbefehlen `brvs` (Überlaufbit ist gesetzt) oder `brvc` (Überlaufbit ist gelöscht) getestet werden.

```
QueuePut:push    r0        2
         push    r1        2
         push    r2        2
         ld      r0,Z      1    r0 ← n
         in      r2,SREG   1    Statusbits in r2 aufbewahren
         cli               1    Verbiete Interrupts
         ldd     r1,Z+1    2    r1 ← i_K
         inc     r1        1    i_K,neu ← i_K + 1
         cp      r0,r1     1    i_K,neu = n?
         brne    QuPu1     1/2
         clr     r1        1    Ja: i_K,neu ← 0
QuPu1:   ldd     r0,Z+2    2    r0 ← i_S
         cp      r0,r1     1    i_K,neu = i_S?
         breq    QuPuF     1/2  Ja: Schlange ist voll
         ldd     r0,Z+1    2    r0 ← i_K,alt
```

16		`std`	`Z+1,r1`	2	$S[1] \leftarrow i_{K,\text{neu}}$
17		`mov`	`r1,r30`	1	$\mathbf{r_{30}}$ in $\mathbf{r_0}$ aufbewahren
18		`add`	`r30,r0`	1	$\mathbf{Z} \leftarrow S + i_{K,\text{alt}}$
19		`subi`	`r30,256-3`	1	$\mathbf{Z} \leftarrow S + i_{K,\text{alt}} + 2 = s + i_{K,\text{alt}}$
20		`st`	`Z,r16`	2	$s[i_{K,\text{alt}}] \leftarrow b$
21		`out`	`SREG,r2`	1	Statusbits wiederherstellen
22		`mov`	`r30,r1`	1	$\mathbf{r_{30}}$ wiederherstellen
23		`clv`		1	Überlaufbit löschen
24	`QuPu2:`	`pop`	`r2`	2	
25		`pop`	`r1`	2	
26		`pop`	`r0`	2	
27		`ret`		4	
28	`QuPuF:`	`out`	`SREG,r2`	1	Statusbits wiederherstellen
29		`sev`		1	Überlaufbit setzen
30		`rjmp`	`QuPu2`	2	

Zu Beginn wird in Zeile *4* Register $\mathbf{r_0}$ mit der Länge n der Schlange geladen. Anschließend wird das Manipulieren der Schlange durch ein globales Verbot von Interrupts sicher gemacht, vorher wird aber der Wert des Interruptfreigabebits i dadurch aufbewahrt, dass das Statusregister in $\mathbf{r_2}$ kopiert wird (Zeilen *5–6*).
Als Nächstes wird geprüft, ob die Schlange voll ist, ob also $(i_K + 1) \bmod n = i_S$ gilt. Dazu wird in Zeile *7* Register $\mathbf{r_1}$ mit i_K geladen und sein Inhalt in der nächsten Zeile um 1 erhöht. Wird in der Zeile *9* dann $\mathfrak{r}_1 = n$ festgestellt, so ist der Fall $(i_K + 1) \bmod n = 0$ eingetreten und der Registerinhalt wird in Zeile *11* auf **00** hin korrigiert. In Zeile *12* wird dann $\mathbf{r_0}$ mit dem Schwanzindex i_S geladen und es wird in der nächsten Zeile der neue Kopfindex i_K mit i_S verglichen. Sind beide gleich, so ist die Schlange voll und es wird zur Fehlerbehandlung in die Zeile *28* gesprungen. Diese besteht darin, dass das Interruptfreigabebit seinen alten Wert zurückbekommt (Zeile *28*), das Überlaufbit gesetzt und dann in den rufenden Prozess zurückgekehrt wird.
Ist die Schlange nicht voll, so wird Register $\mathbf{r_0}$ in Zeile *15* noch einmal mit dem alten Wert von i_K geladen, bevor der neue Wert von i_K in die Schlange kopiert wird. Das Datenbyte wird dann unter Verwendung des *alten* Kopfindex' in die Schlange eingefügt. Dazu wird in Zeile *17* Register $\mathbf{r_{30}}$, also das untere Byte des Adressenregisters $\mathbf{Z}$, vorübergehend in $\mathbf{r_1}$ aufbewahrt, bevor in den Zeilen *18–19* $i_K + 2$ zum Inhalt von $\mathbf{r_{30}}$ addiert wird (dabei ist i_K der alte Kopfindex), denn $s[i_K]$ hat die Adresse $\sigma + 2 + i_K$. Bei dieser Addition kann kein Übertrag entstehen, dafür sorgt die Bedingung, dass die gesamte Schlange einer Seite des Arbeitsspeichers angehören muss. Diese Bedingung ist fast immer von selbst erfüllt, ist sie das ausnahmsweise einmal nicht, so kann sie durch einen einfachen Eingriff in das Programm herbeigeführt werden. Zur Bedeutung von Zeile *19* vergleiche [Mss] **4.2.1**.
In Zeile *20* kann das Datenbyte endlich in die Schlange eingefügt werden. Damit hat die Prozedur auch den kritischen Bereich verlassen, das Interruptfreigabebit kann wieder in seinen alten Zustand versetzt werden, bevor auch der Anfangswert von $\mathbf{r_{30}}$ wiederhergestellt und das Überlaufbit in Zeile *23* gelöscht wird.

In manchen Fällen müssen die Zeitabschnitte, in denen Interrupts unterdrückt werden, möglichst kurz gehalten werden. Sieht man sich daraufhin `QueuePut` genau an, so kann man auf den Gedanken kommen, dass Interrupts schon nach Zeile *16* wieder erlaubt werden könnten, statt erst in Zeile *21*. Denn beide Indizes sind nach Zeile

Abbildung 4.1.: Die möglichen Folgen unvollständiger Synchronisation

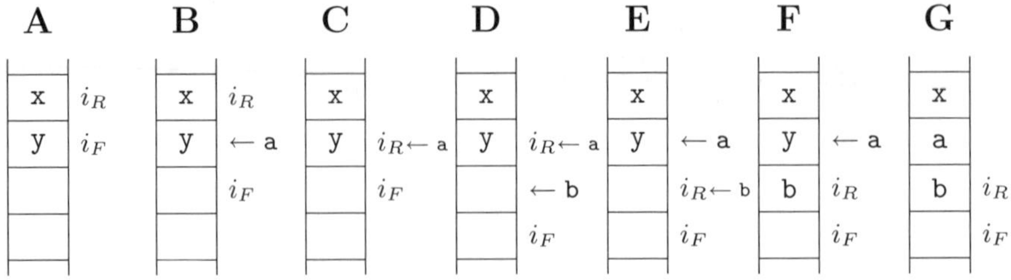

16 auf den neuesten Stand gebracht worden, es muss nur noch das neue Datenbyte in die Schlange kopiert werden. Sollte ein Verbraucher die Prozedur nach Zeile *16* unterbrechen, so geht doch alles seinen korrekten Gang, da zwischen der Einfügestelle und der Entnahmestelle immer mindestens ein nicht genutztes Byte liegt.

Das ist auch richtig, aber nur dann, wenn es nur *einen* Erzeuger und nur *einen* Verbraucher gibt! Gibt es dagegen mehrere Erzeuger und mehrere Verbraucher, kann es bei der oben in Betracht gezogenen Programmänderung zu einem Fehlverhalten der Schlange kommen. Bild 4.1 zeigt eine Abfolge, die zu einem Fehler führt.

- **A** Dieses Teilbild kennzeichnet die Ausgangsstellung, Kopf und Schwanz liegen nebeneinander, das Kopfbyte enthält noch den Datenmüll `y` von früherem Gebrauch der Schlange.
- **B** Erzeuger $E_{\mathtt{a}}$ hat `QueuePut` aufgerufen und hat die Zeile *16* passiert, d.h. die beiden Indizes wurden auf den neuen Stand gebracht, aber die Information `a` wurde noch nicht in die Schlange kopiert.
- **C** Verbraucher V_1 unterbricht $E_{\mathtt{a}}$ nach Zeile *17* und ruft `QueueGet` auf, um `x` aus der Schlange herauszunehmen.
- **D** Erzeuger $E_{\mathtt{a}}$ kann den Befehl in Zeile *18* ausführen, wird aber darauf von dem Erzeuger $E_{\mathtt{b}}$ unterbrochen. $E_{\mathtt{a}}$ ist immer noch nicht dazu gekommen, sein Datenbyte `a` in die Schlange zu kopieren.
- **E** Erzeuger $E_{\mathtt{b}}$ wird nach Zeile *16* von einem Verbraucher V_2 unterbrochen, der aber statt des korrekten Datenelementes `a` den Datenmüll `y` aus der Schlange herausnimmt.
- **F** Erzeuger $E_{\mathtt{b}}$ kann sein `b` in die Schlange kopieren.
- **G** Erzeuger $E_{\mathtt{a}}$ kann endlich sein `a` in die Schlange kopieren.

Eine in der Situation von Teilbild **G** vorgenommene Inspektion zeigt keine Anomalie, die Schlange hat genau die zu erwartende Struktur, dennoch hat aber V_2 ein falsches Datenbyte aus der Schlange herausgenommen! Tritt solch eine Situation auch noch selten auf, so hat man ein sehr sehr großes Problem.

Was oben über das Einfügen gesagt wurde, gilt natürlich ebenso für das Entnehmen.

Prozedur QueueGet

Es wird einer Schlange ein Byte b entnommen.

Input

$\mathbf{r}_{31:30}$ Die Anfangsadresse σ der Schlange S

Output

$\mathbf{r_{16}}$ Das entnommene Datenbyte b

Ist die Schlange leer, so setzt die Prozedur das Nullbit $\mathfrak{z}$. Dieses kann mit den Sprungbefehlen `breq` ($\mathfrak{z} = 1$) oder `brne` ($\mathfrak{z} = 0$) getestet werden.

```
QueueGet:push    r0          2
         push    r1          2
         push    r2          2
         in      r2,SREG     1    Statusbits in r2 aufbewahren
         cli                 1    Verbiete Interrupts
         ldd     r0,Z+1      2    r0 ← i_K
         ldd     r1,Z+2      2    r1 ← i_S
         cp      r0,r1       1    i_K = i_S?
         breq    QuGeE       1/2  Ja: Schlange ist leer
         mov     r0,r30      1    r30 in r0 aufbewahren
         add     r30,r1      1    Z ← S + i_S
         subi    r30,256-3   1    Z ← S + i_S + 2 = s + i_S
         ld      r16,Z       2    r16 ← s[i_S]
         mov     r30,r0      1    r30 wiederherstellen
         ld      r0,Z        2    r0 ← n
         inc     r1          1    i_S,neu ← i_S + 1
         cp      r0,r1       1    i_S,neu = n?
         brne    QuGe1       1/2
         clr     r1          1    Ja: i_S,neu ← 0
QuGe1:   std     Z+2,r1      2    S[2] ← i_S,neu
         out     SREG,r2     1    Statusbits wiederherstellen
         clz                 1    𝔷 ← 0
QuGe2:   pop     r2          2
         pop     r1          2
         pop     r0          2
         ret                 4
QuGeE:   out     SREG,r2     1    Statusbits wiederherstellen
         sez                 1    𝔷 ← 1
         rjmp    QuGe2       2
```

`QueueGet` verläuft spiegelbildlich zu `QueuePut`, die Einzelheiten können in der Kommentarspalte gut verfolgt werden.

Das folgende kleine Testprogramm demonstriert, wie die Bedingung, dass sich die gesamte Schlange in einer Arbeitsspeicherseite befinden muss, geprüft werden kann.

```
          .include m32def.inc"
          .device  ATmega32
          .include "vecm32.avr"
          .include "fifo.avr"
          .include "vecm32.avr"
          .dseg
```

```
          Die Schlange S
bS:        .byte    1       n
           .byte    1       iK
           .byte    1       iS
           .byte    4       s
          Dieses ist die Prüfung der Seitenbedingung
.if (bS >> 8) != ((bS+2+4) >> 8)
.message "Queue ueberstreicht Seitengrenze"
.exit
.endif
           .cseg
Start:     ldi      r16,LOW(RAMEND)    1
           out      SPL,r16            1
           ldi      r16,HIGH(RAMEND)   1
           out      SPH,r16            1
           ldi      r30,LOW(bS)        1   Z ← S
           ldi      r31,HIGH(bS)       1
           ldi      r16,4              1   n = 4
           call     QueueIni           4+
           ldi      r16,0x11           1
           call     QueuePut           4
           call     QueueGet           4
Ewig:      rjmp     Ewig               2
```

4.4. Diverse Interruptquellen als externe Interrupts

Jeder Interrupt, der von einer Potentialänderung oder einem Potential an einem Controllerpin ausgelöst werden kann, soll hier zu den externen Interrupts zählen. Mit dieser Definition gehören nicht nur die klassischen Interrupts INT0 dazu, sondern z.B. auch *input capture interrupt* und *overflow interrupt* einiger Timer. Die Controllerpheripherie kann durchaus anderen Zwecken dienen als die Bezeichnungen suggerieren.

Jeder Timer, der extern getaktet werden kann und der in der Lage ist, bei einem bestimmten Zustand oder Zustandswechsel einen Interrupt auszulösen, kann direkt als externer Interrupt dienen. So kann z.B. Timer1 von außen getaktet werden, und er erzeugt einen Interrupt, wenn er getaktet wird und sein Zählerregister den Wert $n_{\max}$ = **FFFF** hat (*overflow interrupt*). Wird also das Zählerregister mit $n_{\max}$ geladen, so bildet die Kombination externer Takt–*overflow interrupt* einen externen Interrupt. Zwingende Aufgabe für eine *ISR* dieses Interrupts ist es natürlich, den Zähler wieder mit $n_{\max}$ zu laden.

Der *input capture interrupt*, den manche Timer erzeugen können, wenn sich das Potential ändert, das an einem bestimmten Controllerpin anliegt, ist ein weiterer Kandidat für einen externen Interrupt. Die Funktionalität des Timers wird dafür gar nicht benötigt, sie kann anderweitig eingesetzt werden, es genügt, wenn das für *input capture* zu verwendende Register frei ist.

Selbstverständlich lässt sich auch der *analog comparator* (*AC*) als externer Interrupt verwenden. Ist das Potential an Pin AIN0 positiver als an Pin AIN1, so erscheint am Ausgang des *AC* eine logische Eins, sonst eine Null. Ein bestimmter Zustand oder ein Zustandswechsel kann einen Interrupt auslösen. Wird also an Pin AIN0 über einen Spannungsteiler die halbe Speisespannung gelegt, so wird je nach Einstellung durch einen Potentialsprung an Pin AIN1 ein externer Interrupt erzeugt. Genügt auch eine kleinere Umschaltschwelle von etwa 1,1 V, so kann der positive Eingang des *AC* mit der internen Spannungsreferenz des Controllers verbunden werden, der Pin AIN0 wird dann für andere Zwecke frei.

4.5. Software Interrupts

Es gibt gewisse Anzeichen, aus denen geschlossen werden kann, dass bei der Konzipierung des Befehlssatzes nicht damit gerechnet wurde, dass jemals ein Betriebssystem auf einem AVR-Controller laufen könnte. Eines[11] dieser Anzeichen ist das Fehlen eines Befehls, mit dem ein spezieller interner Interrupt ausgelöst werden kann, meist *SWI* genannt, also *Software Interrupt*. Ein Betriebssystem, ob groß oder klein, ob RTOS oder DOS, benötigt eine Methode, Befehle entgegenzunehmen, die sich von der gewöhnlichen Methode, Unterprogramme aufzurufen, unterscheidet. Einmal sollten Befehlsaufrufe nicht über eine bestimmte Programmspeicheradresse geleitet werden, die sich von Prozessorversion zu Prozessorversion ändern könnte, die aber auch einen langen Befehl und damit ein größeres Programm zur Folge hätte. Ferner ist es bei vielen Systemen üblich, dass bei einem Befehlsaufruf in einen Systemmodus gewechselt wird, der gewisse Privilegien besitzt, gegen Unterbrechungen geschützt ist und möglicherweise seinen eigenen Stapel benutzt. Das lässt sich mit einem Interrupt (auch *trap* oder *exception* genannt) gut erreichen, denn Interrupts sind oft von Haus aus mit gewissen Fähigkeiten zur Systemumschaltung ausgestattet.

Ein *SWI*-Befehl ist demnach wünschenswert. Die Controller **C167/C164** besitzen den Befehl `TRAP`, ebenso der **68332**, selbst der **68HC08** besitzt einen `SWI`-Befehl, nur AVR-Prozessoren müssen auf ihn verzichten. Es ist aber nicht alles verloren, denn ein SWI-Befehl kann mit einem externen Interrupt simuliert werden. Die Schaltung, die bei einem Pin, der einem externen Interrupt zugeordnet ist, dafür sorgt, dass ein Pegelwechsel erkannt und ein Interrupt angestoßen wird, reagiert nämlich auch dann, wenn der Pin als Ausgang konfiguriert ist. Das bedeutet, dass ein externer Interrupt vom Controller selbst erzeugt werden kann.

Das nachfolgende Programm zeigt, wie ein *SWI* mit dem externen Interrupt 2 des **ATmega32** realisiert werden kann.

```
        .include "m32def.inc"
        .device  ATmega32
        .include "vecm32.avr"
        .cseg
```

Die minimalistische *ISR* des *SWI* alias INT2

[11] Ein anderes ist das Fehlen eines Befehls für *Test And Set*. Darauf wird in einem späteren Abschnitt noch genauer eingegangen.

```
5  INT2hdlr: cbi      PORTB,2            1
6           reti                        4
7           .include "vecm32.avr"
   Ein einfaches Makro zur Simulation des Befehls swi
8  .macro swi
9   sbi PORTB,2
10 .endm
11          .cseg                          Systemstapel einrichten
12 Start:   ldi      r16,LOW(RAMEND)    1
13          out      SPL,r16            1
14          ldi      r16,HIGH(RAMEND)   1
15          out      SPH,r16            1
   Das Ritual zur Vorbereitung des SWI
16          cbi      PORTB,2            1
17          ldi      r16,0b00000100     1
18          out      DDRB,r16           1
19          in       r16,MCUCSR         1
20          ori      r16,0b01000000     1
21          out      MCUCSR,r16         1
   Die Befähigung des SWI
22          in       r16,GICR           1
23          ori      r16,0b00100000     1
24          out      GICR,r16           1
   Globale Befähigung
25          sei                         1
   Der „Befehl" swi
26          swi                         1+
27 Ewig:    rjmp     Ewig               2
```

Zu Beginn des Rituals in Zeile *16* wird das Portbit $\mathbf{R}_{\mathsf{PORTB}}$.2 gelöscht und dann der zugehörige Pin als Ausgang deklariert. In den Zeilen *19–21* wird dafür gesorgt, dass INT2 von einer ansteigenden Impulsflanke ausgelöst wird, indem Bit `ISC2` in Register $\mathbf{R}_{\mathsf{MCUCSR}}$ gesetzt wird. Die Befähigung besteht nur darin, durch das Setzen von Bit `INT2` in Register $\mathbf{R}_{\mathsf{GICR}}$ externe Interrupts 2 zuzulassen. Da der Interrupt von einer ansteigenden Flanke ausgelöst wird, muss `PORTB`.2 im Ruhezustand den Wert 0 haben. Der *SWI* ist dann weiter nichts als diesem Bit den Wert 1 zu geben, wie es auch im Makro in den Zeilen *8–10* realisiert ist. Die *ISR* des INT2 in den Zeilen *5–6* führt den Ruhezustand mit einer fallenden Impulsflanke wieder herbei.

Es gibt noch weitere Möglichkeiten, einen *SWI* zu simulieren. Einige beruhen ebenso wie INTx darauf, dass eine Eingangsschaltung nicht nur auf ein externes Signal reagiert, sondern auch vom Prozessor durch die Umschaltung eines Pins erzeugt werden kann. Das ist z.B. bei den *pin change interrupts* so, mit denen einige Controller ausgerüstet sind. Es gilt aber auch beim *input capture interrupt* eines Timers, der vom Prozessor selbst durch Manipulation des Pins erzeugt werden kann, der das *input capture* auslöst. Nicht immer muss aber ein Prozessorpin geopfert werden. In Abschnitt 5.2.3 wird gezeigt, wie beim **ATtiny2313** der *counter overflow interrupt* des USI als *SWI* verwendet werden kann.

4.6. Die serielle Schnittstelle

Der Datensender der seriellen Schnittstelle kann zwei Interrupts auslösen. Deren Unterschiede spielen aber nur dann eine Rolle, wenn für das Senden und Empfangen eine gemeinsame Datenleitung verwendet wird (*half duplex*).

`UDRE` In dieser Variante wird ein Interrupt bei leerem Senderegister $\mathbf{R}_{\mathsf{UDR}}$ erzeugt. Das Senderegister ist leer, wenn noch nie etwas hineingeschrieben wurde oder sein Inhalt zur Serialisierung in das Schieberegister des Senders übertragen wurde. `UDRE` steht also für „$\mathbf{R}_{\mathsf{UDR}}$ *empty*".

`TXC` Ein Interrupt wird erzeugt, wenn der komplette Bitrahmen[12] den Sender verlassen hat. Der Bitrahmem besteht aus dem Startbit, den Datenbits, möglicherweise aus dem Paritätsbit und aus den Stopbits. `TXC` bedeutet *transmission complete*, der Sendebefehl ist vollständig ausgeführt.

Die genaue Kenntnis des Zeitpunktes, an welchem die Durchführung des Sendebefehls endet, ist wichtig, wenn mit dem Halbduplexverfahren gearbeitet wird, wenn also für Senden und Empfangen eine gemeinsame Datenleitung verwendet wird, die direkt nach dem Senden auf Empfang umgeschaltet werden muss. Dazu lassen sich beide Interrupts nutzen: `UDRE`, um einen Sendebefehl einzuleiten, und `TXC`, um die Datenleitung umzuschalten.

Der Datenempfänger ist nur zu *einem* Interrupt fähig, der angestoßen wird, wenn Daten vollständig vom Empfangsschieberegister in das Empfangsregister übertragen wurden.

Manche Controller besitzen zwei serielle Schnittstellen. Diese können nicht nur auf traditionelle Weise genutzt werden, also die eine Schnittstelle als Datenkanal für den Monitor, die andere als Datenkanal für die Anwendung. In Abschnitt 4.6.2 wird z.B. vorgeschlagen, mit einer seriellen Schnittstelle einen Hintergrundprozess aufzubauen.

4.6.1. Interruptgesteuertes Senden und Empfangen

Die Verwendung der seriellen Schnittstellen mit *polling*, d.h. mit Abfragen der relevanten Statusbits in einer Programmschleife, ist sehr ineffektiv, besonders bei geringeren Bitraten. Z.B. bedeutet eine Bitrate von 9600 Bit pro Sekunde, dass ein Bit in etwa einer zehntel Millisekunde gesendet oder empfangen werden kann. Ein typischer Bitrahmen, der aus zehn Bit besteht[13], wird bei dieser Bitrate in einer Millisekunde gesendet. Nach einem gesendeten Byte hat der Prozessor daher bei einer Taktfrequenz von 16MHz nahezu 16000 Takte in einer Schleife zu verbringen, ehe das nächste Zeichen in den Sendepuffer geschrieben werden kann, in einer Schleife, in der gewöhnlich keine messbare Arbeit verrichtet wird.

Werden die Interrupts genutzt, die der Prozessor für die seriellen Schnittstellen zur Verfügung stellt, können die angesprochenen Ineffektivitäten zu einem guten Teil vermieden werden. Das gibt es allerdings nicht umsonst, der Preis, der zu zahlen ist, besteht in einer gegenüber dem *polling* komplexeren Programmierung.

[12] *bit frame*.
[13] Ein Startbit, acht Datenbits, ein Stopbit.

Der Sender und der Empfänger sind keine vollkommen voneinander unabhängigen Einheiten, da sie dieselbe Taktquelle und denselben Bitrahmen verwenden. Senden und Empfangen können jedoch unabhängig voneinander programmiert werden.

Der Hauptprozess kommuniziert mit den beiden Hintergrundprozessen für das Senden und das Empfangen über jeweils eine Schlange.

- Möchte der Hauptprozess ein Byte senden, so schreibt er es in seine Schlange. Ist diese schon voll, so muss er warten, bis der Hintergrundprozess für das Senden ein Byte aus der Schlange entfernt hat.
- Zum Empfang versucht der Hauptprozess, ein Byte aus seiner Schlange zu lesen. Ist diese jedoch leer, so muss er prüfen, ob ein Fehler aufgetreten ist. Ist kein Fehler aufgetreten, sondern wurde einfach seit dem letzten Leseversuch kein Byte empfangen, so kann der Hauptprozess in einer engen Schleife warten oder sich für einige Zeit anderen Dingen widmen, bevor ein neuer Leseversuch gemacht wird.

Die Größe der Schlange steuert die Kopplung von Hauptprozess und Nebenprozessen. Ist die Schlange zu klein, so unterscheidet sich das von Interrupts gesteuerte Senden und Empfangen nicht sehr von der direkten Kommunikation mit der seriellen Schnittstelle, d.h. es entspricht nahezu dem direkten Abfragen in einer Schleife. Eine zu große Schlange hat nur den Nachteil, dass unnötig viel Platz im Arbeitsspeicher verbraucht wird. Wenn es also nicht gar so knapp zugeht, sollte man bei der Vorgabe der Größe der Schlangen großzügig verfahren, besonders, was die Empfangsschlange angeht.

Eine Prozedur zur Initialisierung der seriellen Schnittstelle ist dem Sender und dem Empfänger gemeinsam. Es gibt Prozeduren zum Ein- und Ausschalten des Senders und eine Prozedur zum Absenden eines Bytes und natürlich die *ISR* des Senders. Entsprechendes gilt für den Empfänger. Zusätzlich gibt es eine Prozedur, um die Hexadezimaldarstellung eines Bytes abzusenden.

Für Prozedurparameter, sei es zur Übergabe oder zur Rückgabe, wird Register $\mathbf{r_{16}}$ verwendet. Fehler- und Statusrückmeldungen werden mit Statusbits abgewickelt.

Die Schlangen für Senden und Empfangen und ein Fehlerbyte

```
            .equ    nbS0SndQ = 8       Die Größe der Senderschlange (Bytes)
            .equ    nbS0RcvQ = 12      und der Empfängerschlange
            .dseg
bS0Snd:     .byte   3 + nbS0SndQ       Die Senderschlange
bS0Rcv:     .byte   3 + nbS0RcvQ       Die Empfängerschlange
bS0RcvOvf:  .byte   1                  Fehlerinformation
```

Liegen die Schlangen ganz auf einer Seite?

```
.if (bS0Snd >> 8) != ((bS0Snd+2+nbS0SndQ) >> 8)
.message "Queue bS0Snd ueberstreicht Seitengrenze"
.exit
.endif
.if (bS0Rcv >> 8) != ((bS0Rcv+2+nbS0RcvQ) >> 8)
.message "Queue bS0Rcv ueberstreicht Seitengrenze"
.exit
.endif
```

```
            .cseg
```

Die Initialisierung. Der Inhalt von $\mathbf{r_{16}}$ bestimmt die Baudrate.

```
S0Ini:      push    r30                 2
            push    r31                 2
            push    r16                 2
```

Das Ritual (für Sender und Empfänger)

```
            clr     r30                 1    R_UBRR ← U = r16
            out     UBRRH,r30           1
            out     UBRRL,r16           1
            out     UCSRB,r30           1    1 Startbit, 8 Datenbit, 1 Stopbit
            ldi     r30,0b10000110      1
            out     UCSRC,r30           1
            ldi     r30,LOW(bS0Snd)     1    Senderschlange initialisieren
            ldi     r31,HIGH(bS0Snd)    1
            ldi     r16,nbS0SndQ        1
            call    QueueIni            4+
            ldi     r30,LOW(bS0Rcv)     1    Empfängerschlange initialisieren
            ldi     r31,HIGH(bS0Rcv)    1
            ldi     r16,nbS0RcvQ        1
            call    QueueIni            4+
            pop     r16                 2
            pop     r31                 2
            pop     r30                 2
            ret                         4
```

Einschalten des Senders

```
S0SndEin:   push    r16                 2
            in      r16,UCSRB           1    R_UCSRB.TXEN ← 1
            ori     r16,0b00001000      1
            out     UCSRB,r16           1
            pop     r16                 2
            ret                         4
```

Ausschalten des Senders

```
S0SndAus:   push    r16                 2
            in      r16,UCSRB           1    R_UCSRB.TXEN ← 0
            andi    r16,0b11010111      1
            out     UCSRB,r16           1
            pop     r16                 2
            ret                         4
```

Absenden eines in $\mathbf{r_{16}}$ übergebenen Bytes

```
S0Write:    push    r30                 2
            push    r31                 2
            ldi     r30,LOW(bS0Snd)     1    Z ← Adresse der Senderschlange
            ldi     r31,HIGH(bS0Snd)    1
S0Wr1:      call    QueuePut            4+   Senderschlange ← r16
            brvs    S0Wr1               1/2
```

```
Befähigung des Senders
            in      r30,UCSRB          1    R_UCSRB.UDRIE ← 1
            ori     r30,0b00100000     1
            out     UCSRB,r30          1
            pop     r31                2
            pop     r30                2
            ret                        4
Die ISR des Senderinterrupts
UDREhdlr:   push    r0                 2
            push    r16                2
            push    r30                2
            push    r31                2
            in      r0,SREG            1    Statusbits retten
            ldi     r30,LOW(bS0Snd)    1    Z ← Adresse der Senderschlange
            ldi     r31,HIGH(bS0Snd)   1
            call    QueueGet           4+   r16 ← Senderschlange
            breq    UDREhdl2           1/2  𝔷 = 1 falls Schlange leer
            out     UDR,r16            1    absenden
UDREhdl1:   out     SREG,r0            1    Statusbits restaurieren
            pop     r31                2
            pop     r30                2
            pop     r16                2
            pop     r0                 2
            reti                       4
Entfähigung des Senders
UDREhdl2:   in      r30,UCSRB          1    R_UCSRB.UDRIE ← 0
            andi    r30,0b11011111     1
            out     UCSRB,r30          1
            rjmp    UDREhdl1           2
Absenden der Hexadezimalentwicklung eines in r16 übergebenen Bytes b
S0WriteHex: push    r16                2
            push    r17                2
            mov     r17,r16            1    Kopie für später
            swap    r16                1    r16 ← x = b^⊤
            andi    r16,0x0F           1
            cpi     r16,10             1    x < 10?
            brlo    S0WrHx1            1/2
            subi    r16,256-7          1    Nein: x ← x + 7
S0WrHx1:    subi    r16,256-48         1    r16 ← x + '0'
            rcall   S0Write            4+
            mov     r16,r17            1    r16 ← x = b^⊥
            andi    r16,0x0F           1
            cpi     r16,10             1    x < 10?
            brlo    S0WrHx2            1/2
            subi    r16,256-7          1    Nein: x ← x + 7
```

```
S0WrHx2:   subi   r16,256-48        1     r16 ← x + '0'
           rcall  S0Write           4+
           pop    r17               2
           pop    r16               2
           ret                      4
Einschalten des Empfängers
S0RcvEin:  push   r16               2
           clr    r16               1     Fehlerinfo löschen
           sts    bS0RcvOvf,r16     2
           in     r16,UCSRB         1     R_UCSRB.RXEN ← 1
           ori    r16,0b10010000    1
           out    UCSRB,r16         1
           pop    r16               2
           ret                      4
Ausschalten des Empfängers
S0RcvAus:  push   r16               2
           in     r16,UCSRB         1     R_UCSRB.RXEN ← 0
           andi   r16,0b01101111    1
           out    UCSRB,r16         1
           pop    r16               2
           ret                      4
Die ISR des Empfängerinterrupts
URXChdlr:  push   r0                2
           push   r16               2
           push   r30               2
           push   r31               2
           in     r0,SREG           1     Statusbits retten
           in     r30,UCSRA         1     Fehlerinformation lesen
           in     r16,UDR           1     Datenbits lesen
           andi   r30,0b00011100    1     Fehlerbits extrahieren
           brne   URXChdl2          1/2   Bei Fehler: Empf. ausschalten
           ldi    r30,LOW(bS0Rcv)   1     Z ← Adresse der Empfängerschlange
           ldi    r31,HIGH(bS0Rcv)  1
           call   QueuePut          4+    Schlange ← r16
           brvs   URXChdl1          1/2   v = 1 falls Schlange voll
URXChdl0:  out    SREG,r0           1     Statusbits restaurieren
           pop    r31               2
           pop    r30               2
           pop    r16               2
           pop    r0                2
           reti                     4
URXChdl1:  ldi    r30,0b10000000    1     Fehlercode Schlange voll
Ausgabe des Fehlerbytes und Ausschalten des Empfängers
URXChdl2:  sts    bS0RcvOvf,r30     2     Fehlerinformation ausgeben
           in     r30,UCSRB         1     R_UCSRB.RXEN ← 0
```

```
137           andi    r30,0b01101111    1
138           out     UCSRB,r30         1
139           rjmp    URXChdl0          2
140  SORead:  push    r30               2
141           push    r31               2
142           ldi     r30,LOW(bSORcv)   1    Z ← Adresse der Empfängerschlange
143           ldi     r31,HIGH(bSORcv)  1
144  SORd1:   call    QueueGet          4+   r16 ← Schlange
145           clc                       1    prophylaktisch c ← 0
146           brne    SORd2             1/2  z = 1 falls Schlange leer
147           lds     r16,bSORcvOvf     1    Fehlerinfo testen
148           tst     r16               2
149           breq    SORd1             1/2
150           sec                       1    falls Fehler, mit c = 1 zurück
151  SORd2:   pop     r31               2
152           pop     r30               2
153           ret                       4
```

Es werden die Schlangen aus Abschnitt 4.3.2 verwendet. Ihre Größen werden in den Zeilen *1–2* eingestellt, sie selbst sind in den Zeilen *4–5* zu finden. In den Zeilen *7–14* wird geprüft, ob jede der Schlangen ganz in einer Speicherseite Platz hat.[14] In Zeile *6* wird ein Fehlerbyte bereitgestellt, über das der Hauptprozess und der Hintergrundprozess für das Empfangen kommunizieren.

Die Prozedur zur Initialisierung der seriellen Schnittstelle und der Schlangen beginnt in Zeile *16*. Die erste Aufgabe ist, die Baudrate einzustellen. Dazu ist die Zahl

$$U = \left\lfloor \frac{f_{\text{clk\_io}}}{16B} - 1 \right\rfloor$$

in das 16-Bit-Register $\mathbf{R}_{\mathsf{UBRR}}$ zu laden. Darin ist B die Baudrate und $f_{\text{clk\_io}}$ der Systemtakt des Prozessors. U ist aber nur für die kleinsten Baudraten eine 16-Bit-Zahl (von 2400 Baud abwärts), weshalb es in der Praxis darauf hinausläuft, **00** in das obere Byte $\mathbf{R}_{\mathsf{UBRRH}}$ von $\mathbf{R}_{\mathsf{UBRR}}$ zu laden. Aus diesem Grunde wird der Prozedur nur ein Byteparameter übergeben, es wird also $U \leq 255$ angenommen. Das Laden von $\mathbf{R}_{\mathsf{UBRRH}}$ mit **00** geschieht in den Zeilen *19–20*, anschließend wird $\mathbf{R}_{\mathsf{UBRRL}}$ mit U geladen. Hier ist eine Besonderheit zu beachten. $\mathbf{R}_{\mathsf{UBRRH}}$ hat nämlich dieselbe IO-Adresse wie das Konfigurationsregister $\mathbf{R}_{\mathsf{UCSRC}}$. Auf welches Register beim Schreiben zugegriffen wird, hängt von Bit 7 des Bytes ab, das geschrieben wird. Ist dieses Bit 0, so wird in $\mathbf{R}_{\mathsf{UBRRH}}$ geschrieben, andernfalls in $\mathbf{R}_{\mathsf{UCSRC}}$. Beachtet werden muss diese Besonderheit aber eigentlich nur, wenn in das Konfigurationsregister geschrieben werden soll, denn für keine sinnvolle Baudrate erreicht U den Wert 2^{15}. Das Steuern des Lesens eines dieser beiden Register kann natürlich nicht über ein Bit des zu lesenden Bytes erfolgen, das geschieht vielmehr über eine enge zeitliche Koppelung. Wird nämlich beim Systemtakt t_n von der gemeinsamen IO-Adresse gelesen, beim vorangehenden Systemtakt t_{n-1} aber *nicht*, so wurde der Inhalt von $\mathbf{R}_{\mathsf{UBRRH}}$ gelesen. Wird jedoch beim Systemtakt t_{n+1} *noch einmal* von der gemeinsamen IO-Adresse gelesen, so wird auf den Inhalt von $\mathbf{R}_{\mathsf{UCSRC}}$ zugegriffen. Wichtig ist, dass diese beiden Zugriffe wirklich bei aufeinanderfolgenden Takten erfolgen, d.h. es

[14] In Abschnitt 4.3.2 werden diese Zeilen näher erläutert.

muss dafür gesorgt werden, dass kein Interrupt auftreten kann. In diesem Programm werden die Standardeinstellungen verwendet: Acht Datenbit, kein Paritätsbit und ein Stopbit. Das bedeutet, dass in Zeile *22* Register $\mathbf{R}_{\mathsf{UCSRB}}$ mit 0000 0000 und $\mathbf{R}_{\mathsf{UCSRC}}$ in Zeile *24* mit 1000 0110 geladen werden. Das obere Bit in 1000 0110 ist kein Konfigurationsbit, sondern dient dem Zugriff auf $\mathbf{R}_{\mathsf{UCSRC}}$, wie oben diskutiert. Zum Abschluß der Prozedur werden die beiden Schlangen initialisiert (siehe Abschnitt 4.3.2).
Der Sender wird mit der Prozedur `S0SndEin` (ab Zeile *37*) eingeschaltet. Dazu wird nur das Bit `TXEN` in Register $\mathbf{R}_{\mathsf{UCSRB}}$ gesetzt. Entsprechend wird zum Ausschalten des Senders dieses Bit in der Prozedur `S0SndAus` (ab Zeile *43*) gelöscht.
Da durch die Verwendung einer Schlange der gegenseitige Ausschluss gesichert ist, kann die Prozedur zum Schreiben eines Byte (ab Zeile *49*) relativ einfach ausfallen. Register **Z** wird zunächst mit der Adresse der Sendeschlange geladen, dann wird in Zeile *53* versucht, das in $\mathbf{r}_{16}$ übergebene Byte in die Schlange zu schreiben. Ist die Schlange bereits voll, so wird von ihr das Überlaufbit $\mathfrak{v}$ gesetzt. Das wird in Zeile *54* getestet und, falls es gesetzt ist, in die vorige Zeile zurückgesprungen, um es noch einmal zu versuchen. Nach dem Schreiben des Bytes in die Schlange wird der `UDRE`-Interrupt befähigt (Zeilen *55–57*). Im Prinzip arbeiten die *ISR* des Senderinterrupts und die Sendeprozedur so zusammen, dass die Sendeprozedur den Interrupt befähigt, falls sie das zu sendende Byte in eine leere Schlange schreibt, und dass die *ISR* sich selbst entfähigt (d.h. genauer den Interrupt, den sie bedient), wenn beim Lesen eines zu sendenden Bytes aus der Schlange diese leer ist. Nun wäre es ja ganz unsinnig, allgemein beim Schreiben in eine Schlange zu testen, ob in eine leere Schlange geschrieben wird, diese Bedingung müsste hier bei jedem Zugriff auf die Schlange also extra getestet werden. Ein solcher Test ist aber aufwendig, da er unter gegenseitigem Ausschluss stattzufinden hat. Da ist es viel einfacher, den Interrupt einfach bei jedem Schreiben in die Schlange zu befähigen, denn diese Operation ist offensichtlich von harmloser Natur, da ein befähigter Interrupt unter einer erneuten Befähigung seinen Zustand nicht ändert. Schwierigkeiten gäbe es nur, wenn der Interrupt bei nicht leerer Schlange entfähigt würde, und das tritt nicht ein, wenn sich alle an die Spielregeln halten, dass nämlich nur der Vordergrundprozess befähigt und nur die *ISR* bei leerer Schlange entfähigt. Das ist ja das große Problem und nicht nur bei AVR-Controllern, dass es keine Möglichkeit gibt, das Einhalten solcher Spielregeln zu erzwingen, etwa durch einen speziellen Zustand des Systems, in dem es einzig erlaubt ist, den Inhalt von IO-Registern zu ändern, und in den man nur auf ganz bestimmte Weise gelangt (etwa durch einen Interrupt).
Eine weitere Spielregel ist, dass nur der Vordergrundprozess den Sender und den Empfänger ein- und ausschalten darf, von der einen Ausnahme abgesehen, dass die *ISR* des Empfängers diesen bei einem Übertragungsfehler oder bei einer vollen Schlange abschaltet.[15]
Die *ISR* des Senders beginnt in Zeile *61*. Sie rettet zunächst den Inhalt der von ihr benutzten Register in den Stapel und legt dann den Inhalt des Statusregisters in $\mathbf{r}_0$ ab (Zeile *65*). Anschließend wird **Z** mit der Adresse der Sendeschlange geladen und versucht, der Schlange ein Byte zu entnehmen. Gelingt das, ist also nach dem Aufruf von `QueueGet` $\mathfrak{z} = 0$, so wird das entnommene Byte in Zeile *70* in das Senderegister geschrieben, der Inhalt des Statusregisters und der Inhalt der benutzten Register werden restauriert und es wird mit globaler Befähigung in das unterbrochene Programm zurückgesprungen. Ist die Schlange allerdings leer, so wird vor der Rückkehr nicht gesendet, sondern der Senderinterrupt wird in den Zeilen *77–79* entfähigt.
Das Ein- und Ausschalten des Empfängers verläuft analog zu dem des Senders. Es gibt aber eine Besonderheit, es wird nämlich das Byte im Arbeitsspeicher, das die *ISR* benutzt, um Feh-

[15] Selbst das könnte der Vordergrundprozess ausführen, nachdem er von dem Fehler erfahren hat.

lerinformationen an den Vordergrundprozess zu übergeben, in den Zeilen *102–103* gelöscht. Die *ISR* des Empfängerinterrupts beginnt in Zeile *115*. Das „Retten" und „Entretten" der Register geschieht genauso wie in der *ISR* des Senderinterrupts. Der Unterschied liegt natürlich darin, dass zuerst das empfangene Byte vom Empfänger abgeholt werden muss, ehe es in die Empfängerschlange gebracht werden kann. Hier muss beachtet werden, dass Informationen über einen eventuellen bei der Übertragung aufgetretenen Fehler zwar in Register $\mathbf{R}_{\mathsf{UCSRA}}$ zu finden sind, aber die Fehlerinformation ist dem empfangenen Byte beigegeben und ist nach dem Auslesen dieses Bytes aus dem Empfangsregister $\mathbf{R}_{\mathsf{UDR}}$ nicht mehr vorhanden, d.h. $\mathbf{R}_{\mathsf{UCSRA}}$ muss *vor* $\mathbf{R}_{\mathsf{UDR}}$ gelesen werden, wie es auch in den Zeilen *120–121* geschieht. In Zeile *122* wird dann die Fehlerinformation mit einer Bitoperation extrahiert und es wird der Fehlerteil der *ISR* angesprungen, falls tatsächlich ein Fehler aufgetreten sein sollte. Andernfalls wird Register **Z** mit der Adresse der Empfängerschlange geladen und das empfangene Byte in Zeile *126* der Empfängerschlange zur Übernahme übergeben. Diese kann allerdings bereits voll sein und diese Tatsache durch Setzen des Überlaufbits zur Kenntnis bringen, und auch hier muss der Fehlerteil angesprungen werden, statt in das unterbrochene Programm zurückzukehren.

Im Falle eines Fehlers beim Empfang, sei es ein Übertragsfehler oder eine volle Schlange, wird eine den Fehler kennzeichnende Information in das Byte `bSORcvOvf` geschrieben. Der Vordergrundprozess muss dieses Byte prüfen, wenn er beim Lesen eines Bytes von der seriellen Schnittstelle auf eine leere Empfangsschlange stößt! Hat dieses Byte den Wert **00**, so ist einfach seit dem letzten Lesen kein weiteres Byte empfangen worden. Andernfalls ist aber ein Fehler aufgetreten und der Empfänger ist abgeschaltet worden. Mögliche Fehlerwerte sind

1000 0000 für eine volle Schlange

0001 0000 für *frame error*,
  d.h. wenn kein gesetztes Stopbit empfangen wurde

0000 1000 für *data overrun*,
  d.h. wenn das Empfangsregister ein noch nicht ausgelesenes Byte enthält, der Empfänger aber schon auf das Startbit eines weiteren Bytes gestoßen ist

0000 0100 für *parity error*,
  d.h. wenn Paritätsprüfung verlangt wurde und diese fand, dass bei Prüfung auf gerade Parität entweder die Anzahl der empfangenen Einserbits gerade ist, das empfangene Paritätsbit aber den Wert 1 hat oder aber die Anzahl der empfangenen Einserbits ungerade ist, das empfangene Paritätsbit aber den Wert 0 hat (und alles genau umgekehrt, wenn Prüfung auf ungerade Parität verlangt wurde).

In Zeile *135* wird die Fehlerinformation von Register $\mathbf{r}_{30}$ in das Prüfbyte kopiert. Bei voller Schlange gelangt diese Information in der von Zeile *127* aus angesprungenen Zeile *134* in das Register, bei einem Übertragungsfehler resultiert die Fehlerinformation aus der Bitoperation in Zeile *122*. Anschließend an die Ausgabe der Fehlerinformation und vor dem Rücksprung in das unterbrochene Programm wird in den Zeilen *136–138* noch der Empfänger abgeschaltet.

Das Lesen eines Bytes von der seriellen Schnittstelle beginnt in Zeile *140*. Register **Z** wird mit der Adresse der Empfangsschlange geladen und es wird versucht, der Schlange ein Byte zu entnehmen. Gelingt das, d.h. gibt die Schlange den Wert $\mathfrak{z} = 0$ zurück, so wird mit dem entnommenen Byte in $\mathbf{r}_{16}$ und wegen Zeile *145* mit $\mathfrak{c} = 0$ in das rufende Programm zurückgekehrt. Andernfalls, bei $\mathfrak{z} = 1$, also bei leerer Schlange, wird in den Zeilen *147–148* das Fehlerbyte getestet, ist es nicht Null, so wird mit $\mathfrak{c} = 1$ in das rufende Programm zurückgekehrt, dieses kann dann das Fehlerbyte inspizieren, um den Grund für das Leseversagen kennenzulernen.

Damit im Falle eines Empfangsfehlers der Fehlercode sichtbar gemacht werden kann, ist eine

Prozedur hilfreich, welche die Hexadezimalentwicklung eines Bytes über die serielle Schnittstelle ausgibt. Sie beginnt in Zeile *81*. Es wird natürlich zuerst das obere Bitquartett des Bytes codiert und gesendet. Dazu wird zu späterem Gebrauch das Byte von $\mathbf{r_{16}}$ nach $\mathbf{r_{17}}$ kopiert, dann werden das untere und das obere Bitquartett von $\mathbf{r_{16}}$ vertauscht und das ehemals obere, nun aber untere Bitquartett wird in Zeile *85* extrahiert. Es gilt danach also $0 \leq \mathfrak{r}_{16} \leq 15$. Für $0 \leq x \leq 9$ ist die Umwandlung in ein ASCII-Zeichen gegeben durch $x +$ `'0'`, für $10 \leq x \leq 15$ erhält man $x + 7 +$ `'0'`, da `'9'` und `'A'` durch genau 7 Zeichen getrennt sind. In Zeile *85* wird geprüft, welche der beiden Bedingungen zutrifft. Gilt $\mathfrak{r}_{16} \geq 10$, so wird 7 zu $\mathbf{r_{16}}$ addiert, bevor in Zeile *89* das ASCII-Zeichen `'0'` addiert und die Hexadezimalentwicklung des oberen Bitquartetts als ASCII-Zeichen über die serielle Schnittstelle ausgegeben wird. Mit dem unteren Bitquartett wird anschließend genauso verfahren.

Für einen Test wurde der Sender der seriellen Schnittstelle eines **ATmega32** mit dem Empfänger eines LCD-Displays mit serieller Schnittstelle verbunden, der Empfänger mit dem Sender der seriellen Schnittstelle eines **ATmega8**. Alle seriellen Schnittstellen wurden auf 38400 Baud eingestellt.

Die Testaufgabe ist, den vom Empfänger gelesenen Text an den Sender weiterzugeben. Um dabei eine Gelegenheit zu haben, mit den Größen der Schlangen zu experimentieren, wird nicht direkt kopiert, sondern es ist zwischen Empfangen und Senden eine Warteschleife eingefügt. Durch Variation der Dauer dieser Warteschleife und durch entsprechende Programmierung des **ATmega8** kann man sich auf anschauliche Weise mit der Wirkung der Pufferschlangen für Empfang und Senden vertraut machen.

```
 1          .include "m32def.inc"
 2          .device  ATmega32                      Taktfrequenz 16MHz
 3          .include "vecm32.avr"
 4          .include "timer0.avr"                  Zeitgeber
 5          .include "fifo.avr"                    Schlangen
 6          .include "ser.avr"                     Das zu testende Modul
 7          .include "vecm32.avr"
 8          .cseg
   Systemstapel einrichten
 9 Start:   ldi      r16,LOW(RAMEND)     1
10          out      SPL,r16             1
11          ldi      r16,HIGH(RAMEND)    1
12          out      SPH,r16             1
   PA7 löschen und als Ausgang schalten
13          clr      r16                 1
14          out      PORTA,r16           1
15          ldi      r17,0b10000000      1
16          out      DDRA,r17            1
   Globale Befähigung
17          sei                          1
   0,25 Sekunden warten (ser. LCD-Display initialisiert sich)
18          ldi      r16,250             1
19          call     OCOWait             4+
   Schnittstelle initialisieren, Sender und Empfänger einschalten
```

```
            ldi     r16,25          1
            call    S0Ini           4+
            call    S0SndEin        4+
            call    S0RcvEin        4+
   Von Empfänger zu Sender kopieren
RdThenWr:   call    S0Read          4+   Empfangen
            brcs    Fehler          1/2
            mov     r17,r16         1
   Die Verzögerungsschleife. Siehe Abschnitt A.3.
            ldi     r16,5           1
            call    OC0Wait         4+   Warten
            mov     r16,r17         1
            call    S0Write         4+   Senden
            rjmp    RdThenWr        2
   Fehlerbehandlung
Fehler:     sbi     PORTA,7         1    PA7 einschalten
            mov     r17,r16         1
            ldi     r16,'*'         1    * senden
            call    S0Write         4+
            mov     r16,r17         1    Fehlerbyte hexadezimal senden
            call    S0WriteHex      4+
Ewig:       rjmp    Ewig            ∞
```

4.6.2. Die serielle Schnittstelle als vielseitiger Hintergrundprozess

Falls die serielle Schnittstelle zur Kommunikation nicht benötigt wird, kann sie zu anderen Arbeiten herangezogen werden. Dazu werden der Senderpin TxD und der Empfängerpin RxD miteinander verbunden, der Controller sendet also an sich selbst. Der Empfang muss interruptgesteuert sein. Wird nun zum Start irgendein Byte gesendet und sendet die *ISR* des Empfängers bei jedem ankommenden Byte dieses (oder irgendein anderes) Byte, so wird die *ISR* periodisch aktiviert, die Periode hängt von der eingestellten Baudrate ab. Die *ISR* ist dann ein periodisch aktiv werdender Hintergrundprozess, der eine Fülle von Aufgaben zu übernehmen vermag.

Das folgende Programm realisiert eine einfache Version, um das Prinzip zu demonstrieren. Bei jedem Eintritt in die *ISR* wird ein Pin umgeschaltet, damit lässt sich die Zeit messen, die von einem Aufruf der *ISR* bis zum nächsten vergeht.

```
            .include "m32def.inc"
            .device  ATmega32                 Taktfrequenz 16MHz
            .include "vecm32.avr"
   Die ISR des Empfängerinterrupts
URXChdlr:   push    r16             2
            in      r16,UDR         1    Empfangenes Byte lesen
            out     UDR,r16         1    und gleich wieder absenden
            push    r0              2
```

```
8               in        r0,SREG            1
9               eor       r15,r14            1    r15 ← r15 ⊕ 1
10              out       PORTA,r15          1
11  URXChdl0:   out       SREG,r0            1
12              pop       r0                 2
13              pop       r16                2
14              reti                         4
15              .include  "vecm32.avr"
16              .cseg                        1
    Aufbau des Systemstapels
17  Start:      ldi       r16,LOW(RAMEND)    1
18              out       SPL,r16            1
19              ldi       r16,HIGH(RAMEND)   1
20              out       SPH,r16            1
    Port PA wird als Ausgang programmiert
21              clr       r16                1
22              out       PORTA,r16          1
23              ldi       r17,0b11111111     1
24              out       DDRA,r17           1
    Ritual und Befähigung des Empfängerinterrupts
25              clr       r17                1    R_UBRR ← 99 für 10000 Baud
26              ldi       r16,99             1
27              out       UBRRH,r17          1
28              out       UBRRL,r16          1
29              ldi       r16,0b10000110     1    1 Startbit, 8 Datenbit, 1 Stopbit
30              out       UCSRC,r30          1
31              in        r16,UCSRB          1    Sender ein, Empf. ein + befähigen
32              ori       r16,0b10011000     1
33              out       UCSRB,r16          1
    Globale Befähigung
34              sei                          1
    Absenden eines Startbytes
35              ldi       r16,0b01010101     1
36              out       UDR,r16            1
    Initialisierung der Register für das Umschalten des Pins PA0
37              clr       r14                1    r14 ← 0000 0001
38              inc       r14                1
39              clr       r15                1    r15 ← 0000 0000
40  Ewig:       rjmp      Ewig               2
```

Die Initialisierung der seriellen Schnittstelle erfolgt ab Zeile *25*. Wird Register $\mathbf{R}_{\text{UBRR}}$ mit 99 geladen (Zeilen *25–28*), ergibt sich eine Baudrate von 10000 Bit pro Sekunde. Es wird der Standardbitrahmen eingestellt: 1 Startbit, 8 Datenbit, 1 Stopbit.
In Zeile *35* wird das Startbyte versandt, in den folgenden drei Zeilen wird das Umschalten von Pin PA0 vorbereitet.
Die *ISR* ab der Zeile *4* liest als Erstes das angekommene Byte und sendet es gleich wieder ab.

Erst dann wird der Pin umgeschaltet (mittels binärer Addition ohne Übertrag oder XOR). Weil dabei Statusbits verändert werden, muss das Statusregister zuvor gerettet und danach „entrettet" werden.

Bei einer Taktfrequenz von 16MHz ergab eine Messung an Pin `PA0` eine Frequenz von 140Hz, d.h. die *ISR* wird in Abständen von etwa 3,6 Millisekunden aktiviert. Die serielle Schnittstelle arbeitet daher nicht in Echtzeit, sondern mit einer beträchtlichen Verzögerung, denn der ausgesandte Bitrahmen hat eine Dauer von genau einer Millisekunde.

Jede Aufgabe, die nicht zu einem festen Zeitpunkt erledigt sein muss und die sich in Teilaufgaben zerlegen lässt, die nur schwach voneinander abhängen, ist ein Kandidat für einen Hintergrundprozess. Eine Aufgabe stückweise von einem Hintergrundprozess ausführen zu lassen erfordert aber sorgfältige Planung, weshalb es sich empfiehlt, für ein Demonstrationsprogramm eine Aufgabe zu wählen, die nicht durch eigene Komplexität den Blick auf den aufzubauenden Mechanismus verstellt. Eine sehr gut passende Aufgabe ist das Sortieren einer Zahlenfolge mit einem Sortiernetzwerk.[16] Um alle Teilaufgaben ausführlich zeigen zu können, soll nur eine kurze Zahlenfolge (b_0, b_1, b_2, b_3) von vier Bytes sortiert werden (ohne Vorzeichen). Ein Sortiernetzwerk dafür ist gegeben durch

$$b_0 \rightleftharpoons b_1 \quad b_2 \rightleftharpoons b_3 \quad b_0 \rightleftharpoons b_2 \quad b_1 \rightleftharpoons b_3 \quad b_1 \rightleftharpoons b_2$$

Die Anweisung $b_i \rightleftharpoons b_j$ ist dabei zu lesen als: gilt $b_j < b_i$, so sind b_i und b_j zu vertauschen. Diese Anweisungen sind auch gerade die Teilaufgaben, in die der Sortiervorgang zerlegt werden kann. Gegenseitige Abhängigkeiten der Teilaufgaben gibt es nicht, bis auf die Forderung, dass die angegebene Reihenfolge einzuhalten ist.

Die „natürliche" Realisierung einer Teilaufgabe besteht in der Einführung von Zustandsvariablen, die bei jedem Aufruf des Hintergrundprozesses abgefragt werden und auf deren Werte hin entsprechend verzweigt wird. Bei dieser Methode besteht aber die Gefahr, den abstrakten Vorgang der sukzessiven Ausführung der Teilaufgaben mit dem Inhaltlichen der Aufgabe zu vermengen. Es ist durchaus möglich, beides strikt zu trennen, und es gibt mehrere Wege, dieses Ziel zu erreichen. Ein nicht oft gewählter Weg besteht darin, jeder Teilaufgabe eine eigene Prozedur zuzuordnen und als von der Aufgabe völlig unabhängige Zustandsvariable die Adresse der nächsten auszuführenden Prozedur zu verwenden. Jede Prozedur weist an ihrem Ende dieser Zustandsvariablen als Wert die Adresse der als nächstes aufzurufenden Prozedur zu. Dass der so eingeführte Mechanismus zur sukzessiven Ausführung von Teilaufgaben von der Art der Aufgabe unabhängig ist, lässt sich schon daran erkennen, dass er auch funktioniert, wenn überhaupt keine Aufgabe durchzuführen ist, wenn also diese Prozeduren *nichts weiter* tun, als der Zustandsvariablen die Adresse der nächsten Prozedur zuzuweisen.

In ihrer einfachsten Gestalt hat diese Methode aber den Nachteil, dass das Programm zu ihrer Realisation an Größe linear mit der Zahl der Teilaufgaben anwächst. Das ist der Grund, warum als Demonstrationsaufgabe nur das Sortieren einer Zahlenfolge der Länge 4 gewählt wurde, das sich in fünf Teilaufgaben zerlegen lässt. Es ist

[16]Siehe [Mss] Abschnitt **2.4.2.**.

aber meist kein Problem, die Programmgröße klein zu halten. So kann man etwa *Funktoren* benutzen[17], um mit einer einzigen Prozedur auszukommen, die Dienst für alle Teilaufgaben tun kann. Hier enthielte die Zustandsvariable nicht Funktions-, sondern Funktoradressen. Andererseits haben einige AVR-Prozessoren inzwischen sehr große Programmspeicher, die es möglich machen, besondere Tricks zur Einsparung von Programmspeicherworten ganz zu vermeiden. Umgekehrt könnte man auch sagen, dass transparente aber Speicherplatz fressende Verfahren jetzt Speicherplatz sparenden, aber undurchsichtigen Verfahren vorgezogen werden können.[18]

```
           .include "m32def.inc"
           .device  ATmega32                  Taktfrequenz 16MHz
           .include "vecm32.avr"
           .dseg
```

Die Zustandsvariable, die Zahlenfolge und ein Synchronisationsbyte

```
wNext:     .byte    2
bSort:     .byte    4
bOk:       .byte    1
           .cseg
```

Die *ISR* des Empfängerinterrupts

```
URXChdlr:  push     r16           2
           in       r16,UDR       1    r16 ← n
           push     r0            2
           push     r30           2
           push     r31           2
           in       r0,SREG       1    Statusregister retten
           lds      r30,wNext     2    Z mit Prozeduradresse laden
           lds      r31,wNext+1   2
           icall                  3    Prozedur aufrufen
           dec      r16           1    n ← n − 1
           breq     URXChdl0      1/2  n > 0?
           out      UDR,r16       1    Ja: n absenden
URXChdl0:  out      SREG,r0       1    Statusregister restaurieren
           pop      r31           2
           pop      r30           2
           pop      r0            2
           pop      r16           2
           reti                   4
           .include "vecm32.avr"
           .cseg
```

Die erste Teilaufgabe: $b_0 \rightleftharpoons b_1$

```
Sort1:     lds      r30,bSort+0   2    b0 > b1?
           lds      r31,bSort+1   2
           cp       r31,r30       1
```

---

17 Siehe Abschnitt A.2.

18 Damit soll aber nicht behauptet werden, alle Speicherplatz fressenden Verfahren seien transparent!

	brsh	Sort1a	1/2	Falls ja:
	sts	bSort+1,r30	2	$b_1 \leftarrow b_0$
	sts	bSort+0,r31	2	$b_0 \leftarrow b_1$
Sort1a:	ldi	r30,LOW(Sort2)	1	wNext $\leftarrow$ Sort2
	sts	wNext,r30	2	
	ldi	r30,HIGH(Sort2)	1	
	sts	wNext+1,r30	2	
	ret		4	

Die zweite Teilaufgabe: $b_2 \rightleftharpoons b_3$

Sort2:	lds	r30,bSort+2	2	$b_2 > b_3$?
	lds	r31,bSort+3	2	
	cp	r31,r30	1	
	brsh	Sort2a	1/2	Falls ja:
	sts	bSort+3,r30	2	$b_3 \leftarrow b_2$
	sts	bSort+2,r31	2	$b_2 \leftarrow b_3$
Sort2a:	ldi	r30,LOW(Sort3)	1	wNext $\leftarrow$ Sort3
	sts	wNext,r30	2	
	ldi	r30,HIGH(Sort3)	1	
	sts	wNext+1,r30	2	
	ret		4	

Die dritte Teilaufgabe: $b_0 \rightleftharpoons b_2$

Sort3:	lds	r30,bSort+0	2	$b_0 > b_2$?
	lds	r31,bSort+2	2	
	cp	r31,r30	1	
	brsh	Sort3a	1/2	Falls ja:
	sts	bSort+2,r30	2	$b_2 \leftarrow b_0$
	sts	bSort+0,r31	2	$b_0 \leftarrow b_2$
Sort3a:	ldi	r30,LOW(Sort4)	1	wNext $\leftarrow$ Sort4
	sts	wNext,r30	2	
	ldi	r30,HIGH(Sort4)	1	
	sts	wNext+1,r30	2	
	ret		4	

Die vierte Teilaufgabe: $b_1 \rightleftharpoons b_3$

Sort4:	lds	r30,bSort+1	2	$b_1 > b_3$?
	lds	r31,bSort+3	2	
	cp	r31,r30	1	
	brsh	Sort4a	1/2	Falls ja:
	sts	bSort+3,r30	2	$b_3 \leftarrow b_1$
	sts	bSort+1,r31	2	$b_1 \leftarrow b_3$
Sort4a:	ldi	r30,LOW(Sort5)	1	wNext $\leftarrow$ Sort5
	sts	wNext,r30	2	
	ldi	r30,HIGH(Sort5)	1	
	sts	wNext+1,r30	2	
	ret		4	

Die fünfte Teilaufgabe: $b_1 \rightleftharpoons b_2$

```
Sort5:    lds    r30,bSort+1       2    b1 > b2?
          lds    r31,bSort+2       2
          cp     r31,r30           1
          brsh   Sort5a            1/2  Falls ja:
          sts    bSort+2,r30       2    b2 ← b1
          sts    bSort+1,r31       2    b1 ← b2
Sort5a:   ldi    r30,0xFF          1    bOk ← FF
          sts    bOk,r30           2
          ret                      4
```

Aufbau des Systemstapels

```
Start:    ldi    r16,LOW(RAMEND)   1
          out    SPL,r16           1
          ldi    r16,HIGH(RAMEND)  1
          out    SPH,r16           1
```

Ritual für die serielle Schnittstelle und Befähigung des Empfängers

```
          clr    r17               1    R_UBRR ← 99 ≡ 10000 Baud
          ldi    r16,99            1
          out    UBRRH,r17         1
          out    UBRRL,r16         1
          ldi    r16,0b10011000    1
          out    UCSRB,r16         1
          ldi    r16,0b10000110    1
          out    UCSRC,r16         1
```

Globale Befähigung

```
          sei                      1
```

Aufbau der Zahlenfolge $(4, 3, 2, 1)$

```
          ldi    r16,4             1
          sts    bSort,r16         2
          ldi    r16,3             1
          sts    bSort+1,r16       2
          ldi    r16,2             1
          sts    bSort+2,r16       2
          ldi    r16,1             1
          sts    bSort+3,r16       2
```

Startwert für Zustandsvariable und Synchronisationsbyte

```
          ldi    r16,LOW(Sort1)    1    wNext ← Sort1
          sts    wNext,r16         2
          ldi    r16,HIGH(Sort1)   1
          sts    wNext+1,r16       2
          clr    r16               1    bOk ← 00
          sts    bOk,r16           2
```

Vorgang starten durch Senden der 5

```
          ldi    r16,5             1    n = 5 absenden
          out    UDR,r16           1
```

Statt produktiver Arbeit: Warten auf Änderung der Synchronisationsvariablen

```
111 Warte:   lds    r0,bOk       2    bOk ≠ 00?
112          tst    r0           1
113          breq   Warte        1/2  Nein: weiter warten
    Ausschalten der seriellen Schnittstelle
114          clr    r16          1    Sender und Empfänger abschalten
115          out    UCSRB,r16    1
116 Ewig:    rjmp   Ewig         2
```

Die Vorbereitungen beginnen nach dem Aufbau des Stapels in Zeile *86* mit dem Ritual der seriellen Schnittstelle und der gleichzeitigen Befähigung des Empfängers. Man hat bei der Betreibung der Schnittstelle einen weiten Spielraum, sie wird hier so initialisiert wie im vorigen Programm. Nach der allgemeinen Zulassung von Interrupts wird die Testzahlenfolge erzeugt, deren Vektor `bSort` in Zeile *6* bereitgestellt wird. Als Nächstes wird in den Zeilen *103–106* die Zustandsvariable `wNext` mit ihrem Startwert geladen, das ist die Adresse der ersten Teilaufgabenprozedur `Sort1`. Als letzter Akt der Vorbereitung wird die Synchronisationsvariable `bOk` gelöscht, die vom Hintergrundprozess nach erfolgtem Sortieren auf den Wert **FF** gesetzt wird.

Der Hintergrundvorgang wird in den Zeilen *109–110* mit dem Absenden der Anzahl 5 der Teilarbeiten eingeleitet. Die 5 erscheint nach kurzer Zeit im Empfänger, der einen Interrupt auslöst. Es wird also die *ISR* des Empfängerinterrupts in Zeile *9* angesprungen. Deren erste Aufgabe ist es, das eben empfangene Byte n vom Empfangsregister in Register $\mathtt{r_{16}}$ zu kopieren (Zeile *10*). Anschließend wird in den Zeilen *15–16* Register **Z** mit dem Wert der Zustandsvariablen geladen. Der Wert besteht aus einer Prozeduradresse, deren zugehörige Prozedur in Zeile *17* aufgerufen wird. Nach diesem Aufruf wird n dekrementiert. Ist danach $n >$ **00**, so wird n abgesandt, um eine weitere Teilarbeit anzustoßen. Bei $n = 0$ wird nichts abgesandt, der Vorgang also abgebrochen.

Abbildung 4.2.: Sender und Empfänger sind zu verbinden

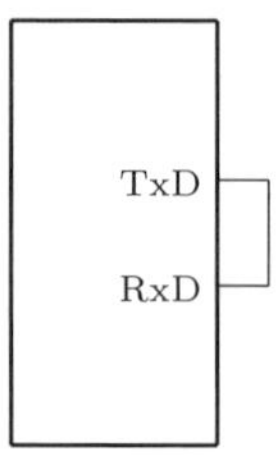

Der Vorgang kann allgemein so beschrieben werden: Der Hintergrundprozess wird genau fünfmal aufgerufen und ruft seinerseits eine gewisse Prozedur auf, deren Adresse er der Variablen `wNext` entnimmt. Welche Prozeduren aufgerufen werden, also der Arbeitsinhalt, hängt alleine von der Initialisierung und von den Prozeduren selbst ab. Der aufgebaute Mechanismus ist demnach sehr vielseitig einsetzbar.

Die Prozeduren enthalten natürlich alle den Sortiervorgang, der darin besteht, die beiden der Prozedur zugeordneten Bytes des Vektors zu lesen, zu vergleichen und sie dann an die jeweils andere Adresse zurückzuschreiben, falls das zweite kleiner ist als das erste. Das ist der Inhalt der Teilaufgabe. Die vier ersten Prozeduren laden dann noch die Adresse der nächsten Prozedur in die Zustandsvariable. Die fünfte ändert stattdessen den Wert der Synchronisationsvariablen von **00** auf **FF**.

Der Vordergrundprozess kann irgendwelche andere Arbeit erledigen, während der Hintergrundvorgang abläuft. Er prüft an geeigneten Stellen, ob der Wert der Synchronisationsvariablen verändert wurde, und ist das der Fall, so schaltet er die serielle Schnittstelle ab. Die Arbeit des Vordergrundprozesses ist ab Zeile *111* durch eine Warteschleife simuliert.

Die gezeigte Methode ist nicht an die serielle Schnittstelle gebunden und sie ist vielfältig variierbar. Beispielsweise ließe sich auch SPI verwenden, wenngleich nicht so universell, da die Abstände zwischen Interrupts nicht so stark schwanken können wie bei der seriellen Schnittstelle. Wie im nächsten Abschnitt gezeigt wird, kann sogar der Analog/Digitalwandler eingesetzt werden.

Im Prinzip ist ein im Hintergrund ablaufender Zustandsautomat (*state machine*) realisiert worden, nur dass keine expliziten Zustandsdeskriptoren vorhanden sind.

4.7. Der Analog/Digitalwandler als Hintergrundprozess

Der Analog/Digitalwandler (ADW) braucht zur Abwicklung einer Wandlung eine Zeit t_w, nach der ein Interrupt erzeugt werden kann. Mit der *ISR* des ADW lässt sich folglich ein Hintergrundprozess realisieren, der immer dann die Kontrolle übernimmt, wenn das Hauptprogramm oder der Vordergrundprozess eine Laufzeit t_w absolviert hat. Das Hauptprogramm stößt den Hintergrundprozess, der eine gewisse Aufgabe zu lösen hat, dadurch an, dass er eine Umwandlung einleitet. Nach der Zeit t_w wird der Hintergrundprozess aufgerufen, erledigt einen Teil seiner Aufgabe und löst eine weitere Umwandlung aus, ehe er die Kontrolle an das Hauptprogramm zurückgibt. Nach der Zeit t_w wird er erneut aufgerufen, arbeitet an seiner Aufgabe, leitet wieder eine Umwandlung ein usw. Hat der Hintergrundprozess seine Aufgabe erfüllt, schaltet er den ADW ab und signalisiert dem Hauptprogramm das Ende seiner Arbeit.

Als ein konkreter Fall sei ein **ATmega32** angenommen, der mit einer Taktfrequenz von 16 MHz läuft. Der Umwandlungstakt wird aus dem Systemtakt durch Vorteilung gewonnen, der größte Teilungsfaktor ist 128. Da für eine Umwandlung 13 Umwandlungstakte erforderlich sind, ergibt sich $t_\mathrm{w} = 104\,\mu s$. Es ist noch ein Sonderfall zu beachten, denn die erste Umwandlung nach dem Einschalten des ADW dauert 25 Takte, was auf $t_\mathrm{w} = 200\,\mu s$ führt. Aus diesen Zahlen und der geforderten Belastung des Systems durch den Hintergrundprozess ergibt sich, in wieviel Teilaufgaben die vom Hintergrundprozess zu leistende Arbeit aufzuspalten ist. Wird z.B. verlangt, dass dem Hintergrundprozess nur ein Zehntel der Gesamtzeit zuzuteilen ist, so sollte eine Teilaufgabe in etwa $10\,\mu s$ beendet sein.

Als verallgemeinerungsfähiges Beispiel wird die Berechnung der Hexadezimaldarstellung eines Bytes gewählt. Die Berechnung selbst suggeriert eine Aufteilung des Vorganges, nämlich in die Berechnung der Darstellung des unteren und des oberen Bitquartetts. Ähnlich wie in Abschnitt 4.6.2 wird ein Zustandsautomat aufgebaut, in dem die Adressen der Zustandsfunktionen als Zustandsdeskriptoren dienen.

```
        .include "makros.avr"
        .include "m32def.inc"
        .device  ATmega32
        .dseg
```

Der Deskriptor des aktiven Zustands (die Adresse seiner Zustandsfunktion)

```
wBzhZus:    .byte     2                          ζ_z, z ∈ {A,B}
```

Das zu konvertierende Byte und seine beiden Hexadezimalziffern

```
bBzh:       .byte     1                          b
cBzhHi:     .byte     1                          h_A
cBzhLo:     .byte     1                          h_B
            .include "vecm32.avr"
            .include "timer0.avr"
            .include "fifo.avr"
            .include "ser.avr"
```

Die *ISR* des ADW-Interrupts

```
ADChdlr:    push2     r31,r30             4
            in        r30,SREG            1
            push      r30                 2
            lds       r30,wBzhZus         2      Z ← ζ_z, z ∈ {A,B}
            lds       r31,wBzhZus+1       2
            ijmp                          2      f_z anspringen, z ∈ {A,B}
ADChdlr1:   pop       r30                 2
            out       SREG,r30            1
            pop2      r30,r31             4
            reti                          4
            .include "vecm32.avr"
```

Die Zustandsfunktion für Zustand A: Konversion des oberen Bitquartetts

```
BytZuHexA:  lds       r30,bBzh            2      r30 ← b
            swap      r30                 1      r30 ← β_A = ⌊b/16⌋
            andi      r30,0x0F            1
            cpi       r30,10              1      β_A ≥ 10?
            brlo      ByZuHeA1            1/2
            subi      r30,256-7           1      Ja: in Bereich 'A' bis 'F' liften
ByZuHeA1:   subi      r30,256-48          1      r30 ← β_A + 30
            sts       cBzhHi,r30          2      h_A abspeichern
            ldi       r30,LOW(BytZuHexB)  1      wBzhZus ← ζ_A
            sts       wBzhZus,r30         2
            ldi       r30,HIGH(BytZuHexB) 1
            sts       wBzhZus+1,r30       2
```

Einleiten einer weiteren Umwandlung analog in digital

```
            sbi       ADCSR,ADSC          1
            rjmp      ADChdlr1            2
```

Die Zustandsfunktion für Zustand B: Konversion des unteren Bitquartetts

```
BytZuHexB:  lds       r30,bBzh            2      r30 ← b
            andi      r30,0x0F            1      r30 ← β_B = b mod 16
            cpi       r30,10              1      β_B ≥ 10?
            brlo      ByZuHeB1            1/2
            subi      r30,256-7           1      Ja: in Bereich 'A' bis 'F' liften
ByZuHeB1:   subi      r30,256-48          1      r30 ← β_B + 30
```

```
            sts     cBzhLo,r30              2    h_B abspeichern
Abschalten des ADW und Entfähigung seines Interrupts
            clr     r30                     1
            out     ADCSR,r30               1
            rjmp    ADChdlr1                2
Berechnung der Hexadezimaldarstellung des Bytes in r16
ByteZuHex:  sts     bBzh,r16                2    b abspeichern
            push    r17                     2
            clr     r17                     1
            sts     cBzhHi,r17              2    h_A ← 00
            sts     cBzhLo,r17              2    h_B ← 00
            ldi     r17,LOW(BytZuHexA)      1    wBzhZus ← ζ_A
            sts     wBzhZus,r17             2
            ldi     r17,HIGH(BytZuHexA)     1
            sts     wBzhZus+1,r17           2
Auswahl der Referenzspannung und des Kanals
            ldi     r17,0b01000000          1
            out     ADMUX,r17               1
Einschalten des ADW, die Befähigung seines Interrupts und Einleiten einer Umwandlung
            ldi     r17,0b11011111          1
            out     ADCSR,r17               1
            pop     r17                     2
            ret                             4
Aufbau des Stapels und globale Befähigung
Start:      ldi     r16,LOW(RAMEND)         1
            out     SPL,r16                 1
            ldi     r16,HIGH(RAMEND)        1
            out     SPH,r16                 1
            sei                             1
Initialisieren der seriellen Schnittstelle und des seriellen LCD-Displays
            ldi     r16,250                 1    warte auf serielles LCD-Display
            call    OCOWait                 4+
            ldi     r16,25                  1    Baudrate
            call    SOIni                   4+
            call    SOSndEin                4+
Ein Test wird durchgeführt
            ldi     r16,0xF1                1    b = F1
            call    ByteZuHex               4+   Konversion einleiten
Warte:      lds     r17,cBzhLo              2    auf Ende warten
            tst     r17                     1
            breq    Warte                   1/2
            lds     r16,cBzhHi              2    h_A ausgeben
            call    SOWrite                 4+
            mov     r16,r17                 1    h_B ausgeben
            call    SOWrite                 4+
```

```
82 Ewig:      rjmp      Ewig                  2
```

Das Hauptprogramm und der Hintergrundprozess kommunizieren über die Bytes in den Zeilen *6–8*. An der Adresse `bBzh` wird das Byte ***b*** abgelegt, dessen Hexadezimaldarstellung $16\beta_A + \beta_B$ berechnet werden soll, und an den Adressen `cBzhHi` und `cBzhLo` werden vom Hintergrundprozess die beiden ASCII-Ziffern $h_A = \beta_A + \mathbf{30}$ und $h_B = \beta_B + \mathbf{30}$ der Darstellung gespeichert. Das Byte mit der Adresse `cBzhLo` dient noch dazu, das Ende der Berechnung zu signalisieren. Es wird vor der Berechnung mit **00** belegt, die Berechnung ist dann vollständig durchgeführt, sobald **00** von einer Hexadezimalziffer ersetzt wird.
Bei der Berechnung werden zwei Zustände durchlaufen. Im ersten Zustand A wird die höherwertige, im zweiten Zustand B die niederwertige Hexadezimalziffer bestimmt. Die Berechnungen von Zustand A werden in dessen Zustandsfunktion f_A in den Zeilen *24–37*, die von Zustand B in der Zustandsfunktion f_B in den Zeilen *38–47* ausgeführt. Der aktive Zustand wird durch die Adresse ζ_A von f_A oder durch die Adresse ζ_B von f_B in der Wortvariablen mit der Adresse `wBzhZus` in der Zeile *5* definiert.
Die Berechnungen werden durch das Unterprogramm `ByteZuHex` ab Zeile *48* eingeleitet. Das in $\mathbf{r_{16}}$ übergebene Byte wird in die Variable `bBzh` kopiert, die Variablen `cBzhLo` und `cBzhHi` werden mit **00** belegt, und die Variable `wBzhZus` wird mit der Adresse der ersten Zustandsfunktion geladen. Es folgen die Auswahl der Referenzspannung und des Kanals. Anschließend wird der ADW eingeschaltet, sein Interrupt befähigt und eine Umwandlung eingeleitet. Das Hauptprogramm kann sich dann anderen Vorgängen widmen.
Die *ISR* des ADW-Interrupts beginnt in Zeile *13*. Sie verändert $\mathbf{r_{30}}$, $\mathbf{r_{31}}$ und das Statusregister, die Inhalte dieser Register werden deshalb bei Eintritt in den Stapel gerettet und bei Austritt von daher restauriert. Die *ISR* lädt Register **Z** in den Zeilen *16–17* mit der Adresse der aktiven Zustandsfunktion und springt diese an. Sie ruft sie nicht auf, sondern springt sie an, um Stapelplatz und Taktzyklen zu sparen.
In der Zustandsfunktion von Zustand A, die zuerst aufgerufen wird, erfolgt zunächst die Berechnung der Hexadezimalziffer des oberen Bitquartetts. Dann wird die Variable `wBzhZus` in den Zeilen *32–35* mit der Adresse der Zustandsfunktion des nächsten Zustands B geladen, bevor eine weitere Umwandlung durch den ADW eingeleitet wird. Beim nächsten Interrupt wird folglich die Zustandsfunktion von Zustand B angesprungen, die erst die Hexadezimalziffer des unteren Bitquartetts berechnet und dann den ADW abschaltet und seinen Interrupt entfähigt. Das Abspeichern der Hexadezimalziffer in Zeile *44* signalisiert dem Hauptprogramm das Ende der Berechnungen.

Die Aufgabenteilung für einen Hintergrundprozess ist nicht immer so offensichtlich wie in diesem Beispiel. Man kann es sich auf jeden Fall einfach machen und *preemptive multitasking* aus Abschnitt 5.3 oder aus Kapitel 6 einsetzen, die Aufgabenteilung wird dann vom System erzwungen. Die in diesem Abschnitt gezeigte Methode ist jedoch weitaus effektiver.

4.8. Interruptgesteuerte EEPROM-Programmierung

Die Programmierung eines einzigen Bytes im EEPROM dauert etwa acht Millisekunden. Für einen Mikrocontroller ist das eine kleine Ewigkeit. Während dieser Zeit kann auf das EEPROM nicht zugegriffen werden, natürlich nicht programmierend, aber auch nicht lesend. Glücklicherweise kann der Mikrocontroller am Ende des Programmiervorgangs einen Interrupt erzeugen, das Mittel, die Programmierung des EEPROMs im

Hintergrund ablaufen zu lassen, ist damit gegeben.

Ein lesender Zugriff auf das EEPROM dauert nicht viel länger als ein Zugriff auf den Programmspeicher, jedenfalls dann, wenn keine Programmierung in Gang ist, folglich gibt es auch keinen Interrupt, der das Ende eines Lesevorgangs anzeigen würde.

Das folgende Modul enthält Unterprogramme, um einen Bytevektor aus dem Arbeitsspeicher in das EEPROM zu kopieren, ein Unterprogramm für den umgekehrten Vorgang und ein Unterprogramm, um ein Byte aus dem EEPROM zu lesen. Hier ist zunächst die *ISR* des Interrupts, der das Ende eines Programmiervorgangs anzeigt.

```
1             .dseg
2  pbEepEEP:  .byte    2                    ε'
3  pbEepRAM:  .byte    2                    β'
4  bnbEep:    .byte    1                    n'
5             .cseg
6  ERDYhdlr:  push2    r31,r30          4
7             in       r30,SREG         1
8             push2    r30,r16          4
9             lds      r30,bnbEep       2   r30 ← n'
10            tst      r30              1   n' = 0?
11            breq     ERDYhlr2         1/2 Ja: Interrupt entfähigen
12            dec      r30              1   n' ← n' − 1
13            sts      bnbEep,r30       2
14            lds      r30,pbEepEEP     2   Z ← ε'
15            lds      r31,pbEepEEP+1   2
16            out      EEARH,r31        1   R_EEAR ← ε'
17            out      EEARL,r30        1
18            adiw     r31:r30,1        2   ε' ← ε' + 1
19            sts      pbEepEEP,r30     2
20            sts      pbEepEEP+1,r31   2
21            lds      r30,pbEepRAM     2   Z ← β'
22            lds      r31,pbEepRAM+1   2
23            ld       r16,Z+           2   r16 ← b_ν, β' ← β' + 1
24            out      EEDR,r16         1   R_EEDR ← b_ν
25            sts      pbEepRAM,r30     2   β' zurückschreiben
26            sts      pbEepRAM+1,r31   2
27            sbi      EECR,EEMWE       1   Bit EEMWE in R_EECR setzen,
28            sbi      EECR,EEWE        1   dann Bit EEWE in R_EECR setzen
29 ERDYhlr1:  pop2     r16,r30          4
30            out      SREG,r30         1
31            pop2     r30,r31          4
32            reti                      4
33 ERDYhlr2:  cbi      EECR,EERIE       1   Entfähigen des Interrupts
34            rjmp     ERDYhlr1         2
```

Zwischen den einzelnen Interrupts werden die laufenden Adressen β' und ε' und die Anzahl n' der noch nicht kopierten Bytes in den Variablen in den Zeilen *2–4* gehalten. Am Anfang

der *ISR* wird zuächst n' gelesen und geprüft, ob $n' = 0$ gilt (Zeilen *9–10*). Gilt $n' = 0$, so ist entweder $n = 0$ oder es wurden alle n Bytes bereits kopiert, es kann also in die Zeile *33* gesprungen werden, um den *EEPROM Ready Interrupt* zu entfähigen, bevor die *ISR* verlassen wird. Gilt aber $n' > 0$, so wird $n' - 1$ zurückgeschrieben und fortgefahren.
Als Nächstes wird Register $\mathbf{R}_{\mathsf{EEAR}}$ über Register $\mathbf{Z}$ mit der laufenden EEPROM-Adresse ε' geladen, anschließend wird $\varepsilon' + 1$ zurückgeschrieben (Zeilen *14–20*).
Als weitere Aktion wird $\mathbf{Z}$ mit der laufenden Arbeitsspeicheradresse β' geladen, damit kann das zu kopierende Byte $b_\nu = b_{n-n'-1}$ in das Register $\mathbf{r_{16}}$ und dann auch in das EEPROM-Datenregister $\mathbf{R}_{\mathsf{EEDR}}$ geschrieben werden. Die Adresse β' wurde in Zeile *23* automatisch erhöht, damit wird in den Zeilen *25–26* die neue Adresse $\beta' + 1$ zurückgeschrieben.
Der Programmiervorgang wird nun eingeleitet, und zwar muss zuerst das Bit `EEMWE` in Register $\mathbf{R}_{\mathsf{EERC}}$ und dann innerhalb der nächsten vier Takte auch das Bit `EEWE` dieses Registers gesetzt werden, wie es in den Zeilen *27–28* auch geschieht. Die Vier-Takte-Bedingung wird sicher eingehalten, da in der *ISR* keine Interrupts auftreten können.

Welche Auswirkungen es hat, wenn die *ISR* mit einer falschen Arbeitsspeicheradresse arbeiten muss, ist klar. Was passiert aber, wenn die EEPROM-Adresse ε den gültigen Adressbereich des EEPROMs verlässt? Das kann eintreten, wenn ε bereits zu groß ist, aber auch, wenn ε noch gültig, aber $\varepsilon + \nu$ für irgendein $1 \le \nu < n$ dann zu groß ist. Die Frage lässt sich einfach beantworten. Die Größe des EEPROMs ist nämlich eine Zweierpotenz 2^m, und das Adressregister $\mathbf{R}_{\mathsf{EEAR}}$ hat genau m Bits. Die vom EEPROM gesehene Adresse ist also immer $\varepsilon \bmod 2^m$. So wird z.B. bei einem **ATmega32** mit $m = 10$ statt der Adresse $\varepsilon = \mathbf{401}$ die Adresse $\mathbf{401} \bmod \mathbf{400} = \mathbf{001}$ verwandt.

Da die *ISR* des *EEPROM Ready Interrupt* die gesamte Arbeit übernimmt, fällt das Unterprogramm, das einen Bytevektor vom Arbeitsspeicher in das EEPROM kopiert, einfach aus.

Prozedur EepRtoE

Es wird ein Bytevektor $\boldsymbol{b} = (b_0, \ldots, b_{n-1})$ der Länge n vom Arbeitsspeicher in das EEPROM kopiert.

Input

$\mathbf{r_{17:16}}$	Die Adresse β des Bytevektors $\boldsymbol{b}$ im Arbeitsspeicher
$\mathbf{r_{19:18}}$	Die Adresse ε eines Bytevektors $\boldsymbol{e}$ im EEPROM
$\mathbf{r_{20}}$	Die Länge n der beiden Bytevektoren

Die Programmierung des EEPROMs mit dem Bytevektor $\boldsymbol{b}$ wird eingeleitet und läuft im Hintergrund ab. Pro Byte muss mit etwas mehr als 8 Millisekunden Programmierzeit gerechnet werden. Die Prozedur `EepTest` kann benutzt werden, um das Ende des Programmiervorgangs festzustellen.
Die übergebenen Adressen werden nicht auf Gültigkeit geprüft!

```
EepRtoE:  sts   pbEepRAM,r16      2  ε' ← ε
          sts   pbEepRAM+1,r17    2
          sts   pbEepEEP,r18      2  β' ← β
          sts   pbEepEEP+1,r19    2
          sts   bnbEep,r20        2  n' ← n
          sbi   EECR,EERIE        1  Befähigung des Interrrupts
          ret                     4
```

Das Unterprogramm kopiert die in den Registern übergebenen Adressen und die Byteanzahl dorthin, wo die *ISR* des *EEPROM Ready Interrupt* sie erwartet. Der Kopiervorgang wird dann durch die Befähigung des Interrupts eingeleitet.

Für den umgekehrten Kopiervorgang, vom EEPROM in den Arbeitsspeicher, gibt es keinen Interrupt, da das Lesen aus dem EEPROM mit keiner bedeutenden Verzögerung verbunden ist. Das folgende Unterprogramm für diesen Kopiervorgang besteht deshalb im Wesentlichen aus einer einfachen Schleife.

Prozedur EepEtoR

Es wird ein Bytevektor $\boldsymbol{e} = (e_0, \ldots, e_{n-1})$ der Länge n vom EEPROM in den Arbeitsspeicher kopiert.

Input

$\mathbf{r}_{25:24}$	Die Adresse ε des Bytevektors $\boldsymbol{e}$ im EEPROM
$\mathbf{r}_{27:26}$	Die Adresse β eines Bytevektors $\boldsymbol{b}$ im Arbeitsspeicher
$\mathbf{r}_{16}$	Die Länge n der beiden Bytevektoren

Die übergebenen Adressen werden nicht auf Gültigkeit geprüft!

```
 1  EepEtoR:  push4   r0,r16,r24,r25  8
 2            push2   r26,r27         4
 3  EepEtr1:  sbic    EECR,EEWE       1/2  Läuft eine Progammierung?
 4            rjmp    EepEtr1         2    Ja: warten
 5  EepEtr2:  out     EEARH,r25       1    R_EEAR ← ε
 6            out     EEARL,r24       1
 7            sbi     EECR,EERE       1    R_EEDR ← e
 8            in      r0,EEDR         1    r0 ← e
 9            st      X+,r0           2    b abspeichern
10            adiw    r25:r24,1       2    ε ← ε + 1
11            dec     r16             1    n ← n − 1
12            brne    EepEtr2         1/2
13            pop2    r27,r26         4
14            pop4    r25,r24,r16,r0  8
15            ret                     4
```

Falls eine Programmierung in Gang ist, kann auf das EEPROM nicht lesend zugegriffen werden, das Unterprogramm muss das Ende einer Progammierung erst abwarten, bevor es mit der Kopie beginnen kann. Geprüft wird diese Bedingung mit dem Bit `EEWE` von Register $\mathbf{R}_{\mathsf{EECR}}$, das während eines Kopiervorganges gesetzt ist.
In Zeile *5* beginnt danach die Kopierschleife damit, dass das Adressenregister $\mathbf{R}_{\mathsf{EEAR}}$ des EEPROMs mit der laufenden Adresse ε' geladen wird. Das Setzen des Bit `EERE` in Register $\mathbf{R}_{\mathsf{EERC}}$ hat zur Folge, dass das Byte e an der Adresse ε' in das Datenregister $\mathbf{R}_{\mathsf{EEDR}}$ des EEPROMs gebracht wird, von wo es dann in Zeile *8* in Register $\mathbf{r}_0$ geladen und danach in den Arbeitsspeicher geschrieben wird. Die EEPROM-Adresse ε' wird dann um Eins erhöht.

Das Unterprogramm zum Lesen eines einzigen Bytes aus dem EEPROM entsteht aus dem vorigen Unterprogramm gewissermaßen durch das Weglassen der Schleife.

Prozedur EepRead

Es wird ein Byte e aus dem EEPROM ausgelesen.

Input

$\mathbf{r_{25:24}}$ Die Adresse ε des Bytes e im EEPROM

Output

$\mathbf{r_{16}}$ Das Byte e

Die übergebene Adresse wird nicht auf Gültigkeit geprüft!

```
EepRead:  sbic   EECR,EEWE     1/2  Läuft eine Progammierung?
          rjmp   EepRead       2    Ja: warten
          out    EEARH,r25     1    R_EEAR ← ε
          out    EEARL,r24     1
          sbi    EECR,EERE     1    R_EEDR ← e
          in     r16,EEDR      1    r16 ← e
          ret                  4
```

Um zu prüfen, ob der von Unterprogramm `EepRtoE` eingeleitete Programmiervorgang beendet ist, muss n' in der Zeile *4* der *ISR* darauf getestet werden, ob $n' = 0$ gilt. Das kann zwar direkt geschehen, sollte aber besser mit der folgenden Prozedur durchgeführt werden. Ist nach ihrem Aufruf das Nullbit $\mathfrak{z}$ im Statusregister gesetzt, so ist das Kopieren abgeschlossen.

```
EepTest:  push   r0            2
          lds    r0,bnbEep     2    r0 ← n'
          tst    r0            1    z ← 1 falls n' = 0
          pop    r0            2
          ret                  4
```

Ein Beispiel für die Verwendung der Unterprogramme des Moduls findet sich in Abschnitt 11.4. Dort werden die laufenden inneren Werte eines Zufallszahlengenerators im EEPROM gespeichert. Der Generator kann dann in einem späteren Programmlauf vom EEPROM her initialisiert werden, er setzt damit seine Folge von Zufallszahlen aus dem vorigen Programmlauf fort.

4.9. Der Aufbau von Schleifen mit Timer-Interrupts

Die Schleife in den Zeilen *15–21* des nachfolgenden Programmstücks besitzt wie jede Schleife einen Teil, der keine produktive Arbeit leistet, sondern nur das Funktionieren der Schleife selbst ermöglicht. Im Programm sind das natürlich die Zeilen *19–21*, die nichts zu der von den übrigen Zeilen durchgeführten Summenbildung beitragen.

```
1        .dseg
2        .equ    nb = 10000             z.B. ATmega128 mit externem Speicher
3  vbX:  .byte   nb                     x_i
4  vbY:  .byte   nb                     y_i
5  vbZ:  .byte   nb                     z_i als x_i + y_i
6        .cseg
7  Add:  ldi     r24,LOW(nb)      1     r25:24 ist Schleifenzähler n
```

8		`ldi`	`r25,HIGH(nb)`	1	
9		`ldi`	`r26,LOW(vbX)`	1	$\mathbf{X} \leftarrow \mathcal{A}(x_0)$
10		`ldi`	`r27,HIGH(vbX)`	1	
11		`ldi`	`r28,LOW(vbY)`	1	$\mathbf{Y} \leftarrow \mathcal{A}(y_0)$
12		`ldi`	`r29,HIGH(vbY)`	1	
13		`ldi`	`r30,LOW(vbZ)`	1	$\mathbf{Z} \leftarrow \mathcal{A}(z_0)$
14		`ldi`	`r31,HIGH(vbZ)`	1	
15	`Ad1:`	`ld`	`r0,X+`	$2n$	$\mathbf{r_0} \leftarrow x_i$
16		`ld`	`r1,Y+`	$2n$	$\mathbf{r_1} \leftarrow y_i$
17		`add`	`r0,r1`	n	$\mathbf{r_0} \leftarrow x_i + y_i$
18		`st`	`Z+,r0`	$2n$	$z_i \leftarrow x_i + y_i$
19		`subi`	`r24,1`	n	$n \leftarrow n - 1$
20		`sbci`	`r25,0`	n	
21		`brne`	`Ad1`	$2n$-1	Falls $n > 0$ zum nächsten Durchlauf
22		`ret`		4	

Der gesamte Schleifenkörper verbraucht elf Takte, vom letzten Schleifendurchlauf einmal abgesehen. Der unproduktive Teil des Schleifenkörpers benötigt vier Takte, das sind $36,4\,\%$ der Gesamtlaufzeit. Wenn es auf höchste Geschwindigkeit ankommt, lohnt sich also die Beseitigung dieses unproduktiven Teils. Dem Programmierer stehen dazu folgende, rein programmiertechnische Mittel zur Verfügung:

- Das radikalste Mittel ist, überhaupt keine Schleife zu progammieren, sondern die Befehle in den Zeilen *15–17* 10000-mal zu wiederholen. Das ergibt eine Laufzeit von $7n$ Takten, es werden aber $4n$ Befehlsworte benötigt. Bei $n = 10000$ sind das 40000 Programmworte oder 80000 Programmbytes, für große n ist diese Methode wohl realitätsfern. Für nicht allzugroße n ist sie jedoch durchaus durchführbar und auch schon durchgeführt worden, besonders bei tief geschachtelten Schleifen, bei welchen es in der innersten Schleife ja tatsächlich auf jeden Takt ankommt.
- Die Methode am anderen Ende des Spektrums, die praktisch immer durchführbar ist, besteht darin, den nützlichen Teil des Schleifenkörpers zu verdoppeln und den Schleifenzähler nicht um 1, sondern um 2 herunterzuzählen. Die Korrektur, die nach dem Durchlauf der Schleife bei ungeradem n nötig wird, fällt hier nicht ins Gewicht. Die Anzahl der Takte ist dann im Wesentlichen $14\frac{n}{2} + 4\frac{n}{2}$, der unproduktive Anteil beträgt also $22,2\,\%$.
- Diese beiden Extreme sind natürlich nur Beispiele der allgemeinen Methode, den produktiven Teil des Schleifenkörpers k-mal zu wiederholen und dann den Schleifenzähler um k herunterzuzählen. Das ergibt $\left\lfloor \frac{n}{k} \right\rfloor$ Durchläufe der neuen Schleife, aber es bleiben $n \bmod k$ Durchläufe der alten Schleife übrig, die extra ausgeführt werden müssen. Aus diesem Grund wird oft für k eine Zweierpotenz gewählt, weil dann $n \bmod k$ besonders schnell und einfach berechnet werden kann. Die Gesamtlaufzeit ist offenbar

$$7k \left\lfloor \frac{n}{k} \right\rfloor + 4 \left\lfloor \frac{n}{k} \right\rfloor + 11(n \bmod k).$$

  Auf den Restteil von $n \bmod k$ ursprünglichen Schleifendurchläufen kann dieselbe Methode noch einmal mit einem kleineren k' angewandt werden. Dieser Restteil soll aber hier vernachlässigt werden. Dann berechnet sich der prozentuale unproduktive Anteil zu

$$\frac{4}{7k+4}100,$$

der gar nicht mehr von n, sondern nur noch von k abhängig ist. Bei $k = 16$ ergibt das z.B. $3,4\,\%$. Die Vergrößerung des Programms kann in vielen Fällen sicher noch toleriert werden.

- Die Zahl der Tricks und Kniffe, die zur Effizienzsteigerung bei Schleifen eingesetzt werden können, ist unbeschränkt. Es sei nur noch der Einsatz von Sprungtabellen erwähnt.
- Nicht vergessen werden darf allerdings, dass die Schleifen möglicherweise durch einen Übergang zu einem anderen Rechenverfahren ganz vermieden werden können. Das ist z.B. bei obiger Summenbildung nicht möglich, aber möglicherweise ist ja die Summenbildung überhaupt unnötig. Das einfachste Beispiel dafür ist $1 + 2 + \cdots + n = \frac{1}{2}n(n+1)$.

Bisher wurden nur rein programmtechnische Methoden diskutiert. Tatsächlich bieten aber viele Prozessoren durch ihren Befehlssatz Möglichkeiten, das Verhalten von Schleifen zu verbessern. Es liegt z.B. nahe, das Herunterzählen des Schleifenzählers und den darauf folgenden Sprung in einem Befehl zusammenzufassen. Dazu zählt z.B. der Befehl `djnz` des Z80. Am weitesten geht hier der **dsPIC33F**, bei welchem das Herunterzählen des Schleifenzählers und der Sprung vom Prozessor parallel zur Abarbeitung des produktiven Schleifenteils vorgenommen werden.[19] Davon kann ein AVR-Programmierer allerdings nur träumen.

Nun besitzt aber ein AVR-Mikrocontroller mindestens einen Timer, der ein 16-Bit-Register *parallel zur CPU* heraufzählen und die CPU unterbrechen kann, wenn ein bestimmter Wert erreicht ist. Die Unterbrechung müsste genau nach dem letzten Schleifenbefehl erfolgen, der dann natürlich ein unbedingter Sprung an den Schleifenanfang ist. Aufgabe der *ISR* wäre es, den Stapel zu reorganisieren und den Befehl direkt hinter der Schleife anzuspringen. In dem obigen Programmstück könnten also die Zeilen *19–20* gestrichen werden und der Befehl in Zeile *21* würde durch den Befehl `rjmp Ad1` ersetzt.

Dieser im Konjunktiv beschriebene Vorgang ist tatsächlich direkt in ein Progamm umsetzbar. Die einzige nicht ganz leicht zu beantwortende Frage ist dabei, wie der Timer zu programmieren ist. Natürlich ist klar, dass *output compare* verwendet wird, aber wie weit soll der Timer zählen? Es ist möglich, dass die Beantwortung dieser Frage vom Prozessortyp abhängt, es ist also angebracht, ein Programm zu schreiben, das den genauen Wert ermittelt, bis zu dem der Timer hochzählen muss, um einen korrekten Abbruch der Schleife zu erreichen.

Das folgende Programm setzt diese Idee für eine einfache Schleife um, mit der die Korrektheit des Programms ohne große Mühe geprüft werden kann. Es sind aber alle wesentlichen Bestandteile der Methode vorhanden, das Programm kann deshalb leicht verallgemeinert werden.

```
            .include  "m128def.inc"
```

[19] Siehe dazu die ausführliche Erörterung in [MssP] Abschnitt **3.1**.

```
          .device    ATmega128
          .dseg
          .org       0x100
          .include   "vecm128.avr"
```

Die *ISR* des *output compare interrupt A* von Timer1

```
OC1Ahdlr: clr        r10                    1   Timer1 anhalten
          out        TCCR1B,r10             1
          pop        r11                    2   r11:10 ← PC
          pop        r10                    2
          jmp        Schlend                3
          .include   "vecm128.avr"
```

Der Einsprung in das Programm, Aufbau des Stapels

```
Start:    ldi        r16,LOW(RAMEND)        1
          out        SPL,r16                1
          ldi        r16,HIGH(RAMEND)       1
          out        SPH,r16                1
```

Generelles Ritual und Befähigung des *output compare interrupt A* von Timer1, globale Befähigung

```
          clr        r16                    1
          out        TCCR1A,r16             1
          in         r16,TIMSK              1
          ori        r16,0b00010000         1
          out        TIMSK,r16              1
          sei                               1
```

Festlegung der Zahl der Schleifendurchläufe n und der Zahl t der Takte pro Durchlauf

```
          .equ       nSdl = 10000               n
          .equ       nTpS = 4                   t
          clr        r24                    1   r25:24 ← 0000
          clr        r25                    1
```

Das schleifenbezogene Ritual für Timer1

```
          clr        r16                    1   R_TCNT1 ← 0000
          out        TCNT1H,r16             1
          out        TCNT1L,r16             1
          ldi        r16,HIGH(nTps*nSdl-3)  1   R_OCR1A ← m = nt − 3
          out        OCR1AH,r16             1
          ldi        r16,LOW(nTps*nSdl-3)   1
          out        OCR1AL,r16             1
          ldi        r16,0b00001001         1   Timer1 ohne Vorteiler starten
          out        TCCR1B,r16             1
```

Die n-mal zu durchlaufende Schleife

```
Schlanf:  adiw       r25:r24,1              2
          rjmp       Schlanf                2
Schlend:  nop                               1
Ewig:     rjmp       Ewig                   2
```

Zunächst die Hauptsache, die Schleife in den Zeilen *34–35*. Sie besteht nur aus einem 16-Bit-Additionsbefehl und dem natürlich bedingungslosen Rücksprung an den Schleifenanfang. Der Additionsbefehl macht es möglich, auf einfache Art zu überprüfen, ob die Schleife auch wirklich n-mal durchlaufen wurde (siehe aber die Diskussion weiter unten).
Das Programm beginnt in Zeile *12* wie üblich mit der Einrichtung des Stapels. Es folgt die Einrichtung von Timer1, soweit das ohne Rücksicht auf die Schleife möglich ist. Einzustellen ist Modus 4 (CTC) mit normaler Pinfunktion. In den Zeilen *18–20* wird dann der *output compare interrupt A* von Timer1 befähigt, worauf Interrupts global befähigt werden. Anschließend werden aktuelle Werte für n und t festgelegt, wobei n fast beliebig gewählt werden kann, t aber durch die Schleife gegeben ist. Ferner wird $\mathbf{r_{25:24}}$ mit **0000** initialisiert.
In Zeile *26* beginnen die Vorbereitungen für die Schleife. Es werden das Zählregister von Timer1 gelöscht, das OC-Register mit $m = tn - 3$ geladen und der Timer selbst gestartet. Wie man herausbekommt, dass $tn - 3$ der richtige Wert für $\mathbf{R}_{\mathsf{OCR1A}}$ ist, wird weiter unten gezeigt. Dann wird die Schleife in Zeile *35* betreten. Sie wird nach genau n Durchläufen wieder verlassen, das Programm setzt seinen Lauf in Zeile *37* fort. Wie es dazu kommt, wird ab Zeile *6* deutlich. Nach n Durchläufen der Schleife erfolgt ein *output compare interrupt*, Timer1 wird angehalten, die Adresse des nach erledigtem Interrupt auszuführenden Befehls wird aus dem Stapel herausgenommen, d.h. der Stapel wird vom Interrupt bereinigt, und es wird direkt hinter die Schleife gesprungen.

Es ist darauf zu achten, dass während der Schleifendurchläufe keine anderen Interrupts auftreten können.

Das ist klar, denn andernfalls durchläuft die CPU vom Schleifenanfang bis zum Schleifenende mehr als tn Taktzyklen, aber der Timer bleibt von Unterbrechungen der CPU unbeeinflusst.

Die Frage ist nun, wie die Zahl m bestimmt werden kann, die in Register $\mathbf{R}_{\mathsf{OCR1A}}$ zu laden ist. Das Verhalten der Timer ist in der Dokumentation nicht so genau beschrieben, dass diese Zahl auszurechnen wäre, es muss also mit einem speziellen Programm gemessen werden. Da aber die CPU und der Timer von demselben Takt gesteuert werden (der Vorteiler des Timers ist abgeschaltet), muss $m \approx tn$ gelten, und da der Interrupt berücksichtigt werden muss, ist sicher $m < nt$. Man kann bei der Messung z.B. von $m = tn - 10$ ausgehen.

Die benötigten Daten lassen sich z.B. über die JTAG-Schnittstelle sammeln, die serielle Schnittstelle ist aber ebenso geeignet, wie das folgende Programm zeigt.

```
          .include  "m128def.inc"
          .include  "makros.avr"
          .device   ATmega128
          .dseg
          .org      0x100
          .include  "vecm128.avr"
```

Einzug der Module für den Gebrauch der seriellen Schnittstelle

```
          .include  "fifo.avr"
          .include  "ser128.avr"
```

Die *ISR* des *output compare interrupt A* von Timer1

```
OC1Ahdlr:clr        r10                  1
```

```
          out        TCCR1B,r10             1
          pop        r11                    2
          pop        r10                    2
          jmp        Schlend                3
          .include   "vecm128.avr"
```

Der Einsprung in das Programm, Aufbau des Stapels

```
Start:    ldi        r16,LOW(RAMEND)        1
          out        SPL,r16                1
          ldi        r16,HIGH(RAMEND)       1
          out        SPH,r16                1
```

Die Initialisierung der seriellen Schnittstelle

```
          ldi        r16,25                 1
          call       S0Ini                  4+
          call       S0SndEin               4+
```

Generelles Ritual und Befähigung des *output compare interrupt A* von Timer1, globale Befähigung

```
          clr        r16                    1
          out        TCCR1A,r16             1
          in         r16,TIMSK              1
          ori        r16,0b00010000         1
          out        TIMSK,r16              1
          sei                               1
```

Die Initialisierung der Testschleife

```
          ldi        r22,20                 1    r22 zählt Testdurchläufe
          clr        r10                    1
          clr        r11                    1
          ldi        r27,HIGH(4*10000-10)   1    r27:26 ← m = tn − 10
          ldi        r26,LOW(4*10000-10)    1
```

Der Beginn der Testschleife

```
Test:     clr        r24                    1    s = 0
          clr        r25                    1
```

Das schleifenbezogene Ritual für Timer1

```
          clr        r16                    1
          out        TCNT1H,r16             1
          out        TCNT1L,r16             1
          out        OCR1AH,r27             1
          out        OCR1AL,r26             1
          ldi        r16,0b00001001         1
          out        TCCR1B,r16             1
```

Die n-mal zu durchlaufende Schleife

```
Schlanf:  adiw       r25:r24,1              2
          rjmp       Schlanf                2
Schlend:  nop                               1
```

Die globale Befähigung (die *ISR* wurde nicht mit `reti` verlassen)

```
          sei                               1
```

Die Ausgabe der Daten des Durchlaufs: m, s, p und q

```
           mov     r16,r27             1     m
           call    SOWrite             4+
           mov     r16,r26             1
           call    SOWrite             4+
           ldi     r16,' '             1
           call    SOWrite             4+
           mov     r16,r25             1     s
           call    SOWrite             4+
           mov     r16,r24             1
           call    SOWrite             4+
           ldi     r16,' '             1
           call    SOWrite             4+
           mov     r16,r11             1     p
           call    SOWrite             4+
           mov     r16,r10             1
           call    SOWrite             4+
           ldi     r16,' '             1
           call    SOWrite             4+
           ldi     r16,HIGH(Schlanf)   1     q
           call    SOWrite             4+
           ldi     r16,LOW(Schlanf)    1
           call    SOWrite             4+
           ldi     r16,' '             1     Zwei Leerzeichen '  '
           call    SOWrite             4+
           ldi     r16,' '             1
           call    SOWrite             4+
  Einige Warteschleifen, bis die Interrupts der seriellen Schnittstelle vorbei sind
           ldi     r17,100             1
  Warte1:  ldi     r16,255             1
  Warte2:  dec     r16                 1
           brne    Warte2              1/2
           dec     r17                 1
           brne    Warte1              1/2
  Der Abschluss der Testschleife
           adiw    r27:r26,1           2     m ← m + 1
           dec     r22                 1
           breq    Ewig                1/2
           rjmp    Test                2
  Ewig:    rjmp    Ewig                2
```

Die Testergänzungen sind um das obige Programm herumgeschrieben worden, eine ausführliche Beschreibung kann deshalb entfallen. Hinzugefügt wurde eine Schleife, in der für m systematisch 20 Werte von $tn - 10$ an ausprobiert werden. m wird im Doppelregister $\mathbf{r_{27:26}}$ hochgezählt, während $\mathbf{r_{22}}$ als Schleifenzähler dient. Nach dem Schleifendurchlauf werden, jeweils durch ein Leerzeichen getrennt, der Wert von m, der laufende Wert s von $\mathbf{r_{25:24}}$, die beim Auslösen des Interrupts in den Stapel geschriebene Adresse p und die Adresse q des

ersten Befehls der Schleife (`Schlend`). Die Datensätze selbst werden durch ein Doppelleerzeichen getrennt.
Die Verzögerungschleifen in den Zeilen *76–81* dienen dazu, abzuwarten, bis die serielle Schnittstelle keine Interrupts mehr erzeugt.
Es sei noch angemerkt, dass der Vorteiler von Timer1 abgeschaltet werden muss, wenn das Verfahren so funktionieren soll, wie es hier vorgestellt wird. Es kann allerdings sein, dass man den Vorteiler benutzen *muss*, weil die Kapazität des Zählers nicht ausreicht, wenn also $nt \geq 2^{16}$ gilt. Das ist natürlich möglich, doch muss dieser dann explizit vor dem Start des Timers zurückgesetzt werden. Bei Verwenden des Vorteilers gibt es jedoch die Beschränkung, dass nt ein Vielfaches der Vorteilerkapazität v sein muss, d.h. es muss gelten $nt \bmod v = 0$. Man kann es auch so ausdrücken, dass die Schleifendurchläufe nur noch $\bmod v$ zu bestimmen sind. In seltenen Fällen mag das sogar ausreichend sein.

Es folgen die vom Programm übermittelten Daten, wie sie von einem Terminalprogramm dargestellt wurden, das auf hexadezimale Darstellung eingestellt worden war.

```
9C 36 20 27 0E 20 01 F6 20 01 F6 20 20 9C 37 20
27 0F 20 01 F7 20 01 F6 20 20 9C 38 20 27 0F 20
01 F7 20 01 F6 20 20 9C 39 20 27 0F 20 01 F6 20
01 F6 20 20 9C 3A 20 27 0F 20 01 F6 20 01 F6 20
20 9C 3B 20 27 10 20 01 F7 20 01 F6 20 20 9C 3C
20 27 10 20 01 F7 20 01 F6 20 20 9C 3D 20 27 10
20 01 F6 20 01 F6 20 20 9C 3E 20 27 10 20 01 F6
20 01 F6 20 20 9C 3F 20 27 11 20 01 F7 20 01 F6
20 20 9C 40 20 27 11 20 01 F7 20 01 F6 20 20 9C
41 20 27 11 20 01 F6 20 01 F6 20 20 9C 42 20 27
11 20 01 F6 20 01 F6 20 20 9C 43 20 27 12 20 01
F7 20 01 F6 20 20 9C 44 20 27 12 20 01 F7 20 01
F6 20 20 9C 45 20 27 12 20 01 F6 20 01 F6 20 20
9C 46 20 27 12 20 01 F6 20 01 F6 20 20 9C 47 20
27 13 20 01 F7 20 01 F6 20 20 9C 48 20 27 13 20
01 F7 20 01 F6 20 20 9C 49 20 27 13 20 01 F6 20
01 F6 20 20
```

Der erste Datensatz besagt m = **9C36** = 39990, s = **270E** = 9998, p = **1F6** und q = **1F6**. Die Schleife ist bei $m = 39990 = 4 \times 10000 - 10$ (wie erwartet) noch nicht vollständig durchlaufen worden. Gesucht ist der *erste* Datensatz mit $s = n = 10000$. Die nachfolgende Tabelle gibt alle Datensätze mit $s = 10000$ in der Reihenfolge ihres Auftretens wieder.

m	$nt - m$	s	p	q
9C3B	5	**2710**	**1F7**	**1F6**
9C3C	4	**2710**	**1F7**	**1F6**
9C3D	3	**2710**	**1F6**	**1F6**
9C3E	2	**2710**	**1F6**	**1F6**

Die beiden letzten Spalten der Tabelle sind sorgfältig zu analysieren. Man kann ihnen entnehmen, dass bei den ersten beiden Datensätzen die Schleife zwar ihre Aufgabe verrichtet hat, nämlich Register $\mathbf{r_{25:24}}$ bis 10000 hochzuzählen, dass aber technisch gesehen die Schleife nicht bis zum Ende abgearbeitet wurde. Denn in der *ISR* wird Register $\mathbf{r_{11:10}}$ mit der Adresse p des Befehls geladen, der nach der Rückkehr vom Interrupt als Nächster ausgeführt wird. Die Tabelleneinträge der ersten beiden Zeilen sagen nun $p = q + 1$, d.h. die Unterbrechung erfolgte nach dem Befehl in Zeile *42*: Das Abarbeiten der Schleife wurde nach Zeile *42* und nicht nach Zeile *43* abgebrochen. Wenn es also darauf ankommt, dass in der Schleife tatsächlich tn Taktzyklen durchlaufen werden, so sind $m = 10000 - 5$ und $m = 10000 - 4$ nicht dazu geeignet, in Register $\mathbf{R}_{\mathsf{OCR1A}}$ geladen zu werden.

Wenn aber die Unterbrechung direkt nach dem Sprungbefehl in Zeile *43* kam, so ist der nach der Rückkehr vom Interrupt ausgeführte Befehl der in Zeile *42*, es gilt dann also $p = q$. Diese Bedingung ist in den letzten beiden Zeilen der Tabelle erfüllt. Wird folglich $m = 10000 - 3$ oder $m = 10000 - 2$ in das Register $\mathbf{R}_{\mathsf{OCR1A}}$ geladen, dann wird jeder Befehl der Schleife genau 10000-mal durchlaufen.

Die Zahl m ist sicher nicht immer so einfach zu bestimmen wie bei obiger Schleife. Z.B. hat man immer das Problem festzustellen, ob die Schleife ihre Arbeit auch vollständig verrichtet hat. In dem Additionsprogramm am Anfang des Abschnitts könnte man z.B. so vorgehen, dass man mit bestimmten Testdaten für x und y arbeitet und prüft, ob letzte Summe z_{n-1} auch wirklich abgespeichert worden ist.

Es lassen sich sicher noch andere Anwendungen für die Zähler der Timer finden, die programmtechnischer Natur sind und mit der Zeitgeberfunktion gar nichts zu tun haben. Z.B. müsste es mit der hier gezeigten Methode möglich sein, einen simplen Debugger zu realisieren, der es gestattete, ein Programm unter seiner Kontrolle schrittweise zu durchlaufen (*single stepping*).

5. Multitasking

Ein Prozessoid ist eine Codefolge, die von einem Prozessor ausgeführt wird. Dieser Definition entspricht einerseits ein vollständiges Programm, das gerade auf einem Prozessor abläuft, andererseits aber auch eine *ISR*, die einen Interrupt bedient. Ein Prozess ist ein Prozessoid, das einen privaten Stapel und eine private Teilmenge der Prozessorregister besitzt. Ein vollständiges gerade ablaufendes Programm ist sicherlich ein Prozess, denn ihm stehen jederzeit die Register und der Stapel des Prozessors zur Verfügung. Eine *ISR* ist dagegen kein Prozess, da sie den Stapel des Prozesses verwendet, den sie unterbricht, auch gehört ihr keine private Registerteilmenge.

Da Prozesse einen privaten *Kontext* besitzen, können sie nebeneinander herlaufen, ohne einander zu stören, ja ohne voneinander überhaupt zu wissen. Die Lösung einer Aufgabe, die in viele unabhängige Teilaufgaben zerfällt, kann ohne Weiteres statt einem einzigen großen Programm einer Menge von Prozessen übertragen werden. Können diese Prozesse gleichzeitig ablaufen, so kann man erwarten, dass das Auffinden der Lösung beschleunigt wird.

Aber auch Aufgaben, die in voneinander abhängige Teilaufgaben zerlegt werden können, lassen sich lösen, indem jeder Teilaufgabe ein Prozess zur Lösung zugeordnet wird, doch sind dazu Mechanismen nötig, die es gestatten, Prozesse miteinander zu synchronisieren. Z.B. kann es nötig sein, dass Prozesse aufeinander warten, um Zwischenergebnisse auszutauschen. Auch hier kann aus dem gleichzeitigen Ablauf der Prozesse Nutzen gezogen werden. So kann etwa ein Prozess $\boldsymbol{P}_a$ einen *ADC* abfragen, ein weiterer Prozess $\boldsymbol{P}_b$ kann die entnommenen Daten in eine vom Menschen lesbare Gestalt übertragen und ein dritter Prozess $\boldsymbol{P}_c$ kann die bearbeiteten Daten über eine serielle Schnittstelle ausgeben. Diese drei Tätigkeiten können zumindest teilweise parallel ausgeführt werden: Während $\boldsymbol{P}_b$ den zum Zeitpunkt t_n gelesenen Datensatz bearbeitet, kann $\boldsymbol{P}_a$ auf den nächsten Datensatz warten, und $\boldsymbol{P}_c$ kann damit beschäftigt sein, den zum Zeitpunkt t_{n-1} gelesenen Datensatz der seriellen Schnittstelle zu übergeben (ebenfalls eine überwiegend „wartende" Tätigkeit). Die Synchronisierung der drei Prozesse ließe sich relativ einfach mit Schlangen durchführen, aber es geht nicht immer so einfach von der Hand!

Es gibt zwei grundsätzlich verschiedene Möglichkeiten, Prozesse gleichzeitig ablaufen zu lassen. Die eine ist natürlich, für jeden Prozess einen eigenen Controller einzusetzen. Sind die Prozesse nach dem *master-slave*-Prinzip voneinander abhängig, so lässt sich diese Parallelität mit minimalem Aufwand realisieren. Das ist aber nicht der Gegenstand des Kapitels.

Die andere Möglichkeit ist, zwischen mehreren Prozessen, die auf *einem* Controller ablaufen, so rasch hin- und herzuschalten, dass der *Anschein* von Parallelität erzeugt wird. Der gleichzeitige Ablauf von Prozessen wird hier also nur simuliert. Das Umschalten zwischen Prozessen kann von den Prozessen selbst auf freiwilliger Basis ausgelöst werden — *cooperative multitasking* — oder es kann von einer äußeren Instanz erzwungen werden — *preemptive multitasking*. Beide Verfahren sind Gegenstand dieses Kapitels.

Es ist oft zu lesen, dass *cooperative multitasking*, kurz *CMT*, für Echtzeitanwendungen nicht geeignet sei, da keine Mindestreaktionszeit des Systems garantiert sei. Andererseits sei *preemptive multitasking*, kurz *PMT*, gut geeignet, da eine Mindestreaktionszeit von außen aufgezwungen werden könne. In dieser Allgemeinheit formuliert ist die Aussage sicher falsch, entsprechend programmiert, kann die Reaktionszeit von *CMT* beträchtlich unter der von *PMT* liegen. Hinzu kommt, dass bei AVR-Prozessoren *PMT* möglicherweise gar nicht durchführbar ist, da die wenigen Timer schon für andere Aufgaben eingesetzt werden müssen, also kein Timer zur (erzwungenen) Umschaltung von Prozessen zur Verfügung steht.[1] Auch wird sich noch zeigen, dass die Prozessumschaltung bei *PMT* wesentlich aufwendiger sein kann als bei *CMT*, und da die Prozessumschaltung natürlich unter Ausschluß von Interrupts stattfinden muss, ergibt sich daraus eine Verlängerung der Reaktionszeit. Hinzu kommt, dass dem Einfallsreichtum des Programmierers natürlich keine Grenzen gesetzt sind, wenn es darum geht, schnelle Reaktionszeiten für *CMT* zu erreichen!

5.1. Die Prozessinformationstabelle

Die — zumindest vom Programmtechnischen her — starke Ähnlichkeit von *CMT* und *PMT* zeigt sich unter anderem auch darin, dass beide Techniken dieselbe Datenstruktur verwenden können. Diese Datenstruktur, die Prozessinformationstabelle (PIT),

Abbildung 5.1.: Die PIT eines laufenden und eines ruhenden Prozesses

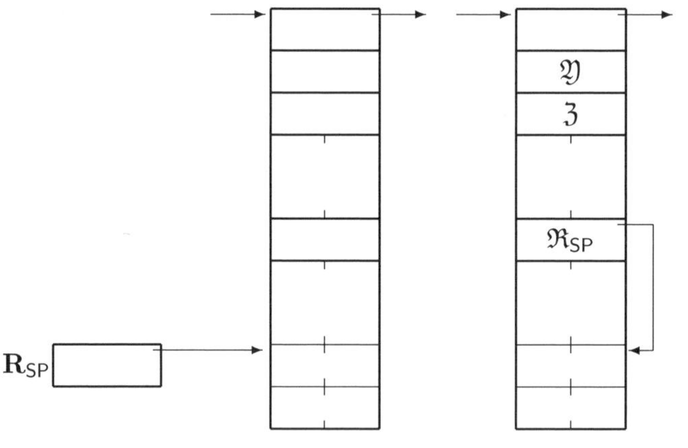

enthält im Wesentlichen den Stapel, die Registerinhalte und private Variablen. Hinzu kommt noch eine Möglichkeit zur Verkettung von PITs. Grundsätzlich werden die PITs in einem Ring verkettet. Diese Verkettung kann einfach sein, wenn die Prozesse keinen Zustand des Wartens kennen (wie oft bei *CMT*), sie kann aber auch doppelt sein,

[1] Zu diesem Zweck kann aber auch die serielle Schnittstelle oder *SPI* zum Einsatz kommen, wie weiter unten im Kapitel noch gezeigt wird.

wenn Prozesse aus dem Ring herausgenommen und in Warteschlangen von Signalen oder Semaphoren eingefügt werden müssen (wie oft bei *PMT*).

Wie Bild 5.1 zeigt, enthält die PIT eines laufenden Prozesses dessen (aktiven) Stapel und dessen (aktive) private Variaben. Die PIT eines ruhenden oder wartenden Prozesses enthält dagegen den Stapel, die privaten Variablen und die Inhalte der privaten Register sozusagen eingefroren in dem Zustand, den diese bei der Prozessumschaltung inne hatten.

5.2. Cooperative Multitasking

Wird Gleichzeitigkeit — oder besser deren Illusion — von Prozessen eines Systems so erzeugt, dass die Prozesse an ihnen genehmen Stellen ihren Lauf „freiwillig" temporär beenden, ergeben sich einige Vorteile.

- Der größte Vorteil ist wohl, dass es keine kritischen Stellen mehr gibt, also Stellen, an denen ein Prozess in seiner Tätigkeit so von einem anderen Prozess unterbrochen werden kann, dass daraus ein Fehlverhalten resultiert. Zur Synchronisierung von Prozessen verwendete Datenstrukturen müssen nicht atomarer Natur sein. Allerdings gilt das nicht für die Synchronisierung mit Interrupts, die aber auch gar nicht den Status eines Prozesses besitzen und denen ein eigenes Kapitel gewidmet ist.
- Ein weiterer Vorteil ist, dass die Orte der Übergabe und der Übernahme so gewählt werden können, dass möglichst wenig Information über den Wechsel hinweg gerettet werden muss. Das gilt besonders für die Registerinhalte. Zur Erhaltung aller Registerinhalte bei einem Prozesswechsel sind 64 Speicherzugriffe nötig, die 128 Prozessortakte kosten. Das lässt sich in vielen Anwendungen drastisch einschränken, etwa auf die drei Adressregister **X**, **Y** und **Z**. Ein guter Kompromiß ist, bei einem Wechsel automatisch nur den Inhalt einiger wichtiger Register aufzubewahren und jeden Prozess selbst dafür sorgen zu lassen, dass Registerinhalte, die erhalten bleiben müssen, bei einem Prozesswechsel in einer privaten Variable oder im privaten Stapel aufbewahrt werden. Auch wird es bei geschickter Wahl der Umschaltstelle nur sehr selten nötig werden, die Werte der Statusregister aufzubewahren.
- Von Vorteil ist auch, dass Prozeduren, die von Prozessen gemeinsam benutzt werden, nicht *reentrant* sein müssen, d.h. sich nicht darauf einstellen müssen, von einem anderen Prozess unterbrochen und von ihm dann noch einmal aufgerufen zu werden.

Selbstverständlich hat *CMT* auch Nachteile, deren größter gewiss ist, dass der Zeit zwischen zwei Prozesswechseln im Prinzip nach oben keine Grenze gesetzt ist.

5.2.1. Das Verfahren

Will ein Prozess $\boldsymbol{P}_a$ einen Wechsel einleiten, so erzeugt er einen *SWI* (*software interrupt*, siehe Abschnitt 4.5). Die zugehörige *ISR* kopiert den *Kontext* von $\boldsymbol{P}_a$, also Registerinhalte usw., in dessen PIT, schreitet im Ring der Prozesse zum nächsten Prozess fort, etwa zu $\boldsymbol{P}_b$, tauscht den Stapel von $\boldsymbol{P}_a$ gegen den von $\boldsymbol{P}_b$ aus, restauriert den Kontext von $\boldsymbol{P}_b$ aus dessen PIT und kehrt zu $\boldsymbol{P}_b$ zurück. Hat $\boldsymbol{P}_b$ schon einmal einen Wechsel eingeleitet, so erfolgt die Rückkehr direkt hinter dem dafür verwendeten *SWI*, andernfalls beim ersten Befehl des Prozesses. Prozess $\boldsymbol{P}_b$ leitet einige Zeit

Abbildung 5.2.: Zwei cooperierende Prozesse

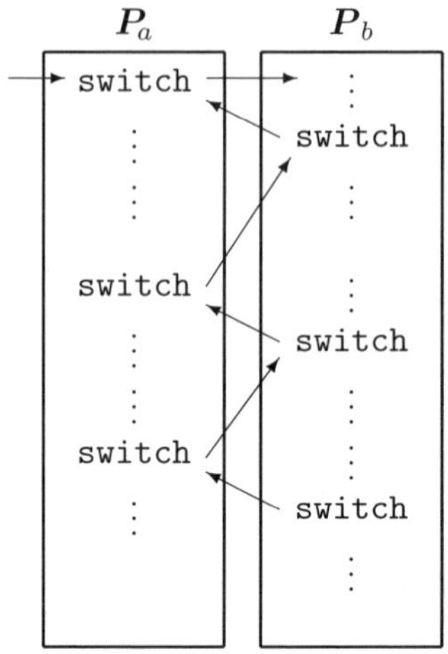

später seinerseits einen Prozesswechsel ein, der zu einem Prozess $\boldsymbol{P}_c$ im Ring führt, usw., bis die *ISR* irgendwann einmal zu Prozess $\boldsymbol{P}_a$ zurückkehrt. In Bild 5.2 ist das Hin- und Herschalten zwischen zwei Prozessen zu sehen. Allerdings ist der Hergang in der Realität etwas verwickelter, da die Prozesse ja Schleifen enthalten können.

Es gibt zwei Arten von Prozessen. Solche Prozesse, die zur ersten Art gehören, haben eine „unendlich lange" Laufzeit, d.h. sie bestehen aus einer großen Schleife. Prozesse der anderen Art kommen nach einer gewissen Anzahl von Befehlen an ihr Ende. Wie kommen sie aber zu ihrem Ende? Die natürlichste Weise ist, einen `ret`-Befehl zu benutzen. Dieser Befehl muss in eine Prozedur zurückkehren, die den Prozess aus dem Prozessring ausklinkt und einen Wechsel zum (ehemaligen) nächsten Prozess ausführt.

5.2.2. Ein System mit drei Prozessen I

Die Umsetzung des im vorigen Abschnitt beschriebenen Verfahrens in Programmcode ist naturgegeben von einigen technischen Schwierigkeiten begleitet. Ein gutes Verständnis der Wirkungsweise des Systemstapels der AVR-Prozessoren ist daher unerlässlich.[2] Auch sollte der Umfang des Programms (132 Zeilen) nicht alarmierend wirken, er ist weniger irgendeiner Komplexität als vielmehr der Tatsache verschuldet, dass viele 16-Bit-Operationen, insbesondere viele 16-Bit-Speicheroperationen, ausgeführt werden müssen, die Programme für 8-Bit-Prozessoren stets in die Länge ziehen.

[2]Siehe dazu [Mss], **2.5.2.1**.

Um nicht durch Nebensächlichkeiten den Mechanismus zu verschleiern, wird ein schlankes System mit drei Prozessen realisiert. Zwei Prozesse, $\boldsymbol{P}_a$ und $\boldsymbol{P}_b$, sind mit der Prozedur `ProcAB` assoziiert, der dritte Prozess $\boldsymbol{P}_c$ mit der Prozedur `ProcC`. Da also $\boldsymbol{P}_a$ und $\boldsymbol{P}_b$ mit derselben Prozedur ausgeführt werden, stellt sich das Problem der Identität: Welchen Prozess führt die Prozedur gerade aus? Denn beide Prozesse sollen nicht ganz genau dasselbe tun, müssen also wissen, wer sie sind. Das lässt sich aber einfach durch eine private Variable in der PIT erreichen.

Die Prozesse zeigen als einzige Tätigkeit ihre Laufzeit durch das Setzen eines Bits in `PORTA` an. Da die drei Prozeduren aus einer großen Schleife bestehen, kann das Funktionieren des Programms mit einem Oszilloskop überprüft werden. Es ist aber weitaus instruktiver, den Programmablauf im Simulator zu verfolgen. Zu diesem Zweck wird im Programm der *SWI* durch einen Funktionsaufruf ersetzt, da der Simulator einen *SWI* nicht simulieren kann.

```
          .include "m32def.inc"
          .device  ATmega32
```

Offsets, die den Aufbau einer PIT beschreiben

```
          .equ     oppit = 0             offset der Verkettungsadresse
          .equ     or26  = 2             offset von r26
          .equ     or27  = 3             offset von r27
          .equ     or28  = 4             offset von r28
          .equ     or29  = 5             offset von r29
          .equ     oPriv = 6             offset einer privaten Variablen
          .equ     oSP   = 14            offset von ℜSP
          .equ     oStkS = 16            offset des Stapelanfangs
          .equ     oStkE = 47            offset des Stapelendes
          .equ     nbPit = oStkE + 1     Die Größe einer PIT
```

Das Makro zum Prozesswechsel (statt *SWI* mit INT2, aber für Simulator geeignet)

```
          .macro   SWITCH
          cli                            1    Statt sbi PORTB,2
          call     INT2addr              4
          .endm
          .dseg
```

PIT_a, PIT_b, PIT_c und die Adresse der laufenden PIT

```
pitA:     .byte    nbPit
pitB:     .byte    nbPit
pitC:     .byte    nbPit
ppitRun:  .byte    2
          .include "vecm32.avr"
```

Die *ISR* für *SWI* mit INT2, führt den Prozesswechsel durch

```
INT2hdlr:push      r30                   2    3 in alten Stapel
          push     r31                   2
          lds      r30,ppitRun           2    Z ← Adr. alte PIT
          lds      r31,ppitRun+1         2
          std      Z+or26,r26            2    r26 in alte PIT
```

```
           std      Z+or27,r27         2    r27 in alte PIT
           std      Z+or28,r28         2    r28 in alte PIT
           std      Z+or29,r29         2    r29 in alte PIT
           in       r26,SPL            1    RSP in alte PIT
           std      Z+oSP,r26          2
           in       r26,SPH            1
           std      Z+oSP+1,r26        2
           ldd      r30,Z+oppit        2    Z ← Adr. neue PIT
           ldd      r31,Z+oppit+1      2
CmtStart:  sts      ppitRun,r30        2    Adr. aktive PIT ←
           sts      ppitRun+1,r31      2           Adr. neue PIT
           ldd      r26,Z+oSP          2    RSP aus neuer PIT
           out      SPL,r26            1
           ldd      r26,Z+oSP+1        2
           out      SPH,r26            1
           ldd      r26,Z+or26         2    r26 aus neuer PIT
           ldd      r27,Z+or27         2    r27 aus neuer PIT
           ldd      r28,Z+or28         2    r28 aus neuer PIT
           ldd      r29,Z+or29         2    r29 aus neuer PIT
           pop      r31                2    Z aus neuem Stapel
           pop      r30                2
           reti                        4
           .include "vecm32.avr"
```

Die Prozedur für PIT_a und PIT_b

```
ProcAB:    ldd      r26,Z+oPriv        2    r26 ← Bitmaske für PORTA
           mov      r27,r26            1
           com      r27                1    r27 ← invertierte Bitmaske
PrcAB1:    in       r0,PORTA           1    Bit 0 oder Bit 1 in PORTA
           or       r0,r26             1                setzen
           out      PORTA,r0           1
           nop                         1
           in       r0,PORTA           1    Bit 0 oder Bit 1 in PORTA
           and      r0,r27             1                löschen
           out      PORTA,r0           1
           SWITCH                      5+   Prozesswechsel
           rjmp     PrcAB1             2    Noch einmal
```

Die Prozedur für PIT_c

```
ProcC:     in       r16,PORTA          1    Bit 2 in PORTA setzen
           ori      r16,0b00000100     1
           out      PORTA,r16          1
           nop                         1
           in       r16,PORTA          1    Bit 2 in PORTA löschen
           andi     r16,0b11111011     1
           out      PORTA,r16          1
           SWITCH                      5+   Prozesswechsel
```

```
        rjmp    ProcC                       2   Noch einmal
Programmstart: Konfiguration der Anzeigebits
Start:  clr     r16                         1   R_PORTA löschen
        out     PORTA,r16                   1
        ldi     r16,0b00000111              1   Pin 0 bis Pin 2 von PORTA
        out     DDRA,r16                    1                       Output
Der anfängliche Aufbau des Prozessringes
        ldi     r30,LOW(pitA)               1   Z ← Adr. von PIT_a
        ldi     r31,HIGH(pitA)              1
        ldi     r28,LOW(pitB)               1   Y ← Adr. von PIT_b
        ldi     r29,HIGH(pitB)              1
        ldi     r26,LOW(pitC)               1   X ← Adr. von PIT_c
        ldi     r27,HIGH(pitC)              1
        std     Z+oppit,r28                 2   Verkettung PIT_a → PIT_b
        std     Z+oppit+1,r29               2
        std     Y+oppit,r26                 2   Verkettung PIT_b → PIT_c
        std     Y+oppit+1,r27               2
        ldi     r16,LOW(Schluss)            1   r17:16 ← Stopadresse
        ldi     r17,HIGH(Schluss)           1
        std     Z+oStkE,r16                 2   Stopadresse in PIT_a
        std     Z+oStkE-1,r17               2
        std     Y+oStkE,r16                 2   Stopadresse in PIT_b
        std     Y+oStkE-1,r17               2
        ldi     r18,LOW(ProcAB)             1   r19:18 ← Prozeduradresse
        ldi     r19,HIGH(ProcAB)            1
        std     Z+oStkE-3,r19               2   Prozeduradresse in PIT_a
        std     Z+oStkE-2,r18               2
        std     Z+oStkE-5,r31               2   Eigene Adresse in PIT_a
        std     Z+oStkE-4,r30               2
        std     Y+oStkE-3,r19               2   Prozeduradresse in PIT_b
        std     Y+oStkE-2,r18               2
        std     Y+oStkE-5,r29               2   Eigene Adresse in PIT_b
        std     Y+oStkE-4,r28               2
        ldi     r16,LOW(pitA+oStkE-6)       1   r17:16 ← ℜ_SP
        ldi     r17,HIGH(pitA+oStkE-6)      1
        std     Z+oSP,r16                   2   ℜ_SP in PIT_a
        std     Z+oSP+1,r17                 2
        ldi     r16,0b00000001              1   r16 ← Identitätsbyte
        std     Z+oPriv,r16                 2   Identitätsbyte in PIT_a
        ldi     r16,LOW(pitB+oStkE-6)       1   r17:16 ← ℜ_SP
        ldi     r17,HIGH(pitB+oStkE-6)      1
        std     Y+oSP,r16                   2   ℜ_SP in PIT_b
        std     Y+oSP+1,r17                 2
        ldi     r16,0b00000010              1   r16 ← Identitätsbyte
        std     Y+oPriv,r16                 2   Identitätsbyte in PIT_c
```

```
          movw   r29:r28,r27:r26          1   Y ← Adr. von PIT_c
          ldi    r16,LOW(Schluss)         1   r17:16 ← Stopadresse
          ldi    r17,HIGH(Schluss)        1
          ldi    r18,LOW(ProcC)           1   r19:18 ← Prozeduradresse
          ldi    r19,HIGH(ProcC)          1
          std    Y+oppit,r30              2   Verkettung PIT_c → PIT_a
          std    Y+oppit+1,r31            2
          std    Y+oStkE-1,r17            2   Stopadresse in PIT_c
          std    Y+oStkE,r16              2
          std    Y+oStkE-3,r19            2   Prozeduradresse in PIT_c
          std    Y+oStkE-2,r18            2
          std    Y+oStkE-5,r29            2   Eigene Adresse in PIT_c
          std    Y+oStkE-4,r28            2
          ldi    r16,LOW(pitC+oStkE-6)    1   r17:16 ← ℜSP
          ldi    r17,HIGH(pitC+oStkE-6)   1
          std    Y+oSP,r16                2   ℜSP in PIT_a
          std    Y+oSP+1,r17              2
          jmp    CmtStart                 3   Aktiviere P_a
Schluss:  rjmp   Schluss                  2
```

Das Programm ist nicht einfach zu erklären, da es nicht zu der Sorte gehört, die, bildlich gesprochen, oben anfangen und unten aufhören. Notwendigerweise muss der Kreislauf des Progamms an einer Stelle unterbrochen werden, um mit der Erklärung anzufangen. Eigentlich ist diese Programmbeschreibung ein *Zwei-Phasen-Vorgang*, erst bei einem zweiten Lesen erschließt sich alles bis in die letzten Einzelheiten.

Aber zunächst zum Prozessring. Der besteht natürlich nicht aus den Prozessen, sondern aus deren PITs, die in einem Ring verkettet sind. Dazu wird die Adressvariable am Anfang der

Abbildung 5.3.: Der Prozessring

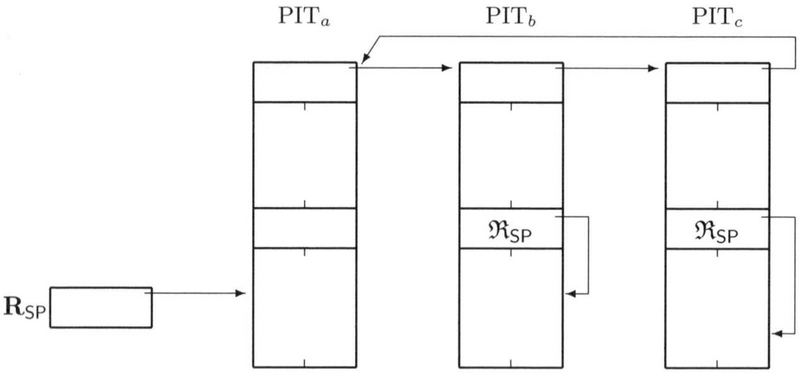

PIT benutzt. Da es kein Kommen und Gehen von Prozessen gibt, ist die Verkettung einfach, d.h. es ist keine Doppelverkettung. Bild 5.3 zeigt den Prozessring mit dem einen aktiven Stapel und den übrigen ruhenden Stapeln.

Die für das Programm verwendete Struktur einer PIT wird einmal nicht durch eine Tabelle,

sondern mit einer Reihe von *offsets* festgelegt. Ein *offset* ist eine relative Adresse, hier relativ zum Anfang der PIT. Diese *offsets* werden in den Zeilen *3–11* als Assemblervariablen eingeführt. Eine PIT beginnt also mit der Zeigervariablen für die Verkettung (*offset* `oppit`). Es folgen vier Bytes für die Registerinhalte von **r₂₆** bis **r₂₉** (`or26` bis `or29`), eine benannte private Bytevariable (`oPiv`) und sieben unbenannte (und im Programm nicht verwendete) private Bytevariablen. Es schließt sich ein Wort zur Aufnahme des Stapelzeigerwertes an (für einen nicht aktiven Prozess). Den Schluss bildet der Stapel, der durch zwei *offsets* beschrieben wird: `oStkS` bezeichnet seinen Anfang und `oStkE` sein Ende. Für einen nicht aktiven Prozess werden in der PIT also aufbewahrt: Die Inhalte von **X**, **Y** und $\mathbf{R}_{\mathsf{SP}}$. Der Inhalt von **Z** wird ebenfalls aufbewahrt, aber aus technischen Gründen im ruhenden Stapel. Da der ruhende Stapel auch die Programmspeicheradresse enthält, die auf eine Umschaltstelle folgt, hat der Stapel eines nicht aktiven Prozesses `oStkE` − `oStkA` + 1 − 4 freie Plätze. Am Schluss der Definitionsserie wird in Zeile *12* die Größe einer PIT berechnet und der Assemblervariablen `nbPit` zugewiesen.
Die Zeilen *13–16* enthalten das Makro, das zum Prozesswechsel Verwendung findet. Damit der Programmlauf im Simulator verfolgt werden kann, simuliert das Makro einen *SWI* mit

Abbildung 5.4.: Ein Prozessstapel vor dem Start des Prozesses

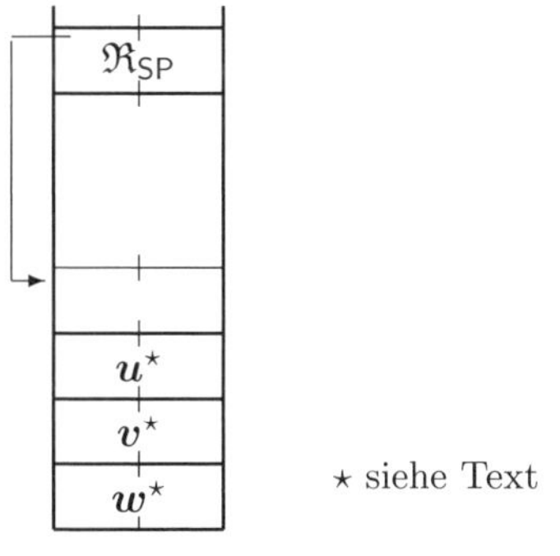

einem `call`-Befehl. In einer echten Anwendung sollte es durch ein Makro mit einem tatsächlichen *SWI* ersetzt werden. In Abschnitt 4.5 ist dazu alles Nötige zu finden.
Die drei PITs PIT_a, PIT_b und PIT_c der Prozesse $\boldsymbol{P}_a$, $\boldsymbol{P}_b$ und $\boldsymbol{P}_c$ werden in den Zeilen *18–20* deklariert, es folgt die Adressvariable, welche die Adresse der PIT des aktiven Prozesses enthält.
Die *ISR*, die den Prozesswechsel durchführt (Zeilen *23–49*), ist dem Interrupt INT2 zugeordnet, da dieser in Abschnitt 4.5 zur Realisierung eins *SWI* benutzt wurde. Das ist natürlich zu ändern, falls ein anderer Interrupt verwendet werden soll, z.B. *PCI* (das ist *Pin Change Interrupt*) oder *input capture*. Allerdings ist die Bindung an einen Interrupt nicht unbedingt nötig, im Makro in Zeile *15* kann auch die Adresse einer gewöhnlichen Prozedur angegeben werden, und der `cli`-Befehl des Makros kann in die Prozedur hineingezogen werden. Interrupts müssen aber auf jeden Fall ausgeschlossen werden, da der Stapel manipuliert wird.
Jedenfalls zeigt bei Eintritt in die *ISR* in Zeile *23* die Variable `ppinRun` auf die PIT des aktiven Prozesses, und der in dieser PIT angesiedelte Stapel enthält als oberstes Element die Adresse des Befehles, der auf das Umschaltmakro folgt, d.h. die Adresse, an welcher der gerade seine Aktivität aufgebende Prozess fortfährt, wenn ihm die Aktivität wieder zurückgegeben wird. Als Erstes wird der Inhalt von Register **Z** in den zu deaktivierenden Stapel gerettet, um dann

in den Zeilen *25–26* mit der Adresse der PIT des zu deaktivierenden Prozesses geladen zu werden. Damit können in den Zeilen *27–30* die Werte der Register $\mathbf{r_{26}}$ bis $\mathbf{r_{29}}$ in die PIT geschrieben werden. In den folgenden vier Zeilen wird der Stapelzeiger $\mathbf{R}_{SP}$ ausgelesen und in die PIT geschrieben. Der letzte mit der aktiven PIT verbundene Akt ist schließlich, Register **Z** mit der Adresse der zu aktivierenden PIT zu laden, also mit der Nachfolgerin im Prozessring, siehe Bild 5.3. Die erste Hälfte der Prozessumschaltung ist damit durchgeführt.
Die zweite Hälfte der Prozessumschaltung verläuft nahezu spiegelbildlich. In den Zeilen *37–38* erhält die Variable mit der Adresse der aktiven PIT den aktuellen Wert zugewiesen. Anschließend wird der neue Wert des Stapelzeigers aus der PIT gelesen und in den Stapelzeiger geschrieben. Es folgt die Restauration der vier Register $\mathbf{r_{26}}$ bis $\mathbf{r_{29}}$, und zuletzt erhält auch Register **Z** in den Zeilen *47–48* den Wert, den es vor dem Wechsel des jetzt aktiven Prozesses hatte. Der Prozesswechsel ist nun komplett durchgeführt, es bleibt nur noch, dem jetzt aktiven Prozess mit dem `reti`-Befehl die Kontrolle zurückzugeben.
Beim Prozesswechsel werden nur die Inhalte der Register **X**, **Y**, **Z** und $\mathbf{R}_{SP}$ verändert, die Inhalte aller übrigen Register bleiben erhalten. Das ermöglicht das Einhalten von Regeln über den Gebrauch von Registern über Prozesswechsel hinweg. Auf diese Weise lassen sich die Prozesswechsel beschleunigen.
Das System der drei PITs muss nach dem Prozessorstart initialisiert werden. Zum Auftakt werden dazu in den Zeilen *76–81* die drei Adressregister **Z**, **Y** und **X** mit den Adressen von PIT_a, PIT_b und PIT_c geladen. Dann wird der Prozessring partiell aufgebaut: Die Verkettung $\text{PIT}_a \rightarrow \text{PIT}_b$ in den Zeilen *82–83*, die Verkettung $\text{PIT}_b \rightarrow \text{PIT}_c$ in den Zeilen *84–85*. Die noch fehlende Verkettung $\text{PIT}_c \rightarrow \text{PIT}_a$ könnte hier nur mit einer Manipulation von Register **X** durchgeführt werden, sie wird deshalb auf später verschoben. Das Fehlen der Adressierungsart `X+d` führt nicht selten wie hier dazu, dass eine eigentlich symmetrische Anordnung asymmetrisch codiert werden muss.
Nach dem (partiellen) Aufbau des Prozessringes folgt als nächster Akt die Initialisierung der drei Stapel. Wie oben gesehen, erwartet die *ISR* des Prozesswechsels oben auf dem Stapel die beiden Register $\mathbf{r_{31}}$ und $\mathbf{r_{30}}$, gefolgt von der Rückkehradresse des zu aktivierenden Prozesses. Bei der Beschreibung des Verfahrens wurde verlangt, dass ein Prozess sich mit einem `ret`-Befehl selbst beenden kann. Das bedeutet, dass nach dem Prozesswechsel eine Programmadresse oben auf dem Stapel liegen muss, die mit einem `ret`-Befehl angesprungen werden kann. Zusammengenommen muss der Stapel dann die in Bild 5.4 gezeigte Struktur haben, und zwar ist u der Inhalt des Doppelregisters $\mathbf{r_{31:30}}$, v ist die Rückkehradresse des zu aktivierenden Prozesses, und w ist die Adresse für den beendenden `ret`-Befehl. Der Stapel ist so gezeichnet, als bestehe er aus 16-Bit-Einheiten, er hat natürlich eine Bytestruktur, die auch durch feine Striche angedeutet ist. Das untere Byte eines solchen 16-Bit-Wortes ist auf der rechten, das obere Byte auf der linken Seite. Der Stapelzeiger wird bei einem Lesezugriff, z.B. bei einem `pop`-Befehl oder auch bei einem `ret`-Befehl, vor dem Lesen um den Wert 1 erhöht, er ist also nicht mit der Adresse des zuoberst auf dem Stapel liegenden Bytes zu initialisieren, sondern mit der Adresse des Bytes davor. Auch das ist im Bild dargestellt.
In den Zeilen *86–87* wird das Doppelregister $\mathbf{r_{17:16}}$ mit der Adresse einer Endlosschleife am Ende des Programms (Zeile *132*) geladen. Diese Adresse wird darauf in das Stapelende von PIT_a und PIT_b geschrieben. In das Stapelende von PIT_c wird sie wieder wegen der unzulänglichen Ausstattung von Register **X** später geschrieben. Der Effekt ist also, dass ein Prozess, der einen `ret`-Befehl ausführt, in die Endlosschleife am Programmende springt. Das ist ein wenig drastisch, macht das Programm aber einfacher. Wie es eigentlich sein soll, wird noch in einem späteren Abschnitt gezeigt werden.
Auf die Ende-Adresse folgt im Stapel die Prozeduradresse des jeweiligen Prozesses (v in Bild 5.4). In den Zeilen *92–93* wird dazu Register $\mathbf{r_{19:18}}$ mit der Adresse der Prozedur

`ProcAB` geladen, die in den Zeilen *94–95* in den Stapel von PIT_a und in den Zeilen *98–99* in den Stapel von PIT_b geschrieben wird. Dabei muss auf die Reihenfolge geachtet werden, das hohe Byte der Prozeduradresse muss an die niedrigere Adresse! Es bleibt noch zu überlegen, welchen Anfangswert u in Bild 5.4 haben soll. Diesen Wert hat Register **Z** nach der ersten Aktivierung eines Prozesses. Es ist hier nahe liegend, als u die Adresse der PIT des Prozesses zu wählen, und so wird in den Zeilen *96–97* die Adresse von PIT_a als u in den Stapel von PIT_a und in den Zeilen *100–101* die Adresse von PIT_b als u in Stapel von PIT_b geschrieben. Schließlich müssen noch die Werte für die Stapelzeiger initialisiert werden. Aus Bild 5.4 liest man diesen Wert als $p + \texttt{oStkE} - 6$ ab, wenn p die Adresse irgendeiner PIT ist. Mit diesem Wert wird dann auch der Stapelzeiger von PIT_a in den Zeilen *102–105* und der von PIT_b in den Zeilen *108–111* initialisiert.

Als Letztes ist noch die Frage der Prozessidentifikation für $\boldsymbol{P}_a$ und $\boldsymbol{P}_b$ zu klären. Dazu muss ein Blick auf die gemeinsame Prozedur `ProcAB` der beiden Prozesse geworfen werden. Prozess $\boldsymbol{P}_a$ soll seine Aktivität durch Umschalten des Bits 0 von `PORTA` und $\boldsymbol{P}_b$ die seine durch Umschalten des Bits 1 von `PORTA` anzeigen. Vergleiche dazu die Zeilen *45–46* für das Setzen und die Zeilen *58–60* für das Löschen der Bits. Die Prozedur benutzt eine Bitmaske, die als private Variable in der PID des zugehörigen Prozesses abgelegt ist. Die Wahl für das Identifikationsbyte ist jetzt offensichtlich, es ist die Bitmaske 00000001 für $\boldsymbol{P}_a$, in den Zeilen *106–107* in die PIT_a geschrieben, und die Bitmaske 00000010, für $\boldsymbol{P}_b$ in den Zeilen *112–113* in die PIT_b geschrieben.

Ein großer Teil der Initialisierung von PIT_c steht allerdings noch aus. Um das nachzuholen, wird in Zeile *114* Register **Y** mit der Adresse von PIT_c geladen, anschließend wird bis zur Zeile *130* PIT_c genau so initialisiert wie die beiden PITs zuvor, mit Ausnahme des Identifikationsbytes, da ein Prozess, der als einziger einer Prozedur assoziiert ist, keine Identifikationsprobleme hat.

Am Ende der Initialisierung in Zeile *131* wird nun mitten in die *ISR* zur Prozessumschaltung gesprungen, um den ersten Prozess, nämlich $\boldsymbol{P}_a$, zum ersten Mal zu aktivieren. Der Sprung führt in die Zeile *37*, in der die zweite Hälfte der Prozessumschaltung beginnt, und das ist ja gerade die Hälfte, die den nächsten Prozess aktiviert. Zu beachten ist nur, dass bei diesem Einsprung Register **Z** die Adresse von PIT_a enthält, und das ist auch tatsächlich der Fall.

Eine Alternative:

Anstatt den Prozessring wie in den Zeilen *76–130* dynamisch aufzubauen, kann man auch eine manchmal Spiegelbild[3] (*mirror image*) genannte Datenstruktur im Programmspeicher aufbauen und diese zur Initialisierung in den Arbeitsspeicher kopieren. Solch ein Spiegelbild stellen die folgenden Zeilen *201–230* dar.

```
201 vbPitA: .dw  pitB                          Verkettung PITa → PITb
202         .dw  0,0
203         .db  0b00000001,0                  Identitätsbyte
204         .dw  0,0,0
205         .dw  pitA+oStkE-6                  ℜSP
206         .dw  0,0,0,0,0,0,0
207         .dw  0,0,0,0,0,0
208         .db  HIGH(PitA),LOW(PitA)          r31, r30
209         .db  HIGH(ProcAB),LOW(ProcAB)      Start mit reti
210         .db  HIGH(Schluss),LOW(Schluss)    Stopp mit ret
211 vbPitB: .dw  pitC                          Verkettung PITb → PITc
```

[3] Diese Bezeichnung ist etwas unglücklich gewählt, da ein Spiegelbild bekanntlich seitenverkehrt ist. Es ist einfach eine Kopie.

```
212            .dw   0,0
213            .db   0b00000010,0                 Identitätsbyte
214            .dw   0,0,0
215            .dw   pitB+oStkE-6                 ℜSP
216            .dw   0,0,0,0,0,0,0
217            .dw   0,0,0,0,0,0
218            .db   HIGH(PitB),LOW(PitB)         𝔯31, 𝔯30
219            .db   HIGH(ProcAB),LOW(ProcAB)     Start mit reti
220            .db   HIGH(Schluss),LOW(Schluss)   Stopp mit ret
221  vbPitC:   .dw   pitA                         Verkettung PITc → PITa
222            .dw   0,0
223            .db   0b00000100,0                 Identitätsbyte
224            .dw   0,0,0
225            .dw   pitC+oStkE-6                 ℜSP
226            .dw   0,0,0,0,0,0,0
227            .dw   0,0,0,0,0,0
228            .db   HIGH(PitC),LOW(PitC)         𝔯31, 𝔯30
229            .db   HIGH(ProcC),LOW(ProcC)       Start mit reti
230            .db   HIGH(Schluss),LOW(Schluss)   Stopp mit ret
```

Es ist zu beachten, wie der Prozessor Adressen vom Stapel liest: Zuerst das untere, dann das obere Byte. Also muss im Datenspeicher das obere Byte vor dem unteren kommen. Das gilt z.B. für die Zeilen *208–210*. Es gilt aber nicht für die Adresse in Zeile *201*, die nicht zu einem Teil des Stapels wird.

Der Kopiervorgang wird mit Standardcode ausgeführt, er wird hier aber doch gezeigt, um Vergleiche durchführen zu können.

```
301            ldi   r30,LOW(2*vbPitA)    1
302            ldi   r31,HIGH(2*vbPitA)   1
303            ldi   r28,LOW(pitA)        1
304            ldi   r29,HIGH(pitA)       1
305            ldi   r16,3*nbPit          1
306  Kopiere:  lpm   r0,Z+                3n          n = 3 × nbPit
307            st    Y+,r0                2n
308            dec   r16                  1n
309            brne  Kopiere              2(n − 1) + 1
310            ldi   r30,LOW(pitA)        1
311            ldi   r31,HIGH(pitA)       1
```

Die Zeilen *201–230* können hinter der Zeile *71* eingefügt werden, die Zeilen *301–311* ersetzen dann die Zeilen *76–130*.

Der Programmstart mit Kopiervorgang schneidet gegenüber dem mit dynamischer Initialisierung sehr schlecht ab. Das liegt natürlich daran, dass nur ein kleiner Teil der Datenstrukturen initialisiert werden muss. Die Zahlen sind 1158 gegen 87 Prozessortakte und 155 gegen 55 Programmspeicherworte! Man sieht, dass sich dynamische Initialisierung noch bei einem sehr viel größeren zu initialisierenden Anteil lohnt.

Die Prozessumschaltung dauert 56 Prozessortakte, der *SWI* ist darin eingeschlossen. Bei einer Taktfrequenz von 16 MHz ergibt das eine Dauer von $3,5\mu s$. Das ist ein guter Wert, der aber damit erkauft ist, dass nur sehr wenig Information einen Prozesswechsel garantiert überlebt.

5.2.3. Der Sonderfall ATtinyXX

Der **ATtiny2313**, der hier stellvertretend für einige „winzige" AVR-Mikrocontroller stehen soll, hat einen Arbeitsspeicher, der nur 128 Bytes umfasst. Dennoch lässt sich mit ihm *CMT* realisieren. Der Vorteil eines solch kleinen Arbeitsspeichers ist nämlich, dass seine Adressen nur acht Bit breit sind. Das bedeutet, dass die hohen Bytes der Adressregister **X**, **Y** und **Z** bei Zugriffen auf den Arbeitsspeicher nicht verwendet werden, sie können beliebige Werte haben. Das hohe Byte des Stapelzeigers, das Register $\mathbf{R}_{\mathsf{SPH}}$, existiert nicht.

Kleinere Adressen bedeuten auch eine kleinere PIT. Benötigt werden ein Byte für die Adresse der im Prozessring folgenden PIT, ein Byte für den Stapelzeiger $\mathbf{R}_{\mathsf{SPL}}$, zwei Bytes für die laufende Adresse des Prozesses und einige Bytes für den Stapel. Werden jedoch Interrupts und Unterprogramme verwendet, sollen bei der Prozessumschaltung noch die Werte einiger Register erhalten bleiben und werden noch einige private Variablen vorgesehen, so nimmt man als Minimalwert wohl besser 40 Bytes an. Dann können bis zu drei parallel laufende Prozesse realisiert werden, und es stehen noch sieben Bytes für globale Variablen zur Verfügung, denn ein Byte wird ja für die Adresse der laufenden PIT gebraucht.

Die PIT ist im folgenden Beispiel so organisiert wie später in Kapitel 6. Bild 6.1 illustriert diese Organisation. Sie ist nicht wesentlich von der in diesem Kapitel sonst verwendeten verschieden. Die Register, deren Werte einen Prozesswechsel überleben sollen, und das sind in Kapitel 6 die Register $\mathbf{r}_0$ bis $\mathbf{r}_{31}$, haben in der PIT keine definitive relative Adresse (*offset*) mehr, ihre Inhalte werden im Stapelbereich am Ende der PIT abgelegt. Abhängig davon, wie ein Prozess seinen Stapel gebraucht, kann dann vom Prozess auf die Registerwerte in seiner PIT nicht mehr individuell zugegriffen werden. Das ist in Kapitel 6 gänzlich bedeutungslos. Die im laufenden Kapitel gewählte Organisation der PIT hat aber einen Vorteil: Sie ist anschaulicher, gewissermaßen handfester.

Die Realisierung der Prozessumschaltung in Kapitel 6 ist der im laufenden Abschnitt gewählten sehr ähnlich. Das nachfolgende Beispiel kann also dazu dienen, jene Prozessumschaltung in einem einfacheren Kontext mit einem kleineren Prozessor zu studieren.

Die Befehlsfolge `cli`, `rcall xxxx` zur Prozessumschaltung ist einfach zu benutzen (und für den Ablauf des Programms im Simulator auch notwendig), aber der kleine Arbeitsspeicher des **ATtiny2313** lässt es doch ratsam erscheinen, nach einer Prozessumschaltung zu suchen, die nur ein Prozesswort benötigt. Man denkt sofort an einen *SWI* aus Abschnitt 4.5. Besonders variabel in der Anwendung ist der *pin change interrupt*, der ausgelöst werden kann, wenn sich an einem bestimmten (einstellbaren) Prozessorpin die Polarität der anliegenden Spannung ändert. Da diese Spannungsänderung auch vom Prozessor selbst ausgelöst werden kann (je nachdem durch einen der Befehle `cbi` oder `sbi`), ist der Prozessor also in der Lage, selbst einen *SWI* zu erzeugen. Leider tut sich dabei aber ein neues Problem auf: Der **ATtiny2313** hat nicht nur einen kleinen Programmspeicher, auch die Anzahl seiner IO-Anschlüsse ist klein, so klein, dass nur in wenigen Fällen ein Prozessorpin für einen *SWI* geopfert werden kann.

Glücklicherweise ist der Prozessor aber mit einem USI (*Universal Serial Interface*) ausgestattet, zu dem auch ein 4-Bit-Zähler gehört. Dieser Zähler kann

- mit einem Befehl getaktet werden,
- bei Überlauf einen Interrupt auslösen.

Mehr wird für einen *SWI* nicht benötigt: Der Zähler wird mit seinem höchsten Wert **F** geladen, die Taktung löst dann den Interrupt aus. Die *ISR* muss den Zähler natürlich erneut mit **F** laden.

Die Funktionalität der Prozessprozeduren ist simpel gehalten, jeder Prozess schreibt eine Kennung in seinen privaten Variablenbereich. Auch der Prozesswechsel ist einfach gehalten, nur die Register $\mathbf{r_{28}}$ und $\mathbf{r_{30}}$, stellvertretend für **Y** und **Z**, werden zu privaten Größen gemacht. Das Programm ist aber leicht mit echtem Leben zu füllen.

```
          .include "tn2313def.inc"
          .device  ATtiny2313
```

Die Größe einer PIT und *Offsets*, die den Aufbau einer PIT beschreiben

```
          .equ     nbPit = 40         Größe der PIT
          .equ     oppit =  0         Offset der Verkettungsadresse
          .equ     oSP   =  1         Offset des Stapelzeigers
          .equ     oPrv  =  2         Offset des ersten privaten Bytes
```

Das Makro zum Prozesswechsel (nicht für Simulator geeignet

```
          .macro   SWITCH               Makro zur Prozessumschaltung
          sbi      USICR,USICLK       1 Takten des USI-Zählers
          .endm
```

Das Makro zum Zurücksetzen des zur Umschaltung verwendeten *SWI*

```
          .macro   SWIRST               Makro zum Rücksetzen des SWI
          ldi      r28,0b11101111     1 USI-Zähler mit F laden
          out      USISR,r28          1
          .endm
          .dseg
```

PIT_0, PIT_1, PIT_2 und die Adresse π_ℓ der aktiven PIT

```
pit0:     .byte    nbPit                Die PIT des Prozesses P0
pit1:     .byte    nbPit                Die PIT des Prozesses P1
pit2:     .byte    nbPit                Die PIT des Prozesses P2
ppitRun:  .byte    1                    Adresse πℓ der laufenden PIT
          .include "vectn2313.avr"
```

Die *ISR* für *SWI* mit *counter overflow interrupt* des USI führt den Prozesswechsel durch

```
USIOhdlr:push      r30                2    in den Stapel in PITℓ
          push     r28                2
          lds      r28,ppitRun        2    Y ← πℓ
          in       r30,SPL            1    Stapelzeiger in PITℓ
          std      Y+oSP,r30          2
          ldd      r30,Y+oppit        2    Z ← A(PITnext)
Urstart:  sts      ppitRun,r30        2    πℓ ← A(PITnext)
          ldd      r28,Z+oSP          2    Stapelzeiger aus PITℓ
          out      SPL,r28            1
          SWIRST                      2    SWI zurücksetzen
```

```
        pop       r28                     2   aus dem Stapel in PITℓ
        pop       r30                     2
        reti                              4   zum laufenden Prozess
        .include  "vectn2313.avr"
Pro0:   ldi       r16,'0'                 1   P0: Kennung in private
        std       Z+oPrv,r16              2                 Variable
Pro0a:  SWITCH                            1   Prozesswechsel
        rjmp      Pro0a                   2
Pro1:   ldi       r16,'1'                 1   P1: Kennung in private
        std       Z+oPrv,r16              2                 Variable
Pro1a:  SWITCH                            1   Prozesswechsel
        rjmp      Pro1a                   2
Pro2:   ldi       r16,'2'                 1   P2: Kennung in private
        std       Z+oPrv,r16              2                 Variable
Pro2a:  SWITCH                            1   Prozesswechsel
        rjmp      Pro2a                   2
Start:  clr       r28                     1
```

Der Aufbau von PIT_0. Verkettung: $PIT_0 \rightarrow PIT_1$

```
        ldi       r30,LOW(pit0+nbPit-1)   1   Stapelbeginn am PIT-Ende
        out       SPL,r30                 1
        ldi       r30,LOW(Pro0)           1   Prozeduradresse in Stapel
        push      r30                     2
        ldi       r30,HIGH(Pro0)          1
        push      r30                     2
        ldi       r30,LOW(pit0)           1   A(PIT0) Startwert für Z
        push      r30                     2
        push      r28                     2   00 Startwert für Y
        in        r26,SPL                 1   Stapelzeiger in PIT
        std       Z+oSP,r26               2
        ldi       r26,LOW(pit1)           1   Verkettung aufbauen
        std       Z+oppit,r26             2
```

Der Aufbau von PIT_1. Verkettung: $PIT_1 \rightarrow PIT_2$

```
        ldi       r30,LOW(pit1+nbPit-1)   1   Stapelbeginn am PIT-Ende
        out       SPL,r30                 1
        ldi       r30,LOW(Pro1)           1   Prozeduradresse in Stapel
        push      r30                     2
        ldi       r30,HIGH(Pro1)          1
        push      r30                     2
        ldi       r30,LOW(pit1)           1   A(PIT1) Startwert für Z
        push      r30                     2
        push      r28                     2   00 Startwert für Y
        in        r26,SPL                 1   Stapelzeiger in PIT
        std       Z+oSP,r26               2
        ldi       r26,LOW(pit2)           1   Verkettung aufbauen
        std       Z+oppit,r26             2
```

```
    Der Aufbau von PIT2. Verkettung: PIT1 → PIT0
73        ldi     r30,LOW(pit2+nbPit-1)  1   Stapelbeginn am PIT-Ende
74        out     SPL,r30                1
75        ldi     r30,LOW(Pro2)          1   Prozeduradresse in Stapel
76        push    r30                    2
77        ldi     r30,HIGH(Pro2)         1
78        push    r30                    2
79        ldi     r30,LOW(pit2)          1   A(PIT2) Startwert für Z
80        push    r30                    2
81        push    r28                    2   00 Startwert für Y
82        in      r26,SPL                1   Stapelzeiger in PIT
83        std     Z+oSP,r26              2
84        ldi     r26,LOW(pit0)          1   Verkettung aufbauen
85        std     Z+oppit,r26            2
    Ritual und Befähigung der SWI des counter overflow interrupt des USI
86        ldi     r28,0b11101111         1
87        out     USISR,r28              1
88        ldi     r28,0b01000000         1
89        out     USICR,r28              1
90        rjmp    Urstart                2   Start in das System
```

Die Prozessumschaltung wird mit einem *SWI* vorgenommen, der mit Hilfe des USI realisiert wird.[4] Die Abhängigkeit des Programms von der Prozessumschaltung zeigt sich an vier Stellen:

- Das Makro `SWITCH` in den Zeilen *7–9* ist die eigentliche Prozessumschaltung. Mit ihm wird ein Bit in Register $\mathbf{R}_{\mathsf{USICR}}$ gesetzt, womit der Zähler des USI getaktet wird.
- Mit dem Makro `SWIRST` in den Zeilen *10–13* wird der Zähler des USI mit seinem Maximalwert **F** geladen, läuft folglich mit dem nächsten Takt über. Dieses Makro wird nur bei der Prozessumschaltung aufgerufen.
- Die *ISR* des *counter overflow interrupt* in den Zeilen *20–32*, welche die Prozessumschaltung ausführt, muss mit dem Standardlabel `USIOhdlr` beginnen.
- Am Schluss des Programms in den Zeilen *86–89* vor dem Einsprung in das System müssen das Ritual und die Befähigung des Interrupts durchlaufen werden.

Nach der Programmerläuterung wird noch gezeigt, wie die Prozessumschaltung mit einem *pin change interrupt* vorgenommen werden kann, falls das USI zu anderen Zwecken benötigt wird (z.B. SPI). Am Anfang des Programms wird die PIT ein wenig strukturiert. In Zeile *3* wird ihre Länge als Assemblervariable definiert. `nbPit=40` erlaubt relativ viel Raum für den Stapel und private Variablen, macht aber nur maximal drei Prozesse möglich. In den nächsten drei Zeilen werden drei relative Adressen (*offsets*) festgelegt: Mit `oppit=0` die Lage der Adresse der nächsten PIT im Ring, mit `oSP=1` der Ort des lokalen Stapelzeigers und mit `oPrv=2` die Lage des ersten privaten Bytes in der PIT. Man vergleiche mit Bild 6.1, das auch die Lage des Stapels in der PIT angibt.

Da die Prozesse nur sehr wenig leisten, besteht das Programm zu einem großen Teil aus der Initialisierung der PITs. Um den Stapel eines Prozesses in seiner PIT zu erzeugen, wird der Stapelzeiger selbst verwendet. Er wird dazu in den Zeilen *47–48* mit der Adresse des letzten Bytes der PIT geladen, der Stapel beginnt ja bei einer hohen Adresse und schreitet nach

[4] Siehe dazu die obige Diskussion.

niedrigen hin fort. Als Erstes wird in den Zeilen *49–52* die Adresse der Prozessprozedur in den Stapel gebracht und zwar zuerst das untere, dann das obere Byte. Es folgen die Anfangswerte für die Register $\mathbf{r}_{30}$ und $\mathbf{r}_{28}$, das sind die Adressen der PIT für $\mathbf{r}_{30}$ und **00** für $\mathbf{r}_{28}$. Der Anfangsstapel ist damit komplett, es kann folglich der Stapelzeiger selbst in die PIT geschrieben werden (Zeilen *56–57*). Zuletzt muss die Verkettung der PITs aufgebaut werden, indem die Adresse der nächsten PIT in die relative Adresse `oppit` der PIT geschrieben wird, die gerade initialisiert wird. Die Reihenfolge der PITs in der Kette ist beliebig, sofern nicht äußere Umstände für eine bestimmte Reihenfolge der Prozesse beim Systemstart sprechen. Soweit die Initialisierung von PIT_0, die Initialisierung der übrigen PITs verläuft vollkommen analog.
Die Initialisierung endet in den Zeilen *86–89* mit Ritual und Befähigung des zur Prozessumschaltung verwendeten Interrupts. Wichtig ist, dass nach der Initialisierung Register $\mathbf{r}_{30}$ die Adresse der PIT enthält, deren Prozess als Erster aktiv werden soll.
Die Prozessumschaltung beginnt in Zeile *20* damit, die Werte der Register $\mathbf{r}_{30}$ und $\mathbf{r}_{28}$ in den Stapel des eben noch aktiv gewesenen Prozesses zu kopieren. Anschließend wird **Y** mit der Adresse der PIT des Prozesses geladen, damit kann auch der Wert des Stapelzeigers selbst in die PIT gebracht werden (Zeilen *23–24*). Im zweiten Teil der Prozessumschaltung wird **Z** oder besser das **Z** repräsentierende Register $\mathbf{r}_{30}$ mit der Adresse der nächsten PIT im Ring geladen, dann wird die nächste PIT zur laufenden gemacht, aus dieser wird der Stapelzeiger mit seinem neuen Wert geladen (Zeilen *27–28*), der *SWI* wird zurückgesetzt, die lokalen Werte von $\mathbf{r}_{30}$ und $\mathbf{r}_{28}$ werden restauriert und zu guter Letzt wird in die Prozessprozedur „zurückgekehrt".

Es werden noch ohne Kommentar die Programmzeilen angegeben, die gegen die entsprechenden Zeilen des obigen Programms ausgetauscht werden müssen, damit die Prozessumschaltung mit einem *pin change interrupt* vorgenommen wird, und zwar speziell mit dem Pin PB0.

```
.macro SWITCH
sbi    PORTB,0          1
.endm
.macro SWIRST
cbi    PORTB,0          1
.endm
cbi    PORTB,0          1
sbi    DDRB,0           1
ldi    r28,0b00000001   1
out    PCMSK,r28        1
in     r28,GIMSK        1
ori    r28,0b00100000   1
out    GIMSK,r28        1
```

Es darf aber nicht vergessen werden, dass das Startlabel der *ISR* ebenfalls geändert werden muss, und zwar zu `PCIhdlr`.

Das Programm eignet sich sehr gut als Basis für kleine Systeme auf kleinen Prozessoren, wenn Aufgaben parallel durchgeführt werden sollen. Die Prozessumschaltung nimmt nur wenige Mikrosekunden in Anspruch und das Programm, das ja fast nur aus dem System besteht, belegt nur 186 Bytes im Programmspeicher.

5.3. Preemptive Multitasking

Vom Programmtechnischen her gesehen unterscheiden sich *CMT* und *PMT* nur wenig. Es würde z.B. genügen, in dem einfachen System aus Abschnitt 5.2.2 in die Prozesswechsel *alle* Register und die Statusbits einzubeziehen und die Prozesswechsel durch die *ISR* eines Timer-Interrupts vornehmen zu lassen, um ein lauffähiges *PMT*-System zu erhalten. Die Prozessprozeduren müssten natürlich auch angepaßt werden. Das System des nächsten Abschnittes ist nicht viel mehr als das solcherart veränderte *CMT*-System aus 5.2.2.

5.3.1. Ein System mit drei Prozessen II

Wie eben schon angedeutet wurde, ist das System dieses Abschnittes durch einige einfache Änderungen aus dem System des Abschnitts 5.2.2 hervorgegangen. Da ist als Erstes zu nennen, dass die Prozessumschaltung nun von der *ISR* eines von Timer2 ausgelösten Interrupts vorgenommen wird. Das bringt den Wechsel von *CMT* zu *PMT*. Die zweite substantielle Änderung ist, dass sämliche Register und das Statusregister beim Prozesswechsel gerettet und restauriert werden. Die Register und die Statusbits werden so zu privaten Variablen der Prozesse. Alle weiteren kleineren Änderungen sind durch die beiden genannten Hauptänderungen erzwungene Anpassungen.

```
          .include "m32def.inc"
          .device  ATmega32                        16 MHz
    Offsets, die den Aufbau einer PIT beschreiben
          .equ     oppit = 0                       offset der Verkettungsadresse
          .equ     oSR   = oppit +  2              offset von ℜSREG
          .equ     oR0   = oSR   +  2              offset von r0
          .equ     oPriv = oR0   + 30              offset der privaten Variablen
          .equ     oSP   = oPriv +  8              offset von ℜSP
          .equ     oStkS = oSP   +  2              offset des Stapelanfangs
          .equ     oStkE = oStkS + 31              offset des Stapelendes
          .equ     nbPit = oStkE +  1              Die Größe einer PIT
          .dseg
    PITa, PITb, PITc und die Adresse der laufenden PIT
pitA:     .byte    nbPit
pitB:     .byte    nbPit
pitC:     .byte    nbPit
ppitRun:  .byte    2
          .include "vecm32.avr"
    Die ISR für output compare interrupt von Timer2 führt den Prozesswechsel durch
OC2hdlr:  push     r30                        2   ℨ in alten Stapel
          push     r31                        2
          lds      r30,ppitRun                2   Z ← Adr. alte PIT
          lds      r31,ppitRun+1              2
          std      Z+oR0+0,r0                 2   r0 in alte PIT
          std      Z+oR0+1,r1                 2   r1 in alte PIT
```

	std	Z+oR0+2,r2	2	$\mathfrak{r}_2$ in alte PIT
	std	Z+oR0+3,r3	2	$\mathfrak{r}_3$ in alte PIT
	std	Z+oR0+4,r4	2	$\mathfrak{r}_4$ in alte PIT
	std	Z+oR0+5,r5	2	$\mathfrak{r}_5$ in alte PIT
	std	Z+oR0+6,r6	2	$\mathfrak{r}_6$ in alte PIT
	std	Z+oR0+7,r7	2	$\mathfrak{r}_7$ in alte PIT
	std	Z+oR0+8,r8	2	$\mathfrak{r}_8$ in alte PIT
	std	Z+oR0+9,r9	2	$\mathfrak{r}_9$ in alte PIT
	std	Z+oR0+10,r10	2	$\mathfrak{r}_{10}$ in alte PIT
	std	Z+oR0+11,r11	2	$\mathfrak{r}_{11}$ in alte PIT
	std	Z+oR0+12,r12	2	$\mathfrak{r}_{12}$ in alte PIT
	std	Z+oR0+13,r13	2	$\mathfrak{r}_{13}$ in alte PIT
	std	Z+oR0+14,r14	2	$\mathfrak{r}_{14}$ in alte PIT
	std	Z+oR0+15,r15	2	$\mathfrak{r}_{15}$ in alte PIT
	std	Z+oR0+16,r16	2	$\mathfrak{r}_{16}$ in alte PIT
	std	Z+oR0+17,r17	2	$\mathfrak{r}_{17}$ in alte PIT
	std	Z+oR0+18,r18	2	$\mathfrak{r}_{18}$ in alte PIT
	std	Z+oR0+19,r19	2	$\mathfrak{r}_{19}$ in alte PIT
	std	Z+oR0+20,r20	2	$\mathfrak{r}_{20}$ in alte PIT
	std	Z+oR0+21,r21	2	$\mathfrak{r}_{21}$ in alte PIT
	std	Z+oR0+22,r22	2	$\mathfrak{r}_{22}$ in alte PIT
	std	Z+oR0+23,r23	2	$\mathfrak{r}_{23}$ in alte PIT
	std	Z+oR0+24,r24	2	$\mathfrak{r}_{24}$ in alte PIT
	std	Z+oR0+25,r25	2	$\mathfrak{r}_{25}$ in alte PIT
	std	Z+oR0+26,r26	2	$\mathfrak{r}_{26}$ in alte PIT
	std	Z+oR0+27,r27	2	$\mathfrak{r}_{27}$ in alte PIT
	std	Z+oR0+28,r28	2	$\mathfrak{r}_{28}$ in alte PIT
	std	Z+oR0+29,r29	2	$\mathfrak{r}_{29}$ in alte PIT
	in	r16,SREG	1	$\mathfrak{R}_{\mathsf{SREG}}$ in alte PIT
	std	Z+oSR,r16	2	
	in	r16,SPL	1	$\mathfrak{R}_{\mathsf{SP}}$ in alte PIT
	std	Z+oSP,r16	2	
	in	r16,SPH	1	
	std	Z+oSP+1,r16	2	
	ldd	r30,Z+oppit	2	**Z** $\leftarrow$ Adr. neue PIT
	ldd	r31,Z+oppit+1	2	
OC2Pmt:	sts	ppitRun,r30	2	Adr. akt. PIT $\leftarrow$ Adr. neue
	sts	ppitRun+1,r31	2	
	ldd	r16,Z+oSP	2	$\mathfrak{R}_{\mathsf{SP}}$ aus neuer PIT
	out	SPL,r16	1	
	ldd	r16,Z+oSP+1	2	
	out	SPH,r16	1	
	ldd	r16,Z+oSR	2	$\mathfrak{R}_{\mathsf{SREG}}$ aus neuer PIT
	out	SREG,r16	1	
	ldd	r0,Z+oR0+0	2	$\mathfrak{r}_0$ aus neuer PIT

```
        ldd     r1,Z+oR0+1      2   𝔯1 aus neuer PIT
        ldd     r2,Z+oR0+2      2   𝔯2 aus neuer PIT
        ldd     r3,Z+oR0+3      2   𝔯3 aus neuer PIT
        ldd     r4,Z+oR0+4      2   𝔯4 aus neuer PIT
        ldd     r5,Z+oR0+5      2   𝔯5 aus neuer PIT
        ldd     r6,Z+oR0+6      2   𝔯6 aus neuer PIT
        ldd     r7,Z+oR0+7      2   𝔯7 aus neuer PIT
        ldd     r8,Z+oR0+8      2   𝔯8 aus neuer PIT
        ldd     r9,Z+oR0+9      2   𝔯9 aus neuer PIT
        ldd     r10,Z+oR0+10    2   𝔯10 aus neuer PIT
        ldd     r11,Z+oR0+11    2   𝔯11 aus neuer PIT
        ldd     r12,Z+oR0+12    2   𝔯12 aus neuer PIT
        ldd     r13,Z+oR0+13    2   𝔯13 aus neuer PIT
        ldd     r14,Z+oR0+14    2   𝔯14 aus neuer PIT
        ldd     r15,Z+oR0+15    2   𝔯15 aus neuer PIT
        ldd     r16,Z+oR0+16    2   𝔯16 aus neuer PIT
        ldd     r17,Z+oR0+17    2   𝔯17 aus neuer PIT
        ldd     r18,Z+oR0+18    2   𝔯18 aus neuer PIT
        ldd     r19,Z+oR0+19    2   𝔯19 aus neuer PIT
        ldd     r20,Z+oR0+20    2   𝔯20 aus neuer PIT
        ldd     r21,Z+oR0+21    2   𝔯21 aus neuer PIT
        ldd     r22,Z+oR0+22    2   𝔯22 aus neuer PIT
        ldd     r23,Z+oR0+23    2   𝔯23 aus neuer PIT
        ldd     r24,Z+oR0+24    2   𝔯24 aus neuer PIT
        ldd     r25,Z+oR0+25    2   𝔯25 aus neuer PIT
        ldd     r26,Z+oR0+26    2   𝔯26 aus neuer PIT
        ldd     r27,Z+oR0+27    2   𝔯27 aus neuer PIT
        ldd     r28,Z+oR0+28    2   𝔯28 aus neuer PIT
        ldd     r29,Z+oR0+29    2   𝔯29 aus neuer PIT
        clr     r30             1   Timer2 zurücksetzen
        out     TCNT2,r30       1
        pop     r31             2   𝔷 aus neuem Stapel
        pop     r30             2
        reti                    4
        .include "vecm32.avr"
Die Prozedur für PITa und PITb
ProcAB: ldd     r0,Z+oPriv      2
PrcAB1: out     PORTA,r0        1   Identitätsbyte ausgeben
        rjmp    PrcAB1          2
Die Prozedur für PITc
ProcC:  ldd     r0,Z+oPriv      2
PrcC1:  out     PORTA,r0        1   Identitätsbyte ausgeben
        rjmp    PrcC1           2
Die Prozessinformationstabelle PITa
vbPitA: .dw     pitB                Verkettung PITa → PITb
```

```
         .dw    0,0,0,0,0,0,0,0                  ℜSREG, r0 bis r29
         .dw    0,0,0,0,0,0,0,0
         .db    0b00000001,0                     Identitätsbyte
         .dw    0,0,0
         .dw    pitA+oStkE-6                     ℜSP
         .dw    0,0,0,0,0,0,0,0,0,0,0,0,0        Stapel
         .db    HIGH(PitA),LOW(PitA)             r31, r30
         .db    HIGH(ProcAB),LOW(ProcAB)         Start mit reti
         .db    HIGH(Schluss),LOW(Schluss)       Stopp mit ret
```

Die Prozessinformationstabelle PIT_b

```
vbPitB:  .dw    pitC                             Verkettung PITb → PITc
         .dw    0,0,0,0,0,0,0,0                  ℜSREG, r0 bis r29
         .dw    0,0,0,0,0,0,0,0
         .db    0b00000010,0                     Identitätsbyte
         .dw    0,0,0
         .dw    pitB+oStkE-6                     ℜSP
         .dw    0,0,0,0,0,0,0,0,0,0,0,0,0        Stapel
         .db    HIGH(PitB),LOW(PitB)             r31, r30
         .db    HIGH(ProcAB),LOW(ProcAB)         Start mit reti
         .db    HIGH(Schluss),LOW(Schluss)       Stopp mit ret
```

Die Prozessinformationstabelle PIT_c

```
vbPitC:  .dw    pitA                             Verkettung PITc → PITa
         .dw    0,0,0,0,0,0,0,0                  ℜSREG, r0 bis r29
         .dw    0,0,0,0,0,0,0,0
         .db    0b00000100,0                     Identitätsbyte
         .dw    0,0,0
         .dw    pitC+oStkE-6                     ℜSP
         .dw    0,0,0,0,0,0,0,0,0,0,0,0,0        Stapel
         .db    HIGH(PitC),LOW(PitC)             r31, r30
         .db    HIGH(ProcC),LOW(ProcC)           Start mit reti
         .db    HIGH(Schluss),LOW(Schluss)       Stopp mit ret
```

Programmstart: Konfiguration der Anzeigebits

```
Start:   clr    r16                        1
         out    PORTA,r16                  1
         ldi    r16,0b00000111             1
         out    DDRA,r16
```

Das Ritual für *output compare interrupt*: Modus 0, Vorteiler 2^{10}

```
         ldi    r16,234                    1
         out    OCR2,r16                   1
         ldi    r16,0b00000111             1
         out    TCCR2,r16                  1
```

$\frac{16\times10^6}{1024\times234} = 66,67$

Die Befähigung von *output compare interrupt*

```
         in     r16,TIMSK                  1
         ori    r16,0b10000000             1
```

```
149            out      TIMSK,r16              1
      Kopieren des anfänglichen Prozessrings vom Programm- in den Arbeitsspeicher
150            ldi      r30,LOW(2*vbPitA)      1
151            ldi      r31,HIGH(2*vbPitA)     1
152            ldi      r28,LOW(pitA)          1
153            ldi      r29,HIGH(pitA)         1
154            ldi      r16,3*nbPit            1
155  Kopiere:  lpm      r0,Z+                  3n        n = 3 × nbPit
156            st       Y+,r0                  2n
157            dec      r16                    1n
158            brne     Kopiere                2(n − 1) + 1
159            ldi      r30,LOW(pitA)          1
160            ldi      r31,HIGH(pitA)         1
      Aktivieren von Pa
161            jmp      OC2Pmt                 3
162  Schluss:  rjmp     Schluss                2
```

Die Struktur der PIT hat sich nur leicht geändert. Es ist Raum geschaffen worden für die Statusbits und die Inhalte der 30 Register $\mathbf{r}_0$ bis $\mathbf{r}_{29}$. Die Inhalte der Register $\mathbf{r}_{30}$ und $\mathbf{r}_{32}$ werden bei einem inaktiven Prozess in dessen privatem Stapel untergebracht.
Der Prozesswechsel beginnt in den Zeilen *17–18* damit, dass $\mathfrak{r}_{30}$ und $\mathfrak{r}_{31}$ in den Stapel des alten Prozesses kopiert werden. Register **Z** wird damit frei und kann mit der Adresse der PIT des alten Prozesses geladen werden. Anschließend werden die Inhalte der Register $\mathbf{r}_0$ bis $\mathbf{r}_{29}$ in die PIT kopiert und zwar nicht in einer Schleife, weil andernfalls der Prozesswechsel erheblich länger dauern würde. Ab Zeile *51* werden dann die Statusbits und der Inhalt des Stapelzeigers in die PIT geschrieben. Damit ist die erste Hälfte des Prozesswechsels durchgeführt.
Die zweite Hälfte beginnt damit, dass **Z** mit der Adresse der PIT des nächsten Prozesses im Prozessring geladen wird.[5] Dann geht es spiegelbildlich zur ersten Hälfte weiter: Stapelzeiger, Statusregister und die Register $\mathbf{r}_0$ bis $\mathbf{r}_{29}$ werden mit Werten aus der PIT des nächsten Prozesses restauriert. In den Zeilen *97–98* wird der Timer zurückgesetzt, damit dem neuen Prozess auch ein ganzes Zeitintervall zur Verfügung steht. Zum Schluß werden die beiden Register $\mathbf{r}_{30}$ und $\mathbf{r}_{31}$ aus dem neuen Stapel heraus restauriert.
Die Initialisierung enthält jetzt natürlich das Ritual (Zeilen *143–146*) und die Befähigung (Zeilen *147–149*) von Timer2. Dieser wird so eingestellt, dass 15 ms nach dem Rücksetzen ein *output compare interrupt* ausgelöst wird, dessen *ISR* die Prozessumschaltung vornimmt.
Die Prozessprozeduren bestehen nur aus einer Schleife, in der das Identitätsbyte des Prozesses auf Port A gegeben wird, damit kann der Lauf des Programms z.B. mit einem Oszilloskop überprüft werden.
Nähere Erläuterungen zur Initialisierung der privaten Stapel sind in Abschnitt 5.2.2 zu finden.

Es ist ein wenig ironisch, dass die so gefeierten *risc*-Prozessoren, zu denen sich auch die AVR-Prozessoren zählen, nicht gut zur Parallelausführung von Prozessen geeignet sind. Die ihnen eigene große (manchmal *sehr* große) Anzahl der Register führt nämlich zu aufwendigen und lange dauernden Prozessumschaltungen. Wenn man daran einen *risc*-Prozessor erkennen kann, dann sind die AVR-Prozessoren ganz sicher *risc*-Prozessoren (mit anderen Bestimmungen für „*risc*" sieht es nämlich nicht ganz so gut aus). Der

[5] Man vergleiche dazu Bild 5.3.

zweite wesentliche Beitrag, dass durch häufige Prozesswechsel der *cache* mit immer wieder neuer (lokaler) Information geladen werden muss, spielt keine Rolle, da AVR-Prozessoren (dem Himmel sei Dank!) keinen *cache* besitzen.

5.3.2. Absichern kritischer Regionen mit spin-lock

Eine kritische Region besteht aus Programmstücken, die nicht gleichzeitig von mehreren Prozessen ausgeführt werden dürfen. Man kann sich das so vorstellen, dass eine kritische Region verschlossen ist und nur ein Prozess im Besitz des Schlüssels sein darf, der das Betreten der Region erlaubt. Es gibt unzählige Beispiele für kritische Regionen, aber nicht alle sind leicht zu entdecken! Der wohl häufigste Fall ist der, dass ein Prozess einen *nicht-atomaren* Vorgang ausführt, also einen Vorgang, der aus mehr als einem Befehl besteht und nicht gegen Unterbrechungen abgesichert ist und von einem anderen Prozess unterbrochen wird, mit der Folge, dass zumindest einer der beiden Prozesse zu einem falschen Ergebnis kommt. Eine Vorstufe der kritischen Regionen bilden die kritischen Codesequenzen aus Abschnitt 4.3.1.

Wie kann nun aber eine kritische Region dagegen abgesichert werden, von mehr als einem Prozess gleichzeitig betreten zu werden? Die anschaulichste Methode verwendet den Befehl `TAS`: *test and set*. Zur binären Variante des Befehls gehören zwei binäre Variablen $\mathfrak{t}$ und $\mathfrak{b}$, auf die der Befehl wie folgt wirkt:

$$\begin{aligned} \mathfrak{t} &\leftarrow \mathfrak{b} \\ \mathfrak{b} &\leftarrow 1 \end{aligned}$$

Wichtig ist, dass die Gesamtoperation *atomar* ist, d.h. nicht unterbrechbar (unteilbar).

Zur Absicherung einer kritischen Region wird vereinbart, dass $\mathfrak{b} = 0$ eine leere, von keinem Prozess betretene Region bedeutet und dass andererseits bei $\mathfrak{b} = 1$ ein Prozess die kritische Region betreten hat.

Es ist klar, dass alle in diesem Kapitel vorgestellten Systeme auf nichts als Vereinbarung beruhen. AVR-Prozessoren haben keine Einrichtungen, mit denen sich ein bestimmtes Verhalten von Prozessen erzwingen ließe. Hält sich ein Prozess nicht an die Regeln und schummelt, so läuft das System mit hoher Wahrscheinlichkeit Amok.

Die Variable $\mathfrak{b}$ wird mit 0 initialisiert, da vorausgesetzt wird, dass die kritische Region beim Programmstart leer ist. Will ein Prozess $\boldsymbol{P}_x$ die Region betreten, so führt er den Befehl `TAS` aus. Nach dieser Befehlsausführung ist auf jeden Fall $\mathfrak{b} = 1$, d.h. die kritische Region ist besetzt. Gilt nach dem Befehl $\mathfrak{t} = 0$, so war die kritische Region vor der Ausführung des Befehls frei und ist jetzt von $\boldsymbol{P}_x$ besetzt. Gilt andererseits $\mathfrak{t} = 1$, so war die Region vor der Befehlsausführung schon von einem anderen Prozess besetzt und kann von $\boldsymbol{P}_x$ nicht betreten werden. $\boldsymbol{P}_x$ kann sich dann anderen Dingen zuwenden oder es noch einmal versuchen.

Allerdings hat kein AVR-Prozessor einen Befehl *test and set* in seinem Befehlssatz. Er kann aber leicht simuliert werden: Wird nämlich ein Register, z.B. $\mathbf{r}_{15}$, mit 1111 1110 initialisiert, so hat der Befehl `asr r15` die gewünschte Wirkung, dabei wird die binäre Variable $\mathfrak{b}$ mit $\mathbf{r}_{15}.0$ und $\mathfrak{t}$ mit dem Übertragsbit $\mathfrak{c}$ realisiert. Beim ersten Aufruf wird 0 in das Übertragsbit geschoben und 1 von links nachgezogen:

$$1111\,1110 \rightarrow 1111\,1111 \qquad 0 \rightarrow \mathfrak{c}$$

Bei jedem weiteren Aufruf wird 1 in das Übertragsbit geschoben und ebenfalls 1 von links nachgezogen:

$$1111\,1111 \rightarrow 1111\,1111 \qquad 1 \rightarrow \mathfrak{c}$$

Der kleine Trick ist, dass der Befehl `asr` (*arithmetic right shift*) aus der oberen Bitposition Einserbits nachzieht, falls diese zu Beginn von 1 besetzt ist.

Verlässt ein Prozess die kritische Region, so führt er den Befehl `lsl r15` aus. Dieser (*logical shift left*) hat nämlich die Wirkung

$$1111\,1110 \leftarrow 1111\,1111,$$

d.h. er führt genau wieder den Anfangszustand herbei. Hier spielt Unteilbarkeit keine Rolle, da der Vorgang einstufig ist, es wird nur die Variable $\mathfrak{b}$ mit 0 besetzt. Alternativ kann z.B. auch der Befehl `ldi r15,0b1111111` verwendet werden, der aber den Nachteil hat, für die unteren 16 Register nicht zu gelten.

Ein Programmstück mit einer von $\mathbf{r_{15}}$ geschützten kritischen Region kann wie folgt aussehen, dabei ist $\mathfrak{r}_{15} = 1111\,1110$ angenommen:

```
Wait1:  asr   r15     1    c ← r15.0 test and set
        brcs  Wait1   1/2  Bei c = 1 erneut versuchen
   Dieser Einschub steht für den ersten Teil der kritischen Region
        lsl   r15     1    r15.0 ← 0 Kritische Region freigeben
   Dieser Einschub steht für ein unkritisches Programmstück
Wait2:  asr   r15     1    c ← r15.0 test and set
        brcs  Wait2   1/2  Bei c = 1 erneut versuchen
   Dieser Einschub steht für den zweiten Teil der kritischen Region
        lsl   r15     1    r15.0 ← 0 Kritische Region freigeben
```

Ein Prozess, der die kritische Region betreten will, führt also in einer Schleife den Befehl `asr r15` so lange aus, bis einmal die Bedingung $\mathfrak{c} = 0$ eingetreten ist. Das erklärt den Namen, *spin-lock*, da der Prozess sozusagen so lange das Schloss umkreist, bis es sich öffnet. Auf den ersten Blick sieht diese Lösung nicht gut aus, da der Prozess ja eigentlich im Nichtstun verharrt und das womöglich auf sehr lange Zeit (wenn nicht gar für immer). Aber der so wartende Prozess behindert andere Prozesse überhaupt nicht, er vergeudet Prozessortakte nur in dem ihm zugewiesenen Zeitintervall. Und diese Lösung ist mit relativ *einfachen* Mitteln zu erreichen, eine Eigenschaft, die gar nicht hoch genug einzuschätzen ist. Die Alternative, die später ebenfalls vorgestellt wird, das Warten mit *Blockierung* zu realisieren, erfordert mehr Aufwand, es ist schon ein rudimentäres Betriebssystem nötig. Blockierung bedeutet, dass ein Prozess, der auf ein Ereignis zu warten hat, aus dem Prozessring herausgenommen und in eine Warteschlange eingefügt wird. Bei Eintreten des Ereignisses wird er aus der Warteschlange herausgenommen und wieder in den Prozessring eingefügt. Dem ist schon zu entnehmen, dass die Prozessumschaltung aufwendiger werden muss, es kommt die Verwaltung der Warteschlangen hinzu usw. Auf den zweiten Blick sieht die Lösung demnach gar nicht so schlecht aus, zumindest bei Projekten, bei denen der Aufwand klein gehalten werden soll (oder muss).

Nun gibt es allerdings noch das Problem, dass der beschriebene Vorgang überhaupt nicht funktioniert, jedenfalls nicht im System des vorigen Abschnittes. Dort sind ja alle Register lokale, private Variablen der Prozesse, weshalb jeder Prozess den Befehl `asr r15` mit seinem eigenen Register $\mathbf{r}_{15}$ ausführt. Das Problem kann aus der Welt geschafft werden, indem wie im nächsten Abschnitt einige Register zu globalen Variablen gemacht werden. Das ist aber nicht immer möglich oder erwünscht, also müssen echte globale Variablen verwendet werden, etwa Variablen im Arbeitsspeicher. Dann ist die Atomizität, die Ununterbrechbarkeit des Vorgangs allerdings nicht mehr von selbst gewährleistet, da es sich nicht mehr um einen einzigen Befehl, sondern um eine Folge von Befehlen handelt.

Die Prozedur `Lock` dient zur Sperrung einer kritischen Region. Sie verwendet ein Byte im Arbeitsspeicher, dessen Adresse ihr in Register **X** übergeben wird, und das beim Programmstart mit 1111 1110 initialisiert werden muss. Mit der Prozedur `Unlock` wird eine kritische Region freigegeben. Sie verwendet natürlich das gleiche Byte wie `Lock`, und auch ihr muss dessen Adresse in **X** mitgeteilt werden.

```
Lock:   push  r0            2
Lck1:   cli                 1    Interrupts verbieten
        ld    r0,X          2    X mit Lock-Byte laden
        asr   r0            1    test and set
        st    X,r0          2    Lock-Byte zurückschreiben
        sei                 1    Interrupts erlauben!
        brcs  Lck1          1/2  Bei c = 1 weiter versuchen
        pop   r0            2
        ret                 4
Unlock: push  r16           2
        ldi   r16,0b11111110 1   Der Wert des Lock-Bytes für frei
        st    X,r16         2    Das Lock-Byte damit laden
        pop   r16           2
        ret                 4
```

Die Anwendung ist einfach. Man stellt für jede kritische Region eine Bytevariable des Arbeitsspeichers bereit und initialisiert sie mit 1111 1110. In jedem Prozess wird dann der Eintritt in eine kritische Region mit Aufrufen von `Lock` und `Unlock` wie eine Klammerung umgeben.

```
        .dseg
bLock:  .byte 1                  Mit 1111 1110 vorbelegen
        .cseg
        ldi   r26,LOW(bLock)  1
        ldi   r27,HIGH(bLock) 1
        call  Lock            3+
    Dieser Einschub steht für die mit bLock zu schützende kritische Region
        call  Unlock          3+
```

Es wurde oben schon darauf hingewiesen, dass das System nur funktionieren kann, wenn sich alle Prozesse an die Vereinbarungen halten. Also: Lock-Variablen dürfen nur zum Zwecke der Absicherung von kritischen Regionen verwendet werden, sie dürfen, von der Initialisierung mit `11111110` abgesehen, **nur** von den Prozeduren `Lock` und `Unlock` manipuliert werden.

Kritische Regionen sind nur scheinbar einfach zu benutzen. Es folgt deshalb noch ein Beispiel, das zeigt, wie sehr Aufmerksamkeit geboten ist. Es seien zwei Variablen u und v im Arbeitsspeicher gegeben, die gegen Mehrfachzugriff jeweils von den Lock-Variablen L_u und L_v abgesichert werden. Die mit L_u gebildete kritische Region sei $\boldsymbol{C}_u$, und $\boldsymbol{C}_v$ sei die mit L_v gebildete kritische Region. Es laufen zwei Prozesse $\boldsymbol{P}_a$ und $\boldsymbol{P}_b$, in denen an einer Stelle die Inhalte von u und v ausgetauscht werden sollen.

```
                               1            .dseg
                               2  bU:       .byte 1
                               3  bV:       .byte 1
                               4  bLckU:    .byte 1
                               5  bLckV:    .byte 1
                               6            .cseg
 7  ldi   r26,LOW(bLckU)                     7  ldi   r26,LOW(bLckV)
 8  ldi   r27,HIGH(bLckU)                    8  ldi   r27,HIGH(bLckV)
 9  call  Lock                               9  call  Lock
10  ldi   r26,LOW(bLckV)                    10  ldi   r26,LOW(bLckU)
11  ldi   r27,HIGH(bLckV)                   11  ldi   r27,HIGH(bLckU)
12  call  Lock                              12  call  Lock
13  lds   r16,bU                            13  lds   r16,bV
14  lds   r17,bV                            14  lds   r17,bU
15  sts   bU,r17                            15  sts   bV,r17
16  sts   bV,r16                            16  sts   bU,r16
17  ldi   r26,LOW(bLckV)                    17  ldi   r26,LOW(bLckU)
18  ldi   r27,HIGH(bLckV)                   18  ldi   r27,HIGH(bLckU)
19  call  Unlock                            19  call  Unlock
20  ldi   r26,LOW(bLckU)                    20  ldi   r26,LOW(bLckV)
21  ldi   r27,HIGH(bLckU)                   21  ldi   r27,HIGH(bLckV)
22  call  Unlock                            22  call  Unlock
```

Die wesentliche Codesequenz für $\boldsymbol{P}_a$ ist links, die für $\boldsymbol{P}_b$ rechts aufgeführt. Darüber stehen die gemeinsamen Deklarationen für u, v, L_u und L_v. Die Lock-Variablen L_u und L_v seien als korrekt initialisiert angenommen.

Prozess $\boldsymbol{P}_a$ betritt in Zeile *7* links die kritische Region $\boldsymbol{C}_u$, die u vor weiteren Zugriffen eines anderen Prozesses schützt, dann in Zeile *12* die kritische Region $\boldsymbol{C}_v$, die v absichert. Beide Variablen sind nun abgesichert, und ihre Inhalte können in den Zeilen *13–16* ausgetauscht werden. Anschließend verlässt $\boldsymbol{P}_a$ die kritischen Regionen wieder.

Prozess $\boldsymbol{P}_b$ betritt in Zeile *7* rechts die kritische Region $\boldsymbol{C}_v$, dann in Zeile *12* die kritische Region $\boldsymbol{C}_u$, die u absichert. Beide Variablen sind nun geschützt und ihre Inhalte können in den Zeilen *13–16* ausgetauscht werden. Anschließend verlässt $\boldsymbol{P}_b$ die kritischen Regionen wieder.

Jetzt sei aber angenommen, dass ein Prozesswechsel stattfindet, nachdem $\boldsymbol{P}_a$ in Zeile *9* die kritische Region $\boldsymbol{C}_u$ betreten hat. Dann kann Prozess $\boldsymbol{P}_b$ in Zeile *9* rechts die kritische Region $\boldsymbol{C}_v$ betreten. Falls nun kein Prozesswechsel stattfindet, will $\boldsymbol{P}_b$ die kritische Region $\boldsymbol{C}_u$ betreten. Aber $\boldsymbol{P}_a$ befindet sich schon in $\boldsymbol{C}_u$, folglich kann $\boldsymbol{C}_u$ von $\boldsymbol{P}_b$ nicht betreten werden (denn der Befehl `asr` liefert $\mathtt{c} = \mathtt{1}$). Prozess $\boldsymbol{P}_b$ verbleibt demnach in der Schleife der Prozedur `Lock`, bis der nächste Prozessorwechsel stattfindet, denn nur $\boldsymbol{P}_a$ kann ja L_u freigeben, und $\boldsymbol{P}_a$ ist bis zum Prozessorwechsel inaktiv. Sobald aber $\boldsymbol{P}_a$ aktiv wird, versucht er, die kritische Region $\boldsymbol{C}_v$ zu betreten, die aber nicht betreten werden kann, weil $\boldsymbol{P}_b$ sich schon in ihr aufhält. Beide Prozesse warten jetzt darauf, dass der andere Prozess die kritische Region, in der er sich befindet, verlässt:

deadlock

Mit kritischen Regionen muss also vorsichtig umgegangen werden. Insbesondere sollte es vermieden werden, mehrere kritische Regionen miteinander zu verkoppeln. Der obige *deadlock* ließe sich ja leicht dadurch vermeiden, dass nur für den Austausch der Variablen *eine* kritische Region verwendet wird.

5.3.3. Ein einfaches System mit kritischen Regionen

Das Programm dieses Abschnittes ist für einen **ATmega32** gedacht, dessen Ausgang der seriellen Schnittstelle mit dem seriellen Eingang eines vierzeiligen LCD-Displays verbunden ist. Die Kanäle 0 und 7 des *ADC* sind mit Spannungsquellen verbunden, z.B. mit den Schleifern zweier Potentiometer. Es gibt wieder drei parallel laufende Prozesse. Prozess $\boldsymbol{P}_a$ liest den Kanal 0 des *ADC* aus und schreibt die gelesene Zahl in hexadezimaler Form in die erste Zeile des LCD-Displays. Prozess $\boldsymbol{P}_b$ liest Kanal 7 des *ADC* aus und schreibt das Ergebnis der Analog-Digital-Umwandlung ebenfalls in hexadezimaler Verschlüsselung in die zweite Zeile des LCD-Displays. Prozess $\boldsymbol{P}_c$ soll das System etwa lebendiger aussehen lassen, er erzeugt eine 8-Bit-Zufallszahl und schreibt diese, wieder hexadizimal, in die dritte Zeile des LCD-Displays. Dieses Szenarium kommt einer echten Anwendung schon sehr nahe, ohne sich allzusehr in Einzelheiten zu verzetteln.

In diesem System gibt es drei Objekte, die mit kritischen Regionen abgesichert werden müssen. Das sind natürlich die serielle Schnittstelle und die beiden Kanäle des Analog/Digital-Wandlers.

- Die serielle Schnittstelle ist selbstverständlich interruptgesteuert.[6] Das bedeutet, dass nicht die serielle Schnittstelle selbst, sondern die *FIFO*-Schlange, die zur Kommunikation mit ihr benutzt wird, durch eine kritische Region geschützt werden muss. Nun ist die Schlange ja schon durch eine kritische Codesequenz abgesichert, ist da eine zusätzliche kritische Region überhaupt noch nötig? Die Antwort ist *ja*, denn es ist zwar der einzelne Zugriff auf die Schlange abgesichert, aber nicht eine zusammenhängende Folge von Zugriffen. Eine Ausgabe an das LCD-Display besteht nämlich aus einem Befehl, welche Zeile des Displays zu benutzen ist, gefolgt von der darzustellenden Hexadezimalzahl, die zwei Schreibzugriffe erforderlich macht (mit der Prozedur `SOWriteHex`). Diese drei Schreibzugriffe dürfen natürlich nicht von den Schreibzugriffen anderer Prozesse

[6] Vergleiche dazu Abschnitt 4.6.1.

unterbrochen werden, andernfalls auf dem LCD-Display ein ziemliches Durcheinander zu beobachten wäre.

- Auf die acht Kanäle des *ADC* kann nicht direkt zugegriffen werden. Diese sind vielmehr mit einem Multiplexer verbunden, der auf die einzelnen Kanäle geschaltet werden muss. Das bedeutet, dass alle Kanäle dieselben IO-Register verwenden. Wenn also zwei parallel laufende Prozesse auf zwei *ADC*-Kanäle zugreifen können, muss der Zugriff auf diese IO-Register mit einer kritischen Region abgesichert werden.

Vier Register, $\mathbf{r_{12}}$ bis $\mathbf{r_{15}}$, werden im Programm als globale Variablen angesehen, d.h. sie werden bei den Prozesswechseln nicht berücksichtigt. Zwei dieser Register, $\mathbf{r_{12}}$ und $\mathbf{r_{13}}$, werden als *Lock*-Variable von kritischen Regionen verwendet. Ein solches *arrangement* ist gut geeignet für Systeme mit Multitasking, die für spezielle Aufgaben entwickelt werden und in denen der Entwickler die totale Kontrolle innehat, also auch die Verwendung der Register nach Belieben kategorisieren kann. Der Fall, dass alle 32 Register eine fest umrissene Aufgabe besitzen ist ja eher selten, kommt aber doch vor, z.B. wenn arithmetische Probleme zu lösen sind.

```
          .include "m32def.inc"
          .device  ATmega32                       16 MHz
   Offsets, die den Aufbau einer PIT beschreiben
          .equ     oppit = 0                      offset der Verkettungsadresse
          .equ     oSR   = oppit +  2             offset von ℜSREG
          .equ     oR0   = oSR   +  2             offset von r0
          .equ     oPriv = oR0   + 26             offset der privaten Variablen
          .equ     oSP   = oPriv +  8             offset von ℜSP
          .equ     oStkS = oSP   +  2             offset des Stapelanfangs
          .equ     oStkE = oStkS + 31             offset des Stapelendes
          .equ     nbPit = oStkE +  1             Die Größe einer PIT
   Festlegen der Struktur der privaten Variablen
          .equ     oRnd = oPriv                   offset des Startw. Zufallsgen.
          .equ     oSer = oPriv + 1               offset der Zeilennr. LCD-Displ.
          .equ     oAdc = oPriv + 2               offset der Kanalnr. ADC
          .dseg
   PITa, PITb, PITc und die Adresse der laufenden PIT
pitA:     .byte    nbPit
pitB:     .byte    nbPit
pitC:     .byte    nbPit
ppitRun:  .byte    2
          .include "vecm32.avr"
          .include "timer0.avr"
          .include "fifo.avr"
          .include "ser.avr"
   Die ISR für output compare interrupt von Timer2 führt den Prozesswechsel durch
OC2hdlr:  push     r30                            2   3 in alten Stapel
          push     r31                            2
```

	lds	r30,ppitRun	2	**Z** ← Adr. alte PIT
	lds	r31,ppitRun+1	2	
	std	Z+oR0+0,r0	2	$\mathfrak{r}_0$ in alte PIT
	std	Z+oR0+1,r1	2	$\mathfrak{r}_1$ in alte PIT
	std	Z+oR0+2,r2	2	$\mathfrak{r}_2$ in alte PIT
	std	Z+oR0+3,r3	2	$\mathfrak{r}_3$ in alte PIT
	std	Z+oR0+4,r4	2	$\mathfrak{r}_4$ in alte PIT
	std	Z+oR0+5,r5	2	$\mathfrak{r}_5$ in alte PIT
	std	Z+oR0+6,r6	2	$\mathfrak{r}_6$ in alte PIT
	std	Z+oR0+7,r7	2	$\mathfrak{r}_7$ in alte PIT
	std	Z+oR0+8,r8	2	$\mathfrak{r}_8$ in alte PIT
	std	Z+oR0+9,r9	2	$\mathfrak{r}_9$ in alte PIT
	std	Z+oR0+10,r10	2	$\mathfrak{r}_{10}$ in alte PIT
	std	Z+oR0+11,r11	2	$\mathfrak{r}_{11}$ in alte PIT
	std	Z+oR0+16,r16	2	$\mathfrak{r}_{16}$ in alte PIT
	std	Z+oR0+17,r17	2	$\mathfrak{r}_{17}$ in alte PIT
	std	Z+oR0+18,r18	2	$\mathfrak{r}_{18}$ in alte PIT
	std	Z+oR0+19,r19	2	$\mathfrak{r}_{19}$ in alte PIT
	std	Z+oR0+20,r20	2	$\mathfrak{r}_{20}$ in alte PIT
	std	Z+oR0+21,r21	2	$\mathfrak{r}_{21}$ in alte PIT
	std	Z+oR0+22,r22	2	$\mathfrak{r}_{22}$ in alte PIT
	std	Z+oR0+23,r23	2	$\mathfrak{r}_{23}$ in alte PIT
	std	Z+oR0+24,r24	2	$\mathfrak{r}_{24}$ in alte PIT
	std	Z+oR0+25,r25	2	$\mathfrak{r}_{25}$ in alte PIT
	std	Z+oR0+26,r26	2	$\mathfrak{r}_{26}$ in alte PIT
	std	Z+oR0+27,r27	2	$\mathfrak{r}_{27}$ in alte PIT
	std	Z+oR0+28,r28	2	$\mathfrak{r}_{28}$ in alte PIT
	std	Z+oR0+29,r29	2	$\mathfrak{r}_{29}$ in alte PIT
	in	r16,SREG	1	$\mathfrak{R}_{\mathsf{SREG}}$ in alte PIT
	std	Z+oSR,r16	2	
	in	r16,SPL	1	$\mathfrak{R}_{\mathsf{SP}}$ in alte PIT
	std	Z+oSP,r16	2	
	in	r16,SPH	1	
	std	Z+oSP+1,r16	2	
	ldd	r30,Z+oppit	2	**Z** ← Adr. neue PIT
	ldd	r31,Z+oppit+1	2	
OC2Pmt:	sts	ppitRun,r30	2	Adr. akt. PIT ←
	sts	ppitRun+1,r31	2	Adr. neue PIT
	ldd	r16,Z+oSP	2	$\mathfrak{R}_{\mathsf{SP}}$ aus neuer PIT
	out	SPL,r16	1	
	ldd	r16,Z+oSP+1	2	
	out	SPH,r16	1	
	ldd	r16,Z+oSR	2	$\mathfrak{R}_{\mathsf{SREG}}$ aus neuer PIT
	out	SREG,r16	1	
	ldd	r0,Z+oR0+0	2	$\mathfrak{r}_0$ aus neuer PIT

```
            ldd       r1,Z+oR0+1          2   r1 aus neuer PIT
            ldd       r2,Z+oR0+2          2   r2 aus neuer PIT
            ldd       r3,Z+oR0+3          2   r3 aus neuer PIT
            ldd       r4,Z+oR0+4          2   r4 aus neuer PIT
            ldd       r5,Z+oR0+5          2   r5 aus neuer PIT
            ldd       r6,Z+oR0+6          2   r6 aus neuer PIT
            ldd       r7,Z+oR0+7          2   r7 aus neuer PIT
            ldd       r8,Z+oR0+8          2   r8 aus neuer PIT
            ldd       r9,Z+oR0+9          2   r9 aus neuer PIT
            ldd       r10,Z+oR0+10        2   r10 aus neuer PIT
            ldd       r11,Z+oR0+11        2   r11 aus neuer PIT
            ldd       r16,Z+oR0+16        2   r16 aus neuer PIT
            ldd       r17,Z+oR0+17        2   r17 aus neuer PIT
            ldd       r18,Z+oR0+18        2   r18 aus neuer PIT
            ldd       r19,Z+oR0+19        2   r19 aus neuer PIT
            ldd       r20,Z+oR0+20        2   r20 aus neuer PIT
            ldd       r21,Z+oR0+21        2   r21 aus neuer PIT
            ldd       r22,Z+oR0+22        2   r22 aus neuer PIT
            ldd       r23,Z+oR0+23        2   r23 aus neuer PIT
            ldd       r24,Z+oR0+24        2   r24 aus neuer PIT
            ldd       r25,Z+oR0+25        2   r25 aus neuer PIT
            ldd       r26,Z+oR0+26        2   r26 aus neuer PIT
            ldd       r27,Z+oR0+27        2   r27 aus neuer PIT
            ldd       r28,Z+oR0+28        2   r28 aus neuer PIT
            ldd       r29,Z+oR0+29        2   r29 aus neuer PIT
            clr       r30                 1   Timer2 zurücksetzen
            out       TCNT2,r30           1
            pop       r31                 2   Z aus neuem Stapel
            pop       r30                 2
            reti                          4
            .include "vecm32.avr"
```

Der Zufallszahlengenerator $x_{n+1} = 173x_n + 201 \bmod 2^8$

```
TinyRnd:    push      r1                  2
            push      r16                 2
            ldi       r16,173             1
            mul       r0,r16              2   r0 ← 173x_n
            ldi       r16,201             1
            add       r0,r16              1   r0 ← x_{n+1} = 173x_n + 201
            pop       r16                 2
            pop       r1                  2
            ret                           4
```

Eine Prozedur mit Programmschleifen zur Verzögerung. $\mathbf{r_{16}}$ enthält Startwert für äußere Schleife

```
Snore:      push      r17                 2
            push      r18                 2
Snor1:      ldi       r17,21              1   Start äußere Schleife
```

```
Snor2:   clr    r18              1    Start mittlere Schleife
Snor3:   dec    r18              1    Start innere Schleife
         brne   Snor3            1/2  Ende innere Schleife
         dec    r17              1
         brne   Snor2            1/2  Ende mittlere Schleife
         dec    r16              1
         brne   Snor1            1/2  Ende äußere Schleife
         pop    r18              2
         pop    r17              2
         ret                     4
```

Die Prozedur für PIT_a und PIT_b

```
ProcAB:  ldd    r0,Z+oRnd        2    Seed für Zufallsgen.
         ldd    r3,Z+oSer        2    Zeile des LCD-Displays
         ldd    r4,Z+oAdc        2    ADC-Kanal
PrcAB1:  asr    r13              1    Kritische Region betreten
         brcs   PrcAB1           1/2
         in     r17,ADMUX        1    ADC-Kanal einstellen
         andi   r17,0b11100000   1
         or     r17,r4           1
         out    ADMUX,r17        1
         sbi    ADCSR,ADSC       1    Umwandlung starten
PrcAB2:  sbis   ADCSR,ADIF       1/2  Warten bis
         rjmp   PrcAB2           2         R_ADCSR.ADIF = 1
         sbi    ADCSR,ADIF       2    R_ADCSR.ADIF ← 0
         in     r17,ADCH         1    r17 ← Wandlungsergebnis
         lsl    r13              1    Kritische Region verlassen
         rcall  TinyRnd          3    r0 ← neue Zufallszahl
         mov    r16,r0           1
         rcall  Snore            3    Zufallsverzögerung
PrcAB3:  asr    r12              1    Kritische Region betreten
         brcs   PrcAB3           1/2
         mov    r16,r3           1    Zeilenbef. für Display
         call   SOWrite          4         senden
         mov    r16,r17          1    Wandlungserg. als Hexz.
         call   SOWriteHex       4         senden
         lsl    r12              1    Kritische Region verlassen
         rjmp   PrcAB1           2
```

Die Prozedur für PIT_c

```
ProcC:   ldd    r0,Z+oRnd        2    Seed für Zufallsgen.
         ldd    r3,Z+oSer        2    Zeile des LCD-Displays
PrcC1:   rcall  TinyRnd          3    r0 ← neue Zufallszahl
         mov    r16,r0           1
         rcall  Snore            3    Zufallsverzögerung
PrcC2:   asr    r12              1    Kritische Region betreten
         brcs   PrcC2            1/2
```

```
         mov    r16,r3                      1   Zeilenbef. für Display
         call   SOWrite                     4                   senden
         mov    r16,r0                      1   Zufallsz. als Hexzahl
         call   SOWriteHex                  4                   senden
         lsl    r12                         1   Kritische Region
         rjmp   PrcC1                       2             verlassen
```

Die Prozessinformationstabelle PIT$_a$

```
vbPitA:  .dw    pitB                            Verkettung PITa → PITb
         .dw    0,0,0,0,0,0,0,0                 ℜSREG, 𝔯0 bis 𝔯11, 𝔯16,𝔯17
         .dw    0,0,0,0,0,0                     𝔯18 bis 𝔯29
         .db    99,1,0,0                        seed, Ausgabezeile, ADC
         .dw    0,0
         .dw    pitA+oStkE-6                    ℜSP
         .dw    0,0,0,0,0,0,0,0,0,0,0,0,0       Stapel
         .db    HIGH(PitA),LOW(PitA)            𝔯31, 𝔯30
         .db    HIGH(ProcAB),LOW(ProcAB)        Start mit reti
         .db    HIGH(Schluss),LOW(Schluss)      Stopp mit ret
```

Die Prozessinformationstabelle PIT$_b$

```
vbPitB:  .dw    pitC                            Verkettung PITb → PITc
         .dw    0,0,0,0,0,0,0,0                 ℜSREG, 𝔯0 bis 𝔯11, 𝔯16,𝔯17
         .dw    0,0,0,0,0,0                     𝔯18 bis 𝔯29
         .db    199,2,7,0                       seed, Ausgabezeile, ADC
         .dw    0,0
         .dw    pitB+oStkE-6                    ℜSP
         .dw    0,0,0,0,0,0,0,0,0,0,0,0,0       Stapel
         .db    HIGH(PitB),LOW(PitB)            𝔯31, 𝔯30
         .db    HIGH(ProcAB),LOW(ProcAB)        Start mit reti
         .db    HIGH(Schluss),LOW(Schluss)      Stopp mit ret
```

Die Prozessinformationstabelle PIT$_b$

```
vbPitC:  .dw    pitA
         .dw    0,0,0,0,0,0,0,0                 ℜSREG, 𝔯0 bis 𝔯11, 𝔯16,𝔯17
         .dw    0,0,0,0,0,0                     𝔯18 bis 𝔯29
         .db    11,3                            seed, Ausgabezeile
         .dw    0,0,0
         .dw    pitC+oStkE-6                    ℜSP
         .dw    0,0,0,0,0,0,0,0,0,0,0,0,0       Stapel
         .db    HIGH(PitC),LOW(PitC)            𝔯31, 𝔯30
         .db    HIGH(ProcC),LOW(ProcC)          Start mit reti
         .db    HIGH(Schluss),LOW(Schluss)      Stopp mit ret
```

Programmstart (siehe `vecm32.avr`)

```
Start:   ldi    r16,LOW(RAMEND)             1   Globalen Stapel
         out    SPL,r16                     1          einrichten
         ldi    r16,HIGH(RAMEND)            1
         out    SPH,r16                     1
         sei                                1   Temporär Interrupts
                                                       erlauben
```

```
197            ldi     r16,250               1      250 ms für LCD-Display
198            call    OCOWait               4
199            ldi     r16,25                1      Serielle Schnittst.
200            call    S0Ini                 4                initialisieren
201            call    S0SndEin              4      Seriellen Sender einschalten
202            cli                           1      Interrupts verbieten
      Das Ritual für ADC:
203            ldi     r16,0b01100000        1      ADC initialisieren
204            out     ADMUX,r16             1
205            ldi     r16,0b10000111        1
206            out     ADCSR,r16             1
      Das Ritual für output compare interrupt: Modus 0, Vorteiler 2^10
207            ldi     r16,234               1      16×10^6/(1024×234) = 66,67
208            out     OCR2,r16              1
209            ldi     r16,0b00000111        1
210            out     TCCR2,r16             1
      Die Befähigung von output compare interrupt
211            in      r16,TIMSK             1
212            ori     r16,0b10000000        1
213            out     TIMSK,r16             1
      Kopieren des anfänglichen Prozessrings vom Programm- in den Arbeitsspeicher
214            ldi     r30,LOW(2*vbPitA)     1
215            ldi     r31,HIGH(2*vbPitA)    1
216            ldi     r28,LOW(pitA)         1
217            ldi     r29,HIGH(pitA)        1
218            ldi     r16,3*nbPit           1
219  Kopiere:  lpm     r0,Z+                 3n     n = 3 × nbPit
220            st      Y+,r0                 2n
221            dec     r16                   1n
222            brne    Kopiere               2(n − 1) + 1
223            ldi     r16,0b11111110        1
224            mov     r12,r16               1
225            mov     r13,r16               1
226            mov     r14,r16               1
227            mov     r15,r16               1
228            ldi     r30,LOW(pitA)         1
229            ldi     r31,HIGH(pitA)        1
230            jmp     OC2Pmt                3
231  Schluss:  rjmp    Schluss               2
```

In allen Prozessen wird ein kleiner Zufallszahlengenerator benutzt (Zeilen *101–109*), um etwas Variabilität in das System zu bringen. Seine definierende Gleichung ist

$$x_{n+1} = 173x_n + 201 \bmod 2^8.$$

Er verwendet $\mathbf{r_0}$ für die x_n.

Die Vorgänge in den Prozessen müssen verzögert werden, da sonst das LCD-Display nicht

Schritt halten kann. Da in den bisher vorgestellten Multitasking-Systemen die Timer nur mit sehr ungenauen Resultaten zu benutzen sind, wird zur Zeitverzögerung ein System von verschachtelten Schleifen eingesetzt. Der Prozedur (in den Zeilen *110–122*) wird in $\mathbf{r_{16}}$ der Wert zum Herunterzählen in der äußeren Schleife übergeben. In der mittleren Schleife wird von 21 aus, in der inneren von 0 (d.h. von 256) aus abwärts gezählt.
Die Prozedur für die Prozesse $\boldsymbol{P}_a$ und $\boldsymbol{P}_b$ beginnt in Zeile *123*. Das System wird so initialisiert, dass jeder Prozess zu Beginn seiner Laufzeit in Register **Z** die Adresse seiner PIT vorfindet. Also können die Prozesse direkt $\mathbf{r_0}$ mit dem Anfangswert für den Zufallszahlengenerator, $\mathbf{r_3}$ mit dem Zeilenbefehl für das LCD-Display und $\mathbf{r_4}$ mit der Kanalnummer für den *ADC* laden. Als Nächstes lesen die Prozesse die Daten ihres *ADC*-Kanals aus. Der *ADC* ist mit einer kritischen Region gegen Mehrfachzugriff geschützt, die mit dem (globalen) Register $\mathbf{r_{12}}$ als *Lock*-Variable aufgebaut ist. In den Zeilen *126–127* versuchen die Prozesse, die kritische Region zu betreten. Ist das gelungen, wird in den Zeilen *128–131* der Kanal des Prozesses ausgewählt. Dazu wird die Kanalnummer, enthalten in $\mathbf{r_4}$, in die unteren fünf Bit des Registers $\mathbf{R}_{\mathsf{ADMUX}}$ kopiert. Anschließend wird die Umwandlung gestartet, indem Bit `ADSC` in Register $\mathbf{R}_{\mathsf{ADCSR}}$ gesetzt wird. Das Bit `ADIF` desselben Registers wird vom Prozessor gesetzt, wenn die Umwandlung beendet ist, darauf wird in der Schleife in den Zeilen *133–134* gewartet. Dieses Bit kann auch einen Interrupt erzeugen und wird dann automatisch durch Einsprung in dessen *ISR* gelöscht. Da aber Interrupts erst mit der Einführung von Blockierung sinnvoll eingesetzt werden können, wird das Bit hier nur in einer Schleife abgefragt (*polling*) und muss dann explizit gelöscht werden, indem es in Zeile *135* gesetzt wird! Diese Eigenschaft teilen fast alle Bits in IO-Registern, die einen Interrupt auslösen können. Jedenfalls kann nach dem Löschen dieses Bits das Datenregister des *ADC* ausgelesen werden, und zwar aufgrund der Initialisierung nur dessen oberes Byte $\mathbf{R}_{\mathsf{ADCH}}$, das in Zeile *136* in Register $\mathbf{r_{17}}$ kopiert wird. Die kritische Region kann nun verlassen werden und zwar durch Löschen des *Lock*-Bits in Register $\mathbf{r_{13}}$ in Zeile *137* (vergleiche Abschnitt 5.3.2).
Die Prozesse rufen als Nächstes den Zufallszahlengenerator auf (Zeile *138*), um dann mit der Zufallszahl in Register $\mathbf{r_{16}}$ durch Aufruf der Prozedur `Snore` in Zeile *140* eine Zeitverzögerung von (einigermaßen) zufälliger Länge einzuleiten. Diese ist (experimentell) so bemessen, dass die Anzeige noch gut zu verfolgen ist.
Es folgt die Ausgabe des Umwandlungsergebnisses über die serielle Schnittstelle. Diese ist mit einer kritischen Region gegen Mehrfachzugriff abgesichert, die mit dem (globalen) Register $\mathbf{r_{12}}$ als Lock-Variable realisiert ist. In der Schleife in den Zeilen *141–142* wird versucht, die kritische Region zu betreten. Das ist etwas schwieriger als bei der ersten kritischen Region, da sich hier drei Prozesse um einen Zutritt bemühen. Nach gelungenem Zutritt wird dann zunächst in den Zeilen *143–144* der Zeilenbefehl an das LCD-Display geschickt, der in Zeile *124* in Register $\mathbf{r_4}$ geladen wurde. Eine 1 bedeutet, dass zum Anfang der ersten Zeile umgeschaltet werden soll, eine 2 zum Anfang der zweiten Zeile, usw. Es folgt das Umwandlungsergebnis, das mit `SOWriteHex` als Hexadezimalzahl ausgegeben wird. Und schließlich wird die kritische Region in Zeile *147* verlassen, bevor zur Analog-Digital-Umwandlung zurückgesprungen wird.
Prozess $\boldsymbol{P}_c$ in den Zeilen *149–161* ist im Wesentlichen Prozess $\boldsymbol{P}_a$ oder $\boldsymbol{P}_b$ ohne den Zugriff auf den *ADC*, dafür wird die erzeugte Zufallszahl an das LCD-Display übergeben und in dessen dritter Zeile dargestellt.
Die Zeilen *3–10* beschreiben den Aufbau der vom System verwendeten PIT, den auch Tabelle 5.1 wiedergibt. Er unterscheidet sich nur geringfügig von dem früherer Abschnitte. So ist kein Platz enthalten für die Register $\mathbf{r_{12}}$ bis $\mathbf{r_{15}}$, die im System den Status globaler Variablen besitzen, der Stapel ist mit 32 Bytes etwas größer als bisher. Von den acht vorgesehenen privaten Variablen werden nur drei genutzt, ihre Struktur wird in den Zeilen *11–13* festgelegt. Das erste Byte enthält den Startwert des Zufallszahlengenerators, das zweite den Zeilenbe-

fehl für das LCD-Display, und das dritte Byte enthält die Kanalnummer für den *ADC*. Die Assemblervariable `nbPIT` enthält die Länge der PIT (Zeile *11*), die 72 Bytes beträgt.
Die PITs selbst sind in den Zeilen *162–191* zu finden. Es sei noch einmal darauf hingewiesen,

Tabelle 5.1.: Aufbau der PIT

offset	Länge	Inhalt
0	2	Verkettungsadresse
2	2	$\mathfrak{R}_{\mathsf{SREG}}$
4	26	$\mathfrak{r}_0 - \mathfrak{r}_{11}, \mathfrak{r}_{16} - \mathfrak{r}_{29}$
30	8	Private Variablen
38	2	$\mathfrak{R}_{\mathsf{SP}}$
40	32	Stapel

wie der Prozessor Adressen vom Stapel nimmt: Zuerst das untere, dann das obere Byte. Also muss im Datenspeicher das obere Byte vor dem unteren kommen. Das gilt z.B. für die Zeilen *169–171*. Es gilt aber nicht für die Adresse in Zeile *162*, die nicht zu einem Teil des Stapels wird.
Der Mechanismus der Prozessumschaltung wird in Abschnitt 5.2.2 erläutert. Neu ist hier lediglich, dass die Register $\mathbf{r}_{12}$ bis $\mathbf{r}_{15}$ bei der Umschaltung ignoriert werden.
Die Initialisierung beginn in Zeile *192* mit der Einrichtung des Systemstapels. Das ist notwendig, weil in der ersten Initialisierungsphase einige Prozeduren aufgerufen werden müssen. Auch müssen zur Verwendung der Zeitbasis kurzzeitig Interrupts erlaubt werden (Zeile *196*). Zunächst benötigt das LCD-Display 250 ms zur Initialisierung (Zeilen *197–198*), anschließend wird die serielle Schnittstelle initialisiert und ihr Sender eingeschaltet (Zeilen *199–201*).
Es folgt das Ritual für den Analog/Digitalwandler. Dieser wird so eingestellt, dass das Potential an Pin 30 (`AVCC`) als Referenzspannung genommen wird.[7] Auch wird angenommen, dass von den 10 vom *ADC* erzeugten Bit nur die oberen acht signifikant sind, folglich wird der Prozessor aufgefordert, die oberen acht dieser zehn Bit in Register $\mathbf{R}_{\mathsf{ADCH}}$ zu übergeben (Zeilen *203–204*). Der *ADC* benötigt normalerweise einen Eingangstakt zwischen 50 kHz und 200 kHz, der über einen Vorteiler aus dem Prozessortakt gewonnen wird. Wird der Vorteiler auf den Teilungsfaktor 2^7 eingestellt, ergibt sich bei dem Prozessortakt von 16 MHz ein Eingangstakt von

$$\frac{16 \times 10^6}{2^7} = 125000,$$

d.h. 125 kHz. Diese Einstellung und gleichzeitig das Starten des *ADC* wird in den Zeilen *205–206* durchgeführt.
Die Initialisierung von Timer2 wird wie in Abschnitt 5.3.1 ausgeführt, das gilt auch für das Kopieren der PITs vom Programm- in den Arbeitsspeicher. Neu kommt aber hinzu die Initialisierung der Lock-Variablen $\mathbf{r}_{12}$ bis $\mathbf{r}_{15}$ mit $\mathtt{1111\,1110}$.

5.4. Ausblick

Es gibt unendlich viele Möglichkeiten, kleine Systeme mit einem maßgeschneiderten Multitasking auszustatten. Die Beispiele dieses Kapitels können dafür als Anregung

[7] Zur Störungsunterdrückung wird in diesem Fall empfohlen, Pin 32 (`AREF`) über einen Kondensator mit Masse zu verbinden.

dienen. Dass weder Ereignisse noch Semaphore noch Schläfer, die Synchronisationswerkzeuge des nächsten Kapitels, eingeführt wurden, liegt daran, dass hier alles schlank gehalten werden sollte, um Multitasking auch für die kleinsten AVR-Controller möglich zu machen. Es ist aber nicht allzu schwierig, Ereignisse, Semaphore usw. aus dem nächsten Kapitel in vereinfachter Form in Projekten mit maßgeschneidertem Multitasking zu verwenden. Z.B. lassen sich die Methoden aus Abschnitt 5.3.2 recht gut zum Aufbau von binären Semaphoren nutzen. Das Blockieren muss nicht mit Listen realisiert werden, die Verwendung von *spin locks* ist ebenfalls möglich.

Manche der in diesem Kapitel vorgestellten Methoden lassen sich nicht nur dazu verwenden, die Quasiparallelität von Prozessen zu realisieren. Beispielsweise lässt sich das *cooperative multitasking* aus Abschnitt 5.2 so abändern, dass damit eine FSM (*finite-state machine*) implementiert werden kann. Die Prozesse fungieren dabei als Statusfunktionen, stellen also die *states* dar, der `SWITCH`-Befehl erhält einen Parameter, und zwar einen Deskriptor des Zustands (d.h. des Prozesses), zu dem gewechselt werden soll. Zustände werden also nicht mit Hilfe von Zustandsvariablen, *flags* usw. definiert, sondern durch Einkapselung aller Aktionen eines Zustandes in einen Prozess. Diese Methode hat sich bei FSMs sehr bewährt, bei denen die Zustandsänderungen hauptsächlich durch äußere Ereignisse, etwa Interrupts, herbeigeführt werden.

6. SLIMOS

Wie das vorige Kapitel zeigt, ist es nicht schwer, Multitasking zu realisieren. Die dort vorgestellten Systeme haben aber einen starren Aufbau, der dazu bestimmt ist, eine bestimmte Aufgabe durchzuführen. Das ist in vielen Fällen nicht nur ausreichend, sondern die optimale Lösung ohne überflüssiges Beiwerk. Wenn etwa genau drei Prozesse eingesetzt werden sollen, ist eine dynamische Prozessverwaltung unnötiger Aufwand. Ein einfacher gegenseitiger Ausschluss lässt sich mit *spin-locks* durchführen ohne komplizierte Mechanismen mit Semaphoren, *events* und *mailboxes* einzusetzen.

Aber es gibt auch Aufgabenstellungen dynamischer Natur, deren Lösung ein dynamisches, sich anpassendes System erfordert. Müssen z.B. zehn Prozesse eingesetzt werden, von denen aber stets höchstens fünf aktiv sind, so ist es wahrscheinlich nicht sehr effizient, zehn PITs im Arbeitsspeicher vorzuhalten, wenn es bei den kleinen Arbeitsspeichern mancher AVR-Prozessoren überhaupt möglich ist. In dieser Situation könnte eine dynamische Prozessverwaltung von großem Nutzen sein. Ein weiteres Beispiel ist der Fall, dass sich wegen der beschränkten Rechenkapazität eines Prozessors die Synchronisation von Prozessen mit *spin-locks* verbietet, da ein in einer Warteschleife verharrender Prozess (fast) keine Leistung erbringt, wohl aber seinen Anteil an Prozessortakten verbraucht. Abhilfe kann hier Synchronisierung mit *Blockierung* schaffen: Ein Prozess, der auf das Eintreten einer Bedingung warten muss, wird aus dem Prozessring entfernt und in eine Warteschlange eingefügt, bekommt also kein Zeitintervall mehr zugeteilt, bis die Bedingung eingetreten ist und er von der Warteschlange wieder in den Prozessring wechselt. Eine solche Bedingung kann das Eintreten eines Ereignisses sein, aber auch das Freiwerden einer von einem Semaphor abgesicherten kritischen Region.

In diesem Kapitel wird nun SLIMOS vorgestellt, ein „mageres" System, von dem zweifelhaft ist, ob es die Bezeichnung Betriebssystem überhaupt verdient. Aber es hat alle Eigenschaften, die nötig sind, um effektives Multitasking durchführen zu können, die oben erwähnte Prozessverwaltung und blockierendes Synchronisieren eingeschlossen.

Es werden zwei Mechanismen zur Synchronisierung von Prozessen bereitgestellt. Der erste verwendet *Ereignisse* (*events*), auf deren Eintreten ein Prozess warten und deren Eintreten er signalisieren kann. Damit lässt sich z.B. ein *rendezvouz* realisieren. Der zweite Mechanismus benutzt *Semaphore*, mit denen etwa der gegenseitige Ausschluss von Prozessen realisiert werden kann.

Prozesse können aber auch auf Interrupts warten, d.h. Interrupts können die Rolle von Ereignissen übernehmen. Sie werden so auf elegante Weise in das System integriert. Die *ISR* eines signalisierenden Interrupts muss allerdings gewissen Regeln gehorchen, die jedoch fast immer eingehalten werden können.

Es gibt für Prozesse noch eine weitere Art des Wartens, nämlich darauf, dass eine von ihnen vorgegebene Anzahl von Zeiteinheiten vergangen ist. Ein Prozess kann sich gewissermaßen vom OS einschläfern und nach t Zeiteinheiten wieder aufwecken lassen.

Die Synchronisationsmechanismen sind voneinander unabhängig, insbesondere kann also ein Mechanismus auch weggelassen werden, wenn er nicht benötigt wird. Es ist auch leicht möglich, den Code für beide Mechanismen zu entfernen, wenn der Einfachheit halber mit *spin-locks* synchronisiert werden soll, denn es wird sich herausstellen, dass der Aufwand zu ihrer Implementierung nicht unbeträchtlich ist.

6.1. Die Prozessinformationstabelle und der Prozessring

Wie in den vorangehenden Kapiteln wird ein Prozess durch eine PIT festgelegt. Ihre Struktur hat sich allerdings den Umständen entsprechend geändert. Auch hier gibt es einen Prozessring, der aber nur die aktiven Prozesse enthält. Aktive Prozesse, die warten müssen oder wollen, werden aus dem Ring entfernt und in eine Warteschlange eingefügt. Um das Entfernen aus dem Ring möglichst effektiv zu gestalten, sind seine

Abbildung 6.1.: Die PIT eines laufenden und eines ruhenden Prozesses

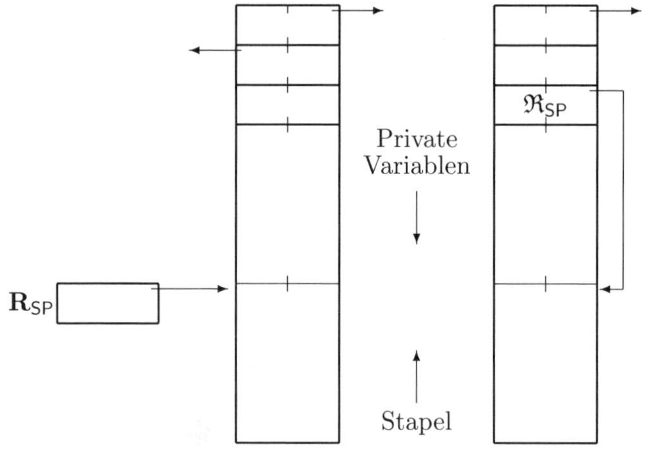

Elemente doppelt verkettet. Eine Adressvariable (ein *pointer*) zeigt auf die PIT des laufenden Prozesses. Da ein 8-Bit-Prozessor mit 16-Bit-Variablen etwas umständlich umgeht, gibt es zusätzlich noch eine Bytevariable, welche die Anzahl P der aktiven Prozesse angibt. Die Sonderfälle $P = 0$ und $P = 1$ können so leichter erkannt werden.

Gilt $P = 0$, so halten sich alle Prozesse in diversen Warteschlangen auf. Diese Situation kann einen gutartigen Charakter haben, etwa weil Prozesse pausieren oder auf einen Interrupt warten, sie kann aber auch auf einer totalen gegenseitigen Blockade aller Prozesse beruhen! Das System reagiert jedenfalls nicht, sondern zieht sich in eine enge Warteschleife zurück.

Der Fall $P = 1$ ist nicht nur ein Sonderfall, was die Verkettung im Ring angeht. Gibt es nämlich nur einen aktiven Prozess, so ist ein Prozesswechsel ganz sinnlos, der Prozess bekommt die gesamte Rechenzeit zugeteilt.

Die PIT enthält kein Feld zur Kennzeichnung des Prozesszustands. Ein solches ist überflüssig, da der Zustand eines Prozesses durch seinen Aufenthaltsort festgelegt ist. Jedenfalls gibt es im ganzen System keine Stelle, an der ein Zugriff auf ein Kennzeichnungsfeld nötig gewesen wäre. Bei einer Erweiterung des Systems kann sich das natürlich ändern. Neben den Verkettungsvariablen ist in der PIT nur noch für den

Abbildung 6.2.: Der Prozessring

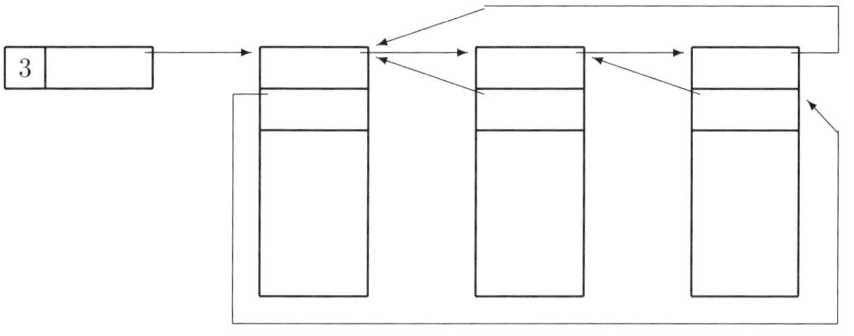

Stapelzeiger ein festehender Platz reserviert. Die Werte aller übrigen Register, die bei einem Prozesswechsel gerettet werden müssen, finden ihren Platz im Stapelbereich der PIT, der an ihrem unteren Ende beginnt und sich nach vorne hin ausbreitet. Falls es für den Prozess private Variablen gibt, werden diese direkt hinter dem Stapelzeiger angelegt. Bild 6.1 erläutert diesen Sachverhalt. Wichtig ist, dass in der PIT genug Platz für den Stapel bereitgehalten wird, andernfalls könnten private Variablen oder sogar der Stapelzeiger überschrieben werden. Als Minimum ist Raum für 32 Register, das Statusregister und eine Adresse zu reservieren. Das setzt aber voraus, dass der Prozess den Stapel selbst gar nicht benutzt, also kein `push` und keine Prozeduraufrufe vorkommen.

Da der Prozessring nur die aktiven Prozesse enthält, hat die Gesamtzahl der Prozesse im System wenig Einfluss auf das Umschaltverhalten des Systems. Eine Gesamtzahl von 50 Prozessen ist durchaus möglich, wenn im Mittel 45 Prozesse blockiert sind, also auf das Eintreffen eines Ereignisses oder Interrupts warten, sich in die Liste der Schläfer eingereiht haben oder darauf warten, dass eine kritische Region betreten werden kann. In gewissen Grenzen lässt sich das Umschaltverhalten auch durch die Umschaltfrequenz beeinflussen. Ein für jeden Prozess individuelles Laufzeitintervall ist nicht vorgesehen, ein Prozess kann aber den Rest seines Laufzeitintervalles dem System zur Verfügung stellen.

6.2. Das Programm

Zuerst einige allgemeine Bemerkungen zu den im Programm verwendeten Bezeichnungen. Für eine tiefer gehende Diskussion sei auf Abschnitt B.1 verwiesen.

Relative Adressen innerhalb einer Datenstruktur beginnen alle mit dem Präfix `o` für *offset*. Ist z.B. p die Adresse einer PIT, so ist $p +$ `oSosSP` die Adresse des lokalen

Stapelzeigers in der PIT. Relative Adressen werden hauptsächlich mit den Befehlen `ldd` und `std` benutzt. Beispielsweise lädt der Befehl `ldd r16,Z+oSosSP` das untere Byte des lokalen Stapelzeigers einer PIT in Register $\mathbf{r_{16}}$, sofern Register $\mathbf{Z}$ die Adresse der PIT enthält.

Alle Symbole, die sich auf ein Ereignis beziehen, enthalten die Zeichenkette `Eve` (*event*), dagegen ist mit `eve` ein Ereignis selbst gemeint. Gleiches gilt auch für die übrigen hauptsächlichen Datenstrukturen PIT (`Pit` und `pit`), Semaphor (`Sem` und `sem`) und Schläfer (`Slp` und `slp` von *sleeper*). Z.B. bezeichnet das in der Programmzeile *688* vorkommende `oppitSosEve` eine relative Adresse und zwar das *offset* einer PIT-Adresse (`ppit`), und diese PIT-Adresse muss etwas mit Ereignissen zu tun haben. Es erfordert kein allzu großes Phantasievermögen daraus zu schließen, dass die bezeichnete Adresse dazu dient, die PITs der Prozesse zu verketten, die auf ein bestimmtes Ereignis warten, und dem Kontext der Programmzeile ist auch zu entnehmen, dass es sich nur um den Kopf der Liste von PITs handeln kann. Diese Bezeichnungsweise ist eine große Hilfe beim Lesen fremder Assemblerprogramme, wozu auch die eigenen gehören, die man ein paar Monate nicht gesehen hat. Der besonders großen Assemblerprogrammen innewohnende Mangel an Struktur kann so etwas ausgeglichen werden.

Da das Programm ein *Modul* ist, also der Programmtext in andere Programme eingezogen werden soll, enthält jedes Symbol irgendwo die Zeichenkette `Sos` (*slim operating system*). Voraussetzung für das Funktionieren dieser Strategie ist natürlich, dass `Sos` von keinem anderen Modul verwendet wird.

Die Funktionsweise des Programms wird in den folgenden Abschnitten genauestens erläutert. Dort werden auch die Schlüsselbegriffe wie *Ereignis* und *Semaphor* erklärt, die wohl manchem Programmierer von AVR-Prozessoren nicht so geläufig sind.

Lange „sprechende" Namen wie `oppitSosPrv` sind zwar für die Programmierung gut, nicht aber für die Erläuterung eines Programms. Gegen ihre Verwendung spricht allein schon die geringe Breite der Kommentarspalte. Hauptsächlich aber, um die Programmbeschreibung leichter lesbar zu gestalten, werden die folgenden Bezeichnungen eingeführt:

$\boldsymbol{P}$ bezeichnet (wie auch schon zuvor) einen Prozess. Die Anzahl der aktiven Prozesse, also die Anzahl der Prozesse im Prozessring, ist P.

$\boldsymbol{\pi}$ ist die Adresse einer PIT. $\boldsymbol{\pi}^{\triangleright}$ ist die Adresse der folgenden PIT im Prozessring und $\boldsymbol{\pi}^{\triangleleft}$ ist die Adresse der im Prozessring vorangehenden PIT. $\boldsymbol{\pi}_{\blacktriangleright}$ ist die Adresse der PIT des laufenden Prozesses. Ist $\boldsymbol{P}$ ein Prozess, so ist $\boldsymbol{\pi_P}$ die Adresse seiner PIT. Umgekehrt ist $\boldsymbol{P^\pi}$ der Prozess, dessen PIT die Adresse $\boldsymbol{\pi}$ hat, d.h. es gilt $\boldsymbol{\pi} = \boldsymbol{\pi_{P^\pi}}$ und $\boldsymbol{P} = \boldsymbol{P^{\pi_P}}$.

$\boldsymbol{E}$ bezeichnet ein Ereignis. $\|\boldsymbol{E}\|$ ist die Anzahl der Prozesse in der Warteschlange von $\boldsymbol{E}$, und $\boldsymbol{E}^{\triangleright}$ ist die Adresse der PIT des ersten Prozesses in dieser Warteschlange. Die Gesamtzahl der Ereignisse ist $\boldsymbol{e}$, d.h. es stehen die Ereignisse $\boldsymbol{E}_0$ bis $\boldsymbol{E_{e-1}}$ zur Verfügung.

$\boldsymbol{S}$ ist die Bezeichnung eines Semaphors. $\boldsymbol{S}^{\triangleright}$ ist die Adresse der PIT des ersten Prozesses in der Warteschlange von $\boldsymbol{S}$. $\boldsymbol{S}^{\ltimes}$ ist der Zähler des Semaphors. Falls $\boldsymbol{S}^{\ltimes} \geq 0$ gilt, ist $\boldsymbol{S}^{\ltimes} = \|\boldsymbol{S}\|$ die Anzahl der Prozesse in der Warteschlange von $\boldsymbol{S}$. Die Gesamtzahl der Semaphore ist $\boldsymbol{s}$, damit stehen die Semaphore $\boldsymbol{S}_0$ bis $\boldsymbol{S_{s-1}}$

zur Verfügung.

L bezeichnet einen Schläfer. $\boldsymbol{L}^\sharp$ ist die Anzahl der Zeiteinheiten, die der Schläfer noch im Schlaf zubringen darf. $\boldsymbol{L}^\triangleright$ ist die Adresse des nächsten Schläfers in der Liste der schlafenden Prozesse. Die Anzahl der Schläfer ist L. $\boldsymbol{\lambda}$ ist stets die Adresse eines Schläfers. $\boldsymbol{\lambda}_\blacktriangleright$ ist die Adresse des ersten Schläfers in der Warteliste.

Man beachte, dass in den Warteschlangen von Ereignissen und Semaphoren PITs verkettet sind, dass also $\boldsymbol{E}^\triangleright$ und $\boldsymbol{S}^\triangleright$ PIT-Adressen sind. Dagegen sind in der Warteschlange der Schläfer wieder Schläfer verkettet, $\boldsymbol{L}^\triangleright$ ist folglich die Adresse eines Schläfers.

Noch ein Hinweis zur Notation. Eigentlich müsste `oneveSos` in der Kommentarspalte beschrieben werden als „Die relative Adresse in ***E*** der Anzahl $\|\boldsymbol{E}\|$ der auf ein Ereignis ***E*** wartenden Prozesse", dort steht aber nur „Die Anzahl $\|\boldsymbol{E}\|$ der wartenden Prozesse", weil der Präfix `oeve` anzeigt, dass es sich um die relative Adresse innerhalb eines Ereignisses handelt. Eine zu genaue Ausdrucksweise schlägt unweigerlich einmal in Unlesbarkeit um!

```
Das Makro für Systembefehle
        .macro SOS
        ldi    r16,@0                  '@0' ist der Befehl, z.B. SOS_WAIT
        call   SosCmd
        .endm
Die implementierten Systembefehle
        .equ   SOS_WAIT   = 1          Auf ein Ereignis warten
        .equ   SOS_SIGNAL = 2          Ein Ereignis signalisieren
        .equ   SOS_LOCK   = 3          Eine kritische Region betreten wollen
        .equ   SOS_UNLOCK = 4          Eine kritische Region verlassen
        .equ   SOS_APPPRO = 5          Einen Prozess hinzufügen
        .equ   SOS_SLEEP  = 6          Sich einschläfern lassen
        .equ   SOS_WELSES = 7          Entweder warten oder signalisieren
Die Struktur einer PIT
        .equ   oppitSosNxt = 0         Die Adr. π▷ der nächsten PIT im Ring
        .equ   oppitSosPrv = 2         Die Adr. π◁ der vorigen PIT im Ring
        .equ   oSosSP      = 4         Der lokale Stapelzeiger
        .equ   oSosPriv    = 6         Die erste private Bytevariable
Anzahl der Ereignisse und ihre Struktur
        .equ   neveSosMax  = 10        Die Anzahl e der Ereignisse. 3e ≤ 255
        .equ   oneveSos    =  0        Die Anzahl ||E|| der wartenden Prozesse
        .equ   oppitSosEve =  1        Die Adresse E▷ der ersten PIT der Liste
Anzahl der Semaphore und ihre Struktur
        .equ   nsemSosMax  = 10        Die Anzahl s der Semaphore. 3s ≤ 255
        .equ   ozsemSos    =  0        Der Zähler S⋉
        .equ   oppitSosSem =  1        Die Adresse S▷ der ersten PIT der Liste
Die Struktur eines Schläfers
        .equ   ontauSos = 0            Die Anzahl L♯ der Zeiteinheiten τ
        .equ   opslpSos = 1            Adresse L▷ des nächsten Schläfers der
                                       Liste
        .dseg
```

```
            Adresse des laufenden Prozesses und die Anzahl der Prozesse im Ring
ppitSosRun:  .byte  2                    Die Adr. π▶ der PIT des lauf. Prozesses
npitSosRng:  .byte  1                    Die Anzahl P der Prozesse im Ring
            Die Vektoren der Ereignisse und Semaphoren
veveSos:     .byte  3*neveSosMax         Die Ereignisse E_0 bis E_{e-1}
vsemSos:     .byte  3*nsemSosMax         Die Semaphore S_0 bis S_{s-1}
            Die Anzahl der Schläfer und die Adresse des ersten Schläfers
nslpSos:     .byte  1                    Die Anzahl L der Schläfer
pslpSos:     .byte  2                    Die Adresse λ▶ des ersten Schläfers
             .byte  1                    Ein Sentinel L_∞ mit L♯_∞ = FF
            Der vom Leerlauf verwendete Stapel
             .equ   nbSosStack = 16      Die Größe des Stapels
vbSosStack:  .byte  nbSosStack - 1       Der Stapelbereich
bSosStkEnd:  .byte  1
             .cseg
            Der Prozesswechsel
OC2hdlr:     push2  r31,r30               4   Registerinhalte in alte PIT
             in     r30,SREG              1   Statusbits sind auch lokal
             push3  r30,r29,r28           6
OC2Sspnd:    push4  r27,r26,r25,r24       8
             push4  r23,r22,r21,r20       8
             push4  r19,r18,r17,r16       8
             push4  r15,r14,r13,r12       8
             push4  r11,r10,r9,r8         8
             push4  r7,r6,r5,r4           8
             push4  r3,r2,r1,r0           8
             lds    r28,ppitSosRun        2   Y ← π▶
             lds    r29,ppitSosRun+1      2
             in     r16,SPL               1   Stapelzeiger in alte PIT
             std    Y+oSosSP,r16          2
             in     r16,SPH               1
             std    Y+oSosSP+1,r16        2
             ldd    r30,Y+oppitSosNxt     2   Z ← π▶▷
             ldd    r31,Y+oppitSosNxt+1   2
             sts    ppitSosRun,r30        2   π▶ ← π▶▷
             sts    ppitSosRun+1,r31      2
OC2Start:    ldd    r16,Z+oSosSP          2   Stapelzeiger aus neuer PIT
             out    SPL,r16               1
             ldd    r16,Z+oSosSP+1        2
             out    SPH,r16               1
             pop4   r0,r1,r2,r3           8   Registerinhalte aus neuer PIT
             pop4   r4,r5,r6,r7           8
             pop4   r8,r9,r10,r11         8
             pop4   r12,r13,r14,r15       8
             pop4   r16,r17,r18,r19       8
```

```
                pop4    r20,r21,r22,r23        8
                pop4    r24,r25,r26,r27        8
                pop2    r28,r29                4
                pop     r30                    2
                out     SREG,r30               1    Statusbits zurück
                clr     r30                    1    Timer2 zurücksetzen
                out     TCNT2,r30              1
                pop2    r30,r31                4
                reti                           4    Neuen Prozess fortsetzen
SosStart:       cli                            1
Das Ritual für Timer0: CTC-Modus mit Vorteilung durch 2^10
                clr     r16                    1    Zählerregister löschen
                out     TCNT0,r16              1
                ldi     r16,156                1    9,98 Millisek. bei 16 MHz
                out     OCR0,r16               1
                ldi     r16,0b00001111         1    CTC, ÷1024
                out     TCCR0,r16              1
Die Befähigung des Compare Match interrupt von Timer0
                in      r16,TIMSK              1
                ori     r16,0b00000010         1
                out     TIMSK,r16              1
Das Ritual für Timer2: CTC-Modus mit Vorteilung durch 2^10
                ldi     r16,156                1    9,98 Millisek. bei 16 MHz
                out     OCR2,r16               1
                ldi     r16,0b00001101         1    CTC, ÷1024
                out     TCCR2,r16              1
                lds     r30,ppitSosRun         2    Z ← π▶
                lds     r31,ppitSosRun+1       2
                lds     r16,npitSosRng         2    r16 ← P
                cpi     r16,1                  1
                brlo    SosDoze                1/2  P = 0: Leerlauf
                brne    SosStrt1               1/2  P > 1: Timer2 starten
                rjmp    OC2Start               2
SosStrt1:       clr     r16                    1    Timer2 zurücksetzen
                out     TCNT2,r16              1
Die Befähigung des Compare Match interrupt von Timer2
                in      r16,TIFR               1
                ori     r16,0b10000000         1
                out     TIFR,r16               1
                in      r16,TIMSK              1
                ori     r16,0b10000000         1
                out     TIMSK,r16              1
                rjmp    OC2Start               2
Der Leerlauf
SosDoze:        ldi     r16,LOW(bSosStkEnd)    1    Leerlaufstapel verwenden
```

	out	SPL,r16	1	
	ldi	r16,HIGH(bSosStkEnd)	1	
	out	SPH,r16	1	
	sei		1	Interrupts erlauben!
SosDoze1:	rjmp	SosDoze1	2	

Eine PIT wird initialisiert. Ihre Adresse $\boldsymbol{\pi}$ wird in **Z**, ihre Länge $n_{\boldsymbol{\pi}}$ in $\mathbf{r_{18}}$ übergeben. In Doppelregister $\mathbf{r_{17:16}}$ wird die Adresse φ der Prozessprozedur übergeben.

SosMakePit:	push4	r0,r1,r19,r20	8	
	cli		1	
	in	r0,SPL	1	
	in	r1,SPH	1	
	mov	r19,r18	1	$\mathbf{r_{19}} \leftarrow n_{\boldsymbol{\pi}}$
	dec	r19	1	$\mathbf{r_{19}} \leftarrow n_{\boldsymbol{\pi}} - 1$
	add	r19,r30	1	$\mathbf{r_{19}} \leftarrow (\boldsymbol{\pi} + n_{\boldsymbol{\pi}} - 1)^{\perp}$
	out	SPL,r19	1	
	clr	r19	1	
	adc	r19,r31	1	$\mathbf{r_{19}} \leftarrow (\boldsymbol{\pi} + n_{\boldsymbol{\pi}} - 1)^{\top}$
	out	SPH,r19	1	
	ldi	r19,LOW(SosStopOnRet)	1	*push* ω
	push	r19	2	
	ldi	r19,HIGH(SosStopOnRet)	1	
	push	r19	2	
	push	r16	2	*push* φ
	push	r17	2	
	clr	r19	1	
	push	r31	2	*push* $\boldsymbol{\pi}$
	push	r30	2	
	push	r19	2	*push* $\mathfrak{R}_{\mathsf{SREG}} = \mathbf{00}$
	ldi	r20,30	1	30 Register
SosMkPt1:	push	r19	2	*push* $\mathbf{r_{29}}$
	dec	r20	1	bis
	brne	SosMkPt1	1/2	*push* $\mathbf{r_0}$
	in	r19,SPL	1	$\mathfrak{R}_{\mathsf{SP}}$ in die PIT schreiben
	std	Z+oSosSP,r19	2	
	in	r19,SPH	1	
	std	Z+oSosSP+1,r19	2	
	out	SPH,r1	1	
	out	SPL,r0	1	
	sei		1	
	pop4	r20,r19,r1,r0	8	
	ret		4	

Durchführung der Selbstauflösung eines Prozesses (durch Aufruf von `ret`)

SosStopOnRet:	cli		1	Kritische Codesequenz!
SosRemovePro:	lds	r16,npitSosRng	2	$\mathbf{r_{16}} \leftarrow P_{\mathrm{alt}}$
	dec	r16	1	$\mathbf{r_{16}} \leftarrow P_{\mathrm{alt}} - 1$

	sts	npitSosRng,r16	2	$P \leftarrow P_{\text{alt}} - 1$
	breq	SosRmvPro1P	1/2	Bei $P_{\text{alt}} = 1$ in den Leerlauf
	lds	r28,ppitSosRun	2	$\mathbf{Y} \leftarrow \pi_{\blacktriangleright} = \pi_{\boldsymbol{P}}$
	lds	r29,ppitSosRun+1	2	
	dec	r16	1	$P_{\text{alt}} = 2$ oder $P_{\text{alt}} > 2$?
	breq	SosRmvPro2P	1/2	Sprung bei $P_{\text{alt}} = 2$

Der Ring enthält mindestens 3 Prozesse

	ldd	r30,Y+oppitSosNxt	2	$\mathbf{Z} \leftarrow \pi_{\boldsymbol{P}}^{\triangleright}$
	ldd	r31,Y+oppitSosNxt+1	2	
	ldd	r16,Y+oppitSosPrv	2	$\mathbf{Y} \leftarrow \pi_{\boldsymbol{P}}^{\triangleleft}$
	ldd	r29,Y+oppitSosPrv+1	2	
	mov	r28,r16	1	
	std	Y+oppitSosNxt,r30	2	$\pi_{\boldsymbol{P}}^{\triangleleft\triangleright} \leftarrow \pi_{\boldsymbol{P}}^{\triangleright}$
	std	Y+oppitSosNxt+1,r31	2	
	std	Z+oppitSosPrv,r28	2	$\pi_{\boldsymbol{P}}^{\triangleright\triangleleft} \leftarrow \pi_{\boldsymbol{P}}^{\triangleleft}$
	std	Z+oppitSosPrv+1,r29	2	
	sts	ppitSosRun,r30	2	$\pi_{\blacktriangleright} \leftarrow \pi_{\boldsymbol{P}}^{\triangleright}$
	sts	ppitSosRun+1,r31	2	
	rjmp	OC2Start	2	Zum Prozesswechsel

Der Ring enthält genau einen Prozess

SosRmvPro1P:	rjmp	SosDoze	2	Zum Leerlauf

Der Ring enthält genau zwei Prozesse

SosRmvPro2P:	ldd	r30,Y+oppitSosNxt	2	$\mathbf{Z} \leftarrow \pi_{\boldsymbol{P}}^{\triangleright}$
	ldd	r31,Y+oppitSosNxt+1	2	
	sts	ppitSosRun,r30	2	$\pi_{\blacktriangleright} \leftarrow \pi_{\boldsymbol{P}}^{\triangleright}$
	sts	ppitSosRun+1,r31	2	

Entfähigung des *Compare Match*-Interrupts von Timer2

	in	r16,TIMSK	1	
	andi	r16,0b01111111	1	
	out	TIMSK,r16	1	
	rjmp	OC2Start	2	Zum Prozesswechsel

Ein Prozess reiht sich in die Warteschlange eines Ereignisses $\boldsymbol{E}_e$ ein.
Der Ereignisindex e wird in $\mathbf{r_{17}}$ übergeben. Der Fehler $e \geq \boldsymbol{e}$ wird **nicht** überprüft.

SosWait:	push5	r28,r27,r26,r25,r24	10	Alle Registerinhalte in den
	push4	r23,r22,r21,r20	8	aktuellen Stapel retten
	push4	r19,r18,r17,r16	8	
	push4	r15,r14,r13,r12	8	
	push4	r11,r10,r9,r8	8	
	push4	r7,r6,r5,r4	8	
	push4	r3,r2,r1,r0	8	
	lds	r28,ppitSosRun	2	$\mathbf{Y} \leftarrow \pi_{\blacktriangleright}$
	lds	r29,ppitSosRun+1	2	
	in	r24,SPL	1	Stapelzeiger in die PIT
	std	Y+oSosSP,r24	2	kopieren
	in	r24,SPH	1	

	std	Y+oSosSP+1,r24	2	
	ldi	r30,LOW(veveSos)	1	$\mathbf{Z} \leftarrow \varepsilon_0 = \mathcal{A}(\boldsymbol{E}_0)$
	ldi	r31,HIGH(veveSos)	1	
	mov	r25,r17	1	$\mathbf{r_{25}} \leftarrow e$
	lsl	r25	1	$\mathbf{r_{25}} \leftarrow 2e$
	add	r25,r17	1	$\mathbf{r_{25}} \leftarrow 2e + e = 3e$
	clr	r24	1	$\mathbf{Z} \leftarrow \varepsilon_0 + 3e = \varepsilon_e$
	add	r30,r25	1	
	adc	r31,r24	1	
	ldd	r24,Z+oneveSos	2	$\lVert\boldsymbol{E}_e\rVert \leftarrow \lVert\boldsymbol{E}_e\rVert + 1$
	inc	r24	1	
	std	Z+oneveSos,r24	2	
	ldd	r2,Z+oppitSosEve	2	$\mathbf{r_{3:2}} \leftarrow \boldsymbol{E}_e^{\triangleright}$
	ldd	r3,Z+oppitSosEve+1	2	
	std	Z+oppitSosEve,r28	2	$\boldsymbol{E}_e^{\triangleright} \leftarrow \boldsymbol{\pi}_{\blacktriangleright}$
	std	Z+oppitSosEve+1,r29	2	
	movw	r27:r26,r29:r28	1	$\mathbf{X} \leftarrow \boldsymbol{\pi}_{\blacktriangleright}$
	lds	r24,npitSosRng	2	$\mathbf{r_{24}} \leftarrow P_{\text{alt}} = P$
	dec	r24	1	$\mathbf{r_{24}} \leftarrow P_{\text{alt}} - 1$
	sts	npitSosRng,r24	2	$P \leftarrow P_{\text{alt}} - 1$
	breq	SosWait1P	1/2	Verzweigung bei $P_{\text{alt}} = 1$
	dec	r24	1	$P_{\text{alt}} = 2?$
	breq	SosWait2P	1/2	Verzweigung bei $P_{\text{alt}} = 2$
Die Konstellation mit $P_{\text{alt}} > 2$ Bild 6.6 unten				
	ldd	r30,Y+oppitSosNxt	2	$\mathbf{Z} \leftarrow \boldsymbol{\pi}_{\blacktriangleright}^{\triangleright}$
	ldd	r31,Y+oppitSosNxt+1	2	
	ldd	r24,Y+oppitSosPrv	2	$\mathbf{Y} \leftarrow \boldsymbol{\pi}_{\blacktriangleright}^{\triangleleft}$
	ldd	r29,Y+oppitSosPrv+1	2	
	mov	r28,r24	1	
	std	Y+oppitSosNxt,r30	2	$\boldsymbol{\pi}_{\blacktriangleright}^{\triangleleft\triangleright} \leftarrow \boldsymbol{\pi}_{\blacktriangleright}^{\triangleright}$
	std	Y+oppitSosNxt+1,r31	2	
	std	Z+oppitSosPrv,r28	2	$\boldsymbol{\pi}_{\blacktriangleright}^{\triangleright\triangleleft} \leftarrow \boldsymbol{\pi}_{\blacktriangleright}^{\triangleleft}$
	std	Z+oppitSosPrv+1,r29	2	
SosWait1:	sts	ppitSosRun,r30	2	$\boldsymbol{\pi}_{\blacktriangleright} \leftarrow \boldsymbol{\pi}_{\blacktriangleright}^{\triangleright}$
	sts	ppitSosRun+1,r31	2	
	st	X+,r2	2	Verzögert: $\boldsymbol{\pi}_{\blacktriangleright}^{\triangleright} \leftarrow \boldsymbol{E}_e^{\triangleright}$
	st	X,r3	2	
	rjmp	OC2Start	2	Prozesswechsel beenden
Die Konstellation mit $P_{\text{alt}} = 1$ Bild 6.6 oben				
SosWait1P:	st	X+,r2	2	Verzögert: $\boldsymbol{\pi}_{\blacktriangleright}^{\triangleright} \leftarrow \boldsymbol{E}_e^{\triangleright}$
	st	X,r3	2	
	rjmp	SosDoze	2	In den Leerlauf übergehen
Die Konstellation mit $P_{\text{alt}} = 2$ Bild 6.6 Mitte				
SosWait2P:	ldd	r30,Y+oppitSosNxt	2	
	ldd	r31,Y+oppitSosNxt+1	2	

Entfähigung des *Compare Match*-Interrupts von Timer2

```
             in     r24,TIMSK              1
             andi   r24,0b01111111         1
             out    TIMSK,r24              1
             rjmp   SosWait1               2
```

Ein Prozess signalisiert das Eintreten eines Ereignisses $\boldsymbol{E}_e$, d.h. er lässt dessen Warteschlange leeren. Der Ereignisindex e wird in $\mathbf{r_{17}}$ übergeben. Der Fehler $e \geq \mathbf{e}$ wird **nicht** überprüft.

```
SosSignal:   ldi    r30,LOW(veveSos)       1    Z ← A(E0)
             ldi    r31,HIGH(veveSos)      1
             mov    r29,r17                1    r29 ← e
             lsl    r29                    1    r29 ← 2e
             add    r29,r17                1    r29 ← 2e + e = 3e
             add    r30,r29                1    Z ← A(E0) + 3e = A(Ee)
             clr    r29                    1
             adc    r31,r29                1
             ldd    r29,Z+oneveSos         2    r29 ← ||Ee||
             tst    r29                    1    ||Ee|| ≠ 0?
             brne   SosSgnl1               1/2
             rjmp   SosCmdNix              2    Nein: zurück zum Prozess
SosSgnl1:    push5  r28,r27,r26,r25,r24    10   Alle Registerinhalte in den
             push4  r23,r22,r21,r20        8    aktuellen Stapel retten
             push4  r19,r18,r17,r16        8
             push4  r15,r14,r13,r12        8
             push4  r11,r10,r9,r8          8
             push4  r7,r6,r5,r4            8
             push4  r3,r2,r1,r0            8
             mov    r4,r29                 1
             lds    r28,ppitSosRun         2    Y ← ρ = π▸
             lds    r29,ppitSosRun+1       2
             in     r0,SPL                 1    Stapelzeiger in die PIT
             std    Y+oSosSP,r0            2                  kopieren
             in     r0,SPH                 1
             std    Y+oSosSP+1,r0          2
             ldd    r0,Z+oppitSosEve       2    r1:0 ← Ee▷
             ldd    r1,Z+oppitSosEve+1     2
             clr    r2                     1    r2 ← 00
             std    Z+oneveSos,r2          2    ||Ee|| ← 0
             movw   r31:r30,r1:r0          1    Z ← λ = Ee▷
             lds    r20,npitSosRng         2    r20 ← P
             cpi    r20,2                  1    P = 1?
             brge   SosSgnl2               1/2  Verzweigung bei P ≥ 2
```

Zurücksetzen von Timer2 und Befähigung dessen *Compare Match*-Interrupts

```
             out    TCNT2,r2               1    R_TCNT2 ← 00
             in     r16,TIFR               1    Output Compare Flag
             ori    r16,0b10000000         1                  löschen
```

	out	TIFR,r16	1	
	in	r16,TIMSK	1	*Output Compare*-Interrupt erlauben
	ori	r16,0b10000000	1	
	out	TIMSK,r16	1	
	movw	r3:r2,r29:r28	1	$\mathbf{r}_{3:2} \leftarrow \delta = \boldsymbol{\pi}_{\blacktriangleright}$
	rjmp	SosSgnl3	2	
SosSgnl2:	ldd	r2,Y+oppitSosPrv	2	$\mathbf{r}_{3:2} \leftarrow \delta = \boldsymbol{\pi}_{\blacktriangleright}^{\triangleleft}$
	ldd	r3,Y+oppitSosPrv+1	2	
SosSgnl3:	add	r20,r4	1	$P \leftarrow P + \\|\boldsymbol{E}_e\\|$

Umspeichern der Warteliste in den Prozessring

SosSgnl4:	ldd	r6,Z+oppitSosNxt	2	$\mathbf{r}_{7:6} \leftarrow \alpha = \lambda^{\triangleright}$
	ldd	r7,Z+oppitSosNxt+1	2	
	std	Z+oppitSosNxt,r28	2	$\lambda^{\triangleright} \leftarrow \rho$
	std	Z+oppitSosNxt+1,r29	2	
	std	Y+oppitSosPrv,r30	2	$\rho^{\triangleleft} \leftarrow \lambda$
	std	Y+oppitSosPrv+1,r31	2	
	movw	r29:r28,r31:r30	1	$\rho \leftarrow \lambda$
	dec	r4	1	
	breq	SosSgnl6	1/2	
	movw	r31:r30,r7:r6	1	$\lambda \leftarrow \alpha$
	rjmp	SosSgnl4	2	
SosSgnl6:	movw	r31:r30,r3:r2	1	$\mathbf{Z} \leftarrow \delta$
	std	Y+oppitSosPrv,r30	2	$\rho^{\triangleright} \leftarrow \delta$
	std	Y+oppitSosPrv+1,r31	2	
	std	Z+oppitSosNxt,r28	2	$\delta^{\triangleright} \leftarrow \rho$
	std	Z+oppitSosNxt+1,r29	2	
	movw	r31:r30,r29:r28	1	$\mathbf{Z} \leftarrow \rho$
	sts	ppitSosRun,r30	2	$\boldsymbol{\pi}_{\blacktriangleright} \leftarrow \rho$
	sts	ppitSosRun+1,r31	2	
	sts	npitSosRng,r20	2	P abspeichern
	rjmp	OC2Start	2	Zum Rest d. Prozesswechsels

Ein Prozess will sich an einem *rendezvous* beteiligen. Gilt für den Parameter n des Befehls $\|\boldsymbol{E}_e\| \geq n$, so wird `SosWait` ausgeführt, andernfalls `SosSignal`.
Der Ereignisindex e wird in $\mathbf{r}_{17}$, n in $\mathbf{r}_{18}$ übergeben. Der Fehler $e \geq \boldsymbol{e}$ wird **nicht** überprüft.

SosWelseS:	ldi	r30,LOW(veveSos)	1	$\mathbf{Z} \leftarrow \mathcal{A}(\boldsymbol{E}_0)$
	ldi	r31,HIGH(veveSos)	1	
	mov	r29,r17	1	$\mathbf{r}_{29} \leftarrow e$
	lsl	r29	1	$\mathbf{r}_{29} \leftarrow 2e$
	add	r29,r17	1	$\mathbf{r}_{29} \leftarrow 2e + e = 3e$
	add	r30,r29	1	$\mathbf{Z} \leftarrow \mathcal{A}(\boldsymbol{E}_0) + 3e = \mathcal{A}(\boldsymbol{E}_e)$
	clr	r29	1	
	adc	r31,r29	1	
	ldd	r29,Z+oneveSos	2	$\mathbf{r}_{29} \leftarrow \\|\boldsymbol{E}_e\\|$
	cp	r18,r29	1	$\\|\boldsymbol{E}_e\\| < n?$
	brsh	SosWlsS1	1/2	

```
                rjmp    SosWait                   ; Ja: warten
SosWlsS1:       rjmp    SosSignal                 ; Nein: Warteliste leeren
```

Ein Prozess wünscht den von einem Semaphor $\boldsymbol{S}_s$ geschützten kritischen Bereich zu betreten. Der Semaphorindex s wird in $\mathbf{r_{17}}$ übergeben. Der Fehler $s \geq \boldsymbol{s}$ wird **nicht** überprüft.

```
SosLock:        ldi     r30,LOW(vsemSos)          ; $\mathbf{Z} \leftarrow \mathcal{A}(\boldsymbol{S}_0)$
                ldi     r31,HIGH(vsemSos)
                mov     r29,r17                   ; $\mathbf{r_{29}} \leftarrow s$
                lsl     r29                       ; $\mathbf{r_{29}} \leftarrow 2s$
                add     r29,r17                   ; $\mathbf{r_{29}} \leftarrow 2s + s = 3s$
                add     r30,r29                   ; $\mathbf{Z} \leftarrow \mathcal{A}(\boldsymbol{S}_0) + 3s = \mathcal{A}(\boldsymbol{S}_s)$
                clr     r29
                adc     r31,r29
                ldd     r29,Z+ozsemSos            ; $\mathbf{r_{29}} \leftarrow \boldsymbol{S}_s^{\ltimes}$
                tst     r29                       ; $\boldsymbol{S}_s^{\ltimes} < 0$?
                brge    SosLck0                   ; Nein: Blockierung einleiten
                rjmp    SosLckR                   ; Ja: $\boldsymbol{P}_\ell$ kann krit. Reg. betreten
```

Prozess $\boldsymbol{P}_\ell$ ist zu blockieren

```
SosLck0:        push5   r28,r27,r26,r25,r24       ; Alle Registerinhalte in den
                push4   r23,r22,r21,r20           ; aktuellen Stapel retten
                push4   r19,r18,r17,r16
                push4   r15,r14,r13,r12
                push4   r11,r10,r9,r8
                push4   r7,r6,r5,r4
                push4   r3,r2,r1,r0
                mov     r4,r29                    ; $\mathbf{r_4} \leftarrow \boldsymbol{S}_s^{\ltimes}$
                lds     r28,ppitSosRun            ; $\mathbf{Y} \leftarrow \boldsymbol{\pi}_{\blacktriangleright}$
                lds     r29,ppitSosRun+1
                in      r0,SPL                    ; Stapelzeiger in die PIT kopieren
                std     Y+oSosSP,r0
                in      r0,SPH
                std     Y+oSosSP+1,r0
                ldd     r24,Y+oppitSosNxt         ; $\mathbf{r_{25:24}} \leftarrow \pi = \boldsymbol{\pi}_{\blacktriangleright}^{\triangleright}$
                ldd     r25,Y+oppitSosNxt+1
```

Einfügen von $\boldsymbol{P}_\ell$ in die Warteliste von $\boldsymbol{S}_s$

```
                tst     r4                        ; $\boldsymbol{S}_s^{\ltimes} = 0$?
                breq    SosLck2                   ; Ja: $\boldsymbol{\pi}_{\blacktriangleright}^{\triangleright} \leftarrow \boldsymbol{S}_s^{\triangleright}$ nicht ausführen
                ldd     r20,Z+oppitSosSem         ; $\boldsymbol{\pi}_{\blacktriangleright}^{\triangleright} \leftarrow \boldsymbol{S}_s^{\triangleright}$
                ldd     r21,Z+oppitSosSem+1
                std     Y+oppitSosNxt,r20
                std     Y+oppitSosNxt+1,r21
SosLck2:        inc     r4                        ; $\boldsymbol{S}_s^{\ltimes} \leftarrow \boldsymbol{S}_s^{\ltimes} + 1$
                std     Z+ozsemSos,r4
                std     Z+oppitSosSem,r28         ; $\boldsymbol{S}_s^{\triangleright} \leftarrow \boldsymbol{\pi}_{\blacktriangleright}$
                std     Z+oppitSosSem+1,r29
```

Entfernen von $\boldsymbol{P}_\ell$ aus dem Prozessring

	`lds`	`r0,npitSosRng`	2	$\mathbf{r_0} \leftarrow P_{\text{alt}} = P$
	`dec`	`r0`	1	$\mathbf{r_0} \leftarrow P_{\text{alt}} - 1$
	`sts`	`npitSosRng,r0`	2	$P \leftarrow P_{\text{alt}} - 1$
	`breq`	`SosLck1P`	1/2	Verzweigung bei $P_{\text{alt}} = 1$
	`movw`	`r31:r30,r25:r24`	1	$\mathbf{Z} \leftarrow \pi$
	`sts`	`ppitSosRun,r30`	2	$\boldsymbol{\pi}_{\blacktriangleright} \leftarrow \pi \quad \mathfrak{Y} = \boldsymbol{\pi}_{\blacktriangleright}^{\text{alt}}$
	`sts`	`ppitSosRun+1,r31`	2	
	`dec`	`r0`	1	$\mathbf{r_0} \leftarrow P_{\text{alt}} - 2$
	`breq`	`SosLck2P`	1/2	Verzweigung bei $P_{\text{alt}} = 2$

Die Konstellation mit $P_{\text{alt}} > 2$ Bild 6.6 unten

	`ldd`	`r26,Y+oppitSosPrv`	2	$\mathbf{X} \leftarrow (\boldsymbol{\pi}_{\blacktriangleright}^{\text{alt}})^{\lhd}$
	`ldd`	`r27,Y+oppitSosPrv+1`	2	
	`std`	`Z+oppitSosPrv,r26`	2	$\pi^{\lhd} \leftarrow (\boldsymbol{\pi}_{\blacktriangleright}^{\text{alt}})^{\lhd}$
	`std`	`Z+oppitSosPrv+1,r27`	2	
	`st`	`X+,r30`	2	$\pi^{\lhd\rhd} \leftarrow \pi$
	`st`	`X,r31`	2	
	`rjmp`	`OC2Start`	2	Prozesswechsel beenden

Die Konstellation mit $P_{\text{alt}} = 1$ Bild 6.6 oben, Übergang in den Leerlauf

`SosLck1P:`	`rjmp`	`SosDoze`	2	

Die Konstellation mit $P_{\text{alt}} = 2$ Bild 6.6 Mitte.
Entfähigung des *Compare Match*-Interrupts von Timer2

`SosLck2P:`	`in`	`r24,TIMSK`	1	
	`andi`	`r24,0b01111111`	1	
	`out`	`TIMSK,r24`	1	
	`rjmp`	`OC2Start`	2	Prozesswechsel beenden

Wegen $\boldsymbol{S}_s^{\ltimes} < 0$ kann $\boldsymbol{P}_\ell$ die kritische Region betreten

`SosLckR:`	`inc`	`r29`	1	
	`std`	`Z+ozsemSos,r29`	2	
	`pop2`	`r29,r30`	4	
	`out`	`SREG,r30`	1	
	`pop2`	`r30,r31`	4	
	`reti`		4	

Ein Prozess wünscht den von einem Semaphor $\boldsymbol{S}_s$ geschützten kritischen Bereich zu verlassen.
Der Semaphorindex s wird in $\mathbf{r_{17}}$ übergeben. Der Fehler $s \geq \boldsymbol{s}$ wird **nicht** überprüft.
Der Befehl wird bei $\boldsymbol{S}_s^{\ltimes} = -128 = \mathbf{80}$ nicht ausgeführt, das wird mit $\mathfrak{z} = \mathfrak{1}$ angezeigt.

`SosUnlock:`	`ldi`	`r30,LOW(vsemSos)`	1	$\mathbf{Z} \leftarrow \mathcal{A}(\boldsymbol{S}_0)$
	`ldi`	`r31,HIGH(vsemSos)`	1	
	`mov`	`r29,r17`	1	$\mathbf{r_{29}} \leftarrow s$
	`lsl`	`r29`	1	$\mathbf{r_{29}} \leftarrow 2s$
	`add`	`r29,r17 ; s*3`	1	$\mathbf{r_{29}} \leftarrow 2s + s = 3s$
	`add`	`r30,r29`	1	$\mathbf{Z} \leftarrow \mathcal{A}(\boldsymbol{S}_0) + 3s = \mathcal{A}(\boldsymbol{S}_s)$
	`clr`	`r29`	1	
	`adc`	`r31,r29`	1	
	`ldd`	`r29,Z+ozsemSos`	2	$\mathbf{r_{29}} \leftarrow \boldsymbol{S}_s^{\ltimes}$
	`cpi`	`r29,1`	1	$\boldsymbol{S}_s^{\ltimes} \geq 1?$

	brge	SosUlk1	1/2	Ja: zum Prozesswechsel
	dec	r29	1	$\mathbf{r_{29}} \leftarrow \boldsymbol{S}_s^{\ltimes} - 1$
	brvc	SosUlk0	1/2	Kein Überl.: mit *ok* zurück
	pop2	r29,r30	4	
	ori	r30,0b00000010	1	$\mathfrak{z} \leftarrow 1$
	out	SREG,r30	1	
	pop2	r30,r31	4	
	reti		4	Mit Fehlerindikator zurück
SosUlk0:	std	Z+ozsemSos,r29	2	$\boldsymbol{S}_s^{\ltimes} \leftarrow \boldsymbol{S}_s^{\ltimes} - 1$
	pop2	r29,r30	2	
	out	SREG,r30	1	Hier $\mathfrak{z} = 0$
	pop2	r30,r31	2	
	reti		4	Mit *ok* zurück
SosUlk1:	push5	r28,r27,r26,r25,r24	10	Alle Registerinhalte in den
	push4	r23,r22,r21,r20	8	aktuellen Stapel retten
	push4	r19,r18,r17,r16	8	
	push4	r15,r14,r13,r12	8	
	push4	r11,r10,r9,r8	8	
	push4	r7,r6,r5,r4	8	
	push4	r3,r2,r1,r0	8	
	mov	r4,r29	1	$\mathbf{r_4} \leftarrow \boldsymbol{S}_s^{\ltimes}$
	lds	r28,ppitSosRun	2	$\mathbf{Y} \leftarrow \pi_{\blacktriangleright}$
	lds	r29,ppitSosRun+1	2	
	in	r0,SPL	1	Stapelzeiger in die PIT kopieren
	std	Y+oSosSP,r0	2	
	in	r0,SPH	1	
	std	Y+oSosSP+1,r0	2	

Herauslösen der ersten PIT aus der Warteliste von $\boldsymbol{S}_s$

	ldd	r20,Z+oppitSosSem	2	$\mathbf{r_{21:20}} \leftarrow \pi = \boldsymbol{S}_s^{\triangleright}$
	ldd	r21,Z+oppitSosSem+1	2	
	dec	r4	1	$\boldsymbol{S}_s^{\ltimes} \leftarrow \boldsymbol{S}_s^{\ltimes} - 1$
	std	Z+ozsemSos,r4	2	
	breq	SosUlk2	1/2	$\boldsymbol{S}_s^{\ltimes} = 0$: $\boldsymbol{S}_s^{\triangleright} \leftarrow \pi^{\triangleright}$ überspringen
	movw	r27:r26,r21:r20	1	$\mathbf{X} \leftarrow \pi$
	ld	r0,X+	2	$\boldsymbol{S}_s^{\triangleright} \leftarrow \pi^{\triangleright}$
	std	Z+oppitSosSem,r0	2	
	ld	r0,X	2	
	std	Z+oppitSosSem+1,r0	2	

Einfügen der herausgelösten PIT in den Prozessring

SosUlk2:	movw	r31:r30,r21:r20	1	$\mathbf{Z} \leftarrow \pi$
	lds	r17,npitSosRng	2	$\mathbf{r_{17}} \leftarrow P$
	cpi	r17,2	1	$P \geq 2$?
	brsh	SosUlk4	1/2	Nein: verkürztes Einfügen

Der Ring enthält genau einen Prozess, siehe Bild 6.10 Mitte.
Die Befähigung des *Compare Match interrupt* von Timer2

	clr	r16	1	
	out	TCNT2,r16	1	
	in	r16,TIFR	1	
	ori	r16,0b10000000	1	
	out	TIFR,r16	1	
	in	r16,TIMSK	1	
	ori	r16,0b10000000	1	
	out	TIMSK,r16	1	
	std	Z+oppitSosNxt,r28	2	$\pi^{\triangleright} \leftarrow \boldsymbol{\pi}_{\blacktriangleright}$
	std	Z+oppitSosNxt+1,r29	2	
	std	Z+oppitSosPrv,r28	2	$\pi^{\triangleleft} \leftarrow \boldsymbol{\pi}_{\blacktriangleright}$
	std	Z+oppitSosPrv+1,r29	2	
	std	Y+oppitSosNxt,r30	2	$\boldsymbol{\pi}_{\blacktriangleright}^{\triangleright} \leftarrow \pi$
	std	Y+oppitSosNxt+1,r31	2	
	std	Y+oppitSosPrv,r30	2	$\boldsymbol{\pi}_{\blacktriangleright}^{\triangleleft} \leftarrow \pi$
	std	Y+oppitSosPrv+1,r31	2	
SosUlk3:	inc	r17	1	$P \leftarrow P + 1$
	sts	npitSosRng,r17	2	
	sts	ppitSosRun,r30	2	$\boldsymbol{\pi}_{\blacktriangleright} \leftarrow \pi$
	sts	ppitSosRun+1,r31	2	
	rjmp	OC2Start	2	Prozesswechsel beenden

Der Ring enthält mindestens zwei Prozesse, siehe Bild 6.10 unten

SosUlk4:	ldd	r26,Y+oppitSosNxt	2	$\mathbf{X} \leftarrow \boldsymbol{\pi}_{\blacktriangleright}^{\triangleright}$
	ldd	r27,Y+oppitSosNxt+1	2	
	std	Z+oppitSosNxt,r26	2	$\pi^{\triangleright} \leftarrow \boldsymbol{\pi}_{\blacktriangleright}^{\triangleright}$
	std	Z+oppitSosNxt+1,r27	2	
	std	Z+oppitSosPrv,r28	2	$\pi^{\triangleleft} \leftarrow \boldsymbol{\pi}_{\blacktriangleright}$
	std	Z+oppitSosPrv+1,r29	2	
	std	Y+oppitSosNxt,r30	2	$\boldsymbol{\pi}_{\blacktriangleright}^{\triangleright} \leftarrow \pi$
	std	Y+oppitSosNxt+1,r31	2	
	movw	r29:r28,r27:r26	1	$\mathbf{Y} \leftarrow \boldsymbol{\pi}_{\blacktriangleright}^{\triangleright}$
	std	Y+oppitSosPrv,r30	2	$\boldsymbol{\pi}_{\blacktriangleright}^{\triangleright\triangleleft} \leftarrow \pi$
	std	Y+oppitSosPrv+1,r31	2	
	rjmp	SosUlk3	2	

Eine PIT wir in die Warteliste eines Ereignisses $\boldsymbol{E}_e$ eingefügt.
Die Adresse $\boldsymbol{\pi}$ der **initialisierten** PIT ist in Register $\mathbf{Y}$, der Ereignisindex e in Register $\mathbf{r_{17}}$ zu übergeben. Der Fehler $e \geq \mathbf{e}$ wird **nicht** überprüft.

SosAppendPro:	pop	r29	2	push r29 in SosCmd
	push2	r24,r25	4	
	ldi	r30,LOW(veveSos)	1	$\mathbf{Z} \leftarrow \mathcal{A}(\boldsymbol{E}_0)$
	ldi	r31,HIGH(veveSos)	1	
	mov	r25,r17	1	$\mathbf{r_{25}} \leftarrow e$
	lsl	r25	1	$\mathbf{r_{25}} \leftarrow 2e$

	add	r25,r17	1	$\mathbf{r_{29}} \leftarrow 2e + e = 3e$
	clr	r24	1	$\mathbf{Z} \leftarrow \mathcal{A}(\boldsymbol{E}_0) + 3e = \mathcal{A}(\boldsymbol{E}_e)$
	add	r30,r25	1	
	adc	r31,r24	1	
	ldd	r24,Z+oneveSos	2	$\lVert\boldsymbol{E}_e\rVert \leftarrow \lVert\boldsymbol{E}_e\rVert + 1$
	inc	r24	1	
	std	Z+oneveSos,r24	2	
	ldd	r24,Z+oppitSosEve	2	$\mathbf{r_{25:24}} \leftarrow \boldsymbol{E}_e^{\triangleright}$
	ldd	r25,Z+oppitSosEve+1+	2	
	std	Z+oppitSosEve,r28	2	$\boldsymbol{E}_e^{\triangleright} \leftarrow \boldsymbol{\pi}$
	std	Z+oppitSosEve+1,r29	2	
	std	Y+oppitSosNxt,r24	2	$\boldsymbol{\pi}^{\triangleright} \leftarrow \boldsymbol{E}_e^{\triangleright}$
	std	Y+oppitSosNxt+1,r25	2	
	pop3	r25,r24,r30	6	
	out	SREG,r30	1	
	pop2	r30,r31	4	
	reti		4	

Ein Prozess lässt sich in die Liste der Schläfer einfügen.
Die Anzahl t der zu schlafenden Zeiteinheiten τ wird in $\mathbf{r_{17}}$ übergeben.

SosSleep:	tst	r17	1	$t = 0$?
	brne	SosSlp1	1/2	
	rjmp	SosCmdNix	2	Ja: mit $\mathfrak{z} = 1$ zurück
SosSlp1:	push5	r28,r27,r26,r25,r24	10	Alle Registerinhalte in den
	push4	r23,r22,r21,r20	8	aktuellen Stapel retten
	push4	r19,r18,r17,r16	8	
	push4	r15,r14,r13,r12	8	
	push4	r11,r10,r9,r8	8	
	push4	r7,r6,r5,r4	8	
	push4	r3,r2,r1,r0	8	
	lds	r28,ppitSosRun	2	$\mathbf{Y} \leftarrow \pi = \boldsymbol{\pi}_{\blacktriangleright}$
	lds	r29,ppitSosRun+1	2	
	in	r24,SPL	1	Stapelzeiger in die PIT kopieren
	std	Y+oSosSP,r24	2	
	in	r24,SPH	1	
	std	Y+oSosSP+1,r24	2	

Den Prozessring auftrennen

	ldd	r0,Y+oppitSosNxt	2	$\mathbf{r_{1:0}} \leftarrow \pi_r$
	ldd	r1,Y+oppitSosNxt+1 1	2	
	ldd	r2,Y+oppitSosPrv	2	$\mathbf{r_{3:2}} \leftarrow \pi_l$
	ldd	r3,Y+oppitSosPrv+1 1	2	
	ldi	r30,LOW(nslpSos)	1	$\mathbf{Z} \leftarrow \mathcal{A}(L) = \lambda_v$
	ldi	r31,HIGH(nslpSos)	1	
	ldd	r4,Z+ontauSos	2	$\mathbf{r_4} \leftarrow L$
	inc	r4	1	$\mathbf{r_4} \leftarrow L + 1$
	std	Z+ontauSos,r4	2	$L \leftarrow L + 1$

Aufsuchen der Einfügestelle in der Schläferliste

	ldd	r26,Z+opslpSos	2	$\mathbf{X} \leftarrow \lambda = \boldsymbol{\lambda}_{\blacktriangleright}$
	ldd	r27,Z+opslpSos+1	2	
SosSlp2:	ld	r4,X	2	$\mathbf{r_4} \leftarrow \lambda^{\sharp}$
	cp	r4,r17	1	$\lambda^{\sharp} \geq t$?
	brsh	SosSlp4	1/2	Ja: Schleife verlassen
	movw	r31:r30,r27:r26	1	$\lambda_v \leftarrow \lambda$
	ldd	r26,Z+opslpSos	2	$\lambda \leftarrow \lambda^{\triangleright}$
	ldd	r27,Z+opslpSos+1	2	
	rjmp	SosSlp2	2	Nächster Durchlauf

Einfügen des neuen Schläfers in die Liste

SosSlp4:	std	Y+opslpSos,r26	2	$\pi^{\triangleright} \leftarrow \lambda$
	std	Y+opslpSos+1,r27	2	
	std	Y+ontauSos,r17	2	$\pi^{\sharp} \leftarrow t$
	std	Z+opslpSos,r28	2	$\lambda_v^{\triangleright} \leftarrow \pi$
	std	Z+opslpSos+1,r29	2	

Den Prozesswechsel abschließen. Bei $P \geq 3$ den offenen Ring schließen.

	lds	r16,npitSosRng	2	$\mathbf{r_{16}} \leftarrow P_{\text{alt}}$ und $P_{\text{alt}} = 1$?
	dec	r16	1	$\mathbf{r_{16}} \leftarrow P_{\text{alt}} - 1$
	sts	npitSosRng,r16	2	$P \leftarrow P_{\text{alt}} - 1$
	brne	SosSlp6	1/2	
	rjmp	SosDoze	2	In den Leerlauf, da $P_{\text{alt}} = 1$
SosSlp6:	dec	r16	1	$P_{\text{alt}} = 2$?
	breq	SosSlp2P	1/2	Falls ja: verzweigen
	movw	r31:r30,r1:r0	1	$\mathbf{Z} \leftarrow \pi_r$
	movw	r29:r28,r3:r2	1	$\mathbf{Y} \leftarrow \pi_l$
	std	Y+oppitSosNxt,r30	2	$\pi_l^{\triangleright} \leftarrow \pi_r$
	std	Y+oppitSosNxt+1,r31	2	
	std	Z+oppitSosPrv,r28	2	$\pi_r^{\triangleleft} \leftarrow \pi_l$
	std	Z+oppitSosPrv+1,r29	2	
	sts	ppitSosRun,r30	2	$\boldsymbol{\pi}_{\blacktriangleright} \leftarrow \pi_r$
	sts	ppitSosRun+1,r31	2	
	rjmp	OC2Start	2	Prozesswechsel beenden
SosSlp2P:	movw	r31:r30,r1:r0	1	
	sts	ppitSosRun,r30	2	$\mathbf{Z} \leftarrow \pi_r$
	sts	ppitSosRun+1,r31	2	$\boldsymbol{\pi}_{\blacktriangleright} \leftarrow \pi_r$

Entfähigung des *Compare Match*-Interrupts von Timer2

	in	r16,TIMSK	1	
	andi	r16,0b01111111	1	
	out	TIMSK,r16	1	
	rjmp	OC2Start	2	Prozesswechsel beenden

Die *ISR* des *Compare Match interrupt* von Timer0 zur Erweckung von Schläfern

OC0hdlr:	push2	r31,r30	4	Der Standardbeginn einer *ISR*
	in	r30,SREG	1	
	push2	r30,r29	4	

	lds	r29,nslpSos	2	$\mathbf{r_{29}} \leftarrow l = L$
	tst	r29	1	$L = 0?$
	brne	OC0hlr1	1/2	
OC0hlr0:	pop2	r29,r30	4	Ja: zurück
	out	SREG,r30	1	
	pop2	r30,r31	4	
	reti		4	
OC0hlr1:	push2	r28,r27	4	
	lds	r30,pslpSos	2	$\mathbf{Z} \leftarrow \lambda = \boldsymbol{\lambda}_{\blacktriangleright}$
	lds	r31,pslpSos+1	2	
	ldd	r28,Z+onslpSos	2	$\mathbf{r_{28}} \leftarrow t_0 = \boldsymbol{\lambda}^{\sharp}_{\blacktriangleright}$
OC0hlr2:	ldd	r27,Z+onslpSos	2	$\mathbf{r_{27}} \leftarrow t = \lambda^{\sharp}$
	dec	r27	1	$\mathbf{r_{27}} \leftarrow t - 1$
	std	Z+onslpSos,r27	2	$\lambda^{\sharp} \leftarrow t - 1$
	ldd	r27,Z+opslpSos	2	$\mathbf{Z} \leftarrow \lambda^{\triangleright}$
	ldd	r31,Z+opslpSos+1	2	
	mov	r30,r27	1	
	dec	r29	1	$l \leftarrow l - 1$
	brne	OC0hlr2	1/2	$l > 0$: neuer Schleifendurchlauf
	dec	r28	1	$t_0 > 1?$
	breq	OC0hlr3	1/2	
	pop2	r27,r28	4	Ja: zurück
	rjmp	OC0hlr0	2	
OC0hlr3:	lds	r27,npitSosRng	2	$\mathbf{r_{27}} \leftarrow P$
	tst	r27	1	$P = 0?$
	breq	OC0hlr5	1/2	Ja: von Leerlauf
	push3	r26,r25,r24	6	Alle Registerinhalte in den
	push4	r23,r22,r21,r20	8	aktuellen Stapel retten
	push4	r19,r18,r17,r16	8	
	push4	r15,r14,r13,r12	8	
	push4	r11,r10,r9,r8	8	
	push4	r7,r6,r5,r4	8	
	push4	r3,r2,r1,r0	8	
	lds	r28,ppitSosRun	2	$\mathbf{Y} \leftarrow \pi = \boldsymbol{\pi}_{\blacktriangleright}$
	lds	r29,ppitSosRun+1	2	
	in	r24,SPL	1	Stapelzeiger in die PIT kopieren
	std	Y+oSosSP,r24	2	
	in	r24,SPH	1	
	std	Y+oSosSP+1,r24	2	
OC0hlr5:	mov	r23,r27	1	$\mathbf{r_{23}} \leftarrow P_{\text{neu}} = P$
	lds	r4,nslpSos	2	$\mathbf{r_4} \leftarrow L_{\text{neu}} = L$
	lds	r30,pslpSos	2	$\mathbf{Z} \leftarrow \lambda = \lambda_{\blacktriangleright}$
	lds	r31,pslpSos+1	2	
	ldd	r0,Z+opslpSos	2	$\mathbf{r_{1:0}} \leftarrow \lambda^{\triangleright}$

	ldd	r1,Z+opslpSos+1	2	
	cpi	r23,1	1	$P=0, P=1$ oder $P>1$?
	breq	OC0hlr1P	1/2	Sprung bei $P=1$
	brsh	OC0hlrXP	1(2	Sprung bei $P>1$

Der Prozessring ist leer: $P_{\text{neu}} = 0$

OC0hlr0P:	inc	r23	1	$P_{\text{neu}} \leftarrow P+1 = 0+1$
	movw	r29:r28,r31:r30	1	$\pi \leftarrow \lambda$ Uminterpretation (*cast*)
	dec	r4	1	$L_{\text{neu}} \leftarrow L-1$
	movw	r31:r30,r1:r0	1	$\lambda \leftarrow \lambda^{\triangleright}$
	ldd	r0,Z+opslpSos	2	$\mathbf{r_{1:0}} \leftarrow \lambda^{\triangleright}$
	ldd	r1,Z+opslpSos+1	2	
	ldd	r5,Z+ontauSos	2	$\mathbf{r_5} \leftarrow \lambda^{\sharp}$
	tst	r5	1	$\lambda^{\sharp} = 0$?
	breq	OC0hlr1P	1/2	Ja: weiter aufwecken

Den Kopf der Schläferkette erneuern und den Prozesswechsel einleiten

OC0hlr7:	sts	nslpSos,r4	2	$L \leftarrow L_{\text{neu}}$
	sts	pslpSos,r30	2	$\lambda_{\blacktriangleright} \leftarrow \lambda$
	sts	pslpSos+1,r31	2	
	sts	ppitSosRun,r28	2	$\boldsymbol{\pi}_{\blacktriangleright} \leftarrow \pi$
	sts	ppitSosRun+1,r29	2	
	sts	npitSosRng,r23	2	$P \leftarrow P_{\text{neu}}$
	movw	r31:r30,r29:r28	1	$\mathbf{Z} \leftarrow \boldsymbol{\pi}_{\blacktriangleright}$
	rjmp	OC2Start	2	Prozesswechsel beenden

Der Prozessring enthält genau einen Prozess $P_{\text{neu}} = 1$

OC0hlr1P:	clr	r16	1	
	out	TCNT2,r16	1	

Die Befähigung des *Compare Match interrupt* von Timer2

	in	r16,TIFR	1	
	ori	r16,0b10000000	1	
	out	TIFR,r16	1	
	in	r16,TIMSK	1	
	ori	r16,0b10000000	1	
	out	TIMSK,r16	1	
	std	Z+oppitSosNxt,r28	2	$\pi_{\lambda}^{\triangleright} \leftarrow \pi$
	std	Z+oppitSosNxt+1,r29	2	
	std	Z+oppitSosPrv,r28	2	$\pi_{\lambda}^{\triangleleft} \leftarrow \pi$
	std	Z+oppitSosPrv+1,r29	2	
	std	Y+oppitSosNxt,r30	2	$\pi^{\triangleright} \leftarrow \pi_{\lambda}$
	std	Y+oppitSosNxt+1,r31	2	
	std	Y+oppitSosPrv,r30	2	$\pi^{\triangleleft} \leftarrow \pi_{\lambda}$
	std	Y+oppitSosPrv+1,r31	2	
	movw	r29:r28,r31:r30	1	$\pi \leftarrow \pi_{\lambda}$
	inc	r23	1	$P_{\text{neu}} \leftarrow P_{\text{neu}} + 1$
	dec	r4	1	$L_{\text{neu}} \leftarrow L_{\text{neu}} - 1$
	movw	r31:r30,r1:r0	1	$\lambda \leftarrow \lambda^{\triangleright}$

	ldd	r0,Z+opslpSos	2	$\mathbf{r}_{1:0} \leftarrow \lambda^{\triangleright}$
	ldd	r1,Z+opslpSos+1	2	
	ldd	r5,Z+ontauSos	2	$\mathbf{r}_5 \leftarrow \lambda^{\sharp}$
	tst	r5	1	$\lambda^{\sharp} = 0?$
	brne	OCOhlr7	1/2	Nein: zurück

Der Prozessring enthält mindestens zwei Prozesse: $P_{\text{neu}} \geq 2$

OCOhlrXP:	ldd	r26,Y+oppitSosPrv	2	$\alpha \leftarrow \pi^{\triangleleft}$
	ldd	r27,Y+oppitSosPrv+1	2	
	std	Z+oppitSosPrv,r26	2	$\pi_\lambda^{\triangleleft} \leftarrow \alpha$
	std	Z+oppitSosPrv+1,r27	2	
	std	Z+oppitSosNxt,r28	2	$\pi_\lambda^{\triangleright} \leftarrow \pi$
	std	Z+oppitSosNxt+1,r29	2	
	std	Y+oppitSosPrv,r30	2	$\pi^{\triangleleft} \leftarrow \pi_\lambda$
	std	Y+oppitSosPrv+1,r31	2	
	st	X+,r30	2	$\alpha^{\triangleright} \leftarrow \pi_\lambda$
	st	X,r31	2	
	movw	r29:r28,r31:r30	1	$\pi \leftarrow \pi_\lambda$
	movw	r31:r30,r1:r0	1	$\lambda \leftarrow \lambda^{\triangleright}$
	inc	r23	1	$P_{\text{neu}} \leftarrow P_{\text{neu}} + 1$
	dec	r4	1	$L_{\text{neu}} \leftarrow L_{\text{neu}} - 1$
	ldd	r0,Z+opslpSos	2	$\mathbf{r}_{1:0} \leftarrow \lambda^{\triangleright}$
	ldd	r1,Z+opslpSos+1	2	
	ldd	r5,Z+ontauSos	2	$\mathbf{r}_5 \leftarrow \lambda^{\sharp}$
	tst	r5	1	$\lambda^{\sharp} = 0?$
	breq	OCOhlrXP	1/2	Ja: weiter aufwecken
	rjmp	OCOhlr7	2	

Ein Interrupt signalisiert ein Ereignis $\boldsymbol{E}$. Damit wird **ein** wartender Prozess aktiviert. `SosIntSig` wird **angesprungen**. $\varepsilon = \mathcal{A}(\boldsymbol{E})$ wird in **Z** übergeben und **Y** enthält die Adresse ϕ eines Fehlerbytes.

SosIntSig:	push	r27	2	
	ldd	r27,Z+oneveSos	2	$\mathbf{r}_{27} \leftarrow \lVert\boldsymbol{E}\rVert$
	dec	r27	1	$\lVert\boldsymbol{E}\rVert = 0?$
	brpl	SosItSg1	1/2	Falls nein: verzweigen
	ld	r27,Y	2	Fehlerzähler erhöhen
	inc	r27	1	
	st	Y,r27	2	
	pop4	r27,r28,r29,r30	8	Zurück vom Interrupt
	out	SREG,r30	1	
	pop2	r30,r31	4	
	reti		4	
SosItSg1:	std	Z+oneveSos,r27	2	$\lVert\boldsymbol{E}\rVert \leftarrow \lVert\boldsymbol{E}\rVert - 1$
	lds	r27,npitSosRng	2	$\mathbf{r}_{27} \leftarrow P$
	tst	r27	1	$P = 0?$
	breq	SosItSg3	1/2	Falls ja: kein Prozesswechsel

Durchführung des ersten Teils eines Prozesswechsels mit dem laufenden Prozess

	push3	r26,r25,r24	Alle Registerinhalte in den
	push4	r23,r22,r21,r20	aktuellen Stapel retten
	push4	r19,r18,r17,r16	
	push4	r15,r14,r13,r12	
	push4	r11,r10,r9,r8	
	push4	r7,r6,r5,r4	
	push4	r3,r2,r1,r0	
	lds	r28,ppitSosRun	$\mathbf{Y} \leftarrow \pi_a = \pi_\blacktriangleright$
	lds	r29,ppitSosRun+1	
	in	r24,SPL	Stapelzeiger in die PIT kopieren
	std	Y+oSosSP,r24	
	in	r24,SPH	
	std	Y+oSosSP+1,r24	
	movw	r11:r10,r29:r28	$\mathbf{r}_{11:10} \leftarrow \pi_a$

Herauslösen der ersten PIT aus der Warteliste des Ereignisses

SosItSg3:	ldd	r28,Z+oppitSosEve	$\mathbf{Y} \leftarrow \pi = \boldsymbol{E}^{\triangleright}$
	ldd	r29,Z+oppitSosEve+1	
	ldd	r0,Y+oppitSosNxt	$\boldsymbol{E}^{\triangleright} \leftarrow \boldsymbol{E}^{\triangleright\triangleright}$
	std	Z+oppitSosEve,r0	
	ldd	r0,Y+oppitSosNxt+1	
	std	Z+oppitSosEve+1,r0	
	movw	r31:r30,r29:r28	$\mathbf{Z} \leftarrow \pi$

Einfügen der herausgelösten PIT in den Prozessring

	cpi	r27,1	$P = 1$?
	breq	SosItSg1P	Verzweige bei $P = 1$
	brsh	SosItSg2P	Verzweige bei $P > 1$

Der Prozessring ist leer: $P = 0$

SosItSg0P:	inc	r27	$P \leftarrow P + 1$
	sts	npitSosRng,r27	
	sts	ppitSosRun,r30	$\pi_\blacktriangleright \leftarrow \pi$
	sts	ppitSosRun+1,r31	
	rjmp	OC2Start	Zum Prozesswechsel

Der Prozessring enthält genau einen Prozess: $P = 1$

SosItSg1P:	clr	r16	Timer2 zurücksetzen
	out	TCNT2,r16	

Die Befähigung des *Compare Match interrupt* von Timer2

	in	r16,TIFR	Wartenden Interrupt löschen
	ori	r16,0b10000000	
	out	TIFR,r16	
	in	r16,TIMSK	Befähigen
	ori	r16,0b10000000	
	out	TIMSK,r16	
	movw	r29:r28,r11:r10	$\mathbf{Y} \leftarrow \pi_a$
	std	Y+oppitSosNxt,r30	$\pi_a^{\triangleright} \leftarrow \pi$

```
               std    Y+oppitSosNxt+1,r31    2
               std    Y+oppitSosPrv,r30      2   π_a^◁ ← π
               std    Y+oppitSosPrv+1,r31    2
               std    Z+oppitSosNxt,r28      2   π^▷ ← π_a
               std    Z+oppitSosNxt+1,r29    2
               std    Z+oppitSosPrv,r28      2   π^◁ ← π_a
               std    Z+oppitSosPrv+1,r29    2
               rjmp   SosItSg0P              2   Weiter wie bei P = 0
```

Der Prozessring enthält mindestens zwei Prozesse: $P \geq 2$

```
SosItSg2P:     inc    r27                    1   P ← P + 1
               sts    npitSosRng,r27         2
               movw   r29:r28,r11:r10        1   Y ← π_a
               ldd    r26,Y+oppitSosPrv      2   X ← π_a^◁
               ldd    r27,Y+oppitSosPrv+1    2
               std    Z+oppitSosPrv,r26      2   π^◁ ← π_a^◁
               std    Z+oppitSosPrv+1,r27    2
               std    Z+oppitSosNxt,r28      2   π^▷ ← π_a
               std    Z+oppitSosNxt+1,r29    2
               std    Y+oppitSosPrv,r30      2   π_a^◁ ← π
               std    Y+oppitSosPrv+1,r31    2
               st     X+,r30                 2   π_a^◁▷ ← π
               st     X,r31                  2
               sts    ppitSosRun,r30         2   π_▶ ← π
               sts    ppitSosRun+1,r31       2
               rjmp   OC2Start               2   Zum Prozesswechsel
```

Der externe Interrupt INT7 signalisiert das Ereignis $\boldsymbol{E}_9$

```
               .dseg                         1
bSosInt7Miss:  .byte  1                      1   Das Fehlerbyte
               .cseg                         1
INT7hdlr:      push2  r31,r30                4   Der Standardbeginn
               in     r30,SREG               1
               push3  r30,r29,r28            6
```

Interrupt INT7 wird entfähigt (z.B. wegen Tastenprellen)

```
               in     r30,EIMSK              1
               andi   r30,0b01111111         1
               out    EIMSK,r30              1
               ldi    r30,LOW(veveSos+3*9)   1   Z ← A(E_9)
               ldi    r31,HIGH(veveSos+3*9)  1
               ldi    r28,LOW(bSosInt7Miss)  1   Y ← Adresse Fehlerbyte
               ldi    r29,HIGH(bSosInt7Miss) 1
               jmp    SosIntSig              3   Signalisiere E_9
```

Befehl: Der laufende Prozess verzichtet auf den Rest seines Zeitintervalls

```
SosSuspend:    rjmp   OC2Sspnd               2
```

Ein Stellvertreter für einen noch nicht implementierten Befehl

```
SosCmdNix:   pop2   r29,r30                   2×2
             out    SREG,r30                  1
             sez                              1    ℨ ← 1: ungültiger Befehl
             pop2   r30,r31                   2×2
             reti                             4
```

Die Sprungtabelle der Systembefehle, d.h. die Tabelle ihrer Adressen

```
vpfSosCmd:   .dw    SosSuspend
             .dw    SosWait
             .dw    SosSignal
             .dw    SosLock
             .dw    SosUnlock
             .dw    SosAppendPro
             .dw    SosSleep
             .dw    SosWelseS
             .dw    SosCmdNix,SosCmdNix
             .dw    SosCmdNix,SosCmdNix
             .dw    SosCmdNix,SosCmdNix
             .dw    SosCmdNix,SosCmdNix
```

Das Einleiten der Befehlsausführung. Übergabe der Befehlsnummer c im unteren Bitquartett von $\mathbf{r_{16}}$, Übergabe eines eventuellen Parameters in $\mathbf{r_{17}}$ oder im oberen Bitquartett von $\mathbf{r_{16}}$

```
SosCmd:      cli                              1    Kritischer Code!
             push2  r31,r30                   2×2  r31,r30 in lokalen Stapel
             clz                              1    Prophylaktisch ℭ ← 0
             in     r30,SREG                  1
             push2  r30,r29                   2×2  Statusregister, r29 in Stapel
             ldi    r30,LOW(vpfSosCmd*2)      1    Z für lpm vorbereiten
             ldi    r31,HIGH(vpfSosCmd*2)     1
             mov    r29,r16                   1    r29 ← Befehlsbyte
             andi   r29,0b00001111            1    r29 ← c
             lsl    r29                       1    r29 ← 2c
             add    r30,r29                   1    Befehlsindex addieren
             clr    r29                       1
             adc    r31,r29                   1
             lpm    r29,Z+                    3    Z ← Befehlsadresse
             lpm    r31,Z                     3
             mov    r30,r29                   1
             ijmp                             2    Zum Befehl
```

Ein Unterprogramm zum Aufbau des Prozessrings für $P = 1$

```
SosIni1P:    ld     r30,X+                    2    Z ← θ[0]
             ld     r31,X+                    2
             sts    ppitSosRun,r30            2    π▸ ← θ[0]
             sts    ppitSosRun+1,r31          2
             ret                              4
```

Der Aufbau des Prozessrings mit zwei Prozessen

```
SosIni2P:   ld      r28,X+                  2     Y ← π_a = θ[0]
            ld      r29,X+                  2
            ld      r30,X+                  2     Z ← π_b = θ[1]
            ld      r31,X+                  2
            std     Z+oppitSosNxt,r28       2     π_b^▷ ← π_a
            std     Z+oppitSosNxt+1,r29     2
            std     Z+oppitSosPrv,r28       2     π_b^◁ ← π_a
            std     Z+oppitSosPrv+1,r29     2
            std     Y+oppitSosNxt,r30       2     π_a^▷ ← π_b
            std     Y+oppitSosNxt+1,r31     2
            std     Y+oppitSosPrv,r30       2     π_a^◁ ← π_b
            std     Y+oppitSosPrv+1,r31     2
            ret                             4
```

Die Initialisierung der vom System verwendeten Datenstrukturen und der Aufbau des anfänglichen Prozessrings. Die Anzahl P der beim Systemstart aktiven Prozesse wird in $\mathbf{r_{16}}$ übergeben, Register **X** muss die Adresse einer Tabelle mit den Adressen ihrer PITs enthalten.

Die Initialisierung der Ereignisse

```
SosIni:     ldi     r24,neveSosMax*3        1
            ldi     r28,LOW(veveSos)        1
            ldi     r29,HIGH(veveSos)       1
            clr     r25                     1
SosIni0:    st      Y+,r25                  2
            dec     r24                     1
            brne    SosIni0                 1/2
```

Die Initialisierung der Semaphore

```
            ldi     r24,nsemSosMax          1
            ldi     r28,LOW(vsemSos)        1
            ldi     r29,HIGH(vsemSos)       1
            ldi     r30,-1                  1
SosIni1:    st      Y+,r30                  2
            st      Y+,r25                  2
            st      Y+,r25                  2
            dec     r24                     1
            brne    SosIni1                 1/2
```

Die Initialisierung der Schläfer

```
            st      Y+,r25                  2
            ldi     r25,LOW(pslpSos+2)      1
            st      Y+,r25                  2
            ldi     r25,HIGH(pslpSos+2)     1
            st      Y+,r25                  2
            ldi     r25,0xFF                1
            st      Y,r25                   2
```

Der Aufbau des anfänglichen Prozessrings

```
            sts     npitSosRng,r16          2     r16 ← P
```

	`cpi`	`r16,2`	1	$P = 2$?
	`brlo`	`SosIni1P`	1/2	$P = 1$: Baue Einprozessring, zurück
	`rcall`	`SosIni2P`	3	$P = 2$: Baue Zweiprozessring
	`subi`	`r16,2`	1	$\mathbf{r_{16}} \leftarrow P - 2$
	`breq`	`SosIni3`	1/2	$P = 2$: $\boldsymbol{\pi}_{\blacktriangleright} \leftarrow \pi$, zurück
`SosIni2:`	`movw`	`r29:r28,r31:r30`	1	$\pi \leftarrow \pi_t$
	`ld`	`r30,X+`	2	$\mathbf{Z} \leftarrow \pi_t = \theta[p]$
	`ld`	`r31,X+`	2	
	`std`	`Z+oppitSosNxt,r28`	2	$\pi_t^{\triangleright} \leftarrow \pi$
	`std`	`Z+oppitSosNxt+1,r29`	2	
	`ldd`	`r24,Y+oppitSosPrv`	2	$\alpha \leftarrow \pi^{\triangleleft}$
	`ldd`	`r25,Y+oppitSosPrv+1`	2	
	`std`	`Y+oppitSosPrv,r30`	2	$\pi^{\triangleleft} \leftarrow \pi_t$
	`std`	`Y+oppitSosPrv+1,r31`	2	
	`std`	`Z+oppitSosPrv,r24`	2	$\pi_t^{\triangleleft} \leftarrow \alpha$
	`std`	`Z+oppitSosPrv+1,r25`	2	
	`movw`	`r29:r28,r25:r24`	1	$\mathbf{Y} \leftarrow \alpha$
	`std`	`Y+oppitSosNxt,r30`	2	$\alpha^{\triangleright} \leftarrow \pi_t$
	`std`	`Y+oppitSosNxt+1,r31`	2	
	`dec`	`r16`	1	
	`brne`	`SosIni2`	1/2	
`SosIni3:`	`sts`	`ppitSosRun,r30`	2	$\boldsymbol{\pi}_{\blacktriangleright} \leftarrow \pi_t$
	`sts`	`ppitSosRun+1,r31`	2	
	`ret`		4	

Ein Assemblerprogramm über 850 Programmzeilen ist zweifelsohne schwer verdaulich. Es ist aber nicht so schlimm, wie es auf den ersten Blick den Anschein haben könnte. Denn zum einen können die einzelnen Teile weitgehend isoliert betrachtet werden, zum anderen gibt es viele Wiederholungen und viele Befehlssequenzen, die sich nur durch in ihnen vorkommende Symbole unterscheiden. Auch die Tatsache, dass viele 16-Bit-Worte bewegt oder inspiziert werden müssen, fördert bei einem 8-Bit-Prozessor das Entstehen längerer Befehlssequenzen. Und natürlich wirkt sich auch nachteilig aus, dass nur drei Adressregister zur Verfügung stehen, die noch nicht einmal gleichwertige Fähigkeiten besitzen.

Mit etwas Erfahrung und etwas Einfühlen in die Probleme der Programmierung eines von Interrupts gesteuerten Systems lässt sich das Programm ganz gut verfolgen. Eigentlich kann man hier gar nicht von „verfolgen" sprechen, da man in das Programm nicht oben eintritt und es unten wieder verlässt. Es ist eine große Hilfe, sich die ablaufenden Vorgänge sozusagen physisch, real vorzustellen. Die Struktur des Programms unterstützt solche Vorstellungen. Z.B. werden blockierte Programme nicht im Ring belassen und dort entsprechend markiert, sondern tatsächlich aus der Ringverkettung herausgelöst und in die zuständige Kette blockierter Prozesse eingefügt. Man kann diese Ketten sehr schön im Simulator verfolgen und sich Skizzen dazu machen. Und so wurde das Programm auch entwickelt, mit simulierten Interrupts im Simulator. Dabei wurden Interrupts durch strategisch verteilte Unterprogrammaufrufe ersetzt, um alle bei echten Interrupts möglichen Situationen herbeizuführen. Beim Stapellauf des Programms in Echtzeit gab es so auch nur Probleme mäßigen Schwierigkeitsgrades. Ein *debugger* wurde jedenfalls nicht eingesetzt. Massive, die Programmablauflogik betreffende Fehler in Echtzeit mit einem *debugger* beseitigen zu wollen, ist ein nervenaufreibendes Unterfangen, das man durch den Einsatz der Simulation unter kontrollierten Bedingungen sehr gut vermeiden kann.

6.3. Prozesswechsel und Leerlauf

Ist mehr als ein Prozess aktiv, d.h. enthält der Prozessring mehr als einen Prozess, so wird der laufende Prozess im 10-ms-Takt ausgewechselt und zwar in der Reihenfolge, die der Prozessring vorgibt. Der wechselnde Agent ist eine *ISR* von Timer2.

Timer2 wird für den Prozesswechsel im Modus *CDC* betrieben, das ist *Clear Timer on Compare Match*. Das Zählregister des Timers wird dabei so lange hochgezählt, bis sein Wert mit dem Wert des Vergleichsregisters $\mathbf{R}_{\mathsf{OCR0}}$ übereinstimmt. Der Zähler erzeugt dann einen Interrupt und lädt sein Zählerregister mit **00**, damit einen neuen Zyklus beginnend. Die Einstellung des Zählers findet im Unterprogramm `SosStart` in den Zeilen *75–83* statt. Das Zählregister $\mathbf{R}_{\mathsf{CTNT2}}$ von Timer2 wird mit dem Startwert **00** und Register $\mathbf{R}_{\mathsf{OCR2}}$ mit 156 geladen. Der Wert 156 ergibt bei einer Taktfrequenz von 16 MHz und einer Vorteilung durch 2^{10} ein Zeitintervall von etwa 9,98 Millisekunden. In den Zeilen *81–83* wird der *CTC*-Interrupt dann befähigt.
Die *ISR* des Interrupts nimmt im Programm die Zeilen *36–73* ein. Ihre erste Aufgabe ist, den Inhalt der Register $\mathbf{r}_0$ bis $\mathbf{r}_{31}$ und des Statusregisters in die PIT des auszuwechselnden Prozesses zu kopieren. Dass zuerst die Inhalte von $\mathbf{r}_{29}$, $\mathbf{r}_{30}$, $\mathbf{r}_{31}$ und $\mathbf{R}_{\mathsf{SREG}}$ kopiert werden, liegt daran, dass an vielen anderen Stellen im Programm ein Prozesswechsel begonnen wird, der aber möglicherweise gar nicht durchgeführt wird. In einem solchen Fall wäre es natürlich ein unnützer Taktverbrauch, erst den Inhalt aller 32 Register zu kopieren, ehe der Abbruch des Prozesswechsels festgestellt wird. In vielen Fällen genügen zur Analyse der Situation die drei Register $\mathbf{r}_{29}$,$\mathbf{r}_{30}$ und $\mathbf{r}_{31}$, und selbstverständlich darf bei dieser Analyse das Statusregister nicht beeinflusst werden. Da aber alle Prozesswechsel nach demselben Schema ablaufen müssen, damit alle PITs ihre Informationen an denselben Stellen enthalten, beginnt auch der Prozesswechsel bei Ablauf des Zeitintervalls mit der Befehlssequenz der Zeilen *36–38*.
In den Zeilen *46–47* wird Register **Y** mit der Adresse $\boldsymbol{\pi}_{\blacktriangleright}$ der PIT des auszuwechselnden Prozesses geladen, welche die 16-Bit-Variable `ppitSosRun` enthält. In den folgenden Zeilen *49–51* wird dann via **Y** der Wert des Stapelzeigers in die PIT kopiert, die jetzt alle privaten Werte des Prozesses enthält. In den nächsten beiden Zeilen wird Register **Z** mit der Adresse $\pi = \boldsymbol{\pi}_{\blacktriangleright}^{\triangleright}$ der nächsten PIT im Prozessring geladen. Es schließt sich in den Zeilen *54–55* die Operation $\boldsymbol{\pi}_{\blacktriangleright} \leftarrow \pi$ an, damit wird der nächste Prozess im Ring zum laufenden Prozess.
Ab Zeile *56* geschieht das zu den Zeilen *36–51* Spiegelbildliche. Der Stapelzeiger $\mathbf{R}_{\mathsf{SP}}$ wird mit dem lokalen Wert des Stapelzeigers aus der neuen PIT geladen und den Registern $\mathbf{r}_0$ bis $\mathbf{r}_{31}$ und dem Statusregister werden ebenfalls die lokalen Werte aus der neuen PIT zugewiesen. Hinzu kommt aber, dass in den Zeilen *70–71* das Zählregister $\mathbf{R}_{\mathsf{CTNT2}}$ von Timer2 auf den Anfangswert **00** gesetzt wird, um dem neu laufenden Prozess ein möglichst vollständiges Zeitintervall zu geben. Mit dem Befehl `reti` wird der Lauf des neuen Prozesses dann dort fortgesetzt, wo er beim Prozesswechsel unterbrochen wurde.

Eine vollständige Prozessumschaltung von der Unterbrechung eines Prozesses bis zum Weiterlaufen des nächsten dauert 171 Takte. Bei einer Taktfrequenz von 16 MHz ergeben sich ungefähr 10,7 Mikrosekunden, das sind 0,11% des Zeitintervalls, das einem Prozess zur Verfügung steht (9,8 Millisekunden).

Ist der laufende Prozess der letzte aktive Prozess und gibt er seine Existenz auf oder wird er in eine Warteschlange eingefügt, so springt das System in die enge Schleife in Zeile *109*. Zuvor aber schaltet es auf einen eigenen Stapel um (Zeile *104,107*) und lässt Interrupts zu. Ersteres ist nötig, denn über das Schicksal des Prozesses, dessen lokaler Stapel zuletzt verwendet wurde, ist nichts bekannt, er könnte sehr wohl aus dem System entfernt worden sein, sein Stapel eingeschlossen! Und Letzteres ist unbedingt notwendig, da es neben einem Interrupt keine andere Möglichkeit gibt, die Schleife in Zeile *109* zu verlassen.
Das Verharren des Systems im Leerlauf kann gutartig sein, nämlich dann, wenn mindestens ein Prozess schläft oder auf einen Interrupt wartet, der unabhängig von einem Prozess des Systems irgendwann einmal erzeugt wird, etwa von einem Gerät außerhalb des Controllers. Das garantiert, dass das System den Leerlauf wieder verlassen kann. Das schließt allerdings nicht aus, dass sich Prozesse gegenseitig blockieren können.
Das Umschalten in den Leerlauf kann aber auch daher rühren, dass sich alle Prozesse des Systems gegenseitig blockieren. Der Controller verbleibt dann auf ewig im Leerlauf. Das System könnte, bevor es sich in den Leerlauf begibt, den *watchdog timer* aktivieren. Damit der Controller aber nicht zu früh zurückgesetzt wird, muss dazu die längste gültige Zeitspanne ermittelt werden, die der Controller im Leerlauf verbringen kann.

Da Systembefehle oft in einen Prozesswechsel münden, ist deren Anfang durch die ersten Zeilen der *ISR* von Timer2 festgelegt. Es sind, in dieser Reihenfolge, die Inhalte der Register $\mathbf{r_{31}}$, $\mathbf{r_{30}}$ und $\mathbf{R}_{\mathsf{SREG}}$ in den gerade gültigen Stapel zu kopieren. Das genügt manchmal schon, um die nötigen Berechnungen durchführen zu können, andernfalls ist mit den Registern $\mathbf{r_{29}}$, $\mathbf{r_{28}}$ usw. fortzufahren.

6.4. Rückkehr ins Nichts

Ein Prozess, der in eine Warteschlange eingereiht ist, kann ohne weiteres aus ihr entfernt werden, ohne danach in den Prozessring eingefügt zu werden. Seine PIT kann zum Aufbau eines neuen Prozesses dienen, sie kann, falls der Prozess dynamisch erzeugt worden war, an die Halde zurückgegeben werden oder sie kann irgendwelchen anderen Zwecken dienen. Ebenso kann ein Prozess aus dem Prozessring herausgelöst werden, ohne danach in eine Warteschlange eingereiht zu werden. Es ist aber gute Programmierpraxis, jeden Prozess selbst entscheiden zu lassen, ob und wann er sich auflöst. Beim Aufbau wird deshalb der Stapel eines Prozesses so initialisiert, dass der Befehl `ret` direkt in die Zeile *144* führt,[1] sofern der Prozess keine eigenen Unterprogramme aufgerufen hat. Die Aufgabe der dort beginnenden Codesequenz ist, den (laufenden) Prozess aus dem Ring herauszunehmen und die Kontrolle an den im Ring folgenden Prozess zu übergeben. Falls der Prozess der einzige Prozess im Ring ist, geht das System in den Leerlauf.

Da jede Manipulation des Prozessrings eine kritische Codesequenz ist, beginnt das Unterprogramm damit, Interrupts zu verbieten. Als Nächstes wird $\mathbf{r_{16}}$ mit der Prozessanzahl P geladen, ihr Wert wird um 1 erniedrigt und wieder zurückgeschrieben. Ist das Ergebnis der Erniedrigung 0, so enthält der Prozessring überhaupt nur einen Prozess und das Programm

[1] Siehe Abschnitt 6.7.

springt zur Sonderbehandlung in die Zeile *165*, die nur darin besteht, den Programmteil zum Übergang in den Leerlauf anzuspringen, der zu weit entfernt ist, um von Zeile *148* aus mit einem bedingten Sprung erreicht werden zu können.
Falls der Ring mehr als einen Prozess enthält, wird in den Zeilen *149–150* Register **Y** mit der Adresse $\boldsymbol{\pi}_{\blacktriangleright} = \boldsymbol{\pi}_{\boldsymbol{P}}$ der PIT des laufenden Prozesses $\boldsymbol{P}$ geladen. Um das Programm leichter lesbar zu machen, wird beim Einfügen in den und beim Herauslösen aus dem Ring zwischen den Fällen $P = 2$ und $P > 2$ unterschieden. Der Dekrementierungsbefehl in Zeile *151* nimmt diese Unterscheidung vor. Hat er das Resultat 0, so *war* $P = 2$, andernfalls *war* $P > 2$.
Im ersten, einfacheren Fall wird in die Zeile *166* gesprungen. Dort wird Register **Z** mit der Adresse $\boldsymbol{\pi}_{\boldsymbol{P}}^{\triangleright}$ der nächsten und bald einzigen PIT im Prozessring geladen, dann wird auch die Variable $\boldsymbol{\pi}_{\blacktriangleright}$ mit $\boldsymbol{\pi}_{\boldsymbol{P}}^{\triangleright}$ überschrieben. Damit sind schon alle Voraussetzungen erfüllt, um in die zweite Hälfte des Unterprogramms zur Prozessumschaltung springen zu können. Da aber bei nur *einem* im Ring verbleibenden Prozess es keine von Timer2 ausgelösten Prozessumschaltungen geben soll, muss vorher noch der *CTC*-Interrupt von Timer2 in den Zeilen *170–172* entfähigt werden.
Im zweiten etwas komplizierteren Fall in den Zeilen *153–164* müssen einige *pointer* angepasst werden. Zunächst wird Register **Z** mit der Adresse $\boldsymbol{\pi}_{\boldsymbol{P}}^{\triangleright}$ der PIT des nachfolgenden Prozesses geladen und dann Register **Y** mit der Adresse $\boldsymbol{\pi}_{\boldsymbol{P}}^{\triangleleft}$ überschrieben. Diese Adressen existieren, da der Prozessring vor der Herausnahme mindestens zwei Prozesse enthielt. In den Zeilen *158–159* wird dann die Relation $\boldsymbol{\pi}_{\boldsymbol{P}}^{\triangleleft\triangleright} = \boldsymbol{\pi}_{\boldsymbol{P}}^{\triangleright}$, in den Zeilen *160–161* die Relation $\boldsymbol{\pi}_{\boldsymbol{P}}^{\triangleright\triangleleft} = \boldsymbol{\pi}_{\boldsymbol{P}}^{\triangleleft}$ hergestellt. Der Vorwärtszeiger des Vorgängers und der Rückwärtszeiger des Nachfolgers von $\boldsymbol{P}$ werden also an $\boldsymbol{P}$ „vorbeigeführt". Schließlich muss vor dem Sprung in das Unterprogramm zum Prozesswechsel noch die Variable mit der Adresse der PIT des laufenden Prozesses mit $\boldsymbol{\pi}_{\boldsymbol{P}}^{\triangleright}$ überschrieben werden, symbolisch $\boldsymbol{\pi}_{\blacktriangleright} \leftarrow \boldsymbol{\pi}_{\boldsymbol{P}}^{\triangleright}$.

Das Herauslösen des laufenden Prozesses aus dem Prozessring ist ein häufiger Vorgang, der im Prinzip als Unterprogramm formuliert werden könnte. Er ist aber meist mit anderen Vorgängen eng verwoben, ein Effekt der Tatsache, dass nur drei Adressregister zur Verfügung stehen. Der Hauptgrund, dass im System praktisch keine Unterprogramme aufgerufen werden, ist aber, dass nicht bekannt ist, wieviel Platz der momentan verwendete Stapel noch bietet.

6.5. Befehle

Prozesse rufen Systembefehle mit dem Makro `SOS` in den Zeilen *1–4* auf. Es hat einen Parameter, nämlich die Nummer des gewünschten Befehls. Die Nummern der implementierten Befehle sind in den Zeilen *5–11* angegeben, die Symbole für die Befehlsnummern definieren. Das Makro lädt die Befehlsnummer in Register $\mathbf{r_{16}}$ und ruft das Unterprogramm `SosCmd` auf. Tatsächlich ist eine Befehlsnummer aber eine 4-Bit-Zahl, die in das untere Bitquartett von $\mathbf{r_{16}}$ zu laden ist. Es gibt also maximal 16 Befehle, davon bisher die ersten neun implementiert sind. Der erste mit der Nummer 0 wird allerdings als Leerbefehl genutzt. Das obere Bitquartett von $\mathbf{r_{16}}$ wird bei der Befehlsübergabe bisher nicht genutzt, es könnte bei den noch nicht implementierten Befehlen zur Übergabe eines Befehlsparameters verwendet werden. Falls einer der implementierten Befehle einen Parameter verlangt, z.B. einen Ereignisindex, muss dieser in Register $\mathbf{r_{17}}$ übergeben werden. Wird die Anzahl von Ereignissen, Semaphoren usw. auf maximal 16 beschränkt, könnte auch auf $\mathbf{r_{17}}$ verzichtet werden, da der Parameter dann in das obere Bitquartett von $\mathbf{r_{16}}$ passt. Weitere Parameter werden in $\mathbf{r_{18}}$ usw. übergeben.

Als Fehlerindikator wird das Statusbit $\mathfrak{z}$ verwendet: Ist nach der Rückkehr von der Befehlsausführung $\mathfrak{z} = 1$, so ist ein Fehler aufgetreten. Das kann man sich mit der Eselsbrücke leicht merken, dass nach einem aufgetretenen Fehler die Befehlsausführung „null und nichtig" ist.

Um einfache Verhältnisse zu schaffen, wird eine Befehlsausführung in ihrer ganzen Dauer als eine kritische Codesequenz angesehen, auch wenn sie in Teilen durchaus unterbrochen werden könnte. Es werden deshalb gleich am Anfang in Zeile *783* Interrupts unterbunden.
Es folgt die von der Prozessumschaltung diktierte Codesequenz in den Zeilen *784–787*. Zusätzlich wird hier aber das Bit $\mathfrak{z}$ gelöscht, bevor das Statusregister in den Stapel des Prozesses kopiert wird, eine fehlerfreie Befehlsdurchführung vorwegnehmend.
Die Befehlsnummer c im unteren Bitquartett von $\mathbf{r_{16}}$ dient als Index in die Sprungtabelle in den Zeilen *771–782*. Ganz so wie in [Mss] **2.6.2** beschrieben, wird Register **Z** mit der Adresse geladen, die zur Befehlsnummer gehört, dann wird in Zeile *799* ein indirekter Sprung an diese Adresse ausgeführt.
Bis zur Sprungausführung sind also schon die Inhalte von $\mathbf{r_{31}}$, $\mathbf{r_{30}}$, der Inhalt des Statusregisters und der Inhalt von $\mathbf{r_{29}}$ in den Stapel des laufenden Prozesses kopiert worden.

Es sind 16 Befehle möglich, doch sind bisher nur acht implementiert worden. Stellvertretend für die noch nicht implementierten enthält die Befehlssprungtabelle die Adresse eines „Befehls", der nichts weiter tut als die von `SosCmd` eingeleiteten Vorgänge zurückzunehmen, dabei aber das Nullbit $\mathfrak{z}$ setzt und damit eine Fehlermeldung an den Prozess zurückgibt, der den Befehl ausführen lassen wollte. Dieser Befehl ist `SosCmdNix` und beginnt in Zeile *755*.

6.6. Erwarten und Signalisieren von Ereignissen

Vom System her gesehen ist ein Ereignis $\boldsymbol{E}$ eine Warteschlange für Prozesse, in die ein Prozess verlangen kann, aufgenommen zu werden, und deren vollständige Leerung ein Prozess verlangen kann. Wird ein Prozess in die Warteschlange des Ereignisses aufgenommen, so wird gesagt, dass dieser Prozess auf das Eintreten des Ereignisses oder einfach auch nur auf das Ereignis *warte*. Ein Prozess, der dafür sorgt, dass die Warteschlange des Ereignisses entleert wird, hat das Eintreffen des Ereignisses *signalisiert*. Welche *Bedeutung* ein Ereignis hat, bleibt ganz dem Programmierer überlassen. Das System trägt allerdings zwei Bedeutungen bei. Zum einen kann ein Ereignis bedeuten, dass ein bestimmter Interrupt ausgelöst wurde, auf den ein darauf wartender Prozess zu reagieren hat. Zum anderen kann ein Ereignis die Bedeutung haben, dass in der Warteschlange ein neuer Prozess bereitsteht, der durch ein Signalisieren des Ereignisses aktiviert werden soll. Auf beide Bedeutungen wird später noch ausführlich eingegangen.

Ereignisse werden vorrangig dazu verwendet, den Lauf von Prozessen zu synchronisieren. Ein einfaches Beispiel verdeutlicht, was damit gemeint ist. Vier Prozesse $\boldsymbol{P}_0$ bis $\boldsymbol{P}_3$ sollen die Summe von acht Variablen x_0 bis x_7 berechnen. Das kann so geschehen, dass die Prozesse zunächst gleichzeitig Teilsummen mit zwei Operanden berechnen, siehe Bild 6.3. Anschließend werden die Teilsummen von $\boldsymbol{P}_0$ und $\boldsymbol{P}_2$ zu Teilsummen mit

Abbildung 6.3.: Parallelberechnung von $\sum_{\nu=0}^{7} x_\nu$

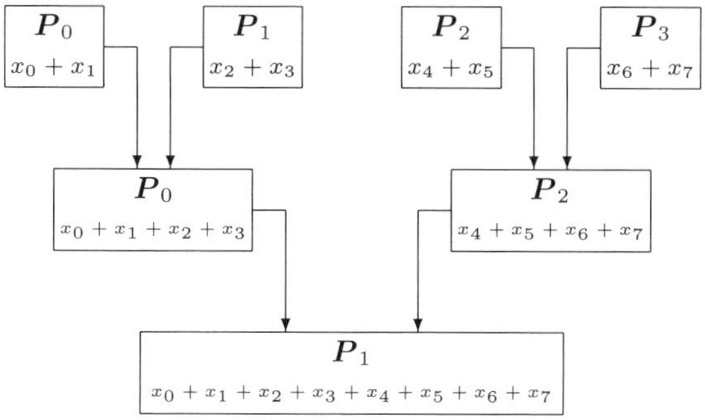

vier Operanden aufaddiert, aus denen $\boldsymbol{P}_1$ dann schließlich die Gesamtsumme errechnet. Das Verfahren ist zwar nicht sehr effizient, da die Prozesse nur sehr ungleichmäßig ausgelastet werden, aber es genügt völlig, die Notwendigkeit von Synchronisation augenfällig zu machen. Damit nämlich $x_0 + x_1 + x_2 + x_3$ von $\boldsymbol{P}_0$ berechnet werden kann, muss $\boldsymbol{P}_1$ die Berechnung seiner Summe x_2+x_3 abgeschlossen haben, d.h. es ist möglich, dass $\boldsymbol{P}_0$ auf $\boldsymbol{P}_1$ warten muss. Ebenso kann es sein, dass $\boldsymbol{P}_2$ auf $\boldsymbol{P}_3$ warten muss, und $\boldsymbol{P}_1$ wird zur Berechnung der Gesamtsumme sicher auf $\boldsymbol{P}_0$ und $\boldsymbol{P}_2$ warten müssen.

Die Ablaufsteuerung dieser parallelen Berechnungen kann mit Ereignissen vorgenommen werden. Es werden drei Ereignisse $\boldsymbol{E}_{03}$, $\boldsymbol{E}_{47}$ und $\boldsymbol{E}_{07}$ benötigt. Prozess $\boldsymbol{P}_0$ wartet in der Warteschlange von $\boldsymbol{E}_{03}$ darauf, dass Prozess $\boldsymbol{P}_1$ das Ende seiner Berechnungen signalisiert, $\boldsymbol{P}_2$ wartet in der Warteschlange von $\boldsymbol{E}_{47}$ darauf, dass Prozess $\boldsymbol{P}_3$ signalisiert, die Berechnungen abgeschlossen zu haben, und Prozess $\boldsymbol{P}_1$ wartet in der Schlange von Ereignis $\boldsymbol{E}_{07}$ darauf, dass $\boldsymbol{P}_0$ und $\boldsymbol{P}_2$ das Ende ihrer Berechnungen signalisieren.

Bei genauerem Hinsehen wird die Sachlage allerdings etwas komplizierter. Z.B. kann sich $\boldsymbol{P}_0$ nicht einfach in die Warteschlange von $\boldsymbol{E}_{03}$ einfügen lassen, denn $\boldsymbol{P}_1$ könnte seine Berechnungen schneller beendet haben als $\boldsymbol{P}_0$, mit der Folge, dass $\boldsymbol{P}_0$ — und damit auf der nächsten Stufe der Berechnung auch $\boldsymbol{P}_1$ — für unbegrenzte Zeit in der Warteschlange auszuharren hätten. Auf den ersten Blick sieht es so aus, als ob sich Prozess $\boldsymbol{P}_1$ gefahrlos in die Warteschlange von $\boldsymbol{E}_{07}$ begeben könnte, um auf $\boldsymbol{P}_0$ und $\boldsymbol{P}_2$ zu warten. Tatsächlich ist es aber möglich, zumindest denkbar, dass das System $\boldsymbol{P}_1$ erst aktiv werden lässt, wenn $\boldsymbol{P}_0$ und $\boldsymbol{P}_2$ ihre Berechnungen schon beendet haben. Auch hier muss also geprüft werden, ob die benötigten Teilsummen nicht schon fertiggestellt wurden.

Probleme dieser Art lassen sich mit einem *rendezvous* lösen. Es seien n Prozesse $\boldsymbol{P}_0$ bis $\boldsymbol{P}_{n-1}$, dazu jeweils eine Adresse α_ν aus der Prozessprozedur von $\boldsymbol{P}_\nu$, und ein Ereignis $\boldsymbol{E}$ gegeben. Die n Adressen $(\alpha_0, \ldots, \alpha_{n-1})$ bilden dann ein ***rendezvous***, wenn Folgendes gilt:

> Erreicht ein Prozess $\boldsymbol{P}_\nu$ seine Codeadresse α_ν und sind *alle übrigen* Prozesse $\boldsymbol{P}_\mu$, $\nu \neq \mu$, bereits in der Warteschlange von $\boldsymbol{E}$, so signalisiert $\boldsymbol{P}_\nu$ das

Eintreffen von $\boldsymbol{E}$, andernfalls lässt er sich in die Warteschlange von $\boldsymbol{E}$ einfügen.

Bei zwei Prozessen kann etwas salopp so formuliert werden, dass bei einem *rendezvous* der Prozess, der zuerst seine Codeadresse erreicht, auf den anderen warten muss. Allgemein ist es so, dass ein Prozess, der seine Codeadresse erreicht hat, selbst auf das Ereignis warten muss, wenn noch weniger als $n-1$ der übrigen Prozesse warten. Andernfalls muss er das Ereignis signalisieren.

In obigem Beispiel können die drei Synchronisationsstellen als *rendezvous* ausgeführt werden. Die Codeadressen sind die Programmstellen, die direkt auf die Berechnung der Teilsummen folgen.

Ereignisse können nicht, wie in einem „richtigen" *OS*, erzeugt und wieder vernichtet werden. Es steht vielmehr ein Vektor $(\boldsymbol{E}_0, \ldots, \boldsymbol{E}_{\boldsymbol{e}-1})$ von Ereignissen zur Verfügung, über deren Gebrauch sich die Prozesse einig werden müssen. Die Prozesse wissen jedoch von den Ereignissen selbst nichts, sie verwenden deren Indizes 0 bis $\boldsymbol{e}-1$, wenn sie dem System mitzuteilen haben, auf welches Ereignis sie sich beziehen.

Die Zeilen *17–18* legen die Struktur eines Ereignisses fest. Es besteht aus drei Bytes. Das erste Byte enthält die Anzahl der Prozesse, die sich in der Warteschlange des Ereignisses befinden. Die übrigen beiden Bytes bilden die Adresse der PIT des ersten Prozesses in der Warteschlange. In Bild 6.4 ist ein System mit drei Ereignissen ($\boldsymbol{e}=3$) und einer nicht leeren Warteschlange für Ereignis $\boldsymbol{E}_1$ dargestellt.

Das System stellt drei Befehle für den Umgang mit Ereignissen zur Verfügung.

`SosWait`
: Mit dem Befehl reiht sich ein Prozess in die Warteschlange eines Ereignisses ein.

`SosSignal`
: Dieser Befehl leert die Warteschlange eines Ereignisses, d.h. die Prozesse in der Warteschlange werden in den Prozessring eingefügt.

`SosWelseS`
: Der Befehl dient dazu, ein *rendezvous* zu implementieren (*wait else signal*).

Jeder Befehl übergibt den Index e des Ereignisses, auf das er sich bezieht, in Register $\mathbf{r_{17}}$. Der Befehl `SosWelseS` hat noch einen zweiten Parameter n, der in $\mathbf{r_{18}}$ übergeben wird, mit folgender Bedeutung: Ist $\|\boldsymbol{E}_e\| \geq n$, so wird die Warteschlange von $\boldsymbol{E}_e$ geleert, d.h. es wird der Befehl `SosSignal` ausgeführt, andernfalls, also bei $\|\boldsymbol{E}_e\| < n$, wird der Prozess in die Warteschlange von $\boldsymbol{E}_e$ eingefügt, d.h. es wird der Befehl `SosWait` ausgeführt.

Wie bei allen anderen Befehlen auch wird die Fehlerbedingung $e \geq \boldsymbol{e}$ nicht überprüft. In den Fällen, in denen e nicht zur Laufzeit berechnet wird, kann das nämlich zur Assemblierungszeit mit einem Makro geschehen.

Der Befehl `SosWait` beginnt in Zeile *174*. Da kein Fehler auftreten kann, ist es bequem, gleich am Anfang die Inhalte aller Register in den Stapel des noch laufenden Prozesses $\boldsymbol{P}_\ell = \boldsymbol{P}^{\pi\blacktriangleright}$, d.h. in dessen PIT, zu kopieren (Zeilen *174–180*). So muss einmal nicht mit dem Gebrauch von Registern gegeizt werden. Anschließend wird auch der Wert des Stapelzeigers in den Zeilen *183–186* an seinen Platz in die PIT kopiert. Dazu wird vorher in den Zeilen *181–182* Register $\mathbf{Y}$ mit der Adresse $\boldsymbol{\pi}_\blacktriangleright$ der PIT des Prozesses geladen, so ist auch der direkte Zugriff auf die PIT möglich. Damit sind alle Vorbereitungen getroffen worden, um den Prozess $\boldsymbol{P}_\ell$

aus dem Prozessring ausklinken zu können.
Die nächste Aufgabe ist, die Adresse ε_e von $\boldsymbol{E}_e$ zu berechnen. Es beginnt in den Zeilen *187–*

Abbildung 6.4.: Der Ereignisvektor mit einer Warteschlange für $\boldsymbol{E}_1$

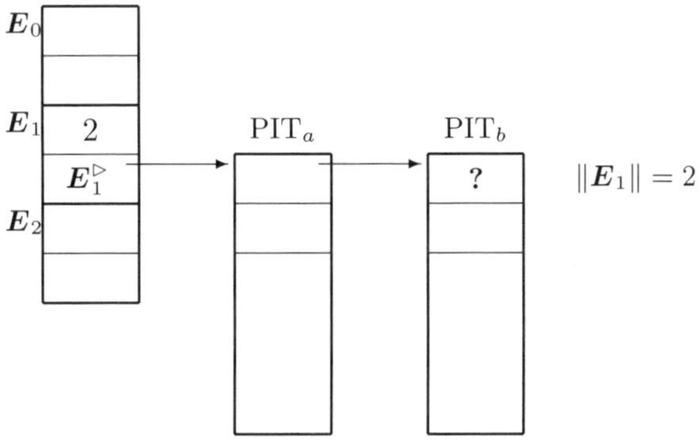

188 damit, dass $\mathbf{Z}$ mit der Adresse ε_0 von $\boldsymbol{E}_0$ geladen wird. In den folgenden drei Zeilen wird Register $\mathbf{r_{25}}$ mit e geladen und mit 3 multipliziert, in den Zeilen *191–194* wird $3e$ zum Inhalt von $\mathbf{Z}$ addiert. Da ein Ereignis drei Bytes umfasst, enthält $\mathbf{Z}$ jetzt die Adresse ε_e. Zwei Änderungen müssen an $\boldsymbol{E}_e$ vorgenommen werden. Es muss erstens die Anzahl $\|\boldsymbol{E}_e\|$ der Prozesse in der Warteschlange um 1 erhöht werden, was in den Zeilen *195–197* geschieht. Zweitens muss $\boldsymbol{P}_\ell$ in die Warteschlange eingefügt werden. Es spielt keine Rolle, an welcher Stelle eingefügt wird, da bei einem Signal *alle* Prozesse aus der Warteschlange entfernt werden,[2] es kann deshalb die bequemste Stelle genommen werden, nämlich der Anfang der Warteschlange. Bild 6.5 gibt die Konstellation vor und nach dem Einfügen in die Warteschlange wieder. Formal kann die einfache Operation als $\boldsymbol{\pi}_{\blacktriangleright}^{\triangleright} \leftarrow \boldsymbol{E}_e^{\triangleright}, \boldsymbol{E}_e^{\triangleright} \leftarrow \boldsymbol{\pi}_{\blacktriangleright}$ bezeichnet werden, dabei ist die Reihenfolge wichtig! Allerdings kann hier leicht übersehen werden, dass der erste Teil der Operation, also $\boldsymbol{\pi}_{\blacktriangleright}^{\triangleright} \leftarrow \boldsymbol{E}_e^{\triangleright}$, noch gar nicht ausgeführt werden kann, da $\boldsymbol{P}_\ell$ noch im Prozessring verkettet ist, $\boldsymbol{\pi}_{\blacktriangleright}^{\triangleright}$ folglich noch nicht überschrieben werden darf! $\boldsymbol{E}_e^{\triangleright}$ wird daher in den Zeilen *198–199* zur späteren Verwendung im Doppelregister $\mathbf{r_{3:2}}$ zwischengespeichert. Der zweite Teil der Operation, d.h. $\boldsymbol{E}_e^{\triangleright} \leftarrow \boldsymbol{\pi}_{\blacktriangleright}$, wird in den Zeilen *200–201* dagegen ausgeführt. In der folgenden Zeile wird $\boldsymbol{\pi}_{\blacktriangleright}$ zur späteren Verwendung mit $\mathbf{r_{3:2}}$ nach $\mathbf{X}$ kopiert.
Es ist nun der Prozesswechsel fortzusetzen. Da die Art des Wechsels davon abhängt, wieviel Prozesse sich im Ring befinden ($\boldsymbol{P}_\ell$ noch eingeschlossen), wird als Nächstes in den Zeilen *203–205* die vom System verwaltete Zahl P der aktiven Prozesse um 1 vermindert. Abhängig vom unverminderten Wert von P ergeben sich drei Konstellationen, die in Bild 6.6 gezeigt werden.

$P_{\mathrm{alt}} = 1$ Bild 6.6 oben

Der Prozessring enthält nur einen Prozess. Es gibt keine Verkettung im Ring und der Prozesswechsel ist unterdrückt (d.h. Timer2 ist abgeschaltet). Das System geht in den Leerlauf.

[2]Genau genommen kommt es jedoch sehr wohl auf die Stelle an, denn wenn die Prozesse aus der Warteschlange herausgenommen und in den Prozessring eingefügt werden, hängt die Stellung im Prozessring natürlich von der Stellung in der Warteschlange ab. Dieses „OS" kennt aber keine Prozessprioritäten, d.h. alle Stellen im Prozessring werden als gleichwertig angesehen.

Abbildung 6.5.: Einfügen von $\boldsymbol{P}_\ell$ am Anfang der Warteschlange von $\boldsymbol{E}_e$

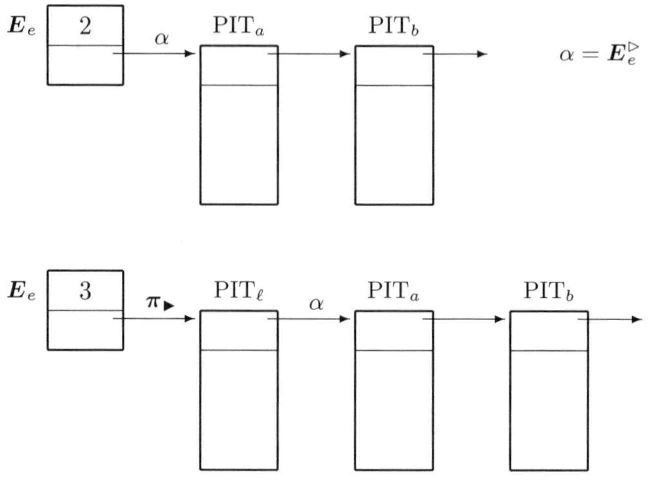

$P_{\text{alt}} = 2$ Bild 6.6 Mitte

Die beiden Prozesse im Ring sind auf spezielle Art verkettet: Beide *pointer* jeder PIT zeigen auf die jeweils andere PIT. $\boldsymbol{P}_\ell$ ist besonders einfach zu entfernen, da nach der Entfernung keine Verkettung mehr nötig ist. Timer2 ist abzuschalten, da kein Prozesswechsel mehr stattfindet. Der verbleibende Prozess ist zum laufenden Prozess zu machen.

$P_{\text{alt}} > 2$ Bild 6.6 unten

Da der Prozessring mehr als zwei Prozesse enthält, muss $\boldsymbol{P}_\ell$ unter voller Berücksichtigung der Verkettung aus dem Ring entfernt werden. Der Prozess, der auf $\boldsymbol{P}_\ell$ im Ring folgte, ist zum laufenden Prozess zu machen.

Im Fall $P_{\text{alt}} = 1$ enthält nach Zeile *204* Register $\mathbf{r_{24}}$ den Wert **00**. Das wird in Zeile *206* geprüft und bei Zutreffen in die Zeile *223* verzweigt, ab welcher der Fall behandelt wird. Die Behandlung ist extrem einfach, es wird lediglich die noch ausstehende Teiloperation $\boldsymbol{\pi}_{\blacktriangleright}^{\triangleleft} \leftarrow \boldsymbol{E}_e^{\triangleright}$ ausgeführt und dann in den Programmteil verzweigt, der das System in den Leerlauf überführt (Zeile *104*). Nach den Zeilen *198–199* ist $\mathfrak{r}_{3:2} = \boldsymbol{E}_e^{\triangleright}$ und nach Zeile *202* ist $\mathfrak{X} = \boldsymbol{\pi}_{\blacktriangleright}^{\triangleleft}$, in den Zeilen *223–224* wird also wirklich die noch ausstehende Teiloperation durchgeführt.

Gilt in Zeile *206* nicht $\mathfrak{r}_{24} =$ **00**, so wird $\mathfrak{r}_{24}$ noch einmal vermindert, um in Zeile *208* $P_{\text{alt}} = 2$ zu prüfen. Ist nach Zeile *207* also $\mathfrak{r}_{24} =$ **00**, so ist $P_{\text{alt}} = 2$ und es wird in Zeile *208* in die Zeile *226* verzweigt, ab der die Ringkonstellation von Bild 6.6 Mitte behandelt wird. Dem Bild kann entnommen werden, dass lediglich die einfache Operation $\boldsymbol{\pi}_{\blacktriangleright} \leftarrow \boldsymbol{\pi}_{\blacktriangleright}^{\triangleright}$ ausgeführt werden muss. Diese wird in den Zeilen *226–227* dadurch vorbereitet, dass Register **Z** mit $\boldsymbol{\pi}_{\blacktriangleright}^{\triangleright}$ geladen wird. Register **Y** enthält $\boldsymbol{\pi}_{\blacktriangleright}$ noch von den Zeilen *181–182* her. Vor dem Abschluss der Operation wird aber noch in den Zeilen *228–230* das Bit `OCIE2` = 0 in Register $\mathbf{R}_{\mathsf{TIMSK}}$ gelöscht. Damit ist Timer2 nicht mehr in der Lage, einen *Compare Match*-Interrupt zu erzeugen, d.h. der Interrupt wird entfähigt, folglich können keine Prozessorumschaltungen mehr stattfinden. Nach dem Sprung in die Zeile *218* wird die Operation $\boldsymbol{\pi}_{\blacktriangleright} \leftarrow \boldsymbol{\pi}_{\blacktriangleright}^{\triangleright}$ abgeschlossen. Darauf folgt auch hier noch die Durchführung der Teiloperation $\boldsymbol{\pi}_{\blacktriangleright}^{\triangleleft} \leftarrow \boldsymbol{E}_e^{\triangleright}$, bevor zum abschließenden Teil des Prozesswechsels in die Zeile *56* gesprungen wird.

Ist in Zeile *208* nicht $\mathfrak{r}_{24} =$ **00**, so liegt die allgemeine Konstellation von Bild 6.6 unten vor. Da

Abbildung 6.6.: Die drei Konstellationen beim Löschen im Prozessring

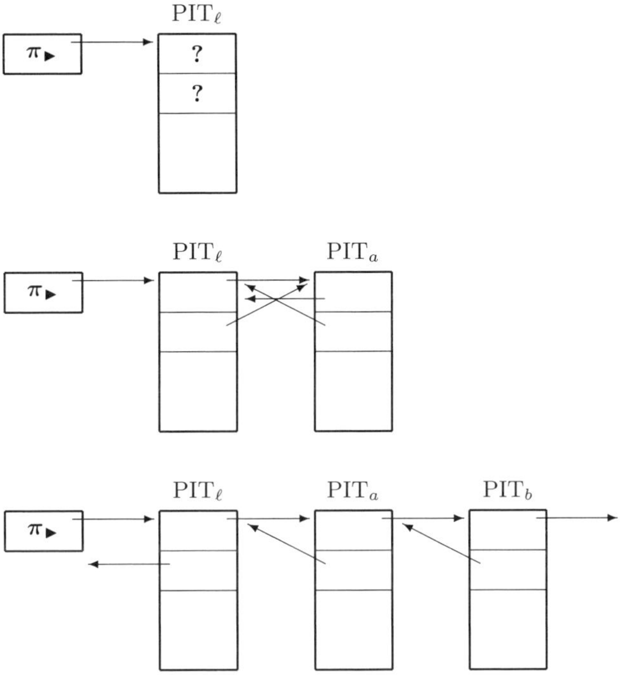

Y noch von den Zeilen *181–182* her $\pi_\blacktriangleright$ enthält, wird in den Zeilen *209–210* Register **Z** mit $\pi_\blacktriangleright^\triangleright$ geladen, anschließend in den Zeilen *211–213* Register **Y** mit $\pi_\blacktriangleright^\triangleleft$, dabei Register $\mathbf{r_{28}}$ über den „Umweg" $\mathbf{r_{24}}$. Folglich wird in den Zeilen *214–215* die Operation $\pi_\blacktriangleright^{\triangleleft\triangleright} \leftarrow \pi_\blacktriangleright^\triangleright$ und in den folgenden beiden Zeilen die Operation $\pi_\blacktriangleright^{\triangleright\triangleleft} \leftarrow \pi_\blacktriangleright^\triangleleft$ durchgeführt. Damit ist $\boldsymbol{P}_\ell$ vollständig aus dem Prozessring entfernt. Wie in der mittleren Konstellation wird anschließend in den Zeilen *218–219* der $\boldsymbol{P}_\ell$ im Ring nachfolgende Prozess zum laufenden Prozess gemacht, es wird die noch ausstehende Teiloperation durchgeführt und zum Abschluss des Prozesswechsels gesprungen.

Prozesse werden zwar einzeln in die Warteschlange eines Ereignisses eingefügt, diese wird jedoch vollständig geleert, wenn das Ereignis signalisiert wird, denn jeder Prozess in der Warteschlange wartet auf das nächste Ereignis.

Der Befehl `SosSignal` beginnt in Zeile *232*. Er hat zuerst zu prüfen, ob die Warteschlange leer ist. Ist das der Fall, so ist seine Aufgabe schon beendet. Die Prüfung kann mit Hilfe der Register $\mathbf{r_{31}}$, $\mathbf{r_{30}}$ und $\mathbf{r_{29}}$ geschehen, die bei Eintritt in den Befehl ohne weitere Aktionen zur Verfügung stehen. Die Zeilen *232–239*, in denen Register **Z** mit der Adresse von $\boldsymbol{E}_e$ geladen wird, entsprechen genau den Zeilen *187–194*. In Zeile *240* wird folglich $\mathbf{r_{29}}$ mit $\|\boldsymbol{E}_e\|$ geladen und in der folgenden Zeile auf den Wert Null geprüft. Ist $\|\boldsymbol{E}_e\| = 0$, so wird der Befehl `SosCmdNix` angesprungen, der in den rufenden Prozess mit $\mathfrak{z} = 1$ zurückkehrt, um anzuzeigen, dass kein Prozess geweckt werden konnte. Daß `SosSignal` auf eine leere Warteschlange triff, ist zwar keine Fehlerbedingung per se, doch kann die Kenntnis dieser Tatsache für den signalisierenden Prozess sehr nützlich sein.

Ist $\|\boldsymbol{E}_e\| > 0$, so werden die Inhalte der Register $\mathbf{r_{28}}$ bis $\mathbf{r_0}$ und der Inhalt des Stapelzeigers in die PIT des laufenden Prozesses $\boldsymbol{P}_\ell = \boldsymbol{P}^{\pi_\blacktriangleright}$ kopiert. Die Zeilen *244–257* entsprechen nahezu vollständig den Zeilen *174–186*, es kommt nur hinzu, dass $\|\boldsymbol{E}_e\|$ von $\mathbf{r_{29}}$ nach $\mathbf{r_4}$ umgespeichert wird.

Die Hauptaufgabe besteht nun darin, die PITs aus der Warteliste herauszulösen und in den Prozessring einzufügen. Dieser Vorgang kann wie folgt beschrieben werden. Es sei ρ die Adresse der ersten PIT im Prozessring, also $\rho = \boldsymbol{\pi}_\blacktriangleright$, es sei λ die Adresse der ersten PIT in der Warteliste des Ereignisses, also $\lambda = \boldsymbol{E}_e^\triangleright$, und es sei $\delta = \rho$ im Fall $P = 1$, aber $\delta = \rho^\triangleleft$ falls $P \geq 2$. Dann sind die folgenden Operationen $\|\boldsymbol{E}_e\|$-mal auszuführen:

$$\alpha \leftarrow \lambda^\triangleright \quad (6.1a)$$

$$\lambda^\triangleright \leftarrow \rho \quad (6.1b)$$

$$\rho^\triangleleft \leftarrow \lambda \quad (6.1c)$$

$$\rho \leftarrow \lambda \quad (6.1d)$$

$$\lambda \leftarrow \alpha \quad (6.1e)$$

Zur Vervollständigung der Ringverkettung müssen sich noch die Operationen $\rho^\triangleright \leftarrow \delta$ und $\delta^\triangleright \leftarrow \rho$ anschließen.

Bild 6.7 gibt die Situationen vor und nach einem Durchlaufen der Schritte (6.1a) bis (6.1e) wieder. Links ist der Prozessring, rechts die Warteliste zu sehen. Oben ist die Situation vor und unten die Situation nach einem Durchlaufen der Schritte dargestellt. In (6.1a) wird in

Abbildung 6.7.: Umspeichern einer Warteschlange in den Prozessring

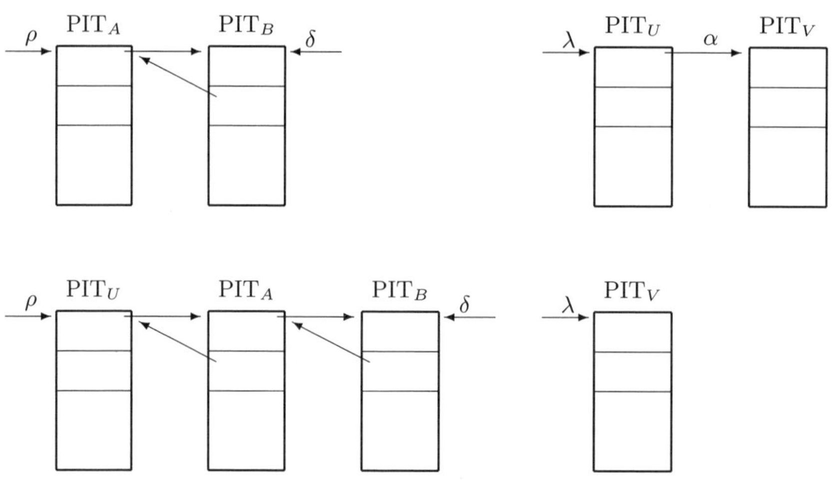

α die Adresse der auf PIT_U in der Warteliste folgenden PIT zwischengespeichert. Damit ist $\mathrm{PIT}_U^\triangleright$ frei und PIT_U kann mit den Schritten (6.1b) und (6.1c) an den Anfang des Prozessrings gesetzt werden. Anschließend wird im Schritt (6.1b) ρ wieder auf die Adresse der ersten PIT im Ring gesetzt und im Schritt (6.1c) wird λ auf die Adresse der nun ersten PIT in der Warteschlange gesetzt. Der Ring bleibt links von PIT_U allerdings offen. Diese Lücke wird erst geschlossen, wenn alle PITs aus der Warteliste sukzessive an den Anfang des Ringes gestellt wurden.

Die Umsetzung in Code beginnt damit, dass in den Zeilen *258–259* Register $\mathbf{r_{1:0}}$ mit der

Adresse der ersten PIT in der Warteliste geladen wird, anschließend wird $\boldsymbol{E}_e$ in den Zeilen *260–261* gelöscht, d.h. es wird die Operation $\|\boldsymbol{E}_e\| \leftarrow 0$ durchgeführt. Dann wird in Zeile *262* Register **Z** mit $\lambda = \boldsymbol{E}_e^{\triangleright}$ geladen. Für den Fall $P = 1$, also für den Fall, dass der Ring nur einen Prozess enthält,[3] sind Vorarbeiten nötig. Auf jeden Fall wird in Zeile *263* Register $\mathbf{r_{20}}$ mit P geladen. In der nachfolgenden Zeile wird dann P mit 2 verglichen. Gilt $P < 2$, so wird in den Zeilen *266–272* Timer2 zurückgesetzt und der *Compare Match*-Interrupt befähigt, anschließend wird $\mathbf{r_{3:2}}$ mit der Adresse $\rho = \boldsymbol{\pi}_{\blacktriangleright}$ der PIT von $\boldsymbol{P}_\ell$ geladen. Die Befähigung ist deshalb nötig, weil bei $P = 1$ die Prozessumschaltung unterdrückt wird, also wieder zugelassen werden muss, da nach der Umspeicherung $P > 1$ gilt. Ist aber $P \geq 2$, so wird $\mathbf{r_{3:2}}$ in den Zeilen *275–276* mit $\rho = \boldsymbol{\pi}_{\blacktriangleright}^{\triangleleft}$ geladen.
Register $\mathbf{r_4}$ enthält $\|\boldsymbol{E}_e\|$. Da es in der kommenden Schleife heruntergezählt wird, muss vorher in Zeile *277* der neue Wert von P berechnet werden. $\mathbf{r_{20}}$ war in Zeile *263* mit dem alten Wert von P geladen worden.
Die Programmschleife, welche die Schritte (6.1a) bis (6.1e) obiger Operation realisiert, umfasst die Zeilen *278–288*.

(6.1a) Zeilen *278–279* Register $\mathbf{r_{7:6}}$ wird für α verwendet
(6.1b) Zeilen *280–281*
(6.1c) Zeilen *282–283*
(6.1d) Zeile *284*
(6.1e) Zeile *287*

Schritt (6.1e) darf im letzten Schleifendurchlauf nicht ausgeführt werden, da die letzte PIT der Warteliste natürlich keine Adresse auf eine nächste PIT enthält.
Es folgt ab Zeile *289* die Vervollständigung der Ringverkettung. Es wird zunächst **Z** mit δ geladen, dann erfolgt $\rho^{\triangleright} \leftarrow \delta$ in den Zeilen *290–291* und $\delta^{\triangleright} \leftarrow \rho$ in den Zeilen *292–293*.
Der Befehl schließt mit der Vorbereitung auf den zweiten Teil des Prozesswechsels. In Zeile *294* wird **Z** mit ρ, d.h. mit der Adresse der nun vordersten PIT im Prozessring geladen, diese Adresse wird in den folgenden beiden Zeilen auch $\boldsymbol{\pi}_{\blacktriangleright}$ zugewiesen, und bevor der Prozesswechsel angesprungen wird, wird noch der neue Wert von P abgespeichert.

Will sich ein Prozess an einem *rendezvous* mit insgesamt n Prozessen beteiligen, so muss er wissen, ob er warten oder signalisieren soll. Ist $\boldsymbol{E}_e$ das Ereignis, das für das *rendezvous* benutzt wird, so muss er signalisieren, falls $\|\boldsymbol{E}_e\| = n$ gilt, andernfalls muss er warten. Nun ist der Zugriff auf $\|\boldsymbol{E}_e\|$ aber eine kritische Codesequenz und kann deshalb von Prozessen nicht nach Belieben durchgeführt werden. Das Problem lässt sich am einfachsten mit einem speziellen Befehl umgehen: Dem Befehl `SosWelseS` (*wait else signal*) wird neben dem Ereignisindex e in $\mathbf{r_{17}}$ in Register $\mathbf{r_{18}}$ die Zahl n übergeben, er ruft dann entweder `SosWait` oder `SosSignal` auf, abhängig davon, in welcher Relation n zu $\|\boldsymbol{E}_e\|$ steht.

Der Befehl `SosWelseS` beginnt in Zeile *299*. Er berechnet in nun schon üblicher Weise die Adresse von $\boldsymbol{E}_e$, liest $\|\boldsymbol{E}_e\|$, vergleicht mit n und verzweigt entsprechend. Eine ausführliche Erläuterung kann beim Befehl `SosWait` gefunden werden.

Damit sind alle Befehle vorgestellt, die sich unmittelbar auf Ereignisse beziehen. Ereignisse werden aber auch vom System dazu benutzt, neue Prozesse aufzunehmen und Interrupts einzubinden. Das sind die Themen der beiden nächsten Abschnitte.

Als Beispiel soll die Berechnung einer Determinante dienen. Solch eine Berechnung ist zwar ganz und gar unrealistisch, aber so einfach, dass sie nicht vom hier Wesentlichen ablenkt, nämlich der Verwendung von Ereignissen zur Synchronisation von

[3]Der Fall $P = 0$ ist nicht möglich, da ja ein Prozess den Befehl aufgerufen hat.

Prozessen. Natürlich kann es keinen Zeitgewinn geben, wenn eine längere Rechnung in kleinere Faktoren zerlegt wird, die dann quasi-parallel berechnet werden, im Gegenteil, es gibt einen Zeitverlust. Ganz allgemein kann gesagt werden, dass von *einem* Prozessor simulierte Parallelität nur dann einen Zeitgewinn bringt, wenn Prozesse warten müssen und das Warten durch echtes Blockieren realisiert wird.

Zu berechnen ist die Determinante

$$\begin{vmatrix} a_{11} & a_{12} & a_{13} \\ a_{21} & a_{22} & a_{23} \\ a_{31} & a_{32} & a_{33} \end{vmatrix} = a_{11}a_{22}a_{33} + a_{12}a_{23}a_{31} + a_{13}a_{21}a_{32} - a_{13}a_{22}a_{31} - a_{12}a_{21}a_{33} - a_{11}a_{23}a_{32}.$$

Zur Berechnung der einzelnen Produkte werden sechs Prozesse $\boldsymbol{P}_0$ bis $\boldsymbol{P}_5$ eingesetzt. $\boldsymbol{P}_0$ berechnet das Produkt $q_0 = a_{11}a_{22}a_{33}$, $\boldsymbol{P}_1$ berechnet $q_1 = a_{12}a_{23}a_{31}$, usw., siehe Bild 6.8. $\boldsymbol{P}_0$, $\boldsymbol{P}_1$ und $\boldsymbol{P}_2$ vereinbaren ein *rendezvous*, nach welchem $\boldsymbol{P}_0$ die Summe $s_0 = q_0 + q_1 + q_2$ berechnet. Parallel dazu vereinbaren $\boldsymbol{P}_3$, $\boldsymbol{P}_4$ und $\boldsymbol{P}_5$ ebenfalls ein *rendezvous*, nach welchem $\boldsymbol{P}_3$ die Summe $s_3 = q_3 + q_4 + q_5$ berechnet. $\boldsymbol{P}_0$ und $\boldsymbol{P}_3$ vereinbaren ein weiteres *rendezvous*, nach dem schließlich $\boldsymbol{P}_0$ die Determinante als $s_0 - s_3$ berechnet wird.

Abbildung 6.8.: Parallelberechnung einer Determinante

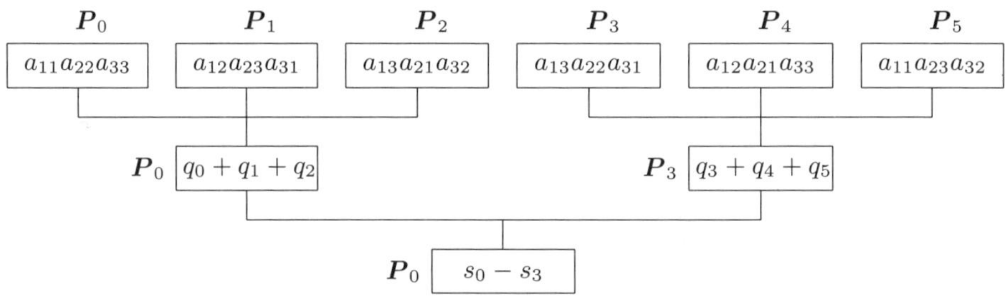

Alle sechs Prozesse werden mit *einer* Prozessfunktion realisiert. Ihr Verhalten wird von privaten Variablen gesteuert, die vor dem Systemstart initialisiert werden. Alternativ könnten auch acht Prozessfunktionen verwendet werden, dann wüsste jeder Prozess nach seiner Erzeugung direkt, was er zu tun hätte und müsste das nicht erst in Erfahrung bringen. Diese Alternative ist sogar einfacher zu programmieren.

Die Elemente der Matrix, deren Determinante zu berechnen ist, sind im Format $\mathbb{K}_8$ gegeben, also als vorzeichenlose 8-Bit-Zahlen. Die Determinante wird im Format $\mathbb{G}_{24}$ berechnet, d.h. als im Zweierkomplement verschlüsselte 24-Bit-Zahl.

```
        .include "m128def.inc"
        .include "makros.avr"
        .device  ATmega128
        .dseg
        .org     0x100
```

```
        .include "vecm128.avr"
        .include "sos.avr"
        .include "fifo.avr"
        .include "ser128.avr"
        .include "vecm128.avr"
        .dseg
        .equ    npit =  6
        .equ    nbpit= 60
        .equ    nDim =  3
```

Die Deklaration der Speicherbereiche für die PITs, Indizes usw.

```
vpit:   .byte   npit*nbpit        Die PITs von P0 bis P5
vbPrm:  .byte   npit*nDim         Die Indexfolgen (μ)
vbDet:  .byte   nDim*nDim         Die Determinante (δ)
        .byte   1                 Ein Füllerbyte
vbFak:  .byte   3*npit            Die Produkte q0 bis q5
vbSum:  .byte   3*2               Die Produktsummen s0 und s3
        .cseg
```

Die die Produkte q_i bestimmenden Indexfolgen und die Determinante

```
vbDat:  .db     0,4,8,1,5,6       Für q0 und q1
        .db     2,3,7,2,4,6       Für q2 und q3
        .db     1,3,8,0,5,7       Für q4 und q5
        .db     2,3,4,5,6,7       Die Determinante
        .db     8,9,1,0
        .equ    nbDat = 2*(PC - vbDat)
```

Die Prozessprozedur für $\boldsymbol{P}_0$ bis $\boldsymbol{P}_5$.
$\mathbf{r_0}$, $\mathbf{r_1}$ und $\mathbf{r_2}$ werden mit den drei Matrixelementen geladen

```
Proc:   clr     r15                  1   r15 ← 00
        ldd     r23,Z+oSosPriv       2   r23 ← i („Selbstindex")
        ldi     r26,LOW(vbDet)       1   X ← δ
        ldi     r27,HIGH(vbDet)      1
        movw    r29:r28,r27:r26      1   Y ← δ
        ldd     r16,Z+oSosPriv+1     2   r16 ← m0
        add     r28,r16              1   Y ← δ + m0
        adc     r29,r15              1
        ld      r0,Y                 1   r0 ← d0 = δ[m0] (z.B. a11)
        movw    r29:r28,r27:r26      1   Y ← δ
        ldd     r16,Z+oSosPriv+2     2   r16 ← m1
        add     r28,r16              1   Y ← δ + m1
        adc     r29,r15              1
        ld      r1,Y                 2   r1 ← d1 = δ[m1] (z.B. a22)
        ldd     r16,Z+oSosPriv+3     2   r16 ← m2
        add     r26,r16              1   X ← δ + m2
        adc     r27,r15              1
        ld      r2,X                 2   r2 ← d2 = δ[m2] (z.B. a33)
```

Das Produkt q_i wird berechnet				
	`mul`	`r0,r1`	2	$\mathbf{r_{1:0}} \leftarrow d_0 d_1 = s2^8 + r$
	`movw`	`r5:r4,r1:r0`	1	$\mathbf{r_{5:4}} \leftarrow d_0 d_1$
	`mul`	`r4,r2`	2	$\mathbf{r_{1:0}} \leftarrow r d_2 = t2^8 + p_0$
	`movw`	`r7:r6,r1:r0`	1	$\mathbf{r_{7:6}} \leftarrow r d_2$, also $\mathbf{r_6} \leftarrow p_0$
	`mul`	`r5,r2`	2	$\mathbf{r_{1:0}} \leftarrow s d_2 = v2^8 + u$
	`add`	`r7,r0`	1	$\mathbf{r_7} \leftarrow p_1 = (u+t) \bmod 2^8$
	`adc`	`r1,r15`	1	$\mathbf{r_1} \leftarrow p_2 = v + \lfloor (u+t)/2^8 \rfloor$
Das Produkt q_i wird in den Arbeitsspeicher geschrieben				
	`ldi`	`r26,LOW(vbFak)`	1	$\mathbf{X} \leftarrow \phi$
	`ldi`	`r27,HIGH(vbFak)`	1	
	`mov`	`r16,r23`	1	$\mathbf{r_{16}} \leftarrow i$
	`lsl`	`r16`	1	$\mathbf{r_{16}} \leftarrow 2i$
	`add`	`r16,r23`	1	$\mathbf{r_{16}} \leftarrow 3i$
	`add`	`r26,r16`	1	$\mathbf{X} \leftarrow \phi + 3i$
	`adc`	`r27,r15`	1	
	`st`	`X+,r6`	2	$\phi[3i] \leftarrow p_0$
	`st`	`X+,r7`	2	$\phi[3i+1] \leftarrow p_1$
	`st`	`X,r1`	2	$\phi[3i+2] \leftarrow p_2$
Das erste *rendezvous*, $\{\boldsymbol{P}_0, \boldsymbol{P}_1, \boldsymbol{P}_2\}$ oder $\{\boldsymbol{P}_3, \boldsymbol{P}_4, \boldsymbol{P}_5\}$				
	`ldi`	`r17,0`	1	*Rendezvous* mit $\boldsymbol{E}_0$ oder $\boldsymbol{E}_1$
	`cpi`	`r23,3`	1	$\boldsymbol{P}_0, \boldsymbol{P}_1, \boldsymbol{P}_2$: $\boldsymbol{E}_0$, $\boldsymbol{P}_3, \boldsymbol{P}_4, \boldsymbol{P}_5$: $\boldsymbol{E}_1$
	`brlo`	`Proc0`	1/2	
	`ldi`	`r17,1`	1	*Rendezvous* mit $\boldsymbol{E}_1$
`Proc0:`	`ldi`	`r18,npit`	1	Drei Prozesse nehmen teil
	`SOS`	`SOS_WELSES`	5+	Synchronisationspunkt
Berechnung der Summe s_0 oder s_3				
	`ldi`	`r28,LOW(vbFak)`	1	$\mathbf{Y} \leftarrow \phi$
	`ldi`	`r29,HIGH(vbFak)`	1	
	`ldi`	`r30,LOW(vbSum)`	1	$\mathbf{Z} \leftarrow \sigma$
	`ldi`	`r31,HIGH(vbSum)`	1	
$\boldsymbol{P}_1$, $\boldsymbol{P}_2$, $\boldsymbol{P}_4$ und $\boldsymbol{P}_5$ lösen sich auf				
	`tst`	`r23`	1	Bin ich $\boldsymbol{P}_0$?
	`breq`	`Proc3`	1/2	Ja: fortfahren
	`cpi`	`r23,3`	1	Bin ich $\boldsymbol{P}_3$?
	`breq`	`Proc1`	1/2	Ja: fortfahren
	`ret`		4	Alle anderen: halt!
Die Speicheradressen des Produktes q_3 und der Summe s_3 werden für $\boldsymbol{P}_3$ berechnet				
`Proc1:`	`adiw`	`r29:r28,3*npit/2`	2	$\mathbf{Y} \leftarrow \phi + 9$
	`adiw`	`r31:r30,3`	2	$\mathbf{Z} \leftarrow \sigma + 3$
Das Aufsummieren der drei Produkte und das Abspeichern der Summe				
`Proc3:`	`ldi`	`r16,npit/2-1`	1	Zwei Additionen erforderlich
	`ld`	`r2,Y+`	2	$\mathbf{r_{4:3:2}} \leftarrow q_i,\ i \in \{0,3\}$
	`ld`	`r3,Y+`	2	
	`ld`	`r4,Y+`	2	

```
Proc5:  ld      r0,Y+              2    r4:3:2 ← r4:3:2 + q_{i+j}, j ∈ {1,2}
        add     r2,r0              1
        ld      r0,Y+              2
        adc     r3,r0              1
        ld      r0,Y+              2
        adc     r4,r0              1
        dec     r16                1
        brne    Proc5              1/2
        st      Z+,r2              2    s_i ← r4:3:2
        st      Z+,r3              2
        st      Z,r4               2
```

Das zweite *rendezvous* $\{\boldsymbol{P}_0, \boldsymbol{P}_3\}$

```
        ldi     r17,0              1    Rendezvous mit E0
        ldi     r18,2              1    Zwei Prozesse
        SOS     SOS_WELSES         5+   Synchronisationspunkt
        tst     r23                1    Bin ich P3?
        breq    Proc7              1/2
```

Prozess $\boldsymbol{P}_3$ löst sich hier auf

```
        ret                        4    Ja: Stop!
```

Prozess $\boldsymbol{P}_0$ berechnet die Differenz $s_0 - s_3$

```
Proc7:  ldi     r28,LOW(vbSum)     1    Y ← σ
        ldi     r29,HIGH(vbSum)    1
        ld      r2,Y+              2    r4:3:2 ← s0
        ld      r3,Y+              2
        ld      r4,Y+              2
        ld      r0,Y+              2    r4:3:2 ← r4:3:2 − s3
        sub     r2,r0              1
        ld      r0,Y+              2
        sbc     r3,r0              1
        ld      r0,Y               2
        sbc     r4,r0              1
```

Prozess $\boldsymbol{P}_0$ gibt den Wert der Determinante an das LCD-Display aus

```
        ldi     r16,1              1    Erste Zeile anwählen
        call    SOWrite            4+
        mov     r16,r4             1    p2 hexadezimal ausgeben
        call    SOWriteHex         4+
        mov     r16,r3             1    p1 hexadezimal ausgeben
        call    SOWriteHex         4+
        mov     r16,r2             1    p0 hexadezimal ausgeben
        call    SOWriteHex         4+
```

Schließlich löst sich auch Prozess $\boldsymbol{P}_0$ auf, SLIMOS geht in den Leerlauf

```
        ret                        4
```

Der Programmstart. Einrichten des Stapels für vorübergehenden Gebrauch

```
Start:  ldi     r16,LOW(RAMEND)    1
        out     SPL,r16            1
```

```
            ldi     r16,HIGH(RAMEND)    1
            out     SPH,r16             1
```

Warteschleifen, um dem LCD-Display Zeit zur Initialisierung zu geben

```
            ldi     r16,30              1
Strt2:      ldi     r17,255             1
Strt3:      ldi     r18,255             1
Strt4:      dec     r18                 1
            brne    Strt4               1/2
            dec     r17                 1
            brne    Strt3               1/2
            dec     r16                 1
            brne    Strt2               1/2
```

Initialisierung der seriellen Schnittstelle S0 (zur Verbindung mit dem LCD-Display)

```
            ldi     r16,25              1
            call    S0Ini               4+
            call    S0SndEin            4+
```

Die Initialisierung der PITs, Aufbau einer Tabelle der PIT-Adressen

```
            ldi     r24,npit            1
            ldi     r18,nbpit           1
            ldi     r30,LOW(vpit)       1   Z ← A(PIT_0)
            ldi     r31,HIGH(vpit)      1
            ldi     r16,LOW(Proc)       1
            ldi     r17,HIGH(Proc)      1
            ldi     r26,LOW(vbPrm)      1   X ← θ = μ
            ldi     r27,HIGH(vbPrm)     1
LSysIni:    call    SosMakePit          4+
            st      X+,r30              2   θ[j] ← A(PIT_j)
            st      X+,r31              2
            adiw    r31:r30,nbpit       2   Z ← A(PIT_{j+1})
            dec     r24                 1
            brne    LSysIni             1/2
```

Die Initialisierung von SLIMOS.

```
            ldi     r16,npit            1
            ldi     r26,LOW(vbPrm)      1
            ldi     r27,HIGH(vbPrm)     1
            call    SosIni              4+
```

Kopieren der Indizes und der Determinante vom Programm- in den Arbeitsspeicher

```
            ldi     r30,LOW(2*vbDat)    1
            ldi     r31,HIGH(2*vbDat)   1
            ldi     r28,LOW(vbPrm)      1
            ldi     r29,HIGH(vbPrm)     1
            ldi     r16,nbDat           1
LDatIni:    lpm     r0,Z+               3
            st      Y+,r0               2
            dec     r16                 1
```

```
163            brne     LDatIni                   1/2
     Die Initialisierung der PITs mit ihren privaten Daten („Selbst" und die Produktindizes)
164            ldi      r30,LOW(vpit)             1     Z ← A(PIT_0)
165            ldi      r31,HIGH(vpit)            1
166            ldi      r26,LOW(vbPrm)            1     X ← μ
167            ldi      r27,HIGH(vbPrm)           1
168            clr      r16                       1     i = 0
169  LProIni:  std      Z+oSosPriv,r16            2     PIT_i ← i
170            ld       r0,X+                     2     r0 ← μ[0] = m_0
171            std      Z+oSosPriv+1,r0           2     PIT_i ← m_0
172            ld       r0,X+                     2     r0 ← μ[1] = m_1
173            std      Z+oSosPriv+2,r0           2     PIT_i ← m_1
174            ld       r0,X+                     2     r0 ← μ[2] = m_2
175            std      Z+oSosPriv+3,r0           2     PIT_i ← m_2
176            adiw     r31:r30,nbpit             2     Z ← A(PIT_i+1)
177            inc      r16                       1     i ← i + 1
178            cpi      r16,npit                  1
179            brlo     LProIni                   1/2
     Der Einsprung in SLIMOS.
180            jmp      SosStart                  3
```

Die Elemente der Matrix werden zeilenweise im Speicher angeordnet (wie in der Sprache **C**). Da jedes Element ein Byte ist, fallen sein Index und sein *offset*, d.h. seine relative Adresse zum Matrixanfang, zusammen. Ersetzt man in der Determinante jedes Element durch seinen Index, wird die Anordnung der Elemente im Speicher augenfällig:

$$\begin{vmatrix} 0 & 1 & 2 \\ 3 & 4 & 5 \\ 6 & 7 & 8 \end{vmatrix}$$

Die Produkte $a_{ij}a_{kl}a_{uv}$ werden den Prozessen über die Indizes der am Produkt beteiligten Elemente zugewiesen. Z.B. erhält $\boldsymbol{P}_0$ zur Berechnung des Produktes $q_0 = a_{11}a_{22}a_{33}$ die Indexfolge $(0, 4, 8)$. Die Tabelle 6.1 gibt den Zusammenhang zwischen Produkt und Prozess wieder. Die Indexfolgen und die Determinante sind im Programmspeicher abgelegt (Zeilen *22–26*), sie werden in den Zeilen *152–160* in die entsprechenden Bereiche im Arbeitsspeicher kopiert, die in den Zeilen *16–17* reserviert werden.

Tabelle 6.1.: Produkte und Prozesse

Produkt	Indizes	Prozess
$q_0 = a_{11}a_{22}a_{33}$	0 4 8	$\boldsymbol{P}_0$
$q_1 = a_{12}a_{23}a_{31}$	1 5 6	$\boldsymbol{P}_1$
$q_2 = a_{13}a_{21}a_{32}$	2 3 7	$\boldsymbol{P}_2$
$q_3 = a_{13}a_{22}a_{31}$	2 4 6	$\boldsymbol{P}_3$
$q_4 = a_{12}a_{21}a_{33}$	1 3 8	$\boldsymbol{P}_4$
$q_5 = a_{11}a_{23}a_{32}$	0 5 7	$\boldsymbol{P}_5$

Das Programm startet in Zeile *121*. Da in der Initialisierungsphase einige Unterprogramme aufgerufen werden müssen, wird als Erstes der Stapel eingerichtet. Es folgen Warteschleifen, die dem (über die serielle Schnittstelle angesprochenen) LCD-Display Zeit zur Initialisierung geben. Der Zeitgeber aus Abschnitt A.3 lässt sich leider nicht verwenden, da dieser eine *ISR* für den Timer0-Interrupt installiert, der auch von SLIMOS benutzt wird. Es folgt die Initialisierung der seriellen Schnittstelle USART0 (Zeilen *131–133*).
Die PITs der sechs Prozesse werden ab Zeile *137* initialisiert. Gleichzeitig wird die Tabelle der PIT-Adressen aufgebaut, deren Adresse θ von `SosIni` in Register **X** verlangt wird. Da die Tabelle nach dem Aufruf von `SosIni` nicht mehr gebraucht wird, wird sie in dem Speicherbereich angelegt, in den später die Indizes der Produkte kopiert werden. SLIMOS selbst wird in den Zeilen *151–154* initialisiert. Es schließt sich das Kopieren der Indizes und der Determinante vom Programm- in den Arbeitsspeicher an (Zeilen *155–163*).
Vor dem Einsprung in SLIMOS müssen die PITs noch ihre privaten Daten erhalten. Diese bestehen aus dem Prozessindex i, der besagt, dass die PIT für Prozess $\boldsymbol{P}_i$ bestimmt ist (sozusagen der „Selbstindikator": Wer bin ich?), und aus den drei Indizes m_0, m_1 und m_2, die das vom Prozess zu berechnende Produkt bestimmen (siehe Tabelle 6.1).
Die von allen Prozessen verwendete Prozedur beginnt in Zeile *28*. Dort wird als Erstes Register $\mathbf{r_{15}}$ mit **00** geladen, es dient dazu, bei Adressrechnungen den Übertrag einer Addition zum unteren Byte der Adresse zum oberen Byte zu addieren. In der nächsten Zeile wird in Register $\mathbf{r_{23}}$ das erste private Byte aus der PIT des Prozesses geladen, also der „Selbstindex" i (siehe Zeile *166*). Das ist möglich, weil jedem ins Leben gerufene Prozess vom System die Adresse seiner PIT in Register **Z** geschrieben wurde. Register $\mathbf{r_0}$ wird nun mit dem ersten Produktfaktor $d_0 = \delta[m_0]$, $\mathbf{r_1}$ mit $d_1 = \delta[m_1]$ und $\mathbf{r_2}$ mit $d_2 = \delta[m_2]$ geladen, dabei ist δ die Adresse der Matrix. Die Berechnung von $d_0d_1d_2 = p_2 2^{16} + p_1 2^8 + p_0$ erfolgt in den Zeilen *46–52*. Zuerst wird $d_0d_1 = s2^8 + r$ berechnet und in das Doppelregister $\mathbf{r_{5:4}}$ kopiert, um $\mathbf{r_{1:0}}$ für die nächste Multiplikation frei zu machen, nämlich für die Berechnung von $rd_2 = t2^8 + p_0$. Dieses Produkt wird in Doppelregister $\mathbf{r_{7:6}}$ kopiert, um $\mathbf{r_{1:0}}$ für das letzte Teilprodukt frei zu haben. Es ist also $\mathfrak{r}_6 = p_0$. Die letzte Multiplikation ist $sd_2 = v2^8 + u$, mit $\mathfrak{r}_0 = u$ und $\mathfrak{r}_1 = v$. Dann ist $p_2 2^8 + p_1 = v2^8 + u + t$, also $p_1 = (u + t) \bmod 2^8$ und $p_2 = v + \lfloor (u + t)/2^8 \rfloor$. Ersteres wird in Zeile *51* und Letzteres in Zeile *52* berechnet. Damit ist $\mathfrak{r}_1 = p_2$, $\mathfrak{r}_7 = p_1$ und $\mathfrak{r}_6 = p_0$.
Bevor Prozess $\boldsymbol{P}_i$ sein Produkt in den Speicher schreiben kann, hat er die dafür vorgesehene Adresse $\phi + 3i$ zu berechnen, dabei ist ϕ die Anfangsadresse des in Zeile *19* bereitgestellten Vektors. Diese Berechnung und der anschließende Speichervorgang werden in den Zeilen *53–62* ausgeführt. Die Schreibvorgänge bilden natürlich keine kritischen Regionen, da vor dem ersten *rendezvous* jeder Prozess nur auf seinen eigenen Speicherplatz für sein Produkt zugreift.
Nach dem Abspeichern des Produktes erreichen die Prozesse ihr *rendezvous*. Wie es in Bild 6.8 gezeigt wird, haben die beiden Prozessgruppen $\{\boldsymbol{P}_0, \boldsymbol{P}_1, \boldsymbol{P}_2\}$ und $\{\boldsymbol{P}_3, \boldsymbol{P}_4, \boldsymbol{P}_5\}$ ein eigenes *rendezvous*. Das der ersten Gruppe wird mit Ereignis $\boldsymbol{E}_0$, das der zweiten Gruppe mit $\boldsymbol{E}_1$ realisiert. Jeder Prozess muss feststellen, zu welcher Gruppe er gehört. Dazu muss er nur seinen Index i in Register $\mathbf{r_{23}}$ inspizieren: Abhängig von i wird Register $\mathbf{r_{17}}$ in den Zeilen *63–66* mit **00** (bei $i < 3$) oder mit **01** (bei $i \geq 3$) geladen. Nachdem der zweite Parameter des *rendezvous*-Befehls in Register $\mathbf{r_{18}}$ geschrieben wurde, kann der Befehl ausgeführt werden.
Haben sich die Prozesse der beiden Gruppen alle getroffen, so geben sich die Prozesse $\boldsymbol{P}_1$, $\boldsymbol{P}_2$, $\boldsymbol{P}_4$ und $\boldsymbol{P}_5$ selbst auf, $\boldsymbol{P}_0$ berechnet die Summe s_0 der ersten drei Produkte und $\boldsymbol{P}_3$ berechnet parallel dazu die Summe s_3 der letzten drei Produkte. Als Vorbereitung für die Summation wird in den Zeilen *69–27* Register **Y** mit der Adresse ϕ des ersten Produktes q_0 und Register **Z** mit der Adresse σ der ersten Summe s_0 geladen. Das ist für $\boldsymbol{P}_0$ richtig, für $\boldsymbol{P}_3$ muss **Y** die Adresse des vierten Produktes q_3 und **Z** die Adresse der zweiten Summe s_0 enthalten. Um

das sicherzustellen, wird in den Zeilen *73–76* noch einmal festgestellt, zu welchem Prozess die laufende Prozessprozedur gehört. Gehört sie zu $\boldsymbol{P}_0$, wird einfach fortgefahren, gehört sie zu $\boldsymbol{P}_3$, so werden in den Zeilen *78–79* die Adressen in **Y** und **Z** angepasst. In jedem anderen Fall nihiliert sich der Prozess in Zeile *77* selbst.[4] Die beiden Prozesse $\boldsymbol{P}_0$ und $\boldsymbol{P}_3$ können nun ihre Summe in den Zeilen *80–94* berechnen und in dem dafür vorgesehenen Speicherbereich ablegen.

Beide Prozesse treffen sich dann in einem zweiten *rendezvous*, das mit $\boldsymbol{E}_0$ durchgeführt wird (Zeilen *95–97*). Nach diesem *rendezvous* nihiliert sich auch $\boldsymbol{P}_3$. Prozess $\boldsymbol{P}_0$ hat dann nur noch die leichte Aufgabe, die Differenz $s_0 - s_3$ zu bilden (Zeilen *101–111*) und an das LCD-Display zu senden (Zeilen *112–119*), ehe er sich ebenfalls aufgibt. Das System geht dann in den Leerlauf.

Ereignisse sind einfach zu benutzen, besonders das *rendezvous*-Konzept macht viele einfache Problemlösungen möglich, wie das — wenngleich völlig unrealistische — Beispielprogramm zeigt.

6.7. Einen Prozess hinzufügen

Die einfachste Methode, das System mit einem neuen Prozess zu erweitern, besteht darin, eine korrekt initialisierte PIT in den Prozessring einzufügen. Auf diese Weise hat der einfügende Prozess aber wenig Kontrolle darüber, wann der neue Prozess zum laufenden Prozess gemacht wird. Sollen z.B. zwei neue Prozesse $\boldsymbol{P}_a$ und $\boldsymbol{P}_b$ hinzukommen, die an einem bestimmten Zeitpunkt „gleichzeitig" starten sollen, so ist das durch einfaches Einbringen in den Prozessring nicht zu erreichen.

Eine brauchbare und fast genauso einfach durchzuführende Methode besteht darin, die neue PIT in die Warteliste eines Ereignisses $\boldsymbol{E}$ einzufügen und den neuen Prozess dann dadurch zu starten, dass das Ereignis signalisiert wird. $\boldsymbol{E}$ kann speziell zu diesem Zweck verwendet werden, der neue Prozess kann aber auch gemeinsam mit anderen Prozessen gestartet werden, die auf das Eintreten eines bestimmten Ereignisses warten.

Dem Befehl ist der Index e des Ereignisses, auf das er sich bezieht, in Register $\mathbf{r_{17}}$ und die Adresse $\boldsymbol{\pi}$ der initialisierten PIT in Register **Y** zu übergeben. Der Befehlsindex selbst ist `SOS_APPPRO`.

Die Realisierung `SosAppendPro` des Befehls beginnt in Zeile *461*. Die erste Aufgabe ist, **Y** zu restaurieren, da in `SosCmd` Register $\mathbf{r_{29}}$ benutzt und daher sein Wert in den Stapel gerettet wurde. Anschließend wird genau wie in `SosSignal` die Adresse $\boldsymbol{E}_e$ berechnet (Zeilen *463–470*). Ist das geschehen, wird $\|\boldsymbol{E}_e\|$ erhöht (Zeilen *471–473*) und die neue PIT in die Warteliste des Ereignisses eingefügt (Zeilen *474–479)* Man vergleiche dazu Bild 6.5. Dort ist $\boldsymbol{\pi}_{\blacktriangleright}$ durch $\boldsymbol{\pi}$ und PIT_ℓ durch die neue PIT zu ersetzen.

Es bleibt noch zu zeigen, wie eine PIT initialisiert werden kann. Das System stellt dazu das Unterprogramm `SosMakePit` zur Verfügung. Es erwartet die Adresse $\boldsymbol{\pi}$ der PIT in Register **Z**, die Länge $n_{\boldsymbol{\pi}}$ der PIT (in Bytes) in Register $\mathbf{r_{18}}$ und die Adresse φ der Prozessfunktion in Doppelregister $\mathbf{r_{17:16}}$. Das System benötigt in der PIT 40 Bytes, es *muss* also $n_{\boldsymbol{\pi}} \geq 40$ gelten. Der benötigte Bereich setzt sich zusammen aus den 32 Registern, dem Stapelzeiger, der Rückkehradresse und den beiden Adressen zur Verkettung.

[4] Das steht im krassen Gegensatz zur realen Welt. Wie es dort zugeht, hat der Philosoph Heidegger einmal so ausgedrückt: „*Hier nichtet nur das Nichts*".

Das Unterprogramm `SosMakePit` beginnt in Zeile *110*. Es macht Gebrauch von vier Registern, deren Inhalte in den laufenden Stapel kopiert werden, und daran ist zu denken, wenn das Unterprogramm von einem Prozess aufgerufen wird! Da der Stapel manipuliert wird, werden in Zeile *111* Interrupts verhindert und es wird in den beiden folgenden Zeilen der Inhalt des Stapelzeigers in das Doppelregister $\mathbf{r}_{1:0}$ gerettet.
In den Zeilen *114–120* wird der Stapelzeiger mit der Adresse des letzten Bytes der PIT

Abbildung 6.9.: Initialisierung einer PIT

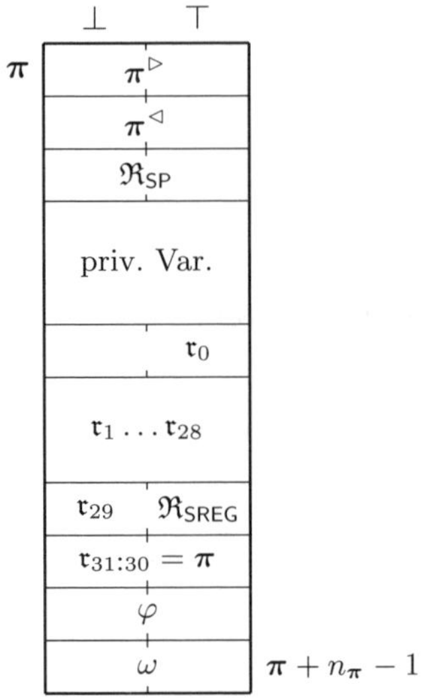

geladen, also mit der Adresse $\pi + n_\pi - 1$. Dabei wird in der Zeile *116* der untere Teil der 16-Bit-Summe und in den Zeilen *118–119* ihr oberer Teil berechnet. Die PIT kann jetzt mit `push`-Befehlen so gefüllt werden, wie es in Bild 6.9 gezeigt ist.

- Damit der neue Prozess sich mit einem `ret`-Befehl selbst aus dem System entfernen kann, muss zuunterst die Adresse `SosStopOnRet` in den lokalen Stapel, im Bild mit ω bezeichnet (Zeilen *121–124*). Siehe dazu Abschnitt 6.4.
- Der nächste Stapeleintrag ist die Adresse φ der Prozessprozedur (Zeilen *125–126*), die im Doppelregister $\mathbf{r}_{17:16}$ übergeben wurde.
- Die nächsten beiden Bytes des Stapels sind für die Register $\mathbf{r}_{31}$ und $\mathbf{r}_{30}$ reserviert (in dieser Reihenfolge). Da der neue Prozess beim Start in **Z** die Adresse seiner PIT vorfinden soll, werden $\mathbf{r}_{31}$ und $\mathbf{r}_{30}$ vor dem *push* nicht gelöscht. Damit kommt π in den Stapel.
- Zwischen $\mathbf{r}_{30}$ und $\mathbf{r}_{29}$ muss der Wert des Statusregisters eingeschoben werden. Da ein neuer Prozess von Spezialfällen abgesehen mit gelöschten Statusbits starten sollte, wird **00** in den Stapel geschrieben (Zeile *130*).
- Es folgen die Inhalte der Register $\mathbf{r}_{29}$ bis $\mathbf{r}_0$, denen in der Schleife in den Zeilen *132–134* **00** zugewiesen wird. Der Schleifenzähler $\mathbf{r}_{20}$ wird in Zeile *131* mit 30 initialisiert.
- Es bleibt noch, den Wert des Stapelzeigers selbst in die PIT zu schreiben (Zeilen *135–138*).

Damit ist die PIT für einen Prozesslauf vorbereitet. Die restlichen Zeilen dienen nur noch dazu, die am Anfang des Unterprogramms ausgeführten Operationen zurückzunehmen, also dem Stapelzeiger seinen alten Wert zu geben, Interrupts zuzulassen und den Wert der vier geretteten Register zu restaurieren.

Das Simulationsprogramm in Abschnitt 6.12 kann als Beispiel für das Starten von Prozessen dienen.

6.8. Interrupts

Mit Ausnahme der Interrupts von Timer0 und Timer2, die vom System benutzt werden, können Interrupts beliebig verwendet werden. Dabei sind die in Kapitel 4 angesprochenen Vorsichtsmaßnahmen zu beachten, das ist in der doch schon recht komplexen Umgebung von SLIMOS besonders wichtig. Die folgenden Punkte sollen noch besonders hervorgehoben werden:

- **Jeder** Prozess muss in seinem lokalen Stapel genug Platz für die Interrupts bereitstellen.
- Die vom System verwendeten Interrupts, also der *Compare Match*-Interrupt von Timer0 und Timer2, erwarten, einen Prozess zu unterbrechen, nicht eine *ISR*! Geschachtelte Interrupts sind also nur dann möglich, wenn eine *ISR*, die sich selbst wieder unterbrechen lassen will, gezielt die Interrupts von Timer0 und Timer2 entfähigt und nach getaner Arbeit wieder befähigt.
- Da die Ausführung eines Befehls nicht unterbrochen werden kann, muss bei Interrupts dann und wann mit einer etwas längeren Latenzzeit[5] gerechnet werden, nämlich dann, wenn ein Interrupt gerade während einer Prozessumschaltung oder Befehlsausführung auftritt. Dem kann wie im vorigen Punkt so begegnet werden, dass die Befehle Interrupts nicht mehr generell entfähigen, sondern individuell. Zumindest „gutartige" Interrupts, also solche, die parallel zum System arbeiten und mit diesem nicht in Konflikt kommen können, könnten befähigt bleiben.

Im Normalfall werden Interrupts nicht kontaktlos am System vorbei arbeiten, sondern mit ihm zusammen arbeiten wollen. Das ist schon deshalb wünschenswert, damit keine Interruptquelle übergangen wird. Denn je eher die Verarbeitung eines Interrupts von der *ISR* an einen Prozess übergeben wird, desto eher kann die *ISR* auf einen weiteren Interrupt reagieren. Eine elegante Methode, die Behandlung eines Interrupts an einen Prozess zu übergeben besteht darin, den Prozess auf ein Ereignis warten zu lassen und von der *ISR* das Eintreffen des Ereignisses signalisieren zu lassen. Die *IRS* und der Prozess müssen sich natürlich über den Datenaustausch verständigt haben. Auch dürfen bei einem von einem Interrupt herkommenden Signal nicht alle auf das Ereignis wartenden Prozesse aktiviert werden, sondern nur einer. Ferner ist im Gegensatz zu einer normalen Signalisierung ein bei einer leeren Warteliste von einem Interrupt ausgelöstes Signal definitiv ein Fehler, da ein Interrupt nicht bearbeitet werden kann!

Die Einbindung von Interrupts in das System erfolgt über das Unterprogramm `SosIntSig`, das von einer *ISR* **angesprungen** wird. Übergeben wird dabei in Register **Z** die Adresse ε eines Ereignisses $\boldsymbol{E}$, also nicht sein Index, da zu jedem Interrupt

[5] Der Ausdruck stammt aus der Biologie und meint die auf die Verzögerung durch die Nervenleitung zurückgehende Spanne zwischen einer Reizauslösung und der vom Organismus gegebenen Reizantwort. Amerikanisch: *latency*.

ein festes Ereignis ausgewählt werden sollte, dessen Adresse bekannt ist und nicht erst ausgerechnet werden muss, so die Reaktionszeit verkürzend. Es wird noch ein weiterer Parameter übergeben, nämlich die Adresse ϕ eines Fehlerbytes in Register **Y**. Das System erhöht den Wert des Fehlerbytes um 1, falls die Warteliste von $\boldsymbol{E}$ leer ist, ein Interrupt also nicht bearbeitet werden kann. Dieser Vorgang steht natürlich stellvertretend für eine ausgefeiltere Fehlerbehandlung. Immerhin könnte das System so auf Anfrage die Anzahl der übergangenen Interrupts mitteilen.

Das Unterprogramm `SosIntSig` beginnt in Zeile *659*. Es ist eigentlich kein echtes Unterprogramm, da es angesprungen wird, man könnte es eher als eine Fortsetzung der *ISR* bezeichnen. Die *ISR* muss bereits als Teil ihrer Arbeit die Register $\mathbf{r_{31}}$, $\mathbf{r_{30}}$, das Statusregister und die Register $\mathbf{r_{29}}$ und $\mathbf{r_{28}}$ in den Stapel des unterbrochenen Prozesses oder den Stapel des Leerlaufs gerettet haben.
Als Erstes wird auch der Inhalt von $\mathbf{r_{27}}$ in den Stapel kopiert, dann kann mit diesem freien Register geprüft werden, ob die Warteliste von $\boldsymbol{E}$ leer ist. Dazu wird in Zeile *660* $\mathbf{r_7}$ mit $\|\boldsymbol{E}\|$ geladen. Der folgende Befehl `dec r27` bildet $\|\boldsymbol{E}_e\| - 1$, falls $\|\boldsymbol{E}_e\| > 0$ galt, die Warteliste also nicht leer ist. Bei leerer Liste erzeugt der Befehl den (unsinnigen) Wert **FF**, gleichzeitig wird aber auch das Negativbit $\mathfrak{n}$ gesetzt, mit dem also geprüft werden kann, ob vor dem Befehl $\|\boldsymbol{E}_e\| = 0$ galt. Das geschieht auch in der nächsten Zeile, in der in die Zeile *670* zur Fortsetzung der Signalisierung verzweigt wird, falls $\mathfrak{n}$ *nicht* gesetzt ist.
Um den Fehler, nämlich das Übergehen eines Interrupts bei leerer Warteliste von $\boldsymbol{E}$, zu-

Abbildung 6.10.: Einfügen in den Prozessring für $P = 0$, $P = 1$ und $P \geq 2$

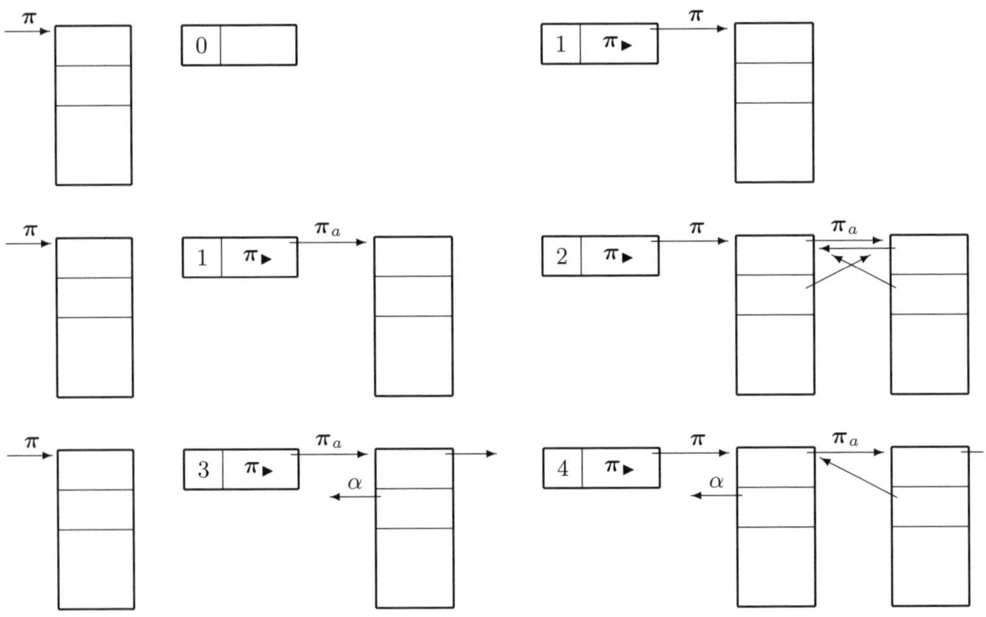

mindest zu dokumentieren, wird in den Zeilen *663–665* das Fehlerbyte um 1 erhöht, dessen Adresse in Register **Y** übergeben wurde. Anschließend werden die geretteten Register auf die übliche Weise restauriert, bevor in das unterbrochene Programm (ein Prozess oder der Leerlauf) zurückgekehrt wird. Es wird nicht in die *ISR* zurückgesprungen!

Bei nicht leerer Warteliste wird in Zeile *670* der neue Wert von $\|\boldsymbol{E}\|$ in das Ereignis kopiert. Anschließend wird $\mathbf{r_{27}}$ mit der Anzahl P der Prozesse im Prozessring geladen. Ist $P = 0$, so wurde der Leerlauf unterbrochen, und es stehen alle Register zur Verfügung. Bei $P > 0$ wurde jedoch ein Prozess unterbrochen, es muss also ein ganzer Prozesswechsel durchgeführt werden und nicht nur ein halber wie bei $P = 0$. Das bedeutet die übliche Prozedur, wie sie in den Zeilen *674–686* durchgeführt wird, also das Retten der Register in den lokalen Stapel, für die das nicht bereits geschehen ist, und das Kopieren des Stapelzeigers selbst in die PIT des unterbrochenen Prozesses. Zusätzlich wird hier aber die Adresse dieser PIT in Zeile *676* im Doppelregister für später zwischengespeichert.
Als Nächstes wird die erste PIT in der Warteliste von $\boldsymbol{E}$ aus der Liste herausgenommen. Dazu wird in den Zeilen *688–689* Register **Y** mit der Adresse der ersten PIT aus der Liste geladen: $\mathbf{Y} \leftarrow \boldsymbol{E}^{\triangleright}$. In den nächsten vier Zeilen wird dann die Operation $\boldsymbol{E}^{\triangleright} \leftarrow \boldsymbol{E}^{\triangleright\triangleright}$ ausgeführt. Anschließend wird Register **Z** mit der Adresse der herausgelösten PIT geladen.
Die aus der Warteschlange herausgenommene PIT muss in den Prozessring eingefügt werden. Art und Weise des Einfügens richten sich nach der Anzahl P der Prozesse im Ring. Es werden die Fälle $P = 0$, $P = 1$ und $P \geq 2$ gesondert betrachtet. Abbildung 6.10 zeigt die drei Konstellationen, oben für $P = 0$, in der Mitte für $P = 1$ und unten für $P \geq 2$. Ganz links ist die neue PIT mit der Adresse $\boldsymbol{\pi}$ zu sehen, in der Mitte wird der hier wesentliche Teil des Prozessrings vor und rechts nach dem Einfügen der PIT in den Ring gezeigt. Das Verzweigen nach dem Wert von P geschieht in den Zeilen *695–697*. Es wird P mit 1 verglichen, bei $P = 1$ in die Zeile *703* und bei $P > 1$ in die Zeile *710* gesprungen. Zwar gibt es keinen Befehl, der direkt bei $P > 1$ verzweigt, aber die Verzweigung bei $P \geq 1$ hat hier eben diesen Effekt, da der Fall $P = 1$ in der vorigen Zeile schon abgefangen wurde.
Bei $P < 1$, also effektiv $P = 0$, geht es direkt mit Zeile *698* weiter. An Bild 6.10 kann abgelesen werden, was zu tun ist: $P \leftarrow 1$ und $\boldsymbol{\pi}_{\blacktriangleright} \leftarrow \boldsymbol{\pi}$. Ersteres wird in den Zeilen *698–699*, Letzteres in den beiden folgenden Zeilen ausgeführt. Da alle Voraussetzungen für den zweiten Teil eines Prozesswechsels gegeben sind, kann dieser in Zeile *702* angesprungen und durchgeführt werden.
Im Fall $P = 1$, der ab Zeile *703* abgehandelt wird, wird vor dem Einfügen der PIT Timer2 wieder befähigt, da bei zwei Prozessen der Prozesswechsel unter aktiven Prozessen wieder eingeschaltet werden muss. Anschließend wird in Zeile *711* Register **Y** mit der Adresse $\boldsymbol{\pi}$ der aus der Warteliste ausgelösten PIT geladen, die in Zeile *687* in Doppelregister $\mathbf{r_{11:10}}$ zwischengespeichert worden war. Wird mit $\boldsymbol{\pi}_a$ die Adresse der PIT bezeichnet, die sich im Prozessring befindet (und welche die PIT des unterbrochenen Prozesses ist), so sind die folgenden Operationen durchzuführen:

$\boldsymbol{\pi}_a^{\triangleright} \leftarrow \boldsymbol{\pi}$	Zeilen *712–713*
$\boldsymbol{\pi}_a^{\triangleleft} \leftarrow \boldsymbol{\pi}$	Zeilen *714–715*
$\boldsymbol{\pi}^{\triangleright} \leftarrow \boldsymbol{\pi}_a$	Zeilen *716–717*
$\boldsymbol{\pi}^{\triangleleft} \leftarrow \boldsymbol{\pi}_a$	Zeilen *718–719*

Kurz gesagt müssen alle *pointer* einer PIT auf die andere PIT zeigen. Ist das ausgeführt, so muss noch wie im Fall $P = 0$ der in den Ring übernommene Prozess zum laufenden Prozess gemacht werden, bevor der in Zeile *674* begonnene Prozesswechsel abgeschlossen werden kann. Außerdem ist noch P anzupassen. Der Sprung in Zeile *720* führt deshalb in den Fall $P = 0$ zurück.
Im verbleibenden Fall $P \geq 2$ wird in den Zeilen *721–722* zuerst P angepasst, dann wie oben Register **Y** mit der Adresse $\boldsymbol{\pi}$ geladen. Anschließend werden nach Bild 6.10 die folgenden

fünf Zuweisungsoperationen durchgeführt:

$$\begin{array}{rl} \mathbf{X} \leftarrow \pi_a^{\lhd} & \text{Zeilen } \mathit{724–725} \\ \pi^{\lhd} \leftarrow \pi_a^{\lhd} & \text{Zeilen } \mathit{726–727} \\ \pi^{\rhd} \leftarrow \pi_a & \text{Zeilen } \mathit{728–729} \\ \pi_a^{\lhd} \leftarrow \pi & \text{Zeilen } \mathit{730–731} \\ \pi_a^{\lhd\rhd} \leftarrow \pi & \text{Zeilen } \mathit{732–733} \end{array}$$

Im Bild ist $\pi_a^{\lhd}$ mit α bezeichnet. Die letzte Operation wird mit Register **X** durchgeführt, das ja in den Zeilen *724–725* mit $\pi_a^{\lhd}$ geladen wurde. Zum Schluss wird noch der eingefügte Prozess zum laufenden Prozess gemacht (Zeilen *734–735*), bevor auch hier der Prozesswechsel vervollständigt werden kann.

Eine *ISR*, die ein Ereignis signalisieren will, muss natürlich beim Anspringen des Unterprogamms `SosSigInt` die von ihm geforderten Parameter übergeben, also die Adresse des Ereignisses in **Z** und die Adresse eines Fehlerbytes in **Y**. Sie muss sich aber auch genauso verhalten wie der Anfang des Prozesswechsels, da sie von diesem ja fortgesetzt wird. Es müssen also die Inhalte der Register $\mathbf{r_{31}}$, $\mathbf{r_{30}}$, $\mathbf{R_{SREG}}$, $\mathbf{r_{29}}$ und $\mathbf{r_{28}}$ in den lokalen Stapel (oder den Leerlaufstapel) kopiert werden. Als Beispiel wird für INT7, der $\boldsymbol{E}_9$ signalisiert, in den Zeilen *740–750* eine minimale *ISR* gezeigt.

In den Zeilen *737–738* wird das Fehlerbyte bereitgestellt. Es muss vor dem Befähigen von INT7 mit **00** initialisiert werden. Der Wert dieses Fehlerbytes wird jedesmal erhöht, wenn der Interrupt keinen Prozess in der Warteliste von $\boldsymbol{E}_9$ vorfindet. So lässt sich z.B. beim Herunterfahren des Systems feststellen, ob Interrupts nicht erkannt wurden.
Die Zeilen *740–742* enthalten den Standardbeginn einer *ISR*, die ein Ereignis signalisieren will. Danach wird der Interrupt entfähigt. Der vom Interrupt aktivierte Prozess muss diesen dann wieder befähigen. Die Entfähigung ist nur zu Demonstrationszwecken vorhanden, unbedingt nötig ist sie nicht. Damit lässt sich aber z.B. auf einfache Weise Tastenprellen verhindern.
Die *ISR* wird mit dem Laden der beiden Adressparameter in die Register **Y** und **Z** und dem *Anspringen* der Adresse `SosIntSig` abgeschlossen.

Ein Beispielprogramm, in dem ein Interrupt ein Ereignis signalisiert, ist im Abschnitt 6.9 über die Semaphore zu finden. Das Ereignis ist das Ende einer Analog-Digital-Umwandlung.

6.9. Semaphore

Es gibt verschiedene Möglichkeiten, kritische Bereiche gegen den gleichzeitigen Zugriff von Prozessen abzusichern. Die historisch gesehen erste praktikable und immer noch weit verbreitete Methode verwendet Semaphore.[6] Ein Semaphor $\boldsymbol{S}$ besteht aus einer Zählvariablen $\boldsymbol{S}^{\ltimes}$, die nur auf eine ganz bestimme Weise manipuliert werden kann. Bei AVR-Prozessoren ist es allerdings so, dass $\boldsymbol{S}^{\ltimes}$ nur auf eine bestimmte Weise manipuliert werden *darf*, da es keine Möglichkeiten gibt, Prozessen in ihrem Verhalten Zwänge aufzuerlegen. Jedenfalls wird der Zähler $\boldsymbol{S}^{\ltimes}$ eines Semaphors $\boldsymbol{S}$ mit einem negativen

[6]Der Begriff ist von dem italienischen Wort für Verkehrsampel, *semaforo*, abgeleitet.

Wert z_S initialisiert. Gilt $z_S < -1$, so ist mit dem Wert von $\boldsymbol{S}^{\ltimes}$ gewöhnlich eine Bedeutung verbunden. Z.B. bedeutet in der Tankstellensimulation aus Abschnitt 6.12 die Zahl $-z_S$ die Anzahl der Zapfsäulen der Tankstellen.

Will nun ein Prozess die kritische Region, die mit $\boldsymbol{S}$ abgesichert ist, betreten, so erhöht das System den Wert von $\boldsymbol{S}^{\ltimes}$ um 1: $\boldsymbol{S}^{\ltimes} \leftarrow \boldsymbol{S}^{\ltimes} + 1$. Gilt dann $\boldsymbol{S}^{\ltimes} \leq 0$, so kann der Prozess die kritische Region betreten, andernfalls, also bei $\boldsymbol{S}^{\ltimes} > 0$, wird der Prozess blockiert und zu diesem Zweck in eine dem Semaphor zugehörige Warteschlange eingereiht. Offenbar bedeutet $\boldsymbol{S}^{\ltimes}$, wenn positiv, die Anzahl der Prozesse, die auf diese Weise blockiert werden.

Will ein in die kritische Region eingelassener Prozess diese wieder verlassen, so erniedrigt das System den Wert der Zählvariablen um 1: $\boldsymbol{S}^{\ltimes} \leftarrow \boldsymbol{S}^{\ltimes} - 1$. Gilt *danach* $\boldsymbol{S}^{\ltimes} \geq 0$, so wird noch mindestens ein Prozess durch den Semaphor blockiert. Für *einen* dieser Prozesse wird die Blockade aufgehoben, d.h. er wird aus der Warteschlange herausgenommen und aktiviert und hat damit die kritische Region betreten.

Selbstverständlich ist zu prüfen, ob die Operationen $\boldsymbol{S}^{\ltimes} \leftarrow \boldsymbol{S}^{\ltimes} + 1$ und $\boldsymbol{S}^{\ltimes} \leftarrow \boldsymbol{S}^{\ltimes} - 1$ kritische Codesequenzen sind. Trifft das zu, so sind sie durch das Sperren von Interrupts zu entschärfen. Aber das sind Einzelheiten der Implementierung, die nichts zum Verständnis beitragen. Wesentlich ist der Wert von $\boldsymbol{S}^{\ltimes}$:

$\boldsymbol{S}^{\ltimes} \leq 0$: Die durch $\boldsymbol{S}$ abgesicherte kritische Region kann noch von $\left|\boldsymbol{S}^{\ltimes}\right|$ Prozessen ohne Blockade betreten werden, $\boldsymbol{S}^{\ltimes} - z_S$ Prozesse haben die kritische Region schon betreten und kein Prozess wird wegen $\boldsymbol{S}$ blockiert.

$\boldsymbol{S}^{\ltimes} > 0$: Es befinden sich $|z_S|$ Prozesse in der kritischen Region und $\boldsymbol{S}^{\ltimes}$ Prozesse werden blockiert.

Für einfache Synchronisationsaufgaben werden Semaphore mit $z_S = -1$ eingesetzt. Es kann dann nur ein Prozess in die vom Semaphor geschützte Region eintreten, und das ist in der Regel das Verlangte. Das System initialisiert alle Semaphore mit $z_S = -1$.

Abbildung 6.11.: Semaphor $\boldsymbol{S}_1$ mit $\boldsymbol{P}_a$, $\boldsymbol{P}_b$ in kritischer Region, nicht blockierend

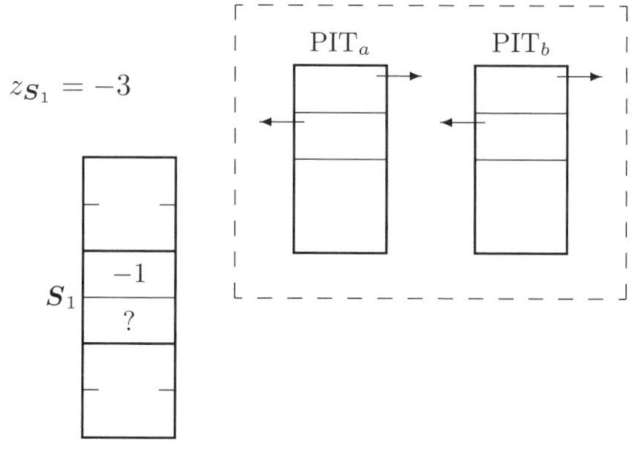

Semaphore und Ereignisse sind sich in ihrer Struktur so weitgehend wie möglich ähnlich. Damit können sie auch programmiertechnisch über weite Strecken gleichbehandelt

werden. Wie bei Ereignissen gibt es einen Vektor $(\boldsymbol{S}_0, \ldots, \boldsymbol{S}_{\boldsymbol{s}-1})$ von Semaphoren, auf die sich die Prozesse über die Indizes $s \in \{0, \ldots, \boldsymbol{s} - 1\}$ beziehen. Die Anzahl $\boldsymbol{s}$ von Semaphoren ist im Programm in Zeile *19* festgelegt. Und wie ein Ereignis besteht auch ein Semaphor aus drei Bytes. Das erste Byte enthält die Zählvariable $\boldsymbol{S}_s^{\ltimes}$, das zweite und das dritte Byte enthalten die Adresse der ersten PIT in der Warteliste der vom Semaphor blockierten Prozesse (Zeilen *20–21*).

Abbildung 6.12.: Semaphor $\boldsymbol{S}_1$ mit $\boldsymbol{P}_a$, $\boldsymbol{P}_b$, $\boldsymbol{P}_c$ in kritischer Region, $\boldsymbol{P}_u$, $\boldsymbol{P}_v$ blockierend

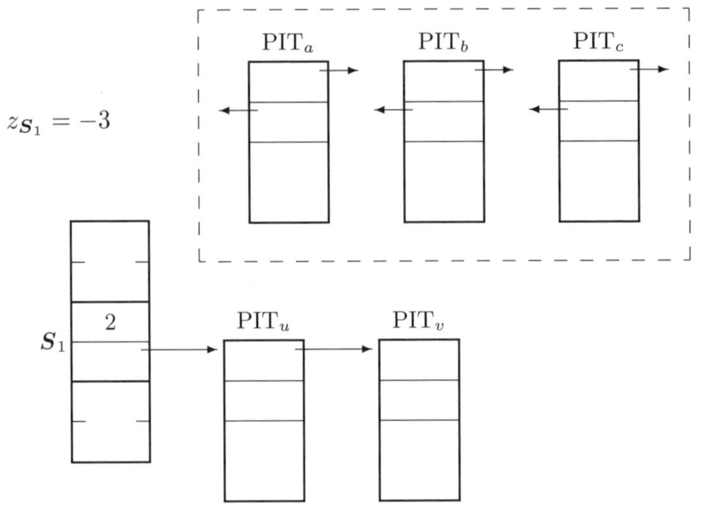

Prozesse können für den Umgang mit Semaphoren zwei Befehle nutzen. Sie übergeben dem Befehl den Index s des Semaphors in Register $\mathbf{r_{17}}$.

`SosLock`
: Falls die von $\boldsymbol{S}_s$ geschützte kritische Region noch nicht von $|z_{S_s}|$ Prozessen betreten wurde, kann der Prozess, der `SosLock` aufgerufen hat, die kritische Region ebenfalls betreten, andernfalls wird dieser Prozess blockiert, d.h. in die Warteschlange des Semaphors eingefügt.

`SosUnlock`
: Ist die Warteliste von $\boldsymbol{S}_s$ nicht leer, so wird ein Prozess aus der Warteliste entfernt und in den Prozessring eingefügt. Hat der Prozess, der die Ausführung des Befehls einleitete, die von dem Semaphor geschützte kritische Region betreten, so verlässt er sie nun.

Kritische Regionen werden von Aufrufen von `SosLock` und `SosUnlock` begrenzt. Ein Prozess betritt eine kritische Region genau dann, wenn er von einem Aufruf von `SosLock` zurückkehrt, und er verlässt eine kritische Region bei der Rückkehr vom Befehl `SosUnlock`. Dem Betreten einer kritischen Region kann eine Blockierung vorausgehen, nicht jedoch dem Verlassen!

Hier ist zu beachten, dass **jeder** Prozess `SosUnlock` aufrufen kann, unabhängig davon, ob er selbst die mit dem Semaphor $\boldsymbol{S}_s$ assoziierte kritische Region überhaupt betreten hat. Hat er das nicht, so ergibt sich der Effekt $z_{S_s} \leftarrow z_{S_s} + 1$, die kritische Region kann also von einem Prozess mehr betreten werden. Hier gilt aber als Grenze, dass maximal 255 Prozesse eine kritische Region betreten können, da $\boldsymbol{S}_s^{\ltimes}$ als Byte realisiert ist. Bei gewollter Grenzüberschreitung wird von `SosUnlock` eine Fehlermeldung zurückgegeben, und zwar wird das Statusbit $\mathfrak{z}$ gesetzt: $\mathfrak{z} = 1$. Also: Ein Prozess, der eine kritische Region nicht betreten hat, kann einen[7] Prozess, der vor ihrem Betreten blockiert wird, zwar von der Blockade befreien und die kritische Region betreten lassen, aber nur mit dem Seiteneffekt $z_{S_s} \leftarrow z_{S_s} + 1$. Natürlich ist es kein großes Problem, eine Prüfung in das Programm aufzunehmen, die erzwingt, dass ein Prozess nur dadurch aus der Warteliste eines Semaphors herausgelöst werden kann, dass ein anderer Prozess die kritische Region verlässt. Die Datenstruktur eines Semaphors müsste dazu aber erweitert werden.

Wie bei allen anderen Befehlen auch wird die Fehlerbedingung $s \geq \boldsymbol{s}$ nicht überprüft. In den Fällen, in denen s nicht zur Laufzeit berechnet wird, kann das nämlich zur Assemblierungszeit mit einem Makro geschehen.

Der Befehl `SosLock` beginnt in Zeile *312*. Der Parameter, hier der Semaphorindex s, wird wie üblich in Register $\mathbf{r_{17}}$ übergeben. Aus ihm wird in den Zeilen *312–319* die Adresse von $\boldsymbol{S}_s$ berechnet: $\mathbf{Z} \leftarrow \mathcal{A}(\boldsymbol{S}_s)$ (siehe z.B. den analogen Vorgang in Zeilen *187–194*). Anschließend wird $\mathbf{r_{29}}$ mit $\boldsymbol{S}_s^{\ltimes}$ geladen und mit Null verglichen.
Gilt $\boldsymbol{S}_s^{\ltimes} < 0$, dann kann der Prozess $\boldsymbol{P}_\ell$, der laufende Prozess, der `SosLock` aufgerufen hat, die kritische Region betreten. In diesem Fall wird in die Zeile *373* gesprungen (diese Zeile kann mit einem bedingten Sprung nicht direkt erreicht werden). Der Vorgang ist ganz einfach, es wird lediglich $\boldsymbol{S}_s^{\ltimes}$ um Eins erhöht (Zeilen *373–374*) und auf die übliche Weise in den Prozess $\boldsymbol{P}_\ell$ zurückgekehrt.
Bei $\boldsymbol{S}_s^{\ltimes} \geq 0$ in Zeile *322* muss $\boldsymbol{P}_\ell$ blockiert werden. Dazu wird wie gewohnt in den Zeilen *324–337* der erste Teil eines Prozesswechsels durchgeführt. Dabei wird $\mathbf{Y}$ mit der Adresse $\boldsymbol{\pi}_{\blacktriangleright}$ der PIT von $\boldsymbol{P}_\ell$ geladen (Zeilen *332–333*). Außerdem wird $\boldsymbol{S}_s^{\ltimes}$ in $\mathbf{r_4}$ umgeladen (Zeile *331*), da $\mathbf{r_{29}}$ als Teil von $\mathbf{Y}$ gebraucht wird.
Als Nächstes wird die PIT von $\boldsymbol{P}_\ell$ in die Warteliste des Semaphors eingefügt. Um die Komplexität des Programms nicht noch weiter zu erhöhen, geschieht das am Anfang der Liste. Diese bekommt so eine *LIFO*-Charakteristik[8], d.h. der Prozess, der zuletzt in die Warteliste eingefügt wird, verlässt sie zuerst. Es liegt hier eine Situation vor, wie sie in Bild 6.5 gezeigt wird. Die drei auszuführenden Operationen sind $\boldsymbol{\pi}_{\blacktriangleright}^{\triangleright} \leftarrow \boldsymbol{S}_s^{\triangleright}$, $\boldsymbol{S}_s^{\triangleright} \leftarrow \boldsymbol{\pi}_{\blacktriangleright}$ und $\boldsymbol{S}_s^{\ltimes} \leftarrow \boldsymbol{S}_s^{\ltimes}$. Da sich $\boldsymbol{P}_\ell$ noch im Prozessring befindet, kann für die erste Operation $\pi = \boldsymbol{\pi}_{\blacktriangleright}^{\triangleright}$ nicht überschrieben werden und wird deshalb in den Zeilen *338–339* in Doppelregister $\mathbf{r_{25:24}}$ zwischengespeichert. Enthält der Prozessring mehr als einen Prozess, so ist π die Adresse der PIT des im Ring auf $\boldsymbol{P}_\ell$ folgenden Prozesses $\boldsymbol{P}_a$. Die Operation $\boldsymbol{\pi}_{\blacktriangleright}^{\triangleright} \leftarrow \boldsymbol{S}_s^{\triangleright}$ muss allerdings nur dann durchgeführt werden, wenn $\boldsymbol{S}_s^{\ltimes} > 0$ gilt, wenn also die Warteliste nicht leer ist. Diese Bedingung wird in Zeile *340* abgefragt, ist sie erfüllt, so wird die Operation in den Zeilen *342–345* ausgeführt. $\boldsymbol{S}_s^{\ltimes} \leftarrow \boldsymbol{S}_s^{\ltimes}$ wird dann in den Zeilen *346–347* und $\boldsymbol{S}_s^{\triangleright} \leftarrow \boldsymbol{\pi}_{\blacktriangleright}$ in den nächsten beiden Zeilen realisiert.
Die nächste Aufgabe ist, $\boldsymbol{P}_\ell$ aus dem Prozessring zu entfernen. Dieser Vorgang wurde in Abschnitt 6.6 eingehend erläutert, man vergleiche dort besonders Bild 6.6.

[7] Allerdings keinen ganz bestimmten, sondern nur irgendeinen der wartenden Prozesse.
[8] *Last In First Out.*

Noch eine Bemerkung zu den Zeilen *363–364*: Die beiden Befehle stehen statt der **nicht vorhandenen** Befehle `std X+oppitSosNxt,r30` und `stdX oppitSosNxt+1,r31`, der Kommentar ist also korrekt.

Die Implementierung von `SosUnlock` bringt außer der Behandlung von $\boldsymbol{S}_s^{\ltimes}$ nur bereits Bekanntes, die Erläuterungen sind deshalb kurz gefasst.

Der Befehl `SosUnlock` beginnt in Zeile *377* mit der Berechnung von $\mathcal{A}(\boldsymbol{S}_s)$ in $\mathbf{Z}$ (für eine genaue Beschreibung des Vorgangs siehe z.B. die Zeilen *187–194*). In Zeile *385*wird dann $\mathbf{r_{29}}$ mit der Zählvariable $\boldsymbol{S}_s^{\ltimes}$ des Semaphors geladen. Es können drei Fälle unterschieden werden:

$\boldsymbol{S}_s^{\ltimes} \geq 1$
: Die Warteliste des Semaphors ist nicht leer. Die erste PIT wird herausgelöst und in den Ring eingefügt. Der laufende Prozess $\boldsymbol{P}_\ell$ verlässt die kritische Region.

$-128 < \boldsymbol{S}_s^{\ltimes} \leq 0$
: Die Warteliste des Semaphors ist leer. $\boldsymbol{P}_\ell$ verlässt die kritische Region.

$\boldsymbol{S}_s^{\ltimes} = -128 =$ **80**
: Es liegt ein Fehler vor, da die Operation $\boldsymbol{S}_s^{\ltimes} \leftarrow \boldsymbol{S}_s^{\ltimes} - 1$ zu einem Zweierkomplementüberlauf führt, denn $\boldsymbol{S}_s^{\ltimes}$ ist eine Bytevariable.

Der Vergleich in Zeile *386* prüft, ob der erste Fall vorliegt. Ist das der Fall, so wird in Zeile *400* fortgefahren. Andernfalls wird in der nächsten Zeile die Operation $\mathbf{r_{29}} \leftarrow \boldsymbol{S}_s^{\ltimes} - 1$ ausgeführt. Ein dabei auftretender Zweierkomplementüberlauf wird in der Zeile *389* erkannt. In Reaktion darauf erfolgt in den Zeilen *390–394* ein Rücksprung in $\boldsymbol{P}_\ell$, aber mit dem Fehlerindikator $\mathfrak{z} = 1$ (Zeile *391*). Andernfalls wird in den Zeilen *395–399* ebenfalls zurückgesprungen, aber mit verringertem $\boldsymbol{S}_s^{\ltimes}$ (Zeile *395*) und mit $\mathfrak{z} = 0$ (siehe Zeile *771*).

Im Fall $\boldsymbol{S}_s^{\ltimes} \geq 1$ beginnt in Zeile *400* der erste Teil des Prozesswechsels von $\boldsymbol{P}_\ell$ zum ersten Prozess in der Warteliste des Semaphors, er endet in Zeile *413*. Diese Zeilen entsprechen genau den Zeilen *174–186*, bis auf die Tatsache, dass $\boldsymbol{S}_s^{\ltimes}$ von $\mathbf{r_{29}}$ nach $\mathbf{r_4}$ umgespeichert wird.

Es folgt das Herauslösen der ersten PIT aus der Warteliste des Semaphors. Dazu wird in den Zeilen *414–415* Doppelregister $\mathbf{r_{21:20}}$ mit der Adresse π dieser PIT geladen: $\mathbf{r_{21:20}} \leftarrow \pi = \boldsymbol{S}_s^{\triangleright}$. Es schließt sich in den Zeilen *416–417* die Operation $\boldsymbol{S}_s^{\ltimes} \leftarrow \boldsymbol{S}_s^{\ltimes} - 1$ an. Gilt danach $\boldsymbol{S}_s^{\ltimes} > 0$, so erfolgt noch in den Zeilen *419–423* die Operation $\boldsymbol{S}_s^{\triangleright} \leftarrow \pi^{\triangleright}$.

Das Einfügen der aus der Liste herausgelösten PIT in den Prozessring beginnt in Zeile *424* damit, dass Register $\mathbf{Z}$ mit ihrer Adresse π geladen wird. Das weitere Vorgehen hängt davon ab, ob der Prozessring genau einen oder mehr als einen Prozess enthält. Es lässt sich mittels der Kommentare und mit Hilfe von Abschnitt 6.8, besonders Bild 6.10 Mitte und unten, leicht nachvollziehen.

Für ein Beispielprogramm wird auf Abschnitt 5.3.3 zurückgegriffen. Dort verwenden zwei Prozesse den *ADC*. Dieser besitzt zwar acht Kanäle zur Analog-Digital-Umwandlung, die aber gemultiplext sind, so dass nicht mehrere Umwandlungen gleichzeitig vorgenommen werden können. Der Zugriff auf den *ADC* ist also mit kritischen Regionen abzusichern. Ferner wird das Ergebnis der Umwandlungen nicht wie in Abschnitt 5.3.3 durch eine Abfrageschleife ermittelt, sondern durch den *ADC*-Interrupt als das Eintreten eines Ereignisses signalisiert. Das Programm ist also auch ein Beispiel für Abschnitt 6.8.

Wie in Abschnitt 6.6 wäre es auch hier möglich, für alle Prozesse, die eine Umwandlung vornehmen, *eine* Prozessfunktion zu verwenden. Es wird aber die andere Methode demonstriert, nämlich jedem Prozess seine eigene Funktion zu geben. Das Programm wird dadurch einfacher, aber es ist viel Code mehrfach vorhanden. Z.B. muss einem Prozess nicht die Kanalnummer mitgeteilt werden, die er verwenden soll, er kennt sie schon oder besser gesagt, seine Prozessfunktion kennt sie.

Die Umwandlungsergebnisse werden wieder über die serielle Schnittstelle an ein LCD-Display ausgegeben und zwar in hexadezimaler Form. Jeder Prozess schreibt in seine eigene Zeile. Der Zugriff auf die serielle Schnittstelle muss ebenfalls durch eine kritische Region gegen Mehrfachzugriff abgesichert werden. Die Prozesse sind aber zu schnell für das LCD-Display, sie verbringen deshalb einige Zeit in einer Warteschleife. Die Aufenthaltsdauer in der Schleife ist von einer Zufallszahl abhängig, um etwas Variabilität in das Programm zu bringen; so können sich keine periodischen Vorgänge entwickeln.

Ebenfalls der Variabilität wegen wird noch ein weiterer Prozess eingeführt, der allerdings seine meiste Zeit in einer Warteschleife zubringt. Auch deren Dauer hängt von einer Zufallszahl ab, die der Prozess über die serielle Schnittstelle an das LCD-Display übergibt, um den beiden Umwandlungsprozessen etwas Konkurrenz zu verschaffen.

Jeder Prozess setzt vor dem Versuch, eine kritische Region zu betreten, ein ihm zugeordnetes Bit von PORTC, und er löscht dieses Bit wieder, sobald er die Region betreten hat. Werden Leuchtdioden an PORTC angeschlossen, kann das Verhalten der Prozesse bei den kritischen Regionen beobachtet werden. Falls die kritische Region ohne Blockierung betreten werden kann, ist das Aufblitzen zu kurz, um deutlich wahrgenommen zu werden, Blockierungen sind aber gut zu erkennen (siehe auch die auf die Programmerläuterungen folgenden Bemerkungen).

```
          .include m128def.inc"
          .include makros.avr"
          .device  ATmega128
          .dseg
```

Der Arbeitsspeicher des **ATmega128** beginnt bei **100**!

```
          .org     0x100
          .equ     AddRndRiB = 0x100
          .include vecm128.avr"
          .include addzg.avr"
          .include sos.avr"
          .include fifo.avr"
          .include ser128.avr"
```

Die verwendeten Indizes von Semaphoren und Ereignissen

```
          .equ     eADC = 8
          .equ     sADC = 0
          .equ     sSER = 1
          .dseg
```

Die in SLIMOS eingebundene *ISR* des *ADC* (Interrupt bei Umwandlungsende)

```
bAdcMiss:.byte     1                             Fehlerbyte (nicht ben.)
          .cseg
ADChdlr:  push2    r31,r30                 4
          in       r30,SREG                1
          push3    r30,r29,r28             6
          ldi      r30,LOW(veveSos+3*eADC) 1
```

```
          ldi       r31,HIGH(veveSos+3*eADC) 1
          ldi       r28,LOW(bAdcMiss)        1
          ldi       r29,HIGH(bAdcMiss)       1
          jmp       SosIntSig                3
          .include  vecm128.avr"
          .equ      nbpit = 60                     Gemeinsame Größe der PITs
          .cseg
```

Das Datensegment des Programmspeichers und daraus abgeleitete Größen

```
vwDat:    .dw       P0,P1,P2                       Tab. der Prozessprozeduradr.
          .equ      npit = PC - vwDat              P
          .equ      nbDat = 2*(PC - vwDat)         Bytegröße Datenbereich
          .dseg
```

Die Datenstrukturen im Arbeitsspeicher

```
vpfP:     .byte     npit*2                         Tab. der Prozessprozeduradr.
vppit:    .byte     npit*2                         Tab. der PIT-Adressen
vpit:     .byte     npit*nbpit                     Vektor der PITs
          .cseg
```

Eine Warteschleife (*aspetta!*) für ca. $131072n$ Takte. Übergabe von n in $\mathbf{r_{16}}$

```
Aspetta:  ori       r16,1                    1
Aspett0:  ldi       r17,255                  1     n
Aspett1:  ldi       r18,255                  1     255 × n
Aspett2:  dec       r18                      1     255 × 255 × n
          brne      Aspett2                  1/2   2 × 255 × 255 × n − 1
          dec       r17                      1     255 × n
          brne      Aspett1                  1/2   2 × 255 × n − 1
          dec       r16                      1     n
          brne      Aspett0                  1/2   2 × n − 1
          ret                                4
```

Prozess $\boldsymbol{P}_0$ für Kanal 0 des *ADC*

```
P0:       sbi       PORTC,0                  1     ● Bit 0
```

Der Versuch, die kritische Region des *ADC* zu betreten

```
          ldi       r17,sADC                 1
          SOS       SOS_LOCK                 5+
          cbi       PORTC,0                  1     ○ Bit 0
```

Die Analog-Digital-Umwandlung über Kanal 0 wird eingeleitet

```
          in        r16,ADMUX                1     Kanal 0 anwählen
          andi      r16,0b11100000           1
          out       ADMUX,r16                1
          SBI       ADCSR,ADSC               1     Umwandlung einleiten
```

Auf das Signalisieren des *ADC*-Interrupts warten

```
          ldi       r17,eADC                 1
          SOS       SOS_WAIT                 5+
```

Das Ergebnisregister des *ADC* auslesen (die obere Hälfte)

```
          in        r1,ADCH                  1
```

Die kritische Region des *ADC* wird verlassen

```
        ldi     r17,sADC        1
        SOS     SOS_UNLOCK      5+
        sbi     PORTC,2         1    ● Bit 2
  Der Versuch, die kritische Region der seriellen Schnittstelle zu betreten
        ldi     r17,sSER        1
        SOS     SOS_LOCK        5+
        cbi     PORTC,2         1    ○ Bit 2
  Ausgabe des Ergebnisses an das LCD-Display über die serielle Schnittstelle
        ldi     r16,1           1    Zeile 1 benutzen
        call    SOWrite         4+
        mov     r16,r1          1    Ergebnis absenden
        call    SOWriteHex      4+
  Die kritische Region der seriellen Schnittstelle wird verlassen
        ldi     r17,sSER        1
        SOS     SOS_UNLOCK      5+
  Eine zufällige Zeitspanne bestimmen und diese abwarten
        ldi     r20,20          1    Zufallszahl 0 ≤ u < 20 abrufen
        mov     r2,r20          1
        call    AddRndN8        4+
        mov     r16,r0          1
        rcall   Aspetta         4+   Zufallszeit abwarten
  Zur nächsten Umwandlung
        rjmp    P0              2
  Prozess P1 für Kanal 2 des ADC
P1:     sbi     PORTC,1         1    ● Bit 1
  Der Versuch, die kritische Region des ADC zu betreten
        ldi     r17,sADC        1
        SOS     SOS_LOCK        5+
        cbi     PORTC,1         1    ○ Bit 1
  Die Analog-Digital-Umwandlung über Kanal 2 wird eingeleitet
        in      r16,ADMUX       1    Kanal 2 anwählen
        andi    r16,0b11100000  1
        ori     r16,2           1
        out     ADMUX,r16       1
        SBI     ADCSR,ADSC      1    Umwandlung einleiten
  Auf das Signalisieren des ADC-Interrupts warten
        ldi     r17,eADC        1
        SOS     SOS_WAIT        5+
  Das Ergebnisregister des ADC auslesen (die obere Hälfte)
        in      r1,ADCH         1
  Die kritische Region des ADC wird verlassen
        ldi     r17,sADC        1
        SOS     SOS_UNLOCK      5+
        sbi     PORTC,3         1    ● Bit 3
  Der Versuch, die kritische Region der seriellen Schnittstelle zu betreten
```

```
          ldi     r17,sSER               1
          SOS     SOS_LOCK               5+
          cbi     PORTC,3                1    ○ Bit 3
  Ausgabe des Ergebnisses an das LCD-Display über die serielle Schnittstelle
          ldi     r16,2                  1    Zeile 2 benutzen
          call    SOWrite                4+
          mov     r16,r1                 1
          call    SOWriteHex             4+   Ergebnis absenden
  Die kritische Region der seriellen Schnittstelle wird verlassen
          ldi     r17,sSER               1
          SOS     SOS_UNLOCK             4+
  Eine zufällige Zeitspanne bestimmen und diese abwarten
          ldi     r20,15                 1    Zufallszahl 0 ≤ u < 15 abrufen
          mov     r2,r20                 1
          call    AddRndN8               4+
          mov     r16,r0                 1
          rcall   Aspetta                4+   Zufallszeit abwarten
  Zur nächsten Umwandlung
          rjmp    P1                     2
  Prozess P2 ohne Aufgaben, nur zur Bereicherung der Szene
P2:       ldi     r20,5                  1    Zufallszahl 0 ≤ u < 5 abrufen
P2a:      mov     r2,r20                 1
          call    AddRndN8               4+
          mov     r16,r0                 1
          rcall   Aspetta                4+   Zufallszeit abwarten
          sbi     PORTC,4                1    ● Bit 4
  Der Versuch, die kritische Region der seriellen Schnittstelle zu betreten
          ldi     r17,sSER               1
          SOS     SOS_LOCK               5+
          cbi     PORTC,4                1    ○ Bit 4
  Ausgabe der Zufallszahl an das LCD-Display über die serielle Schnittstelle
          ldi     r16,4                  1    Zeile 4 benutzen
          call    SOWrite                4+
          mov     r16,r0                 1
          call    SOWriteHex             4+   Zufallszahl in Hex absenden
          ldi     r17,sSER               1
          SOS     SOS_UNLOCK             5+
  Die kritische Region der seriellen Schnittstelle wird verlassen
          rjmp    P2a                    2
  Der Startpunkt des Programms
Start:    ldi     r16,LOW(RAMEND)        1
          out     SPL,r16                1
          ldi     r16,HIGH(RAMEND)       1
          out     SPH,r16                1
          clr     r16                    1
```

```
          out     PORTC,r16            1
          ldi     r16,0b11111111       1
          out     DDRC,r16             1
          call    AddRndIni            4+
          ldi     r16,30               1
          rcall   Aspetta              4+
```

Kopieren der Daten aus dem Programmspeicher in den Arbeitsspeicher

```
          ldi     r30,LOW(2*vwDat)     1
          ldi     r31,HIGH(2*vwDat)    1
          ldi     r28,LOW(vpfP)        1
          ldi     r29,HIGH(vpfP)       1
          ldi     r16,nbDat            1
LDatIni:  lpm     r0,Z+                3
          st      Y+,r0                2
          dec     r16                  1
          brne    LDatIni              1/2
```

Die Initialisierung der seriellen Schnittstelle USART0

```
          ldi     r16,25               1
          call    S0Ini                4+
          call    S0SndEin             4+
```

Ritual und Befähigung für den Umwandlungsende-Interrupt des *ADC*

```
          ldi     r16,0b01100000       1
          out     ADMUX,r16            1
          ldi     r16,0b10011111       1
          out     ADCSR,r16            1
```

Die Initialisierung der Prozesse

```
          ldi     r24,npit             1
          ldi     r18,nbpit            1
          ldi     r30,LOW(vpit)        1
          ldi     r31,HIGH(vpit)       1
          ldi     r28,LOW(vpfP)        1
          ldi     r29,HIGH(vpfP)       1
          ldi     r26,LOW(vppit)       1
          ldi     r27,HIGH(vppit)      1
LPitIni:  ld      r16,Y+               2
          ld      r17,Y+               2
          call    SosMakePit           4+
          st      X+,r30               2
          st      X+,r31               2
          adiw    r31:r30,nbpit        2
          dec     r24                  1
          brne    LPitIni              1/2
```

Die Initialisierung des Systems

```
          ldi     r16,npit             1
          ldi     r26,LOW(vppit)       1
```

```
167        ldi     r27,HIGH(vppit)       1
168        call    SosIni                4+
       Der Einsprung in das System
169        jmp     SosStart              3
```

Der Arbeitsspeicher des **ATmega128** beginnt bei **100**, der Assembler setzt aber ohne die Anweisung in Zeile *5* die erste im Arbeitsspeicher bereitgestellte Datenstruktur an die Adresse **64**, trotz der Anweisung in Zeile *3*![9] Man kommt so zu Programmen, die absolut korrekt geschrieben erscheinen, aber einfach nicht laufen wollen.
Die Anweisung in Zeile *6* sorgt dafür, dass die Adresse des Ringpuffers, mit dem der Zufallszahlengenerator arbeitet, von der Gestalt **XX00** ist.
In den Zeilen *12–14* werden den Indizes der verwendeten Semaphore und Ereignisse symbolische Namen gegeben.
Der Hauptparameter des Programms, die Anzahl P der Prozesse, und die Identität der Prozesse, d.h. die Prozessprozeduren, werden durch den Datenbereich im Arbeitsspeicher festgelegt, der in Zeile *29* beginnt. Er enthält in Zeile *29* eine Tabelle mit den Codeadressen der Prozessprozeduren von $\boldsymbol{P}_0$ bis $\boldsymbol{P}_{P-1}$, aus deren Größe in der nächsten Zeile P abgeleitet wird. Ein weiterer wichtiger Parameter des Programms, die gemeinsame Größe k aller PITs, wurde schon in Zeile *27* festgelegt ($k = 60$). Mit P und k werden dann die Datenstrukturen für den Arbeitsspeicher aufgebaut. Zeile *33* reserviert Platz für eine Kopie der Funktionsadressentabelle in Zeile *29*, die nächste Zeile für die Tabelle der Adressen der PITs, wie sie von `SosIni` verlangt wird, und Zeile *35* schließlich reserviert den Platz für die PITs selbst.
Die *ISR* des Interrupts, den der *ADC* bei Beendigung einer Umwandlung erzeugen kann, nimmt die Zeilen *16–25* ein. Sie ist genau nach den Regeln von Abschnitt 6.8 aufgebaut, obgleich das Fehlerbyte hier gar nicht verwendet wird. Die *ISR* unternimmt selbst nichts, sondern überlässt jegliche Aktion dem zu deblockierenden Prozess. Es ist unbedingt zu beachten, dass die *ISR* zwischen den beiden Einzügen der Datei `vecm128.avr` zu liegen hat!
Die Zeilen *37–46* enthalten ein einfaches Unterprogramm zur Realisation einer Warteschleife. Ist n die in $\mathbf{r_{16}}$ übergebene Zahl, so wird etwa $131072n$ Takte lang gewartet. Der auf den ersten Blick etwas merkwürdig anmutende Befehl in Zeile *37* sorgt dafür, dass der Fall $n = 0$, der durch die Verwendung des Zufallszahlengenerators eintreten kann, in den Fall $n = 1$ verwandelt wird, da $n = 0$ ja nicht keine, sondern eine sehr lange Wartezeit erzeugt. Dass damit auch alle Wartezeiten mit geradem n etwas länger werden, bringt hier keinen Schaden.
Am Programmeinstiegspunkt in Zeile *122* wird wie üblich der Stapel eingerichtet. Anschließend werden die Bits in PORTC gelöscht und alle seine Pins zu Ausgängen gemacht. Es folgt in Zeile *130* die Initialisierung des Zufallszahlengenerators und danach eine längere Warteschleife, die dem an die serielle Schnittstelle angeschlossenen LCD-Display Zeit zur Initialisierung gibt. Es schließt sich ab Zeile *133* das Kopieren des Datenbereiches des Progammspeichers in den Arbeitsspeicher an, gefolgt von der Initialisierung der seriellen Schnittstelle (Zeilen *142–144)*
Als Nächstes wird der *ADC* eingestellt. Als Referenzspannung wird die positive Betriebsspannung gewählt, und da vom Umwandlungsergebnis nur die oberen acht Bit verwendet werden sollen, soll der *ADC* es linksbündig im 16-Bit-Register $\mathbf{R}_{\mathsf{ADC}}$ übergeben, so dass nur $\mathbf{R}_{\mathsf{ADCH}}$ gelesen zu werden braucht. Soweit die Einstellung über Register $\mathbf{R}_{\mathsf{ADMUX}}$. Mit Register $\mathbf{R}_{\mathsf{ADCSR}}$ wird dann Folgendes eingestellt: Der *ADC* wird eingeschaltet, der *ADC*-Interrupt wird erlaubt und der Vorteiler, der den internen Takt des *ADC* aus dem Prozessortakt bestimmt, wird auf seinen höchsten Wert 128 programmiert. Die Zeilen *145–148* enthalten also sowohl

[9] Das gilt auch für andere Prozessoren, z.B. **ATmega168**.

das Ritual als auch die Befähigung des *ADC*-Interrupts.
Die Initialisierung der Prozesse erfolgt ab Zeile *149*. Ein Prozess wird initialisiert, indem seine PIT mit `SosMakePit` initialisiert wird. In der dafür verwendeten Schleife dient **r24** als Schleifenzähler und bekommt in Zeile *149* *P* als Anfangswert. Wie für `SosMakePit` erforderlich wird danach **r18** mit der Größe einer PIT geladen. `SosMakePit` erwartet die Adresse der aufzubauenden PIT in Register **Z**, das deshalb als Anfangswert die Anfangsadresse des PIT-Vektors zugewiesen bekommt. Die Prozeduradresse für `SosMakePit` wird der Tabelle mit Prozeduradressen entnommen, die weiter oben im Programm aufgebaut wurde (Zeilen *133–141*), weshalb Register **Y** die Anfangsadresse dieser Tabelle zugewiesen bekommt. Nebenbei wird in der Schleife auch die Tabelle mit den Adressen der PITs aufgebaut, die `SosIni` benötigt, wozu Register **X** mit der Startadresse dieser Tabelle geladen wird. Der Durchlauf durch die Schleife in den Zeilen *157–164* läuft nun wie folgt ab. Die Adresse der für die aufzubauende PIT zu verwendenden Prozedur wird aus der Tabelle in Register **r17:16** kopiert, wie für `SosMakePit` erforderlich. `SosMakePit` wird in Zeile *159* aufgerufen. Anschließend wird die Adresse der laufenden PIT in die Tabelle mit PIT-Adressen geschrieben und Register **Z** auf die Adresse der nächsten PIT gesetzt.
Vor dem Einsprung in das System ist dieses dann noch in den Zeilen *165–168* mit `SosIni` zu initialisieren.
Die Prozesse haben nur sehr einfache Aufgaben zu erfüllen, ihr Ablauf lässt sich anhand der Kommentare ohne Mühe verfolgen.

So wie angegeben läuft das Programm zwar korrekt ab, ist aber kein gutes Demonstrationsprogramm für Semaphore, jedenfalls nicht, was die visuelle Seite angeht. Versuchte Mehrfachzugriffe auf den *ADC* und die serielle Schnittstelle sind nämlich sehr selten, man hat lange zu warten, bis eine der Leuchtdioden deutlich sichtbar blinkt. Die Häufigkeit solcher Zugriffe lässt sich aber durch den Einsatz des noch nicht näher besprochenen Befehls `SosSuspend` spürbar vergrößern. Mit diesem Befehl kann ein Prozess den noch nicht verbrauchten Teil eines ihm zugeordneten Zeitintervalls aufgeben. Da mit ihm nicht viel anzufangen ist, hat er kein eigenes Namenssymbol bekommen, er wird einfach mit `SOS 0` aufgerufen. Wird das zwischen den Zeilen *74* und *75*, *104* und *105* sowie *120* und *121* eingefügt, so erhöht sich die Wahrscheinlichkeit, dass sich die Prozesse gegenseitig beeinflussen.[10] Man erkennt es an gelegentlichem Aufblitzen. Am besten lässt sich das Verhalten jedoch beobachten, wenn in `SosLock` eine Warteschleife eingefügt wird, etwa nach der Zeile *330*.

Das in Abschnitt 5.3.3 gegebene Beispielprogramm $\mathfrak{P}_o$ leistet dasselbe wie das hier vorgestellte Programm $\mathfrak{P}_h$, da bietet sich ein Vergleich an. Nun, die Fakten sprechen für sich: Programm $\mathfrak{P}_o$ besteht aus 231 Zeilen, $\mathfrak{P}_h$ jedoch aus 169 + 850! Dabei sind die bei beiden etwa gleichviel Zeilen für die serielle Schnittstelle uws. nicht mitgezählt. Das mit relativ einfachen Mitteln erstellte Programm $\mathfrak{P}_o$ ist eindeutig überlegen. Aber man sollte nicht nur die Größe sehen (bei gleicher Funktionalität), ein anderer Aspekt ist ebenfalls wichtig, dass nämlich $\mathfrak{P}_o$ keine versteckte Funktionalität enthält. Wie der Semaphor in $\mathfrak{P}_h$ funktioniert lässt sich $\mathfrak{P}_h$ selbst nicht entnehmen, man muss sich SLIMOS selbst vornehmen, und die wenigsten Programme sind so gut kommentiert und dokumentiert wie SLIMOS (auch die eigenen!). Dagegen kann in $\mathfrak{P}_o$ leicht herausgefunden werden, wie ein *spin-lock* funktioniert.

Semaphore können auf verschiedene Arten definiert werden. Gewöhnlich ist es so,

[10] Man kann auch die Länge des den Prozessen zugeordneten Zeitintervalls kürzen.

dass der Anfangswert positiv ist und $\boldsymbol{S}^{\ltimes}$ beim Betreten der kritischen Region erniedrigt wird, Blockierung setzt dann bei negativem $\boldsymbol{S}^{\ltimes}$ ein. Es gibt auch Semaphore, die statt der Zählvariablen eine binäre Variable $\mathfrak{b}_S$ besitzen, die also nur der Werte 0 und 1 fähig ist. Die kritische Region ist dann z.B. bei $\mathfrak{b}_S = 0$ frei und bei $\mathfrak{b}_S = 1$ besetzt. Solche binären Semaphore werden oft zum Aufbau komplexer Synchronisationsobjekte verwendet. Ist $z_S = -1$, so entspricht der hier benutzte Semaphor in etwa einem binären Semaphor.

6.10. Schläfer

Die einfachste Methode, Verzögerungszeiten zu realisieren, besteht darin, Programmschleifen zu verwenden. Die Genauigkeit solcher Verzögerungszeiten hängt jedoch von der Anzahl der aktiven Prozesse ab, also von der Anzahl der Prozesse im Prozessring. Bild 6.13 zeigt einen Prozess $\boldsymbol{P}_a$, der zum angegebenen Zeitpunkt (Start) eine Verzöge-

Abbildung 6.13.: Verfälschte Verzögerungszeiten

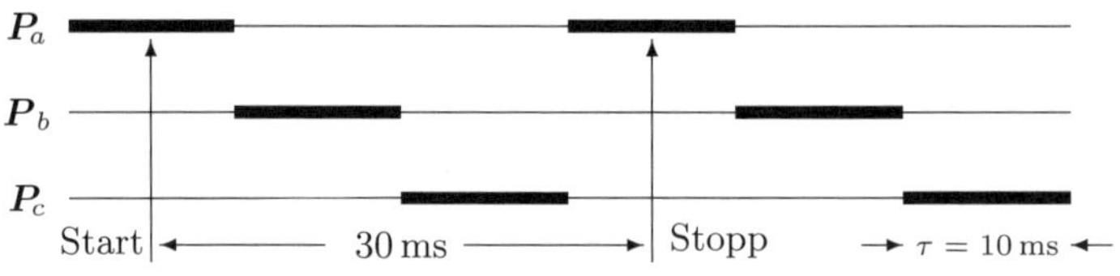

rungschleife für 10 ms startet. Nach 5 ms wird die Schleife jedoch durch einen Wechsel zu Prozess $\boldsymbol{P}_b$ unterbrochen, sie kann ihre Arbeit erst wieder mit dem Wechsel von $\boldsymbol{P}_c$ zu $\boldsymbol{P}_a$ aufnehmen. Wie das Bild zeigt, sind dann aber nicht wie gewollt 10 ms, sondern 30 ms vergangen. Offensichtlich wird die so erzeugte Ungenauigkeit desto größer, je mehr Prozesse der Prozessring enthält. Werden allerdings sehr lange Verzögerungszeiten erzeugt, kann dieser Effekt vernachlässigt werden.

Nun können Verzögerungszeiten auch mit Timern realisiert werden. Fragt man dazu den Wert des Zählerregisters in einer Schleife ab (*polling*), so ist offenbar nichts gewonnen, da sich der eben beschriebene Effekt wieder einstellt. So bleibt also nur ein von einem Timer erzeugter Interrupt. Abschnitt 6.8 zeigt, wie Interrupts in das System eingebunden werden. Die Genauigkeit lässt sich so zwar enorm steigern, es gibt aber doch noch einen Nachteil: Es kann immer nur ein Prozess einen Timer verwenden, es sei denn, mehrere Prozesse wollten zu exakt demselben Zeitpunkt dieselbe Verzögerungszeit realisieren.

Ein Timer kann jedoch viele Verzögerungszeiten realisieren, wenn ein *periodischer* Interrupt verwendet wird. Ist τ die Periode, so sind Verzögerungszeiten in Vielfachen $t\tau$ von τ möglich. Ein Prozess, der eine Verzögerung $t\tau$ wünscht, wird mit der Zahl t in eine Schläferliste eingefügt. Die *ISR* des Timerinterrupts durchläuft in Zeitabständen von τ diese Liste und erniedrigt die Verzögerungszahlen aller Prozesse um 1. Erreicht eine dieser Zahlen den Wert 0, so wird der Prozess aktiviert. Das Verfahren ist nicht ganz ideal, denn wenn die Liste viele Prozesse mit gleichen Verzögerungszahlen enthält, tritt der oben beschriebene Ungenauigkeiten erzeugende Effekt wieder auf.

Abbildung 6.14.: Schläferlisten

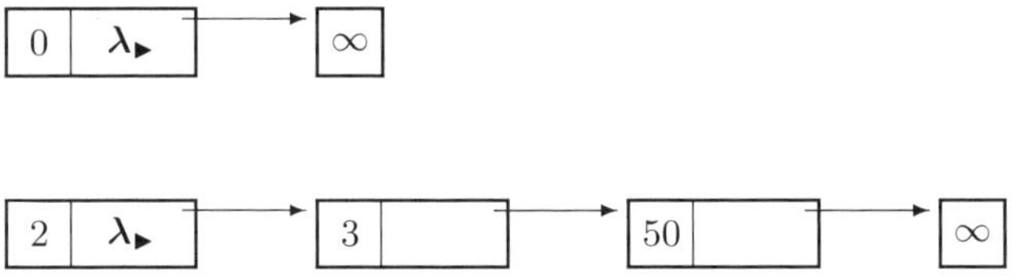

Ein Schläfer $\boldsymbol{L}$ besteht aus drei Bytes, wie auch schon Ereignisse und Semaphore. Das erste Byte enthält die Anzahl $\boldsymbol{L}^\sharp$ der Zeiteinheiten τ, die ein Schläfer bis zum Aufwecken noch vor sich hat. Die nächsten beiden Bytes bilden die Adresse $\boldsymbol{L}^\triangleright$ des nächsten Schläfers in der Liste. Das unterscheidet Schläfer von Ereignissen und Semaphoren! Ein Semaphor hält eine Liste von PITs, seine Adresse $\boldsymbol{S}^\triangleright$ zeigt auf den Anfang dieser Liste, er ist selbst kein Bestandteil einer Liste. Die Assemblersymbole, die einen Schläfer beschreiben, sind in den Zeilen *22–23* zu finden: `ontauSos` ist das *offset* von $\boldsymbol{L}^\sharp$ (`o` steht für *offset* und `ntau` für „Anzahl der Zeiteinheiten τ") und `opslpSos` ist das *offset* von $\boldsymbol{L}^\triangleright$ (`pslp` steht für *pointer to sleeper* oder „Adresse eines Schläfers").

Der Listenkopf der Schläferliste ist in den Zeilen *29–30* deklariert. Er ist formal wie ein Schläfer aufgebaut, und das zweite und dritte Byte enthalten auch eine Schläferadresse, nämlich die Adresse $\boldsymbol{\lambda}_\blacktriangleright$ des ersten Schläfers der Liste, falls diese nicht leer ist, aber das erste Byte enthält die Gesamtzahl L der Schläfer der Liste. Die leere Liste wird durch $L = 0$ erkannt. Bild 6.14 zeigt zwei Schläferlisten, die obere Liste ist leer.

Im Gegensatz zu allen bisher im Buch vorgekommenen verketteten Listen besitzt die Schläferliste einen *sentinel*, eine Schildwache. Der Adressenteil $\boldsymbol{L}^\triangleright$ des letzten Schläfers der Liste ist nicht mehr unbestimmt, sondern enthält die Adresse dieser Schildwache. Der *sentinel* ist ein auf sein erstes Byte geschrumpfter Schläfer, da auf seinen Adressenteil, falls er existierte, doch niemals Bezug genommen würde. Allerdings dient der *sentinel* hier nicht dazu, das Ende der Schläferliste zu erkennen. Seine Aufgabe ist vielmehr, das Einfügen eines Schläfers in die Schläferliste zu beschleunigen. Diese ist nämlich, wie das Bild auch vermuten lässt, nach der Größe der Einheitenzähler $\boldsymbol{L}^\sharp$ sortiert. Hat der *sentinel*, was die Sortierung angeht, den Wert ∞, so lässt sich ein Schläfer an passender Stelle in die Liste einfügen, ohne dass auf das Ende der Liste geachtet werden muss.

Dass die Liste überhaupt sortiert vorgehalten wird, ist zunächst nicht zu verstehen. Denn die *ISR* des Timers, der für die Erzeugung der periodischen Interrupts ausgewählt wurde, muss stets die gesamte Schläferliste durchlaufen, da der Einheitenzähler $\boldsymbol{L}^\sharp$ jedes Listenelementes zu dekrementieren ist. Dass die Einheitenzähler der Größe nach sortiert sind, bietet da keinen Vorteil. Solche Listenelemente, deren Einheitenzähler nach der Dekrementierung den Wert **00** hat, müssen aber aus der Schläferliste herausgenommen und die zugeordneten Prozesse in den Prozessring eingefügt werden. Diese schon recht komplexen Vorgänge, an denen eine Vielzahl von Adressen beteiligt sind, müssen mit den drei Adressregistern **X**, **Y** und **Z** durchgeführt werden. Hinzu kommt, dass Register **X** noch nicht einmal die in diesem Kontext besonders geeignete Adressierungsart beherrscht, also nur beschränkt als Adressregister einsetzbar ist. Da erweist es sich als eine große Erleichterung, dass bei der geordneten Schläferliste das Durchlaufen und das Herausnehmen eines Schläfers getrennt ausgeführt werden können. Denn die herauszunehmenden Schläfer bilden mit $\boldsymbol{L}^\sharp = 0$ den Anfang der Liste. Die Liste kann also zum Dekrementieren durchlaufen werden, die aufzuweckenden Schläfer können dann am Anfang der Liste herausgenommen und ihr Prozess in den Prozessring eingefügt werden.

Mit dem Befehl `SosSleep` kann sich ein Prozess in die Liste der Schläfer einfügen lassen. Die Schlafenszeit ist $t\tau$. Die Zeiteinheit τ wird beim Systemstart eingestellt ($\tau = 10\,\text{ms}$), die Zahl t wird in Register $\mathbf{r_7}$ übergeben.

Der Befehl `SosSleep` beginnt in Zeile *484* mit der Prüfung, ob der Sonderfall $t = 0$ vorliegt. Falls ja, wird in den Prozess zurückgesprungen, allerdings mit $\mathfrak{z} = 1$, damit der Prozess feststellen kann, ob er blockiert wurde oder nicht.
Ist $t > 0$, so wird ab Zeile *487* bis Zeile *499* der erste Teil eines Prozesswechsels eingeleitet. Danach enthält **Y** die Adresse $\boldsymbol{\pi}_\blacktriangleright = \pi$ der PIT des noch laufenden Prozesses $\boldsymbol{P}_\ell$. Bild 6.15 oben gibt die Ausgangskonstellation wieder. Links ist die PIT von $\boldsymbol{P}_\ell$ gezeigt, mit der Adresse π_r der im Ring nachfolgenden und der Adresse π_l der im Ring vorangehenden PIT. Rechts ist die Liste der Schläfer zu sehen.
Der Prozessring wird bei $\boldsymbol{P}_\ell$ geöffnet, indem in den Zeilen *500–501* Doppelregister $\mathbf{r_{1:0}}$ mit

Abbildung 6.15.: Ein Prozess wird Schläfer ($t = 7$)

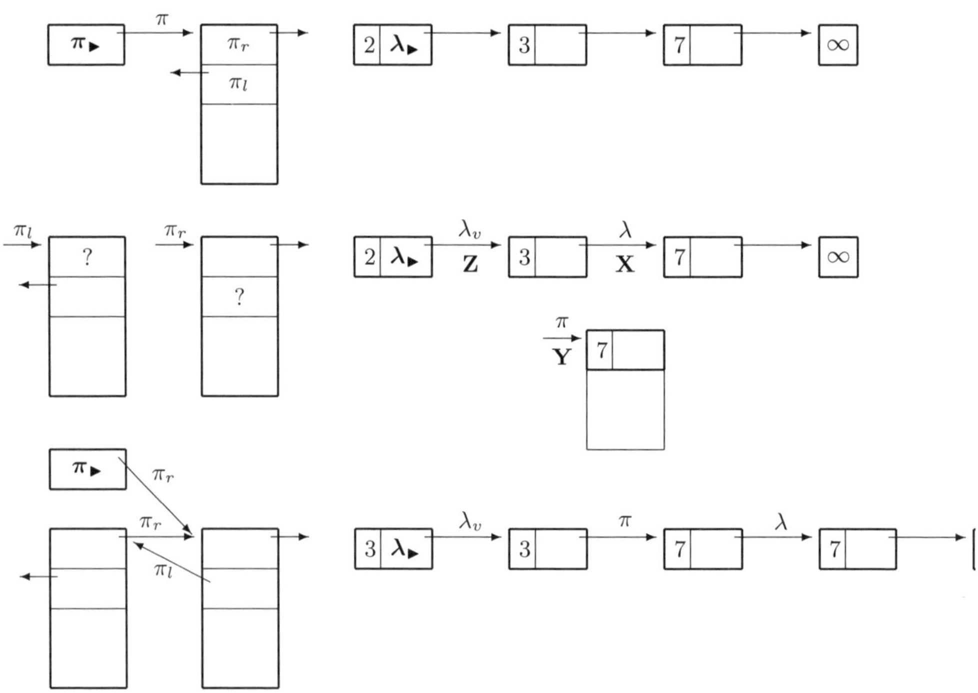

π_r und in den nächsten beiden Zeilen $\mathbf{r_{3:2}}$ mit π_l geladen wird. Die ersten vier Bytes der PIT von $\boldsymbol{P_\ell}$ sind jetzt frei, die ersten drei können als Schläfer benutzt werden. Bild 6.15 Mitte zeigt links den geöffneten Ring, rechts unter der Schläferliste die PIT mit dem schon teilweise aufgebauten Schläfer, dabei ist $t = 7$ angenommen. In den Zeilen *504–505* wird **Z** mit der Adresse des Listenkopfes der Schläferliste geladen, in den nächsten drei Zeilen wird die Anzahl der Schläfer im Listenkopf um Eins erhöht. Als Nächstes wird die Einfügestelle gesucht. Die Suchschleife ist so aufgebaut, dass Register **X** die Adresse λ des laufenden und **Z** die Adresse λ_v des vorangehenden Schläfers enthält. In Bild 6.15 Mitte sind **X** und **Z** in der Stellung zu sehen, die sie nach dem Entdecken der Einfügestelle einnehmen.
In den Zeilen *509–510* wird Register **X** mit der Adresse des ersten Schläfers der Liste geladen, damit hat **X** bei Eintritt in die Schleife in Zeile *511* den richtigen Wert, es zeigt auf den laufenden Schläfer. Nun müsste **Z** auf den vorangehenden Schläfer zeigen, den es gar nicht gibt, statt dessen zeigt das Register auf den Listenkopf. Der Listenkopf hat aber die gleiche Struktur wie ein Schläfer und sein zweites und drittes Byte enthalten auch die Adresse eines Schläfers, d.h. der Listenkopf kann als „vorangehender Schläfer" Dienst tun.
In der Schleife wird als erstes (Zeile *511*) die Einheitenzahl $\lambda^\sharp$ des laufenden Schläfers in Register $\mathbf{r_4}$ geladen und dann mit t verglichen. Gilt $\lambda^\sharp \geq t$, so ist die Einfügestelle offenbar schon gefunden und die Schleife kann in Zeile *513* verlassen werden. Andernfalls muss in der Liste vorgerückt werden. Das geschieht mit $\lambda_v \leftarrow \lambda$ in Zeile *514* und mit $\lambda \leftarrow \lambda^\triangleright$ in den Zeilen *515–516*, bevor an den Anfang der Schleife zurückgesprungen wird. Die Schleife kann nicht zur Endlosschleife werden, da die Bedingung $\lambda^\sharp \geq t$ mindestens einmal erfüllt ist, nämlich dann, wenn am Ende der Liste der *sentinel* zum laufenden Schläfer geworden ist.
Nach dem Verlassen der Schleife wird der neue Schläfer in die Liste eingefügt. Wenn hier π als eine Schläferadresse interpretiert wird, sind das die Operationen $\pi^\triangleright \leftarrow \lambda$ (Zeilen *518–519*), $\pi^\sharp \leftarrow t$ (Zeile *520*) und $\lambda_v^\triangleright \leftarrow \pi$ (Zeilen *521–522*). Bild 6.15 unten rechts zeigt die vergrößerte Schläferliste.
Es bleibt noch, die Herausnahme des eingeschläferten Prozesses aus dem Prozessring zu vervollständigen. Bild 6.15 unten links zeigt das Ergebnis für den Fall $P_{\text{alt}} \geq 3$. Da dieser Vorgang schon ausführlich erläutert wurde, wird hier auf weitere Erklärungen verzichtet.

Zur periodischen Erweckung von Schläfern, deren Schlafzeit abgelaufen ist, wird die *ISR* des *Compare Match interrupt* von Timer0 verwendet. Diese durchläuft die Liste der Schläfer einmal, um alle Zeiteinheitenzähler zu dekrementieren. Die Schläfer, deren Zähler dabei den Wert 0 annimmt, sind am Anfang der Liste zu finden, da die Liste nach der Größe dieser Zähler sortiert vorliegt.

Wie schon in Abschnitt 6.8 bemerkt, erwarten Interrupts, die in das System integriert sind, dass sie einen Prozess oder den Leerlauf unterbrechen. Unabhängig laufende, nicht in das System eingebundene *ISR*s dürfen sich deshalb nicht selbst unterbrechen lassen!

Die *ISR* des *Compare Match interrupt* von Timer0 zur Erweckung von Schläfern beginnt in Zeile *546*, da systemkonform mit der in Abschnitt 6.8 erläuterten Standardfolge von Befehlen (Zeilen *546–548*). Da es ziemlich oft vorkommen dürfte, dass gar keine Schläfer vorhanden sind, wird als Erstes die Anzahl L der Schläfer in Register $\mathbf{r_{29}}$ geladen und auf den Wert Null geprüft. Bei $L = 0$ kann die *ISR* direkt wieder über die Zeilen *552–555* verlassen werden.
Ist $L > 0$, so wird als Nächstes die Liste der Schläfer durchlaufen. Bild 6.16 oben zeigt eine typische Schläferliste. Da die Zeit keines Schläfers abgelaufen zu sein braucht, wird darauf geachtet, nur das absolute Minimum an Registern zu verwenden. In den Zeilen *557–558* wird Register **Z** mit der Adresse λ des ersten Schläfers geladen, da beim Durchlauf durch die Schleife **Z** die Adresse λ des laufenden Schläfers enthält: $\mathbf{Z} \leftarrow \lambda = \boldsymbol{\lambda}_{\blacktriangleright}$. Anschließend wird $\mathbf{r_{28}}$

Abbildung 6.16.: Die Entnahme von Schläfern

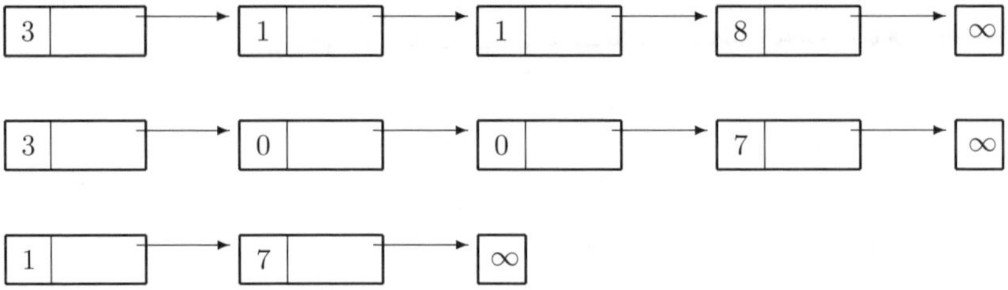

mit der Anzahl t_0 der verbleibenden Zeiteinheiten dieses Schläfers geladen: $\mathbf{r_{28}} \leftarrow t_0 = \boldsymbol{\lambda}^{\sharp}_{\blacktriangleright}$. In der ersten Zeile der Schleife (Zeile *560*) wird die Anzahl der Zeiteinheiten $\lambda^{\sharp}$ des laufenden Schläfers gelesen, anschließend dekrementiert und zurückgeschrieben, dann wird zur nächsten Schläferadresse übergegangen: $\mathbf{Z} \leftarrow \lambda^{\triangleright}$. Es folgt das Herunterzählen des Schleifenzählers $\mathbf{r_{29}}$ und der Rücksprung an den Schleifenanfang, falls der Zähler noch nicht den Wert **00** erreicht hat. Zur Erinnerung: $\mathbf{r_{29}}$ wurde in Zeile *549* mit L, der Anzahl der Schläfer, geladen. Bild 6.16 Mitte zeigt die Liste der Schläfer nach dem Verlassen der Schleife.

Die *ISR* hat ihre Arbeit bereits getan, falls $t_0 > 1$ gilt, denn wenn die Anzahl der verbleibenden Zeiteinheiten des ersten Schläfers der Liste beim Durchgang durch die Liste nicht den Wert Null angenommen hat, dann auch für keinen anderen Schläfer. Nun ist t_0 in Zeile *559* in Register $\mathbf{r_{28}}$ geladen worden, $\mathbf{r_{28}}$ erhält durch den Befehl in Zeile *568* also den Wert **00** für $t_0 = 1$. Das bedeutet, dass bei $t_0 > 1$ in Zeile *569* nicht verzweigt und die *ISR* verlassen wird.

In Zeile *572* steht also fest, dass mindestens ein Schläfer geweckt werden muss. Schläfer müssen aus der Schläferliste herausgenommen und in den Prozessring eingefügt werden. Dank der Sortierung ist das Herausnehmen aus der Liste einfach: Es wird solange das erste Element der Liste entfernt, bis das erste Element eine von Null verschiedene Zeiteinheitenanzahl enthält. Die Art des Einfügens in den Prozessring hängt wieder von P ab: ob der Ring leer ist ($P = 0$), ob er genau einen Prozess ($P = 1$) oder ob er mindestens zwei Prozesse enthält ($P \geq 2$). Man vergleiche hierzu Bild 6.10. Jedenfalls wird in Zeile *572* Register $\mathbf{r_{27}}$ mit P geladen. Nun lässt sich an P auch ablesen, ob ein Prozess unterbrochen wurde ($P \geq 1$) oder ob das System bei der Unterbrechung im Leerlauf verharrte ($P = 0$), d.h. ob die erste Hälfte eines Prozesswechsels durchgeführt werden muss. Das wird in Zeile *573* getestet, und bei $P > 0$ wird in den Zeilen *575–587* dieser teilsweise Prozesswechsel auf die übliche Weise ausgeführt. Im Zuge des Wechsels wird Register $\mathbf{Y}$ mit der Adresse der PIT des laufenden Prozesses geladen.

Ab Zeile *588* stehen wieder alle Register zur Verfügung, weshalb dort P in das Register $\mathbf{r_{23}}$ umgespeichert wird, das nicht Teil eines Adressregisters ist. Ab Zeile *589* wird das Herausnehmen aus der Schläferliste vorbereitet: Register $\mathbf{r_4}$ wird mit L, $\mathbf{Z}$ mit der Adresse λ des ersten Schläfers der Liste und $\mathbf{r_{1:0}}$ mit der Adresse $\lambda^{\triangleright}$ des eventuellen nächsten Schläfers geladen. In Zeile *594* wird dann der Wert von P geprüft: Bei $P = 1$ erfolgt ein Sprung in die Zeile *614* und bei $P > 1$ in die Zeile *639*.

Die Register werden jetzt wie folgt genutzt: $\mathbf{r_4}$ enthält L_{neu}, $\mathbf{r_{23}}$ enthält P_{neu}, $\mathbf{Y}$ enthält die Adresse π der zuletzt in den Prozessring eingefügten PIT (oder anfangs $\boldsymbol{\pi}_{\blacktriangleright}$) und $\mathbf{Z}$ enthält die Adresse λ des zuletzt aus der Schläferliste herausgenommenen Schläfers. Jeder erweckte Prozess bekommt seinen Platz vor dem zuletzt eingefügten Prozess, d.h. der zuletzt herausgenommene Schläfer wird zuerst laufender Prozess.

Der Fall $P_{\mathrm{alt}} = 0$ ist natürlich am einfachsten zu behandeln. In Zeile *597* wird die Operation

$P_{\text{neu}} \leftarrow P_{\text{alt}} + 1 = 0 + 1$ ausgeführt, in der nächsten Zeile wird der aus der Liste herausgenommene Schläfer, der ja in einer PIT angesiedelt ist, durch Uminterpretation seiner Adresse zur zuletzt in den Prozessring eingefügten PIT ($\pi \leftarrow \lambda$), und in Zeile *599* wird die Operation $L_{\text{neu}} \leftarrow L_{\text{alt}} - 1$ durchgeführt. Anschließend wird in der Schläferliste fortgeschritten: $\lambda \leftarrow \lambda^{\triangleright}$ (Zeile *600*) und $\mathbf{r_{1:0}} \leftarrow \lambda^{\triangleright}$ (Zeilen *602–603*). Dann wird geprüft, ob das Herausnehmen von Schläfern schon abgebrochen werden kann, das ist der Fall bei $\lambda^{\sharp} > 0$. Gilt $\lambda^{\sharp} = 0$, so muss weiter eingefügt werden und zwar ab Zeile *614*, da der Prozessring jetzt genau einen Prozess enthält.
Im Fall $P_{\text{alt}} = 1$ ab Zeile *614* wird zunächst die periodische Prozessumschaltung durch Befähigung des *Compare Match interrupt* von Timer2 wieder ermöglicht. Dann wird ab Zeile *622* in den Prozessring eingefügt. Bezeichnet π_λ die als PIT-Adresse umgedeutete Schläferadresse λ, so werden die folgenden Operationen ausgeführt:

$\pi_\lambda^{\triangleright} \leftarrow \pi$	Zeilen *622–623*
$\pi_\lambda^{\triangleleft} \leftarrow \pi$	Zeilen *624–625*
$\pi^{\triangleright} \leftarrow \pi_\lambda$	Zeilen *626–627*
$\pi^{\triangleleft} \leftarrow \pi_\lambda$	Zeilen *628–629*
$\pi \leftarrow \pi_\lambda$	Zeile *630*

Es folgen die Operationen $P_{\text{neu}} \leftarrow P_{\text{neu}} + 1$ und $L_{\text{neu}} \leftarrow L_{\text{neu}} - 1$. Ab Zeile *633* wird dann in der Schläferliste vorgerückt und zwar erst mit $\lambda \leftarrow \lambda^{\triangleright}$, dann mit $\mathbf{r_{1:0}} \leftarrow \lambda^{\triangleright}$. Schließlich wird geprüft, ob $\lambda^{\sharp} > 0$ gilt, ob also bereits alle fälligen Schläfer entfernt sind. Falls nicht, geht es in Zeile *639* weiter, da jetzt $P_{\text{neu}} \geq 2$ gilt.
Der Fall $P_{\text{alt}} > 1$ unterscheidet sich vom Fall $P_{\text{alt}} = 1$ nur durch das etwas kompliziertere Einfügen in den Prozessring. Es besteht aus den folgenden Operationen:

$\alpha \leftarrow \pi^{\triangleleft}$	Zeilen *639–640*
$\pi_\lambda^{\triangleleft} \leftarrow \alpha$	Zeilen *641–642*
$\pi_\lambda^{\triangleright} \leftarrow \pi$	Zeilen *643–644*
$\pi^{\triangleleft} \leftarrow \pi_\lambda$	Zeilen *645–646*
$\alpha^{\triangleright} \leftarrow \pi_\lambda$	Zeilen *647–648*

Die zur Zwischenspeicherung von $\pi^{\triangleleft}$ verwendete Adressenvariable α wird im Programm mit **X** realisiert.
Nachdem alle fälligen Schläfer aus der Liste entfernt und in den Prozessring eingefügt sind, werden ab Zeile *606* noch einige lose Enden verknüpft, bevor in Zeile *613* die Umschaltung zum zuletzt eingefügten Prozess eingeleitet wird. Zunächst wird ab Zeile *606* der Kopf der Schläferliste auf den neuesten Stand gebracht: L_{neu} wird als L abgespeichert und λ als die neue Adresse des ersten Schläfers ($\lambda_{\blacktriangleright} \leftarrow \lambda$). Dann wird in den Zeilen *609–610* der Zeiger auf die PIT des laufenden Prozesses erneuert ($\boldsymbol{\pi}_{\blacktriangleright} \leftarrow \pi$), gefolgt von $P \leftarrow P_{\text{neu}}$. Schließlich wird, wie vom Unterprogramm zur Prozessumschaltung verlangt, noch **Z** mit $\boldsymbol{\pi}_{\blacktriangleright}$ geladen.

Die Anwendungsmöglichkeiten für Schläfer sind vielfältig. Als Beispiel sei das Erzeugen periodischer Vorgänge genannt. Man kann jedoch keine große Genauigkeit erwarten. Wenn z.B. zwei Schläfer zur selben Zeit aufgeweckt werden, so vergeht für einen von ihnen sehr wahrscheinlich das Zeitintervall $t_{\mathcal{T}}$, bis er zum laufenden Prozess wird. Für Aufgaben, die mit präzisen Zeiten zu lösen sind, stehen allerdings noch die beiden 16-Bit-Timer ganz zur Verfügung.

Das Simulationsprogramm in Abschnitt 6.12 kann als Beispiel für den Gebrauch von Schläfern dienen.

6.11. Der Aufbau der Datenstrukturen und der Systemstart

Ereignisse, Semaphore, Schläfer und auch der anfängliche Prozessring werden mit dem Unterprogramm `SosIni` aufgebaut. Die Rituale und Befähigungen der vom System verwendeten Interrupts (Timer0 und Timer2) werden jedoch beim Start des Systems mit `SosStart` ausgeführt. Durch diese zweiphasige Initialisierung ist vor dem eigentlichen Anlaufen des Systems schon dessen (anfänglicher) Speicherverbrauch bekannt.

Das Unterprogramm `SosIni` beginnt in Zeile *804*. Ihm ist in Register $\mathbf{r_{16}}$ die Anzahl P der beim Systemstart aktiven Prozesse $\boldsymbol{P}_0$ bis $\boldsymbol{P}_{P-1}$ zu übergeben, $P \geq 1$. Register **X** muss die Adresse θ einer Tabelle mit den Adressen π_0 bis π_{P-1} der PIT dieser Prozesse enthalten. Die Tabelleneinträge werden mit $\theta[p]$ bezeichnet, $0 \leq p < P$.
Jedes der $\boldsymbol{e}$ Ereignisse wird mit $\|\boldsymbol{E}\| \leftarrow 0$ und $\boldsymbol{E}^{\triangleright} \leftarrow$ **0000** initialisiert. In Datenstrukturen umgesetzt bedeutet das, dass jedes Byte des Ereignisvektors `veveSos` in Zeile *27* mit **00** initialisiert wird.[11] Das geschieht in den Zeilen *804–810*.
Jeder Semaphor wird mit $\boldsymbol{S}^{\ltimes} \leftarrow -1$ und $\boldsymbol{S}^{\triangleright} \leftarrow$ **0000** initialisiert, ist nach dem Aufruf von `SosIni` also ein binärer Semaphor, dessen kritische Region nur von einem Prozess betreten werden kann. In Datenstrukturen umgesetzt heißt das, dass das erste Byte eines Semaphors mit **FF** und die nächsten beiden mit **00** belegt werden müssen. Das geschieht in den Zeilen *811–819*.
Bei den Schläfern ist nur der Listenkopf aufzubauen. Das bedeutet $L \leftarrow 0$ und $\boldsymbol{\lambda}_{\blacktriangleright} \leftarrow \mathcal{A}(\boldsymbol{L}_\infty)$, da es beim Systemstart noch keine Schläfer gibt und die leere Schläferliste mit dem *sentinel* abgeschlossen werden muss. Wieder in Datenstrukturen umgesetzt ist das Byte in Zeile *29*, das L enthält, mit **00** zu initialisieren. Die folgenden beiden Bytes, die $\boldsymbol{\lambda}_{\blacktriangleright}$ enthalten, sind mit der Adresse des nächsten Bytes in Zeile *31* zu belegen. Dieses Byte ist $\boldsymbol{L}_\infty^\sharp$ und muss daher den Wert **FF** bekommen. $\boldsymbol{L}_\infty^{\triangleright}$ wird nicht benötigt und existiert daher auch nicht. Diese Zuweisungen werden in den Zeilen *820–826* vorgenommen.
Es schließt sich der Aufbau des Prozessrings an.[12] Zunächst wird in Zeile *827* die Zahl P der aktiven Prozesse initialisiert. Anschließend wird P mit 2 verglichen. Falls $P < 2$, also $P = 1$, wird Zeile *766 angesprungen.* In dieser Zeile beginnt das Unterprogramm `SosIni1P` zum Aufbau des Prozessrings mit einem Prozess. In Zeile *830* ist also $P \geq 2$, und der Unterprogrammaufruf in dieser Zeile erzeugt einen Prozessring mit den ersten beiden PITs der Tabelle. Enthält die Tabelle nur zwei Einträge, was durch die Subtraktion in Zeile *831* herausgefunden wird, so ist die Initialisierung schon fast beendet, es wird in den Zeilen *849–850* nur noch $\boldsymbol{\pi}_{\blacktriangleright}$ die Adresse der *zweiten* PIT der Tabelle zugewiesen.
Gilt jedoch $P - 2 > 0$, so werden in der Schleife der Zeilen *833–848* die übrigen PITs der Tabelle in den Prozessring gebracht und zwar in umgekehrter Reihenfolge: Die PIT der letzten PIT-Adresse der Tabelle wird zuletzt am Anfang der Liste eingefügt und damit zur PIT des zuerst laufenden Prozesses. In Zeile *833* wird **Y** mit der Adresse π der PIT am Ringanfang geladen, das ist, außer beim Betreten der Schleife, das π_t des vorigen Durchlaufes. Anschließend wird die nächste PIT-Adresse π_t aus der Tabelle gelesen und in Register **Z** geschrieben.

[11] Die Initialisierung von $\boldsymbol{E}^{\triangleright}$ ist nicht unbedingt nötig. Das gilt auch für die $\boldsymbol{S}^{\triangleright}$.
[12] Vergleiche dazu wieder Bild 6.10

Dann finden die folgenden Operationen statt:

$$\begin{aligned}
\pi_t^{\triangleright} &\leftarrow \pi && \text{Zeilen } \mathit{836–837}\\
\alpha &\leftarrow \pi^{\triangleleft} && \text{Zeilen } \mathit{838–839}\\
\pi^{\triangleleft} &\leftarrow \pi_t && \text{Zeilen } \mathit{840–841}\\
\pi_t^{\triangleleft} &\leftarrow \alpha && \text{Zeilen } \mathit{842–843}\\
\alpha^{\triangleright} &\leftarrow \pi_t && \text{Zeilen } \mathit{845–846}
\end{aligned}$$

Im Code spielt $\mathbf{r_{25:24}}$ die Rolle von α bei der Zwischenspeicherung von $\pi^{\triangleleft}$.
Der Aufbau eines Einprozessrings ab Zeile *786* ist simpel: Es ist lediglich $\boldsymbol{\pi}_{\blacktriangleright}$ die erste Adresse der Tabelle mit PIT-Adressen zuzuweisen, auf die Register **X** zeigt.
In den Zeilen *791–803* wird ein Zweiprozessring aufgebaut. Zunächst wird **Y** mit der ersten Adresse π_a der Tabelle, dann **Z** mit der zweiten Adresse π_b der Tabelle geladen. Die Operationen sind dann:

$$\begin{aligned}
\pi_b^{\triangleright} &\leftarrow \pi_a && \text{Zeilen } \mathit{795–796}\\
\pi_b^{\triangleleft} &\leftarrow \pi_a && \text{Zeilen } \mathit{797–798}\\
\pi_a^{\triangleright} &\leftarrow \pi_b && \text{Zeilen } \mathit{799–800}\\
\pi_a^{\triangleleft} &\leftarrow \pi_b && \text{Zeilen } \mathit{801–802}
\end{aligned}$$

Welcher der beiden Prozesse zuerst zum laufenden Prozess wird, hängt davon ab, ob $\boldsymbol{\pi}_{\blacktriangleright}$ die Adresse π_a oder π_b zugewiesen wird.

Es gibt viele Varianten des Systemstarts. Das System kann z.B. mit einem aktiven Prozess $\boldsymbol{P}_a$ anlaufen, der dann alle weiteren Prozesse initialisiert und in das System einbringt und der dabei schon das System nutzen kann (Ereignisse, Semaphore etc.). Eine andere Möglichkeit ist, den gesamten Prozessring mit `SosIni` aufzubauen. Jeder Prozess muss hier vor dem Aufruf von `SosStart` so weit präinitialisiert werden, dass er sich selbst initialisieren kann, wenn er zum ersten Mal zum laufenden Prozess wird. Zu beachten ist bei dieser Startmethode, dass alle Prozesse „gleichzeitig" beginnen und Synchronisierungsvorgänge möglicherweise schwierig zu handhaben sind. In vielen Fällen wird eine Kombination aus beiden Methoden die beste Wahl sein.

6.12. Beispiel: Die Simulation einer Tankstelle

Als Beispiel und Test dient ein Programm zur Simulation einer Tankstelle. Diese Tankstelle hat s Zapfsäulen. Fährt zum Zeitpunkt t_k ein Kunde vor und ist eine Zapfsäule frei, so wird das Fahrzeug für einen Zeitraum Δ_k betankt, worauf der Kunde davonfährt. Ist keine Zapfsäule frei, so wartet der Kunde darauf, dass eine frei gemacht wird. Das Eintreffen eines Kunden soll im Mittel einmal in λ Minuten geschehen, die Zeitspanne δ zwischen dem Eintreffen zweier Kunden t_k und t_{k+1} wird deshalb als exponitialverteilt angenommen, soll also die Verteilung $\mathcal{E}_{\lambda,0}$ besitzen. Der Betankungszeitraum Δt_k wird als normalverteilt angenommen mit einem Mittelwert von μ Minuten und einer Standardabweichung von σ Minuten, d.h. er hat die Verteilung $\mathcal{N}_{\mu,\sigma}$.

Technisch wird dieses Szenarium nicht mit Hilfe eines ereignisgesteuerten Ansatzes umgesetzt, sondern eher auf eine prozessorientierte Weise. Dazu können die Strukturen, die SLIMOS zur Verfügung stellt, direkt genutzt werden. Kunden K_k werden von Prozessen $\boldsymbol{P}_k$ dargestellt, die ein Generatorprozess $\boldsymbol{P}_g$ einmal in λ Minuten erzeugt. Die Tankstelle wird von der kritischen Region eines Semaphors $\boldsymbol{S}$ mit $\boldsymbol{S}^{\ltimes} = -s$ gebildet. Es können also s Prozesse die kritische Region betreten, d.h. zapfen, weiter dazukommende werden in die Warteschlange von $\boldsymbol{S}$ eingereiht.

- $\boldsymbol{P}_g$ Der Generatorprozess. Er erzeugt am Anfang eines Simulationslaufes die Prozesse $\boldsymbol{P}_d$ und $\boldsymbol{P}_h$, dann die Kundenprozesse $\boldsymbol{P}_k$. Der zeitliche Abstand δ zwischen dem Erscheinen der Kunden ist exponentialverteilt mit dem Mittelwert λ. $\boldsymbol{P}_g$ versieht auch die Kundenprozesse mit ihrer Aufenthaltsdauer Δ_k, die normalverteilt ist mit Mittelwert μ und Standardabweichung σ.
- $\boldsymbol{P}_k$ Ein Kundenprozess. Er versucht, den kritischen Bereich des Semaphors $\boldsymbol{S}$ zu betreten. Ist das gelungen, begibt er sich für ungefähr Δ_k Schlafeinheiten zur Ruhe. Nach der Ruhezeit verlässt er die kritische Region und löst sich selbst auf.
- $\boldsymbol{P}_d$ Der Anzeigeprozess. Er bringt seine meiste Zeit als Schläfer zu, untersucht aber in den Phasen des Wachseins den Semaphor $\boldsymbol{S}$ und zeigt dessen Zustand über PORTA und PORTC an. Dabei dient PORTC als Balkenanzeige für die Anzahl der besetzten Zapfstellen und PORTA als Balkenanzeige der wartenden Kunden.
- $\boldsymbol{P}_h$ Der Haldenprozess. Seine Aufgabe ist es, die PIT eines Kundenprozesses, der sich aufgelöst hat, an die Halde zurückzugeben. Der Kundenprozess kann das nicht selbst tun, weil der Prozessring dabei beschädigt würde. Auch $\boldsymbol{P}_h$ bringt den größten Teil seiner Zeit als Schläfer zu.

Es wird deutlich geworden sein, dass die Simulation in Echtzeit abläuft, wenngleich mit gestauchter Zeitachse: Was in der Wirklichkeit Minuten dauert, spielt sich in der Simulation im Sekundenbereich ab.

Da $\boldsymbol{P}_g$ der einzige Prozess ist, der die Zufallszahlengeneratoren benutzt, müssen diese nicht mit einem Semaphor abgesichert werden. Das gilt aber nicht für die Halde, ihr Gebrauch muss in eine kritische Region eingebettet werden.

```
        .include "m128def.inc"
        .include "makros.avr"
        .device  ATmega128              16 MHz
        .dseg
        .org     0x100
        .equ     AddRndRiB = 0x100
        .include "vecm128.avr"
        .include "addzg.avr"
        .include "eeprom.avr"
        .include "halde.avr"
        .include "sos.avr"
        .include "fifo.avr"
        .include "ser128.avr"
        .include "vecm128.avr"
```

Die Definition der Programmparameter, die Deklaration der Datenstrukturen

```
          .equ    nbHalde = 2000  Die Größe der Halde
          .equ    sZpf    =    0  Der Index ζ des Zapfsemaphors
          .equ    sHld    =    1  Der Index χ des Haldensemaphors
          .equ    eNeu    =    9  Der Index des Ereignisses zur
                                               Prozesseinschleusung
          .equ    nLambda =   60  λ
          .equ    nMue    =  250  μ
          .equ    nSigma  =   20  σ
          .equ    nZapf   =    8  Die Anzahl s der Zapfstellen (s ≤ 8)
          .dseg
vbHalde:  .byte   nbHalde         Der Speicherblock für die Halde
ppit:     .byte   2               Zur Initialisierung von SLIMOS
ppitFre:  .byte   2               ϖ Adresse der ersten freien PIT
          .cseg
```

Ein Unterprogramm zum Aufbau eines Prozesses. Übergabeparameter sind die Adresse φ einer Prozessprozedur in $\mathbf{r_{21:20}}$ und die Größe der PIT in $\mathbf{r_{18}}$. Die Adresse π der PIT wird in $\mathbf{Z}$ zurückgegeben.

```
ProzNeu:  push2   r16,r17          4
          mov     r16,r18          1    r16 ← gewünschte PIT-Größe
          call    HldAlloc         4+   Z ← Adresse eines Speicherblocks
          brne    PrzNeu1          1/2
          ldi     r24,'H'          1    Fehlercode „Halde leergelaufen"
          jmp     Fehler           3
PrzNeu1:  movw    r17:r16,r21:r20  1
          call    SosMakePit       4+   Mache Speicherblock zur PIT
          pop2    r17,r16          4
          ret                      4
```

Die Prozessprozedur des Erzeugerprozesses $\boldsymbol{P}_g$. Aufbau und Start von $\boldsymbol{P}_d$

```
Pg:       ldi     r18,80           1    r18 ← Größe der PIT von Pd
          ldi     r20,LOW(Pd)      1    r21:20 ← Adr. der Prozessfkt.
          ldi     r21,HIGH(Pd)     1                           von Pd
          rcall   ProzNeu          3    Pd aufbauen
          movw    r29:r28,r31:r30  1
          ldi     r17,eNeu         1
          SOS     SOS_APPPRO       5+   Pd in Warteposition bringen
          SOS     SOS_SIGNAL       5+   Pd starten
```

Aufbau und Start von $\boldsymbol{P}_h$

```
          ldi     r18,60           1    r18 ← Größe der PIT von Ph
          ldi     r20,LOW(Ph)      1    r21:20 ← Adr. der Prozessfkt.
          ldi     r21,HIGH(Ph)     1                           von Ph
          rcall   ProzNeu          3    Ph aufbauen
          movw    r29:r28,r31:r30  1
          ldi     r17,eNeu         1
          SOS     SOS_APPPRO       5+   Ph in Warteposition bringen
          SOS     SOS_SIGNAL       5+   Ph starten
```

Der Zeitraum δ bis zum Erscheinen des nächsten Kunden wird berechnet

```
Pga:      call    AddRndExp        4    r4:3:2 ← v = v0 + v-1 2^-8 +
                                           v-2 2^-16 E1,0-verteilt
```

	`ldi`	`r16,nLambda`	1	
	`mul`	`r2,r16`	2	$\mathbf{r_5} \leftarrow c = \lfloor \lambda v_{-2} 2^{-8} \rfloor$
	`mov`	`r5,r1`	1	
	`mul`	`r4,r16`	2	$\mathbf{r_{7:6}} \leftarrow a = \lambda v_0$
	`movw`	`r7:r6,r1:r0`	1	
	`mul`	`r3,r16`	2	$\mathbf{r_{1:0}} \leftarrow b = \lambda v_{-1}$
	`add`	`r5,r0`	1	$\mathbf{r_{7:6:5}} \leftarrow \delta \approx a + b2^{-8} + c2^{-16}$
	`clr`	`r0`	1	
	`adc`	`r6,r1`	1	
	`adc`	`r7,r0`	1	$\mathfrak{r}_{7:6} = \delta_1 2^8 + \delta_0$

Der Zeitraum δ wird in Schlafperioden umgesetzt

	`tst`	`r7`	1	$\delta_1 = 0?$
	`breq`	`Pgb2`	1/2	Falls ja: nur δ_0 Schlafeinheiten
	`ldi`	`r17,255`	1	
`Pgb1:`	`SOS`	`SOS_SLEEP`	5+	$255\delta_1$ Schlafeinheiten
	`dec`	`r7`	1	
	`brne`	`Pgb1`	1/2	
`Pgb2:`	`mov`	`r17,r6`	1	
	`ori`	`r17,1`	1	Ergibt $\delta_0 \geq 1$
	`SOS`	`SOS_SLEEP`	5+	δ_0 Schlafeinheiten

Ein Kundenprozess $\boldsymbol{P}_k$ wird erzeugt und in den Wartezustand gebracht

`Pgc:`	`ldi`	`r17,sHld`	1	Kritische Region betreten
	`SOS`	`SOS_LOCK`	5+	
	`ldi`	`r18,80`	1	$\boldsymbol{P}_k$ aufbauen
	`ldi`	`r20,LOW(Pk)`	1	
	`ldi`	`r21,HIGH(Pk)`	1	
	`rcall`	`ProzNeu`	3	
	`movw`	`r29:r28,r31:r30`	1	
	`ldi`	`r17,sHld`	1	Kritische Region verlassen
	`SOS`	`SOS_UNLOCK`	5+	
	`ldi`	`r17,eNeu`	1	$\boldsymbol{P}_k$ in Wartestand bringen
	`SOS`	`SOS_APPPRO`	5+	

$\boldsymbol{P}_k$ wird mit einer standardnormalverteilten Verweilzeit u versehen und gestartet

`Pge:`	`call`	`AddRndNrm`	4	$\mathbf{r_{4:3:2}} \leftarrow \frac{u}{2}$ $\mathcal{N}_{0,1}$-verteilt
	`tst`	`r4`	1	$\frac{u}{2} < 0?$
	`brmi`	`Pge`	1/2	Falls ja: ein neues $\frac{u}{2}$
	`std`	`Z+oSosPriv,r4`	2	$\boldsymbol{P}_k$ erhält $\frac{u}{2}$
	`std`	`Z+oSosPriv+1,r3`	2	
	`std`	`Z+oSosPriv+2,r2`	2	
	`ldi`	`r17,eNeu`	1	$\boldsymbol{P}_k$ wird gestartet
	`SOS`	`SOS_SIGNAL`	5+	
	`rjmp`	`Pga`	2	Zum nächsten Zyklus

Die Prozessprozedur des Anzeigeprozesses $\boldsymbol{P}_d$

`Pd:`	`ldi`	`r17,2`	1	Zwei Einheiten Schlaf
	`SOS`	`SOS_SLEEP`	5+	

```
       lds    r16,vsemSos+3*sZpf  2    r16 ← z = S^⋉_ζ
       clr    r0                  1
       cpi    r16,1               1    z ≤ 0?
       brlt   Pdc                 1/2  Ja: leere Warteschlange
       ldi    r24,0b11111111      1    Nein: alle Zapfsäulen besetzt
       out    PORTC,r24           1
       cpi    r16,nZapf+1         1    Zu viele besetzte Zapfsäulen?
       brlo   Pdb                 1/2  Nein: ihre Anzahl ausgeben
       out    PORTA,r24           1    Ja: zur Fehlerausgabe
       ldi    r24,'U'             1
       jmp    Fehler              3
Pdb:   sec                        1    r0 ← 2r0 + 1
       rol    r0                  1
       dec    r16                 1    z-mal wiederholen
       brne   Pdb                 1/2
       out    PORTA,r0            1    Balkenanzeige
       rjmp   Pd                  2
Pdc:   out    PORTA,r0            1    Keine wartenden Kunden
       subi   r16,256-nZapf       1    r16 ← κ = z + s
       tst    r16                 1    κ = 0?
       breq   Pde                 1/2  Ja: leeren Balken erzeugen
Pdd:   sec                        1    r0 ← 2r0 + 1
       rol    r0                  1
       dec    r16                 1    κ-mal wiederholen
       brne   Pdd                 1/2
Pde:   out    PORTC,r0            1    Balkenanzeige
       rjmp   Pd                  2
```

Die Prozessprozedur eines Kundenprozesses P_k. Die Verweilzeit Δ wird berechnet

```
Pk:    movw   r11:r10,r31:r30     1    r11:10 ← π_{P_k} (für später aufbewahren)
       ldd    r4,Z+oSosPriv       2    r4:3:2 ← u/2
       ldd    r3,Z+oSosPriv+1     2
       ldd    r2,Z+oSosPriv+2     2
       lsl    r2                  1    r4:3:2 ← u = u_0 + u_{-1}2^{-8} + u_{-2}2^{-16}
       rol    r3                  1
       rol    r4                  1
       ldi    r16,nSigma          1    r5 ← c = ⌊σu_{-2}2^{-8}⌋
       mul    r2,r16              2
       mov    r5,r1               1
       mul    r4,r16              2    r7:6 ← a = σu_0
       movw   r7:r6,r1:r0         1
       mul    r3,r16              2    r1:0 ← b = σu_{-1}
       add    r5,r0               1    r7:6:5 ← a + b2^{-8} + c2^{-16}
       clr    r0                  1
       adc    r6,r1               1
```

	adc	r7,r0	1	
	ldi	r16,nMue	1	$\mathbf{r}_{7:6} \leftarrow \Delta = \Delta_1 2^8 + \Delta_0 \approx \mu + a + \lfloor$
	add	r6,r16	1	
	adc	r7,r0	1	
Das Betreten der kritischen Region des Tankstellensemaphors $\boldsymbol{S}$				
	ldi	r17,sZpf	1	
	SOS	SOS_LOCK	5+	
Die Realisierung der Zapfzeit als Folge von Schlafperioden				
	tst	r7	1	$\Delta_1 = 0$?
	breq	Pkb2	1/2	Falls ja: nur Δ_0 Schlafeinheiten
	ldi	r17,255	1	
Pkb1:	SOS	SOS_SLEEP	5+	$255\Delta_1$ Schlafeinheiten
	dec	r7	1	
	brne	Pkb1	1/2	
Pkb2:	mov	r17,r6	1	
	ori	r17,1	1	Ergibt $\Delta_0 \geq 1$
	SOS	SOS_SLEEP	5+	Δ_0 Schlafeinheiten
Die kritische Region des Zapfstellensemaphors wird verlassen				
Pkb:	ldi	r17,sZpf	1	
	SOS	SOS_UNLOCK	5+	
$\boldsymbol{P}_k$ fügt seine PIT in die Liste freier PITs ein und löst sich auf				
	movw	r31:r30,r11:r10	1	$\mathbf{Z} \leftarrow \boldsymbol{\pi}_{\boldsymbol{P}_k}$
	adiw	r31:r30,oSosPriv	2	$\mathbf{Z} \leftarrow \alpha = \boldsymbol{\pi}_{\boldsymbol{P}_k} + a$
	cli		1	Globale Entfähigung
	lds	r16,ppitFre	2	$\alpha[0] \leftarrow \boldsymbol{\varpi}^{\triangleright}$
	st	Z+,r16	2	
	lds	r16,ppitFre+1	2	
	st	Z,r16	2	
	sts	ppitFre,r10	2	$\boldsymbol{\varpi} \leftarrow \boldsymbol{\pi}_{\boldsymbol{P}_k}$
	sts	ppitFre+1,r11	2	
	ret		4	$\boldsymbol{P}_k$ löst sich auf
Die Prozessprozedur des Haldenprozesses $\boldsymbol{P}_h$				
Ph:	lds	r26,ppitFre	2	$\mathbf{X} \leftarrow \boldsymbol{\varpi}^{\triangleright}$
	lds	r27,ppitFre+1	2	
	mov	r0,r26	1	$\boldsymbol{\varpi}^{\triangleright} = \mathbf{0000}$?
	or	r0,r27	1	
	breq	Pha	1/2	Ja: keine Blockrückgabe
	movw	r31:r30,r27:r26	1	$\mathbf{Z} \leftarrow \boldsymbol{\varpi}^{\triangleright}$
	adiw	r31:r30,oSosPriv	2	$\mathbf{Z} \leftarrow \alpha = \boldsymbol{\varpi}^{\triangleright} + a$
Die kritische Region des Haldensemaphors wird betreten				
	ldi	r17,sHld	1	
	SOS	SOS_LOCK	5+	
	call	HldFree	4+	Block mit Adr. $\boldsymbol{\varpi}^{\triangleright}$ freigeben
Die kritische Region des Haldensemaphors wird verlassen				
	SOS	SOS_UNLOCK	5+	

```
        ld      r16,Z+              2   ϖ ← α[0]
        sts     ppitFre,r16         2
        ld      r16,Z               2
        sts     ppitFre+1,r16       2
Pha:    ldi     r17,2               1   Zwei Schlafeinheiten
        SOS     SOS_SLEEP           5+
        rjmp    Ph                  2
```

Der Einstiegspunkt des Simulationsprogramms. Einrichten des Stapels und der Ports

```
Start:  ldi     r16,LOW(RAMEND)     1
        out     SPL,r16             1
        ldi     r16,HIGH(RAMEND)    1
        out     SPH,r16             1
        clr     r16                 1
        out     PORTA,r16           1   Anz. wartender Kunden
        out     PORTC,r16           1   Anz. besetzter Zapfsäulen
        ldi     r16,0b11111111      1
        out     DDRA,r16            1
        out     DDRC,r16            1
```

Initialisierung der Zufallszahlengeneratoren, der seriellen Schnittstelle und der Halde

```
        call    AddRndIni           4+
        ldi     r16,25              1   38,4 kbps bei 16 MHz
        call    S0Ini               4+
        call    S0SndEin            4+
        ldi     r16,LOW(nbHalde)    1
        ldi     r17,HIGH(nbHalde)   1
        ldi     r30,LOW(vbHalde)    1
        ldi     r31,HIGH(vbHalde)   1
        call    HldInit             4+
```

Aufbau des Generatorprozesses $\boldsymbol{P}_g$ und Initialisierung von SLIMOS

```
        ldi     r18,80              1   Pg erzeugen
        ldi     r20,LOW(Pg)         1
        ldi     r21,HIGH(Pg)        1
        rcall   ProzNeu             3+
        sts     ppit,r30            2   SLIMOS mit Pg initialisieren
        sts     ppit+1,r31          2
        ldi     r16,1               1
        ldi     r26,LOW(ppit)       1
        ldi     r27,HIGH(ppit)      1
        call    SosIni              4+
```

Initialisierung von $\boldsymbol{S}$ und der Liste freizugebender PITs, Start von SLIMOS

```
        ldi     r16,-nZapf          1   S_ζ^⋉ ← −s
        sts     vsemSos+3*sZpf,r16  2
        clr     r16                 1   ϖ ← 0000
        sts     ppitFre,r16         2
```

```
217             sts     ppitFre+1,r16      2
218             jmp     SosStart           3   SLIMOS starten
        Die Fehlerbehandlung (leere Halde, zu viele wartende Kunden)
219   Fehler:   cli                        1   Globale Entfähigung
        Die Entfähigung der Interrupts von Timer0 und Timer2, Fehlercode ausgeben
220             in      r17,TIMSK          1
221             andi    r17,0b01111101     1
222             out     TIMSK,r17          1
223             sei                        1   Globale Befähigung
224             ldi     r16,'#'            1
225             call    SOWrite            4+
226             mov     r16,r24            1   Fehlercode ausgeben
227             call    SOWrite            4+
228   Ewig:     rjmp    Ewig               2
```

Zu Beginn des Programms, nach dem Einzug der Dateien mit den diversen Modulen, werden die Programmparameter festgelegt. Darunter ist auch die Größe der Halde, die recht großzügig vorgegeben wird. Bei maximal 20 Prozessen und einer PIT-Größe von 80 Bytes wären etwas mehr als 1600 Bytes für die Halde genug, aber im Hinblick auf zukünftige Modifikationen ist es gut, etwas Reserve zu haben. Die Vorgaben für λ, μ und σ sind nicht als physikalisch sinnvolle Größen gewählt worden, sondern so, dass ein lebhafter und gefälliger Simulationslauf herauskommt.

An Datenstrukturen gibt es den Speicherblock für die Halde, die Adresse der ersten PIT in der Liste der an die Halde zurückzugebenden PITs (Zeile *26*) und ein Speicherwort, das zur Initialisierung von SLIMOS benötigt wird (Zeile *25*).

Das Programm startet in Zeile *182*. Da vor dem Eintritt in SLIMOS noch einige Unterprogramme aufzurufen sind, wird als Erstes ein Stapel eingerichtet. Es folgt die Initialisierung von PORTA und PORTC. Das Programm nimmt an, dass an die Portpins Leuchtdioden angeschlossen sind, die aufleuchten, wenn hohes Potential am Pin anliegt. Folglich werden PORTA und PORTC mit **00** geladen, bevor sie als Ausgänge programmiert werden.

Es folgen die Initialisierung des Zufallszahlengenerators, die Initialisierung der ersten seriellen Schnittstelle, die zur Fehlerbehandlung eingesetzt wird und der Aufbau der Halde. SLIMOS soll mit dem Generatorprozess starten, also wird dieser in den Zeilen *201–203* aufgebaut und dann SLIMOS mit ihm in den Zeilen *205–210* initialisiert. Da die kritische Region des Zapfsäulensemaphors $\boldsymbol{S}$ von s Prozessen betreten werden darf, wird der Zähler des Semaphors in den Zeilen *211–212* mit $-s$ initialisiert. Endlich wird vor dem Start von SLIMOS in Zeile *216* noch der Zeiger auf die erste PIT in der Liste der an die Halde zurückzugebenden PITs mit **0000** vorbelegt, eine leere Liste signalisierend.

Die Fehlerbehandlung am Ende des Programms ab Zeile *217* ist einfach gehalten. Sie erwartet in Register $\mathbf{r_{24}}$ ein Zeichen, das nach einem **#** über die serielle Schnittstelle ausgegeben wird, bevor das Programm in eine Endlosschleife geht. Zuvor werden aber noch von den beiden Timern ausgehende Interrupts unterbunden, um alle Prozesse anzuhalten.

Ab Zeile *28* ist ein Unterprogramm zum Aufbau eines Prozesses zu finden. Ihm sind als Parameter die Adresse φ einer Prozessprozedur in $\mathbf{r_{21:20}}$ und die Größe der PIT in $\mathbf{r_{18}}$ zu übergeben. Die Adresse π der initialisierten PIT wird in **Z** zurückgegeben. Es lässt sich von der Halde einen Speicherblock der gewünschten Größe übergeben. Kann die Halde keinen solchen Block zur Verfügung stellen, wird mit dem Fehlerzeichen `H` zur Fehlerbehandlung gesprungen. Anschließend wird aus dem Speicherblock die PIT eines Prozesses gemacht.

Der Erzeugerprozess $\boldsymbol{P}_g$ beginnt seine Lebenszeit in Zeile *38* damit, den Anzeigeprozess $\boldsymbol{P}_d$ und dann den Haldenprozess $\boldsymbol{P}_h$ aufzubauen und zu starten. Ab Zeile *54* beginnt dann die große Schleife, in welcher die Kundenprozesse erzeugt und gestartet werden.
Zur Berechnung des Zeitraums δ, der bis zum Start des nächsten Kundenprozesses vergehen soll, wird zuerst eine $\mathcal{E}_{1,0}$-verteilte Zufallszahl v erzeugt, die in den Zeilen *55–64* mit λ multipliziert wird. Die Zahl v hat das Format $\mathbb{K}_{8,16}$ und λ ist eine ganze Zahl im Bereich $1 \leq \lambda \leq 255$, das Produkt $\delta = \lambda v$ hat deshalb 16 Vor- und 16 Nachkommabitstellen. Verwendet werden für δ nur die Bits vor dem Binärkomma, die im Doppelregister $\mathbf{r_{7:6}}$ bereitgestellt werden.[13] Da SLIMOS nur 8-Bit-Schlafperioden verarbeiten kann, muss δ in solche aufgeteilt werden. Das geschieht in den Zeilen *56–73*, allerdings nicht ganz korrekt, da modulo 255 und nicht modulo 256 gerechnet wird.
Nach dem Verschlafen der Zeitspanne δ wird ab Zeile *74* ein Kundenprozess $\boldsymbol{P}_k$ erzeugt. Dabei wird implizit auf die Halde zugegriffen. Da noch ein weiterer Prozess auf die Halde zugreift, ist diese durch den Semaphor mit dem Index `sHld` abgesichert. Vor dem Aufruf von `ProzNeu` muss also die kritische Region des Semaphors betreten und nach dem Aufruf verlassen werden. Danach wird der neue Prozess in die Warteschlange des Ereignisses mit dem Index `eNeu` eingefügt. Vor dem Start von $\boldsymbol{P}_k$ wird noch eine standardnormalverteilte Zufallszahl $u \geq 0$ erzeugt und als private Variable in der PIT von $\boldsymbol{P}_k$ abgelegt. Der Prozess springt dann zum nächsten Durchlauf der großen Schleife in die Zeile *54*.
Ein Kundenprozess beginnt in Zeile *123*. Seine erste Aufgabe ist, die Zapfdauer Δ_k zu berechnen. Dazu wird Dreifachregister $\mathbf{r_{4:3:2}}$ mit der $\mathcal{N}_{0,1}$-verteilen Zufallszahl u geladen, die $\boldsymbol{P}_g$ bei der Erzeugung von $\boldsymbol{P}_k$ in dessen PIT hinterlegt hatte. Sie hat das Format $\mathbb{G}_{9,15}$, kann aber, da sie nicht negativ ist, mit den Linksshifts in den Zeilen *127–129* in das Format $\mathbb{K}_{8,16}$ gebracht werden. Sie wird dann in den Zeilen *130–139* mit σ multipliziert. Wie oben bei der exponentialverteilten Zufallszahl wird nur der ganzzahlige Anteil des Produkts σu verwendet, der sich im Doppelregister $\mathbf{r_{7:6}}$ ergibt. Ebenso wie λ soll auch σ eine ganze Zahl im Bereich $1 \leq \sigma \leq 255$ sein. Zum ganzzahligen Anteil des Produkts wird dann in den Zeilen *140–142* noch μ addiert, das ebenso als ganze Zahl im Bereich $1 \leq \mu \leq 255$ angesehen wird.
Nach dem Berechnen der Zapfdauer wird versucht, den kritischen Bereich des Zapfsemaphors zu betreten. Ist das gelungen, wird die Zapfdauer wie oben δ in Schlafperioden umgesetzt. Nachdem die Zapfdauer verschlafen ist, wird die kritische Region verlassen.
Der Kundenprozess hat nun seine Arbeit getan und könnte sich über einen `ret`-Befehl auflösen, wenn da nicht die Tatsache wäre, dass seine PIT der Halde entstammt, sie also der Halde zurückgegeben werden muss. Das kann allerdings $\boldsymbol{P}_k$ nicht selbst durchführen, da ein Aufruf von `HldFree` den Prozessring zerstören würde, denn die Verkettung im Prozessring und die (eventuelle) Verkettung in der Halde verwenden beide den Anfang eines Speicherblocks. $\boldsymbol{P}_k$ fügt deshalb seine PIT in eine Liste ein, deren erstes Element durch die Adresse in der

Abbildung 6.17.: Die Liste freier PITs

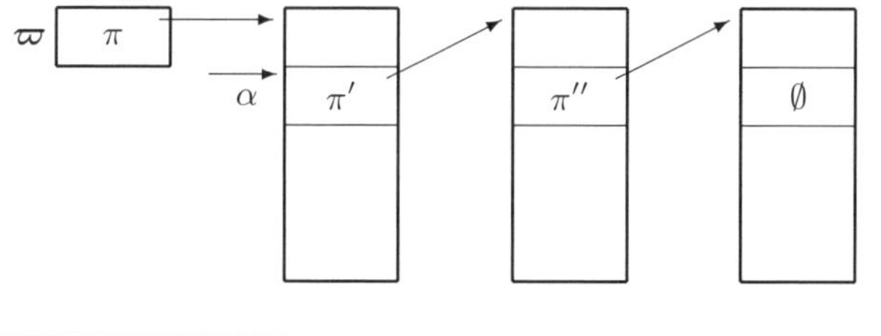

[13] Siehe auch Bild 10.3. Dort ist 10 durch λ zu ersetzen.

Variablen ϖ (`ppitFre` in Zeile *26*) gegeben ist. Er fügt seine PIT am Anfang der Liste ein. Natürlich darf die Verkettung dieser Liste nicht den Blockanfang benutzen, sie verwendet eine sichere relative Blockadresse a, nämlich `oSosPriv`. Die Adresse der Adresse der in der Liste folgenden PIT ist also $\alpha = \pi + a$. Eigentlich müsste das Einfügen in die Liste durch einen Semaphor geschützt werden, da ja Prozess $\boldsymbol{P}_h$ die Liste ebenfalls manipuliert. Da das Einfügen aber nur ein paar Takte dauert und direkt vor der Auflösung des Prozesses stattfindet, der mit globaler Entfähigung vorgenommen wird, soll hier zum Schutz die globale Entfähigung in Zeile *158* genügen.

Der Prozess $\boldsymbol{P}_h$ zur Rückgabe der PITs von Kundenprozessen, die sich aufgelöst haben, an die Halde beginnt in Zeile *166*. Er lädt als erstes Register **X** mit dem Zeiger π auf das erste Element dieser Liste. Bei leerer Liste hat der Zeiger den Wert **0000**. Das wird in den Zeilen *168–169* geprüft. Ist die Liste leer, so wird $\boldsymbol{P}_h$ für zwei Zeiteinheiten zum Schläfer, bevor er durch einen Sprung in die Zeile *166* seinen Zyklus erneut durchläuft. Ist die Liste nicht leer, so wird in den Zeilen *171–172* zunächst die Adresse α der Adresse π' des in der Liste nachfolgenden Speicherblocks in Register **Z** berechnet. Dann wird die kritische Region des Haldensemaphors betreten, der Block mit der Adresse π an die Halde zurückgegeben und die kritische Region wieder verlassen. Anschließend wird die Adressvariable `ppitFre` noch mit der Adresse π' des nächsten Blocks in der Liste geladen.

Der Anzeigeprozess $\boldsymbol{P}_d$, dessen Prozedur in Zeile *94* beginnt, verbringt ebenso wie der Prozess $\boldsymbol{P}_h$ den größten Teil seiner Zeit schlafend. In den kurzen Wachpausen ist es seine Aufgabe, den Zapfsemaphor $\boldsymbol{S}_\zeta$ zu inspizieren. Enthält dessen Warteschlange mehr als s Kundenprozesse, so wird die Fehlerbehandlung mit dem Fehlersymbol `U` in $\mathbf{r_{24}}$ angesprungen. Andernfalls werden die Anzahlen der zapfenden und der wartenden Kunden ermittelt und als Leuchtbalken dargestellt.

Die Prozessschleife beginnt also mit einem Schläfchen. Anschließend wird $\mathbf{r_{16}}$ mit der Semaphorvariablen $\boldsymbol{S}_\zeta^\ltimes$ geladen. Ist $\boldsymbol{S}_\zeta^\ltimes \leq 0$, so gibt es keine wartenden Kunden und es wird in Zeile *113* zunächst ein leerer Balken an PORTA ausgegeben. Anschließend wird in Zeile *114* die Anzahl $\kappa = \boldsymbol{S}_\zeta^\ltimes + s$ der zapfenden Kunden gebildet. Ist $\kappa = 0$, so wird in Zeile *121* auf PORTC ein leerer Balken ausgegeben. Andernfalls werden κ Einerbits von rechts her in Register $\mathbf{r_0}$ hineingeschoben, so den Balken zur Anzeige von κ bildend.

Wurde in Zeile *98* dagegen $\boldsymbol{S}^\ltimes \geq 1$ festgestellt, so gibt es also s zapfende und $\boldsymbol{S}^\ltimes$ wartende Kunden. Folglich wird in den Zeilen *100–101* ein voller Balken an PORTC ausgegeben. Anschließend wird geprüft, ob $\boldsymbol{S}^\ltimes > s$ gilt. Ist das der Fall, gibt es also mehr als s wartende Kunden, so wird die Fehlerbehandlung angesprungen. Andernfalls werden $\boldsymbol{S}^\ltimes$ Einerbits von rechts her in Register $\mathbf{r_0}$ hineingeschoben und auf PORTA ausgegeben.

Der Zugriff auf den Semaphor in Zeile *96* ist ein Bytezugriff, der nicht abgesichert werden muss.

Die nicht mehr benötigten PITs durch einen eigenen Prozess $\boldsymbol{P}_h$ an die Halde zurückgeben zu lassen ist keine optimale Lösung. Besser wäre es, den Erzeugerprozess die Kundenprozesse mit schon gebrauchten PITs aus der Liste aufbauen zu lassen, sofern solche vorhanden sind. Auf diese Weise würde nicht nur die Halde entlastet, auch der Haldensemaphor würde nicht mehr gebraucht.

7. Eine Halde (heap)

Eine Speicherverwaltung für die kleinen Arbeitsspeicher der AVR-Prozessoren sollte den ihr überlassenen Speicherbereich möglichst gut ausnutzen. Dazu gehört, dass sie nur einen kleinen Teil der von ihr ausgegebenen Speicherblöcke für administrative Zwecke in Anspruch nimmt, dazu gehört auch, dass diese Blöcke „passen", d.h. nicht größer sind als eigentlich angefordert, und schließlich sollen zurückgegebene benachbarte Blöcke zu größeren Blöcken zusammengefasst werden. Diese Forderungen schließen das klassische *buddy*-Verfahren z.B. aus, das nur Blöcke in Zweierpotenzgröße verwalten kann und auch sonst viel Speicherplatz für administrative Zwecke benötigt.[1] Auch die Methode, die mit Grenzmarkierungen (*boundary tags*) arbeitet, ist nicht geeignet, da die von ihr verwalteten Speicherblöcke einen recht großen administrativen Anteil besitzen, wenn wie hier davon ausgegangen wird, dass hauptsächlich mit kleinen Blöcken gearbeitet wird.

Die einfachste aller Speicherverwaltungen für Blöcke mit variabler Größe organisiert die ihr bekannten freien Speicherblöcke in einer verketteten Liste. Gewöhnlich ist es so, dass ihr am Anfang ihres Daseins ein einzelner Speicherblock zur Verfügung gestellt wird, der zunächst das einzige Element der verketteten Liste ist. Kommt nun eine Anforderung für n Bytes herein, so wird in der Liste nach einem Block gesucht, der groß genug ist, die Anforderung zu befriedigen, für dessen Größe m also $m \geq n$ gilt. Dieser Block wird dann aufgeteilt in einen oberen Teil der Länge n, der an das anfordernde Programm übergeben wird, und bei $m > n$ in einen unteren Teil der Länge $m - n$, der in der Liste der freien Blöcke verbleibt. Um die Rekombination freier Blöcke zu einem größeren Block auf einigermaßen unkomplizierte Weise zu ermöglichen, enthält die Liste freier Blöcke ihre Elemente nach aufsteigenden Anfangsadressen sortiert. Zu einem zurückgegebenen Speicherblock kann also mit einem Listendurchlauf festgestellt werden, ob er, was seine Anfangsadresse betrifft, vor allen Blöcken der Liste liegt, hinter allen Blöcken der Liste liegt oder zwischen welchen zwei Blöcken der Liste er liegt. Enthält jeder Block nun noch seine Länge, so lässt sich leicht feststellen, ob der zurückgegebene Block mit einem oder mit beiden Nachbarblöcken direkt zusammenstößt und so mit diesen vereinigt werden kann.

Die eben skizzierte Speicherverwaltung benötigt also nur zweierlei: Eine Adressvariable, die auf den ersten Block der verketteten Liste zeigt, und in jedem Speicherblock genügend Platz, um seine Bytegröße darin unterzubringen. Da man wohl davon ausgehen kann, dass bei einer Arbeitsspeichergröße von 1024 oder 2048 Bytes Blockgrößen oberhalb von 255 wenig sinnvoll sind,[2] genügt es, für die Bytegröße ein Byte einzusetzen. Die kleinen Arbeitsspeicher sorgen auch dafür, dass das Durchsuchen der Liste nicht zu aufwendig werden kann, da überhaupt nur eine eng begrenzte Anzahl von

[1] Es ist wegen seiner sonstigen guten Eigenschaften aber für Prozessoren mit einigem externen Speicher gut geeignet.

[2] Für drei Speicherblöcke wird sicher keine Verwaltung benötigt!

Speicherblöcken erzeugt werden kann.

Zum Programm ist zu sagen, dass es kompakter hätte ausfallen können, aber es wäre dann sehr undurchsichtig geworden. Die drei Fälle, die bei verketteten Listen zu behandeln sind, nämlich am Anfang, inmitten oder am Ende der Liste zu sein, sind sauber getrennt ausgeführt. Übrigens können diese Fälle auch durch die Einführung von „Listenköpfen" und „Listenfüßen" gemeinsam abhandelt werden, aber es sollte ja so wenig Speicherplatz wie möglich verbraucht werden.

```
            .equ    nbHldMin = 4
            .dseg
```

Der Kopf der Liste der freien Blöcke

```
pbHldFree:  .byte   2
            .cseg
```

Die Initialisierungsprozedur: Startadresse γ in r31:r30, Größe g in r17:r16

```
HldInit:    push5   r2,r3,r16,r17,r18  2×5
            clr     r2                 1    ζ ← 0000
            clr     r3                 1
            tst     r17                1    g ≤ 255?
            breq    HldIni3            1/2  Falls ja: nur ein Block
            ldi     r18,255            1
            add     r30,r16            1    Z ← γ + n
            adc     r31,r17            1
HldIni1:    sub     r16,r18            1    g ← g − 255
            sbci    r17,0              1
            brcs    HldIni2            1/2  Falls g − 255 < 0: Schleife verl.
            sub     r30,r18            1    Neuer Block b: Z ← 𝔷 − 255
            sbci    r31,0              1
            st      Z,r18              2    b^λ ← 255
            std     Z+1,r2             2    b^▷ ← 𝔷
            std     Z+2,r3             2
            movw    r3:r2,r31:r30      1    ζ ← 𝔷
            rjmp    HldIni1            2    Nächster Schleifendurchlauf
HldIni2:    add     r16,r18            1    r16 ← r = g mod 255
            sub     r30,r16            1    Restblock b: Z ← 𝔷 − r
            sbci    r31,0              1
HldIni3:    cpi     r16,3              1    r ≥ 3?
            brlo    HldIni4            1/2  Nein: Restblock übergehen
            st      Z,r16              2    b^λ ← r
            std     Z+1,r2             2    b^▷ ← 𝔷
            std     Z+2,r3             2
            movw    r3:r2,r31:r30      1    ζ ← 𝔷
HldIni4:    sts     pbHldFree,r2       2    pbHldFree ← ζ
            sts     pbHldFree+1,r3     2
            pop5    r18,r17,r16,r3,r2  2×5
            ret                        4
```

Übergabe eines Speicherblocks. Die gewünschte Größe n wird in $\mathbf{r}_{16}$ übergeben. Falls $\mathfrak{z} = \mathfrak{o}$, wird die Anfangsadresse in $\mathbf{r}_{31:30}$ zurückgegeben, andernfalls ist kein Block einer Größe $\geq n$ frei oder es ist $n = 255$.

HldAlloc:	push4	r16,r17,r28,r29	2×4	
	inc	r16	1	$\mathbf{r}_{16} \leftarrow m$, $\mathbf{r}_{16} \leftarrow 0$ bei $n = 255$
	breq	HldAlc4	1/2	Zurück bei $n = 255$
	lds	r30,pbHldFree	2	$\theta \leftarrow$ Adr. erster Listenblock
	lds	r31,pbHldFree+1	2	
	clr	r28	1	$\eta \leftarrow$ **0000**
	clr	r29	1	
HldAlc1:	mov	r17,r30	1	$\theta =$ **0000**?
	or	r17,r31	1	
	breq	HldAlc4	1/2	Ja: erfolglos zurück ($\mathfrak{z} = \mathfrak{1}$)
	ld	r17,Z	2	$\mathbf{r}_{17} \leftarrow \boldsymbol{b}^{\lambda}$
	cp	r17,r16	1	$\boldsymbol{b}^{\lambda} \geq m$?
	brsh	HldAlc2	1/2	Ja: passenden Block gefunden
	movw	r29:r28,r31:r30	1	$\eta \leftarrow \theta$
	ldd	r17,Z+1	2	$\theta \leftarrow \boldsymbol{b}^{\triangleright}$
	ldd	r31,Z+2	2	
	mov	r30,r17	1	
	rjmp	HldAlc1	2	Zum nächsten Schleifendurchl.
HldAlc2:	sub	r17,r16	1	$\mathbf{r}_{17} \leftarrow d = \boldsymbol{b}^{\lambda} - m$
	breq	HldAlc5	1/2	Falls $d = 0$: Block auslösen
	cpi	r17,nbHldMin	1	$d \leq \epsilon$?
	brlo	HldAlc5	1/2	Ja: Block auslösen
	st	Z,r17	2	$\boldsymbol{b}^{\lambda} \leftarrow d$
	add	r30,r17	1	$\mathbf{Z} \leftarrow \boldsymbol{u}^{\alpha} = \theta + d$
	clr	r28	1	
	adc	r31,r28	1	
	st	Z,r16	2	$\boldsymbol{u}^{\lambda} \leftarrow m$
HldAlc3:	adiw	r31:r30,1	2	$\mathbf{Z} \leftarrow \boldsymbol{u}^{\alpha} + 1$
	clz		1	
HldAlc4:	pop4	r29,r28,r17,r16	2×4	
	ret		4	
HldAlc5:	mov	r17,r28	1	$\eta =$ **0000**?
	or	r17,r29	1	
	ldd	r16,Z+1	2	$\mathbf{r}_{17:16} \leftarrow \boldsymbol{b}^{\triangleright}$
	ldd	r17,Z+2	2	
	breq	HldAlc6	1/2	Falls $\eta =$ **0000**: Listenkopf ändern
	std	Y+1,r16	2	$\boldsymbol{v}^{\triangleright} \leftarrow \boldsymbol{b}^{\triangleright}$
	std	Y+2,r17	2	
	rjmp	HldAlc3	2	
HldAlc6:	sts	pbHldFree,r16	2	`pbHldFree` $\leftarrow \boldsymbol{b}^{\triangleright}$
	sts	pbHldFree+1,r17	2	
	rjmp	HldAlc3	2	

Rücknahme eines Speicherblocks $\boldsymbol{b}$. **X** enthält $\boldsymbol{b}^\alpha + 1$
Achtung: Es muss $\boldsymbol{b}^\lambda > 1$ gelten!

`HldFree:`	`push3`	`r16,r17,r18`	2×3	
	`push4`	`r28,r29,r30,r31`	2×4	
	`sbiw`	`r27:r26,1`	2	$\mathbf{X} \leftarrow \boldsymbol{b}^\alpha$
	`lds`	`r30,pbHldFree`	2	$\mathbf{Z} \leftarrow \boldsymbol{p}^\alpha$ oder $\mathbf{Z} \leftarrow \mathbf{0000}$
	`lds`	`r31,pbHldFree+1`	2	
	`mov`	`r16,r30`	1	$\mathfrak{Z} = \mathbf{0000}$?
	`or`	`r16,r31`	1	
	`breq`	`HldFr07`	1/2	Ja: in leere Liste einfügen
	`cp`	`r26,r30`	1	$\boldsymbol{b}^\alpha < \boldsymbol{p}^\alpha$?
	`cpc`	`r27,r31`	1	
	`brlo`	`HldFr08`	1/2	Ja: Zum Fall ●○○

Die Schleife für das Durchlaufen der Liste der freien Blöcke. $\boldsymbol{a}$ ist voriger, $\boldsymbol{c}$ laufender Block

`HldFr01:`	`movw`	`r29:r28,r31:r30`	1	$\mathbf{Y} \leftarrow \boldsymbol{a}^\alpha$
	`ldd`	`r16,Z+1`	2	$\mathbf{Z} \leftarrow \boldsymbol{c}^\alpha$
	`ldd`	`r31,Z+2`	2	
	`mov`	`r30,r16`	1	$\mathfrak{Z} = \mathbf{0000}$, d.h. Listenende?
	`or`	`r16,r31`	1	
	`breq`	`HldFr06`	1/2	Ja: Zum Fall ○○●
	`cp`	`r26,r30`	1	
	`cpc`	`r27,r31`	1	
	`brsh`	`HldFr01`	1/2	

Es gibt benachbarte Listenelemente $\boldsymbol{a}$ und $\boldsymbol{c}$ mit $\boldsymbol{a}^\alpha < \boldsymbol{b}^\alpha < \boldsymbol{c}^\alpha$

	`ld`	`r16,X`	2	$\mathbf{r_{16}} \leftarrow \boldsymbol{b}^\lambda$
	`mov`	`r18,r16`	1	$\mathbf{r_{18}} \leftarrow \boldsymbol{b}^\lambda$
	`clr`	`r17`	1	$\mathbf{r_{17:16}} \leftarrow \boldsymbol{b}^\lambda$
	`add`	`r16,r26`	1	$\mathbf{r_{17:16}} \leftarrow \vartheta = \boldsymbol{b}^\alpha + \boldsymbol{b}^\lambda$
	`adc`	`r17,r27`	1	
	`cp`	`r16,r30`	1	$\vartheta = \boldsymbol{c}^\alpha$?
	`cpc`	`r17,r31`	1	
	`brne`	`HldFr02`	1/2	Nein: keine Verschmelzung
	`ld`	`r16,Z`	2	$\mathbf{r_{16}} \leftarrow \boldsymbol{c}^\lambda$
	`add`	`r16,r18`	1	$\mathbf{r_{16}} \leftarrow k = \boldsymbol{c}^\lambda + \boldsymbol{b}^\lambda$
	`brcs`	`HldFr02`	1/2	Keine Verschmelz. bei $k > 255$
	`st`	`X,r16`	2	$\boldsymbol{v} \Leftarrow \boldsymbol{b}$ mit $\boldsymbol{b}^\lambda \leftarrow k$
	`ldd`	`r16,Z+1`	2	$\mathbf{Z} \leftarrow \boldsymbol{c}^\triangleright$
	`ldd`	`r31,Z+2`	2	
	`mov`	`r30,r16`	1	
	`std`	`Y+1,r30`	2	$\boldsymbol{a}^\triangleright \leftarrow \boldsymbol{c}^\triangleright$
	`std`	`Y+2,r31`	2	
`HldFr02:`	`ld`	`r16,Y`	2	$\mathbf{r_{16}} \leftarrow \boldsymbol{a}^\lambda$
	`mov`	`r18,r16`	1	$\mathbf{r_{18}} \leftarrow \boldsymbol{a}^\lambda$
	`clr`	`r17`	1	$\mathbf{r_{17:16}} \leftarrow \boldsymbol{a}^\lambda$
	`add`	`r16,r28`	1	$\mathbf{r_{17:16}} \leftarrow \boldsymbol{a}^\alpha + \boldsymbol{a}^\lambda$

119		adc	r17,r29	1	
120		cp	r16,r26	1	$a^\alpha + a^\lambda = e^\alpha$?
121		cpc	r17,r27	1	
122		breq	HldFr04	1/2	Ja: zum Verschmelzen
123	HdlFr03:	std	Y+1,r26	2	$a^\alpha \leftarrow e^\alpha$
124		std	Y+2,r27	2	
125		adiw	r27:r26,1	2	$e^\alpha \leftarrow c^\alpha$
126		st	X+,r30	2	
127		st	X,r31	2	
128		rjmp	HldFr05	2	Zurück
129	HldFr04:	ld	r16,X	2	$\mathbf{r_{16}} \leftarrow e^\lambda$
130		add	r16,r18	1	$\mathbf{r_{16}} \leftarrow m = e^\lambda + a^\lambda$
131		brcs	HdlFr03	1/2	Keine Verschmelz. bei $m > 255$
132		st	Y,r16	2	$u \Leftarrow e$ oder $w \Leftarrow e$ mit $e^\lambda \leftarrow m$
133	HldFr05:	clr	r26	1	**X** $\leftarrow$ **0000**
134		clr	r27	1	
135		pop4	r31,r30,r29,r28	2×4	
136		pop3	r18,r17,r16	2×3	
137		ret		4	
138	HldFr06:	rjmp	HldFr10	2	Sprungverlängerung
	Die Liste der freien Blöcke ist leer				
139	HldFr07:	sts	pbHldFree,r26	2	Listenkopf $\leftarrow b^\alpha$
140		sts	pbHldFree+1,r27	2	
141		adiw	r27:r26,1	2	$b^\triangleright \leftarrow$ **0000** (siehe Zeile *85*)
142		st	X+,r16	2	
143		st	X,r16	2	
144		rjmp	HldFr05	2	Zurück
	$b^\alpha < f^\alpha$ für jeden Block f der Liste				
145	HldFr08:	sts	pbHldFree,r26	2	Listenkopf $\leftarrow b^\alpha$
146		sts	pbHldFree+1,r27	2	
147		ld	r16,X	2	$\mathbf{r_{16}} \leftarrow b^\lambda$
148		mov	r18,r16	1	$\mathbf{r_{18}} \leftarrow b^\lambda$
149		clr	r17	1	$\mathbf{r_{17:16}} \leftarrow b^\lambda$
150		add	r16,r26	1	$\mathbf{r_{17:16}} \leftarrow b^\alpha + b^\lambda$
151		adc	r17,r27	1	
152		cp	r16,r30	1	$b^\alpha + b^\lambda = p^\alpha$?
153		cpc	r17,r31	1	
154		brne	HldFr09	1/2	Ja: zur Vereinigung
155		ld	r17,Z	2	$\mathbf{r_{17}} \leftarrow p^\lambda$
156		add	r18,r17	1	$\mathbf{r_{18}} \leftarrow r = p^\lambda + b^\lambda$
157		brcs	HldFr09	1/2	Keine Vereinigung bei $r > 255$
158		st	X+,r18	2	$b^\lambda \leftarrow r$
159		ldd	r16,Z+1	2	$\mathbf{r_{17:16}} \leftarrow p^\triangleright$
160		ldd	r17,Z+1	2	
161		st	X+,r16	2	$b^\triangleright \leftarrow p^\triangleright$

```
           st      X,r17        2
           rjmp    HldFr05      2    Zurück
HldFr09:   adiw    r27:r26,1    2
           st      X+,r30       2    b^▷ ← p^▷
           st      X,r31        2
           rjmp    HldFr05      2    Zurück
     f^α < b^α für jeden Block f der Liste
HldFr10:   ld      r16,Y        2    r16 ← q^λ
           mov     r18,r16      1    r18 ← q^λ
           clr     r17          1    r17:16 ← q^λ
           add     r16,r28      1    r17:16 ← q^α + q^λ
           adc     r17,r29      1
           cp      r16,r26      1    q^α + q^λ = b^α?
           cpc     r17,r27      1
           breq    HldFr12      1/2  Ja: zur Vereinigung
HldFr11:   std     Y+1,r26      2    q^α ← e^α
           std     Y+2,r27      2
           clr     r16          1    b^▷ ← 0000 (Listenende)
           adiw    r27:r26,1    2
           st      X+,r16       2
           st      X,r16        2
           rjmp    HldFr05      2    Zurück
HldFr12:   ld      r16,X        2    r16 ← b^λ
           add     r16,r18      1    r16 ← s = b^λ + q^λ
           brcs    HldFr11      1/2  Keine Vereinigung bei s > 255
           st      Y,r16        2    q^λ ← s
           rjmp    HldFr05      2    Zurück
```

Die Länge oder Größe eines Speicherblocks $\boldsymbol{b}$ wird mit $\boldsymbol{b}^\lambda$, seine Adresse mit $\boldsymbol{b}^\alpha$ bezeichnet. Beginnt ein Block $\boldsymbol{b}$ also bei Adresse **60** und endet bei Adresse **6F**, so ist $\boldsymbol{b}^\lambda = 16$ und $\boldsymbol{b}^\alpha =$ **60**. Bild 7.1 zeigt die verwendete Blockstruktur. Das erste Byte eines belegten Blocks $\boldsymbol{b}$ enthält

Abbildung 7.1.: Belegte und freie Blöcke

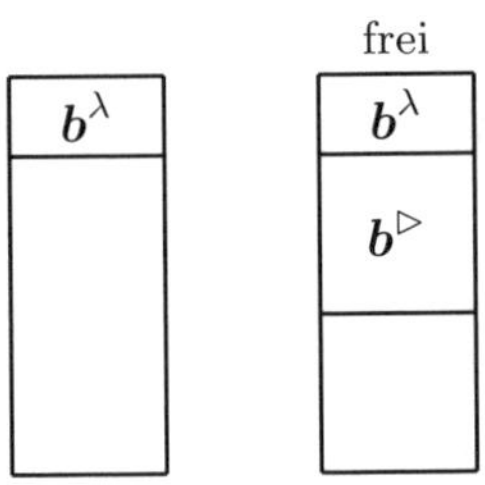

die Gesamtlänge $\boldsymbol{b}^\lambda$ des Blocks, der Rest steht dem Nutzer zur Verfügung. Die effektive Länge ist für den Nutzer also $\boldsymbol{b}^\lambda - 1$ und die effektive Adresse $\boldsymbol{b}^\alpha + 1$. Ein freier Block beginnt ebenfalls mit dem Längenbyte, auf das hier aber ein 16-Bit-Adressfeld folgt, mit $\boldsymbol{b}^\triangleright$ bezeichnet, das zur Verkettung der freien Blöcke verwendet wird. Zu beachten ist, dass ein freier Block

eine Mindestgröße von 3 haben muss, da er mindestens ein Größenbyte und eine Adresse enthält. Für einen benutzten Block gilt das nicht, dessen Mindestgröße ist 1. Falls gewünscht, erzeugt `HldAlloc` Blöcke der Länge 1 und 2, also mit für den Nutzer effektiver Länge 0 und 1, aber solche Blöcke können von `HldFree` *nicht zurückgenommen* werden. Natürlich können `HldAlloc` und `HldFree` so geändert werden, dass eine Mindestblockgröße garantiert ist.
Der Initialisierungsprozedur in Zeile *5* werden die Startadresse γ eines Speicherblocks in Register **Z** und seine Länge g in $\mathbf{r_{17:16}}$ übergeben. Ihre Aufgabe besteht darin, den Block in Blöcke der Länge 255 und eventuell einen kleineren Restblock zu zerlegen und diese Zerlegungsblöcke in der Reihenfolge ihrer Anfangsadressen zu verketten. Die Adressenvariable in Zeile *3* soll die Adresse des ersten Blocks der Liste enthalten. Bild 7.2 gibt das Konstruktionsprinzip der Liste wieder. Für die unfertige Liste gilt, dass das Doppelregister $\mathbf{r_{3:2}}$ die Adresse ζ des zuletzt eingefügten Blocks enthält. Teil (i) des Bildes stellt die Ausgangssituation dar, d.h. die leere Liste, Teil (ii) die Situation nach dem Einfügen von Block $\boldsymbol{a}$ und Teil (iii) die Situation nach dem Einfügen von $\boldsymbol{b}$. Man erkennt, dass die Liste von hinten nach vorn aufgebaut wird. Doppelregister **Z** zeigt auf den als nächsten einzufügenden Speicherblock, bei fertiger Liste zeigt dann die Adressenvariable `pbHldFree` auf den ersten Block der Liste.
Da direkt nach dem Einsprung in die Prozedur noch kein Block eingefügt wurde, wird in

Abbildung 7.2.: Konstruktion der Anfangsblockkette

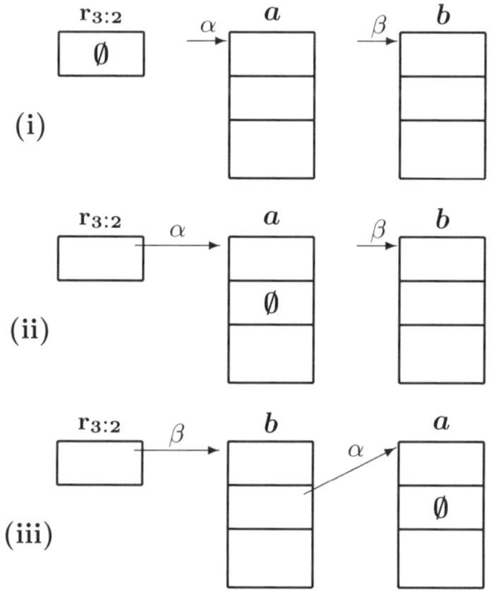

den Zeilen *6–7* $\mathbf{r_{3:2}}$ mit **0000** initialisiert. **0000** markiert auch das Ende der Liste. Falls für die Gesamtlänge $g \leq 255$ gilt, besteht die Liste nur aus einem Block. Um diese Bedingung zu prüfen, genügt es, das obere Byte von g auf Null zu testen, was in Zeile *8* durchgeführt wird. Ist die Bedingung erfüllt, so wird in die Zeile *26* gesprungen, um die kurze Liste aufzubauen. Da aber ein freier Block mindestens die Größe drei haben muss, um das Größenbyte und die Adresse des in der Liste nachfolgenden Blocks aufzunehmen, wird vor dem Aufbau diese Bedingung geprüft. Ist sie nicht erfüllt, d.h. ergäbe sich ein Block der Länge 0, 1 oder 2, so wird in die Zeile *32* gesprungen, **0000** in den Listenkopf `pbHldFree` geladen und so eine leere Liste erzeugt. Ist die Größe jedoch ausreichend, so wird in den Zeilen *31–28* ein Endblock erzeugt, denn Doppelregister **Z** enthält die Anfangsadresse des einen Blocks, Register $\mathbf{r_{16}}$ seine Größe

und $\mathbf{r_{3:2}}$ die Endemarke **0000**. Anschließend wird in den Zeilen *32–33* die Listenadresse (der Listenkopf) initialisiert. Dazu muss $\mathbf{r_{3:2}}$ die Adresse des ersten Blocks in der Liste enthalten (wie es vom noch nicht besprochenen Hauptteil der Prozedur erwartet wird), wofür in Zeile *31* gesorgt wird.
Stellt sich in Zeile *8* heraus, dass $g > 255$ gilt, so wird in Vorbereitung der Hauptschleife in Zeile *10* Register $\mathbf{r_{18}}$ mit 255 geladen und anschließend **Z** durch Addition von g auf das erste Byte hinter den Gesamtblock gesetzt. Die Hauptschleife, in der die Blöcke abgespalten und verkettet werden, kann jetzt beginnen. Man darf allerdings nicht den (naheliegenden) Fehler begehen und $\mathbf{r_{17}}$ als Schleifenzähler herunterzählen, denn das wäre Rechnung modulo 256. Es muss Rechnung modulo 255 sein, und so bleibt nichts anderes übrig als in der Schleife so lange 255 von g zu subtrahieren, bis ein Rest $r < 255$ übrig bleibt. Dieses r ist dann auch die Länge des Restblocks. Die Bildung von $r = g - 255$ und die Prüfung, ob $r < 255$ erfordern aber zwei Vorgänge. Setzt man jedoch die Subtraktion $g - 255$ an den Anfang der Schleife und verlässt die Schleife bei $g - 255 < 0$, so wurde die Schleife $\lfloor\frac{g}{255}\rfloor$-mal durchlaufen. Der Rest r lässt sich hinter der Schleife durch Addition von 255 zurückgewinnen. Und so wird es im Programm auch ausgeführt. In den Zeilen *13–14* erfolgt die Subtraktion $g - 255$, in der nächsten Zeile wird aus der Schleife herausgesprungen, falls $g - 255 < 0$ gilt, falls also das Übertragsbit bei der Subtraktion gesetzt wurde. Bei $g - 255 \geq 0$ steht noch Platz für einen Block $\boldsymbol{b}$ der Länge 255 zur Verfügung. Zunächst wird seine Anfangsadresse $\boldsymbol{b}^{\alpha}$ durch die Subtraktion $\mathfrak{Z} - 255$ in den Zeilen *16–17* berechnet, der Gesamtblock wird ja von hinten nach vorne zerlegt. Anschließend wird der Block in den Zeilen *18–20* selbst angelegt, und zwar wird in Zeile *18* $\boldsymbol{b}^{\lambda}$ erzeugt und $\boldsymbol{b}^{\triangleright}$ in den folgenden beiden Zeilen. Zur Erinnerung: $\mathbf{r_{3:2}}$ enthält immer die Adresse des zuletzt in die Liste eingefügten Blocks. Nach der Zeile *20* ist der soeben gebildete Block der zuletzt in die Liste eingefügte Block (vergleiche Bild 7.2), und dem wird in Zeile *21* Rechnung getragen. Schließlich erfolgt in Zeile *22* der Rücksprung an den Anfang der Schleife. Wie oben angekündigt, wird nach dem Verlassen der Schleife in Zeile *23* $r = g \bmod 255$ durch Addition von 255 zum letzten Subtraktionsergebnis in den Zeilen *13–14* berechnet. Es genügt selbstverständlich, zum unteren Byte der Differenz zu addieren, da für das obere Byte **00** herauskäme. Der Rest r muss nun noch von der Adresse des zuletzt in die Liste eingefügten Blocks subtrahiert werden, um die Adresse des Restblocks zu bekommen. Die Adresse des letzten Blocks der Liste befindet sich nach dem Verlassen der Schleife wegen Zeile *21* in $\mathbf{r_{3:2}}$ und in **Z**. Da $\mathbf{r_{31:30}}$ die Adresse des Blocks enthalten soll, der gerade aufgebaut wird, wird in den Zeilen *24–25* r von $\mathbf{r_{31:30}}$ subtrahiert. *Damit erhält* **Z** *seinen ursprünglichen Wert zurück.*
Der Rest der Prozedur wurde schon erläutert. Zu erwähnen ist aber noch Folgendes: Wird die Zeile *26* von der Schleife her erreicht und ist die Restgröße kleiner als drei, so wird in den Zeilen *32–33* die Adresse des letzten in der Schleife erzeugten Blocks in den Listenkopf geschrieben und damit der Restblock ignoriert (siehe Zeile *21* in der Schleife).
Die Prozedur, die einen Speicherblock von mindestens der Größe n Bytes bereitstellt, beginnt in Zeile *36*. Sie durchläuft die Liste der freien Blöcke, bis sie einen Block $\boldsymbol{b}$ mit $\boldsymbol{b}^{\lambda} \geq n$ gefunden hat. Ist $\boldsymbol{b}^{\lambda} = n + \epsilon$ für eine kleine Zahl $\epsilon \geq 0$, so wird der Block aus der Liste herausgenommen und ganz ausgegeben. Andernfalls wird am Ende von $\boldsymbol{b}$ ein Block der Länge n abgetrennt, in der Liste bleibt ein freier Block der Länge $\boldsymbol{b}^{\lambda} - n$ zurück.
Diese Methode, den ersten passenden Block in der Liste zu verwenden, wird mit *first-fit* bezeichnet.[3] Man kann auch — in der Hoffnung, eine bessere Speicherausnutzung zu erlangen — die Liste ganz durchlaufen und den Block verwenden, dessen Größe am besten passt, das ist *best-fit*. Die größere Anstrengung scheint aber der Mühe nicht wert zu sein, es gibt Szenarien,

[3] Siehe z.B. [Knu1].

in denen *first-fit* bessere und solche, in denen *best-fit* bessere Ergebnisse bringt.
Da das Größenbyte mit eingerechnet werden muss, wird innerhalb der Prozedur mit $m = n+1$ statt n gearbeitet. m wird in Zeile *37* erzeugt. Gleichzeitig wird getestet, ob der Parameter n den einzigen ungültigen Wert 255 hat, für $n = 255$ hat ja $\mathbf{r_{16}}$ nach der Addition von 1 den Wert **00**, der durch $\mathfrak{z} = \mathfrak{1}$ angezeigt wird. Bei $n = 255$ wird in Zeile *38* demnach mit der Fehlermeldung $\mathfrak{z} = \mathfrak{1}$ in das rufende Programm zurückgesprungen. Die nächste Aufgabe ist, Register **Z** mit der Adresse des ersten Blocks der Liste zu laden. Dieses Register enthält immer die Adresse θ des gerade besuchten Blocks. Doppelregister **Y** soll die Adresse η des soeben besuchten Blocks enthalten. Einen solchen gibt es allerdings beim Besuch des ersten Blocks der Liste nicht, weshalb **Y** in den Zeilen *41–42* mit **0000** initialisiert wird.
In Zeile *43* wird die Schleife zur Durchwanderung der Liste betreten. Diese Zeile wird erreicht, wenn **Z** gerade mit der Adresse des nächsten zu besuchenden Blocks geladen wurde, entweder vor Betreten der Schleife oder am Ende eines Schleifendurchlaufs (Zeilen *50–52*). Da es einen nächsten zu besuchenden Block möglicherweise nicht gibt — sei es, dass die Liste überhaupt leer ist, sei es, dass das Ende der Liste ergebnislos erreicht wurde — muss das überprüft werden. Das ist aber leicht möglich, da in einem solchen Fall die Endmarkierung **0000** in das Register geladen wurde, nämlich bei leerer Liste aus dem Listenkopf (Zeilen *39–40*) oder am Ende der Liste aus dem Adressenteil des Blocks (Zeilen *50–52*). Die Prüfung besteht also darin festzustellen, ob $\mathfrak{Z} = \mathbf{0000}$ gilt. Stünde ein Register, z.B. $\mathbf{r_0}$, mit dem Wert **00** zur Verfügung, so könnte die Befehlsfolge `cp r30,r0 cpc r31,r0` benutzt werden,[4] es ist aber nicht nötig, extra ein Register dafür abzustellen, da zwei Bytes, die mit dem bitweisen ODER verknüpft werden, genau dann das Resultat **00** ergeben, wenn sie beide den Wert **00** haben. Nach den Zeilen *43–44* gilt also $\mathfrak{r}_{17} = \mathbf{00}$ genau dann, wenn $\mathfrak{r}_{30} = \mathfrak{r}_{31} = \mathbf{00}$ gilt. Tritt diese Bedingung ein, so ergibt sich $\mathfrak{z} = \mathfrak{1}$ und die Prozedur springt in Zeile *45* mit dieser Fehlermeldung in das rufende Programm zurück. Andernfalls enthält **Z** die Adresse des nächsten Speicherblocks in der Liste, dessen Größenbyte in der Zeile *46* in Register $\mathbf{r_{17}}$ geladen und anschließend mit m verglichen wird. Enthält der Block nicht weniger als m Bytes, so wird die Schleife in der nächsten Zeile erfolgreich zur Zeile *54* verlassen. Enthält der Block allerdings weniger als m Bytes, so wird in Zeile *49* die Adresse des laufenden Blocks in das Register **Y** geladen, das stets die Adresse des soeben besuchten Blocks enthält, und **Z** wird in den Zeilen *50–52* mit der Adresse des folgenden Speicherblocks geladen, der damit, falls er überhaupt existiert, zum laufenden Block gemacht wird.
Nach dem erfolgreichen Verlassen der Schleife wird untersucht, welche der beiden oben beschriebenen Situationen $\boldsymbol{b}^\lambda = m + \epsilon$ oder $\boldsymbol{b}^\lambda > m + \epsilon$ vorliegt, dabei ist $\boldsymbol{b}$ der in der Schleife gefundene Block passender Größe. Die Größe ϵ wird durch die Assemblervariable in Zeile *1* vorgegeben, d.h. es ist $\epsilon = 4$. In Zeile *54* wird zunächst $d = \boldsymbol{b}^\lambda - m$ gebildet. Ist $d = 0$, so passt der Block exakt und wird ab Zeile *67* aus der Liste herausgenommen. In Zeile *55* wird dann geprüft, ob $d \leq \epsilon$ gilt, in welchem Fall der Block ebenfalls herausgelöst wird.
Gilt dagegen $d > \epsilon$, so wird der Block gespalten, und zwar wird der untere Teil ausgegeben, so kann der obere (vordere) Teil in der Liste verbleiben. Zunächst wird das Größenbyte des in der Liste verbleibenden Teils angepasst, es bekommt natürlich den Wert d. Anschließend erhält Register **Z** durch Addition von d die Adresse des neuen, auszugebenden Blocks $\boldsymbol{e}$ (Zeilen *59–61*), und das Größenbyte des neuen Blocks erhält in Zeile *62* m als Wert.
Dem rufenden Programm muss als Blockadresse $\boldsymbol{b}^\alpha + 1$ zurückgegeben werden, dafür wird in Zeile *63* gesorgt, und in der nächsten Zeile wird vor dem Rücksprung das Nullbit als Fehlerindikator gelöscht.
Es bleibt noch, ab Zeile *67* einen passenden oder nahezu passenden Block $\boldsymbol{b}$ aus der Liste der

[4] Unter Verwendung von *zero propagation*.

Abbildung 7.3.: Entfernen eines Listenelementes

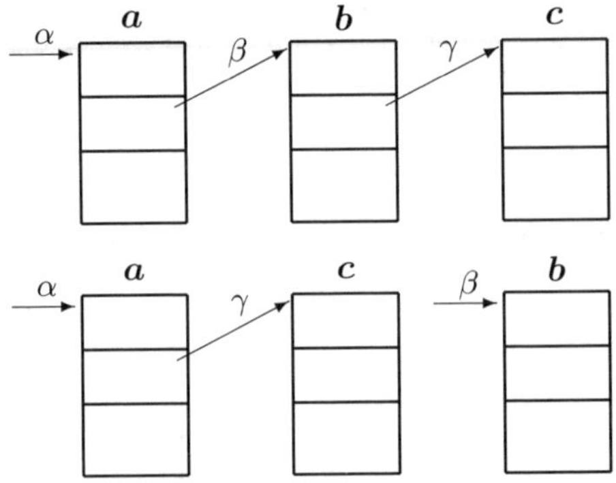

freien Blöcke herauszulösen. Bild 7.3 zeigt die Situation vor dem Auslösen (oben) und nach dem Auslösen (unten).

Probleme, bei denen es wie hier darum geht, Zeiger (*pointer*, Adressvariable) zu manipulieren, lassen sich gut mit der **Vorher-Nachher-Methode** lösen. Man fertigt eine Skizze der beteiligten Objekte im Zustand vor der durchzuführenden Operation an (hier also vor dem Herauslösen, Bild 7.3 oben), mit passend gekennzeichneten Zeigern. Dann wird eine Skizze der Objekte im Zustand nach der Operation gezeichnet (im Bild unten). Anschließend werden die (noch ungekennzeichneten) Zeiger in der zweiten Skizze durch ihr Ziel identifiziert. Denkt man sich z.B. im unteren Teil des Bildes die Kennzeichnungen der Zeiger hinweg, so ist für den Zeiger von $\boldsymbol{a}$ nach $\boldsymbol{c}$ in der unteren Skizze in der oberen Skizze ein Zeiger zu finden, der auf $\boldsymbol{c}$ zeigt. Ein solcher ist schnell gefunden, da es nur einen einzigen gibt, nämlich den mit der Kennzeichnung γ.
Die Methode funktioniert auch noch bei komplizierteren Zeigergeflechten, doch kommt es manchmal sehr auf die Anordnung der Objekte in der Skizze an.

Zwei Fälle sind zu unterscheiden, nämlich ob der Block $\boldsymbol{b}$ den ersten Block der Liste bildet oder ob er inmitten der Liste steckt, ob er also keinen oder mindestens einen Vorgänger $\boldsymbol{v}$ hat. Wie schon oben erwähnt, wäre diese Unterscheidung nicht nötig, wenn echte Listenköpfe vorhanden wären, aber das Ziel ist ja, mit möglichst wenig Speicherplatz auszukommen. Welcher der beiden Fälle vorliegt, kann mit dem Inhalt η von Doppelregister **Y** entschieden werden. Es wird ja in den Zeilen *41–42* mit **0000** geladen und behält diesen Wert nur, wenn in der Schleife die Zeile *49* nie erreicht wird, wenn also schon der erste Block der Liste groß genug ist. Wie weiter oben schon einmal wird die Bedingung $\mathfrak{Y} = \mathbf{0000}$ mit dem bitweisen ODER getestet. Nach der Ausführung des ODER in den Zeilen *67–68* wird aber noch nicht direkt verzweigt, sondern es wird vorher Register $\mathbf{r_{17:16}}$ mit $\boldsymbol{b}^{\triangleright}$ geladen, also mit dem Zeiger, der den Zeiger im vorangehenden Block $\boldsymbol{v}$ der Liste (also mit $\boldsymbol{v}^{\alpha} = \eta$) oder den Zeiger im Listenkopf ersetzen soll. Dieses Laden verändert die Statusbits nicht. In Zeile *71* wird demnach in die Zeile *75* verzweigt, wenn Block $\boldsymbol{b}$ der erste Block der Liste ist, dort erhält der Listenkopf den Wert $\boldsymbol{b}^{\triangleright}$. Andernfalls wird in den Zeilen *72–73* $\boldsymbol{v}^{\triangleright}$ mit $\boldsymbol{b}^{\triangleright}$ überschrieben. In beiden Fällen geht es dann zum Rücksprung in die Zeile *63*.
Ein Block $\boldsymbol{b}$, der an die Speicherverwaltung zurückgegeben wird, darf nicht einfach in die Liste der freien Blöcke eingefügt werden, sondern es muss versucht werden, ihn mit benachbarten und direkt anstoßenden freien Blöcken zu kombinieren. Ohne Rekombinationen gäbe es nur einen Abstieg zu immer kleineren Blöcken hin, ein der Erosion vergleichbarer Vorgang. Die benachbarten Blöcke werden dadurch gefunden, dass die Liste der freien Blöcke so weit durchlaufen wird, bis keiner der schon passierten Blöcke eine größere und keiner der noch zu

passierenden Blöcke eine kleinere Anfangsadresse hat als $\boldsymbol{b}$. Zu diesem Zweck ist die Liste nach aufsteigenden Anfangsadressen sortiert. Drei Fälle können unterschieden werden:

- ●○○ Block $\boldsymbol{b}^\alpha$ ist kleiner als die Adresse des ersten Listenelementes $\boldsymbol{p}$
- ○○● Block $\boldsymbol{b}^\alpha$ ist größer als die Adresse des letzten Listenelementes $\boldsymbol{q}$
- ○●○ Es gibt zwei aufeinander folgende Listenelemente $\boldsymbol{a}$ und $\boldsymbol{c}$ mit $\boldsymbol{a}^\alpha < \boldsymbol{b}^\alpha < \boldsymbol{c}^\alpha$

Die drei Fälle werden im Programm gesondert behandelt, auch um den Preis eines etwas längeren Programms. In einer „richtigen" Programmiersprache wie **C** mag es noch hingehen, die Fälle mit einer Serie von **if-else**-Paaren synchron zu behandeln, in einer Assemblersprache ist das jedoch ***Anathema***.

Abbildung 7.4.: Vor der Rekombination bei Blockrückgabe

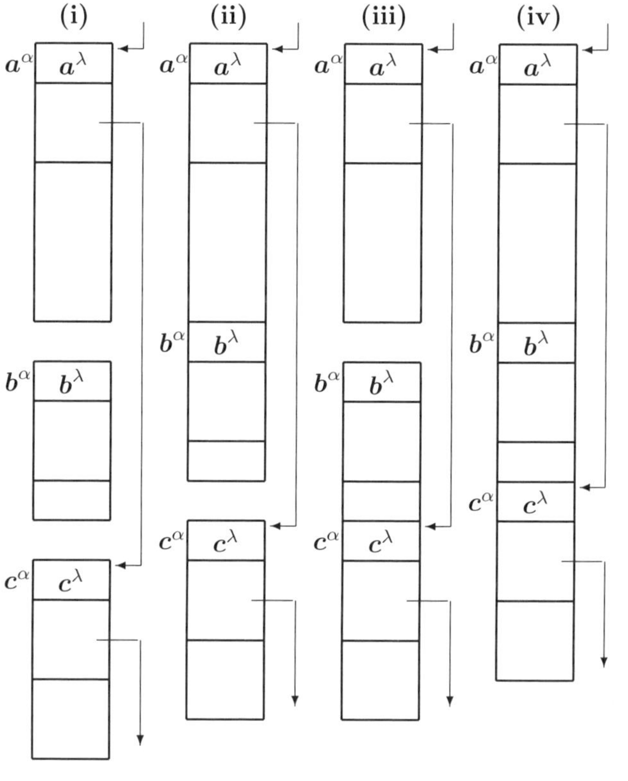

Bild 7.4 zeigt im Falle $\boldsymbol{a}^\alpha < \boldsymbol{b}^\alpha < \boldsymbol{c}^\alpha$, welche Nachbarschaftsverhältnisse der drei Blöcke möglich sind.

(i) Keiner der drei Blöcke stößt an einen anderen, d.h. zwischen $\boldsymbol{a}$ und $\boldsymbol{b}$ und zwischen $\boldsymbol{b}$ und $\boldsymbol{c}$ befindet sich mindestens noch ein (nicht-freier) Block.

(ii) Block $\boldsymbol{a}$ und $\boldsymbol{b}$ grenzen direkt aneinander, $\boldsymbol{b}$ und $\boldsymbol{c}$ dagegen nicht.

(iii) Block $\boldsymbol{b}$ und $\boldsymbol{c}$ grenzen direkt aneinander, $\boldsymbol{a}$ und $\boldsymbol{b}$ dagegen nicht.

(iv) Block $\boldsymbol{a}$ stößt an $\boldsymbol{b}$, und $\boldsymbol{b}$ stößt an $\boldsymbol{c}$

Das nächste Bild, Bild 7.5, stellt dar, welche Ergebnisse sich mit den möglichen Rekombinationen ergeben. Es gibt Auswirkungen sowohl auf die Blocklängen als auch auf die Blockverkettung. Es ist zwar nur der Fall dargestellt, dass sich $\boldsymbol{b}$ zwischen zwei Listenelementen befindet, die beiden anderen Fälle lassen sich aber leicht ableiten: steht $\boldsymbol{b}$ vor jedem Listenelement, so ist Block $\boldsymbol{a}$ in den Bildern wegzulassen, und steht $\boldsymbol{b}$ hinter jedem Listenelement, so ist $\boldsymbol{c}$ wegzulassen.

(i) $\boldsymbol{b}$ ist zwischen $\boldsymbol{a}$ und $\boldsymbol{c}$ in die List eingefügt worden. War die Liste vorher nach den Anfangsadressen der Elemente geordnet, so ist sie das auch nach der Einfügung.

(ii) $\boldsymbol{a}$ und $\boldsymbol{b}$ wurden zu einem Block $\boldsymbol{u}$ verschmolzen. $\boldsymbol{u}$ nimmt in der Liste den Platz von $\boldsymbol{a}$ ein, an der Verkettung ändert sich nichts.

(iii) $\boldsymbol{b}$ und $\boldsymbol{c}$ wurden zu einem Block $\boldsymbol{v}$ verschmolzen. $\boldsymbol{c}$ muss aus der Liste entfernt und $\boldsymbol{v}$ stattdessen eingefügt werden.

(iv) $\boldsymbol{a}$, $\boldsymbol{b}$ und $\boldsymbol{c}$ werden zu einem Block $\boldsymbol{w}$ vereinigt. Block $\boldsymbol{c}$ muss aus der Liste entfernt werden.

Wie man sieht, wird die Liste nicht eigens nach aufsteigenden Adressen der Elemente sortiert, neue Elemente werden vielmehr an den ihnen gemäßen Plätzen eingefügt. Ein Kartenspieler, der seine Karten nach ihrem Wert anordnet, geht analog vor.

Abbildung 7.5.: Nach der Rekombination bei Blockrückgabe

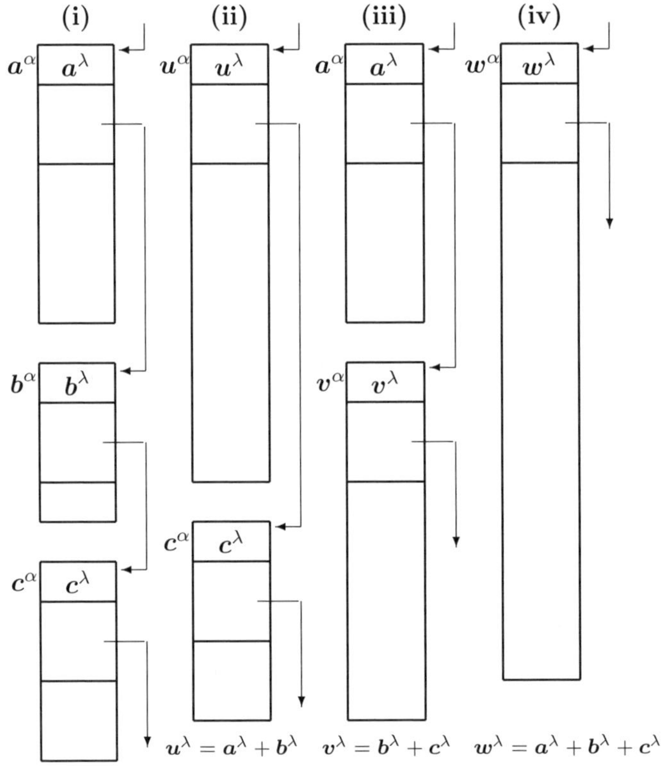

Der Prozedur wird zwar die Adresse des zurückzunehmenden Blocks in Register **X** übergeben, aber das ist die um 1 zu große Adresse, die mit `HldAlloc` ausgegeben wurde. Die Korrektur wird gleich am Anfang der Prozedur in Zeile *80* vorgenommen, danach gilt also $\mathfrak{X} = \boldsymbol{b}^{\alpha}$. Anschließend wird **Z** aus dem Listenkopf mit der Adresse des ersten Blocks $\boldsymbol{p}$ der Liste geladen. Die Liste kann leer und die geladene Adresse deshalb **0000** sein, das wird wie schon einige Male mit einem bitweisen ODER bestimmt. In der Zeile *85* wird also bei leerer Liste in die Zeile *139* gesprungen.

Bei leerer Liste wird ab Zeile *139* eine Liste aufgebaut, die nur aus $\boldsymbol{b}$ besteht. Das ist schnell geschehen: Der Listenkopf wird mit $\boldsymbol{b}^{\alpha}$ geladen, dann erhält in den Zeilen *141–143* $\boldsymbol{b}^{\triangleright}$ den Wert **0000** zugewiesen, um das Ende der Liste anzuzeigen. Dabei ist zu berücksichtigen, dass es den Befehl `std` mit Register **X** als Operand nicht gibt und deshalb mit dem `st`-Befehl gearbeitet werden muss. Auch gilt nach dem Sprung in Zeile *85* $\mathfrak{r}_{16} =$ **00**. Es folgt ein Sprung in die Zeile *133*, in der vor dem Rücksprung in das rufende Programm Register **X** gelöscht wird, da der Block, dessen Adresse es enthielt, mit großer Wahrscheinlichkeit nicht mehr existiert oder, falls doch, der Zugriff natürlich verboten ist.

In der Zeile *86* angekommen, enthält also **Z** die Adresse des ersten Blocks $\boldsymbol{p}$ der Liste. Es werden $\boldsymbol{b}^{\alpha}$ und $\boldsymbol{p}^{\alpha}$ miteinander verglichen. Gilt $\boldsymbol{b}^{\alpha} < \boldsymbol{p}^{\alpha}$, so tritt der Fall •○○ aus obiger Aufzählung ein, der ab Zeile *145* abgehandelt wird. Andernfalls wird in Zeile *89* die Schleife betreten, in der die Liste durchlaufen wird. In der Schleife enthält Register **Z** die Adresse des Blocks, der gerade besucht wird, und Register **Y** enthält die Adresse des zuvor besuchten Blocks. Bei Eintritt in die Schleife wurde der erste Block $\boldsymbol{p}$ der Liste soeben besucht, Register **Z** enthält seine Adresse, und bei jedem Rücksprung zum Schleifenanfang enthält **Z** die Adresse des beim vorigen Schleifendurchlauf besuchten Blocks. Folglich enthält Register **Y** nach der Zeile *89*, in der es mit dem Inhalt von **Z** geladen wird, wie gefordert die Adresse des zuvor besuchten Blocks. Natürlich muss nun **Z** mit der Adresse des laufenden Blocks geladen werden, und diese ist im Zeigerteil des zuvor besuchten Blocks zu finden. Dieses Laden findet demnach in den Zeilen *90–92* statt. Der Umweg über Register **r16** ist nötig, da man ein Speicherwort, dessen Adresse in **Z** enthalten ist, ganz offensichtlich nicht mit der Befehlsfolge `ldd r30,Z+1`, `ldd r31,Z+2` in **Z** selbst laden kann[5].

Aufmerksame Leser werden gewiss bemerkt haben, dass sehr wohl zwei Befehle ausgereicht hätten, nämlich `ldd r30,Y+1`, `ldd r31,Y+1`, denn **Z** und **Y** enthalten ja an der Stelle in der Schleife dieselbe Adresse. Da aber als Nächstes geprüft werden muss, ob die Adresse **0000** gelesen wurde, müssten die beiden Befehle `mov r16,r30` und `or r16,r31` folgen. Bei der gewählten Ladesequenz ist aber der Befehl `mov r16,r30` nicht mehr nötig, da implizit schon ausgeführt. Es kommt also auf dasselbe heraus!

In den Zeilen *90–92* wird also **Z** mit der Adresse des laufenden Listenelementes geladen. In den folgenden beiden Zeilen werden das obere und das untere Byte der Adresse mit ODER verknüpft, das Ergebnis ist nur dann **00**, wenn beide Adressteile ebenfalls den Wert **00** haben. Ist das Ergebnis **00**, d.h. ist in Zeile *94* $\mathfrak{z} = 1$, so wird die Zeile *168* angesprungen, allerdings über Zeile *138*, da der Abstand zwischen Zeile *94* und Zeile *168* zu groß ist für einen bedingten Sprung. Ab Zeile *168* wird der Fall ○○• obiger Aufzählung behandelt, denn die in den Zeilen *90–92* eingelesene Zeigerkomponente **0000** markiert ja das Ende der Liste. Nach der Eleminierung des Grenzfalles (Ende der Liste) kann endlich geprüft werden, ob der zurückgegebene Block $\boldsymbol{b}$ eine kleinere Adresse hat als der laufende Block: Die Inhalte von **X** und **Z** werden in den Zeilen *95–96* miteinander verglichen (es wird wieder von *zero propagation* Gebrauch gemacht). Gesucht wird die Stelle, an der $\boldsymbol{b}^{\alpha}$ zum ersten Mal kleiner ist als die Adresse des laufenden Blocks, dann liegt $\boldsymbol{b}$ genau zwischen dem zuvor besuchten und dem laufenden Block, denn die Liste ist nach aufsteigenden Adressen sortiert. Ergibt demnach der Vergleich, dass $\boldsymbol{b}^{\alpha}$ größer ist als die Adresse des laufenden Blocks, so muss in der Liste fortgeschritten werden, in Zeile *97* wird dann an den Schleifenanfang zurückgesprungen.

---

[5] Programmierer von 8-Bit-Prozessoren haben es wirklich nicht leicht!

Dass in dieser Zeile der Verzweigungsbefehl `brsh` (*branch if same or higher*) benutzt wird, der auch bei Gleichheit verzweigt, spielt hier keine Rolle, da die Gleichheit nicht eintreten kann, da Block $\boldsymbol{b}$ nicht in der Liste enthalten ist. Um ganz korrekt zu sein, könnte man die Vergleichsrichtung wechseln, d.h. nicht den Inhalt von **X** mit dem von **Z**, sondern den von **Z** mit dem von **X** vergleichen und dann den Befehl `brlo` verwenden. Jedenfalls wird die Schleife in der Zeile *97* verlassen, wenn $\boldsymbol{b}^\alpha$ kleiner ist als die Adresse des laufenden Blocks, es ist dann der Fall ∘•∘ obiger Aufzählung eingetreten.

Der Fall ∘•∘

In Zeile *89* liegt der zurückgenommene Block $\boldsymbol{b}$ zwischen zwei Blöcken $\boldsymbol{a}$ und $\boldsymbol{c}$ der Liste, d.h. es gilt $\boldsymbol{a}^\alpha < \boldsymbol{b}^\alpha < \boldsymbol{c}^\alpha$. Register **Y** enthält $\boldsymbol{a}^\alpha$, **X** enthält $\boldsymbol{b}^\alpha$ und **Z** enthält $\boldsymbol{c}^\alpha$. Es liegt eine der Konstellationen **(i)**, **(ii)**, **(iii)** oder **(iv)** aus Bild 7.4 vor.

Als Erstes wird geprüft, ob $\boldsymbol{b}$ und $\boldsymbol{c}$ zusammenstoßen. Dazu wird in Zeile *98* Register $\mathbf{r_{16}}$ mit $\boldsymbol{b}^\lambda$ geladen und für späteren Gebrauch nach $\mathbf{r_{18}}$ kopiert. Dann wird in den Zeilen *100–102* die Summe $\vartheta = \boldsymbol{b}^\alpha + \boldsymbol{b}^\lambda$ in Register $\mathbf{r_{17:16}}$ gebildet. Ist $\vartheta = \boldsymbol{c}^\alpha$, so stoßen $\boldsymbol{b}$ und $\boldsymbol{c}$ aneinander. Dieses wird in den Zeilen *103–104* durch Vergleich der Inhalte von $\mathbf{r_{17:16}}$ und **Z** geprüft.

Abbildung 7.6.: Während der Rekombination bei Blockrückgabe

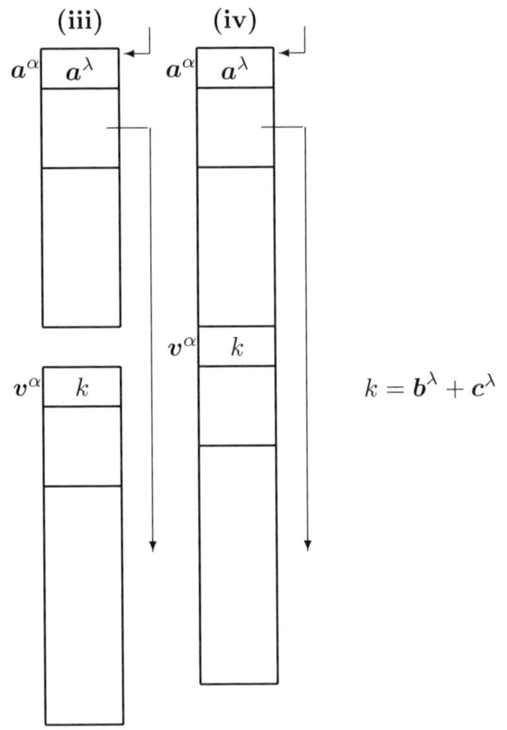

Wird in Zeile *105* nicht verzweigt, so können beide Blöcke vereinigt werden. Es liegt dann eine der beiden Konstellationen **(iii)** und **(iv)** vor. Welche Konstellation es tatsächlich ist, spielt keine Rolle, denn man kann einfach **(iii)** annehmen und $\boldsymbol{b}$ durch die Vereinigung $\boldsymbol{v}$ von $\boldsymbol{b}$ und $\boldsymbol{c}$ ersetzen. Dazu muss natürlich $\boldsymbol{c}$ aus der Liste entfernt werden. Die aneinander angrenzenden Blöcke $\boldsymbol{b}$ und $\boldsymbol{c}$ zu vereinigen heißt nun aber einfach, $\boldsymbol{b}$ die Länge $k = \boldsymbol{b}^\lambda + \boldsymbol{c}^\lambda$ zu geben. Dieser neue Block der Länge k wird in $\boldsymbol{v}$ umbenannt. Damit ist aber der ehemalige Block $\boldsymbol{c}$ noch nicht vollständig verschwunden, denn er ist noch Teil der Liste, aus der er durch die Operation $\boldsymbol{a}^\alpha \leftarrow \boldsymbol{c}^\triangleright$ herausgelöst werden muss. Die Verschmelzung der beiden Blöcke beginnt in Zeile *106* damit, dass Register $\mathbf{r_{16}}$ mit $\boldsymbol{c}^\lambda$ geladen wird, dann wird $\boldsymbol{b}^\lambda$ addiert, das sich seit Zeile *99* in Register $\mathbf{r_{18}}$ befindet, um die neue Blocklänge k zu bilden. Nun gilt aber möglicherweise $k > 255$, in Zeile *107* durch $\mathfrak{c} = 1$, also durch einen Überlauf, angezeigt. Tritt dieser Fall ein, so können die Blöcke nicht mehr vereinigt werden, sondern müssen so behandelt werden, als stießen sie nicht zusammen, d.h. in Zeile *108* muss in dieselbe Programmzeile verzweigt werden wie von Zeile *105* aus, nämlich in die Zeile *115*. Gilt aber $k \leq 255$, so erhält in Zeile *109* $\boldsymbol{b}$ die Größe k zugewiesen und wird damit zum Block $\boldsymbol{v}$. Um den ehemaligen Block $\boldsymbol{c}$ aus der Liste zu entfernen, wird in den Zeilen *110–112* Register **Z** mit $\boldsymbol{c}^\triangleright$ geladen. Das geht nicht direkt, da **Z** ja die Adresse von $\boldsymbol{c}$ enthält, sondern nur mit dem Hilfsregister $\mathbf{r_{16}}$. Register **Z** enthält jetzt die Adresse δ des Nachfolgers des ehemaligen Blocks $\boldsymbol{c}$, folglich wird in den Zeilen *113–114* die Operation $\boldsymbol{a}^\triangleright \leftarrow \delta$ durchgeführt, womit der ehemalige Block $\boldsymbol{c}$ nicht mehr zur Liste der freien Blöcke gehört. Bild 7.6 stellt diese Situation dar. Nun ist es allerdings möglich, dass $\boldsymbol{c}$ der letzte Block der Liste war. Trifft das zu, dann ist $\delta =$ **0000**, und für den neuen Block $\boldsymbol{v}$ gilt nicht mehr wie für $\boldsymbol{b}$, dass er zwischen zwei aufeinander folgenden Elementen der Liste liegt, also zwischen $\boldsymbol{a}$ und dem Nachfolger von $\boldsymbol{a}$ in der Liste. Das ist aber nicht weiter schlimm, da im weiteren Verlauf des Programms nicht der echte Nachfolger von $\boldsymbol{a}$ selbst, sondern nur seine Adresse verwandt wird, die ohne Schaden auch den Wert **0000** annehmen kann.

In Zeile *115* angekommen, sind die Konstellationen **(i)** oder **(ii)** aus Bild 7.4 oder die Konstellationen **(iii)** oder **(iv)** aus Bild 7.6 möglich. Die Situation hat sich jedoch kaum verändert, trotz der möglicherweise vorgenommenen Verschmelzung: Register **X** enthält die Adresse eines Speicherblocks $\boldsymbol{e}$, der in das System aufzunehmen ist, und $\boldsymbol{e}$ liegt entweder zwischen dem Block $\boldsymbol{a}$ und dessen Nachfolger in der Liste, oder $\boldsymbol{a}$ ist der letzte Block der Liste. Je nachdem bisherigen Ablauf ist entweder $\boldsymbol{e} = \boldsymbol{b}$ oder $\boldsymbol{e} = \boldsymbol{v}$. Register **Y** enthält die Adresse von $\boldsymbol{a}$ und **Z** die Adresse seines Nachfolgers oder **0000**. Es ist jetzt zu prüfen, ob $\boldsymbol{e}$ mit $\boldsymbol{a}$ verschmolzen werden kann, die Bedingung dafür ist $\boldsymbol{a}^\alpha + \boldsymbol{a}^\lambda = \boldsymbol{e}^\alpha$. Ist sie gegeben, so ergeben sich die Konstellationen **(ii)** oder **(iv)**, andernfalls die Konstellationen **(i)** oder **(iii)** aus Bild 7.5. Um die Bedingung zu prüfen, wird in den Zeilen *115–117* Register $\mathbf{r_{17:16}}$ mit $\boldsymbol{a}^\lambda$ geladen, gleichzeitig zu späterem eventuellem Gebrauch auch in $\mathbf{r_{18}}$. In den nächsten beiden Zeilen wird dann der Inhalt von **Y**, also $\boldsymbol{a}^\alpha$, aufaddiert. Die Summe wird in den beiden folgenden Zeilen mit dem Inhalt von **X**, also mit $\boldsymbol{e}^\alpha$, verglichen. Sind beide gleich, so wird in die Zeile *128* gesprungen, um zu versuchen, $\boldsymbol{a}$ und $\boldsymbol{e}$ zu vereinigen. Die Vereinigung wird so erreicht, dass $\boldsymbol{a}$ die neue Blocklänge $m = \boldsymbol{a}^\lambda + \boldsymbol{e}^\lambda$ zugewiesen bekommt. Zur Berechnung von m wird in Zeile *129* Register $\mathbf{r_{16}}$ mit $\boldsymbol{e}^\lambda$ geladen und dann der Inhalt von $\mathbf{r_{18}}$, also $\boldsymbol{a}^\lambda$ wegen Zeile *116*, aufaddiert. Auch hier besteht die Möglichkeit $m > 255$, und diese tritt ein, wenn in Zeile *130* ein Überlauf erzeugt wird. Beide Blöcke müssen dann so behandelt werden, als stießen sie nicht aneinander, und das geschieht durch einen Sprung in die Zeile *123*. Ist aber $m \leq 255$, so wird in Zeile *132* die Verschmelzung vorgenommen, indem $\boldsymbol{a}$ die neue Größe m zugewiesen wird. Je nach der Vorgeschichte entsteht so der Block $\boldsymbol{u}$ oder der Block $\boldsymbol{w}$ aus Bild 7.5. Die Rücknahme des ursprünglichen Blocks $\boldsymbol{u}$ ist damit beendet und es kann der Rücksprung in das rufende Programm erfolgen.

Ist keine Vereinigung der Blöcke $\boldsymbol{a}$ und $\boldsymbol{e}$ möglich, so wird Block $\boldsymbol{e}$ ab Zeile *123* in die Liste eingefügt. Den Einfügemechanismus kann man sich mit Bild 7.3 veranschaulichen. Es ist zwar zur Darstellung des Herauslösens eines Blocks gedacht, liest man es aber von unten nach oben, so zeigt es auch das Einfügen. Unten sieht man $\boldsymbol{a}$ und $\boldsymbol{c}$ in der Liste verkettet, abseits steht der einzufügende Block $\boldsymbol{b}$, hier also Block $\boldsymbol{e}$. Das Ergebnis sieht man im Bild oben. Die auszuführenden Operationen sind $\boldsymbol{a}^\alpha \leftarrow \boldsymbol{e}^\alpha$ und $\boldsymbol{e}^\alpha \leftarrow \boldsymbol{c}^\alpha$. Die erste wird in den Zeilen *123–124* durchgeführt, die zweite in den Zeilen *125–127*, bei der wieder zu beachten ist, dass es den Befehl `std` im Zusammenhang mit Register **X** nicht gibt, **X** also manipuliert werden muss. Das Ergebnis wird durch Bild 7.5 **(i)** oder **(iii)** illustriert.

Der Fall ●○○

In Zeile *145* liegt der zurückgenommene Block $\boldsymbol{b}$ vor dem ersten Block $\boldsymbol{p}$ der Liste, d.h. es gilt $\boldsymbol{b}^\alpha < \boldsymbol{p}^\alpha$. Register **X** enthält $\boldsymbol{b}^\alpha$ und **Z** enthält $\boldsymbol{p}^\alpha$. Da $\boldsymbol{b}^\alpha$ auf jeden Fall die Adresse des ersten Blocks der Liste wird, ob nun $\boldsymbol{b}$ und $\boldsymbol{p}$ vereinigt werden können oder nicht, wird in den Zeilen *145–146* $\boldsymbol{b}^\alpha$ in den Listenkopf kopiert. Nachfolgend wird auf die schon bekannte Weise die Vereinigungsmöglichkeit überprüft. Kann nicht vereinigt werden, so wird in die Zeile *164* gesprungen und dort mit der Operation $\boldsymbol{b}^\triangleright \leftarrow \boldsymbol{p}^\alpha$ der Block am Anfang der Liste eingefügt. Kann vereinigt werden, so wird ab Zeile *155* Block $\boldsymbol{b}$ mit $\boldsymbol{p}$ vereinigt und der neue Block mit der Operation $\boldsymbol{b}^\triangleright \leftarrow \boldsymbol{p}^\triangleright$ zum ersten Block der Liste gemacht.

Der Fall ○○●

In Zeile *168* angekommen, liegt der zurückgenommene Block $\boldsymbol{b}$ hinter dem letzten Block $\boldsymbol{q}$ der Liste, d.h. es gilt $\boldsymbol{q}^\alpha < \boldsymbol{b}^\alpha$. Register **X** enthält $\boldsymbol{b}^\alpha$, **Y** enthält $\boldsymbol{q}^\alpha$ und **Y** enthält **0000**. In den Zeilen *168–174* wird geprüft, ob $\boldsymbol{q}$ mit $\boldsymbol{b}$ vereinigt werden kann. Ist das der Fall, so findet die Vereinigung ab Zeile *183* statt. Andernfalls wird Block $\boldsymbol{b}$ durch die Operation $\boldsymbol{q}^\triangleright \leftarrow \boldsymbol{b}^\alpha$ am Ende der Liste eingehängt.

Auf die sehr ausführlichen Erläuterungen zur Realisierung der Halde folgt ein ebenfalls ausführliches Testprogramm. Es ist aber kein langweiliges Programm, das z.B. für jede Variante der Rekombination von Blöcken einen Testaufruf erzeugt. Es wird vielmehr der Zufallszahlengenerator aus Abschnitt 11.1 eingesetzt, um eine Vielzahl von Blockerzeugungen und -vernichtungen beobachten zu können. Noch im Verborgenen lauernde Fehler werden so mit großer Wahrscheinlichkeit entdeckt.

Kernstück des Testprogramms ist ein Adressenvektor $\boldsymbol{p} = (p_0, p_1, p_2, p_3, p_4)$. Sein Anfangswert ist $(0, 0, 0, 0, 0)$. In einer Schleife wird wiederholt eine Zufallszahl z im Bereich $0 \leq z \leq 4$ erzeugt. Gilt $\boldsymbol{p}[z] = $ **0000**, so wird eine weitere Zufallszahl n im Bereich $2 \leq n \leq n_{\max}$ erzeugt und damit `HldAlloc` aufgerufen, um einen Speicherblock der Länge n mit der Adresse α reservieren zu lassen. Ist der Aufruf erfolgreich, so wird die Blockadresse in $\boldsymbol{p}[z]$ gespeichert: $\boldsymbol{p}[z] \leftarrow \alpha$. Gilt jedoch $\boldsymbol{p}[z] \neq$ **0000**, so ist $\boldsymbol{p}[z] = p_z$ eine Blockadresse aus der Halde und es wird `HldFree` mit p_z aufgerufen, um den Block mit dieser Anfangsadresse an die Halde zurückzugeben. Um das Spiel des Erzeugens und Vernichtens von Blöcken in Speicherauszügen besser verfolgen zu können, werden frisch reservierte Blöcke mit ihrer Größe gefüllt. Blöcke, die zurückgegeben werden, werden direkt vor der Rückgabe mit **00** gefüllt. Ein solcher Speicherauszug wird im Anschluss an das Testprogramm analysiert.

```
            .include "makros.avr"
            .include "m32def.inc"
            .device  ATmega32
            .cseg
            .org     0
            jmp      Start              3
            .equ     AddRndRiB = 0x100
```

```
          .include "addzg.avr"
          .include "halde.avr"
```

Definition der Haldenparameter und Deklaration des Haldenbereiches und des Adressenvektors $\boldsymbol{p}$

```
          .equ     nbHldMax = 200          Haldengröße h
          .equ     nbMax    = 60           Max. Blockgröße n_max
          .dseg
vbHld:    .byte    nbHldMax                Haldenbereich
vpb:      .byte    5*2                     p
          .cseg
```

Einrichtung des Stapels

```
Start:    ldi      r16,LOW(RAMEND)    1
          out      SPL,r16            1
          ldi      r16,HIGH(RAMEND)   1
          out      SPH,r16            1
```

Initialisierung des Zufallszahlengenerators

```
          call     AddRndIni          4+
```

Vorbereitung von Halde und $\boldsymbol{p}$, Initialisierung der Halde

```
          clr      r15                1
          ldi      r30,LOW(vbHld)     1
          ldi      r31,HIGH(vbHld)    1
          ldi      r16,nbHldMax+5*2   1
Prep:     st       Z+,r15             2
          dec      r16                1
          brne     Prep               1/2
          ldi      r18,nbMax          1
          ldi      r19,5              1
          ldi      r30,LOW(vbHld)     1
          ldi      r31,HIGH(vbHld)    1
          ldi      r16,LOW(nbHldMax)  1
          ldi      r17,HIGH(nbHldMax) 1
          call     HldInit            4+
```

Beginn der Testschleife: Bestimmung eines zufälligen p_i

```
Test:     mov      r2,r19             1
          call     AddRndN8           4+    r0 ← Zufallszahl i, 0 ≤ i ≤ 4
          lsl      r0                 1     r0 ← 2i
          ldi      r28,LOW(vpb)       1     Y ← vpb
          ldi      r29,HIGH(vpb)      1
          add      r28,r0             1     Y ← vpb + 2i
          adc      r29,r15            1
          ld       r26,Y              2     X ← p_i = p[i]
          ldd      r27,Y+1            2
          mov      r0,r26             1     p_i = 0000?
          or       r0,r27             1
          breq     Alloc              1/2   Ja: Block anfordern
```

	„Entmarkierung" und Rückgabe eines Speicherblocks				
47		`movw`	`r31:r30,r27:r26`	1	$\mathbf{Z} \leftarrow p_i$
48		`ld`	`r0,-Z`	2	$\mathbf{Z} \leftarrow p_i - 1$, $\mathbf{r_0} \leftarrow k$
49		`dec`	`r0`	1	$\mathbf{r_0} \leftarrow k - 1$
50		`breq`	`Free`	1/2	Bei $k = 1$ nichts zu markieren
51		`adiw`	`r31:r30,1`	2	$\mathbf{Z} \leftarrow (p_i - 1) + 1$
52	`Clear:`	`st`	`Z+,r15`	2	Block mit **00** füllen
53		`dec`	`r0`	1	
54		`brne`	`Clear`	1/2	
55	`Free:`	`call`	`HldFree`	4+	Block zurückgeben
56		`st`	`Y,r15`	2	$\boldsymbol{p}[i] \leftarrow$ **0000**
57		`std`	`Y+1,r15`	2	
58		`rjmp`	`Test`	2	
	Reservierung eines Speicherblocks				
59	`Alloc:`	`mov`	`r2,r18`	1	
60		`call`	`AddRndN8`	4+	$\mathbf{r_0} \leftarrow$ Zufallszahl m, $2 \leq m \leq n_{\max}$
61		`mov`	`r16,r0`	1	$\mathbf{r_{16}} \leftarrow m$
62		`cpi`	`r16,2`	1	$m < 2$?
63		`brlo`	`Alloc`	1/2	Ja: neue Zufallszahl
64		`call`	`HldAlloc`	4+	Block mit m Bytes anfordern
65		`breq`	`Doze`	1/2	Erfolglos: Stopp
66		`st`	`Y,r30`	2	$\boldsymbol{p}[i] \leftarrow \alpha$
67		`std`	`Y+1,r31`	2	
	Markierung eines Speicherblocks mit seiner effektiven Größe				
68		`ld`	`r0,-Z`	2	$\mathbf{Z} \leftarrow \alpha - 1$, $\mathbf{r_0} \leftarrow m + 1$
69		`dec`	`r0`	1	$\mathbf{r_0} \leftarrow m - 1$
70		`breq`	`Test`	1/2	Bei $m = 1$ nichts zu markieren
71		`adiw`	`r31:r30,1`	2	$\mathbf{Z} \leftarrow (\alpha - 1) + 1$
72		`mov`	`r1,r0`	1	
73	`Fill:`	`st`	`Z+,r1`	2	Block mit $m - 1$ füllen
74		`dec`	`r0`	1	
75		`brne`	`Fill`	1/2	
76		`rjmp`	`Test`	2	
77	`Doze:`	`rjmp`	`Doze`	2	

Da keine Interrupts verwendet werden, kann das Programm direkt hinter dem Resetvektor beginnen. Als Erstes wird das Modul Zufallszahlengenerator eingezogen. Zur Erinnerung: Der von diesem benutzte Ringpuffer muss auf einer Speicherseite beginnen, also mit einer Adresse der Gestalt **XX00**. Die Adresse wird ihm über die Assemblervariable `AddRndRiB` vermittelt, wie es in Zeile *7* auch vor dem Einzug geschieht. Die erste mögliche und auch gewählte Adresse ist **0100**. Der Speicher im Adressenbereich von **60** bis **FF** wird dadurch nicht genutzt, aber das ist hier ohne Bedeutung, da überhaupt nur ein kleiner Teil des Arbeitsspeichers genutzt wird.
Nach dem Zufallszahlengenerator wird das Haldenmodul eingezogen. Es folgt die Definition der beiden Haldenparameter `nbHldMax`, die Haldengröße h, und `nbMax`, die maximal verlangte Blockgröße $n_{\max}$. Durch Variation beider Parameter lässt sich für Spezialanwendungen ein

optimales Verhalten der Halde wenigstens approximativ herausfinden. In Zeile *13* wird dann für die Halde und für den Vektor $\boldsymbol{p}$ der Blockadressen der Speicherbereich reserviert.
Nach der üblichen Einrichtung des Stapels wird der Zufallszahlengenerator initialisiert. Anschließend werden der Haldenbereich und der Vektor $\boldsymbol{p}$ mit **00** belegt, worauf die Initialisierung der Halde folgt. Es ist noch auf die Belegung einiger Register aufmerksam zu machen: $\mathbf{r_{15}} \leftarrow$ **00**, $\mathbf{r_{18}} \leftarrow n_{\max}$ und $\mathbf{r_{19}} \leftarrow 5$ (das ist die Länge von $\boldsymbol{p}$).
Die Testschleife beginnt in Zeile *35*. Als Erstes wird eine Zufallszahl i im Bereich $0 \leq i \leq 4$ erzeugt. Diese wird in Zeile *37* nach links geshiftet, um aus der Zufallszahl i ein Wort-*offset* und dann in den Zeilen *38–41* in Register **Y** die Zufallswortadresse `vpb` $+ 2i$ von p_i zu berechnen. In den Zeilen *42–43* wird Register **X** mit diesem p_i geladen. Das weitere Verhalten des Programms hängt jetzt von p_i ab: Ist $p_i =$ **0000**, so wird in die Zeile *59* gesprungen, um einen Block anzufordern und p_i mit dessen Adresse zu überschreiben.
Andernfalls ist p_i die Adresse eines von der Halde reservierten Speicherblocks. Zunächst wird die Markierung dieses Speicherblocks entfernt. Dazu wird in Zeile *47* Register **Z** mit der Blockadresse geladen. Das ist allerdings die für den Benutzer bestimmte Blockadresse, die wahre Blockadresse ist $p_i - 1$, an der sich auch das Größenbyte des Blocks mit seiner Größe k befindet. Da es den Befehl `ldd r0,Z-1` leider nicht gibt, muss die Blockgröße k mit dem Befehl `ld r0,-Z` in Zeile *48* in Register $\mathbf{r_0}$ geladen werden. Natürlich darf das Größenbyte des Blocks nicht mit **00** beschrieben werden, dem wird in Zeile *49* durch Bildung von $k - 1$ in $\mathbf{r_0}$ Rechnung getragen. Gleichzeitig wird dabei festgestellt, ob der Block die Länge 1 hat, in welchem Fall natürlich keine Markierung zu entfernen ist. Register **Z** enthält noch die Adresse des Größenbytes. Gäbe es im Befehlssatz die Möglichkeit der *Präinkrementierung*, so wäre die Zeile *51* überflüssig, so aber muss die Subtraktion von 1 in Zeile *48*, die vorhandene *Prädekrementierung*, rückgängig gemacht werden. Die Zeilen *52–54* enthalten dann eine Standardschleife, um einen Speicherblock mit einem bestimmten Wert, hier **00** in $\mathbf{r_{15}}$, zu beschreiben. In Zeile *55* wird der Speicherblock dann endlich freigegeben, und als letzte Aktion vor dem Rücksprung an den Schleifenanfang wird p_i im Adressenvektor gelöscht: $\boldsymbol{p}[i] \leftarrow$ **0000**.
Im Falle $p_i =$ **0000** in Zeile *46* wird in den Zeilen *59–63* eine Zufallszahl m mit $2 \leq m < n_{\max}$ erzeugt. Dann wird versucht, die Halde einen Block der Größe m reservieren zu lassen. Gelingt das nicht, d.h. ist nach Zeile *64* das Nullbit gesetzt ($\mathfrak{z} = \mathtt{1}$), so springt das Programm in die Endlosschleife der Zeile *77*, dort ist Zeit genug, den Arbeitsspeicher zu analysieren. Andernfalls wird in den Zeilen *66–67* die Vektorkomponente p_i mit der von der Halde in Register **Z** übergebenen Blockadresse α überschrieben. Vor dem Rücksprung an den Schleifenanfang wird noch der neue Speicherblock mit seiner Größe markiert, die Zeilen *68–75* entsprechen genau den Zeilen *48–54*.

Das Testprogramm erreichte die Schlusszeile nach 115 Blockerzeugungen und 113 Blockvernichtungen. Ein Block der Größe **38** $=$ 56 konnte nicht reserviert werden. Das Programm hinterließ den Speicherauszug aus Bild 7.7. Der Vektor $\boldsymbol{p}$, im Programm `vpb` genannt, beginnt bei Adresse **22C**. Also hat p_0 die Adresse **22C** und p_4 hat die Adresse **234**. Man liest folglich ab: $p_0 =$ **0000**, $p_1 =$ **0000**, $p_2 =$ **019A**, $p_3 =$ **0000** und $p_4 =$ **01CE**. Es gibt zwei besetzte Blöcke. Der erste hat die Anfangsadresse $p_2 - 1 =$ **0199**. Das Byte an dieser Adresse ist das Größenbyte, d.h. der Block hat die Größe **34**. Die übrigen Bytes sind mit der effektiven Länge **33** besetzt. Der zweite Block hat die Anfangsadresse $p_4 - 1 =$ **01CD**, damit ist seine Länge **28**.

Der Listenkopf der freien Blöcke hat die Adresse **162**, also ist sein Inhalt **0164**, und das ist auch die Anfangsadresse des ersten freien Blocks. Dieser hat die Länge **35**, die

Abbildung 7.7.: Ein Speicherauszug des Testprogramms

Adr.	0	1	2	3	4	5	6	7	8	9	A	B	C	D	E	F
160	1D	05	64	01	35	F5	01	00	00	00	00	00	00	00	04	00
170	00	00	00	00	00	07	86	01	00	00	00	00	00	00	00	7A
180	00	00	00	00	00	00	73	00	00	00	00	00	00	00	00	00
190	00	00	00	00	00	00	00	00	00	34	33	33	33	33	33	33
1A0	33	33	33	33	33	33	33	33	33	33	33	33	33	33	33	33
1B0	33	33	33	33	33	33	33	33	33	33	33	33	33	33	33	33
1C0	33	33	33	33	33	33	33	33	33	33	33	33	33	28	27	27
1D0	27	27	27	27	27	27	27	27	27	27	27	27	27	27	27	27
1E0	27	27	27	27	27	27	27	27	27	27	27	27	27	27	27	27
1F0	27	27	27	27	27	37	00	00	00	33	00	00	00	00	00	00
200	00	00	00	00	00	00	00	00	00	00	00	00	00	00	00	00
210	00	00	00	00	00	00	00	00	00	00	00	00	00	00	00	00
220	00	00	00	00	00	00	00	00	00	00	00	00	00	00	00	00
230	9A	01	00	00	CE	01	FF	FF	FF	FF	FF	FF	FF	FF	FF	FF

Adresse des nächsten freien Blocks ist **01F5**. Dieser hat die Länge **37**, und es ist der letzte freie Block, da die Folgeadresse an der Adresse **01F6** den Wert **0000** hat. Der letzte Versuch der Blockerzeugung scheiterte also nur ganz knapp!

Die Anfangsadressen des Vektors $\boldsymbol{p}$, der Halde, des Kopfes der Liste der freien Blöcke der Halde usw. entnimmt man dem Assemblerlisting. Z.B. sieht man am Anfang des Speicherauszugs die beiden Indizes des Zufallszahlengenerators (**1D** und **05**). Der obere freie Block enthält noch Spuren vergangener Blöcke. So gab es einmal einen freien Block der Länge 7, der bei Adresse **175** begann und der einen Nachfolger der Länge **73** an der Adresse **186** hatte. Dieser Nachfolger war auch der letzte freie Block in der Liste.

Ein solches vom Zufall gesteuertes Testprogramm kann auch einen guten Eindruck von der Leistungsfähigkeit der Halde vermitteln. Dazu werden die beiden Parameter, die zur Verfügung stehen, variiert. Der erste ist die Größe der Halde, hier 200, und der zweite $n_{\max}$, hier $n_{\max} = 60$.

8. Fließkommaarithmetik

Die Darstellung von rationalen Zahlen x zu einer Basis β, die auf der Entwicklung

$$x = \sum_{\nu=0}^{n} x_\nu \beta^\nu + \sum_{\mu=1}^{\infty} x_{-\mu}\beta^{-\mu}$$

beruht,[1] ist für Wissenschaft und Technik nicht gut geeignet. Zwei Naturkonstanten aus der Physik machen das deutlich: hier ist einmal die *Avogadrosche Konstante* N_A mit dem Wert

$$N_A = 602210000000000000000000\,\mathrm{mol}^{-1}$$

zum anderen die *Elektronenruhemasse* $m_{0\mathrm{e}}$, die den Wert

$$m_{0\mathrm{e}} = 0,00000000000000000000000000000091094\,kg$$

besitzt. Eine Möglichkeit, solche Zahlen leichter fassbar darzustellen, besteht darin, sie mit $1 = \beta^n \times \beta^{-n}$ zu multiplizieren, wobei n so gewählt wird, dass das Dezimalkomma von $x \times \beta^n$ oder $x \times \beta^{-n}$ in die Nähe der signifikanten, d.h. von Null verschiedenen, Ziffern rückt. Führende oder auslaufende Nullen können in der Darstellung dann weggelassen werden. Wird z.B. bei N_A $n = 22$ gewählt, erhält man

$$N_A = 60,221 \times 10^{22}$$

und $n = 31$ ergibt für $m_{0\mathrm{e}}$

$$m_{0\mathrm{e}} = 9,1094 \times 10^{-31}$$

Der *Exponent* e in der Darstellung

$$x = \xi \times \beta^e$$

gibt also an, wie weit das Komma in der *Mantisse* ξ nach rechts oder links verschoben werden muss. In dieser *wissenschaftlichen* Darstellung von rationalen Zahlen kann ξ beliebig viele Ziffern zur Basis β besitzen, und e kann beliebig groß oder klein werden. Beides muss zum Gebrauch mit einem Computer zwar drastisch beschränkt werden, doch ist die wissenschaftliche Darstellung eine gute Ausgangsbasis.

8.1. Fließkommazahlen

Unter einer Fließkommazahl wird jede rationale Zahl verstanden, die sich in der Form

$$\pm\left(\xi_{-1}\beta^{-1} + \cdots + \xi_{-p}\beta^{-p}\right)\beta^e \tag{8.1}$$

[1] Siehe [Mss] **3.2**.

darstellen lässt. Dabei ist p eine ganze Zahl ≥ 1, die *Präzision*, und $\xi_{-1}, \ldots \xi_{-p}$ sind p Ziffern zur Basis β, für die also $0 \leq \xi_{-\varrho} < \beta$ gilt. Auch hier ist $\xi = \xi_{-1}\beta^{-1} + \cdots + \xi_{-p}\beta^{-p}$ die Mantisse, und e ist der Exponent. Offenbar ist $0 \leq \xi < 1$.

Bei $\beta = 10$ wird selbstverständlich die gewohnte Dezimalschreibweise verwendet, es wird also z.B. nicht $-(1/10 + 2/100)10^3$ geschrieben, sondern $-0,12 \times 10^3$. Entsprechendes gilt für die Basen $\beta = 2$, $\beta = 8$ usw.

Nun kann eine Fließkommazahl mehrere Darstellungen der angegebenen Gestalt haben. So ist für $\beta = 10$ und $p = 4$ z.B. $0,1200 \times 10^1 = 0,0120 \times 10^2 = 0,0012 \times 10^3$. Sofern also geeignete Nullen vorhanden sind, lassen sich die Ziffern hin- oder herschieben und der Exponent entsprechend erhöhen oder erniedrigen. Verlangt man jedoch, dass die erste Ziffer hinter dem Komma von Null verschieden ist, $\xi_{-1} \neq 0$, so wird diese Darstellung eindeutig.

Darstellungen (8.1) mit $\xi_{-1} > 0$ heißen *normalisiert*. Wegen

$$\xi = \sum_{\varrho=-1}^{-p} \xi_\varrho \beta^\varrho \geq \xi_{-1}\beta^{-1} \geq \beta^{-1}$$

gilt für die Mantisse solcher normalisierter Darstellungen

$$\frac{1}{\beta} \leq \xi < 1 \tag{8.2}$$

Die Null besitzt zwar unendlich viele Fließkommadarstellungen, aber offensichtlich keine normalisierte, deshalb spielt die Null in der Fließkommarechnung eine Sonderrolle.

Es seien $e_{\min}$ und $e_{\max}$ zwei ganze Zahlen mit $e_{\min} \leq e_{\max}$. Die Gesamtheit aller Fließkommazahlen mit p Ziffern zur Basis β, für deren Exponent $e_{\min} \leq e \leq e_{\max}$ gilt, und die eine *normalisierte* Fließkommadarstellung besitzen, sei mit

$$\mathcal{F}_{\beta,\, p,\, e_{\min},\, e_{\max}}$$

bezeichnet. Die Null gehört nicht dazu, da sie keine normalisierte Darstellung besitzt.

Als Beispiel soll hier $\mathcal{F}_{2,\,3,\,-1,\,2}$ näher betrachtet werden. Die Basis ist also $\beta = 2$, es wird mit drei Binärziffern dargestellt, und der Binärexponent muss zwischen -1 und 2 liegen. Die zugehörigen positiven Zahlen sind

$$0,100 \times 2^e$$
$$0,101 \times 2^e$$
$$0,110 \times 2^e$$
$$0,111 \times 2^e$$

für $e = -1$, $e = 0$, $e = 1$ und $e = 2$. Bild 8.1 gibt den nichtnegativen Teil dieses Zahlenbereiches wieder. Man erkennt, dass der Zahlenbereich auch ein Zahlengitter bildet, aber nicht wie Fixkommazahlen mit konstanter Gitterbreite, sondern mit einer vom Exponenten abhängigen Gitterbreite. Man beachte auch die große Lücke am Anfang, sie ist eine Folge der Normalisierung. Ihretwegen werden später auch wieder nichtnormalisierte Darstellungen zugelassen.

Abbildung 8.1.: $\mathcal{F}_{2,\,3,\,-1,\,2}$

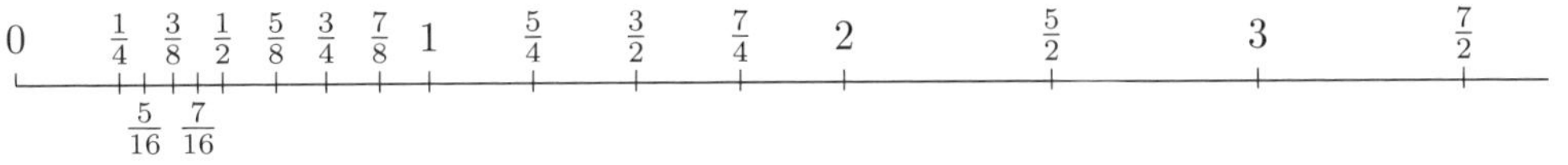

Ist $\xi \times \beta^e$ eine Zahl aus $\mathcal{F}_{\beta,\,p,\,e_{\min},\,e_{\max}}$, so erhält man die nächste absolut größere Zahl des Bereiches durch

$$\xi \times \beta^e \begin{cases} +\,\beta^{e-p} & \text{falls} \quad \xi \geq 0 \\ -\,\beta^{e-p} & \text{falls} \quad \xi < 0 \end{cases} \tag{8.3}$$

Zu beachten ist hier, dass ein Exponentensprung erfolgen kann, nämlich in dem Fall, dass die Mantisse die Gestalt

$$\xi = 0,\underbrace{\breve{\beta}\breve{\beta}\cdots\breve{\beta}\breve{\beta}}_{p}$$

besitzt, mit $\breve{\beta} = \beta - 1$; der Nachfolger ist dann

$$0,1\underbrace{00\cdots00}_{p-1}\times\beta^{e+1}$$

Bei $e + 1 > e_{\max}$ tritt *Exponentenüberlauf* ein, d.h. die Zahl hat im Gitter keinen rechten Nachfolger.

Die zu $\xi\times\beta^e$ absolut nächstkleinere Zahl des Bereiches ist für den Fall $\xi > 0,100\cdots00$ gegeben durch

$$\xi \times \beta^e \begin{cases} -\,\beta^{e-p} & \text{falls} \quad \xi \geq 0 \\ +\,\beta^{e-p} & \text{falls} \quad \xi < 0 \end{cases}$$

im Fall $\xi = 0,100\cdots00$ jedoch durch

$$\xi \times \beta^e \begin{cases} -\,\beta^{(e-1)-p} & \text{falls} \quad \xi \geq 0 \\ +\,\beta^{(e-1)-p} & \text{falls} \quad \xi < 0 \end{cases}$$

und diese betragsmäßig nächstkleinere Zahl ist $0,\breve{\beta}\breve{\beta}\cdots\breve{\beta}\breve{\beta}\times\beta^{e-1}$. Hier macht sich die schwankende Gitterbreite des Bereiches bemerkbar. Außerdem tritt im Falle $e - 1 < e_{\min}$ *Exponentenunterlauf* ein.

Als Beispiel wird der Bereich $\mathcal{F}_{10,\,3,\,-2,\,3}$ herangezogen. Der Nachfolger von $0,999 \times 10^2$ ergibt sich aus

$$0,999 \times 10^2 + 10^{2-3} = 99,9 + 0,1 = 100 = 0,100 \times 10^3$$

den Vorgänger von $0,999 \times 10^2$ erhält man aus

$$0,999 \times 10^2 - 10^{2-3} = 99,9 - 0,1 = 99,8 = 0,998 \times 10^2$$

Dagegen berechnet sich der Vorgänger von $0,100 \times 10^2$ aus

$$0,100 \times 10^2 - 10^{1-3} = 10,0 - 0,01 = 9,99 = 0,999 \times 10^1$$

8.2. Runden und Rundungsfehler

Es ist ein seltener Fall, dass irgendeine vorgegebene rationale Zahl x zu einem der Zahlenbereiche $\mathcal{F}_{\beta,\,p,\,e_{\min},\,e_{\max}}$ gehört. So haben z.B. viele rationale Zahlen keine endliche Entwicklung zur Basis β, können also zu keinem $\mathcal{F}_{\beta,\,p,\,e_{\min},\,e_{\max}}$ gehören, etwa $1/7$ bei den Basen $\beta = 2$ und $\beta = 10$, ebenso $0,7$ bei $\beta = 2$. Aber auch wenn man zwei Zahlen x und y aus $\mathcal{F}_{\beta,\,p,\,e_{\min},\,e_{\max}}$ nimmt, so muss man damit rechnen, dass $x+y$, $x-y$, $x \times y$ und x/y nicht mehr in diesem Bereich liegen. $\mathcal{F}_{\beta,\,p,\,e_{\min},\,e_{\max}}$ ist eben nicht sehr umfangreich[2], gemessen an dem Zahlenvorrat, der approximiert werden soll.

Und damit ist schon das Stichwort gefallen: Zu einer gegebenen rationalen Zahl x soll ein Element $x^\star$ aus $\mathcal{F}_{\beta,\,p,\,e_{\min},\,e_{\max}}$ gefunden werden, das bezüglich gewisser, noch zu besprechender Kriterien eine gute Approximation an x ist. Dieser Vorgang, eine Annäherung $x^\star$ an x zu finden, wird *Runden* genannt[3].

Zur Grundlage der Analyse des Rundens kann Folgendes gemacht werden. Zu jeder rationalen Zahl $x \neq 0$ und jeder Ziffernanzahl oder Präzision $p > 0$ gibt es eine ganze Zahl e, eine rationale zur Basis β p-ziffrige Zahl ξ und eine rationale Zahl ϑ mit

$$x = \xi\beta^e + \vartheta\beta^{e-p} \qquad \frac{1}{\beta} \le |\xi| < 1 \qquad 0 \le |\vartheta| < 1 \tag{8.4}$$

Darin haben ξ und ϑ dasselbe Vorzeichen wie x. Man beachte, dass $\xi\beta^e$ zum Zahlenbereich $\mathcal{F}_{\beta,\,p,\,e_{\min},\,e_{\max}}$ gehört, falls $e_{\min} \le e \le e_{\max}$ gilt. x ist dann dargestellt als Summe aus einem Element $f = \xi\beta^e$ aus $\mathcal{F}_{\beta,\,p,\,e_{\min},\,e_{\max}}$ und einem Restglied $r = \vartheta\beta^{e-p}$. Dieser Rest ist wegen $|\vartheta| < 1$ betragsmäßig kleiner als der Abstand von f zum betragsmäßig nächstgrößeren Element von $\mathcal{F}_{\beta,\,p,\,e_{\min},\,e_{\max}}$: $|r| < \beta^{e-p}$.

Zunächst werde $x \ge 0$ angenommen. Bisher ist die Entwicklung einer rationalen Zahl x zur Basis β, um den ganzzahligen und den gebrochenen Anteil herauszustellen, so angegeben worden:

$$x = \sum_{\nu=0}^{n} x_\nu\beta^\nu + \sum_{\mu=1}^{\infty} x_{-\mu}\beta^{-\mu}$$

Diese beiden Summen werden jetzt zusammengefasst, um unangenehmen Fallunterscheidungen aus dem Weg zu gehen:

$$x = \sum_{\nu=k}^{\infty} x_{-\nu}\beta^{-\nu}$$

Falls x einen ganzzahligen Anteil besitzt, ist $k \le 0$. Wegen $x \neq 0$ ist $x_{-k} > 0$. Diese Summe lässt sich nun wie folgt zerlegen:

$$\begin{aligned} x &= \sum_{\nu=k}^{k+p-1} x_{-\nu}\beta^{-\nu} + \sum_{\nu=k+p}^{\infty} x_{-\nu}\beta^{-\nu} \\ &= \beta^{-k+1} \sum_{\nu=k}^{k+p-1} x_{-\nu}\beta^{k-1-\nu} + \beta^{-k-p+1} \sum_{\nu=k+p}^{\infty} x_{-\nu}\beta^{k+p-\nu-1} \end{aligned}$$

[2]Die Anzahl der Elemente ist $2(\beta-1)\beta^{p-1}(e_{\max} - e_{\min} + 1)$.

[3]Allerdings wird unter Runden oft die spezielle Approximation $x \mapsto x^\circ$ verstanden.

Die Exponenten in den Summen sind alle negativ, es ist ja $k \leq \nu$, d.h. $k - \nu \leq 0$ und damit erst recht $k - \nu - 1 < 0$, und aus $\nu \geq k + p$ folgt ebenso $k + p - \nu - 1 < 0$. Die Werte beider Summen sind also < 1. Setzt man nun $e = 1 - k$ und

$$\xi = \sum_{\nu=k}^{k+p-1} x_{-\nu}\beta^{k-1-\nu} \qquad \vartheta = \sum_{\nu=k+p}^{\infty} x_{-\nu}\beta^{k+p-\nu-1}$$

so hat man die gesuchte Darstellung. $\beta^{-1} \leq \xi$ folgt noch aus $x_{-k} > 0$. Falls $x < 0$, berechne man ξ und ϑ für $|x|$, dann ist $x = -\xi\beta^e - \vartheta\beta^{e-p}$.

ξ besteht also im Wesentlichen aus den ersten p Ziffern von x, und die restlichen Ziffern gehen in ϑ ein. Z.B. gilt für $p = 4$

$$101010,101 = 0,1010 \times 2^6 + 0,10101 \times 2^2$$

Nach diesen Vorbereitungen können die Rundungsarten präsentiert werden. Bild 8.2 gibt diese anschaulich wieder. In allen Fällen sei x eine rationale Zahl, die durch eine zu $\mathcal{F}_{\beta,\,p,\,e_{\min},\,e_{\max}}$ gehörige Zahl f approximiert werden soll.

Abbildung 8.2.: Die Rundungsarten

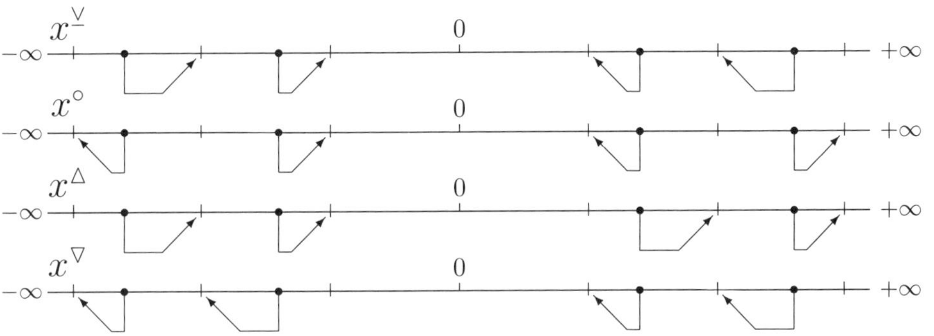

8.2.1. Runden durch Abschneiden

Die mit dieser Rundungsmethode gewonnene Approximation $x^{\underline{\vee}}$ aus $\mathcal{F}_{\beta,\,p,\,e_{\min},\,e_{\max}}$ an x ist unter allen f aus $\mathcal{F}_{\beta,\,p,\,e_{\min},\,e_{\max}}$ mit der Eigenschaft $|f| \leq |x|$ das zu x nächstgelegene. Etwas anders ausgedrückt, ist $x^{\underline{\vee}}$ dasjenige unter allen Elementen aus $\mathcal{F}_{\beta,\,p,\,e_{\min},\,e_{\max}}$, die keinen größeren Absolutbetrag als x haben, das den kleinsten Abstand zu x hat.

Um $x^{\underline{\vee}}$ zu berechnen, wird x nach Gleichung (8.4) zerlegt. Gilt für diese Zerlegung $e_{\min} \leq e \leq e_{\max}$, so gehört $\xi\beta^e$ jedenfalls zu $\mathcal{F}_{\beta,\,p,\,e_{\min},\,e_{\max}}$. Andernfalls ist bei $e < e_{\min}$ x zu klein oder bei $e_{\max} < e$ zu groß, im ersten Fall spricht man von *Exponentenunterlauf*, im zweiten Fall von *Exponentenüberlauf*. Zur Veranschaulichung betrachte man

Bild 8.1, in welchem der Unterlauf- und der Überlaufbereich von $\mathcal{F}_{2,3,-1,2}$ zu erkennen sind: Der Unterlaufbereich besteht aus der Lücke zwischen $-1/4$ und $1/4$, und der Überlaufbereich besteht aus allen x, die links von -4 und rechts von 4 liegen.

Wenn aber $\xi\beta^e$ zu $\mathcal{F}_{\beta,p,e_{\min},e_{\max}}$ gehört, wenn also $e_{\min} \le e \le e_{\max}$ gilt, so ist schon $x^{\veebar} = \xi\beta^e$. Die erste Bedingung, dass nämlich $\xi\beta^e$ keinen größeren Absolutbetrag als x haben darf, ist erfüllt. Denn da x, ξ und ϑ dasselbe Vorzeichen besitzen, ist $|x| = |\xi\beta^e| + |\vartheta\beta^{e-p}| \ge |\xi\beta^e|$. Die zweite Bedingung, dass $\xi\beta^e$ unter allen f aus $\mathcal{F}_{\beta,p,e_{\min},e_{\max}}$ mit $|f| \le |x|$ nächstgelegen zu x sein muss, lässt sich auch so formulieren, dass zwischen $\xi\beta^e$ und x kein weiteres Element aus $\mathcal{F}_{\beta,p,e_{\min},e_{\max}}$ mehr liegen darf. Genau das ist aber oben bei der Diskussion des Restgliedes $\vartheta\beta^{e-p}$ schon festgestellt worden.

Da in ξ die ersten p Ziffern von x zusammengefasst sind, in ϑ die übrigen, und diese übrigen bei der Konstruktion von $x^{\veebar}$ einfach weggelassen oder abgeschnitten werden, wird die Bezeichnung „Runden durch Abschneiden" verständlich. Die weitere Bezeichnung „Runden gegen Null"[4] macht ein Blick auf Bild 8.2 plausibel.

Als Beispiel soll $-12,345^{\veebar}$ bezüglich $\mathcal{F}_{10,3,-1,2}$ berechnet werden. Die Zerlegung ergibt sich zu

$$-12,345 = \underbrace{-0,123}_{\xi} \times 10^2 + \underbrace{(-0,45)}_{\vartheta} \times 10^{-2}$$

woraus $-12,345^{\veebar} = -0,123 \times 10^2 = -12,3$ folgt. Und noch ein Beispiel im Binärsystem: es ist $1010,10101^{\veebar}$ bezüglich $\mathcal{F}_{2,5,-4,4}$ gesucht. Gleichung (8.4) gibt die Zerlegung

$$1010,10101 = 0,10101 \times 2^4 + 0,0101 \times 2^{-1},$$

der gerundete Wert ist deshalb

$$1010,10101^{\veebar} = 0,10101 \times 2^4 = 1010,1.$$

Die Zerlegung (8.4) liefert auch eine Abschätzung des absoluten Rundungsfehlers, der beim Übergang von x zu $x^{\veebar}$ gemacht wird. Wegen $|\vartheta| < 1$ ist nämlich

$$\left|x - x^{\veebar}\right| = \left|\vartheta\beta^{e-p}\right| < \beta^{e-p} \tag{8.5}$$

Diese absolute Fehlerschranke ist aber nur dann sinnvoll verwendbar, wenn auch die absolute Größe von x bekannt ist, denn β^e ist ein Maß für die absolute Größe von x. Es ist besser, den relativen Rundungsfehler

$$\left|\frac{x - x^{\veebar}}{x}\right|$$

zu verwenden. Auch hier ist die Zerlegung (8.4) hilfreich, sie liefert eine Abschätzung von x nach unten:

$$|x| \ge |\xi| \times \beta^e \ge \frac{\beta^e}{\beta} = \beta^{e-1}$$

Das ergibt für $x \ne 0$

$$\frac{\left|x - x^{\veebar}\right|}{|x|} < \frac{\beta^{e-p}}{\beta^{e-1}} = \beta^{1-p} \tag{8.6}$$

[4] *rounding toward zero.*

Die Größe β^{1-p} hängt nur noch von $\mathcal{F}_{\beta,\,p,\,e_{\min},\,e_{\max}}$ ab, nicht mehr vom individuellen x.

8.2.2. Runden zum nächstgelegenen Gitterpunkt

Wie der Name schon sagt, ist x° eines der Elemente aus $\mathcal{F}_{\beta,\,p,\,e_{\min},\,e_{\max}}$, das zu x den kleinsten Abstand hat. Auch um x° zu berechnen, wird Gleichung (8.4) herangezogen. Es sei zunächst $x > 0$. Dann liegt x zwischen den beiden Gitterpunkten $\xi\beta^e$ und $\xi\beta^e + \beta^{e-p}$. Für den Abstand zum linken Gitterpunkt erhält man

$$|x - \xi\beta^e| = |\vartheta|\,\beta^{e-p} \tag{8.7}$$

und für den Abstand zum rechten Gitterpunkt ergibt sich

$$|x - (\xi\beta^e + \beta^e)| = |1 - \vartheta|\,\beta^{e-p} \tag{8.8}$$

Offensichtlich ist für $\vartheta < 1/2$ der Abstand zum linken Gitterpunkt kleiner, dagegen ist für $\vartheta > 1/2$ der Abstand zum rechten Gitterpunkt kleiner. Daraus folgt also

$$x^\circ = \begin{cases} \xi\beta^e & \text{falls} \quad \vartheta < \frac{1}{2} \\ \xi\beta^e + \beta^{e-p} & \text{falls} \quad \vartheta > \frac{1}{2} \end{cases} \tag{8.9}$$

Der Fall $x < 0$ erledigt sich vollkommen symmetrisch, wenn beachtet wird, dass x zwischen dem linken Gitterpunkt $\xi\beta^e - \beta^{e-p}$ und dem rechten Gitterpunkt $\xi\beta^e$ liegt:

$$x^\circ = \begin{cases} \xi\beta^e & \text{falls} \quad \vartheta > -\frac{1}{2} \\ \xi\beta^e - \beta^{e-p} & \text{falls} \quad \vartheta < -\frac{1}{2} \end{cases} \tag{8.10}$$

Es bleibt noch, den Fall $|\vartheta| = 1/2$ zu behandeln.

Zunächst kann dieser Fall für gewisse β gar nicht auftreten. Z.B. hat $1/2$ zur Basis $\beta = 3$ die *unendliche* Entwicklung $0,111\cdots$. Hat demnach x eine *endliche* Entwicklung zur Basis 3, was z.B. wahr ist, wenn x das Ergebnis einer Addition mit endlicher Stellenzahl ist, so haben auch ξ und ϑ eine endliche Entwicklung zu dieser Basis, d.h. es ist notwendigerweise $\vartheta \neq 1/2$.

Ist $|\vartheta| = 1/2$ aber doch möglich, so kann stets zum betragsmäßig größeren Gitterpunkt hin gerundet werden. Das geschieht auch implizit bei Anwendung der traditionellen Methode, $1/2$ auf die $(p+1)$-te Ziffer zu addieren und dann nach der p-ten Ziffer abzuschneiden. Diese Methode erzeugt aber ein Phänomen, das *Drift* genannt wird. Das Standardbeispiel ist wie folgt.

Es soll durch $\mathcal{F}_{10,\,5,\,-10,\,10}$ approximiert werden. Für $x = 0,10000\cdot 10^1$ und $y = 0,55555$ wird folgende Sequenz gebildet

$$\begin{aligned} x + y &= 0,15556\cdot 10 \\ x + y - y &= 0,10001\cdot 10 \\ x + y - y + y - y &= 0,10002\cdot 10 \\ x + y - y + y - y + y - y &= 0,10003\cdot 10 \end{aligned}$$

und so weiter. Die Summe vergrößert sich, obwohl immer derselbe Wert y addiert und wieder subtrahiert wird.

Diese Drift lässt sich vermeiden, wenn etwas Abwechslung in die Wahl der Approximation gebracht wird. Sei nämlich ξ_{-p} die p-te Ziffer von ξ. Dann wird x° im Falle $|\vartheta| = 1/2$ wie folgt festgelegt:

$$x^\circ = \begin{cases} \xi\beta^e & \text{falls } \xi_{-p} \text{ eine } \textit{gerade} \text{ Zahl ist} \\ \xi\beta^e \pm \beta^{e-p} & \text{andernfalls} \end{cases} \tag{8.11}$$

Wird obiges Beispiel noch einmal mit der neuen Rundungsmethode durchgerechnet, verschwindet die Drift:

Mit der verbesserten Rundungsmethode ergibt sich die Sequenz

$$\begin{aligned} x + y &= 0,15556 \cdot 10 \\ x + y - y &= 0,10000 \cdot 10 \\ x + y - y + y - y &= 0,10000 \cdot 10 \\ x + y - y + y - y + y - y &= 0,10000 \cdot 10 \end{aligned}$$

und so weiter. Das Verhalten ist so, als ob exakt gerechnet worden wäre.

Allerdings ist es nicht immer ganz einfach, festzustellen, ob $\vartheta = 1/2$ gilt.

Als Abschätzung des absoluten Fehlers ergibt sich für $\vartheta \leq 1/2$ aus Gleichung (8.7)

$$|x - \xi\beta^e| = |\vartheta|\, \beta^{e-p} \leq \frac{1}{2}\beta^{e-p}$$

und für $\vartheta > 1/2$ erhält man mit Gleichung (8.8)

$$|x - (\xi\beta^e + \beta^e)| = |1 - \vartheta|\, \beta^{e-p} < \frac{1}{2}\beta^{e-p}$$

d.h. es gilt in jedem Fall

$$|x - x^\circ| \leq \frac{1}{2}\beta^{e-p}$$

Die Zerlegung (8.4) liefert auch hier die Abschätzung $|x| \geq \beta^{e-1}$, damit ergibt sich als Abschätzung des relativen Fehlers für $x \neq 0$

$$\frac{|x - x^\circ|}{|x|} \leq \frac{\frac{1}{2}\beta^{e-p}}{\beta^{e-1}} = \frac{1}{2}\beta^{1-p} \tag{8.12}$$

Diese Schranke ist halb so groß wie die entsprechende Schranke beim Runden durch Abschneiden. Sie ist auch optimal in dem Sinne, dass es keine für alle p gültige kleinere obere Schranke gibt.

Um das einzusehen, betrachte man die Zahl $x = 1 + 2^{-1}\beta^{1-p}$. Diese kann wie folgt zerlegt werden: $x = \beta^{-1} \times \beta^1 + 2^{-1}\beta^{1-p}$, also mit $\xi = \beta^{-1} = 0,10\cdots0$ und $\vartheta = 1/2$. Werden $e_{\min}$ und $e_{\max}$ so gewählt, dass 1 und $1 + \beta^{1-p}$ zu $\mathcal{F}_{\beta,\, p,\, e_{\min},\, e_{\max}}$ gehören, dann ist, da die letzte Ziffer von ξ, nämlich 0, gerade ist, $x^\circ = 1$. Der relative Fehler ist deshalb

$$\frac{|x - x^\circ|}{|x|} = \frac{\left|1 + \frac{1}{2}\beta^{1-p} - 1\right|}{\left|1 + \frac{1}{2}\beta^{1-p}\right|} = \frac{\frac{1}{2}\beta^{1-p}}{1 + \frac{1}{2}\beta^{1-p}}$$

Nun gibt es für $|t| < 1$ die Reihenentwicklung

$$\frac{1}{1+t} = 1 - t + t^2 - t^3 + t^4 + \cdots$$

Bricht man eine alternierende Reihe nach dem n-ten Glied ab, so ist der dabei entstehende Fehler höchstens so groß wie das $(n+1)$-te Glied, also

$$\left|\frac{t}{1+t} - t\right| = |t| \left|\frac{1}{1+t} - 1\right| \leq |t|^2$$

Speziell für $t = 2^{-1}\beta^{1-p}$ ergibt das

$$\left|\frac{\frac{1}{2}\beta^{1-p}}{1+\frac{1}{2}\beta^{1-p}} - \frac{1}{2}\beta^{1-p}\right| \leq \frac{1}{4}\beta^{(1-p)^2}$$

Der echte relative Fehler kann der oberen Schranke also beliebig nahekommen.

Wird der relative Fehler mit $\varrho(x)$ bezeichnet, also

$$\varrho(x) = \frac{x - x^\circ}{x}$$

erhält man durch Umformen

$$x^\circ = x\bigl(1 + \varrho(x)\bigr) \qquad |\varrho(x)| \leq \frac{1}{2}\beta^{1-p} \tag{8.13}$$

Diese Darstellung der gerundeten Zahl lässt sich gewöhnlich leichter handhaben als Ungleichung (8.12).

Die Zahl β^{1-p} ist unter dem Namen ulp bekannt, was *Einheit der letzten Stelle*[5] bedeutet. x° ist also höchstens mit dem relativen Fehler *ulp*/2 behaftet.

In der Numerischen Mathematik ist $2^{-1}\beta^{1-p}$ als die *Maschinengenauigkeit* eps bekannt. Für $\beta = 10$ ist also eps $= 5\cdot 10^{-p}$, und für $\beta = 2$ ist eps $= 2^{-p}$.

8.3. Aufrunden und Abrunden

Aufrunden bedeutet, dass stets zum nächstgelegenen absolut größeren Gitterpunkt übergegangen wird. Bild 8.2 macht auch die Bezeichnung von $x^\triangle$ als Runden nach $+\infty$ in plausibel. Entsprechend geht man beim Abrunden stets zum nächstgelegenen absolut kleineren Gitterpunkt über, man rundet nach $-\infty$.

Diese Rundungsarten sind in der normalen Programmierpraxis bedeutungslos. Sie sind auch nur deshalb aufgeführt, weil der Standard sie verlangt. Man kann mit ihnen eine Intervallarithmetik implementieren, bei der man zu jeder Operation ein Intervall angeben kann, in dem das Operationsergebnis enthalten ist. Ein solch naives Vorgehen führt aber schnell zu riesigen Intervallen und damit praktisch wertlosen Ergebnissen: Die Realisierung einer Intervallarithmetik ist eine technisch sehr anspruchsvolle Aufgabe!

[5] *unit of the last place.*

8.4. Die Grundrechenarten

Für x und y aus $\mathcal{F}_{\beta,\,p,\,e_{\min},\,e_{\max}}$ ist nun festzulegen, welche Elemente aus $\mathcal{F}_{\beta,\,p,\,e_{\min},\,e_{\max}}$ die Ergebnisse $x \oplus y$, $x \ominus y$, $x \otimes y$ und $x \oslash y$ der grundlegenden Operationen Addition, Subtraktion, Multiplikation und Division sein sollen.

$$x \oplus y = (x + y)^\circ \tag{8.14a}$$
$$x \ominus y = (x - y)^\circ \tag{8.14b}$$
$$x \otimes y = (x \times y)^\circ \tag{8.14c}$$
$$x \oslash y = \left(\frac{x}{y}\right)^\circ \tag{8.14d}$$

Das Ergebnis der Fließkommaoperation ist also das mit $r \mapsto r^\circ$ gerundete Ergebnis der *exakten* Operation[6]. Selbstverständlich dürfen diese Fließkommaoperationen nicht aus $\mathcal{F}_{\beta,\,p,\,e_{\min},\,e_{\max}}$ hinausführen, andernfalls sie für solche x und y als nicht definiert gelten.

Zu beachten ist, dass für Fließkommaoperationen nicht alle Gesetze gelten, die man bei den Grundrechenarten als selbstverständlich ansieht. So sind weder $\oplus$ noch $\otimes$ assoziative Operationen und zwischen ihnen gilt nicht das Gesetz der Distributivität. Gegenbeispiele lassen sich leicht mit einem Taschenrechner finden, aber extreme Gegenbeispiele können auch ohne Hilfsmittel konstruiert werden. Z.B. ist in $\mathcal{F}_{2,\,16,\,-100,\,100}$

$$(2^{99} \oplus -2^{99}) \oplus 1 = 0 \oplus 1 = 1 \quad \text{aber} \quad 2^{99} \oplus (-2^{99} \oplus 1) = 2^{99} \oplus -2^{99} = 0$$

und für die Multiplikation hat man

$$2^{99} \otimes (2^{99} \otimes 2^{-99}) = 2^{99} \otimes 1 = 2^{99} \quad \text{aber} \quad (2^{99} \otimes 2^{99}) \otimes 2^{-99} \text{ undefiniert}$$

Ausdrücke wie $x \oplus y \oplus z$ sind deshalb in der Fließkommaarithmetik nicht erlaubt, die Ergebnisse mehrerer hintereinander ausgeführter Additionen oder Multiplikationen sind von der Reihenfolge der Ausführung abhängig!

Aus der Ungleichung (8.12) folgt sofort

$$\left|\frac{x * y - x \circledast y}{x * y}\right| \le \frac{1}{2}\beta^{1-p} \tag{8.15}$$

dabei steht $*$ für jede der vier Grundrechenarten und $\circledast$ für die entsprechende Fließkommavariante. Mit (8.13) erhält man dagegen

$$x \circledast y = (x * y)\bigl(1 + \varrho\,(x * y)\bigr) \tag{8.16}$$

In der Praxis wird meist einfach ϱ statt $\varrho(x * y)$ geschrieben, das ergibt

$$x \circledast y = (x * y)\,(1 + \varrho) \qquad |\varrho| \le \frac{1}{2}\beta^{1-p} \tag{8.17}$$

[6]Ganz so, wie es IEEE 754 verlangt.

8.5. Unendlich

Der Fließkommastandard IEEE 754 führt als Operanden ∞^+ und ∞^- ein. Deren Eigenschaften sind aber von diesem Standard ganz unabhängig und sollten auch gesondert behandelt werden. In diesem Abschnitt wird ausnahmsweise ein wenig Notation aus der Mengenlehre benutzt, um eine umständliche Sprechweise zu vermeiden.

Die Menge $\mathbb{Q}$ der rationalen Zahlen wird mit zwei neuen Elementen ∞^+ und ∞^- zur Menge $\bar{\mathbb{Q}} = \mathbb{Q} \cup \{\infty^+, \infty^-\}$ erweitert. Die Wahl der neuen Elemente ist nur dadurch beschränkt, dass sie nicht schon zu $\mathbb{Q}$ gehören dürfen. Man kann z.B. $\infty^+ = \{\mathbb{Q}\}$ und $\infty^- = \{\{\mathbb{Q}\}\}$ setzen.

Die Rechen- und Vergleichsoperatoren der rationalen Zahlen werden nun so gut es geht auf $\bar{\mathbb{Q}}$ ausgedehnt. Natürlich soll

$$\infty^- < r < \infty^+ \qquad \text{für jedes } r \in \mathbb{Q}$$

gelten. Wie bestimmt man aber den Wert der folgenden Verknüpfungen

$$r + \infty^+ \qquad \frac{r}{\infty^-} \qquad \frac{\infty^+}{\infty^-} \qquad \frac{\infty^-}{0} \qquad \infty^+ \times \infty^-$$

sofern ihnen überhaupt ein Wert zugewiesen werden kann? Man kann zu diesem Zweck konvergente Folgen rationaler Zahlen verwenden.

Sei (r_ν) eine Folge rationaler Zahlen mit dem Grenzwert r, und sei (s_ν) eine Folge mit dem Grenzwert ∞. Letzteres soll bedeuten, dass es zu jeder rationalen Zahl S ein ν_0 gibt mit $s_\nu \geq S$ für alle $\nu \geq \nu_0$. Kurz gesagt gilt also

$$\lim_{\nu\to\infty} r_\nu = r \quad \text{und} \quad \lim_{\nu\to\infty} s_\nu = \infty$$

Ohne große Mühe überlegt man sich, dass daraus

$$\lim_{\nu\to\infty} (r_\nu + s_\nu) = \infty$$

folgt. Das bedeutet, dass es ganz gleich ist, wie man sich dem noch unbestimmten Ausdruck $r + \infty^+$ annähert, es kommt immer ∞^+ dabei heraus. Die Definition

$$r + \infty^+ = \infty^+ \quad \text{für alle } r \in \mathbb{Q}$$

ergibt sich deshalb ganz zwangsläufig.

Anders ist es mit $0/0$. So sind z.B. durch

$$r_\nu = \frac{1}{\nu+1} \qquad s_\nu = \frac{1}{\nu+2} \qquad t_\nu = \frac{1}{\nu} \qquad u_\nu = \frac{1}{\nu^2}$$

vier Nullfolgen (r_ν), (s_ν), (t_ν) und (u_ν) gegeben. Für die Quotientenfolge (r_ν/s_ν) erhält man als Grenzwert

$$\lim_{\nu\to\infty} \frac{\frac{1}{\nu+1}}{\frac{1}{\nu+2}} = \lim_{\nu\to\infty} \frac{\nu+2}{\nu+1} = \lim_{\nu\to\infty} \frac{1+\frac{2}{\nu}}{1+\frac{1}{\nu}} = 1$$

Der Grenzwert der Quotientenfolge (t_ν / u_ν) ergibt sich aus

$$\lim_{\nu \to \infty} \frac{\frac{1}{\nu}}{\frac{1}{\nu^2}} = \lim_{\nu \to \infty} \frac{\nu^2}{\nu} = \lim_{\nu \to \infty} \nu = \infty$$

und für die Quotientenfolge (u_ν / t_ν) schließlich erhält man

$$\lim_{\nu \to \infty} \frac{\frac{1}{\nu^2}}{\frac{1}{\nu}} = \lim_{\nu \to \infty} \frac{\nu}{\nu^2} = \lim_{\nu \to \infty} \frac{1}{\nu} = 0$$

Da hier verschiedene Wege der Annäherung an $0/0$ verschiedene Ergebnisse bringen, gibt es keinen eindeutigen Wert, der zugewiesen werden könnte. $0/0$ muss unbestimmt bleiben.

Auf diese Weise lässt sich für alle Verknüpfungskombinationen von $r \in \mathbb{Q}$, ∞^+, ∞^- und 0 entweder ein Wert ermitteln oder herausfinden, dass es keinen Wert geben kann. Die Tabelle 8.1 zeigt alle additiven Verknüpfungen, die Tabelle 8.2 alle multiplikativen

Tabelle 8.1.: Additive Verknüpfungen mit Unendlich

$+$	r	∞^+	∞^-
r		∞^+	∞^-
∞^+	∞^+	∞^+	$\star$
∞^-	∞^-	∞^-	$\star$

$-$	r	∞^+	∞^-
r		∞^-	∞^+
∞^+	∞^-	$\star$	∞^+
∞	∞^-	∞^-	$\star$

Verknüpfungen von Elementen aus $\bar{\mathbb{Q}}$ mit Elementen aus $\bar{\mathbb{Q}}$. Darin sind die offensichtlichen Verknüpfungen von Elementen aus $\mathbb{Q}$ mit Elementen aus $\mathbb{Q}$ freigelassen, ein $\star$ zeigt eine undefinierte Verknüpfung wie ∞^+/∞^- an.

Tabelle 8.2.: Multiplikative Verknüpfungen mit Unendlich

$\times$	$r < 0$	0	$r > 0$	∞^+	∞^-
$r < 0$				∞^-	∞^+
0				$\star$	$\star$
$r > 0$				∞^+	∞^-
∞^+	∞^-	$\star$	∞^+	∞^+	∞^-
∞^-	∞^+	$\star$	∞^-	∞^-	∞^+

$\div$	$r < 0$	0	$r > 0$	∞^+	∞^-
$r < 0$		∞^-		0	0
0		$\star$		$\star$	$\star$
$r > 0$		∞^+		0	0
∞^+	∞^-	$\star$	∞^+	$\star$	$\star$
∞^-	∞^+	$\star$	∞^-	$\star$	$\star$

Das, wenn auch eingeschränkte, Rechnen mit ∞^+ und ∞^- erlaubt es z. B., Spezialfälle mit 0 zu vermeiden. So ist etwa die Funktion

$$f(r) = 1 + \frac{2}{1 + \frac{1}{r}}$$

für $r = 0$ nicht definiert, betrachtet man sie aber als eine Funktion, die Werte auf und in $\bar{\mathbb{Q}}$ annehmen kann, so erhält man

$$f(0) = 1 + \frac{2}{1 + \frac{1}{0}} = 1 + \frac{2}{1 + \infty^+} = 1 + \frac{2}{\infty^+} = 1 + 0 = 1$$

Man vermeide aber tunlichst die Fallgruben, die sich hier allerorten auftun. So liefert etwa das folgende

$$\text{Sei } x = 1, \text{ dann ist } \infty^+ = \frac{1}{1-x} = -\frac{1}{x-1} = \infty^-$$

keinen Widerspruch, sondern ist ein typischer Fall von $\Phi, \neg\Phi \vdash \Psi$[7]. Denn für $x = 1$ stellt $1/(1-x)$ keinen aus rationalen Zahlen gebildeten Ausdruck dar, folglich ist auch keine algebraische Regel anwendbar, mit deren Hilfe das Vorzeichen herausgezogen werden könnte.

8.6. Fixkommaarithmetik

Manche Rechnungen lassen sich mit Fixkommaarithmetik viel effizienter durchführen als mit Fließkommaarithmetik. Als ein Beispiel dafür kann die Berechnung der Zufallszahlen aus Kapitel 11 und ihr Gebrauch in Abschnitt 6.12 dienen. Das Rechnen mit Festkommazahlen sollte deshalb zum Repertoir jeden Programmierers gehören. Da aber die Fixkommaarithmetik schon ausführlich in [Mss] behandelt wurde, sollen hier nur die wichtigsten Definitionen gegeben werden, damit der Leser den Ausführungen etwa in Kapitel 11 folgen kann.

Die Darstellungsfunktion $\mathbb{K}_{n,m}$ gestattet die Darstellung rationaler Zahlen, die einen gebrochenen Anteil besitzen. Sie ist wie folgt definiert:

$$\mathbb{K}_{n,m}\left(\mathfrak{b}_{n-1}\cdots\mathfrak{b}_{-m}\right) = \sum_{\nu=-m}^{n-1} \mathfrak{b}_\nu 2^\nu. \tag{8.18}$$

Oder ausgeschrieben

$$\mathbb{K}_{n,m}\left(\mathfrak{b}_{n-1}\cdots\mathfrak{b}_{-m}\right) = \mathfrak{b}_{n-1}2^{n-1} + \cdots + \mathfrak{b}_1 2^1 + \mathfrak{b}_0 + \frac{\mathfrak{b}_{-1}}{2} + \frac{\mathfrak{b}_{-2}}{4} + \cdots + \frac{\mathfrak{b}_{-m}}{2^m}.$$

Darin ist $\mathfrak{b}_{n-1}\cdots\mathfrak{b}_1\mathfrak{b}_0\mathfrak{b}_{-1}\cdots\mathfrak{b}_{-m}$ eine Bitfolge oder Folge von Binärziffern. Die Zahl n in $\mathbb{K}_{n,m}$ bedeutet offenbar die Anzahl der Binärziffern vor dem Binärkomma, und m ist die Zahl der Binärziffern hinter dem Binärkomma. Insbesondere werden von $\mathbb{K}_{n,0}$ ganze rationale Zahlen dargestellt, die keinen gebrochenen Anteil besitzen, und $\mathbb{K}_{0,m}$ stellt Zahlen dar, die nur aus einem gebrochenen Anteil bestehen. Die mit $\mathbb{K}_{n,m}$ darstellbaren Zahlen bilden ein Zahlengitter, das für $\mathbb{K}_{1,3}$ in Bild 8.3 dargestellt wird.

[7] *ex falso sequitur quodlibet*, in Notation und Bezeichnung der Logiker: aus Falschem lässt sich alles Beliebige folgern.

Abbildung 8.3.: Das Zahlengitter $\mathbb{K}_{1,3}$

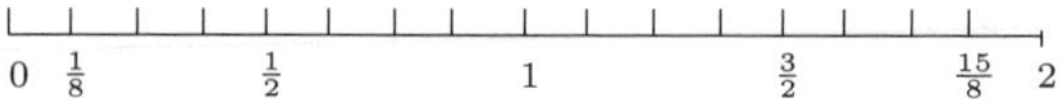

Negative Zahlen sind damit aber noch nicht erfasst. Das gelingt erst mit der Darstellungsfunktion $\mathbb{G}_{n,m}$, die auch negative rationale Zahlen mit gebrochenem Anteil darstellen kann:

$$\mathbb{G}_{n,m}\left(\mathfrak{b}_{n-1}\cdots\mathfrak{b}_{-m}\right) = -\mathfrak{b}_{n-1}2^{n-1} + \sum_{\nu=-m}^{n-2}\mathfrak{b}_\nu 2^\nu \tag{8.19}$$

In einer etwas weniger kompakten Schreibweise ist (8.19) möglicherweise leichter verständ lich:

$$\mathbb{G}_{n,m}\left(\mathfrak{b}_{n-1}\cdots\mathfrak{b}_{-m}\right) = \begin{cases} \sum\limits_{\nu=-m}^{n-2}\mathfrak{b}_\nu 2^\nu & \text{falls } \mathfrak{b}_{n-1} = 0 \\ \sum\limits_{\nu=-m}^{n-2}\mathfrak{b}_\nu 2^\nu - 2^{n-1} & \text{falls } \mathfrak{b}_{n-1} = 1 \end{cases} \tag{8.20}$$

Z.B. ist $\mathbb{G}_{2,2}(\mathtt{1111}) = -1\times 2^1 + 1\times 2^0 + 1\times 2^{-1} + 1\times 2^{-2} = -1/4$, oder allgemein

$$\mathbb{G}_{n,m}\left(\mathtt{11}\cdots\mathtt{11}\right) = -2^{n-1} + \sum_{\nu=-m}^{n-2}2^\nu = -2^{n-1} + \sum_{\nu=0}^{m}2^{-\nu} - 1 + \sum_{\nu=0}^{n-2}2^\nu = -\frac{1}{2^m}$$

Einige $\mathbb{K}_{n,m}$ und $\mathbb{G}_{n,m}$ werden von AVR-Controllern realisiert. Mit $\mathbb{K}_{8,0}$ wird offenbar der Wert eines Bytes dargestellt, als vorzeichenlose ganze Zahl betrachtet, und $\mathbb{K}_{16,0}$ ist der Wert eines Speicherwortes, ebenfalls als vorzeichenlose ganze Zahl. $\mathbb{G}_{8,0}$ und $\mathbb{G}_{16,0}$ stellen ebenfalls Werte von Bytes und Speicherworten dar, aber von Bitfolgen $\mathfrak{b}_7\cdots\mathfrak{b}_1\mathfrak{b}_0$ bzw. $\mathfrak{b}_{15}\cdots\mathfrak{b}_1\mathfrak{b}_0$, die im Zweierkomplement codiert sind. Für $\mathbb{K}_{8,0}$ und $\mathbb{G}_{8,0}$ wird ein zufriedenstellender Satz von Rechenoperationen und logischen Operationen zur Verfügung gestellt, $\mathbb{K}_{16,0}$ wird sehr stiefmütterlich behandelt, und für $\mathbb{G}_{16,0}$ gibt keine einzige Operation, die es nicht schon für $\mathbb{K}_{16,0}$ gäbe. Andere Darstellungen wie z.B. $\mathbb{G}_{8,8}$ oder die für digitale Signalverarbeitung wichtige $\mathbb{G}_{1,15}$ finden gar keine Unterstützung.

9. Der Standard IEEE 754 für Fließkommaarithmetik

Früher, noch bevor der PC seinen Siegeszug um die Welt antrat, als FORTRAN noch die in Wissenschaft und Technik dominierende Sprache war, konnte es passieren, dass ein auf einer CDC 6600 entwickeltes und gute numerische Ergebnisse lieferndes Programm auf einer IBM 360 stark abweichende, wenn nicht gar total verschiedene Resultate erbrachte. Aber auch umgekehrt war es nicht so, dass die Tatsache, dass ein Programm auf drei verschiedenen Systemen gut übereinstimmende Resultate erbrachte, eine Garantie für die Korrektheit des Resultates war! Hierzu ein Beispiel.[1]

Es soll für $a = 77617$ und $b = 33096$ der Ausdruck

$$f = 333{,}75b^6 + a^2(11a^2b^2 - b^6 - 121b^4 - 2) + 5{,}5b^8 + \frac{a}{2b}$$

berechnet werden. Auf drei Systemen mit Fließkommarechnung variierender Stellenzahl ergab sich

$f = 1{,}17260361$	7 Stellen
$f = 1{,}17260394005317847$	16 Stellen
$f = 1{,}17260394005317863185$	33 Stellen

Die Ergebnisse suggerieren eine wachsende Zahl genauer Stellen. Tatsächlich ist das *exakte* Ergebnis jedoch

$$-\frac{54767}{66192} \approx -0{,}82739605\ldots$$

es wurde mit einer *rationalen Arithmetik* ermittelt.

Das ist natürlich ein Extremfall, der heute nicht mehr vorkommen dürfte. Aber Abweichungen in den Ergebnissen der Grundrechenarten waren von System zu System üblich, da jeder Hersteller andere Vorstellungen davon hatte, wie die rechte Ausgewogenheit zwischen Kosten und Können der Fließkommaeinheit seiner Systeme auszusehen hätte. Macht man bei gegebenem Kostenrahmen ein Rechenwerk schneller, so geht das zu Lasten der Genauigkeit, und das Umgekehrte ist auch wahr. Besonders Hersteller von Superrechnern nahmen es mit der Genauigkeit ihrer Rechenwerke nicht so genau.

Im Idealfall sollten alle Rechnungen stets so ablaufen, wie es in Abschnitt 8.4 vorgegeben wurde, nämlich so, als würde mit „unendlicher" Genauigkeit gerechnet und dann gerundet.

Der IEEE-Standard für binäre Fließkommaarithmetik[2] schreibt nun eben diesen Idealfall vor. Allerdings schreibt er noch etliches mehr vor, mit der Folge, dass anscheinend einfache Operationen sich in der Implementierung zu komplexen Abläufen auswachsen.

[1] Dieses Beispiel ist aus Notizen rekonstruiert, es entstammt der Broschüre *Genaues Rechnen* aus dem Fachbereich Lehre und Forschung der IBM, die aber wohl nicht mehr erhältlich ist.
[2] *IEEE Standard for Binary Floating-Point Arithmetic*, siehe [Ieee].

9.1. Zahlenformate

Der Standard kennt vier verschiedene Zahlenformate oder Interpretationen von Bitfolgen: *Single*, *Single Extended*, *Double* und *Double Extended*, also *Einfache Genauigkeit*, *Erweiterte Einfache Genauigkeit*, *Doppelte Genauigkeit* und *Erweiterte Doppelte Genauigkeit.*

Ebenso wie bei Fixkommazahlen soll der Unterschied zwischen einer Bitfolge und der durch sie beschriebenen Zahl durch Verwendung einer Darstellungsfunktion betont werden. Jedes Zahlenformat hat seine eigene Darstellungsfunktion, diese sind $\mathbb{F}_s$, $\mathbb{F}_{se}$, $\mathbb{F}_d$ und $\mathbb{F}_{de}$. Allerdings können im Standard Bitfolgen nicht nur Zahlen, sondern auch Unendlichkeiten und sogar Dinge beschreiben, die gar nichts mit Zahlen zu tun haben.

Die Unendlichkeiten stellen kein Problem dar, da die Darstellungsfunktionen in den vergrößerten Zahlenbereich $\bar{\mathbb{Q}}$ hinein abbilden können, der zu diesem Zweck ja eingeführt wurde. Die vier Darstellungsfunktionen können also neben rationalen Zahlen auch ∞^+ und ∞^- als Werte annehmen.

Welche Werte aber sollen die Darstellungsfunktionen auf Bitfolgen annehmen, die weder eine Zahl noch eine Unendlichkeit repräsentieren? Da eine solche Nicht-Zahl einen Fehler oder eine andere spezielle Bedeutung signalisieren kann, sollte der wesentliche Teil dieser Bitfolgen durch die Darstellungsfunktion erhalten bleiben. Eine Möglichkeit besteht darin, solchen Bitfolgen *rein imaginäre* Zahlen $y\mathbf{i}$ als Werte zuzuordnen, dabei ist $\mathbf{i} = \sqrt{-1}$.

9.1.1. Einfache Genauigkeit

Das Zahlenformat *Single* legt den Gebrauch einer Bitfolge $\mathfrak{x}$ der Länge 32 fest:

$$\mathfrak{x} = \mathfrak{x}_{31} \cdots \mathfrak{x}_0$$

Einige auf dieser Bitfolge definierte Funktionen erleichtern den Umgang mit diesem Zahlenformat. Diese sind das *Vorzeichen* (*sign*)

$$\mathbf{s}(\mathfrak{x}) = \mathfrak{x}_{31}$$

der *Exponent*

$$\mathbf{e}(\mathfrak{x}) = \sum_{\nu=23}^{30} \mathfrak{x}_\nu 2^{\nu-23}$$

und der *gebrochene Anteil* (*fraction*)

$$\mathbf{f}(\mathfrak{x}) = \sum_{\nu=0}^{22} \mathfrak{x}_{22-\nu} 2^{-\nu-1}$$

Offensichtlich gelten die Ungleichungen $0 \leq \mathbf{e}(\mathfrak{x}) \leq 255$ und $0 \leq \mathbf{f}(\mathfrak{x}) < 1$.

Die diesen drei Funktionen entsprechenden Teilbitfolgen werden durch

$$\mathfrak{S}(\mathfrak{x}) = \mathfrak{x}_{31} \qquad \mathfrak{E}(\mathfrak{x}) = \mathfrak{x}_{30} \cdots \mathfrak{x}_{23} \qquad \mathfrak{F}(\mathfrak{x}) = \mathfrak{x}_{22} \cdots \mathfrak{x}_0$$

definiert. Das zur Bildung von Teilbitfolgen Entgegengesetzte, das Zusammensetzen von Bitfolgen $\mathfrak{c}$ und $\mathfrak{d}$, wird mit $\mathfrak{c}\,.\,\mathfrak{d}$ bezeichnet. Damit ist

$$\mathfrak{x} = \mathfrak{S}(\mathfrak{x})\,.\,\mathfrak{E}(\mathfrak{x})\,.\,\mathfrak{F}(\mathfrak{x})$$

und die vorne um eine Eins verlängerte Teilbitfolge des gebrochenen Anteils ist gegeben durch

$$\mathtt{1}\,.\,\mathfrak{F}(\mathfrak{x})$$

Der Exponent $\mathbf{e}(\mathfrak{x})$ ordnet der Bitfolge drei Bereiche zu. Ist $\mathbf{e}(\mathfrak{x}) = 0$, so bedeutet $\mathfrak{x}$ eine Null oder eine nichtnormalisierte Zahl. Gilt $1 \leq \mathbf{e}(\mathfrak{x}) \leq 254$, so stellt $\mathfrak{x}$ eine normalisierte Zahl dar. Im verbleibenden Fall $\mathbf{e}(\mathfrak{x}) = 255$ ist $\mathfrak{x}$ entweder ∞^+ oder ∞^-, oder $\mathfrak{x}$ stellt überhaupt keine Zahl mehr dar, ist eine sogenannte *Nichtzahl* (**NaN**, *Not a Number*).

Zunächst zum Exponentenabschnitt $1 \leq \mathbf{e}(\mathfrak{x}) \leq 254$. Dieser kennzeichnet den „normalen" Teil der Bitfolge, die hier für die folgende Zahl steht

$$\mathbb{F}_S(\mathfrak{x}) = (-1)^{\mathbf{s}(\mathfrak{x})}\,(1 + \mathbf{f}(\mathfrak{x}))\,2^{\mathbf{e}(\mathfrak{x})-127} \tag{9.1}$$

Mit $\xi = (1 + \mathbf{f}(\mathfrak{x}))/2$ und $e = 1 + \mathbf{e}(\mathfrak{x}) - 127$ gehört die Fließkommazahl $(-1)^{\mathbf{s}(\mathfrak{x})}\xi \times 2^e$ offenbar zu $\mathbf{F}_{2,\,24,\,-125,\,128}$. Der Standard normalisiert die Mantisse also nicht in den Bereich $1/2 \leq \xi < 1$, sondern in den Bereich $1 \leq \xi < 2$, genannt *standard*[3] *binade*. Man beachte, dass das führende oder signifikanteste Bit der Mantisse in der Bitfolge $\mathfrak{x}$ gar nicht enthalten ist, es ist ja der Normalisierung wegen stets $\mathtt{1}$.

Die Bitfolge enthält auch nicht den wahren Binärexponenten n, sondern den um den *bias*[4] vermehrten Exponenten, d.h. $n + 127$. Das hat Vorteile, wenn die Bitmuster dazu verwendet werden sollen, die durch sie dargestellten Zahlen der Größe nach zu vergleichen. Der wahre Binärexponent wird mit $\exists(\mathfrak{x})$ bezeichnet, es ist folglich $\mathbf{e}(\mathfrak{x}) = \exists(\mathfrak{x}) + 127$. Für diesen wahren Exponent gilt noch $\mathbf{e}_{\min} \leq \exists(\mathfrak{x}) \leq \mathbf{e}_{\max}$, dabei ist $\mathbf{e}_{\min} = -126$ und $\mathbf{e}_{\max} = 127$.

Als Beispiel soll die Bitfolge

$$\mathfrak{x} = \mathtt{1}\underbrace{\mathtt{01111111}}_{\mathbf{e}(\mathfrak{x})=127}\underbrace{\mathtt{00000000000000000000001}}_{\mathbf{f}(\mathfrak{x})=2^{-23}}$$

dienen. Sie steht nach (9.1) für den Wert

$$\mathbb{F}_S(\mathfrak{x}) = (-1)^1(1 + \frac{1}{2^{23}})2^{127-127} = -1{,}00000011920928955078125$$

Bisher gibt es noch keine Bitfolge, mit der die Zahl Null dargestellt werden könnte, die ja nicht normalisiert ist. Zu ihrer Darstellung dient der Exponent $\mathbf{e}(\mathfrak{x}) = 0$. Mit ihm werden allerdings nicht nur die Zahl Null, sondern noch eine ganze Reihe weiterer nichtnormalisierter Zahlen dargestellt, welche die Lücke ausfüllen, die sich in Bild 8.1

[3]Damit ist hier nicht der IEEE-Standard gemeint.

[4]Das kann mit Überhang oder besser noch mit Schlagseite übersetzt werden.

um die Null herum auftut. Der Exponent $\mathbf{e}(\mathfrak{x}) = 0$ charakterisiert den „nichtnormalen" Teil der Bitfolge, der zugeordnete Zahlenwert ist

$$\mathbb{F}_S(\mathfrak{x}) = (-1)^{\mathbf{s}(\mathfrak{x})}\mathbf{f}(\mathfrak{x})\,2^{-126} \tag{9.2}$$

Die betragsgrößten nichtnormalisierten darstellbaren Zahlen ergeben sich daraus zu

$$\begin{aligned}\mathbb{F}_S(0\,00000000\,11111111111111111111111) &= (1-2^{-23})2^{-126}\\ \mathbb{F}_S(1\,00000000\,11111111111111111111111) &= -(1-2^{-23})2^{-126}\end{aligned}$$

Die betragskleinsten von Null verschiedenen darstellbaren Zahlen ergeben sich zu

$$\begin{aligned}\mathbb{F}_S(0\,00000000\,00000000000000000000001) &= 2^{-149}\\ \mathbb{F}_S(1\,00000000\,00000000000000000000001) &= -2^{-149}\end{aligned}$$

Diese Vergrößerung des Zahlenbereiches geht aber mit einem Verlust an Genauigkeit einher; wie gerade zu sehen war, beträgt die Genauigkeit der betragsmäßig kleinsten darstellbaren Zahl ein Bit! Die so gewonnenen nichtnormalisierten Zahlen sind aber recht nützlich, z.B. lässt sich mit ihnen aus dem *abrupten Unterlauf* ein *gleitender Unterlauf* machen.[5] Die Komplexität des Standards — und damit auch der Implementierung — wird dadurch aber nicht unbeträchtlich erhöht.

Die Zahl Null wird mit $\mathbf{f}(\mathfrak{x}) = 0$ dargestellt. Es gibt genau zwei Bitfolgen 0^+ und 0^-, welche die Zahl Null als Wert ergeben, nämlich die beiden Bitfolgen mit $\mathbf{f}(\mathfrak{x}) = 0$ und $\mathbf{s}(\mathfrak{x}) = 0$ oder $\mathbf{s}(\mathfrak{x}) = 1$, also

$$\begin{aligned}0^+ &= 0\,00000000\,00000000000000000000000\\ 0^- &= 1\,00000000\,00000000000000000000000\end{aligned}$$

Man beachte, dass es die positive Null 0^+ und die negative Null 0^- nur als Bitmuster gibt, eine positive oder negative Zahl Null gibt es nicht, es ist $\mathbb{F}_S(0^+) = Fs(0^-) = 0$. Die Existenz zweier Bitfolgen für die Zahl Null hat sein Gutes, aber hauptsächlich in den Sonderfällen oder Ausnahmefällen.

Es folgt eine Übersicht der Bitfolgen, die Zahlen darstellen. Gezeigt sind Bitfolgen an Grenz- oder Übergangsbereichen.

1 11111110 11111111111111111111111	$-3,37\cdot 10^{38}$	kleinste negative Zahl
1 00000001 00000000000000000000001	$-1,17\cdot 10^{-38}$	größte negative Zahl
1 00000000 11111111111111111111111	$-1,17\cdot 10^{-38}$	kleinste neg. nichtnorm. Zahl
1 00000000 00000000000000000000001	$-1,40\cdot 10^{-45}$	größte neg. nichtnorm. Zahl
1 00000000 00000000000000000000000	0	0^-
0 00000000 00000000000000000000000	0	0^+
0 00000000 00000000000000000000001	$1,40\cdot 10^{-45}$	kleinste pos. nichtnorm. Zahl
0 00000000 11111111111111111111111	$1,17\cdot 10^{-38}$	größte pos. nichtnorm. Zahl
0 00000001 00000000000000000000001	$1,17\cdot 10^{-38}$	kleinste positive Zahl
0 11111110 11111111111111111111111	$3,37\cdot 10^{38}$	größte positive Zahl

[5] Davon später mehr.

Diese Aufstellung lässt vermuten, dass das Produkt aus der kleinsten und der größten Zahl — ob positiv oder negativ — ungefähr 4 beträgt. Und tatsächlich hat die kleinste positive Zahl den Wert

$$\mathbb{F}_S(\mathtt{0\ 00000001\ 00000000000000000000001}) = 2^{-126}$$

die größte positive Zahl hat den Wert

$$\mathbb{F}_S(\mathtt{0\ 11111110\ 11111111111111111111111}) = (1 + \frac{1}{2} + \cdots + \frac{1}{2^{23}})2^{127} = 2^{128} - 2^{-104}$$

ihr Produkt ist demnach $2^2 - 2^{-22} \approx 4$. Daraus folgt, dass die recht häufig auftretenden Ausdrücke

$$\frac{1}{x}, \quad \frac{2}{x}, \quad \frac{3}{x} \quad \text{und auch noch } \frac{\pi}{x}$$

für $x \neq 0$ keinen Überlauf auslösen können!

Die noch verbleibenden Bitfolgen, die durch den Exponent $\mathbf{e}(\mathfrak{x}) = 255$ ausgewählt werden, dienen nicht mehr der Darstellung von Zahlen. Mit $\mathbf{f}(\mathfrak{x}) = 0$ ergeben sich die beiden Unendlichkeiten[6]

$$\begin{aligned} \infty^+ &= \mathbb{F}_S(\mathtt{0\ 11111111\ 00000000000000000000000}) \\ \infty^- &= \mathbb{F}_S(\mathtt{1\ 11111111\ 00000000000000000000000}). \end{aligned}$$

Unter welchen Bedingungen diese beiden Bitfolgen auftreten können, wird später genauer erläutert. Alle Bitfolgen mit $\mathbf{e}(\mathfrak{x}) = 255$ und $\mathbf{f}(\mathfrak{x}) \neq 0$, **NaN** genannt,[7] dienen der Anzeige von Sonderfällen und Ausnahmesituationen (die außerhalb des Standards oft einfach nur Fehler genannt werden). Sie können aber auch zur Erweiterung des darstellbaren Zahlenbereiches oder zur Implementierung spezieller Arithmetiken dienen. Der Unterschied zwischen einem *ruhigen* und einem *signalisierenden* **NaN** wird später im Zusammenhang mit Ausnahmesituationen (*exceptions*) erklärt. Der Wert eines **NaN** $\mathfrak{x}$ ist wie folgt definiert:

$$\mathbb{F}_S(\mathfrak{x}) = (-1)^{\mathbf{s}(\mathfrak{x})}\big(1 + \mathbf{f}(\mathfrak{x})\big)\mathbf{i} \tag{9.3}$$

Darin ist $\mathbf{i}^2 = -1$, d.h. für ein **NaN** $\mathfrak{x}$ ist $\mathbb{F}_S(\mathfrak{x})$ eine rein imaginäre komplexe Zahl. Das hat den Vorteil, dass der Wert eines **NaN** zwar in einem „imaginären Raum“ angesiedelt ist, man mit ihm aber auf ganz gewöhnliche Weise rechnen kann, wenn auch im Bereich der komplexen Zahlen. Auf diese Weise lassen sich Fallunterscheidungen vermeiden, und manche Formulierungen werden einfacher; man vergleiche dazu den Abschnitt 9.4.3 über den Absolutbetrag.

9.1.2. Doppelte Genauigkeit

Das doppelt genaue und das einfach genaue Format unterscheiden sich nur durch die Größe der verwendeten Bitfolge und ihrer Teilfolgen für Exponent und Mantisse.

$$\mathfrak{x} = \mathfrak{x}_{63} \cdots \mathfrak{x}_0$$

[6] Man vergleiche Abschnitt 8.5.
[7] *Not a Number.*

Der *Exponent* hat hier eine Breite von 11 Bit

$$\mathbf{e}(\mathfrak{x}) = \sum_{\nu=52}^{62} \mathfrak{x}_\nu 2^{\nu-52}$$

und der *gebrochene Anteil* (*fraction*) eine Breite von 52 Bit

$$\mathbf{f}(\mathfrak{x}) = \sum_{\nu=0}^{51} \mathfrak{x}_{51-\nu} 2^{-\nu-1}$$

Für den Exponenten gilt hier die Ungleichung $0 \leq \mathbf{e}(\mathfrak{x}) \leq 2047$, und der wahre Exponent ist $\exists(\mathfrak{x}) = \mathbf{e}(\mathfrak{x}) - 1023$.

Normalisierte Zahlen werden durch den Exponentenbereich $1 \leq \mathbf{e}(\mathfrak{x}) \leq 2046$ repräsentiert, ihr Wert ist

$$\mathbb{F}_S\,(\mathfrak{x}) = (-1)^{\mathbf{s}(\mathfrak{x})}\,(1 + \mathbf{f}\,(\mathfrak{x}))\,2^{\mathbf{e}(\mathfrak{x})-1023} \tag{9.4}$$

Mit $\xi = (1+\mathbf{f}(\mathfrak{x}))/2$ und $e = 1+\mathbf{e}(\mathfrak{x}) - 1023$ gehört die Fließkommazahl $(-1)^{\mathbf{s}(\mathfrak{x})}\xi \times 2^e$ zu $\mathbf{F}_{2,\,53,\,-1021,\,1024}$. Ferner ist hier $\mathbf{e}_{\min} = -1022$ und $\mathbf{e}_{\max} = 1023$.

Alles Weitere, wie $\mathfrak{o}^+$, $\mathfrak{o}^-$, ∞^+, ∞^- usw. wird ganz dem Standard für einfache Genauigkeit entsprechend gebildet.

9.1.3. Erweiterte Genauigkeit

Es ist kaum möglich, Funktionen wie $\sin(x)$ mit einfacher Genauigkeit zu berechnen, wenn nur eine Arithmetik mit einfacher Genauigkeit zur Verfügung steht. Entsprechendes gilt auch für die doppelte Genauigkeit. Der Standard schlägt daher erweiterte Zahlenformate vor, die es möglich machen sollen, Ausdrücke wie x^y so zu berechnen, dass das Ergebnis die gleiche Genauigkeit hat wie die Operanden. Auch ist die verlustlose Übertragung vom Binärsystem in das Dezimalsystem und zurück nur mit einer erweiterten Genauigkeit zu erreichen. Die genauen Größen dieser erweiterten Formate sind nicht spezifiziert, es sind nur Mindestgrößen angegeben, mit denen die angegebenen Ziele erreichbar sind. Z.B. wird für das erweiterte einfach genaue Format eine auf mindestens 32 Bit vergrößerte Mantisse und ein auf mindestens 11 Bit vergrößerter Exponent verlangt.

Die genaue Bitstruktur dieser erweiterten Formate wird vom Standard nicht vorgeschrieben. Die Existenz eines solchen Formates wird ebenso *nicht* vorgeschrieben, um mit dem Standard konform zu gehen, genügt es, das einfach genaue Zahlenformat zu implementieren!

9.2. Falltüren (traps)

Eine Falltür, im Standard *trap*, ist ein Programmstück, das aufgerufen werden kann, wenn eine Ausnahmesituation eingetreten ist, sei es, um die Ursache dieser Ausnahmesituation zu beseitigen, oder sei es auch nur, um den einfachsten aller Auswege zu wählen, nämlich ein **indf** zu erzeugen. Besser ausgestattete Prozessoren stellen für diesen Zweck das Werkzeug *software interrupt* zur Verfügung, und Prozessoren der höchsten Güteklasse besitzen ausgefeilte Systeme mit jeweils einem *interrupt* für verschiedene Ausnahmesituationen (möglicherweise *trap* genannt) und der Bereitstellung wichtiger Informationen in speziellen Registern. Leider gehören die AVR-Prozessoren diesbezüglich zum Armenhaus der Prozessorgemeinschaft, es steht nicht einmal ein *software interrupt* der einfachsten Art zur Verfügung. So bleibt nichts weiter übrig, als Falltüren als Prozeduren zu implementieren, die über eine systemweit bekannte Adresse angesprungen werden können. Dieses Anspringen muss allerdings *indirekt* geschehen, d.h. über eine Adressvariable (auch *pointer* genannt), denn der Standard verlangt, dass Falltüren nach Bedarf ausgewechselt werden können. Ferner muss der Aufruf einer Falltür verhindert oder erlaubt werden können, und es muss möglich sein, diesen Status des Verhindert- oder Erlaubtseins zu erfragen oder festzustellen. Auch hier stehen spezielle Register oder Ähnliches nicht zur Verfügung, es bleibt nur, den Arbeitsspeicher zu verwenden. Der Standard schreibt weiter vor, dass der Falltür die der Ausnahmesituation entsprechende Information zur Verfügung gestellt wird.[8]. Welche Folgen der Aufruf einer Falltür hat, hängt natürlich von der Implementierung ab.

Falltüren können auch dazu dienen, die Fähigkeiten der Fließkommaeinheit oder des Prozessors zu erhöhen. Kennt die Fließkommaeinheit z.B. keine nichtnormalisierten Zahlen, so kann ihr über Falltüren (und dann durch *software*) die Fähigkeit gegeben werden, damit umzugehen. Allgemein gesprochen können also Falltüren dazu dienen, den Befehlssatz eines Prozessors anzureichern. Das ist allerdings weitgehend Theorie, denn ein Außenstehender dürfte in den wenigsten Fällen genug Informationen zur Verfügung haben, um den Befehlssatz eines Prozessors auf eine mit dem System konsistente Weise zu verbessern.

9.3. Ausnahmesituationen

Der Standard kennt fünf Ausnahmesituationen,[9] hier kurz *Ausnahme* genannt, die bei Operationen mit Fließkommazahlen auftreten können. Jeder Ausnahme ist eine binäre Statusvariable zugeordnet, die bei einem Auftreten dieser Ausnahme den Wert 1 erhält, falls keine Falltür für diese Ausnahme angesprungen werden darf oder kann. Eine Implementierung des Standards darf diese Statusvariablen nicht auf den Wert 0 zurücksetzen, das bleibt den Klienten[10] der Implementierung vorbehalten. Diese Klienten müssen ferner die Möglichkeit haben, die Statusvariablen zu testen.

Der Normalfall ist, dass für Ausnahmen keine Falltüren existieren oder ihre Verwendung verboten ist. Es ist dann die entsprechende Statusvariable auf den Wert 1 zu setzen und ein Resultat zu erzeugen, das der Standard im Einzelnen vorschreibt.

Steht für eine Ausnahme eine Falltür zur Verfügung, so ist die zugeordnete Statusvariable von der Implementierung nicht zu setzen; dies kann aber, wenn gewünscht, in der Falltür geschehen.

[8]Siehe z.B. die Diskussion des Unterlaufs.
[9]*exceptions*.
[10]Ein Klient einer Implementierung kann z.B. ein Compiler sein.

9.3.1. Unterlauf

Voraussetzung für einen Unterlauf ist *Winzigkeit*,[11] also das Erzeugen einer Zahl x mit der Eigenschaft $|x| < 2^{\mathsf{e}_{\min}}$. Man vergleiche hierzu noch einmal Bild 8.1, in welchem der *Winzigkeitsbereich* von $\mathcal{F}_{2,3,-1,2}$ zu erkennen ist, er besteht aus der Lücke zwischen $-1/4$ und $1/4$. Z.B. erzeugt die Multiplikation von $x = 1 \times 2^{-126}$ und $y = 1 \times 2^{-1}$ die Winzigkeit $xy = 1 \times 2^{-127}$, mit 24 Binärstellen ausgeschrieben

$$xy = 1{,}0000000\;00000000\;00000000 \times 2^{-127}$$

Diese Zahl lässt sich noch als einfach genaue Fließkommazahl darstellen, wenn die Normalisierung aufgegeben wird:

$$xy = 0{,}1000000\;00000000\;00000000 \times 2^{-126}$$

Diese Entnormalisierung ist *nicht* mit einem Genauigkeitsverlust verbunden, xy ist *exakt* als nichtnormalisierte einfach genaue Fließkommazahl darstellbar.

Das ist natürlich nicht bei allen Winzigkeiten so, z.B. ist die folgende Zahl

$$z = 1{,}0000000\;00000000\;00000011 \times 2^{-127}$$

eine Winzigkeit, deren Entnormalisierung zum Verlust des untersten Bits führt:

$$0{,}1000000\;00000000\;00000001 \times 2^{-126}$$

Der Standard sieht deshalb diesen Genauigkeitsverlust, der eintreten kann, wenn eine Winzigkeit entnormalisiert wird, als gesonderten Beitrag zu einem Unterlauf an. Er schreibt nämlich vor, dass in Abwesenheit einer Falltürfunktion für Unterlauf, oder, falls eine solche Falltürfunktion nicht aufgerufen werden darf, ein Unterlauf nur dann signalisiert werden darf, wenn zur Winzigkeit auch noch der Genauigkeitsverlust kommt. Das ist auch sinnvoll, denn eine Entnormalisierung ohne Genauigkeitsverlust liefert ja die exakte Darstellung einer Zahl! Anders ist es, wenn bei Unterlauf eine Falltürfunktion aufzurufen ist, hier genügt schon die Winzigkeit, denn es sind ja Fälle denkbar, in denen das bloße Auftreten einer Winzigkeit Signalwirkung haben kann, etwa beim Unterschreiten einer Fehlerschranke.

Der Standard lässt die Wahl, ob *vor* oder *nach* dem Runden auf Winzigkeit geprüft wird. Dass es nicht gleichgültig ist, wann geprüft wird, zeigt das Beispiel des Rechenergebnisses[12]

$$z = 1{,}1111111\;11111111\;11111111\;00000000\;00000000\;00000001 \times 2^{-127}$$

Diese Zahl ist winzig. Wird aber nach oben gerundet, ergibt sich

$$z^{\triangle} = 1{,}0000000\;00000000\;00000000 \times 2^{-126}$$

[11] *tininess*.

[12] Falls es ein solches Rechenergebnis nicht geben sollte, irgendein von Null verschiedener Schweif genügt.

und diese Zahl ist nicht mehr winzig. Angesichts der kategorischen Forderung, dass jegliche nach dem Standard durchgeführte Rechnung zu demselben Ergebnis führen soll, ist diese einer Implementierung gewählte Freiheit nicht ganz verständlich. Denn zwei Implementierungen können, je nach gewählter Methode der Prüfung auf Winzigkeit, verschiedene Ergebnisse liefern. Man muss sich allerdings vor Augen halten, wann der Standard veröffentlicht wurde: 1985. Konzipiert und diskutiert wurde er natürlich noch weit früher. Zu dieser Zeit war das, was die Ingenieure in den numerischen Coprozessor 80287 des Prozessors 80286 hineinpacken konnten, der Status quo. Von daher gesehen wird die gewährte Wahlfreiheit[13] verständlich: Selbstverständlich ist es besser, Winzigkeit *vor* dem Runden zu prüfen und also auch zu entdecken, denn das Runden verfälscht ja schon das wahre Ergebnis, aber die kontemporäre *hardware* macht es nicht möglich und die der nahen Zukunft wohl auch nicht, also wird beides zugelassen, in der Hoffung auf bessere Zeiten, wenn der Stand der Technik die Implementierung der besseren Methode erlauben wird.

Ganz ähnlich ist es mit dem Genauigkeitsverlust. Hier lässt der Standard die Wahl, auf Verlust an Genauigkeit *vor* oder *nach* der Entnormalisierung zu prüfen. Ein Genauigkeitsverlust vor der Entnormalisierung soll dabei dem entsprechen, was der Standard unter einem ungenauen Resultat versteht, nämlich ein Abweichen des gerundeten Resultates vom wahren Rechenergebnis. Daraus folgt insbesondere, dass erst nach dem Runden entnormalisiert werden darf! Das gerundete Ergebnis kann aber so beschaffen sein, dass bei einer eventuell noch notwendigen Entnormalisierung kein Genauigkeitsverlust mehr eintritt. Die Prüfung vor der Entnormalisierung bringt also mehr Unterläufe als die Prüfung danach. Als Beispiel kann die Zahl

$$z = 0{,}1111111\,11111111\,11111111\,00000000\,00000000\,00000001 \times 2^{-127}$$

dienen. Sie ist winzig und sie ist Ursache eines ungenauen Resultates, denn nach oben gerundet ergibt sich

$$z^{\vartriangle} = 1{,}0000000\,00000000\,00000000 \times 2^{-127}.$$

Die Entnormalisierung von $z^{\vartriangle}$ liefert die Zahl

$$z_e^{\vartriangle} = 0{,}1000000\,00000000\,00000000 \times 2^{-126}$$

und die Bildung von $z_e^{\vartriangle}$ ist *nicht* mit einem Verlust an Genauigkeit verbunden.

Einer Falltürfunktion für Unterlauf ist das exakte Ergebnis, multipliziert mit $2^{\aleph}$ und dann gerundet, zu übergeben. Dabei ist $\aleph = 129$ für einfach genaue und $\aleph = 1536$ für doppelt genaue Zahlen.[14] Sinn dieser Maßnahme ist, auf eine für alle Implementierungen gleiche Weise Raum für weitere Rechnungen zu schaffen und zwar Rechnungen mit eben der Fließkommaeinheit, die gerade den Unterlauf hervorgebracht hat!

[13] Und auch sonst noch einiges dessen, was im Standard vorkommt.

[14] Für erweiterte Modi ist $\aleph = 3 \times 2^{n-2}$, dabei ist n die Anzahl der Bits im Exponententeil $\mathfrak{E}(\mathfrak{x})$ der Zahl $\mathfrak{x}$.

9.3.2. Überlauf

Ist der Betrag eines Rechenergebnisses *nach dem Runden* größer als die größte darstellbare (endliche) Zahl eines Zahlenformates, so ist ein Überlauf eingetreten.

Ist keine Falltür für Überlauf vorhanden oder ist ihre Verwendung nicht erlaubt, so hängt das Ergebnis der Rechnung vom gewählten Rundungsmodus ab. Ist u das übergelaufene Zwischenergebnis und ist ω die im verwendeten Zahlenformat größte darstellbare positive Zahl, so gilt im Einzelnen:

Runden zum nächstgelegenen Gitterpunkt liefert als Ergebnis der Rechnung ∞^+ für $u > 0$ und ∞^- für $u < 0$.

Runden durch Abschneiden ergibt ω für $u > 0$ und $-\omega$ für $u < 0$.

Runden gegen ∞^- führt bei $u > 0$ auf ω, bei $u < 0$ auf ∞^-.

Runden gegen ∞^+ führt bei $u > 0$ auf ∞^+, bei $u < 0$ auf $-\omega$.

Ähnlich wie bei Unterlauf ist einer Falltür für Überlauf das exakte Ergebnis, *dividiert* durch $2^{\aleph}$ und dann gerundet, zu übergeben.

Es gibt Implementierungen, die bei einem Überlauf ohne zugelassene Falltür die Statusvariable für Überlauf *nicht* auf 1 setzen.[15] Damit geht aber wesentliche Information verloren, denn ob ein ∞^+ oder ein ∞^- als Ergebnis einer Operation eine „echte" Unendlichkeit ist, also ein genaues Ergebnis, etwa durch 1/0 herbeigeführt, oder ob es durch einen Überlauf entstanden ist, also ein grob ungenaues Resultat darstellt: Dieser Unterschied kann nur mit Hilfe der Statusvariablen gemacht werden. Es kann zwar argumentiert werden, dass, wer es so genau wissen wolle, doch einfach einen *trap handler* für Überlauf schreiben könne! Einen solchen *trap handler* zu schreiben ist aber in den allermeisten Fällen ein schwieriges und langwieriges Unterfangen, dagegen ist das Abfragen einer Statusvariable nach einer arithmetischen Operation mit relativ geringem Aufwand zu bewerkstelligen. Jedenfalls ist es gewiss mehr im Sinne des Standards, bei einem Überlauf die Statusvariable zu setzen, deshalb folgt in dieser Situation die Implementierung dem Vorbild des PENTIUM ausnahmsweise einmal nicht.

9.3.3. Ungenauigkeit

Ist das Resultat einer Rechnung nicht im Zahlengitter darstellbar, muss dieses Resultat also gerundet werden, um im Zahlengitter dargestellt zu werden, so ist eine Ungenauigkeit[16] aufgetreten. Diese harmlos aussehende Passage hat es aber in zweierlei Hinsicht in sich.

Da ist zum einen die Tatsache, dass bei Rechnungen mit Fließkommazahlen Ungenauigkeiten nicht die Ausnahme, sondern die Regel sind. Ist also eine Falltür für Ungenauigkeiten zugelassen, so wird diese nach nahezu jeder Fließkommaoperation angesprungen. In vielen Systemen wird eine Falltür durch einen *interrupt* realisiert, der wegen des mindestens zu rettenden und wiederherzustellenden Kontextes relativ

[15] Z.B. PENTIUM und Nachfolger.

[16] *inexact exception.*

aufwendig zu benutzen ist. In manchen Systemen kommt noch ein Stapelwechsel zu einem geschützten Systemstapel hinzu und bei einigen ist ein *interrupt* gar mit einem Prozesswechsel verbunden. Jedenfalls ist die Anzahl der Takte, die eine Falltür verbraucht, um Größenordnungen höher als die Taktzahl, welche der Fließkommabefehl selbst benötigt. Eine Überschlagsrechnung verdeutlicht die Dimensionen, um die es hier geht. Angenommen, eine elementare Fließkommaoperation benötigt 10^{-8}s. Da die Lösung eines linearen Gleichungssystems mit $n = 100$ Variablen größenordnungsmäßig n^3 Elementaroperationen erfordert, ist das System ohne Falltür in 10^{-2}s gelöst. Wenn angenommen wird, dass eine Falltür in etwa 10^{-6}s durchlaufen wird, so liegt die Rechendauer mit Falltür bei 1s. Allerdings gibt es nur wenige Fälle, in denen die Verwendung einer Falltür für Ungenauigkeit irgendeinen Nutzen stiftet, im Allgemeinen können die Verwendung einer Falltür verboten und das Setzen der Statusvariablen ignoriert werden.

Die andere Tatsache lässt sich jedoch nicht so leicht aus der Welt schaffen. Wie nämlich erkennt man eine Ungenauigkeit? Oder umgekehrt, wie erkennt man die Genauigkeit eines Rechenergebnisses? Man betrachte nur das Wurzelziehen, das noch zu den elementaren Rechenoperationen gezählt wird. Die Berechnung von $\sqrt{x}$ erfolgt stets mit einem Iterationsverfahren, zu dem eine Fehlerabschätzung gehört, die es gestattet zu sagen, wie weit das berechnete Ergebnis vom exakten Wert höchstens entfernt ist. Ist z.B. zur Berechnung von $\sqrt{0,01}$ gefordert, dass der (absolute) Fehler höchstens 2^{-5} betragen darf, so sind das exakte Ergebnis $0,1$ und die Approximation $0,01111$ gleichwertig, durch eine einfache Fehlerabschätzung kann die Genauigkeit von $0,1$ nicht festgestellt werden. Probleme mit der Genauigkeitsbestimmung gibt es auch bei der Division, die ebenfalls durch Approximationsverfahren implementiert wird. Immerhin kann man in beiden Fällen aber eine Lösung des Problems angeben.

Eine weitere Quelle für eine Ungenauigkeit ist der Überlauf eines Resultates, falls es keine Falltür für Überlauf gibt oder ihr Gebrauch verboten ist. Wie schon erwähnt, stellt ein Überlauf ja eine grobe Ungenauigkeit dar.[17]. Falls also eine Falltür für Überlauf zur Verfügung steht, wird diese angesprungen. Ist das nicht so, steht jedoch eine Falltür für Ungenauigkeit bereit, so wird diese angesprungen, aber auch die Statusvariable für Überlauf gesetzt. Sind schließlich weder für Überlauf noch für Ungenauigkeit Falltüren vorhanden oder erlaubt, so sind die Statusvariablen für Überlauf und Ungenauigkeit beide auf 1 zu setzen.

Der Standard erwähnt ausdrücklich, dass es nur zwei Möglichkeiten für gleichzeitig auftretende Ausnahmen gibt. Die eine ist die eben beschriebene, die andere ist das gleichzeitige Auftreten von Unterlauf und Ungenauigkeit. Ob das eben beschriebene Zusammenspiel von Überlauf und Ungenauigkeit auch bei dem Paar Unterlauf–Ungenauigkeit gelten soll, lässt sich dem Standard nicht direkt entnehmen. Das Zusammenspiel von Überlauf–Ungenauigkeit wird explizit erwähnt, das von Unterlauf–Ungenauigkeit nicht. Die Situation bei Unterlauf ist allerdings komplexer, da durch Entnormalisierung möglicherweise kein Genauigkeitsverlust eintritt.

[17]Zwischen einer übergelaufenen Zahl, und sei sie noch so groß, und ∞ liegen schließlich noch unendlich viele rationale Zahlen.

9.4. Diverse Implementierungen

Angesichts der kleinen Arbeitsspeicher der AVR-Prozessoren erscheint es angebracht, den Standard in einer Weise abzuändern, die ihn einerseits so weit wie möglich intakt erhält, andererseits aber auch die Einschränkungen berücksichtigt, mit denen für AVR-Prozessoren geschriebene Programme leben müssen. Sieht man den Standard daraufhin durch, so wird offenbar, dass eine Verkürzung der Mantisse im einfach genauen Format von 23 auf 15 Bit den Standard bis auf die Änderung einiger Index- und Summationsgrenzen völlig unangetastet lässt. Zahlen dieses modifizierten Formates einfach genauer Fließkommazahlen sollen *zweidrittel genaue* Fließkommazahlen genannt werden. Diese haben also eine Länge von 24 Bit oder drei Byte:

$$\mathfrak{x} = \mathfrak{x}_{23} \cdots \mathfrak{x}_0$$

Die auf dieser Bitfolge definierten Funktionen sind das *Vorzeichen*

$$\mathbf{s}(\mathfrak{x}) = \mathfrak{x}_{23}$$

der *Exponent*

$$\mathbf{e}(\mathfrak{x}) = \sum_{\nu=15}^{22} \mathfrak{x}_\nu 2^{\nu-15}$$

und der *gebrochene Anteil* (fraction)

$$\mathbf{f}(\mathfrak{x}) = \sum_{\nu=0}^{14} \mathfrak{x}_{14-\nu} 2^{-\nu-1}$$

Die diesen drei Funktionen entsprechenden Teilbitfolgen sind hier

$$\mathfrak{S}(\mathfrak{x}) = \mathfrak{x}_{23} \qquad \mathfrak{E}(\mathfrak{x}) = \mathfrak{x}_{22} \cdots \mathfrak{x}_{15} \qquad \mathfrak{F}(\mathfrak{x}) = \mathfrak{x}_{14} \cdots \mathfrak{x}_0$$

Der wahre Exponent ist, ganz wie bei einfach genauen Fließkommazahlen, gegeben durch $\exists(\mathfrak{x}) = \mathbf{e}(\mathfrak{x}) - 127$. Um nicht immer zwischen einfach genau und zweidrittel genau unterscheiden zu müssen, wird die Mantisse in beiden Zahlenformaten mit

$$\mathfrak{F}(\mathfrak{x}) = \mathfrak{f}_{-1} \cdots \mathfrak{f}_{-m}$$

bezeichnet. Dabei ist also im einfach genauen Format $m = 23$ und $\mathfrak{f}_{-1} = \mathfrak{x}_{22}$, im zweidrittel genauen Format ist $m = 15$ und $\mathfrak{f}_{-1} = \mathfrak{x}_{14}$, und natürlich ist in beiden Fällen $\mathfrak{f}_{-m} = \mathfrak{x}_0$.

Die Verschlüsselungen von ∞^+, ∞^- usw. ergeben sich ganz zwangsläufig. Da $\mathbb{F}_S$ nicht direkt über $\mathfrak{x}$, sondern indirekt über die Funktionen **s**, **d** und **f** definiert wurde, kann $\mathbb{F}_S$ auch als Darstellungsfunktion für zweidrittel genaue Fließkommazahlen dienen.

9.4.1. Die Realisierung von Kontrollvariablen und Falltüren

Die in den Abschnitten 9.2 und 9.3 erwähnten Assemblervariablen und Datenstrukturen werden im nachfolgenden Programmstück definiert bzw. deklariert.

```
exceptions
.equ IE = 0      invalid operation
.equ DE = 1      denormalized operand
.equ ZE = 2      zero-divide
.equ OE = 3      overflow
.equ UE = 4      underflow
.equ XE = 5      inexact result
condition codes
.equ LT = 0      <
.equ GT = 1      >
.equ EQ = 2      =
.equ UO = 3      unordered (not comparable)
control flags
.equ IM = 0      invalid operation mask
.equ DM = 1      denormalized operand mask
.equ ZM = 2      zero-divide mask
.equ OM = 3      overflow mask
.equ UM = 4      underflow mask
.equ XM = 5      inexact result mask
rounding modes
.equ RN =   0    rounding to nearest
.equ RD =   9    rounding down
.equ RU =  65    rounding up
.equ RZ = 129    rounding toward zero
categories
.equ NOR = 0     normalized
.equ NUL = 1     null
.equ DEN = 2     denormal
.equ INF = 3     infinity
.equ NAN = 4     not a number
execution identifier
.equ XABS  = 2
.equ XINT  = 3
.equ XMUL1 = 4
.equ XMUL2 = 5
.equ XMUL3 = 6
.equ XMUL4 = 7
.equ XMUL5 = 8
                 .dseg
Kontrollvariable und Vektoren für Ausnahmen
I3eStat:         .byte  1        status bits
I3eCoCo:         .byte  1        condition codes
I3eRndg:         .byte  1        rounding mode
I3eCtrl:         .byte  1        control bits
I3eTrpI:         .byte  2        invalid operation trap
```

```
I3eTrpD:      .byte  2                     denormalized operand trap
I3eTrpZ:      .byte  2                     zero-divide trap
I3eTrpO:      .byte  2                     overflow trap
I3eTrpU:      .byte  2                     underflow trap
I3eTrpP:      .byte  2                     precision trap
              .cseg
Ein funktionsloser trap handler als Standard
TuNixTrpHdl:  ses                       1
              ret                       4
Die Initialisierung des Moduls
I3eInit:      ldi    r28,LOW(I3eStat)   1     Statusbits etc. löschen
              ldi    r29,HIGH(I3eStat)  1
              clr    r16                1
              st     Y+,r16             2
              st     Y+,r16             2
              st     Y+,r16             2
              ldi    r16,0b00111111     1     Mask all exceptions
              st     Y+,r16             2
              ldi    r16,LOW(TuNixTrpHdl)  1  Trap handler installieren
              ldi    r17,HIGH(TuNixTrpHdl) 1
              ldi    r18,6              1
I3eInit1:     st     Y+,r16             2
              st     Y+,r17             2
              dec    r18                1
              brne   I3eInit1           1/2
              ret                       4
```

Es wird nur ein funktionsloser *trap handler* gezeigt, da solche, die echte Funktionen ausüben, z.B. Reparaturen vornehmen, in der Rechenpraxis nur selten benötigt werden und auch nicht leicht zu programmieren sind. Die bevorzugte Reaktion auf einen Fehler ist das Erzeugen eines **NaN**! Als Beispiel seien hier nur Interpreter des JAVA-Bytecode erwähnt.

Die sehr einfach gehaltenen Kontrollstrukturen machen auch eine einfache Initialisierung des Moduls möglich.

9.4.2. Nichtnumerische Operationen

Die Implementierung des Standards kann durch etliche nichtnumerische Helferprozeduren erleichtert werden. Damit sind nicht nur Prozeduren zur Manipulation der Bitmuster von Fließkommazahlen gemeint, sondern auch Operationen wie das Verzweigen auf eine Zahlenkategorie hin.

9.4.2.1. Zerlegung

Die erste dieser Prozeduren „seziert" eine Fließkommazahl, d.h. sie bestimmt die Kategorie ihrer Bitfolge und zerlegt diese dann entsprechend.

Prozedur I3eDissect

Eine zweidrittel genaue Fließkommazahl $\mathfrak{x}$ wird in ihre Bestandteile Vorzeichen, Exponent und Mantisse zerlegt. Der *bias* des Exponenten wird nicht entfernt, das *versteckte Bit* der Mantisse normalisierter Zahlen wird jedoch eingefügt.

Input

$\mathbf{r}_{29:28}$	Adresse einer zweidrittel genauen Fließkommazahl $\mathfrak{x}$

Output

$\mathbf{r}_{17}$	Der Exponent $\mathfrak{E}(\mathfrak{x})$
$\mathbf{r}_{19:18}$	Die Mantisse, bei normalisierten Zahlen $\mathtt{1.}\mathfrak{F}(\mathfrak{x})$, sonst $\mathfrak{F}(\mathfrak{x})$
$\mathfrak{t}$	Das Vorzeichen $\mathfrak{S}(\mathfrak{x})$
$\mathbf{r}_{16}$	Die Kategorie: `NOR`, `NUL`, `DEN`, `INF` oder `NAN`

Die Prozedur erzeugt keinen Fehler.

```
1  I3eDissect: ld    r18,Y      2    r17:19:18 ← 𝔵
2              ldd   r19,Y+1    2
3              ldd   r17,Y+2    2
4              bst   r17,7      1    t ← 𝔖(𝔵)
5              lsl   r19        1    r17 ← 𝔈(𝔵)
6              rol   r17        1    und 𝔵 null oder nichtnormalisiert?
7              breq  I3eDiss2   1/2  springe falls null oder nichtnorm.
8              cpi   r17,0xFF   1    normalisiert oder NaN?
9              breq  I3eDiss6   1/2  springe falls NaN
10             ror   r19        1    erzeuge 1.𝔉(𝔵)
11             ldi   r16,NOR    1    Kategorie: normalisiert
12             ret              4
13 I3eDiss2:   lsr   r19        1    erzeuge 𝔉(𝔵), und nichtnormalisiert?
14             brne  I3eDiss4   1/2  verzweige, falls r19 ≠ 0, also nichtnorm.
15             tst   r18        1    null oder nichtnormalisiert?
16             brne  I3eDiss4   1/2  verzweige, falls r18 ≠ 0, also nichtnorm.
17             ldi   r16,NUL    1    Kategorie: Null
18             ret              4
19 I3eDiss4:   ldi   r16,DEN    1    Kategorie: nichtnormalisiert
20             ret              4
21 I3eDiss6:   lsr   r19        1    erzeuge 𝔉(𝔵), und NaN?
22             brne  I3eDiss8   1/2  verzweige, falls r19 ≠ 0, also NaN
23             tst   r18        1    Unendlichkeit oder NaN?
24             brne  I3eDiss8   1/2  verzweige, falls r18 ≠ 0, also NaN
25             ldi   r16,INF    1    Kategorie: unendlich
26             ret              4
27 I3eDiss8:   ldi   r16,NAN    1    Kategorie: NaN
28             ret              4
```

In den ersten drei Zeilen werden das untere Byte von $\mathfrak{x}$ in $\mathbf{r}_{18}$, das mittlere Byte in $\mathbf{r}_{19}$ und das obere Byte in $\mathbf{r}_{17}$ geladen. $\mathbf{r}_{17}.7$ ist also das Vorzeichen von $\mathfrak{x}$, es wird in Zeile *4* in das *transfer bit* $\mathfrak{t}$ kopiert. Die oberen sieben Bit des Exponenten nehmen die unteren sieben Bit von $\mathbf{r_{17}}$ ein, das untere Bit des Exponenten ist $\mathbf{r_{19}}.7$. Ein in den Zeilen *5–6* ausgeführter kombinierter Linksshift von $\mathbf{r_{19}}$ und $\mathbf{r_{17}}$ lädt $\mathbf{r_{17}}$ demnach mit der ganzen Exponentenbitfolge. Der Linksshift von $\mathbf{r_{17}}$ kann gleichzeitig dazu dienen, den Exponenten zu analysieren. Ist nämlich das Ergebnis dieses Shifts eine Null, so kann $\mathfrak{x}$ nur eine Null oder eine nichtnormalisierte Zahl sein, und der bedingte Sprung in Zeile *7* führt in den Programmteil, der diese beiden Fälle trennt. Gilt aber $\mathfrak{r}_{17} \neq 0$, so wird in der nächsten Zeile entschieden, ob eine normalisierte Zahl oder ein **NaN** vorliegt. Ist $\mathfrak{r}_{17} = 11111111$, so stellt $\mathfrak{x}$ ein **NaN** oder eine der Unendlichkeiten dar, und der bedingte Sprung in Zeile *9* verzweigt in die Zeile *21*, ab der diese beiden Fälle behandelt werden. Ist allerdings $\mathfrak{r}_{17} <$ **FF**, so steht $\mathfrak{x}$ für eine normalisierte Zahl. Hier muss nun die echte Mantisse der Zahl per Ergänzung durch das *hidden bit* gebildet werden. Wegen des Linksshifts von $\mathbf{r_{19}}$ in Zeile *5*, der ja in jedem Fall wieder rückgängig gemacht werden muss, kann das durch einen Rechtsshift geschehen, mit dem links eine Eins in $\mathbf{r_{19}}$ hineingeschoben wird. Der Befehl `ror` in Zeile *10* bewirkt genau das, denn wegen $\mathfrak{r}_{17} <$ **FF** ist nach Zeile *8* ja $\mathfrak{c} = 1$, d.h. der Rotationsbefehl schiebt tatsächlich eine Eins in das Register hinein. Anschließend ist vor dem Rücksprung nur noch das Rückgaberegister $\mathbf{r_{16}}$ mit dem Kategoriencode `NOR` zu laden.

Ab Zeile *13* werden die Nullen und nichtnormalisierten Zahlen behandelt. In dieser Zeile wird zunächst der Linksshift aus Zeile *5* annuliert, hier wird links aber eine Null in $\mathbf{r_{19}}$ hineingeschoben, denn nichtnormalisierte Zahlen, insbesondere auch die Nullen, besitzen kein *hidden bit*. Gleichzeitig wird mit dieser Rechtsrotation auch partiell zwischen null und nichtnormal unterschieden, denn ist nach der Rotation $\mathfrak{r}_{19} \neq 0$, so stellt $\mathfrak{x}$ keine Null dar, und der bedingte Sprung in Zeile *14* führt in die Zeile *19*, in der $\mathbf{r_{16}}$ vor dem Rücksprung mit dem Kategoriencode `DEN` geladen wird. Gilt aber nach der Rotation $\mathfrak{r}_{19} = 0$, so muss noch $\mathbf{r_{18}}$ geprüft werden. Gilt $\mathbf{r_{18}} = 0$, so liegt eine Null vor, andernfalls eine nichtnormale Zahl.

Ganz genauso wird in den Zeilen *21–28* zwischen den Unendlichkeiten und einem echten **NaN** unterschieden. Zwar besitzt ein **NaN** im Prinzip ein verstecktes Bit, da man damit aber nichts sonderliches anfangen kann, wird es hier fortgelassen.

9.4.2.2. Normalisierung

Es kommt häufig vor, dass eine nichtnormalisierte Fließkommazahl normalisiert werden muss, natürlich nicht zu einer normalisierten zweidrittel genauen Fließkommazahl, sondern zu einem internen erweiterten Format mit einem 16-Bit-Exponenten. Eben das leistet die nächste Prozedur.

Prozedur I3eNrm

Aus dem gebrochenen Anteil $\mathfrak{F}(\mathfrak{x}) = \mathfrak{x}_{14} \cdots \mathfrak{x}_0$ einer *nichtnormalisierten* zweidrittel genauen Fließkommazahl $\mathfrak{x}$ werden die normalisierte Mantisse $\mathfrak{n} = \mathfrak{n}_{15} \cdots \mathfrak{n}_0$ und der wahre Exponent $e_\mathfrak{n}$ von $\mathfrak{x}$ *als 16-Bit-Zahl* berechnet.

Input

$\mathbf{r_{1:0}}$ $0 \,.\, \mathfrak{F}(\mathfrak{x})$

Output

$\mathbf{r_{1:0}}$ Die normalisierte Mantisse $\mathfrak{n} = \mathfrak{n}_{15} \cdots \mathfrak{n}_0$

$\mathbf{r_{17:16}}$ Der wahre Exponent $e_\mathfrak{n}$ der normalisierten Zahl

Die Prozedur erzeugt keinen Fehler.

```
1   I3eNrm:    ldi    r16,-126    1    e_n ← −126
2              ser    r17         1
3              tst    r1          1    16-Bit-Shifts oder 8-Bit-Shifts?
4              brne   I3eNrm1     1/2  verzweige bei 16-Bit-Shifts
5              mov    r1,r0       1    hohes Byte ← niederes Byte
6              clr    r0          1    niederes Byte löschen
7              subi   r16,8       1    e_n ← e_n − 8
8              tst    r1          1    Mantisse ≥ 1?
9              brmi   I3eNrm2     1/2  falls ja: fertig
10  I3eNrm0:   subi   r16,1       1    e_n ← e_n − 1
11             rol    r1          1    Mantisse linksshiften
12             brpl   I3eNrm0     1/2  falls Mantisse < 1, weiter shiften
13             ret                4
14  I3eNrm1:   subi   r16,1       1    e_n ← e_n − 1
15             rol    r0          1    Mantisse linksshiften
16             rol    r1          1
17             brpl   I3eNrm1     1    falls Mantisse < 1, weiter shiften
18  I3eNrm2:   ret                4
```

Der implizite echte Exponent von $\mathfrak{x}$ ist $e = -126$. Die Normalisierung besteht darin, den gebrochenen Anteil so lange nach links zu shiften, bis sein Wert nicht mehr kleiner als 1 ist, und bei jedem Linksshift e um 1 zu erniedrigen. Es sind maximal 15 solcher Shifts möglich, nämlich bei $\mathtt{0.}\mathfrak{F}(\mathfrak{x}) = 00000000\,00000001$. Nun ist $-126 = 11111111\,10000010$ und $-126 - 15 = -141 = 11111111\,01110011$, Subtraktionen $e - \lambda$ für $1 \leq \lambda \leq 15$ beeinflussen deshalb nur das untere Byte von e, alle Subtraktionen in `I3eNrm` können deshalb als 8-Bit-Subtraktionen ausgeführt werden.

Die Prozedur beginnt damit, $\mathbf{r}_{17:16}$ mit -126 zu laden. Anschließend wird in Zeile *3* getestet, ob das obere Byte von $\mathfrak{r}_{17:16} = \mathtt{0.}\mathfrak{F}(\mathfrak{x})$ den Wert Null hat, in welchem Falle acht Linksshifts durch eine Umspeicheraktion ersetzt werden können.

Hat das obere Byte nicht den Wert Null, werden ab Zeile *14* 16-Bit-Linksshifts ausgeführt, denen eine Verminderung von e um 1 vorangeht. Da der Wert der Mantisse $\mathfrak{r}_{1:0} = \mathfrak{n} = \mathfrak{n}_{15} \cdots \mathfrak{n}_1$ genau dann ≥ 1 ist, wenn $\mathfrak{n}_{15} = 1$, also $\mathbf{r}_1.7 = 1$ gilt, kann ≥ 1 in Zeile *17* einfach über das Vorzeichenbit getestet werden.

Gilt dagegen $\mathfrak{r}_{17} = 0$, so wird in Zeile *5* das obere Byte der Mantisse durch das untere ersetzt, anschließend wird das untere Byte gelöscht. Das entspricht einem achtfachen Linksshift. Entsprechend wird in Zeile *7* der Exponent um 8 vermindert und zwar, wie oben erläutert, als 8-Bit-Operation. Bei dieser Umspeicherung kann schon eine Mantisse ≥ 1 erreicht worden sein, das wird in Zeile *8* getestet, und es wird, falls das der Fall ist, in das rufende Programm zurückgesprungen. Falls nicht, werden noch so lange Linksshifts mit Exponenterniedrigung ausgeführt, bis eine Mantisse ≥ 1 erreicht ist. Diese Linksshifts sind hier allerdings nur 8-Bit-Linksshifts.

9.4.2.3. Überlauf

Die nächste nichtnumerische Operation ist die Behandlung einer Überlaufsituation. Existiert eine Falltür für Überlauf, und ist ihre Verwendung gestattet, so hängt die Reaktion ganz von der Implementierung ab. Andernfalls schreibt der Standard vor, die

Statusvariable für Überlauf auf 1 zu setzen; was sonst noch zu geschehen hat, hängt vom eingestellten Rundungsmodus ab.

Prozedur I3eOvf

Mit dieser Prozedur wird auf ein übergelaufenes Rechenergebnis reagiert. Falls erlaubt, wird die entsprechende Falltür aufgerufen, andernfalls wird am Ort der Ergebnisvariablen abhängig vom eingestellten Rundungsmodus ein Überlaufergebnis erzeugt.

Input

$\mathbf{r}_{31:30}$	Zeiger auf die Ergebnisvariable
$\mathbf{r}_{21:20}$	Die (gerundete) Mantisse des Ergebnisses
$\mathbf{r}_{23:22}$	Der zu große echte Exponent eines Ergebnisses
$\mathbf{r}_{16}$	*execution category*, z.B. `XMUL` bei Multiplikation
t	Das Vorzeichen des Ergebnisses

Output

Ohne Falltür erhält die Ergebnisvariable einen Überlaufwert.

Es werden die Register $\mathbf{r}_{17}$ bis $\mathbf{r}_{19}$ benutzt. Die Prozedur erzeugt keinen Fehler.

```
I3eOvf:    lds    r17,I3eCtrl    2    Falltür erlaubt?
           sbrc   r17,OM         1/2  falls ja: überspringe nächste Zeile
           rjmp   I3eOvf2        2    nein: zur Standardreaktion
           subi   r22,129        1    e ← e − 129
           clr    r17            1
           sbc    r23,r17        1
           rcall  I3eTrapOE      3+   Falltürfunktion aufrufen
           brhc   I3eOvfRt       1/2  falls 𝔥 = 0, fertig.
I3eOvf2:   lds    r17,I3eStat    2    Statusbit für Überlauf setzen
           sbr    r17,1<<OM      1
           sts    I3eStat,r17    2
           lds    r17,I3eRndg    2    Rundungsmodus laden
           lsl    r17            1    entsprechendes Statusbit setzen
           breq   I3eOvfN        1/2  Runden zum nächstgel. Gittepunkt
           brhs   I3eOvfD        1/2  Abwärtsrunden
           brmi   I3eOvfU        1/2  Aufwärtsrunden
           brcs   I3eOvf0        1/2  Abschneiden
           rjmp   I3eInv         2    Ungültiger Rundungsmodus
I3eOvfN:   clr    r17            1    r19:18:17 ← Bitmuster von ∞+
           ldi    r18,0b10000000 1
           ldi    r19,0b01111111 1
           bld    r19,7          1    Vorzeichen hineinkopieren
I3eOvfSt:st       Z,r17          2    r19:18:17 in Ergebnisvariable kopieren
           std    Z+1,r18        2
           std    Z+2,r19        2
I3eOvfRt:ret                     4
I3eOvf0:   ldi    r17,0b11111111 1    r19:18:17 ← 𝔲
           ldi    r18,0b01111111 1
```

```
29            ldi    r19,0b01111111 1
30            bld    r19,7          1   Vorzeichen hineinkopieren
31            rjmp   I3eOvfSt       2   r19:18:17 in Ergebnisvariable kopieren
32  I3eOvfD:  brtc   I3eOvf0        1/2 t = 0: wie bei Abschneiden
33            rjmp   I3eOvfN        2   sonst wie bei Rund. z. nächst. Gitterp.
34  I3eOvfU:  brts   I3eOvf0        1/2 t = 1: wie bei Abschneiden
35            rjmp   I3eOvfN        2   sonst wie bei Rund. z. nächst. Gitterp.
```

Die Prozedur beginnt damit, dass das Kontrollbyte in Register $\mathbf{r}_{17}$ geladen wird. Ist die Kontrollvariable — hier das Kontrollbit OM — auf 0 gesetzt, wird der Befehl in Zeile *3* übersprungen und es werden ab Zeile *4* die Vorbereitungen zum Aufruf der Falltürfunktion für Überlauf getroffen. Diese bestehen darin, vom (zu großen) Exponenten e die Zahl 129 zu subtrahieren, um diesen ungefähr in die Mitte des erlaubten Bereiches zu bringen. Was die Falltür damit anfängt, ist allein ihre Sache. Die Subtraktion ist mit großer Wahrscheinlichkeit eine 16-Bit-Operation, es lohnt nicht, den Fall gesondert zu betrachten, dass der Exponent den Wert 128 besitzt. Gilt nach dem Aufruf der Falltürfunktion in Zeile *7* $\mathfrak{h} = 0$, wurde die Reaktion auf den Überlauf schon vollständig durch die Falltür durchgeführt, die Prozedur kann direkt in das rufende Programmstück zurückkehren. Gilt aber $\mathfrak{h} = 1$, so signalisiert die Falltür, dass noch die Standardreaktion auf einen Überlauf zu erzeugen ist.

Die Standardreaktion beginnt in Zeile *9* und diese Zeile wird auch von Zeile *3* her angesprungen, falls die Verwendung einer Falltür verboten ist. Der erste Teil dieser Reaktion besteht darin, die für Überlauf zuständige Statusvariable auf 1 zu setzen (Zeilen *9–11*). Da der zweite Teil der Reaktion vom eingestellten Rundungsmodus abhängt, wird anschließend in Zeile *12* das Kontrollbyte in Register $\mathbf{r}_{17}$ geladen, der folgende Linksshift aktiviert die Statusbits des Prozessors in der für das Verzweigen nach Rundungsmodus gewünschten Weise. $\mathfrak{z} = 1$ bedeutet, dass zum nächstgelegenen Gitterpunkt gerundet werden muss (Verzweigung in Zeile *14*), bei $\mathfrak{h} = 1$ muss nach unten gerundet werden (Runden gegen ∞^-, Zeile *15*), $\mathfrak{n} = 1$ heißt, nach oben zu runden (Runden gegen ∞^+, Zeile *16*), und schließlich ist bei $\mathfrak{c} = 1$ abzuschneiden (Zeile *17*). War keines dieser vier Statusbits gesetzt, ist kein oder ein fehlerhafter Rundungsmodus eingestellt, so erfolgt ein Sprung in die für den Ausnahmezustand ungültiger Operationen (*invalid operation exception*) zuständige Prozedur.

Bei Runden zum nächstgelegen Gitterpunkt ist das Bitmuster für ∞^+ oder ∞^- zu erzeugen, je nachdem, ob das übergelaufene Zwischenergebnis der Operation positiv oder negativ war, ob also $\mathfrak{t} = 0$ oder $\mathfrak{t} = 1$ gilt. Das Bitmuster 01111111 10000000 00000000 für ∞^+ wird in den Zeilen *19–21* im Dreifachregister $\mathbf{r}_{19:18:17}$ aufgebaut, mit dem unteren Byte beginnend. Anschließend wird das in $\mathfrak{t}$ übergebene Vorzeichenbit in das höchste Byte geschrieben. In den Zeilen *23–25* wird schließlich das erzeugte Bitmuster in die Ergebnisvariable kopiert.

Runden durch Abschneiden erfordert, das Bitmuster $\mathfrak{u}$ = 01111111 01111111 11111111 der größten darstellbaren positiven Zahl u zu erzeugen und mit dem Vorzeichen des Zwischenergebnisses zu versehen, wie es in den Zeilen *27–30* auch geschieht, gefolgt vom Abspeichern des Bitmusters in der Ergebnisvariablen, genau wie beim Runden zum nächstgelegenen Gitterpunkt.

Ist nach unten zu runden (gegen ∞^-), so ist bei positivem Zwischenergebnis $\mathfrak{u}$ zu erzeugen, das erfolgt durch die Verzweigung in Zeile *32* bei $\mathfrak{t} = 0$. Bei negativem Zwischenergebnis ist das Bitmuster von ∞^- zu erzeugen, das leitet der Sprung in Zeile *33* ein, der bei $\mathfrak{t} = 1$ ausgeführt wird.

Vollkommen analog ist beim Runden nach oben (gegen ∞^+) bei negativem Zwischenergebnis das Bitmuster von $-u$ (Zeile *34*), bei positivem Zwischenergebnis das Bitmuster von ∞^+ zu erzeugen (Zeile *35*).

9.4.2.4. Unterlauf

Die traditionelle Methode, einen Unterlauf zu behandeln, ist, Null als Ergebnis zu erzeugen. Das ist zwar äußerst einfach durchzuführen, schafft aber Probleme, wenn es darum geht, die numerischen Eigenschaften von Programmen zu untersuchen. Insbesondere ist die folgende — bei rationalen Zahlen natürlich uneingeschränkt gültige — Äquivalenz

$$x = y \Longleftrightarrow x - y = 0 \tag{9.5}$$

nicht mehr für alle Fließkommazahlen x und y richtig. Als Gegenbeispiel betrachte man die beiden einfach genauen Fließkommazahlen $x = 1{,}111 \times 2^{-124}$ und $y = 1{,}11 \times 2^{-124}$. Ihre Differenz $x - y = 0{,}001 \times 2^{-124} = 1{,}0 \times 2^{-127}$ ist als normalisierte Zahl im Zahlenbereich nicht mehr darstellbar, es ist ein Unterlauf eingetreten. Ist das Ergebnis bei einem Unterlauf Null, ist ein Gegenbeispiel gefunden: es ist $x - y = 0$, aber $x \neq y$.

Bei *graduellem Unterlauf* bleibt die Äquivalenz (9.5) dagegen richtig. Gradueller oder gleitender Unterlauf bedeutet, dass auf die Normalisierung verzichtet wird und die Zahl mit dem kleinstmöglichen Exponenten dargestellt wird. Im Beispiel wird das Ergebnis zu $x - y = 0{,}1 \times 2^{-126}$.

Dass bei gleitendem Unterlauf Äquivalenz (9.5) gültig bleibt, kann man so einsehen. Seien $x = \alpha 2^n$ und $y = \beta 2^m$ normalisierte Fließkommazahlen, insbesondere ist also $1 \leq \alpha < 2$ und $1 \leq \beta < 2$. Es kann $n \leq m$ angenommen werden. Dann gibt es eine ganze Zahl $r \geq 0$ mit $m = n + r$, und es ist $x - y = \alpha 2^n - \beta 2^n 2^r = (\alpha - \beta 2^r) 2^n$.

Aus $x - y = 0$ folgt nun $\alpha = \beta 2^r$. Wäre $r > 0$, so gälte $2^r \geq 2$, also $2 \leq \beta 2^r$ wegen $1 \leq \beta$, also $2 \leq \alpha$, im Widerspruch dazu, dass x normalisiert ist. Folglich muss $r = 0$, also $n = m$, und damit auch $2^r = 1$, also $\alpha = \beta$ gelten, zusammengenommen $x = y$.

Die umgekehrte Richtung, dass also $x - y = 0$ aus $x = y$ folgt, ist natürlich in jeder vernünftigen Fließkommaarithmetik richtig.

Der Unterlauf des eben gegebenen Beispiels kam durch Auslöschung führender Ziffern bei einer Subtraktion zustande. Gradueller Unterlauf kann aber auch bei Multiplikation und Division vorteilhaft sein. Ein schönes Beispiel bietet die Division komplexer Zahlen, also die Berechnung von

$$z = \frac{x + y\mathbf{i}}{u + v\mathbf{i}} \tag{9.6}$$

für rationale Zahlen x, y, u und v. Erweitern mit $u - v\mathbf{i}$ führt auf die bekannte Formel

$$z = \frac{x + y\mathbf{i}}{u + v\mathbf{i}} = \frac{xu + yv}{u^2 + v^2} + \frac{yu - xv}{u^2 + v^2}\mathbf{i} \tag{9.7}$$

Die Quadrate in den Nennern der rechten Seite von (9.7) können aber bei der Berechnung mit Fließkommazahlen zu einem Überlauf führen, obwohl das Gesamtergebnis durch Fließkommazahlen darstellbar ist. Die folgende, auf R. L. Smith zurückgehende Umformung umgeht die Berechnung von u^2 und v^2. Sie besteht einfach darin, dass im Falle $|v| < |u|$ Zähler und Nenner mit $1/u$, andernfalls, also bei $|v| \geq |u|$, Zähler und Nenner mit $1/v$ multipliziert werden. Das ergibt einerseits

$$z = \frac{x + ys}{u + vs} + \frac{y - xs}{u + vs}\mathbf{i} \quad \text{mit } s = \frac{v}{u} \text{ für } |v| < |u| \tag{9.8}$$

und andererseits

$$z = \frac{xt + y}{ut + v} + \frac{yt - x}{ut + v}\mathbf{i} \quad \text{mit } t = \frac{u}{v} \text{ für } |v| \geq |u| \tag{9.9}$$

Die Gefahr, dass ein Zwischenergebnis überläuft, ist in (9.8) wegen $s < 1$ und in (9.9) wegen $t \leq 1$ weitaus geringer als in (9.7). Es sei nun speziell in (9.8) $x = 1,0 \times 2^{-125}$, $y = 1,0 \times 2^{-126}$, $u = 1,0 \times 2^{-124}$ und $v = 1,0 \times 2^{-125}$. Der *genaue* Wert von z berechnet sich leicht zu

$$z = \frac{x + y\mathbf{i}}{u + v\mathbf{i}} = \frac{2 + \mathbf{i}}{4 + 2\mathbf{i}} = \frac{1}{2} \tag{9.10}$$

Da der Imaginärteil $\Im(z)$ von z verschwindet, muss in (9.8) nur der Realteil der rechten Seite betrachtet werden. Dieser ist wegen $v/u = 1/2$

$$\frac{1,0 \times 2^{-125} + 1,0 \times 2^{-127}}{1,0 \times 2^{-124} + 1,0 \times 2^{-126}} \tag{9.11}$$

Hier ist beim zweiten Summanden des Zählers ein Unterlauf eingetreten, $1,0 \times 2^{-127}$ ist nicht mehr als normalisierte Fließkommazahl darstellbar. Wird mit gleitendem Unterlauf gearbeitet, erhält man

$$\frac{2 + 1/2}{4 + 1} = \frac{1}{2}$$

also das *korrekte* Ergebnis. Wird jedoch harter Unterlauf verwendet, d.h. wird das untergelaufene Zwischenergebnis durch Null ersetzt, ergibt sich

$$\frac{2 + 0}{4 + 1} = \frac{2}{5}$$

und dieses Ergebnis hat den großen relativen Fehler

$$\frac{0,5 - 0,4}{0,5} = 0,2$$

Was den möglichen Genauigkeitsverlust angeht, der bei gleitendem Unterlauf eintreten kann, sei auf den Abschnitt 9.3.1 verwiesen.

Wie schon erwähnt, ist einer Falltürfunktion für Unterlauf nicht der zu kleine Exponent zu übergeben, dieser ist vielmehr vorher um 129 zu erhöhen. Damit soll der Exponent wieder in einen erlaubten Bereich transformiert werden. Leider tritt dieser Effekt aber nur bei Operationen mit normalisierten Operanden ein. Bei der Multiplikation zweier nichtnormalisierter Zahlen z.B. kann der Exponent des Zwischenergebnisses bis auf -282 heruntergehen, er liegt nach Addition von 129 immer noch im nicht erlaubten Bereich.

Überhaupt erscheint der Sinn dieser Maßnahme recht zweifelhaft. Vermutlich soll, falls die *hardware* für Fließkommarithmetik nicht in der Lage ist, graduellen Unterlauf zu erzeugen, *software*, also die Falltürfunktion, für graduellen Unterlauf sorgen. Die Generierung der entsprechenden Bitmuster wird dann aber wohl kaum mit der Fließkommaeinheit vorgenommen werden, deren Register- und Befehlsstruktur zur Bitmanipulation gewöhnlich denkbar ungeeignet sind.

Es kommt noch hinzu, dass das Zwischenergebnis nach der Addition von 129 zum Exponenten[18] zu runden ist. Dieses Runden kann aber den Exponenten noch einmal verändern, d.h. die Falltürfunktion kann den wahren Exponenten möglicherweise nicht mehr einfach durch Subtraktion von 129 zurückgewinnen!

In der hier vorgestellten Implementierung jedenfalls macht die Addition von 129 zum Exponenten des untergelaufenen Zwischenergebnisses wenig Sinn, vorgenommen wird sie aber doch, um dem Standard möglichst genau zu folgen.

Prozedur I3eUnf

Diese Prozedur ist aufzurufen, wenn bei einem Rechenergebnis Unterlauf eingetreten ist. Ist kein Aufruf einer Falltür für Unterlauf erlaubt, erhält die Ergebnisvariable einen Unterlaufwert, das ist eine nichtnormalisierte Zahl bei gleitendem Unterlauf oder es ist eine Null. Das Vorzeichen der Ergebnisvariablen ist in jedem Fall das Vorzeichen des Zwischenergebnisses.

Input

$\mathbf{r}_{31:30}$	Zeiger auf die Ergebnisvariable
$\mathbf{r}_{21:20}$	Die (gerundete) Mantisse des Ergebnisses
$\mathbf{r}_{23:22}$	Der zu kleine echte Exponent eines Ergebnisses
$\mathbf{r}_{16}$	*execution category*, z.B. `XMUL` bei Multiplikation
$\mathfrak{t}$	Das Vorzeichen des Ergebnisses

Output

$\mathfrak{c}$	Gesetzt, falls von der Prozedur das Unterlaufbit gesetzt wurde.

Es wird das Register $\mathbf{r}_{17}$ benutzt, $\mathbf{r}_{21:20}$ und $\mathbf{r}_{23:22}$ werden verändert. Die Prozedur erzeugt keinen Fehler.

```
I3eUnf:   lds   r17,I3eCtrl    2    Falltür erlaubt?
          sbrc  r17,UM         1/2  falls ja: überspringe nächste Zeile
          rjmp  I3eUnf2        2    Erzeuge Standardreaktion
          subi  r22,256-129    1    e ← e + 129
          clr   r17            1
          adc   r23,r17        1
          rcall I3eTrapUE      3+   rufe Falltürfunktion auf
          brhc  I3eUnf7        1/2  fertig, falls h = 0
I3eUnf2:  subi  r22,256-126    1    e ← e + 126
          cpi   r22,0xF1       1    e + 126 < −15?
          brsh  I3eUnf8        1/2  falls nein: gleitender Unterlauf
          clr   r20            1    r21:20 wird Nullmantisse
          clr   r21            1
I3eUnf4:  lds   r17,I3eStat    2    Unterlaufstatusbit setzen
          sbr   r17,1<<UM      1
          sts   I3eSta,r17     2
          sec                  1    c ← 1, da Genauigkeitsverlust
I3eUnf6:  st    Z,r20          2    Mantissenbytes kopieren
          std   Z+1,r21        2
```

[18]Oder, wie sich der Standard ausdrückt, *by multiplying the infinitely precise result by* 2^{129}, also nach der Multiplikation des Zwischenergebnisses mit 2^{129}.

```
20            clr    r17          1    Nullexponentenbyte erzeugen
21            bld    r17,7        1    Vorzeichen hineinkopieren
22            std    Z+1,r17      2    in die Ergebnisvariable kopieren
23  I3eUnf7:  ret                 4
24  I3eUnf8:  clr    r17          1    zählt rechts hinausgeschobene Bits
25            clr    r23          1    zur Addition von c
26  I3eUnf10:lsr     r21          1    Rechtsshift der Mantisse
27            ror    20           1
28            adc    r17,r23      1    hinausgeschobenes Bit „auffangen"
29            inc    r22          1    Schleifenzähler erhöhen
30            brne   I3eUnf10     1/2
31            tst    r17          1    Test auf Genauigkeitsverlust
32            brne   I3eUnf4      1/2  falls ja: vor Ausgabe Statusbit setzen
33            clc                 1    kein Genauigkeitsverlust: c ← 1
34            rjmp   I3eUnf6      2    Ergebnisausgabe
```

Zu Beginn wird das Kontrollbit UM in $\mathbf{r}_{17}$ geladen, um zu prüfen, ob der Aufruf einer Falltürfunktion für Unterlauf erlaubt ist. Falls dieses Bit den Wert 0 hat, ist ein solcher Aufruf erlaubt und erfolgt auch ab Zeile *4*, da der Sprung in Zeile *3* dann selbst übersprungen wird. Wie vom Standard gefordert, wird vor dem Aufruf der Falltürfunktion 129 zu dem zu kleinen Exponenten addiert (Zeilen *4–6*).[19] Die in Zeile *7* dann aufgerufene Falltürfunktion signalisiert mit $\mathfrak{h} = 1$, dass sie noch eine Standardreaktion auf Unterlauf fordert. Diese Standardreaktion beginnt in Zeile *9*.

Es sei e der in Register $\mathbf{r}_{23:22}$ übergebene Exponent. Dann gilt, da ja Unterlauf eingetreten ist, $e < -126$. Den kleinstmöglichen Wert nimmt e bei der Multiplikation der nichtnormalen Zahl $2^{-141} = \mathbb{F}_S(0\,00000000\,000000000000001)$ mit sich selbst an, d.h. es gilt $-282 \leq e$. Addition von 126 liefert insgesamt $-156 \leq e + 126 < 0$. Nun ist offenbar gradueller Unterlauf nur für $-15 \leq e + 126$ möglich, für $e + 126 < -15$ bleibt lediglich harter Unterlauf, das Erzeugen einer Null. Betrachtet man den Bereich, den $e + 126$ überstreicht, also das Intervall von -156 bis -1, in hexadezimaler Verschlüsselung, nämlich das Intervall von **FF64** bis **FFFF**, so sieht man, dass ein 8-Bit-Vergleich genügt, festzustellen, ob $-15 \leq e + 126$ gilt oder nicht. Offensichtlich ist $e + 126 < -15$ genau dann der Fall, wenn $\mathfrak{r}_{22} <$ **F1** gilt.

In Zeile *9* wird das *untere* Byte der Summe $e + 126$ berechnet, das obere Byte muss nicht berechnet werden, da sein Wert **FF** schon bekannt ist. In der nächsten Zeile wird geprüft, ob $\mathfrak{r}_{22} <$ **F1** gilt, ob also, wie oben festgestellt, $e + 126 < -15$ gilt. Ist das nicht der Fall, so wird in Zeile *11* in den Teil der Prozedur verzweigt, der einen gleitenden Unterlauf realisiert.

Das Erzeugen einer Null beginnt in Zeile *12* damit, dass die Mantisse der Null in $\mathbf{r}_{21:20}$ angelegt wird. Es wird in Zeile *14* damit fortgesetzt, das Statusbit für Unterlauf auf den Wert 1 zu setzen, denn beide Kriterien zum Setzen dieses Statusbits sind erfüllt: Das Zwischenergebnis ist winzig, und es ist ein Genauigkeitsverlust eingetreten. Um das der rufenden Prozedur anzuzeigen, wird in Zeile *17* $\mathfrak{c}$ auf den Wert 1 gesetzt. In den nächsten beiden Zeilen werden die beiden Nullbytes in die Mantissenbytes der Ergebnisvariablen geschrieben. Anschließend wird in $\mathbf{r}_{17}$ zunächst der Nullexponent der Null erzeugt, dann wird in Zeile *21* $\mathbf{r}_{17}$ mit dem Vorzeichen des Zwischenergebnisses versehen, bevor in der folgenden Zeile auch das Exponentenbyte in die Ergebnisvariable geschrieben wird.

Ab Zeile *24* wird der gleitende Unterlauf realisiert. Dazu wird die Mantisse des Zwischener-

[19] Man vergleiche dazu die obige Diskussion.

gebnisses in $\mathbf{r}_{21:20}$ $|e + 126|$-mal nach rechts geschoben, wobei natürlich links Nullbits nachgezogen werden. Hier ist zu beachten, dass ein Genauigkeitsverlust eingetreten ist, wenn bei einem der Rechtsshifts auf der rechten Seite eine $\mathtt{1}$ hinausgeschoben wurde. Von einem solchen Genauigkeitsverlust hängt es ja ab, ob das Unterlaufbit zu setzen ist oder nicht. Zum „Auffangen" rechts hinausgeschobener Bits dienen die beiden Register $\mathbf{r}_{17}$ und $\mathbf{r}_{23}$, die zu diesem Zweck in den Zeilen *25–25* den Wert Null erhalten. In der nächsten Zeile beginnt dann die Schleife der Rechtsshifts damit, dass zunächst das obere Byte in $\mathbf{r}_{21}$ nach rechts geschoben wird, wobei links eine Null nachgezogen und rechts das unterste Bit von $\mathbf{r}_{21}$ in das Übertragsbit hineingeschoben wird. Anschließend wird auch das untere Byte in $\mathbf{r}_{20}$ nach rechts geschoben, dabei wird links das Übertragsbit nachgezogen und rechts das unterste Bit von $\mathbf{r}_{20}$ in das Übertragsbit kopiert. In Zeile *18* wird dann wegen $\mathfrak{r}_{23} = 0$ der Wert des Übertragsbits $\mathfrak{c}$ zu $\mathbf{r}_{17}$ addiert. Nach dem Durchlaufen der Schleife gilt also $\mathfrak{r}_{17} > 0$ genau dann, wenn bei mindestens einem der Rechtsshifts auf der rechten Seite eine $\mathtt{1}$ hinausgeschoben wurde. Als Schleifenzähler fungiert $\mathbf{r}_{22}$, das ja bei Beginn der Schleife einen Wert zwischen **F1** und **FF** enthielt, das also nach genau $\mathfrak{r}_{22}$-maligem Inkrementieren in Zeile *29* den Wert **0** angenommen hat. Nach dem Durchlaufen der Schleife wird in Zeile *31* geprüft, ob ein Genauigkeitsverlust eingetreten ist. Falls ja, wird in die Zeile *14* verzweigt, ab der das Unterlaufbit gesetzt wird, bevor die rechtsgeshiftete Mantisse und dann der Nullexponent in die Ergebnisvariable kopiert werden. Andernfalls wird in Zeile *33* das Übertragsbit $\mathfrak{c}$ gelöscht, um der rufenden Prozedur anzuzeigen, dass kein Genauigkeitsverlust eingetreten ist, bevor zur Zeile *18* gesprungen wird, um das Ergebnis zu erzeugen, ohne das Unterlaufstatusbit zu setzen.

Im Prinzip könnte bei Auftreten einer Ungenauigkeit das entsprechende Statusbit auch direkt in `I3eUnf` gesetzt werden, statt es der rufenden Prozedur über $\mathfrak{c} = 1$ anzuzeigen. Es ist aber sicher besser, einer Hilfsprozedur neben ihrer Hauptaufgabe (hier die Behandlung von Unterlauf) nicht auch noch die Änderung eines weiteren Statusbits vornehmen zu lassen. Es ist auch durchaus möglich, dass die rufende Prozedur auf einen bei der Unterlaufbehandlung aufgetretenen Genauigkeitsverlust noch über das Setzen der Statusvariablen hinaus reagieren muss.

9.4.2.5. Runden

Ein normalisiertes, 32-Bit breites Zwischenergebnis

$$z = (-1)^{\mathfrak{v}} \times \mathtt{1}, \mathfrak{bbbbbbbbbbbbbbb}\,\mathfrak{ssssssssssssssss} \times 2^e$$

mit dem Binärexponenten e und dem Vorzeichenbit $\mathfrak{v}$ ist zu runden. Darin ist das Bitmuster $\mathfrak{ssssssssssssssss}$ der *Bitschweif*, kurz Schweif, des Zwischenergebnisses. Mit $\xi = \mathtt{1}, \mathfrak{bbbbbbbbbbbbbbb}$ und $\vartheta = \mathtt{0}, \mathfrak{ssssssssssssssss}$ kann direkt an (8.4) angeknüpft werden:

$$z = (-1)^{\mathfrak{v}} \left(\xi 2^e + \vartheta 2^{e-15}\right) \tag{9.12}$$

Da z kein exaktes Zwischenergebnis sein soll, ist $\vartheta > 0$. Zu beachten ist, dass hier $1 \leq \xi < 2$ gilt, und nicht $0 \leq \xi < 1$ wie bei (8.4).

Die vier Rundungsmodi sind Runden durch Abschneiden (oder Runden gen Null), Runden nach oben (oder gen ∞^+), Runden nach unten (oder Runden gen ∞^-) und Runden zum nächstgelegenen Gitterpunkt. Man vergleiche hierzu Bild 8.2.

Die einfachste Rundungsart ist Runden durch Abschneiden. Man erhält das Ergebnis, indem in (9.12) $\vartheta = 0$ gesetzt wird: $z^{\veebar} = (-1)^{\mathfrak{v}}\xi 2^e$. Es hängt weder von ϑ noch vom Vorzeichenbit $\mathfrak{v}$ ab.

Beim Runden nach oben hängt das Ergebnis vom Vorzeichen ab. Ist $z > 0$, ist das Ergebnis der nächsthöhere Gitterpunkt. Dieser nächsthöhere Gitterpunkt wird durch Addition von $0,000000000000001$ zu ξ erreicht. Z.B. ist

$$(1,000000000000001\,0000000000000001 \times 2^0)^{\vartriangle} = 1,000000000000010 \times 2^0$$

Diese Addition kann allerdings zu $\xi \geq 2$ führen, was durch einen Rechtsshift von ξ und eine Erhöhung des Exponenten berichtigt werden muss. Z.B. ist

$$(1,111111111111111\,0000000000000001 \times 2^0)^{\vartriangle} = 1,000000000000000 \times 2^1$$

Die Addition führt hier zunächst auf $10,000000000000000$.

Ist beim Runden nach oben aber $z < 0$, ist der gerundete Wert ebenfalls der nächsthöhere Gitterpunkt. Diesen erhält man aber bei $\vartheta = 0$, also durch Abschneiden. So ist z.B.

$$(-1,000000000000001\,0000000000000001 \times 2^0)^{\vartriangle} = -1,000000000000001 \times 2^0$$

Der Exponent kann sich dadurch nicht ändern.

Das Runden nach unten verläuft spiegelbildlich zum Runden nach oben. Ist $z < 0$, so wird der nächstkleinere Gitterpunkt durch Addition von $-0,000000000000001$ zu $-\xi$ erreicht, also ebenfalls durch Addition von $0,000000000000001$ zu ξ. Und ist $z > 0$, so wird der nächstkleinere Gitterpunkt einfach durch Abschneiden erhalten.

Beim Runden zum nächstgelegenen Gitterpunkt hängt das zu erzeugende Ergebnis direkt von ϑ ab. Es ist

$$z^{\circ} = \begin{cases} (-1)^{\mathfrak{v}}\xi 2^e & \text{für } \vartheta < \frac{1}{2} \\ (-1)^{\mathfrak{v}}\left(\xi 2^e + 2^{e-15}\right) & \text{für } \vartheta > \frac{1}{2} \end{cases} \tag{9.13}$$

Für den verbleibenden Fall $\vartheta = 1/2$ gibt es die spezielle Rundungsvorschrift

$$z^{\circ} = \begin{cases} (-1)^{\mathfrak{v}}\xi 2^e & \text{falls } (\xi 2^{15}) \bmod 2 = 0 \\ (-1)^{\mathfrak{v}}\left(\xi 2^e + 2^{e-15}\right) & \text{falls } (\xi 2^{15}) \bmod 2 = 1 \end{cases} \tag{9.14}$$

der erzeugte Wert hängt also davon ab, ob $\xi 2^{15}$ eine gerade Zahl ist oder nicht. So ist z.B.

$$(1,000000000000001\,0100000000000000 \times 2^0)^{\circ} = 1,000000000000001 \times 2^0$$

da $\vartheta = 1/4 < 1/2$, und es ist

$$(1,000000000000001\,1100000000000000 \times 2^0)^{\circ} = 1,000000000000010 \times 2^0$$

weil hier $\vartheta = 3/4 > 1/2$. Der Grenzfall $\vartheta = 1/2$ tritt ein bei

$$(1,000000000000001\,1000000000000000 \times 2^0)^{\circ} = 1,000000000000010 \times 2^0 \tag{9.15}$$

und bei

$$(1{,}000000000000010\,1000000000000000 \times 2^0)^\circ = 1{,}000000000000010 \times 2^0 \qquad (9.16)$$

In (9.15) ist $\xi 2^{15} = 1000000000000001$ eine ungerade Zahl, weshalb nicht $(-1)^{\mathfrak{v}}\xi 2^e$, sondern der andere nächstgelegene Gitterpunkt $(-1)^{\mathfrak{v}}(\xi 2^e + 2^{e-15})$ als Rundungswert genommen werden muss. In (9.16) ist $\xi 2^{15} = 1000000000000010$ dagegen eine gerade Zahl, es muss $(-1)^{\mathfrak{v}}\xi 2^e$ als Rundungsgitterpunkt gewählt werden.

In der nachfolgenden Hilfsprozedur sind die besprochenen Rundungsarten implementiert.

Prozedur I3eRnd

Ein normalisiertes, *nicht exaktes* Zwischenergebnis wird gerundet.

Input

$\mathbf{r}_{21:20:19:18}$	Die Mantisse des Zwischenergebnisses
$\mathbf{r}_{23:22}$	Der echte Exponent des Zwischenergebnisses
$\mathfrak{t}$	Das Vorzeichen des Ergebnisses

Output

$\mathbf{r}_{21:20}$	Die gerundete Ergebnismantisse
$\mathbf{r}_{23:22}$	Der echte Exponent des Ergebnisses
$\mathfrak{v}$	Gesetzt bei ungültigem Rundungsmodus.

Es wird das Register $\mathbf{r}_{16}$ benutzt. Die Prozedur testet nicht auf Unter- oder Überlauf.

```
I3eRnd:   lds   r16,I3eRndg   2    Rundungsmodus laden
          lsl   r16           1    entsprechendes Statubit setzen
          breq  I3eRndN       1/2  Runden zum nächstgel. Gitterpunkt
          brhs  I3eRndD       1/2  Runden nach unten
          brmi  I3eRndU       1/2  Runden nach oben
          brcs  I3eRnd0       1/2  Runden durch Abschneiden
          sev                 1    v ← 1 da ungültiger Rundungsmodus
          ret                 4
I3eRndD:  brtc  I3eRnd0       1/2  falls z > 0 abschneiden
          rjmp  I3eRndU0      2    andernfalls Aufrunden
I3eRndU:  brts  I3eRnd0       1/2  falls z < 0 abschneiden
I3eRndU0: clr   r16           1    Bereite Add. von 00000000 00000001 vor
          sec                 1    c ← 1
          adc   r20,r16       1    inkrementiere unteres Byte
          brcc  I3eRnd0       1/2  kein Übertrag: ok
          adc   r21,r16       1    addiere Übertrag zum oberen Byte
          brcc  I3eRnd0       1/2  kein Übertrag: ok
          ror   r21           1    Rechtsshift der Mantisse
          ror   r20           1
          inc   r22           1    Inkrementierung des Exponenten
          adc   r23,r16       1
I3eRnd0:  clv                 1    kein Fehler: v ← 0
```

```
23             ret                   4
24  I3eRndN:   cpi   r19,0b10000000  1    Prüfe ϑ
25             brlo  I3eRnd0         1/2  r19 < 80 ⟹ ϑ < 1/2: Abschneiden
26             brne  I3eRndU0        1/2  r19 ≠ 80 ⟹ ϑ > 1/2: Aufrunden
27             tst   r18             1    ϑ = 1/2?
28             brne  I3eRndU0        1/2  r18 ≠ 00 ⟹ ϑ > 1/2: Aufrunden
29             sbrs  r20,0           1/2  ξ2^15 gerade, also r20.0 = 0?
30             rjmp  I3eRnd0         2    falls ja: Abschneiden
31             rjmp  I3eRndU0        2    falls nein: Aufrunden
```

Es ist die erste Aufgabe der Prozedur, den gültigen Rundungsmodus zu ermitteln. Um diesen zu bestimmen, wird das Byte, das die Bitmuster zur Rundungswahl enthält, in $\mathbf{r}_{16}$ geladen. Diese Bitmuster sind so gewählt, dass nach einem Linksshift wie in Zeile *2* die Statusbits $\mathfrak{c}$, $\mathfrak{n}$, $\mathfrak{h}$ und $\mathfrak{z}$ zur Verzweigung gemäß des gewählten Rundungsmodus benutzt werden können. Falls aber keines dieser Statusbits den Wert 1 hat, falls also Zeile *7* erreicht wurde, so ist kein gültiger Rundungsmodus eingestellt worden. Die Prozedur setzt deshalb das Überlaufbit im Statusregister und kehrt mit dieser Fehlermeldung in das rufende Programmstück zurück.

Das Runden durch Abschneiden beginnt in Zeile *22*. Da in diesem Fall nichts zu tun ist, wird das Überlaufbit gelöscht, um anzuzeigen, dass kein Fehler aufgetreten ist, und in die rufende Prozedur zurückgesprungen. Die Zeilen *22–23* dienen der Prozedur als genereller Rücksprungort.

Ab Zeile *11* wird nach oben gerundet. Dort wird das Vorzeichen getestet. Ist $\mathfrak{t} = 1$, also $z < 0$, so entspricht das Aufwärtsrunden dem Abschneiden, also wird in diesem Fall in die Zeile *22* verzweigt. Ist $z > 0$, so ist zum nächsthöheren Gitterpunkt zu runden, das wird durch Addition von 1 zu $\mathfrak{r}_{21:20}$ erreicht. Zu dem Zweck wird in Zeile *12* das Register $\mathbf{r}_{16}$ gelöscht, um damit Null addieren zu können. Da in Zeile *13* das Übertragsbit gesetzt wird, wird in der nächsten Zeile eine 1 zum Inhalt von Register $\mathbf{r}_{20}$ addiert. Gibt diese Addition zum unteren Byte von $\mathbf{r}_{21:20}$ keinen Überlauf in das obere Byte, ist das Ergebnis schon komplett berechnet, und es kann zurückgesprungen werden. Andernfalls wird in Zeile *16* dieser Übertrag zum Inhalt des oberen Bytes von $\mathbf{r}_{21:20}$ addiert. Falls diese Addition keinen Überlauf erzeugt, steht auch hier das Ergebnis schon fest und es kann zurückgesprungen werden. Ist aber doch ein Überlauf eingetreten, so muss das Ergebnis noch normalisiert werden. Das geschieht durch einen Rechtsshift von $\mathbf{r}_{21:20}$ in den Zeilen *18–19*, an dem aber von links her das Übertragsbit $\mathfrak{c}$ beteiligt werden muss. Anschließend ist noch in den nächsten beiden Zeilen der Exponent um 1 zu erhöhen.

Das Runden nach unten, beginnend in Zeile *9*, ist nun schnell erledigt. Ist nämlich $z > 0$, also $\mathfrak{t} = 0$, so entspricht das Runden nach unten dem Abschneiden, kann folglich durch eine Verzweigung in die Zeile *22* erledigt werden. Und der andere Fall, $z < 0$, kann, das Vorzeichen ignorierend, vom Prozedurabschnitt erledigt werden, indem das Runden nach oben durchgeführt wird (Zeile *10*).

Es verbleibt noch das Runden zum nächstgelegenen Gitterpunkt ab Zeile *24*. Hier muss zwischen $\vartheta < 0$, $\vartheta = 0$ und $\vartheta > 0$ unterschieden werden. Die Bitfolge von ϑ wurde im Doppelregister $\mathbf{r}_{19:18}$ übergeben. Insbesondere entspricht $\vartheta = 1/2$ dem Schweif $10000000\,00000000$. Der Vergleich in Zeile *24* kann also eine partielle Aussage über ϑ machen. Ist nämlich $\mathfrak{r}_{19} < 10000000$, so ist mit Sicherheit $\vartheta < 1/2$, und es kann durch Abschneiden gerundet werden. In Zeile *26* gilt also mit Sicherheit $\vartheta \geq 1/2$, folglich ist $\vartheta > 1/2$ im Falle $\mathfrak{r}_{18} \neq 10000000$, und es kann nach oben gerundet werden. Hat die Prozedur demnach die Zeile *27* erreicht, so gilt $\mathfrak{r}_{19} = 10000000$. Ist deshalb $\mathfrak{r}_{18} \neq 0$, so ist $\vartheta > 1/2$, und es kann nach oben gerundet werden. Andernfalls ist $\vartheta = 1/2$, und es muss das unterste Bit von $\xi 2^{15}$, also das unterste Bit von $\mathbf{r_{21:20}}$ getestet werden. Das geschieht in Zeile *29*. Ist nämlich $\mathbf{r_{21:20}}.0 = \mathtt{1}$ oder $\mathbf{r_{20}}.0 = 1$, so muss nach oben gerundet werden, wie es auch durch das Überspringen von Zeile *30* eingeleitet wird, andernfalls muss abgeschnitten werden, was auch durch das Nichtüberspringen von Zeile *30* erreicht wird.

Überraschenderweise erfordert die Implementierung des Rundens relativ geringen Aufwand.

9.4.2.6. Verzweigung

Sehr oft gebraucht wird das Verzweigen auf eine Kategorie hin. Dieses wird über Sprungtabellen ausgeführt. Da die „Mechanik" der Ausführung überall gleich ist, lohnt es sich, den Großteil der Ausführung in eine Prozedur auszulagern. Diese Prozedur wird aber nicht aufgerufen, da sie ja nicht an den Punkt des Aufrufs zurückkehren soll, sondern ein zu berechnendes Ziel anzuspringen hat.

```
1  I3eVzw:  lsl   r16              1   i ← 2i
2           add   r30,r16          1   ʒ ← ʒ + 2i
3           clr   r0               1
4           adc   r31,r0           1
5           lpm   r0,Z+            3   r1:0 ← T[i]
6           lpm   r1,Z             3
7           movw  r31:r30,r1:r0    1   ʒ ← T[i]
8           ijmp                   2   zur Adresse ʒ
```

Das Programmstück erwartet die Adresse T der Sprungtabelle in Register $\mathbf{Z}$, und zwar so, wie sie der Befehl `LPM` erwartet, nämlich einmal linksgeshiftet. Folglich wird der in $\mathbf{r_{16}}$ übergebene Tabellenindex i in Zeile *1* ebenfalls nach links geshiftet, ehe er in den Zeilen *2–4* zur Tabellenadresse addiert wird. In den folgenden beiden Zeilen wird $\mathbf{r_{1:0}}$ dann mit dem vom Index bestimmten Tabelleneintrag geladen, in Zeile *7* wird dieser Tabelleneintrag, also das Sprungziel, nach $\mathbf{Z}$ transferiert, worauf der indirekte Sprung dann erfolgt.

Angewandt wird dieses Programmstück nicht nur mit einer Zahlenkategorie als Index, sondern auch allgemeiner, z.B. mit einem Kategorienpaar als Index. Die nachfolgenden Programme demonstrieren diese Technik mehrfach.

9.4.3. Absolutbetrag

Der Absolutbetrag $|x|$ zählt zu den am einfachsten zu implementierenden Operationen, da lediglich das Vorzeichenbit zu löschen ist. Wird für eine Fließkommazahl $\mathfrak{x}$ der Absolutbetrag definiert als $\|\mathfrak{x}\| = \mathtt{0}\,\centerdot\,\mathfrak{x}_{22}\cdots\mathfrak{x}_0$, so gilt

$$\mathbb{F}_S(\,\|\mathfrak{x}\|\,) = |\mathbb{F}_S(\mathfrak{x})| \tag{9.17}$$

Nach der Definition von $\mathbb{F}_S$ gilt das auch für jedes **NaN**, nicht nur für Bitfolgen, die echte Zahlen darstellen.[20].

[20]Wenn man noch $|\infty^-| = \infty^+$ erklärt.

Der Standard schreibt vor, dass ein **sNaN** ein **qNaN** erzeugen muss, falls kein *invalid exception trap* eingeleitet werden darf. Es geht am wenigsten Information verloren, wenn nur das Bit, das ein **qNaN** von einem **sNaN** unterscheidet, verändert, hier also gesetzt wird. Die zu Rate gezogene Fließkommaeinheit eines PENTIUM erzeugte genau dieses Resultat. Überraschenderweise löscht aber die Betragsfunktion `fabs` des PENTIUM das Vorzeichenbit eines jeden **NaN**, ob ruhig, ob signalisierend. Das verstößt aber bei einem **qNaN** gegen den Standard. Dieser schreibt ausdrücklich vor,[21] dass das Ergebnis einer Operation mit einem Input, wie die Betragsfunktion, angewandt auf ein **qNaN**, dieses **qNaN** sein muss. Aber da letztlich nicht der Standard, sondern der in abermillionen Exemplaren des PENTIUM und seiner Nachfolger implementierte Algorithmus bestimmt, was wahr und was falsch ist, wird hier und auch sonst immer die Version des PENTIUM übernommen.

Prozedur I3eAbs

Das Vorzeichenbit $\mathfrak{S}(\mathfrak{x})$ einer zweidrittel genauen Fließkommazahl $\mathfrak{x}$ wird gelöscht.

Input

$\mathbf{r_{29:28}}$ Adresse einer zweidrittel genauen Fließkommazahl $\mathfrak{x}$

Ist $\mathfrak{x}$ ein **sNaN**, so wird, falls kein *invalid exception trap* erzeugt werden kann, aus $\mathfrak{x}$ durch Setzen von Bit $\mathfrak{x}_{14}$ ein **qNaN** gemacht.

`I3eAbs:`	`ldd`	`r16,Y+2`	2	$\mathfrak{r}_{16} \leftarrow \mathfrak{x}_{23} \cdots \mathfrak{x}_{16}$ d.h. $\mathbf{r_{16}}.7 \leftarrow \mathfrak{S}(\mathfrak{x})$
	`tst`	`r16`	1	$\mathfrak{S}(\mathfrak{x}) = 0$?
	`brpl`	`I3eAbs2`	1/2	falls ja, überspringe Vorzeichenänd.
	`cbr`	`r16,0b10000000`	1	lösche Vorzeichen: $\mathbf{r_{16}}.7 \leftarrow 0$
	`std`	`Y+2,r16`	2	$\mathfrak{S}(\mathfrak{x}) \leftarrow 0$
`I3eAbs2:`	`ldd`	`r17,Y+1`	2	$\mathfrak{r}_{17} \leftarrow \mathfrak{x}_{15} \cdots \mathfrak{x}_{7}$
	`lsl`	`r17`	1	$\mathfrak{r}_{16} \leftarrow \mathfrak{E}(\mathfrak{x})$ durch
	`rol`	`r16`	1	Linksshift
	`cpi`	`r16,0xFF`	1	$\mathfrak{E}(\mathfrak{x}) = 255$? d.h. ist $\mathfrak{x}$ ein **NaN**?
	`brne`	`I3eAbs6`	1/2	falls nicht: Rücksprung
	`tst`	`r17`	1	$\mathfrak{x}_{14} \cdots \mathfrak{x}_{8} = 0000000$?
	`brne`	`I3eAbs4`	1/2	falls nicht, echtes **NaN**
	`ld`	`r16,Y`	2	$\mathfrak{r}_{16} \leftarrow \mathfrak{x}_{7} \cdots \mathfrak{x}_{0}$
	`tst`	`r16`	1	$\mathfrak{x}_{7} \cdots \mathfrak{x}_{0} = 00000000$?
	`breq`	`I3eAbs6`	1/2	falls ja: $\mathfrak{x} = \infty^{+}$ oder $\mathfrak{x} = \infty^{-}$, ok
`I3eAbs4:`	`sbrc`	`r17,7`	1–3	**qNaN** oder **sNaN**?
	`rjmp`	`I3eAbs6`	2	**qNaN**, ok
	`lds`	`r16,I3eCtrl`	2	Kontrollbits laden
	`sbrc`	`r16,IM`	1–3	*invalid operation trap* gestattet?
	`rjmp`	`I3eAbs5`	2	nein, Standard: **qNaN** $\leftarrow$ **sNaN**
	`ldi`	`r16,XABS`	1	Kategorie: Absolutbetrag
	`rcall`	`I3eTrapIE`	3+	*trap* ausführen
	`brhc`	`I3eAbs6`	1/2	hat *trap* gekniffen? falls nein: ok

[21] Abschnitt 6.2.

```
24 I3eAbs5:  ldd   r17,Y+1         2   lade obere 7 Bit der Mantisse
25           sbr   r17,0b01000000  1   qNaN ← sNaN
26           std   Y+1,r17         2   speichere obere 7 Bit der Mantisse
27 I3eAbs6:  ret                   4
```

Da bei der Bildung von $\|\mathfrak{x}\|$ nur in dem sehr unwahrscheinlichen Fall, dass zu prüfen ist, ob ein **NaN** eine Unendlichkeit ist, auf das dritte Byte von $\mathfrak{x}$ zugegriffen werden muss, wird hier auf den Aufruf von `I3eDissect` verzichtet.

Zunächst wird das Vorzeichen von $\mathfrak{x}$ gelöscht, das, wie oben dargelegt, bei jedem $\mathfrak{x}$ zu erfolgen hat, gleich welcher Kategorie. Dazu wird in Zeile *1* das erste Byte von $\mathfrak{x}$ eingelesen und in der nächsten Zeile sein oberstes Bit, d.h. sein Vorzeichen, überprüft. Hat dieses Bit noch nicht den Wert o, so wird es in Zeile *4* gelöscht und das so geänderte Byte zurückgeschrieben.

Bei jedem $\mathfrak{x}$, das kein **NaN** ist, ist damit schon alles getan. Es ist also der Exponent zu überprüfen. Dazu wird in Zeile *6* das zweite Byte von $\mathfrak{x}$ in Register $\mathbf{r_{17}}$ eingelesen, $\mathbf{r_{16}}$ enthält schon das erste Byte von $\mathfrak{x}$, wenn auch mit möglicherweise gelöschtem Bit $\mathfrak{x}_{23}$. Der Exponent $\mathfrak{E}(\mathfrak{x})$ wird durch einen Linkshift von $\mathbf{r_{16:17}}$ in $\mathbf{r_{16}}$ erhalten, wie in den Zeilen *7* und *8* ausgeführt. In der nächsten Zeile erfolgt dann der Test auf ein **NaN** durch Vergleich von $\mathfrak{E}(\mathfrak{x})$ mit 255. Gilt $\mathfrak{E}(\mathfrak{x}) \neq 255$, so hat die Prozedur ihre Schuldigkeit getan, es kann zur Ausgangszeile *27* gesprungen werden.

Liegt aber ein **NaN** vor, so ist noch zu ermitteln, ob es eine Unendlichkeit ist, und das ist genau dann der Fall, wenn $\mathfrak{F}(\mathfrak{x}) =$ ooooooooooooooo gilt. Nun enthält nach dem Linksshift in Zeile *7* $\mathbf{r_{17}}$ nur noch die oberen sieben Bit von $\mathfrak{F}(\mathfrak{x})$, d.h. in Zeile *11* werden gerade diese Bits daraufhin geprüft, ob ihr Wert o ist. Ist er das nicht, so liegt jedenfalls keine Unendlichkeit, sondern ein echtes **NaN** vor. Ist er das jedoch, so muss noch das dritte Byte von $\mathfrak{x}$ gelesen und geprüft werden, was in den Zeilen *13* und *14* ausgeführt wird. Ist dieses Byte ein Nullbyte, so ist $\mathfrak{x}$ eine Unendlichkeit und es kann in Zeile *15* zum Prozedurausgang gesprungen werden.

In Zeile *16* steht also fest, dass $\mathfrak{x}$ ein echtes **NaN** ist. Es muss nun noch zwischen einem **qNaN** und einem **sNaN** unterschieden werden. Dieser Unterschied wird mit Hilfe von $\mathfrak{x}_{14}$ gemacht. Offenbar gilt nach dem Linksshift in Zeile *7* $\mathfrak{x}_{14} = \mathbf{r_{17}}.7$, d.h. in Zeile *16* wird die nächste Zeile genau dann übersprungen, wenn $\mathfrak{x}_{14} = 0$ gilt, wenn $\mathfrak{x}$ also ein **sNaN** ist. Ein **qNaN** führt demnach in die Ausgangszeile *27*.

Damit ist in Zeile *18* $\mathfrak{x}$ als **sNaN** erkannt, es werden die Kontrollbits geladen, und es wird in der nächsten Zeile geprüft, ob ein *invalid exception trap* ausgelöst werden kann. Falls ja, wird dieser mit dem passenden Kategoriencode in $\mathbf{r_{16}}$ aufgerufen. In Zeile *23* wird dann getestet, ob der *trap* noch die Standardreaktion wünscht. Falls ja, wird diese in den Zeilen *24–26* erzeugt, ganz so wie in dem Fall, dass ein *invalid exception trap* nicht gestattet war. Diese Reaktion besteht — wie oben schon diskutiert — aus der geringfügigsten Änderung, die aus dem **sNaN** ein **qNaN** macht.

Angesichts der Tatsache, dass es im Prinzip bei der Berechnung des Absolutbetrages nur darum geht, das Vorzeichenbit zu löschen, gestaltet sich die Implementierung des Standards recht kompliziert: Es ist ein erster Hinweis auf das, was noch kommen wird!

9.4.4. Runden auf eine ganze Zahl

Der Standard verlangt, dass eine Fließkommazahl $\mathfrak{x}$ zu einer ganzen Zahl „gerundet" werden kann, hier $\mathfrak{x}^{\natural}$ genannt. Die Natur dieser ganzen Zahl hängt vom gewählten Rundungsmodus ab. Ist insbesondere das Runden gegen ∞^- eingestellt, so gilt

$$\mathbb{F}_S(\mathfrak{x}^{\natural}) = \lfloor \mathbb{F}_S(\mathfrak{x}) \rfloor$$

d.h. $\mathbb{F}_S(\mathfrak{x}^\natural)$ ist die größte ganze Zahl, die nicht größer als $\mathbb{F}_S(\mathfrak{x})$ ist. Ist das Runden gegen ∞^+ in Effekt, so ist

$$\mathbb{F}_S(\mathfrak{x}^\natural) = \lceil \mathbb{F}_S(\mathfrak{x}) \rceil$$

d.h. $\mathbb{F}_S(\mathfrak{x}^\natural)$ ist die kleinste ganze Zahl nicht kleiner als $\mathbb{F}_S(\mathfrak{x})$. Die Funktionen *floor*, $\lfloor x \rfloor$, und *ceiling*, $\lceil x \rceil$, lassen sich also durch Manipulation des Rundungsmodus berechnen.

In einigen Fällen lässt sich $\mathfrak{x}^\natural$ unabhängig vom Rundungsmodus bestimmen. Ist z.B. $\mathbb{F}_S(\mathfrak{x})$ ganz, so ist natürlich $\mathfrak{x}^\natural = \mathfrak{x}$. Da die beiden Unendlichkeiten sicherlich keinen gebrochenen Anteil haben, sind auch sie „ganz"! Ein **NaN** ist zwar nicht ganz, aber es kann gewiss nicht gerundet werden.

In den verbleibenden Fällen, bei nichtnormalisierten und nicht ganzen normalisierten $\mathfrak{x}$, ist bei der Berechnung von $\mathfrak{x}^\natural$ der eingestellte Rundungsmodus zu beachten. Es sei $x = \mathbb{F}_S(\mathfrak{x})$.

Ist $\mathfrak{x}$ nichtnormalisiert, so gilt $0 < |x| \leq 2^{-127}$. Für $x < 0$ ist dann offenbar $x^{\underline{\vee}} = 0$, $x^{\triangledown} = -1$, $x^{\vartriangle} = 0$ und $x^{\circ} = 0$. Für $x > 0$ ist $x^{\underline{\vee}} = 0$, $x^{\triangledown} = 0$, $x^{\vartriangle} = 1$ und $x^{\circ} = 0$. Hier ist $\mathfrak{x}^\natural$ also auf einfache Weise durch die Erzeugung der Bitfolgen von 0 und 1 zu erhalten.

Sei jetzt $\mathfrak{x}$ normalisiert, und es sei $e = \exists(\mathfrak{x})$. Es ist dann

$$x = \left(1 + \frac{\mathfrak{f}_{-1}}{2^1} + \cdots + \frac{\mathfrak{f}_{-15}}{2^{15}}\right) 2^e \tag{9.18}$$

Man sieht direkt, dass x für $e \geq 15$ ganz ist. Es bleiben also nur die Fälle mit $e < 15$ zu betrachten.

Der Fall $e < 0$ lässt sich ähnlich abwickeln wie der Fall eines nichtnormalisierten $\mathfrak{x}$. Es ist ja $|x| < 1$, d.h. x ist nicht ganz, und man erhält sofort $x^{\underline{\vee}} = 0$, $x^{\triangledown} = -1$ und $x^{\vartriangle} = 0$ für $x < 0$, $x^{\underline{\vee}} = 0$, $x^{\triangledown} = 0$ und $x^{\vartriangle} = 1$ für $x > 0$. Beim verbleibenden Rundungsmodus, also beim Runden zum nächstgelegenen Gitterpunkt, ist zu beachten, dass es bei $|x| = 1/2$ zu einer geraden Zahl führen muss! Für $x < 0$ ergibt sich deshalb $x^{\circ} = 0$ für $x \geq -1/2$ und $x^{\circ} = -1$ für $x < -1/2$, und für $x > 0$ ist $x^{\circ} = 0$ für $x \leq 1/2$ und $x^{\circ} = 1$ für $x > 1/2$.

Der Fall $e = 0$ ist um ein weniges komplizierter. Zunächst ist x ganzzahlig für $\mathfrak{f}_{-1} = \cdots = \mathfrak{f}_{-15} = \mathsf{o}$, es sei deshalb $\mathfrak{F}(\mathfrak{x}) \neq \mathsf{ooooooooooooooo}$. Dann ist $1 \leq x < 2$, und man erhält $x^{\underline{\vee}} = -1$, $x^{\triangledown} = -2$ und $x^{\vartriangle} = -1$ für $x < 0$, $x^{\underline{\vee}} = 1$, $x^{\triangledown} = 1$ und $x^{\vartriangle} = 2$ für $x > 0$. Für das Runden zum nächstgelegenen Gitterpunkt muss

$$\vartheta = \frac{\mathfrak{f}_{-1}}{2^1} + \cdots + \frac{\mathfrak{f}_{-15}}{2^{15}} \tag{9.19}$$

betrachtet werden. Es ist $|x| = 1 + \vartheta$ und $0 < \vartheta < 1$. Für $x < 0$ liest man Folgendes ab: $x^{\circ} = -1$ für $\vartheta < 1/2$, $x^{\circ} = -2$ für $\vartheta > 1/2$ und schließlich, der Regel folgend, dass bei zwei gleich weit entfernten Gitterpunkten derjenige zu wählen ist, welcher nach entsprechender Skalierung eine gerade Zahl ergibt, $x^{\circ} = -2$ für $\vartheta = 1/2$. Entsprechend erhält man für $x > 0$: $x^{\circ} = 1$ für $\vartheta < 1/2$, $x^{\circ} = 2$ für $\vartheta \geq 1/2$.

Nach diesem Muster kann auch für $0 < e < 15$ vorgegangen werden. Sei dazu

$$
\begin{aligned}
y &= \left(1 + \frac{\mathfrak{f}_{-1}}{2^1} + \cdots + \frac{\mathfrak{f}_{-e}}{2^e}\right) 2^e \\
\vartheta &= \frac{\mathfrak{f}_{-(e+1)}}{2^{e+1}} + \cdots + \frac{\mathfrak{f}_{-15}}{2^{15}}
\end{aligned}
\tag{9.20}
$$

Es ist $|x| = y + \vartheta 2^e$, y ganzzahlig und $0 \le \vartheta < 1$. Für $x > 0$ bedeutet das, dass y der zu x nächstgelegene kleinere *ganzzahlige* Gitterpunkt ist, d.h. x liegt zwischen den ganzzahligen Gitterpunkten y und $y+1$. Entsprechend liegt x für $x < 0$ zwischen den ganzzahligen Gitterpunkten $-y-1$ und $-y$.

Da x offensichtlich ganzzahlig ist für $\vartheta = 0$, sei $\vartheta > 0$ angenommen. Dann folgt $x^{\underline{\vee}} = -y$, $x^{\nabla} = -y-1$ und $x^{\Delta} = -y$ für $x < 0$, entsprechend $x^{\underline{\vee}} = y$, $x^{\nabla} = y$ und $x^{\Delta} = y+1$ für $x > 0$. Beim Runden zum nächstgelegenen Gitterpunkt hängt das Ergebnis von ϑ ab. Für $x < 0$ ist $x^{\circ} = -y$ für $\vartheta < 1/2$, $x^{\circ} = -y-1$ für $\vartheta > 1/2$ und bei $\vartheta = 1/2$ $x^{\circ} = -y$ falls $\mathfrak{f}_{-e} = 0$, andernfalls $x^{\circ} = -y-1$. Analog ist für $x > 0$ $x^{\circ} = y$ für $\vartheta < 1/2$, $x^{\circ} = y+1$ für $\vartheta > 1/2$ und bei $\vartheta = 1/2$ $x^{\circ} = y$ falls $\mathfrak{f}_{-e} = 0$, andernfalls $x^{\circ} = y+1$. Die Bedingung $\mathfrak{f}_{-e} = 0$ ist ja genau dann wahr, wenn y eine gerade Zahl ist.

Prozedur I3eInt

Eine zweidrittel genaue Fließkommazahl $\mathfrak{x}$ wird in eine ganze Zahl umgewandelt.

Input

$r_{29:28}$ Adresse einer zweidrittel genauen Fließkommazahl $\mathfrak{x}$

Ist $\mathfrak{x}$ nicht schon ganzzahlig, hängt der berechnete Wert vom eingestellten Rundungsmodus ab.

```
I3eIntKat:  .dw    I3eIntNor                  Sprungziel für: normalisiert
            .dw    I3eIntNul                                  o+ oder o−
            .dw    I3eIntDen                                  nicht normalisiert
            .dw    I3eIntInf                                  ∞+ oder ∞−
            .dw    I3eIntNan                                  NaN
.equ I3eIntKatL = LOW(2*I3eIntKat)
.equ I3eIntKatH = HIGH(2*I3eIntKat)
I3eInt:     rcall  I3eDissect         3+   zerlege die Zahl
            ldi    r30,I3eIntKatL     1    lade Z mit Adr. der Sprungtab.
            ldi    r31,I3eIntKatH     1     für Befehl lmp vorbereitet
            rjmp   I3eVzw             2+   verzweige nach Kat. mit Helfer
I3eIntNor:  cpi    r17,15+127         1    e ≥ 15?
            brsh   I3eIntRet          1/2  falls ja: Zahl ist ganzzahlig
            cpi    r17,0+127          1    vergleiche e mit 0
            breq   I3eIntEq0          1/2  verzweige falls e = 0
            brlo   I3eIntLt0          1/2  verzweige falls e < 0
            rjmp   I3eIntL15          2    bearbeite den Fall e < 15
I3eIntEq0:  tst    r18                1    unt. Byte der Mantisse = 0?
```

```
                brne   I3eIntEq0R        1/2  falls nein: nicht ganzzahlig
                cpi    r19,0b1000000     1    𝔽S(𝔯) = 1?
                breq   I3eIntRet         1/2  falls ja: fertig
I3eIntEq0R:     lds    r16,I3eRndg       2    𝔯16 ← Rundungskontrolle
                lsl    r16               1    Linksshift setzt Statusbits
                breq   I3eIntEq0n        1/2  Rund. zum nächsten Gitterp.
                brhs   I3eIntEq0d        1/2  Abrunden
                brmi   I3eIntEq0u        1/2  Aufrunden
                brcs   I3eIntPm1         1/2  Abschneiden
                rjmp   I3eIntIM          2    c
I3eIntEq0n:     lsl    r19               1    r19.6 = 1? dann ϑ ≥ 1/2
                brpl   I3eIntPm1         1/2  nein: 𝔽S(𝔯♮) = ±1
                rjmp   I3eIntPm2         2    ja: 𝔽S(𝔯♮) = ±2
I3eIntEq0d:     brtc   I3eIntPm1         1/2  x ≥ 0 ⇒ 𝔽S(𝔯♮) = 1
I3eIntPm2:      clr    r20               1    erzeuge ±2
                ldi    r21,0b00000000    1    2 = 𝔽S(01000000 00000000 00000000)
                ldi    r22,0b01000000    1
                bld    r22,7             1    falls x < 0 erzeuge −2
                rjmp   I3eIntXM          2    signal inexact exception
I3eIntEq0u:     brtc   I3eIntPm2         1/2  x ≥ 0 ⇒ 𝔽S(𝔯♮) = 2
                rjmp   I3eIntMi1         2    x < 0 ⇒ 𝔽S(𝔯♮) = −1
I3eIntLt0:      lds    r16,I3eRndg       2    𝔯16 ← Rundungskontrolle
                lsl    r16               1    Linksshift setzt Statusbits
                breq   I3eIntLt0n        1/2  Rund. zum nächsten Gitterp.
                brhs   I3eIntLt0d        1/2  Abrunden
                brmi   I3eIntLt0u        1/2  Aufrunden
                brcs   I3eIntPm0         1/2  Abschneiden
I3eIntIM:       lds    r16,I3eCtrl       2    ungült. Rundungsmodus
                sbrc   r16,IM            1/2  Falltürfunktion zugelassen?
                rjmp   I3eIntIMs         2    nein: zur Standardreaktion
                ldi    r16,XINT          1    𝔯16 ← Prozedurkennung
                rcall  I3eTrapIE         3    rufe Falltürfunktion auf
                brhc   I3eIntRet         1/2  falls 𝔥 = 0, fertig
I3eIntIMs:      lds    r16,I3eStat       2    lade Statusbyte
                sbr    r16,1 << IM       1    setze Statusbit invalid operation
                sts    I3eStat,r16       2    speichere Statusbyte
                ldi    r20,0b00000000    1    erzeuge Standardreaktion indf
                ldi    r21,0b11000000    1    indf = 11111111 11000000 00000000
                ldi    r22,0b11111111    1
I3eIntSt:       st     Y,r20             2    speichere 𝔯22:21:20 als
                std    Y+1,r21           2    Ergebnis in der übergebenen
                std    Y+2,r22           2    Variable ab
I3eIntRet:      ret                      4
I3eIntXM:       lds    r16,I3eCtrl       2    ungenaues Resultat: lade Kontrollbyte
                sbrc   r16,XM            1/2  Falltürfunktion zugelassen?
```

	`rjmp`	`I3eIntXMs`	2	nein: zur Standardreaktion
	`ldi`	`r16,XINT`	1	$\mathfrak{r}_{16} \leftarrow$ Prozedurkennung
	`rcall`	`I3eTrapXE`	3	rufe Falltürfunktion auf
	`brhc`	`I3eIntRet`	1/2	falls $\mathfrak{h} = 0$, fertig
`I3eIntXMs:`	`st`	`Y,r20`	2	speichere $\mathfrak{r}_{22:21:20}$ als
	`std`	`Y+1,r21`	2	Ergebnis in der übergebenen
	`std`	`Y+2,r22`	2	Variable ab
	`lds`	`r16,I3eStat`	2	lade Statusbyte
	`sbr`	`r16,1 << XM`	1	setze Statusbit *inexact result*
	`sts`	`I3eStat,r16`	2	speichere Statusbyte
	`ret`		4	
`I3eIntLt0n:`	`cpi`	`r17,126`	1	$e < -1$, also $\|x\| < 1/2$?
	`brlo`	`I3eIntPm0`	1/2	$\|x\| < 1/2 \Rightarrow \mathfrak{x}^\natural \in \{\mathfrak{o}^+, \mathfrak{o}^-\}$
	`tst`	`r18`	1	$\|x\| > 1/2$?
	`breq`	`I3eIntLt0h`	1/2	bei 0 noch nicht entschieden
`I3eIntPm1:`	`clr`	`r20`	1	$\|x\| > 1/2 \Rightarrow \mathfrak{x}^\natural \in \{\mathfrak{o}^+, \mathfrak{o}^-\}$
	`ldi`	`r21,0b10000000`	1	$1 = \mathbb{F}_S(00111111\ 10000000\ 00000000)$
	`ldi`	`r22,0b00111111`	1	
	`bld`	`r22,7`	1	Vorzeichen aus $\mathfrak{t}$ einfügen
	`rjmp`	`I3eIntXM`	2	*signal inexact exception*
`I3eIntLt0h:`	`cpi`	`r19,0b10000000`	1	$\|x\| = 1/2$?
	`breq`	`I3eIntPm0`	1/2	$\|x\| = 1/2 \Rightarrow \mathfrak{x}^\natural \in \{\mathfrak{o}^+, \mathfrak{o}^-\}$
	`rjmp`	`I3eIntPm1`	2	$\|x\| > 1/2 \Rightarrow \mathbb{F}_S(\mathfrak{x}^\natural) = \pm 1$
`I3eIntLt0d:`	`brts`	`I3eIntMi1`	1/2	$x < 0 \Rightarrow \mathbb{F}_S(\mathfrak{x}^\natural) = -1$
`I3eIntPl0:`	`clr`	`r20`	1	$x > 0 \Rightarrow \mathfrak{x}^\natural = \mathfrak{o}^+$
	`clr`	`r21`	1	$\mathfrak{o}^+ = 00000000\ 00000000\ 00000000$
	`clr`	`r22`	1	
	`rjmp`	`I3eIntXM`	2	*signal inexact exception*
`I3eIntMi1:`	`clr`	`r20`	1	erzeuge -1
	`ldi`	`r21,0b10000000`	1	$-1 = \mathbb{F}_S(10111111\ 10000000\ 00000000)$
	`ldi`	`r22,0b10111111`	1	
	`rjmp`	`I3eIntXM`	2	*signal inexact exception*
`I3eIntLt0u:`	`brts`	`I3eIntPm0`	1/2	$x < 0 \Rightarrow \mathfrak{x}^\natural = \mathfrak{o}^-$
`I3eIntPl1:`	`clr`	`r20`	1	erzeuge 1
	`ldi`	`r21,0b10000000`	1	$1 = \mathbb{F}_S(00111111\ 10000000\ 00000000)$
	`ldi`	`r22,0b00111111`	1	
	`rjmp`	`I3eIntXM`	2	*signal inexact exception*
`I3eIntPm0:`	`clr`	`r20`	1	erzeuge $\mathfrak{o}^+$ oder $\mathfrak{o}^-$
	`clr`	`r21`	1	$\mathfrak{o}^+ = 00000000\ 00000000\ 00000000$
	`clr`	`r22`	1	
	`bld`	`r22,7`	1	Vorzeichen aus $\mathfrak{t}$ einfügen
	`rjmp`	`I3eIntXM`	2	*signal inexact exception*
`I3eIntDen:`	`lds`	`r16,I3eRndg`	2	$\mathfrak{x}$ nichtnormal.: $\mathfrak{r}_{16} \leftarrow$ Rundungskontr.
	`lsl`	`r16`	1	Linksshift setzt Statusbits
	`breq`	`I3eIntPm0`	1/2	zum nächsten Gitterp. $\mathfrak{o}^+$ oder $\mathfrak{o}^-$

```
               brhs   I3eIntLt0d            1/2  abw. Runden: wie normal. $e < 0$
               brmi   I3eIntLt0u            1/2  aufw. Runden: wie normal. $e < 0$
               brcs   I3eIntPm0             1/2  abschneiden zu $\mathfrak{o}^+$ oder $\mathfrak{o}^-$
I3eIntL15M:    .dw    0b1100000000000000         $\mathfrak{m}_y(1) \quad \alpha = \mathcal{A}(\mathfrak{m}_y(1))$
               .dw    0b1110000000000000         $\mathfrak{m}_y(2)$
               .dw    0b1111000000000000         $\mathfrak{m}_y(3)$
               .dw    0b1111100000000000         $\mathfrak{m}_y(4)$
               .dw    0b1111110000000000         $\mathfrak{m}_y(5)$
               .dw    0b1111111000000000         $\mathfrak{m}_y(6)$
               .dw    0b1111111100000000         $\mathfrak{m}_y(7)$
               .dw    0b1111111110000000         $\mathfrak{m}_y(8)$
               .dw    0b1111111111000000         $\mathfrak{m}_y(9)$
               .dw    0b1111111111100000         $\mathfrak{m}_y(10)$
               .dw    0b1111111111110000         $\mathfrak{m}_y(11)$
               .dw    0b1111111111111000         $\mathfrak{m}_y(12)$
               .dw    0b1111111111111100         $\mathfrak{m}_y(13)$
               .dw    0b1111111111111110         $\mathfrak{m}_y(14)$
.equ I3eIntL15ML = LOW(2*I3eIntL15M)             $2\alpha$
.equ I3eIntL15MH = HIGH(2*I3eIntL15M)
I3eIntL15:     ldi    r30,I3eIntL15ML       1    $\mathfrak{z} \leftarrow 2\alpha$
               ldi    r31,I3eIntL15MH       1
               mov    r16,r17               1    $\mathfrak{r}_{16} \leftarrow \mathbf{e}(\mathfrak{x})$
               subi   r16,128               1    $\mathfrak{r}_{16} \leftarrow e - 1$
               lsl    r16                   1    $\mathfrak{r}_{16} \leftarrow 2(e-1)$
               add    r30,r16               1    $\mathfrak{z} \leftarrow 2\alpha + 2(e-1)$
               clr    r0                    1
               adc    r31,r0                1
               lpm    r2,Z+                 3    $\mathfrak{r}_{3:2} \leftarrow \mathfrak{m}_y(e)$
               lpm    r3,Z                  3
               movw   r21:r20,r19:r18       1    $\mathfrak{r}_{21:20} \leftarrow 1\,.\,\mathfrak{F}(\mathfrak{x})$
               and    r21,r3                1    $\mathfrak{r}_{21:20} \leftarrow 1\,.\,\mathfrak{F}(\mathfrak{x}) \wedge \mathfrak{m}_y(e)$
               and    r20,r2                1
               com    r3                    1    $\mathfrak{r}_{3:2} \leftarrow \mathfrak{m}_\vartheta(e) = \overline{\mathfrak{m}_y(e)}$
               com    r2                    1
               and    r19,r3                1    $\mathfrak{r}_{19:18} \leftarrow 1\,.\,\mathfrak{F}(\mathfrak{x}) \wedge \mathfrak{m}_\vartheta(e)$
               and    r18,r2                1
               mov    r0,r19                1    $\mathfrak{r}_{19:18} = 0?$
               or     r0,r18                1
               breq   I3eIntNul             1/2  falls ja: $\mathfrak{x}^\natural \in \{\mathfrak{o}^+, \mathfrak{o}^-\}$
               movw   r5:r4,r3:r2           1    erzeuge $\mathfrak{m}_{1/2}(e)$ in $\mathbf{r}_{5:4}$
               lsr    r5                    1    $\mathfrak{r}_{5:4} \leftarrow \mathfrak{m}_\vartheta(e)/2 \quad \mathfrak{c} \leftarrow 1!$
               ror    r4                    1
               clr    r0                    1    $\mathfrak{r}_{5:4} \leftarrow \mathfrak{m}_\vartheta(e)/2 + 1 = \mathfrak{m}_{1/2}(e)$
               adc    r4,r0                 1
```

```
              adc   r5,r0              1
              lds   r16,I3eRndg        2    r16 ← Rundungskontrolle
              lsl   r16                1    Linksshift setzt Statusbits
              breq  I3eIntL15n         1/2  Rund. zum nächsten Gitterp.
              brhs  I3eIntL15d         1/2  Abrunden
              brmi  I3eIntL15u         1/2  Aufrunden
              brcs  I3eIntL15y         1/2  Abschneiden: y ausgeben
              rjmp  I3eIntIM           2    Aufrunden
I3eIntL15y:   lsl   r21                1    r21 für Rechtsssshift vorbereiten
              mov   r22,r17            1    r22 ← e(x)
              lsr   r22                1    Bit für Vorz. freimachen
              ror   r21                1    unteres Bit des Exp. weiterschieben
              bld   r22,7              1    Vorzeichen aus t einfügen
              rjmp  I3eIntXM           2    signal inexact exception
I3eIntL15p:   lsl   r4                 1    skalierte 1 als 2m1/2(e) berechnen
              rol   r5                 1
              add   r20,r4             1    y + 1 berechnen
              adc   r21,r5             1
              brcc  I3eIntL15y         1/2  ohne Überlauf: y + 1 ausgeben
              ror   r21                1    Mantisse rechts shiften,
              ror   r20                1    Übertragsbit hineinschieben
              inc   r17                1    e(x) anpassen
              rjmp  I3eIntL15y         2    y + 1 ausgeben
I3eIntL15d:   brtc  I3eIntL15y         1/2  x > 0 ⇒ x♮ = y
              rjmp  I3eIntL15p         2    x < 0 ⇒ x♮ = −y − 1
I3eIntL15u:   brts  I3eIntL15y         1/2  x < 0 ⇒ x♮ = −y
              rjmp  I3eIntL15p         2    x > 0 ⇒ x♮ = y + 1
I3eIntL15n:   cp    r19,r5             1    ϑ = 1/2?
              brlo  I3eIntL15y         1/2  ϑ < 1/2 ⇒ x♮ ∈ {+y, −y}
              brne  I3eIntL15p         1/2  ϑ > 1/2 ⇒ x♮ ∈ {y + 1, −y − 1}
              cp    r18,r4             1    noch einmal ϑ = 1/2?
              brlo  I3eIntL15y         1/2  ϑ < 1/2 ⇒ x♮ ∈ {+y, −y}
              brne  I3eIntL15p         1/2  ϑ > 1/2 ⇒ x♮ ∈ {y + 1, −y − 1}
              movw  r3:r2,r5:r4        1    skalierte 1 in r3:2 berechnen
              lsl   r2                 1    r3:2 ← 2m1/2(e)
              rol   r3                 1
              and   r2,r20             1    ist y gerade?
              and   r3,r21             1
              or    r2,r3              1    genau dann, wenn r3:2 = 0
              breq  I3eIntL15y         1/2  y gerade ⇒ x♮ ∈ {+y, −y}
              rjmp  I3eIntL15p         2    y unger. ⇒ x♮ ∈ {y + 1, −y − 1}
I3eIntNul:    ret                      4    Null bleibt Null
I3eIntInf:    ret                      4    unendlich bleibt unendlich
I3eIntNan:    lsl   r19                1    qNaN oder sNaN?
              brmi  I3eIntNul          1/2  qNaN bleibt qNaN
```

```
198              ldi    r16,Ie3Ctrl      1    lade Kontrollbyte
199              sbrc   r16,IM           1    invalid exception maskiert?
200              rjmp   I3eIntNaS        2    falls ja, erzeuge qNaN
201              ldi    r16,XINT         1    r16 ← Prozedurkennung
202              rcall  I3eTrapIE        3    rufe Falltürfunktion auf
203              brhc   I3eIntNul        1/2  falls h = 0, fertig
204  I3eIntNaS:  ldd    r17,Y+1          2    lade oberes Mantissenbyte
205              sbr    r17,0b01000000   1    erzeuge qNaN
206              std    Y+1,r17          2    speichere oberes Mantissenbyte
207              ret                     4
```

Es ist die erste Aufgabe der Prozedur, die Zahl in ihre Bestandteile Vorzeichen, Mantisse und Exponent zu zerlegen. Das erfolgt in Zeile *8* durch Aufruf der Prozedur `I3eDissect`. Zur Erinnerung: Diese legt das Vorzeichen in $\mathfrak{t}$, die Mantisse in $\mathbf{r_{19:18}}$ und den Exponenten in $\mathbf{r_{17}}$ ab, außerdem wird $\mathbf{r_{16}}$ mit dem *Kategoriencode* geladen, also mit `NOR` für eine normalisierte Zahl usw. Anschließend wird Register **Z** mit der Anfangsadresse der Sprungtabelle in den Zeilen *1* bis *5* geladen und zwar so, wie es für den Befehl `LPM` nötig ist, d.h. wie in den Zeilen *6–7* um eine Position nach links geshiftet. Dann wird in Zeile *11* der *Helfer* `I3eVzw` angesprungen. Dieser benutzt den Kategoriencode als einen Index in die Sprungtabelle, liest die entsprechende Adresse aus dem Programmspeicher und gibt die Kontrolle dorthin ab. Bei einer normalisierten Zahl wird also z.B. die Prozedurzeile *12* angesprungen.
Die Kategorien `NUL` und `INF` sind besonders einfach abzuhandeln, da das übergebene $\mathfrak{x}$ dann schon selbst das Ergebnis ist, siehe dazu die Zeilen *192* und *193*.[22]
Die Kategorie `NAN` ist nur wenig komplizierter. Es beginnt damit, dass in Zeile *196* getestet wird, ob ein **qNaN** oder ein **sNaN** vorliegt. Zur Erinnerung: Als Indikator für ein **qNaN** oder ein **sNaN** dient das Bit der Mantisse, das direkt rechts neben dem Binärkomma liegt. Dieses Bit wird von dem Shiftbefehl in Zeile *196* in die Vorzeichenposition von $\mathbf{r_{19}}$ geschoben, kann dann also mit dem Verzweigungsbefehl `BRMI` getestet werden. Ist das Vorzeichen gesetzt, ist das **NaN** ein *quiet* **NaN**, das, wie der Name suggeriert, von der Prozedur keinerlei Aktion erfordert, sondern sozusagen in sich selbst ruht. Bei einem **sNaN** dagegen erfordert der Standard, dass, falls erlaubt, als Signal ein *trap*, eine Falltürfunktion, aufgerufen wird oder aber aus dem **sNaN** ein **qNaN** gemacht wird. In Zeile *198* wird deshalb das Kontrollbyte geladen, um in der nächsten Zeile zu prüfen, ob der Aufruf einer Falltürfunktion erlaubt ist. Ist das der Fall, so wird in Zeile *201* $\mathbf{r_{16}}$ mit dem *Ausführungskennzeichner* `XINT` geladen und dann in der nächsten Zeile die *invalid exceptions* zugeordnete Falltürfunktion aufgerufen. $\mathfrak{h} = 1$ zeigt nach der Rückkehr von `I3eTrapIE` an, ob `I3eInt` noch die Standardantwort auf ein **sNaN** als Operand erzeugen muss. Das wird in Zeile *203* geprüft. Ist $\mathfrak{h} = 1$, so muss aus dem **sNaN** auf die übliche Weise ein **qNaN** gemacht werden. Dazu wird in Zeile *204* das obere Mantissenbyte von $\mathfrak{x}$ in $\mathbf{r_{17}}$ geladen und in der nächsten Zeile $\mathbf{r_{17}}.6$, also das Bit rechts neben dem Binärkomma, auf 1 gesetzt, anschließend wird das Mantissenbyte zurückgeschrieben.
In der Kategorie `NOR`, also bei den normalisierten Fließkommazahlen, werden vier Bereiche unterschieden: $e < 0$, $e = 0$, $0 < e < 15$ und $e \geq 15$, dabei ist $e = \exists(\mathfrak{x})$. In Zeile *12* wird zu Beginn getestet, ob der Fall $e \geq 15$ vorliegt. Dazu wird wegen $\mathfrak{r}_{17} = \mathbf{e}(\mathfrak{x})$ nicht mit 15, sondern mit $15 + 127$ verglichen. Gilt $\mathfrak{r}_{17} \geq 15 + 127$, also $e \geq 15$, so stellt $\mathfrak{x}$ eine ganze Zahl dar, und die Prozedur kann ohne weitere Arbeit in Zeile *61* verlassen werden. In Zeile *14* wird dann $\mathfrak{r}_{17}$ mit 127, also e mit 0 verglichen. Zeile *15* verzweigt daraufhin im Fall $e = 0$ zu Zeile *18*, und

[22] Diese beiden Zeilen sind natürlich überflüssig, da irgendeine der sonstigen Zeilen mit dem Befehl `RET` benutzt werden könnte.

die nächste Zeile verzweigt im Falle $e < 0$ zu Zeile *40*. In Zeile *17* gilt deshalb $0 < e < 15$, dieser Fall wird aber nicht direkt ab Zeile *17* abgehandelt, sondern in einem weiter unten liegenden Teil der Prozedur, der in Zeile *17* angesprungen wird. Der Grund liegt darin, dass die Größe der Prozedur es unmöglich macht, dass jeder ihrer Teile von jedem anderen durch einen bedingten Sprung erreicht werden kann.

Zunächst der Fall $e = 0$. Hier kann $\mathfrak{x}$ nur eine einzige ganze Zahl darstellen, nämlich $\mathbb{F}_S(\mathfrak{x}) = 1$, die zugehörige Mantisse ist $\mathfrak{r}_{19:18} = 10000000\,00000000$. In Zeile *18* wird deshalb getestet, ob $\mathfrak{r}_{18} = 0$ gilt. Ist das so, wird in Zeile *20* getestet, ob $\mathfrak{r}_{19} = 10000000$ gilt. Ist das auch wahr, so stellt $\mathfrak{x}$ die ganze Zahl 1 dar und es kann direkt einer der Ausgänge der Prozedur angesprungen werden. Wird also die Zeile *22* erreicht, so stellt $\mathfrak{x}$ keine ganze Zahl dar, und der von der Prozedur zu berechnende Wert hängt vom gewählten Rundungsmodus ab. Um diesen zu bestimmen, wird das Byte, das die Bitmuster zur Rundungswahl enthält, in $\mathbf{r_{16}}$ geladen. Diese Bitmuster sind, wie schon weiter vorne beschrieben, so gewählt, dass nach einem Linksshift wie in Zeile *23* die Statusbits $\mathfrak{c}$, $\mathfrak{n}$, $\mathfrak{h}$ und $\mathfrak{z}$ zur Verzweigung gemäß des gewählten Rundungsmodus benutzt werden können. Falls aber keines dieser Statusbits den Wert 1 hat, falls also Zeile *28* erreicht wurde, so ist kein gültiger Rundungsmodus eingestellt worden. Allerdings kann ein ungültiger Rundungsmodus auch dann eingestellt worden sein, obwohl einer der Tests in den Zeilen *24–27* erfolgreich verläuft.[23] Wie auch immer der ungültige Rundungsmodus zustande gekommen ist, die Prozedur hat keine andere Wahl als aufzugeben. Sie tut das, indem sie einen *Ausnahmezustand* (*invalid operation exception*) signalisiert, hier konkret durch einen Sprung von Zeile *18* in die Zeile *46*. Dort wird zunächst geprüft, ob ein *trap* (eine Falltürfunktion) aufzurufen ist, ob also Bit `IM` in Byte `I3eCtrl` den Wert 0 hat. Ist das der Fall, so wird Zeile *48* übersprungen, $\mathbf{r_{16}}$ wird mit dem *Prozedurcode* `XINT` geladen, und die Falltürfunktion wird in Zeile *50* aufgerufen. Ist nach diesem Aufruf $\mathfrak{h} = 1$, so muss noch die Standardantwort auf den Ausnahmezustand erzeugt werden, ganz so wie in dem Falle, dass der Aufruf einer Falltürfunktion verboten ist (also von Zeile *48* herkommend). Diese Standardantwort besteht darin, ein Statusbit zu setzen und ein *unbestimmtes* **qNaN** zu erzeugen, **indf**[24] genannt. Es hat das Bitmuster 11111111 11000000 00000000, ist demnach ein **qNaN**. Das Statusbit, das den Ausnahmezustand *invalid operation* anzeigt, wird in den Zeilen *52–54* gesetzt, indem das Statusbyte `I3eStat` in $\mathbf{r_{16}}$ geladen, dort das Bit `IM` gesetzt, und das Statusbyte wieder zurückgeschrieben wird. Anschließend wird in den Zeilen *55–57* $\mathbf{r_{22:21:20}}$ mit **indf** geladen, in den folgenden drei Zeilen wird $\mathfrak{x}$ dann mit $\mathfrak{r}_{22:21:20}$ überschrieben. Die Prozedur hat dann ihre Schuldigkeit getan.

Es geht nun im Fall $e = 0$ weiter mit dem Rundungsmodus *round to nearest*,[25] also weiter in Zeile *29*, von Zeile *24* herkommend. Hier hängt der zu erzeugende Wert von ϑ ab, siehe oben (9.19). Bei $\vartheta < 1/2$ ist ± 1, bei $\vartheta \geq 1/2$ ist ± 2 zu erzeugen, abhängig vom Vorzeichen von $\mathfrak{x}$. Nun wird ϑ von den unteren 15 Bit der Mantisse, also von den unteren Bit von $\mathbf{r_{19:18}}$ dargestellt, es genügt deshalb, $\mathbf{r_{19:18}}.14$ oder $\mathbf{r_{19}}.6$ zu betrachten: $\mathbf{r_{19}}.6 = 1$ bedeutet $\vartheta \geq 1/2$, $\mathbf{r_{19}}.6 = 0$ bedeutet $\vartheta < 1/2$. Dieses Bit kann nach dem Linksshift in Zeile *29* über das Statusbit $\mathfrak{n}$ getestet werden. Ist es nicht gesetzt, ist also $\vartheta < 1/2$, so wird zur Zeile *79* gesprungen, ab der ± 1 erzeugt wird, andernfalls wird ab Zeile *33* ± 2 erzeugt. Die Zahl 1 wird vom Bitmuster 00111111 10000000 00000000 dargestellt, 2 von 01000000 00000000 00000000. $\mathbf{r_{22:21:20}}$ wird mit dem entsprechenden Bitmuster geladen, anschließend wird in Zeile *36* oder in Zeile *82* das in $\mathfrak{t}$ aufbewahrte Vorzeichenbit in das Bitmuster kopiert, worauf Zeile *62* an-

[23] Die Einstellung des Rundungsmodus sollte deshalb nicht direkt über die Manipulation der Bitmuster in `I3eRndg` erfolgen, sondern indirekt über verschiedene Prozeduraufrufe. Auch das bietet aber bei einem AVR-Prozessor keine absolute Gewähr.

[24] *indefinite*.

[25] Runden zum nächstgelegenen Gitterpunkt.

gesprungen wird. Ab dieser Zeile wird der Ausnahmezustand *inexact exception* signalisiert. Da das vollkommen analog zum Ausnahmezustand *invalid operation exception* verläuft, der ab Zeile *64* signalisiert wird und dessen Ausführung schon beschrieben wurde, wird hier auf eine Erläuterung verzichtet. Falls eine Falltürfunktion, die für Ungenauigkeiten zuständig ist, nicht aufgerufen werden darf oder falls die aufgerufene Falltürfunktion selbst nicht tätig werden wollte, wird ab Zeile *86* die Standardreaktion auf eine Ungenauigkeit erzeugt. Diese besteht im Abspeichern des ungenauen Ergebnisses in die Ergebnisvariable in den Zeilen *68–70* und dem Setzen des zuständigen Statusbits in der folgenden Zeile.
Der Fall $e = 0$ wird in Zeile *32* fortgesetzt mit dem Rundungsmodus „abwärts runden", d.h. zum nächstgelegenen kleineren Gitterpunkt hin. Für $x > 0$ ist demnach 1, für $x < 0$ ist -2 zu erzeugen. In Zeile *32* wird daher das Vorzeichen von x getestet. Ist $\mathfrak{t} = 0$, also $x > 0$, wird in die Zeile *79* verzweigt, ab welcher das Bitmuster für 1 erzeugt wird. Andernfalls wird in den Zeilen *33–36* das Bitmuster für -2 erzeugt. In beiden Fällen wird anschließend — wie schon beschrieben — die Ungenauigkeitsausnahme signalisiert, falls nötig gefolgt von einer Standardreaktion auf die „Ungenauigkeit".
Der Rundungsmodus „aufwärts runden", d.h. zum nächstgelegenen größeren Gitterpunkt hin, für $e = 0$ wird in Zeile *38* ganz genauso behandelt wie der gerade besprochene Fall. Hier wird 2 bei $x > 0$ und -1 bei $x < 0$ ab Zeile *92* erzeugt.
Bei $e < 0$ wird analog wie bei $e = 0$ vorgegangen. Es beginnt in Zeile *40* mit der Verzweigung auf den Rundungsmodus hin. Nur der Rundungsmodus „Runden zum nächstgelegenen Gitterpunkt hin" ist nicht ganz offensichtlich. Es beginnt in Zeile *65* damit, dass geprüft wird, ob $e < -1$ gilt. Ist das der Fall, so ist $|x| < 1/2$, und der gerundete Wert ist $\mathfrak{o}^-$ bei $x < 0$ und $\mathfrak{o}^+$ bei $x > 0$, diese Bitmuster werden ab Zeile *101* erzeugt. Ist dagegen $e = -1$, so wird in Zeile *77* getestet, ob das untere Byte der Mantisse den Wert 0 hat. Falls nein, ist $|x| > 1/2$ und das Ergebnis damit ± 1, das ab Zeile *79* erzeugt wird. Falls doch, wird in Zeile *84* das obere Byte der Mantisse mit 10000000 verglichen. Gilt Gleichheit, so ist $x = 1/2$, der skalierte Wert ist 1, eine ungerade Zahl, und damit ist das Ergebnis je nach Vorzeichen von x entweder $\mathfrak{o}^+$ oder $\mathfrak{o}^-$(und nicht ± 1). Gilt dagegen Ungleichheit, so ist $|x| > 1/2$ und das Ergebnis daher ± 1, wie es auch ab Zeile *79* erzeugt wird.
Programmtechnisch etwas anspruchsvoller ist der Fall $1 \leq e \leq 14$. Hier ist zunächst der ganzzahlige Teil y abzutrennen (siehe (9.20) oben), dann ist ϑ zu bestimmen und schließlich ist noch der spezielle Wert $\vartheta = 1/2$ zu erzeugen. Die Abtrennung von y kann mit einem von e abhängigen Bitmuster $\mathfrak{m}_y(e)$ vorgenommen werden, ϑ wird mit dem Bitmuster $\mathfrak{m}_\vartheta(e)$ bestimmt und $\mathfrak{m}_{1/2}(e)$ ist der spezielle Wert $\vartheta = 1/2$. Für $e = 2$ ist z.B.

11100000 00000000	$\mathfrak{m}_y(2)$
00011111 11111111	$\mathfrak{m}_\vartheta(2)$
00010000 00000000	$\mathfrak{m}_{1/2}(2)$

Man erkennt, dass $\mathfrak{m}_\vartheta(e)$ das *Einerkomplement* von $\mathfrak{m}_y(e)$ ist

$$\mathfrak{m}_\vartheta(e) = \overline{\mathfrak{m}_y(e)} \tag{9.21}$$

Nicht ganz so offensichtlich ist die Beziehung

$$\mathfrak{m}_{1/2}(e) = (1 + \mathfrak{m}_\vartheta(e))/2 \tag{9.22}$$

Im Beispiel ist 00011111 11111111 + 1 = 00100000 00000000, aber das entspricht skaliert 1, nicht 1/2, es muss noch ein Rechtsshift folgen. Jedenfalls ist klar, dass nur eine Tabelle für $\mathfrak{m}_y(e)$ anzulegen ist, die übrigen beiden Bitmuster können durch einfache Operationen daraus gewonnen werden. Es geht hier nicht so sehr um die Einsparung zweier Tabellen, sondern um die Einsparung von bei AVR-Prozessoren relativ aufwendigen *Tabellenzugriffen.* Mit einem Zugriff auf die Tabelle in den Zeilen *112–123* beginnt denn auch die Bearbeitung des Falles $1 \leq e \leq 14$. In den Zeilen *126–127* wird Register **Z** mit der Startadresse der Tabelle geladen, und zwar, wie der Befehl `LPM` es verlangt, nach links geshiftet. Es soll auf das zum Exponent e gehörige Tabellenelement zugegriffen werden. Register $\mathbf{r}_{16}$ enthält aber nach Zeile *128* noch nicht den reinen Exponenten, dieser ist vielmehr noch mit dem *bias* versehen und muss durch Subtraktion von 127 herausgerechnet werden. Da aber der Tabellenindex bei 0 beginnen muss, der reine Exponent jedoch zwischen 1 und 14 liegt, ist zur Kompensation 128 zu subtrahieren. Ferner muss der Index, wie die Adresse auch, nach links geshiftet werden. In den Zeilen *131–133* wird dann der Index zur Tabellenadresse addiert, und schließlich kann $\mathbf{r}_{3:2}$ mit dem gewünschten Tabellenelement geladen werden. $\mathbf{r}_{3:2}$ enthält jetzt also das Bitmuster $\mathfrak{m}_y(e)$ zur Extraktion des ganzzahligen Teiles y, folglich gilt $\mathfrak{r}_{21:20} = y$ nach den Zeilen *136–138*, in denen die Mantisse von $\mathbf{r}_{19:18}$ nach $\mathbf{r}_{21:20}$ kopiert und dort der gebrochene Anteil herausgeblendet wird. In Anwendung von (9.21) wird dann in $\mathbf{r}_{3:2}$ das Bitmuster $\mathfrak{m}_\vartheta(e)$ zum Herauslösen von ϑ berechnet (Zeilen *139–140*), im Anschluss daran findet die Auslösung auch wirklich statt, nach den Zeilen *141–142* ist also $\mathfrak{r}_{19:18} = \vartheta$. Bevor nun wieder nach dem Rundungsmodus verzweigt wird, kann noch schnell der Fall $\vartheta = 0$ erledigt werden. Dazu werden in den Zeilen *143–144* das untere und das obere Byte von ϑ „verodert", das Ergebnis ist genau dann Null, wenn beide Teile den Wert Null haben. Trifft das zu, ist $\mathfrak{x}$ ganzzahlig und in Zeile *145* wird zu einem Rücksprung in das rufende Programm verzweigt. In den Zeilen *146–151* wird vor der Verzweigung nach Rundungsmodus noch $\mathfrak{m}_{1/2}(e)$ in $\mathbf{r}_{5:4}$ berechnet. Dazu wird zuerst $\mathfrak{m}_\vartheta(e)$ nach $\mathbf{r}_{5:4}$ kopiert. Anschließend wird $\mathbf{r}_{5:4}$ nach rechts geshiftet, dabei wird eine $\mathfrak{1}$ in das Übertragsbit $\mathfrak{c}$ geschoben, die dann in den Zeilen *149–151* zu $\mathbf{r}_{5:4}$ hinzuaddiert wird. Das erledigt (9.22).

In den Zeilen *152–158* wird — wie schon zuvor — nach dem Rundungsmodus verzweigt. In jedem von ihnen gibt es zwei mögliche Ergebnisse: y oder $y + 1$. y als Ergebnis wird ab Zeile *159* erzeugt. Da $\mathbf{r}_{21:20}$ schon die unteren 14 Bit der Mantisse enthält, muss nur noch der (mit dem *bias* versehene) Exponent aus $\mathbf{r}_{17}$ in $\mathbf{r}_{22:21:20}$ eingefügt werden. Es beginnt in Zeile *159* damit, dass $\mathbf{r}_{21}$ nach links geshiftet wird, anschließend wird $\mathbf{r}_{22}$ mit dem Exponenten geladen und gleich nach rechts geshiftet, mit der nachfolgenden Rechtsrotation von $\mathbf{r}_{21}$ wird dann das unterste Exponentenbit in $\mathbf{r}_{21}$ hineingeschoben. Zum Abschluss wird noch in Zeile *163* das Vorzeichen ergänzt, bevor der Ausnahmezustand „ungenau" (*inexact exception*) signalisiert wird. Die Ausgabe von $y + 1$, die in Zeile *165* beginnt, ist etwas komplizierter. Die zu addierende „1" hängt nämlich vom Exponenten e ab, sie ist gegeben durch $2\mathfrak{m}_{1/2}(e)$, wie man sich leicht überlegt. Sie kann deshalb in den Zeilen *165–166* durch einen Linksshift von $\mathbf{r}_{5:4}$ gewonnen werden. In den beiden nächsten Zeilen wird dann $y + 1$ berechnet. Ergibt das keinen Übertrag, so kann zur Ausgabe von y in Zeile *159* verzweigt werden, die Situation ist ja völlig gleich. Falls aber doch ein Übertrag eintritt, muss zur Kompensation die Mantisse nach rechts geshiftet werden (*170–171*), wobei natürlich das Übertragsbit in die Mantisse links hineingeschoben werden muss. Außerdem ist der Exponent um 1 zu erhöhen. Danach kann ebenfalls zur Ausgabe von y gesprungen werden.

Beim Rundungsmodus „Abschneiden" ist offensichtlich y das Ergebnis, das wird in Zeile *157* durch Verzweigen zur Ausgabe von y auch ausgeführt. Beim Abwärtsrunden ist das Ergebnis y bei $x > 0$ und $-y - 1$ bei $x < 0$. In Zeile *174* wird deshalb das Vorzeichen von x getestet — dieses wird ja in $\mathfrak{t}$ aufbewahrt — und anschließend entsprechend verzweigt. Ganz entsprechend wird beim Aufwärtsrunden in den Zeilen *176–177* verfahren. Beim Runden zum nächstgelegenen Gitterpunkt hängt das Ergebnis von ϑ ab. Zur Erinnerung: Beim Erreichen von Zeile *178*, in der das Runden zum nächstgelegenen Gitterpunkt beginnt, ist $\mathfrak{r}_{19:18} = \mathfrak{m}_\vartheta(e)$ und $\mathfrak{r}_{5:4} = \mathfrak{m}_{1/2}(e)$. In dieser Zeile wird also $\mathfrak{r}_{19}$, das obere Byte von $\mathfrak{m}_\vartheta(e)$, mit $\mathfrak{r}_5$, dem oberen

Byte von $\mathfrak{m}_{1/2}(e)$ verglichen. Gilt $\mathfrak{r}_{19} < \mathfrak{r}_5$, so ist $\vartheta < 1/2$ und das Ergebnis ist y (natürlich mit dem Vorzeichen von x versehen), gilt dagegen $\mathfrak{r}_{19} \neq \mathfrak{r}_5$, so ist $\vartheta > 1/2$ und das Ergebnis daher $y+1$ oder $-y-1$. Bei der verbleibenden Alternative, $\mathfrak{r}_{19} = \mathfrak{r}_5$, müssen auch die unteren Bytes verglichen werden (Zeile *181*). Auch hier steht $\mathfrak{r}_{18} < \mathfrak{r}_4$ für $\vartheta < 1/2$ und $\mathfrak{r}_{18} \neq \mathfrak{r}_4$ für $\vartheta > 1/2$ (Zeilen *182–183*). Ist beides nicht der Fall, so muss noch das Ergebnis für $\vartheta = 1/2$ bestimmt werden. Dieses Ergebnis hängt davon ab, ob y eine gerade Zahl ist oder nicht, d.h. ob das unterste Bit von y den Wert $\mathtt{0}$ oder $\mathtt{1}$ hat. Die Position dieses untersten Bit hängt wieder vom Exponenten e ab, es ist natürlich die Position der weiter oben bestimmten zu y aufzuaddierenden „1", die einfach durch einen Linksshift von $\mathfrak{m}_{1/2}(e)$, also von $\mathbf{r}_{5:4}$ gewonnen werden kann. Da $\mathbf{r}_{5:4}$ aber noch gebraucht wird, wird diese „1" in den Zeilen *184–186* in $\mathbf{r}_{3:2}$ hergestellt. Ist nun y eine ungerade Zahl, so verändert sich der Wert von $\mathbf{r}_{3:2}$ durch die beiden Operationen in den Zeilen *187–188* nicht, ist jedoch y eine gerade Zahl, so ist nach diesen beiden Zeilen $\mathfrak{r}_{3:2} = 0$. Letzteres gilt natürlich genau dann, wenn bei der Operation in Zeile *189* eine Null herauskommt. Diese Bedingung wird in der nächsten Zeile getestet: Ist sie erfüllt, ist also y gerade, so ist y oder $-y$ das Ergebnis, andernfalls $y+1$ oder $-y-1$.
Es bleibt noch der Fall übrig, dass $\mathfrak{x}$ zur Kategorie `DEN` der nichtnormalen Zahlen gehört. Hier ist die Berechnung einfach, aber das Ergebnis hängt natürlich vom Rundungsmodus ab. Die Behandlung dieses Falles beginnt also mit der inzwischen üblichen Verzweigung nach dem eingestellten Rundungsmodus in Zeile *106*. Bei Rundung gegen Null kann offensichtlich direkt $\mathtt{0}^+$ oder $\mathtt{0}^-$ ausgegeben werden, ebenso beim Runden gegen den nächstgelegenen Gitterpunkt (Zeilen *108* bzw. *111*). Bei den beiden übrigen Rundungsarten kann genauso wie im Falle $e < 0$ verfahren werden (Zeilen *109* und *110*), das Ergebnis hängt ebenfalls nicht vom Wert der Zahl, sondern nur von ihrem Vorzeichen ab.

Der `I3eInt` entsprechende Befehl `FRNDINT` des PENTIUM signalisiert *inexact exception*, wenn gerundet werden muss, um das Ergebnis zu erlangen. Der Standard sagt hier jedoch:[26] *Wenn das gerundete Ergebnis einer Operation nicht genau ist ..., dann ist inexact exception zu signalisieren.* Das gerundete Ergebnis ist hier aber *per definitionem* genau, denn es *ist* ja das gewünschte Ergebnis, und außerdem sind ganze Zahlen im Zahlengitter exakt darstellbar, wenn man einmal von Überlauf absieht, der hier bei Rundung auch gar nicht eintreten kann. Der Standard sagt **nicht**, dass bei jedem Runden eine Ungenauigkeit anzuzeigen sei. Trotzdem wird hier, wie immer in solch einem Fall, dem Beispiel des PENTIUM gefolgt.

9.4.5. Multiplikation

Zu zwei zweidrittel genauen normalisierten Fließkommazahlen $\mathfrak{a} = \mathfrak{a}_{23} \cdots \mathfrak{a}_0$ und $\mathfrak{b} = \mathfrak{b}_{23} \cdots \mathfrak{b}_0$ soll das Produkt berechnet werden. Dieses Produkt ist eine zweidrittel genaue Fließkommazahl $\mathfrak{c} = \mathfrak{c}_{23} \cdots \mathfrak{c}_0$ mit der Eigenschaft

$$\mathbb{F}_S(\mathfrak{a})\,\mathbb{F}_S(\mathfrak{b}) \approx \mathbb{F}_S(\mathfrak{c})\,. \tag{9.23}$$

Das Approximationszeichen soll bedeuten, dass, falls es kein $\mathfrak{c}$ gibt mit $\mathbb{F}_S(\mathfrak{a})\mathbb{F}_S(\mathfrak{b}) = \mathbb{F}_S(\mathfrak{c})$, dasjenige $\mathfrak{c}$ aus dem Gitter genommen werden soll, dessen $\mathbb{F}_S(\mathfrak{c})$ dem Produkt $\mathbb{F}_S(\mathfrak{a})\mathbb{F}_S(\mathfrak{b})$ möglichst nahe kommt. Dieses „möglichst nahe" wird vom gewählten Rundungsmodus diktiert.

[26] *If the rounded result of an operation is not exact ..., then the inexact exception shall be signaled.*

Bei den folgenden Ausführungen werden die Vorzeichen von $\mathfrak{a}$ und $\mathfrak{b}$ zunächst außer Acht gelassen.

Es sei $a = \mathbb{F}_S(\mathfrak{a})$ und $b = \mathbb{F}_S(\mathfrak{b})$, ferner $e_a = \mathbf{e}(\mathfrak{a})$ und $e_b = \mathbf{e}(\mathfrak{b})$. Offensichtlich sind $u = (1 + \mathbf{f}(\mathfrak{a}))2^{15}$ und $v = (1 + \mathbf{f}(\mathfrak{b}))2^{15}$ ganze Zahlen. Mit diesen erhält man für das Produkt $ab = uv2^{-30}2^{e_a+e_b}$ oder $ab = w2^{-30}2^{e_a+e_b}$ mit $w = uv$. Nun ist, als Binärzahl geschrieben, $1 + \mathbf{f}(\mathfrak{a}) = \mathfrak{1},\mathfrak{a}_{14}\cdots\mathfrak{a}_0$, also ist $u = (1 + \mathbf{f}(\mathfrak{a}))2^{15} = \mathfrak{1}\mathfrak{a}_{14}\cdots\mathfrak{a}_0$ eine Zahl mit 16 Bit. Ebenso $v = \mathfrak{1}\mathfrak{b}_{14}\cdots\mathfrak{b}_0$. Folglich ist w eine Zahl mit 32 Bit: $uv = w = \mathfrak{w}_{31}\mathfrak{w}_{30}\cdots\mathfrak{w}_0$. Wegen $u \geq 2^{15}$ und $v \geq 2^{15}$ ist $w \geq 2^{30}$, $\mathfrak{w}_{31}$ und $\mathfrak{w}_{30}$ können also nicht beide zugleich den Wert $\mathfrak{o}$ haben. Für das Produkt ergibt sich

$$\begin{aligned} ab &= w2^{-30}2^{e_a+e_b} \\ &= \mathfrak{w}_{31}\mathfrak{w}_{30},\mathfrak{w}_{29}\cdots\mathfrak{w}_0 2^{e_a+e_b} \\ &= \mathfrak{w}_{31},\mathfrak{w}_{30}\cdots\mathfrak{w}_0 2^{1+e_a+e_b} \end{aligned}$$

Diese Darstellung des Produktes ist noch nicht normalisiert, da $\mathfrak{w}_{31} = \mathfrak{o}$ möglich ist. Da aber $\mathfrak{w}_{30} = \mathfrak{1}$ bei $\mathfrak{w}_{31} = \mathfrak{o}$ gelten muss, lässt sich die Normalisierung durch einen einzigen Linksshift erreichen. Werden also $\mathfrak{f} = \mathfrak{f}_{31},\mathfrak{f}_{30}\cdots\mathfrak{f}_0$ und t im Falle $\mathfrak{w}_{31} = \mathfrak{1}$ durch

$$\mathfrak{f}_{31},\mathfrak{f}_{30}\cdots\mathfrak{f}_0 = \mathfrak{w}_{31},\mathfrak{w}_{30}\cdots\mathfrak{w}_0 \qquad t = 0$$

und im Falle $\mathfrak{w}_{31} = \mathfrak{o}$ durch

$$\mathfrak{f}_{31},\mathfrak{f}_{30}\cdots\mathfrak{f}_0 = \mathfrak{w}_{30},\mathfrak{w}_{29}\cdots\mathfrak{w}_0\mathfrak{o} \qquad t = -1$$

definiert, so wird das normalisierte Produkt zu

$$ab = \mathfrak{f}_{31},\mathfrak{f}_{30}\cdots\mathfrak{f}_0 2^{t+1+e_a+e_b} \tag{9.24}$$

Das ist die *exakte* Darstellung von ab durch eine Fließkommazahl, allerdings noch nicht unbedingt durch eine zweidrittel genaue.

Zunächst sei angenommen, dass sich der Exponent $e = t + 1 + e_a + e_b$ im für eine normalisierte Fließkommazahl erlaubten Bereich befindet.Es sei

$$\mathfrak{f}^{\sim} = \mathfrak{f}_{15}\cdots\mathfrak{f}_0$$

der *Schweif*[27] von $\mathfrak{f}$, auch „die unsichtbaren Bit" genannt. Mit $\xi = \mathfrak{f}_{31},\mathfrak{f}_{30}\cdots\mathfrak{f}_{16}$ und $\vartheta = \mathfrak{o},\mathfrak{f}_{15}\cdots\mathfrak{f}_0$ erhält man wie bei (8.4)

$$ab = \xi 2^e + \vartheta 2^{e-15} \qquad 1 \leq \xi < 2 \quad 0 \leq \vartheta < 1 \tag{9.25}$$

mit dem belanglosen Unterschied, dass ξ hier doppelt so groß ist wie dort.

Ist $\vartheta = 0$, also $\mathfrak{f}^{\sim} = \mathfrak{oooooooooooooooo}$, so ist

$$ab = \mathfrak{f}_{31},\mathfrak{f}_{30}\cdots\mathfrak{f}_{16}2^e$$

die *exakte* Darstellung des Produktes ab durch eine zweidrittel genaue Fließkommazahl.

---

[27] *bit-tail.*

Im Falle $\vartheta > 0$ muss gerundet werden. Das ist nun besonders aufwendig, wenn $\vartheta \approx 1/2$ und zum nächstgelegenen Gitterpunkt zu runden ist. Denn die Regel verlangt ja, dass bei $\vartheta = 1/2$ zu demjenigen der beiden nächstgelegenen Gitterpunkte zu runden ist, dessen Bitfolge, als ganze Zahl betrachtet, eine *gerade* ganze Zahl ist. $\vartheta = 1/2$ gehört zum Schweif $\mathfrak{f}^{\sim} = 10000000\,00000000$, es kann also bei $\mathfrak{f}_{15} = 1$ vorkommen, dass das gesamte 32 Bit lange Produkt uv berechnet werden muss, um festzustellen, ob $\vartheta = 1/2$ gilt oder nicht. Wichtiger aber noch ist, dass die Umgebung von $\vartheta = 1/2$ besonders anfällig für Fehler ist, die der Multiplizierer produziert. Wird etwa statt des korrekten Schweifes 10000000 00000001 der Schweif 10000000 00000000 produziert, so wird ein falsch gerundetes Ergebnis erzeugt. Eine fehlerhafte Produktion des Schweifes 10010000 00000000, z.B. 10010000 00000001, hat dagegen mit großer Wahrscheinlichkeit keine Auswirkungen auf das Ergebnis.

Wie lassen sich nun Testdaten für das korrekte Runden erzeugen? Die obigen Ausführungen zeigen, dass es genügt, ganze Zahlen zu betrachten. Gegeben ist also ein Schweif $z = \mathfrak{z}_{p-1}\cdots\mathfrak{z}_0$, gesucht sind dann zwei ganze Zahlen $x = \mathfrak{x}_{p-1}\cdots\mathfrak{x}_0$ und $y = \mathfrak{y}_{p-1}\cdots\mathfrak{y}_0$ der Bitlänge p mit der Eigenschaft

$$(xy) \bmod 2^p = z, \tag{9.26}$$

die bedeutet, dass die unteren p Bit des Produktes gerade z ausmachen sollen. Da von normalisierten Fließkommazahlen ausgegangen wird, erhält man als einschränkende Bedingung $\mathfrak{x}_{p-1} = 1$ und $\mathfrak{y}_{p-1} = 1$.

Zahlenpaare, deren Produkt einen vorgegebenen Schweif ergibt, lassen sich mit folgendem kurzen Programm berechnen.

```
typedef unsigned short SW;
#define asm __asm
void TestfaelleFuer(SW swM) {
  SW swA, swB, swC, swD; int n = 0;
  for (swA = 0x8000; swA < 0xFFFF; swA++) {
      for (swB = 0x8000; swB < 0xFFFF; swB++) {
          asm  mov  ax,swA
          asm  mov  cx,swB
          asm  mul  cx
          asm  mov  swC,ax
          asm  mov  swD,dx
          if (swM == swC && (swD & 0x8000)) {
            wprintf(L"\n a=[%04X]%d  b=[%04X]%d  ab=%04X%04X",
                       swA, swA, swB, swB, swD, swC);
            n++;
            }
          }
      }
  wprintf(L"\n Zahl der Testflle=%d", n);
  }
TestfaelleFuer(0x8000);
```

Es werden nur solche Produkte ausgegeben, deren Ergebnis keiner Normalisierung mehr bedarf. Hier ist z.B. ein Testfall für den Schweif 1000000 00000000 = **8000**:

```
a=10000100 00000000[8400]33792  b=11111100 00100000[FC20]64544  ab=82008000
```

Er kann folgendermaßen interpretiert werden:

$$1{,}0000100\,00000000 \times 1{,}1111100\,00100000 = 1{,}0000010\,00000000\,10000000\,00000000 \times 2^1$$

Der Faktor 2^1 erklärt sich natürlich daraus, dass das Produkt zweier Zahlen mit *einer* Vorkommastelle *zwei* Vorkommastellen besitzt. Der Schweif des Produktes ist 10000000. Soll also zum nächstgelegenen Gitterpunkt gerundet werden, so ist derjenige der beiden nächstgelegenen Gitterpunkte zu wählen, dessen Bitmuster eine gerade Zahl repräsentiert. Das gerundete Ergebnis ist deshalb $1{,}0000010\,00000000 \times 2^1$.

Das Vorzeichen $\mathfrak{S}(\mathfrak{c})$ des Ergebnisses ist die Summe modulo 2 der Vorzeichen $\mathfrak{S}(\mathfrak{a})$ und $\mathfrak{S}(\mathfrak{b})$, d.h. $\mathfrak{S}(\mathfrak{x}) = 0$, falls $\mathfrak{S}(\mathfrak{a}) = \mathfrak{S}(\mathfrak{b})$, $\mathfrak{S}(\mathfrak{c}) = 1$ falls $\mathfrak{S}(\mathfrak{a}) = \mathfrak{S}(\mathfrak{b})$.

Das erzeugte Bitmuster kann jeder der vom Standard definierten Bitmusterkategorien angehören. Die Einzelheiten dazu können dem Prozedurtext und der Prozedurbeschreibung entnommen werden, man vergleiche auch den Abschnitt 9.4.2.5 über Runden, den Abschnitt 9.3.2 über Überlauf und den Abschnitt 9.3.1 über Unterlauf.

Prozedur I3eMul

Es wird das Produkt $\mathfrak{c}$ zweier zweidrittel genauer Fließkommazahlen $\mathfrak{a}$ und $\mathfrak{b}$ berechnet.

Input

- $r_{27:26}$ Adresse einer zweidrittel genauen Fließkommazahl $\mathfrak{a}$
- $r_{29:28}$ Adresse einer zweidrittel genauen Fließkommazahl $\mathfrak{b}$
- $r_{31:30}$ Adresse einer zweidrittel genauen Fließkommazahl $\mathfrak{c}$

$\mathfrak{c}$ wird mit dem Produkt von $\mathfrak{a}$ und $\mathfrak{b}$ überschrieben.

`I3eMulKat:`	`.dw`	`I3eMulNoNo`	$\mathfrak{b}$ norm., $\mathfrak{a}$ norm.
	`.dw`	`I3eMulNoNu`	$\mathfrak{b}$ norm., $\mathfrak{a} \in \{0^+, 0^-\}$
	`.dw`	`I3eMulNoDe`	$\mathfrak{b}$ norm., $\mathfrak{a}$ nicht norm.
	`.dw`	`I3eMulNoIn`	$\mathfrak{b}$ norm., $\mathfrak{a} \in \{\infty^+, \infty^-\}$
	`.dw`	`I3eMulNuNo`	$\mathfrak{b} \in \{0^+, 0^-\}$, $\mathfrak{a}$ norm.
	`.dw`	`I3eMulNuNu`	$\mathfrak{b}, \mathfrak{a} \in \{0^+, 0^-\}$
	`.dw`	`I3eMulNuDe`	$\mathfrak{b} \in \{0^+, 0^-\}$, $\mathfrak{a}$ nicht norm.
	`.dw`	`I3eMulNuIn`	$\mathfrak{b} \in \{0^+, 0^-\}$, $\mathfrak{a} \in \{\infty^+, \infty^-\}$
	`.dw`	`I3eMulDeNo`	$\mathfrak{b}$ nicht norm., $\mathfrak{a}$ norm.
	`.dw`	`I3eMulDeNu`	$\mathfrak{b}$ nicht norm., v
	`.dw`	`I3eMulDeDe`	$\mathfrak{b}$, $\mathfrak{a}$ nicht norm.
	`.dw`	`I3eMulDeIn`	$\mathfrak{b}$ nicht norm., $\mathfrak{a} \in \{\infty^+, \infty^-\}$
	`.dw`	`I3eMulInNo`	$\mathfrak{b} \in \{\infty^+, \infty^-\}$, $\mathfrak{a}$ norm.
	`.dw`	`I3eMulInNu`	$\mathfrak{b} \in \{\infty^+, \infty^-\}$, $\mathfrak{a} \in \{0^+, 0^-\}$
	`.dw`	`I3eMulInDe`	$\mathfrak{b} \in \{\infty^+, \infty^-\}$, $\mathfrak{a}$ nicht norm.
	`.dw`	`I3eMulInIn`	$\mathfrak{b}, \mathfrak{a} \in \{\infty^+, \infty^-\}$

```
.equ I3eMulKatL = LOW(2*I3eMulKat)
```

```
.equ I3eMulKatH = HIGH(2*I3eMulKat)
I3eMul:      rcall  I3eDissect          3+   zerlege 𝔟
             bld    r10,7               1    r10.7 ← 𝔖(𝔟)
             mov    r11,r16             1    r11 ← Kategoriencode
             mov    r6,r17              1    r6 ← e(𝔟)
             movw   r9:r8,r19:r18       1    r9:8 ← 1 + f(𝔟)
             movw   r13:r12,r29:r28     1    𝔜 in r13:12 retten
             movw   r29:r28,r27:r26     1    Y ← 𝒜(𝔞)
             rcall  I3eDissect          3+   zerlege 𝔞
             bld    r2,7                1    r2.7 ← 𝔖(𝔞)
             eor    r10,r2              1    r10.7 ← 𝔖(𝔞) ⊕ 𝔖(𝔟)
             mov    r2,r17              1    r2 ← Kategoriencode
             movw   r5:r4,r19:r18       1    r5:4 ← 1 + f(𝔞)
             movw   r29:r28,r13:r12     1    Wert von Y restaurieren
             movw   r13:r12,r31:r30     1    ℨ in r13:12 retten
             ldi    r17,NAN             1    𝔯17 = Kategoriencode NAN
             cp     r16,r17             1    Ist 𝔞 ein NaN?
             breq   I3eMulNaA           1/2  falls ja, erzeuge NaN
             cp     r11,r17             1    ist 𝔟 ein NaN?
             breq   I3eMulNaB           1/2  falls ja, erzeuge NaN
             lsl    r11                 1    Kat.-code von 𝔟 linksshiften ...
             lsl    r11                 1    ... und noch einmal linksshiften
             or     r16,r11             1    Ein Kat.-code aus zweien
             ldi    r30,I3eMulKatL      1    lade Z mit Adr. der Sprungtab.
             ldi    r31,I3eMulKatH      1    für Befehl lmp vorbereitet
             rjmp   I3eVzw              2+   verzw. nach doppeltem Kat.-code
I3eMulNaA:   movw   r31:r30,r27:r26     1    Z ← 𝔛 (Adressierungsmodus!)
             ld     r19,Z               2    lade r21:20:19 mit 𝔞
             ldd    r20,Z+1             2
             ldd    r21,Z+2             2
             lsl    r5                  1    stelle fest, ob qNaN oder sNaN
I3eMulNan:   movw   r31:r30,r13:r12     1    Restauriere Z
             brmi   I3eMulNaS           1/2  falls 𝔫 = 1, erzeuge qNaN
             ldi    r16,Ie3Ctrl         1    lade Kontrollbyte
             sbrc   r16,IM              1    invalid operation erlaubt?
             rjmp   I3eMulNaS           2    nein: qNaN ausgeben.
             ldi    r16,XMUL1           1    ja: lade Ausführungskennzeichner
             rcall  I3eTrapIE           3+   rufe Falltürfunktion auf
             brhc   I3eMulNaR           1/2  falls 𝔥 = 0: fertig
I3eMulNaS:   st     Z,r19               2    NaN speichern
             sbr    r20,0b01000000      1    erzeuge qNaN
             std    Z+1,r20             2
             std    Z+2,r21             2
I3eMulNaR:   ret                        4
I3eMulNaB:   ld     r19,Y               2    lade r21:20:19 mit 𝔟
```

	ldd	r20,Y+1	2	
	ldd	r21,Y+2	2	
	lsl	r9	1	stelle fest, ob **qNaN** oder **sNaN**
	rjmp	I3eMulNan	2	
I3eMulNoNo:	clr	r3	1	$\mathfrak{r}_3 = 0$
	ldi	r16,127	1	
	sub	r2,r16	1	$\mathbf{r_2} \leftarrow \mathfrak{r}_2 - 127$
	sbc	r3,r3	1	$\mathbf{r_3} \leftarrow 0 - \mathfrak{c}$
	clr	r7	1	$\mathfrak{r}_7 = 0$
	sub	r6,r16	1	$\mathbf{r_6} \leftarrow \mathfrak{r}_6 - 127$
	sbc	r7,r7	1	$\mathbf{r_7} \leftarrow 0 - \mathfrak{c}$
I3eMulMul:	mul	r8,r4	2	Die Multiplikation von $\mathfrak{r}_{5:4}$
	movw	r19:r18,r1:r0	1	und $\mathfrak{r}_{9:8}$.
	mul	r9,r5	2	Das Ergebnis wird in
	movw	r21:r20,r1:r0	1	$\mathbf{r_{21:20:19:18}}$ zusammengesetzt.
	mul	r8,r5	2	Vergleiche die Programmerläuterung
	add	r19,r0	1	und Bild 9.1.
	adc	r20,r1	1	
	clr	r16	1	
	adc	r21,r16	1	
	mul	r9,r4	2	
	add	r19,r0	1	
	adc	r20,r1	1	
	adc	r21,r16	1	
	movw	r23:r22,r3:r2	1	$e = \mathfrak{r}_{23:22} \leftarrow e_a$
	inc	r22	1	$e \leftarrow e + 1$
	add	r22,r6	1	$e \leftarrow e + e_b$
	adc	r23,r7	1	hier: $\mathfrak{r}_{23:22} = e_a + e_b + 1$
	tst	r21	1	Ist zu normalsieren?
	brmi	I3eMulMul0	1/2	Nein, falls $\mathbf{r_{21}}.7 = 1$
	lsl	r18	1	Ja: Linksshift des Produktes
	rol	r19	1	
	rol	r20	1	
	rol	r21	1	
	subi	r22,1	1	$e \leftarrow e - 1$
	clr	r16	1	
	sbc	r23,r16	1	
I3eMulMul0:	mov	r16,r18	1	Schweif in $\mathbf{r_{19:18}}$ auf Null testen
	or	r16,r19	1	
	brne	I3eMulRnd	1/2	Falls nicht Null: Zum Runden
I3eMulMul1:	tst	r23	1	Test Über- Unterlauf: $e < 0$?
	brmi	I3eMulMul2	1/2	Falls ja: teste Unterlauf
	cpi	r22,128	1	$e < 128$?
	brlo	I3eMulGen	1/2	Falls ja: kein Überl., zur Zahlenausg.
	bst	r10,7	1	Überlauf: Lade $\mathfrak{t}$ mit Vorz.

```
             ldi    r16,XMUL2          1    Lade Ausführungskennzeichner
             movw   r31:r30,r13:r12    1    Restauriere Z
             rjmp   I3eOvf             2+   Erledige Überlauf und Rücksprung.
I3eMulMul2:  cpi    r23,0xFF           1    r23 < FF?
             brlo   I3eMulMul3         1/2  Falls ja, Unterlauf
             cpi    r22,0x82           1    Falls nein: r22 < 82?
             brsh   I3eMulGen          1/2  Falls nein: kein Unterl., zur Zahlenausgabe
I3eMulMul3:  bst    r10,7              1    Unterlauf: Lade t mit Vorz.
             ldi    r16,XMUL3          1    Lade Ausführungskennzeichner
             movw   r31:r30,r13:r12    1    Unteres Exp.-bit hineinshiften
             rcall  I3eUnf             3+   Erledige Unterlauf
             brcc   I3eMulMul4         1/2  Erg. genau (c = 0)? Ja: zurück
             lds    r16,Ie3Stat        2    Das Ergebnis ist ungenau.
             sbr    r16,1<<XM          1    Setze zur Anzeige das ...
             sts    I3eStat,r16        2    ... entsprechende Statusbit
I3eMulMul4:  ret                       4
I3eMulGen:   subi   r23,-127           1    e(c) = ∃(c) + 127
             rol    r21                1    Oberes Mantissenbit frei machen
             rol    r10                1    Vorzeichenbit hinausshiften
             ror    r22                1    Vorz.-bit hinein, unt. Exp.-bit hinaus
             ror    r21                1    Unteres Exponentenbit hineinshiften
I3eMulGen1:  movw   r31:r30,r13:r12    1    Restauriere Z
             st     Z,r20              2    Die Ausgabe des ..
             std    Z+1,r21            2    .. Ergebnisses in ..
             std    Z+2,r22            2    .. die Ergebnisvariable
I3eMulGen2:  ret                       4
I3eMulRnd:   lds    r16,I3eStat        2
             sbr    r16,1<<XM          1
             sts    I3eStat,r16        2
             bst    r10,7              1
             rcall  I3eRnd             3+
             brvc   I3eMulMul1         1/2
             ldi    r16,XMUL4          1
             movw   r31:r30,r13:r12    1
             rjmp   I3eInv             2+
I3eMulNoDe:  movw   r1:r0,r5:r4        1
             rcall  I3eNrm             3+
             movw   r5:r4,r1:r0        1
             movw   r3:r2,r17:r16      1
             rjmp   I3eMulMul          2
I3eMulDeNo:  movw   r1:r0,r9:r8        1
             rcall  I3eNrm             3+
             movw   r9:r8,r1:r0        1
             movw   r7:r6,r17:r16      1
             rjmp   I3eMulMul          2
```

```
153 I3eMulDeDe: movw   r1:r0,r5:r4       1
154             rcall  I3eNrm            3+
155             movw   r5:r4,r1:r0       1
156             movw   r3:r2,r17:r16     1
157             rjmp   I3eMulDeNo        2
158 I3eMulNoNu:
159 I3eMulNuNo:
160 I3eMulNuNu:
161 I3eMulNuDe:
162 I3eMulDeNu: clr    r20               1
163             clr    r21               1
164             clr    r22               1
165             bst    r10,7             1
166             bld    r22,7             1
167             rjmp   I3eMulGen1        2
168 I3eMulNuIn:
169 I3eMulInNu:
170 I3eMulInIn: ldi    r16,XMUL5         1
171             movw   r31:r30,r13:r12   1
172             rjmp   I3eInv            2
173 I3eMulNoIn:
174 I3eMulDeIn:
175 I3eMulInNo:
176 I3eMulInDe: clr    r20               1
177             ldi    r21,0b10000000    1
178             ldi    r22,0b01111111    1
179             bst    r10,7             1
180             bld    r22,7             1
181             rjmp   I3eMulGen1        2
```

Zum ersten Mal sind zwei Fließkommazahlen gleichzeitig in ihre Bestandteile zu zerlegen. Das kann auch mit `I3eDissect` geschehen, aber Vorzeichen, Mantisse und Exponent zweier Zahlen können nicht am selben Ort aufbewahrt werden, weshalb einige Umspeicherungen nötig werden. Da `I3eDissect` die Zahl zerlegt, auf die **Y** zeigt, wird in Zeile *19* $\mathfrak{b}$ zerlegt. Dabei wird das Vorzeichen in $\mathfrak{t}$, die Mantisse in $\mathbf{r}_{19:18}$ und der Exponenten in $\mathbf{r}_{17}$ abgelegt, außerdem wird $\mathbf{r}_{16}$ mit dem *Kategoriencode* geladen, also z.B. mit `INF` für eine Unendlichkeit. In Zeile *20* wird zunächst das Vorzeichenbit von $\mathfrak{t}$ zu $\mathbf{r}_{10}.7$ kopiert. Dieses Bit $\mathbf{r}_{10}.7$ soll das Vorzeichenbit des Ergebnisses erhalten. Die nächste Zeile lädt $\mathbf{r}_{11}$ mit dem Kategoriencode von $\mathfrak{b}$, die nachfolgende Zeile *22* lädt $\mathbf{r}_6$ mit dem (noch seinen *bias* besitzenden) Exponenten von $\mathfrak{b}$. Doppelregister $\mathbf{r}_{7:6}$ soll später den wahren Exponenten $\exists(\mathfrak{b})$ aufnehmen. Endlich wird noch $\mathbf{r}_{9:8}$ mit der Mantisse von $\mathfrak{b}$ geladen. Als Vorbereitung zur Zerlegung von $\mathfrak{a}$ wird in Zeile *24* der Inhalt $\mathfrak{Y}$ von $\mathbf{r}_{29:28}$ in $\mathbf{r}_{13:12}$ gerettet und in der nächsten Zeile $\mathbf{r}_{29:28}$ mit dem Inhalt $\mathfrak{X}$ von $\mathbf{r}_{27:26}$ geladen, folglich wird in Zeile *26* die Zahl $\mathfrak{a}$ zerlegt. In den nächsten beiden Zeilen wird aus den Vorzeichen von $\mathfrak{a}$ und $\mathfrak{b}$ das Vorzeichen des Ergebnisses berechnet. Dazu wird das in $\mathfrak{t}$ abgelegte Vorzeichen von $\mathfrak{a}$ nach $\mathbf{r}_2.7$ kopiert, der Befehl `eor` erzeugt dann durch Addition mod 2 das Ergebnisvorzeichen in $\mathbf{r}_{10}.7$ Anschließend wird in Zeile *29* $\mathbf{r}_2$ mit $\mathbf{e}(\mathfrak{a})$ geladen, $\mathbf{r}_{3:2}$ soll später den wahren Exponenten $\exists(\mathfrak{b})$ aufnehmen. Schließlich wird $\mathbf{r}_{5:4}$

mit der Mantisse von $\mathfrak{b}$ geladen, worauf in Zeile *31* das Zeigerregister $\mathbf{r}_{29:28}$ auf seinen alten Wert gesetzt wird. Als letzte Vorbereitung wird der Inhalt von **Z** in $\mathbf{r}_{13:12}$ gerettet, da dieses Register gewöhnlich Sonderaufgaben zu erfüllen hat.
Ist einer der beiden Operanden $\mathfrak{a}$ oder $\mathfrak{b}$ ein **NaN**, so ist das Ergebnis ebenfalls ein **NaN**, unabhängig von der Kategorie des anderen Operanden. Eine solche Konstellation kann mit einer einfachen Prüfung der Kategorien von $\mathfrak{a}$ und $\mathfrak{b}$ entdeckt werden. Dazu wird in Zeile *34* getestet, ob `NAN` der Kategoriencode von $\mathfrak{a}$ ist, falls ja, wird zum entsprechenden Prozedurteil verzweigt. Ist $\mathfrak{a}$ kein **NaN**, wird analog in Zeile *36* die Kategorie von $\mathfrak{b}$ getestet. Hierin liegt eine gewisse Willkür, da ja zuerst $\mathfrak{b}$ und dann $\mathfrak{a}$ auf ein **NaN** getestet werden könnten, die Ergebnisse können bei verschiedenen Kombinationen von **qNaN** und **sNaN** durchaus verschieden ausfallen.
Kombinationen der übrigen Kategoriencodes werden mit einer Sprungtabelle ausgewertet. Das geschieht durch Verknüpfung der Codes zu *einem* Tabellenindex für die Sprungtabelle in den Zeilen *38–43*. Register $\mathbf{r}_{16}$ enthält schon den Kategoriencode von $\mathfrak{a}$ in den unteren beiden Bit, ebenso enthält $\mathbf{r}_{11}$ den Code von $\mathfrak{b}$. In den Zeilen *38–40* wird deshalb der Code von $\mathfrak{b}$ direkt über den Code von $\mathfrak{a}$ in $\mathbf{r}_{16}$ kopiert, einen 4-Bit-Index für eine Tabelle von 16 Einträgen erzeugend. Hat z.B. $\mathfrak{a}$ den Kategoriencode 3 (`INF`) und $\mathfrak{b}$ den Code 2 (`DEN`), so ist der verknüpfte Tabellenindex $3 + 4 \times 2 = 11$. Der zwölfte Eintrag der Sprungtabelle ist denn auch die Adresse `I3eMulDeIn`, ab welcher diese Kombination von Kategoriencodes behandelt wird.
Ab Zeile *124* wird das Ergebnis $\mathfrak{c}$ zusammengesetzt und ausgegeben. Register $\mathbf{r}_{22}$ muss den Exponenten enthalten, $\mathfrak{r}_{22} = \exists(\mathfrak{c})$, und Doppelregister $\mathbf{r}_{21:20}$ hat die Mantisse zu enthalten, $\mathfrak{r}_{21:22} = 1 + \mathbf{f}(\mathfrak{c})$. Zu Beginn wird durch *Addition* von 127 von $\exists(\mathfrak{c})$ zu $\mathbf{e}(\mathfrak{c})$ übergegangen. Dann wird in Zeile *125* im oberen Byte der Mantisse Platz für das unterste Bit des Exponenten gemacht, in der nächsten Zeile wird das Vorzeichen des Ergebnisses von $\mathbf{r}_{10}.7$ in das Übertragsbit $\mathfrak{c}$ geschoben. Der folgende Rechtsshift des Exponenten in Zeile *127* zieht also oben das Vorzeichenbit nach und schiebt unten Bit 0 des Exponenten in das Übertragsbit. Der anschließende Rechtsshift des oberen Bytes der Mantisse macht den Linksshift aus Zeile *125* wieder rückgängig, zieht aber oben Bit 0 des Exponenten nach. Das Dreifachregister $\mathbf{r}_{22:21:20}$ enthält also das gewünschte Bitmuster $\mathfrak{c} = \mathfrak{S}(\mathfrak{c}) \,.\, \mathfrak{E}(\mathfrak{c}) \,.\, \mathfrak{F}(\mathfrak{c})$. Ab Zeile *129* wird dann das Ergebnis von $\mathbf{r}_{22:21:20}$ in die Ergebnisvariable kopiert. Dazu muss zunächst der Anfangswert von Register **Z** wiederhergestellt werden, der in $\mathbf{r}_{13:12}$ aufbewahrt worden ist. In den Zeilen *130–132* wird das Ergebnis endlich in den Datenspeicher geschrieben. Danach steht der Rückkehr in das rufende Programm in der nächsten Zeile nichts mehr im Wege.
Die Kombinationen von Null und Unendlich sind am einfachsten zu behandeln, denn $0 \times \infty$, $\infty \times 0$ und $\infty \times \infty$ sind ungültige Operationen. Die drei Sprungziele `I3eMulNuIn`, `I3eMulInNu` und `I3eMulInIn` der Verzweigung nach Kategorienpaaren führen zur Zeile *170*, in welcher $\mathbf{r}_{16}$ mit dem Ausführungsindikator geladen, Register **Z** auf seinen Wert bei Eintritt in die Prozedur zurückgesetzt und die Prozedur angesprungen[28] wird, die für die Behandlung ungültiger Situationen zuständig ist.
Nicht viel komplizierter sind die gültigen Kombinationen mit der Kategorie `NUL`, da sie allesamt die Null zum Ergebnis haben. Es sind dies die Kombination der Null mit Null, mit einer normalisierten und einer nichtnormalisierten Zahl. Ab Zeile *162* werden die Nullmantisse und der Nullexponent zusammengesetzt, gefolgt vom Einfügen des Ergebnisvorzeichens in den Zeilen *165–166*. Anschließend erfolgt der Sprung in den Ausgabeteil der Prozedur.
Entsprechend werden in den Zeilen *176–181* die gültigen Kombinationen mit ∞ behandelt, also die Kombination von ∞ mit einer normalisierten oder nichtnormalisierten Zahl. Zunächst

[28]Das ist möglich, da `I3eMul` keinen Gebrauch vom Systemstapel macht.

wird $\mathbf{r}_{22:21:20}$ mit dem Bitmuster $\mathfrak{v}$1111111 10000000 00000000 für ∞ geladen, dabei ist $\mathfrak{v}$ das Vorzeichen, das in den Zeilen *179–182* auf dem „Umweg" über $\mathfrak{t}$ von $\mathbf{r}_{10}.7$ nach $\mathbf{r}_{22}.7$ kopiert wird.

Ab Zeile *49* wird das Ergebnis bei Auftreten eines **NaN** erzeugt. Dort wird eines der als Operand auftretenden **NaN** im Dreifachregister $\mathbf{r}_{21:20:19}$ erwartet, ferner muss $\mathfrak{n} = 1$ anzeigen, dass ein **qNaN** vorliegt. Zunächst wird **Z** auf seinen Startwert zurückgesetzt. Anschließend wird in Zeile *50* bei einem **qNaN**, also bei $\mathfrak{n} = 1$, direkt zur Ausgabe dieses **qNaN** in die Ergebnisvarible verzweigt, die in Zeile *57* beginnt. Liegt dagegen ein **sNaN** vor, so wird in Zeile *51* das Kontrollbyte geladen, um zu prüfen, ob der Aufruf einer Falltürfunktion erlaubt ist. Ist das der Fall, so wird in der nächsten Zeile $\mathbf{r}_{16}$ mit dem *Ausführungskennzeichner* `XMUL1` geladen und dann die *invalid exceptions* zugeordnete Falltürfunktion aufgerufen. $\mathfrak{h} = 1$ zeigt nach der Rückkehr von `I3eTrapIE` an, ob `I3eInt` noch die Standardantwort auf ein **sNaN** als Operand erzeugen muss. Das wird in Zeile *56* geprüft. Ist $\mathfrak{h} = 0$, so kann in Zeile *61* die Prozedur verlassen werden. In den Zeilen *57–60* wird das **NaN** endlich in der Ergebnisvariable gespeichert. Dabei wird in Zeile *58* durch das Setzen des Bits direkt neben dem Binärkomma ein **qNaN** erzeugt.

Ab Zeile *44* wird die Situation abgehandelt, dass $\mathfrak{a}$ als **NaN** erkannt wurde. Dort wird zunächst Register **Z** mit dem Wert $\mathfrak{X}$ von Register **X** geladen, da **X** für den Adressierungsmodus, der verwendet werden soll, nicht ausgelegt wurde. Anschließend wird das Dreifachregister $\mathbf{r}_{21:20:19}$ mit der Mantisse von $\mathfrak{a}$ geladen. In Zeile *48* wird das obere Byte der Mantisse von $\mathfrak{a}$, das sich noch von der Zerlegung her in $\mathbf{r}_5$ befindet, nach links geshiftet. Dabei wird das Statusbit $\mathfrak{n}$ mit dem Bit der Mantisse geladen, das sich direkt neben dem Binärkomma befindet und das anzeigt, ob ein **qNaN** oder ein **sNaN** vorliegt. Für $\mathfrak{b}$ wird in den Zeilen *62–66* analog vorgegangen. Die Verwendung von **Z** statt **Y** kann aber unterbleiben, da **Y** die geforderte Adressierungsart beherrscht.

Abbildung 9.1.: 16-Bit-Multiplikation in `I3eMul`

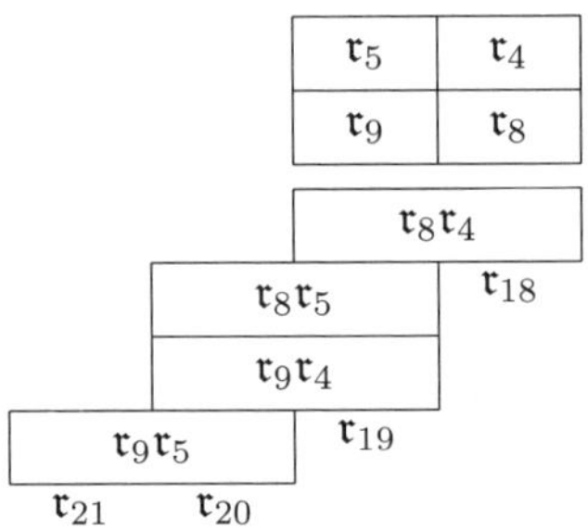

Der Fall, dass $\mathfrak{a}$ und $\mathfrak{b}$ normalisiert sind, wird ab Zeile *67* behandelt. Hier sind nur die wahren Exponenten $\exists(\mathfrak{a})$ in $\mathbf{r}_{3:2}$ und $\exists(\mathfrak{b})$ in $\mathbf{r}_{7:6}$ zu berechnen. Bei Erreichen der Zeile ist $\mathfrak{r}_2 = \mathbf{e}(\mathfrak{a})$ und $\mathfrak{r}_6 = \mathbf{e}(\mathfrak{b})$. $\exists(\mathfrak{a})$ und $\exists(\mathfrak{b})$ werden durch Subtraktion von 127 errechnet, und zwar als 16-Bit-Operation. Nach Zeile *67* gilt $\mathfrak{r}_{3:2} = \mathbf{e}(\mathfrak{a})$. In Zeile *69* wird 127 vom unteren Byte subtrahiert. Um die 16-Bit-Subtraktion zu vervollständigen, muss in der nächsten Zeile der möglicherweise entstandene Übertrag vom oberen Byte subtrahiert werden. Wegen $\mathfrak{r}_3 = 0$ ist diese Zeile korrekt. Analog wird in den Zeilen *71–73* $\exists(\mathfrak{b})$ berechnet.

Die wirkliche Multiplikation beginnt in Zeile *74*. An dieser Stelle enthalten $\mathbf{r}_{3:2}$ und $\mathbf{r}_{7:6}$ die wahren Exponenten und $\mathbf{r}_{5:4}$ und $\mathbf{r}_{9:8}$ die Mantissen der beiden Fließkommaoperanden. Die

Multiplikation der Mantissen veranschaulicht Bild 9.1. Das 32-Bit-Ergebnis wird im Vierfachregister $\mathbf{r_{21:20:19:18}}$ erzeugt. Das Produkt $\mathfrak{r}_8 \times \mathfrak{r}_4$ der unteren Bytes wird in Zeile *74* berechnet und direkt in der unteren Hälfte des Vierfachregisters abgelegt. Entsprechend wird das Produkt $\mathfrak{r}_9 \times \mathfrak{r}_5$ der oberen Bytes in Zeile *76* berechnet und direkt in der oberen Hälfte des Vierfachregisters abgelegt. Das gemischte Produkt $\mathfrak{r}_8 \times \mathfrak{r}_5$ wird in Zeile *78* berechnet, es wird in den Zeilen *79–82* zu den oberen 24 Bits des Vierfachregisters addiert. Im Zuge dieser Addition wird $\mathbf{r_{16}}$ gelöscht, um in Zeile *82* den eventuellen Übertrag von der Addition $\mathfrak{r}_{20:19} + \mathfrak{r}_{1:0}$ zum oberen Byte des Vierfachregisters zu addieren. Analog wird in den Zeilen *83–86* das gemischte Produkt $\mathfrak{r}_9 \times \mathfrak{r}_4$ behandelt.
Ab Zeile *87* wird der echte Exponent e des Produktes berechnet. Sind $e_a = \mathfrak{r}_{3:2}$ und $e_b = \mathfrak{r}_{7:6}$ die echten Exponenten der Operanden, so ist $e = e_a + e_b + 1$ der echte Exponent des Produktes. Der Faktor 1 erscheint deshalb, weil beide Mantissen eine Binärziffer links des Binärkommas besitzen, ihr Produkt deshalb derer zwei aufweist. Da e in $\mathbf{r_{23:22}}$ berechnet werden soll, wird in *87* $\mathbf{r_{23:22}}$ mit e_a geladen. Es folgen die Addition der 1 und die Addition von $\mathfrak{r}_{7:6}$. Ein Überlauf ist bei diesen Additionen nicht möglich.
In Zeile *91* wird geprüft, ob die Ergebnismantisse zu normalisieren ist. Da beide Operandenmantissen normalisiert sind, ist dazu höchstens *ein* Linksshift nötig. Das höchste Bit der Ergebnismantisse, also $\mathbf{r_{21}}.7$, nimmt gerade den Platz des Vorzeichenbits von $\mathbf{r_{21}}$ ein und kann deshalb bequem mit dem Befehl `TST` geprüft werden. Ist dieses Bit gesetzt, so müssen die folgenden Zeilen *93–99*, in denen die Normalisierung stattfindet, übersprungen werden. Normalisiert wird durch einen Linksshift des Vierfachregisters $\mathbf{r_{21:20:19:18}}$ und eine anschließende Dekrementierung des Exponentenregisters $\mathbf{r_{23:r22}}$. Zur Dekrementierung müssen „echte” Subtraktionsbefehle verwendet werden, da der Exponent den 8-Bit-Bereich möglicherweise verlassen hat. Der Befehl `DEC` ist hier nicht geeignet.
Ab Zeile *100* wird der Schweif getestet. Der Schweif oooooooo oooooooo bedeutet ein exaktes Ergebnis, bei jedem anderen Schweif muss gerundet werden. Um zu prüfen, ob eine Reihe von Bytes als gemeinsamen Wert die Zahl Null hat, können die Bytes der Reihe „verodert” werden. Man beachte, dass der Test des Schweifes auf Exaktheit des Resultats erst *nach* der eventuellen Normalisierung des Produktes vorgenommen werden darf.
Ab Zeile *103* wird ein exaktes Ergebnis auf Über- und Unterlauf untersucht. Die Fälle $e < 0$ und $e \geq 0$ werden getrennt geprüft, die Verzweigung nach dem Wert des Vorzeichens in Zeile *104* sorgt für diese Trennung.
Zunächst der Fall $e \geq 0$ ab Zeile *105*. Hier ist natürlich nur Überlauf möglich. Da $e \leq 254$ gilt, muss $\mathbf{r_{23}}$ nicht berücksichtigt werden, Überlauf tritt bei $\mathfrak{r}_{22} \geq 128$ ein. Das wird in Zeile *105* getestet. Gilt $\mathfrak{r}_{22} < 128$, kann die Zahl direkt ausgegeben werden (ab Zeile *124*). Andernfalls wird der Ansprung der Überlaufprozedur vorbereitet: $\mathfrak{t}$ wird mit dem Vorzeichen des Ergebnisses geladen (*107*), $\mathbf{r_{16}}$ wird mit dem *Ausführungskennzeichner* `XMUL2` geladen (*108*) und schließlich wird **Z** auf den Wert bei Eintritt in die Prozedur zurückgesetzt, bevor in Zeile *110* die Prozedur *angesprungen* wird, die für Überlauf zuständig ist.
Es folgt der Fall $e < 0$ ab Zeile *111*. Hier ist nur Unterlauf möglich. Der kleinstmögliche Wert des Exponenten wird erreicht, wenn beide Operanden a und b nicht normalisiert sind und den kleinsten Wert annehmen, der diesen Zahlen möglich ist, nämlich 2^{-141}. Es ist dann $e = t + 1 - 141 - 141 = t - 281$, dabei ist $t = -1$, falls noch ein Normalisierungsshift nötig ist, $t = 0$ sonst. Dieser Normalisierungsshift ist beim Produkt der kleinsten nichtnormalisierten Fließkommazahlen erforderlich, wie man durch leichte Rechnung bestätigen kann. Der Exponent e kann demnach Werte zwischen **FFFF** $= -1$ und **FEE6** $= -282$ annehmen. Da Unterlauf bei $e < -126$ eintritt, liegt bei $\mathfrak{r}_{23} <$ **FF** sicher Unterlauf vor, andernfalls, also bei $\mathfrak{r}_{23} =$ **FF**, liegt Unterlauf vor bei $\mathfrak{r}_{22} <$ **82**. Wird also bei dem Vergleich in Zeile *111* festgestellt, dass $\mathfrak{r}_{23} <$ **FF** gilt, so wird in der nächsten Zeile direkt zur Unterlaufbehandlung verzweigt, die

in Zeile *115* beginnt. Andernfalls ist noch der Vergleich in Zeile *114* notwendig. Wird dort $\mathfrak{r}_{22} \geq$ **82** vorgefunden, so wird in der nächsten Zeile zur Ergebnisausgabe gesprungen. Andernfalls wird der Aufruf der Unterlaufprozedur vorbereitet: $\mathfrak{t}$ wird mit dem Vorzeichen des Ergebnisses geladen (*115*), $\mathbf{r_{16}}$ wird mit dem *Ausführungskennzeichner* `XMUL3` geladen (*116*) und schließlich wird **Z** auf den Wert bei Eintritt in die Prozedur zurückgesetzt, bevor in Zeile *118* die Prozedur *aufgerufen* wird, die für Unterlauf zuständig ist. Diese Prozedur erzeugt möglicherweise ein Ergebnis, das nicht mehr exakt ist, sie teilt das dem rufenden Programm dadurch mit, dass sie das Übertragsbit setzt. Ist also nach dem Aufruf $\mathfrak{c} = 1$, so wird in den Zeilen *120–123* noch dasjenige Kontrollbit gesetzt, das anzeigt, dass das Ergebnis nicht exakt ist, bevor in Zeile *123* in das rufende Programm zurückgesprungen wird.
Falls in Zeile *102* festgestellt wurde, dass der Bitschweif von Null verschieden ist, geht es in Zeile *134* weiter mit dem Runden des Ergebnisses. Zunächst wird die Ungenauigkeit des Ergebnisses durch Setzen des zuständigen Kontrollbits angezeigt. Anschließend wird $\mathfrak{t}$ mit dem Vorzeichen des Ergebnisses geladen, bevor in Zeile *138* die Rundungsprozedur aufgerufen wird. Diese Prozedur kann einen ungültigen Rundungsmodus feststellen und zeigt diesen über das gesetzte Überlaufbit des Statusregisters an. Wird tatsächlich in Zeile *139* $\mathfrak{v} = 1$ festgestellt, so kann die Prozedur nur noch den Notausgang wählen: $\mathbf{r_{16}}$ wird mit dem *Ausführungskennzeichner* `XMUL4` geladen, **Z** wird auf den Wert bei Eintritt in die Prozedur zurückgesetzt, und schließlich wird in Zeile *142* die für die Ausnahmesituation „ungültig" zuständige Prozedur *angesprungen*.
Es bleibt noch der Fall, dass nichtnormalisierte Operanden auftreten. Der Aufruf der Zerlegungsprozedur in Zeile *19* selektiert zwischen den drei Möglichkeiten, dass erstens a normalisiert ist, b jedoch nicht, dass zweitens b normalisiert ist, a jedoch nicht und dass drittens beide Operanden nicht normalisiert sind. Die erste Möglichkeit wird ab Zeile *143* behandelt. Doppelregister $\mathbf{r_{1:0}}$ wird mit der Mantisse von a geladen und es wird die Normalisierungsprozedur aufgerufen. Diese übergibt den modifizierten Exponenten in $\mathbf{r_{17:16}}$ und die normalisierte Mantisse in $\mathbf{r_{1:0}}$, welche in den Zeilen *145–146* in die dem Operanden a zugeordneten Register umgeladen werden. Da jetzt zwei normalisierte Operandenmantissen vorliegen, kann mit der Multiplikation in Zeile *74* fortgefahren werden. Die zweite Möglichkeit wird vollkommen analog in den Zeilen *148–152* abgehandelt. Die dritte Möglichkeit, dass beide Operanden nicht normalisiert sind, wird ab Zeile *153* erledigt, es wird zunächst a normalisiert (bis Zeile *157*), anschließend wird zur Normalisierung von b in die Zeile *148* gesprungen.

Die Multiplikation zählt zu den einfachen Operationen, da es keine Schwierigkeiten bereitet, das „unendlich genaue" Produkt zu berechnen und dann korrekt zu runden oder die Exaktheit des Ergebnisses festzustellen. Tatsächlich sind schnelle Multiplizierer aber hochkomplexe Gebilde,[29] die intensiv getestet werden müssen. Das motiviert die behandelte Erzeugung von Testergebnissen.

9.5. Anmerkungen zur Division

Ganz genau so wie bei der Multiplikation ist hier zu zwei zweidrittel genauen normalisierten Fließkommazahlen $\mathfrak{a} = \mathfrak{a}_{23} \cdots \mathfrak{a}_0$ und $\mathfrak{b} = \mathfrak{b}_{23} \cdots \mathfrak{b}_0$ der Quotient zu berechnen. Dieser Quotient ist eine zweidrittel genaue Fließkommazahl $\mathfrak{c} = \mathfrak{c}_{23} \cdots \mathfrak{c}_0$ mit der Eigenschaft

$$\frac{\mathbb{F}_S(\mathfrak{a})}{\mathbb{F}_S(\mathfrak{b})} \approx \mathbb{F}_S(\mathfrak{c}) \tag{9.27}$$

[29] Man lese nur einmal den Artikel [Ande].

Das Approximationszeichen soll bedeuten, dass, falls es kein $\mathfrak{c}$ gibt mit $\mathbb{F}_S(\mathfrak{a})/\mathbb{F}_S(\mathfrak{b}) = \mathbb{F}_S(\mathfrak{c})$, dasjenige $\mathfrak{c}$ aus dem Gitter genommen werden soll, dessen $\mathbb{F}_S(\mathfrak{c})$ dem Quotienten $\mathbb{F}_S(\mathfrak{a})/\mathbb{F}_S(\mathfrak{b})$ möglichst nahe kommt. Dieses „möglichst nahe" wird vom gewählten Rundungsmodus diktiert.

Da die Exponenten für die Division keine wesentliche Rolle spielen, kann $\frac{1}{2} \le \mathbb{F}_S(\mathfrak{b}) \le \mathbb{F}_S(\mathfrak{a}) < 2$ angenommen werden. Für den Quotienten ergibt sich dann die Binärdarstellung

$$d = \frac{\mathbb{F}_S(\mathfrak{a})}{\mathbb{F}_S(\mathfrak{b})} = \mathfrak{d}_0, \mathfrak{d}_1\mathfrak{d}_2 \cdots \mathfrak{d}_{p-1}\mathfrak{d}_p\mathfrak{d}_{p+1} \cdots \qquad \text{mit } \mathfrak{d}_0 = 1 \tag{9.28}$$

Darin ist ein wenig verallgemeinert p wieder die Präzision des Quotienten (speziell $p = 16$). Die Bitfolge $\mathfrak{d}_p\mathfrak{d}_{p+1} \cdots$ heißt wie bei der Multiplikation der *Bitschweif* oder auch einfach der *Schweif* $d^{\sim}$ des Quotienten. Der Schweif kann natürlich unendlich lang sein, und daraus ergeben sich, soll dem Standard wortgetreu gefolgt werden, zwei Probleme, die nicht ganz einfach zu lösen sind.

Das eine Problem betrifft das korrekte Runden im Falle $\vartheta = \frac{1}{2}$. Wie kann der zu diesem Fall gehörige Schweif $d^{\sim} = 1000 \cdots$ eindeutig erkannt werden? Das Problem wird noch dadurch komplizierter, dass dieser Schweif potentiell auch in der darstellungsmäßig äquivalenten Form $0111 \cdots$ auftreten kann.

Das andere Problem ist die Erkennung eines exakten Quotienten: Wie kann festgestellt werden, ob

$$d = \frac{\mathbb{F}_S(\mathfrak{a})}{\mathbb{F}_S(\mathfrak{b})} = \mathfrak{d}_0, \mathfrak{d}_1\mathfrak{d}_2 \cdots \mathfrak{d}_{p-1} \qquad \text{mit } \mathfrak{d}_0 = 1$$

gilt, ob also $0 = \mathfrak{d}_p = \mathfrak{d}_{p+1} = \cdots$ gilt?

Eine genaue Analyse der Struktur des Quotienten zweier p-Bit-Zahlen kann dem Artikel [Iord] entnommen werden. Hier sind die zur Lösung der Probleme wesentlichen Aussagen:

- Ist $\mathfrak{d}_p = \mathfrak{d}_{p+1} = \cdots = \mathfrak{d}_{2p-1} = 0$, so ist $d = \mathfrak{d}_0, \mathfrak{d}_1\mathfrak{d}_2 \cdots \mathfrak{d}_{p-1}$ der exakte Quotient.
- Der Schweif $111 \cdots$ ist nicht möglich. Ein exakter Quotient mit höchstens p Binärziffern kann also nicht mit unendlicher Binärentwicklung auftreten.
  Z. B. ist die unendliche Binärentwicklung $1,0111 \cdots$ des Quotienten $1,1$ nicht möglich. Daraus kann allerdings nicht gefolgert werden, dass ein iterativer Algorithmus zur Division $1,0111$ nicht als Approximation der Lösung erzeugen kann!
- Die Schweife $100 \cdots$ und $011 \cdots$ sind nicht möglich. Ein nicht exakter Quotient kann also nicht genau in der Mitte zwischen zwei Gitterpunkten liegen.
  Der Fall $\vartheta = \frac{1}{2}$ kann demnach beim Runden nicht eintreten. Zum korrekten Runden genügt es also, zwischen $\vartheta < \frac{1}{2}$ und $\vartheta \ge \frac{1}{2}$ zu unterscheiden.

Nun reicht zwar die Kenntnis der ersten $p + 1$ Bits des Quotienten aus, korrekt zu runden, es sind aber $2p$ Quotientenbits erforderlich, um erkennen zu können, ob der Quotient exakt ist. Dass wirklich $2p$ und nicht weniger Quotientenbits nötig sind, die Exaktheit des Quotienten zu bestimmen, zeigt das Beispiel **0,8EAA/0,888D** $=$ **1,0B760003BF**$\cdots$, oder in Binärschreibweise:

$$\frac{0,10001110\ 10101010}{0,10001000\ 10001101} = 1,00001011\ 01110110\ 00000000\ 00000011\ 10111111 \cdots$$

Den ersten 16 Bits des Quotienten folgen 15 Nullbits, aber die ersten 16 Bits des Quotienten bilden nicht den exakten Quotienten.

Die Exaktheit des Quotienten kann aber auch festgestellt werden, ohne den gesamten Schweif berechnen zu müssen. Dazu eine Definition: Für $u = 0,\mathfrak{u}_1 \cdots \mathfrak{u}_n$ sei $\lambda(u)$ der Index des letzten von 0 verschiedenen $\mathfrak{u}_i$. Z.B. ist $\lambda(0,10101) = 5$. Damit lässt sich das folgende Kriterium formulieren:

Es sei $\frac{a}{b} = q = 2^e \times 0,\mathfrak{q}_1\mathfrak{q}_2 \cdots$, mit $e \in \{0,1\}$, und $\rho = 0,\mathfrak{q}_1 \cdots \mathfrak{q}_p$. Dann gilt

$$\lambda(b) + \lambda(\rho) \leq p + e \;\Leftrightarrow\; \frac{a}{b} = \rho 2^e \tag{9.29}$$

Es ist also nicht die Kenntnis des gesamten Schweifes nötig, um festzustellen, ob die ersten p Bits des Quotienten schon den gesamten Quotienten ausmachen.

Es sei z.B. für $p = 16$ $a =$ **0,9009** und $b =$ **0,8008** und eine Rechnung möge $\rho =$ **0,1200** und $e = 1$ ergeben. Dann ist $\lambda(b) = \lambda(0,10000000\,00001000) = 13$ und $\lambda(\rho) = \lambda(0,10010000\,00000000) = 4$, also $\lambda(b) + \lambda(\rho) = 13 + 4 = 17 = p + e$. Es gilt demnach **0,9009/0,8008** $=$ **1,2**.

Ist $q = 2^e \times 0,\mathfrak{q}_1 \cdots \mathfrak{q}_p\mathfrak{q}_{p+1} \cdots$ eine Approximation an a/b, so ist, um (9.29) anwenden zu können, sicherzustellen, dass $\mathfrak{q}_1$ bis $\mathfrak{q}_p$ die wahren Quotientenbits sind. Insbesondere ist darauf zu achten, dass das verwendete Approximationsverfahren den echten Quotienten $2^e \times 0,\mathfrak{q}_1 \cdots \mathfrak{q}_p$ nicht in der Gestalt $2^e \times 0,\mathfrak{q}_1 \cdots \mathfrak{q}_{p-1}0111 \cdots 11$ erzeugt. q muss also an geeigneter Stelle aufgerundet werden.

Es ist nicht von vornherein unmöglich, dass das Approximationsverfahren gar nicht gegen a/b, sondern gegen ein $\tilde{a}/b$ konvergiert, das Kriterium (9.29) aber, von links nach rechts angewandt, dennoch einen exakten Quotienten suggeriert. Ist allerdings dafür gesorgt, dass der absolute Fehler der Approximation unter 2^{-p} bleibt, dass also $|a/b - q| < 2^{-p}$ gilt, so kann dieser Fall nicht eintreten, denn der Abstand zwischen exakten Quotienten mit einem gemeinsamen Nenner ist größer als 2^{-p}. Ist nämlich $\tilde{a} = a + 2^{-p}$ der zu a nächste Gitterpunkt $\tilde{a}$, und sind $q = a/b$ und $\tilde{q} = \tilde{a}/b$ die exakten Quotienten, so ist wegen $1/b > 1$

$$|q - \tilde{q}| = \frac{2^{-p}}{b} > 2^{-p}.$$

Hier noch eine Anmerkung zur Bezeichnungsweise. Aus traditionellen Gründen wird oft nicht der ganze Bitschweif betrachtet, sondern ein aus zwei Bits bestehendes Surrogat. Diese beiden Bits sind das *Rundungsbit* $\mathfrak{r}$ und das *sticky bit* $\mathfrak{s}$. Sie sind über (9.28) definiert durch:

$$\mathfrak{r} = \mathfrak{d}_p \qquad \mathfrak{s} = \bigvee_{k=p+1}^{\infty} \mathfrak{d}_k \tag{9.30}$$

Der Operator $\vee$ steht für das logische oder, d.h. für zwei Bitvariablen $\mathfrak{u}$ und $\mathfrak{v}$ hat $\mathfrak{u} \vee \mathfrak{v}$ den Wert 1, falls $\mathfrak{u} = 1$ *oder* $\mathfrak{v} = 1$. Der Name *sticky bit* erklärt sich durch die Berechnung von $\mathfrak{s}$. Anfangs ist $\mathfrak{s} = 0$, dann folgt $\mathfrak{s} = \mathfrak{s} \vee \mathfrak{d}_{p+1}$, dann $\mathfrak{s} = \mathfrak{s} \vee \mathfrak{d}_{p+2}$ usw. Ist in diesem Prozess einmal $\mathfrak{s} = 1$, so ändert sich das nicht mehr, der

Wert $\mathfrak{1}$ bleibt sozusagen an $\mathfrak{s}$ haften. Der Name *Rundungsbit* stammt noch aus den unerleuchteten Tagen vor der Einführung des Standards, als das Bit $\mathfrak{d}_p$ zur korrekten Rundung vollkommen ausreichte.

Welcher Divisionsalgorithmus soll nun verwendet werden? Das bekannteste Divisionsverfahren, das auf Subtraktion beruht, berechnet pro Iterationsschritt ein Bit, es konvergiert also linear. Das scheint auf den ersten Blick für kleine p, etwa wie hier $p = 16$, durchaus vertretbar zu sein. Um dem Standard zu genügen, sind jedoch $2p$ Quotientenbits zu berechnen, eine Zahl, die man auch bei $p = 16$ wohl nicht mehr klein nennen kann. Offenbar ist hier ein Divisionsverfahren mit überlinearer Konvergenzordnung gefragt. Ein Verfahren mit quadratischer Konvergenzordnung z.B. würde bei jedem Iterationsschritt die Anzahl der korrekten Bits verdoppeln. Einen Hinweis zur Auswahl des Verfahrens gibt die Tatsache, dass viele Prozessoren, eingeschlossen die AVR-Prozessoren,[30] einen schnellen Multiplizierer besitzen. Ein Verfahren, das diesen Multiplizierer gut ausnützt, wäre also von Vorteil.

Eine oft angewandte Methode, eine Iterationsfolge zu konstruieren, ist es, das Newton-Verfahren zur Bestimmung von Nullstellen auf eine geeignet gewählte Funktion anzuwenden. Wird das Newton-Verfahren z.B. auf die Funktion

$$f(x) = \frac{1}{x} - b$$

angewandt, deren Nullstelle gerade $1/b$ ist, erhält man das Iterationsverfahren

$$x_{n+1} = 2x_n - bx_n^2,$$

das bei geeignet gewähltem Startwert quadratisch gegen $1/b$ konvergiert. Die quadratische Konvergenz lässt sich auf ganz elementarem Wege einsehen:

$$x_{n+1} - \frac{1}{b} = 2x_n - bx_n^2 - \frac{1}{b} = -b(x_n^2 - 2bx_n + \frac{1}{b^2}) = -b(x_n - \frac{1}{b})^2$$

Der Fehler beim $(n + 1)$-ten Iterationsschritt gemachte absolute Fehler ist also dem Quadrat des beim n-ten Schritt gemachten absoluten Fehlers proportional. Ferner stellt sich dieser Fehler als negativ heraus, die Iterationsfolge konvergiert demnach von unten, oder, wenn man die Zahlengerade vor Augen hat, von links gegen das Ergebnis.

Dieses Ergebnis der Iteration muss noch mit a multipliziert werden, um den Quotienten zu bekommen. Ein Nachteil der Iterationsformel ist, dass die beiden Multiplikationen nicht parallel ausgeführt werden können, also auch *pipelining* nicht oder nur sehr eingeschränkt möglich ist. Für moderne Prozessoren, die besonders dem *pipelining* ihre Schnelligkeit verdanken, ist das ein wesentlicher Nachteil. Für AVR-Prozessoren trifft das allerdings nicht zu.

Iterationsverfahren, die gegen $1/b$ konvergieren, lassen sich allerdings auch mit elementaren Mitteln konstruieren. So kann z.B. die für $|x| < 1$ konvergierende geometrische Reihe

$$\sum_{\nu=0}^{\infty} x^\nu = \frac{1}{1 - x}$$

[30] Jedenfalls die **ATmega**-Serie.

zur Grundlage eines Iterationsverfahrens gemacht werden. Mit $1-x=b$ folgt nämlich aus der Normalisierungsbedingung $1/2 \leq b < 1$ sofort $|x| < 1/2$, die Reihe konvergiert also. Die Reihe lässt sich dann wie folgt umformen:

$$\begin{aligned}
\frac{1}{b} = \frac{1}{1-x} &= 1 + x + x^2 + x^3 + x^4 + x^5 + \cdots \\
&= 1 + x + x^2(1+x) + x^4(1+x) + x^6(1+x) + \cdots \\
&= (1+x)(1 + x^2 + x^4 + x^6 + x^8 + \cdots) \\
&= (1+x)(1 + x^2 + x^4(1+x^2) + x^8(1+x^2) + \cdots) \\
&= (1+x)(1+x^2)(1 + x^4 + x^8 + x^{12} + \cdots) \\
&= (1+x)(1+x^2)(1 + x^4 + x^8(1+x^4) + x^{16}(1+x^4) + \cdots) \\
&= (1+x)(1+x^2)(1+x^4)(1 + x^8 + x^{16} + x^{24} + \cdots) \\
&= (1+x)(1+x^2)(1+x^4)\sum_{\nu=0}^{\infty}(x^8)^\nu \\
&= (1+x)(1+x^2)(1+x^4)\frac{1}{1-x^8}
\end{aligned}$$

Allgemein erhält man nach diesem Schema:

$$\frac{1}{b} = \frac{1}{1-x} = \frac{1}{1-x^{2^{n+1}}}\prod_{\nu=0}^{n}(1+x^{2^\nu}) \tag{9.31}$$

Der multiplikative Fehlerterm konvergiert wegen $|x| < 1/2$ rasch gegen 1. Eine Iterationsfolge kann wie folgt gewonnen werden:

$$x_0 = 1 \qquad x_{n+1} = x_n(1+x^{2^n}) \tag{9.32}$$

Dass diese Iterationsfolge quadratisch gegen $1/b$ konvergiert, lässt sich sehr anschaulich herleiten. Der wesentliche Teil des Fehlerterms ist nämlich

$$1 - x^{2^m}$$

und dessen Binärentwicklung kann leicht angegeben werden. Aus $x \leq 1/2$ folgt nämlich:

$$1 - x^{2^m} \geq 1 - \frac{1}{2^{2^m}} = \sum_{\mu=1}^{2^m}\frac{1}{2^\mu} \tag{9.33}$$

Daraus lässt sich die gesuchte Binärentwicklung direkt ablesen:

$$1 - x^{2^m} = 0,\underbrace{11\cdots11}_{2^m}***\cdots \tag{9.34}$$

Die Zahl der Einsen nach dem Binärkomma verdoppelt sich bei jedem Iterationsschritt, d.h. der Fehlerterm konvergiert quadratisch gegen 1:

$$1 - x^{2^{m+1}} = 0,\underbrace{1111\cdots\cdots1111}_{2^{m+1}=2\times 2^m}***\cdots \tag{9.35}$$

Ein tatsächlich zur Division benutztes Iterationssverfahren ist mit dem gerade dargestellten Verfahren verwandt. Es wurde für System/360 von IBM entwickelt, aber z.B. auch im AMD-K7-Mikroprozessor eingesetzt. Das Verfahren verlangt einen schnellen Multiplizierer, arbeitet jedoch weit besser mit zwei Multiplizierern, da einige Rechnungen parallel ausgeführt werden können. Die **ATmega**-Prozessoren besitzen einen schnellen Multiplizierer, es liegt also nahe, das Divisionsverfahren daraufhin zu betrachten, ob es für die Fließkommadivision geeignet ist. Seine Grundlage ist eine Folge von „Multiplikatoren" m_i mit der folgenden Eigenschaft:

$$\lim_{n\to\infty} b\prod_{i=0}^{n} m_i = 1 \tag{9.36}$$

Daraus ergibt sich eine Approximation des Quotienten a/b:

$$\frac{a}{b} = \frac{a\prod_{i=0}^{n} m_i}{b\prod_{i=0}^{n} m_i} \approx a\prod_{i=0}^{n} m_i \qquad \text{denn} \quad b\prod_{i=0}^{n} m_i \approx 1 \tag{9.37}$$

Der Divisionsalgorithmus von Anderson, Earle, Goldschmidt und Powers, der für den Rechner System/360 Model 91 von IBM entwickelt wurde,[31] konstruiert indirekt eine solche Folge von Multiplikatoren. Direkt berechnet werden jedoch zwei Zahlenfolgen α_ν und β_ν:

$$\beta_0 = b \qquad \beta_{\nu+1} = \beta_\nu(2-\beta_\nu) \tag{9.38a}$$

$$\alpha_0 = a \qquad \alpha_{\nu+1} = \alpha_\nu(2-\beta_\nu) \tag{9.38b}$$

Für diese beiden Zahlenfolgen gilt:

$$\lim_{\nu\to\infty} \beta_\nu = 1 \qquad \lim_{\nu\to\infty} \alpha_\nu = \frac{a}{b} \tag{9.39}$$

Die Folge β_ν lässt sich in geschlossener Form darstellen. Mit $\eta = 1-b$ ist nämlich:

$$\beta_\nu = 1-\eta^{2^\nu} \tag{9.40}$$

Denn für $\nu = 0$ ist $1-\eta = b = \beta_0$, und gilt (9.40) für ν, dann auch für $\nu+1$:

$$\beta_{\nu+1} = \beta_\nu(2-\beta_\nu) = (1-\eta^{2^\nu})\big(2-(1-\eta^{2^\nu})\big) = (1-\eta^{2^\nu})(1+\eta^{2^\nu}) = 1-\eta^{2^{\nu+1}}$$

Aus (9.40) folgt unmittelbar der linke Teil von (9.39). Außerdem liegt wegen $\eta \leq 1/2$ in (9.40) dieselbe Situation vor wie in (9.33), die Binärentwicklung von β_ν wird also auch durch (9.34) wiedergegeben. Der rechte Teil von (9.39) folgt aus der für alle ν gültigen Beziehung

$$\frac{\alpha_\nu}{\beta_\nu} = \frac{a}{b}.$$

[31] Siehe [Ande].

Denn es ist $\alpha_0/\beta_0 = a/b$, und ist die behauptete Gleichung für ν richtig, dann wegen

$$\frac{\alpha_{\nu+1}}{\beta_{\nu+1}} = \frac{\alpha_\nu(2-\beta_\nu)}{\beta_\nu(2-\beta_\nu)} = \frac{\alpha_\nu}{\beta_\nu} = \frac{a}{b}$$

auch für $\nu + 1$. Der Zusammenhang mit (9.36) und (9.37) ist gut erkennbar.

Ein Beispiel soll die Arbeitsweise des Algorithmus verdeutlichen. Mit $a =$ **0,8ED5** und $b =$ **0,8F41**[32] erhält man für die Folge der β_ν:

0	0,10001111 01000001
1	0,11001110 01011000 01010001 01111111
2	0,11110110 01011110 01100001 01011101 01111010 10111110 01100010 11111111
3	0,11111111 10100011 00111100 11001111 10100111 11101000 11000010 11000100
4	0,11111111 11111111 11011110 01100011 00100000 01101101 11111111 11110111
5	0,11111111 11111111 11111111 11111111 11111011 10010110 00101110 00111011

Um 32 genaue Bits zu erhalten, sind bei einer Iterationsfolge, deren Anzahl genauer Bits sich bei jedem Schritt verdoppelt, höchstens fünf Iterationsschritte nötig, sofern die Folge mit mindestens einem genauen Bit beginnt. Da b normalisiert ist, ist dieses eine genaue Anfangsbit aber garantiert. Allgemein kann gesagt werden, dass $\lceil \log_2(n) \rceil$ Schritte nötig sind, um n genaue Bits zu erhalten. Darin ist $\log_2$ die Logarithmusfunktion zur Basis 2, und $\lceil \log_2(n) \rceil$ ist die zu $\log_2(n)$ nächsthöhere ganze Zahl. Für Zweierpotenzen ist natürlich einfach $\log_2(2^m) = m$.

Die Folge der α_ν errechnet sich zu:

0	0,10001110 11010101
1	0,11001101 10111100 11000000 11101011
2	0,11110101 10100100 10100100 00110111 11001011 10001001 11110000 01101011
3	0,11111110 11100010 10000010 11000000 10011000 00110000 10100101 01010010
4	0,11111111 00111110 11011110 01111110 01000001 00101101 10001111 00011010
5	0,11111111 00111111 00000000 00000001 11000101 00010100 11000000 00100100

Allerdings wurden beide Folgen mit einer Genauigkeit von 224 Bit berechnet, mit dem Effekt, dass ein wesentlicher Nachteil des Verfahrens nicht in Erscheinung tritt. Die Folge der α_ν ist nämlich anfällig für Rundungsfehler, ganz im Gegensatz zur Folge der β_ν, die ein selbstheilendes Verhalten zeigt. Da mit einer festen Binärstellenzahl gerechnet wird, muss gerundet werden, ein Fehler kann gar nicht vermieden werden. Der Einfluss dieses unvermeidlichen Fehlers ist bei kleiner Bitstellenzahl stärker als bei einer großen Zahl von Bitstellen.

Die probeweise Implementierung des Verfahrens brachte ernüchternde Resultate. Als Beispiel werde die Division

$$\frac{1{,}01010011\,0000111}{1{,}11110101\,1111010} = 0{,}1010110\,01110101\,11010011\,11100110\,01110111\,10111101\cdots$$

durchgeführt, und zwar mit 16, 24 und 32 Bitstellen. In den Tabellen ist links die Folge β_ν und rechts die Folge α_ν zu sehen. Zunächst zu Vergleichszwecken 16 Bitstellen.

[32] Es ist $a/b =$ **0,FF3F0001C97B** $\cdots$.

1	0, 0001001 11011001	0, 0000110 10100111
2	0, 0010010 11110000	0, 0001100 11001010
3	0, 0100011 00010010	0, 0010111 10101111
4	0, 0111100 10001000	0, 0101000 11100000
5	0, 1011100 01101111	0, 0111110 01101011
6	0, 1110110 00011110	0, 1001111 11000010
7	0, 1111111 00111100	0, 1010101 11101010
8	0, 1111111 11111110	0, 1010110 01101101
9	0, 1111111 11111111	0, 1010110 01101110

Die Folge β_ν verhält sich wie vorhergesagt, braucht dazu allerdings neun statt fünf Iterationen. Nur die ersten zehn Bit von α_9 sind korrekt. Wird die Rechnung mit 24 Bitstellen durchgeführt, ergibt sich folgendes Bild:

1	0, 0001001 11011001 10000111	0, 0000110 10100111 00111000
2	0, 0010010 11110001 00000101	0, 0001100 11001011 01011111
3	0, 0100011 00010100 01111010	0, 0010111 10110010 00001101
4	0, 0111100 10001011 10111110	0, 0101000 11100101 10100000
5	0, 1011100 01110011 11100001	0, 0111110 01110010 11110110
6	0, 1110110 00100000 11000101	0, 1001111 11001010 11000010
7	0, 1111111 00111101 00010110	0, 1010101 11110010 00101011
8	0, 1111111 11111110 11010111	0, 1010110 01110101 00001011
9	0, 1111111 11111111 11111111	0, 1010110 01110101 11010011

Es wird tatsächlich eine Genauigkeit von 24 Bit erreicht. Der Übergang zu 32 Bitstellen ist dann leider kein Fortschritt, sondern das Gegenteil, es werden nur noch 16 genaue Bits erreicht:

1	0, 0001001 11010111 10011101 10111001	0, 0000110 10100101 11101110 11011111
2	0, 0010010 11101101 01111110 00001111	0, 0001100 11001001 00000000 00001001
3	0, 0100011 00001110 01111000 00000100	0, 0010111 10101110 00000011 01001111
4	0, 0111100 10000011 00000100 11000011	0, 0101000 11011111 11000100 01111010
5	0, 1011100 01101010 10101110 11110011	0, 0111110 01101100 11001110 01010010
6	0, 1110110 00011011 10101001 01111101	0, 1001111 11000111 01100000 11101011
7	0, 1111111 00111100 01001100 10000001	0, 1010101 11110001 10110110 11001011
8	0, 1111111 11111110 11010100 11001010	0, 1010110 01110101 00011101 10001100
9	0, 1111111 11111111 11111111 11111101	0, 1010110 01110101 11100111 10100110
10	0, 1111111 11111111 11111111 11111111	0, 1010110 01110101 11100111 10101000

Die Durchführung einer Reihe von Divisionen ergab, dass bei Verwendung von n Bitstellen etwas mehr als $\frac{n}{2}$ korrekte Ergebnisbits errechnet werden, mit gelegentlichen Abweichungen von der Regel.

Es ist klar, dass dieser Algorithmus zur Implementierung der Division mit einem 8-Bit-Prozessor vollkommen ungeeignet ist. Damit soll er nicht an sich schlecht gemacht werden, er liefert bei mehr Bitstellen ausgezeichnete Ergebnisse. Auch sind hier die Anfangswerte schlecht gewählt worden. Die Implementierung in [Ande] verwendet z.B. die ersten zehn Bits von b als Index in eine Tabelle von Schätzwerten für $\frac{1}{b}$ und kommt so zu sieben korrekten Bits der ersten Iteration. Das Verhalten des Verfahrens ließe sich so gewiß verbessern, aber der Aufwand zu seiner Realisierung ist auch ohne eine zusätzliche Tabelle schon viel zu groß. Hinzu kommt, dass eine Implementierung nur nach extensiven Tests eingesetzt werden könnte, da die Konvergenzaussagen, die für das Verfahren gemacht werden, nur unter idealen Bedingungen auch für die Folge α_ν gelten.

10. Die Implementierung einer AVR-freundlichen Fließkommaarithmetik

Abschnitt 9.4 hat deutlich gemacht, dass eine buchstabengetreue Umsetzung des Standards zwar im Rahmen des Möglichen liegt, jedenfalls für solche AVR-Prozessoren, die genügend Programmspeicher besitzen, dass eine solche Umsetzung aber, da sie auf einer 8-Bit-Arithmetik basiert, wohl zu einem Projekt gewaltiger Dimensionen ausartete. Denn auf viele Forderungen des Standards wurde überhaupt nicht eingegangen, etwa die strikten Forderungen bezüglich der Zahlenumwandlungen vom Binärsystem in das Dezimalsystem und zurück. Es ist schon oft darauf hingwiesen worden, dass man immer beachten sollte, zu welchen Aufgaben ein am unteren Ende der Prozessorleistungsskala angesiedelter AVR-Prozessor in der Regel herangezogen wird. Dazu zählt gewiß nicht das Lösen komplexer und umfangreicher numerischer Probleme. Wenn nur einfache Rechnungen mit von der Natur der Sache her nicht sehr genauen Messwerten durchgeführt und die Ergebnisse dann angezeigt werden sollen, sind das Rechnen mit ∞, **NaN**s, gradueller Unterlauf usw. überflüssiger Ballast.

Forderungen des Standards, die sich ohne großen Aufwand realisieren lassen, werden natürlich realisiert. Auch die Gestalt des Bitmusters bleibt erhalten, von der verkürzten Mantisse einmal abgesehen. Die Exponenten **00** und **FF** spielen wie im Standard eine Sonderrolle. **00** steht hier für $+0$ und -0, wie im Standard unter anderem auch, und **FF** vertritt hier ein **NaN**, wie im Standard unter anderem auch. Letzteres kann aber einfach ignoriert werden, da kein Unterprogramm jemals ein **NaN** erzeugt. Man kann sich ein gutes Bild von Umfang und Bedeutung der weggelassenen Eigenschaften machen, indem man die Unterprogramme `I3eMul` und `FkaMul` vergleicht.

Wie eine Durchsicht der Unterprogramme `FkaXxx` zeigt, ist schon die einfache Berücksichtigung des Spezialwertes **FF** für den Exponenten recht aufwendig, gemessen am Anteil der Zeilen. Diese Berücksichtigung wurde daher nicht bis in die letzten Konsequenzen verfolgt. Z.B. kann ± 0 durch ein **NaN** dividiert werden und ergibt ± 0, statt einen Fehlerabbruch mit `FKA_DIV+FKA_NAN` zu erzeugen. Retrospektiv gesprochen ist diese Berücksichtigung mehr schlecht als recht. Herausgenommen wurde sie aber nicht, da sie einen Ansatzpunkt bietet, etwa eine erweiterte Arithmetik mit $\pm\infty$ zu realisieren.

10.1. Organisatorisches

Die Register $\mathbf{r_0}$ und $\mathbf{r_1}$ werden von den Fließkommaunterprogrammen benutzt, aber ihr Wert wird über Unterprogrammaufrufe hinweg nicht erhalten! Die Werte der übrigen Register werden von Unterprogrammen des Moduls nicht verändert.

Ein besonderes Problem ist immer die Behandlung von Fehlern. Besser ausgestattete Prozessoren bieten für diesen Zweck einen *trap*-Befehl an, der ähnlich wie ein Interrupt funktioniert. Diese Funktionalität wird hier in etwa zur Verfügung gestellt. Ein Benutzer des Moduls hat ein Unterprogramm zur Fehlerbehandlung zu schreiben und dessen Adresse dem Modul kenntlich zu machen. Im Fehlerfall wird dieses Unterprogramm dann *angesprungen*. Es wird nicht aufgerufen, da der Stapel in dem Zustand verbleiben soll, den er bei Auftritt des Fehlers innehatte.

```
    Die Fehlerquelle: Bezeichner des Unterprogramms
 1              .equ    FKA_ADD = 1
 2              .equ    FKA_MUL = 2
 3              .equ    FKA_DIV = 3
 4              .equ    FKA_WRZ = 4
 5              .equ    FKA_SKA = 5
    Die Fehlerart
 6              .equ    FKA_NAN = 32        Ein Operand ist NaN
 7              .equ    FKA_UEL = 33        Exponentenüberlauf
 8              .equ    FKA_UNL = 34        Exponentenunterlauf
 9              .equ    FKA_DDN = 35        Division durch Null
10              .dseg
    Die Adresse des Unterprogramms zur Fehlerbearbeitung
11  pfFkaFhl:   .byte   2
12              .cseg
    Der Aufruf dieses Unterprogramms. Fehlerindikator in r16
13  FkaFhl:     lds     r0,pfFkaFhl      2
14              push    r0               2
15              lds     r0,pfFkaFhl+1    2
16              push    r0               2
17              ret                      4
```

Entdeckt oder erzeugt ein Unterprogramm des Moduls einen Fehler, so lädt es einen Fehlerindikator in Register $\mathbf{r_{16}}$ und führt einen Sprung zur Adresse `FkaFhl` aus (Zeile *13*). Der Fehlerindikator enthält in den unteren fünf Bit die Fehlerquelle, einen Bezeichner des die Fehlerbehandlung auslösenden Unterprogramms (Zeilen *1–5*). Die oberen Bit enthalten die Art des Fehlers (Zeilen *6–9*).
In den Zeilen *13–16* wird die Adresse φ des Unterprogramms zur Fehlerbehandlung aus dem Speicherwort mit der Adresse `pfFkaFhl` in den Stapel kopiert. Da das genau einem Unterprogrammaufruf von φ aus entspricht, wird in Zeile *17* an die Adresse φ „zurückgekehrt", d.h. φ wird angesprungen. Diese Art des Anspringens einer Adresse hat den Vorteil, dass dazu Register **Z** nicht benötigt wird, das ja zur Untersuchung des Fehlers den Wert behalten muss, den es bei Auftreten oder Entdecken des Fehlers hatte.

Zur Analyse eines Fehlers ist es natürlich zwingend erforderlich, dass der Kontext des Unterprogrammaufrufs, also die Register und der Stapel, erhalten bleibt. Die Folge ist allerdings, dass das Unterprogramm zur Fehlerbehandlung den Stapel in einen stabilen Zustand bringt. Das folgende Programmstück demonstriert eine minimale Fehlerbehandlung, die nur aus der Bereinigung des Stapels besteht.

```
            .dseg
wStack:     .byte   2                σ
```

```
            .cseg
Fehler:     lds     r16,wStack          2   r16 ← σ
            cli                         1   Globale Entfähigung
            out     SPL,r16             1   R_SPL ← σ
            lds     r16,wStack+1        2
            out     SPH,r16             1
            sei                         1   Globale Befähigung
Snooze:     rjmp    Snooze              2
```

Der Stapelzeiger wird mit der Adresse σ im Arbeitsspeicherwort mit der Adresse `wStack` geladen. Da der Stapel während dieser Operation temporär in einem unzulässigen Zustand ist, muss sie durch die generelle Unterdrückung von Interrupts geschützt werden.

Bevor irgendein Unterprogramm des Moduls aufgerufen wird, muss dieser mit der Adresse des Unterprogramms zur Fehlerbehandlung bekannt gemacht werden. Dazu können die folgenden vier Programmzeilen dienen:

```
            ldi     r16,LOW(Fehler)     1
            sts     pfFkaFhl,r16        1
            ldi     r16,HIGH(Fehler)    1
            sts     pfFkaFhl+1,r16      1
```

Der Zustand, in den der Stapel vom Unterprogramm zur Fehlerbehandlung gebracht werden soll, kann wie folgt festgelegt werden:

```
            in      r16,SPL             1
            sts     wStack,r16          1
            in      r16,SPH             1
            sts     wStack+1,r16        1
```

Beispielsweise könnten die vier Zeilen vor einer Gruppe von Fließkommaoperationen stehen. Falls ein Fehler auftritt, versetzt das Fehlerunterprogramm den Stapel in den Zustand, den dieser einnahm, bevor mit den Operationen der Gruppe begonnen wurde, und springt zu einem Befehl hinter diese Gruppe. Dort könnte eine weitere Gruppe von Fließkommaoperationen beginnen. Ist die zweite Gruppe vollkommen unabhängig von der ersten, kann das Programm ohne Probleme weiterlaufen. Bestehen jedoch Abhängigkeiten, so kann das Fehlerunterprogramm versuchen, einen stabilen Ausgangszustand für die zweite Gruppe zu schaffen, indem es etwa Standardwerte für die wegen des Fehlers nicht berechneten Größen erzeugt.

10.2. Addition und Subtraktion

Zu zwei zweidrittel genauen normalisierten Fließkommazahlen $\mathfrak{a} = \mathfrak{a}_{23} \cdots \mathfrak{a}_0$ und $\mathfrak{b} = \mathfrak{b}_{23} \cdots \mathfrak{b}_0$ ist eine zweidrittel genaue normalisierte Fließkommazahl $\mathfrak{c} = \mathfrak{c}_{23} \cdots \mathfrak{c}_0$ zu berechnen mit der Eigenschaft

$$\mathbb{F}_S(\mathfrak{c}) = (\mathbb{F}_S(\mathfrak{a}) + \mathbb{F}_S(\mathfrak{b}))^\circ .$$

Das schließt eine Subtraktion mit ein, da $\mathfrak{b}$ beliebiges Vorzeichen besitzen kann. Daraus ergibt sich schon, dass die Operation nicht mit 16-Bit-Arithmetik ausgeführt werden kann, denn nach [Gold] **Theorem 1** kann eine 16-Bit-Subtraktion den relativen Fehler 1 ergeben, die Differenz enthielte also kein einziges korrektes Bit. Andererseits geht der relative Fehler nach [Gold] **Theorem 2** nicht über $2 \times \mathsf{eps} = 2^{-15}$ hinaus, wenn mit mindestens 17 Bit gearbeitet wird. Brauchbare Zahlenformate zur Berechnung der Summe wären $\mathbb{K}_{0,24}$ oder $\mathbb{K}_{1,23}$, da aber im Zweierkomplement gerechnet werden soll, um auf das Vorzeichen zurückgehende Fallunterscheidungen zu vermeiden, wird das Format $\mathbb{G}_{1,23}$ gewählt. Die interne Zahlendarstellung der Addition ist also

$$\mathfrak{u}_0, \mathfrak{u}_{-1}\mathfrak{u}_{-2} \cdots \mathfrak{u}_{-23} \times 2^e.$$

Darin ist $\mathfrak{u}_0$ das Vorzeichenbit. Der Zahlenwert der Bitfolge ist[1]

$$\mathbb{G}_{0,23}\left(\mathfrak{u}_0\mathfrak{u}_{-1}\mathfrak{u}_{-2} \cdots \mathfrak{u}_{-23}\right) = -\mathfrak{u}_0 + \sum_{\nu=-23}^{-1} \mathfrak{u}_\nu 2^\nu$$

Zur Ausführung der Addition werden also $\mathfrak{a}$ und $\mathfrak{b}$ in das interne Zahlenformat überführt:

$$\begin{aligned} \mathfrak{a} = \mathfrak{a}_{23} \cdots \mathfrak{a}_0 &\longmapsto \mathfrak{u} = 0,1\mathfrak{a}_{14} \cdots \mathfrak{a}_0 0000000 \times 2^{e_\mathfrak{u}} \\ \mathfrak{b} = \mathfrak{b}_{23} \cdots \mathfrak{b}_0 &\longmapsto \mathfrak{v} = 0,1\mathfrak{b}_{14} \cdots \mathfrak{b}_0 0000000 \times 2^{e_\mathfrak{v}} \end{aligned}$$

Darin sind die Exponenten gegeben durch $e_\mathfrak{u} = \mathbf{e}(\mathfrak{a}) + 1$ und $e_\mathfrak{v} = \mathbf{e}(\mathfrak{b}) + 1$. Dazu kommen noch die Vorzeichen $\mathbf{s}(\mathfrak{a})$ und $\mathbf{s}(\mathfrak{b})$, d.h. es werden nur die Absolutwerte in das interne Zahlenformat übertragen. Bei der Übertragung wird dafür gesorgt, dass $e_\mathfrak{u} \geq e_\mathfrak{v}$ gilt, indem $\mathfrak{u}$ und $\mathfrak{v}$ nötigenfalls vertauscht werden.

Nach der Übertragung wird $\mathfrak{v}$ nach rechts geshiftet, gleichzeitig wird $e_\mathfrak{v}$ bei jedem Shift um 1 erhöht. Das geht so lange, bis $e_\mathfrak{u} = e_\mathfrak{v}$ gilt. Da die Exponenten gleich sind, können $\mathfrak{u}$ und $\mathfrak{v}$ addiert werden. Z. B. erhält man für

$$\begin{aligned} \mathfrak{u} &= 0,10000000000000010000000 \times 2^8 \\ \mathfrak{v} &= 0,11111111111111110000000 \times 2^0 \end{aligned}$$

die folgenden Bitfolgen:

$$\begin{aligned} \mathfrak{u} &= 0,10000000000000010000000 \times 2^8 \\ \tilde{\mathfrak{v}} &= 0,00000000111111111111111 \times 2^8 \end{aligned}$$

Dabei ist $\tilde{\mathfrak{v}}$ aus $\mathfrak{v}$ durch Abschneiden von 10000000 auf der rechten Seite entstanden. Sind zur Angleichung der Exponenten mehr als 16 Shifts nötig, ist die zu berechnende Summe gar nicht mehr von $\mathfrak{v}$ abhängig. Geht man z. B. von

$$\begin{aligned} \mathfrak{u} &= 0,10000000000000010000000 \times 2^{17} \\ \mathfrak{v} &= 0,11111111111111110000000 \times 2^0 \end{aligned}$$

aus, so erhält man nach den Shifts diese Bitfolgen:

[1] Siehe [Mss] **4.5**.

$$\mathfrak{u} = 0{,}10000000000000010000000 \times 2^{17}$$
$$\mathfrak{v} = 0{,}00000000000000000111111 \times 2^{17}$$

Die rechts von $\mathfrak{v}$ abgeschnittene Bitfolge ist hier 11111111110000000. Die Addition ergibt

$$\mathfrak{u} + \mathfrak{v} = 0{,}10000000000000010111111 \times 2^{17}.$$

Die Bitfolge 0111111 am Ende der Summe hat beim nachfolgenden Runden keinen Einfluss auf das Endergebnis. Bei $\mathbf{e}(\mathfrak{a}) - \mathbf{e}(\mathfrak{b}) \geq 17$ kann also ohne Rechnung $\mathfrak{a}$ als das Ergebnis der Addition ausgegeben werden. Bei $\mathbf{e}(\mathfrak{a}) - \mathbf{e}(\mathfrak{b}) = 16$ gilt das jedoch nicht. Beispielsweise erhält man aus

$$\mathfrak{u} = 0{,}10000000000000010000000 \times 2^{16}$$
$$\mathfrak{v} = 0{,}11111111111111110000000 \times 2^{0}$$

durch die Shifts über 16 Bitstellen

$$\mathfrak{u} = 0{,}10000000000000010000000 \times 2^{16}$$
$$\mathfrak{v} = 0{,}00000000000000001111111 \times 2^{16}$$

und daraus die Summe

$$\mathfrak{u} + \mathfrak{v} = 0{,}10000000000000011111111 \times 2^{16},$$

die zu $0{,}1000000000000010 \times 2^{16}$ gerundet wird.

Eine Konsequenz aus der Tatsache, dass die Addition effektiv mit 23 Bit ausgeführt wird, ist leider, dass in einigen Fällen nicht korrekt gerundet wird. Durch das Abschneiden der Bits kann nämlich $\vartheta = \frac{1}{2}$ nicht immer erkannt werden, dazu wäre eine Rechnung mit 32 Bit nötig. Ein Beispiel gibt die Addition der folgenden beiden Zahlen.

$$\mathfrak{u} = 0{,}10000000000000010000000 \times 2^{8}$$
$$\mathfrak{v} = 0{,}11111111100000010000000 \times 2^{0}$$

Die Rechtsshifts haben hier folgendes Ergebnis:

$$\mathfrak{u} = 0{,}10000000000000010000000 \times 2^{8}$$
$$\mathfrak{v} = 0{,}00000000111111111000000 \times 2^{8}$$

Die Summe ist $\mathfrak{u} + \mathfrak{v} = 0{,}10000001000000001000000 \times 2^{8}$, bei der das Programm den Schweif 1000000 als $\vartheta = \frac{1}{2}$ interpretiert und zu $0{,}1000000100000000$ rundet. Der wahre Schweif ist allerdings 100000010000000, bei dem zu $0{,}1000000100000001$ gerundet werden muss. Diese kleine (und seltene) Ungenauigkeit kann man aber zugunsten eines schnelleren und kleineren Programms in Kauf nehmen, besonders wenn man bedenkt, zu welchen Zwecken mit AVR-Prozessoren gewöhnlich Fließkommaarithmetik betrieben wird.

Prozedur FkaAdd

Es wird die Summe $\mathfrak{c} = \mathfrak{c}_{23} \cdots \mathfrak{c}_0$ zweier zweidrittel genauer normalisierter Fließkommazahlen $\mathfrak{a} = \mathfrak{a}_{23} \cdots \mathfrak{a}_0$ und $\mathfrak{b} = \mathfrak{b}_{23} \cdots \mathfrak{b}_0$ berechnet:

$$\mathbb{F}_S(\mathfrak{c}) = (\mathbb{F}_S(\mathfrak{a}) + \mathbb{F}_S(\mathfrak{b}))^{\circ}$$

Input

$\mathbf{r_{29:28}}$ Die Adresse α einer zweidrittel genauen Fließkommazahl $\mathfrak{a}$
$\mathbf{r_{30:31}}$ Die Adresse β einer zweidrittel genauen Fließkommazahl $\mathfrak{b}$
$\mathbf{r_{27:26}}$ Die Adresse γ eines Speicherblocks zur Aufnahme der Summe

Es kann Exponentenüberlauf und Exponentenunterlauf auftreten. Ein Fehler wird auch erzeugt, wenn $\mathfrak{a}$ oder $\mathfrak{b}$ ein **NaN** repräsentieren.

```
FkaAdd: push4 r2,r3,r4,r5          8
        push4 r6,r7,r8,r9          8
        push4 r16,r17,r24,r25      8
Teilbitfolgen von a und b werden in diverse Register geladen
        ld    r7,Z                 1    r7 ← b7 ··· b0
        ldd   r8,Z+1               2    r8 ← b15 ··· b8
        ldd   r25,Z+2              2    r25 ← b23 ··· b16
FkaAdS: mov   r9,r25               1    r9 ← b23 ··· b16
        ld    r3,Y                 1    r3 ← a7 ··· a0
        ldd   r4,Y+1               2    r4 ← a15 ··· a8
        ldd   r24,Y+2              2    r24 ← a23 ··· a16
        mov   r5,r24               1    r5 ← a23 ··· a16, r5.7 ist Vorz.
Extrahieren des Exponenten e(a) von a
        lsl   r4                   1    c ← a15, r4 ← a14 ··· a8 0
        rol   r24                  1    r24 ← a22 ··· a15 = e(a)
        brne  FkaA02               1/2  e(a) = 0?
b ist das Ergebnis, falls e(a) = 0
        st    X+,r7                2    Ja: c ← b, X ← X + 2
        st    X+,r8                2
        st    X,r9                 2
        subi  r26,2                1    X ← X − 2
        sbc   r27,r24              1
FkaA01: pop4  r25,r24,r17,r16      8
        pop4  r9,r8,r7,r6          8
        pop4  r5,r4,r3,r2          8
        ret                        4
Ist e(a) = 255, d.h. ist a ein NaN?
FkaA02: cpi   r24,255              1    e(a) = 255?
        brne  FkaA06               1/2
Fehler: Ein Summand ist NaN
FkaA04: ldi   r16,FKA_ADD+FKA_NAN  1    Ja: Fehlerausgabe
        rjmp  FkaFhl               2
Extrahieren des Exponenten e(b) von b
FkaA06: lsl   r8                   1    c ← b15, r8 ← b14 ··· b8 0
        rol   r25                  1    r25 ← b22 ··· b15 = e(b)
        brne  FkaA08               1/2  e(b) = 0?
a ist das Ergebnis, falls e(b) = 0
        st    X+,r3                2    Ja: c ← a, X ← X + 2
```

	ldd	r3,Y+1	2	
	st	X+,r3	2	
	st	X,r5	2	
	subi	r26,2	1	$\mathbf{X} \leftarrow \mathfrak{X} - 2$
	sbc	r27,r25	1	
	rjmp	FkaA01	2	

Ist $\mathbf{e}(\mathfrak{b}) = 255$, d.h. ist $\mathfrak{b}$ ein **NaN**?

FkaA08:	cpi	r25,255	1	$\mathbf{e}(\mathfrak{b}) = 255$?
	breq	FkaA04	1/2	Ja: Fehlerausgabe
	cp	r24,r25	1	$\mathbf{e}(\mathfrak{b}) > \mathbf{e}(\mathfrak{a})$?
	brsh	FkaA10	1/2	

Es ist $\mathbf{e}(\mathfrak{b}) > \mathbf{e}(\mathfrak{a})$, d.h. die beiden Summanden sind zu vertauschen

	mov	r0,r7	1	$\mathbf{r_3} \longleftrightarrow \mathbf{r_7}$
	mov	r7,r3	1	
	mov	r3,r0	1	
	mov	r0,r8	1	$\mathbf{r_4} \longleftrightarrow \mathbf{r_8}$
	mov	r8,r4	1	
	mov	r4,r0	1	
	mov	r0,r9	1	$\mathbf{r_5} \longleftrightarrow \mathbf{r_9}$
	mov	r9,r5	1	
	mov	r5,r0	1	
	mov	r0,r25	1	$\mathbf{r_{24}} \longleftrightarrow \mathbf{r_{25}}$
	mov	r25,r24	1	
	mov	r24,r0	1	
FkaA10:	mov	r16,r24	1	$\mathbf{r_{16}} \leftarrow \Delta$
	sub	r16,r25	1	
	cpi	r16,17	1	$\Delta \geq 17$?
	brlo	FkaA12	1/2	

Ist die Exponentendiff. $\Delta > 16$, so ist die Zahl $\mathfrak{x} \in \{\mathfrak{a}, \mathfrak{b}\}$ mit dem größeren Expon. das Ergebnis

	st	X+,r3	2	$\mathfrak{c} \leftarrow \mathfrak{x}$, $\mathbf{X} \leftarrow \mathfrak{X} + 2$
	lsr	r24	1	
	ror	r4	1	
	st	X+,r4	2	
	st	X,r5	2	
	subi	r26,2	1	$\mathbf{X} \leftarrow \mathfrak{X} - 2$
	clr	r0	1	
	sbc	r27,r0	1	
	rjmp	FkaA01	2	

Der Aufbau von $\mathfrak{u} = \mathfrak{u}_{23} \cdots \mathfrak{u}_0$ in $\mathbf{r_{4:3:2}}$

FkaA12:	clr	r2	1	$\mathfrak{u}_7 \cdots \mathfrak{u}_0 \leftarrow \mathtt{00000000}$
	sec		1	$\mathfrak{c} \leftarrow \mathtt{1}$
	ror	r4	1	$\mathfrak{u}_{23} \cdots \mathfrak{u}_{16} \leftarrow \mathtt{1}\mathfrak{a}_{14} \cdots \mathfrak{a}_8$
	lsr	r4	1	$\mathfrak{u} \leftarrow \mathtt{01}\mathfrak{a}_{14} \cdots \mathfrak{a}_0\mathtt{0000000}$
	ror	r3	1	
	ror	r2	1	

Der Aufbau von $\mathfrak{v} = \mathfrak{v}_{23} \cdots \mathfrak{v}_0$ in $\mathbf{r_{8:7:6}}$

	clr	r6	1	$\mathfrak{v}_7 \cdots \mathfrak{v}_0 \leftarrow 00000000$
	sec		1	$\mathfrak{c} \leftarrow 1$
	ror	r8	1	$\mathfrak{v}_{23} \cdots \mathfrak{v}_{16} \leftarrow 1\mathfrak{b}_{14} \cdots \mathfrak{b}_8$
	lsr	r8	1	$\mathfrak{v} \leftarrow 01\mathfrak{b}_{14} \cdots \mathfrak{b}_0 0000000$
	ror	r7	1	
	ror	r6	1	
	mov	r1,r5	1	$\mathbf{r}_1.7 \leftarrow \mathfrak{a}_{23} \oplus \mathfrak{b}_{23}$
	eor	r1,r9	1	
	brpl	FkaA14	1/2	

Bei ungleichen Vorzeichen wird $\mathfrak{v}$ negiert

	com	r6	1	$\mathfrak{v} \leftarrow \overline{\mathfrak{v}}$
	com	r7	1	
	com	r8	1	
	clr	r0	1	$\mathfrak{v} \leftarrow \overline{\mathfrak{v}} + 1$, denn $\mathbb{G}_{1,23}(\overline{\mathfrak{v}} + 1) = -\mathbb{G}_{1,23}(\mathfrak{v})$
	ldi	r17,1	1	
	add	r6,r17	1	
	adc	r7,r0	1	
	adc	r8,r0	1	
FkaA14:	tst	r16	1	$\Delta = 0$?
	breq	FkaA26	1/2	Nein: keine Rechtsshifts

Zur Anpassung der Exponenten muss $\mathfrak{v}$ nach rechts geshiftet werden

FkaA16:	asr	r8	1	Bei $\Delta = 2$ z.B.:
	ror	r7	1	$\mathfrak{v} \leftarrow \mathfrak{v}_{23}\mathfrak{v}_{23}\mathfrak{v}_{23}\mathfrak{v}_{22} \cdots \mathfrak{v}_2$
	ror	r6	1	
	dec	r16	1	
	brne	FkaA16	1/2	

Die drei Zeilen der eigentlichen Addition (1,7 % des Unterprogramms)

FkaA26:	add	r2,r6	1	$\mathbf{r_{4:3:2}} \leftarrow \mathfrak{w} \leftarrow \mathfrak{u} + \mathfrak{v}$
	adc	r3,r7	1	
	adc	r4,r8	1	
	clr	r0	1	Ab jetzt $\mathfrak{r}_0 = \mathbf{00}$
	clr	r25	1	$\mathfrak{r}_{19:18} = e_{\mathfrak{w}}$ im $\mathbb{G}_{1,23}$-Format
	tst	r1	1	Hatten $\mathfrak{u}$ und $\mathfrak{v}$ verschiedene Vorzeichen?
	brmi	FkaA40	1/2	Ja: zur Nachbearbeitung bei Subtraktion

Die Nachbearbeitung bei gleichen Vorzeichen

	tst	r4	1	Überlauf bei Addition?
	brmi	FkaA28	1/2	Ja: kein Linksshift nötig

Übergang von $\mathbb{G}_{1,23}$ auf $\mathbb{K}_{0,24}$

	lsl	r2	1	$\mathbb{G}_{1,23} \longrightarrow \mathbb{K}_{0,24}$ durch Linksshift
	rol	r3	1	
	rol	r4	1	
	rjmp	FkaA30	2	
FkaA28:	inc	r24	1	Bei Überlauf nur Exponent erhöhen

Die Summe wird gerundet, abhängig von $\tilde{\theta}$

```
FkaA30: ldi   r16,0b10000000      1    r16 ← 10000000 = 1/2 2^8
        cp    r2,r16              1    r2 = 2^8 θ̃ = 10000000 = 1/2 2^8?
        breq  FkaA38              1/2  Ja: spezielle Rundungsregel implementieren
        brsh  FkaA36              1/2  Falls >: Aufrunden
        rjmp  FkaA33              2    Falls <: Abrunden (d.h. nichts tun)
Fehler: Exponentenüber- und Unterlauf
FkaA31: ldi   r16,FKA_ADD+FKA_UEL 1
        rjmp  FkaFhl              2
FkaA32: ldi   r16,FKA_ADD+FKA_UNL 1
        rjmp  FkaFhl              2
Die Prüfung des Exponenten auf korrekten Wert
FkaA33: tst   r25                 1    e_w < 0 oder e_w > 255?
        brmi  FkaA32              1/2  Falls e_w < 0: Exponentenunterlauf
        brne  FkaA31              1/2  Falls e_w > 255: Exponentenüberlauf
        cpi   r24,255             1    e_w = 255?
        breq  FkaA31              1/2  Falls ja: Exponenentenüberlauf
        tst   r24                 1    e_w = 0?
        breq  FkaA32              1/2  Falls ja: Exponentenunterlauf
Das Zusammensetzen von c und das Kopieren in den Ergebnisspeicherbereich
FkaA34: lsl   r4                  1    Platz schaffen für c14
        lsl   r5                  1    c23 ← r5
        ror   r24                 1    c23 ⟶ r24 ⟶ c14
        ror   r4                  1    c14 ⟶ r4
        st    X+,r3               2    c ← r18:4:3,  X ← 𝔛 + 2
        st    X+,r4               2
        st    X,r24               2
        subi  r26,2               1    X ← 𝔛 − 2
        sbc   r27,r0              1
        rjmp  FkaA01              2
Es wird aufgerundet
FkaA36: add   r2,r16              1    Siehe Text
        adc   r3,r0               1
        adc   r4,r0               1
        brcc  FkaA33              1/2  Kein Überlauf: zur Prüf. des Exponenten
        ror   r4                  1    Bei Überlauf Rechtsshift
        ror   r3                  1
        adiw  r25:r24,1           1    und e_w ← e_w + 1
        rjmp  FkaA33              2    Zur Prüfung des Exponenten
Der Fall θ̃ = 1/2 oder der Schweif 10000000
FkaA38: sbrs  r3,0                1/2  Gerade oder ungerade?
        rjmp  FkaA33              2    Gerade: abrunden
        rjmp  FkaA36              2    Ungerade: aufrunden
Die Nachbearbeitung bei ungleichen Vorzeichen
FkaA40: tst   r4                  1    Ist w negativ?
        brpl  FkaA42              1/2  Nein: Negieren unnötig
```

Zeile	Marke	Befehl	Operand	Takte	Kommentar
	$\mathfrak{w}$ ist negativ und muss negiert werden				
150		com	r2	1	Negieren: $\mathfrak{w} \leftarrow \overline{\mathfrak{w}} + 1$
151		com	r3	1	
152		com	r4	1	
153		ldi	r17,1	1	
154		add	r2,r17	1	
155		adc	r3,r0	1	
156		adc	r4,r0	1	
157		mov	r5,r9	1	
	Übergang von $\mathbb{G}_{1,23}$ auf $\mathbb{K}_{0,24}$				
158	FkaA42:	lsl	r2	1	$\mathbb{G}_{1,23} \longrightarrow \mathbb{K}_{0,24}$ durch Linksshift
159		rol	r3	1	
160		rol	r4	1	
	$\mathfrak{w} = \mathbf{000000}$ ergibt $\mathfrak{c} = \mathtt{00000000\,0000000\,00000000}$				
161		mov	r6,r2	1	$\mathfrak{w} = \mathbf{000000}$?
162		or	r6,r3	1	
163		or	r6,r4	1	
164		brne	FkaA44	1/2	
165	FkaA43:	clr	r24	1	Ja: $\mathfrak{c}_{22} \cdots \mathfrak{c}_{15} \leftarrow \mathtt{00000000}$
166		rjmp	FkaA34	2	Zur Ergebnisausgabe
	Ist $\mathfrak{w}$ normalisiert?				
167	FkaA44:	tst	r4	1	$\mathbb{K}_{0,24}(\mathfrak{w}) \geq \frac{1}{2}$?
168		brmi	FkaA30	1/2	Ja: zum Runden
	$\mathfrak{w}$ muss normalisiert werden				
169	FkaA46:	lsl	r2	1	$\mathfrak{w} \leftarrow \mathfrak{w} + \mathfrak{w}$
170		rol	r3	1	
171		rol	r4	1	
172		subi	r24,1	1	$e_{\mathfrak{w}} \leftarrow e_{\mathfrak{w}} - 1$
173		sbc	r25,r0	1	
174		tst	r4	1	
175	FkaA48:	brpl	FkaA46	1/2	Falls $\mathbb{K}_{0,24}(\mathfrak{w}) < \frac{1}{2}$: weiter shiften
176		rjmp	FkaA30	2	Zum Runden

Das Dreifacheregister $\mathbf{r_{4:3:2}}$ wird für $\mathfrak{u}$, $\mathbf{r_{8:7:6}}$ für $\mathfrak{v}$ verwendet. Die Register $\mathbf{r_{24}}$ und $\mathbf{r_{25}}$ werden anfänglich zur Speicherung der Exponenten verwendet, später wird das Doppelregister $\mathbf{r_{25:24}}$ dazu benutzt, den Exponenten der Summe zu bestimmen. Die Vorzeichen der beiden Zahlen werden in den Registern $\mathbf{r_5}$ und $\mathbf{r_9}$ aufbewahrt und zwar als das Vorzeichenbit $\mathbf{r_5}.7$ und $\mathbf{r_9}.7$.

Zum Auftakt wird in den Zeilen *4–6* das Dreifachregister $\mathbf{r_{25:8:7}}$ mit $\mathfrak{b}$ geladen:[2] $\mathbf{r_{8:7}} \leftarrow \mathfrak{b}_{15} \cdots \mathfrak{b}_0$ und $\mathbf{r_{25}} \leftarrow \mathfrak{b}_{23} \cdots \mathfrak{b}_{16}$. Der anschließende Befehl lädt dann $\mathbf{r_9}.7$ mit $\mathfrak{b}_{23}$, also mit dem Vorzeichenbit von $\mathfrak{b}$. Zeile *7* ist die Einsprungstelle für das Subtraktionsunterprogramm. In den Zeilen *8–11* wird analog $\mathbf{r_{24:4:3}}$ mit $\mathfrak{a}$, darauf $\mathbf{r_5}.7$ mit dem Vorzeichen von $\mathfrak{a}$ geladen. Um $\mathbf{e}(\mathfrak{a})$ zu bekommen, muss $\mathfrak{a}_{14}$, also $\mathbf{r_4}.7$, von rechts in $\mathbf{r_{24}}$ hineingeschoben werden (Zeilen *12–13*). Mit dem zweiten Befehl in Zeile *13* wird gleichzeitig mit dem Schieben festgestellt, ob $\mathbf{e}(\mathfrak{a}) = 0$ gilt. Ist das der Fall, steht $\mathfrak{b}$ schon als Ergebnis der Addition fest und wird in den

[2]Eine Beschreibung der verwendeten Bitfolgen ist in Abschnitt 9.4 zu finden.

Zeilen *15–17* von $\mathbf{r}_{9:8:7}$ in den mit $\mathbf{X}$ adressierten Speicherblock kopiert. Da $\mathbf{X}$ durch das Kopieren in seinem Wert geändert wird, muss dem Register duch Subtraktion von 2 in den Zeilen *18–19* sein ursprünglicher Wert zurückgegeben werden. Wie in Zeile *14* festgestellt wurde, enthält $\mathbf{r}_{24}$ **00**, damit wird Zeile *19* verständlich. Ist $\mathbf{e}(\mathfrak{a}) > 0$, so wird in Zeile *24* geprüft, ob $\mathbf{e}(\mathfrak{a}) = 255$ gilt, ob also ein **NaN** vorliegt. Ein **NaN** wird zwar nicht wie im Standard vorgeschrieben verarbeitet, aber es wird doch erkannt und eine Fehlermeldung erzeugt (Zeilen *26–27*). Anschließend geschieht in den Zeilen *28–39* Gleiches mit dem Exponenten von $\mathfrak{b}$. Nach Zeile *39* enthält somit $\mathbf{r}_{24}$ den Exponenten von $\mathfrak{a}$, für den $0 < \mathbf{e}(\mathfrak{a}) < 255$ gilt, entsprechend enthält $\mathbf{r}_{25}$ den Exponenten von $\mathfrak{b}$ mit $0 < \mathbf{e}(\mathfrak{b}) < 255$. Beide Register enthalten nicht die wahren Exponenten $\exists(\mathfrak{a}) = \mathbf{e}(\mathfrak{a}) - 127$ und $\exists(\mathfrak{b}) = \mathbf{e}(\mathfrak{b}) - 127$, diese werden gar nicht benutzt und folglich auch nicht berechnet.
Es wird nun sichergestellt, dass $\mathbf{r}_{24}$ nicht den kleineren Exponenten enthält: Wird in den Zeilen *40–41* festgestellt, dass $\mathbf{e}(\mathfrak{a}) < \mathbf{e}(\mathfrak{b})$ gilt, also $\mathfrak{r}_{18} < \mathfrak{r}_{19}$, so werden die entsprechenden Register ausgetauscht, $\mathbf{r}_3$ mit $\mathbf{r}_7$ in den Zeilen *42–44* usw.
Bevor die internen Zahlendarstellungen aufgebaut werden, ist aber noch zu prüfen, ob die Differenz Δ der beidem Exponenten 16 übersteigt, da dann schon die Zahl mit dem größeren Exponenten das Ergebnis ausmacht. Dieser Vergleich wird in den Zeilen *54–57* durchgeführt. Ist er erfolgreich, d.h. ist die Differenz größer als 16, so wird das Ergebnis ab Zeile *58* in den Ergebnisspeicherblock kopiert. Es ist an dieser Stelle nicht klar, ob $\mathfrak{a}$ oder $\mathfrak{b}$ das Ergebnis $\mathfrak{c}$ bildet, da nicht vermerkt wurde, ob eine Vertauschung vorgenommen wurde. Dieses Wissen wird aber gar nicht gebraucht, da das Bitmuster des Ergebnisses leicht aus dem Inhalt der Register $\mathbf{r}_3$, $\mathbf{r}_4$, $\mathbf{r}_5$ und $\mathbf{r}_{24}$ rekonstruiert werden kann. Der Inhalt von Register $\mathbf{r}_3$ wurde nicht angetastet, also kann die Bitfolge $\mathfrak{c}_7 \cdots \mathfrak{c}_0$ in Zeile *58* direkt ausgegeben werden. Die Bitfolge $\mathfrak{c}_{14} \cdots \mathfrak{c}_8$ wird in den Zeilen *59–60* dadurch erhalten, dass die Konstruktion des Exponenten rückgängig gemacht wird, und die Bits $\mathfrak{c}_{23} \cdots \mathfrak{c}_{15}$ befinden sich noch unangetastet in $\mathbf{r}_5$. Wie schon oben wird Register $\mathbf{X}$ auf den Wert zurückgesetzt, den es vor der Ausgabe hatte, bevor in das rufende Programm zurückgesprungen wird.
In Zeile *67* kann endlich ernsthaft mit der Addition begonnen werden. Die erste Aufgabe ist, die oben beschriebenen internen Darstellungen $\mathfrak{u}$ und $\mathfrak{v}$ herzustellen, dabei soll $\mathfrak{u}$ die Zahl mit dem nicht kleineren Exponenten sein. Wenn $\mathfrak{x}$ für $\mathfrak{a}$ oder $\mathfrak{b}$ steht, je nachdem ob eine Vertauschung vorgenommen wurde oder nicht, dann die Situation bezüglich $\mathfrak{u}$ in Zeile *67* wie folgt:

$$\mathfrak{r}_4 = \mathfrak{x}_{13} \cdots \mathfrak{x}_8 \mathtt{o} \qquad \mathfrak{r}_3 = \mathfrak{x}_7 \cdots \mathfrak{x}_0$$

Daraus wird nach den Zeilen *67–69* die $\mathbb{K}_{0,24}$-Bitfolge

$$\mathfrak{r}_4 = \mathtt{1}\mathfrak{x}_{13} \cdots \mathfrak{x}_8 \qquad \mathfrak{r}_3 = \mathfrak{x}_7 \cdots \mathfrak{x}_0 \qquad \mathfrak{r}_2 = \mathtt{o} \cdots \mathtt{o}$$

Um die gewünschte $\mathbb{G}_{1,23}$-Bitfolge zu erhalten, werden die drei Register in den Zeilen *70–72* nach rechts geshiftet, mit dem Ergebnis

$$\mathfrak{r}_4 = \mathtt{o}\mathtt{1}\mathfrak{x}_{13} \cdots \mathfrak{x}_9 \qquad \mathfrak{r}_3 = \mathfrak{x}_8 \cdots \mathfrak{x}_1 \qquad \mathfrak{r}_2 = \mathfrak{x}_0 \mathtt{o} \cdots \mathtt{o}$$

Mit $\mathfrak{v}$ wird in den Zeilen *73–78* genauso verfahren. Die Exponenten werden nicht angepasst, da ihr wahrer Wert erst am Schluss des Unterprogramms wieder eine Rolle spielt, bis dahin sind nur die Änderungen, die sich bei den Berechnungen ergeben, zu vermerken.
Bis jetzt sind die Vorzeichen der beiden Zahlen noch nicht berücksichtigt worden, d.h. es steht noch nicht fest, ob addiert oder subtrahiert wird. Man kann so vorgehen, dass bei verschiedenen Vorzeichen $\mathfrak{v}$ negiert wird, also das Zweierkomplement von $\mathfrak{v}$ gebildet wird. Dann muss nur noch addiert werden. Allerdings ist die Summe möglicherweise noch zu negieren, und zwar genau dann, wenn die Exponenten von $\mathfrak{u}$ und $\mathfrak{v}$ verschieden waren und die Summe

negativ ist. Denn das ist die einzige Konstellation, in der die Summe negativ werden kann. Es ist klar, dass die eventuelle Negation von $\mathfrak{v}$ vor den Rechtsshifts vorgenommen werden muss, die $\mathfrak{u}$ und $\mathfrak{v}$ mit dem selben Exponenten versehen sollen, da bei den Shifts Bits verloren gehen können. Und natürlich müssen diese Shifts jetzt *arithmetische* Shifts sein, die links das Vorzeichen nachziehen.[3] Das Zweierkomplement von $\mathfrak{v}$ wird bekanntlich so erhalten, dass man das Einerkomplement bildet und eine Eins aufaddiert: $\mathfrak{v} \leftarrow \overline{\mathfrak{v}} + \mathtt{1}$, und genau das geschieht in den Zeilen *82–89*, nachdem in den Zeilen *79–81* festgestellt wurde, dass die beiden Vorzeichen unterschiedlich sind. Das $\mathfrak{u}$ zugeordnete Vorzeichen ist $\mathbf{r_5}.7$ und $\mathfrak{v}$ ist $\mathbf{r_9}.7$ zugeordnet, nach dem Befehl in Zeile *80* ist also insbesondere $\mathbf{r_1}.7 = \mathbf{r_5}.7 \oplus \mathbf{r_9}.7$ und damit $\mathbf{r_1}.7 = \mathtt{0}$ bei $\mathbf{r_5}.7 = \mathbf{r_9}.7$ und $\mathbf{r_1}.7 = \mathtt{1}$ bei $\mathbf{r_5}.7 \neq \mathbf{r_9}.7$. Da $\mathbf{r_1}.7$ gerade das Vorzeichen von $\mathbf{r_1}$ ist, kann die Bedingung auf einfache Art in Zeile *81* getestet werden: Bei gesetztem Vorzeichen muss negiert werden.

Nach der eventuellen Negierung von $\mathfrak{v}$ kann in Zeile *90* geprüft werden, ob $\mathfrak{v}$ zur Angleichung der Exponenten nach rechts geshiftet werden muss. Register $\mathbf{r_{16}}$ enthält noch von den Zeilen *55–54* her die Differenz der Exponenten, also die Anzahl Δ der benötigten Rechtsshifts. Die Shifts werden in den Zeilen *92–96* ganz konventionell ausgeführt.[4] Es ist schon darauf hingewiesen worden, dass arithmetische Shifts nötig sind, deshalb der Befehl `asr` in Zeile *92*.

In den drei Zeilen Zeilen *97–99* findet nun das statt, um das es im Unterprogramm überhaupt geht: es wird addiert. Dreifachregister $\mathbf{r_{4:3:2}}$ enthält danach die Summe $\mathfrak{w} = \mathfrak{u} + \mathfrak{v}$. Register $\mathbf{r_{24}}$ enthält den (um 1 verminderten) Exponenten $e_{\mathfrak{w}}$ von $\mathfrak{w}$ (also den Exponenten des überschriebenen $\mathfrak{u}$). Da $e_{\mathfrak{w}}$ im Zuge der Nachbehandlung von $\mathfrak{w}$ kurzzeitig unerlaubte Werte annehmen kann, wird er als $\mathbb{G}_{16}$-Zahl in Doppelregister $\mathbf{r_{25:24}}$ realisiert, Zeile *101* sorgt für eine korrekte Initialisierung. Für die Nachbehandlung wird auch an einigen Stellen ein Register mit dem Inhalt **00** benötigt, das wird als $\mathbf{r_0}$ in Zeile *100* bereitgestellt.

Die angekündigte Nachbehandlung hängt nun davon ab, ob addiert oder subtrahiert wurde. Das kann mit dem Vorzeichenbit von $\mathbf{r_1}$ festgestellt werden (siehe Zeilen *79–80*), wie es auch in Zeile *102* geschieht. Zunächst der einfachere Fall, dass addiert wurde, mit dem es also in Zeile *104* weitergeht.

Im ersten Schritt der Additionsnachbearbeitung wird als erste Annäherung an die zu konstruierende Zahl $\mathfrak{c}$ vom Zahlenformat $\mathbb{G}_{1,23}$ zum Format $\mathbb{K}_{0,24}$ übergegangen. Da $\mathfrak{w}$ als Summe positiver Zahlen nicht negativ sein kann, genügt dazu ein Linksshift von $\mathbf{r_{4:3:2}}$. Die Addition kann aber einen Überlauf in das Vorzeichenbit von $\mathbf{r_4}$ erzeugt haben. Dann darf der Linksshift natürlich nicht ausgeführt werden, dafür muss aber der Exponent um 1 erhöht werden! Diese Erhöhung des Exponenten wäre eigentlich eine 16-Bit-Operation, aber da der höchstmögliche Wert für den Exponenten hier 254 ist, genügt eine 8-Bit-Operation. Diese Überlegungen werden in den Zeilen *104–110* umgesetzt: In Zeile *104* wird das Vorzeichen von $\mathbf{r_4}$ getestet. Ist es gesetzt, wird in Zeile *110* der Exponent $e_{\mathfrak{w}}$ um 1 erhöht, andernfalls wird $\mathbf{r_{4:3:2}}$ in den Zeilen *106–108* nach links geshiftet.

In einem weiteren Schritt der Nachbearbeitung wird gerundet. Offenbar ist $\tilde{\theta} = 2^{-16}\mathfrak{r}_2$ eine 8-Bit-Approximation an θ. Die Verwendung von $\tilde{\theta}$ statt θ kann einen Fehler in der Größenordnung von 2^{-16} verursachen, allerdings nur im Grenzfall $\theta \approx \frac{1}{2}$ (siehe die obige Diskussion). Das Rundungsergebnis ist wie folgt von $\tilde{\theta}$ abhängig:

$\tilde{\theta} < \frac{1}{2}$: $\mathfrak{w}$ wird abgerundet zu $\mathfrak{r}_{4:3}$

$\tilde{\theta} = \frac{1}{2}$: Ist $\mathbf{r_3}.0 = \mathtt{0}$, so wird zu $\mathfrak{r}_{4:3}$ abgerundet, andernfalls zu $\mathfrak{r}_{4:3} + 1$ aufgerundet

$\tilde{\theta} > \frac{1}{2}$: $\mathfrak{w}$ wird aufgerundet zu $\mathfrak{r}_{4:3} + 1$

[3] Zum Zweierkomplement siehe [Mss] **4.4** und **4.5**.

[4] Wie die Shifts beschleunigt werden können, wird in [Mss] Abschnitt **2.6.3** gezeigt.

Um den Bereich zu ermitteln, in den $\tilde{\theta}$ fällt, wird in Zeile *112* der Inhalt von $\mathbf{r_2}$, also $2^8\tilde{\theta}$, mit $10000000 = \frac{1}{2}2^8$ verglichen.

- Ist $\mathfrak{r}_2 < 10000000$, so kann in Zeile *115* direkt in die Zeile *120* gesprungen werden, in der mit der Prüfung des Exponenten begonnen wird.
- Bei $\mathfrak{r}_2 > 10000000$ wird in Zeile *114* in die Zeile *137* verzweigt, um $\mathbf{r_{4:3}}$ um 1 zu erhöhen. Der direkteste Weg wäre, eine 1 in z.B. $\mathbf{r_{16}}$ zu laden und dann zu addieren,[5] aber da $\mathbf{r_{16}}$ schon 10000000 enthält und in Zeile *137* bekannt ist, dass $\mathfrak{r}_2 \geq 10000000$ gilt, kann auch durch die Addition von $\mathbf{r_2}$ und $\mathbf{r_{16}}$ ein Übertrag erzeugt werden, der dann in den Zeilen *138–139* dazu verwendet wird, $\mathbf{r_{4:3}}$ um 1 zu erhöhen[6]. Erzeugt diese Operation keinen Überlauf, so kann auch hier in Zeile *120* mit dem Testen des Exponenten begonnen werden. Andernfalls ist $\mathbf{r_{4:3}}$ nach rechts zu shiften, dabei ist der Übertrag links in $\mathbf{r_4}$ hineinzuschieben und der Index um 1 zu erhöhen. Das Rechtsshiften findet in den Zeilen *141–142* statt, die Erhöhung des Exponenten, eine 16-Bit-Operation, in der folgenden Zeile. Dann wird mit dem Prüfen des Exponenten in Zeile *120* fortgefahren. Eine Bemerkung zu Zeile *114*: Dort wird zwar mit dem Befehl `brsh` nominell auf $\mathfrak{r}_2 \geq 10000000$ verzweigt, aber da in der vorigen Zeile schon auf $\mathfrak{r}_2 = 10000000$ verzweigt wird, wird doch effektiv auf $\mathfrak{r}_2 > 10000000$ verzweigt.
- Gilt $\mathfrak{r}_2 = 10000000$, so wird in den Zeilen *145–147* bei $\mathbf{r_3}.0 = 0$ in die Zeile *120* gesprungen, also abgerundet, und bei $\mathbf{r_3}.0 = 1$ in die Zeile *137* verzweigt, also aufgerundet.[7]

Die Nachbehandlung einer Subtraktion beginnt in Zeile *148* (ausgelöst durch den Vergleich in Zeile *102*). Ist die Differenz $\mathfrak{w}$ negativ, so muss sie negiert werden. Der Test erfolgt in Zeile *148*, die eventuelle Durchführung in den Zeilen *150–156* wie schon oben durch Bildung von $\overline{\mathfrak{w}} + 1$. Bei negativem $\mathfrak{w}$ muss aber auch das Vorzeichen geändert werden. Das geschieht in Zeile *157* so, dass $\mathfrak{w}$ das Vorzeichen von $\mathfrak{v}$ zugewiesen wird.

Auch nach einer Subtraktion wird vom Zahlenformat $\mathbb{G}_{1,23}$ in das Format $\mathbb{K}_{0,24}$ gewechselt (Zeilen *158–160*), anders als bei der Addition konnte hier natürlich kein Überlauf eintreten, der mit dem Formatwechsel hätte verrechnet werden können.

Wohl aber kann bei einer Subtraktion das Ergebnis $\mathfrak{w} =$ **000000** herauskommen, das eine spezielle Behandlung verlangt. Getestet wird $\mathfrak{w} =$ **000000** in den Zeilen *161–164*, und die spezielle Behandlung besteht darin, den die Null repräsentierenden Exponenten **00** in Register $\mathbf{r_{24}}$ zu laden und zur Ergebnisausgabe in die Zeile *127* zu springen. Es kann nicht direkt in die Zeile *131* gesprungen werden, da das Vorzeichen in das Ergebnis gepackt werden muss. Die Existenz von -0 ist zwar lästig, aber vom Standard vorgeschrieben, und zwar ist ein Grund dafür die hier aufgetretene totale Auslöschung, die einen totalen Informationsverlust bedeuten kann. Dieser Verlust ist nicht ganz total, wenn das Vorzeichen erhalten bleibt, das zumindest noch aussagt, ob man von der negativen oder der positiven Seite her bei der Null angelangt ist.

In Zeile *167* angelangt ist $\mathfrak{w}$ also von Null verschieden und positiv, aber möglicherweise nicht normalisiert, d.h. es kann $\mathbb{K}_{0,24}(\mathfrak{w}) < \frac{1}{2}$ gelten, oder damit gleichbedeutend $\mathbf{r_4}.7 = 0$. Letztere Bedingung wird in Zeile *167* getestet, ist sie erfüllt, so kann in Zeile *111* mit dem Runden begonnen werden. Ist sie jedoch nicht erfüllt, so muss $\mathfrak{w}$ so lange nach links geshiftet werden, bis sie erfüllt ist. Natürlich muss bei jedem Linksshift der Exponent um 1 erniedrigt werden, ob dabei ein Exponentenunterlauf auftritt, wird erst später bei der Ausgabe untersucht. Das Shiften erfolgt in den Zeilen *196–171*, die Verminderung des Exponenten in den folgenden beiden Zeilen. Die Shifts werden ganz konventionell durchgeführt. Man kann sie beschleunigen,

---

[5] Der Befehl `subi` ist auf $\mathbf{r_3}$ nicht anwendbar.

[6] Die Zeilen *137–139* implementieren genau das klassische Rundungsverfahren.

[7] Siehe dazu die Diskussion in Abschnitt 9.4.2.5.

indem acht Shifts durch eine Byteverschiebung und eine Verminderung des Exponenten um 8 ersetzt werden. Das Programm wird dadurch aber nicht unbeträchtlich vergrößert. Nach den Shifts geht es dann mit dem Runden in Zeile *111* weiter.
Bevor das Ergebnis $\mathfrak{c}$ zusammengesetzt werden kann, muss der Exponent getestet werden. Zu prüfen ist, ob $1 \leq e_\mathfrak{w} \leq 254$ gilt. Nun liegt $e_\mathfrak{w}$ zwar im $\mathbb{G}_{16}$-Format in $\mathbf{r}_{25:24}$ vor, trotzdem können 16-Bit-Vergleiche vermieden werden. Ist nämlich $\mathfrak{r}_{19} \neq$ **00**, so ist entweder $e_\mathfrak{w} < 0$ oder $e_\mathfrak{w} > 255$, also ist $e_\mathfrak{w}$ kein gültiger Exponent. Im ersten Fall ist ein Exponentenunterlauf eingetreten, im zweiten ein Exponentenüberlauf. Dieser partielle Test mit den entsprechenden Verzweigungen wird in den Zeilen *120–122* durchgeführt. Danach genügen ein 8-Bit-Test auf $e_\mathfrak{w} = 255$ und ein Test auf $e_\mathfrak{w} = 0$. Der erste zeigt einen Exponentenüberlauf, der zweite einen Exponentenunterlauf an.
Wurde der Exponententest bestanden, kann endlich das Ergebnis $\mathfrak{c}$ zusammengesetzt werden. Die Teilbitfolge $\mathfrak{c}_{13} \cdots \mathfrak{c}_0$ ist schon in $\mathbf{r}_{4:3}$ enthalten. In Zeile *127* wird zunächst $\mathbf{r}_4$ nach links geshiftet, anschließend wird das Vorzeichen nach links aus $\mathbf{r}_5$ heraus und rechts in den Exponenten in $\mathbf{r}_{24}$ hineingeschoben. Damit ist die Teilbitfolge $\mathfrak{c}_{23} \cdots \mathfrak{c}_{15}$ fertiggestellt. Um $\mathfrak{c}_{14}$ zu erzeugen, ist nach dem Rechtsshift in Zeile *129* das Übertragsbit von links in $\mathbf{r}_4$ hineinzuschieben. Das eigentliche Kopieren in den Speicherbereich, dessen Adresse beim Unterprogrammaufruf in **X** übergeben wurde, findet in den Zeilen *131–133* statt.

Ist die Addition einmal implementiert, bereitet die Subtraktion keine Probleme mehr, es ist ja ganz allgemein $a-b = a+(-b)$. Es ist also nur das Vorzeichen von $\mathfrak{b}$ zu ändern, dann kann `FkaAdd` zur Addition von $\mathfrak{a}$ und $\mathfrak{b}$ aufgerufen werden. Allerdings muss nach der Addition $\mathfrak{b}$ sein altes Vorzeichen wiedergegeben werden, und darin liegt das Problem, denn `FkaAdd` kehrt ja nicht mit einer Fehlermeldung zurück! Das im Fehlerfall angesprungene Unterprogramm zur Fehlerbehandlung müsste erkennen können, dass und wo ein Vorzeichen zu restaurieren ist. Das ist zwar leicht zu realisieren, aber es ist doch weit besser, $\mathfrak{b}$ nicht anzutasten. Als weitere und völlig gefahrlose Möglichkeit bietet sich an, die ersten sechs Zeilen von `FkaAdd`, nach denen eine Registerkopie von $\mathfrak{b}$ bereitsteht, von `FkaSub` imitieren zu lassen, das Vorzeichen der Kopie zu ändern und dann die siebte Zeile von `FkaAd` anzuspringen.

Prozedur FkaSub

Es wird die Differenz $\mathfrak{c} = \mathfrak{c}_{23} \cdots \mathfrak{c}_0$ zweier zweidrittel genauer normalisierter Fließkommazahlen $\mathfrak{a} = \mathfrak{a}_{23} \cdots \mathfrak{a}_0$ und $\mathfrak{b} = \mathfrak{b}_{23} \cdots \mathfrak{b}_0$ berechnet:

$$\mathbb{F}_S(\mathfrak{c}) = (\mathbb{F}_S(\mathfrak{a}) - \mathbb{F}_S(\mathfrak{b}))^\circ$$

Input

- $\mathbf{r}_{29:28}$ Die Adresse α einer zweidrittel genauen Fließkommazahl $\mathfrak{a}$
- $\mathbf{r}_{30:31}$ Die Adresse β einer zweidrittel genauen Fließkommazahl $\mathfrak{b}$
- $\mathbf{r}_{27:26}$ Die Adresse γ eines Speicherblocks zur Aufnahme der Differenz

Es kann Exponentenüberlauf und Exponentenunterlauf auftreten. Ein Fehler wird auch erzeugt, wenn $\mathfrak{a}$ oder $\mathfrak{b}$ ein **NaN** repräsentieren.

```
FkaSub: push4 r2,r3,r4,r5       8
        push4 r6,r7,r8,r9       8
        push4 r16,r17,r24,r25   8
        ld    r7,Z              2   r7 ← b7 ··· b0
        ldd   r8,Z+1            2   r8 ← b15 ··· b8
```

```
            ldd   r25,Z+2          2    r25 ← b23···b16
            subi  r25,256-128      1    b23 ← ¬b23
            rjmp  FkaAdS           2    c ← a + (−b)
```

Einiges zur in der Programmbeschreibung erwähnten Auslöschung, die bei Addition und Subtraktion auftreten kann, ist bei [Gold] nachzulesen.

10.3. Multiplikation

Alles in Abschnitt 9.4.5 Gesagte gilt auch hier. Da gleitender Unterlauf, ∞ usw. nicht berücksichtigt werden müssen, kann die Realisieurung der Multiplikation schlank gehalten werden. Das korrekte Runden gemäß Standard wird jedoch umgesetzt, da der Aufwand dafür nur gering ist.

Prozedur FkaMul

Es wird das Produkt $\mathfrak{c} = \mathfrak{c}_{23} \cdots \mathfrak{c}_0$ zweier zweidrittel genauer normalisierter Fließkommazahlen $\mathfrak{a} = \mathfrak{a}_{23} \cdots \mathfrak{a}_0$ und $\mathfrak{b} = \mathfrak{b}_{23} \cdots \mathfrak{b}_0$ berechnet:

$$\mathbb{F}_S(\mathfrak{c}) = (\mathbb{F}_S(\mathfrak{a})\,\mathbb{F}_S(\mathfrak{b}))^\circ$$

Input

$\mathbf{r_{29:28}}$	Die Adresse α einer zweidrittel genauen Fließkommazahl $\mathfrak{a}$
$\mathbf{r_{31:30}}$	Die Adresse β einer zweidrittel genauen Fließkommazahl $\mathfrak{b}$
$\mathbf{r_{27:26}}$	Die Adresse γ eines Speicherblocks zur Aufnahme des Produktes

Es kann Exponentenüberlauf und Exponentenunterlauf auftreten. Ein Fehler wird auch erzeugt, wenn $\mathfrak{a}$ oder $\mathfrak{b}$ ein **NaN** repräsentieren.

```
FkaMul:   push5 r3,r4,r5,r6,r7       10
          push4 r16,r18,r20,r21      8
          push4 r22,r23,r24,r25      8
    Extrahierung der Exponenten 𝔈(a) und 𝔈(b) und die Bestimmung des Produktvorzeichens
          ldd   r24,Y+2              2    r24 ← a23···a16
          mov   r18,r24              1    r18.7 ← a23
          ldd   r25,Z+2              2    r25 ← b23···b16
          eor   r18,r25              1    r18.7 ← a23 ⊕ b23
          ldd   r5,Y+1               2    r5 ← a15···a8
          lsl   r5                   1    r24 ← 𝔈(a) = a22···a15
          rol   r24                  1
          brne  FkaM05               1/2  Falls e(a) = 0: F_S(a)F_S(b) = 0
    Ausgabe von *0000000 00000000 00000000 falls e(a) = 0 oder e(b) = 0
FkaM02:   clr   r0                   1
          st    X+,r0                2    Unteres Byte 00 ausgeben, X ← 𝔛 + 1
          st    X+,r0                2    Mittleres Byte 00 ausgeben, X ← 𝔛 + 1
          andi  r18,0b10000000       1    Oberes Byte *0000000 mit Vorzeichen
          st    X,r18                2    erzeugen und ausgeben
          subi  r26,2                1    X ← 𝔛 − 2
```

	sbc	r27,r24	1	
FkaM04:	pop4	r25,r24,r23,r22	8	
	pop4	r21,r20,r18,r16	8	
	pop5	r7,r6,r5,r4,r3	10	
	ret		4	

Vervollständigung der Exponenten und Prüfung auf die Grenzwerte 0 und 255

FkaM05:	ldd	r7,Z+1	2	$\mathbf{r_7} \leftarrow \mathfrak{b}_{15}\cdots\mathfrak{b}_8$
	lsl	r7	1	$\mathbf{r_{25}} \leftarrow \mathfrak{E}(\mathfrak{b}) = \mathfrak{b}_{22}\cdots\mathfrak{b}_{15}$
	rol	r25	1	
	breq	FkaM02	1/2	Falls $\mathbf{e}(\mathfrak{b}) = 0$: $\mathbb{F}_S(\mathfrak{a})\mathbb{F}_S(\mathfrak{b}) = 0$
	cpi	r24,255	1	Ist $\mathbf{e}(\mathfrak{a}) = 255$, d.h ist $\mathfrak{a}$ ein **NaN**?
	brne	FkaM08	1/2	
FkaM06:	ldi	r16,FKA_MUL+FKA_NAN	1	Ja: zum Fehlerausgang
	rjmp	FkaFhl	2	
FkaM08:	cpi	r25,255	1	Ist $\mathbf{e}(\mathfrak{b}) = 255$, d.h ist $\mathfrak{b}$ ein **NaN**?
	breq	FkaM06	1/2	Ja: zum Fehlerausgang

Berechnung des voräufigen Produktexponenten $e_\times = \mathbf{e}(\mathfrak{a}) + \mathbf{e}(\mathfrak{b}) - 126$

	add	r24,r25	1	$\mathbf{r_{25:24}} \leftarrow \mathbf{e}(\mathfrak{a}) + \mathbf{e}(\mathfrak{b})$
	clr	r25	1	
	adc	r25,r25	1	
	clr	r3	1	
	subi	r24,127-1	1	$\mathbf{r_{25:24}} \leftarrow \mathbf{e}(\mathfrak{a}) + \mathbf{e}(\mathfrak{b}) - 127 + 1$
	sbc	r25,r3	1	

Vervollständigung der Mantissen $m_\mathfrak{a}$ und $m_\mathfrak{b}$

	sec		1	$\mathbf{r_5} \leftarrow 1\mathfrak{a}_{14}\cdots\mathfrak{a}_8$
	ror	r5	1	
	ld	r4,Y	2	$\mathbf{r_4} \leftarrow \mathfrak{a}_7\cdots\mathfrak{a}_0$
	sec		1	$\mathbf{r_7} \leftarrow 1\mathfrak{b}_{14}\cdots\mathfrak{b}_8$
	ror	r7	1	
	ld	r6,Z	2	$\mathbf{r_6} \leftarrow \mathfrak{b}_7\cdots\mathfrak{b}_0$

Die Berechnung des Mantissenproduktes $m_\times = m_\mathfrak{a} m_\mathfrak{b}$

	mul	r4,r6	2	$\mathbf{r_{23:22:21:20}} \leftarrow m_\times = m_\mathfrak{a} m_\mathfrak{b}$
	movw	r21:r20,r1:r0	1	Siehe Bild 10.1
	mul	r5,r7	2	
	movw	r23:r22,r1:r0	1	
	mul	r5,r6	2	
	add	r21,r0	1	
	adc	r22,r1	1	
	adc	r23,r3	1	
	mul	r4,r7	2	
	add	r21,r0	1	
	adc	r22,r1	1	
	adc	r23,r3	1	
	brmi	FkaM10	1/2	Falls $m_\times < \frac{1}{2}$ ein Linksshift

Normalisierung des Produktes, d.h. $m_\times \leftarrow 2m_\times$ und $e_\times \leftarrow e_\times - 1$

```
        lsl   r20                    1    m× ← 2m×
        rol   r21                    1
        rol   r22                    1
        rol   r23                    1
        subi  r24,1                  1    e× ← e× − 1
        sbc   r25,r3                 1
```

Falls $\vartheta \geq \frac{1}{2}$ weiter unten Aufrunden oder die Rundungsart ermitteln

```
FkaM10: cpi   r21,0b10000000         1    ϑ ≥ 1/2?
        brsh  FkaM20                 1/2  Ja: Rundungsart ermitteln
        rjmp  FkaM16                 2    Nein: abrunden (d.h. nichts tun)
```

Fehlerausgänge für Exponentenüberlauf und Exponentenunterlauf

```
FkaM12: ldi   r16,FKA_MUL+FKA_UEL    1    Exponentenüberlauf
        rjmp  FkaFhl                 2
FkaM14: ldi   r16,FKA_MUL+FKA_UNL    1    Exponentenunterlauf
        rjmp  FkaFhl                 2
```

Überprüfung des Exponenten: gilt $1 \leq e_\times \leq 254$?

```
FkaM16: tst   r25                    1    e× < 0 oder e× > 255?
        brmi  FkaM14                 1/2  Bei e× < 0 Exponentenunterlauf
        brne  FkaM12                 1/2  Bei e× > 255 Exponentenüberlauf
        cpi   r24,255                1    e× = 255?
        breq  FkaM12                 1/2  Falls ja, Exponentenüberlauf
        tst   r24                    1    e× = 0?
        breq  FkaM14                 1/2  Falls ja, Exponentenunterlauf
```

Endgültiges Zusammensetzen des Ergebnisses und seine Ausgabe

```
        lsl   r23                    1    Platz schaffen für c14
        lsl   r18                    1    c23 ← r18
        ror   r24                    1    c23 ⟶ r24 ⟶ c14
        ror   r23                    1    c14 ⟶ r23
        st    X+,r22                 2    c ← r24:23:22,  X ← X + 2
        st    X+,r23                 2
        st    X,r24                  2
        subi  r26,2                  1    X ← X − 2
        sbc   r27,r3                 1
        rjmp  FkaM04                 2
FkaM20: breq  FkaM22                 1/2  ϑ > 1/2: aufrunden, ϑ = 1/2: Rundungsart best.
```

Aufrunden durch Addition von 2^{-16}, bei Rundungsüberlauf Rechtsshift und Erhöhung des Exponenten

```
FkaM21: lsl   r21                    1    Aufrunden: m× ← m× + 2^-16
        adc   r22,r3                 1
        adc   r23,r3                 1
        brcc  FkaM16                 1/2  Ohne Rundungsüberlauf: zum Expon.-test
        ror   r23                    1    mc ← 2^-1 mc
        ror   r22                    1
        adiw  r25:r24,1              2    e× ← e× + 1
        rjmp  FkaM16                 2    Zum Exponententest
```

Im Fall $\vartheta = \frac{1}{2}$ entscheiden, ob Aufrunden oder Abrunden

```
97  FkaM22: sbrs   r22,0      2   r22.0 = 0 (gerade) oder = 1 (ungerade)?
98          rjmp   FkaM16     2   Gerade: abrunden
99          rjmp   FkaM21     2   Ungerade: aufrunden
```

Doppelregister $\mathbf{r}_{5:4}$ nimmt die Mantisse $m_{\mathfrak{a}}$ von $\mathfrak{a}$ und Doppelregister $\mathbf{r}_{7:6}$ die Mantisse $m_{\mathfrak{b}}$ von $\mathfrak{b}$ auf. Das Vorzeichen wird in $\mathbf{r}_{18}$ und der Exponent des Produktes in $\mathbf{r}_{25:24}$ zusammengesetzt. Das Vierfachregister $\mathbf{r}_{23:22:21:20}$ schließlich wird zur Berechnung des Produktes der Mantissen genutzt.

Als Erstes werden die beiden Exponenten auf die Grenzfälle **00** und **FF** hin überprüft. Ist $\mathfrak{E}(\mathfrak{a}) =$ **00** oder $\mathfrak{E}(\mathfrak{b}) =$ **00**, ist das Produkt $+0$ oder -0, und ist $\mathfrak{a}$ oder $\mathfrak{b}$ ein **NaN**, so wird der Fehlerausgang benutzt. Die Überprüfung der Exponenten wird mit der Berechnung des Vorzeichens verbunden.

In den Zeilen *33–38* wird der vorläufige Exponent $e_\times = \mathbf{e}(\mathfrak{a}) + \mathbf{e}(\mathfrak{b}) - 126$ des Produktes als Zahl im Format $\mathbb{G}_{16}$ berechnet. Es wird 126 und nicht 127 subtrahiert, weil das Produkt zwei Vorkommabinärstellen hat, von der eine durch die Erhöhung des Exponenten kompensiert wird. Anschließend werden die Doppelregister mit den Mantissen geladen.

Die eigentliche Multiplikation, die Berechnung der Produktmantisse $m_\times = m_{\mathfrak{a}} m_{\mathfrak{b}}$ findet in

Abbildung 10.1.: 16-Bit-Multiplikation in `FkaMul`

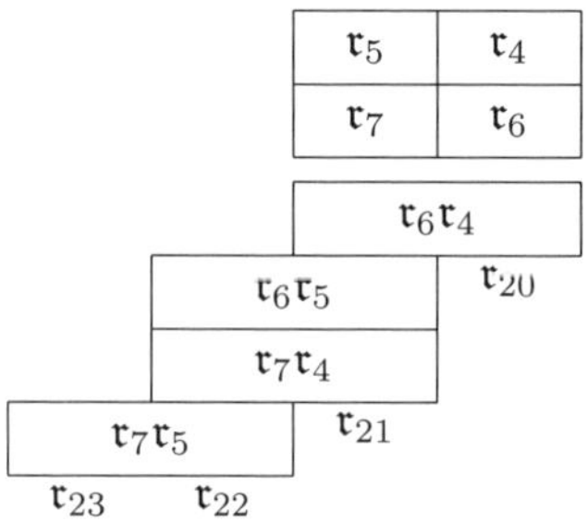

den Zeilen *45–56* statt. Man vergleiche dazu Bild 10.1. Die Produktmantisse ist möglicherweise nicht normalisiert, falls nötig, findet ihre Normalisierung in den Zeilen *58–63* statt. Gerundet wird wieder in Abhängigkeit von $\vartheta < \frac{1}{2}$, $\vartheta = \frac{1}{2}$ und $\vartheta > \frac{1}{2}$. Das Aufrunden in den Zeilen *89–95* wird so vorgenommen, dass Bit $\mathbf{r}_{21}.7$, das wegen $\vartheta \geq \frac{1}{2}$ den Wert 1 hat, in das Übertragsbit hinausgeschoben und zu $\mathbf{r}_{23:22}$ addiert wird. Das kann einen Übertrag auslösen, der mit einem Rechtsshift und einem Erhöhen des Exponenten kompensiert wird.

Das Überprüfen des Exponenten in den Zeilen *71–77* erfolgt wie bei der Addition, ebenso das endgültige Zusammensetzen des Ergebnisses und seine Ausgabe in den Zeilen *78–87*.

Eine Fließkommazahl wird skaliert,[8], wenn sie mit einer Zweierpotenz 2^n multipliziert wird. Eine Skalierung ist im Prinzip eine einfache, leicht durchführbare Operation, da nur der Exponent der Fließkommazahl verändert werden muss. Die Existenz der beiden Sonderexponenten **00** und **FF** lässt eine Skalierung etwas aufwendiger werden, und hinzu kommt, dass die Änderung des Exponenten im Zahlenformat $\mathbb{G}_{16}$, d.h. im 16-Bit-Zweierkomplement durchgeführt werden muss, wenn bei einer Bereichsüberschreitung

[8] Amerikanisch *scale*.

zwischen einem Exponentenunter- und einem Exponentenüberlauf unterschieden werden soll.

Prozedur FkaSka

Eine zweidrittel genaue normalisierte Fließkommazahl $\mathfrak{a} = \mathfrak{a}_{23} \cdots \mathfrak{a}_0$ wird skaliert, d.h. es wird die zweidrittel genaue normalisierte Fließkommazahl $\mathfrak{c}$ berechnet mit

$$\mathbb{F}_S(\mathfrak{c}) = 2^n \mathbb{F}_S(\mathfrak{a}) \qquad -128 \leq n \leq 127$$

Input

$\mathbf{r_{29:28}}$	Die Adresse α einer zweidrittel genauen Fließkommazahl $\mathfrak{a}$
$\mathbf{r_{16}}$	Die Zahl n (im Zahlenformat $\mathbb{G}_8$, d.h. 8-Bit-Zweierkomplement)

Es kann Exponentenüberlauf und Exponentenunterlauf auftreten. Ein Fehler wird auch erzeugt, wenn $\mathfrak{a}$ ein **NaN** repräsentiert.

`FkaSka:`	`push`	`r17`	2	
	`ldd`	`r0,Y+1`	2	$\mathbf{r_0} \leftarrow \mathfrak{a}_{15} \cdots \mathfrak{a}_8$
	`lsl`	`r0`	1	$\mathfrak{c} \leftarrow \mathfrak{a}_{15}$
	`ldd`	`r0,Y+2`	2	$\mathbf{r_0} \leftarrow \mathfrak{a}_{23} \cdots \mathfrak{a}_{16}$
	`rol`	`r0`	1	$\mathbf{r_0} \leftarrow \mathfrak{E}(\mathfrak{a}) = \mathfrak{a}_{22} \cdots \mathfrak{a}_{15}$
	`breq`	`FkaS02`	1/2	Falls $\mathfrak{E}(\mathfrak{a}) =$ **00**: $2^n \mathbb{F}_S(\mathfrak{a}) = 2^n 0 = 0$
	`inc`	`r0`	1	$\mathfrak{E}(\mathfrak{a}) =$ **FF** $\Longleftrightarrow \mathbf{r_0} \leftarrow$ **00**
	`breq`	`FkaS04`	1/2	Falls $\mathfrak{E}(\mathfrak{a}) =$ **FF**: $\mathfrak{a}$ ist **NaN**
	`dec`	`r0`	1	Den Wert von $\mathbf{r_0}$ wiederherstellen
	`clr`	`r1`	1	$\mathbf{r_{1:0}} \leftarrow e(\mathfrak{a})$
	`clr`	`r17`	1	$\mathbf{r_{17:16}} \leftarrow n$, $\mathbf{r_{17}} \leftarrow$ **00** falls $n \geq 0$
	`sbrc`	`r16,7`	1/2	
	`ldi`	`r17,0xFF`	1	$\mathbf{r_{17}} \leftarrow$ **FF** bei $n < 0$
	`add`	`r0,r16`	1	$\mathbf{r_{1:0}} \leftarrow e = e(\mathfrak{a}) + n$
	`adc`	`r1,r17`	1	
	`brmi`	`FkaS06`	1/2	Exponentenunterlauf bei $e < 0$
	`brne`	`FkaS08`	1/2	Exponentenüberlauf bei $e > 255$
	`tst`	`r0`	1	$e = 0$?
	`breq`	`FkaS06`	1/2	Exponentenunterlauf bei $e = 0$
	`dec`	`r0`	1	$e = 255$?
	`breq`	`FkaS08`	1(2	Exponentenüberlauf bei $e = 255$
	`inc`	`r0`	1	
	`ldd`	`r17,Y+1`	2	$\mathbf{r_{17}} \leftarrow \mathfrak{a}_{15} \cdots \mathfrak{a}_8$
	`ldd`	`r1,Y+2`	2	$\mathbf{r_1} \leftarrow \mathfrak{a}_{23} \cdots \mathfrak{a}_{16}$
	`lsl`	`r17`	1	Platz schaffen für $\mathfrak{c}_{14}$
	`lsl`	`r1`	1	$\mathfrak{c}_{23} \leftarrow \mathbf{r_1}$
	`ror`	`r0`	1	$\mathfrak{c}_{23} \longrightarrow \mathbf{r_0} \longrightarrow \mathfrak{c}_{14}$
	`ror`	`r17`	1	$\mathfrak{c}_{14} \longrightarrow \mathbf{r_{17}}$
	`std`	`Y+1,r17`	2	$\mathfrak{c}_{15} \cdots \mathfrak{c}_8 \leftarrow \mathbf{r_{17}}$
	`std`	`Y+2,r0`	2	$\mathfrak{c}_{23} \cdots \mathfrak{c}_{16} \leftarrow \mathbf{r_0}$
`FkaS02:`	`pop`	`r17`	2	

```
32          ret                      4
33 FkaS04:  ldi   r16,FKA_SKA+FKA_NAN 1   NaN
34          rjmp  FkaFhl             2
35 FkaS06:  ldi   r16,FKA_SKA+FKA_UNL 1   Exponentenunterlauf
36          rjmp  FkaFhl             2
37 FkaS08:  ldi   r16,FKA_SKA+FKA_UEL 1   Exponentenüberlauf
38          rjmp  FkaFhl             2
```

Das Unterprogramm beginnt damit, dass die beiden oberen Bytes von $\mathfrak{a}$ geladen werden und aus ihnen auf die übliche Weise der Exponent zusammengesetzt wird. Nach Zeile *5* steht $\mathfrak{E}(\mathfrak{a})$ in Register $\mathbf{r_0}$ zur Verfügung. In Zeile *5* wird aber nicht nur $\mathfrak{a}_{15}$ zur Vervollständigung des Exponenten von rechts in $\mathbf{r_0}$ hineingeschoben, es wird gleichzeitig auch getestet, ob $\mathfrak{E}(\mathfrak{a}) = 00000000$ gilt. Ist das der Fall, dann ist natürlich $2^n \mathbb{F}_S(\mathfrak{a}) = 2^n 0 = 0$ und das Unterprogramm kann in Zeile *6* mit bereits getaner Arbeit in das rufende Programm zurückkehren.
Es schließt sich die Prüfung an, ob der Exponent den zweiten Sonderwert 11111111 hat. Dazu kann Register $\mathbf{r_0}$ nicht direkt mit 11111111 verglichen werden, da es den Befehl `cpi` mit dem Operanden $\mathbf{r_0}$ nicht gibt, aber offensichtlich hat $\mathbf{r_0}$ genau dann den Wert **FF**, wenn es nach dem Befehl `inc` in Zeile *7* den Wert **00** hat. Natürlich muss, falls kein **NaN** vorliegt, der Wert von $\mathbf{r_0}$ in Zeile *9* restauriert werden.
Als Nächstes werden der Exponent und n in das Zahlenformat $\mathbb{G}_{16}$ eingebettet und zwar $\mathfrak{E}(\mathfrak{a})$ im Register $\mathbf{r_{1:0}}$ und n im Register $\mathbf{r_{17:16}}$. Da der Exponent als positive Zahl angesehen wird, genügt es, zu seiner Einbettung Register $\mathbf{r_1}$ mit dem Wert **00** zu laden. Die Zahl n kann aber auch negativ sein, weshalb das Vorzeichen von n in den Zeilen *11–13* in das Register $\mathbf{r_{17}}$ hinein erweitert wird. Es folgt die $\mathbb{G}_{16}$-Addition des Exponenten mit n. Ist das 16-Bit-Ergebnis e eine negative Zahl, so hat es einen Exponentenunterlauf gegeben, auf den ab Zeile *35* auf die übliche Weise reagiert wird. Ist das obere Byte der Summe nicht **00**, hat also die Summe einen Wert größer als 255, so liegt ein Exponentenüberlauf vor. Die beiden Prüfungen dürfen in der Reihenfolge nicht vertauscht werden, die zweite Prüfung ist natürlich nur gültig, wenn die Summe nicht negativ ist! Nach diesen Prüfungen gilt also für die Summe $0 \leq e \leq 255$. Die beiden Sonderfälle $e = 0$ und $e = 255$ werden anschließend in den Zeilen *18–22* ausgesondert, der Fall $e = 255$ wie oben wieder mit `inc` und `dec`. Liegt der Exponent im erlaubten Bereich, kann er ab Zeile *23* auf die übliche Weise auf die beiden oberen Bytes von $\mathfrak{a}$ verteilt und ausgegeben werden.

Jede Multiplikation mit 2, aber auch jede Division durch 2 ist eine Skalierung und sollte mit `FkaSka`, nicht aber mit `FkaMul` bzw. `FkaDiv` durchgeführt werden.

10.4. Division

Sind u und v ganze Zahlen mit der Eigenschaft $2^{15} \leq u < 2^{16}$ und $2^{15} \leq v < 2^{16}$, so lassen sich die Bits q_ν des Quotienten $q = \frac{u}{v}$ wie folgt berechnen:[9]

$$\begin{array}{ll} \text{falls } u < v: & q_0 = 0 \text{ und } r_0 = u \\ \text{falls } u \geq v: & q_0 = 1 \text{ und } r_0 = u - v \end{array}$$

Die q_ν für $\nu = 1, 2, \ldots$ ergeben sich dann aus

[9] Siehe dazu [Mss] **4.3.3**.

falls $2r_{\nu-1} < v$: $q_\nu = 0$ und $r_\nu = 2r_{\nu-1}$
falls $2r_{\nu-1} \geq v$: $q_\nu = 1$ und $r_\nu = 2r_{\nu-1} - v$

Es seien $\mathfrak{a}$ und $\mathfrak{b}$ zweidrittel genaue Fließkommazahlen, deren Quotient zu berechnen ist, also eine zweidrittel genaue Fließkommazahl $\mathfrak{c}$ mit

$$\mathbb{F}_S(\mathfrak{c}) = \left(\frac{\mathbb{F}_S(\mathfrak{a})}{\mathbb{F}_S(\mathfrak{b})}\right)^\circ$$

Zunächst einmal ergibt sich für den Quotienten im regulären Fall, d.h. kein **NaN** und keine Null:

$$\frac{\mathbb{F}_S(\mathfrak{a})}{\mathbb{F}_S(\mathfrak{b})} = \frac{\boldsymbol{f}(\mathfrak{a})}{\boldsymbol{f}(\mathfrak{b})} 2^{\boldsymbol{e}(\mathfrak{a})-\boldsymbol{e}(\mathfrak{b})} \tag{10.1}$$

Die Hauptaufgabe des Divisionsunterprogramms ist also, die Bits $\mathfrak{q}_\nu$ des Quotienten

$$q = \frac{\boldsymbol{f}(\mathfrak{a})}{\boldsymbol{f}(\mathfrak{b})}$$

zu bestimmen. Nun sind die Mantissen oder gebrochenen Anteile (*fraction*) von $\mathfrak{a}$ und $\mathfrak{b}$ normalisierte Zahlen im Format $\mathbb{K}_{1,15}$, die, wenn sie ohne den Quotienten q zu ändern als ganze Zahlen u und v interpretiert werden, eben wegen der Normalisierung die obigen Forderungen $2^{15} \leq u < 2^{16}$ und $2^{15} \leq v < 2^{16}$ erfüllen. Die Quotientenbits können also nach obigem Verfahren bestimmt werden. Um korrekt runden zu können, sind nach Abschnitt 9.5 die 17 Quotientenbits $\mathfrak{q}_0$ bis $\mathfrak{q}_{16}$ zu bestimmen:

$$q \approx \mathfrak{q}_0, \mathfrak{q}_1\mathfrak{q}_2 \cdots \mathfrak{q}_{15}\mathfrak{q}_{16}$$

Nun ist aber im Falle $\boldsymbol{f}(\mathfrak{a}) < \boldsymbol{f}(\mathfrak{b})$ natürlich $\mathfrak{q}_0 = \mathtt{o}$, d.h. es werden nur 16 statt 17 signifikante Bits gewonnen. Das lässt sich wie folgt verhindern:

$$\frac{\mathbb{F}_S(\mathfrak{a})}{\mathbb{F}_S(\mathfrak{b})} = \frac{2\boldsymbol{f}(\mathfrak{a})}{\boldsymbol{f}(\mathfrak{b})} 2^{\boldsymbol{e}(\mathfrak{a})-\boldsymbol{e}(\mathfrak{b})-1} \qquad \text{falls } \boldsymbol{f}(\mathfrak{a}) < \boldsymbol{f}(\mathfrak{b}) \tag{10.2}$$

Die Quotientenbits sind im Fall $\boldsymbol{f}(\mathfrak{a}) < \boldsymbol{f}(\mathfrak{b})$ also wie folgt zu bestimmen:

$$q = \frac{2\boldsymbol{f}(\mathfrak{a})}{\boldsymbol{f}(\mathfrak{b})}$$

Damit sind alle Vorbereitungen getroffen, die Division kann beginnen.

Prozedur FkaDiv

Es wird der Quotient $\mathfrak{c} = \mathfrak{c}_{23} \cdots \mathfrak{c}_0$ zweier zweidrittel genauer normalisierter Fließkommazahlen $\mathfrak{a} = \mathfrak{a}_{23} \cdots \mathfrak{a}_0$ und $\mathfrak{b} = \mathfrak{b}_{23} \cdots \mathfrak{b}_0$ berechnet:

$$\mathbb{F}_S(\mathfrak{c}) = \left(\frac{\mathbb{F}_S(\mathfrak{a})}{\mathbb{F}_S(\mathfrak{b})}\right)^\circ$$

Input

- $\mathbf{r}_{29:28}$ Die Adresse α einer zweidrittel genauen Fließkommazahl $\mathfrak{a}$
- $\mathbf{r}_{31:30}$ Die Adresse β einer zweidrittel genauen Fließkommazahl $\mathfrak{b}$
- $\mathbf{r}_{27:26}$ Die Adresse γ eines Speicherblocks zur Aufnahme des Quotienten

Es kann Exponentenüberlauf und Exponentenunterlauf auftreten. Ein Fehler wird auch erzeugt, wenn versucht wird, durch Null zu dividieren (wenn also $\mathfrak{b}$ den Exponenten **00** hat), oder wenn $\mathfrak{a}$ oder $\mathfrak{b}$ ein **NaN** repräsentieren.

```
FkaDiv: push5 r2,r3,r4,r5,r16          10
        push4 r17,r18,r24,r25          8
   Extrahierung der Exponenten 𝔈(𝔞) und 𝔈(𝔟) und die Bestimmung des Quotientenvorzeichens
        ldd   r24,Y+2                  2    r24 ← 𝔞23 ··· 𝔞16
        mov   r18,r24                  1    r18.7 ← 𝔞23
        ldd   r25,Z+2                  2    r25 ← 𝔟23 ··· 𝔟16
        eor   r18,r25                  1    r18.7 ← 𝔞23 ⊕ 𝔟23
        ldd   r3,Y+1                   2    r3 ← 𝔞15 ··· 𝔞8
        lsl   r3                       1    r24 ← 𝔈(𝔞) = 𝔞22 ··· 𝔞15
        rol   r24                      1
        brne  FkaD04                   1/2  Falls e(𝔞) = 0: 𝔽S(𝔞)/𝔽S(𝔟) = 0
   Ausgabe von *0000000 00000000 00000000 falls e(𝔞) = 0
        st    X+,r24                   2    Unteres Byte 00 ausgeben, X ← 𝔛 + 1
        st    X+,r24                   2    Mittleres Byte 00 ausgeben, X ← 𝔛 + 1
        andi  r18,0b10000000           1    Oberes Byte *0000000 mit Vorzeichen
        st    X,r18                    2    erzeugen und ausgeben
        subi  r26,2                    1    X ← 𝔛 − 2
        sbc   r27,r24                  1
FkaD02: pop4  r25,r24,r18,r17          8
        pop5  r16,r5,r4,r3,r2          10
        ret                            4
   Vervollständigung der Exponenten und Prüfung auf die Grenzwerte 0 und 255
FkaD04: ldd   r5,Z+1                   2    r5 ← 𝔟15 ··· 𝔟8
        lsl   r5                       1    r25 ← 𝔈(𝔟) = 𝔟22 ··· 𝔟15
        rol   r25                      1
        brne  FkaD06                   1/2  Verzweigen bei e(𝔟) ≠ 0
        ldi   r16,FKA_DIV+FKA_DDN      1    Fehlerausgang bei e(𝔟) = 0
        rjmp  FkaFhl                   2
FkaD06: cpi   r24,255                  1    Ist e(𝔞) = 255, d.h ist 𝔞 ein NaN?
        brne  FkaD10                   1/2  Verzweigen falls nicht
FkaD08: ldi   r16,FKA_DIV+FKA_NAN      1    Fehlerausgang bei e(𝔞) = 255
        rjmp  FkaFhl                   2
FkaD10: cpi   r25,255                  1    Ist e(𝔟) = 255, d.h ist 𝔟 ein NaN?
        breq  FkaD08                   1/2  Falls ja, Fehlerausgang
   Berechnung des vorläufigen Quotientenexponenten e÷ = e(𝔞) − e(𝔟) + 126 (Zahlenformat 𝔾16)
        sub   r24,r25                  1    r24 ← e(𝔞) − e(𝔟)
        clr   r25                      1    r25:24 ← e÷ = e(𝔞) − e(𝔟) Format 𝔾16
        sbc   r25,r25                  1
        clr   r0                       1    r0 ← 00 zu mehrfachem Gebrauch
        ldi   r16,127-1                1    e÷ ← e÷ + 126
        add   r24,r16                  1
```

	`adc`	`r25,r0`	1	

Vervollständigung der Mantissen $m_{\mathfrak{a}}$ und $m_{\mathfrak{b}}$

	`sec`		1	$\mathbf{r_3} \leftarrow \mathtt{1}\mathfrak{a}_{14}\cdots\mathfrak{a}_8$
	`ror`	`r3`	1	
	`ld`	`r2,Y`	2	$\mathbf{r_2} \leftarrow \mathfrak{a}_7\cdots\mathfrak{a}_0$
	`sec`		1	$\mathbf{r_5} \leftarrow \mathtt{1}\mathfrak{b}_{14}\cdots\mathfrak{b}_8$
	`ror`	`r5`	1	
	`ld`	`r4,Z`	2	$\mathbf{r_4} \leftarrow \mathfrak{b}_7\cdots\mathfrak{b}_0$

Die Bestimmung der Quotientenbits $\mathfrak{q}_0$ bis $\mathfrak{q}_{15}$ (mit $\mathfrak{q}_0 = \mathtt{1}$)

	`ldi`	`r16,16`	1	
	`mov`	`r1,r16`	1	Vorläufig 16 Bits zu bestimmen
	`cp`	`r2,r4`	1	$\boldsymbol{f}(\mathfrak{a}) < \boldsymbol{f}(\mathfrak{b})$?
	`cpc`	`r3,r5`	1	
	`brlo`	`FkaD12`	1/2	Falls ja: zum Schleifenanfang
	`adiw`	`r25:r24,1`	2	$e_\div \leftarrow e_\div + 1$
	`ori`	`r16,0b00000001`	1	$\mathfrak{q}_0 = \mathtt{1}$
	`dec`	`r1`	1	Nur noch 15 Bit zu bestimmen
	`sub`	`r2,r4`	1	$\mathbf{r_{3:2}} \leftarrow r_0 = \boldsymbol{f}(\mathfrak{a}) - \boldsymbol{f}(\mathfrak{b})$
	`sbc`	`r3,r5`	1	
`FkaD12:`	`lsl`	`r16`	1	Platz für $\mathfrak{q}_\nu$ schaffen
	`rol`	`r17`	1	
	`lsl`	`r2`	1	$\mathbf{r_{3:2}} \leftarrow 2r_{\nu-1}$
	`rol`	`r3`	1	
	`brcs`	`FkaD13`	1/2	Bei Übertrag ist $\mathfrak{q}_\nu = \mathtt{1}$
	`cp`	`r2,r4`	1	$2r_{\nu-1} < \boldsymbol{f}(\mathfrak{b})$?
	`cpc`	`r3,r5`	1	
	`brlo`	`FkaD14`	1/2	Falls ja: $\mathfrak{q}_\nu = \mathtt{0}$, ok.
`FkaD13:`	`ori`	`r16,0b00000001`	1	$\mathfrak{q}_\nu \leftarrow \mathtt{1}$
	`sub`	`r2,r4`	1	$\mathbf{r_{3:2}} \leftarrow r_\nu = 2r_{\nu-1} - \boldsymbol{f}(\mathfrak{b})$
	`sbc`	`r3,r5`	1	
`FkaD14:`	`dec`	`r1`	1	
	`brne`	`FkaD12`	1/2	

Die Bestimmung des Rundungsbits $\mathfrak{q}_{16}$

	`lsl`	`r2`	1	$\mathbf{r_{3:2}} \leftarrow 2r_{\nu-1}$
	`rol`	`r3`	1	
	`brcs`	`FkaD15`	1/2	Bei Übertrag $\mathfrak{q}_{16} = \mathtt{1}$, zum Aufrunden
	`cp`	`r2,r4`	1	$2r_{\nu-1} < \boldsymbol{f}(\mathfrak{b})$?
	`cpc`	`r3,r5`	1	
	`brlo`	`FkaD16`	1/2	Falls ja: $\mathfrak{q}_{16} = \mathtt{0}$, abrunden
	`sec`		1	$\mathfrak{c} \leftarrow \mathtt{1}$

Das Runden des Quotienten

`FkaD15:`	`adc`	`r16,r0`	1	$\mathfrak{q} \leftarrow \mathfrak{q} + 2^{-15}$, da $\mathfrak{c} = \mathtt{1}$
	`adc`	`r17,r0`	1	
	`brcc`	`FkaD16`	1/2	Kein Überlauf: zum Exponententest
	`ror`	`r17`	1	Bei Überlauf: $\mathfrak{q} \leftarrow 2^{-1}\mathfrak{q}$

```
79            ror    r16                   1
80            adiw   r25:r24,1             2    und e÷ ← e÷ + 1
     Überprüfung des Exponenten: gilt 1 ≤ e÷ ≤ 254?
81   FkaD16:  tst    r25                   1    e÷ < 0 oder e÷ > 255?
82            brmi   FkaD20                1/2  Bei e÷ < 0 Exponentenunterlauf
83            brne   FkaD18                1/2  e÷ > 255 Exponentenüberlauf
84            cpi    r24,255               1    e÷ = 255?
85            breq   FkaD18                1/2  Falls ja, Exponentenüberlauf
86            tst    r24                   1    e÷ = 0?
87            breq   FkaD20                1/2  Falls ja, Exponentenunterlauf
     Endgültiges Zusammensetzen des Quotienten und seine Ausgabe
88            lsl    r17                   1    Platz schaffen für c14
89            lsl    r18                   1    c23 ← r18
90            ror    r24                   1    c23 ⟶ r24 ⟶ c14
91            ror    r17                   1    c14 ⟶ r17
92            st     X+,r16                2    c ← r24:17:16,  X ← X + 2
93            st     X+,r17                2
94            st     X,r24                 2
95            subi   r26,2                 1    X ← X − 2
96            sbc    r27,r0                1
97            rjmp   FkaD02                2
     Die Fehlerausgänge für Exponentenüberlauf und Exponentenunterlauf
98   FkaD18:  ldi    r16,FKA_DIV+FKA_UEL   1    Exponentenüberlauf
99            rjmp   FkaFhl                2
100  FkaD20:  ldi    r16,FKA_DIV+FKA_UNL   1    Exponentenunterlauf
101           rjmp   FkaFhl                2
```

Als Voraussetzung für das Zusammensetzen der Exponenten wird Register $\mathbf{r_{24}}$ mit $\mathfrak{a}_{23}\cdots\mathfrak{a}_{16}$ und $\mathbf{r_{25}}$ mit $\mathfrak{b}_{23}\cdots\mathfrak{b}_{16}$ geladen. Gleichsam im Vorübergehen wird das Vorzeichen des Quotienten als $\mathbf{r_{18}}.7 \leftarrow \mathfrak{a}_{23}\oplus\mathfrak{b}_{23}$ bestimmt. In den Zeilen *7–9* wird $e(\mathfrak{a})$ in Register $\mathbf{r_{24}}$ zusammengesetzt. Durch den Befehl in Zeile *9* wird nicht nur das untere Bit des Exponenten von rechts her in $\mathbf{r_{24}}$ hineingeschoben, es wird gleichzeitig auch festgestellt, ob $e(\mathfrak{a}) = 00000000$ gilt. Ist das der Fall, wird in den Zeilen *11–14* eine Null $*0000000\,00000000\,00000000$ als Ergebnis ausgegeben. Darin ist $*$ das oben berechnete Vorzeichen. Hier ist anzumerken, dass $\mathfrak{b}$ ein **NaN** sein kann, der Effekt ist also, dass eine Null durch ein **NaN** dividiert werden kann und als Ergebnis eine Null herauskommt. In den Zeilen *20–22* wird $e(\mathfrak{b})$ in Register $\mathbf{r_{25}}$ zusammengesetzt. Wird hier allerdings $e(\mathfrak{b}) = 00000000$ festgestellt, so wurde der Versuch unternommen, durch ± 0 zu dividieren, das Unterprogramm wird dann mit einer entsprechenden Fehleranzeige verlassen. Hier wird noch einmal die Sonderbehandlung von $e(\mathfrak{a}) = 11111111$ nicht konsequent durchgeführt, da bei dem Versuch, ein **NaN** durch ± 0 zu dividieren, `FKA_DIV+FKA_NAN` und nicht `FKA_DIV+FKA_DDN` als Fehler angezeigt werden müsste. In den Zeilen *26–31* werden dann allerdings die Exponenten auf den Sonderwert **FF** überprüft und falls erforderlich ein Fehlerausgang eingeleitet.

Ab Zeile *32* wird der vorläufige Exponent e des Quotienten berechnet. Dazu wird $e_\div = e(\mathfrak{a}) - e(\mathfrak{b})$ im $\mathbb{G}_8$-Format in $\mathbf{r_{24}}$ berechnet, der *bias* hebt sich dabei heraus. Die Differenz wird dann in den Zeilen *33–34* im $\mathbb{G}_{16}$-Format in Register $\mathbf{r_{25:24}}$ eingebettet. In den folgenden drei Zeilen wird der *bias* dann wieder hinzugefügt, allerdings nicht 127, sondern $127 - 1$,

da hier $\mathbb{F}_S(\mathfrak{a}) < \mathbb{F}_S(\mathfrak{b})$ angenommen wird (das vereinfacht das Programm später etwas), siehe (10.2) oben.
In den Zeilen *39–44* werden die Mantissen $\mathtt{1}\mathfrak{a}_{14}\cdots\mathfrak{a}_0$ von $\mathfrak{a}$ in $\mathbf{r_{3:2}}$ $\mathtt{1}\mathfrak{b}_{14}\cdots\mathfrak{b}_0$ von $\mathfrak{b}$ in $\mathbf{r_{5:4}}$ zusammengesetzt. Register $\mathbf{r_1}$ fungiert als Zähler in der Schleife, in welcher die Quotientenbits $\mathfrak{q}_\nu$ bestimmt werden und wird in den Zeilen *45–46* mit dem vorläufigen Anfangswert 16 geladen. Doppelregister $\mathbf{r_{17:16}}$ wird die Quotientenbits aufnehmen, soll das Unterprogramm im Simulator durchgegangen werden, empfiehlt es sich, $\mathbf{r_{17:16}}$ an dieser Stelle mit **0000** zu laden.
Es wird nun geprüft, ob $\boldsymbol{f}(\mathfrak{a}) < \boldsymbol{f}(\mathfrak{b})$ gilt. Dazu wird in den Zeilen *47–48* Doppelregister $\mathbf{r_{2:3}}$, das die Mantisse von $\mathfrak{a}$ enthält, mit $\mathbf{r_{5:4}}$ verglichen, das die Mantisse von $\mathfrak{b}$ enthält. Ist tatsächlich $\boldsymbol{f}(\mathfrak{a}) < \boldsymbol{f}(\mathfrak{b})$, so kann direkt an den Anfang der Schleife in Zeile *55* gesprungen werden, denn die nach (10.2) nötige Verminderung des Exponenten wurde vorbeugend schon in Zeile *36* vorgenommen und der Linksshift der Mantisse von $\mathfrak{a}$ ergibt sich von selbst, da 16 Quotientenbits bestimmt und in $\mathbf{r_{17:16}}$ hineingeschoben werden. Auch hat Doppelregister $\mathbf{r_{3:2}}$, das für die r_ν des Verfahrens verwendet wird, bereits seinen Startwert $\boldsymbol{f}(\mathfrak{a})$. Ist aber $\boldsymbol{f}(\mathfrak{a}) \geq \boldsymbol{f}(\mathfrak{b})$, so geschieht in den Zeilen *50–54* Folgendes:

- Die vorbeugende Erniedrigung des Exponenten in Zeile *36* wird aufgehoben (Zeile *50*).
- Das erste Quotientenbit $\mathfrak{q}_0 = \mathtt{1}$ wird in $\mathbf{r_{17:16}}$ „hineingeschoben" (Zeile *51*).
- Der Schleifenzähler $\mathbf{r_1}$ wird vermindert, da nur noch 15 weitere Bits zu berechnen sind (Zeile *52*).
- Register $\mathbf{r_{3:2}}$ erhält seinen Anfangswert $r_0 = \boldsymbol{f}(\mathfrak{a}) - \boldsymbol{f}(\mathfrak{b})$ (Zeilen *53–54*)

Die Schleife zur Berechnung der ersten 16 (oder 15) Quotientenbits ist in den Zeilen *55–67* enthalten. Sie beginnt damit, dass $\mathbf{r_{17:16}}$ nach links geshiftet wird, um rechts Platz für das nächste Quotientenbit zu machen. Danach wird $\mathbf{r_{3:2}}$ nach links geshiftet, um $2r_{\nu-1}$ zu bilden. Tritt dabei ein Übertrag auf, so ist $2r_{\nu-1} \geq 2$ und damit erst recht $2r_{\nu-1} \geq \boldsymbol{f}(\mathfrak{b})$, also wird in die Zeile *63* gesprungen, in der dieser Fall bearbeitet wird. Ist der Linksshift aber mit keinem Übertrag verbunden, so wird in den Zeilen *60–61* $2r_{\nu-1}$ explizit mit $\boldsymbol{f}(\mathfrak{b})$ verglichen. Ergibt dieser Vergleich $2r_{\nu-1} < \boldsymbol{f}(\mathfrak{b})$, so kann schon an das Schleifenende gesprungen werden, denn es ist dann $r_\nu = 2r_{\nu-1}$ und $\mathfrak{q}_\nu = \mathtt{0}$, d.h. $\mathbf{r_{17:16}}$ und $\mathbf{r_{3:2}}$ enthalten schon die richtigen Werte. Ist dagegen $2r_{\nu-1} \geq \boldsymbol{f}(\mathfrak{b})$, so wird in Zeile *63* $\mathfrak{q}_\nu = \mathtt{1}$ und in den folgenden beiden Zeilen r_ν berechnet: $r_\nu \leftarrow 2r_{\nu-1} - \boldsymbol{f}(\mathfrak{b})$.
Nach dem Schleifendurchlauf muss ein weiterer Schritt des Verfahrens folgen, um das Rundungsbit zu gewinnen. Also wird in den Zeilen *68–69* Doppelregister $\mathbf{r_{3:2}}$ noch einmal nach links geshiftet, um $2r_{15}$ zu bilden. Ergibt das einen Übertrag, so ist $\mathfrak{q}_{16} = \mathtt{1}$ und es muss aufgerundet werden, was durch eine Sprung in die Zeile *74* auch geschieht. Andernfalls muss in den Zeilen *71–72* $2r_{15}$ mit $\boldsymbol{f}(\mathfrak{b})$ verglichen werden. Stellt sich dabei heraus, dass $2r_{15} < \boldsymbol{f}(\mathfrak{b})$ gilt, so ist abzurunden, d.h. es kann direkt in Zeile *81* mit der Prüfung des Exponenten begonnen werden. Andernfalls ist aufzurunden, das in Zeile *75* beginnt und das in dieser Zeile ein gesetztes Übertragsbit erwartet. Dieses muss explizit gesetzt werden, da es natürlich nicht gesetzt ist, wenn die Verzweigung in Zeile *73* nicht erfolgt. Zum Aufrunden wird in Zeilen *75–76* der Quotient $\mathfrak{q}_0, \mathfrak{q}_1 \cdots \mathfrak{q}_{15}$ um 2^{-15} erhöht, indem $\mathtt{1}$ in Gestalt des Übertragsbits zum Quotientenregister $\mathbf{r_{17:16}}$ addiert wird. Register $\mathbf{r_0}$ wurde schon in Zeile *35* mit **00** geladen. Falls bei dieser Addition ein Übertrag auftritt, muss der Quotient nach rechts geshiftet werden, anschließend ist der Exponent um Eins zu erhöhen (Zeilen *78–80*). Dabei beginnt der Rechtsshift in Zeile *78* mit dem Befehl `ror`, da ja das Übertragsbit in das Register $\mathbf{r_{25:24}}$ hineingeschoben werden muss.
In den Zeilen *81–87* wird die jetzt schon zur Gewohnheit gewordene Überprüfung des Exponenten durchgeführt. Anschließend wird das Bitmuster des Quotienten ebenfalls wie gewohnt zusammengesetzt (Zeilen *88–91*), bevor es schließlich ausgegeben wird.

10.5. Vergleiche

Gelegentlich muss festgestellt werden, welcher der drei Bedingungen $\mathbb{F}_S(\mathfrak{a}) < 0$, $\mathbb{F}_S(\mathfrak{a}) = 0$ oder $\mathbb{F}_S(\mathfrak{a}) > 0$ eine zweidrittel genaue Fließkommazahl $\mathfrak{a}$ genügt. Das kann mit sehr viel weniger Aufwand geprüft werden, als für einen allgemeinen Vergleich zweier Zahlen zu leisten wäre, wie der Vergleich der beiden Unterprogramme `FkaTst` und `FkaVgl` zeigt. Mit `FkaTst` lässt sich auch feststellen, ob eine positive oder eine negative Null vorliegt, falls das jemals notwendig sein sollte.

Prozedur FkaTst

Eine zweidrittel genaue Fließkommazahl $\mathfrak{a} = \mathfrak{a}_{23}\cdots\mathfrak{a}_0$ wird getestet und es werden als Ergebnis Statusbits gesetzt:

- Ist $\mathbb{F}_S(\mathfrak{a}) = 0$, so wird das Nullbit $\mathfrak{z}$ des Statusregisters gesetzt. Ist dagegen $\mathbb{F}_S(\mathfrak{a}) \neq 0$, so wird das Statusbit gelöscht.
- Ist $\mathtt{s}(\mathfrak{a}) = \mathtt{1}$, ist also das Vorzeichen von $\mathfrak{a}$ gesetzt, so wird das Negativbit $\mathfrak{s}$ des Statusregisters gesetzt, ist $\mathtt{s}(\mathfrak{a}) = \mathtt{0}$, so wird das Statusbit gelöscht.

Nach dem Aufruf des Unterprogramms kann also wie gewohnt mit `brlt`, `brge`, `breq` und `brne` verzweigt werden.

Input

$\mathbf{r_{29:28}}$ Die Adresse α einer zweidrittel genauen Fließkommazahl $\mathfrak{a}$

Die Prozedur geht davon aus, dass $\mathfrak{a}$ **kein NaN** ist. Es wird kein Fehler erzeugt.

```
 1 FkaTst:  push2 r16,r17   4
 2          ldd   r16,Y+1   2    r16 ← a15···a8
 3          ldd   r17,Y+2   2    r17 ← a23···a16
 4          lsl   r16       1    c ← a15
 5          rol   r17       1    r17 ← E(a) = a22···a15, c ← s(a)
 6          cls             1    s ← 0
 7          brcc  FkaT01    1/2
 8          ses             1    Wenn S(a) = 1, dann s ← 1
 9 FkaT01:  pop2  r17,r16   4
10          ret             4
```

Das Unterprogramm ist leicht zu verfolgen. Register $\mathbf{r_{16}}$ wird mit dem mittleren und $\mathbf{r_{17}}$ mit dem oberen Byte von $\mathfrak{a}$ geladen. Die beiden Shifts erzeugen den Exponenten in $\mathbf{r_{17}}$. Der zweite Shift setzt dabei das Nullbit, falls $\mathbf{e}(\mathfrak{a}) = \mathbf{00}$ gilt, und lädt gleichzeitig das Übertragsbit mit dem Vorzeichen $\mathtt{s}(\mathfrak{a})$. In den Zeilen *6–8* wird also das Negativbit des Statusregisters in Abhängigkeit vom Vorzeichen von $\mathfrak{a}$ gesetzt.

Das Unterprogramm testet nicht, ob es mit einem **NaN** als Parameter aufgerufen wird. Soll dieser Test doch durchgeführt werden, kann wie in `FkaVgl` vorgegangen werden.[10]

Die einfachste Möglichkeit, zwei Fließkommazahlen zu vergleichen, besteht darin, ihre Differenz zu bilden und diese mit `FkaTst` zu untersuchen. Das ergäbe zwar ein sehr kurzes Unterprogramm, aber der Aufwand an Prozessortakten wäre beträchtlich.

[10] Dass der Test nicht durchgeführt wird, hat ästhetische Gründe. Der nötige Vergleich mit 255 hätte Aus- und Nebenwirkungen, die aus einem Unterprogramm, das seine Aufgabe zielgerichtet verfolgt und hübsch anzusehen ist, ein ziemliches Durcheinander gemacht hätten.

Das lässt sich vermeiden, wenn gar nicht die Fließkommawerte der Zahlen betrachtet werden, sondern ihre Bitmuster. Wie so oft steckt aber auch hier der Teufel im Detail. Wollte man die vielen auftretenden Fälle mit dem Einsatz von relativen Verzweigungen erledigen, erhielte man ein ausgesprochen unübersichtliches Programm (Spaghetti-Code). Hier wird deshalb ein anderer Weg gewählt, und zwar wird jedem möglichen Fall eine eindeutige Zahl zugeordnet, die dann als Index für eine Sprungtabelle verwendet wird. Man erhält ein übersichtliches, leicht zu verfolgendes Programm. Als kleine Nebenwirkung stellt sich ein, dass ein möglicher Fall nicht leicht vergessen werden kann!

Prozedur FkaVgl

Zwei zweidrittel genaue Fließkommazahlen $\mathfrak{a} = \mathfrak{a}_{23} \cdots \mathfrak{a}_0$ und $\mathfrak{b} = \mathfrak{b}_{23} \cdots \mathfrak{b}_0$ werden verglichen und es werden als Ergebnis Statusbits gesetzt:

- Ist $\mathfrak{a}$ ein **NaN** oder $\mathfrak{b}$ ein **NaN**, so wird das Überlaufbit $\mathfrak{v}$ des Statusregisters gesetzt, die anderen Statusbits haben in diesem Fall keine Bedeutung. Ist dagegen weder $\mathfrak{a}$ noch $\mathfrak{b}$ ein **NaN**, so wird das Überlaufbit gelöscht und das Null- und das Negativbit haben die nachfolgend beschriebene Bedeutung.
- Ist $\mathbb{F}_S(\mathfrak{a}) = \mathbb{F}_S(\mathfrak{b})$, so wird das Nullbit $\mathfrak{z}$ des Statusregisters gesetzt. Ist dagegen $\mathbb{F}_S(\mathfrak{a}) \neq \mathbb{F}_S(\mathfrak{b})$, so wird das Statusbit gelöscht.
- Ist $\mathbb{F}_S(\mathfrak{a}) < \mathbb{F}_S(\mathfrak{b})$, so wird das Negativbit $\mathfrak{s}$ des Statusregisters gesetzt, ist dagegen $\mathbb{F}_S(\mathfrak{a}) \geq \mathbb{F}_S(\mathfrak{b})$, so wird das Statusbit gelöscht.

Nach dem Aufruf des Unterprogramms kann also wie gewohnt mit `brlt`, `brge`, `breq` und `brne` verzweigt werden.

Input

$\mathbf{r}_{29:28}$ Die Adresse α einer zweidrittel genauen Fließkommazahl $\mathfrak{a}$

$\mathbf{r}_{31:30}$ Die Adresse β einer zweidrittel genauen Fließkommazahl $\mathfrak{b}$

Das Unterprogramm erzeugt keinen Fehler.

`vpfFkaV:`	`.dw`	FkaVppnn		$\mathfrak{S}(\mathfrak{a}) = 0$ $\mathfrak{S}(\mathfrak{b}) = 0$ $\mathbb{F}_S(\mathfrak{a}) \neq 0$ $\mathbb{F}_S(\mathfrak{b}) \neq 0$
	`.dw`	FkaVppnz		$\mathfrak{S}(\mathfrak{a}) = 0$ $\mathfrak{S}(\mathfrak{b}) = 0$ $\mathbb{F}_S(\mathfrak{a}) \neq 0$ $\mathbb{F}_S(\mathfrak{b}) = 0$
	`.dw`	FkaVppzn		$\mathfrak{S}(\mathfrak{a}) = 0$ $\mathfrak{S}(\mathfrak{b}) = 0$ $\mathbb{F}_S(\mathfrak{a}) = 0$ $\mathbb{F}_S(\mathfrak{b}) \neq 0$
	`.dw`	FkaVzz		$\mathfrak{S}(\mathfrak{a}) = 0$ $\mathfrak{S}(\mathfrak{b}) = 0$ $\mathbb{F}_S(\mathfrak{a}) = 0$ $\mathbb{F}_S(\mathfrak{b}) = 0$
	`.dw`	FkaVpnnn		$\mathfrak{S}(\mathfrak{a}) = 0$ $\mathfrak{S}(\mathfrak{b}) = 1$ $\mathbb{F}_S(\mathfrak{a}) \neq 0$ $\mathbb{F}_S(\mathfrak{b}) \neq 0$
	`.dw`	FkaVpnnz		$\mathfrak{S}(\mathfrak{a}) = 0$ $\mathfrak{S}(\mathfrak{b}) = 1$ $\mathbb{F}_S(\mathfrak{a}) \neq 0$ $\mathbb{F}_S(\mathfrak{b}) = 0$
	`.dw`	FkaVpnzn		$\mathfrak{S}(\mathfrak{a}) = 0$ $\mathfrak{S}(\mathfrak{b}) = 1$ $\mathbb{F}_S(\mathfrak{a}) = 0$ $\mathbb{F}_S(\mathfrak{b}) \neq 0$
	`.dw`	FkaVzz		$\mathfrak{S}(\mathfrak{a}) = 0$ $\mathfrak{S}(\mathfrak{b}) = 1$ $\mathbb{F}_S(\mathfrak{a}) = 0$ $\mathbb{F}_S(\mathfrak{b}) = 0$
	`.dw`	FkaVnpnn		$\mathfrak{S}(\mathfrak{a}) = 1$ $\mathfrak{S}(\mathfrak{b}) = 0$ $\mathbb{F}_S(\mathfrak{a}) \neq 0$ $\mathbb{F}_S(\mathfrak{b}) \neq 0$
	`.dw`	FkaVnpnz		$\mathfrak{S}(\mathfrak{a}) = 1$ $\mathfrak{S}(\mathfrak{b}) = 0$ $\mathbb{F}_S(\mathfrak{a}) \neq 0$ $\mathbb{F}_S(\mathfrak{b}) = 0$
	`.dw`	FkaVnpzn		$\mathfrak{S}(\mathfrak{a}) = 1$ $\mathfrak{S}(\mathfrak{b}) = 0$ $\mathbb{F}_S(\mathfrak{a}) = 0$ $\mathbb{F}_S(\mathfrak{b}) \neq 0$
	`.dw`	FkaVzz		$\mathfrak{S}(\mathfrak{a}) = 1$ $\mathfrak{S}(\mathfrak{b}) = 0$ $\mathbb{F}_S(\mathfrak{a}) = 0$ $\mathbb{F}_S(\mathfrak{b}) = 0$
	`.dw`	FkaVnnnn		$\mathfrak{S}(\mathfrak{a}) = 1$ $\mathfrak{S}(\mathfrak{b}) = 1$ $\mathbb{F}_S(\mathfrak{a}) \neq 0$ $\mathbb{F}_S(\mathfrak{b}) \neq 0$
	`.dw`	FkaVnnnz		$\mathfrak{S}(\mathfrak{a}) = 1$ $\mathfrak{S}(\mathfrak{b}) = 1$ $\mathbb{F}_S(\mathfrak{a}) \neq 0$ $\mathbb{F}_S(\mathfrak{b}) = 0$
	`.dw`	FkaVnnzn		$\mathfrak{S}(\mathfrak{a}) = 1$ $\mathfrak{S}(\mathfrak{b}) = 1$ $\mathbb{F}_S(\mathfrak{a}) = 0$ $\mathbb{F}_S(\mathfrak{b}) \neq 0$
	`.dw`	FkaVzz		$\mathfrak{S}(\mathfrak{a}) = 1$ $\mathfrak{S}(\mathfrak{b}) = 1$ $\mathbb{F}_S(\mathfrak{a}) = 0$ $\mathbb{F}_S(\mathfrak{b}) = 0$
`FkaVnN:`	`sev`		1	Überlaufbit setzen, da ein **NaN** vorliegt

```
           rjmp  FkaVrt1              2
FkaVgl:    push4 r16,r17,r18,r19      8
           push5 r20,r21,r22,r30,r31  10
           clr   r22                  1   r22 ← 00
           ld    r16,Y                2   r18:17:16 ← a
           ldd   r17,Y+1              2
           ldd   r18,Y+2              2
           ld    r19,Z                2   r21:20:19 ← b
           ldd   r20,Z+1              2
           ldd   r21,Z+2              2
           lsl   r17                  1   r17 ← a14···a8 0  c ← a15
           rol   r18                  1   r18 ← E(a) = a22···a15  c ← a23 = S(a)
           rol   r22                  1   ○○○♣ S(a)
           lsl   r20                  1   r20 ← b14···b8 0  c ← b15
           rol   r21                  1   r21 ← E(a) = a22···a15  c ← b23 = S(b)
           rol   r22                  1   ○○♣◇ S(b)
           cpi   r18,255              1   Ist a ein NaN?
           breq  FkaVnN               1/2 Ja: Überlaufbit setzen
           cpi   r21,255              1   Ist b ein NaN?
           breq  FkaVnN               1/2 Ja: Überlaufbit setzen
           subi  r18,1                1   c = 1 ⇔ e(a) = 0
           rol   r22                  1   ○♣◇♡ F_S(a) = 0 oder F_S(a) ≠ 0
           subi  r21,1                1   c = 1 ⇔ e(b) = 0
           rol   r22                  1   ♣◇♡♠ F_S(b) = 0 oder F_S(b) ≠ 0
           ldi   r30,LOW(2*vpfFkaV)   1   Z ← 2 × vpfFkaV
           ldi   r31,HIGH(2*vpfFkaV)  1
           lsl   r22                  1   k ← 2k
           add   r30,r22              1   Z ← 2(vpfFkaV + k)
           clr   r22                  1
           adc   r31,r22              1
           lpm   r22,Z+               3   Z ← α_k = vpfFkaV[k]
           lpm   r31,Z                3
           mov   r30,r22              1
           ijmp                       2   R_PC ← α_k
FkaVppnn:  cp    r16,r19              1   r18:17:16 mit r21:20:19 vergleichen
           cpc   r17,r20              1
           cpc   r18,r21              1   Übertragsbit c und Nullbit z als Ergebnis
           cls                        1   n ← c
           brcc  FkaVrt               1/2
           ses                        1
FkaVrt:    clv                        1   Überlaufbit löschen (kein NaN)
FkaVrt1:   pop5  r31,r30,r22,r21,r20  10
           pop4  r19,r18,r17,r16      8
           ret                        4
FkaVnnnn:  cp    r19,r16              1   r21:20:19 mit r18:17:16 vergleichen
```

```
63             cpc  r20,r17   1
64             cpc  r21,r18   1    Übertragsbit c und Nullbit z als Ergebnis
65             cls            1    n ← c
66             brcc FkaVrt    1/2
67             ses            1
68             rjmp FkaVrt    2
69  FkaVzz:    sez            1    FS(a) = 0 ∧ FS(b) = 0 ⇒ FS(a) = FS(b)
70             cls            1
71             rjmp FkaVrt    2
72  FkaVppnz:  clz            1    FS(a) > 0 ∧ FS(b) = 0 ⇒ FS(a) > FS(b)
73             cls            1
74             rjmp FkaVrt    2
75  FkaVppzn:  clz            1    FS(a) = 0 ∧ FS(b) > 0 ⇒ FS(a) < FS(b)
76             ses            1
77             rjmp FkaVrt    2
78  FkaVpnnz:  clz            1    FS(a) > 0 ∧ FS(b) = 0 ⇒ FS(a) > FS(b)
79             cls            1
80             rjmp FkaVrt    2
81  FkaVpnzn:  clz            1    FS(a) = 0 ∧ FS(b) < 0 ⇒ FS(a) > FS(b)
82             cls            1
83             rjmp FkaVrt    2
84  FkaVnpnz:  clz            1    FS(a) < 0 ∧ FS(b) = 0 ⇒ FS(a) < FS(b)
85             ses            1
86             rjmp FkaVrt    2
87  FkaVnpzn:  clz            1    FS(a) = 0 ∧ FS(b) > 0 ⇒ FS(a) < FS(b)
88             ses            1
89             rjmp FkaVrt    2
90  FkaVnnnz:  clz            1    FS(a) < 0 ∧ FS(b) = 0 ⇒ FS(a) < FS(b)
91             ses            1
92             rjmp FkaVrt    2
93  FkaVnnzn:  clz            1    FS(a) = 0 ∧ FS(b) < 0 ⇒ FS(a) > FS(b)
94             cls            1
95             rjmp FkaVrt    2
96  FkaVpnnn:  clz            1    FS(a) > 0 ∧ FS(b) < 0 ⇒ FS(a) > FS(b)
97             cls            1
98             rjmp FkaVrt    2
99  FkaVnpnn:  clz            1    FS(a) < 0 ∧ FS(b) > 0 ⇒ FS(a) < FS(b)
100            ses            1
101            rjmp FkaVrt    2
```

Das Unterprogramm beginnt in Zeile *19*. Nach dem Löschen von Register $\mathbf{r_{22}}$, in dem der Tabellenindex berechnet werden wird, wird Dreifachregister $\mathbf{r_{18:17:16}}$ mit $\mathfrak{a}$ und $\mathbf{r_{21:20:19}}$ mit $\mathfrak{b}$ geladen. Durch die beiden Shifts in den Zeilen *28–29* wird der Exponent $e(\mathfrak{a})$ in $\mathbf{r_{18}}$ zusammengesetzt, gleichzeitig wird das Vorzeichenbit $s(\mathfrak{a})$ in das Übertragsbit geschoben, und dieses wird vom Shift in Zeile *30* von links in Register $\mathbf{r_{22}}$ hineingeschoben. Genauso wird durch die Shifts in den Zeilen *31–32* der Exponent $e(\mathfrak{b})$ in $\mathbf{r_{21}}$ zusammengesetzt, gleichzeitig

wird das Vorzeichenbit $s(\mathfrak{b})$ in das Übertragsbit geschoben und vom Shiftbefehl in Zeile *33* von links in $\mathbf{r_{22}}$ hineingeschoben. Die Shifts in Zeile *28* und in Zeile *31* ändern nichts am absoluten Größenverhältnis der Mantissen von $\mathfrak{a}$ und $\mathfrak{b}$ zueinander, da in jedem Fall rechts ein Nullbit nachgezogen und links kein Mantissenbit hinausgeshiftet wird.
Die Exponenten werden in den Zeilen *34–37* auf den Wert 255 getestet, d.h. es wird bei $\mathfrak{a}$ und $\mathfrak{b}$ getestet, ob ein **NaN** vorliegt. Ist das bei $\mathfrak{a}$ oder bei $\mathfrak{b}$ der Fall, wird in die Zeile *17* verzweigt, in der das Überlaufbit gesetzt wird, bevor in das rufende Programm zurückgesprungen wird.
In Zeile *38* wird 1 von Register $\mathbf{r_{18}}$ subtrahiert. Die Subtraktion erfordert genau dann ein „Borgen", wenn $\mathbf{r_{18}}$ den Wert **00** hat. Genau dann wird also das Übertragsbit gesetzt und vom Shiftbefehl in Zeile *39* von links in $\mathbf{r_{22}}$ hineingeschoben. Mit anderen Worten: In Zeile *39* wird genau dann eine 1 von links in $\mathbf{r_{22}}$ hineingeschoben, wenn $e(\mathfrak{a}) =$ **00** und damit $\mathbb{F}_S(\mathfrak{a}) = 0$ gilt. Dieser Vorgang wiederholt sich in den Zeilen *40–41* für $\mathfrak{b}$: In Zeile *41* wird genau dann eine 1 von links in $\mathbf{r_{22}}$ hineingeschoben, wenn $e(\mathfrak{b}) =$ **00** und damit $\mathbb{F}_S(\mathfrak{b}) = 0$ gilt.
Der Inhalt k von Register $\mathbf{r_{22}}$ beschreibt nun in binärer Verschlüsselung die vorliegende Kombination aus $\mathbb{F}_S(\mathfrak{a}) = 0$ oder $\mathbb{F}_S(\mathfrak{a}) \neq 0$, $\mathbb{F}_S(\mathfrak{b}) = 0$ oder $\mathbb{F}_S(\mathfrak{b}) \neq 0$, $s(\mathfrak{a}) \in \{0, 1\}$ und $s(\mathfrak{b}) \in \{0, 1\}$. Enthält $\mathbf{r_{22}}$ z.B. 00001001, so bedeutet das von rechts nach links gelesen Folgendes: $s(\mathfrak{b}) = 1$, $s(\mathfrak{a}) = 0$, $\mathbb{F}_S(\mathfrak{b}) = 0$ und $\mathbb{F}_S(\mathfrak{a}) \neq 0$.
Jeder Kombination ist ein Abschnitt des Unterprogramms zugeordnet. Die Tabelle in den Zeilen *1–16* enthält die Adressen α_k dieser Abschnitte und zwar in der Reihenfolge, die der Bedeutung des Bitmusters in $\mathbf{r_{22}}$ entspricht. Um also den Fall abzuhandeln, der dem Bitmuster 00001001 und $k = 9$ entspricht, ist einfach die zugehörige Adresse α_9 in der Tabelle anzuspringen, also die zehnte Adresse der Tabelle. Das Auslesen der Adresse aus der Tabelle wird in den Zeilen *42–50* realisiert,[11] der Sprung erfolgt in Zeile *51*.
In den meisten Fällen ist gar kein Vergleich nötig. Gilt z.B. $\mathbb{F}_S(\mathfrak{a}) \neq 0$, $\mathbb{F}_S(\mathfrak{b}) \neq 0$, $s(\mathfrak{a}) = 1$ und $s(\mathfrak{b}) = 0$, d.h. sind $\mathfrak{a}$ und $\mathfrak{b}$ von Null verschieden und ist $\mathfrak{a}$ negativ und $\mathfrak{b}$ positiv, so gilt natürlich $\mathbb{F}_S(\mathfrak{a}) < \mathbb{F}_S(\mathfrak{b})$. Ein echter Vergleich ist nur in den Fällen nötig, in denen beide Zahlen von Null verschieden sind und gleiches Vorzeichen haben.
Dem Fall, dass beide von Null verschieden und positiv sind, ist der Unterprogrammabschnitt in den Zeilen *52–57* zugeordnet. Dort werden Exponent und Mantisse jeweils von $\mathfrak{a}$ und $\mathfrak{b}$ als eine 24-Bit-Zahl aufgefasst und als solche verglichen. Dazu muss natürlich das obere Byte der 24-Bit-Zahlen aus dem Exponenten, das mittlere Byte aus dem oberen Byte der Mantisse und das untere Byte aus dem unteren Byte der Mantisse bestehen, damit der Vergleich korrekte Resultate liefert.[12] Die parallel für beide Zahlen vorgenommenen Linksshifts in Zeile *28* und in Zeile *31* sowie die beiden Dekrementierungen in Zeile *38* und Zeile *40* ändern nichts an den Größenverhältnissen zwischen beiden Zahlen. Darauf wurde bezüglich der Shifts schon weiter oben eingegangen. Auf welche Weise die Statusbits gesetzt werden, wurde schon beim Unterprogramm `FkaTst` erläutert.
Sind beide Zahlen von Null verschieden und negativ, so kommt das richtige Ergebnis heraus, wenn nicht $\mathfrak{a}$ mit $\mathfrak{b}$, sondern $\mathfrak{b}$ mit $\mathfrak{a}$ verglichen wird, was in den Zeilen *62–67* durchgeführt wird.
In allen anderen Fällen, in denen also mindestens eine Zahl Null ist oder die Zahlen verschiedene Vorzeichen haben, ergibt sich das Vergleichsergebnis ganz ohne Rechnung.
Einige Unterprogrammabschnitte können Dienst für mehrere Fälle tun, das Unterprogramm lässt sich also noch kürzen.

[11] Dieser Vorgang wird ausführlich in [Mss] Abschnitt **2.6.2** erläutert.
[12] Der Gebrauch der Befehle `cp` und `cpc` wird in [Mss] Abschnitt **2.4.2** vorgestellt.

10.6. Umwandlung vom Binär- in das Dezimalsystem

In diesem Abschnitt soll zu einer gegebenen Zahl

$$x = \xi \times 2^m \quad \text{mit } \frac{1}{2} \leq \xi < 1$$

ein Anfang ihrer Dezimalentwicklung

$$x \approx 10^n \sum_{\kappa=-1}^{-k} \zeta_\kappa 10^\kappa \quad \text{mit } \zeta_\kappa \in \{0,\ldots,9\}$$

berechnet werden. Eine sehr schnelle Methode besteht darin, die Zweierpotenzen in der Form

$$2^m = a_\mu 10^{n_\mu}$$

darzustellen und die a_μ und n_μ in einer Tabelle abzulegen. Es ist dann

$$x = \xi \times 2^m = \xi a_\mu 10^{n_\mu}$$

und es muss nur noch die Dezimalentwicklung von ξa_μ bestimmt werden. Allerdings wird für die Zweierpotenzen von 2^{-126} bis 2^{127} eine Tabelle mit 254 Einträgen benötigt, und jeder der Einträge besteht aus einem Byte für den Zehnerexponenten n_μ und drei Bytes für die Zahl a_μ, denn aus Genauigkeitsgründen muss das Produkt ξa_μ mit 24-Bit-Arithmetik ausgeführt werden. Das ergibt einen Tabellenumfang von 1016 Bytes, und das bedeutet, dass die Methode nur für AVR-Prozessoren mit größerem Programmspeicher verwandt werden kann.

Eine andere Methode, die keine Tabelle benötigt, aber viel langsamer ist, besteht darin, $\xi \times 2^m$ solange mit 10 oder $\frac{1}{10}$ zu multiplizieren, bis z.B. Folgendes gilt:

$$\frac{1}{10} \leq \xi 2^m 10^q < 10$$

Daraus kann die gewünschte Dezimalentwicklung leicht abgeleitet werden. Diese (maximal 38) Multiplikationen können natürlich nicht mit `FkaMul` durchgeführt werden, sondern müssen mit einer Arithmetik größerer Genauigkeit ausgeführt werden, um ein genaues Ergebnis zu erhalten. Der IEEE-Standard schreibt (unter anderem) für diesen Zweck eine erweiterte Arithmetik vor,[13] mit Mantissen von mindestens 32 Bit und Exponenten von mindestens 11 Bit. Das ist natürlich vollkommen indiskutabel.

Es ist aber leicht möglich, mit ganzzahliger 24-Bit-Multiplikation und einigen Shifts auszukommen. Es sei zunächst $m > 0$. Es beginnt damit, x mit 10^{-1} zu multiplizieren. Dann hat $\eta = \xi 2^m 10^{-1}$ wegen $\frac{1}{10} < \frac{1}{8}$ mindestens drei Nullbits nach dem Binärkomma, und es gilt natürlich $x = \eta 10^1$. Es wird nun $\xi 10^{-1}$ einmal nach links geshiftet, d.h. es wird

$$x = (2\xi 10^{-1}) 2^{m-1} 10^1 = d 2^{m-1} 10^1$$

[13] Das jedoch nicht zwingend.

gebildet. Ist nun $m - 1 = 0$, so ist die gewünschte Gestalt schon gefunden: $x = d10^1$. Nach Konstruktion ist $\frac{1}{10} \le d < 1$, d.h. d ist dezimal normalisiert, auf das Dezimalkomma folgt keine Nullziffer. Ist andererseits $m - 1 > 0$, so wird geprüft, ob d binär normalisiert ist, ob also $\frac{1}{2} \le d < 1$ gilt. Ist d normalisiert, so wird erneut durch 10 dividiert und dann mit Linksshifts fortgefahren. Ist d dagegen nicht normalisiert, so wird noch einmal nach links geshiftet, also

$$x = (2^2\xi 10^{-1})2^{m-2}10^1 = d2^{m-1}10^1$$

gebildet. Ist darin $m - 2 = 0$, so ist wieder die gewünschte Form gefunden. Ist allgemein

$$x = d_i 2^{m_i} 10^{n_i} \quad \text{mit } \frac{1}{2} \le d_i < 1, \tag{10.3}$$

so wird durch 10 dividiert und dann q_i-mal nach links geshiftet, bis $2^{m_i - q_i} = 0$ gilt oder bis $2^{q_i} d_i 10^{-1}$ binär normalisiert ist:

$$x = (2^{q_i} d_i 10^{-1})2^{m_i - q_i} 10^{n_i + 1} = d_{i+1} 2^{m_{i+1}} 10^{n_{i+1}} \tag{10.4}$$

Gilt $m_{i+1} = 0$, so ist in $x = d_{i+1}10^{n_{i+1}}$ die gewünschte Gestalt gefunden, mit nach Konstruktion $\frac{1}{10} \le d_{i+1} < 1$. Gilt $m_{i+1} > 0$, so wird noch einmal iteriert. Das Verfahren bricht sicher ab, da die Zweierexponenten m_i stets kleiner werden.

Ist $m < 0$, so wird genauso verfahren, nur dass jetzt mit 10 multipliziert und natürlich nach rechts geshiftet wird. Ist allgemein

$$x - d_i 2^{m_i} 10^{n_i} \quad \text{mit } \frac{1}{2} \le d_i < 1, \tag{10.5}$$

so wird mit 10 multipliziert und dann q_i-mal nach rechts geshiftet, bis $2^{m_i + q_i} = 0$ gilt

Abbildung 10.2.: Ein von `FkaDez` belegter Speicherblock

7	'–'	1	2	3	4	5	6
γ	$\gamma+1$						$\gamma+7$

oder bis $2^{-q_i} d_i 10^1$ keinen ganzzahligen Anteil mehr besitzt:

$$x = (2^{-q_i} d_i 10^1)2^{m_i + q_i} 10^{n_i - 1} = d_{i+1} 2^{m_{i+1}} 10^{n_{i+1}} \tag{10.6}$$

Hier ist es jedoch nach Konstruktion so, dass im Fall $m_i + q_i = 0$ nur noch $\frac{1}{10} \le d_i < 10$ gilt. Ist aber $1 \le d_i < 10$, so ist d_i bereits die erste Dezimalziffer der gesuchten Dezimalentwicklung, allerdings steht diese Dezimalziffer vor dem Dezimalkomma.

Prozedur FkaDez

Es wird die Dezimalentwicklung

$$\mathbb{F}_S(\mathfrak{a}) \approx 10^n \sum_{\kappa=-1}^{-6} \zeta_\kappa 10^\kappa \qquad \zeta_\kappa \in \{0, \ldots, 9\}$$

einer zweidrittel genauen Fließkommazahl $\mathfrak{a} = \mathfrak{a}_{23} \cdots \mathfrak{a}_0$ berechnet.

Input

$r_{29:28}$ Die Adresse α einer zweidrittel genauen Fließkommazahl $\mathfrak{a}$
$r_{31:30}$ Die Adresse γ eines Speicherblocks zur Aufnahme der Dezimalentwicklung

Ist $\mathfrak{a}$ ein **NaN**, so kehrt das Unterprogramm mit dem gesetzten Überlaufbit zurück. Falls kein **NaN** vorkommen kann, ist dieser Fehlerausgang einfach zu ignorieren, andernfalls kann das Auftreten eines **NaN** mit dem Befehl `brvs` abgefangen werden.
Der Speicherblock für das Ergebnis muss mindestens 8 Bytes aufnehmen können. Nach dem Aufruf des Unterprogramms ist der Speicherblock so belegt, wie es in Bild 10.2 gezeigt ist. `FkaDez` gibt also ein Längenbyte aus, eventuell gefolgt von einem Vorzeichen, gefolgt von sechs Zahlen ζ_ν, welche den Anfang der Dezimalentwicklung von $\mathbb{F}_S(\mathfrak{a})$ darstellen. Diese ist noch nicht gerundet, dazu soll später ζ_{-6} dienen. Das Dezimalkomma ist links von ζ_{-1}.

```
        Fehlerausgang, falls a ein NaN ist
FkaZnn: sev                    1    Überlaufbit setzen
        rjmp  FkaZ06           2    Fehlerausgang
        Einsprungstelle des Unterprogramms
FkaDez: push4 r2,r3,r4,r12     8
        push4 r13,r14,r15,r17  8
        push3 r19,r20,r21      6
        Einlesen von a, Berechnung des Exponenten e(a)
        ldd   r17,Y+2          2    r17:4:3 ← a
        ldd   r4,Y+1           2
        ld    r3,Y             2
        lsl   r4               1    r17 ← e(a)
        rol   r17              1
        ror   r4               1    Vorzeichen in r4.7
        Prüfung, ob a ein NaN ist. Falls ja, zum Fehlerausgang
        cpi   r17,255          1    e(a) = FF?
        breq  FkaZnn           1/2  Falls ja: zum NaN-Fehlerausgang
        push2 r30,r31          4
        adiw  r31:r30,1        2    Längenbyte überspringen
        Die Behandlung des Vorzeichens
        rol   r4               1    Übertragsbit mit Vorz. laden
        brcc  FkaZ02           1/2
        ldi   r16,'-'          1    Vorzeichen ausgeben
        st    Z+,r16           2
FkaZ02: tst   r17              1    e(a) = 00?
        brne  FkaZ08           1/2
        Die Behandlung des Sonderfalls Null
        ldi   r16,0            1    ζ0 = 0
        st    Z+,r16           2
        clr   r16              1    Zehnerexponent n = 0
        Die Berechnung und Ausgabe des Längenbytes
FkaZ04: mov   r17,r30          1
        pop2  r31,r30          4
```

	sub	r17,r30	1	
	dec	r17	1	
	st	Z,r17	2	
Die Rückkehr in das rufende Programm				
FkaZ06:	pop3	r21,r20,r19	6	
	pop4	r17,r15,r14,r13	8	
	pop4	r12,r4,r3,r2	8	
	ret		4	
Berechnung des wahren Zweierexponenten m, Vervollständigung der Mantisse				
FkaZ08:	subi	r17,127	1	$\mathbf{r_{17}} \leftarrow m = e(\mathfrak{a}) - 127$
	clr	r16	1	Startwert für Zehnerexponent: $n \leftarrow 0$
	sec		1	$\mathbf{r_{4:3:2}} \leftarrow r$ Mantisse vervollständigen
	ror	r4	1	
	inc	r17	1	$m \leftarrow m+1$, da $\frac{1}{2} \leq r < 1$ gelten soll
	breq	FkaZ14	1/2	Falls $m = 0$: die ζ_κ direkt berechnen
	brlt	FkaZ18	1/2	
Der Fall $m > 0$: Multiplizieren mit $\frac{1}{10}$				
	clr	r2	1	
	ldi	r21,0xCC	1	$\mathbf{r_{21:20:19}} \leftarrow \mathbf{0{,}CCCCCD} \approx \frac{8}{10}$
	ldi	r20,0xCC	1	
	ldi	r19,0xCD	1	
FkaZ10:	rcall	Fka3x3	3+	$\mathbf{r_{15:14:13:12}} \leftarrow \frac{8}{10}r$
	inc	r16	1	$n \leftarrow n+1$
	lsr	r15	1	$\mathbf{r_{15:14:13:12}} \leftarrow \frac{r}{10}$
	ror	r14	1	
	ror	r13	1	
	ror	r12	1	
	lsr	r15	1	
	ror	r14	1	
	ror	r13	1	
	ror	r12	1	
	lsr	r15	1	
	ror	r14	1	
	ror	r13	1	
	ror	r12	1	
	mov	r4,r15	1	$\mathbf{r_{4:3:2}} \leftarrow \frac{r}{10}$
	mov	r3,r14	1	
	mov	r2,r13	1	
FkaZ12:	lsl	r12	1	$r \leftarrow 2r$
	rol	r2	1	
	rol	r3	1	
	rol	r4	1	
	dec	r17	1	$n \leftarrow n-1$
	breq	FkaZ14	1/2	Falls $n = 0$, die ζ_κ berechnen
	tst	r4	1	r binär normalisiert?

```
        brpl  FkaZ12           1/2  Nein: n weiter reduzieren
        rjmp  FkaZ10           2    Ja: erneut mit 1/10 multiplizieren
```

Berechnung der Koeffizienten ζ_κ der Dezimalentwicklung

```
FkaZ14: ldi   r17,6            1
FkaZ15: ldi   r19,10           1
        clr   r20              1
FkaZ16: mul   r2,r19           2    r ← 10r
        movw  r13:r12,r1:r0    1
        mul   r4,r19           2
        movw  r15:r14,r1:r0    1
        mul   r3,r19           2
        add   r13,r0           1
        adc   r14,r1           1
        adc   r15,r20          1
        st    Z+,r15           2    ζκ ← ⌊r⌋
        movw  r3:r2,r13:r12    1    r ← r − ⌊r⌋
        mov   r4,r14           1
        dec   r17              1
        brne  FkaZ16           1/2
        rjmp  FkaZ04           2
```

Der Fall $m < 0$: Multiplizieren mit 10

```
FkaZ18: ldi   r19,10           1
        clr   r2               1
        clr   r20              1
FkaZ20: mul   r2,r19           2    10u0
        movw  r13:r12,r1:r0    1
        mul   r4,r19           2    10u2
        movw  r15:r14,r1:r0    1
        mul   r3,r19           2    10u1
        add   r13,r0           1
        adc   r14,r1           1
        adc   r15,r20          1
        mov   r4,r14           1    r ← 10r
        movw  r3:r2,r13:r12    1
        dec   r16              1    m ← m − 1
FkaZ22: lsr   r15              1    r ← r/2
        ror   r4               1
        ror   r3               1
        ror   r2               1
        inc   r17              1    n ← n + 1
        breq  FkaZ24           1/2  Falls n = 0, die ζκ berechnen
        tst   r15              1    r < 1?
        brne  FkaZ22           1/2  Nein: n weiter reduzieren
        rjmp  FkaZ20           2    Ja: erneut mit 10 multiplizieren
FkaZ24: tst   r15              1    r < 1?
```

```
112        breq  FkaZ14      1/2  r ≥ 1:  ζ_{-1},...,ζ_{-6} berechnen
113        st    Z+,r15      2    ζ_{-1} = ⌊r⌋
114        inc   r16         1    m ← m+1
115        ldi   r17,5       1    ζ_{-2},...,ζ_{-6} berechnen
116        rjmp  FkaZ15      2
```

Nachdem $\mathfrak{a}$ in den Zeilen *6–8* in das Dreifachregister $\mathbf{r_{17:4:3}}$ geladen wurde, wird in den folgenden beiden Zeilen der Exponent $e(\mathfrak{a})$ in $\mathbf{r_{17}}$ zusammengesetzt. Anschließend wird in Zeile *11* das beim Zusammensetzen des Exponenten im Übertragsbit angefallene Vorzeichenbit vorübergehend in $\mathbf{r_4}.7$ abgelegt.
Mit bekanntem Exponenten kann geprüft werden, ob $\mathfrak{a}$ ein **NaN** ist. Ist das der Fall, so wird in Zeile *1* das Überlaufbit gesetzt und dann in das rufende Programm zurückgesprungen.
Da Register **Z** natürlich zur Ergebnisausgabe benutzt wird, wird sein übergebener Wert in Zeile *14* im Stapel abgelegt, anschließend wird er inkrementiert, damit **Z** nicht mehr auf das Längenbyte, sondern auf das Byte für die erste Dezimalziffer oder das Vorzeichen zeigt.
Das Vorzeichen wird in Zeile *16* aus $\mathbf{r_4}$ herausgeshiftet, anschließend wird ein Minuszeichen ausgegeben, falls es den Wert 1 hatte.
Als Nächstes wird in Zeile *20* getestet, ob $\mathfrak{a}$ den Wert Null hat. Ist das der Fall, gilt also

Abbildung 10.3.: Durchführung der Multiplikation $10(u_2 2^{16} + u_1 2^8 + u_0)$

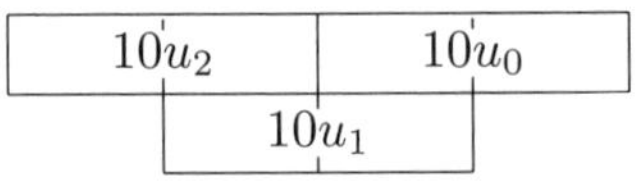

$e(\mathfrak{a}) = \mathbf{00}$, so wird in den Zeilen *22–23* die Binärziffer Null ausgegeben und der Zehnerexponent 0 in Register $\mathbf{r_{16}}$ geladen. Anschließend wird der Ausgabebereich vervollständigt: Zunächst wird in Zeile *25* das untere Byte des laufenden Wertes von **Z** in $\mathbf{r_{17}}$ geladen, dann wird der dem Unterprogramm übergebene Wert aus dem Stapel zurückgeholt. Die Differenz der Werte von $\mathbf{r_{30}}$ und $\mathbf{r_{17}}$ ist die Länge des bei der Ausgabe benutzten Speicherbereiches, die allerdings noch das Längenbyte enthält. Das wird in Zeile *28* vor der Ausgabe des Längenbytes korrigiert.
Hat $\mathfrak{a}$ nicht den Wert Null, so wird in Zeile *34* der echte Binärexponent m berechnet, darauf dann $\mathbf{r_{16}}$ mit dem Startwert 0 für den Zehnerexponenten n geladen. In den Zeilen *36–37* wird die Mantisse r von $\mathfrak{a}$ vervollständigt. Da sie als eine Zahl mit der Eigenschaft $\frac{1}{2} \le r < 1$ aufgefasst wird, muss in der nächsten Zeile der Binärexponent m angepasst werden. Mit dem dafür verwendeten Befehl `inc` kann gleichzeitig festgestellt werden, ob $m < 0$, $m = 0$ oder $m > 0$ gilt. Im Fall $m = 0$ kann direkt in der Zeile *71* mit der Ausgabe der Dezimalziffern begonnen werden.
Der Fall $m > 0$ wird ab Zeile *41* abgehandelt. Da das Dreifachregister $\mathbf{r_{4:3:2}}$ zur Berechnung der d_i verwendet wird, muss Register $\mathbf{r_2}$ zuvor gelöscht werden. Das Dreifachregister $\mathbf{r_{21:20:19}}$ wird zur Multiplikation mit $\frac{1}{10}$ verwendet, müßte also mit einer Approximation von $\frac{1}{10}$ im Format $\mathbb{G}_{0,24}$ geladen werden. Nun ist aber $\frac{1}{10} =$ **0,1999999**$\cdots$ oder binär $\frac{1}{10} = 0{,}00011001100110011 00\cdots$, d.h. die Approximation beginnt mit drei verschwendeten Nullbits. Das lässt sich durch Normalisierung verbessern, indem also eine Approximation von $\frac{8}{10}$ in Register $\mathbf{r_{21:20:19}}$ geladen wird, nämlich **0,CCCCCD**.
Die approximative Division durch 10 wird in Zeile *45* mit dem Unterprogramm Fka3x3 durchgeführt, es folgt die Erhöhung des Zehnerexponenten n. Anschließend (Zeilen *47–58*) wird mit drei Rechtsshifts von Vierfachregister $\mathbf{r_{15:14:13:12}}$ berücksichtigt, dass vorher mit $\frac{8}{10}$ und

nicht mit $\frac{1}{10}$ multipliziert wurde. Im Prinzip ließen sich diese Shifts mit den nachfolgenden Linksshifts verrechnen, aber nur auf Kosten einer recht komplizierten Programmlogik. Jedenfalls enthält das Vierfachregister jetzt eine Approximation von $d_i 10^{-1}$, deren obere drei Byte zur weiteren Verarbeitung in das Arbeitsregister $\mathbf{r_{4:3:2}}$ kopiert werden (Zeilen *59–61*).
Es folgen nun der Linksshift und die Reduktion des Zweierexponenten in $\mathbf{r_{17}}$ (Zeilen *62–66*). Um möglichst viele Bits des Produktes auszunutzen, nimmt an dem Linksshift auch noch das vierte Byte des Produktes in $\mathbf{r_{12}}$ teil. Es werden nun die Bedingungen getestet, die zum Abbruch der Shifts führen können. Nach der Reduktion des Exponenten in Zeile *66* kann in der nächsten Zeile geprüft werden, ob der Exponent dabei den Wert 0 angenommen hat. Falls ja, kann in Zeile *71* mit der Berechnung der Dezimalziffern begonnen werden. Falls nicht, wird in Zeile *68* getestet, ob die Zahl $2^q d_i 10^{-1}$ im Mehrfachregister $\mathbf{r_{4:3:2:12}}$ binär normalisiert ist, ob also das Vorzeichenbit von $\mathbf{r_4}$ gesetzt ist, dabei ist q die Anzahl der seit der letzten Division durch 10 durchgeführten Linksshifts. Ist die Zahl noch nicht normalisiert, wird zum nächsten Linksshift in die Zeile *62* zurückgesprungen, andernfalls muss zu einer erneuten Division durch 10 in die Zeile *45* zurückgesprungen werden. Es sei noch angemerkt, dass die Reihenfolge der beiden Tests zum Abbruch der Shifts nicht vertauscht werden darf!
Ab Zeile *71* werden die ersten sechs Ziffern ζ_{-1} bis ζ_{-6} der Dezimalentwicklung berechnet. Register $\mathbf{r_{17}}$ dient dafür als Schleifenzähler und wird deshalb in Zeile *71* mit dem Anfangswert 6 geladen. In der nächsten Zeile wird $\mathbf{r_{19}}$ mit dem Multiplikator 1 geladen, und endlich wird Register $\mathbf{r_{20}}$ gelöscht, da es für das Aufaddieren des Übertrags bei der Multiplikation (*carry propagation*) genutzt wird.
Das Verfahren, mit dem ab Zeile *74* die Koeffizienten ζ_κ der Dezimalentwicklung der Zahl d in $\mathbf{r_{4:3:2}}$ bestimmt werden, ist in [Mss] **4.3.6** genau beschrieben. Es besteht kurz gesagt darin, d mit 10 zu multiplizieren, den ganzzahligen Teil ζ_{-1} des Produkts abzutrennen, den gebrochenen Teil mit 10 zu multiplizieren, den ganzzahligen Teil ζ_{-2} abzutrennen usw. Die Organisation der Multiplikation von $\mathbf{r_{4:3:2}}$ mit 10 ist in Bild 10.3 veranschaulicht. Darin ist natürlich u_2 der Wert $\mathfrak{r}_4$ von $\mathbf{r_4}$, $u_1 = \mathfrak{r}_3$ und $u_0 = \mathfrak{r}_2$. Das Produkt wird in $\mathbf{r_{15:14:13:12}}$ zusammengesetzt. Nach der Durchführung der Multiplikation in den Zeilen *74–81* enthält $\mathbf{r_{15}}$ den ganzzahligen Anteil ζ_κ, der in Zeile *82* ausgegeben wird. Der gebrochene Anteil wird in den nächsten beiden Zeilen zur Bestimmung der nächsten Dezimalziffer in das Arbeitsregister $\mathbf{r_{4:3:2}}$ kopiert. Nach dem Verlassen der Schleife kann dann in die Zeile *25* gesprungen werden, um vor der Rückkehr in das rufende Programm noch das Längenbyte des Ergebnisses zu berechnen und auszugeben.
Es ist noch der Fall $m < 0$ zu besprechen, in dem von Zeile *40* aus in die Zeile *88* gesprungen wird. Wie oben schon dargelegt, wird bei $m < 0$ mit 10 multipliziert. Die Vorbereitungen dazu werden in den Zeilen *88–90* getroffen. Register $\mathbf{r_{19}}$ wird mit dem Multiplikator 10 geladen, $\mathbf{r_{20}}$ wird gelöscht, da es bei der Multiplikation für *carry propagation* genutzt wird, und mit $\mathbf{r_2}$ wird das niederwertige Byte des Arbeitsregisters $\mathbf{r_{4:3:2}}$ gelöscht. Die Multiplikation wird in den Zeilen *91–98* wieder wie in Bild 10.3 veranschaulicht durchgeführt, auch das Produktregister ist wieder $\mathbf{r_{15:14:13:12}}$, und die drei unteren Bytes des Produktes werden in den Zeilen *99–100* ebenfalls in das Arbeitsregister $\mathbf{r_{4:3:2}}$ geladen. Der Dezimalexponent n_i wird aber in Zeile *101* um 1 erhöht, das Produkt wird in den Zeilen *102–105* nach rechts geshiftet und der Zweierexponent m_i wird in Zeile *106* um 1 erhöht. Als erste Abbruchbedingung für die Rechtsshifts wird in Zeile *107* getestet, ob der Zweierexponent $m_i + q$ bei der Erhöhung den Wert 0 angenommen hat. Ist das nicht der Fall, so wird in Zeile *108* geprüft, ob die Zahl in $\mathbf{r_{15:4:3:2}}$, deren Binärkomma ja zwischen $\mathbf{r_{15}}$ und $\mathbf{r_4}$ liegt, keinen ganzzahligen Anteil hat, ob also $\mathbf{r_{15}}$ den Wert **00** hat. Ist das der Fall, so wird in die Zeile *91* gesprungen, um erneut mit 10 zu multiplizieren, andernfalls wird in die Zeile *102* verzweigt, um einen weiteren Rechtsshift durchzuführen. Wird in Zeile *107* festgestellt, dass $m_i + q = 0$ gilt, so hat die Zahl in

$\mathbf{r}_{15:4:3:2}$ die gewünschte Gestalt. Sie kann aber in $\mathbf{r}_{15}$ einen ganzzahligen Anteil besitzen. Offensichtlich ist dieser ganzzahlige Anteil gerade die erste gesuchte Dezimalziffer ζ_{-1}, die allerdings **vor** dem Dezimalkomma steht. Ist der ganzzahlige Anteil Null, hat also $\mathbf{r}_{15}$ den Wert **00**, so kann direkt in die Zeile *71* gesprungen werden, um die sechs Dezimalziffern zu berechnen. Ist er nicht Null, so wird er in Zeile *113* als erste Dezimalziffer ζ_{-1} ausgegeben, der Zehnerexponent n in $\mathbf{r}_{16}$ wird erhöht, da das Dezimalkomma links von ζ_{-1} zu liegen hat, und es wird in die Zeile *72* gesprungen, um die restlichen fünf Dezimalziffern zu berechnen. Der Ziffernzähler $\mathbf{r}_{17}$ wird dazu in Zeile *115* mit 5 geladen.

Das Unterprogramm `FkaDez` gibt zwar nur eine rohe, aber doch vollständige Umwandlung einer zweidrittel genauen Fließkommazahl in das Dezimalsystem. Sein Erzeugnis kann als Grundlage für mehr „textuelle" Darstellungen dienen, die nach einem gewissen Formschema gebildet sind, kurz formatiert genannt. Zur Wahl stehen so rigide Formatierungen wie in FORTRAN, eine elastische Formatierung wie in BASIC, die Exponenten so weit es geht vermeidet, die Formatierung von **C**, die einem Programmierer im Morgengrauen nach dem 20ten Becher Kaffee in den Sinn gekommen sein muss, aber auch die unverständliche von ALGOL. Eines haben diese Formatierungen

Abbildung 10.4.: Ein von `FkaWrite` belegter Speicherblock

12	'-'	'0'	','	'1'	'2'	'3'	'4'	'5'	'e'	'-'	'2'	'0'
γ	$\gamma+1$											$\gamma+12$

jedoch alle gemeinsam: Es macht absolut kein Vergnügen, sie zu programmieren. Deshalb wird hier nur eine recht simple Formatierung vorgestellt, die aber auch schon kompliziert genug ausgefallen ist. Eine mit ihr erzeugte maximale Textausgabe ist in Bild 10.4 dargestellt. Die einfachsten sind „0" für eine Null und „? " für ein **NaN**, ohne das Längenbyte. Die Null ist aber auch die einzige Zahl, die ohne Dezimalkomma dargestellt wird. Z.B. erscheint die Zahl 1 als „`0,1e1`". Das ist zugegebenermaßen nicht sehr elegant.

Das folgende Unterprogramm zur Formatierung soll allerdings gar nicht Eleganz demonstrieren, sondern den Umgang mit den Adressenregistern eines AVR-Prozessors. Eine Formatierung erfordert das Durchlaufen, Umspeichern, Verkürzen usw. von Zeichen- und anderen Ketten, Vorgänge, die mit den spartanischen Adressierungsarten des Prozessors gut überlegt durchgeführt werden müssen, damit nicht zu viele Prozessortakte für Registerumladungen und Ähnliches verlorengehen.

Prozedur FkaWrite

Es wird eine einfache Dezimaldarstellung einer zweidrittel genauen Fließkommazahl $\mathfrak{a} = \mathfrak{a}_{23}\cdots\mathfrak{a}_0$ erzeugt.

Input

$\mathbf{r}_{29:28}$ Die Adresse α einer zweidrittel genauen Fließkommazahl $\mathfrak{a}$

$\mathbf{r}_{31:30}$ Die Adresse γ eines Speicherblocks zur Aufnahme der Dezimalzahl

Der Speicherblock für das Ergebnis muss mindestens 13 Bytes aufnehmen können. Nach dem Aufruf des Unterprogramms ist der Speicherblock so belegt, wie es in Bild 10.4 gezeigt ist. Es

werden maximal fünf ASCII-Ziffern ausgegeben, minimal eine. Ein Exponent wird nur ausgegeben, wenn für den Zehnerexponenten $n \neq 0$ gilt. Nur die Null wird ohne Dezimalkomma ausgegeben. Ist $\mathfrak{a}$ ein **NaN**, so wird ein Fragezeichen erzeugt.
Es gibt keine Fehlerbedingung.

```
FkaWrite: push4 r2,r3,r16,r17 8
          movw  r3:r2,r31:r30 1   $\mathbf{r_{3:2}} \leftarrow \gamma$
          adiw  r31:r30,2     2   $\beta \leftarrow \gamma + 2$
          rcall FkaDez        3+  Dezimalentwicklung erzeugen
          brvc  FkaWri04      1/2 Falls kein NaN, verzweigen
  Ein NaN erzeugt '?' als Ausgabe
          ldi   r17,'?'       1   $\beta \leftarrow \beta - 1$, $\gamma[1] \leftarrow$ '?'
          st    -Z,r17        2
FkaWri02: ldi   r17,1         1   $\beta \leftarrow \beta - 1$, $\gamma[0] \leftarrow 1$
          st    -Z,r17        2
          pop4  r17,r16,r3,r2 8
          ret                 4
FkaWri04: ld    r17,Z         2   $\mathbf{r_{17}} \leftarrow \ell = \gamma[0]$
          cpi   r17,3         1   $\mathbb{F}_S(\mathfrak{a}) = 0 \Longleftrightarrow \ell = 3$
          brsh  FkaWri06      1/2
  $\mathbb{F}_S(\mathfrak{a}) = 0$ erzeugt '0' als Ausgabe
          ldi   r17,'0'       1   $\beta \leftarrow \beta - 1$, $\gamma[1] \leftarrow$ '0'
          st    -Z,r17        2
          rjmp  FkaWri02      2
FkaWri06: push2 r18,r19       4
  Ein eventuelles Vorzeichen wird vorläufig ignoriert
          cpi   r17,7         1   $\mathbb{F}_S(\mathfrak{a}) < 0 \Longleftrightarrow \ell = 7$
          brlo  FkaWri08      1/2
          adiw  r31:r30,1     2   $\beta \leftarrow \beta + 1$ Vorzeichen überspringen
FkaWri08: adiw  r31:r30,7     2   $\beta \leftarrow \mathcal{A}(\zeta_{-6}) + 1$
  Ist die Dezimalentwicklung zu runden?
          ld    r17,-Z        2   $\beta \leftarrow \beta - 1$, $\mathbf{r_{17}} \leftarrow \zeta_{-6}$
          cpi   r17,5         1   $\zeta_{-6} \geq 5$?
          brlo  FkaWri16      1/2 Nein: Runden überspringen
  Die Dezimalentwicklung wird durch $\sum_{\kappa=-1}^{-5} \zeta_\kappa 10^\kappa + 10^{-5}$ gerundet
          ldi   r18,5         1   Maximal 5 Additionen
FkaWri10: ld    r17,-Z        2   $\beta \leftarrow \beta - 1$, $\mathbf{r_{17}} \leftarrow \zeta_\kappa$
          inc   r17           1   $\zeta_\kappa \leftarrow \zeta_\kappa + 1$
          cpi   r17,10        1   $\zeta_\kappa = 10$?
          breq  FkaWri12      1/2 Ja: $\zeta_\kappa \leftarrow 0$ und weiter addieren
          st    Z,r17         2   Nein: altes $\zeta_\kappa$ überschreiben,
          rjmp  FkaWri16      2   Addition abbrechen, da kein Überlauf
FkaWri12: clr   r17           1   Altes $\zeta_\kappa$ mit 0 überschreiben
          st    Z,r17         2
          dec   r18           1   Falls nicht Schleifenende, Addition fortsetzen
```

```
           brne  FkaWri10           1/2
```

Das Runden ergab einen Überlauf: 0,99999 wird geändert zu $0{,}10000 \times 10^1$

```
           ldi   r17,1              1    10000 ausgeben
           st    Z+,r17             2
           st    Z+,r18             2    r18 enthält 00
           st    Z+,r18             2
           st    Z+,r18             2
           st    Z+,r18             2
           inc   r16                1    n ← n + 1
FkaWri16:  movw  r31:r30,r3:r2      1    β ← γ
           adiw  r31:r30,1          2    β ← β + 1  Längenbyte überspringen
```

Falls nötig wird das Vorzeichen ausgegeben

```
           ldd   r17,Z+1            2    r17 ← ℓ = β[1]
           cpi   r17,7              1    ℓ = 7?
           brne  FkaWri18           1/2  Kein Vorzeichen bei ℓ < 7
           ldi   r17,'-'            1
           st    Z+,r17             2
```

Es wird die Zeichenkette '0,' ausgegeben

```
FkaWri18:  ldi   r17,'0'            1
           st    Z+,r17             2
           ldi   r17,','            1
           st    Z+,r17             2
```

Die Koeffizienten der Dezimalentwicklung werden in ASCII-Ziffern umgewandelt

```
           ldi   r18,5              1
FkaWri20:  ld    r17,Z              2
           ori   r17,0x30           1    ASCII(k) = k + 30
           st    Z+,r17             2
           dec   r18                1
           brne  FkaWri20           1/2
```

Etwaige auslaufende ASCII-Nullen werden entfernt

```
           ldi   r18,4              1
FkaWri22:  ld    r17,-Z             2
           cpi   r17,'0'            1
           brne  FkaWri24           1/2
           dec   r18                1
           brne  FkaWri22           1/2
           rjmp  FkaWri25           2
FkaWri24:  adiw  r31:r30,1          2
FkaWri25:  tst   r16                1
           breq  FkaWri32           1/2
```

Die Ausgabe eines Zehnerexponenten n beginnt mit der Ausgabe des Zeichens 'e'

```
           ldi   r17,'e'            1
           st    Z+,r17             2
           brpl  FkaWri26           1/2
```

```
    Ist n < 0, wird ein Vorzeichen ausgegeben und n wird negiert
74             ldi   r17,'-'          1
75             st    Z+,r17           2
76             neg   r16              1
    Der Zehnerexponent wird in seine Einer und Zehner zerlegt (siehe [Mss] Abschnitt 3.2)
77  FkaWri26:  ldi   r17,0x1A         1
78             mul   r16,r17          2
79             mov   r18,r1           1
80             ldi   r17,10           1
81             mul   r18,r17          2
82             mov   r19,r16          1
83             sub   r19,r0           1
84             brsh  FkaWri28         1/2
85             dec   r18              1
86             add   r19,r17          1
    Die Zehner und Einer werden ausgegeben
87  FkaWri28:  tst   r18              1
88             breq  FkaWri30         1/2
89             ori   r18,0x30         1
90             st    Z+,r18           2
91  FkaWri30:  ori   r19,0x30         1
92             st    Z+,r19           2
    Das Längenbyte wird berechnet und ausgegeben
93  FkaWri32:  mov   r17,r30          1
94             movw  r31:r30,r3:r2    1
95             sub   r17,r30          1
96             dec   r17              1
97             st    Z,r17            2
98             pop2  r19,r18          4
99             pop4  r17,r16,r3,r2    8
100            ret                    4
```

Die von `FkaDez` erzeugte Zahlendarstellung ähnelt so sehr der von `FkaWrite` zu erzeugenden, dass beide in demselben Speicherbereich zusammengesetzt werden. Es genügt, dass `FkaDez` in **Z** die Adresse $\gamma + 2$ des dritten Bytes des Speicherbereichs übergeben wird, dessen Adresse `FkaWrite` selbst in **Z** übergeben wird. Der Wert von **Z** wird deshalb in Zeile *3* um 2 erhöht. Zuvor wird aber der Inhalt von **Z** in das Doppelregister $\mathbf{r_{3:2}}$ kopiert. Wenn der Anfangswert eines Doppelregisters mehrfach wiederhergestellt werden muss ist es günstiger, statt des Stapels ein anderes Doppelregister zur Ablage zu benutzen, auch wenn dieses andere Doppelregister selbst im Stapel abgelegt und sein Wert wiederhergestellt werden muss. Diese Technik kann auch nötig werden, wenn der Stapel stark in Gebrauch ist und es schwierig ist, den abgelegten Registerwert zum passenden Augenblick oben auf dem Stapel zu haben.

Die rohe Zahlenumwandlung wird also von `FkaDez` in Zeile *4* vorgenommen. Signalisiert `FkaDez` dabei ein **NaN**, so wird in den Zeilen *6–9* ein Fragezeichen und das Längenbyte mit dem Wert 1 ausgegeben, und zwar *rückwärts*, mit dem Effekt, dass **Z** nach der Ausgabe wieder seinen Anfangswert hat. Register **Z** war ja in Zeile *3* um 2 erhöht worden.

Liegt kein **NaN** vor, so wird $\mathbf{r_{17}}$ in Zeile *12* mit dem von `FkaDez` erzeugten Längenbyte ℓ

geladen. Mit ihm lässt sich feststellen, ob $\mathfrak{a}$ eine Null repräsentiert, denn für jede andere Zahl gilt $\ell \geq 3$. Ist tatsächlich in $\mathfrak{a}$ eine Null übergeben worden, wird ganz ähnlich wie bei einem **NaN** die Ziffer `0` und dann das Längenbyte 1 ausgegeben. Auch hier rückwärts mit demselben Effekt.

Es wird nun untersucht, ob gerundet werden muss. Das hängt vom Wert der sechsten Zahl ζ_{-6} der von `FkaDez` erzeugten Dezimalentwicklung ab: Ist $\zeta_{-6} \geq 5$, so wird aufgerundet, andernfalls wird abgerundet (d.h. es wird nichts getan). Das ist allerdings nicht die in Abschnitt 8.2.2 gegebene Rundungsvorschrift. Diese hat noch den Spezialfall $\zeta_{-6} = 5$, bei dem aufgerundet wird, wenn ζ_{-5} eine ungerade Zahl ist, andernfalls wird abgerundet.

Zur Prüfung, ob zu runden ist, soll **Z** die Adresse des Bytes direkt hinter ζ_{-6} enthalten. Diese hängt nun davon ab, ob ein Vorzeichen erzeugt wurde. Um das festzustellen, wird in Zeile *19* geprüft, ob $\ell = 7$ gilt. Nur Zahlen mit Vorzeichen haben dieses Längenbyte. Wurde ein Vorzeichen erzeugt, so enthält **Z** nicht die Adresse der ersten Dezimalzahl ζ_{-1}, sondern die des Vorzeichens, deshalb wird in diesem Fall **Z** in Zeile *21* um 1 erhöht. Die Erhöhung um 7 in Zeile *22* erzeugt also in jedem Fall die gewünschte Adresse in **Z**. Damit wird in Zeile *23* Register $\mathbf{r_{17}}$ mit ζ_{-6} geladen. Wird dann in der nächsten Zeile $\zeta_{-6} < 5$ festgestellt, so wird der Aufrundungsvorgang übersprungen. Das Runden besteht nun darin, die Addition

$$\sum_{\kappa=-1}^{-5} \zeta_\kappa 10^\kappa + 10^{-5}$$

auszuführen, und zwar *in Dezimalarithmetik*. Dazu dient die Schleife in den Zeilen *27–36*. Ihr fünfmaliger Durchlauf wird in Zeile *26* vorbereitet, indem das als Schleifenzähler dienende Register mit dem Anfangswert 5 geladen wird. Die Schleife wird aller Wahrscheinlichkeit nach nicht genau fünfmal durchlaufen, da die gesamte Addition natürlich abgebrochen werden kann, wenn bei der Erhöhung einer Dezimalziffer kein Dezimalüberlauf entsteht.

Die Schleife beginnt damit, dass ζ_κ in Register $\mathbf{r_{17}}$ geladen wird. Im ersten Durchlauf ist das ζ_{-5}. Dann wird ζ_κ um 1 erhöht. Gilt danach $\zeta_\kappa = 10$, so ist ein Dezimalüberlauf eingetreten. Gilt $\zeta_\kappa < 10$, so wird in Zeile *31* das alte ζ_κ durch das neue überschrieben und die Schleife verlassen. Andernfalls wird in den Zeilen *33–34* das alte ζ_κ mit Null überschrieben und danach geprüft, ob ein weiterer Schleifendurchlauf erfolgen muss. Bei frühzeitigem Verlassen der Schleife in Zeile *32*, wenn also einmal kein Dezimalüberlauf auftrat, wird aber nicht direkt hinter das Schleifenende gesprungen. Denn bei normalem Verlassen der Schleife, nach fünf Durchläufen, ist auch bei der Erhöhung von ζ_{-1} ein Dezimalüberlauf aufgetreten, und das ist nur bei $\zeta_{-1} = \zeta_{-2} = \zeta_{-3} = \zeta_{-4} = \zeta_{-5} = 9$ möglich. Es ist also $0,99999$ in $1,00000$ übergegangen. In den Zeilen *37–42* werden deshalb die ζ_κ durch die Folge $1,0,0,0,0$ ersetzt, anschließend wird der von `FkaDez` in Register $\mathbf{r_{16}}$ übergebene Zehnerexponent n um 1 erhöht. Man beachte, dass nach dem normalen Verlassen der Schleife Register **Z** die Adresse von ζ_{-1} enthält und $\mathbf{r_{18}}$ den Wert **`00`** hat.

Ab Zeile *44* beginnt die Umwandlung der Dezimalentwicklung in eine Kette von ASCII-Zeichen. Dazu wird Register **Z** mit dem ursprünglichen Wert geladen und um 1 erhöht, es enthält damit die Adresse des potentiellen Vorzeichens. Ob tatsächlich ein Vorzeichen ausgegeben werden muss, wird wie in Zeile *19* dadurch entschieden, dass das von `FkaDez` erzeugte Längenbyte geprüft wird. Enthält es 7, so wird in den Zeilen *49–50* ein Vorzeichen ausgegeben. Dass in Zeile *46* tatsächlich dieses Längenbyte in Register $\mathbf{r_{17}}$ geladen wird, folgt daraus, dass vor dem Aufruf von `FkaDez` der Wert von **Z** um 2 erhöht wurde. Nach dem eventuellen Vorzeichen wird die Zeichenfolge „`0,`" ausgegeben. Mit Hilfe einer kleinen Skizze kann man sich davon überzeugen, dass nach Zeile *54* Register **Z** auf jeden Fall die Adresse der ersten Dezimalziffer ζ_{-1} enthält.

Der nächste Schritt ist, die ζ_κ in ASCII-Ziffern zu verwandeln. Ein Blick in eine ASCII-Tabelle zeigt, dass dazu nur in dem Byte, das ζ_κ enthält, die Bits 0 und 1 gesetzt werden müssen, und eben das geschieht in der Schleife in den Zeilen *55–60*. Nach dieser Schleife enthält **Z** die Adresse des ζ_{-5} nachfolgenden Bytes und das ist ein guter Ausgangspunkt, auslaufende Nullen zu beseitigen. Zu diesem Zweck wird in den Zeilen *61–66* Register **Z** solange zurückgesetzt, bis es nicht mehr hinter eine ASCII-Null zeigt oder bis vier Nullen übersprungen wurden. Wird die Schleife nicht regulär, also im ersten bis dritten Durchlauf, verlassen, so enthält **Z** die Adresse der letzten von „0" verschiedenen ASCII-Ziffer und ist in Zeile *68* um 1 zu erhöhen, um auf das folgende Byte zu zeigen. Wird die Schleife jedoch regulär nach dem vierten Durchlauf verlassen, so zeigt **Z** schon auf dieses Byte und die Zeile *68* ist zu überspringen.
In Zeile *69* wird geprüft, ob ein Zehnerexponent ausgegeben werden muss. Das ist der Fall für $n \neq 0$. Gilt das nicht, wird direkt in die Zeile *93* gesprungen, ab der das Längenbyte berechnet und ausgegeben wird. Gilt aber $n \neq 0$, so wird in den Zeilen *771–72* das Zeichen „`e`" ausgegeben. Diese Ausgabe ändert die Statusbits nicht, damit kann in Zeile *73* die Ausgabe eines Vorzeichens übersprungen werden, falls der Test in Zeile *69* $n > 0$ erbrachte. Bei $n < 0$ werden jedoch in den Zeilen *74–76* ein Vorzeichen ausgegeben und n negiert. Die Zerlegung von n in die Einer und Zehner erfolgt nach der in [Mss] Abschnitt **3.2** beschriebenen Methode. Die Zehner werden dabei in $\mathbf{r_{18}}$ und die Einer in $\mathbf{r_{19}}$ erzeugt. Ist $n \geq 10$, so wird aus den Zehnern eine ASCII-Ziffer gemacht und ausgegeben (Zeilen *89–90*), die Einer werden in den folgenden beiden Zeilen in eine ASCII-Ziffer verwandelt und ausgegeben.
Schließlich wird ab Zeile *93* das Längenbyte wie schon im Unterprogramm `FkaDez` berechnet und ausgegeben.

Ein allgemeineres Unterprogramm zur Formatierung ist nicht schwer zu schreiben, erfordert aber viel Aufmerksamkeit für Details. Eine gute Möglichkeit ist, Unterprogramm `FkaWrite` schrittweise zu verbessern. Eine erste Verbesserung wäre etwa, die Anzahl der signifikanten Dezimalziffern vorzugeben und als Parameter zu übergeben. Diese Änderung wäre sehr leicht durchzuführen.

Es muss noch das in `FkaDez` verwendete Unterprogramm `Fka3x3` zur Multiplikation zweier 24-Bit-Zahlen $u = u_2 2^{16} + u_1 2^8 + u_0$ und $v = v_2 2^{16} + v_1 2^8 + v_0$ erläutert werden. Das Produkt ist leicht auszurechnen, es ergibt sich zu

Abbildung 10.5.: Durchführung der 24×24-Bit-Multiplikation

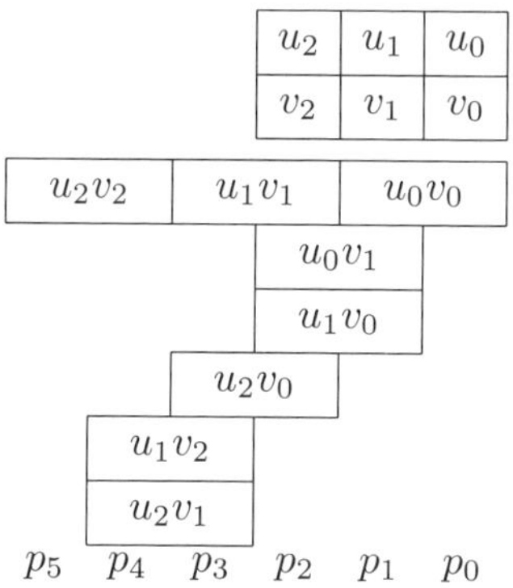

$$uv = u_0 b_0 + (u_1 v_0 + u_0 v_1) 2^8 + (u_2 v_0 + u_1 v_1 + u_0 v_2) 2^{16} + (u_2 v_1 + u_1 v_2) 2^{24} + u_2 v_2 2^{32}$$

Bild 10.5 gibt an, wie die Teilprodukte zusammengesetzt werden können. Die sechs Produktbytes p_5 bis p_0 können mit den Teilprodukten u_2v_2, u_1v_1 und u_0v_0 direkt besetzt werden, die übrigen Teilprodukte müssen hinzuaddiert werden. Überträge, die bei den Additionen entstehen, müssen natürlich ganz nach vorne weitergegeben werden.

Die beiden Multiplikanden werden in den Registern $\mathbf{r_{4:3:2}}$ und $\mathbf{r_{21:20:19}}$ übergeben, das Produkt wird auf 32 Bits gerundet in $\mathbf{r_{15:14:13:12}}$ zusammengesetzt. Das Unterprogramm verwendet die Register $\mathbf{r_0}$, $\mathbf{r_1}$ und $\mathbf{r_{11}}$ bis $\mathbf{r_{15}}$. Zu beachten ist, dass das Runden zu einem Überlauf führen kann, in diesem Fall ist nach dem Aufruf das Übertragsbit gesetzt.

```
Fka3x3: mul   r19,r2          2   u0v0
        mov   r11,r1          1
        mul   r20,r3          2   u1v1
        movw  r13:r12,r1:r0   1
        mul   r21,r4          2   u2v2
        movw  r15:r14,r1:r0   1
        mul   r20,r2          2   u1v0
        add   r11,r0          1
        adc   r12,r1          1
        clr   r0              1
        adc   r13,r0          1
        adc   r14,r0          1
        adc   r15,r0          1
        mul   r19,r3          2   u0v1
        add   r11,r0          1
        adc   r12,r1          1
        clr   r0              1
        adc   r13,r0          1
        adc   r14,r0          1
        adc   r15,r0          1
        mul   r21,r2          2   u2v0
        add   r12,r0          1
        adc   r13,r1          1
        clr   r0              1
        adc   r14,r0          1
        adc   r15,r0          1
        mul   r19,r4          2   u0v2
        add   r12,r0          1
        adc   r13,r1          1
        clr   r0              1
        adc   r14,r0          1
        adc   r15,r0          1
        mul   r21,r3          2   u2v1
        add   r13,r0          1
        adc   r14,r1          1
```

```
36        clr   r0       1
37        adc   r15,r0   1
38        mul   r20,r4   2   u1v2
39        add   r13,r0   1
40        adc   r14,r1   1
41        clr   r0       1
42        adc   r15,r0   1
43        rol   r11      1   Runden auf 32 Bit
44        adc   r12,r0   1
45        adc   r13,r0   1
46        adc   r14,r0   1
47        adc   r15,r0   1
48        ret            4
```

Der Durchführung der Multiplikation ist leicht zu folgen, so dass nur das Runden einer Erläuterung bedarf. Es muss aufgerundet werden, wenn $p_1 \geq$ **80** gilt, in welchem Fall eine 1 zu den oberen vier Bytes zu addieren ist. Nun gilt aber $p_1 \geq$ **80** genau dann, wenn Bit 7 von p_1 gesetzt ist. Wird dieses Bit durch den Shift-Befehl in Zeile *43* in das Übertragsbit kopiert, so ergibt sich bei $p_1 \geq$ **80** gerade die zum Runden benötigte 1, die mit dem `adc`-Befehl addiert werden kann, andernfalls wird 0 addiert.

10.7. Beispiel I: Berechnung einer Durchflussmenge

Die durch eine Ölrohrleitung mit dem Radius r pro Minute fließende Ölmenge O ist gegeben durch

$$\frac{O}{2\pi} = \int_0^r w(x)x\,dx,$$

dabei ist $w(x)$ die Strömungsgeschwindigkeit des Öls im Abstand x von der Rohrachse in $\frac{\text{cm}}{\text{min}}$. In einem Rohr mit dem Radius $r = 40\,\text{cm}$ wurden für die Strömungsgeschwindigkeit die in Tabelle 10.1 angegebenen Werte gemessen[14]. Zu berechnen ist die in einer Minute durch das Rohr fließende Ölmenge.

Es sei angenommen, dass ein **ATmega128** die neun Messwerte periodisch etwa über die serielle Schnittstelle einliest, die Durchflussmenge berechnet und anzeigt. Einlesen und Ausgabe interessieren hier jedoch nicht, deshalb besteht Ersteres aus einem Kopieren der Tabelle aus dem Programm- in den Arbeitsspeicher, Letzteres nur aus dem Aufruf von `FkaWrite`.

Das Integral wird mit der bekannten Trapezsumme berechnet.[15] Diese hat für das Integral zur Berechnung der Durchflussmenge die folgende Gestalt:

$$\int_0^r w(x)x\,dx \approx 5\left(\frac{w(x_0)x_0}{2} + \sum_{\nu=1}^{7} w(x_\nu)x_\nu + \frac{w(x_8)x_8}{2}\right)$$

[14]Dieses Beispiel stammt aus [Autk] BEISPIEL 6.3.
[15]Siehe dazu etwa [Stoe].

Tabelle 10.1.: Messwerte der Strömungsgeschwindigkeit

ν	x_ν [cm]	$w(x_\nu)$ [$\frac{\text{cm}}{\text{min}}$]
0	0	120
1	5	82
2	10	58
3	15	44
4	20	32
5	25	23
6	30	18
7	35	14
8	40	12

Die Umsetzung in ein Programm bietet keine Schwierigkeiten. Vorgestellt wird ein lauffähiges Hauptprogramm, das sich allerdings die Daten aus dem Programmspeicher holt und nach der Berechnung in einer Endlosschleife verbleibt. Es ist also eigentlich dafür gedacht, im Simulator abzulaufen, um die Unterprogramme des Moduls in Aktion zu studieren.

```
        .include "m128def.inc"
        .include "makros.avr"
        .device  ATmega128
        .dseg
        .org     0x100
        .include "vecm128.avr"
        .include "fkaorg.avr"
        .include "fkaadd.avr"
        .include "fkamul.avr"
        .include "fkahlf.avr"
        .include "fkab2d.avr"
        .include "fkavgl.avr"
        .include "vecm128.avr"
        .dseg
```

Die Deklaration der verwendeten Variablen

```
rX:     .byte    3
rW:     .byte    3
rT:     .byte    3
vbW:    .byte    9
vcT:    .byte    12
wStack: .byte    2
        .cseg
```

Berechnet $x_\nu w(x_\nu)$. x_ν in $\mathbf{r_{16}}$, $w(x_\nu)$ in $\mathbf{r_{17}}$, Adresse des Produktes in **X**

```
XmalW:  push5    r16,r28,r29,r30,r31 10
        ldi      r28,LOW(rX)         1    rX ← xν
```

	`ldi`	`r29,HIGH(rX)`	1	
	`call`	`FkaK08`	4+	
	`mov`	`r16,r17`	1	`rW` $\leftarrow w(x_\nu)$
	`ldi`	`r28,LOW(rW)`	1	
	`ldi`	`r29,HIGH(rW)`	1	
	`call`	`FkaK08`	4+	
	`ldi`	`r30,LOW(rX)`	1	$\mathbf{X}[0] \leftarrow$ `rX` $\times$ `rW`
	`ldi`	`r31,HIGH(rX)`	1	
	`call`	`FkaMul`	4+	
	`pop5`	`r31,r30,r29,r28,r16`	10	
	`ret`		4	

Die Berechnung der Trapezsumme

`Trapez:`	`ldi`	`r18,0`	1	$\mathbf{r_{18}} \leftarrow x_0$
	`ldi`	`r19,5`	1	$\mathbf{r_{19}} \leftarrow h = x_1 - x_0$
	`ldi`	`r20,8`	1	$\mathbf{r_{20}} \leftarrow$ (Anzahl der x_ν) $- 1$
	`ldi`	`r28,LOW(vbW)`	1	$\mathbf{Y} \leftarrow \mathcal{A}(w(x_0))$
	`ldi`	`r29,HIGH(vbW)`	1	
	`ld`	`r17,Y+`	2	$\mathbf{r_{17}} \leftarrow w(x_0)$, $\mathbf{Y} \leftarrow \mathcal{A}(w(x_1))$
	`movw`	`r3:r2,r29:r28`	1	$\mathbf{r_{3:2}} \leftarrow \mathcal{A}(w(x_1))$
	`mov`	`r16,r18`	1	`rT` $\leftarrow x_0 w(x_0)$
	`ldi`	`r26,LOW(rT)`	1	
	`ldi`	`r27,HIGH(rT)`	1	
	`rcall`	`XmalW`	3+	
	`ldi`	`r16,-1`	1	`rT` $\leftarrow x_0 w(x_0) 2^{-1}$
	`ldi`	`r28,LOW(rT)`	1	
	`ldi`	`r29,HIGH(rT)`	1	
	`call`	`FkaSka`	4+	
`Trpz02:`	`add`	`r18,r19`	1	$\mathbf{r_{18}} \leftarrow x_\nu = x_{\nu-1} + h$
	`mov`	`r16,r18`	1	$\mathbf{r_{16}} \leftarrow x_\nu$
	`movw`	`r29:r28,r3:r2`	1	$\mathbf{r_{17}} \leftarrow w(x_\nu)$, $\mathbf{r_{3:2}} \leftarrow \mathcal{A}(w(x_{\nu+1}))$
	`ld`	`r17,Y+`	2	
	`movw`	`r3:r2,r29:r28`	1	
	`ldi`	`r26,LOW(rW)`	1	$\mathbf{X} \leftarrow \mathcal{A}($`rW`$)$
	`ldi`	`r27,HIGH(rW)`	1	
	`rcall`	`XmalW`	3+	`rW` $\leftarrow x_\nu w(x_\nu)$
	`ldi`	`r28,LOW(rW)`	1	$\mathbf{Y} \leftarrow \mathcal{A}($`rW`$)$
	`ldi`	`r29,HIGH(rW)`	1	
	`cpi`	`r20,1`	1	Der letzte Summand?
	`brne`	`Trpz04`	1/2	Nein: keine Division durch 2
	`ldi`	`r16,-1`	1	
	`call`	`FkaSka`	4+	`rW` $\leftarrow$ `rW`2^{-1}
`Trpz04:`	`ldi`	`r30,LOW(rT)`	1	$\mathbf{Z} \leftarrow \mathcal{A}($`rT`$)$
	`ldi`	`r31,HIGH(rT)`	1	
	`ldi`	`r26,LOW(rT)`	1	$\mathbf{X} \leftarrow \mathcal{A}($`rT`$)$
	`ldi`	`r27,HIGH(rT)`	1	

```
         call    FkaAdd             4+   rT ← rT + rW
         dec     r20                1
         brne    Trpz02             1/2
         ldi     r28,LOW(rX)        1    Y ← A(rX)
         ldi     r29,HIGH(rX)       1
         mov     r16,r19            1    r16 ← h
         call    FkaK08             4+   rX ← h
         ldi     r30,LOW(rT)        1    Z ← A(rT)
         ldi     r31,HIGH(rT)       1
         ldi     r26,LOW(rT)        1    X ← A(rT)
         ldi     r27,HIGH(rT)       1
         call    FkaMul             4+   rT ← rT × rX
         ret                        4
```

Die Testdaten im Programmspeicher

```
vbRom:   .db     120,82,58,44
         .db     32,23,18,14
         .db     12,0
```

Der Einsprung in das Programm, Aufbau des Stapels

```
Start:   ldi     r16,LOW(RAMEND)    1
         out     SPL,r16            1
         ldi     r16,HIGH(RAMEND)   1
         out     SPH,r16            1
```

Die Vorbereitung der Fehlerbehandlung

```
         ldi     r16,LOW(Fehler)    1
         sts     pfFkaFhl,r16       2
         ldi     r16,HIGH(Fehler)   1
         sts     pfFkaFhl+1,r16     2
         in      r16,SPL            1
         sts     wStack,r16         2
         in      r16,SPH            1
         sts     wStack+1,r16       2
```

Kopieren der Testdaten vom Programm- in den Arbeitsspeicher

```
         ldi     r30,LOW(2*vbRom)   1
         ldi     r31,HIGH(2*vbRom)  1
         ldi     r28,LOW(vbW)       1
         ldi     r29,HIGH(vbW)      1
         ldi     r16,9              1
Kopiere: lpm     r0,Z+              3
         st      Y+,r0              2
         dec     r16                1
         brne    Kopiere            1/2
```

Die Berechnung der Trapezsumme und ihre Dezimalausgabe

```
         rcall   Trapez             3+
         ldi     r28,LOW(rT)        1
         ldi     r29,HIGH(rT)       1
```

```
108          ldi     r30,LOW(vcT)       1
109          ldi     r31,HIGH(vcT)      1
110          call    FkaWrite           4+
111 Ewig:    rjmp    Ewig               2
    Die Behandlung von Fehlern
112 Fehler:  lds     r16,wStack         2
113          cli                        1
114          out     SPL,r16            1
115          lds     r16,wStack+1       2
116          out     SPH,r16            1
117          sei                        1
118 Snooze:  rjmp    Snooze             2
```

Die Fehlerbehandlung wird direkt von Abschnitt 10.1 übernommen. Dazu gehören die Wortvariable in Zeile *20*, die Zeilen *88–95* zur Vorbereitung und die Zeilen *112–118* zur tatsächlichen Übernahme bei Auftreten eines Fehlers. So wie die Dinge liegen, dürfte es eigentlich keinen Fehler geben. Denn bei Eingangsdaten $0 \leq w_\nu \leq 255$ ist weder Exponentenunterlauf noch Exponentenüberlauf möglich und da nicht dividiert wird, kann auch nicht durch Null geteilt werden. Fremdeinfluss ist allenfalls durch Interrupts möglich. Eine einfache, aber brauchbare Reaktion auf Fehler wäre hier, das Ausgabemedium (z.B. ein LCD-Display) zu löschen und auf die Ankunft des nächsten Datensatzes zu warten.

Der Testdatensatz ist in den Zeilen *81–83* zu finden, er wird in den Zeilen *96–104* vom Programmspeicher in den Bytevektor `vbW` in Zeile *18* im Arbeitsspeicher kopiert.

Unterprogramm `Trapez` berechnet die Trapezsumme in der Fließkommavariablen `rT` in Zeile *17*. Zur Berechnung der Produkte $x_\nu w(x_\nu)$ verwendet es das Unterprogramm `XmalW` in Zeile *22*. Dieses erwartet x_ν in Register $\mathbf{r_{16}}$ und $w(x_\nu)$ in $\mathbf{r_{17}}$, das Produkt soll in einer Fließkommavariable abgespeichert werden, deren Adresse in Register **X** übergeben werden muss. Seine Funktion ist simpel. Es erzeugt aus $\mathbf{r_{16}}$ zunächst die Fließkommavariable `rX` (Zeilen *23–25*), dann aus $\mathbf{r_{17}}$ die Fließkommavariable `rW` (Zeilen *26–29*), die dann miteinander multipliziert werden (Zeilen *30–32*).

Unterprogramm `Trapez` verwendet $\mathbf{r_{18}}$ für die x_ν und $\mathbf{r_{17}}$ für die $w(x_\nu)$. Das ist für die $w(x_\nu)$ ganz natürlich, aber warum auch für die x_ν? Warum wird also für die x_ν keine Fließkommavariable benutzt? Geschähe das, so fiele zwar die Umwandlung einer 8-Bit-Zahl in eine Fließkommazahl weg, stattdessen müsste aber eine Fließkommaaddition verwendet werden, um die x_ν fortzuschalten, und eine Fließkommaaddition ist eben sehr viel langsamer als die Zahlenumwandlung. Es ist auch eigentlich nur die Beachtung der Grundregel zur Optimierung, nämlich 8-Bit-Zahlen und 8-Bit-Arithmetik so lange zu verwenden, wie es irgend geht.

In Zeile *35* wird $\mathbf{r_{18}}$ mit dem Anfangswert x_0 geladen, in der folgenden Zeile $\mathbf{r_{19}}$ mit dem Abstand $h = x_{\nu+1} - x_\nu$ der x_ν, dann $\mathbf{r_{20}}$ mit der um Eins verminderten Anzahl der x_ν. Der Rest des Unterprogramms verwendet die x_ν direkt nicht mehr, eventuelle Änderungen, welche die x_ν betreffen, brauchen demnach nur in den Zeilen *35–37* vorgenommen zu werden.

In den Zeilen *31–40* wird $\mathbf{r_{17}}$ mit $w(x_0)$ geladen. Doppelregister $\mathbf{r_{3:2}}$ dient zur Zwischenspeicherung der Adresse von $w(x_\nu)$, es enthält also nach Zeile *41* die Adresse von $w(x_1)$. Anschließend wird $\mathbf{r_{16}}$ mit x_0 geladen, und da vor dem Aufruf von `XmalW` in Zeile *45* Register **X** mit der Adresse von `rT` geladen wird, berechnet `XmalW` das Produkt $x_0 w(x_0)$ in `rT`. Die Zeilen *46–49* bilden dann $x_0 w(x_0) 2^{-1}$, wie von der Trapezformel gefordert.

Mit der Zeile *50* beginnt die Schleife, mit der die $x_\nu w(x_\nu)$, $\nu \in \{1, \ldots, 7\}$, aber auch $x_8 w(x_8) 2^{-1}$ berechnet werden. In ihr wird durch Addition von h zu $x_{\nu-1}$ von $x_{\nu-1}$ zu x_ν

übergegangen. Zur Vorbereitung der Produktbildung wird in Zeile *51* Register **r16** mit x_ν geladen, anschließend in den Zeilen *52–54* Register **r17** mit $w(x_\nu)$. Da vor dem Aufruf von `XmalW` Register **X** mit der Adresse von `rW` geladen wird, berechnet `XmalW` das Produkt $x_\nu w(x_\nu)$ in `rW`. Für $\nu = 8$ muss das Produkt noch durch Zwei dividiert werden. Dazu wird in Zeile *60* allerdings unabhängig von der Anzahl der x_ν getestet, ob der Schleifenzähler seinen letzten Wert 1 hat. Ist das der Fall, wird das Produkt in den Zeilen *62–63* nach rechts geshiftet, die Adresse von `rW` wurde schon in den Zeilen *58–59* in Register **Y** geladen. In den Zeilen *64–68* wird dann das Produkt zur bisherigen Trapezsumme in `rT` hinzuaddiert.
Es bleibt noch, die berechnete Summe mit h zu multiplizieren. Dazu wird h in den Zeilen *71–74* in eine Fließkommazahl umgewandelt, mit der in den Zeilen *75–79* die Summe multipliziert wird.
Im Hauptprogramm wird schließlich in den Zeilen *106–110* die Trapezsumme als Dezimalzahl ausgegeben.

Das Programm erzeugt die Zeichenkette „`0,20675e5`", die Einheiten sind $\frac{\text{cm}^3}{\text{min}}$. Das in Metern umgerechnete Ergebnis ist dann

$$\int_0^r w(x)x\,dx \approx 0,020675 \left[\frac{\text{m}^3}{\text{min}}\right].$$

10.8. Beispiel II: Sortieren von Fließkommazahlen

Es sollen n zweidrittel genaue Fließkommazahlen $r_0, \ldots, r_{n-1}$ der Größe nach sortiert werden. Dabei soll n eine recht kleine Zahl sein. Das Ziel dieses Abschnittes ist nicht, den besten aller Sortieralgorithmen zu präsentieren und zu implementieren, sondern die Vergleichsprozedur `FkaVgl` zu testen. Das kann mit einem Sortierprogramm, bei dem Vergleiche eine große Rolle spielen, sehr gut durchgeführt werden. Nebenbei ist noch zu sehen, wie aus einem **C**-Programm ein gutes Assemblerprogramm wird.

Das einfachste aller Sortierverfahren ist *bubble sort*, das kurz gesagt darin besteht, so lange durch die zu sortierenden Elemente hindurchzulaufen und nicht in der Sortierreihenfolge nebeneinanderliegenden Elemente auszutauschen, bis bei einem Durchlauf kein Austausch mehr nötig war. Da beim ersten Durchgang das größte Element an den letzten Platz der Folge gebracht wird, sind beim nächsten Durchgang nur noch die ersten $n-1$ Elemente zu besuchen usw. Ein Unterprogramm, das dieses Verfahren realisiert, lässt sich relativ einfach aufbauen. Um auch ein schnelles Unterprogramm zu erhalten sind allerdings einige Regeln zu beachten. Erstens darf der Zugriff auf die Vektorelemente nicht über Indizes geschehen, d.h. die Adressen der Elemente sind direkt zu manipulieren. Zweitens wird die Anzahl n der Elemente auf maximal 255 beschränkt, damit für die Schleifenzähler 8-Bit-Arithmetik verwendet werden kann. Und drittens sollen die Schleifenzähler abwärts zählen, nicht aufwärts, wie es in den Algorithmen oft geschieht. Das ist leicht möglich, da die Schleifenzähler nicht als Indizes verwendet werden sollen. Und noch eine vierte Regel: Das Rechnen mit Adressen (*pointer arithmetic*) ist als 16-Bit-Arithmetik so weit wie eben möglich zu begrenzen. Spötter könnten hier behaupten, dass bei Einhaltung dieser Regeln überhaupt kein Programm mehr zustande gebracht werden könne. Das ist jedoch ganz und gar nicht der Fall, die Regeln erzwingen nur ein echtes Assemblerprogramm, d.h. ein Programm, das am

Befehlssatz und den Adressierungsarten des Prozessors ausgerichtet ist, wie etwa das folgende.

Prozedur FkaBub

Ein Vektor $r_0, \ldots, r_{n-1}$ von n zweidrittel genauen Fließkommazahlen wird nach Größe aufsteigend sortiert.

Input

$\mathbf{r_{17:16}}$	Die Adresse ρ des ersten Vektorelementes r_0
$\mathbf{r_{18}}$	Die Anzahl n der Vektorelemente

Es gibt keine Fehlerbedingung.

```
FkaBub:  cpi    r18,2               1     n ≤ 1?
         brlo   FkaB10              1/2   Falls ja, zurück
FkaBub:  push4  r28,r29,r30,r31     8
         push5  r2,r3,r4,r5,r19     10
         mov    r2,r18              1     r2 ← k = n − 1
         dec    r2                  1
FkaB02:  clr    r19                 1     Austauschindikator ← 0
         mov    r3,r2               1     i ← k
         movw   r29:r28,r17:r16     1     Y ← A(r_0)
FkaB04:  movw   r31:r30,r29:r28     1     Z ← A(r_{k−i})
         adiw   r29:r28,3           2     Y ← A(r_{k−i+1})
         call   FkaVgl              4+    r_{k−i+1} ≥ r_{k−i}?
         brge   FkaB06              1/2   Falls ja: kein Austausch
         ori    r19,1               1     Austauschindikator ← 1
         ld     r4,Y                2     Austausch unteres Byte
         ld     r5,Z                2
         st     Y,r5                2
         st     Z,r4                2
         ldd    r4,Y+1              2     Austausch mittleres Byte
         ldd    r5,Z+1              2
         std    Y+1,r5              2
         std    Z+1,r4              2
         ldd    r4,Y+2              2     Austausch oberes Byte
         ldd    r5,Z+2              2
         std    Y+2,r5              2
         std    Z+2,r4              2
FkaB06:  dec    r3                  1     i ← i − 1
         brne   FkaB04              1/2   Fortfahren bei i > 0
         tst    r19                 1     Wurde ausgetauscht?
         breq   FkaB08              1/2   Falls nicht zurück
         dec    r2                  1     k ← k − 1
         brne   FkaB02              1/2   Fortfahren bei k > 0
FkaB08:  pop5   r19,r5,r4,r3,r2     10
         pop4   r31,r30,r29,r28     8
FkaB10:  ret                        4
```

Die Extremfälle $n = 0$ und $n = 1$ werden in den ersten beiden Zeilen abgefangen.
Die innere Schleife durchläuft die Elemente r_0 bis r_k, dabei ist k der Zähler der äußeren Schleife, der im ersten Durchlauf bei $n - 1$ beginnt. Der Zähler i der inneren Schleife beginnt bei k. Register $\mathbf{r_2}$ wird für k benutzt, es wird in den Zeilen *5–6* mit dem Anfangswert $n - 1$ geladen. Register $\mathbf{r_{19}}$ zeigt nach einem Durchlauf der inneren Schleife an, ob Austauschungen stattgefunden haben, es wird gleich am Anfang der äußeren Schleife in Zeile *7* mit 0 initialisiert. Anschließend wird Register $\mathbf{r_3}$, das für i verwendet wird, mit k initialisiert. Schließlich wird vor dem Eintritt in die innere Schleife noch Register **Y** mit der Adresse von r_0 geladen. Beim Betreten der inneren Schleife in Zeile *10* enthält Register **Y** die Adresse von r_{k-i} (also von r_0 im ersten Durchgang). Nach den Zeilen *10–11* enthält also **Z** die Adresse von r_{k-i} und **Y** die Adresse von r_{k-i+1}. Ein Austausch muss erfolgen, wenn $r_{k-i} > r_{k-i+1}$ gilt, der Austausch in den Zeilen *14–26* muss also übersprungen werden bei $r_{k-i} \leq r_{k-i+1}$. Diese Bedingung kann jedoch von `FkaVgl` nicht getestet werden, es sind für zwei Fließkommazahlen r und r' nur Tests auf $r < r'$ oder $r \geq r'$ möglich. Folglich ist nicht zu testen, ob $r_{k-i} \leq r_{k-i+1}$, sondern ob $r_{k-i+1} \geq r_{k-i}$ gilt, und eben das geschieht in Zeile *12*, weil **Y** die Adresse von r_{k-i+1} und **Z** die von r_{k-i} enthält. Bei $r_{k-i+1} \geq r_{k-i}$ wird folglich ab Zeile *14* ausgetauscht. Der Austausch beginnt damit, dass $\mathbf{r_{19}}$ mit 1 geladen wird, um mindestens ein Austauschen anzuzeigen. Der eigentliche Austausch erfolgt dann Byte für Byte, auf diese Weise werden nur zwei Register gebraucht, statt drei bei einem Austausch *en bloc*.
Nach dem Verlassen der inneren Schleife wird in Zeile *29* geprüft, ob überhaupt ein Austausch stattgefunden hat. Ist das der Fall, ist der Vektor sortiert und das Unterprogramm kann verlassen werden.

Noch ein Hinweis zur Bezeichnung. Im Unterprogramm wird nicht zwischen einer zweidrittel genauen Fließkommazahl $\mathfrak{r}_i$ und ihrem Wert $r_i = \mathbb{F}_S(\mathfrak{r}_i)$ unterschieden, andernfalls hätte die Lesbarkeit der Erläuterung doch sehr gelitten.

11. Zufallszahlen

11.1. Ein additiver Zufallszahlengenerator

Da im Buch ein Generator für Zufallszahlen benutzt wird, muss ein solcher vorgestellt werden. Die Wahl ist auf den Generator[1]

$$x_n = (x_{n-7} + x_{n-31}) \bmod 2^{16} \quad n \geq 31 \quad \text{Startwerte } x_0 \ldots x_{30} \tag{11.1}$$

gefallen und zwar hauptsächlich deshalb, weil an ihm sehr gut die Programmierung eines Ringpuffers demonstriert werden kann. Es sind also 31 Anfangswerte x_0 bis x_{30} gegeben, die nächsten Werte sind dann

$$\begin{aligned} x_{31} &= (x_{24} + x_0) \bmod 2^{16} \\ x_{32} &= (x_{25} + x_1) \bmod 2^{16} \\ &\vdots \end{aligned}$$

Nach der Berechnung von x_{31} wird x_0 nicht mehr benötigt, ebenso x_1 nach der Berechnung von x_{32}, usw. Das bedeutet, dass man mit einem Vektor der Länge 31 auskommt, wenn die Indizes modulo 31 berechnet werden:

$$\begin{aligned} x_0 &\leftarrow (x_{24} + x_0) \bmod 2^{16} \\ x_1 &\leftarrow (x_{25} + x_1) \bmod 2^{16} \\ &\vdots \\ x_6 &\leftarrow (x_{30} + x_6) \bmod 2^{16} \\ x_7 &\leftarrow (x_0 + x_7) \bmod 2^{16} \\ &\vdots \\ x_{30} &\leftarrow (x_{23} + x_{30}) \bmod 2^{16} \\ x_0 &\leftarrow (x_{24} + x_0) \bmod 2^{16} \\ &\vdots \end{aligned}$$

Mit dieser Indexrechnung sind x_0 und x_{30} benachbart, die x_0 bis x_{30} bilden einen Ring. Bild 11.1 zeigt das Umherwandern der Folge in diesem Ring für die kürzere Folge $x_n = x_{n-3} + x_{n-7}$ mit Indexfortschaltung modulo 7.

Nun ist es selbstverständlich ganz unmöglich, die Rechnung modulo 31 buchstäblich zu realisieren, da AVR-Prozessoren keinen Divisionsbefehl besitzen. Aber auch wenn

[1] Zu Zufallszahlengeneratoren dieser Gestalt siehe [Knu2] 3.2.2.

sie einen hätten, wäre dessen Gebrauch nicht angebracht, da Divisionsbefehle mit Abstand zu den langsamsten Befehlen überhaupt zählen. Man kann sich mit Vergleichen behelfen: Ist $i < 30$, so besteht die Indexfortschaltung aus $i \leftarrow i + 1$, andernfalls aus $i \leftarrow 0$. Eine weitere Möglichkeit ist, eine Tabelle zu verwenden: $i \leftarrow T[i]$. Leider ist

Abbildung 11.1.: $x_n = x_{n-3} + x_{n-7}$ im Ringpuffer

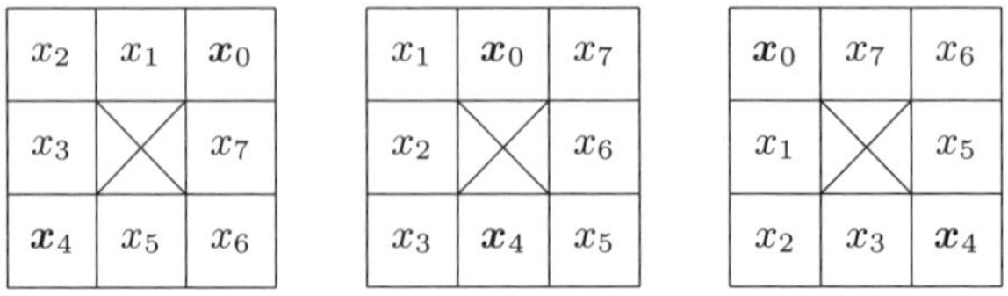

der Befehlssatz der AVR-Prozessoren nicht gut für den Umgang mit Indizes gerüstet. Das lässt sich jedoch mit einem Trick umgehen, falls erstens ein Bytevektor indiziert werden soll und zweitens die Indizes ebenfalls Bytes sind. Die zweite Bedingung ist hier gegeben, die erste jedoch nicht, da ein 16-Bit-Zufallsgenerator implementiert werden soll. Als Ausweg bietet sich an, statt eines 16-Bit-Ringpuffers zwei parallele 8-Bit-Ringpuffer zu verwenden.

Tabelle 11.1.: Die Startwerte x_0 bis x_{30}

0	95F8E922	-1778849502	*16*	A3058592	-1559919214
1	17E52C6B	400895083	*17*	84A6D49B	-2069441381
2	6D1CC938	1830603064	*18*	D1D5D428	-774515672
3	94925B19	-1802347751	*19*	E4FE1BC9	-453108791
4	FA2D51DE	-97693218	*20*	E39E874E	-476149938
5	D9C31A97	-641525097	*21*	3F161FC7	1058414535
6	C1554C94	-1051374444	*22*	8D2D0884	-1926428540
7	74AE6A65	1957587557	*23*	B7EF0015	-1209073643
8	E48306DA	-461175078	*24*	54E9454A	1424573770
9	6E525E03	1850891779	*25*	7322F033	1931669555
10	70E3B230	1893970480	*26*	34B90F20	884543264
11	8380FCF1	-2088698639	*27*	BFFB17A1	-1074063455
12	7FD7C416	2144846870	*28*	AF1C7B86	-1357087866
13	8CAA22AF	-1935007057	*29*	3D0171DF	1023504863
14	5278560C	1383618060	*30*	089B43FC	144393212
15	59DA5EBD	1507483325			

Die Startwerte x_0 bis x_{30} müssen mit anderweitig zu beschaffenden Zufallszahlen belegt werden. Im Programm wird dazu der Zufallsgenerator

$$x_{n+1} = (1812433253 \times x_n + 1) \bmod 2^{32} \tag{11.2}$$

verwendet, Tabelle 11.1 zeigt die benutzten Werte, und zwar werden die oberen 16 Bit der Zufallszahlen genommen. Generell sind die oberen Bit von Zufallszahlen, die mit einem Generator vom Typ (11.2) erzeugt wurden, von besserer Qualität als die unteren Bit, was ihren Zufallscharakter angeht.

```
               .dseg
               .org      AddRndRiB
```

Platzreservierung für die beiden Ringpuffer, den Indexfortschaltungsvektor und für i_7 und i_{31}

```
vbAddRndRbLo:.byte     32
vbAddRndRbHi:.byte     32
vbAddRndIndx:.byte     32
bAddRndIx07: .byte      1
bAddRndIx31: .byte      1
             .cseg
```

Die Anfangsbelegung der unteren Bytes von x_0 bis x_{31}, siehe Tabelle 11.1

```
vbAddRndData:.db       0xF8,0xE5,0x1C,0x92,0x2D,0xC3
             .db       0x55,0xAE,0x83,0x52,0xE3,0x80
             .db       0xD7,0xAA,0x78,0xDA,0x05,0xA6
             .db       0xD5,0xFE,0x9E,0x16,0x2D,0xEF
             .db       0xE9,0x22,0xB9,0xFB,0x1C,0x01
             .db       0x9B,0                          Ein Füllbyte
```

Die Anfangsbelegung der oberen Bytes von x_0 bis x_{31}, siehe Tabelle 11.1

```
             .db       0x95,0x17,0x6D,0x94,0xFA,0xD9
             .db       0xC1,0x74,0xE4,0x6E,0x70,0x83
             .db       0x7F,0x8C,0x52,0x59,0xA3,0x84
             .db       0xD1,0xE4,0xE3,0x3F,0x8D,0xB7
             .db       0x54,0x73,0x34,0xBF,0xAF,0x3D
             .db       0x08,0                          Ein Füllbyte
```

Der Indexfortschaltungsvektor $i \leftarrow (i+1) \bmod 31$

```
             .db       1,2,3,4,5,6,7,8,9,10
             .db       11,12,13,14,15,16,17,18
             .db       19,20,21,22,23,24,25,26
             .db       27,28,29,30,0,0             Ein Füllbyte
```

Die Anfangswerte der Indizes

```
             .db       24,0
```

Die Initialisierungsprozedur für den Zufallszahlengenerator

```
AddRndIni:   ldi       r28,LOW(vbAddRndRbLo)     1    Y ← Zieladresse
             ldi       r29,HIGH(vbAddRndRbLo)    1
             ldi       r30,LOW(2*vbAddRndData)   1    Z ← Quellenadresse
             ldi       r31,HIGH(2*vbAddRndData)  1
             ldi       r16,3*32+2                1    r16 ← Byteanzahl
AdRnIni1:    lpm       r0,Z+                     3    Lade Quellenbyte
             st        Y+,r0                     2    Speichere als Zielbyte
             dec       r16                       1
             brne      AdRnIni1                  1/2
             ret                                 4
```

Der Zufallszahlengenerator selbst. Rückgabe der Zufallszahl in $\mathbf{r_{1:0}}$

36	AddRnd:	push	r28	2	
37		push	r29	2	
38		push	r16	2	
39		ldi	r29,HIGH(vbAddRndRbLo)	1	$\mathbf{r_{29}} \leftarrow$ **XX**
40		lds	r28,bAddRndIx07	2	$\mathbf{r_{28}} \leftarrow i_7$
41		ld	r0,Y	2	$\mathbf{r_0} \leftarrow x_{i_7}^{\perp}$
42		subi	r28,0x100-0x20	1	$\mathbf{r_{28}} \leftarrow$ **20** $+ i_7$
43		ld	r1,Y	2	$\mathbf{r_1} \leftarrow x_{i_7}^{\top}$
44		subi	r28,0x100-0x20	1	$\mathbf{r_{28}} \leftarrow$ **40** $+ i_7$
45		ld	r16,Y	2	$\mathbf{r_{16}} \leftarrow (i_7 + 1) \bmod 31$
46		sts	bAddRndIx07,r16	2	$i_7 \leftarrow (i_7 + 1) \bmod 31$
47		lds	r28,bAddRndIx31	2	$\mathbf{r_{28}} \leftarrow i_{31}$
48		ld	r16,Y	2	$\mathbf{r_{16}} \leftarrow x_{i_{31}}^{\perp}$
49		subi	r28,0x100-0x20	1	$\mathbf{r_{28}} \leftarrow$ **20** $+ i_{31}$
50		add	r0,r16	1	$\mathbf{r_0} \leftarrow x_{i_7}^{\perp} + x_{i_{31}}^{\perp}$, c
51		ld	r16,Y	2	$\mathbf{r_{16}} \leftarrow x_{i_{31}}^{\top}$
52		adc	r1,r16	1	$\mathbf{r_1} \leftarrow x_{i_7}^{\top} + x_{i_{31}}^{\top} +$ c
53		st	Y,r1	2	$x_{i_{31}}^{\top} \leftarrow x_n^{\top}$
54		subi	r28,0x20	1	$\mathbf{r_{28}} \leftarrow i_{31}$
55		st	Y,r0	2	$x_{i_{31}}^{\perp} \leftarrow x_n^{\perp}$
56		subi	r28,0x100-0x40	1	$\mathbf{r_{28}} \leftarrow$ **40** $+ i_{31}$
57		ld	r16,Y	2	$\mathbf{r_{16}} \leftarrow (i_{31} + 1) \bmod 31$
58		sts	bAddRndIx31,r16	2	$i_{31} \leftarrow (i_{31} + 1) \bmod 31$
59		pop	r16	2	
60		pop	r29	2	
61		pop	r28	2	
62		ret		4	

Der 16-Bit-Ringpuffer für die x_0 bis x_{30} besteht aus zwei 8-Bit-Ringpuffern der Länge 31. Ist ρ die Adresse des Puffers für die unteren Bytes der x_0 bis x_{30}, so ist $\rho +$ **20** die Adresse des Puffers für die oberen Bytes. Das ergibt sich automatisch durch die Bereitstellung der Puffer in den Zeilen *3–4*. Die Adresse ρ wird durch den Wert der Assemblervariablen `AddRndRiB` in Zeile *2* bestimmt. Für sie *muss* $\rho \bmod 2^8 = 0$ gelten, damit die im Programm verwendete Indexrechnung korrekt arbeitet. In Frage kommen also Adressen der Gestalt **XX00**. Damit hat das untere Byte von x_i die Adresse **XX00**$+i$ und das obere Byte hat die Adresse **XX20**$+i$. Für die Indexfortschaltung $i \leftarrow (i+1) \bmod 31$ wird ebenfalls ein Bytevektor benutzt. Dieser wird in Zeile *5* bereitgestellt und hat die Adresse **XX40**. Er wird so initialisiert, dass **XX40**$+i$ die Adresse von $(i+1) \bmod 31$ ist.

$$\mathcal{I}(\mathbf{XX00} + i) = x_i^{\perp} \tag{11.3a}$$

$$\mathcal{I}(\mathbf{XX20} + i) = x_i^{\top} \tag{11.3b}$$

$$\mathcal{I}(\mathbf{XX40} + i) = (i+1) \bmod 31 \tag{11.3c}$$

Bei jeder neuen Berechnung von (11.1) muss bekannt sein, wo x_{n-7} und x_{n-31} gerade im Ringpuffer liegen, d.h. es müssen ihre Ringpufferindizes i_7 und i_{31} bekannt sein. Diese werden in den Variablen in den Zeilen *6–7* aufbewahrt, ihre Anfangswerte sind natürlich $i_7 = 24$ und $i_{31} = 0$.

Die Initialisierung des Zufallszahlengenerators wird mit der Funktion `AddRndIni` in den Zeilen *26–35* durchgeführt. Sie besteht nur aus einem Kopiervorgang, da der Programmspeicher in den Zeilen *9–25* eine komplette Startkonfiguration enthält. Diese besteht aus den unteren 31 Bytes der Startfolge von Zufallszahlen, gefolgt von einem Füllbyte (*padding*) in den Zeilen *9–14*, aus ihren oberen 31 Bytes in den Zeilen *15–20* nebst Füllbyte, aus den Werten des Bytevektors für die Indexfortschaltung in den Zeilen *21–24*, und schließlich aus den beiden Anfangswerten für i_7 und i_{31} in Zeile *25*. Auf die Verwendung von Registern wurde in `AddRndIni` keine Rücksicht genommen, da der Aufruf der Funktion gewiss zu einem Zeitpunkt erfolgen kann, in dem diese keine Rolle spielt.
Der eigentliche Zufallszahlengenerator beginnt in Zeile *36*. Für die Zugriffe auf die verschiedenen Bytevektoren wird **Y** verwendet, und $\mathbf{r_{16}}$ wird zur Zwischenspeicherung und für Rechnungen benutzt, also werden die Inhalte der drei Register $\mathbf{r_{28}}$, $\mathbf{r_{29}}$ und $\mathbf{r_{16}}$ am Anfang der Prozedur in den Stapel kopiert und an ihrem Ende wieder aus ihm hervorgeholt. Die erzeugte Zufallszahl wird im Doppelregister $\mathbf{r_{1:0}}$ zurückgegeben.
In Zeile *39* wird $\mathbf{r_{29}}$ mit dem oberen Byte der Anfangsadresse des Ringpuffers für das untere Byte der x_i geladen, anschließend wird $\mathbf{r_{28}}$ mit i_7 geladen. Damit enthält **Y** die Adresse des unteren Bytes $x_{i_7}^{\perp}$ von $x_{n-7} = x_{i_7}$, dieses wird in Zeile *41* in $\mathbf{r_0}$ geladen. Um die Adresse von $x_{i_7}^{\top}$ zu bekommen, ist wegen (11.3b) nur **20** zum Inhalt von $\mathbf{r_{28}}$ zu addieren. Das geschieht in Zeile *42*, und zwar durch Subtraktion von **100** − **20**, da es den Befehl `addi` nicht gibt.[2] Damit wird in Zeile *43* $x_{i_7}^{\top}$ in Register $\mathbf{r_1}$ geladen. Es folgt die Indexfortschaltung von i_7. Wegen (11.3c) ist $(i_7 + 1) \bmod 31$ an der Adresse $\mathbf{XX40} + i_7$ zu finden, die nach der Addition von **20** zu Register $\mathbf{r_{28}}$ in Zeile *44*, das augenblicklich **20** enthält, den Wert von **Y** ausmacht. Also wird in Zeile *45* $\mathbf{r_{16}}$ mit $(i_7 + 1) \bmod 31$ geladen und als nächster Index von x_{n-7} in der Variable `bAddRndIx07` abgelegt. Es ist deshalb nun $\mathbf{r_{1:0}} = x_{n-7}$.
Es wird nun mit x_{n-31} fortgefahren. Dazu wird in Zeile *47* Register $\mathbf{r_{28}}$ mit i_{31} geladen, folglich wird in der nächsten Zeile $x_{i_{31}}^{\perp}$ in $\mathbf{r_{16}}$ geladen. $x_{i_{31}}^{\perp}$ muss zu $\mathbf{r_0}$ addiert werden, aber das kann nicht sofort geschehen, da die Berechnung der Adresse von $x_{i_{31}}^{\top}$ das Übertragsbit $\mathfrak{c}$ beeinflusst, das aber später bei der Addition von $x_{i_{31}}^{\top}$ zu $\mathbf{r_1}$ noch gebraucht wird. Diese Adresse wird deshalb schon in Zeile *49* berechnet. In der folgenden Zeile wird dann $\mathfrak{r}_{16} = x_{i_{31}}^{\perp}$ zu $\mathbf{r_0}$ addiert. In Zeile *51* wird nun $x_{i_{31}}^{\top}$ in $\mathbf{r_{16}}$ geladen und anschließend mit dem Übertragsbit der Addition in Zeile *50* zu $\mathbf{r_1}$ addiert, um $\mathfrak{r}_{1:0} = x_n$ zu ergeben.
Es ist jetzt $x_{i_{31}}$ mit x_n zu überschreiben. Da **Y** gerade die Adresse des oberen Bytes von $x_{i_{31}}$ enthält, wird in Zeile *53* das obere Byte von $x_{i_{31}}$ mit dem oberen Byte von x_n überschrieben. Nach der nächsten Zeile enthält **Y** dann die Adresse des unteren Bytes von $x_{i_{31}}$, damit wird $x_{i_{31}}$ in Zeile *55* mit dem unteren Byte von x_n überschrieben.
Es bleibt noch, den Index i_{31} fortzuschalten. Es wird wieder von (11.3c) Gebrauch gemacht. Dazu muss nur **40** zu $\mathbf{r_{28}}$ addiert werden, um dann in Zeile *57* $(i_{31} + 1) \bmod 31$ in Register $\mathbf{r_{16}}$ laden und den früheren Wert in der Variablen `bAddRndIx31` überschreiben zu können.

Die Beurteilung eines Zufallszahlengenerators ist keine ganz leichte Aufgabe. Als absolutes Minimum sollte ein neuer Generator aber dem χ^2-Test unterworfen werden, um die Spreu vom Weizen einigermaßen zu trennen. Dieser Test ist leicht durchzuführen. Es wird eine große Anzahl n von Zufallszahlen erzeugt, und zwar sollte n mindestens 10-mal so groß sein wie die Anzahl der möglichen Zufallszahlen m, also $n \geq 10m$. Es wird gezählt, wie oft jede Zufallszahl erzeugt wird, d.h. zu jeder Zufallszahl i wird die Häufigkeit h_i ihres Auftretens berechnet. Da im Idealfall jede Zufallszahl mit gleicher Wahrscheinlichkeit auftritt, ist die *erwartete Häufigkeit* $\frac{n}{m}$, und $h_i - \frac{n}{m}$, oder eine

[2] Siehe dazu [Mss] 4.2.11.

Funktion davon, ist ein Maß für die Verschiedenheit der idealen von der wirklichen Wahrscheinlichkeit des Auftretens der Zufallszahl i. Um festzustellen, ob die wahre Wahrscheinlichkeit in signifikanter Weise von der idealen abweicht, stellt die mathematische Statistik die Anpassungstests bereit, insbesondere eben den χ^2-Test. Für die Teststatistik

$$\chi^2 = \frac{m}{n} \sum_{i=0}^{m-1} \left(h_i - \frac{n}{m}\right)^2 \tag{11.4}$$

gilt nämlich unter der Voraussetzung, dass jede der Zufallszahlen mit gleicher Wahrscheinlichkeit auftritt, Folgendes:

$$P(\chi^2 \leq x) = P_{\chi^2,m-1}(x) \tag{11.5}$$

Die Wahrscheinlichkeit, dass χ^2 nicht größer als irgendeine vorgegebene Zahl x ist, ist gegeben durch die Verteilungsfunktion $P_{\chi^2,m-1}$ der χ^2-Verteilung mit $m-1$ Freiheitsgraden. Für diese Verteilungsfunktion gibt es umfangreiche Tabellen. Für sehr große m (wie hier) müssen allerdings Approximationsformeln benutzt werden.

Zunächst ein einfaches Beispiel. Angenommen, es ist $m = 8$, d.h. der Generator erzeugt 3-Bit-Zahlen. Einer Wahrscheinlichkeitstafel entnimmt man dann

$$P(\chi^2 \leq 1,239) = P_{\chi^2,7}(1,239) = 0,01$$
$$P(\chi^2 > 18,48) = 1 - P(\chi^2 \leq 18,48) = 1 - P_{\chi^2,7}(18,48) = 1 - 0,99 = 0,01$$

Erzeugt man also mehrere Werte von χ^2, so darf nur in einem von 100 Fällen $\chi^2 \leq 1,239$ und in einem von 100 Fällen $\chi^2 > 18,48$ gelten, oder es muss in 98 von 100 Fällen $1,239 < \chi^2 \leq 18,48$ sein. Die drei Werte 19,2 und 20,9 und 22,3 für χ^2 ergäben demnach einen nicht bestandenen Test.

Dem Verfahren haftet allerdings eine gewisse Willkür an, denn die Trennschärfe des Tests hängt ja von der gewählten Warscheinlichkeit ab. Diese wird standardmäßig mit α bezeichnet, also hier $\alpha = 0,01$. Man gibt sich ein für alle Mal ein α vor, z.B. $\alpha = 0,05$, und akzeptiert das Testergebnis.

Im allgemeinen Fall ist das Problem zu lösen, zu gegebener Wahrscheinlichkeit $0 < \alpha < 1$ und gegebenem Freiheitsgrad ν dasjenige χ^2_α zu finden mit

$$P_{\chi^2,\nu}(\chi^2_\alpha) = \alpha \tag{11.6}$$

Ist ν klein genug, kann in einer Tafel nachgesehen werden, z.B. in [AbSt]. Für wirklich große ν kann man sich der Approximation

$$\chi^2_\alpha \approx \nu + u_\alpha \sqrt{2\nu} \tag{11.7}$$

bedienen. Darin ist u_α das α-Quantil der Standardnormalverteilung mit Mittelwert 0 und Standardabweichung 1, d.h. es ist $N_{0,1}(u_\alpha) = \alpha$. Z.B. ist $u_{0,01} = 2,33$, $u_{0,99} = -2,33$, $u_{0,05} = 1,64$ und $u_{0,95} = -1,64$. Im speziellen Fall des additiven Zufallsgenerators ist $\nu = m - 1 = 2^{16} - 1$, das führt zu

$$\chi^2_\alpha \approx 2^{16} + 256 u_\alpha \sqrt{2} \tag{11.8}$$

Eingesetzt erhält man $\chi^2_{0,05}$ = **FDAD** und $\chi^2_{0,95}$ = **10251** sowie $\chi^2_{0,01}$ = **FCB3** und $\chi^2_{0,99}$ = **1024B**.

Sechs Versuchsreihen mit jeweils $n = 16m = 2^{20}$ erzeugten Zufallszahlen ergaben die folgenden χ^2-Werte:

FEEE, **100BA**, **10273**, **100EC**, **FD8A**, **FF20**

Man kann sagen, dass der Generator den Test bestanden hat, wenn auch nicht mit fliegenden Fahnen, aber das war bei einem 16-Bit-Generator auch nicht zu erwarten. 16 Bit sind für einen wirklich guten Zufallszahlengenerator zu wenig. Für eigene Berechnungen und Versuche sei angemerkt, dass wegen $h_0 + \ldots + h_{m-1} = n$ Gleichung (11.4) auch so geschrieben werden kann:

$$\chi^2 = \frac{m}{n} \sum_{i=0}^{m-1} h_i^2 - n \qquad (11.9)$$

In dieser Gestalt ist sie einfacher zu programmieren.

Es gibt noch eine Reihe weiterer Tests, um die Güte eines Zufallszahlengenerators einzuschätzen. Viele davon sind in [Knu2] zu finden. Nicht wenige sind allerdings schwierig durchzuführen (und noch schwieriger zu verstehen), man vergleiche nur die dortigen Ausführungen über den Spektraltest. Man braucht aber nicht unbedingt einen komplizierten Test, um einen Zufallszahlengenerator zu prüfen. Es könnte z.B. ein graphisches LCD-Display mit 256×256 Pixeln verwendet werden, um ein paar hundert oder tausend Zufallszahlen darzustellen. Man kann das untere Byte einer Zufallszahl als x-Koordinate und das obere als y-Koordinate einsetzen. Man kann auch ein Paar aufeinanderfolgender Zufallszahlen verwenden und zwar das untere Byte der ersten Zahl als x-Koordinate und das untere Byte der zweiten Zahl als y-Koordinate usw. Wirklich schlechte Generatoren lassen sich mit diesen Mitteln sehr schnell ausmustern.

Ein Nachteil des additiven Zufallszahlengenerators ist sein relativ großer Speicherverbrauch. Dieser verschwindet aber beim Einsatz eines **ATmega162** oder gar **ATmega128**, die mit externem Arbeitsspeicher ausgerüstet sind. Ein Vorteil ist seine einfache Erweiterbarkeit auf 24 oder auch 32 Bit, das geschieht durch Einsatz weiterer 8-Bit-Ringpuffer. Der Aufwand steigt dabei *linear*.

Nun ist eine (gleichverteilte) Zufallszahl u im Bereich $0 \leq u < 2^{16}$, wie sie `AddRnd` berechnet, eher selten gefragt, vielmehr ist eine (gleichverteilte) Zufallszahl v in einem vorgegebenen Bereich $0 \leq v < n$ gefordert, mit $n \leq 2^{16}$. Es gibt eine Reihe von Möglichkeiten, solche Zufallszahlen zu berechnen.

Die naheliegendste Methode ist, einfach $v = u \bmod n$ zu bilden, sie verbietet sich aber ganz von selbst durch die Langsamkeit der Division.

Ebenfalls sehr naheliegend ist es, den Zufallszahlengenerator einfach so lange aufzurufen, bis ein u mit $u < n$ gefunden ist. Diese Methode ist allerdings sehr aufwendig! Denn unter den ersten 2^{16} von `AddRnd` erzeugten Zufallszahlen gibt es nur **ein** u mit $u < 10$, nur neun u mit $u < 100$ und nur 68 u mit $u < 1000$[3]

[3] Das hängt natürlich von den Startwerten ab.

Die vorige Methode lässt sich beschleunigen, wenn man das kleinste k bestimmt mit $n < 2^k$ und dann so lange den Zufallszahlengenerator aufruft, bis $u \bmod 2^k < n$ gilt. Man verwendet also nicht wie oben u selbst, sondern die unteren k Bit. Die Verwendung der unteren Bit ist beim additiven Generator ganz ungefährlich, diese sind genauso zufällig wie die oberen Bit. Z.B. wäre für $n = 10$ $v = u \bmod 16$ zu bilden. Man erkennt, dass in etwa einem Drittel der Fälle $v \geq 10$ gilt, also ist für 100 Zufallszahlen v der Generator ungefähr 150-mal aufzurufen.

Die beste Methode, die geforderten Zufallszahlen zu erzeugen, verwendet jedoch eine Multiplikation. Wegen $0 \leq u < 2^{16}$ ist nämlich $0 \leq u/2^{16} < 1$, also ist

$$0 \leq \frac{un}{2^{16}} < n.$$

Man multipliziert also u mit n und verwendet als v die oberen 16 Bit des Produktes. Wird allgemeiner eine Zufallszahl v mit $a \leq v < b$ gewünscht, so erzeuge man ein v' mit $0 \leq v' < b - a$, dann hat $v = v' + a$ diese Eigenschaft.

Leider hat auch die multiplikative Methode einen kleinen Schönheitsfehler. Eine mit ihr erzeugte Zufallszahl v mit $0 \leq v < n$ hat nicht die Wahrscheinlichkeit $\frac{1}{n}$. Die Abweichung ist zwar klein, aber sie kann sich bei Simulationsläufen, die Millionen von Zufallszahlen verbrauchen, schon auswirken. Der genaue Wert der Wahrscheinlichkeit lässt sich aber relativ einfach berechnen. Ist nämlich q die Anzahl der ganzzahligen x mit $0 \leq x < 2^{16}$ und

$$v = \left\lfloor \frac{nx}{2^{16}} \right\rfloor, \tag{11.10}$$

so ist die Wahrscheinlichkeit gegeben durch

$$\frac{q}{2^{16}}. \tag{11.11}$$

Denn 2^{16} ist die Zahl der möglichen Fälle, und q ist die Zahl der günstigen Fälle. Nun ist für eine reelle Zahl ξ die Zahl $\lfloor \xi \rfloor$ definiert als die größte ganze Zahl unterhalb von ξ. Das bedeutet, dass (11.10) äquivalent ist mit

$$v \leq \frac{nx}{2^{16}} < v + 1. \tag{11.12}$$

Wird nach x aufgelöst, ergibt sich daraus

$$\frac{2^{16}v}{n} \leq x < \frac{2^{16}(v+1)}{n}. \tag{11.13}$$

In Ungleichung (11.13) muss jetzt zu ganzen Zahlen übergegangen werden. Die Frage, ob dazu $\lfloor \xi \rfloor$ oder $\lceil \xi \rceil$ zu verwenden ist, wird durch die Eigenschaften dieser Funktionen von selbst beantwortet. Ist nämlich ν eine ganze Zahl, so gilt $\lceil \xi \rceil \leq \nu$ genau dann, wenn $\xi \leq \nu$ gilt, und das passt für die linke Seite von (11.13). Ferner gilt $\nu < \lceil \xi \rceil$ genau dann, wenn $\nu < \xi$ gilt, das passt für die rechte Seite der Gleichung[4]. Das ergibt

$$\left\lceil \frac{2^{16}v}{n} \right\rceil \leq x < \left\lceil \frac{2^{16}(v+1)}{n} \right\rceil, \tag{11.14}$$

[4] Für den ganzzahligen Anteil gilt $\lfloor \xi \rfloor < \nu \Leftrightarrow \xi < \nu$ und $\nu \leq \lfloor \xi \rfloor \Leftrightarrow \nu \leq \xi$, das passt weder links noch rechts.

und die gesuchte Anzahl q der x, die Gleichung (11.10) erfüllen, ist

$$q = \left\lceil \frac{2^{16}(v+1)}{n} \right\rceil - \left\lceil \frac{2^{16}v}{n} \right\rceil . \tag{11.15}$$

Z.B. hat für $n = 10$ und $v = 5$ die linke Seite der Ungleichung (11.14) den Wert 32768, die rechte den Wert 39323, also ist $q = 6554$ und die Wahrscheinlichkeit von 5 daher $\approx 0,100006$ statt genau $\frac{1}{10}$.

Die Berechnung von v besteht gewöhnlich nur aus einem, höchstens aber aus zwei Befehlen, je nach der Art der Verwendung. In der 8-Bit-Welt der AVR-Kontroller sieht das jedoch ganz anders aus.

Prozedur AddRndN

Es wird eine Zufallszahl v im Bereich $0 \leq v < n$ berechnet, mit $0 \leq n < 2^{16}$.

Input

$\mathbf{r}_{3:2}$ n

Output

$\mathbf{r}_{1:0}$ v

1	`AddRndN:`	`push`	`r16`	2	
2		`push`	`r17`	2	
3		`push`	`r18`	2	
4		`rcall`	`AddRnd`	3+	$\mathbf{r}_{1:0} \leftarrow u$
5		`movw`	`r17:r16,r1:r0`	1	$\mathbf{r}_{17:16} \leftarrow u$
6		`mul`	`r2,r16`	2	$\mathbf{r}_{1:0} \leftarrow u_0 n_0$
7		`mov`	`r18,r1`	1	$\mathbf{r}_{18} \leftarrow (u_0 n_0)^\top$
8		`mul`	`r3,r16`	2	$\mathbf{r}_{1:0} \leftarrow u_0 n_1$
9		`add`	`r0,r18`	1	$\mathbf{r}_0 \leftarrow (u_0 n_0)^\top + (u_0 n_1)^\perp$
10		`clr`	`r18`	1	$\mathbf{r}_{18} \leftarrow$ **00**, $\mathfrak{c}$ unbeeinflusst
11		`adc`	`r1,r18`	1	$\mathbf{r}_1 \leftarrow \mathfrak{r}_1 + \mathfrak{c}$, Übertrag von Zeile *9*
12		`mov`	`r18,r1`	1	$\mathbf{r}_{18} \leftarrow$ Ergebniszwischensumme (EZS)
13		`mov`	`r16,r0`	1	$\mathbf{r}_{16} \leftarrow (u_0 n_0)^\top + (u_0 n_1)^\perp$
14		`mul`	`r2,r17`	2	$\mathbf{r}_{1:0} \leftarrow u_1 n_0$
15		`add`	`r16,r0`	1	$\mathbf{r}_{16} \leftarrow (u_1 n_0)^\perp + ((u_0 n_0)^\top + (u_0 n_1)^\perp)$
16		`adc`	`r18,r1`	1	$\mathbf{r}_{18} \leftarrow \mathrm{EZS} + \mathfrak{c}$, Übertrag von Zeile *15*
17		`mul`	`r3,r17`	2	$\mathbf{r}_{1:0} \leftarrow u_1 n_1$
18		`add`	`r0,r18`	1	$\mathbf{r}_0 \leftarrow (u_1 n_1)^\perp + \mathrm{EZS}$
19		`clr`	`r18`	1	$\mathbf{r}_{18} \leftarrow$ **00**, $\mathfrak{c}$ unbeeinflusst
20		`adc`	`r1,r18`	1	$\mathbf{r}_1 \leftarrow (u_1 n_1)^\top + \mathfrak{c}$, Übertrag von Zeile *18*
21		`pop`	`r18`	2	
22		`pop`	`r17`	2	
23		`pop`	`r16`	2	
24		`ret`		4	

Nach Zeile *4* enthält Doppelregister $\mathbf{r}_{1:0}$ eine Zufallszahl u. Es seien $u = u_1 2^8 + u_0$ und $n = n_1 2^8 + n_0$ die Zerlegungen von u und n in das untere und das obere Byte. Bild 11.2 zeigt, wie sich das Produkt un aus den Byteprodukten $u_\nu n_\mu$ zusammensetzen lässt. Nach der

Addition der Teilprodukte enthält die linke Hälfte der Summe, d.h. deren obere 16 Bit, das Ergebnis $\lfloor un2^{-16} \rfloor$. Man kann dem Bild entnehmen, dass die untere (rechte) Hälfte von u_0n_0 gar nichts zum Ergebnis beiträgt. Die obere Hälfte von u_0n_0 und die unteren Hälften von u_0n_1 und u_1n_0 haben nur mit dem Übertrag ihrer Summe Anteil am Ergebnis.

Abbildung 11.2.: Zur Berechnung von $u \times n$

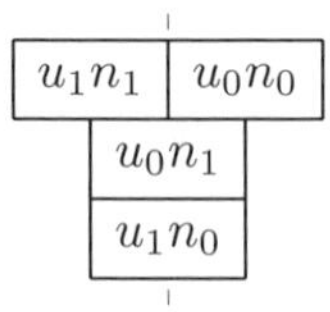

u wird gleich in das Doppelregister $\mathbf{r_{17:16}}$ kopiert, da $\mathbf{r_{1:0}}$ als Ergebnisregister für die Multiplikationen freigegeben werden muss. In Zeile *6* wird das Produkt u_0n_0 berechnet. Dessen oberes Byte $(u_0n_0)^\top$ wird nach $\mathbf{r_{18}}$ kopiert, das untere Byte wird nicht benötigt. In Zeile *8* wird u_0n_1 berechnet und in $\mathbf{r_{1:0}}$ abgelegt. Anschließend wird die Summe $(u_0n_0)^\top + (u_0n_1)^\perp$ in $\mathbf{r_0}$ gebildet, der dabei möglicherweise entstehende Übertrag wird in Zeile *11* zu $(u_0n_1)^\top$ in $\mathbf{r_1}$ addiert, da der Inhalt von $\mathbf{r_{18}}$ in der Zeile davor gelöscht wurde. Der Befehl `clr` beeinflusst das Übertragsbit c nicht. Die Zwischensumme in $\mathbf{r_1}$ wird als Teil des Ergebnisses zum späteren Gebrauch in $\mathbf{r_{18}}$ aufbewahrt (Zeile *12*). u_0 in $\mathbf{r_{16}}$ wird jetzt nicht mehr gebraucht, wohl aber die Zwischensumme $(u_0n_0)^\top + (u_0n_1)^\perp$ in $\mathbf{r_0}$, die in Zeile *13* in dem frei gewordenen $\mathbf{r_{16}}$ abgelegt wird.
In Zeile *14* wird nun das dritte Teilprodukt u_1n_0 in $\mathbf{r_{1:0}}$ gebildet. In der nächsten Zeile erfolgt die Addition $(u_1n_0)^\perp + ((u_0n_0)^\top + (u_0n_1)^\perp)$, von der aber nur der Übertrag in Zeile *16* verwendet wird, in welcher eben dieser Übertrag und $(u_1n_0)^\top$ zum bisherigen Endergebnis in $\mathbf{r_{18}}$ hinzuaddiert werden.
Schließlich wird in Zeile *17* das letzte Teilprodukt u_1n_1 berechnet, zu dem das bisher erhaltene Teilergebnis in $\mathbf{r_{18}}$ addiert werden muss (Zeilen *18–20*).

Ist n eine 8-Bit-Zahl, vereinfacht sich der Vorgang erheblich und verläuft entsprechend schneller. Da Zufallszahlen meist in großen Mengen benötigt werden, ist eine spezielle Prozedur für diesen Fall sicher lohnend.

Prozedur AddRndN8

Es wird eine Zufallszahl v im Bereich $0 \leq v < n$ berechnet, mit $0 \leq n < 2^8$.

Input

$\mathbf{r_2}$ n

Output

$\mathbf{r_0}$ v

```
AddRndN8:push  r1        2
         push  r16       2
         push  r17       2
         rcall AddRnd    3+   r1:0 ← u
         mov   r16,r1    1    r16 ← u1
         mul   r2,r0     2    r1:0 ← u0n0
         mov   r17,r1    1    r17 ← (u0n0)⊤
         mul   r2,r16    2    r1:0 ← u1n0
```

```
9          add   r0,r17   1   r0 ← (u0n0)⊤ + (u1n0)⊥
10         clr   r17      1   r17 ← 00, c unbeeinflusst
11         adc   r1,r17   1   r1 ← (u1n0)⊤ + c, Übertrag von Zeile 9
12         mov   r0,r1    1
13         pop   r17      2
14         pop   r16      2
15         pop   r1       2
16         ret            4
```

Lässt man in Bild 11.2 alle Teile mit n_1 weg, so zeigt das Bild auch die Zusammensetzung des Produktes für den Fall, dass n ein Byte ist. Das Vorgehen ist ähnlich wie bei `AddRndN` und lässt sich in der Kommentarspalte gut verfolgen.

Bei Anwendung der Zufallszahlengeneratoren ist etwas Aufmerksamkeit vonnöten, da der erste Ringpuffer eine Startadresse bekommen muss, die ohne Rest durch **100** teilbar sein muss. Das geschieht so, dass der Assemblervariablen `AddRndRiB` ein passender Wert zugewiesen wird, bevor die Datei `addrnd.avr` eingezogen wird. Es ist dabei zu beachten, dass sich Arbeitsspeicherbereiche nicht überlappen. Das folgende Testprogramm zeigt nur die grundlegende Anwendung der Generatoren.

```
         .include "makros.avr"
         .include "defm32.inc"
         .device  ATmega32
         .cseg
         .org     0
          jmp     Start              3
         .org     SPMRaddr+2
  Festlegen der Ringpufferadresse, dann Einzug von addrnd.avr
         .equ     AddRndRiB = 0x100
         .include "addrnd.avr"
Start:   ldi      r16,LOW(RAMEND)    1
         out      SPL,r16            1
         ldi      r16,HIGH(RAMEND)   1
         out      SPH,r16            1
         call     AddRndIni          4+  Generator initialisieren
         call     AddRnd             4+  Direkter Aufruf für 0 ≤ u < 2^16
         ldi      r16,LOW(1000)      1   r2:3 ← 1000
         mov      r2,r16             1
         ldi      r16,HIGH(1000)     1
         mov      r3,r16             1
         call     AddRndN            4+  Aufruf für 0 ≤ v < 1000
         ldi      r16,100            1   r2 ← 100
         mov      r2,r16             1
         call     AddRndN8           4+  Aufruf für 0 ≤ v < 100
Ewig:    rjmp     Ewig               2
```

Ein **ATmega32**, der mit einer Taktfrequenz von 16 MHz läuft, ist in der Lage, pro Sekunde etwa 307000 rohe Zufallszahlen zu erzeugen. Die Anzahl der Zufallszahlen pro

Sekunde sinkt für Zahlen in einem bestimmten Wortbereich ab auf ungefähr 20700, für Zufallszahlen in einem Bytebereich sind immerhin noch etwa 181000 Zahlen in einer Sekunde möglich.

11.2. Zufallszahlen mit gegebener Verteilung

Für das Verständnis dieses Abschnittes werden Kenntnisse aus der Wahrscheinlichkeitsrechnung vorausgesetzt. Schlüsselbegriffe sind Wahrscheinlichkeit, Dichtefunktion, Verteilungsfunktion, Zufallsvariable und Verteilung einer Zufallsvariablen. Ein gutes Buch über elementare Wahrscheinlichkeitsrechnung, in dem diese Begriffe erklärt werden, ist [Lps].

11.2.1. Gleichverteilte Zufallszahlen

Gleichverteilte Zufallszahlen sind die Grundlage für die Erzeugung von Zufallszahlen mit vielen Verteilungen. Die Gleichverteilung $\mathcal{G}_{a,b}$ für zwei reelle Zahlen $a < b$ hat die Dichtefunktion

$$g_{a,b}(\xi) = \begin{cases} 0 & \text{für } \xi < a \\ \dfrac{1}{b-a} & \text{für } a \leq \xi \leq b \\ 0 & \text{für } b < \xi \end{cases} \tag{11.16}$$

Daraus ergibt sich die Verteilungsfunktion $G_{a,b}$ durch Integration als

$$G_{a,b}(u) = \int_{-\infty}^{u} g_{a,b}(\xi)d\xi = \begin{cases} 0 & \text{für } u < a \\ \dfrac{u-a}{b-a} & \text{für } a \leq u \leq b \\ 1 & \text{für } b < u \end{cases} \tag{11.17}$$

Die Standardgleichverteilung ist $\mathcal{G}_{0,1}$, die also die allereinfachste Dichtefunktion

$$g_{0,1}(\xi) = \begin{cases} 0 & \text{für } \xi < 0 \\ 1 & \text{für } 0 \leq \xi \leq 1 \\ 0 & \text{für } 1 < \xi \end{cases}$$

besitzt. Genauso einfach aufgebaut ist natürlich auch die Verteilungsfunktion, es ist $G_{0,1}(u) = 0$ für $u < 0$, $G_{0,1}(u) = u$ für $0 \leq u \leq 1$ und $G_{0,1}(u) = 1$ für $1 < u$.

Ist nun $\boldsymbol{U}$ eine zufällige Variable mit der Verteilung $\mathcal{G}_{0,1}$, so lässt sich die Verteilung der mit zwei reellen Parametern α und β transformierten zufälligen Variablen $\alpha\boldsymbol{U} + \beta$

auf einfache Weise ermitteln:

$$
\begin{aligned}
P(\alpha\boldsymbol{U}+\beta \le u) &= P\Big(\boldsymbol{U} \le \frac{u-\beta}{\alpha}\Big) \\
&= G_{0,1}\Big(\frac{u-\beta}{\alpha}\Big) \\
&= \begin{cases} 0 & \text{für } \dfrac{u-\beta}{\alpha} < 0 \\ \dfrac{u-\beta}{\alpha} & \text{für } 0 \le \dfrac{u-\beta}{\alpha} \le 1 \\ 1 & \text{für } 1 < \dfrac{u-\beta}{\alpha} \end{cases} \\
&= \begin{cases} 0 & \text{für } u < \beta \\ \dfrac{u-\beta}{(\alpha+\beta)-\alpha} & \text{für } \beta \le u \le \alpha+\beta \\ 1 & \text{für } \alpha+\beta < u \end{cases}
\end{aligned}
$$

Man erkennt, dass für die beiden Parameter $\beta < \alpha+\beta$, d.h. $\alpha > 0$ gelten muss! Ist das der Fall, dann hat also $\alpha\boldsymbol{U}+\beta$ die Verteilung $\mathcal{G}_{\beta,\alpha+\beta}$. Folglich genügt es, Zufallszahlen mit der Verteilung $\mathcal{G}_{0,1}$ berechnen zu können. Ist nämlich eine Zufallszahl v mit der Verteilung $\mathcal{G}_{a,b}$ gesucht, so hat man nur $\beta = a$ und $\alpha = b-a$ zu setzen: Ist u eine Zufallszahl mit der Verteilung $\mathcal{G}_{0,1}$, so hat $v = (b-a)u + a$ die Verteilung $\mathcal{G}_{a,b}$.

Ausgangspunkt zur Berechnung einer Zufallszahl u mit der Verteilung $\mathcal{G}_{0,1}$ ist natürlich eine ganzzahlige 16-Bit-Zufallszahl q aus Abschnitt 11.1. Präziser ausgedrückt wird dort eine Bitfolge $\mathfrak{b} = \mathfrak{b}_{15}\cdots\mathfrak{b}_0$ erzeugt und als $q = \mathbb{K}_{16}(\mathfrak{b})$ interpretiert.[5] Es spricht nichts dagegen, die Bitfolge anders zu interpretieren. Wählt man die Darstellung $u = \mathbb{K}_{0,16}(\mathfrak{b})$, so erhält man eine Zahl $0 \le u < 1$. Alle so zu bekommenden Zahlen treten mit der Häufigkeit $\varepsilon = 2^{-16}$ auf, weshalb sich mit ihnen ein diskretes Gleichwahrscheinlichkeitsmaß aufbauen lässt. Ordnet man die Zahlen u der Größe nach in der Folge $u_0, u_1, \ldots, u_{2^{16}-1}$ an, also $u_0 = 0 = \mathbb{K}_{0,16}(\mathtt{00000000\,00000000})$, $u_1 = \varepsilon = \mathbb{K}_{0,16}(\mathtt{00000000\,00000001})$ usw. bis $u_{2^{16}-1} = 1-\varepsilon = \mathbb{K}_{0,16}(\mathtt{11111111\,11111111})$, so ist eine diskrete Wahrscheinlichkeit P_ε gegeben durch

$$
P_\varepsilon(\{u_\nu\}) = \varepsilon \qquad \nu \in \{0,\ldots,2^{-16}-1\} \tag{11.18}
$$

Die Verteilungsfunktion G_ε von P_ε ist eine Approximation von $G_{0,1}$, und zwar ist G_ε eine Treppenfunktion, die $G_{0,1}$ von oben her approximiert. Bild 11.3 zeigt beide Verteilungsfunktionen um den Nullpunkt herum. Am Bild lässt sich der Fehler ablesen, der bei der Approximation gemacht wird:

$$
|G_{0,1}(u) - F_\varepsilon(u)| \le \varepsilon
$$

Wird nun $G_{0,1}$ im $\mathbb{K}_{0,16}$-Zahlensystem dargestellt, so ergibt sich zwangsläufig ebenfalls eine Treppenfunktion, nämlich die um den Betrag ε nach rechts verschobene Treppenfunktion F_ε, die $G_{0,1}$ von unten her approximiert. Bei der praktischen Arbeit mit

[5] Die Darstellungsfunktionen $\mathbb{K}$ und $\mathbb{G}$ werden ausführlich in [Mss] beschrieben.

Abbildung 11.3.: G_ε approximiert $G_{0,1}$

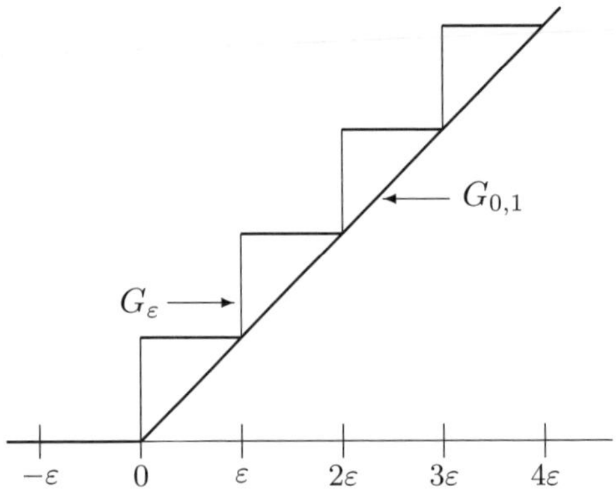

Zufallszahlen ist dieser Unterschied bedeutungslos. Man kann also sagen, dass man mit der Interpretation der Zufallsbitfolgen von Abschnitt 11.1 durch $\mathbb{K}_{0,16}$ Zufallszahlen mit der Verteilung $\mathcal{G}_{0,1}$ erhält.

Selbstverständlich sind auch andere Interpretationen möglich. Verwendet man z.B. $\mathbb{G}_{1,15}$, so ergeben sich Zufallszahlen mit der Verteilung $\mathcal{G}_{-1,1}$.

11.2.2. Diskret verteilte Zufallszahlen

Es sei $\boldsymbol{X}$ eine Zufallsvariable, welche die Werte x_1 bis x_n annimmt. Ihre Verteilung sei gegeben durch

$$P(\boldsymbol{X} = x_\nu) = p_\nu.$$

Dann gilt also $0 \leq p_\nu$ und $\sum_{\nu=1}^{n} p_\nu = 1$. Die Aufgabe ist, Werte dieser Zufallsvariablen zu erzeugen, also Zufallszahlen zu berechnen, welche die Werte von $\boldsymbol{X}$ annehmen und ihre Verteilung besitzen.

Dazu definiert man auf dem halboffenen Intervall $0 \leq \xi < 1$ die Funktion Z wie folgt:

$$
\begin{aligned}
Z(\xi) &= x_1 \quad \text{für} \quad \sum_{\nu=0}^{0} p_\nu \leq \xi < \sum_{\nu=0}^{1} p_\nu \\
Z(\xi) &= x_2 \quad \text{für} \quad \sum_{\nu=0}^{1} p_\nu \leq \xi < \sum_{\nu=0}^{2} p_\nu \\
&\vdots \\
Z(\xi) &= x_n \quad \text{für} \quad \sum_{\nu=0}^{n-1} p_\nu \leq \xi < \sum_{\nu=0}^{n} p_\nu = 1
\end{aligned}
$$

Ist dann $\boldsymbol{U}$ eine zufällige Variable mit der Verteilung $\mathcal{G}_{0,1}$, so nimmt die Zufallsvariable

$Z \circ \boldsymbol{U}$[6] die Werte x_i mit den Wahrscheinlichkeiten p_i an:

$$P(Z \circ \boldsymbol{U} = x_i) = P\left(\sum_{\nu=0}^{i-1} p_\nu \leq \boldsymbol{U} < \sum_{\nu=0}^{i} p_\nu\right) = \sum_{\nu=0}^{i} p_\nu - \sum_{\nu=0}^{i-1} p_\nu = p_i$$

Das bedeutet also, dass für eine nach $\mathcal{G}_{0,1}$ verteilte Zufallszahl u der Wert $Z(u)$ als eine Ausprägung von $\boldsymbol{X}$ angesehen werden kann. Damit ist die Aufgabe zwar theoretisch gelöst, aber es bedarf noch einiger Überlegungen, die Lösung in die Praxis umzusetzen.

Tabelle 11.2.:

ν	x_ν	p_ν
1	1	0,3
2	2	0,2
3	3	0,25
4	4	0,15
5	5	0,1

Tabelle 11.2 zeigt eine diskrete Zufallsvariable mit ihrer Verteilung. Daraus kann direkt das Ungleichungssystem zur Bestimmung der Zufallswerte abgelesen werden:

$$\begin{array}{lll} Z = 1 & 0 & \leq u < 0,3 \\ Z = 2 & 0,3 & \leq u < 0,5 \\ Z = 3 & 0,5 & \leq u < 0,75 \\ Z = 4 & 0,75 & \leq u < 0,9 \\ Z = 5 & 0,9 & \leq u < 1 \end{array}$$

Es wird eine nach $\mathcal{G}_{0,1}$ verteilte Zufallszahl u erzeugt und dann geprüft, in welchen Bereich sie fällt. Natürlich beginnt man mit dem Bereich, in den sie am wahrscheinlichsten fällt, hier also in den Bereich für $Z = 1$. Liegt sie nicht in diesem Bereich, fährt man mit dem nächstwahrscheinlicheren fort, hier als mit dem Bereich für $Z = 3$, usw. Das nachfolgende Unterprogramm verwendet diese Methode.

Der ermittelte Wert von Z wird in Register $\mathbf{r_{16}}$ zurückgegeben

```
Zufwert: call  AddRnd     4+   r1:0 ← u
         ldi   r16,0xCD   1    r17:16 ← 4CCD ≈ 0,3
         ldi   r17,0x4C   1
         cp    r0,r16     1    u < 0,3?
         cpc   r1,r17     1
         brsh  Zw1        1/2  Nein: Bereich für Z = 3 testen
         ldi   r16,1      1    Z ← 1
         ret              4
Zw1:     ldi   r16,0x00   1    r17:16 ← 8000 = 0,5
         ldi   r17,0x80   1
```

[6] $(Z \circ \boldsymbol{U})(u) = Z(\boldsymbol{U}(u))$

```
11          cp    r0,r16     1    0,5 ≤ u?
12          cpc   r1,r17     1
13          brlo  Zw3        1/2  Nein: dann 0,3 ≤ u und u < 0,5
14          ldi   r16,0x00   1    r17:16 ← C000 = 0,75
15          ldi   r17,0xC0   1
16          cp    r0,r16     1    u < 0,75?
17          cpc   r1,r17     1
18          brsh  Zw5        1/2  Nein: Bereich für Z = 4 testen
19          ldi   r16,3      1    Z ← 3
20          ret              4
21  Zw3:    ldi   r16,2      1    Z ← 2
22          ret              4
23  Zw5:    ldi   r16,0x68   1    r17:16 ← E668 ≈ 0,9
24          ldi   r17,0xE6   1
25          cp    r0,r16     1    u < 0,9?
26          cpc   r1,r17     1
27          brsh  Zw7        1/2  Nein: dann 0,9 ≤ u < 1
28          ldi   r16,4      1    Z ← 4
29          ret              4
30  Zw7:    ldi   r16,5      1    Z ← 5
31          ret              4
```

Nach der Erzeugung von u in der ersten Zeile wird zum Vergleich mit $0,3$ eine Approximation von $0,3$ in Register $\mathbf{r_{17:16}}$ geladen. Der 16-Bit-Vergleich wird in den Zeilen *4–5* mit dem Befehlspaar cp-cpc durchgeführt.[7] Gilt $u < 0,3$, kann mit $Z = 1$ zurückgekehrt werden. Andernfalls wird in Zeile *9* mit dem Prüfen des Bereiches $0,5 \leq u < 0,75$ für $Z = 3$ begonnen, indem $\mathbf{r_{17:16}}$ mit $0,5 =$ **8000** geladen wird. Ergibt das Prüfen in den Zeilen *11–12*, dass $u < 0,5$ gilt, dann gilt insgesamt $0,3 \leq u < 0,5$, damit steht der Wert 2 von Z schon fest und es kann ab Zeile *21* zurückgesprungen werden. Bei $0,5 \leq u$ ist als Nächstes zu testen, ob $u < 0,75$ gilt. Das Laden von $\mathbf{r_{17:16}}$ mit $0,75 =$ **C000** und der Vergleich finden in den Zeilen *14–17* statt. Ergibt dieser Vergleich, dass $u < 0,75$ gilt, so kann ab Zeile *19* mit $Z = 3$ zurückgesprungen werden. Andernfalls geht es in Zeile *23* damit weiter, dass eine Approximation von $0,9$ in $\mathbf{r_{17:16}}$ geladen wird, und es erfolgt der Vergleich vom u mit $0,9$. Ergibt der Vergleich $u < 0,9$, so ist $Z = 4$, andernfalls $Z = 5$.

Es ergibt sich nun ein interessantes Problem: Wie bestimmt man die Laufzeit eines Programmes, dessen Verhalten vom Zufall abhängt? Beim vorliegenden Programm

Tabelle 11.3.:

$Z = 1$	10	0,3
$Z = 2$	17	0,2
$Z = 3$	21	0,25
$Z = 4$	27	0,15
$Z = 5$	28	0,1

kann so vorgegangen werden, dass der Programmlauf unter der Annahme, dass u in

[7] Das Befehlspaar wird in [Mss] genauer beschrieben.

einen bestimmten Bereiche fällt, nachvollzogen wird und dabei die verbrauchten Takte gezählt werden. Tabelle 11.3 enthält das Ergebnis dieses Auszählens.[8] Die erste Spalte kennzeichnet den Bereich, die zweite gibt die Anzahl der Takte an, die gebraucht werden, um diesen Bereich festzustellen, und die dritte Spalte zeigt noch einmal die Wahrscheinlichkeit, mit der u in den Bereich fällt. Daraus ergibt sich die mittlere Taktzahl zu

$$T_M = 10 \times 0,3 + 17 \times 0,2 + 21 \times 0,25 + 27 \times 0,15 + 28 \times 0,1 = 18,5.$$

Es mag Anwendungen geben, in denen die stark schwankende Berechnungsdauer der Zufallswerte Probleme bereitet. Ganz sicher von Nachteil ist aber die Tatsache, dass ein nach obiger Methode aufgebautes Programm mit wachsender Anzahl der Bereiche immer undurchsichtiger wird. Z.B. erhält man für Zufallszahlen, die den Wurf mit zwei Spielwürfeln nachbilden sollen, schon zehn Bereiche.

Abhilfe schafft hier ein Programm, das gar keine Vergleiche mehr durchführt, sondern eine Tabelle benutzt, welche die benötigte Information enthält. Um diese Tabelle zu erhalten, wird das System der Ungleichungen so mit einer natürlichen Zahl m multipliziert, dass die Grenzen der Bereiche ganzzahlig werden. Die Bereiche selbst werden dadurch nicht verändert. Um die Tabelle nicht unnötig groß werden zu lassen, sollte m möglichst klein gewählt werden. Im vorliegenden Fall ist $m = 20$ ein guter Wert und ergibt das folgende Ungleichungssystem:

$$\begin{array}{ll}
Z = 1 & 0 \leq 20u < 6 \\
Z = 2 & 6 \leq 20u < 10 \\
Z = 3 & 10 \leq 20u < 15 \\
Z = 4 & 15 \leq 20u < 18 \\
Z = 5 & 18 \leq 20u < 20
\end{array}$$

Ist k eine ganze und x eine reelle Zahl, so gilt[9]

$$\begin{array}{rcl}
k \leq \lfloor x \rfloor & \Longleftrightarrow & k \leq x \\
\lfloor x \rfloor < k & \Longleftrightarrow & x < k,
\end{array}$$

es darf demnach zu einem Ungleichungssystem übergegangen werden, das nur noch ganze Zahlen enthält:

$$\begin{array}{ll}
Z = 1 & 0 \leq \lfloor 20u \rfloor < 6 \\
Z = 2 & 6 \leq \lfloor 20u \rfloor < 10 \\
Z = 3 & 10 \leq \lfloor 20u \rfloor < 15 \\
Z = 4 & 15 \leq \lfloor 20u \rfloor < 18 \\
Z = 5 & 18 \leq \lfloor 20u \rfloor < 20
\end{array}$$

[8] Der Aufruf des Zufallszahlengenerators ist nicht mitgerechnet.

[9] Siehe z.B. [Knu1].

Diesem System kann man z.B. entnehmen, dass Z genau dann den Wert 1 zugewiesen bekommt, wenn $\lfloor 20u \rfloor$ die Werte 0, 1, 2, 3, 4 und 5 annimmt. Tabelle 11.4 enthält den vollständigen Zusammenhang zwischen $\lfloor 20u \rfloor$ und Z. Um den Wert von Z zu erhalten, ist nur der ganzzahlige Anteil von $20u$ zu berechnen und als Index bei einem Zugriff auf die Tabelle zu verwenden.

Tabelle 11.4.:

$\lfloor 20u \rfloor$	Z	$\lfloor 20u \rfloor$	Z
0	1	10	3
1	1	11	3
2	1	12	3
3	1	13	3
4	1	14	3
5	1	15	4
6	2	16	4
7	2	17	4
8	2	18	5
9	2	19	5

Interessiert nicht so sehr der Wert von Z selbst, sondern soll vielmehr zu jedem Wert von Z z.B. ein Unterprogramm aufgerufen werden, liegt es nahe, gar nicht die Werte von Z, sondern die zugehörigen Zieladressen in die Tabelle aufzunehmen.

Die Umsetzung in ein Programm weist keine Schwierigkeiten auf, vielleicht mit Ausnahme der Berechnung von $\lfloor 20u \rfloor$.

```
Tab:      .db   1,1,1,1                 Tabelle 11.4
          .db   1,1,2,2
          .db   2,2,3,3
          .db   3,3,3,4
          .db   4,4,5,5
Zufwert:  call  AddRnd             4+   r1:0 ← u = 2^8 u1 + u0
          mov   r16,r1             1    r16 ← u1
          ldi   r17,20             1    r17 ← 20
          mul   r0,r17             2    r1:0 ← 2^8 a1 + a0 = 1u0 × 20
          mov   r18,r1             1    r18 ← a1
          mul   r16,r17            2    r1:0 ← 2^8 b1 + b0 = u1 × 20
          add   r0,r18             1    r1:0 ← 2^8 b1 + b0 + a1
          clr   r16                1
          adc   r1,r16             1
          ldi   r30,LOW(Tab*2)     1    Tabellenadr. für lpm-Befehl laden
          ldi   r31,HIGH(Tab*2)    1
          add   r30,r1             1    ⌊20u⌋ addieren
          adc   r31,r16            1
          lpm   r16,Z              3    r16 ← Z-Wert aus Tabelle
          ret                      4
```

Der ermittelte Wert von Z wird wie im vorigen Programm in Register $\mathbf{r_{16}}$ zurückgegeben. Der Zufallszahlengenerator übergibt die Zufallszahl u in Doppelregister $\mathbf{r_{1:0}}$. Deren oberes Byte $\mathfrak{r}_1$ wird in Register $\mathbf{r_{16}}$ geladen, da $\mathbf{r_1}$ ja von der nächsten Multiplikation überschrieben wird. Die Multiplikation in Zeile *9* entspricht dem oberen Kasten in Bild 11.4. Man kann dem Bild

Abbildung 11.4.: Die Berechnung von $\lfloor 20u \rfloor$, $u = 2^8 u_1 + u_0$

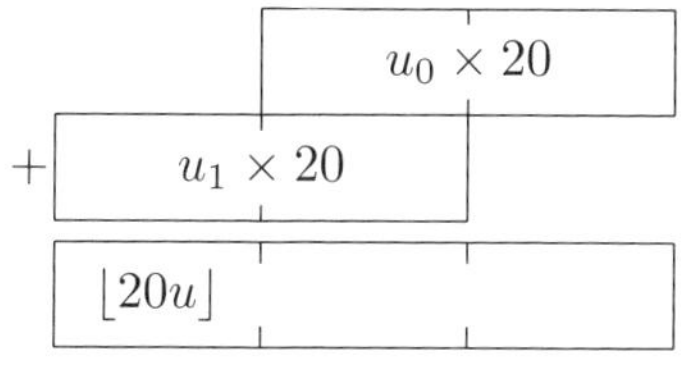

entnehmen, dass das untere Byte des Produktes zur Bildung von $\lfloor 20u \rfloor$ nicht benötigt wird. Das obere Byte des Produktes muss aber noch zum zweiten Zwischenprodukt addiert werden und wird deshalb in Register $\mathbf{r_{18}}$ geladen. In Zeile *11* wird dann das zweite Teilprodukt berechnet, das dem mittleren Kasten des Bildes entspricht. Es folgt in den Zeilen *12–14* die Addition des oberen Bytes des ersten Teilproduktes zum zweiten Teilprodukt, wie es im Bild auch angedeutet ist. Das Produkt $20u$ ist eine 24-Bit-Fixkommazahl mit dem Binärkomma zwischen Bit 15 und 16, d.h. der ganzzahlige Anteil der Zahl besteht aus den oberen acht Bit. Die oberen acht Bit des Ergebnisses befinden sich aber in Register $\mathbf{r_1}$, es ist also $\mathfrak{r}_1 = \lfloor 20u \rfloor$. Der Rest des Programms ist Standard. Die Anfangsadresse der Tabelle wird in Register **Z** geladen und zwar um ein Bit nach links verschoben, wie es der `lpm`-Befehl verlangt. Dann wird der berechnete Byteindex $i = \lfloor 20u \rfloor$ zur Adresse addiert, natürlich als 16-Bit-Zahl, d.h. oben um acht Nullbits ergänzt. Der Index *darf nicht* ebenfalls nach links geshiftet werden, denn die oberen 15 Bit von i bilden ja den *Wortindex* des Wortes, welches das zum Byteindex gehörige Byte enthält, und Bit 0 von i gibt an, ob auf das untere oder obere Byte dieses Wortes zugegriffen werden soll. Ist z.B. $i = 7 =$ 00000000 00000111, so sind die oberen 15 Bit 00000000 0000011 $= \lfloor \frac{i}{2} \rfloor$ und das ist der Wortindex 3 des Bytes mit dem Byteindex 7, denn das achte Byte steht im vierten Wort der Tabelle.

Das Unterprogramm benötigt ohne den Aufruf des Zufallszahlengenerators 21 Takte. Das ist zwar etwas mehr als die mittlere Laufzeit des ersten Unterprogramms, dessen Laufzeit sich aber mit jedem dazukommenden Bereich verlängert. Hier, beim zweiten Unterprogramm, verlängert sich mit einem hinzukommenden Bereich nur die Tabelle, die Laufzeit des Unterprogramms ist konstant. Als weiterer Vorteil kommt hinzu, dass alle Berechnungen von Z-Werten gleich lang dauern.

11.2.3. Exponentialverteilte Zufallszahlen

Tritt ein Ereignis im Mittel einmal in λ Zeiteinheiten ein, so kann man annehmen, dass die Länge der Zeitspanne, die vom Eintreten eines Ereignisses bis zum nächsten vergeht, exponentialverteilt ist. Ein Ereignis kann das Emittieren eines Kernteilchens durch eine radioaktive Substanz sein, aber auch das Ankommen eines Kraftfahrzeuges an einem Parkplatz. Die Exponentialverteilung $\mathcal{E}_{\lambda,\theta}$ hat die einfache Dichtefunktion

$$e_{\lambda,\theta}(\xi) = \begin{cases} 0 & \text{für } \xi < \theta \\ \frac{1}{\lambda}\exp\left(-\frac{\xi-\theta}{\lambda}\right) & \text{für } \xi \geq \theta \end{cases} \tag{11.19}$$

Darin ist $\lambda > 0$, θ aber beliebig. Der Parameter θ wird wenig genutzt, meist wird $\theta = 0$ angenommen. Die Standardexponentialverteilung ergibt sich für $\theta = 0$ und $\lambda = 1$. Durch eine sehr einfache Rechnung erhält man die Verteilungsfunktion $E_{\theta,\lambda}$ von $\mathcal{E}_{\lambda,\theta}$ als

$$E_{\lambda,\theta}(x) = \begin{cases} 0 & \text{für } x < \theta \\ 1 - \exp\left(-\frac{x-\theta}{\lambda}\right) & \text{für } \xi \geq \theta \end{cases} \tag{11.20}$$

Eine ebenso einfache Rechnung zeigt, dass für eine Zufallsvariable $\boldsymbol{X}$ mit der Verteilung $\mathcal{E}_{1,0}$ die transformierte Zufallsvariable $a\boldsymbol{X} + b$ die Verteilung $\mathcal{E}_{a,b}$ besitzt.

Die Aufgabe besteht nun darin, Zufallszahlen mit der Verteilung $\mathcal{E}_{1,0}$ zu berechnen, also eine Zufallsvariable $\boldsymbol{E}$ mit der Verteilung $\mathcal{E}_{1,0}$ zu finden, deren Werte, eben die Zufallszahlen mit der Verteilung $\mathcal{E}_{1,0}$, berechnet werden können.

Für ein Wahrscheinlichkeitsmaß $\mathcal{P}$, dessen Verteilungsfunktion F eine Inverse F^{-1} besitzt, kann eine Zufallsvariable $\boldsymbol{X}$ mit der Verteilung $\mathcal{P}$ leicht angegeben werden. Ist nämlich $\boldsymbol{U}$ eine Zufallsvariable mit $\mathcal{G}_{1,0}$ als Verteilung, also eine standardgleichverteilte Zufallsvariable, so hat die Funktion

$$\boldsymbol{X} = F^{-1} \circ \boldsymbol{U}$$

die Verteilung $\mathcal{P}$. Das bedeutet, dass man nur gleichverteilte Zufallszahlen in die Umkehrfunktion von F einzusetzen hat.

Nun hat die Verteilungsfunktion $E_{1,0}$ keine Inverse, da sie ja auf der Menge $(-\infty, 0[$ konstant den Wert Null hat. Aber diese Menge ist eben eine Nullmenge bezüglich $\mathcal{E}_{1,0}$ und kann für die Berechnung von Verteilungen außer Acht gelassen werden. Wird $E_{1,0}$ auf die Menge $[0,\infty)$ eingeschränkt, so hat diese Einschränkung $\tilde{E}_{1,0}$ eine Inverse, die leicht als $\tilde{E}_{1,0}^{-1}(x) = -\ln(1-x)$ auszurechnen ist. Folglich ist

$$\boldsymbol{E} = -\ln(1 - \boldsymbol{U})$$

eine Zufallsvariable mit der Verteilung $\mathcal{E}_{1,0}$. Das kann noch vereinfacht werden. Denn wie oben gesehen hat $a\boldsymbol{U} + b$ die Verteilung $\mathcal{E}_{b,a+b}$, also hat $1 - \boldsymbol{U}$ die Verteilung $\mathcal{E}_{1,0}$, d.h.

$$\boldsymbol{E} = -\ln(\boldsymbol{U})$$

ist eine Zufallsvariable mit der Verteilung $\mathcal{E}_{1,0}$.

Das ist zwar ein schönes Ergebnis, aber leider auch ein für die Praxis ganz untaugliches, denn die Berechnung von $\ln(x)$ für $0 < x \leq 1$ ist numerisch sehr aufwendig. Die direkte Berechnung für das Einheitsintervall ist praktisch unmöglich, da der natürliche Logarithmus dort eine Singularität besitzt. Man kann so vorgehen: Es wird diejenige ganze Zahl m bestimmt mit $2^m \leq x < 2^{m+1}$. Dann ist $1 \leq \frac{x}{2^m} < 2$, also ist $\frac{x}{2^m} = 1+y$ mit $0 \leq y < 1$. Das ergibt

$$\ln(x) = \ln\left(2^m \frac{x}{2^m}\right) = m\ln(2) + \ln\left(\frac{x}{2^m}\right) = m\ln(2) + \ln(1+y).$$

Die Berechnung von $\ln(1+y)$ für $0 \leq y < 1$ mit fünf genauen Dezimalstellen erfordert die Auswertung eines Polynoms vom Grad sechs oder die Auswertung einer $\boldsymbol{T}^*$-Entwicklung vom Grad fünf. Selbst wenn man Fixkommaarithmetik verwendet,[10] muss eine nicht unbeträchtliche Zahl von 16-Bit-Additionen und vor allem 16-Bit-Multiplikationen ausgeführt werden. Die Verwendung von Fließkommaarithmetik, wie sie etwa von einem **C**-Compiler zur Verfügung gestellt wird, verbietet sich aus vielerlei Gründen von selbst.

Glücklicherweise gibt es eine Methode, Zufallszahlen mit der Verteilung $\mathcal{E}_{1,0}$ zu erzeugen, die nur 16-Bit-Additionen und -Vergleiche verwendet. Sie geht auf John von Neumann zurück, ist aber wenig bekannt.[11] Sie geht aus von einer Folge

$$\boldsymbol{u}_\mu, \mu = 0, 1, \ldots$$

von Folgen von Zufallszahlen mit der Verteilung $\mathcal{E}_{1,0}$:

$$\begin{aligned}
\boldsymbol{u}_0 &= (u_{0,0}, u_{0,1}, u_{0,2}, u_{0,3}, \ldots) \\
\boldsymbol{u}_1 &= (u_{1,0}, u_{1,1}, u_{1,2}, u_{1,3}, \ldots) \\
&\vdots \\
\boldsymbol{u}_\mu &= (u_{\mu,0}, u_{\mu,1}, u_{\mu,2}, u_{\mu,3}, \ldots) \\
&\vdots
\end{aligned}$$

Sei ferner m eine natürliche Zahl. Das Verfahren zur Bestimmung einer Zufallszahl v verläuft dann wie folgt:

A Initialisiere: $m \leftarrow 0$

B Bestimme die kleinste natürliche Zahl n mit

$$\sum_{\nu=1}^{n-1} u_{m,\nu} < u_{m,0} \quad \text{und} \quad \sum_{\nu=1}^{n} u_{m,\nu} \geq u_{m,0}.$$

Dabei sei $\sum_{\nu=1}^{0} u_{m,\nu} = -1$.

C Ist n eine gerade Zahl, gilt also $n \bmod 2 = 0$, so erhöhe m um 1 ($m \leftarrow m+1$) und gehe zurück zu **B**.

Ist n aber eine ungerade Zahl, also $n \bmod 2 = 1$, so setze $v = u_{m,0} + m$ und das Verfahren bricht ab.

Die mit dem Verfahren erzeugten Zahlen v sind Zufallszahlen mit der Verteilung $\mathcal{E}_{1,0}$. Das Verfahren ist sehr effizient, Simulationen ergaben für m einen Mittelwert von $0,6$

[10]In [Mss] Abschnitt **4.3.5** wird das am Beispiel der Funktion e^{-x} erläutert.

[11]Siehe [John] **CHAP. 18**, **2. Genesis**.

und für das in **B** bestimmte n einen Mittelwert von $0,14$, der Mittelwert der erzeugten Zufallszahlen lag sehr nahe bei 1.

Das Verfahren kann leicht in ein Programm umgesetzt werden. Es wird natürlich keine Folge von Folgen von Zufallszahlen verwendet, die nur der einfacheren Formulierung wegen eingeführt wurde. Auf den ersten Blick scheint es so, als ob die Summe in **B** in 24-Bit-Arithmetik ausgeführt werden müsste, da ja 16-Bit-Zahlen addiert werden müssen. Tatsächlich wird der Summenwert selbst aber gar nicht benötigt, sondern nur seine Relation zu $u_{\mu,0}$, die man in einem Assemblerprogramm auch ohne 24-Bit-Addition bestimmen kann.

Prozedur AddRndExp

Es wird eine 24-Bit-Zufallszahl v im Format $\mathbb{K}_{8,16}$ berechnet, die der Verteilung $\mathcal{E}_{1,0}$ gehorcht.

Output

$\mathbf{r}_{4:3:2}$ $\quad v = \mathbb{K}_{8,16}(\mathfrak{r}_{4:3:2})$

m in $\mathbf{r}_4$, $u_{\mu,0}$ in $\mathbf{r}_{3:2}$, n in $\mathbf{r}_{16}$ und $\sum_{\nu=1}^{k} u_{m,\nu}$ in $\mathbf{r}_{7:6}$

```
1  AddRndExp: push5  r0,r1,r6,r7,r16  10
2             clr    r4               1    m ← 0
3  AddRdEp1:  ldi    r16,1            1    n ← 1
4             call   AddRnd           4+   r1:0 ← u_m,0
5             movw   r3:r2,r1:r0      1    r3:2 ← u_m,0
6             call   AddRnd           4+   r1:0 ← u_m,1
7             cp     r0,r2            1    u_m1 ≥ u_m,0?
8             cpc    r1,r3            1
9             brsh   AddRdEp7         1/2  Ja: ok, v = r4:3:2
10            movw   r7:r6,r1:r0      1    r7:6 ← u_m,1
11 AddRdEp3:  inc    r16              1    n ← n + 1
12            call   AddRnd           4+   r1:0 ← u_m,k
13            add    r6,r0            1    r7:6 ← Σ_{ν=1}^k u_m,ν
14            adc    r7,r1            1
15            brcs   AddRdEp5         1/2  c = 1 ⇒ Σ_{ν=1}^k u_m,ν > u_m,0
16            cp     r2,r6            1    Σ_{ν=1}^k u_m,ν < u_m,0?
17            cpc    r3,r7            1
18            brlo   AddRdEp3         1/2  Ja: n noch unbekannt
19 AddRdEp5:  lsr    r16              1    n mod 2 = 1, d.h. n ungerade?
20            brcs   AddRdEp7         1/2  Ja: ok, v = r4:3:2
21            inc    r4               1    m ← m + 1
22            rjmp   AddRdEp1         2    Nächstes n
23 AddRdEp7:  pop5   r16,r7,r6,r1,r0  10
24            ret                     4
```

Nach der Initialisierung von m in Zeile *2* folgt der Prozedurteil, in dem bei gegebenem m ein n bestimmt wird (Zeilen *3–18*). In Zeile *3* erhält n seinen Anfangswert 1. Anschließend wird der Zufallszahlengenerator aufgerufen, um $u_{m,0}$ zu berechnen. $u_{m,0}$ wird in Register $\mathbf{r}_{3:2}$ geladen, um $\mathbf{r}_{1:0}$ frei zu machen für die nächste gleichverteilte Zufallszahl $u_{m,1}$, die in Zeile *6* berechnet wird. In den Zeilen *7–8* wird $u_{m,1} = \sum_{\nu=1}^{1} u_{m,\nu}$ mit $u_{m,0}$ verglichen. Ist $u_{m,1} \geq u_{m,0}$, so ist das gesuchte kleinste n schon gefunden, denn die zweite Bedingung in **B** ist wegen $\sum_{\nu=1}^{0} u_{m,\nu} = -1 < u_{m,0}$ automatisch erfüllt. Das Dreifachregister $\mathbf{r_{4:3:2}}$ enthält in diesem Fall schon das Ergebnis $m + u_{m,0}$ und es kann direkt in das rufende Programm zurückgesprungen werden. Im anderen Fall, also bei $u_{m,1} \geq u_{m,0}$, ist n noch nicht die in **B** gesuchte kleinste Zahl, es müssen noch weitere Zufallszahlen zur Bestimmung herangezogen werden. Da Register $\mathbf{r_{7:6}}$ zur Summenbildung benutzt wird, erhält es in Zeile *10* den Anfangswert $u_{m,1}$.

Nach dem anfänglichen Sonderfall $n = 1$ werden in der Schleife in den Zeilen *11–18* die Fälle $n > 1$ behandelt. Es beginnt damit, dass n um 1 erhöht wird, anschließend wird die nächste Zufallszahl $u_{m,k}$ erzeugt und in den Zeilen *13–14* zur Summe in $\mathbf{r_{7:6}}$ addiert. Tritt dabei ein Überlauf ein, so ist die neue Summe s noch gar nicht berechnet worden, aber für sie gilt $s >$ **FFFF**, weshalb wegen $u_{m,0} \leq$ **FFFF** auch $s > u_{m,0}$ gilt, das kleinste n ist also schon gefunden und es kann zur Prüfung in Zeile *19* gesprungen werden, ob n ungerade ist. Falls jedoch kein Übertrag aufgetreten ist, ist die Summe vollständig berechnet worden und wird in den Zeilen *16–17* mit $u_{m,0}$ verglichen. Gilt $s < u_{m,0}$, so muss die Schleife weiter durchlaufen werden und es wird an ihren Anfang in Zeile *11* gesprungen. Gilt aber $s \geq u_{m,0}$, so ist das kleinste n bestimmt.

In Zeile *19* wird geprüft, ob n ungerade ist, ob also sein unteres Bit den Wert 1 hat. Zu diesem Zweck wird das untere Bit durch den Shiftbefehl in das Übertragsbit geschoben und dann mit dem bedingten Sprungbefehl in Zeile *20* geprüft. Hat das Übertragsbit den Wert 1, kann direkt mit dem Ergebnis in $\mathbf{r_{4:3:2}}$ in das rufende Programm zurückgesprungen werden, andernfalls muss m in Zeile *21* erhöht und zur Bestimmung eines weiteren n in die Zeile *3* zurückgesprungen werden.

Ein kleines Hauptprogramm zeigt `AddRndExp` in Aktion.

```
          .include "defm128.inc"
          .include "makros.avr"
          .device  ATmega128
          .cseg
          .org     0
          jmp      Start               3
          .equ     AddRndRiB = 0x100     Die Ringpufferadresse!
          .include "addzg.avr"
          .cseg
Start:    ldi      r16,LOW(RAMEND)     1   Systemstapel einrichten
          out      SPL,r16             1
          ldi      r16,HIGH(RAMEND)    1
          out      SPH,r16             1
          call     AddRndIni           4+  Zufallszahlengenerator initialisieren
          clr      r18                 1   q ← 0
          clr      r19                 1
          clr      r20                 1   Zur Übertragsaddierung
          ldi      r22,4               1   Äußerer Zähler = 4
Zuf1:     ldi      r21,0               1   Innerer Zähler = 256
Zuf2:     call     AddRndExp           4+  r4:3:2 ← m + u_{m,0}
          add      r18,r4              1   q ← q + m
          adc      r19,r20             1
          dec      r21                 1
```

```
         brne     Zuf2          1/2
         dec      r22           1
         brne     Zuf1          1/2
Ewig:    rjmp     Ewig          2 Nach 1024 Zufallszahlen hier hängen
```

In einer Doppelschleife werden 1024 Zufallszahlen $v = m + u_{m,0}$ erzeugt und die Summe q ihres ganzzahligen Teiles m in $\mathbf{r_{19:18}}$ gebildet. Der Mittelwert ist dann $q/1024$, d.h. der Inhalt von $\mathbf{r_{19:18}}$ ist zehn Bitpositionen nach rechts zu shiften.

Nach dem Durchlauf des Programms hat $\mathbf{r_{19:18}}$ den Wert **286** = 00000010 10000110, der Mittelwert für m ist deshalb etwa $0,625$, in guter Übereinstimmung mit dem obigen Wert.

11.2.4. Normalverteilte Zufallszahlen

Die Normalverteilung $\mathcal{N}_{\mu,\sigma}$ ist wohl das meistuntersuchte Wahrscheinlichkeitsmaß überhaupt. Ihre Dichtefunktion ist gegeben durch:

$$\phi_{\mu,\sigma}(x) = \frac{1}{\sqrt{2\pi}\sigma} \exp\left[-\frac{1}{2}\left(\frac{x-\mu}{\sigma}\right)^2\right] \qquad \sigma > 0 \tag{11.21}$$

Ihre Verteilungsfunktion kann nicht mit elementaren Funktionen ausgedrückt werden:

$$\Phi_{\mu,\sigma}(x) = \frac{1}{\sqrt{2\pi}\sigma} \int_{-\infty}^{x} \exp\left[-\frac{1}{2}\left(\frac{\xi-\mu}{\sigma}\right)^2\right] d\xi \tag{11.22}$$

Ist $\boldsymbol{X}$ eine Zufallsvariable mit der Verteilung $\mathcal{N}_{\mu,\sigma}$, so hat die Zufallsvariable

$$\boldsymbol{N} = \frac{\boldsymbol{X} - \mu}{\sigma}$$

die Verteilung $\mathcal{N}_{0,1}$, die *Standardnormalverteilung*. Deren Verteilungsfunktion ist also gegeben durch

$$\Phi(x) = \Phi_{0,1}(x) = \frac{1}{\sqrt{2\pi}} \int_{-\infty}^{x} \exp\left(-\tfrac{1}{2}\xi^2\right) d\xi \tag{11.23}$$

Umgekehrt gilt natürlich auch, dass $\boldsymbol{X} = \sigma\boldsymbol{N} + \mu$ die Verteilung $\mathcal{N}_{\mu,\sigma}$, besitzt, wenn $\boldsymbol{N}$ standardnormalverteilt ist.

Es ist das Ziel dieses Abschnittes, standardnormalverteilte Zufallszahlen zu erzeugen. Das könnte wie im vorigen Abschnitt beschrieben über Φ^{-1} geschehen, aber Φ^{-1} ist nur mit großem Aufwand zu berechnen. In [Knu2] wird eine ganze Reihe von Methoden zur Erzeugung normalverteilter Zufallszahlen vorgestellt,[12] die aber auch recht aufwendig in der Anwendung sind, jedenfalls bei einem 8-Bit-Prozessor, der so gut wie keine Unterstützung für numerisches Rechnen bietet. Gesucht ist ein Verfahren, das mit einfachen Additionen auskommt.

[12] In Abschnitt **3.4.1**.

Es wäre natürlich schön, wenn schon die einfache Summation von gleichverteilten Zufallszahlen ein brauchbares Ergebnis liefern könnte. Und tatsächlich macht der berühmte *Zentrale Grenzwertsatz* der Wahrscheinlichkeitsrechnung eine vielversprechende Aussage über die Summen von Zufallsvariablen. In seiner einfachsten Form lautet er nämlich wie folgt: Sind $\boldsymbol{X}_1, \ldots, \boldsymbol{X}_n$ unabhängige Zufallsvariable, die alle dieselbe Verteilung besitzen, mit Mittelwert μ und Varianz σ^2, und ist F_n die Verteilungsfunktion von

$$\boldsymbol{Y}_n = \frac{\boldsymbol{X}_1 + \cdots + \boldsymbol{X}_n - n\mu}{\sigma\sqrt{n}}, \tag{11.24}$$

so gilt

$$\lim_{n \to \infty} F_n(x) = \Phi(x) \tag{11.25}$$

Sind demnach $\boldsymbol{U}_1, \ldots, \boldsymbol{U}_n$ Zufallsvariablen mit der Verteilung $\mathcal{G}_{0,1}$, also mit dem Mittelwert $\mu = \frac{1}{2}$ und der Varianz $\sigma^2 = \frac{1}{12}$, so konvergiert die Verteilungsfunktion von

$$\frac{\boldsymbol{U}_1 + \cdots + \boldsymbol{U}_n - \frac{n}{2}}{\sqrt{\frac{n}{12}}} \tag{11.26}$$

gegen Φ. Das Verfahren besteht damit einfach darin, obigen Ausdruck für n Zufallszahlen u_i mit der Verteilung $\mathcal{G}_{0,1}$ auszuwerten. Leider enthält der Ausdruck aber eine Division, die nur dadurch vermieden werden kann, dass der Wert des Nenners eine (möglichst kleine) Zweierpotenz ist. Die ersten drei Werte von n, bei denen das der Fall ist, sind $n = 3$, $n = 12$ und $n = 48$. Die dreizehn Additionen bei $n = 12$ sind jedoch zu viel, und $\mathcal{G}_{0,1}$ ist Φ zu unähnlich, als dass F_3 eine brauchbare Approximation sein könnte. Nun ist aber $\mathcal{G}_{-1,1}$ eine sehr viel bessere Annäherung an die Standardnormalverteilung als $\mathcal{G}_{0,1}$, es kann also vermutet werden, dass schon wenige Summanden eine brauchbare Approximation ergeben. Zunächst ergibt eine einfache Rechnung, dass eine Zufallsvariable $\boldsymbol{V}$ mit der Verteilung $\mathcal{G}_{-1,1}$ den Erwartungwert $\mathcal{E}(\boldsymbol{V}) = 0$ und die Varianz $\mathcal{V}(\boldsymbol{V}) = \frac{1}{3}$ besitzt. Sind folglich drei unabhängige Zufallsvariable $\boldsymbol{V}_1$, $\boldsymbol{V}_2$ und $\boldsymbol{V}_3$ mit der Verteilung $\mathcal{G}_{-1,1}$ gegeben, so hat $\boldsymbol{V}_1 + \boldsymbol{V}_2 + \boldsymbol{V}_3$ den Erwartungswert $0 + 0 + 0 = 0$ und die Varianz $\frac{1}{3} + \frac{1}{3} + \frac{1}{3} = 1$, ganz so wie Φ. Ob die Verteilung von $\boldsymbol{V}_1 + \boldsymbol{V}_2 + \boldsymbol{V}_3$ als Annäherung an Φ schon ausreicht, lässt sich direkt überprüfen. Sind nämlich $\boldsymbol{V}_1, \ldots, \boldsymbol{V}_n$ unabhängige Zufallsvariable mit der Verteilung $\mathcal{G}_{-1,1}$, so hat die Verteilung ihrer Summe $\boldsymbol{V}_1 + \cdots + \boldsymbol{V}_n$ die Dichtefunktion[13]

$$\psi_n(x) = \begin{cases} \dfrac{1}{2^n(n-1)!} \displaystyle\sum_{\nu=0}^{\lfloor \frac{x+n}{2} \rfloor} (-1)^\nu \binom{n}{\nu} (n + x - 2\nu)^{n-1} & \text{für } |x| < n \\ 0 & \text{für } |x| \geq n \end{cases} \tag{11.27}$$

---

[13]Siehe [Ren] IV. §9.

Für $n = 3$ ergibt sich daraus als Dichtefunktion von $\boldsymbol{V}_1 + \boldsymbol{V}_2 + \boldsymbol{V}_3$

$$\psi_3(x) = \begin{cases} \dfrac{3 - x^2}{8} & \text{für } 0 \le |x| < 1 \\ \dfrac{(3 - |x|)^2}{16} & \text{für } 1 \le |x| < 3 \\ 0 & \text{für } |x| \ge 3 \end{cases} \tag{11.28}$$

Einfache Integration von ψ_3 liefert die Verteilungsfunktion, die mit Φ verglichen werden kann. Das Ergebnis ist, dass die Verteilungsfunktion von $\boldsymbol{V}_1 + \boldsymbol{V}_2 + \boldsymbol{V}_3$ um höchstens $0,02$ von Φ abweicht. Diese Genauigkeit dürfte in vielen Fällen ausreichen.

Das Verfahren besteht also einfach darin, drei über dem Intervall $]-1,1]$ gleichverteilte Zufallszahlen zu addieren. Allerdings kann die Summe in das Intervall $]-3,3]$ fallen, d.h. es muss ein passendes Zahlenformat gewählt werden. $\mathbb{G}_{3,15}$ wäre ausreichend, ist aber sehr unbequem in der Anwendung, weshalb $\mathbb{G}_{9,15}$ gewählt wurde.

Prozedur AddRndNrm

Es wird eine 24-Bit-Zufallszahl v im Format $\mathbb{G}_{9,15}$ berechnet, die der Standardnormalverteilung $\mathcal{N}_{0,1}$ gehorcht.

Output

$\mathbf{r}_{4:3:2}$ $\quad v = \mathbb{G}_{9,15}(\mathfrak{r}_{4:3:2})$

`AddRndNrm:`	`push3`	`r0,r1,r5`	6	
	`call`	`AddRnd`	4+	$\mathbf{r}_{1:0} \leftarrow \mathfrak{b}_{15}\cdots\mathfrak{b}_0$
	`movw`	`r3:r2,r1:r0`	1	$\mathbf{r}_{1:0} \leftarrow \mathfrak{b}_{15}\cdots\mathfrak{b}_0$
	`clr`	`r4`	1	$\mathbf{r}_4 \leftarrow \mathbf{00}$
	`lsl`	`r1`	1	$\mathfrak{c} \leftarrow \mathfrak{b}_{15}$
	`sbc`	`r4,r4`	1	$\mathbf{r}_4 \leftarrow \mathbf{00} - \mathfrak{b}_{15}$
	`call`	`AddRnd`	4+	$\mathbf{r}_{1:0} \leftarrow \mathfrak{b}_{15}\cdots\mathfrak{b}_0$
	`mov`	`r5,r1`	1	$\mathbf{r}_{5:0} \leftarrow \mathfrak{b}_{15}\cdots\mathfrak{b}_0$
	`lsl`	`r1`	1	$\mathfrak{c} \leftarrow \mathfrak{b}_{15}$
	`clr`	`r1`	1	$\mathbf{r}_1 \leftarrow \mathbf{00}$
	`sbc`	`r1,r1`	1	$\mathbf{r}_1 \leftarrow \mathbf{00} - \mathfrak{b}_{15}$
	`add`	`r2,r0`	1	$\mathbf{r}_{4:3:2} \leftarrow \mathfrak{r}_{4:3:2} + \mathfrak{r}_{1:5:0}$
	`adc`	`r3,r5`	1	
	`adc`	`r4,r1`	1	
	`call`	`AddRnd`	4+	$\mathbf{r}_{1:0} \leftarrow \mathfrak{b}_{15}\cdots\mathfrak{b}_0$
	`mov`	`r5,r1`	1	$\mathbf{r}_{5:0} \leftarrow \mathfrak{b}_{15}\cdots\mathfrak{b}_0$
	`lsl`	`r1`	1	$\mathfrak{c} \leftarrow \mathfrak{b}_{15}$
	`clr`	`r1`	1	$\mathbf{r}_1 \leftarrow \mathbf{00}$
	`sbc`	`r1,r1`	1	$\mathbf{r}_1 \leftarrow \mathbf{00} - \mathfrak{b}_{15}$
	`add`	`r2,r0`	1	$\mathbf{r}_{4:3:2} \leftarrow \mathfrak{r}_{4:3:2} + \mathfrak{r}_{1:5:0}$
	`adc`	`r3,r5`	1	
	`adc`	`r4,r1`	1	
	`pop3`	`r5,r1,r0`	6	
	`ret`		4	

Die in Zeile *2* erzeugte Zufallsbitfolge $\mathfrak{b} = \mathfrak{b}_{15} \cdots \mathfrak{b}_0$ wird zunächst in das Register $\mathbf{r}_{3:2}$ kopiert und dann, als eine Zufallszahl $v = \mathbb{G}_{1,15}(\mathfrak{b})$ interpretiert, in das Register $\mathbf{r}_4$ hinein nach oben zu

$$v = \mathbb{G}_{9,15}(\underbrace{\mathfrak{b}_{15} \cdots \mathfrak{b}_{15}}_{8mal} \mathfrak{b}_{15} \cdots \mathfrak{b}_0)$$

fortgesetzt. Dazu wird in Zeile *5* durch den Shiftbefehl $\mathfrak{b}_{15} = \mathbf{r}_1.7$ in das Übertragsbit kopiert und dieses vom Inhalt des in Zeile *4* zuvor gelöschten Registers $\mathbf{r}_4$ subtrahiert. Bei $\mathfrak{b}_{15} = 0$ ergibt sich $\mathfrak{r}_4 = \mathbf{00} - 0 = \mathbf{00}$, bei $\mathfrak{b}_{15} = 1$ dagegen $\mathfrak{r}_4 = \mathbf{00} - 1 = \mathbf{FF}$, also in jedem Fall die Fortsetzung des Vorzeichenbits in das Erweiterungsbyte hinein. Die nächstn beiden Zufallszahlen werden ebenso transformiert, aber dann zu $\mathbf{r}_{4:3:2}$ addiert.

Es sei darauf hingewiesen, dass die Formate $\mathbb{K}_{8,16}$ von `AddRndExp` und $\mathbb{G}_{9,15}$ von `AddRndNrm` nicht kompatibel sind. Sollen die von beiden Prozeduren erzeugten Zufallszahlen direkt additiv, subtraktiv usw. verknüpft werden, so ist ein Format anzupassen: Es ist entweder die von `AddRndExp` erzeugte Zahl in das Format $\mathbb{K}_{9,15}$ oder die von `AddRndNrm` erzeugte Zahl in das Format $\mathbb{G}_{7,17}$ zu transformieren. Die Transformation kann aber mit einem Datenverlust verbunden sein. Diese Probleme verschwinden natürlich, wenn die Fließkommversionen des nächsten Abschnittes verwendet werden.

11.3. Fließkommaversionen der Zufallszahlen

Die Umwandlung der Zufallszahlen aus den verschiedenen Formaten, in denen sie von ihren Erzeugern abgeliefert werden, erfordert einige Aufmerksamkeit für Kleinigkeiten. Es geht hauptsächlich um die Normalisierung und die Wahl des korrekten Exponenten. Die Umwandlung einer vom additiven Zufallszahlengenerator gelieferten Zahl im $\mathbb{K}_{16}$-Format in eine zweidrittel genaue Fließkommazahl mit der Verteilung $\mathcal{G}_{0,1}$ zeigt schon alle wesentlichen Züge.

Prozedur FkaRnd016

Es wird eine zweidrittel genaue Fließkommazahl $\mathfrak{u}$ erzeugt, deren Wert $u = \mathbb{F}_S(\mathfrak{u})$ der Verteilung $\mathcal{G}_{0,1}$ gehorcht.

Input

Y Die Adresse ϕ einer zweidrittel genauen Fließkommazahl $\mathfrak{u}$

Die Fließkommazahl $\mathfrak{u}$ wird mit dem Zufallswert überschrieben.
Es wird kein Fehler erzeugt.

```
FkaRnd016:  push2  r16,r17      4
            call   AddRnd       4+   r1:0 ← r
            clr    r17          1    r17.0 ← 0 (Vorzeichen von u)
FkaRd016a:  mov    r16,r0       1    r = 00?
            or     r16,r1       1
            breq   FkaRd016d    1/2  Falls ja: 000000 ausgeben
            ldi    r16,-1       1    e ← −1
            tst    r1           1    Ist r schon normalisiert?
            brmi   FkaRd016c    1/2  Falls ja: u zusammensetzen
```

```
10 FkaRd016b: dec    r16          1    e ← e − 1
11            lsl    r0           1    r linksshiften
12            rol    r1           1
13            brpl   FkaRd016b    1/2
14 FkaRd016c: subi   r16,256-127  1    e ← e + 127 (bias)
15            lsl    r1           1    Siehe Text!
16            ror    r17          1
17            ror    r16          1
18            ror    r1           1
19 FkaRd016d: std    Y+2,r16      2
20            std    Y+1,r1       2
21            st     Y,r0         2
22            pop2   r17,r16      4
23            ret                 4
```

Der Aufruf von **AddRnd** in Zeile *2* liefert eine Zufallszahl $\mathfrak{r} = \mathfrak{r}_{15} \cdots \mathfrak{r}_0$ im Format $\mathbb{K}_{16}$ im Doppelregister $\mathbf{r_{1:0}}$ ab. Bit $\mathbf{r_{17}}.0$ dient unten dazu, das Vorzeichen von $\mathfrak{u}$ zu erzeugen und wird in Zeile *3* natürlich mit $\mathtt{0}$ vorbelegt. Das erscheint auf den ersten Blick ganz überflüssig, aber der Rest des Unterprogramms wird auch vom nachfolgenden Unterprogramm benutzt, das sehr wohl ein negatives Vorzeichen produzieren kannn.

Der (sehr unwahrscheinliche) Fall **0000** muss gesondert behandelt werden. Die Prüfung erfolgt in den Zeilen *4–5*. Tritt dieser Fall ein, so kann direkt in die Zeile *19* gesprungen werden, ab der $\mathfrak{u}$ mit drei Nullbytes überschrieben wird, da bei Ausführung des Sprungs $\mathbf{r_{16}}$, $\mathbf{r_0}$ und $\mathbf{r_1}$ den Wert **00** haben.

Gilt $\mathfrak{r}_{15} = 1$, so kann $\mathfrak{r}$ direkt als Mantisse für $\mathfrak{u}$ übernommen werden. Weil aber $0 \leq \mathbb{F}_S(\mathfrak{a}) < 1$ zu gelten hat, muss der Binärexponent e mit -1 initialisiert werden, wie es in Zeile *7* geschieht. Es folgt in der nächsten Zeile der Test auf $\mathfrak{r}_{15} = 1$, ob also die Mantisse schon normalisiert ist. Ist das der Fall, kann in Zeile *14* direkt mit der Konstruktion von $\mathfrak{v}$ begonnen werden. Andernfalls muss normalisiert werden. Das geschieht durch Subtraktion von Eins vom Exponenten und einen Linksshift der Mantissen in den Zeilen *10–12* so lange, bis $\mathfrak{r}_{15}$ den Wert 1 hat. Eine Endlosschleife kann sich dabei nicht ergeben, da der Fall $\mathfrak{r} =$ **00** oben schon ausgesondert wurde.

Ist $\mathfrak{r}$ normalisiert, wird $\mathfrak{u}$ auf die übliche Weise zusammengesetzt. Zunächst erhält der Exponent in Zeile *14* den *bias* von 127, danach wird in $\mathbf{r_1}$ Platz für ein Exponentenbit geschaffen, das Vorzeichen wird aus $\mathbf{r_{17}}$ heraus und in das Exponentenbyte $\mathbf{r_{16}}$ hineingeshiftet, gleichzeitig wird das untere Bit des Exponenten in das obere Mantissenbyte $\mathbf{r_1}$ hineingeshiftet.

Um negative gleichverteilte Zufallszahlen zu erzeugen, z.B. Zufallszahlen mit der Verteilung $\mathcal{G}_{-1,1}$, kann man eine von FkaRnd016 gelieferte Zufallszahl u und eine von **AddRnd** gelieferte Zufallszahl $\mathfrak{r} = \mathfrak{r}_{15} \cdots \mathfrak{r}_0$ verwenden: Gilt $\mathfrak{r}_{15} = 1$, so gehe man von u zu $-u$ über. Macht es jedoch nichts aus, eine 15-Bit-Mantisse zu bekommen, kann mit dem nachfolgenden Unterprogramm ökonomischer vorgegangen werden, eine Zufallszahl genügt.

Prozedur FkaRnd115

Es wird eine zweidrittel genaue Fließkommazahl $\mathfrak{u}$ erzeugt, deren Wert $u = \mathbb{F}_S(\mathfrak{u})$ der Verteilung $\mathcal{G}_{-1,1}$ gehorcht.

Input

Y Die Adresse ϕ einer zweidrittel genauen Fließkommazahl $\mathfrak{u}$

Die Fließkommazahl $\mathfrak{u}$ wird mit dem Zufallswert überschrieben.
Es wird kein Fehler erzeugt.

```
1  FkaRnd115: push2  r16,r17     4
2             call   AddRnd      4+   Siehe Text
3             lsl    r0          1
4             rol    r1          1
5             rol    r17         1
6             rjmp   FkaRd016a   2
```

Es lohnt sich kaum, den Vorgang zu beschreiben. Die von `AddRnd` in $\mathbf{r}_{1:0}$ gelieferte Zufallszahl wird nach links geshiftet und das höchste Bit dabei in $\mathbf{r}_{17}$ von rechts hineingeschoben. Der Einsprung in `FkaRnd016` berechnet dann das gewünschte Ergebnis.

Fließkommaversionen von `AddRndExp` und `AddRndNrm` können im Wesentlichen darauf zurückgeführt werden, eine Zahl im $\mathbb{K}_{8,16}$-Format in eine zweidrittel genaue Fließkommazahl umzuwandeln. Dazu dient das Unterprogramm `FkaRnd816`, das nicht nur bei Zufallszahlen eingesetzt werden kann. Die Umwandlung kann natürlich mit einem Bitverlust einhergehen, dennoch wird auf das Runden verzichtet, da es bei der Erzeugung einer Zufallszahl wenig sinnvoll erscheint.

Prozedur FkaRnd816

Eine Zahl $\mathfrak{a} = \mathfrak{a}_7 \cdots \mathfrak{a}_0\mathfrak{a}_{-1} \cdots \mathfrak{a}_{-16}$ im $\mathbb{K}_{8,16}$-Format wird in eine zweidrittel genaue Fließkommazahl umgewandelt.

Input

$\mathbf{r}_{4:3:2}$ Eine Zahl $\mathfrak{a} = \mathfrak{a}_7 \cdots \mathfrak{a}_0\mathfrak{a}_{-1} \cdots \mathfrak{a}_{-16}$ im $\mathbb{K}_{8,16}$-Format

Y Die Adresse ϕ einer zweidrittel genauen Fließkommazahl $\mathfrak{v}$

Die Fließkommazahl $\mathfrak{v}$ wird mit der umgewandelten Zahl überschrieben. Es wird bei der Umwandlung nicht gerundet.
Es wird kein Fehler erzeugt.

```
1  FkaRnd816:  ldi   r16,-1          1    e ← −1
2              tst   r4              1    K8,16(a) > 0?
3              breq  FkaRd816d       1/2  Nein: in Zeile 18 weiter testen
4  FkaRd816a:  lsr   r4              1    0a7···a−15 ← a7···a0a−1···a−16
5              ror   r3              1
6              ror   r2              1
7              inc   r16             1    e ← e + 1
8              tst   r4              1    K8,16(a) > 0?
9              brne  FkaRd816a       1/2  Ja: weiter shiften
10 FkaRd816b:  subi  r16,256-127     1    Siehe Unterprogramm FkaRnd016
11             lsl   r3              1
12             lsr   r16             1
13             ror   r3              1
14             std   Y+2,r16         2
```

```
15 FkaRd816c: std   Y+1,r3     2
16            st    Y,r2       2
17            ret              4
18 FkaRd816d: mov   r4,r3      1    K8,16(a) = 0?
19            or    r4,r2      1
20            breq  FkaRd816f  1/2  Ja: ab Zeile 28 Null ausgeben
21            tst   r3         1
22            brmi  FkaRd816b  1/2
23 FkaRd816e: dec   r16        1    e ← e − 1
24            lsl   r2         1    a-2 ··· a-15 0 ← a7 ··· a0 a-1 ··· a-16
25            rol   r3         1
26            brpl  FkaRd816e  1/2  Falls K8,16(a) < 1/2 weiter shiften
27            rjmp  FkaRd816b  2
28 FkaRd816f: std   Y+2,r4     2    Fließkommanull ausgeben
29            rjmp  FkaRd816c  2
```

Bei $\mathfrak{a}$ liegt das Binärkomma auf der Bytegrenze zwischen $\mathfrak{a}_0$ und $\mathfrak{a}_{-1}$, bei der Mantisse einer zweidrittel genauen Fließkommazahl ist es dagegen um eine Bitposition nach rechts verschoben. Folglich wird Register $\mathbf{r_{16}}$, in dem der Binärexponent e der Fließkommazahl berechnet wird, in Zeile *1* mit -1 initialisiert. Es werden nun drei Fälle unterschieden:

$\mathbb{K}_{8,16}(\mathfrak{a}) > 0$
: Dieser Fall wird in Zeile *2* geprüft, indem getestet wird, ob $\mathfrak{a}_7 \cdots \mathfrak{a}_0 = 00000000$ gilt. Ist der Fall gegeben, so wird $\mathfrak{a}$ so lange nach rechts geshiftet, bis $\mathfrak{a}_7 = \cdots = \mathfrak{a}_0 = 0$, aber $\mathfrak{a}_{-1} = 1$ gilt. Bei jedem Rechtsshift wird e natürlich um 1 erhöht.

$\mathbb{K}_{8,16}(\mathfrak{a}) = 0$
: Hat sich in Zeile *2* herausgestellt, dass $\mathfrak{a}_7 \cdots \mathfrak{a}_0 = 00000000$ gilt, wird in den Zeilen *18–19* getestet, ob auch $\mathfrak{a}_{-1} \cdots \mathfrak{a}_{-16} = 00000000$ gilt. Ist das der Fall, kann ab Zeile *28* direkt eine Fließkommanull ausgegeben werden.

$\mathbb{K}_{8,16}(\mathfrak{a}) < 0$
: Ergab der Test in den Zeilen *18–19*, dass $\mathfrak{a}_{-1} \cdots \mathfrak{a}_{-16} \neq 00000000$, also $\mathbb{K}_{8,16}(\mathfrak{a}) < 0$ gilt, so wird $\mathfrak{a}$ so lange nach links geshiftet, bis $\mathfrak{a}_{-1} = 1$ eingetreten ist. Hier wird natürlich bei jedem Linksshift der Binärexponent um 1 vermindert.

Ab Zeile *10* wird dann genau wie in `FkaRnd016` die Fließkommazahl $\mathfrak{v}$ zusammengesetzt und ausgegeben.

Um eine Fließkommazufallszahl $\mathfrak{v}$ mit der Exponentialverteilung $\mathcal{E}_{1,0}$ zu erhalten, genügt es, erst `AddRndExp` und dann `FkaRnd816` aufzurufen.

Prozedur FkaRndExp

Es wird eine zweidrittel genaue Fließkommazahl $\mathfrak{v}$ erzeugt, deren Wert $v = \mathbb{F}_S(\mathfrak{v})$ der Verteilung $\mathcal{E}_{1,0}$ gehorcht.

Input

Y Die Adresse φ einer zweidrittel genauen Fließkommazahl $\mathfrak{v}$

Die Fließkommazahl $\mathfrak{v}$ wird mit dem Zufallswert überschrieben.
Es wird kein Fehler erzeugt.

```
1 FkaRndExp: push4  r2,r3,r4,r16   8
```

```
             call    AddRndExp      4+
             rcall   FkaRnd816      3+
             pop4    r16,r4,r3,r2   8
             ret                    4
```

Müssen die Werte von $\mathbf{r_2}$, $\mathbf{r_3}$, $\mathbf{r_4}$ und $\mathbf{r_{16}}$ nicht erhalten bleiben und kommt es nur auf die Schnelligkeit an, lohnt es sich, nicht `FkaRndExp`, sondern `AddRndExp` und `FkaRnc816` direkt aufzurufen, man spart 23 Prozessortakte.

Die Erzeugung einer normalverteilten Fließkommazufallszahl ist nicht viel komplizierter. Als geringfügige Komplikation kann beim Übergang von $\mathbb{G}_{9,15}$ zu $\mathbb{K}_{8,16}$ ein Vorzeichenwechsel nötig werden.

Prozedur FkaRndNrm

Es wird eine zweidrittel genaue Fließkommazahl $\mathfrak{v}$ erzeugt, deren Wert $v = \mathbb{F}_S(\mathfrak{v})$ der Verteilung $\mathcal{N}_{0,1}$ gehorcht.

Input

Y Die Adresse φ einer zweidrittel genauen Fließkommazahl $\mathfrak{v}$

Die Fließkommazahl $\mathfrak{v}$ wird mit dem Zufallswert überschrieben.
Es wird kein Fehler erzeugt.

```
FkaRndNrm:  push3   r2,r3,r4     6
            push2   r16,r17      4
            call    AddRndNrm    4+   r4:3:2 ← n
            clr     r17          1    Annahme: n ist nicht negativ
            tst     r4           1    G9,15(n) < 0?
            brpl    FkaRdNrma    1/2  Nein: nicht negieren
            ldi     r17,1        1    n ist negativ
            com     r4           1    n ← n̄ + 1
            com     r3           1
            com     r2           1
            add     r2,r17       1
            clr     r16          1
            adc     r3,r16       1
            adc     r4,r16       1
FkaRdNrma:  lsl     r2           1    n ← 2n, d.h. K8,16 ← G9,15
            rol     r3           1
            rol     r4           1
            rcall   FkaRnd816    3+   Erzeuge v
            tst     r17          1    Ist v zu negieren?
            breq    FkaRdNrmb    1/2
            ldd     r16,Y+2      2    Ja: oberes Byte laden
            ori     r16,0x80     1    Vorzeichen ändern
            std     Y+2,r16      2    Oberes Byte zurückschreiben
FkaRdNrmb:  pop2    r17,r16      4
            pop3    r4,r3,r2     6
            ret                  4
```

Nach dem Aufruf von `AddRndNrm` in Zeile *3* enthält Dreifachregister $\mathbf{r}_{4:3:2}$ eine standardnormalverteilte Zufallszahl $\mathfrak{n}$ im Format $\mathbb{G}_{9,15}$. Um Unterprogramm `FkaRnd816` aufrufen zu können, ist der Absolutbetrag von $\mathfrak{n}$ zu bilden und in das Format $\mathbb{K}_{8,16}$ zu transformieren. Falls $\mathfrak{n}$ negativ war, ist bei der von `FkaRnd816` erzeugten Zufallszahl $\mathfrak{v}$ noch das Vorzeichen zu ändern.
Das Vorzeichen von $\mathfrak{n}$ soll in $\mathbf{r}_{17}$ aufbewahrt werden, weshalb das Register in Zeile *4* mit **00** initialisiert wird. Der Negativtest wird in der nächsten Zeile vorgenommen. Fällt er positiv aus, d.h. ist das Vorzeichenbit von $\mathbf{r}_4$ gesetzt, so wird das in $\mathbf{r}_{17}$ durch Laden von **01** vermerkt, anschließend wird $\mathbf{r}_{4:3:2}$ negiert, und zwar wie bei im Zweierkomplement verschlüsselten Zahlen zweckmäßig durch Invertieren aller Bits und anschließender Addition von 1 (Zeilen *8–14*). Anschließend wird durch einen Linksshift vom Format $\mathbb{G}_{9,15}$ in das Format $\mathbb{K}_{8,16}$ gewechselt. Nach dem Aufruf von `FkaRnd816` wird in Zeile *19* geprüft, ob das Vorzeichen von $\mathfrak{v}$ zu ändern ist. Ist das der Fall, so wird das obere Bit von $\mathfrak{v}$ in Zeile *21* in Register $\mathbf{r}_{16}$ geladen, das Vorzeichen von 0 in 1 gewechselt und das obere Byte wieder zurückgeschrieben.

Zum Schluss noch ein Hauptprogramm, das die vier Unterprogramme dieses Abschnittes in einer Schleife nacheinander aufruft und die von ihnen erzeugten Zufallszahlen als Dezimalzahlen lesbar macht. Das Programm ist für den Simulator gedacht.

```
          .include "m128def.inc"
          .include "makros.avr"
          .device  ATmega128
          .dseg
          .org     0x100
          .equ     AddRndRiB = 0x100
          .include "vecm128.avr"
          .include "addzg.avr"
          .include "fkaorg.avr"
          .include "fkahlf.avr"
          .include "fkab2d.avr"
          .include "fkarnd.avr"
          .include "vecm128.avr"
          .dseg
r:        .byte    3
vc:       .byte    12
          .cseg
Start:    ldi      r16,LOW(RAMEND)    1
          out      SPL,r16            1
          ldi      r16,HIGH(RAMEND)   1
          out      SPH,r16            1
          call     AddRndIni          4+
          ldi      r28,LOW(r)         1
          ldi      r29,HIGH(r)        1
          ldi      r30,LOW(vc)        1
          ldi      r31,HIGH(vc)       1
Zuf:      call     FkaRnd016          4+
          call     FkaWrite           4+
```

```
          call    FkaRnd115      4+
          call    FkaWrite       4+
          call    FkaRndExp      4+
          call    FkaWrite       4+
          call    FkaRndNrm      4+
          call    FkaWrite       4+
          rjmp    Zuf            2
```

Man vergesse nicht, bei Verwendung des Zufallszahlengenerators die Assemblervariable `AddRndRiB` vor dem Einzug von `addzg.avr` zu definieren. Auch muss darauf geachtet werden, dass der Speicherbereich für den Generator, der mit dem Wert von `AddRndRiB` beginnt, sich nicht mit anderen Speicherbereichen überschneidet.

11.4. Die Initialisierung des Zufallszahlengenerators aus dem EEPROM

Der Generator aus Abschnitt 11.1 muss vor dem Gebrauch mit dem Unterprogramm `RndRndIni` initialisiert werden. Das muss bisher bei *jedem* Start eines Programms geschehen, das den Generator benutzt. Daraus folgt natürlich, dass ein solches Programm stets mit derselben Folge von Zufallszahlen arbeitet. Das kann in der Testphase eines Programms durchaus gewollt sein, ist aber für allgemeine Anwendungen nicht tolerierbar. Bei einem Generator der Gestalt $x_{n+1} = ax_n + b$ ist das Problem einfach zu lösen, man kann den Startwert x_0 (oft *seed* genannt) von einer mit großer Wahrscheinlichkeit bei jedem Programmstart verschiedenen Größe ableiten, etwa von der Uhrzeit, der Temperatur usw. Damit ist aber auch schon das Problem für den vorliegenden Generator gelöst, denn eine zufällige Startfolge lässt sich mit einem Generator $x_{n+1} = ax_n + b$ mit zufälligem Anfangswert x_0 erhalten.

Ein Nachteil dieser Methode ist allerdings, dass die bei einem Programmlauf verwendete Folge von Zufallszahlen nicht rekonstruiert werden kann. Das kann so umgangen werden, dass bei einem Programmlauf der Generator nicht mit neuen Anfangswerten gestartet wird, sondern die Zufallsfolge des vorangehenden Programmlaufs fortgesetzt wird. Dazu müssen die beiden Ringpuffer und die Indizes i_7 und i_{31} am Ende jedes Programmlaufs zwischengespeichert und am Anfang jedes Programmlaufs restauriert werden. Das kann auf einfache Weise mit dem Modul von Abschnitt 4.8 durch Zwischenspeicherung im EEPROM geschehen.

```
              .eseg
vbAddRndEep:  .db      0xF8,0xE5,0x1C,0x92,0x2D,0xC3
              .db      0x55,0xAE,0x83,0x52,0xE3,0x80
              .db      0xD7,0xAA,0x78,0xDA,0x05,0xA6
              .db      0xD5,0xFE,0x9E,0x16,0x2D,0xEF
              .db      0xE9,0x22,0xB9,0xFB,0x1C,0x01
              .db      0x9B,0
              .db      0x95,0x17,0x6D,0x94,0xFA,0xD9
              .db      0xC1,0x74,0xE4,0x6E,0x70,0x83
```

```
10                  .db     0x7F,0x8C,0x52,0x59,0xA3,0x84
11                  .db     0xD1,0xE4,0xE3,0x3F,0x8D,0xB7
12                  .db     0x54,0x73,0x34,0xBF,0xAF,0x3D
13                  .db     0x08,0
14                  .db     1,2,3,4,5,6,7,8,9,10
15                  .db     11,12,13,14,15,16,17,18
16                  .db     19,20,21,22,23,24,25,26
17                  .db     27,28,29,30,0,0
18                  .db     24,0
19                  .cseg
   Abspeichern der Generatordaten im EEPROM
20 AddRndSave:      ldi     r16,LOW(vbAddRndRbLo)   1
21                  ldi     r17,HIGH(vbAddRndRbLo)  1
22                  ldi     r18,LOW(vbAddRndEep)    1
23                  ldi     r19,HIGH(vbAddRndEep)   1
24                  ldi     r20,3*32+2              1
25                  call    EepRtoE                 4+
26                  ret                             4
   Laden der Generatordaten aus dem EEPROM, Initialisierung des EEPROMs falls nötig
27 AddRndLoad:      ldi     r24,LOW(vbAddRndEep)    1
28                  ldi     r25,HIGH(vbAddRndEep)   1
29                  ldi     r26,LOW(vbAddRndRbLo)   1
30                  ldi     r27,HIGH(vbAddRndRbLo)  1
31                  ldi     r16,3*32+2              1
32                  call    EepEtoR                 4+
33                  lds     r16,vbAddRndRbLo+64     2    Sollte 01 ergeben
34                  cpi     r16,0xFF                1    Bei FF gelöscht
35                  brne    AddRndLod1              1/2
36                  rcall   AddRndIni               4+   Generator initialisieren
37                  rcall   AddRndSave              4+   EEPROM initialisieren
38 AddRndLod1:      ret                             4
```

Beide Unterprogramme sind bis auf ein Detail offensichtliche Anwendungen der Unterprogramme `EepRtoE` und `EepEtoR` aus Abschnitt 4.8. Die kleine Besonderheit in `AddRndLoad` ergibt sich aus dem Problem, was beim allerersten Programmstart zu geschehen hat. Eine einfache Lösung besteht darin, den Assembler das EEPROM-Segment, das hier mit den Startwerten des Generators im Programmspeicher belegt ist, als `.hex`-Datei ausgeben zu lassen.[14] Der Nachteil ist natürlich, dass dann eine Programmänderung in zwei getrennte Programmiervorgänge mündet, nämlich in die Programmierung des Programmspeichers und in die Programmierung des EEPROMs. Es kann aber auch so vorgegangen werden wie ab Zeile *33*. Nach dem Auslesen des EEPROMs wird geprüft, ob der für die Generatordaten vorgesehene Teil gelöscht ist. Dazu wird das erste Element des eingelesenen Indexfortschaltungsvektors in Register r_{16} geladen, das den Wert **01** haben müsste. Wird jedoch **FF** gelesen, so ist der EEPROM-Bereich gelöscht und wird mit den beiden Zeilen *36–37* mit den Anfangsdaten aus dem Programmspeicher initialisiert.

[14]Das geschieht mit der Befehlszeilenoption `-e` *hexdatei*.

Das Kapitel schließt mit einem kleinen Programm ab, das den Zufallszahlengenerator aus dem EEPROM initialisiert, einige Zufallszahlen erzeugt, über die serielle Schnittstelle ausgibt und die Generatordaten schließlich in das EEPROM kopiert.

```
        .include "makros.avr"
        .include "m32def.inc"
        .device  ATmega32
        .equ     AddRndRiB = 0x100
        .include "vecm32.avr"
        .include "eeprom.avr"
        .include "addzg.avr"
        .include "timer0.avr"
        .include "fifo.avr"
        .include "ser.avr"
        .include "vecm32.avr"
Start:  ldi      r16,LOW(RAMEND)      1
        out      SPL,r16              1
        ldi      r16,HIGH(RAMEND)     1
        out      SPH,r16              1
        sei                           1
        ldi      r16,250              1   Warten auf LCD
        call     OC0Wait              4+
        ldi      r16,25               1   Ser. Schnittst. initialisieren
        call     S0Ini                4+
        call     S0SndEin             4+
        call     AddRndLoad           4+
        call     AddRnd               4+
        mov      r16,r1               1
        call     S0WriteHex           4+
        mov      r16,r0               1
        call     S0WriteHex           4+
        call     AddRnd               4+
        mov      r16,r1               1
        call     S0WriteHex           4+
        mov      r16,r0               1
        call     S0WriteHex           4+
        call     AddRndSave           4+
Ewig:   rjmp     Ewig                 2
```

Wie zu sehen ist, kann die Verwendung des Zufallszahlengenerators fast völlig automatisiert werden. Zu beachten ist eigentlich nur, dass der erste Ringpuffer des Generators bei einer Adresse ρ beginnen muss, die $\rho \bmod 2^8 = 0$ erfüllt, die also die Gestalt **XX00** hat.

11.5. Abschließende Bemerkungen zum Zufallszahlengenerator

Der Generator aus Abschnitt 11.1 ist das Ergebnis eines Abwägungsprozesses. Einerseits sollte er natürlich hervorragende statistische Eigenschaften besitzen, andererseits sollte er so wenig wie möglich Speicherplatz und Rechenzeit verbrauchen, aber beides lässt sich nicht unabhängig voneinander optimieren. Die Wahl ist schließlich auf den additiven Generator gefallen, der dem Paar $(7, 31)$ zugehört.[15] Es hätte aber auch ebenso gut $(3, 31)$, $(6, 31)$ oder $(13, 31)$ sein können, die Güte hängt von der zweiten Zahl des Paares ab. Je größer diese ist, desto besser sind die Eigenschaften des Generators. Populär ist das Paar $(24, 55)$, für das ein leicht adaptierbares FORTRAN-Programm existiert.[16] Eine direkte Umsetzung z.B. in ein **C**-Programm für AVR-Prozessoren ergäbe jedoch ein äußerst ineffizientes Programm. Sollen die statistischen Eigenschaften des Generators gesteigert werden, empfiehlt es sich, durch Hinzufügen eines weiteren 8-Bit-Ringpuffers von einem 16-Bit-Generator zu einem 24-Bit-Generator überzugehen und es mit einem Indexpaar von $(11, 36)$, $(8, 39)$ oder auch $(5, 47)$ zu versuchen.

[15] Erläuterungen und auch ein Programm sind in [Knu2] **3.2.2** zu finden. Siehe dort auch **Table 1**.
[16] [Knu2] **3.6**

A. Miszellen

A.1. Fletcher für AVR

Datenübertragungen sind nicht vollkommen fehlerfrei. Schon früh in der Geschichte der elektronischen Datenverarbeitung wurden deshalb Mittel ersonnen, Fehler zu entdecken, die von „geräuschvollen" Übertragungskanälen erzeugt werden. Einige der einfachsten Verfahren haben bis heute überlebt. So fügt die serielle Schnittstelle auf Verlangen jeder zu übertragenden Einheit ein Paritätsbit hinzu, das angibt, ob die Einheit eine gerade oder eine ungerade Anzahl von Bits enthält. Die allereinfachste Methode, die Integrität von Dateien zu prüfen, die über irgendein Medium eingelesen wurden, nämlich die Bildung der Summe aller Basiseinheiten, aus denen Dateien aufgebaut sind (Byte, Computerwort usw.), wird jedoch nicht mehr angewandt. Die Aussichten, mit ihr Datenübertragungsfehler oder sogar heimlich vorgenommene Verfälschungen zu entdecken, sind zu gering.

Natürlich kann man heute unter sehr viel besseren Verfahren wählen. Das wohl am weitesten verbreitete ist *CRC*, das ist *Cyclic Redundancy Check*. Seine Herleitung ist aber technisch anspruchsvoll (Polynome über $\mathbb{Z}_2$, zyklische Gruppen) und seine Realisierung ist nur in Hardware wirklich effizient. Es gibt aber ein weit weniger bekanntes Verfahren, das ebenfalls gute Fehlerentdeckungseigenschaften besitzt, die allerdings nicht an die von *CRC* heranreichen, das aber viel weniger Anforderungen an den ausführenden Prozessor stellt, jedenfalls dann, wenn die Implementierung prozessorspezifisch durchgeführt wird. Das ist das Verfahren der Bildung einer Prüfsumme nach *Fletcher*.

Es sei ein Bytevektor mit den Komponenten $b_0, b_1, \ldots, b_{n-1}$ gegeben, dessen Prüfgröße berechnet werden soll. Diese besteht aus zwei 8-Bit-Zahlen p_a und p_b, die wie folgt gebildet werden:

$$\left.\begin{aligned} p_a &\leftarrow (p_a + b_\nu) \bmod 255 \\ p_b &\leftarrow (p_a + p_b) \bmod 255 \end{aligned}\right\} \text{für } \nu = 0, \ldots, n-1 \qquad \text{(A.1)}$$

p_a und p_b müssen noch Anfangswerte zugewiesen werden, hier wird $p_a = p_b = 0$ gewählt.

Die direkte Umsetzung von (A.1) mit Divisionen ist natürlich ganz unmöglich, man erhielte eine Prüfgröße, für deren Berechnung pro Byte Dutzende von Prozessortakten verbraucht würden. Der hier stets angewandte „Trick", der allerdings schon viele Jahrhunderte vor der Erfindung des Computers bekannt war, besteht darin, die Bildung von $\bmod 255$ bis zum Ende der Schleife zu verzögern, also überhaupt nur zwei Operationen $\bmod 255$ auszuführen, einmal für p_a und einmal für p_b.

Die modulare Addition hat nämlich die wichtige Eigenschaft, dass die Teilerrestbildung hinausgezögert werden kann. Statt erst $t = (a+b) \bmod m$ und dann $(t+c) \bmod m$ zu berechnen, kann man auch den Ausdruck $(a + b + c) \bmod m$ berechnen, es kommt dasselbe heraus. Das ergibt sich über die Eindeutigkeitsaussage des Divisionssatzes[1] praktisch von selbst. Werden nämlich die beiden ersten Ausdrücke nach dem Divisionssatz umgeschrieben, erhält man $a + b = q_1 \times m + r_1$, mit $q_1 \geq 0$ und $0 \leq r_1 < m$, und $r_1 + c = q_2 \times m + r_2$, mit $q_2 \geq 0$ sowie $0 \leq r2 < m$. Auflösen der zweiten Gleichung nach r_2, Einsetzen in die erste Gleichung, Umsetzen und Zusammenfassen ergibt $a + b + c = (q_1 + q_2) \times m + r_2$, mit $q_1 + q_2 \geq 0$ und $0 \leq r_2 < m$. Da $q = q_1 + q_2$ und $r = r_2$ die Bedingungen des Divisionssatzes erfüllen, muss insbesondere gelten: $(a + b + c) \bmod m = r_2 = ((a + b) \bmod m + c) \bmod m$.

Für die Berechnung von p_a bedeutet das

$$p_a = \sum_{\nu=0}^{n-1} b_\nu \bmod 255 = \left(\sum_{\nu=0}^{n-1} b_\nu \right) \bmod 255,$$

und entsprechend für p_b. Die Summierung muss nun aber mit einer Arithmetik größerer Bitweite durchgeführt werden! Die nächstliegende Arithmetik ist 16-Bit-Arithmetik, aber die Frage, die sich gleich stellt, ist: Wie groß darf n sein, damit bei der Summenbildung in 16-Bit-Arithmetik p_b nicht überläuft? Wegen $p_a \leq p_b$ kann p_a außer Acht gelassen werden. Man erhält sicherlich den größten Wert für $b_0 = \cdots = b_{n-1} = 255$. Es lässt sich das folgende Schema aufbauen:

$$\begin{array}{lcr}
p_b \leftarrow 0 & = & 0 \times 255 \\
p_b \leftarrow 1 \times 255 & = & 1 \times 255 \\
p_b \leftarrow p_b + 2 \times 255 & = & 3 \times 255 \\
p_b \leftarrow p_b + 3 \times 255 & = & 6 \times 255 \\
p_b \leftarrow p_b + 4 \times 255 & = & 10 \times 255 \\
p_b \leftarrow p_b + 5 \times 255 & = & 15 \times 255 \\
\vdots & &
\end{array}$$

Diesem Schema kann entnommen werden, dass die größte natürliche Zahl n gesucht ist, welche die Ungleichung

$$(1 + 2 + 3 + \cdots + n) \times 255 = \frac{n(n-1)}{2} \times 255 \leq 2^{16} - 1 \tag{A.2}$$

erfüllt. Die Auflösung der quadratischen Gleichung in n birgt keine Probleme, die Lösung der Ungleichung ergibt sich zu $n = 22$.

Das ist eine herbe Enttäuschung!

Der Übergang zu 24-Bit-Arithmetik bringt $n = 362$, aber das ist erstens keine wirklich von allen Zwängen befreiende Verbesserung, erfordert zweitens drei Additionen pro Summenbildung und macht drittens die Anwendung des folgenden Tricks zur Berechnung von $\bmod 255$ für 16-Bit-Zahlen unmöglich.

[1] Siehe [Mss] (3.2).

Soll der Trick trotzdem angewandt werden, dann bleibt nichts weiter übrig, als die Berechnung von p_a und p_b blockweise in Blöcken der maximalen Größe 22 vorzunehmen.

Jetzt aber zu dem angekündigten Trick zur Berechnung von $u \bmod 255$ für eine 16-Bit-Zahl u. Ist $u = 256u_1 + u_0$ die Zerlegung von u in das untere Byte u_0 und das obere Byte u_1, so gilt:

$$u_0 + u_1 < 255 \implies u \bmod 255 = u_0 + u_1 \tag{A.3a}$$
$$u_0 + u_1 = 255 \implies u \bmod 255 = 0 \tag{A.3b}$$
$$u_0 + u_1 > 255 \implies u \bmod 255 = u_0 + u_1 - 255 \tag{A.3c}$$

$u \bmod 255$ kann also mit einer Additon, einem Vergleich und höchstens einer weiteren Subtraktion berechnet werden. Die drei Behauptungen ergeben sich wieder ganz leicht aus dem Divisionssatz.[2] Es ist nämlich

$$u = 256u_1 - u_1 + u_1 + u_0 = 255u_1 + u_0 + u_1, \tag{A.4}$$

und daraus folgt für $u_0+u_1 < 255$ sofort (A.3a). Für $u_0+u_1 = 255$ erhält man aus (A.4) $u = 255(u_1+1)$, also (A.3b). Ist $u_0+u_1 > 255$, so ergibt das wegen $u_0+u_1 \leq 255+255$ die Ungleichung $255 < u_0 + u_1 \leq 2 \times 255$, also $0 < u_0 + u_1 - 255 \leq 255$. Nun folgt aus (A.4) weiter

$$u = 255u_1 + 255 - 255 + u_0 + u_1 = 255(u_1 + 1) + u_0 + u_1 - 255.$$

Ist also $u_0 + u_1 - 255 < 255$, so folgt daraus direkt (A.3c), und ist $u_0 + u_1 - 255 = 255$, so liegt noch einmal der Fall $255 \equiv 0\,(255)$ vor.

Leider führt die Realisierung zu einem relativ komplexen Programm, zu komplex jedenfalls für die Berechnung einer Prüfsumme, die pro Byte nur wenige Takte in Anspruch nehmen sollte.

Input: n in $\mathbf{r_{17:16}}$, die Adresse von b_0 in **X**. Output: p_a in $\mathbf{r_{18}}$, p_b in $\mathbf{r_{19}}$

```
Fletcher1:push3  r10,r11,r12   3×2
          push3  r13,r20,r21   3×2
          clr    r18           1    pa ← 0, auch u0 ← 00
          clr    r19           1    pb ← 0, auch v0 ← 00
          mov    r13,r16       1    n = 0?
          or     r13,r17       1
          breq   F109          1/2  Ja: mit Ergebnis zurück
          clr    r13           1    r13 ← 00 zur Addition von c
          mov    r20,r16       1    r20 ← m = ⌊n/16⌋, siehe Bild A.1
          andi   r20,0xF0      1
          swap   r20           1
          mov    r21,r17       1
          andi   r21,0x0F      1
          swap   r21           1
```

[2] [Mss] (3.2).

```
15          or     r21,r20       1
16          mov    r20,r16       1     r21 ← k = n mod 16
17          andi   r20,0x0F      1
18          brne   F100          1/2   Falls k = 0:
19          dec    r21           1       m ← m − 1
20          ldi    r20,16        1       k ← 16
21  F100:   clr    r11           1     u1 ← 00
22          clr    r12           1     v1 ← 00
23  F101:   ld     r10,X+        2     r10 ← bν
24          add    r18,r10       1     u ← u + bν
25          adc    r11,r13       1
26          add    r19,r18       1     v ← v + u
27          adc    r12,r11       1
28          dec    r20           1     r20 ← r20 − 1
29          brne   F101          1/2   Bei r20 = 00 innere Schleife beenden
30          add    r18,r11       1     r18 ← (u0 + u1) mod 256
31          brcc   F103          1/2   u0 + u1 ≥ 256?
32          subi   r18,255       1     Ja: r18 ← (u0 + u1) mod 256 − 255
33  F103:   add    r19,r12       1     r19 ← (v0 + v1) mod 256
34          brcc   F105          1/2   v0 + v1 ≥ 256?
35          subi   r19,255       1     Ja: r19 ← (v0 + v1) mod 256 − 255
36  F105:   ldi    r20,16        1
37          subi   r21,1         1     r21 ← r21 − 1, c ← 1 bei r21 ← FF
38          brcc   F100          1/2   Bei r21 = FF innere Schleife beenden
39  F106:   com    r18           1     z = 1 ⇔ r18 = FF, r18 ← ¬r18
40          breq   F107          1/2   Ist r18 = 00, d.h. war r18 = FF?
41          com    r18           1     Nein: alten Wert wiederherstellen
42  F107:   com    r19           1     z = 1 ⇔ r19 = FF, r19 ← ¬r19
43          breq   F109          1/2   Ist r19 = 00, d.h. war r19 = FF?
44          com    r19           1     Nein: alten Wert wiederherstellen
45  F109:   pop3   r21,r20,r13   3×2
46          pop3   r12,r11,r10   3×2
47          ret                  4
```

Die Prozedur besteht im Wesentlichen aus zwei geschachtelten Schleifen, die sich aus der Zerlegung des Bytevektors in $\lfloor n/16 \rfloor$ Blöcke der Länge 16 und einen Restblock der Länge $n \bmod 16$ ergibt.
Nach der Initialisierung von $\mathbf{r_{18}}$ und $\mathbf{r_{19}}$ mit **00** wird in den Zeilen *5–7* geprüft, ob $n = 0$ gilt, in welchem Fall das Ergebnis schon bereitgestellt wurde und in das rufende Programm zurückgesprungen werden kann. Es ist also jetzt $n > 0$, also insbesondere $n \bmod 16 > 0$ oder $\lfloor n/16 \rfloor > 0$. Register $\mathbf{r_{13}}$ wird dazu benutzt, das Übertragsbit zu addieren und erhält deshalb in Zeile *8* den Wert **00**.
Es werden nun $m = \lfloor n/16 \rfloor$ und $k = n \bmod 16$ berechnet, und zwar $\mathbf{r_{20}} \leftarrow k$ und $\mathbf{r_{21}} \leftarrow m$. Um das Programmieren nicht zu komplizieren (die Prozedur dient ja nur Demonstrationszwecken, da sie bald durch eine bessere ersetzt werden wird), wird $m < 255$ angenommen. Bild A.1 zeigt oben den Inhalt des Doppelregisters $\mathbf{r_{17:r16}}$, in dem n übergeben wird. Die

Abbildung A.1.: Zur Berechnung von $m = \lfloor \frac{n}{16} \rfloor$

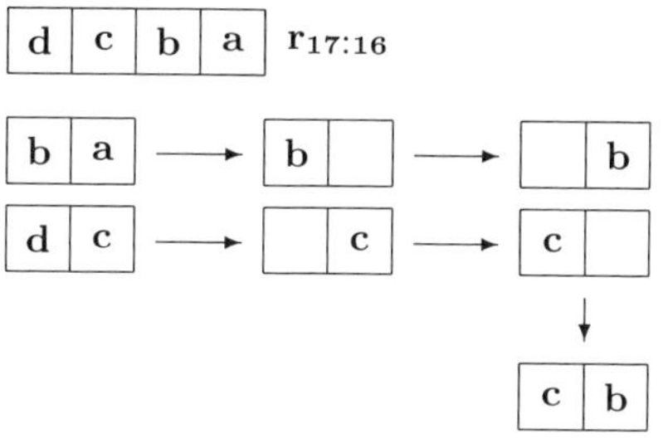

Buchstaben bezeichnen jeweils ein Bitquartett. Zur Berechnung von m ist der mittlere Teil **cb** herauszulösen. Das obere Bitquartett **d** hat wegen $m < 255$ den Wert **0**. Es liegt nun nahe, m mit vier 16-Bit-Rechtshifts zu berechnen, die acht Takte erfordern würden. Schneller, nämlich mit fünf Takten, geht es aber, wenn der Befehl `swap` verwendet wird, der das obere mit dem unteren Bitquartett eines Bytes vertauscht. In Bild A.1 ist zu verfolgen, wie das Ergebnis zustande kommt. In Zeile *9* wird Register $\mathbf{r_{20}}$ mit dem unteren Teil von $\mathbf{r_{17:r16}}$ geladen, in der nächsten Zeile wird das untere Bitquartett von $\mathbf{r_{20}}$ mit dem `and`-Befehl gelöscht, dann werden das obere und das untere Bitquartett vertauscht. In Zeile *12* wird $\mathbf{r_{21}}$ mit dem oberen Byte des Doppelregisters geladen, es wird das obere Bitquartett von $\mathbf{r_{21}}$ gelöscht und dann auch hier das obere mit dem unteren Bitquartett vertauscht. In Zeile *15* werden $\mathbf{r_{20}}$ und $\mathbf{r_{21}}$ mit dem `or`-Befehl in $\mathbf{r_{21}}$ vereinigt. Es folgt in den Zeilen *16–17* die Berechnung von $k = n \bmod 16$.

Die Berechnung der Prüfsumme wird also mit zwei ineinander verschachtelten Schleifen durchgeführt. Die innere Schleife (Zeilen *23–29*) führt $p_a \leftarrow p_a + b_\nu$ und $p_b \leftarrow p_a + p_b$ entweder 16-mal oder k-mal in 16-Bit-Arithmetik aus. Die äußere Schleife (Zeilen *21–38*) initialisiert die innere Schleife zum Teil, arbeitet diese ab, reduziert die berechneten Summen modulo 255 und initialisiert den Schleifenzähler der inneren Schleife mit 16. Bei der einen möglichen Abarbeitung der inneren Schleife mit $k < 16$ Durchläufen wird deren Schleifenzähler vor dem Betreten der äußeren Schleife mit k initialisiert. Die äußere Schleife wird im Normalfall $(m+1)$-mal durchlaufen. Der in Zeile *18* möglicherweise festgestellte Sonderfall $k = 0$ wird in den beiden folgenden Zeilen, also vor dem Betreten irgendeiner Schleife, so umgesetzt, dass der äußere Schleifenzähler mit $m-1$ und der innere Schleifenzähler mit 16 initialisiert werden. Es ist danach $m \geq 0$, weil aus $k = 0$ $m > 0$ folgt, da ja $n = 0$ in Zeile *7* abgefangen wurde.

Die 16-Bit-Summen $u = 256u_1 + u_0 =$ und $v = 256v_1 + v_0 =$ werden in den Doppelregistern $\mathbf{r_{11:18}}$ für p_a und $\mathbf{r_{12:19}}$ für p_b gebildet. Die oberen Bytes, u_1 und v_1, werden am Anfang der äußeren Schleife in den Zeilen *21–22* mit **00** initialisiert. Die unteren Bytes, u_0 und v_0, werden einmal vor der äußeren Schleife mit **00** initialisiert, ab dem zweiten Eintritt in die innere Schleife ist der Anfangswert der laufende Wert von p_a bzw. p_b, reduziert modulo 255. Bei Betreten der inneren Schleife wird $\mathbf{r_{10}}$ mit dem laufenden Wert von b_ν geladen, die erste 16-Bit-Addition erfolgt in den Zeilen *24–25* ($\mathbf{r_{13}}$ hat nach Zeile *8* den Wert **00**), die zweite in den nächsten beiden Zeilen. Nach dem Abarbeiten der inneren Schleife wird zunächst in den Zeilen *30–32* die erste Summe u, dann in den Zeilen *33–35* die zweite Summe v modulo 255 reduziert. Dazu werden das untere und das obere Byte der Summe addiert und, falls nötig, 255 subtrahiert (siehe A.3a bis A.3c).

Nach der Reduktion wird in Zeile *36* der Zähler der inneren Schleife mit 16 initialisiert (al-

lerdings einmal vergeblich). Es folgt schließlich die Prüfung, ob die Abarbeitung der äußeren Schleife fortzusetzen ist. Der Schleifenzähler **r21** kann nicht mit dem Befehl `dec` heruntergezählt werden, da er auf den Wert −1, also auf **FF**, und nicht auf **00** geprüft werden muss, d.h. es ist ein Befehl zu verwenden, der das Übertragsbit entsprechend setzt, wie `subi r21,1` in der Zeile *37*.
Wie oben schon diskutiert, sind nach der äußeren Schleife die Ergebnisse **FF** in **00** zu verwandeln. Das kann natürlich mit direktem Abfragen geschehen, es kann aber z.B. auch der Befehl `com` (Einerkomplement) verwendet werden, zur Übung, um den gesamten Befehlssatz stets am Schnürchen zu haben. Dieser Befehl setzt nämlich das Nullbit $\mathfrak{z}$ genau dann, wenn sein Operand den Wert **FF** hat!

Wenn Arithmetik ins Spiel kommt, ist es eine gute Optimierungsstrategie, möglichst lange mit 8-Bit-Arithmetik auszukommen. Bei der gerade vorgenommenen Realisierung der *Fletcher*-Prüfsummme geschah genau das Gegenteil, es wurde direkt zur 16-Bit-Arithmetik übergegangen. Wie kann aber eine Summe mod 255 in 8-Bit-Arithmetik berechnet werden? Nun, 255 und 256 sind benachbarte Zahlen, $255+1 = 256$, da sollte es doch Beziehungen zwischen der Summenbildung mod 255 und der Summenbildung mod 256 geben. Das ist tatsächlich der Fall.

Seien x und y ganze Zahlen. Da hier p_a und p_b als reduziert mod 255 angenommen werden und da x für p_a oder p_b und y für p_a oder b_ν steht, ist $0 \leq x < 255$ und $0 \leq y \leq 255$. Dann gilt:

$$x + y < 255 \quad \Longrightarrow \quad (x+y) \bmod 255 = (x+y) \bmod 256 \tag{A.5a}$$

$$x + y > 255 \quad \Longrightarrow \quad (x+y) \bmod 255 = (x+y) \bmod 256 + 1 \tag{A.5b}$$

Die Behauptung (A.5a) ist nur der Vollständigkeit halber angegeben, denn für $a < b$ ist natürlich $a \bmod b = a$. Für die zweite Behauptung wird $x + y$ nach dem Divisionssatz zerlegt: $x + y = 255q + r$, mit dem Quotienten q und dem Rest $0 < r < 255$, d.h. $r = (x+y) \bmod 255$. Mit $x < 255$ und $y \leq 255$ folgt daraus $255q + r < 2 \times 255$, wegen $r \geq 0$ erst recht $255q < 2 \times 255$, also $q < 2$ oder, weil q ganzzahlig ist, $q \leq 1$.

Es sei jetzt $x + y > 255$. Dann gilt für den Quotienten $q \geq 1$, folglich ist $q = 1$ und damit $x + y = 255 + r$, woraus noch $r > 0$ folgt. Daraus ergibt sich

$$x + y = 255 + r = 255 + 1 - 1 + r = 256 + r - 1$$

mit $0 \leq r - 1 < 254 < 256$, d.h. wegen der Eindeutigkeit des Teilerrestes ist $r - 1 = (x + y) \bmod 256$. Das zeigt Behauptung (A.5b).

Die Reduktion von $x+y$ modulo 255 verläuft demnach ganz ohne 16-Bit-Arithmetik, d.h. ohne die Summe $x + y$ ganz auszurechnen, wie folgt:

1. Berechne $p = (x + y) \bmod 256$.
2. Ist $x + y > 255$, tritt bei der Addition also ein Übertrag auf, so gilt nach (A.5b) $(x + y) \bmod 255 = p + 1$.
3. Ist $x + y \leq 255$, tritt bei der Addition also *kein* Übertrag auf und ist $p < 255$, so ist $(x + y) \bmod 255 = p$.

Im Fall $x + y = 255$ ist keine gesonderte Aktion nötig, da dann $(x + y) \bmod 255 = 0$ gilt und die Prüfsumme ja mit echter Addition modulo 255 berechnet wird. Es ist aber möglich, dass am Schluss der Rechnung $p_a = 255$ oder $p_b = 255$ herauskommt. Das muss dann zu $p_a = 0$ oder $p_b = 0$ korrigiert werden.

Die Prüfsumme kann nach dieser Methode ohne Rücksicht auf den Wert von n berechnet werden, sie besteht im Kern pro Byte aus vier Befehlen, die in vier Takten ausgeführt werden:

```
add   r2,r1   1   pa ← (pa + bν) mod 256, pa + bν >/≤ 255 ⇒ c = 1/0
adc   r2,r0   1   pa ← pa + c
add   r3,r2   1   pb ← (pb + pa) mod 256, pb + pa >/≤ 255 ⇒ c = 1/0
adc   r3,r0   1   pb ← pb + c
```

Dabei ist angenommen, dass p_a in $\mathbf{r_2}$ und p_b in $\mathbf{r_3}$ berechnet wird, dass b_ν in $\mathbf{r_1}$ bereit steht und dass $\mathbf{r_0}$ den Inhalt **00** hat. Die schließliche Umwandlung $0 \leftarrow 255$ kann wie in obigem Programm vorgenommen werden. Zum Vergleich wird das mit der neuen Methode umgeschriebene Programm noch einmal präsentiert:

Input: n in $\mathbf{r_{17:16}}$, die Adresse von b_0 in **X**. Output: p_a in $\mathbf{r_{18}}$, p_b in $\mathbf{r_{19}}$

```
1  Fletcher2: push4  r0,r1,r24,r25     4×2
2             clr    r18               1    pa ← 0
3             clr    r19               1    pb ← 0
4             mov    r0,r16            1    n = 0?
5             or     r0,r17            1
6             breq   Fl25              1/2  Ja: mit dem Ergebnis zurück
7             clr    r0                1    r0 ← 00 für Addition von c
8             movw   r25:r24,r17:r16   1    r25:24 ← n
9  Fl21:      ld     r1,X+             2    r1 ← bν
10            add    r18,r1            1    Siehe oben,
11            adc    r18,r0            1    aber r18 statt r2,
12            add    r19,r18           1    r19 statt r3
13            adc    r19,r0            1
14            sbiw   r25:r24,1         2    n ← n − 1
15            brne   Fl21              1/2  Bei n = 0 Schleife abbrechen
16            com    r18               1    z = 1 ⇔ r18 = FF, r18 ← ¬r18
17            breq   Fl23              1/2  Ist r18 = 00, d.h. war r18 = FF?
18            com    r18               1    Nein: alten Wert wiederherstellen
19 Fl23:      com    r19               1    z = 1 ⇔ r19 = FF, r19 ← ¬r19
20            breq   Fl25              1/2  Ist r19 = 00, d.h. war r19 = FF?
21            com    r19               1    Nein: alten Wert wiederherstellen
22 Fl25:      pop4   r25,r24,r1,r10    4×2
23            ret                      4
```

Die Prüfsumme wird in einer ganz gewöhnlichen Schleife berechnet, deren Schleifenzähler allerdings das Doppelregister $\mathbf{r_{24:24}}$ ist, das mit dem Befehl `sbiw` heruntergezählt werden kann. Die Zeilen *10–13* wurden eben diskutiert, wenn auch mit anderen Registern. Die eventuelle Reduktion am Ende wird genau wie im vorigen Programm vorgenommen.

Die vier Takte, die zur Berechnung der Prüfsumme bei jedem Byte nur benötigt werden und zwar ohne jegliche Nebenbedingungen — von der Vor- und Nachbearbeitung abgesehen — machen es möglich, die Prüfsumme direkt mit dem Einlesen der Daten zu bilden, also etwa beim Abholen eines Datenbytes von der seriellen Schnittstelle.

A.2. Funktore

Ein Funktor ist ein Datenobjekt, das neben der Adresse einer Funktion auch Parameter enthält, mit welchen die Funktion über ihre Adresse aufgerufen werden kann. Mit ihnen ist es möglich, Funktionsaufrufe zeitlich zu versetzen oder überhaupt erst zu vorgegebenen Zeiten oder bei gewissen eintretenden Ereignissen (z.B. Interrupts) auszuführen. Auch können Funktore als Datenobjekte verkettet werden, um so Funktionsaufrufe zu bündeln oder in einer von den Umständen abhängenden Reihenfolge vorzunehmen.

Es gibt viele Möglichkeiten, einen Funktor zu definieren. Hier wird folgende Definition gewählt: Ein Funktor ist ein Speicherblock, dessen erstes Wort die Adresse einer Funktion enthält. Der Typ eines Funktors hängt von dieser Funktion ab, die seine Aktivierungsfunktion genannt werden soll. Ein Funktor wird aktiviert, indem seine Aktivierungsfunktion mit der Adresse des Funktors selbst in Register **Y** aufgerufen wird. Ist also t ein Funktor, so kann er wie folgt aktiviert werden:

```
ldi     r28,LOW(t)      1
ldi     r29,HIGH(t)     1
ld      r30,Y           2
ldd     r31,Y+1         2
icall                   4
```

Ein Funktor wird gewöhnlich mehr als nur seine Aktivierungsfunktion enthalten. Ein Funktor vom Standardtyp enthält z.B. in seinem zweiten Wort die Adresse einer Funktion F und in den nachfolgenden Bytes Parameter für F, die F in bestimmten Registern beim Aufruf zu übergeben sind. Das Laden der Parameter in die von F dafür vorgesehenen Register und der Aufruf von F werden von der Aktivierungsfunktion vorgenommen. Das nachfolgende Programm gibt ein Beispiel für einen Funktor des beschriebenen Typs.

```
        .include "m128def.inc"
        .device  ATmega128
  Definition der Struktur eines Funktors vom Typ T1
        .equ     oT1pf  = 2          offset of φ
        .equ     oT1pb  = 4          offset of β
        .equ     oT1bnb = 6          offset of n
        .dseg
        .org     0x100
  Ein Funktor t1 vom Typ T1
t1:     .byte    2                   α
        .byte    2                   φ
        .byte    2                   β
        .byte    1                   n
  Ein von der Funktion Fun1 verwendeter Speicherblock
vb:     .byte    3                   b
        .cseg
```

```
         rjmp   Start              2
Die Aktivierungsfunktion eines Funktors vom Typ T1
CallT1:  ldd    r16,Y+oT1pf        2   φ ⇑
         push   r16                2
         ldd    r16,Y+oT1pf+1      2
         push   r16                2
         ldd    r16,Y+oT1pb        2   β ⇑
         push   r16                2
         ldd    r16,Y+oT1pb+1      2
         push   r16                2
         ldd    r16,Y+oT1bnb       2   r16 ← n
         pop    r29                2   Y ⇓ β
         pop    r28                2
         ret                       4   Entspricht icall mit φ in Z
Eine Funktion für den Funktor t1
Fun1:    push   r0                 2
         clc                       1   c ← 0
Fun1a:   ld     r0,Y               2   r0 ← b_ν
         ror    r0                 1   c → r0 → c
         st     Y+,r0              2   b_ν ← r0
         dec    r16                1
         brne   Fun1a              1/2
         pop    r0                 2
         ret                       4
Start:   ldi    r16,LOW(RAMEND)    1   Stapel aufbauen
         out    SPL,r16            1
         ldi    r16,HIGH(RAMEND)   1
         out    SPH,r16            1
Der Aufbau des Funktors t1
         ldi    r28,LOW(t1)        1   Y ← A(t1)
         ldi    r29,HIGH(t1)       1
         ldi    r16,LOW(CallT1)    1   t1[0] ← α
         st     Y+,r16             2
         ldi    r16,HIGH(CallT1)   1
         st     Y+,r16             2
         ldi    r16,LOW(Fun1)      1   t1[2] ← φ
         st     Y+,r16             2
         ldi    r16,HIGH(Fun1)     1
         st     Y+,r16             2
         ldi    r16,LOW(vb)        1   t1[4] ← β
         st     Y+,r16             2
         ldi    r16,HIGH(vb)       1
         st     Y+,r16             2
         ldi    r16,3              1   t1[6] ← n
         st     Y,r16              2
```

	Der Aufbau des Speicherblocks für `Fun1`				
56		`ldi`	`r16,0x12`	1	$b_0 \leftarrow$ **12**
57		`sts`	`vb,r16`	2	
58		`ldi`	`r16,0x34`	1	$b_1 \leftarrow$ **34**
59		`sts`	`vb+1,r16`	2	
60		`ldi`	`r16,0x56`	1	$b_2 \leftarrow$ **56**
61		`sts`	`vb+2,r16`	2	
	Die Aktivierung des Funktors `t1`				
62		`ldi`	`r28,LOW(t1)`	1	$\mathbf{Y} \leftarrow \mathcal{A}(\mathrm{t1})$
63		`ldi`	`r29,HIGH(t1)`	1	
64		`ld`	`r30,Y`	2	$\mathbf{Z} \leftarrow \alpha$
65		`ldd`	`r31,Y+1`	2	
66		`icall`		3	Aktiviere t1
67	`Ewig:`	`rjmp`	`Ewig`	2	

Die Funktion, die durch den Funktor zum „Objekt" gemacht werden soll, beginnt in Zeile *27*. Ihre Aufgabe ist es, einen Vektor $\boldsymbol{b} = (b_0, \cdots, b_{n-1})$ von n Bytes um eine Bitposition nach rechts zu shiften, dabei $\boldsymbol{b}$ also als eine $8n$-Binärzahl betrachtend. Aufgerufen wird die Funktion mit der Adresse β von b_0 in Register **Y** und der Bytezahl n in Register $\mathbf{r_{16}}$. Sie lädt b_ν in Register $\mathbf{r_0}$, rotiert dieses nach rechts, dabei links das Übertragsbit hineinziehend und rechts das untere Bit zum Übertragsbit machend. Die Zeile *28* sorgt dafür, dass bei b_0 ein Nullbit eingezogen wird. Der Funktortyp T1 wird in den Zeilen *3–5* definiert. Er enthält natürlich wie jeder Funktor bei *offset* 0 die Adresse α seiner Aktivierungsfunktion A. Es folgt bei *offset* 2 die Adresse φ der Funktion F, die aufgerufen werden soll, bei *offset* 4 die Adresse β des Bytevektors $\boldsymbol{b}$ und bei *offset* 6 die Anzahl n der Bytes.
Die Aktivierungsfunktion von T1 beginnt in Zeile *15*. Sie ist mit der Adresse τ eines Objekts t1 vom Type T1 in Register **Y** aufzurufen. Ihre Aufgabe, **Y** mit β und $\mathbf{r_{16}}$ mit n zu laden und F über φ aufzurufen, soll sie so durchführen, dass keine weiteren Register tangiert werden. Daraus folgt insbesondere, dass der Befehl `icall` zum Aufruf von F über φ nicht benutzt werden darf, da dieser ja φ in **Z** hinterließe! Ein möglicher Ablauf ist der folgende:

15–16 Das untere Byte von φ wird in den Stapel gebracht
17–18 Das obere Byte von φ wird in den Stapel gebracht
19–20 Das untere Byte von *beta* wird in den Stapel gebracht
21–22 Das obere Byte von *beta* wird in den Stapel gebracht
23 $\mathbf{r_{16}}$ wird mit n geladen
24–25 **Y** wird mit β geladen
26 F wird über φ aufgerufen

Der `ret`-Befehl in Zeile *26* verwendet das in den Zeilen *15–18* in den Stapel gebrachte Wort.[3] Tatsächlich werden von der Aktivierungsfunktion nur die Register **Y** und $\mathbf{r_{16}}$ benutzt.
In den Zeilen *8–11* wird nun Speicherplatz für ein Objekt t1 vom Typ T1 bereitgestellt. Es wird ab Zeile *40* aufgebaut, man kann sagen, dass diese Zeilen einen *constructor* darstellen. Es folgt noch ab Zeile *52* die Initialisierung von $\boldsymbol{b}$ mit irgendwelchen Werten, und ab Zeile *62* wird der Funktor endlich auch aktiviert.

Die Aktivierung des Funktors im Programm ist nicht typisch, normalerweise verfügt der aktivierende Programmteil gar nicht über den Funktor selbst, sondern nur über seine Adresse, die in einer Tabelle oder einem Vektor abgelegt ist.

[3] Siehe dazu auch [Mss] **2.5.5.1**.

A.3. Ein Zeitgeber

Einige Geräte, z.B. LCD-Displays, nötigen dem Prozessor zur Initialisierung oder zur Durchführung anderer arbeitsintensiver Vorgänge Wartezeiten auf, die aus seiner Sicht eine kleine Ewigkeit darstellen. Es ist kein großes Problem, die Wartezeiten mit Warteschleifen zu realisieren. Besser ist es jedoch, sich eines Timers zu bedienen und eine allgemeine, wiederverwendbare Lösung zu finden.

Mit dem Timer0 lassen sich zusammen mit dem Vorteiler Zeiten im Millisekundenbereich erzielen. Der vorgestellte Zeitgeber ist für einen **ATmega32** ausgelegt, der mit 16MHz getaktet wird, und er erzeugt als Grundlage einen Zeittakt von genau einer Millisekunde. Der Timer0 wird nicht dauerhaft belegt, sondern nur in den Wartezeiten genutzt. Das ist insofern wichtig, als dieser Timer sich im Laufe der Fortentwicklung der AVR-Kontroller von einem einfachen Aufwärtszähler zu einem gut ausgestatteten Alleskönner gemausert hat und zu schade für einen gewöhnlichen Millisekundentakt ist. Es ist aber immer noch ein 8-Bit-Zähler.

```
          .dseg
Eine Variable zum Hochzählen von Millisekunden
OC0Tick:  .byte     1
          .cseg
Die ISR für den output compare interrupt des Timer0
OC0hdlr:  push      r0             2
          in        r0,SREG        1   Statusbits „retten"
          push      r0             2
          lds       r0,OC0Tick     2   Millisekundenzähler erhöhen
          inc       r0             1
          sts       OC0Tick,r0     2
          pop       r0             2   Statusbits „entretten"
          out       SREG,r0        1
          pop       r0             2
          reti                     4
OC0Start: push      r16            2
Das Eingangsritual
          clr       r16            1   R_TCNT0 ← 00
          out       TCNT0,r16      1
          ldi       r16,250        1   R_OCR0 ← 250
          out       OCR0,r16       1
          in        r16,SFIOR      1   R_SFIOR.PSR10 ← 1
          ori       r16,0b00000001 1
          out       SFIOR,r16      1
          ldi       r16,0b00001011 1   CTC-Modus, Vorteilung durch 64
          out       TCCR0,r16      1
Die Befähigung
          in        r16,TIMSK      1   R_TIMSK.OCIE0 ← 1
          ori       r16,0b00000010 1
```

```
26              out     TIMSK,r16       1
        Zurücksetzen des Millisekundenzählers
27              clr     r16             1
28              sts     OC0Tick,r16     2
29              pop     r16             2
30              ret                     4
31  OC0Stop:    push    r16             2
        Das Ausgangsritual
32              clr     r16             1    R_TCNT0 ← 00
33              out     TCCR0,r16       1
        Die Entfähigung
34              in      r16,TIMSK       1    R_TIMSK.OCIE0 ← 1
35              andi    r17,0b11111101  1
36              out     TIMSK,r16       1
37              pop     r16             2
38              ret                     4
39  OC0Wait:    rcall   OC0Start        3+
40              push    r0              2
41  OC0Wait1:   lds     r0,OC0Tick      2
42              cp      r0,r16          1
43              brlo    OC0Wait1        1/2
44              rcall   OC0Stop         3+
45              pop     r0              2
46              ret                     4
```

Das Programm unterscheidet sich nicht wesentlich von dem in Abschnitt 4.1. Die einzige erwähnenswerte Abweichung ist, dass hier der Timer0 und Timer1 gemeinsame Vorteiler verwendet wird. Insbesondere wird der Vorteiler in den Zeilen *19–21* zurückgesetzt und das beeinträchtigt sehr wahrscheinlich das Verhalten von Timer1, falls dieser ebenfalls den Vorteiler benutzt. Timer1 hat als 16-Bit-Timer den Vorteiler allerdings sehr viel weniger nötig als Timer0.
Die Bits $\mathbf{R}_{\mathsf{SFIOR}}$.PSR10 und $\mathbf{R}_{\mathsf{SFIOR}}$.PSR2 werden stets als 0 gelesen, wie z.B. in Zeile *19*, folglich kann beim Rücksetzen des Vorteilers von Timer0/Timer1 in den Zeilen *19–21* versehentlich nicht auch der Vorteiler von Timer2 zurückgesetzt werden.
Der Wert von 250 in Zeile *17* ergibt sich aus der Auflösung der Gleichung

$$\frac{16 \times 10^6}{64 \times n} = 10^3$$

nach n. Das ergibt *genau* 250.

Allgemein sollte bei Verwendung des Vorteilers der Teilungsfaktor möglichst klein sein, da die viel größere Variabilität des Zählerregisters des Timers eine größere Präzision ergibt. Z.B. erhält man aus der Gleichung

$$\frac{16 \times 10^6}{1024 \times x} = 10^3$$

mit dem Teilungsfaktor 1024 die Lösung $x = 15,625$ und daraus mit $n = 16$ nur ein Zeitintervall von 976,5 Millisekunden.

A.4. Speicherverwaltung mit dem Stapel

In der Programmierpraxis ist es üblich, kleine Speicherblöcke, die nur für eine kurze Zeit gebraucht werden,[4] im Stapel anzulegen. Dazu wird der Stapelzeiger vor und nach dem Gebrauch des Speicherblocks entsprechend verschoben, das ist bei vielen Prozessoren eine Angelegenheit von nur ganz wenigen Befehlen. Nicht so jedoch bei AVR-Prozessoren. Aber es kann natürlich gemacht werden, und es kann durchaus einmal nützlich sein.

Einmal angenommen, es wurden die gegenwärtige Uhrzeit und das gegenwärtige Datum aus dem Zeitsignal des Langwellensenders Mainflingen heraus berechnet und in einem Puffer abgelegt. Das Problem ist nun, dass die Ausgabe des Pufferinhaltes z.B. an ein LCD-Display nicht sicher ist, denn der Pufferinhalt kann während der laufenden Ausgabe auf den neuesten Stand gebracht werden. Soll absolut der (allerdings äußerst

Abbildung A.2.: Ein Speicherblock im Stapel

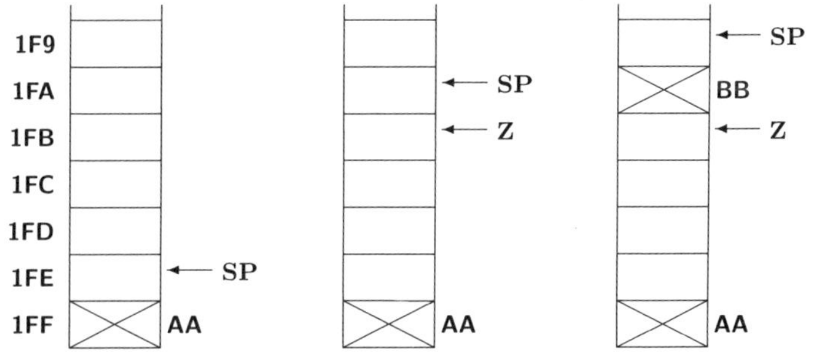

unwahrscheinliche) Vorgang vermieden werden, dass für eine kurze Zeit die Minuten und die Stunden oder die Stunden und der Tag usw. nicht zusammengehören, so muss mit einer Kopie gearbeitet werden, die auf eine sichere Art und Weise erzeugt wurde, d.h. ohne unterbrochen worden zu sein. Da diese Kopie einen flüchtigen Charakter hat, ist es wenig sinnvoll, sie mit Assemblerbefehlen im Arbeitsspeicher zu vereinbaren, es ist vielmehr eine Speicherverwaltung nötig. Man kann den Stapel benutzen, um eine einfache Speicherverwaltung zu realisieren, die Speicherblöcke vorübergehend im Stapelbereich anlegt. Wie gleich zu sehen sein wird, verschwendet diese aber viele Programmworte und Taktzyklen, eine Folge der Tatsache, dass der Systemstapelzeiger kein echtes Register, sondern nur ein eigenschaftsloses IO-Register ist. Der Stapel wird bei 8-Bit-Mikrocontrollern sehr stiefmütterlich behandelt.

```
          .dseg
bMin:     .byte    4                    Unsicherer Speicherblock
          .cseg
Stapelspitze markieren (Bild A.2 links)
          ldi      r16,0xAA      1
          push     r16           2
```

[4] Je nach System auch wirklich große Speicherblöcke.

Speicherblock im Stapel frei machen (Bild A.2 mitte)

```
         cli                    1
         in     r30,SPL         1    R_SP ← ℜ_SP − 4
         in     r31,SPH         1
         subi   r30,4           1
         sbci   r31,0           1
         out    SPL,r30         1
         out    SPH,r31         1
         adiw   r31:r30,1       2    Z ← ℨ − 3
         sei                    1
```

Neue Stapelspitze markieren (Bild A.2 rechts)

```
         ldi    r16,0xBB        1
         push   r16             2
```

Unsicheren Speicherblock in den neuen Block kopieren

```
         ldi    r28,LOW(bMin)   1
         ldi    r29,HIGH(bMin)  1
         ldi    r17,4           1
Kopie:   ld     r16,Y+          2
         st     Z+,r16          2
         dec    r17             1
         brne   Kopie           1/2
```

Speicherblock aus dem Stapel entfernen

```
         cli                    1
         in     r24,SPL         1    R_SP ← ℜ_SP + 4
         in     r25,SPH         1
         adiw   r25:r24,4       2
         out    SPL,r24         1
         out    SPH,r25         1
         sei                    1
```

Bild A.2 veranschaulicht, was im Programmstück passiert. Wichtig ist, dass die Änderungen am Stapelzeiger nicht unterbrochen werden dürfen. Dass keine Unterbrechung eintreten kann, wird hier durch die einrahmenden Befehle `cli` und `sei` erreicht, aber das ist nur möglich, wenn der Wert des Interruptstatusbits bekannt ist.

Es ist offensichtlich keine gute Idee, bei AVR-Prozessoren den Systemstapel zur Speicherverwaltung einzusetzen. Man kann allerdings Makros benutzen, die den Aufwand verbergen, und dann ist es ganz bequem.

B. Programmiertechnisches

B.1. Modulare Programmiertechnik

Dem AVR-Assembler, der im AvrStudio enthalten ist, ist leider kein Linker beigegeben. Diese Tatsache erschwert die modulare Programmierung. Unter modularer Programmierung wird hier das separate Assemblieren von in sich geschlossenen und zusammenhängenden Gruppen von Prozeduren und Datenstrukturen in eine Zwischensprache verstanden, Module genannt, die dann bei der Fertigstellung eines Programms von einem Linker zu einer lauffähigen Einheit zusammengesetzt werden. Module können Prozeduradressen und Datenadressen exportieren, die in anderen Modulen oder einem Hauptprogramm (ziemlich) frei verwendet werden können. Die separaten Module lassen sich in speziell entwickelten Testumgebungen gründlich testen.

Es wurde in Erwägung gezogen, den Linker eines der (käuflichen) **C**-Compiler zu verwenden. Dann hätte aber auch der zu diesem Compiler gehörige Assembler benutzt werden müssen. Dem steht allerdings einiges entgegen:

- Kein Assembler ist für AVR-Prozessoren geschrieben worden, sie wurden nur an den Befehlssatz der AVR-Prozessoren angepasst. Die Assemblerbefehle wurden jedoch *nicht* angepasst und verraten gelegentlich eine völlig andere Denkweise. Einige Anweisungen, etwa solche zur Auswahl eines Prozessors, grenzen ans Absurde und können nur so erklärt werden, dass da etwas völlig Fremdes in AVR-Form umgegossen werden musste.
- Kein Assembler ist besser als der AVR-Assembler. Einer lässt es nicht einmal zu, Zahlen binär darzustellen. Einer besitzt zwar einen gewaltigen Satz von Assembleranweisungen, der aber nach dem Prinzip organischen Wachstums strukturiert ist (Jahresringe, Seitentriebe etc.). Und so weiter und so fort.
- Vor allem aber: Jeder dieser Assembler ignoriert die Wortstruktur des Programmspeichers der AVR-Prozessoren. Das heißt insbesondere, dass alle Programmspeicheradressen als *Byteadressen* anzugeben sind. Die Erfahrung hat gezeigt, dass man damit nicht leben **will**[1]. Da in den AVR-Handbüchern natürlich alle Programmspeicheradressen als Wortadressen angegeben sind, hat man z.B. in den *listings* ständig im Kopfe umzurechnen, ebenso, wenn die Anzahl der Worte zwischen zwei Programmspeicheradressen zu berechnen oder abzuschätzen ist, die Anwendung des Befehls `lpm` erscheint dem erfahrenen AVR-Programmierer unnatürlich, usw.

Was nicht mit assemblierten Modulen getan werden kann, lässt sich aber mit Textmodulen erreichen, die mit dem `.include`-Befehl in ein Hauptprogramm eingezogen werden können. Das hauptsächliche Problem sind natürlich die Namenskonflikte, die sich ohne weitere Vorsichtsmaßnahmen zweifellos ergeben werden. Diesen kann durch

[1] Man *kann* sicherlich damit leben.

Einführung eines rigorosen Namensschemas entgangen werden: Jedem Assemblertextmodul wird ein *eindeutiges* Kürzel zugeordnet, das jedes Label und jede Assemblervariable an irgendeiner Stelle enthalten muss. Beispielsweise könnte ein Modul, mit welchem BCD-Arithmetik realisiert wird, mit dem Kürzel `Bcd` assoziiert werden. Eine seiner Prozeduren könnte dann `BcdAdd` heißen, ein von ihm verwendeter Speicherblock von 16-Bit-Worten `vwBcdAkku` und eine Assemblervariable `nwBcdAkku`. Diese Methode funktioniert erstaunlich gut, man hat sie nach kurzer Zeit so verinnerlicht, dass sie gar nicht mehr als Ballast empfunden wird. Man kann sie sogar dazu benutzen, den Textmodulen Struktur zu geben.

Auch sollte man durchaus in Betracht ziehen, eine gemäßigte *Ungarische Methode* zu verwenden, mit deren Hilfe man Label und Assemblervariable einordnen kann, ohne ihre Definition oder Deklaration zu kennen. Z.B. bezeichnet das obige Label `vwBcdAkku` einen Vektor von Worten aus dem Modul `Bcd`, der anscheinend als Akkumulator verwendet wird, und `nwBcdAkku` ist eine Assemblervariable aus demselben Modul, welche die Anzahl der Worte in diesem Vektor angibt. Mit der Ungarischen Methode hat jeder Name eine Reihe von Präfixen, die eine standardisierte Bedeutung haben und dem Namen so eine bestimmte Funktionalität verleihen. Ein solches System von Präfixen kann sich jeder nach eigenem Geschmack ausdenken, aber einiges ist natürlich naheliegend. So sollte etwa `b` ein Byte und `w` ein 16-Bit-Wort bedeuten und `d` könnte ein 32-Bit-Doppelwort sein. So wie ein Präfix eines Namens seinen Namen charakterisiert, kann auch ein Präfix einen Präfix haben, der ihn selbst charakterisiert. So kann der Präfix `v` etwa *Vektor* bedeuten, so dass das Präfixpaar `vb` also einen Bytevektor kennzeichnet, und der Präfix `n` (von *Nummer*) kann Anzahl meinen, so dass also `nb` einer Assemblervariablen vorsteht, die für eine Anzahl von Bytes steht. `nb` kann nicht der Präfix eines Labels sein, da ein Label immer ein Stück Speicher bezeichnet, also ein Byte, ein Wort usw., also einen der Präfixe `b`, `w` usw. haben muss. Will man ein Speicherwort kennzeichnen, das eine Byteanzahl enthält, so ist die Präfixsequenz `wnb` zu verwenden. Es empfiehlt sich auch, den Präfix `p` für *Adresse* (*pointer*) einzuführen, der ein 16-Bit-Speicherwort charakterisiert, sowohl Arbeits- als auch Programmspeicher. Z.B. kennzeichnet der Präfix `pb` eine Byteadresse und `pw` eine Wortadresse, und `vpwnpb` ist ein Vektor von Adressen von Worten, die Anzahlen von Byteadressen enthalten. Weiter kann ein Byte, das ein ASCII-Zeichen zum Inhalt hat, den Präfix `c` bekommen (*character*), und `s` steht als Abkürzung für den Präfix `vc` eines Vektors von ASCII-Zeichen, also einer Zeichenkette (*string*). Bei den Adressen von Funktionen oder überhaupt Codeadressen kann zweigleisig verfahren werden. Man kann `f` als Präfix für eine Funktion oder Codeadresse verwenden, dann wäre `pf` also ein Wort mit der Adresse einer Funktion (also einer Wortadresse im Programmspeicher!). Es wirkt aber sehr unschön, Funktionen mit dem Präfix `f` zu versehen, etwa `fBcdAdd`. Es ist besser, noch eine zweite Charakterisierung von Funktion oder Prozeduren einzuführen: Jeder Name, der mit einem Großbuchstaben beginnt (und deshalb keinen Präfix haben kann, da diese alle Kleinbuchstaben sind), ist der Name einer Funktion oder allgemeiner eine Codeadresse.

Ein Problem bleibt noch zu lösen. Benutzt nämlich ein eingezogenes Modul einen Interrupt, so muss die Adresse der zugehörigen ISR in die Interruptvektortabelle am Anfang des Programmspeichers eingetragen werden. Dieser Vorgang muss auf jeden

Fall automatisiert werden. Diese Automatisierung kann tatsächlich auf relativ einfache Weise erreicht werden. Voraussetzung ist, dass jede *ISR* einen standardisierten, systemweit eindeutigen Namen bekommt. Das ist auch an sich eine erstrebenswerte Voraussetzung. Die angestrebte Automatisierung kann dann mit der folgenden Datei durchgeführt werden, die allerdings vom gewählten Prozessor abhängt, da die Interruptvektortabellen der Prozessoren sich nicht gleichen.

```
                        .cseg
                        .nolist
.ifndef PRIMO
.equ    PRIMO=1

                        .list
                        .org     0
                         jmp     Start
                         jmp     INT0hdlr
                         jmp     INT1hdlr
                         jmp     INT2hdlr
                        .nolist
.else
.ifndef INT0hdlr
INT0hdlr:
.endif
.ifndef INT1hdlr
INT1hdlr:
.endif
.ifndef INT2hdlr
INT2hdlr:
.endif
                        .list
ANYhdlr:                 reti
.endif
                        .list
```

Es ist natürlich keine echte, sondern eine stark auf nur drei Interrupts gekürzte Datei für den **ATmega32**, das genügt aber vollkommen, um das Prinzip zu verstehen.

Die Datei wird zweimal eingezogen, einmal direkt am Anfang des zu bildenden Hauptprogramms, dann zum zweiten Mal *nach allen ISR*. Beim ersten Einzug ist die Assemblervariable `PRIMO` noch nicht definiert, folglich werden die Programmzeilen zwischen den Befehlen `.ifndef PRIMO` und `.else` assembliert, das ist gerade die Interruptvektortabelle am Anfang des Programmspeichers. Beim zweiten Einzug ist `PRIMO` aber definiert und es werden die Zeilen zwischen dem `.else`-Befehl und dem letzten `.endif`-Befehl assembliert. Angenommen, zwischen den beiden Einzügen wird die ISR für den externen Interrupt INT2 definiert, diejenigen der beiden anderen Interrupts aber nicht. Dann ist `.ifndef INT0hdlr` *wahr*, es wird demnach `INT0hdlr:` assembliert. Dagegen ist `.ifndef INT1hdlr` *falsch*, `INT1hdlr:` wird folglich ignoriert, und `.ifndef INT2hdlr` ist wieder *wahr*, also wird `INT2hdlr:` assembliert. Zusammengenommen ergibt sich der folgende zu assemblierende Text:

```
                    .cseg
                    .nolist
                    .list
                    .org    0
                     jmp    Start
                     jmp    INT0hdlr
                     jmp    INT1hdlr
                     jmp    INT2hdlr
                    .nolist
INT0hdlr:
INT2hdlr:
ANYhdlr:             reti
                    .list
```

Die zwischen den beiden Einzügen definierte *ISR* von INT1 wird also bei einem externen Interrupt korrekt angesprungen, die übrigen Interrupts werden von der Standard-*ISR* bedient, die nur aus dem Rückkehrbefehl `reti` besteht.

B.2. Makros

Ein anständiger Makroprozessor kann das Programmieren in jeder Assemblersprache zumindest erträglich machen. Beispielsweise kann der Zugriff auf Tabellen mit Makros nicht nur erleichtert, sondern auch transparenter gemacht werden. Überhaupt sollte es möglich sein, die Verwendung komplexerer Datenstrukturen als sie der Assembler selbst verarbeiten kann so zu gestalten, dass ein Programm auch nach längerer Zeit noch nachvollzogen werden kann. Als absolutes Minimum sollte die Fähigkeit vorhanden sein, öfter vorkommende Befehlsfolgen durch ein Makro zu ersetzen. Dieses Minimum stellt der AVR-Assembler zwar zur Verfügung, aber nur in rudimentärer Form. Soll z.B. eine Folge von fünf `push`-Befehlen abgekürzt werden, kann das mit dem Makro

```
.macro  push5
 push   @0
 push   @1
 push   @2
 push   @3
 push   @4
.endm
```

geschehen. Dieses Makro gilt aber nur für genau fünf `push`-Befehle, für eine Folge mit sieben solcher Befehle muss ein Makro `push7` programmiert werden. Ein allgemeines Makro `mpush` für eine beliebig lange Folge von `push`-Befehlen kann nicht erzeugt werden, da die Möglichkeit fehlt, in einem Makro die tatsächliche Anzahl der dem Makro übergebenen Parameter festzustellen.[2] Ganz allgemein mangelt es an einer Verarbeitungsmöglichkeit von Texten, zu denen ja auch die Makroparameter gehören.

Nun kann man sich natürlich mit den Makros `push2` bis `push8` und entsprechend `pop2` bis `pop8` behelfen, wie sie in der Datei `makros.avr` angegeben sind. Man kann aber auch einen der im Internet leicht auffindbaren Makroprozessoren verwenden. Mit dem Makroprozessor ML/I sieht eine kleine Makrobibliothek, die im Wesentlichen nur das Makro `mpush` (als Abkürzung von `multipush`) enthält, etwa so aus:

```
MCINS @.
MCSKIP MT,<WITH" "WITH>
MCSKIP !WITH" NL
MCDEF mpush N1 OPT , N1 OR ; NO OR NL ALL
AS <"push @A1.
MCGO LO IF T1=1
MCSET T2=2
@L1. push @AT2.
MCSET T2=T2+1
MCGO L1 UNLESS T2 GR T1
">
MCSET S10=2
```

Wie bei Makroprozessoren üblich ist die Datei ohne besondere Anleitung praktisch unlesbar, aber das ist kein großes Problem, da man sich meistens nur kurz aber intensiv in Syntax und Semantik eines solchen Prozessors einarbeiten muss und das Makrochinesisch dann schnell wieder vergessen kann. Jedenfalls wird damit ein Befehl wie

```
mpush   r17,r0,r7
```

möglich, dem Makro kann aber auch ein Kommentar folgen, der dann an der richtigen Stelle in das Programm eingefügt wird:

```
mpush   r17,r0,r7   ;Diese Register sind zu retten
```

Ein kleiner Nachteil ist, dass der Programmiervorgang etwas verlängert wird, er wird durch die Verwendung von zwei zusätzlichen Dateien auch komplexer. Der Makroprozessor muss aus der Datei, welche die Makrobibliothek enthält, und aus der Datei mit dem mit Hilfe der Makros geschriebenen AVR-Programm eine Datei mit dem von Makros freien AVR-Programm erzeugen, die der Assembler lesen und übersetzen kann.[3]

[2] Jedenfalls erwähnt die Dokumentation keine solche Möglichkeit und auch einiges Herumprobieren enthüllte keine verborgenen Mechanismen.

[3] Es ist natürlich möglich, die Makrobibliothek an den Anfang des mit den Makros geschriebenen AVR-Programms zu stellen, doch ist das keine so gute Programmierpraxis.

Ist z.B. `avr.ml1` die Datei mit obiger kleiner Makrobibliothek und ist `test.avr` eine Datei mit dem nachfolgenden kleinen Programm

```
      .cseg
      mpush    r1,r3,r12  ; Ein Kommentar
```

so erzeugt der Aufruf `ml1 avr.ml1 test.avr -o testml1.avr` für den AVR-Assembler die Datei `testml1.avr` mit dem folgenden Inhalt:

```
      .cseg
      push r1
 push r3
 push r12
; Ein Kommentar
```

Das ist zwar für einen Menschen kein schönes und gut lesbares Programm, der Assembler hat damit aber keine Schwierigkeiten, für ihn ist es perfekt lesbar. Unbequem kann es wohl werden, wenn für eine Fehlersuche ein Listing durchgearbeitet werden muss, aber es ist nicht so beschwerlich, dass man deshalb auf den Gebrauch eines Makroprozessors verzichten sollte.

Natürlich lassen sich Makros schreiben, die ästhetisch und kognitiv befriedigende Programmstücke hervorbringen, doch muss dafür der Arbeitseinsatz bei der Makroprogrammierung üblicherweise beträchtlich gesteigert werden, eine Einsatzsteigerung, die sich selten lohnt.

Literaturverzeichnis

[AbSt] Abramowitz, M., Stegun, I. eds. (1964): Handbook of Mathematical Functions with Formulas, Graphs, and Mathematical Tables. Washington, D.C.: National Bureau of Standards, Applied Mathematics Series 55, U.S. Government Printing Office.

[Ande] Anderson, S. F., Earle, J. G., Goldschmidt, R. E., Powers, D.M. (1967): The IBM System/360 Model 91: Floating-Point Execution Unit. IBM Journal Res. Dev. 11.

[Atm2] Atmel Corporation. 8-bit AVR Instruction Set. Rev. 0856D-AVR-08/02.

[Autk] Autorenkollektiv (1981): Mathematik für Chemiker. Frankfurt/M: Verlag Harri Deutsch.

[Eag] Eager, R. D., Brown, P. J.: ML/I User's Manual. http://www.ml1.org.uk.

[Fly] Flynn, M. J. (1970): On Division by Functional Iteration. IEEE Transaction on Computers, Vol. C-19, No. 8.

[Gold] Goldberg, D. (1991): What Every Computer Scientist Should Know About Floating-Point Arithmetic. ACM Computing Surveys, Vol 23, No 1.

[Ieee] IEEE Standard 754 for Binary Floating Point Arithmetic (1988): Washington, DC: American National Standards Institute.

[Iord] Iordache, C., Matula, D. W. (1999): On Infinitely Precise Rounding for Division, Square Root, Reciprocal and Square Root Recipocal. 14th IEEE Symposium on Computer Arithmetic (ARITH14).

[John] Johnson, N.L., Kotz, S. (1970): continuous univariate distributions-1. Boston: Houghton Mifflin Company.

[Knu1] Knuth, Donald E. (1973): The Art of Computer Programming, Vol.1. Reading, MA: Addison-Wesley.

[Knu2] Knuth, Donald E. (1973): The Art of Computer Programming, Vol.2. Reading, MA: Addison-Wesley.

[Lps] Lipschutz, S., Lipson, L.M.: (2000): Schaum's Outline of Theory and Problems of Probability. New York: McGraw-Hill.

[Mss] Schwabl-Schmidt, M. (2007): Programmiertechniken für AVR-Mikrocontroller. Aachen: Elektor-Verlag.

[MssP] Schwabl-Schmidt, M. (2008): Softwarentwicklung für dsPIC33F-Mikrocontroller. Aachen: Elektor-Verlag.

[Ren] Rényi, A. (1966). Wahrscheinlichkeitsrechnung. Berlin: VEB Deutscher Verlag der Wissenschaften.

[Stoe] Stoer, J. (2005): Numerische Mathematik 1. Berlin-Heidelberg: Springer-Verlag.

Index

LA BIOLOGIE DE L'AMOUR

ARTHUR JANOV

LA BIOLOGIE DE L'AMOUR

Traduit de l'anglais (États-Unis) par Nikou Tridon

LE GRAND LIVRE DU MOIS

Titre original : *The Biology of Love*.
Première édition : Prometheus Books, New York, 2000.

ISBN 2-7028-4698-X

Pour ma femme France

N'oubliez pas que si vous n'avez pas pris le bon train, vous ne voyagerez pas dans la bonne direction. Ce train part au tout début de notre existence, dès notre vie intra-utérine. Il démarre dans le ventre maternel et, une fois que nous sommes lancés sur ses rails, nous les suivons inexorablement jusqu'à la fin de notre vie.

D'après Saul Bellow

La tâche de l'Histoire est d'établir la vérité.

Karl Marx

C'est dans notre histoire que réside notre vérité intérieure.

Arthur Janov

REMERCIEMENTS

Ce livre a été en gestation pendant plusieurs années au cours desquelles j'ai bénéficié de l'aide de tous ceux qui m'ont assisté dans cette entreprise. Je remercie tout particulièrement mon assistant de recherche, David Lassoff, et mon consultant scientifique, le Dr Jonathan Christie.

Je voudrais également remercier le professeur Frank Wood du Wake Forest University Medical Center qui a supervisé le contenu neurologique de l'ouvrage, et s'il reste la moindre inexactitude dans ce domaine, elle est de mon fait. J'adresse mes remerciements à Dianne Woo qui a corrigé l'écriture et la composition du livre, ainsi qu'à ma femme, France, qui prépare son doctorat et codirige le Primal Center de Venice, en Californie, et qui s'est assurée que mes idées sur la pratique de la thérapie primale concordaient avec son expérience clinique. Elle a passé des mois à mener cette tâche à bien.

Je dois beaucoup au travail du Dr Paul MacLean du National Institute for Mental Health et à ses vastes connaissances sur le cerveau ; les membres de notre équipe l'admirent énormément et nous ne sommes pas les seuls dans ce cas. Tous ceux qui travaillent dans ce domaine reconnaissent que, sans lui, la science du cerveau n'aurait pas atteint son niveau actuel. J'exprime aussi toute ma gratitude au Dr Allan Schore qui a écrit le livre que je considère comme la bible de la neuropsychologie moderne. J'ai trouvé dans les ouvrages du Dr Michael Odent, *The Nature of Birth and Breastfeeding* et *Birth Reborn*, de nombreuses suggestions utiles concernant l'accouchement.

Et pour terminer, je remercie tous mes patients de qui j'apprends davantage chaque jour, ainsi que mon équipe de thérapeutes qui a passé tant d'années à se former pour apprendre un métier particulièrement difficile, mais d'une importance capitale puisqu'il peut sauver des vies humaines.

Dr Arthur Janov
Primal Center
Venice (Californie)

e-mail : primalctr@earthlink.net

INTRODUCTION

Je vais commencer par définir le sujet de ce livre dont le titre, *La Biologie de l'amour*, peut prêter à confusion : il étudie l'influence qu'exerce l'amour parental sur chacun de nous au tout début de notre vie, la manière dont il donne forme à notre cerveau et va ainsi affecter le cours de notre existence. Ce n'est pas un manuel de neurobiologie académique mais, étant donné les découvertes passionnantes qui ont été faites ces derniers temps dans cette discipline scientifique, il m'a paru nécessaire d'intégrer ces nouvelles connaissances aux observations de notre pratique clinique et d'en présenter un exposé non technique.

J'ai écrit cet ouvrage pour le profane qui veut savoir comment les sentiments et les émotions – littéralement, les « mouvements » que nous faisons lorsque nous ressentons quelque chose – gouvernent notre vie. Je vais sélectionner tout au long de ces pages certains faits apparemment hétéroclites que la recherche a mis en évidence et les replacer dans un cadre de référence qui va révéler leur cohérence.

Les récents progrès accomplis dans l'étude du cerveau permettent désormais de relier la psychologie dynamique et la neurologie. Grâce à ces nouvelles avancées scientifiques, nous pouvons désormais comprendre pourquoi nous souffrons d'insomnie, pourquoi nous faisons des cauchemars, pourquoi nous avons des pulsions irrépressibles, pourquoi nous nous entendons si mal avec les autres et ne pouvons maintenir nos relations, pourquoi nous ne pouvons pas aimer, pourquoi nous ingérons de l'alcool et des drogues et quels sont leurs effets sur le cerveau, où va la souffrance une fois que nous l'avons éprouvée, que deviennent les sentiments repoussés dans l'inconscient, comment s'effectue ce refoulement, que contient notre inconscient, et nombre d'autres aspects de la condition humaine. Ces découvertes ne sont intéressantes, en définitive, que si elles contribuent à notre bien-être et nous aident à mener une vie meilleure. Comme nous allons le voir, l'amour d'une mère influe directement sur la biochimie de son enfant et sculpte en quelque sorte son cerveau : un cerveau qui a été « aimé » est différent.

Si nous parvenons à déceler les modifications que provoque la souffrance émotionnelle dans le cerveau, peut-être pourrons-nous alors « mesurer » l'action du traitement en nous fondant sur ces variations neurologiques. On peut se demander, par exemple, où se forment les obsessions et surtout pourquoi. Je crois connaître la réponse, car nous avons traité des dizaines de cas de rituels obsessionnels. Comment résoudre des problèmes émotionnels tels que les phobies, les déviances sexuelles et les compulsions irrépressibles ? Quels comportements précis peut-on qualifier de « fous » ? Est-il possible de localiser cette folie dans le cerveau ? J'évoquerai aussi les tranquillisants les plus couramment prescrits ainsi que leur mode d'action. Que calment-ils en réalité ?

Quoique nombre de professionnels soient persuadés – par orgueil ou par humilité – que nos connaissances sont insuffisantes pour énoncer des thèses définitives sur l'origine des problèmes mentaux et émotionnels, je suis convaincu du contraire et je crois que nous en savons assez pour mieux les comprendre et répondre à certaines questions, sans recourir à un jargon « psy » trop technique. De toute manière, nous n'en saurons jamais assez pour porter sur ces sujets un jugement absolu et définitif, mais cela ne devrait pas nous empêcher d'approfondir nos investigations dans un domaine où le moindre manuel de diagnostic est plus épais que l'annuaire téléphonique de Manhattan.

Mon travail en thérapie primale m'a amené à explorer les profondeurs de l'inconscient de milliers de patients. Au cours de ces trente dernières années, je n'ai cessé d'affirmer que les traumatismes prénatal et natal avaient une incidence sur notre vie ultérieure. La recherche m'a maintenant rejoint et les informations confirmant mes convictions foisonnent.

Parmi les psychothérapies dénuées de fondement scientifique et théorique et dont les observations sont influencées par des idées préconçues, on a vu apparaître des aberrations comme le *rebirthing*, où l'on demande au patient de crier et taper sur les murs afin de « faire sortir sa souffrance ». Ces pratiques n'ont rien de « thérapeutique » et sont même nuisibles. Le thérapeute doit aider son patient à se frayer un chemin jusqu'aux niveaux les plus profonds de son inconscient et, pour ce faire, il doit bien connaître le cerveau et travailler dans le cadre de ses structures. Sinon, chacun tire la couverture à soi et le patient se perd dans une multitude d'approches dépourvues d'assise scientifique. Une notion très simple, le concept de l'empreinte, me semble pouvoir transformer à lui seul toute la pratique actuelle de la psychothérapie, et je vais donc l'étudier en détail. Nous avons perdu trop de temps à enquêter sur les causes apparentes du stress et de ses effets – anxiété, problèmes gastriques, hypertension artérielle, palpitations cardiaques, dépression, etc. – tout en négligeant l'élément essentiel de nombre d'entre eux : l'histoire du patient, son passé, et la souffrance qui s'est engrammée en lui.

J'ai pratiqué la thérapie psychanalytique pendant dix-sept ans avant de voir pour la première fois, en 1967, un jeune homme exprimer ces sentiments profonds. J'ai passé ensuite de nombreuses années à m'efforcer de les comprendre. C'étaient des sentiments que je n'avais jamais constatés auparavant chez mes patients. Ceux-ci pleuraient et sanglotaient, bien sûr, mais ils ne se roulaient pas par terre en souffrant le martyre et en hurlant de douleur. Ce que j'ai découvert peut paraître aberrant à ceux qui ne souffrent pas chaque jour de leur vie. Ils ont tort.

En 1971, des professeurs du département de neurologie de l'UCLA* m'ont affirmé qu'il était impossible de conserver le souvenir de sa naissance, ce qui a retardé ma progression pendant des années. J'ai pourtant fini par comprendre que non seulement cette mémorisation était possible, mais qu'elle conditionnait toute notre vie ultérieure. Notre travail au Pulmonary Laboratory de l'UCLA a fait avancer la recherche, notamment en matière de traumatisme natal. Nous avons parlé de verrouillage avant même que cette théorie ne fasse son apparition dans la littérature concernée. Dans mon livre *The Anatomy of Mental Illness,* paru en 1971, j'ai évoqué le rôle de la sérotonine dans la maladie mentale des années avant que la recherche ne le découvre. Je ne dis pas cela pour me vanter ou réclamer des droits, mais pour montrer que l'on ne doit pas faire preuve d'étroitesse d'esprit face aux

* Université de Californie – Los Angeles. *(N.d.T.)*

nouvelles approches. Certains trouvent confortable de s'accrocher à de vieilles idées, même si elles sont dépassées, et elles deviennent alors un catéchisme qu'ils ressassent continuellement.

Je vais expliquer dans ce livre comment le développement de notre cerveau peut être affecté non seulement par les premières semaines et les premiers mois de notre existence, mais aussi par notre vie intra-utérine ; comment les sentiments et les souvenirs s'engramment dans le cerveau ; et enfin comment et pourquoi ils y demeurent définitivement. Je montrerai que les circonstances de la vie adulte ne peuvent rien y changer, car les modifications qu'ont provoquées à l'époque un traumatisme ou un manque d'amour se sont produites au cours d'une période critique et se sont définitivement imprimées dans le système neurobiologique. Mais ne vous laissez pas décourager pour autant ! Il existe des solutions, et je les exposerai dans ce livre.

Nous allons étudier la vie intra-utérine et ses effets sur notre comportement adulte. Nous savons, par exemple, qu'une forte anesthésie de la mère lors de l'accouchement paralyse l'organisme du bébé, provoquant des conséquences à long terme qui affecteront sa personnalité – faible libido, apathie, passivité, etc. Nous savons qu'une femme qui prend des tranquillisants et/ou consomme d'importantes quantités d'alcool au cours de sa grossesse modifie le réglage des neurotransmetteurs chez son enfant, ce qui pourra engendrer chez lui par la suite anxiété ou dépression. Lorsque les inhibiteurs chimiques du cerveau de la mère enceinte deviennent insuffisants, il en va de même pour ceux du fœtus. Mais quand une mère aime son enfant, les hormones de l'amour (comme l'ocytocine, la vasopressine et la sérotonine) vont acquérir chez lui une vigueur qui durera toute sa vie, et il deviendra plus tard un meilleur parent pour ses propres enfants. Il aura une physiologie différente et un cerveau différent de ceux d'un individu qui n'a pas été aimé dans sa petite enfance.

Le traumatisme prénatal modifie la production des neurotransmetteurs ainsi que le nombre de leurs récepteurs. Les neurotransmetteurs sont les véhicules chimiques qui propagent nos sentiments à travers le système nerveux ou qui les bloquent. Un excès de souffrance ou un manque d'amour trop prolongé au début de l'existence peut verrouiller nos sentiments. Or paradoxalement – et diaboliquement –, la souffrance précoce peut affaiblir les « verrous » qu'installe notre cerveau pour neutraliser le traumatisme. Un nouveau-né dont la mère est héroïnomane souffre davantage car le nombre de ses récepteurs d'endorphines a diminué pour s'adapter à la toxicomanie de sa mère. Une femme enceinte heureuse et bien nourrie, en revanche, arme son enfant pour affronter les éventuelles difficultés de sa naissance et les écueils qu'il rencontrera plus tard dans l'existence. Les substances chimiques combattant l'anxiété et la douleur qui imprégneront l'organisme de ce bébé lui permettront de surmonter les obstacles et de vaincre l'adversité.

Je vais également examiner les effets qu'exerce sur notre biologie l'amour de ceux qui se sont occupés de nous au début de notre vie, celui de notre mère et de notre père, en montrant comment une carence affective précoce peut modifier notre cortex – ce qui *pense* en nous – et notre système limbique – ce qui *sent* en nous. Lorsqu'un nouveau-né a peu de rapports émotionnels avec sa mère, les cellules nerveuses ne se développent pas correctement dans certaines structures de son cerveau. Son cortex préfrontal – la couche extérieure de neurones qui projette, réfléchit, raisonne et intègre – est endommagé par ce manque affectif précoce et ne fonctionnera pas aussi efficacement par la suite. Cette carence affectera la maîtrise de ses impulsions et son maniement de la pensée abstraite, de même que sa coordination et sa faculté de planifier l'avenir.

Si, au cours des premiers mois de la vie d'un bébé, sa mère ou son père ne le regarde pas dans les yeux avec amour et tendresse, ne le caresse pas, ne lui parle pas et ne ressent pas d'amour pour lui, ce manque affectif freinera le développement des neurones de son cortex. Aimer un enfant, c'est aimer son cerveau afin de lui assurer un développement normal.

La description du fonctionnement des principales structures cérébrales que vous allez trouver dans cet ouvrage n'est pas censée être un modèle définitif. Je me suis intéressé à la fonction spécifique que remplit chacune d'elles dans les émotions et les sentiments, ainsi qu'à la manière dont elles traduisent la présence ou l'absence d'amour en symptômes physiques.

Quel rôle joue donc l'amour pour un petit enfant ? Un rôle bien plus important que nous ne pouvons l'imaginer. L'amour ne lui est pas transmis par des mots, mais par des actes qui expriment ce sentiment sans avoir besoin de parler. Si on le serre dans les bras, si on l'embrasse et lui montre qu'on l'aime, il comprendra le message et sa vie en sera transformée. Si on ne le fait pas, les paroles ne lui seront d'aucune aide.

Dans *La Biologie de l'amour,* je propose au lecteur une nouvelle conception de l'amour qui s'appuie sur notre connaissance du cerveau et de la psychologie. Comme nous le verrons, l'amour est en réalité quelque chose de concret et de très différent de l'idée que chacun de nous s'en fait. Nous découvrirons qu'il joue un rôle décisif dans notre façon de penser, de sentir, de percevoir et d'agir à l'âge adulte. Il détermine la longueur de notre vie et les maladies que nous aurons plus tard. Il n'est pas exagéré de dire qu'un manque d'amour précoce fixe déjà les limites de notre longévité et de notre bonheur dans l'existence. Et les défenses que nous utiliserons pour enfouir au fond de nous ce manque initial – tabagisme, alcoolisme, suralimentation et toxicomanie – pourront nous faire mourir avant l'heure. Ce n'est pas notre excès de poids qui nous tuera, mais le manque d'amour qui nous a fait trop manger. Il en va de même pour la cigarette et l'alcool. Et, ce qui est le plus important, l'amour reçu dans notre petite enfance – le fait d'avoir été un enfant désiré et chéri – déterminera par la suite la force de notre amour de la vie. Son absence, en revanche, nous donnera constamment l'impression de ne pas être gâtés dans la vie et de ne pas particulièrement tenir à l'existence, car nous ne pourrons réellement ressentir ce que nous vivons. Nombre d'individus semblent indifférents à leur propre mort, comme si la vie ne valait pas la peine d'être vécue. Nos connaissances sont désormais suffisantes pour expliquer la cause de cet état d'esprit.

Je vous montrerai comment notre intolérance et notre cruauté envers les autres, qui s'exercent même envers nos propres enfants, sont liées au fonctionnement de notre cerveau, et comment nous pouvons devenir plus « humains » en le modifiant. Pourquoi la drogue et l'alcool prennent-ils tant d'importance pour certains ? Comment agissent-ils sur le cerveau, et pourquoi est-il si difficile d'y renoncer ? Les programmes de désintoxication sont-ils le seul moyen qui peut nous y aider ? On ne peut répondre oui que si l'on se désintéresse de l'origine de la souffrance.

Préparons-nous à naviguer dans des eaux inexplorées et à faire un extraordinaire périple dans les profondeurs de l'inconscient qui, nous le découvrirons, est un lieu de lumière, de compréhension et de paix. Tous les démons cachés – ces souvenirs douloureux logés dans le cerveau qui ont paralysé le bébé et l'adulte – en seront expulsés. Ce ne sont d'ailleurs pas des démons, mais des besoins et des souvenirs précis, engrammés au début de notre vie, qui s'efforcent constamment de remonter et de s'échapper de l'inconscient. Les structures corticales qui, seules, peuvent nous permettre de comprendre et contrôler notre souffrance ne sont pas entièrement développées avant l'âge de deux ans, et il nous faudra des années pour acquérir la faculté d'intégrer ce qui se trouve dans notre inconscient. Or un manque d'amour ou un traumatisme précoce auront peut-être endommagé ce système cortical inhibiteur, ce qui fera de nous un enfant hyperactif, maniaque, anxieux et tendu. Et il ne s'agira pas d'un état temporaire qui disparaîtra en grandissant, mais d'une déficience persistante.

Disons plus simplement que si les sentiments inexprimés peuvent nous rendre « fous », ou du moins mal à l'aise et nerveux, les exprimer peut nous aider à retrouver notre santé et notre équilibre.

Mais pour entreprendre ce voyage, nous devons mieux connaître le cerveau et de son mode de fonctionnement.

Première partie

LA STRUCTURE DU CERVEAU

1

LA STRUCTURE DU CERVEAU

Le cerveau humain est un organe remarquable qui s'est peu à peu complexifié et a poursuivi son développement pendant des centaines de millions d'années. Sa structure reflète l'histoire de l'évolution : avec sa partie reptilienne qui gouverne nos instincts, son système limbique qui traite les sentiments, et son cortex frontal qui régit compréhension et raisonnement, elle nous montre un trajet permettant de retrouver nos propres origines.

Si les idées appartiennent au domaine intellectuel, et les sentiments au domaine émotionnel, les paroles d'une personne qui déclare se sentir inférieure concernent les deux. L'*idée* d'infériorité est un événement cérébral cortical de niveau supérieur, alors que le *sentiment* d'infériorité se situe à un niveau inférieur. C'est notre système limbique qui nous donne le sentiment de sentir. Il y a là un premier point capital : il ne suffit pas de penser à nos sentiments, il faut les éprouver, de manière à acquérir la faculté de ressentir. Les sentiments *sont* notre humanité.

Un enfant que l'on n'aime pas, que l'on néglige et que l'on traite avec indifférence, se persuade qu'il n'est « pas assez bon pour être aimé », et cet engramme subsistera. Si cette attitude parentale persiste au cours de son enfance, l'empreinte se gravera définitivement en lui, et à vingt ans, les paroles les plus chaleureuses n'y pourront rien changer. Ce style d'encouragement – « Je te trouve merveilleux, tu sais ! » – est une idée, et les idées ne peuvent modifier les sentiments. Seuls les sentiments ont ce pouvoir, et cette notion si simple a de profondes implications : pour retrouver notre humanité, nous devons retrouver nos sentiments, ce que nous ne pouvons faire en restant sur le plan des idées.

Or nous ne pourrons retrouver nos sentiments qu'en revivant pleinement la blessure qui les a bloqués et en amenant cette souffrance à la conscience. Une « idée » pourra ensuite changer les choses parce qu'elle résultera des sentiments, et cette prise de conscience neutralisera l'emprise de notre inconscient sur notre comportement. Idées et sentiments ne résident pas dans les mêmes structures du cerveau et l'on ne peut faire faire à un niveau le travail d'un autre. S'efforcer d'utiliser les idées pour remplacer les sentiments ne sert à rien. Le ressenti des sentiments dépend de structures cérébrales spécifiques comme l'hippocampe et l'amygdale, alors que les idées les concernant sont traitées dans les couches corticales supérieures, et en particulier dans la partie avant de l'hémisphère gauche du cerveau. On ne peut ressentir en utilisant uniquement le cortex frontal. Tout ce que l'on peut faire, c'est pleurer « sur » son enfance telle qu'on la revoit en tant qu'adulte, au lieu de réellement éprouver la peine de l'enfant que l'on a été.

Sur un plan général, les forces régissant notre comportement sont localisées dans trois systèmes cérébraux distincts : le cortex grâce auquel fonctionne notre conscient, le système limbique qui régit nos sentiments, et le tronc cérébral qui gère nos instincts et nos mécanismes de survie. Les engrammes se logent dans diverses parties du cerveau, selon le moment de leur apparition. Tout ce qui s'est produit très tôt, avant et pendant notre naissance, a eu un impact sur la partie de notre système nerveux qui était la plus compétente à l'époque, notre tronc cérébral. Les traumatismes de la petite enfance affectent le tronc cérébral et le système limbique, et ce n'est que plus tard, à mesure que le néocortex se développera, que les processus de pensée seront impliqués. Le tronc cérébral est une structure longue de sept ou huit centimètres qui relie le cerveau à la colonne vertébrale et se compose de trois parties principales : le *bulbe rachidien*, la *protubérance annulaire* et le *mésencéphale*. Il comprend également le *système réticulé activateur* (formé de groupes de cellules nerveuses qui attirent l'attention des niveaux cérébraux supérieurs sur les stimuli) et le *locus coeruleus* (un ensemble de neurones qui active le système nerveux en réaction à la souffrance, et parfois aussi au plaisir [1]).

Avant tout, le cerveau est divisé en deux hémisphères ayant chacun ses propres fonctions spécifiques. L'hémisphère droit, qui est plus gros que le gauche, est associé aux sentiments, aux émotions et à un mode de pensée global et holistique. La pensée réflexive, les projets et les concepts appartiennent à l'hémisphère gauche. Or le cerveau droit parvient à maturité à la fin de la deuxième année de l'enfant, au moment où le cerveau gauche commence à se développer. Le sentiment précède la pensée. En termes d'évolution, nous avons été mus par nos sentiments longtemps avant d'être doués de raison. Pour remonter le temps et retrouver notre passé, nous devons emprunter le bon véhicule – et ce ne sont pas les idées. Ce voyage nous ramène à la zone cérébrale qui a reçu l'engramme à l'époque : un traumatisme natal, par exemple, se situe bien loin des idées et même plus bas que les sentiments. Il est inscrit dans le tronc cérébral, qui est la structure la plus primitive de notre système nerveux. Cette empreinte ne peut être « expliquée » qu'en termes de mouvements de reptation, qui consistent à se tordre et se contorsionner par terre sans utiliser les membres. Tel est le langage du tronc cérébral, qui va nous aider à comprendre ce que nous avons vécu, et il est inutile d'espérer le moindre changement si nous sautons les étapes de l'évolution. Voici donc le deuxième point essentiel : nous devons tenir compte de l'évolution, telle qu'elle apparaît clairement dans la structure du cerveau humain, pour comprendre et traiter ces problèmes.

La langue que parle le tronc cérébral est celle de l'hypertension artérielle, des palpitations et de l'angine de poitrine ; elle s'exprime et fait ses ravages silencieusement. C'est lui qui détient les secrets de notre naissance et de notre vie prénatale. Si nous voulons connaître les circonstances de notre venue au monde, il nous les racontera à sa manière, précise et évidente. Et ce qui est merveilleux chez lui, c'est qu'il ne peut mentir et ne ment par conséquent jamais. Si votre mémoire a enregistré à l'époque un rythme cardiaque de 180 battements par minute, votre cœur battra exactement au même rythme lorsque vous revivrez ces moments. C'est pour nous une façon de vérifier l'authenticité du souvenir.

La structure cérébrale la dernière informée est le cortex frontal gauche. Les événements du début de la vie peuvent être ressentis et traités par l'hémisphère droit sans que le côté gauche en soit conscient. Il ne peut que faire des conjectures à ce propos et se trompe souvent, ce qui donne lieu à toutes sortes d'erreurs de perception et d'interprétation. Paradoxalement, la partie la plus évoluée de notre cerveau est généralement celle qui en sait le moins sur nous-mêmes et sur les autres. Et comme je vais m'efforcer de le montrer, l'utilisation du seul cortex frontal ne peut effectuer aucun changement profond en nous : réfléchir intellectuellement à nos symptômes et nos comportements est un exercice inutile. Comprendre est parfois profitable, mais ce n'est pas la condition *sine qua non* du développement personnel. Il est possible « d'aller bien » sur le plan cortical tout en restant « malade » à un niveau inférieur. C'est pourquoi l'analyse des rêves et toutes les idées concernant les sentiments ne sont d'aucun secours. La meilleure chose à faire avec un rêve est de ressentir les sentiments qu'il contient, et son symbolisme deviendra évident.

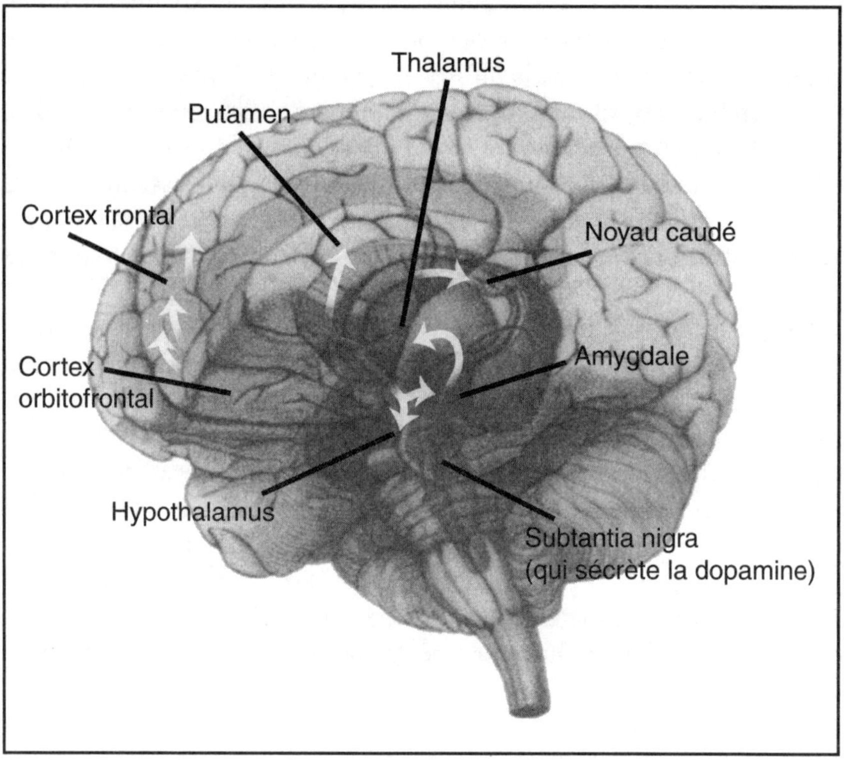

Principales structures cérébrales impliquées dans le sentiment.

Notre cerveau se divise donc en trois niveaux distincts. Le niveau inférieur est le *tronc cérébral* ou cerveau reptilien. Au-dessus se trouve le cerveau *limbique*, celui qui ressent. Il traduit les instincts en sentiments et envoie l'ensemble au cortex frontal, la partie avant supérieure du cerveau. La couche extérieure du cerveau, le *néocortex* (« le nouveau cortex »), est la plus récente.

Le tronc cérébral contrôle les fonctions élémentaires automatiques, comme les réflexes oculaires, le rythme cardiaque, la digestion, la respiration et les vomissements. Il abrite la plupart de nos instincts et de nos mécanismes de survie. Tous nos besoins y sont programmés. Il produit l'énergie qui stimule les sentiments et leur donne du « punch ». La rage et la peur à l'état brut peuvent provenir du tronc cérébral et passer ensuite dans le système limbique pour y être ressenties, avant d'éventuellement trouver un exutoire dans l'expression artistique, par exemple sous forme d'images ou de récits violents.

Le bulbe rachidien contient des groupes de cellules nerveuses participant à la régulation du rythme cardiaque, de la tension artérielle, de la digestion et de la respiration. La protubérance annulaire, située au-dessus du bulbe rachidien, est reliée par des fibres nerveuses au *cervelet*, qui est un organe séparé attaché à l'arrière du tronc cérébral. L'information sensorielle provenant des oreilles, du visage et des dents est transmise par la protubérance annulaire, qui est elle-même surmontée par le *mésencéphale*, la partie la plus petite du tronc cérébral qui s'occupe des mouvements oculaires, de la dilatation des pupilles et de la coordination des membres.

Dans l'idéal, le tronc cérébral, le système limbique et le néocortex devraient harmonieusement associer instincts, sentiments et pensées. La plupart du temps, cependant, les trois niveaux restent séparés, comme lorsque nos sentiments sont écrasés sous une avalanche d'idées. Nous verrons que le traumatisme précoce bloque le passage d'un niveau à un autre, pour éviter qu'ils ne soient submergés d'informations. Le plus souvent, le système limbique et le tronc cérébral fabriquent leurs propres substances inhibitrices pour empêcher le message douloureux d'accéder au cortex frontal interprétatif. Et celui-ci peut ainsi continuer à penser, à faire des projets et à vaquer à ses affaires sans être trop perturbé par ces niveaux inférieurs. Il arrive néanmoins que les engrammes soient si puissants qu'ils enfoncent les barrières protectrices, et nous souffrons alors de crises d'angoisse ou de panique, de phobies et d'obsessions. Ou bien nous ne parvenons plus à dormir car, face au déferlement des impulsions, la zone frontale ne cesse de courir pour maintenir les démons à distance. Ce qui est diabolique dans cette histoire, c'est que les traumatismes – même prénatals – qui nécessitent des taux élevés de neurohormones inhibitrices les font précisément diminuer. Et selon leur gravité, ils peuvent endommager le système de refoulement pour la vie entière.

Les niveaux inférieurs s'efforcent constamment de transmettre à la conscience des informations qu'elle ne veut pas connaître. Ils voudraient dire au cortex qu'ils ne se sentent pas aimés et qu'ils ont mal, mais celui-ci est trop occupé à chercher l'amour pour écouter le message. Il ne sait même pas qu'il se sent mal aimé et le montre pourtant tous les jours. Et le standard cérébral renvoie ailleurs le message douloureux : au cœur où il provoque des palpitations, à la tête où il se transforme en migraines, et aux vaisseaux sanguins où il donne de l'hypertension. Ils reçoivent le message et le traduisent dans leur propre langage. Mais si nous apprenons le code du cerveau, nous pourrons retraduire le symptôme et retrouver l'information initiale, afin d'extirper la souffrance des niveaux inférieurs du cerveau. Ce « décryptage » du code nous permettra de retrouver l'empreinte, le souvenir codé qui peut remonter à la naissance. Voilà pourquoi le concept d'empreinte est si crucial. Sans lui, nous errons au hasard, incapables de comprendre que l'origine de nos problèmes peut se situer aux antipodes du cortex. Et nous ne pouvons faire autrement qu'appréhender les choses dans leur contexte actuel, alors que nous avons une histoire, une histoire qui détient la vérité sur nous-mêmes, une histoire qui se trouve dans notre cerveau et que nous pouvons connaître.

Le cortex frontal et les sentiments

Le *cortex orbitofrontal*, qui fait partie de la couche supérieure du cerveau, est situé derrière les globes oculaires. Il traite l'information extérieure en la reliant à la mémoire et à l'histoire personnelle et produit ainsi l'état de veille (*awareness*), que l'on ne doit pas confondre avec la conscience (*consciousness*)* – celle-ci étant l'état dans lequel les trois niveaux d'activité cérébrale interagissent harmonieusement. Lorsqu'il y a une bonne communication entre le cortex frontal et les centres infé-

* Arthur Janov distingue ici les termes anglais *consciousness* et *awareness* qui sont généralement tous deux traduits en français par « conscience ».*(N.d.T.)*

rieurs, on l'appelle « conscience de veille ». Le cortex orbitofrontal et le cortex préfrontal, situé derrière le front, commencent à jouer un rôle actif vers l'âge de deux ans et régissent la compréhension et la réflexion. Comme très peu d'entre nous vont faire de la chirurgie cérébrale dans un proche avenir, je vais prendre la liberté d'alléger mon style en les appelant simplement zone frontale, ou cortex frontal. Le rôle du cortex orbitofrontal est d'inhiber les impulsions. Quand il est endommagé, la personne manifeste nervosité, manque d'inhibition, hyperactivité et distractivité. Mais elle n'a pas forcément reçu un coup sur la tête, et il est possible qu'il se soit simplement mal développé à cause d'un manque d'amour au tout début de sa vie [2]. Des modifications importantes se produisent dans le cortex en cas de carence affective précoce, dotant la personne d'un cerveau différent, qui dispose d'un nombre inférieur de cellules pour accomplir sa tâche.

Le système limbique

Le système limbique est constitué de plusieurs structures dont le développement s'achève vers l'âge de vingt mois. L'hippocampe termine sa croissance à la fin de la deuxième année, et de récentes recherches ont même montré que de nouvelles cellules hippocampiques peuvent être créées à un âge avancé par la stimulation intellectuelle. Le cerveau peut sans doute engendrer de nouvelles cellules tout au long de notre vie.

L'amygdale est une petite structure double en forme d'amandes située à proximité de l'hippocampe, sur la face interne des lobes temporaux. Elle forme une sorte de carrefour dans le cerveau. Selon le chercheur Joseph LeDoux, « l'amygdale, qui a des liaisons directes et abondantes avec tous les systèmes sensoriels du cortex (...), communique aussi avec le thalamus. (...) La partie de l'amygdale où convergent les données sensorielles envoie des fibres dans les profondeurs du cerveau jusqu'à l'hypothalamus, que l'on pense être la source ultime des réactions émotionnelles [3] ». L'amygdale semble être le point de convergence du sentiment, envoyant des messages aux organes et en recevant de leur part via l'hypothalamus. Elle transmet également l'information émotionnelle et la souffrance au thalamus qui la traduit au cortex frontal, ce qui nous rend conscients de ce que nous ressentons.

Des recherches récentes ont montré que la formation de l'amygdale précède nettement celle du néocortex, qu'il s'agisse de notre développement individuel (ontogénique) ou de la longue histoire de l'évolution des animaux aux êtres humains (phylogénique). C'est l'une des plus vieilles structures du cerveau, tout comme l'hippocampe voisin qui lui est néanmoins postérieur. Elle joue un rôle dominant dans le traitement de l'information émotionnelle pendant les six premiers mois de notre vie. Nous devons donc y accéder si nous voulons savoir ce qui se trouve dans notre inconscient, et nous pouvons le faire.

L'amygdale semble « cultiver » son propre opium. Elle sécrète des opiacés qui suppriment la souffrance en empêchant l'information douloureuse d'accéder à la conscience de veille. N'est-il pas stupéfiant que cette substance ramollie dont est constitué le cerveau puisse décider de fabriquer un dérivé du pavot afin d'empêcher la perception de la douleur, en précisant la quantité nécessaire et le moment exact du déclenchement et de l'interruption de cette sécrétion ? Quoi qu'il en soit, ce mécanisme de surcharge et de fermeture existe partout et peut être retrouvé jusque dans la vie végétale [4]. De nombreuses plantes qui ont besoin du soleil pour produire l'énergie nécessaire à leur croissance (la photosynthèse génératrice d'oxygène) interrompent ce processus en cas d'exposition trop prolongée à la lumière solaire. Celle-ci devient dangereuse car elle réduit la vitesse de la photosynthèse. Voici ce que deux chercheurs en ont dit : « Si le mécanisme de protection est submergé, la photo*inhibition* [les italiques sont de moi] va diminuer l'efficacité et le rendement de la photosynthèse [5]. » Le dommage subi par la feuille est analogue à un coup de soleil. Ils se sont en fait aperçus qu'une lumière solaire extrêmement intense déclenche un système d'alarme qui « prévient » les parties de la plante non encore éclairées de l'imminence d'un danger. Elle se ferme et « ne laisse plus passer la lumière », un mécanisme que nous pouvons retrouver chez les êtres humains et qui provoque une fermeture en cas de surcharge.

Surcharge et fermeture : le refoulement

Notre cerveau utilise donc des dispositifs de protection qui sont apparus très tôt dans l'évolution, et le paradigme végétal peut nous aider à mieux comprendre son fonctionnement. De nombreuses expériences sur les cellules nerveuses montrent qu'elles deviennent « silencieuses » et ne réagissent plus si l'*input* est excessif. Là aussi, la surcharge provoque une fermeture. Quand un incident grave se produit dans une centrale nucléaire, des sirènes d'alarme se déclenchent, alors que dans l'organisme humain, il ne se passe rien. Du moins rien de manifeste, car c'est le branle-bas de combat sous la surface ! Des hormones se répandent dans l'organisme, la température du corps s'élève, les globules blancs circulent à toute allure et les neurones recrutent d'autres cellules pour les aider à procéder au refoulement. Malheureusement, cette alarme est silencieuse et personne ne peut l'entendre. La sonnerie hurle, mais nous sommes sourds et nous continuons à arborer un sourire satisfait comme si tout allait pour le mieux. Ou bien nous sommes si préoccupés par nos affaires que nous ignorons qu'un désastre se prépare, un désastre qui peut mettre fin à notre vie.

L'hippocampe et l'hypothalamus

L'hippocampe (appelé ainsi en raison de sa ressemblance avec le poisson du même nom) est situé derrière l'amygdale, au bout de la corne de bélier. Il est l'une des plus anciennes structures du cerveau et semble être responsable de la « mémoire déclarative », celle qui enregistre le contexte et les circonstances de l'événement, et non son contenu émotionnel qui est du ressort de l'amygdale.

Placé à la racine de la corne de bélier que forme le système limbique, l'hypothalamus est une petite structure de la taille d'une cerise. Il se trouve derrière les yeux, sous le thalamus, et il est relié aux autres régions du système nerveux. Il régule la production d'hormones et stimule le système immunitaire par l'intermédiaire de l'hypophyse, qui se trouve juste dessous. Il contribue à la régulation des fonctions vitales – tension artérielle, rythme cardiaque et température corporelle. Il gouverne les systèmes parasympathique et sympathique qui constituent le système nerveux autonome, également appelé système neurovégétatif. Celui-ci contrôle notre fonctionnement organique interne et joue, comme nous le verrons, un rôle essentiel.

Après avoir passé en revue les principales structures cérébrales impliquées dans le sentiment, nous étudierons dans le prochain chapitre la manière dont elles interagissent et se transmettent des messages, l'information pouvant être soit acheminée, soit bloquée le long des trajets neuronaux. Nous découvrirons comment se forme l'inconscient et ce que font nos sentiments lorsqu'ils ne peuvent accéder à nos centres cérébraux supérieurs, où se trouve notre conscience. Au chapitre 7, j'introduirai deux notions nouvelles : l'empreinte et les périodes critiques. Nous verrons comment des événements extérieurs – un regard irrité, un air contrarié ou un mot blessant – s'engramment dans notre cerveau pour la vie. Et nous découvrirons qu'il existe des moments cruciaux où l'impact de l'événement extérieur est particulièrement fort et peut avoir une incidence sur le développement du cerveau.

Ce sont des périodes – situées avant la naissance et aussitôt après – où le cerveau se développe à une allure incroyablement rapide et où les neurones établissent entre eux les connexions qui vont former les circuits nerveux. Si un traumatisme important survient au cours de l'une d'elles – une mère angoissée, déprimée, alcoolique, ou qui fume énormément –, il peut en résulter des anomalies cérébrales définitives.

Les messagers du cerveau

Notre système nerveux est constitué de milliards de neurones interconnectés. Ces cellules nerveuses reçoivent des informations provenant des organes sensoriels de notre corps et les transmettent au système nerveux central. Un neurone est formé d'un corps cellulaire d'où partent des prolongements nommés dendrites. Les signaux circulent entre les neurones par l'intermédiaire de fibres conductrices, les axones, dont l'extrémité se ramifie pour former les terminaisons axonales. Le minuscule espace séparant une terminaison axonale de la cellule nerveuse réceptrice s'appelle une synapse. Les signaux le franchissent grâce à des médiateurs chimiques, les neurotransmetteurs. Lorsqu'un traumatisme précoce réduit le nombre de synapses, le cerveau est modifié. Ceux qui n'ont pas été aimés au tout début de leur existence (car c'est toujours de cette période dont je parle : la gestation et les dix-huit premiers mois de l'enfant) n'ont en quelque sorte pas « toute leur tête » pour se jeter dans la mêlée de la vie. Il leur manque des jonctions synaptiques – ces jonctions où les messagers chimiques peuvent soit interrompre, soit faciliter la circulation de l'information, en particulier vers les niveaux supérieurs qui pourraient la comprendre. Les tranquillisants peuvent y court-circuiter le message, ce très vieux message disant que « personne ne m'aime ». Le système limbique et le tronc cérébral regorgent de formules de ce genre.

Les dendrites sont les ramifications par lesquelles le neurone transmet l'information à d'autres cellules nerveuses. Quand l'amour manque, les dendrites souffrent. Elles sont en moins grand nombre et la quantité de récepteurs d'hormones de stress (les corticostéroïdes) est réduite, si bien qu'il en circule probablement davantage dans le cerveau [6]. Il y a également moins de synapses, en particulier dans les structures du système limbique qui gèrent les sentiments, pour transmettre l'information d'une région à une autre. Ces anomalies pourraient expliquer le comportement de ceux qui ne peuvent compatir aux problèmes des autres et se montrent insensibles à leur souffrance : ils ne sentent rien non plus de ce qui les concerne, car les zones cérébrales associées à la sensibilité sont endommagées.

Toutes sortes de médiateurs chimiques servent de messagers et acheminent l'information des niveaux inférieurs aux centres supérieurs. La sérotonine, par exemple, est un neurotransmetteur inhibiteur. C'est elle qui nous donne aussi l'impression de satiété, mais elle aide avant tout à refouler la souffrance, et c'est ce qui nous intéresse.

L'acétylcholine transmet l'information entre le cerveau et la moelle épinière. La noradrénaline contrôle le rythme cardiaque et la réaction au stress. La dopamine améliore la coordination des mouvements du corps, active notre vigilance et nous aide à réaliser nos objectifs. Un excès de dopamine peut cependant surexciter le cortex et nous « rendre fous ». Les endorphines jouent un rôle essentiel en modulant notre sensibilité à la douleur. Je parlerai plus en détail de tous ces neurotransmetteurs dans divers chapitres, mais le plus important, comme le savent la plupart d'entre nous, c'est que le cerveau fabrique ses propres analgésiques. Je me focaliserai plutôt sur les neurotransmetteurs qui sont associés aux perturbations émotionnelles, tout en sachant que ces médiateurs chimiques ont une large gamme de fonctions.

Nous ne devons pas oublier que, derrière tous les états que « ressent » le patient et dont parle la littérature psychiatrique, se trouve un cerveau d'où émanent l'angoisse et la dépression. Mais où prennent place ces phénomènes et pourquoi ? Qu'est-ce qui les provoque ? Faut-il automatiquement repousser l'information douloureuse qui essaie d'accéder à la conscience ? Peut-on considérer guérie une personne qui se sent mieux en prenant des tranquillisants ? Est-ce une bonne solution ou y a-t-il un prix à payer pour ce refoulement ?

2

LE CORTEX FRONTAL : LE SIÈGE DE LA PENSÉE HUMAINE

Comme nous l'avons vu, le cortex orbitofrontal est la zone de la couche supérieure du cerveau qui se situe derrière les globes oculaires. Il traite l'information extérieure en la reliant à la mémoire et à l'histoire personnelle, et engendre ainsi notre comportement conscient. De même que le cortex préfrontal qui, lui, est derrière le front, il commence à fonctionner vers l'âge de deux ans et continue à se développer jusqu'à vingt ans.

Cette partie avant supérieure de notre cerveau est en liaison avec nos pensées, nos idées, nos projets, nos croyances, nos philosophies, et concerne la logique, la raison, la compréhension, la prévoyance et le discernement. Elle combine information intérieure et *input* extérieur, et elle intègre également le ressenti des niveaux inférieurs à la conscience de veille afin de lui donner un sens, ce qui nous aide à affronter le monde extérieur. Elle régit aussi la pensée abstraite et ses concepts sophistiqués, et c'est là que réside l'ambition, car elle sait se fixer des objectifs et planifier l'avenir pour les atteindre.

Malheureusement, cette pensée conceptuelle n'est pas toujours solidement reliée aux structures cérébrales sous-corticales, ce qui explique que l'on puisse se montrer astucieux et malin sans être véritablement intelligent. Cette coupure des centres inférieurs peut altérer la perception et le jugement.

Le développement du cortex frontal atteint un premier palier entre dix-huit mois et deux ans. Comme il est relié au système réticulé activateur, il doit fonctionner correctement pour moduler la fonction de vigilance et d'alarme. Mais si des incidents graves se sont produits avant, pendant et après la naissance, il risque d'être endommagé, ce qui va détraquer le système de verrouillage, affaiblir le contrôle des pulsions, et provoquer tout au long de la vie tension et anxiété. L'enfant, puis l'adulte ne disposeront pas d'un mécanisme de refoulement efficace contre la souffrance et l'angoisse.

Les événements de la vie du bébé jouent un rôle déterminant dans le développement de son cortex, ce cortex qui lui-même conditionnera par la suite sa manière de percevoir les choses, de penser, de raisonner et de planifier. Un stress important ou un sentiment d'abandon au cours de ses deux premières années peut provoquer une sorte « d'élagage » de ses neurones corticaux qui diminuera sa faculté d'affronter le stress à l'avenir. Il semble en effet que les neurones se regroupent là où l'on a besoin d'eux et s'atrophient et disparaissent là où ils ne sont pas sollicités. Chez l'enfant qui subit un traumatisme précoce, de nouveaux circuits s'édifient alors que d'autres sont éliminés. Et comme nous l'avons vu, un manque de stimulation ou d'interaction émotionnelle entre les parents et l'enfant au cours de la première ou la deuxième année peut affecter le développement de ses synapses.

Le traumatisme peut modifier la sécrétion de dopamine, un neurotransmetteur stimulant qui est souvent associé au « bien-être » et qui est nécessaire au développement des cellules nerveuses du cortex frontal. (Un taux élevé de dopamine nous rend généralement euphoriques.) Mais le plus important, comme nous le verrons, c'est que le manque d'amour au début de la vie – qui constitue toujours un traumatisme – modifie le système inhibiteur neurohormonal et diminue l'efficacité du mécanisme de refoulement de façon définitive. Il n'y a rien d'étonnant à ce que l'anxiété, dont l'origine peut remonter à la vie intra-utérine, soit si difficile à traiter par la psychothérapie conventionnelle.

Un cortex qui ne fonctionne pas correctement communique moins bien avec le système réticulé activateur, ce qui affecte les systèmes de vigilance et d'alerte. La personne ne parvient pas à se freiner, ce qui peut susciter une forte agitation chronique ou, pire, des crises d'angoisse. La recherche a démontré que les événements du début de la vie sculptent littéralement notre cerveau, et un enfant que l'on aime n'a pas le même cerveau qu'un enfant qui n'est pas aimé. Comme l'a mis en évidence le travail de Jean Lauder, les traumatismes de la vie intra-utérine modifient la structure des longs axones qui transmettent l'information aux autres cellules nerveuses. Un élagage excessif se produit lorsque, face à une forte souffrance, le cerveau se voit contraint d'utiliser ses neurones pour la refouler au lieu de s'occuper de la réalité extérieure. L'amour, en revanche, accroît les sécrétions de sérotonine et d'autres hormones cérébrales qui nous aideront à résorber les souffrances futures. Il édifie un cortex préfrontal vigoureux qui pourra mieux intégrer l'*input* interne et externe. Voilà pourquoi un enfant que l'on aime est intelligent.

Après la naissance, la personne qui s'occupe du nourrisson va en quelque sorte « remplir les blancs » et ainsi constituer le reste de son système nerveux. Un bébé qui pleure ne peut se consoler ni se calmer tout seul ; il a besoin pour cela de l'amour d'un parent. Si l'on s'occupe bien de lui, il aura par la suite des réactions d'amour normales. Sans cette sollicitude, il deviendra un adulte inquiet, incapable de se sentir à l'aise avec lui-même. Comment pourrait-il en être autrement puisque le cerveau de ceux qui ont souffert est différent ?

La souffrance précoce forme un « circuit réverbérant [1] ». Comme l'a suggéré Allan Schore, qui est professeur de neuropsychologie à l'UCLA, elle tourne sans doute en rond dans une boucle neuronale fermée. Les événements les plus banals suscitent alors des réactions démesurées. Une de mes patientes, par exemple, réagissait de manière excessive au moindre indice de manque de respect. Elle ne supportait pas qu'un vendeur se montre trop familier ou que son enfant lui réponde sur un ton insolent. Personne ne lui avait demandé ce qu'elle avait pensé ou ressenti dans son enfance et l'on avait simplement qualifié ce comportement de « névrose ». Je pense que le mot « souffrance » aurait aussi bien fait l'affaire.

L'empreinte a la vie dure et ne cesse d'aller et venir entre les structures du tronc cérébral et la région corticale. C'est avec cet arrière-plan que s'élabore notre comportement courant. Dans le cas de cette personne, le manque de considération de ses parents s'était logé dans son système limbique, ce qui dramatisait toute situation lui rappelant leur attitude.

Plus le traumatisme précoce est grave, plus la carence émotionnelle de l'enfant se prolonge, et plus la maladie qui surviendra par la suite sera catastrophique, qu'elle soit mentale ou physique. En perturbant le développement cortical, ces empreintes peuvent provoquer une angoisse qui durera toute la vie. L'interaction continuelle d'une forte quantité d'hormone de stress avec le reste du système hormonal peut finir par provoquer une maladie grave. Le souvenir engrammé engendre constamment agressivité, dépression, paranoïa, jalousie, cauchemars, alcoolisme et toxicomanie. Nous « savons » peut-être – intellectuellement – que notre père a abandonné notre mère, mais cette information ne suffit pas et nous devons contacter les sentiments sous-corticaux qui se trouvent dans notre inconscient, afin de prendre pleinement conscience de la terrible souffrance qu'a suscitée cet événement. Si connaître l'existence d'un traumatisme précoce n'est pas nécessairement douloureux, en prendre entièrement conscience est déchirant. Le traumatisme subi dans l'enfance déclenche le mécanisme qui engendrera la maladie de l'adulte. Il n'y a là rien de mystérieux. En élevant les divers niveaux des fonctions vitales, il produit une énergie qui fait des ravages dans l'organisme et finit par y provoquer des troubles importants. Afin de contrer ce processus, le corps doit générer une énergie inverse de puissance égale qu'il produit en faisant appel à toutes sortes de substances biochimiques inhibitrices. Ce refoulement profond (dont il est presque impossible de traduire la force avec des mots) exerce une terrible pression sur les cellules qui peuvent finir par se détériorer ou se désintégrer.

Le cortex frontal peut soit nous stimuler, soit nous ralentir (selon le réglage). Le traumatisme précoce ou le manque d'amour affaiblissent le freinage, ce qui rend l'enfant hyperactif et turbulent. Il est submergé d'impulsions provenant de la souffrance endurée au début de sa vie, que son cortex n'est pas capable de refouler. On doit alors le punir pour son *manque* de discipline, car il a besoin d'une discipline extérieure pour remplacer la sienne, intérieure, qu'il a perdue. Et son rythme cardiaque étant accéléré par cette empreinte et par le comportement qu'elle entraîne, il se peut que finalement, des dizaines d'années plus tard, il meure d'une crise cardiaque.

À deux ans, cet enfant est déjà parti pour avoir des problèmes cardiaques à la cinquantaine. Il va devenir un adulte qui est toujours sur la brèche, qui ne prend jamais de vacances et ne peut se détendre. Son cortex n'a pas la faculté de ralentir son métabolisme, et c'est cette incapacité de « débrancher la stimulation », comme le dit Allan Schore, qui provoque les ulcères ou les rectocolites hémorragiques. Son stress permanent peut également affecter ses fonctions intestinales. Il est irritable et sort facilement de ses gonds. Il a parfois l'impression d'être « un paquet de nerfs » et veut que les choses se fassent sur-le-champ ! Le cortex frontal gère la production des analgésiques endogènes, ces substances chimiques inhibitrices qui nous insensibilisent. Stimuler cette zone cérébrale augmente la sécrétion d'endorphines. Voilà pourquoi les perceptions et les idées calment la souffrance. Or, pour fonctionner correctement, le cortex ne doit pas être stimulé excessivement ni trop tôt.

Le cortex orbitofrontal (chaque fois que je mentionne une structure, n'oubliez pas que seules certaines parties de cette zone sont impliquées) adresse des messages à l'hypothalamus, qui peut alors activer les structures du tronc cérébral – comme le bulbe rachidien – ainsi que les régions limbiques. Il envoie d'une part des catécholamines stimulantes (adrénaline, noradrénaline et dopamine) à l'amygdale, dans le système limbique, et d'autre part des sécrétions inhibitrices (cholinergiques) au tronc cérébral.

Si ces messages inhibiteurs sont transmis par voie chimique à l'amygdale et au tronc cérébral, c'est parce que l'ampleur de la souffrance l'exige. Elle déclenche automatiquement le système qui va l'étouffer et engendrer un nouvel état – un organisme refoulé qui ne ressent plus que partiellement. Dans sa sagesse, le cerveau ne veut pas ressentir l'intégralité du sentiment qui dit peut-être : « Je vais mourir si ma mère ne m'aime pas. »

Un simple regard furieux peut modifier la chimie du cerveau

Comment le ton exaspéré du père provoque-t-il des modifications chimiques dans le cerveau de l'enfant ? Les paroles de colère évoquent une menace de danger et de rejet. Les indices se trouvent dans la sonorité de la voix, dans le regard et dans les mots eux-mêmes. L'organisme de l'enfant comprend leur signification implicite, et l'axe hypothalamus/cortex frontal adresse des messages d'alerte chimiques à tous les autres systèmes. L'hypothalamus déclenche le système endocrinien qui libère des catécholamines, provoquant une hausse du rythme cardiaque et du débit sanguin. Ce processus part généralement du cortex frontal et des perceptions sensorielles (audition, vue, etc.), transite par l'hypothalamus, puis par l'hypophyse, pour aboutir aux neurones du système nerveux sympathique qui organisent la réaction de fuite-ou-riposte face au danger.

Il peut aussi augmenter la production de sérotonine pour retenir le déferlement des sentiments. En cas de traumatisme précoce grave, ces changements peuvent devenir permanents en modifiant définitivement le réglage. La terreur qu'inspire le père peut se traduire par une hausse générale des taux d'hormones de stress. La zone frontale interagit avec le bulbe rachidien pour affecter le fonctionnement du cœur et des poumons. De son côté, le tronc cérébral maintient le tonus et la vigueur du cortex frontal et les ajuste constamment pour réagir aux stimuli. Lorsque le tronc cérébral est hyperactif à cause d'un traumatisme précoce, et notamment celui de la naissance, il peut également suractiver le système limbique et le cortex frontal en provoquant un comportement que l'on qualifie d'*hystérique*. « Pourquoi te mets-tu dans un tel état ? » « J'sais pas. » Nous connaissons à présent la cause de ces réactions excessives.

Le cortex frontal est la partie du cerveau qui reste la plus instable tout au long de notre vie. Si l'accès aux sentiments qui constituent notre véritable moi est bloqué, nous risquons de nous laisser davantage influencer par des idées extérieures, y compris sur nous-mêmes. Au lieu d'être relié à nos centres cérébraux inférieurs et de leur accorder de l'attention, notre cortex écoute le cerveau des autres et suit leurs idées.

Un bébé qui ressent la chaleur de l'affection d'un parent est envahi par un sentiment de bien-être, car son cerveau est inondé d'opiacés. J'ai entendu de nombreux patients crier : « Montre-moi que tu m'aimes, maman ! » Chez les animaux, la manipulation affectueuse du petit juste après la naissance provoque une hausse des substances chimiques qui combattent l'anxiété, comme la sérotonine. Leur taux reste ensuite à ce niveau, si bien que plus tard dans la vie, il pourra mieux affronter l'adversité ou le stress.

Un père qui ne touche jamais son enfant de deux ans et se montre impatient et irritable en exigeant qu'il lui obéisse abîme son cortex frontal. Le serrer dans ses bras et l'embrasser au cours de cette période cruciale, en revanche, aide ses neurones à se développer et à se relier correctement aux autres, ce qui favorise la maturation de son cerveau.

Un père qui n'a jamais l'air heureux de voir sa petite fille, qui ne lui témoigne aucune gentillesse et ne la console pas quand elle pleure, modifie son cerveau. S'il lui montre par son attitude que cette naissance ne lui a pas fait plaisir et a dérangé sa vie, le terrain est prêt pour qu'elle devienne une adulte malheureuse et dépressive. Elle va entamer un combat interminable pour que son père l'apprécie et ses efforts resteront vains. L'impression de ne pas être désirée ni aimée est un sentiment qu'elle a pu ressentir bien avant de le comprendre intellectuellement. Et que peut-elle faire ? Rien. Son cerveau va déclencher l'alerte. Plus tard, si sa mère s'est elle aussi montrée froide et peu affectueuse, elle cherchera peut-être l'amour auprès des femmes. Ou elle s'adressera plus probablement à des hommes qui ne sont pas amoureux d'elle afin de lutter pour se faire aimer. Comment vivre avec ces sentiments qui la rendent totalement dépendante d'individus qui ne l'aiment pas ? En raison du traumatisme précoce et de ses effets sur la région frontale, elle ne peut malheureusement pas se dominer ni contrôler ses besoins, et ne peut que les déjouer.

Mais un changement se produira dans sa vie adulte quand les rôles s'intervertiront : c'est elle qui va dorénavant s'occuper de ses parents, prendre soin d'eux et leur accorder de l'attention, en oubliant son enfance malheureuse. Et pourquoi se comporte-t-elle ainsi ? Parce que son manque est encore là, parce qu'elle a encore besoin de se sentir désirée. Désormais, ses parents âgés ont besoin d'elle ; la situation s'est inversée et ce sont eux qui sont en demande. Et ils l'ont en fait toujours été : comment la mère aurait-elle pu prendre soin de sa fille alors qu'elle était elle-même une enfant dont les besoins n'avaient pas été satisfaits ?

Le cortex frontal représente 30 % de la masse corticale. Lorsqu'il est défectueux, ce sont les impulsions qui prennent le dessus. Une femme enceinte abandonnée par son mari qui ne veut pas d'enfant va probablement se sentir déprimée ou angoissée. À la perspective d'élever seule cet enfant, elle sécrète davantage d'hormones de stress. Cette modification de l'équilibre hormonal et chimique de son organisme va affecter le fœtus et peut provoquer une naissance prématurée ou une fausse couche. Une autre mère souffrant d'une angoisse chronique due à sa propre enfance malheureuse aura des taux comparables sans qu'il se produise d'événement particulier.

Une mère hyperactive – qui ne peut se détendre et s'occuper avec sollicitude de son enfant à cause de ce qu'elle a vécu au cours des premiers mois ou des premières années de sa propre vie – va involontairement endommager le cortex frontal de son enfant. On peut lui conseiller de traiter son bébé avec douceur, mais on ne peut lui dire de le faire avec amour, car l'amour ne peut surgir que naturellement. Si une mère ne dit jamais à son bébé qu'elle l'aime, mais le lui montre en ne cessant de le serrer dans ses bras et de l'embrasser, son enfant grandira en se sentant aimé.

Le nombre des liaisons synaptiques continue à augmenter jusqu'à l'âge de deux ans où il atteint son maximum. Puis un processus darwinien de survie se met en place, l'élagage, au cours duquel les connexions inutiles disparaissent, en ne laissant que celles qui sont nécessaires. Un traumatisme grave peut troubler le développement des synapses, ce qui va affaiblir la faculté de penser et provoquer des lacunes dans l'intellect. On observe alors chez la personne une sorte de maladresse, un manque de coordination, une mauvaise perception spatiale, ainsi que tous les problèmes qui sont associés à un dysfonctionnement du cortex.

Les recherches les plus récentes confirment que l'amour parental au début de la vie exerce une influence durable. Les enfants que l'on n'a pas touchés ni pris dans les bras dans leur petite enfance ont des taux d'hormones de stress anormalement élevés, comme l'a montré une enquête sur les orphelins roumains. Ces hormones peuvent affecter la croissance et le bon développement du cerveau. En 1997, lors d'un congrès de la Society for Neuroscience à la Nouvelle-Orléans, Michael Meaney, du Douglas Hospital Research Center de Montréal, a affirmé que la présence de la mère garantit de faibles taux d'hormones de stress chez l'enfant. Toutes les caresses que l'on fait aux animaux, y compris le brossage de leur pelage, peuvent faire baisser les niveaux de stress provoqués par une carence maternelle précoce. Dès qu'on le touche, un enfant se sent mieux. Lorsque mes patients qui ont été privés de contacts physiques dans leur enfance revivent le moment où leur père a gentiment posé la main sur leur épaule, c'est pour eux une expérience merveilleuse !

« Avez-vous pris votre enfant (ou votre chien) dans les bras aujourd'hui ? » peut-on lire sur un autocollant. Une étreinte est équivalente à 25 milligrammes de Prozac et, sur le plan physiologique, cette dose de sérotonine est littéralement injectée dans le corps du bébé. Nous encourageons nos patients trop isolés à prendre un animal. C'est un premier pas qui leur permet de donner et de recevoir de l'affection. Ils ont besoin de prendre quelque chose dans leurs bras et le chien leur répondra en les léchant. Il ne peut leur dire « je t'aime », mais il le montrera.

Toucher et caresses sont essentiels au tout début de la vie. Ils activent la production des précurseurs, ces substances qui constituent nos tranquillisants endogènes, comme la sérotonine [2]. Ils nous fortifient en quelque sorte pour affronter l'adversité par la suite. Un manque de contact physique dans la petite enfance nous prédispose à l'angoisse en affaiblissant le mécanisme de refoulement qui maintient la peur dans la partie inférieure du système nerveux central – et plus précisément dans le locus coeruleus, cette structure du tronc cérébral qui est associée à la terreur. Des expériences sur les animaux menées par J. W. Smyth et son équipe ont mis en évidence les effets à long terme de la manipulation des petits sur le développement et l'augmentation des précurseurs de la sérotonine. Manipuler les animaux adultes postérieurement à cette période cruciale était en revanche inopérant [3].

L'influence du stress précoce sur le développement ultérieur a été mise en évidence par le pharmacologue David Peters [4]. L'expérimentation animale a démontré que le stress de la mère au cours de la dernière ou l'avant-dernière semaine de gestation modifie la production de sérotonine de sa progéniture. David Peters a découvert que ce genre de stress avait une incidence sur le développement ultérieur d'importants neurones inhibiteurs et perturbait les liaisons synaptiques. Ce sont des preuves décisives qui montrent que l'état de la mère pendant sa grossesse peut affecter l'enfant pour le reste de ses jours [5]. Le travail de M. J. Meaney est instructif à cet égard. Selon lui, l'environnement du tout début de la vie influe sur le développement du cerveau, en particulier de sa partie avant, et ses recherches l'ont mis en évidence : des rats que l'on manipulait au cours des trois semaines suivant leur naissance avaient par la suite des taux inférieurs d'hormones de stress face à des événements extérieurs perturbants ; et leurs taux revenaient plus vite à la normale après une situation stressante. Enfin, les changements qui se produisaient dans leur organisme persistaient *toute leur vie* [6].

Retranscription d'une séance : Mary

Voici la retranscription d'une séance de Mary [7]. Lorsqu'il est noté « (pleurs) », il s'agit la plupart du temps des pleurs infantiles typiques du bébé. Puis elle émerge du ressenti et parle de ses *insights*. Le lecteur va sans doute se demander pourquoi le thérapeute intervient si peu. J'ai pratiqué la thérapie verbale pendant dix-sept ans et j'étais très prolixe ! La thérapie primale, en revanche, demande très peu d'interventions. Au cours d'une séance de deux heures, ce que nous disons tient généralement en deux ou trois paragraphes. Mais nos paroles doivent être précises et efficaces. Puis, en fin de séance, il y a une période d'intégration où nous parlons davantage. Nous examinons alors les *insights* et essayons de relier la séance du jour à celle de la veille. Nous cherchons aussi à mettre en évidence les liens qui peuvent exister entre les sentiments éprouvés au cours de la séance et la vie actuelle du patient.

LE THÉRAPEUTE : *Comment te sens-tu ?*

MARY : Oh, je suis fatiguée, je n'ai pas assez dormi.

Pourquoi ?

C'est peut-être parce que j'ai fait la sieste hier après-midi, j'étais épuisée. Et un tas de pensées se bousculaient dans ma tête. J'étais très excitée et je n'arrivais pas à me calmer. J'ai remarqué un truc ce matin, j'ai l'impression que ma respiration est très, très superficielle. Je m'en suis rendu compte en prêtant attention à ce qui se passait dans mon corps. Je ne respire pas bien.

Tu as l'impression que ton corps est fatigué ?

J'aimerais pouvoir dormir très profondément. Je n'ai pas envie de penser, pas envie de réfléchir. Je voudrais débrancher la machine. Et je ne sais pas comment contacter mes sentiments. Rien ne me vient en tête.

Cela se passe toujours ainsi quand tu es fatiguée ou il y a quelque chose qui ne va pas ?

Je crois que le sommeil me sert à tout débrancher. Quand je me sens dépassée, c'est comme ça que... que j'arrête tout. En fait, oui, je me sens comme d'habitude. C'est comme si mon corps voulait ressentir cette sensation merveilleuse que j'atteins ou essaie d'atteindre en m'endormant.

Tu te sens submergée ?

Oui, j'ai l'impression qu'il se passe beaucoup de choses dans ma vie quand je ne dors pas. Et il faut que je m'en occupe.

Tu veux en parler ?

Le plus dur, je crois, oui, le plus dur, ce sont les rapports avec le père de mes enfants. Il n'arrête pas de m'embêter. Et toutes ces décisions qu'il faut prendre pour faire avancer notre séparation, ça me fait une drôle d'impression.

Tu peux préciser ? Quelle sorte d'impression ?

L'impression qu'il faut que je sois méchante, et je n'aime pas être méchante. Que je vais vraiment tout foutre en l'air et bouleverser sa vie. Ça ne me plaît pas tellement. Je me sens forcée de faire des trucs qui ne me plaisent pas. J'aurais préféré que les choses se fassent toutes seules et qu'on soit d'accord. Quand j'ai demandé le divorce, j'avais très peur qu'il soit furieux et que ça le rende fou. Je sentais que ça me ferait du mal. Je vois bien que ça ressemble beaucoup à ce qui s'est passé avec ma mère. Je ne voulais pas la rendre folle parce que j'avais peur des conséquences. C'est vrai, et quand j'ai fait tout ça avec Ted, je ne me rendais pas compte que c'était lié et qu'il restait quelque chose de ces sentiments. Tout ça est très confus dans ma tête. Ça va me faire mal si je creuse le problème, non ? Je sens que ça risque d'être dangereux, que ça va sûrement être pénible. C'est comme si je devais traverser un secteur que je n'aime pas et que je préférerais éviter.

Je crois bien que... qu'il va se passer des choses qui ne me plaisent pas. Ça ne me dit rien de bon. Il va falloir que je me batte. J'ai essayé d'y couper, mais je sais que je dois le faire. J'aimerais que tout se soit passé autrement, j'ai toujours voulu que ça se passe autrement. Ça me semble vraiment incroyable. Je veux dire, j'ai toujours voulu que ma situation avec Ted et toute cette histoire de séparation se passent autrement. Et c'est la même chose pour mon enfance. J'aurais voulu qu'elle se passe autrement, que quand j'étais petite, ça se passe autrement. (Pleurs)

J'aurais voulu qu'on soit d'accord. J'aurais voulu qu'on me respecte. Qu'on respecte ma vie. J'aurais voulu qu'il n'y ait pas de menace. Et me sentir soutenue. J'aurais voulu qu'on s'intéresse à mon existence, qu'on veuille me faciliter les choses. (Pleurs) J'entends tout ce que je dis et je vois bien que ça concerne aussi mon enfance. Je sais parfaitement que mon expérience avec Ted a été faussée à cause de ça. J'ai toujours l'impression qu'il veut tout contrôler et ça complique les choses, exactement comme...

Elle s'en fichait complètement. (Pleurs) Elle se fichait de ce que je ressentais. (Pleurs abondants) Ça n'avait aucune importance. Elle ne se souciait jamais de l'effet que ça me faisait. Aucune sensibilité envers moi en tant que personne, en tant qu'être humain. Ça lui était complètement égal, complètement égal. (Pleurs)

Est-ce que tu te souviens de certains épisodes ?

Oui, il y a des scènes qui sortent du lot, des scènes qui m'ont terriblement marquée. Je me rappelle l'une d'elles... j'avais à peu près six ans, et ce que j'ai fait, euh... C'était le soir de Noël, c'était le soir de Noël, oui. Elle avait fait du foie à dîner, et quand nous sommes passés à table et que je l'ai goûté, ça m'a pas plu. Mais il a fallu que je le mange. Et j'avais des haut-le-cœur, tellement j'aimais pas ça. On aurait dit que ce que je ressentais n'avait aucune importance, aucune importance. (Pleurs)

Qu'est-ce qui s'est passé ?

Elle m'a obligée à le manger. Ça me donnait envie de vomir, je voulais pas, mais elle a insisté, il fallait que je le mange. Elle s'est mise à me menacer que si je ne finissais pas tout, j'irais immédiatement au lit, sans ouvrir mes cadeaux, et elle a fait mine de les enlever. J'avais horreur de ça, vraiment horreur de ça ! Je voulais pas le manger ! Ça avait un goût affreux ! Et j'ai pas pu le finir. Je suis allée me coucher en pleurant. Elle n'avait aucune compassion, aucune sensibilité. Jamais je ne ferai ça à ma fille. Jamais ! Il y a eu beaucoup de scènes de ce genre. Où j'allais juste me coucher en pleurant. Ce que je ressentais n'avait aucune importance. Ça n'intéressait personne. On ne se souciait pas de mes sentiments. Tout le monde s'en fichait.

(Pleurs) Je ne faisais rien de mal, rien de méchant, c'est juste que je n'aimais pas ce goût. Je ne voulais pas te désobéir. (Sanglots) Je ne voulais pas faire quelque chose de mal ou de méchant, c'est simplement ce goût qui me semblait horrible. Je veux que tu le comprennes. J'aurais aimé que tu me dises... J'aurais aimé que tu me dises : « Est-ce que ça a vraiment si mauvais goût ? » Ce que je voulais, c'est que tu m'écoutes, que tu saches ce que je ressentais, que tu comprennes que je détestais ce goût, qu'il me donnait envie de vomir. Je voulais que tu sois d'accord que je le mange pas. Je voulais sentir que je comptais plus pour toi que le fait d'ingurgiter une tranche de foie. J'aurais simplement voulu que tu comprennes que je n'aimais pas ce goût. Et que tu ailles voir s'il n'y avait pas autre chose à manger. Mais tu étais méchante. Tu voulais absolument que je mange ce truc horrible. (Retour à des pleurs adultes) Je voulais que tu m'écoutes, je voulais que tu m'écoutes. Que tu t'intéresses un peu à ce que je ressentais. Savoir que j'étais plus importante que ce bout de viande. (Puis comme un petit enfant) S'il te plaît, intéresse-toi à ce que j'éprouve. Ne m'oblige pas à faire une chose que je veux pas faire, une chose qui ne me plaît pas. Oh, je t'en prie, intéresse-toi un peu à moi et à ce que je sens. (Elle pleure à chaudes larmes pendant un quart d'heure.)

(La patiente est allongée sur le tapis dans la pièce insonorisée. Elle s'adresse maintenant au thérapeute.) C'était ça que je sentais quand on m'embêtait, quand on me forçait à faire des trucs que je ne voulais pas faire. Ça me rendait folle. Ma mère allait jusqu'au bout. Je t'en prie, ne me force pas à faire des choses qui ne me plaisent pas. Je n'aime pas ça.

Et il y avait beaucoup, beaucoup de choses qu'on m'obligeait à faire, même si j'en avais pas envie. Il fallait que je les fasse si je voulais survivre. Avec tous ces trucs que je faisais à contrecœur, je me sentais très seule. Personne ne m'entendait. (Retour à l'enfance, pleurs) Ne me force pas, j'en veux pas. Pourquoi tu ne m'entends pas ? Il y a personne pour me protéger. (Au thérapeute) C'est pour ça que je veux dormir, que je veux être inconsciente, pour ne plus rien sentir, pour ne plus être obligée d'affronter ce qui se passe autour de moi. Ça me donne un peu de répit.

Mon frère voulait toujours me commander, et dès que je ne faisais pas ce qu'il voulait, il me tabassait. Il disait que j'étais son esclave, et si je ne lui cédais pas, il menaçait de me battre. Je n'avais vraiment personne vers qui me tourner. Tout le monde s'en moquait. Il n'y avait personne pour me protéger, pas de bras où me réfugier, personne à qui j'aurais pu dire : « Protège-moi, ils me font du mal. » Personne pour me rassurer en me répondant : « Je ne veux plus qu'on te fasse de mal. » Rien de rien. Alors il fallait que je le supporte.

Par qui voulais-tu être protégée ?

J'aurais voulu que mon entourage me protège. J'aurais voulu que ma mère m'aime et me protège. J'aurais voulu avoir un père qui soit là pour empêcher que toutes ces choses se passent. J'aurais voulu que mon frère m'aime et me protège. Que la vie me protège. Et s'intéresse à moi. Et ne laisse pas les autres me faire du mal. J'aurais voulu que l'on veille sur moi.

(Elle pleure très fort.) Oh, je t'en prie, s'il te plaît, intéresse-toi à moi. S'il te plaît, aime-moi, je t'en prie, protège-moi. S'il te plaît, sois gentille avec moi. Je t'en prie ! Je t'en prie ! J'ai besoin de savoir que tu ne t'en fiches pas. Je t'en prie, ne t'en fiche pas. S'il te plaît ! Je n'ai rien fait de mal. Je voudrais seulement compter un peu pour toi. Je t'en prie. Je voudrais simplement que tu t'intéresses à mes sentiments. S'il te plaît, s'il te plaît, s'il te plaît, sois gentille, je t'en prie. S'il te plaît, ne me fais pas de mal. S'il te plaît, intéresse-toi à ce que je ressens. (Elle pleure très fort pendant vingt minutes.) Je me souviens que quand mon fils Rob avait six ou sept ans, il a frappé sa sœur, et je suis entrée dans une colère folle. Je t'interdis de lui faire du mal ! Je vais la protéger ! Elle est si belle ! Tu ne lui feras pas de mal ! Exactement comme j'aurais voulu qu'on me protège. Ce que je voulais, c'est que quelqu'un s'interpose comme je l'ai fait pour Betty et dise non ! Non ! Tu ne le feras pas ! Je ne te laisserai pas le faire. Il faudra que tu me passes sur le corps ! Mais il n'y avait personne ! Pour moi, il n'y avait personne. Et il n'était pas question que je laisse Rob faire du mal à Betty. J'allais la protéger. Je ne la laisserais pas vivre ce que moi j'avais vécu.

Après cet incident avec Rob, je lui ai bien tout expliqué et je lui ai raconté comme j'avais souffert parce qu'il n'y avait personne pour me protéger. Pour qu'il comprenne ce que j'avais ressenti, et qu'il sache que je ne laisserais jamais ce genre de choses se produire sous mon toit. Parce que je pense que les sentiments ont de l'importance, qu'ils comptent beaucoup. Les miens n'étaient pas pris en compte. Les sentiments sont très importants. J'aurais voulu que quelqu'un s'intéresse à ce que j'éprouvais, qu'il y ait des bras vers lesquels je puisse courir pour me sentir en sécurité. J'aurais voulu que quelqu'un me protège. Je n'avais nulle part où aller.

Un jour, ma mère est partie pour le week-end, et quand elle est revenue, elle était mariée avec quelqu'un que je ne connaissais pas. Je n'avais jamais rencontré cet homme. J'aurais aimé qu'elle prenne le temps de me dire : « Ma chérie, qu'est-ce que tu en penses ? » Parce que ça me plaisait pas. Ça me plaisait pas du tout. Je n'aimais pas ce type. Mais ce que je ressentais n'avait aucune importance. Elle ne prenait jamais le temps de me demander quoi que ce soit. Veux-tu que cette personne habite ici ? Quel effet cela te fait ? J'ai été mise devant le fait accompli. Et elle a immédiatement voulu que je l'appelle papa. Je ne voulais pas l'appeler papa. Ce n'était pas mon père. Je ne voulais pas qu'il m'embrasse, ni qu'il me touche. Et il a fallu que je l'accepte. On ne m'a pas demandé mon avis. Il ne comptait pas. J'aurais voulu que tu me racontes ce que tu faisais. Que tu t'inquiètes de ce que je ressentais ! Que tu me demandes si je voulais un nouveau papa. Que tu me laisses le temps de faire sa connaissance et de te dire ce que j'éprouvais. Et que mes sentiments comptent. Tu me l'as simplement imposé ! Ça ne me plaisait pas ! Ce n'était pas bien, ce n'était pas bien de faire ça. Ce n'est pas bien. Et ce qui me plaisait pas, c'est qu'il me prenait le peu d'attention que tu m'accordais. Je n'aimais pas qu'il compte davantage que moi pour toi. (Pleurs)

Je sais bien que c'est la pure vérité, même dans ton ventre je ne comptais pas. Tu n'avais aucun intérêt, aucune considération pour moi. (Elle pleure plus fort.) Je veux que tu saches que j'existe, que je ne compte pas pour du beurre ! Ce que je ressens est important. J'existe, et je veux compter pour toi ! Tu me rends si malheureuse !

Dire que la vie aurait pu être agréable ! J'imagine ce que ça aurait été d'avoir une mère, un père, et une famille qui m'aime. J'aurais adoré la vie, j'aurais eu confiance en elle. Tout m'aurait paru magique, rassurant, et je n'aurais jamais eu peur pendant mon enfance. Mais en fait j'ai souffert le martyre, voilà ce que j'ai vécu. Ma mère ne m'a jamais soutenue dans la vie, jamais, ni quand j'étais petite ni à l'âge adulte. Elle s'est contentée de me faire souffrir. Elle était si dure. (Elle pleure à nouveau comme un enfant.) Tu t'en fiches ! Tu es méchante ! Je suis si malheureuse. J'ai besoin que tu m'aimes. J'ai besoin que tu me soutiennes. Les choses seraient si différentes. Tu serais si fière de moi. Je pourrais tellement t'aimer. Tu ne penses qu'à toi. Rien d'autre ne compte, il n'y a que toi, c'est tout.

(Elle revient au présent.) J'aurais voulu que ça se passe autrement avec Fred. Que ce soit différent. Mais j'éprouve la même chose. Je voudrais qu'il s'intéresse à ce que je ressens. Qu'il me comprenne. Je voudrais tant qu'il s'intéresse à ce que je ressens et c'est pour ça que je me bats, parce que je dois me battre pour mes sentiments. Je dois me battre pour qu'on m'entende. Pour dire que je compte, que je suis importante. Je dois me battre pour qu'on m'entende. Et je veux que ça se passe autrement !

Ça devrait être un droit de l'enfant. Je m'étonne souvent de voir comme les êtres humains, qui sont si fragiles, se montrent pourtant si résistants. Un seul mot, une seule phrase peuvent les démolir et les faire souffrir toute leur vie. Je me suis toujours demandé comment cela se passait. Pour moi, l'être humain ressemble à un morceau d'argile. Tout ce qu'on lui dit de méchant laisse une marque sur cette argile, mais on aura beau la prendre et la piétiner, l'aplatir, il aura toujours une forme. Je pense que les êtres humains sont peu à peu sculptés par ce qui leur arrive et par les expériences qu'ils vivent.

(Elle s'adresse au psychothérapeute.) En fait, les sentiments ne sont pas vraiment compris, non ? C'est comme une langue qui n'est pas parlée. Et vous, vous êtes les interprètes. On vous considérera bientôt comme de nouveaux spécialistes – les sentimentologues.

Si un enfant a des bleus sur le corps, on sait qu'on lui a fait mal. Les paroles et les critiques blessantes font la même chose. Et on ne voit rien. Je suis fatiguée de tout ça. Pourquoi est-ce si difficile à comprendre. C'est vrai, c'est difficile. Mais je vois clairement ce qu'il en est. Nous avons des yeux pour le voir, non ? Et un esprit pour le comprendre. Nous sommes peut-être encore trop primitifs, nous n'avons pas suffisamment évolué.

Ce que je veux dire, c'est que vraiment ressentir les sentiments changerait la condition humaine. Savoir qu'il y a un point de départ. Savoir que si on attend un enfant, ce qu'on ressent est très important. Quand j'ai fait semblant d'être un fœtus, un fœtus qui parle, c'était parce que je suis sûre que le fœtus ressent les choses. Quelle différence de savoir qu'on est aimé ! Ça change tout, j'en suis certaine. On a l'impression qu'on peut tout faire, que tout est possible, et notre esprit se développe mieux.

Tu as remarqué autre chose ?

Eh bien, en arrivant aujourd'hui, je pensais que je n'avais pas le moindre sentiment. Et je me suis rendu compte que je respirais superficiellement. Et que j'étais fatiguée. Ce qui en fait me donnait envie de dormir. Pour tout arrêter ; pour trouver cette sorte de paix.

Tu peux préciser ?

Eh bien, j'avais l'impression qu'il fallait que je fasse une pause, que je me mette au repos.

Pour quoi faire ?

Pour garder mon énergie.

Et côté sentiment ?

Pour ne plus sentir. Je ne voulais plus rien sentir, plus rien percevoir.

Ça change quoi ?

C'est un geste de protection. Une sorte de repli. Une réaction qui m'aide à rester en vie. Et je pense qu'on doit le respecter.

C'est un mécanisme dont il faut te méfier si tu veux ressentir, un mécanisme dans lequel il ne faut pas tomber même s'il est très confortable. C'est bien pour toi de savoir qu'il existe en cas de besoin, pour te remettre d'aplomb. Et aussi pour te défendre, parce qu'alors tu fermes tout. Cela te réconforte, mais tu ne sens plus rien.

Mais j'en ai besoin, vraiment besoin !

N'exagère pas. C'est une défense. Il faut simplement que tu le saches pour que, quand ça se produit, tu comprennes ce qui t'arrive. D'après toi, c'est ce que tu dois faire quand tu n'en peux plus, quand tu te sens submergée. Et tu es submergée maintenant.

« Submergée », c'est un mot que je connais bien dans ma vie. Il fait vraiment partie de mon vocabulaire, c'est sûr. Beaucoup trop.

Quand la souffrance est trop forte, il y a une sorte de surcharge et on se sent complètement submergé. Notre organisme s'en sort comme il peut, mais chaque jour de notre vie, tout ce qui se passe se rajoute et s'accumule, et on ne parvient plus à faire face. C'est ça que tu ressentais. Au lieu de dire que tu étais « submergée », tu aurais pu tout aussi bien parler de « souffrance ».

Je m'y suis habituée parce que ça fait si longtemps que ça dure. Je vois bien pourtant qu'on peut faire autrement. Je sens que je vais dans cette direction. Je veux dire que j'ai confiance, je crois que je vais m'en sortir. Comprendre comment je retombe toujours dans ce vieux schéma va m'aider. Je serai peut-être submergée, je souffrirai, mais je survivrai. Je vois cette autre direction. Et si j'avance dans ce sens, en faisant remonter les sentiments et en les ressentant, je finirai par vivre cette expérience dans laquelle je veux plonger.

Pourrais-tu me dire pourquoi ce processus te paraît si difficile ?

Je sens que je dois le faire, mais je le fais à contrecœur. C'est la même chose que quand je me bats pour mes droits. C'est exactement pareil. Je veux dire que c'est difficile pour moi. Je suis constamment en train de me battre. Ils ont décidé qu'il allait me verser une sorte de rente maritale en lui donnant dix ans pour me rembourser. Je ne suis pas d'accord. Je trouve que ce n'est pas juste et je vais faire tout mon possible pour que ça se passe autrement. Je veux que les choses soient claires et qu'il n'y ait pas le moindre lien entre nous, puisque nous ne sommes plus mariés.

Pour ma thérapie, ma première réaction a été que je n'allais pas mendier ce qui aurait dû être naturel. Je ne voulais pas la supplier. Mais quand vous me l'avez fait faire, les vannes se sont ouvertes. Il y avait tant de souffrance. Cela me met dans une telle rage, cela me rend tellement dingue que j'en perds la respiration. Pourtant je sais que c'est le bon chemin, et je comprends ce qui se passe. Cela m'a fait beaucoup de bien de revivre mon enfance et de contacter tous ces sentiments.

Le système limbique, carrefour du sentiment

Le système limbique, qui traite et organise le sentiment, est constitué d'une boucle de structures situées sous le cortex cérébral. Les plus importantes, en ce qui nous intéresse, sont le thalamus, l'amygdale, l'hippocampe et l'hypothalamus. Comme nous l'avons vu, l'hippocampe, qui contient la connaissance factuelle de l'événement, est relié à l'amygdale, qui traite son contenu émotionnel. Lorsque notre mère nous lançait un regard furieux, c'était notre système limbique qui nous faisait sentir : « Elle me déteste. » C'est à ce niveau que nous pouvons ressentir ce que nous connaissons et connaître ce que nous ressentons. Et c'est là que nous souffrons.

Le système limbique combine les émotions avec les sensations du tronc cérébral inférieur pour nous donner un ressenti complet de l'expérience. Il est « ce qui ressent » dans le cerveau. Ce *niveau du sentiment* intègre les sensations de première ligne du tronc cérébral. Il défend la conscience contre la terreur d'un traumatisme de première ligne et la convertit en images : parfois en scènes de film, comme dans ces cauchemars où l'on nous étrangle, ou sous la forme d'accès de claustrophobie. Il intervient également dans la créativité artistique.

Dans son livre *Emotional Intelligence*[8], Daniel Goleman, le rédacteur scientifique du *New York Times*, a mis en évidence la séparation de la pensée et du sentiment. Selon lui, nous avons deux sortes d'intelligence dont l'une est rationnelle et l'autre émotionnelle, auxquelles correspondent deux sortes de mémoire, celle des faits et celle de leur contenu émotionnel. Ces fonctions sont gérées par des zones différentes du cerveau. Il fait remarquer, comme nous le savons tous, que les gens extrêmement intelligents ont souvent une vie affective lamentable, parce que leurs impulsions et leurs sentiments prennent le pas sur leur raison. Il cite de nombreuses recherches montrant que le cerveau enregistre et engramme les puissants souvenirs du début de l'existence, et que ceux-ci jouent un rôle essentiel à l'âge adulte.

Beaucoup d'entre nous ne peuvent prendre de décisions car ils sont si coupés de leurs sentiments qu'ils n'ont rien pour les guider. Prenons l'exemple de ceux qui disent au restaurant : « Je ne sais pas quoi choisir. Qu'est-ce que tu prends, toi ? » Peu importe ce que j'ai envie de manger, puisque je ne sais pas ce que je ressens. Il faut que je sache quelle décision tu as prise pour que je puisse en faire autant. Autrement dit, l'amygdale (ainsi que d'autres structures limbiques) sécrète tant de substances inhibitrices pour affronter la souffrance engrammée que les centres du sentiment sont complètement coupés des sites corticaux correspondants. Seul le cortex peut alors nous guider.

Lorsque nous essayons de justifier nos accès de fureur, nous disons : « Si tu n'avais pas dit ça, je ne me serais pas mis en colère », ou « si tu arrêtais de me harceler, je ne serais pas si énervé. » Ces idées n'ont rien d'irrationnel car elles sont une résurgence de notre passé. Voilà pourquoi nous avons tant d'*insights* après une expérience de revécu : une fois les sentiments libérés, nous retrouvons la véritable source de notre rage. Ce n'est pas « parce que *tu* ne m'as pas respecté » que je suis devenu fou, mais « parce que *mon père* ne cessait de me critiquer et de m'humilier et parce qu'il menaçait de me frapper si je protestais ». Et la thérapie vous permet de marteler les murs capitonnés pour vous indigner contre ce comportement et faire sortir cette rage. Se contenter de *parler* de sa colère ne sert à rien.

Cette énergie que nous devons évacuer et dont nous ne comprenons pas l'origine résulte d'un manque d'amour au début de la vie. Et le pire, c'est que nous ne prendrons peut-être jamais conscience de ce manque. Nous éprouverons simplement un vague malaise, nous serons mal dans notre peau, et dès que nous arrêterons de nous agiter, nous ne nous sentirons pas bien. Une de mes patientes, qui ne cessait de se déplacer et de voyager, s'est finalement aperçue qu'elle ne savait pas où aller ; ou, pour être plus précis, que toutes ces pérégrinations l'empêchaient de découvrir qu'elle cherchait en réalité un endroit qui n'existait pas – une échappatoire. Elle courait pour s'éloigner de la terrible souffrance associée aux traumatismes de sa petite enfance, vécue dans une famille dure et insensible où personne n'exprimait la moindre émotion, et dont il fallait à tout prix qu'elle s'échappe.

En prenant pleinement conscience de ses sentiments, elle a senti peu à peu se dissiper son angoisse.

Le thalamus : « standard » et relais du cerveau

Le thalamus est une structure très importante du système limbique qui joue un rôle majeur dans le traumatisme précoce. Il est opérationnel dès la quatorzième semaine de la gestation [9]. Parmi ses nombreuses fonctions, il contribue à intégrer les sentiments et à les transmettre au cortex frontal, où ils vont prendre un sens dans un contexte spécifique. C'est après la quatorzième semaine que l'on voit se former des liaisons cruciales entre les centres thalamiques et corticaux. Certaines expériences prouvent que le toucher, qui est en partie géré par le thalamus, enregistre déjà des sensations *in utero* dès la fin du troisième ou du quatrième mois.

W. J. H. Nauta, un pionnier de la neurologie, et son collaborateur Michael Feirtag, décrivent le thalamus comme « un dernier poste de contrôle avant l'accession des données sensorielles aux régions supérieures du cerveau. (...) À chaque liaison synaptique des circuits sensoriels, l'*input* est transformé : le code dans lequel parvient le message est radicalement modifié. Les informations ne pourraient sans doute être comprises par les niveaux supérieurs et doivent donc être traduites [10] ».

Aidé par l'hippocampe, le thalamus traduit le message dans le langage du cortex, afin que ce dernier puisse donner un sens au stimulus émotionnel. La personne peut alors éprouver et formuler un malaise : « Mon père me déteste et c'est pour ça que je vais mal. » Ou bien elle peut avoir besoin d'être rassurée et dire : « Je t'en prie, maman, sois gentille avec moi ! »

Mais si le sentiment de manque est trop fort, le message est détourné et l'empreinte finit par tourner en rond dans l'inconscient sous-cortical, sans pouvoir accéder au cortex frontal. C'est ce va-et-vient en circuit fermé qui nous rend tendus, nerveux, tristes ou agités. Les substances chimiques qui s'opposent au déferlement des sentiments agissent comme un virus : elles modifient, par exemple, l'équilibre naturel des cellules tueuses du système immunitaire qui montent la garde contre toute formation de cellules cancéreuses et les détruisent avant qu'elles ne parviennent à maturité. Au bout d'un an de thérapie primale, nous voyons ces cellules se normaliser [11].

Quand le thalamus est défectueux, le verrouillage cortical fonctionne mal parce que les sécrétions sont insuffisantes. La personne n'a pas les idées claires ; tout lui paraît embrouillé et confus. Elle essaie d'affronter des sentiments ou des sensations qu'elle ne peut comprendre car, au moment du traumatisme initial, son cortex préfrontal n'était pas assez développé pour leur donner un sens.

En détournant l'information du cortex frontal, le thalamus « croit » sauver notre vie ou notre santé mentale. Établir une liaison corticale provoquerait une réplique exacte de nos réactions au traumatisme initial – accélération du rythme cardiaque, hausse de la tension artérielle, fièvre et importante sécrétion d'hormones de stress – qui menacerait la survie de notre organisme. J'ai mis des guillemets au verbe « croit », mais il est clair que le thalamus participe à notre processus de pensée.

Lorsqu'une sensation douloureuse précoce est ainsi bloquée, elle peut finir par provoquer des illusions, des hallucinations, de l'hypertension ou des palpitations. Les empreintes traumatiques ont tendance à suivre le courant qui les entraîne vers les centres supérieurs – le cortex frontal étant le terminus du sentiment. Plus elles s'approchent de la conscience, plus les obsessions, les hallucinations ou les symptômes physiques sont intenses et perturbateurs. Le processus évolutif les pousse à remonter pour se connecter, exactement comme lors de la migration qui s'est produite il y a très longtemps vers la couche supérieure externe du cerveau, quand le cortex s'est formé. Malheureusement, le thalamus, aidé par d'autres structures, va les en détourner.

On s'est aperçu que les psychotiques qui entendent des voix entendent vraiment une voix – la leur. Leurs propres centres du langage sont activés au cours de ces épisodes. Ils ne savent pas que ce sont leurs sentiments qui parlent et ils entendent réellement quelque chose. Ces sentiments d'enfance – « mes parents essaient de me faire du mal » – se transforment en idées qui leur parlent : « Cet homme au coin de la rue veut m'agresser. » Ils se sentent menacés par un danger qui réside en fait en eux-mêmes, mais qu'ils sont forcés de projeter dans le monde extérieur puisque l'accès intérieur est bloqué. Ceux qui parviennent à accéder à leurs sentiments peuvent les résoudre, et leurs hallucinations disparaissent. Il arrive qu'un patient qui s'approche d'un sentiment douloureux au cours d'une séance ait une hallucination passagère. Cette manifestation s'accompagne toujours de changements radicaux dans les signes vitaux.

Nombre de mes patients qui entrent en thérapie sont extrêmement pessimistes. Tout leur organisme est conditionné par un sentiment d'échec initial qui leur a ôté tout espoir. Prenons l'exemple d'une femme qui se sent dépressive et défaitiste et commence sa séance en disant carrément : « À quoi bon ? Il n'y a rien à faire. Cette thérapie ne marchera pas pour moi. » Cette attitude lui est inspirée par l'expérience de sa naissance au cours de laquelle sa mère a été fortement anesthésiée. Alors qu'elle cherchait à se frayer un passage vers la sortie, elle a été paralysée par les médicaments, ce qui a gravé en elle le sentiment que ses efforts ne servaient à rien. Puis, au cours de son enfance, toutes ses tentatives pour se faire aimer de sa mère ont échoué, ce qui a renforcé son sentiment d'impuissance.

Nous avons tout d'abord dans ce cas un souvenir physiologique associé au tronc cérébral. Avec l'apparition du langage, il se transforme en « impuissance ». Il ne s'agit pas d'un souvenir différent ; c'est le même, en plus élaboré. L'impuissance remonte ensuite vers le cortex pour y être identifiée. Elle est parfois si bien dissimulée que la personne doit aller voir un thérapeute pour découvrir qu'elle est en train de se noyer dans le désespoir. Ce phénomène porte toutes sortes de noms en psychothérapie dont le plus courant est la « dépression masquée ». Il y a donc au départ une physiologie d'impuissance ; puis la composante douloureuse surgit au niveau limbique ; et enfin apparaît l'idée la concernant. Ces trois étapes contribuent à l'élaboration de ce sentiment incoercible. L'organisme peut lui aussi se sentir désespéré, et ce désespoir peut détériorer son fonctionnement bien avant qu'il ne nous fasse souffrir consciemment.

Dans son enfance, une de mes patientes avait l'impression de ne pouvoir se raccrocher à rien. Devenue adulte, elle a adopté l'une après l'autre toutes les idées mystiques et *new age* qui étaient dans l'air, car elle cherchait toujours un point d'ancrage. Elle était une proie facile pour un vendeur insistant parce qu'elle ne savait pas dire non. Son père autoritaire et exigeant avait éliminé en elle cette faculté. Face au moindre obstacle, elle se sentait vaincue d'avance et ne pensait qu'à renoncer et se résigner, ce qui ressemblait beaucoup à ce qu'elle avait éprouvé lors de sa naissance. Ce sentiment était fortement engrammé et terriblement tenace. Elle a revécu le moment de son apparition et a pu le remettre à sa place, dans le passé auquel il appartenait. Et dans les rares occasions où il refait surface, il n'a plus le même pouvoir qu'avant et elle peut décider de ne pas céder. Sa vie en a été transformée.

La tension artérielle d'une autre patiente, qui était habituellement normale, est montée à 22/11 alors qu'elle s'approchait du profond désespoir qu'elle avait ressenti dans son enfance. Mais lorsqu'elle a plongé dans le sentiment, sa tension est aussitôt retombée. Ce genre de mesures met en évidence la liaison qui existe entre sentiments et tension artérielle, et la hausse des signes vitaux nous donne un indice sur l'ampleur du sentiment. Or, ressentir le désespoir permet finalement de l'éliminer. Toute cette bataille que nous menons pour nous faire aimer est orchestrée par ce sentiment destructeur, qui est le fondement de tous les déjouements. Et trop d'entre nous ne luttent même pas parce qu'ils renoncent dès le départ. Ils se replient sur eux-mêmes, n'ont pas de proches pour les aider à affronter leur souffrance et deviennent de plus en plus dépressifs. Ceux qui les encouragent à se faire des amis, à sortir et rencontrer des gens, se battent contre une puissante empreinte qui affirme : « Inutile d'essayer, cela ne sert à rien. »

Les patients qui s'enlisent dans leur désespoir commencent généralement leur séance avec des signes vitaux très bas, aux mêmes niveaux que lors du traumatisme initial, car celui-ci a été réveillé. La présence du souvenir se détecte, entre autres indices, par une température corporelle très basse et par une diminution de la production des lymphocytes du système immunitaire. Le terme psychosomatique ne veut pas dire qu'un choc psychologique affecte le soma ou le corps, mais que les événements traumatisants sont engrammés dans l'organisme physique qui participe ainsi au souvenir. Soma et psyché ne sont pas distincts et sont affectés ensemble. Les cellules immunitaires ont des récepteurs d'analgésiques analogues à ceux que fabrique le cerveau. En touchant directement ces cellules, la souffrance modifie le fonctionnement de notre système immunitaire.

Pendant le ressenti, la température du corps baisse considérablement, de même que la tension artérielle. L'organisme choisit d'économiser son énergie. Pourquoi ? Parce que c'est ce qu'il a dû faire au cours du traumatisme initial (comme dans le cas d'une anoxie due à l'anesthésie de la mère). Or la plupart du temps, à la fin de la séance, les signes vitaux remontent. Le revécu normalise ce qui s'est déstabilisé quand l'empreinte s'est engrammée. Je n'ai jamais vu une thérapie modifier aussi radicalement la température corporelle que la nôtre. Cela montre bien que l'être humain est « d'une seule pièce » : les sentiments se reflètent dans la température et les autres fonctions vitales, et le tout progresse vers la normalisation. Quand le patient déclare se sentir beaucoup mieux, la température redevient normale. Et s'il prétend aller mieux sans que les mesures physiologiques le confirment, nous devons poursuivre notre travail, car il s'agit généralement d'une abréaction où le patient décharge l'énergie de ses tensions sans effectuer de connexion. Quand il fait ainsi fausse route, les signes vitaux baissent de manière sporadique et non tous ensemble, ce qui révèle un dysfonctionnement.

L'amygdale et l'organisation de la mémoire

Une fois que le thalamus a joué son rôle dans le codage du souvenir, l'amygdale et l'hippocampe le consolident. Comme nous l'avons vu, l'amygdale se situe à proximité de l'hippocampe, sur la face interne des lobes temporaux, et forme une sorte de carrefour dans le cerveau. Tous nos sentiments de besoin – « j'ai besoin de mon papa ! » – sont sans doute codés et conservés par le thalamus, puis concrétisés par l'amygdale et l'hippocampe. S'ils ne sont pas satisfaits, un signal de danger est transmis via l'hypothalamus aux systèmes physiologiques, ce qui modifie notre fonctionnement physique et peut finir par nous rendre malades.

C'est parce que l'amygdale est reliée au cortex frontal et à l'hippocampe que nous pouvons ressentir un sentiment, le nommer et le comprendre. Une sensation de creux dans l'estomac devient alors un sentiment de vide, de solitude et d'abandon. On a récemment découvert que l'amygdale régule un mécanisme de style « feu rouge » ou « feu vert » dans le cortex frontal montrant que tous deux agissent de concert pour inhiber les impulsions douloureuses. Lorsque l'amygdale est au repos, l'énergie qui alimente notre malaise est moins forte et le cortex frontal peut bloquer les sentiments qui remontent. Il le fait en produisant des idées contraires à la réalité : « Je me sens merveilleusement bien. J'ai trouvé Dieu et il me protège. » En fait, la personne se sent complètement perdue, sans aucune protection ni sécurité. Ou bien elle se met à ruminer certaines pensées qui deviennent obsessionnelles, comme la peur incessante d'une catastrophe imminente.

Ces pensées expriment en réalité un sentiment ou une sensation profondément enfouis. L'organisme sent l'imminence d'une catastrophe (la remontée du sentiment) et la projette sur le monde extérieur. La personne voit des tragédies partout. Il arrive bien sûr que des événements dramatiques se produisent et l'on ne peut jamais prédire l'avenir, mais son inquiétude est excessive. Elle s'attend à une sorte de fin du monde qui lui rappelle l'expérience traumatisante qui s'est engrammée au début de sa vie. Si elle se sent menacée par toutes sortes de désastres, c'est parce qu'elle a effectivement frôlé la mort à l'époque. Et même si elle essaie de se focaliser sur autre chose, elle gardera toujours en elle cette peur de la « fin de tout », de l'apocalypse.

Le rôle de la dopamine

Des recherches récentes ont mis en évidence une corrélation entre la baisse de la dopamine et la dépression [12]. Les chercheurs évoquent souvent l'implication de facteurs génétiques, mais je suis convaincu que la plupart d'entre nous n'ont pas à leur naissance un déficit génétique en dopamine. Il se passe suffisamment de choses *in utero*, au cours de la naissance et dans les mois qui suivent pour expliquer ce dérèglement. D'autres recherches montrent que le stress prénatal affecte le taux de dopamine dans l'hémisphère cérébral droit, ce qui provoque par la suite un excès d'émotivité, la personne étant incapable de réguler convenablement ses émotions [13].

Ce n'est pas un hasard si une étreinte ou un baiser fait monter le taux de dopamine. Il doit exister un équivalent intra-utérin de ces manifestations de tendresse qui provoque le même sentiment de bien-être, et il s'agit à mon avis de la sensation d'avoir une mère qui est bien dans sa peau et heureuse d'avoir un enfant, qui se nourrit correctement et dont les processus internes sont parfaitement équilibrés. Je ne pense pas que la dépression soit « causée » par un déficit génétique en dopamine. Il me paraît plus vraisemblable qu'un mauvais environnement intra-utérin suivi d'une ambiance familiale étouffante et répressive ait modifié le taux de dopamine et ainsi préparé le terrain de la dépression.

Ce déficit en dopamine se retrouve dans le trouble déficitaire de l'attention *, et nombre des médicaments qui le traitent s'efforcent de le compenser. Je suis pour ma part convaincu qu'un vécu intra-utérin harmonieux et une abondance d'amour au début de la vie aurait évité ce genre de problème, notamment parce que la baisse de dopamine est plus marquée dans le cerveau gauche où les idées et l'idéation doivent étouffer les sentiments. Il a besoin d'un surplus de dopamine pour refouler les impulsions du tronc cérébral associées à une carence affective précoce, et c'est sans doute ainsi qu'il épuise ses ressources.

On a récemment démontré le rôle de la dopamine dans la toxicomanie et l'alcoolisme. Il semble que plus la production de dopamine est activée par la drogue, plus le risque de dépendance augmente. Elle tient sur le plan chimique la place de l'amour : plus je me sens bien, plus je veux de cette drogue qui me stimule. La cocaïne, par exemple, maintient le taux de dopamine à un niveau élevé et crée une dépendance. La dopamine joue également un rôle dans la qualité de notre sommeil [14].

Lors d'expériences menées à Paris par Merle Ruberg à l'hôpital de la Salpêtrière, on s'est aperçu que lorsqu'on place des électrodes dans une aire du cerveau – les noyaux gris centraux – où la maladie de Parkinson tue peu à peu les cellules cérébrales, le patient se met souvent à pleurer et se plaint de ne plus avoir envie de vivre [15]. Or sa dépression se dissipe dès que les électrodes sont retirées. La dépression et le désespoir pourraient donc être associés à la mort des neurones. La production de dopamine semble baisser dans cette zone lorsqu'elle est affaiblie par la maladie de Parkinson ; d'où le besoin de L-dopa pour faire remonter les taux de ceux qui en sont atteints. La souffrance engrammée, qui

* En anglais, *attention deficit desorder* (ADD) : syndrome récemment identifié chez les enfants aux États-Unis et soigné par une molécule chimique, la Ritaline. La médecine européenne commence à se pencher sur cette pathologie. *(N.d.T.)*

nécessite une vigilance constante, finit probablement par épuiser les réserves de dopamine, ce qui expliquerait que soixante ans plus tard, l'organisme ne puisse plus fournir les quantités voulues et ait besoin d'une aide extérieure. Cette vigilance a peut-être débuté dans le ventre de la mère pour se protéger de son tabagisme ou de son alcoolisme, et c'est cette précocité qui nous fait croire à l'origine génétique de ces troubles.

Pour une personne qui a fonctionné à haut régime pendant la gestation (parce que sa mère angoissée buvait beaucoup de café), prendre un tranquillisant à l'âge adulte peut être une véritable révélation – voilà ce dont j'ai eu besoin toute ma vie ! Et elle va évidemment en redemander. Que l'on soit réglé à haut ou bas régime, on ne se sent pas dans son assiette, et on va tout de suite mieux dès qu'une aide extérieure nous normalise.

L'amygdale : notre mère Nature au travail

Lorsqu'une connexion s'effectue par les fibres nerveuses qui relient l'amygdale au cortex frontal, les sentiments qui remontent des niveaux inférieurs commencent à prendre un sens. Mais si le système de verrouillage est efficace, ils se déguisent. Il y a un vieux dicton qui dit qu'on ne peut duper la Nature. L'amygdale et les structures qui l'assistent dans le tronc cérébral sont aussi proches de notre mère Nature qu'on peut l'être. La zone frontale, en revanche, est une proie facile à qui l'on peut faire croire n'importe quoi si elle est déconnectée. Pour manipuler les idées d'un individu, il suffit de bien comprendre ses besoins. Il devient alors complètement stupide parce qu'il est obnubilé par leur satisfaction.

Des fibres contenant des opiacés relient l'amygdale aux systèmes sensoriels où elles filtrent les entrées. Elles libèrent des analgésiques en réaction à la souffrance émotionnelle provenant de l'hypothalamus et des centres limbiques. Lorsqu'une petite fille subit un inceste, ces sécrétions bloquent le message se dirigeant vers le cortex frontal. Mais la terrible souffrance, elle, réussit à passer et la personne se sent malheureuse sans savoir pourquoi. Même si elle admet l'existence de l'inceste avec son cortex frontal, cela ne change rien et elle continue à souffrir. Il arrive parfois que le refoulement ou l'inhibition soient si efficaces que la composante douloureuse est elle aussi bloquée, et la personne ne sent rien. Elle a simplement la vague impression de ne pas vraiment profiter de la vie.

L'amygdale contient le sentiment brut. Elle informe de la blessure l'hippocampe, qui va par exemple la qualifier d' « humiliation » avant de l'envoyer au cortex frontal. Pendant un revécu, l'amygdale transmet également l'information au thalamus, qui la traduit pour le cortex frontal – « ils me détruisent ! ». Quand le message parvient au cortex, celui-ci désactive la région préfrontale gauche et donne la préséance au cerveau droit, celui qui « sent ». Le sentiment est désormais connecté.

L'amygdale contient les émotions associées à un événement, les réactions « viscérales » qu'il provoque et la « tonalité » de ces sentiments – ce que l'on pourrait appeler le *ressenti du sentiment.* C'est ce ressenti qui me paraît manquer chez tant d'entre nous et qui est absent de la plupart des psychothérapies. De plus, la zone limbique, et notamment l'hippocampe, contient l'historique du sentiment. Ce que le patient formule d'abord en disant « mes amis me critiquent » devient ensuite, une fois qu'il a plongé dans le ressenti, « mes parents m'ont toujours dénigré ». Et à l'aide de techniques thérapeutiques appropriées, il finira par implorer : « Papa, dis-moi que je suis quelqu'un de bien. Dis-le moi, je t'en supplie ! »

Voilà pourquoi notre amygdale est si active pendant la phase onirique de notre sommeil, alors que notre cortex frontal l'est beaucoup moins. Les rêves symbolisent les sentiments. Quand nous disons « j'ai fait cette nuit un rêve qui m'a fait horriblement peur », ce n'est pas le rêve qui était en fait effrayant, mais l'empreinte angoissante qui l'a provoqué. Et comme ces sentiments ne nous quittent jamais, nous faisons sans cesse les mêmes rêves, à d'innombrables reprises. Ce qui m'intéresse en thérapie dans les rêves, c'est uniquement les sentiments sous-jacents qu'ils dissimulent, les sentiments réels liés à l'histoire du patient. Les anecdotes qu'ils racontent sont une couverture destinée à étouffer l'affaire – les sentiments. Comme pour le scandale du Watergate, nous ne voulons pas seulement arrêter les comparses, mais nous voulons savoir qui orchestre l'ensemble. C'est le système limbique et certains aspects du cortex droit qui déguisent ainsi les vrais sentiments, et ce déguisement ne présente aucun intérêt puisqu'il ne cesse de changer. Les sentiments et les besoins, eux, restent identiques.

Les structures limbiques telle que l'amygdale connaissent une période cruciale de maturation allant de la gestation à l'âge de deux ans. Bien avant que le cortex ne soit myélinisé et prêt à entrer en action, l'amygdale joue un rôle de premier plan dans le traitement de l'information émotionnelle. Voilà pourquoi l'inconscient est inconscient : parce que les couches supérieures du cortex ne peuvent être « mises au courant ». Presque tous les vertébrés ont une amygdale et un système inhibiteur associé à la sérotonine qui datent de plusieurs centaines de millions d'années. Les chiens et les chats ne peuvent formuler leurs sentiments, mais ils les ressentent et agissent en conséquence. Les circuits de la douleur et le système de la sérotonine semblent similaires chez tous les vertébrés et sont localisés dans les mêmes zones du système nerveux. Les structures limbiques se ressemblent tellement chez la plupart des mammifères que nous n'avons aucun effort d'imagination à faire pour comparer la réactivité animale à la nôtre. Elles ne divergent que sur le plan des idées associées aux sentiments.

L'activation de sentiments engrammés associés à des événements passés se produit sans doute lorsqu'un déclic extérieur, comme le ton menaçant de la voix d'un parent (ou celui de n'importe qui, d'ailleurs), stimule l'amygdale qui envoie à l'hypophyse et à l'hypothalamus un signal leur demandant de produire des hormones de stress, ce qui met l'ensemble du cerveau en alerte. La colère est intériorisée chez l'enfant dans les zones limbique et corticale, et quand la quantité d'hormones de stress devient excessive, elle risque d'endommager les neurones. Mais la menace est généralement beaucoup plus subtile. S'il n'y a pas de paroles affectueuses, pas de contacts émotionnels, aucune chaleur parentale pendant les premières semaines de la vie, l'organisme du nourrisson va avoir les mêmes réactions que face à un traumatisme. Le danger engrammé est l'absence d'amour et c'est ce manque qui met le bébé en état de stress. Voilà pourquoi les choses sont parfois si ambiguës : on essaie de se rappeler des scènes pénibles de son enfance, alors que rien de tel ne s'est peut-être produit ; il reste simplement un vide, sans chaleur, sans amour, sans toucher et sans tendresse... rien dont on puisse se souvenir. C'est le sentiment lui-même qui constitue le souvenir et il est suffisant pour que l'on puisse s'y engloutir afin de le connecter et l'intégrer. Notre cerveau peut transformer un « rien » (lorsque personne ne nous a regardés dans les yeux, par exemple) en lésion physiologique. Ce n'est pas « rien » pour lui. C'est la frustration d'un besoin. Aucune hormone n'agit seule, et c'est pourquoi on parle de « système » endocrinien, un système qui déclenche une cascade d'hormones agissant de concert et provoquant une série d'effets dès que la souffrance fait son apparition.

Une psychothérapie qui oublie l'amygdale de son patient et ignore ses sentiments profonds (il ne suffit pas que le patient pleure ou sanglote *sur* son enfance) fait de lui un être humain intelligent, mais insensible, qui ne peut pas sentir qu'il ne sent rien et ne connaîtra jamais le ressenti du sentiment ; et qui aura de merveilleuses prises de conscience sur son propre comportement tout en étant complètement égocentrique et ne montrant aucune affection ni sensibilité envers son entourage.

Au début de sa vie, un enfant subit parfois une sorte d'amygdalectomie, simplement parce que ses parents ne le soutiennent pas. Ses sentiments ne sont pas directement étouffés ; ils sont seulement ignorés, ce qui revient au même. Et ils demeurent en lui sans être connectés, exprimés, ni résolus. Toute psychothérapie devrait prendre en compte l'amygdale du patient, afin qu'il entre en contact avec son moi profond, celui qui ressent.

La conscience précède-t-elle l'inconscient ?

L'amygdale (conjointement avec d'autres structures du système limbique et du tronc cérébral) peut réagir par un accès de rage, une peur délirante ou une frénésie de sexe avant même que le cortex ne soit informé, parce que *ces émotions élémentaires se déclenchent indépendamment de la pensée et la précèdent.* C'est de cette manière que les sentiments nous envahissent. Commençons-nous par prendre conscience du traumatisme avant de le reléguer dans l'inconscient ? Non, il n'est jamais parvenu à la conscience. L'amygdale était en pleine activité bien avant que le cortex préfrontal ne devienne conscient et n'essaie d'empêcher les sentiments de remonter ; avant qu'il puisse, par exemple, mettre un terme à nos accès de boulimie. Ce sont les empreintes profondes qui contrôlent tout. Les besoins associés à notre survie sont forcément plus puissants que les idées les concernant. Une personne incapable de se dominer est généralement perturbée par des empreintes de niveaux inférieurs que son cortex frontal ne maîtrise pas. Toutes sortes de manuels sont censés nous apprendre à nous contrôler, à maîtriser nos impulsions, notre rage, etc., mais les empreintes continueront à gouverner notre vie tant qu'elles ne seront pas connectées aux processus corticaux supérieurs. Les sentiments ne sont pas des problèmes que l'on doit « gérer ». Ils sont faits pour être ressentis.

Ceux qui ne sont pas en contact avec leurs sentiments entrent parfois en thérapie pour ce qu'ils pensent être un problème sexuel. Un homme qui n'accède pas aux structures inférieures de son cerveau – et notamment à son amygdale – peut avoir une sexualité défaillante, avec une faible libido et un manque de passion. Tout se passe comme pour l'appétit : si vous n'avez pas faim, vous ne vous rendez pas compte que votre problème, c'est que vous ne mangez pas. La clé permettant de résoudre les problèmes sexuels en psychothérapie est de faire accéder le patient à son amygdale – la source de l'érection – ainsi qu'aux autres structures limbiques [16].

Dans son dernier livre, *The Feeling of What Happens* [17], Antonio Damasio fait observer que notre comportement peut se fonder sur des sentiments inconscients. Il cite le cas d'un de ses patients, David, qui avait de graves lésions à l'hippocampe et était « absolument incapable d'apprendre quelque fait nouveau que ce soit ». Son amygdale était également touchée. Antonio Damasio a mené avec lui une expérience mise au point dans son laboratoire, celle du « bon » et du « mauvais garçon ». Il lui a fait rencontrer deux individus, dont l'un était très aimable et gentil avec lui, et l'autre brusque et désagréable. David ne pouvait les reconnaître une fois qu'ils avaient disparu de sa vue. Il ne pouvait utiliser cette faculté que nous avons tous de nous fonder sur notre expérience passée pour guider notre comportement, car il l'avait perdue. Il était incapable de se dire : « Celui-là est méchant et je vais l'éviter. » Il ne pouvait intégrer ses souvenirs ni les formuler. Et pourtant, il se dirigeait toujours vers le gentil et s'éloignait du méchant. Il était guidé par une force invisible et mystérieuse – par son passé, par des sentiments issus d'expériences oubliées. Tout en étant physiquement coupé de son histoire, il était motivé par son passé, exactement comme ceux qui n'ont pas nécessairement de lésions cérébrales, mais qui sont déconnectés de leurs centres inférieurs par le refoulement. C'était chez lui une réaction organique, et non une réaction consciente.

Le cas de cet homme nous donne un paradigme neurologique permettant de mieux comprendre la dépression : le fait, par exemple, de se sentir cafardeux sans raison apparente. Supposons que David ait retrouvé ses connexions aux centres inférieurs : il ne serait plus sous l'emprise de son inconscient. C'est exactement ce que je veux dire quand je parle de rétablir les connexions fonctionnelles aux centres inférieurs par la suppression du refoulement. La prise de conscience préfrontale-limbique (qui intègre consciemment les sentiments inconscients) devrait éliminer la dépression. Si notre inconscient devient conscient, nous ne serons plus sous l'emprise de nos sentiments inconscients comme lorsque nous sommes dépressifs. Nous parlons élégamment de « fluctuations de l'humeur », mais tout notre organisme dépend de sentiments profondément enfouis dont nous ignorons complètement l'existence. Les expériences qui les ont provoqués se produisent souvent bien avant que nous ayons un cortex frontal pleinement opérationnel nous permettant de les comprendre. Comme je l'ai observé à d'innombrables reprises chez mes patients, la conscience est LE seul antidote de la dépression.

J'ai reçu aujourd'hui une lettre d'une de mes patientes, Regina, qui illustre bien ce que je veux dire : « Je veux vous faire part de l'expérience que j'ai vécue ce matin, en ce premier jour du millénaire, où je me suis réveillée en larmes. Pourquoi ? J'ai regardé hier soir à la télévision toutes les festivités organisées dans le monde entier sans qu'il se produise un seul pépin – aucune action terroriste, pas de panne d'électricité ni d'accident d'avion –, et j'ai réalisé que pendant l'année qui vient de s'écouler, tous les événements affreux que je redoutais, toutes les catastrophes qui n'avaient cessé de me hanter, ne provenaient pas du tout d'intuitions concernant l'avenir, mais d'une réalité passée qui vit toujours en moi. C'était comme un grand miroir en face de moi, un miroir me montrant que c'était mon passé qui constituait le problème. Je croyais qu'il fallait que je me protège et que je fasse des réserves, afin de parer à toute éventualité et d'être prête à vivre ce qui allait se passer. Or cela s'était déjà passé, et c'est comme si je m'étais mentie à moi-même. J'avais peur de souffrir si je ne me préparais pas suffisamment. J'étais donc obsédée par l'an 2000 et je me torturais en pensant : "Et qu'est-ce que je vais faire si... ?" Je pleure ce matin parce que je sais d'où viennent tous ces sentiments d'insécurité intérieure que j'ai projetés sur la fin du millénaire et sur le monde extérieur [18]. »

Certains de mes patients qui ont une sexualité exacerbée voient leurs besoins sexuels diminuer à mesure que la souffrance émotionnelle associée au traumatisme précoce s'élimine. Les événements qui se produisent *in utero* peuvent avoir de graves conséquences sur ce plan. Des expériences réalisées sur des rats ont montré que, si l'on donnait de la morphine à des femelles enceintes, leur progéniture mâle était féminisée [19]. Tout l'équilibre sexuel peut être perturbé par les traumatismes de la vie intra-utérine. La morphine est un analgésique inhibiteur, et nous pouvons fabriquer nous-mêmes des substances analogues qui auront peut-être le même effet sur notre sexualité. Le refoulement refoule aussi la sexualité.

L'hypersexualité de l'adulte peut provenir d'une empreinte située dans le tronc cérébral qui n'a rien à voir avec le sexe. Traiter le satyriasis comme un problème sexuel est une erreur. Dans ce cas, la sexualité n'est qu'un moyen de libérer l'énergie primale, et cette énergie qui s'exprime sur le plan sexuel peut en fait résulter d'une anoxie à la naissance. Nous traitons alors le sexe au lieu de traiter l'anoxie. Il n'y a pas de mal à traiter le symptôme si l'on sait qu'il s'agit d'un symptôme – qui a une cause. Un ancien besoin insatisfait peut éveiller l'intérêt pour l'un ou l'autre sexe : une enfance sans père, par exemple, peut dévier la pulsion sexuelle vers les hommes. La souffrance se transforme en énergie sexuelle, une énergie proportionnelle au manque d'amour du début de la vie. Le besoin sexuel est déclenché par le système réticulé activateur qui met l'organisme en alerte, et les événements de l'enfance – comme un père tyrannique ou absent – peuvent canaliser la pulsion vers une éventuelle homosexualité. (Je reviendrai sur ce sujet.)

Chez les femmes qui ont subi un inceste et ont par conséquent peur des hommes, la pulsion sexuelle peut également être déviée. Toute interaction avec un homme réactiverait la douleur de l'inceste qui les submergerait. Elles se tournent donc vers les femmes pour satisfaire leur besoin d'amour en tenant la souffrance à distance. Un grand nombre de mes patientes lesbiennes ont subi un inceste dans leur enfance.

On ne peut jamais duper l'amygdale, mais on peut duper ses prolongements corticaux. Prenons le cas d'une femme qui a été victime d'abus sexuels dans son enfance de la part de son père et qui, à l'âge adulte, a fait une thérapie où elle a appris tant bien que mal à lui pardonner. Le père et la fille sont maintenant réconciliés. Le problème est qu'elle n'a pas éliminé pour autant l'empreinte ! L'amygdale ne peut pas pardonner, ce n'est pas son rôle, et les effets physiologiques demeurent. Les vieux sentiments sont toujours là, même s'ils sont dissimulés sous une couche de « pardon » cortical. Et si celle-ci est suffisamment épaisse, la personne ne peut plus accéder aux sentiments réels. Curieusement, elle va se sentir parfaitement bien. Alors, où est le problème, demanderez-vous ? Qu'y a-t-il de mal à se sentir bien ? Si elle pouvait se *sentir* bien, tout irait pour le mieux. Mais penser qu'on se sent bien n'est pas suffisant. C'est une impression artificielle cachant une réalité qui nous foudroiera peut-être un jour prématurément.

Une jeune femme que j'ai traitée a revécu l'agression sexuelle qu'elle avait subie de la part de son beau-père. Ses mains se sont automatiquement croisées derrière son dos (son beau-père les lui avait coincées de cette manière) qui s'est fortement arqué vers l'arrière et son rythme cardiaque a grimpé à 180 battements par minute. Elle avait à l'époque peur des hommes et du sexe, car l'empreinte, qui datait de plusieurs dizaines d'années, dominait encore la plupart de ses relations.

Une autre de mes patientes s'était aperçue qu'elle souffrait de migraine chaque fois qu'elle subissait la moindre pression, comme lorsqu'elle préparait un exposé pour l'université. Au cours de ses séances, elle a revécu sa naissance pendant laquelle elle avait manqué d'oxygène (sa mère ayant été fortement anesthésiée). L'empreinte était cette pression qui avait resserré, puis dilaté ses vaisseaux sanguins, et toute pression ressentie plus tard dans la vie lui donnait une migraine qui la paralysait et l'empêchait de fonctionner.

Comme nous l'avons vu, la formation de l'amygdale précède nettement celle du néocortex, qu'il s'agisse de notre développement individuel (ontogénique) ou de la longue histoire de l'évolution des animaux aux êtres humains (phylogénique). Au cours de l'un ou l'autre de ces processus, il y a eu une période où l'amygdale devait faire tout le travail. Elle n'avait pas un hippocampe et un néocortex pour l'aider à préciser les faits et à guider les sentiments. Elle se contentait de canaliser les instincts, en y ajoutant sa dose de peur.

À mesure qu'elles s'accumulent, les impulsions douloureuses ont tendance à submerger le système récepteur, ce qui peut provoquer une angoisse diffuse. Elle est diffuse parce que l'empreinte s'est gravée longtemps avant que les mots ne puissent l'identifier et la circonscrire. Lorsque l'amygdale est calme, il y a moins d'énergie qui remonte et nous nous sentons mieux. Le cortex frontal peut alors bloquer les crises d'angoisse et/ou les obsessions et les compulsions. Ceux qui croient que les nouveaux médicaments « soignent » les symptômes de compulsion obsessionnelle se trompent, car ils ne soignent rien : ils diffèrent ! Les mêmes empreintes sont encore là, mais elles sont sous le contrôle d'une médication qui les refoule et empêche le message de submerger le cortex frontal. Or nos croyances agissent comme des médicaments que chacun peut s'auto-administrer. Notre cortex sait ce qu'il fait quand il fabrique ces croyances qui nous aident à survivre. Il n'est d'ailleurs pas toujours judicieux de dissuader quelqu'un du bien-fondé de ses idées « irrationnelles », car elles jouent un rôle important dans l'économie de son psychisme. Et si nous les relions à son histoire, elles ne sembleront plus aussi aberrantes qu'elles le paraissent.

Où se trouve notre vérité ?

C'est l'amygdale qui détient la vérité. Un jeune homme souffrait de crise d'angoisse chaque fois qu'il devait faire un exposé devant ses collègues. Sa réaction était en fait due au manque d'oxygène, et non au trac. Se lever pour parler à cet auditoire devenait une question de vie ou de mort. Il avait souffert d'anoxie au cours de sa naissance et sa peur actuelle était un écho de sa terreur passée, qui lui donnait à nouveau une impression de mort imminente. « Il n'y a aucune raison d'avoir peur, tous ces gens sont tes amis », aurait-on pu lui conseiller. Son amygdale avait pourtant trouvé de bonnes raisons d'avoir peur : affectant le tronc cérébral, l'ancienne anoxie s'était immiscée dans cet acte qui lui paraissait menacer sa survie. En déclenchant l'enchaînement de la souffrance, la peur actuelle avait réveillé la terreur primordiale du début de sa vie. Il avait eu bien sûr dans son enfance d'autres peurs qui l'avaient renforcée, mais l'origine de cette angoisse viscérale datait d'un moment où il n'avait pas encore vu le moindre être humain.

Lorsque quelqu'un a une envie irrépressible de drogue ou d'alcool, c'est son amygdale qui en est responsable. Selon le Dr Hans Beiter, du Massachusetts General Hospital, un toxicomane qui éprouve un besoin urgent de se piquer est sous l'emprise de son amygdale. Elle envoie son message de souffrance et réclame un calmant. Il n'est pas surprenant que les antidépresseurs agissent sur cette structure. Paradoxalement, la dépression est généralement un état d'activation élevée, en dépit de l'apparente apathie et du manque d'énergie de la personne.

Finalement, comme l'amygdale et les autres structures associées aux sentiments sécrètent également les hormones inhibitrices du refoulement, elles contrôlent l'accès aux émotions et influent sur ce dont nous sommes conscients ou non. Une lésion à l'amygdale empêche la personne de reconnaître les expressions de peur chez les autres (et probablement chez elle), ce qui confirme le rôle de cette structure dans la perception émotionnelle. Une amygdale endommagée par une forte souffrance peut amoindrir la sensibilité aux sentiments d'autrui. Elle joue un rôle clé dans les paroles et les pleurs provoqués par les émotions et, quand nos patients crient « Prends-moi dans tes bras, maman, je t'en supplie ! » avec la voix d'un enfant de cinq ans, nous pouvons être sûrs que leur amygdale est impliquée. Selon mon hypothèse, plus le souvenir est éloigné dans le temps, plus la structure cérébrale concernée est ancienne. Ce sont les parties primitives du cerveau qui semblent les plus impliquées dans les souvenirs obscurs et lointains de la vie intra-utérine et de la petite enfance.

Si la thérapie verbale n'est pas aussi efficace qu'elle devrait l'être, c'est sans doute parce qu'elle s'adresse au cortex préfrontal, dont le développement est plus tardif, en essayant de lui faire faire le travail de structures plus anciennes que celles qui traitent les sentiments. Il s'efforce d'accéder aux sensations et aux sentiments profonds, mais l'amygdale et l'hippocampe, qui ne peuvent tolérer cette intrusion, l'en empêchent. C'est un dialogue de sourds. Le vieux cerveau ne peut ni entendre ni comprendre ce que ressasse le cortex frontal. Michaela Gallagher, une scientifique spécialisée en neurologie travaillant à l'université John Hopkins, a découvert qu'un cortex qui fonctionne bien peut maîtriser l'amygdale et ses sentiments. À l'inverse, une personne dont le cortex frontal est touché réagit trop fortement aux stimuli et se montre hypersensible. Mais ce cortex trop réactif ne lui est d'aucune utilité pour ressentir. Son agitation fébrile est une simple défense qui l'empêche de descendre au niveau du sentiment. Voilà pourquoi les séances de nos patients se déroulent dans une pièce sombre et silencieuse.

L'hippocampe : l'accès aux souvenirs d'enfance

Comme nous l'avons vu, l'hippocampe est situé derrière l'amygdale, au bout de la corne de bélier que forme le système limbique (voir chapitre 1). Il traite le contexte et les circonstances de l'événement, et non son contenu émotionnel qui est du ressort de l'amygdale. Chez un enfant de cinq ans qui entend sa mère lui dire pour la centième fois « Tu es complètement stupide, mon pauvre petit. Va-t-en, je ne veux plus te voir ! », les circonstances s'engramment dans l'hippocampe et le ressenti dans l'amygdale.

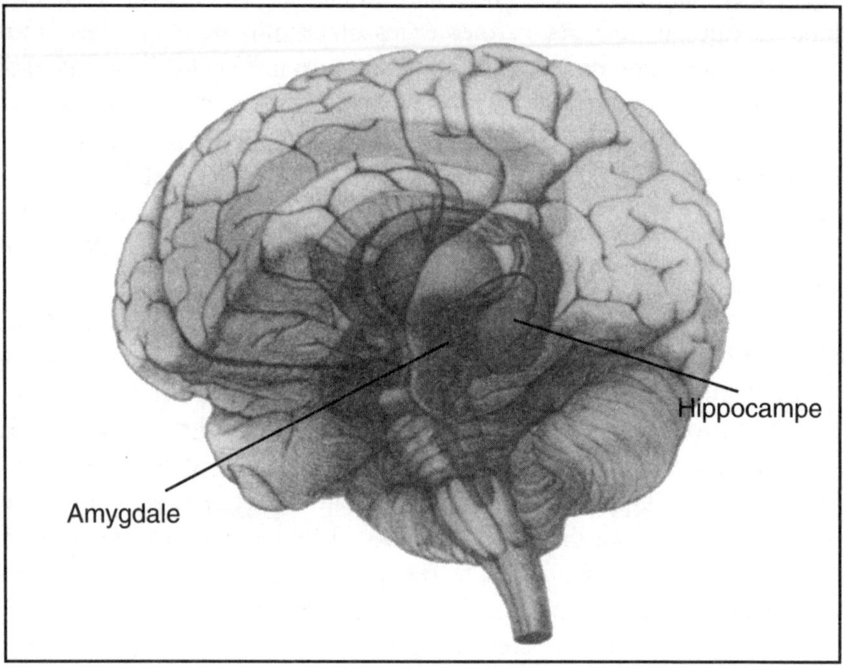

L'hippocampe enregistre le contenu factuel du souvenir,
et l'amygdale son contenu émotionnel (le ressenti du sentiment).

Une signification plus précise est ensuite ajoutée par le cortex, et l'enfant va penser : « Ma mère me déteste ! » Ou bien, comme va le lui suggérer sa logique subconsciente : « Elle est en colère parce que je suis mauvais. » Mais c'est une situation si insupportable que des endorphines vont être sécrétées pour inhiber la connexion complète. Les sentiments seront désormais verrouillés et maintenus inconscients. Et c'est alors que l'enfant entamera une lutte incessante pour se faire aimer, qu'il poursuivra à l'âge adulte en déjouant ses sentiments inconscients.

L'hippocampe enregistre sans cesse de nouveaux souvenirs et travaille avec la zone frontale à renforcer les sentiments. Dès que la charge du souvenir est déplacée vers le cortex, il peut être amené à la conscience. L'hippocampe a maintenant de la place et peut nommer de nouveaux sentiments, de nouveaux besoins, et enregistrer de nouveaux souvenirs fondés sur les stimuli du moment. Pour renforcer les sentiments, l'hippocampe, avec l'aide de l'amygdale, passe en revue l'expérience personnelle en cherchant des indices dans le passé. Si ce passé est chargé de souffrance, il est difficile de les atteindre, et la personne a des réactions excessives ou insuffisantes – elle parle trop, mange trop, n'a pas ou peu de relations sexuelles, etc.

L'hippocampe est l'une des structures cérébrales qui continuent à se développer avec l'âge. Les chercheurs du Salk Institute de La Jolla, en Californie, ont découvert que le nombre des cellules hippocampiques augmentaient à la suite d'un exercice mental ou physique [20]. Je crois que l'amour reçu au tout début de la vie aide aussi le cerveau à poursuivre son développement.

L'hippocampe est en quelque sorte au service de l'amygdale, et tous deux sont directement reliés au thalamus. La peur peut se propager du thalamus à l'amygdale, ou passer du thalamus au cortex, puis à l'amygdale, pour y être engrammée de nombreuses manières. Chez certaines personnes, le simple fait de se lever le matin et de se sentir sans défense peut provoquer un sursaut de peur. En cas de réaction immédiate à une situation d'urgence, la peur va directement du thalamus à l'amygdale, sans passer par le cortex frontal. C'est ce que l'on appelle l'*apprentissage émotionnel*. Et puisque l'amygdale est reliée au tronc cérébral, elle modifie le rythme cardiaque qui s'accélère, ainsi que d'autres fonctions automatiques. Une naissance traumatisante affecte le cerveau, qui va privilégier les circuits reliant le thalamus à l'amygdale sans passer par le cortex. La zone frontale est alors utilisée après coup, comme procédure de nettoyage.

L'hippocampe peut également affaiblir les réactions émotionnelles. L'empreinte d'une forte souffrance charge lourdement cette structure qui finit par se détériorer ou s'atrophier. La mémoire devient défectueuse, et si la dégénérescence se poursuit, il peut y avoir une amnésie définitive. On a découvert à l'autopsie que les cellules hippocampiques des psychotiques étaient complètement désorganisées [21]. De nombreuses études sur la maladie mentale ont révélé que la zone hippocampique devient de plus en plus active à mesure que le fonctionnement du cortex frontal se réduit. Les émotions bouillonnent et « dérangent » le patient dont les centres intégrateurs se désintègrent.

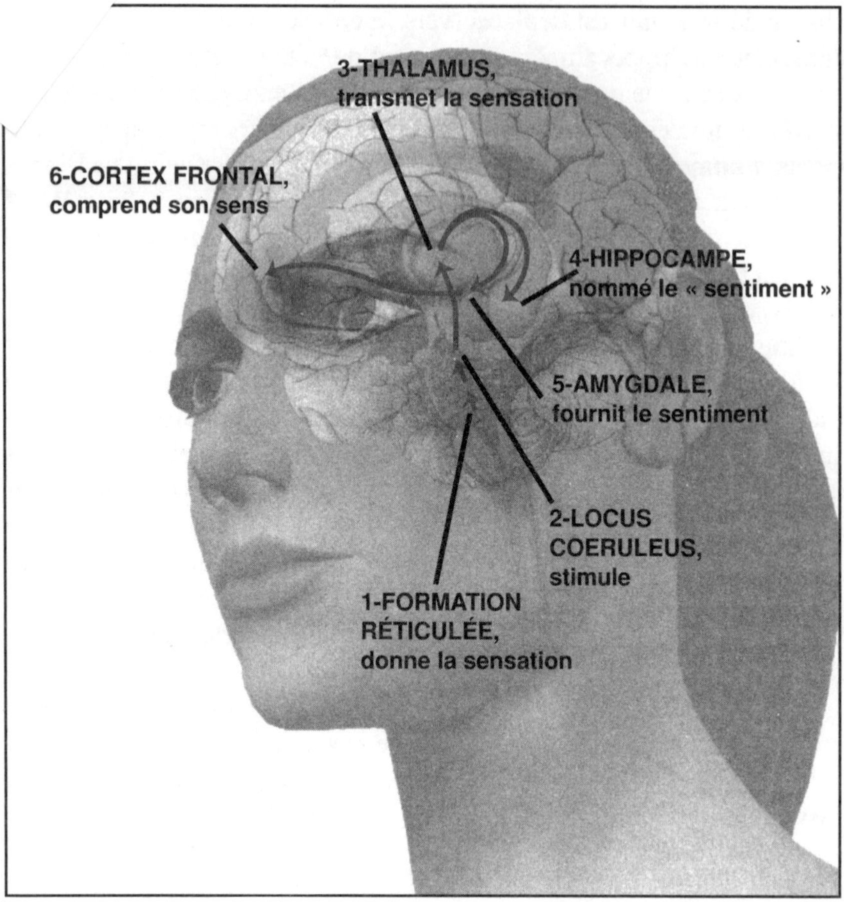

Le cortex frontal, siège du sens et de la compréhension ainsi que de l'intégration du sentiment, passe en revue le passé à la recherche d'événements similaires et enrichit le flot de la conscience. L'amygdale contribue à galvaniser l'organisme lorsqu'elle détecte un danger.

Face à une forte décharge émotionnelle en provenance de l'amygdale, l'hippocampe peut se bloquer. C'est une autre façon d'empêcher le message douloureux d'atteindre le cortex frontal. L'hippocampe déclare : « J'en ai assez. Je ne transmets pas ce message. Il est trop inquiétant. » Il maintient le cortex frontal dans l'ignorance, et personne ne pourra nous dire quels sentiments sont enfouis en nous puisque nous sommes les seuls à pouvoir les retrouver.

N'importe quel déclic, comme le regard dégoûté d'un parent ou le ton méprisant d'un patron, peut faire retrouver la mémoire à l'hippocampe qui dispose d'un mécanisme de balayage : l'événement déclencheur entre en résonance avec un traumatisme encodé dans le passé, extrait ce sentiment de l'entrepôt limbique et l'envoie vers la conscience. Cette information active les systèmes physiques, provoquant une forte angoisse face au danger que représente la remontée de l'événement originel vers la conscience. C'est le traumatisme intra-utérin précoce, associé à celui de la naissance, qui provoque la réaction viscérale que nous appelons angoisse. Elle surgit lorsqu'un événement du présent (comme le ton irrité d'un interlocuteur) déclenche le prototype. Le danger qu'évoque cette tonalité de la voix réveille la peur engrammée et provoque une forte sécrétion de cortisol – l'hormone du stress –, car c'est la réaction physiologique qui nous a sauvé la vie au départ. Le problème, c'est que cette réaction se produit sans connexion puisqu'il est pratiquement impossible d'accéder au souvenir initial sans effectuer une approche systématique passant par des souffrances de moindre amplitude. Voilà comment s'installe une angoisse diffuse.

Nous avons besoin d'accéder à nos sentiments pour mener intelligemment notre vie. Certains individus doués, qui sont capables de résoudre toutes sortes de problèmes logiques et mathématiques, mènent une existence chaotique et ont recours à toutes sortes de drogues et de déjouements dangereux. Un brillant homme d'affaires, par exemple, qui connaît parfaitement l'art de la transaction et affiche une magnifique réussite et une vie mondaine bien remplie, peut néanmoins ressentir une terrible impression de vide. Sa vie semble intéressante, mais il n'y prend aucun plaisir. Comme me l'a dit un de mes patients : « J'ai un travail passionnant qui malheureusement ne m'intéresse pas. » Certains individus s'efforcent toute leur vie de se sentir importants parce qu'ils ne l'ont jamais été pour ceux qui à leurs yeux comptaient le plus – leurs parents. Et ils peuvent gâcher leurs relations parce qu'il leur a manqué « l'empreinte de l'amour » dans leur petite enfance.

Quand mes patients revivent intégralement un sentiment, ils font ensuite un grand nombre d'associations et ont toutes sortes d'*insights* concernant leur comportement. « Je comprends maintenant pourquoi je suis toujours en retard ! Et aussi pourquoi je ne supportais pas de rester enfermé dans une salle de classe à l'école », disent-ils. « C'est parce que j'avais déjà été serré et confiné, d'abord dans le canal utérin, puis dans mon berceau et ensuite à la maison où mes parents étaient très sévères. » Leur ressenti a donné un sens à leurs réactions. Une de mes patientes devait comparaître devant un tribunal pour un procès l'opposant à un psychopathe. Il mentait et elle se sentait complètement impuissante. Au cours de sa séance, elle a commencé par ressentir cette impuissance sur un plan général, puis avec ses parents qui surveillaient le moindre de ses mouvements, et enfin à la naissance où sa mère avait été fortement anesthésiée. Cette impuissance était le prototype sur lequel s'étaient calquées toutes ses expériences ultérieures, et ce renforcement continuel n'avait fait que l'exacerber.

Le prototype de l'impuissance est à l'origine de nombreux traits de caractère de l'adulte – peur du changement, rigidité, manque de spontanéité, etc. Son inconscient le persuade qu'il ne peut rien faire pour améliorer sa situation. Le fait de n'avoir rien pu faire au départ pour sauver sa vie finit par le rendre effectivement impuissant.

La souffrance de l'anorexie

J'ai traité une jeune fille anorexique qui, entre six et neuf ans, avait été forcée de faire des fellations au petit ami de sa mère. Elle avait par la suite alterné anorexie et boulimie, en se gavant de nourriture avant de se faire vomir. C'était pour elle un mécanisme de survie : elle voulait inconsciemment évacuer le sperme que son corps considérait comme une intrusion menaçante. Ce traumatisme s'était produit très tôt dans sa vie et elle était la seule à pouvoir faire cette connexion, car mon cortex ne peut retrouver une empreinte dans le cerveau d'autrui.

L'anorexie provient généralement du tronc cérébral, alors que la décision consciente de la combattre se situe très loin de cette zone du cerveau. Essayer d'instaurer un dialogue entre cortex et tronc cérébral, c'est vouloir enjamber des millions d'années d'évolution. L'un ne peut faire le travail de l'autre, et l'on ne peut vaincre l'anorexie par la simple force de la volonté.

Les amphétamines, on le sait, diminuent l'appétit. Or une personne dont la stimulation interne est excessive peut perdre l'appétit. L'anorexie est parfois soignée dans une structure où la vie en groupe est rassurante et motivante, comme un centre de réadaptation, et il arrive que les symptômes disparaissent. La dynamique qui les sous-tend n'est cependant pas éradiquée. Il faut bien sûr traiter le symptôme, puisqu'il peut être fatal, mais ne pas traiter la cause peut s'avérer tout aussi dangereux.

Le cerveau inférieur en sait plus sur sa propre réalité interne que tout expert extérieur. L'anorexie de ma patiente ne pouvait être guérie parce que son mécanisme de survie était plus fort que n'importe quelle approche thérapeutique. Dans ce genre de cas, la psychothérapie conventionnelle n'est d'aucun secours et ne peut agir que superficiellement. Le médecin et sa patiente croient réaliser des progrès, alors que la réalité qu'appréhende le médecin n'a rien à voir avec celle qu'affrontent le corps et le cerveau de cette personne.

Une de mes patientes, Sandra, a raconté son combat contre l'anorexie et son parcours vers la guérison. Son récit montre bien la genèse de cette maladie, ainsi que celle de ses tendances suicidaires. Elle a failli mourir à la naissance, et cette impression ressentie dans les premiers instants de sa vie a formé une empreinte qui l'a par la suite obsédée. Ce n'est pas que l'anorexique veuille mourir, mais son empreinte lui dit que la mort peut mettre un terme à son supplice. Ce sont les circonstances de sa naissance qui rendent la mort à la fois attirante et effrayante. Son désespoir se fonde sur un sentiment de mort imminente et sur l'impression qu'il ne peut rien faire pour y échapper. La plupart de mes patients obsédés par la mort me disent que celle-ci leur paraît toute proche : ce qui est en fait imminent, c'est la remontée vers la conscience des terribles sensations qu'ils ont éprouvées à la naissance et des obsessions qui les accompagnent.

Sandra

Ma mère ne voulait pas de moi. Elle a essayé d'avorter et ça n'a pas marché, alors elle s'est privée de manger pour qu'on ne voie pas qu'elle était enceinte. Elle a recommencé à se nourrir au cours de son (mon) septième mois, quand elle ne s'est plus cachée. Je suis née anorexique et je ne pouvais rien garder dans l'estomac. Je sais à présent que je me maintenais au bord de l'inanition parce que c'est ce que j'avais ressenti au tout début de mon existence.

Avant moi, ma mère avait perdu un bébé au cours du cinquième mois. Il a failli m'arriver la même chose, mais j'ai réussi tant bien que mal à survivre.

Je ressens aujourd'hui la même toxicité, accompagnée des sentiments de mort qui m'ont harcelée toute ma vie. J'ai toujours éprouvé une légère sensation de nausée, surtout juste après manger, et le besoin de régurgiter tout ce qui pénétrait dans mon corps. Je comprends maintenant que je remettais en scène la pénible expérience vécue dans le ventre de ma mère. Sans doute est-ce ce besoin de vomir, ou une version plus primitive de ce besoin, qui m'a maintenue en vie. Mais il m'a presque tuée par la suite quand je me suis mise à perdre énormément de poids.

Chaque fois que je suis dans une situation de stress ou de vulnérabilité, les sentiments de mort associés au début de mon existence remontent, et mon corps est obligé de les repousser.

Dormir, c'est pour moi redescendre à un niveau de conscience qui me semble être celui d'un bébé, ce qui me terrifie et m'empêche de trouver le sommeil. Sur le plan sexuel, je me sens très vulnérable et je me bloque dès que je suis trop excitée. J'ai eu des idées suicidaires pendant des années, et maintenant je sais pourquoi. Avant même de naître, j'étais déjà cernée par la mort et je devais la combattre !

J'ai suivi une thérapie, mais sans changer ce schéma de blocage des sentiments. Je me sentais submergée quand ils remontaient et je les repoussais, en me contentant d'abréactions qui libéraient en vrac toute cette énergie qui m'étouffait. On me prenait toujours pour une « hystérique ». Je ne pouvais me concentrer sur le moindre sentiment, car j'avais en moi un véritable volcan. Aucun de mes processus corporels ne fonctionnait correctement à cause de cette sensation de mort engrammée dans mon organisme. Il a fallu que j'entre en thérapie primale pour retrouver un fonctionnement normal.

Le tronc cérébral : l'instinct de survie

Le tronc cérébral est la partie inférieure du cerveau qui rejoint la colonne vertébrale. Nous avons vu qu'il est constitué de plusieurs structures, dont le système réticulé activateur, le bulbe rachidien, et le locus coeruleus. C'est le tout premier système nerveux central organisé qui traite et enregistre les événements, en particulier avant la naissance et pendant les mois qui suivent.

Lorsqu'une menace surgit, le tronc cérébral sonne l'alarme et stimule l'organisme. Il rallie les troupes en activant les autres parties du cerveau et le corps grâce à des fibres nerveuses qui vont directement au cortex frontal et au système limbique. Il participe à la régulation des fonctions vitales comme la respiration, la tension artérielle et le rythme cardiaque. Toutes ces fonctions sont automatiques et instinctuelles.

Les signaux de peur engrammés dans les structures du tronc cérébral – notamment dans le locus coeruleus – sont envoyés au cortex qui les transforme alors en phobies, en obsessions ou en angoisse dont la personne ne peut comprendre l'origine. À la différence de la terreur qui provient d'un niveau inférieur, l'angoisse est un processus cortical. C'est un état « conscient », et non une vague frayeur. On se sent terriblement mal sans savoir pourquoi. Quelque chose ne va pas, mais on ne comprend pas ce que c'est. Quand on me fait un scanner du dos, je dois rester enfermé dans un étroit tunnel métallique pendant une demi-heure. Pour ne pas être angoissé, je demande au technicien de taper à intervalles irréguliers sur mes pieds qui dépassent, ce qui m'empêche de traiter cette peur sur le plan cortical.

Le tronc cérébral est analogue au cerveau reptilien et c'est une structure que nous avons en commun avec nos ancêtres animaux [22]. Il est directement affecté par les traumatismes qui se produisent au cours de la gestation et c'est pourquoi, au cours d'un revécu, le patient « se souvient » dans le langage brut de la physiologie et de l'anatomie : jambes croisées, souffle court, grognements, haut-le-cœur, et quintes de toux. Certaines techniques appropriées permettent d'accéder à ce niveau primitif [23]. Si la personne pleure pendant sa séance, ce sont les pleurs d'un nouveau-né et non les hurlements d'un enfant de trois ans. Un patient qui revit un événement vécu à six ans pleure comme un enfant de cet âge, mais à mesure qu'il redescend l'enchaînement de ses souffrances, ses cris deviennent automatiquement ceux d'un nourrisson. Et dès qu'il atteint le tronc cérébral, il n'y a même plus de pleurs ou de cris, seulement des grognements ou des gémissements. Si un patient se met à pleurer comme un bébé au cours d'un primal de naissance, nous savons qu'il ne s'agit pas d'un revécu authentique.

Aborder une anoxie par des explications ne sert à rien, car c'est un état physiologique et non une idée. C'est pourquoi l'angoisse est si vague. C'est une sensation purement physique, viscérale – suffocation, oppression de la poitrine, nausée, cœur serré, sensation de constriction autour de la tête, vertiges, souffle court, rythme cardiaque désordonné, etc. Cette anoxie s'est produite bien avant le développement du cortex logique qui aurait pu la comprendre. Plus les réactions viscérales actuelles sont confinées (douleurs d'estomac, colite, diarrhée, etc.), plus leur origine risque de remonter au passé préverbal. Le prototype constitué à la naissance déclenche maintenant ces réactions de première ligne [24] face à toute nouvelle menace. À la moindre sensation de danger, l'hippocampe passe en revue le passé pour trouver le prototype qui va dicter la réaction, une réaction fondée sur l'instinct de survie.

Le tronc cérébral a son propre système de mémoire. La manière dont nous respirons, la force et la cadence de notre élocution, ou même notre niveau général d'énergie dépendent de cette structure de première ligne. Ceux qui ont une voix perçante sont souvent sous l'emprise de sensations engrammées dans cette partie du cerveau. Le langage est une fonction cérébrale supérieure, mais la vigueur de l'élocution peut être contrôlée par le cerveau reptilien. Et cette voix sonore disparaît quand on est malade parce qu'une attaque virale nous stresse comme une remontée de sentiments et finit par épuiser notre énergie.

Le rôle des idées « délirantes »

Le tronc cérébral maintient le tonus du cortex frontal. Il a besoin d'une certaine quantité d'*input* pour fonctionner correctement. Le cortex frontal communique directement avec le bulbe rachidien et peut ainsi agir sur les fonctions cardiaques et respiratoires. Il régule en retour les données que lui envoie le tronc cérébral.

Lorsque l'*input* en provenance du tronc cérébral est excessif, nous nous laissons facilement distraire et sommes incapables de nous concentrer. Imaginez un poing qui jaillit dans un puzzle en éparpillant toutes les pièces ! C'est à peu près ce qui se passe quand la souffrance provenant des niveaux inférieurs remonte avec force vers le cortex frontal qui essaie désespérément de reconstituer le puzzle : il se fragmente et perd sa cohésion. La paranoïa, par exemple, est une ultime tentative pour éviter la désintégration. Le cortex essaie de rassembler toutes ses peurs et de leur trouver une logique. La maladie mentale survient lorsque la paranoïa échoue. Certains psychotiques essaient d'utiliser leur paranoïa pour ne pas devenir complètement fous. Le paranoïaque, lui, arrive au moins à fonctionner : il peut assurer un travail, s'occuper de lui-même, subvenir aux besoins de sa famille, etc.

Un de mes patients paranoïaques était convaincu que le vendeur de journaux en bas de la rue voulait le tuer. Au cours de nos séances, il a finalement retrouvé une empreinte du tronc cérébral – une anoxie à la naissance. Cette empreinte était remontée vers le cortex frontal où, quarante ans plus tard, le sentiment « je vais mourir » s'était transformé en « ils veulent me tuer ». L'empreinte était celle d'une menace de mort, mais comme la connexion ne se faisait pas, le cortex ne pouvait connaître sa véritable nature. Sa paranoïa avait progressé jusqu'à devenir délirante, focalisant toutes ses peurs dans le présent. L'étrange scénario du vendeur de journaux avait pour origine la forte souffrance associée à une naissance où il avait frôlé la mort. De plus, son système de défense avait été affaibli par une accumulation de blessures d'enfance. Ses parents ne voulaient pas d'enfants et il avait été un « accident » qui leur avait volé leur liberté. Il leur avait gâché la vie et ils voulaient le lui faire payer. Mais si l'empreinte ne s'était pas déjà engrammée à la naissance, le traumatisme initial se produisant plus tard, nous n'aurions pas trouvé un tel délire chez ce patient.

L'apparition de cauchemars indique que le cortex et certaines parties du système limbique sont poussés à bout. Le *ressenti* du cauchemar est la réplique exacte du traumatisme originel ; je dis bien le ressenti, pas les images. Celles-ci sont un simple déguisement des sensations initiales. En thérapie primale, nous ne perdons pas notre temps à les analyser ; nous remontons directement à leur source. À partir des symboles et des images de son rêve, le patient se laisse engloutir par le sentiment ; puis il se laisse porter et glisse jusqu'à son origine. Quand le sentiment est trop fort, cependant, surtout s'il s'agit d'un nouveau patient, nous ne le laissons pas aller jusque-là. Généralement, d'ailleurs, le cerveau s'interpose avant notre intervention et claque la porte en refermant les verrous. Mais si ceux-ci sont endommagés par une accumulation de souffrances tout au long de la vie, nous venons au secours du patient. Les tranquillisants sont alors parfois utiles. Ils ont le même effet qu'auraient eu les baisers d'une mère. Les cauchemars sont donc le signe d'un système de défense défectueux qui laisse percer une souffrance de forte valence. Normalement, nos rêves parviennent à dissimuler le sentiment sous forme d'images. Ce n'est que lorsqu'ils échouent que nous faisons des cauchemars. Les rêves sont le déguisement de sentiments primals ; ils nous permettent de ne pas nous réveiller et de rester endormis. Certains d'entre nous se souviennent de leurs rêves parce qu'ils ont partiellement accès à ce niveau.

Essayer de raisonner avec mon patient paranoïaque pour le convaincre que personne ne voulait le tuer n'aurait servi à rien, puisque son corps et son cerveau savaient que la mort n'était pas loin. Il ne s'agit pas de la « confusion mentale » à laquelle fait allusion la littérature psychiatrique. Il n'y a en réalité aucune confusion. L'organisme fait une dernière tentative pour comprendre des sentiments cachés. C'est un mécanisme compensateur qui nous aide à rester sains d'esprit ou, du moins, à ne pas complètement perdre la tête. Il doit empêcher la connexion pour éviter que les signes vitaux n'atteignent un niveau dangereux.

Les médicaments qui calment le patient en neutralisant le message qui remonte du tronc cérébral se contentent d'améliorer le syndrome. Il n'est pas étonnant qu'ils atténuent aussi les symptômes obsessionnels-compulsifs de ceux qui se lavent constamment les mains ou ne cessent de vérifier que tout est bien fermé. Ils allègent le travail que doit faire le cortex pour freiner les impulsions du tronc cérébral et du système limbique qui veulent parvenir au néocortex. Qu'il s'agisse d'obsessions, de troubles de l'attention ou de paranoïa, c'est le cortex frontal et ses connexions limbiques qui sont impliqués, puisque le même médicament les fait tous plus ou moins disparaître.

Les obsessions, les ruminations nocturnes avant de s'endormir et les idées mystiques sont pour le cortex un moyen de contrôler et repousser les sentiments. Il est bien plus confortable de se croire protégé par une force puissante que de se sentir tout nu et sans défense. Lorsque nos sentiments sont jugulés par notre idéation, notre organisme peut enfin se reposer.

Ressentir notre humanité

Chaque fois que les empreintes du tronc cérébral sont activées au cours d'un revécu, je l'entends au style des pleurs : les sanglots sporadiques et larvés, et le halètement. Dès que je vois une fonction se normaliser – une baisse de la température corporelle, par exemple –, je sais avec certitude que le problème était bien dû à la déconnexion, et qu'il a été résolu par cette reconnexion à l'événement originel. Je peux affirmer avec assurance que la reconnexion rééquilibre l'organisme, car c'est ce que j'ai vu à d'innombrables reprises chez mes patients. Il n'y a rien d'aussi apaisant que d'éliminer la tension d'une angoisse continuelle et d'ébranler la conviction de ne pas être aimé.

Le *sentiment* est ce qui nous rend humains. En thérapie primale, nous aidons le patient à ressentir sa souffrance, mais seulement pendant un court moment. Notre objectif est de connecter les forces instinctives du tronc cérébral avec les niveaux supérieurs du cerveau.

Nous avons tous le même besoin biologique de complétude et de reconnexion et nous sommes hantés par le souvenir d'un bien-être que nous avons jadis connu. Puisque le corps se normalise en *refaisant l'expérience* des sentiments précoces, on peut en déduire que c'est l'expérience initiale de cette souffrance qui l'a fait *dévier* de la norme. Lorsque nous voyons la tension artérielle de nos patients qui revivent un traumatisme monter en flèche, puis revenir à la normale, nous n'avons pas à chercher plus loin. Nos symptômes sont bien liés à notre passé.

3

LA SONNETTE D'ALARME : LE SYSTÈME RÉTICULÉ ACTIVATEUR

Au lieu de transmettre le message aux centres supérieurs, le système réticulé activateur « mesure » la quantité d'information qui passe et module en conséquence l'activation du cerveau. Cette structure, qui se développe très tôt et qui est opérationnelle avant la naissance, active toujours le plus haut niveau de fonctionnement neurologique disponible à chaque étape du développement cérébral.

La souffrance mobilise l'organisme et le met en alerte en le prévenant des dangers qui le menacent. C'est le système réticulé activateur qui fait circuler cette information. Formé d'un réseau de fibres entrelacées et de nombreux noyaux, il est l'une des zones clés où se concentre la noradrénaline qui nous aide à rester vigilants. Comme l'explique un spécialiste, « la noradrénaline et la dopamine (les neurotransmetteurs activateurs du cerveau) envoient toutes deux leurs axones dans le cortex cérébral (...) Les *patterns* d'activité intellectuelle extrêmement complexes élaborés dans le cortex sont influencés par les catécholamines, qui sont antérieures sur le plan de l'évolution [1]. » Il veut dire que certaines parties du tronc cérébral envoient de longs axones de connexion vers la zone corticale frontale pour comprendre le sens des choses. C'est ainsi que les empreintes du tronc cérébral activent l'idéation, le mental ne cessant de bouillonner et de ruminer ses obsessions, ce qui nous empêche de nous détendre et de nous endormir. Ce ne sont pas nos pensées qui nous agitent, mais les empreintes non verbales qui les suscitent. Pourquoi avons-nous du mal à trouver le sommeil ? Parce que notre système de défense cérébral se relâche quand nous approchons des structures de niveau inférieur, ce qui précisément leur fait déclencher l'alarme.

Lorsqu'une forte souffrance est engrammée, le système réticulé activateur ne cesse de stimuler la zone frontale. C'est alors que surgissent les comportements obsessionnels-compulsifs ou les phobies, le cortex cherchant à éliminer la surcharge engrammée. Il arrive également, selon la nature du traumatisme précoce – par exemple une forte anesthésie à la naissance –, que ce système se bloque et que son activation soit insuffisante pour maintenir l'efficacité du cortex frontal. La personne est passive et apathique ; sa pensée manque de concentration et a tendance à se disperser, ou bien elle semble échouer dans tout ce qu'elle entreprend. En descendant par les circuits réticulaires, les idées bloquent parfois les sensations et les sentiments, ce qui empêche les impulsions de submerger la zone frontale.

Le lobe frontal est directement relié au système réticulé activateur et peut contrôler les états physiologiques. L'expérimentation animale a montré que caresser ou prendre dans les bras les animaux peut apaiser ou modérer leur système réticulé activateur, ce qui les rend moins nerveux. On peut bien sûr le calmer à l'aide de médicaments, mais le faire par le toucher est beaucoup plus efficace. J'ai vu des patients se tordre de douleur en suppliant leurs parents de les toucher. Au cours de certaines périodes cruciales, caresses et contacts physiques sont essentiels pour le développement du cerveau humain. Mais une fois ce moment passé, toute la tendresse du monde ne pourra réparer les dégâts qui sont irréversibles. C'est souvent cette situation qui est à l'origine de l'activité sexuelle compulsive chez les femmes – et chez les hommes d'ailleurs. À la moindre excitation de ce type, le système est activé et toute la panoplie des sentiments enfouis menace elle aussi d'émerger. Si un fort sentiment d'excitation a été initialement « bloqué » (lors du traumatisme natal), toute élévation du niveau d'excitation sexuelle entraînera un blocage sur ce plan. Face à ce genre de stimulation, le cerveau passe en revue le passé pour trouver une sensation équivalente et connaître la bonne réaction, celle qu'il va choisir. Telle est l'une des origines possibles de la frigidité.

Le processus est simple : un événement de forte valence qui se produit à l'âge adulte – l'excitation sexuelle – force les structures limbiques à rechercher dans le passé d'autres événements de valence équivalente – le traumatisme natal – afin de déclencher la même réaction.

D'autres traumatismes survenus dans l'enfance resurgissent avec lui, si bien que la souffrance déjà très forte augmente encore, assortie de nouvelles déviances – comme mettre les sous-vêtements de maman. La pulsion sexuelle est ainsi dénaturée par l'histoire de l'individu. Des fantasmes homosexuels peuvent également faire leur apparition si le besoin de l'amour du père est projeté sur les hommes. Il est en temps normal bien refoulé, et des événements de faible valence, comme une bonne partie de basket, ne le déclenchent pas. Mais il peut se déséquilibrer et s'immiscer dans l'acte sexuel en cas de forte excitation.

Le locus coeruleus : le centre de la terreur

Le locus coeruleus est un centre important de peur et de souffrance qui est situé dans la partie supérieure du tronc cérébral (voir chapitre 1). Il sécrète une substance chimique stimulante, la noradrénaline, en réaction au traumatisme préverbal – qu'il s'agisse de problèmes survenus lors de la naissance ou d'un manque de contacts physiques et d'affection au début de la vie. Dès que la noradrénaline contacte ses récepteurs, nous ressentons une douleur. Le locus coeruleus est une structure primitive qui ne connaît que les sensations et n'a pas grand-chose à voir avec les sentiments. Il leur est antérieur de millions d'années sur le plan de l'évolution.

Le locus coeruleus n'est constitué que de quelques centaines ou quelques milliers de neurones alors que ses ramifications – ou axones – s'étendent dans tout le cerveau, ce qui lui permet d'activer l'ensemble du système nerveux. Tout en étant associé à la douleur, il dispose de nombreux récepteurs d'opiacés qui la neutralisent. Autrement dit, le site de la souffrance est aussi celui de sa suppression. Les empreintes précoces mobilisent la structure où naît la douleur, mais cette même structure la fait disparaître quand elle devient trop forte. De nombreuses expériences sur les animaux ont montré que, lorsqu'une sensation de douleur était provoquée par stimulation électrique ou pincement de la queue, le locus coeruleus était activé tant pour la stimulation que pour l'inhibition [2].

La sensation de terreur qui remonte du locus coeruleus peut finir par perturber l'activité du cortex pensant. C'est le système réticulé activateur qui la transmet vers les niveaux supérieurs auxquels elle cherche à se connecter.

La clonidine est une substance médicamenteuse qui bloque le tronc cérébral et inhibe l'excitation des neurones de la noradrénaline dans le locus coeruleus. Bruce Perry, du Baylor University Medical Center, a découvert que « les rats ayant subi un stress périnatal manifestent par la suite d'importantes perturbations face au stress [3] ». Les enfants maltraités ont eux aussi des réactions négatives à l'âge adulte : « Frustration, colère, souffrance, vulnérabilité, tressaillements, insomnies, impulsivité et mauvaise régulation cardio-vasculaire [4]. »

Or Bruce Perry a constaté que les enfants stressés réagissaient bien à la clonidine parce qu'elle régule l'activité du locus coeruleus. Elle permet d'améliorer le sommeil, de stabiliser la fonction cardiaque, de calmer l'agitation et d'atténuer l'hypervigilance. Et elle adoucit également, comme Bruce Perry s'en est aperçu, nombre de traits de caractère associés à l'impulsivité – agressivité, chapardage, accès de colère incontrôlés, etc. Par ailleurs, la clonidine est utilisée depuis une trentaine d'années pour soigner la tension artérielle, ce qui en dit long sur la relation que ce symptôme entretient avec la souffrance.

J'ai traité une femme dont la mère a été hospitalisée pour une tuberculose après son accouchement. Cette expérience – se retrouver dans un monde inconnu sans soutien ni chaleur – s'est engrammée sous forme de terreur de la solitude. La plupart des structures de son tronc cérébral ont accru la valence de la souffrance en sécrétant de la dopamine et/ou de la noradrénaline pour mobiliser son cerveau et son corps, ce qui l'a rendu hyperactive.

La souffrance ressentie à sa naissance a été bloquée par les neurotransmetteurs, puis déviée vers d'autres centres. Mais son énergie a été suffisante pour perturber sa concentration et provoquer son hyperactivité. Elle avait de mauvaises notes au lycée. La plupart de ses professeurs pensaient qu'elle n'était pas intelligente et ses parents l'ont confortée dans cette idée. En thérapie, elle a finalement ressenti sa terreur, cette peur de la vie qui la paralysait et l'avait dominée depuis son enfance. Cette femme est à présent un médecin très apprécié, mais elle a beaucoup souffert.

Quand la stimulation devient trop intense au fil des années, l'activation du locus coeruleus *décroît* pour que le message de douleur ne puisse atteindre la conscience. Lorsqu'il est stimulé, il réagit généralement par de fortes poussées d'activité neurale suivies de périodes de calme. Ces poussées expliquent sans doute les crises de panique qui sont provoquées par les empreintes. Le locus coeruleus ne se déclenche pas tout seul sans raison.

Le locus coeruleus n'est pas sensible à la logique ; en présence d'empreintes douloureuses précoces, il se contente de réagir en nous mobilisant. Nous voyons bien « qu'il n'y a pas de quoi s'inquiéter », mais l'alarme est interne et, dès que nous sommes dans une pièce fermée ou que nous entrons dans un ascenseur, nous nous mettons à étouffer ou à paniquer. C'est dans le locus coeruleus, ainsi que dans d'autres structures inférieures, que se trouve le message postnatal non verbal – « j'étouffe dans cette couveuse » – qui va provoquer la même panique et les mêmes réactions physiologiques que celles qui ont été éprouvées à l'époque.

La terreur accumulée peut filtrer de toutes sortes de manières dans notre vie : phobies, élocution rapide, hyperactivité, angoisse et crises de panique. Elle peut aussi transparaître dans nos rêves et nos cauchemars.

Comme on peut s'y attendre, l'état de manque associé au sevrage de la morphine provoque un surcroît d'activité dans le locus coeruleus. L'organisme se sent à nouveau en danger, et en stimulant les zones corticales supérieures du cerveau, le locus coeruleus nous en donne conscience. On peut ralentir le rythme d'excitation de ses neurones et de ceux du bulbe rachidien par la prise de certains médicaments. L'interruption brutale des drogues qui agissent sur le tronc cérébral augmente la production de noradrénaline (qui accélère le rythme cardiaque et dilate les vaisseaux sanguins) et la souffrance s'intensifie, de même que le besoin de la soulager : d'où le syndrome de manque. Le sevrage brutal de drogues agissant au niveau du tronc cérébral est donc dangereux et peut aller jusqu'à provoquer une attaque – une forte décharge neuronale. C'est l'activation excessive du locus coeruleus qui est responsable du malaise associé au manque. La personne se sent terriblement nerveuse sans savoir pourquoi, ce qui est extrêmement pénible. Et dès qu'on lui donne des médicaments qui ralentissent cette activation, elle se sent tout de suite beaucoup mieux.

Le système réticulé activateur et le locus coeruleus ont pour fonction de nous préparer à agir et de mobiliser nos défenses. Prenons l'exemple d'une mauvaise nuit de sommeil qui permet aux empreintes les plus profondes de sortir de leur repaire. Plus l'événement engrammé se rapproche de la conscience, plus l'idéation corticale est activée. La personne a toutes sortes d'idées dont on ne peut la dissuader, car elles sont ancrées dans ses sentiments inconscients. On peut lui prescrire des tranquillisants pour bloquer sa souffrance, mais dès qu'on les interrompt, la noradrénaline accélère son rythme cardiaque et dilate ses vaisseaux sanguins, préparant le terrain pour une nouvelle crise d'angoisse. Il y a toujours un prix à payer pour une manipulation artificielle.

4

L'HYPOTHALAMUS : LE MESSAGER DU SENTIMENT

Outre le thalamus, l'amygdale et l'hippocampe, les structures limbiques sont reliées à l'hypothalamus et son auxiliaire, l'hypophyse. L'hypothalamus module la production d'hormones et régit le système immunitaire par l'intermédiaire de l'hypophyse, qui se trouve juste dessous. Il contribue également à réguler le rythme cardiaque et la tension artérielle. Lorsque notre hypothalamus est surchargé de souffrance, notre corps sécrète une quantité excessive ou insuffisante d'hormones, ce qui modifie le rythme cardiaque et la température corporelle.

Avec le tronc cérébral, l'hypothalamus participe à la « régulation homéostatique » du corps, où il contrôle la respiration, le fonctionnement cardiaque, la tension artérielle, la digestion, l'équilibre électrolytique, le tonus viscéral et de nombreuses autres fonctions vitales. C'est par son intermédiaire que le système limbique envoie les sentiments dans l'organisme. Voilà pourquoi le sentiment d'être critiqué nous donne mal au ventre et diminue le nombre des cellules tueuses et des lymphocytes du système immunitaire. À l'inverse, la stimulation de l'hypothalamus peut augmenter la production des anticorps qui combattent les substances étrangères et/ou l'infection.

L'hypothalamus a lui aussi besoin d'amour. Il le montre en nous maintenant constamment vigilants et nous fait tomber malades s'il n'obtient pas ce qu'il veut. Cela me rappelle le cas d'une patiente qui avait une dermatite : le fait d'être continuellement caressée au cours de ses séances améliorait énormément son état. Et les symptômes ont finalement disparu lorsqu'elle a revécu ce que ressentait son corps quand elle pleurait pour que sa mère la touche, alors que celle-ci était incapable de lui manifester la moindre tendresse physique. En thérapie, elle a tendu les bras, crié et supplié pendant des semaines pour quémander ce qui lui avait manqué.

Les sentiments remontent vers l'hypothalamus et se manifestent par divers symptômes – crampes d'estomac, poids sur la poitrine, accélération du rythme cardiaque et hypertension artérielle – qui indiquent un déséquilibre de l'organisme. La personne a conscience de ces malaises, mais elle ne peut y mettre un terme, car elle ne peut supprimer les sentiments précoces.

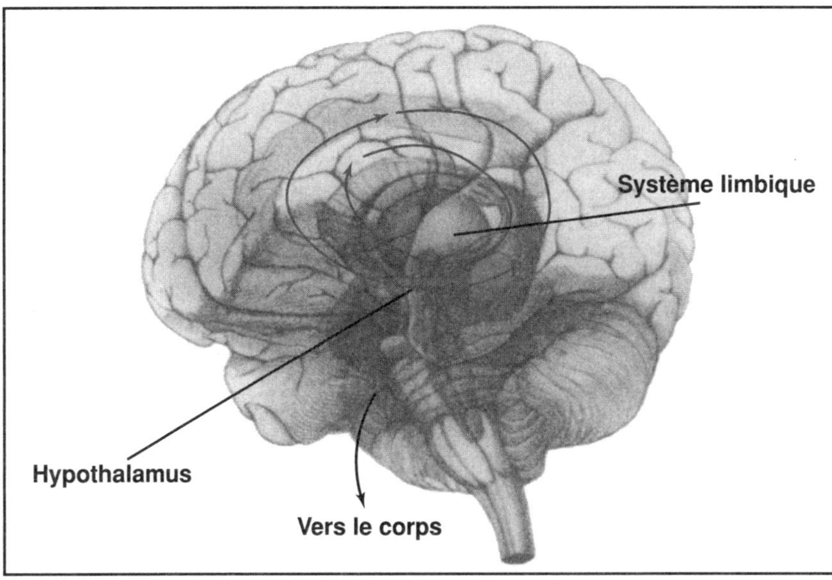

Les sentiments du système limbique régulent la production d'hormones.

Via l'hypothalamus, le traumatisme natal active le système nerveux sympathique qui nous donne un coup de fouet. Chez un enfant allergique « de naissance », l'hypothalamus et d'autres structures contribuant aux processus allergiques ont sans doute été affectés par un traumatisme de la vie intra-utérine. L'hypothalamus d'un enfant qui n'est pas aimé au cours de ses deux premières années peut être endommagé, et celui-ci est alors toujours malade, souffrant constamment d'allergies, d'infections et de fièvre.

Si la stimulation de l'hypothalamus peut accroître la production des anticorps qui combattent les éléments étrangers (pollen, poil de chat, etc.), les antigènes, les virus et toutes les formes d'intrusion, elle peut aussi provoquer des maladies auto-immunes telles que l'arthrite. Un spécialiste de la fonction immunitaire, Hugo Besedovsky, de Davos (Suisse), a étudié les mécanismes impliqués dans la transmission des messages électrochimiques du cortex à l'hypothalamus qui demande ensuite aux cellules immunitaires d'augmenter ou de diminuer leur activité [1].

Les messages en provenance de l'hypothalamus mobilisent également les neurones du système sympathique. Un de mes patients était constamment sur la brèche comme s'il essayait d'échapper à un danger – et il n'avait pas tort. Dans son enfance, ses parents n'avaient cessé de se disputer. Il se sentait impuissant et ne voyait pas comment s'en sortir. Dès qu'il cessait de s'agiter, un terrible sentiment de désespoir l'envahissait. Son activité continuelle était une défense contre le sentiment de ne rien pouvoir faire pour changer sa vie familiale. Au cours de nos séances, nous avons découvert que, lors de sa naissance, il s'était retrouvé comprimé et coincé par une tumeur qui l'empêchait de passer. Ce fait nous a ensuite été confirmé par ses parents. Nous n'aurions jamais pu deviner qu'il avait vécu ce genre d'expérience, et ce sont les sensations et les contractions de son corps face à la souffrance qui nous ont fait comprendre la vérité. *Son déjouement était destiné à l'empêcher de ressentir ce sentiment. Je tiens à préciser que nous ne faisons aucune hypothèse sur la nature du traumatisme natal. Le corps du patient nous le révèle le moment venu, lorsqu'il est prêt à le faire, et pas avant. Il arrive d'ailleurs que la naissance se déroule sans traumatisme, comme c'est fréquemment le cas pour les accouchements à domicile où l'on ne pratique pas d'anesthésie.*

L'hypothalamus est en partie responsable de certains dysfonctionnements du rythme cardiaque (palpitations, tachycardie, etc.) dus à la stimulation provoquée par la sécrétion de noradrénaline. Quand l'hypothalamus active le système nerveux sympathique, le système parasympathique est normalement neutralisé. Le déséquilibre qui en résulte explique qu'il nous soit bien souvent difficile de nous endormir ou de nous concentrer. L'activation causée par la souffrance précoce ne s'interrompt pas parce que nous voulons dormir. Bien au contraire, elle augmente dès que nous commençons à somnoler et à relâcher nos défenses corticales. En cas de sécrétion excessive d'hormones de stress tout au long de la vie – sécrétions destinées à combattre l'empreinte –, les réserves peuvent finir par s'épuiser. Le sommeil implique la fermeture progressive des niveaux de conscience supérieurs – effacement du cortex devant le système limbique, très actif dans le rêve, suivi par la descente dans le tronc cérébral et le sommeil profond – ainsi que la libération des empreintes des centres inférieurs.

À l'arrière de l'hypothalamus, un centre très important déclenche les affres de l'angoisse. Que la souffrance résulte d'une chute dans les escaliers ou du sentiment que « maman ne m'aime pas », l'affolement est le même. Le rythme cardiaque se précipite, la sécrétion d'hormones de stress augmente, la tension artérielle grimpe en flèche, et l'amplitude des ondes cérébrales s'accroît. L'organisme adopte le mode combatif, déclenché par un besoin qui lutte pour obtenir satisfaction – par exemple « aime-moi un peu, je t'en prie, ne me déteste pas ! ». Lorsqu'un patient immobile, allongé dans une pièce silencieuse, ressent une brusque accélération de son rythme cardiaque, nous savons qu'il commence à revivre le sentiment. Celui-ci peut concerner l'impossibilité, année après année, d'exprimer clairement la souffrance associée au manque de gentillesse et de sollicitude maternelles. Cela peut sembler un peu dérisoire à l'âge adulte, mais au début de sa vie, un enfant ne peut supporter qu'on ne l'aime pas. Ses parents sont tout pour lui et c'est leur amour qui permet à son cerveau de bien se développer.

Le message « aime-moi ! » est toujours très simple car il provient de structures qui ne peuvent élaborer une syntaxe complexe. Et si la personne, qui est censée revivre un traumatisme de sa petite enfance, utilise des tournures compliquées ou des termes d'adulte comme « reconnaître », nous savons qu'il ne peut s'agir d'une expérience authentique.

En s'approchant de la conscience, le sentiment provoque tout d'abord une terrible souffrance. Puis le système sympathique, qui a mobilisé tout l'organisme pour empêcher la connexion, se détend et le système parasympathique prend la relève. C'est une phase de repos et de réparation. Après ce type de connexion, j'ai vu la pression artérielle systolique baisser de dix points en quelques minutes. Nous retrouvons donc la même dialectique : les structures qui organisent le sentiment sont aussi celles qui le refoulent grâce à la sécrétion des neuroinhibiteurs. Si le message émanant des centres limbiques du sentiment n'est déjà pas très compliqué, celui qui provient du tronc cérébral est extrêmement simple : « J'étouffe. Je n'en peux plus. Je n'arrive plus à respirer. Je vais mourir. Je suffoque. Arrêtez de me serrer comme ça ! » Le plus souvent d'ailleurs, aucun mot n'est prononcé puisqu'il s'agit uniquement de sensations – écrasement, étouffement, etc.

Les états maniaques et dépressifs ne sont pas des maladies distinctes, mais des variations de l'efficacité du blocage des sentiments. Quand un maniaque devient dépressif, c'est parce qu'une grande partie de l'énergie du sentiment a été absorbée par le comportement maniaque, ce qui permet au refoulement de l'emporter. Ses sentiments de désespoir ne se sont pas volatilisés ; ils sont simplement mieux refoulés, car la force qui les fait remonter vers les zones limbiques et corticales est de moindre intensité.

Et cet amour dont je ne cesse de parler, de quoi est-il constitué ? Ce n'est pas une notion abstraite, une chose éthérée flottant dans les airs, mais un événement concret qui peut être associé à des taux hormonaux et des structures cérébrales. Or la souffrance modifie les taux des hormones de l'amour, et même si nous voulons nous montrer tendres et affectueux envers notre partenaire, certaines contraintes biologiques peuvent nous en empêcher.

Le cortex cingulaire

La dernière structure cérébrale dont nous allons parler n'est pas pour autant la moins importante. Il s'agit du cortex cingulaire, qui forme une sorte d'arc enveloppant le système limbique et constituant sa couche supérieure. Nous savons que le système limbique est associé aux sentiments et à leur expression et, selon le scientifique Paul MacLean, du National Institute for Mental Health, le cortex cingulaire est une sorte d'organe récepteur de l'expérience émotionnelle. Il a trois fonctions fondamentales : les cris associés à la séparation, le jeu, et l'allaitement ou la sollicitude envers la progéniture. Il nous distingue des formes animales inférieures car il est apparu lors de la transition des reptiles aux mammifères. Il est fortement impliqué dans l'amour – les soins maternels – et son aboutissement, l'altruisme.

Prenons les cris associés à la séparation. On les retrouve chez la plupart des mammifères et ils sont d'une importance cruciale pour la survie. Le nouveau-né a besoin d'amour pour survivre, et ses pleurs sont des cris d'appel. Le cri primal est le cri du nourrisson qui pleure pour mettre un terme au supplice de son isolement. Il n'y a pas pour lui de plus grande souffrance que celle d'être séparé de sa mère. Nous avons besoin de contact pour survivre. Paul MacLean pense que les premiers mammifères étaient de tout petits animaux nocturnes vivant dans la pénombre. Les cris étaient lancés pour mettre fin à la séparation. Le comportement maternel disparaît en cas de lésion ou d'ablation du cortex cingulaire. Et cette structure est associée à la perception de la douleur, ce qui confirme une fois de plus la relation entre le besoin et la souffrance : un besoin frustré se transforme en souffrance – et le plus fondamental de tous est celui d'intimité et de contact physique.

Le fait que cette zone soit généreusement pourvue en analgésiques et opiacés endogènes n'a rien de surprenant. Chez l'animal, lorsqu'on donne aux petits de faibles doses de morphine, les cris associés à la séparation diminuent ; mais ils reprennent dès qu'on leur donne un antagoniste des opiacés. Cela démontre que les analgésiques calment la souffrance de la séparation ; et que la séparation est un horrible supplice pour un petit enfant. Cette souffrance persiste à l'âge adulte, ce qui explique que nombre d'entre nous aient besoin d'analgésiques – pour étouffer les pleurs de ne pas avoir été aimés au début de leur vie. Le cortex cingulaire est également associé à l'empathie, qui est la faculté de ressentir ce qu'éprouve intérieurement une autre personne. Dire à quelqu'un « je compatis », revient à lui dire « mon cortex cingulaire comprend vos sentiments ». C'est cette structure qui est impliquée quand nous communiquons sur le plan émotionnel – ce qui échappe souvent à ceux qui se fondent sur les statistiques et les raisonnements pour expliquer le comportement psychologique. Elle est associée à un autre mode d'expression qui était la forme de pensée et de communication la plus élevée chez nos ancêtres animaux.

Si nous voulons survivre et continuer à nous intéresser à nos semblables, nous devons nous assurer que notre cortex cingulaire n'est pas négligé.

5

LE SYMPATHIQUE ET LE PARASYMPATHIQUE
La formation de la personnalité au cours de la vie intra-utérine

Comme nous l'avons vu, l'hypothalamus contrôle les deux branches du système nerveux autonome, le système parasympathique et le système sympathique. Le système sympathique gouverne les comportements directs qui consomment de l'énergie, et notamment la réaction de fuite-ou-riposte. Il nous mobilise, élève notre température corporelle et réduit la circulation périphérique afin de garder le sang pour les muscles – ce qui explique la pâleur du visage et la froideur des mains et des pieds. Mictions fréquentes, augmentation de la transpiration, sécheresse de la bouche, ton de voix plus aigu lui sont également associés.

À l'inverse, le système parasympathique contrôle les processus réparateurs qui économisent l'énergie, comme ceux du repos et du sommeil. Il dilate nos vaisseaux sanguins, réchauffe notre peau et favorise la guérison. Sous son influence, notre musculature se détend pour épargner nos forces et le timbre de notre voix devient plus grave, plus mélodieux et plus lent.

Chez une personne en bonne santé, les deux systèmes sont équilibrés. Dans l'idéal, ils travaillent de concert harmonieusement : nous vivons sur un mode plus « sympathique » dans la journée et plus « parasympathique » durant notre sommeil. Mais un traumatisme natal ou une enfance malheureuse peuvent faire pencher la balance d'un côté ou de l'autre. Au cours d'un accouchement difficile, par exemple, lorsque la mère est fortement anesthésiée, le nouveau-né paralysé ne peut participer à sa naissance. Cet événement engramme désespoir et résignation, et le mode parasympathique gouvernera ses futures réactions : il renoncera facilement et se sentira vite submergé (sa lutte initiale a échoué). À l'inverse, si le nouveau-né sent que ses efforts ont été couronnés de succès, c'est le mode sympathique qui est engrammé (sa lutte initiale a été payante) : il sera optimiste et tenace.

J'ai constaté que deux personnalités bien distinctes résultaient de ces deux expériences précoces. Le prototype engrammé est un comportement associé à la survie, et chaque fois que le cerveau passe en revue le passé pour savoir quelle est la meilleure conduite à tenir, il retombe toujours sur lui. Certaines particularités caractérisent le parasympathique * : température corporelle basse, pouls ralenti, hypotension artérielle et fonction thyroïdienne un peu faible. Il arrive que la température du corps baisse de deux ou trois degrés au cours d'un revécu de naissance, ce qui ne peut être simulé. Cette baisse peut avoir pour origine la forte anesthésie de la mère qui a paralysé l'organisme du nouveau-né, et elle s'accompagne d'idées particulières qui sont les signes avant-coureurs de la remontée du sentiment vers la conscience frontale. Elles préparent en quelque sorte le terrain et sont en relation avec l'empreinte. En nous focalisant sur elles et à l'aide de techniques appropriées, nous pouvons régresser jusqu'aux origines.

À leur arrivée, nos patients sont généralement très pessimistes. Et lorsque leur organisme retrouve la sensation initiale d'échec, ils se résignent à l'inévitable et sont désespérés car ils sentent la mort approcher et ne peuvent rien faire. Prenons le cas d'une patiente qui arrive à sa séance de thérapie complètement démoralisée : « Ça ne sert à rien. À quoi bon essayer ? Cette thérapie ne marchera pas pour moi. » Elle a cette attitude parce qu'elle garde en elle la sensation de mort associée à sa naissance, où elle n'a rien pu faire pour contrer la force de l'anesthésie. Ses signes vitaux se sont adaptés et leur baisse est maintenant associée au découragement et à la résignation. Bref, la situation est « sans espoir ». Et elle n'a rien pu faire non plus après sa naissance quand on la laissait seule jour après jour, sans que personne ne se soucie de ses

* A. Janov emploie ici les termes *sympathique* et *parasympathique* sur un ton familier. Les véritables qualificatifs médicaux sont « sympathicotonique » (personne chez qui prédomine l'activité du système orthosympathique) et « vagotonique » (personne chez qui prédomine l'activité du système parasympathique). *(N.d.T.)*

pleurs, parce que ses parents croyaient qu'il valait mieux « la laisser crier ».

Les hommes parasympathiques parlent lentement d'une voix étouffée et grave ; ils donnent une impression de lassitude et leur métabolisme est lent. Ils ont l'air rêveur, pratiquent l'introspection et font preuve de détachement émotionnel. Ce sont souvent des noctambules qui abordent le lever du jour comme ils ont abordé leur naissance – en ayant sommeil (à cause de l'anesthésie). Chaque matin leur rappelle leur venue au monde.

Le sympathique, lui, s'est vigoureusement battu et a vu ses efforts couronnés de succès lors de sa naissance. Son rythme cardiaque est plus rapide, sa température corporelle plus élevée, son comportement plus optimiste et joyeux. Les hommes « sympathiques » ont une voix plus forte et moins grave. Leur prototype a modifié le réglage de nombre de leurs fonctions physiologiques. Face à la réalité, ils ont du mal à actionner les freins puisque la propulsion en avant a été leur tout premier mode de survie. Et ils cherchent à manipuler le monde extérieur pour qu'il se conforme à leurs sentiments intérieurs – un peu comme les vendeurs qui ne supportent pas qu'on leur dise non.

Lorsque le système sympathique est activé par une sensation de danger analogue à celle de la naissance, il désactive le système parasympathique. Angoisse et palpitations cardiaques font alors irruption parce que le système parasympathique, qui ordonne normalement au système sympathique de se reposer et se détendre, est provisoirement inopérant.

Le système parasympathique joue un rôle majeur dans la dépression. Le déséquilibre précoce des systèmes nerveux parasympathique et sympathique modifie définitivement la personnalité qui de passive devient active, de réfléchie devient impulsive, d'introvertie devient extravertie, d'artistique et rêveuse devient pragmatique – ou vice versa. Le traumatisme natal peut altérer notre personnalité pour le restant de nos jours. Bien évidemment, les neuf mois qui le précèdent vont également jouer un rôle. Si la mère a fumé pendant sa grossesse, une légère anoxie à la naissance suffira à établir la dominance du mode parasympathique.

Même si les événements du début de la vie ont été revécus, la personnalité de base ne peut être radicalement modifiée car elle a été renforcée par des conduites répétitives. Mais certains paramètres peuvent être améliorés afin que l'individu ne soit plus aussi apathique ou au contraire hyperactif. Quand le comportement et les actes de l'enfant n'ont pas été appréciés par ses parents qui ne l'ont jamais complimenté, c'est habituellement son système parasympathique qui prédomine parce que le souvenir de son désespoir subsiste. J'ai traité une femme dont la mère était morte pendant l'accouchement. Le père avait rendu l'enfant responsable de ce décès et, quoi qu'elle fasse, sa fille ne pouvait jamais le satisfaire. Elle avait renoncé à se battre pour se faire aimer et se contentait d'éviter sa colère. Ayant capitulé à l'âge de trois ans, elle s'était renfermée sur elle-même et était devenue complètement apathique – le syndrome de l'enfant morose.

Tant qu'un hypothalamus surchargé ne s'est pas infléchi du côté sympathique, le système parasympathique peut juguler l'angoisse et les crises de panique. Mais l'organisme ne peut être en bon état s'il a souffert avant la naissance – mauvaise alimentation, alcoolisme ou toxicomanie de la mère enceinte. Une enquête réalisée en octobre 1998 par une association nationale de lutte contre l'alcoolisme fœtal (National Organization on Fetal Alcohol Syndrome) a démontré que les enfants dont la mère avait consommé une quantité excessive d'alcool au cours de sa grossesse souffraient de débilité ou d'arriération mentale, de problèmes de croissance, d'inadaptation comportementale et de dysfonctionnements du système nerveux central [1]. Ces troubles ne sont évidemment pas uniquement dus à la détérioration du système nerveux autonome. Beaucoup d'autres facteurs sont en jeu, mais je m'intéresse à cet aspect car je le rencontre tout le temps chez mes patients. Plus des deux tiers d'entre eux présentent un déséquilibre en faveur du mode parasympathique. Ceux qui n'en sont pas affectés ne viennent généralement pas chercher de l'aide auprès de nous.

Le lecteur s'interroge sans doute sur la nocivité d'une cigarette ou d'un verre d'alcool que fume ou consomme occasionnellement une femme enceinte. Je ne pense pas qu'une seule cigarette puisse faire beaucoup de dégâts, mais fumer continuellement perturbe la faculté d'intégration du fœtus et dérègle son organisme. De même, boire un verre n'est pas très grave, mais cinq verres peuvent créer un état d'ébriété, et ils auront pour le fœtus des conséquences dramatiques : ils modifieront certaines fonctions biologiques vitales de ce petit corps qui s'efforce désespérément de faire face à la situation. Mieux vaut s'abstenir. Une vie entière est en jeu.

Un patient qui a en début de séance une température corporelle inférieure à la normale souffre souvent d'un excès parasympathique. C'est ce que nous voyons chez nos clients dépressifs lorsqu'ils sont sur le point de revivre le traumatisme précoce qui a engendré la prééminence du système parasympathique – le prototype. Ils ne connaissent pas les raisons de leur abattement. Or les réactions du dépressif suicidaire sont identiques à celles du traumatisme initial engrammé. Son hippocampe fouille son passé et lui propose celles qui lui ont sauvé la vie à l'origine, comme il l'a fait d'innombrables fois. C'est le renoncement initial qui l'a maintenu en vie, et non la lutte qui était trop dangereuse. Nous devons remettre ce patient dans ce contexte afin que son humeur et ses sentiments correspondent à la scène qui les a provoqués. Celle-ci ne se présente pas nécessairement sous forme imagée, mais peut simplement se traduire par une configuration anatomique et physiologique dont les manifestations sont dictées par la nature du traumatisme. Si le nouveau-né est aussitôt habillé au lieu d'être donné à sa mère juste après sa naissance, le prototype sera probablement celui de la résignation, et le bébé manquera d'énergie et sera apathique. Les enfants placés dans des institutions et recevant très peu d'amour montrent ce schéma comportemental de léthargie et de passivité. C'est lorsque les trois niveaux cérébraux s'alignent sur le même sentiment que le suicide devient possible : une personne désespérée au niveau du tronc cérébral, du système limbique et de sa vie actuelle risque de passer à l'acte. Mais la moindre lueur d'espoir dans le présent peut suffire à neutraliser ses pulsions suicidaires.

Les enfants victimes de la cruauté parentale ont souvent ce prototype de renoncement. Une fois adulte, ils peuvent garder ce rôle de victime pour faire la démonstration inconsciente des brimades qu'ils ont subies. Leur attitude envers les autres montre qu'ils ont été maltraités et qu'ils demandent de l'aide. Ils peuvent également présenter ce qu'on appelle le syndrome du *loser* qui échoue dans tout ce qu'il entreprend : « Je ne réussirai pas tant que tu n'auras pas vu que je souffre. »

J'ai traité un patient qui, à la moindre confrontation, n'arrivait plus à s'exprimer. Deux heures plus tard, au cours de sa séance, il a revécu une enfance où sa mère le réprimandait continuellement. Il n'avait pas la force de lui résister, d'autant plus qu'elle était d'un tempérament violent. Ce ressenti a réactivé en lui un souvenir du même ordre, mais profondément enfoui, dans lequel il s'étranglait avec le cordon ombilical. Son visage est devenu rouge foncé pendant une demi-heure. En fin de séance, un *insight* lui a fait comprendre que son incapacité de se défendre provenait de l'empreinte primale due à la sensation natale d'étranglement, renforcée par la manière dont sa mère le traitait. Chaque fois qu'on le contrait ou le critiquait, il restait muet comme il l'avait fait avec sa mère, et il lui fallait au moins une heure pour savoir ce qu'il aurait dû dire.

Pour certains bébés, le processus natal est une expérience de mort imminente engrammée dans un cerveau tout neuf. Il n'est pas étonnant que leur façon de réagir reste gravée puisqu'il s'agit en fait d'une tactique de survie. La bonne approche du sentiment requiert les efforts harmonieux des systèmes sympathique et parasympathique.

En cas d'excès sympathique, on se sent « survolté ». Les neurones du système sympathique maintiennent les empreintes dans le tronc cérébral et le système limbique, mais dès que l'énergie générée par la peur parvient à filtrer et à remonter, la personne se tourne et se retourne dans son lit, obsédée par tel ou tel projet ou ressassant ce qu'elle va faire demain ou ce qu'elle aurait dû faire aujourd'hui. Lorsqu'une quantité suffisante de cette énergie a été dépensée dans ces ruminations, elle finit par s'endormir. Mais la peur la rattrape et elle fait un cauchemar qui la réveille ; son cortex frontal reprend « conscience » pour maintenir les frayeurs du tronc cérébral et du système limbique dans l'inconscient. Elle utilise une partie de son cerveau pour échapper à une autre. Elle prend alors un somnifère qui va calmer sa peur en endormant le tronc cérébral. Elle se réveillera le matin suivant toujours aussi survoltée, sautera du lit et commencera une nouvelle journée d'hyperactivité. C'est un cycle sans fin.

Certains individus sont si coupés d'eux-mêmes qu'ils ne sentent même pas l'énergie du sympathique. Ils sont très éloignés de leurs sentiments et ne font généralement pas de thérapie. Quand la souffrance macère ainsi dans l'inconscient, elle peut être neutralisée par un système de croyances illusoires. Dans ce cas, la personne ne souffre pas et adopte des idées « délirantes », en se mettant par exemple à croire au surnaturel. C'est ce que l'on voit dans les thérapies qui s'intéressent aux vies antérieures. Elles font actuellement fureur dans le milieu *new age*, alors que ce sont de simples divagations sans fondement. Il ne suffit plus à la personne d'affronter la vie et les problèmes du monde ; il lui faut revenir à l'Égypte ancienne pour retrouver la trace de ses soi-disant vies antérieures, où elle était bien entendu princesse dans un royaume antique. Toutes ces idées, qui partent du principe que ce lointain passé est engrammé dans notre système nerveux et que l'on peut y accéder, sont en fait une manière d'échapper à la réalité. Personnellement, je n'ai jamais rien vu de la sorte dans les milliers de revécus auxquels j'ai assisté. Mes patients m'ont raconté que des phénomènes de ce genre s'étaient produits lorsqu'ils avaient pris du LSD avant leur thérapie et voulaient oublier leur existence présente en se plongeant dans des idées mystiques. Cette soi-disant remémoration de vies antérieures est un signe patent de surcharge et d'évasion dans l'imaginaire, et doit être considérée comme un symptôme pathologique.

Le sympathique a appris que l'effort et la lutte pouvaient lui sauver la vie, alors que le parasympathique croit qu'ils peuvent être dangereux (en lui faisant consommer trop d'oxygène). Le parasympathique est plus posé, inquiet et sujet à la dépression. Le sympathique respire l'optimisme, réfléchit moins et se sent rarement déprimé.

N'oublions pas que, sur le plan de l'évolution, les sensations sont venues en premier, les sentiments en second, et les pensées en dernier. Les sentiments étaient déjà là bien avant la faculté d'être paranoïaque.

On ne peut envisager un trouble mental sans tenir compte de ses fondements dans le tronc cérébral et le système limbique. Ce sont nos sensations et nos sentiments mal verrouillés, et non nos pensées compulsives, qui nous rendent fous. Celles-ci surgissent sous la pression de la souffrance qui ne peut se connecter au cortex frontal.

Les « troubles mentaux » auxquels font allusion la littérature psychiatrique et tous les laboratoires pharmaceutiques qui veulent nous vendre leurs tranquillisants n'existent pas. La paranoïa, par exemple, n'est pas un trouble de la pensée. C'est un trouble des *sentiments*, un trouble des processus cérébraux sous-jacents dû aux changements survenus dans l'organisme de la mère enceinte. Si les mères schizophrènes risquent cinq fois plus d'avoir des enfants schizophrènes, ce n'est pas nécessairement à cause de l'hérédité, mais parce qu'une mère profondément perturbée a une physiologie profondément perturbée qui constitue l'environnement du fœtus et peut finir par désorganiser ses centres limbiques [2].

Le corps oriente automatiquement la pulsion sexuelle de l'individu selon ses besoins. Un homme qui se met des sous-vêtements féminins cherche probablement à combler un ancien besoin qui, n'ayant pas été satisfait au début de sa vie, est passé dans la clandestinité. Ma pratique clinique m'a appris que cette envie de « se déguiser » était due à la frustration provoquée par l'absence de la mère qui travaillait : seuls ses vêtements rappelaient sa présence à l'enfant. Le besoin étant celui d'avoir sa mère auprès de lui, l'homme prend ce qui s'en approche le plus et la lui rappelle sur le plan symbolique – ses sous-vêtements. Lorsqu'une petite fille est privée de sa mère, le besoin refoulé peut resurgir au cours de son adolescence en la focalisant sur les femmes, et elle devient alors lesbienne. Nous avons du mal à nous rappeler que nos parents étaient tout pour nous dans notre enfance [3]. Pour une adolescente qui n'a pas connu la tendresse physique de sa mère, être touchée à quinze ans par une amie peut provoquer un plaisir qui va orienter ses préférences sexuelles. Elle a envie de satisfaire ce besoin, et puisqu'elle a passé l'âge de trouver cette tendresse auprès de sa mère, elle la demande à ce qui s'en rapproche le plus – ses amies.

Cette femme viendra peut-être me voir, non pour son homosexualité, mais parce qu'elle souffre de crises d'angoisse ou d'autres symptômes provenant de son manque d'amour dans l'enfance. Son homosexualité ne lui pose aucun problème ; elle est convaincue qu'elle est normale et sans doute même génétique. Elle vit avec une amie et ne souhaite rien d'autre, car son besoin d'être aimée par une femme passe avant tout.

Un de mes patients a eu l'impression de sortir d'une sorte de transe qui avait duré toute sa vie. Il avait une sœur jumelle qui était née la première, alors que lui s'était présenté par le siège et avait dû être retourné dans la matrice, ce qui avait été extrêmement douloureux et avait pris plusieurs heures. Il était convaincu d'avoir perdu conscience à cause de la douleur et de l'asphyxie. Ses poumons s'étaient emplis de liquide, lui donnant la sensation de se noyer. À la suite de cet accouchement difficile, sa mère était tombée malade et n'avait pu le consoler et le rassurer après sa naissance.

Sa terreur s'était amplifiée et avait persisté tout au long de sa vie. Le père étant absent, sa mère devait travailler pour les élever tous les deux. Il avait terriblement souffert et cela se voyait sur les photos de son enfance. Nés en Slovaquie, les deux enfants avaient été mis en pension pendant la guerre. Il s'accrochait à sa sœur, mais celle-ci était morte dans une explosion, le laissant complètement seul. Il était prépsychotique et avait parfois des délires hallucinatoires ; il était sûr que le gardien du parking était furieux contre lui parce qu'il le voyait sourire. Malgré ce problème, il fonctionnait très bien.

Le refoulement de son horrible souffrance le rendait presque inconscient, et il vivait dans une sorte de transe. Il en est peu à peu sorti en intégrant progressivement ses besoins et en se libérant de l'emprise des sentiments des niveaux inférieurs. Car être en transe, c'est être enfermé dans des plans de conscience inférieurs sans que le cortex frontal puisse comprendre ce qui se passe.

Une thérapie d'urgence émotionnelle

Lorsque nos patients contactent d'anciens sentiments en thérapie primale, une grande partie de leur cortex frontal se ferme et laisse les centres inférieurs prendre le relais. Il se produit la même chose dans les situations d'urgence, quand notre instinct prend le dessus pour nous sauver la vie : nous n'avons pas le temps de réfléchir à nos choix et devons réagir instantanément. En thérapie, les sentiments inconnus et dangereux qui remontent évoquent une situation d'urgence qui pousse les structures inférieures à prendre le pouvoir. Nous avons l'impression qu'ils nous attaquent et certaines parties de notre système immunitaire entrent en action comme s'il s'agissait d'un virus.

Notre cerveau assimile les sentiments à des corps étrangers qu'il doit repousser à tout prix. Pour ses structures inférieures, celles qui ressentent, ils constituent une menace immédiate et actuelle parce qu'elles n'ont pas la notion du temps. C'est le cortex qui mesure le temps, et nous avons besoin de lui pour replacer ces sentiments dans notre passé afin qu'ils ne s'immiscent plus dans notre vie présente. Comme nous l'avons vu, le tronc cérébral et le système limbique sont matures et opérationnels bien avant que le cortex frontal ne puisse être activé, et Freud lui-même disait que son inconscient, le *ça*, était « intemporel ».

La thérapie du sentiment s'exerce presque toujours dans l'urgence car, si les sentiments ne constituaient pas une menace, ils auraient déjà été ressentis. Nous devons aider le patient à lâcher prise devant ce danger et à remonter le cours de l'évolution. Nous ne lui posons aucune question lorsqu'il s'approche de ses sentiments. Nous ne lui demandons pas d'explications : il n'a pas besoin de mots pour revivre un traumatisme préverbal du tout début de sa vie. Bref, nous ne voulons pas que le cortex frontal intervienne tant que nous n'avons pas atteint la phase de l'*insight*. Les pensées sont trop souvent l'ennemi des sentiments.

La séance a lieu dans une pièce sombre et le thérapeute est assis derrière le patient. Celui-ci commence généralement par raconter un événement de son existence actuelle. Prenons l'exemple d'une femme qui s'est disputée avec une amie. Elle pleure ou elle est furieuse, et elle n'arrête pas d'en parler. Au bout d'une demi-heure, elle va sans doute évoquer une situation analogue de son enfance. Sa mère voulait toujours avoir raison et ne tolérait aucune discussion. « Laisse-moi avoir mes propres sentiments, maman ! » va-t-elle peut-être crier. Et elle va continuer automatiquement à parler d'autres scènes similaires de son enfance, comme si son système limbique présentait à sa conscience tous les événements apparentés ayant déclenché le même sentiment. C'est en effet ce sentiment qui les a codés et engrammés. Une fois que la patiente est immergée dans le sentiment, elle se calme un moment ; elle a quelques haut-le-cœur et semble un peu étouffer ; puis, lentement et silencieusement, elle descend vers des niveaux plus profonds. C'est un moment dangereux pour les nouveaux patients : la souffrance peut s'avérer trop forte pour être intégrée consciemment, et ils ne doivent pas la ressentir trop tôt. Une heure et demie ou deux heures plus tard, elle va ouvrir les yeux, cligner des paupières, et revenir dans le présent. Les *insights* vont alors surgir et le thérapeute doit jouer un rôle plus actif en lui parlant de sa vie actuelle et de l'influence de ces sentiments sur ses comportements antérieurs. Elle assimilait tout le monde à sa mère, ce qui déclenchait automatiquement sa fureur. À la fin de sa séance, elle se relève et se sent revigorée, et non épuisée comme on pourrait le croire. Elle nous dit au revoir et s'en va. C'est elle qui décidera quand elle veut revenir. Le pouvoir lui appartient.

Dès qu'un sentiment ou un événement du début de la vie atteint la conscience dans la zone frontale, il y reste enfermé. Une solide connexion s'effectue et l'organisme se normalise. C'est cette connexion qui aurait dû se faire à l'époque si le verrouillage n'était pas intervenu pour empêcher le cortex frontal et la physiologie d'être submergés. Lorsqu'une quantité suffisante de sentiments précoces a été connectée, l'organisme est prêt à aborder des douleurs plus profondes.

Pour que ce processus puisse s'accomplir, personne ne doit dicter au patient ce qu'il est censé ressentir et quand. Seuls son corps et son cerveau vont le guider. Le thérapeute doit apprendre à faire confiance à la biologie et à l'individu, et il doit renoncer à son besoin de pouvoir. Chez un patient qui arrive à vaincre sa claustrophobie après avoir ressenti la peur et l'angoisse de se retrouver enfermé dans un placard – la punition qu'on lui infligeait dans son enfance –, les connexions et les *insights* se font automatiquement. Ils peuvent être encore plus profonds si le patient qui revit les circonstances de sa naissance se souvient qu'on l'a laissé tout seul pendant des heures ou des jours dans sa couveuse.

Après avoir revécu et connecté leurs sentiments, mes patients voient leurs signes vitaux redescendre à des valeurs inférieures à celles du départ. Le refoulement des sentiments génère de la chaleur dans le corps, mais si on les laisse remonter à la surface, la température corporelle diminue – une baisse souvent permanente de un demi à un degré. (Nous mesurons les signes vitaux de nos patients au début et à la fin de chaque séance.) Quand un patient fait une abréaction – quand l'énergie d'un sentiment se libère de manière sporadique et ne s'ancre pas solidement dans le passé –, ses signes vitaux ne baissent pas, ou seulement par intermittence. Nous pouvons ainsi vérifier l'authenticité de la connexion.

Tant de manuels nous recommandent de nous contrôler, de maîtriser nos impulsions ou nos rages, sans tenir compte des empreintes qui ne cesseront de dominer notre vie. Nous comprenons maintenant pourquoi les détenus les plus violents restent une menace pour la société lorsqu'on les relâche. Les thérapies qui veulent nous faire surmonter notre rage sont impuissantes parce qu'elles ne touchent pas à sa cause. Tous ces bons conseils ne concernent que nos déjouements. Et en fin de compte, ce sont toujours les sentiments qui gagnent, et en particulier ceux qui sont activés par l'énergie du tronc cérébral.

Dans les années cinquante, le Kaiser Permanent Hospital a inventé une « commodité » pour les mères qui devaient s'occuper de leur nouveau-né, une sorte de tiroir qui s'ouvrait et se fermait et dans lequel elles replaçaient leur bébé une fois qu'elles l'avaient nourri. La terreur de ce traumatisme ne pouvait que dérégler le cortex du nourrisson ainsi que d'autres cellules cérébrales. Si une enquête était menée auprès de ces enfants devenus à présent adultes, les effets de cette idée « bien intentionnée », mais monstrueuse, seraient évidents.

Si vous aviez vu comme moi tous ces patients revivre leur naissance, vous seriez convaincu que l'énergie utilisée pendant tant d'années pour refouler ces sensations et ces émotions finit nécessairement par affecter la structure cellulaire du corps. Dans nos séances de thérapie, nous voyons l'immense et terrifiante souffrance que recèlent la plupart d'entre nous. Il faut une inhibition extrêmement puissante pour l'empêcher de remonter. Une brusque échappée de cette souffrance précoce peut être explosive. Ajoutez-lui une dose d'indifférence parentale et de manque d'affection juste après la naissance et tout au long de la petite enfance, et vous obtiendrez une souffrance renforcée qui aura détérioré le cortex frontal et les centres limbiques – une souffrance chronique. Non seulement l'angoisse de la mère enceinte s'accompagne d'une sécrétion de cortisol, mais celle-ci finit à la longue par endommager les cellules limbiques du bébé. Voilà comment un manque d'amour au début de la vie peut abîmer le cerveau.

Bruce Bower a déclaré dans *Science News* que « des expériences menées depuis vingt ans sur les animaux, et notamment les rats, ont montré qu'une exposition prolongée à de fortes concentrations d'hormones de stress provoque une déperdition de cellules dans l'hippocampe[4] ». Selon lui, un taux de cortisol chroniquement élevé peut endommager l'hippocampe et provoquer les maladies cognitives que nous associons souvent au grand âge. Les pertes de mémoire qui surviennent après la soixantaine pourraient ainsi être dues à une empreinte datant de la naissance ayant engendré une hausse chronique du taux de cortisol tout au long de la vie. Cela expliquerait qu'il soit si difficile de déterminer les causes exactes de ce type d'amnésie quand on se focalise uniquement sur les événements physiologiques et neurologiques associés au vieillissement.

Une analogie va nous permettre de mieux le comprendre. Lorsqu'un médecin prescrit à un patient des analgésiques pendant des semaines ou des mois, il lui recommande de ne pas arrêter trop brutalement – de peur de provoquer une attaque ! Juguler des forces intérieures profondes, que nous utilisions à cet effet des pilules ou nos propres substances inhibitrices, ne fait que les renforcer. Et les libérer d'un seul coup pourrait déclencher une énorme explosion dans le cerveau – une attaque –, toutes nos défenses cédant devant ce raz-de-marée. Ce que nous voyons dans notre thérapie est très proche : un déferlement aveugle et incohérent de sentiments accumulés qui remontent et s'approchent de la conscience. C'est la focalisation sur une scène ou un souvenir qui les canalise et supprime le risque d'attaque. Mais s'ils remontent en trop forte quantité et trop tôt, cette focalisation ne peut se faire et le cerveau est submergé.

Quand nous nous endormons, nous sommes inconscients des étapes qui nous mènent de l'éveil conscient au sommeil profond. Le sommeil implique le refoulement des couches supérieures de la conscience, et une personne qui s'approche du sommeil profond est dans le même état cérébral et physiologique qu'un bébé de six mois ; elle n'a plus aucune défense intellectuelle contre la terreur. Voilà pourquoi il est si terrifiant de revivre un traumatisme préverbal. Il n'y a plus rien sous notre crâne qui puisse conceptualiser ou comprendre ce qui se passe. C'est la peur à l'état brut, généralement associée aux empreintes de première ligne du locus coeruleus.

Et pour ce qui est de la mémoire physiologique, nous avons eu ces derniers mois deux patients dont l'un a revécu une méningite et l'autre une scarlatine : ils ont tous deux eu une poussée de fièvre au cours de leur ressenti.

Prenons l'exemple d'un bébé auquel on a accordé très peu d'attention pendant les premiers mois de sa vie. À l'âge adulte, un terrible sentiment de solitude est activé dans son système limbique et incite son cortex à espérer : « Peut-être quelqu'un va-t-il venir me tenir compagnie. Je vais téléphoner à mes amis. Je me sentirai moins seul s'ils viennent me voir. » Accompli sans réfléchir, cet acte est un moyen de se défendre contre le sentiment. Et si nos parents n'ont cessé de nous demander de sourire au lieu d'avoir un air renfrogné, même le bonheur peut être une défense ; nous donnons l'impression que tout va bien alors qu'il n'en est rien.

Si la personne pouvait ressentir sa tristesse et ses causes, sans doute ne serait-elle pas déprimée ! Après tout, c'est cette tristesse aggravée par d'autres sentiments qui constitue la dépression. Elle regroupe toutes sortes d'expériences disparates où l'enfant n'a pu communiquer son chagrin à ses parents. Nombre de mes patients qui souffrent à leur arrivée d'hypertension ou de migraines me racontent qu'ils ont eu une enfance heureuse. Quelques mois plus tard, ils se tordent par terre en pleurant sur les souffrances qu'ils ont endurées au début de leur vie, et leur migraine disparaît. Personne ne leur a suggéré l'existence de cette souffrance. Elle leur revient en revivant leur enfance. On peut leur apprendre à fouiller dans leurs fichiers cérébraux, mais personne ne sait ce qui s'y trouve. Nous ne disons jamais à un patient ce qu'il doit ressentir ou crier.

Une de nos patientes, que son petit ami venait de quitter au bout de deux ans, était anéantie et ne cessait de lui téléphoner pour le supplier de revenir. Il lui avait pourtant demandé de ne plus l'appeler, mais elle ne pouvait pas s'en empêcher et s'était mise à le harceler. Puis elle avait eu un terrible accès de cafard et était restée déprimée pendant des semaines sans sortir de son appartement, sans faire signe à ses amis et n'attendant plus rien de la vie. Elle a finalement revécu sa naissance où elle s'est sentie paralysée par une forte anesthésie, ce qui lui avait fait développer un syndrome de « lutte-échec » qui la faisait rapidement renoncer face à la moindre difficulté. La relation qu'elle avait eue avec ses parents n'avait fait qu'aggraver les choses : ils s'étaient montrés peu expansifs et très distants sur le plan émotionnel, si distants qu'elle avait renoncé à essayer d'obtenir leur amour, s'était repliée sur elle-même et passait pour une enfant solitaire. À l'âge adulte, chaque fois qu'elle entrevoyait une possibilité d'amour, elle en devenait obsédée et s'accrochait au moindre espoir. Et c'est ce qui rendait sa situation désespérée : sa demande affective était si forte qu'elle faisait fuir les hommes. Plus elle était en manque et moins on lui donnait.

L'objectif de la thérapie primale est de relier la souffrance inconsciente des niveaux inférieurs à la mémoire corticale frontale, afin d'atteindre la véritable conscience – un cortex frontal parfaitement connecté aux structures du tronc cérébral et du système limbique. La conscience est le but ultime de la thérapie : rendre l'inconscient conscient et éliminer la pression qu'il exerce sur l'organisme. Mais certaines mesures palliatives sont parfois nécessaires et nous insistons sur le fait que les symptômes doivent être traités, quelle que soit leur cause. Nous devons calmer la migraine ou soigner l'hypertension du patient avec des médicaments car il faut avant tout qu'il puisse fonctionner.

6

LES TROIS NIVEAUX DE CONSCIENCE

Les trois niveaux de conscience sont associés aux trois principaux systèmes cérébraux dont nous avons parlé : le tronc cérébral, le cerveau limbique (celui qui « ressent ») et le néocortex. Dans le vocabulaire primal, on les appelle première, deuxième et troisième « lignes ». La première ligne concerne le système nerveux primitif, essentiellement le tronc cérébral. Ses structures sont opérationnelles à la naissance, mais elles commencent en fait à travailler au cours de la gestation où elles coordonnent le développement physiologique du fœtus.

La conscience instinctuelle de première ligne

La première ligne est le mental viscéral, celui qui s'occupe des sensations. Il contrôle la plupart de nos fonctions vitales : respiration, activité cardio-vasculaire, sécrétion d'hormones, digestion, fonction urinaire, etc. Les traumatismes qui se produisent avant la naissance et dans les mois qui suivent affectent généralement ces fonctions. C'est pourquoi, lorsque nous sommes en présence d'un patient adulte souffrant de colite chronique ou de palpitations, nous savons d'avance qu'un traumatisme de première ligne est impliqué – quelque chose qui s'est passé avant l'âge de six mois, au cours de la naissance, ou pendant la gestation. Cela explique sans doute que certaines personnes aient une tension, une température ou un pouls plus bas que les autres. Le réglage a été modifié par des événements de la vie intra-utérine. L'hérédité peut aussi être en cause, mais comme la thérapie fait remonter

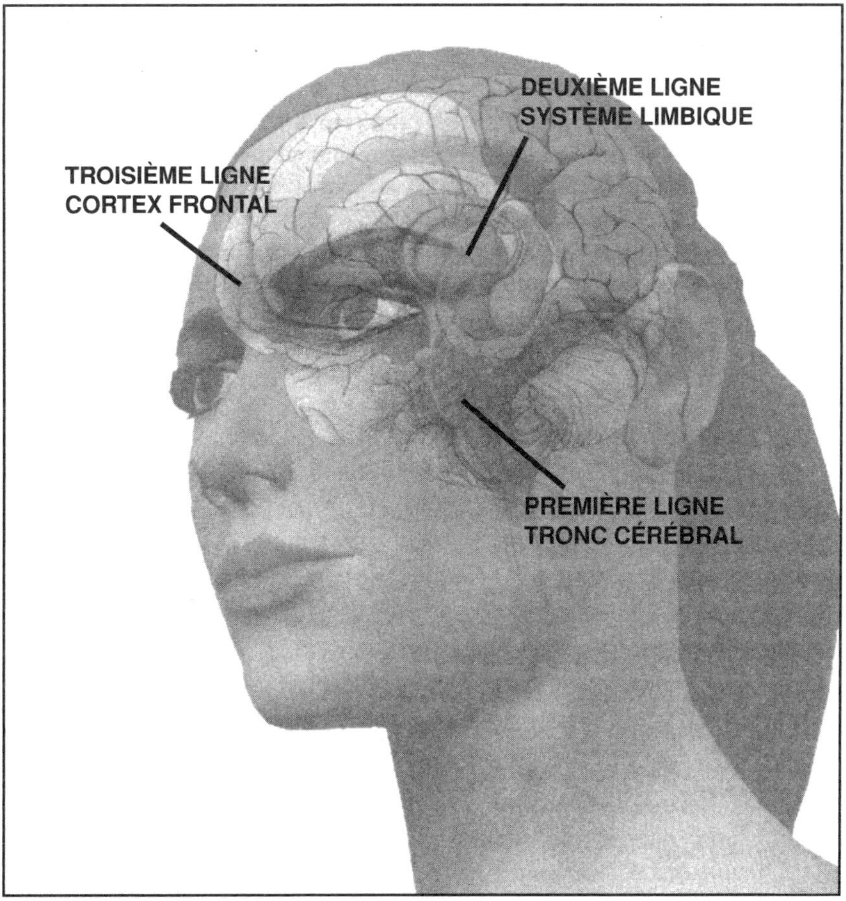

Le cerveau triparti ; tronc cérébral (première ligne),
système limbique (deuxième ligne) et cortex frontal (troisième ligne).

ces signes vitaux, la génétique ne semble pas jouer un rôle déterminant. Notre médecin consultant a observé au cours de ces vingt dernières années que tous nos patients primals avancés voyaient leurs signes vitaux se normaliser.

La sexualité compulsive est un exemple de pulsion provenant du tronc cérébral. Si le mode d'expression de notre sexualité dépend des circonstances de notre vie, son degré d'intensité énergétique s'établit très tôt. Ce symptôme est pour nous associé au tronc cérébral.

Nous n'avons jamais vu personne verser de larmes ni prononcer la moindre parole en revivant sa naissance. Le langage est une fonction supérieure qui vient plus tard. Le revécu de naissance s'accompagne d'une position caractéristique des pieds et des bras (que je ne vais pas décrire afin que personne ne puisse la simuler). C'est un signe infaillible car le patient n'a aucune idée de ce qu'il fait au cours du primal. À l'instant où la séquence prend fin et où il se remet à parler, ses pieds changent de position – ce qui démontre clairement l'intégrité et l'unité de chaque niveau de conscience.

L'utilisation des mots replace automatiquement l'individu dans un niveau de conscience supérieur dépendant d'autres structures du cerveau. C'est dans le revécu que nous observons les trois lignes correspondant aux trois principales fonctions cérébrales. La première ligne est associée aux sensations cataclysmiques de l'approche de la mort, à la respiration frénétique et aux contorsions du corps qui surgissent lorsque les souvenirs d'une naissance traumatique enfoncent les barrières du refoulement. Ces mêmes souvenirs, qui ont durement éprouvé notre corps pendant des dizaines d'années, peuvent jouer un rôle dans l'apparition d'une maladie cardio-vasculaire, d'une attaque, et même d'un cancer. La recherche découvre de plus en plus de preuves démontrant que les traumatismes des premiers mois de la vie modifient la neurobiologie [1]. Ils peuvent altérer le cours de la maturation du système limbique.

Comme l'a fait remarquer Martin Teicher du McClean Hospital, dans le Massachusetts, ces traumatismes « peuvent former le substrat biologique de toute une série de conséquences psychiatriques ultérieures, incluant instabilité affective, incapacité de modérer sa colère, mauvaise maîtrise de ses impulsions, moindre résistance au stress, agressivité épisodique, problèmes de mémoire et phénomènes hallucinatoires ». Y. Ito et son équipe ont constaté que, parmi vingt-deux patients qui avaient subi un inceste dans leur enfance, 77 % présentaient des anomalies dans le tracé de leurs ondes cérébrales [2]. La conclusion s'impose : le traumatisme précoce grave provoque des anomalies cérébrales présageant d'éventuels problèmes psychiatriques ou troubles mentaux ultérieurs.

Steve

Je suis né par césarienne. Les médecins avaient peur que je meure à cause des médicaments donnés à ma mère pendant l'accouchement. J'ai fonctionné toute ma vie selon un schéma d'activité intense suivie de complète léthargie. J'ai toujours fait les choses comme s'il me restait très peu de temps, comme s'il fallait que je les termine tant qu'il me restait de l'énergie. Mais je ne pouvais maintenir ce rythme que pendant un moment au bout duquel j'étais épuisé et devais « m'écrouler » et ne rien faire pendant quelque temps. Ce schéma prenait de nombreuses formes, notamment celle de la consommation d'alcool et de drogue qui se concluait par une terrible gueule de bois où je ne pouvais plus fonctionner et ne faisais rien d'autre que me reposer. Puis le cycle recommençait. Le plus triste dans tout ça, c'est que je n'arrivais pas à vraiment ressentir ce que je faisais. Je sentais toujours une distance si, par exemple, je faisais du sport ou jouais de la musique avec mes amis, ainsi que dans mes relations amoureuses. Quand je repense à ces souvenirs, je voudrais qu'on me donne une seconde chance ; ou bien je les évoque avec tristesse en songeant à la richesse de ces expériences, car mes amis étaient formidables et ma vie avait toutes sortes de bons côtés. Mais je n'étais pas vraiment « là » pour le ressentir : j'étais trop occupé à verrouiller la souffrance – la souffrance physique. Réellement ressentir ce que je faisais dans l'existence aurait réveillé ces blessures dans mon corps. Et ce sont de véritables douleurs physiques. Qui me font mal. Qui sont désagréables. Mais je commence à les remettre dans leur véritable contexte. J'avais une sorte « d'esprit de contradiction », qui me forçait à m'épuiser dès que je commençais à me sentir fatigué. J'aimais relever des défis et même prendre des risques. C'était pour moi la seule manière de me sentir vivant. Avec cette sorte d'insensibilité, il faut que je réfléchisse à fond avant de faire quoi que ce soit – acheter une voiture, conclure un marché, etc. –, parce que je ne sens pas bien ce qui se passe. Comme mon système d'alarme est surchargé de souffrance et fonctionne mal, je dois compter sur d'autres aptitudes pour assurer ma survie. Je ne peux pas dire encore que tout a changé, mais je sais que ressentir la souffrance dans mon corps m'aide à comprendre ma vie, et c'est un soulagement. J'ai vraiment l'impression que, si je continue dans cette voie, la surcharge va s'alléger, ce qui me permettra d'accéder aux sensations qui m'ont tant manqué. C'est pour moi un véritable handicap, au même titre qu'une amputation, une surdité ou une cécité. Cela se voit moins, c'est vrai, mais les effets sont presque aussi contraignants.

Alors que le cas de Steve est évident et se passe d'explications, celui de Myra est différent ; c'est un événement plus atypique que l'on rencontre rarement, un exemple dramatique de la façon dont les traumatismes du troisième trimestre de grossesse peuvent affecter toute la vie de l'enfant. La « surcharge » du choc l'a rendue inconsciente, et cette réaction a constitué le prototype qu'elle allait adopter par la suite chaque fois qu'elle se sentirait « surchargée » : un « blanc », une sorte de vide où elle ne comprenait et n'entendait plus rien. Assister à ce revécu – qui a été filmé –, c'est voir la puissance impressionnante des événements précoces et la manière dont ils se conservent parfaitement tout au long de notre existence. Quarante ans plus tard, elle revivait ce traumatisme comme si rien ne s'était passé entre-temps, ce qui est effectivement le cas pour les empreintes précoces qu'aucune circonstance ultérieure ne peut modifier, hormis l'expérience consistant à revivre l'événement initial. Nous comprenons à présent Marilyn Monroe. L'adulation dont elle était l'objet ne pouvait changer le fait qu'elle avait été placée au début de sa vie dans une institution où elle avait reçu très peu d'amour. Cette adulation ne pouvait pénétrer dans son organisme. Le passage était bloqué par la souffrance et le refoulement. Ce n'est qu'en ressentant ce sentiment de ne pas être aimée dans son contexte, celui du début de sa vie, qu'elle aurait pu finir par se sentir aimée.

L'histoire de Myra

Un jour, au cours d'une séance de thérapie, il s'est passé quelque chose d'étrange : la patiente a eu des convulsions, une sorte d'attaque n'ayant rien à voir avec la naissance – sans la position typique des bras et des jambes. La scène s'est reproduite à de nombreuses reprises, et la patiente elle-même était perplexe. Nous en avons parlé avec sa mère, et il s'est avéré qu'au huitième mois de sa grossesse, elle avait reçu une forte décharge électrique en touchant une prise de courant de 220 volts, une décharge qui avait aussi secoué le bébé. L'enfant était née dans le coma, un coma qui durait depuis trois jours car elle ne donnait aucun signe de vie et ne bougeait plus dans le ventre de sa mère. Elle avait ensuite repris connaissance, mais toute sa mémoire avait été anéantie, le prototype se limitant à un « blanc » en cas de surcharge. Le choc avait été terrible. Et plus tard, chaque fois que la stimulation était trop forte – lorsque les instructions de son patron étaient, par exemple, un peu compliquées –, elle ne voyait et n'entendait plus rien de ce qui l'entourait. Tout s'effaçait comme lors du traumatisme initial et elle ne pouvait plus rien faire. Elle avait ainsi passé une grande partie de sa vie, disait-elle, dans une sorte « d'hébétement ». La décharge électrique reçue par la mère au huitième mois lui avait fait l'effet d'un électrochoc. À deux ou trois ans, elle réagissait à la moindre surcharge par une fermeture immédiate, et c'était devenu son prototype. Toute son enfance et son adolescence s'étaient passées dans cette forme d'inconscience. À l'école, les cours les plus simples lui étaient incompréhensibles. À l'âge adulte, avoir trop de choses à faire à la fois, lire un livre un peu long, etc., suffisait à la paralyser. Elle n'achetait que des livres très courts. Tout était pour elle excessif parce que son niveau de stress inconscient était déjà très haut.

Dès qu'elle a commencé à revivre ce choc et à le connecter aux centres corticaux afin de l'intégrer, elle est peu à peu sortie de son engourdissement et a pu mieux assimiler les choses. L'empreinte du tronc cérébral qui contrôlait sa vie et sa pensée ne tournait plus en rond dans les centres cérébraux inférieurs, mais était finalement parvenue à la zone frontale supérieure. Nombre de mes patients qui ont été fortement drogués à la naissance ont vécu ce genre de processus. L'équation physiologique initiale, qui va persister à l'âge adulte, est très simple : le stress provoque l'inconscience. Ou une légère variante : le stress pousse la personne à boire, ce qui provoque l'inconscience. Pourquoi en est-il ainsi ? Parce que le souvenir engrammé du stress initial est *actuel*. Chaque nouvel événement qui entre en résonance avec lui provoque toujours la même réaction. Si, lors du premier traumatisme, la personne a survécu après avoir frôlé la mort, ce prototype dominera définitivement son comportement.

Comme nous l'avons vu, les substances médicamenteuses que l'on donne à la mère au cours de l'accouchement agissent également sur le nouveau-né, qui est en quelque sorte « drogué ». Une nouvelle enquête dont les conclusions ont été communiquées en octobre 1999 par l'American Society of Anesthesiologists montre que le taux des mères ayant pris des analgésiques a triplé entre 1981 et 1997. L'article célébrant ce « progrès » disait que les femmes avaient fini par choisir la solution qui leur permettait d'accoucher dans de meilleures conditions, car rien ne justifiait, selon les médecins, qu'elles souffrent inutilement au cours de l'accouchement. Je suis d'accord, les femmes ne doivent pas souffrir inutilement – mais pas aux dépens du bébé qui, lui, risque de souffrir toute sa vie ! Droguer la mère n'est pas un progrès ; c'est un expédient, et cet expédient peut s'avérer dangereux. Toutes les contractions de l'accouchement sont utiles et nécessaires pour de nombreuses raisons – elles stimulent par exemple les systèmes respiratoire et urinaire du bébé. Elles ne peuvent constituer un traumatisme puisqu'elles contribuent au bon déroulement de la naissance.

À la suite du traumatisme précoce, l'organisme va rester toute sa vie surexcité ou déprimé, le réglage ayant été haussé ou baissé selon la réaction à l'événement initial. Les circonstances de la naissance jouent aussi un rôle important, et en particulier les substances données à la mère au cours de son accouchement. Une forte anesthésie prépare le terrain pour une dépression ultérieure, surtout si elle est suivie d'un environnement familial répressif où l'enfant ne peut s'exprimer. À l'âge adulte, comme je l'ai expliqué, la personne aura les mêmes réactions que lors de l'anesthésie de sa naissance : « Inutile d'essayer. C'est sans espoir. À quoi bon ? Il n'y a rien à faire. » Et le sentiment initial se sera renforcé au cours des années, parce qu'il se retrouve désormais sur trois niveaux différents.

Un patient dépressif, qui arrive avec une température de 35°6, une tension artérielle à 8,5/6,5 et un rythme cardiaque à 55, terminera généralement sa séance, s'il a ressenti et connecté ses sentiments profonds, avec les chiffres normaux d'une personne non dépressive : une tension artérielle à 12/8 et une température corporelle de 36°5 (des valeurs courantes chez mes patients avancés [3]). Si ce patient déclare qu'il se sent mieux, nous pouvons le croire. Une personne angoissée, en revanche, a des chiffres trop élevés à son arrivée, mais tous ses signes vitaux se normaliseront également après la séance.

En situation de stress – lorsque le fœtus est par exemple étranglé par le cordon ombilical –, la production de catécholamines grimpe en flèche, ce qui grave l'empreinte (le souvenir associé à la survie) encore plus profondément dans l'organisme. Si le réglage a été baissé, il engendrera chez l'adulte peur du changement, rigidité et manque de spontanéité. « Ne bouge pas, c'est dangereux ! » Le prototype, cette toute première réaction à une expérience périlleuse, devient un modèle face à tout danger ultérieur.

La conscience émotionnelle de deuxième ligne

La deuxième ligne – le niveau émotionnel du système limbique – commence à se développer avant la naissance et poursuit sa maturation jusqu'à l'âge de deux ou trois ans. Au fil du temps, le bébé interagit avec un monde plus vaste que celui du sein et du visage de sa mère et noue des liens affectifs avec sa famille, ses frères et sœurs, ses amis, etc. C'est le niveau des émotions, des larmes et des sanglots. Beaucoup d'individus restent sous l'emprise du tronc cérébral et de la première ligne : impulsifs, coléreux, sans cesse sur la brèche, impatients, distraits, ils sont incapables de se focaliser et de se concentrer. Ils ne peuvent se brancher sur la longueur d'onde du sentiment et il leur manque une sorte d'empathie émotionnelle. La puissance de leur première ligne les empêche de développer correctement le niveau limbique. Les grands sportifs sont parfois dans ce cas, et les interviews que donnent certains d'entre eux après le match ne sont pas des merveilles de discussion intellectuelle. Mais sur le terrain, le footballeur sait d'instinct où courir ; s'il fallait qu'il y réfléchisse, il ne serait pas un bon joueur.

Un patient va par exemple commencer sa séance en pleurant sur un événement de deuxième ligne survenu à l'âge de dix ans, lorsque ses parents lui ont pris son petit chien qu'il aimait tant. Mais très rapidement, il va pleurer de manière totalement différente, comme un tout-petit, en accédant à un autre souvenir où, à deux ans, on lui avait pris son ours pour le punir.

Quand un patient a des haut-le-cœur et se met à tousser en revivant une scène de son enfance (de deuxième ligne), il s'agit d'une intrusion de première ligne. Cela se produit assez souvent, et nous devons alors décider si nous laissons jaillir cette énergie ou si nous la refoulons avec des tranquillisants. Elle ne doit pas trop interférer pour que le patient puisse intégrer son ressenti et ne soit pas mal en point à la fin de sa séance. À l'aide de certaines techniques ouvrant le passage à cette intrusion, nous pouvons l'aider à laisser sortir un peu de cette énergie du tronc cérébral (de première ligne), puis à retourner à son ressenti.

Un événement traumatisant se produisant à l'âge de cinq ou six ans, comme un divorce parental, concerne généralement la deuxième ligne, quoiqu'il comporte des éléments de première ligne à cause de son aspect catastrophique – l'enfant n'a plus de famille. Les sensations de souffrance sont enregistrées dans le système limbique, et c'est à ce niveau que l'enfant peut devenir tendu. L'angoisse est une réaction beaucoup plus primitive et viscérale qui, au moment où le traumatisme s'est produit, était le plus haut niveau de fonctionnement cérébral accessible. Une fois engrammée, elle dictera par la suite toutes les réactions viscérales à l'adversité : les crampes d'estomac, le cœur serré, le trac, les palpitations et les fréquentes envies d'uriner qui accompagnent, par exemple, l'angoisse de devoir faire un exposé. La nature du traumatisme peut donc se déduire du type de réaction qui surgit. Un mal de ventre vous rappelle peut-être une scène de votre enfance où vous avez affronté, à six ans, la colère de votre mère, mais cette réaction physique est en réalité un prototype de première ligne dont l'origine est préverbale et peut provenir de l'empreinte d'un traumatisme intra-utérin.

Voilà pourquoi les idées ne sont d'aucune utilité pour lutter contre l'angoisse. Elles s'efforcent d'utiliser le néocortex pour refouler des réactions instinctuelles vieilles de trois cents millions d'années. On ne peut faire faire à un niveau cérébral le travail d'un autre. Pour être neutralisée, l'angoisse doit être expérimentée sous la forme de réactions uniquement viscérales, sans aucune parole. Des mots peuvent accompagner le revécu d'une scène d'enfance, mais il vient toujours un moment où le prototype à l'état brut émerge, datant de l'époque où le cortex n'avait pas terminé son développement.

Quand une personne se souvient avec ses structures limbiques, elle se rappelle des scènes de son enfance, des images et des odeurs de cuisine. Surtout des odeurs, d'ailleurs, puisque c'est l'ancien cerveau reptilien olfactif qui a progressivement évolué pour devenir le cerveau sensible des êtres humains. C'est ainsi que nous ramenons les patients à leur enfance. Et quand ils se remémorent la chambre qu'ils avaient à l'âge de trois ans, ils peuvent décrire la couleur du linoléum et la disposition des meubles, que l'on peut ensuite vérifier avec les parents. Or ils n'auraient jamais pu le faire avant de revivre l'épisode. Certains patients peuvent sentir l'odeur des gâteaux que faisait leur mère comme s'ils se retrouvaient dans la cuisine de leur enfance.

Le but de toute thérapie profonde devrait être d'extirper les sentiments des structures du système limbique et du tronc cérébral, en veillant à ne pas se limiter aux empreintes de deuxième ligne. Dès que ce processus est accompli, la personne se normalise. Cela ne remet pas en cause l'utilité des conseillers matrimoniaux, de la psychopédagogie, ou de toute autre forme d'assistance pour les problèmes quotidiens. Mais il arrive très souvent, par exemple, que les problèmes conjugaux soient dus aux empreintes des niveaux inférieurs de l'un des partenaires ou des deux.

Lorsqu'un patient retrouve un sentiment du passé, il sent un afflux de mots et d'idées que ne peut égaler la pensée corticale. Ce jaillissement d'*insights* surgit sans effort pendant un long moment sans qu'il paraisse se creuser la tête ou réfléchir consciemment. J'ai remarqué à d'innombrables reprises que ce mode de pensée diffère qualitativement des processus purement intellectuels associés au cerveau gauche.

La conscience intellectuelle de troisième ligne

Les cortex préfrontal et orbitofrontal de troisième ligne commencent à jouer un rôle actif vers l'âge de deux ans et continuent à se développer jusqu'à environ vingt ans. Les lobes frontaux du cerveau régissent notre intellect. Notre conscience de troisième ligne intègre les niveaux inférieurs, nous aide à inhiber nos impulsions, s'occupe du monde extérieur et donne un sens à nos sentiments. Elle planifie l'avenir, peut prévoir les conséquences de nos actes et élabore les concepts sophistiqués. Mais quand ces idées de troisième ligne ne sont pas solidement connectées aux lignes inférieures, la personne ne dispose pas d'une intelligence complète : ses sentiments ne peuvent la guider.

On peut prendre l'exemple de ceux qui n'ont jamais faim et peuvent s'activer pendant des jours sans penser à manger, ou de ceux qui peuvent s'abstenir de rapports sexuels pendant des mois sans ressentir de manque ou de besoin. Il faut pouvoir accéder à la première ligne pour bien faire l'amour. À l'inverse, un surplus de première ligne dû à un refoulement insuffisant provoque une hyperréactivité qui rend l'individu incapable de contrôler ses pulsions ou ses désirs sexuels. Un verrouillage défectueux peut être à l'origine de problèmes d'éjaculation précoce ou de nymphomanie, sans parler des agressions sexuelles et du viol.

Il y a très longtemps, lorsque nos ancêtres devaient se protéger de l'adversité, la migration des cellules cérébrales qui ont formé la couche supérieure de leur cerveau les a placés en tête de l'évolution. Cette nouvelle extension nous a donné la faculté de comprendre et de parler.

La troisième ligne, celle qui est associée au néocortex, traite de logique, de rationalité, de concepts, de calculs et d'analyse de la réalité. Elle sait « raisonner » et peut développer des philosophies complexes.

La conscience de troisième ligne trouve des « raisons » expliquant notre comportement et celui d'autrui, mais comme nous projetons nos mobiles sur les autres, nos perceptions sont souvent erronées et notre logique est influencée par nos convictions intérieures. C'est une manière de détourner la critique. Les obsessions sont produites par la troisième ligne qui les utilise pour absorber et contrôler les sentiments. Quand les structures limbiques sont surmenées à cause du manque d'amour du début de la vie, le cortex frontal fait de son mieux pour endiguer le flot. Les idées obsessionnelles surgissent de l'affrontement entre les sentiments profondément enfouis de première et deuxième ligne et le cortex frontal – qui se met à les fabriquer en cas de surcharge. Les tranquillisants sont alors efficaces car ils réduisent la quantité d'*input* qui remonte des deux niveaux inférieurs.

Des *insights* non enracinés dans le subconscient peuvent se produire en troisième ligne, mais ils ne sont pas complets et peuvent nous induire en erreur. En revanche, lorsque les première, deuxième et troisième lignes sont cohérentes et connectées, la personne peut enfin avoir confiance en elle et connaître ses propres motivations de même que celles d'autrui. Elle est véritablement consciente.

Le cerveau gauche recherche dans notre passé les faits associés au sentiment, alors que le cerveau droit retrouve le sentiment brut. Les deux hémisphères doivent travailler ensemble pour que la conversion de la souffrance informe en sentiment précis puisse mettre un terme aux obsessions ; le côté gauche sait enfin ce que ressent le côté droit, et la connexion est réalisée.

Nous avons donc trois niveaux de conscience, représentant chacun une étape de l'évolution, impliquant diverses structures cérébrales et remplissant des fonctions particulières. La détérioration de l'un d'entre eux n'affecte pas nécessairement les autres. On peut avoir des problèmes de motricité tout en gardant une perception claire comme de l'eau de roche. Les personnes qui sont dans le coma ne fonctionnent que sur leur première ligne, les autres niveaux restant inactifs. Leur vie est rudimentaire, mais elles « fonctionnent », et si vous les piquez avec une épingle, elles s'efforcent généralement de la repousser. Tenir la main d'une personne anesthésiée peut contribuer à atténuer la douleur, car elle sent toujours ce contact même si elle se situe à un autre niveau de conscience. Le contact physique est important. En thérapie primale, nous tenons la main du patient pour alléger sa souffrance et le faire accéder au sentiment. Nous veillons à ne pas la serrer trop fort ni trop longtemps de manière à ne pas ramener le patient dans le présent, car un excès de sollicitude bloque les sentiments. C'est un dosage délicat.

Chacun de ces niveaux contribue à la véritable conscience, une pleine conscience qui ne se limite pas à la troisième ligne et les intègre tous, une conscience équilibrée où les hémisphères droit et gauche, le tronc cérébral, le système limbique et le cortex frontal fonctionnent en parfaite harmonie. Chez un individu normal et en bonne santé, ces trois niveaux cérébraux forment un appareil mental complet qui fait de lui un être intelligent et sensible. Sa pensée a facilement accès aux niveaux de conscience inférieurs, mais il n'est plus victime de ses propres impulsions et peut éviter les activités malsaines comme le tabagisme et les excès alimentaires.

La santé implique une cohésion et une connexion optimales entre les trois niveaux, dont le fonctionnement harmonieux garantit la survie. C'est la rupture de cet équilibre qui provoque la maladie. La première ligne instinctuelle est chargée de nous sauver la vie en cas d'urgence. Le traumatisme trouble cette harmonie et nous incite par exemple à consommer de l'alcool ou des drogues afin d'atténuer notre souffrance qui sinon deviendrait insupportable.

Le trajet que suivent mes patients qui quittent le présent pour retrouver leur lointain passé, ressentir le sentiment, puis revenir ensuite au présent, est un processus que nous appelons *séquence 3-2-1-2-3*. C'est un ressenti complet, qui les fait accéder aux niveaux les plus profonds du cerveau, puis remonter au cortex frontal intégrateur où le souvenir est neutralisé. Ils suivent un enchaînement de sentiments ou de souffrances où chaque souvenir d'enfance réveille un autre souvenir plus profond. Mais personne ne doit les diriger ; tout se fait automatiquement car le traumatisme précoce a ses représentations à chaque niveau cérébral. Un enfant dont les parents sont affectueux, gentils, attentionnés et heureux, accédera à ces trois niveaux sans recourir à la thérapie ; dans le cas inverse, seule une thérapie profonde et efficace pourra lui permettre de le faire.

Une de mes patientes était très contrariée de ne pas avoir été invitée à une soirée. Elle a commencé sa séance sur la troisième ligne, avec l'impression d'avoir été « oubliée ». Puis elle a retrouvé ce sentiment en deuxième ligne, en se souvenant qu'elle avait été délaissée par ses parents qui était très attachés l'un à l'autre et donnaient un sentiment d'exclusion à leurs enfants, par exemple en ne mangeant pas avec eux. Et elle a fini par revivre sa naissance. Elle était la seconde de deux jumelles, mais les médecins ne s'étaient pas aperçus de sa présence. Elle était donc restée dans la matrice pendant une durée qu'elle sait maintenant avoir été beaucoup trop longue. Cette souffrance physique s'est transformée par la suite, en contactant le cortex frontal, en sentiment d'abandon ou d'exclusion.

Nos premiers souvenirs sont strictement physiologiques, mais à mesure que le cerveau se développe, les réseaux nerveux des niveaux supérieurs les interprètent à leur manière. Les structures du sentiment le font en termes d'images, de poésie, de peinture et de rêves, alors que le cortex va leur donner un nom ou un sens. Ces représentations nous sont très utiles pour aider le patient à descendre vers son traumatisme précoce. Nous ne cherchons pas à contacter la douleur initiale, mais nous partons toujours de ces représentations des niveaux supérieurs, car le cerveau fera le reste. Nous n'interférons jamais pour essayer de « traiter » le patient. C'est ainsi, par exemple, qu'un patient désespéré et dépressif peut descendre les paliers de conscience jusqu'au traumatisme de naissance où une forte anesthésie l'a empêché de réagir. Ce prototype est à l'origine de sa résignation et de ses sentiments d'échec parce qu'il n'avait pas d'autre alternative. Et à l'âge adulte, si sa petite amie le quitte, il retrouvera le même sentiment, ne verra aucune issue et se sentira accablé et vaincu. Il a en fait gardé cette même attitude depuis le début de sa vie, et lorsque nous voyons ce genre de comportement, nous le traitons comme une entité séparée en excluant tous les autres aspects du souvenir.

Si le thérapeute ne sait pas ramener son patient en toute sécurité vers le traumatisme de première ligne, il ne se normalisera jamais. Il fonctionnera peut-être correctement en troisième ligne, sera bien adapté, réussira dans ses études, aura une bonne vie de couple, et restera malgré tout empli de souffrance. S'il est satisfait de son existence, tant mieux pour lui, mais il devrait au moins être informé qu'il se cache autre chose sous la surface.

La patiente qui n'avait pas été invitée à la soirée a compris les raisons de son angoisse. Ses sentiments inconscients sont devenus conscients, et celle-ci s'est dissipée. Un problème de ce genre ne peut se résoudre en une seule séance parce que notre système de refoulement ne nous laisse ressentir qu'une certaine quantité de souffrance à la fois. Une surcharge provoque soit une fermeture complète, soit une symbolisation mystique si le cortex s'active pour affronter la situation. Le traumatisme initial qui a menacé la vie de l'enfant est d'une telle ampleur qu'il faut de nombreux primals pour le dissiper. On ne peut rien faire en une seule séance.

Le cortex frontal fait partie intégrante du processus. Il ne suffit pas de pleurer ou de crier. Le sentiment limbique doit être intégré et parfaitement compris pour que le ressenti soit complet. Tant que le sentiment ne se sera pas connecté au cortex frontal, vous aurez beau sangloter et taper sur les murs, vous ne ferez aucun progrès. Mais vous n'en ferez pas non plus si vous n'utilisez que le cortex frontal sans accéder aux niveaux inférieurs.

Le traumatisme remonte depuis les centres inférieurs et finit par gagner le néocortex. La thérapie implique de retrouver les souvenirs concernant chacun des trois niveaux, et la connexion finale les regroupe en associant les trois plans de conscience : le niveau instinctuel de la survie, le niveau du sentiment et le niveau cognitif.

Les hémisphères cérébraux et l'amour

Lorsqu'un bébé discerne une émotion chez un parent, des cellules nerveuses sont activées dans son hémisphère cérébral droit où le flux sanguin augmente. Elles le sont aussi quand le bébé répond à cette émotion. Le cerveau droit réagit aux impulsions d'amour qu'envoie le parent. De manière similaire, il se mobilise quand le patient *revit* un traumatisme émotionnel de sa petite enfance, et l'on peut ainsi vérifier que le revécu est bien réel [4]. Lorsqu'un patient *raconte* un ancien traumatisme, c'est habituellement le cerveau gauche qui est en jeu, alors que sa terrible souffrance se trouve à quelques centimètres de là. Nous voyons nos patients suivre dans leur séance un trajet qui commence par le récit de leur manque d'amour à six ans. Les réseaux cortico-limbiques sont plus actifs du côté droit du cerveau, et les sentiments, qui se propagent plutôt par les centres cérébraux de l'hémisphère droit, aboutissent au cortex frontal droit.

Les processus verbaux et analytiques qui permettent la résolution des problèmes sont effectués par l'hémisphère gauche du cerveau, alors que les sentiments, l'attachement émotionnel et la créativité se situent dans le droit. Je considère donc l'hémisphère droit comme celui de l'amour. R. J. Davidson pense que le cerveau droit, qui a une vision d'ensemble des choses, peut percevoir la totalité de la relation au parent [5].

Les hémisphères gauche et droit ont des fonctions distinctes. Le droit, qui est plus gros que le gauche, traite les empreintes émotionnelles. Il est le site des sentiments et de la pensée globale et holistique. Le gauche gouverne la réflexion, la prévision et la conceptualisation. Vers l'âge de deux ans, la maturation du cortex frontal est pratiquement achevée dans le cerveau droit, tandis qu'elle débute dans le gauche.

Il semble que le côté droit soit davantage associé au refus de la confrontation et au repli sur soi, le déséquilibre parasympathique favorisant ce syndrome de retrait social et émotionnel. Cette hypothèse me paraît intéressante, même s'il ne s'agit que de spéculation, parce qu'elle s'appuie sur plusieurs dizaines d'années d'expérience clinique. J'avance parfois des idées qui dépassent les faits établis pour entrer dans le simple domaine du possible. Il faut le faire pour progresser, en veillant toutefois à ce que ces conjectures soient en accord avec les avancées de la recherche. J'écris depuis trente ans sur le traumatisme natal et sur la souffrance engrammée de l'enfance et je vois maintenant la science combler son retard. (Un récent numéro de *Newsweek* a titré sa couverture sur les effets de la vie intra-utérine.) Nous ne devons pas avoir peur de nos intuitions car la science ne se limite pas aux statistiques. Les idées comptent aussi.

Mais peut-être suis-je comme le cordonnier qui ne voit dans le monde que les chaussures ! En tant que thérapeute, je suis très sensible à la souffrance chez les êtres humains. Tous les scientifiques doivent être prudents sur ce point : celui qui a en main un marteau finit par voir des clous partout.

L'empathie du cerveau droit

Le cerveau droit est le siège de l'empathie : il peut sentir ce qu'éprouvent les autres et discerner s'ils sont sincères. Il nous maintient en contact avec nous-mêmes et nos sentiments. Comme il se développe plus tôt que le cerveau gauche, il est plus sensible aux émotions de la mère pendant la gestation et forme avec elle un lien affectif, tout en organisant les structures limbiques et leur relation au cortex. Les sentiments précèdent donc bien les pensées – en particulier la pensée abstraite – et ils ont davantage de force. Le cerveau droit est sous leur dépendance et il a besoin de « l'amour » de la mère pour poursuivre son développement. De solides circuits interactifs le relie aux centres limbiques, ce qui lui permet de prendre les commandes dès que les sentiments sont en jeu.

Selon Allan Schore, le nourrisson utilise le cerveau droit de sa mère « comme un modèle pour l'implantation et le câblage des circuits de son propre cortex droit [6] ». C'est essentiellement dans cet hémisphère que se décide la manière dont l'enfant, puis l'adulte, va se relier aux autres. Des relations défectueuses au cours des deux premières années de la vie vont réduire la quantité de synapses corticales et modifier la structure de l'hémisphère droit.

Quand une mère surexcitée exige trop d'attention de son bébé, cette surcharge le submerge. Si en revanche elle est amorphe et indifférente, les circuits nerveux reliant le cortex frontal et le système limbique de l'enfant se développent moins bien, surtout du côté droit, provoquant ce que la littérature actuelle appelle un *manque de synchronisation*. Le cerveau a besoin d'une stimulation optimale pour bien se développer.

En cas de stress prolongé dans la petite enfance – manque d'amour et indifférence parentale –, c'est le cerveau droit qui souffre. Il ne peut informer le cerveau gauche de ce qui ne va pas, ni même lui dire que cela ne va pas, parce que celui-ci n'est pas encore complètement développé. À mesure que l'enfant grandit, le cerveau gauche poursuit tranquillement son chemin, inconscient de la souffrance du cerveau droit. Pour faire d'un enfant un psychopathe, il suffit de le négliger, de ne pas le toucher et de lui témoigner de l'indifférence au début de sa vie. Le taux de cortisol du bébé monte alors en flèche, et les « cellules du sentiment » commencent à mourir. Son hémisphère droit sera ainsi incapable de ressentir de l'empathie pour la souffrance des autres, ni même de la voir.

Le stress précoce agit sur les connexions limbiques de l'hémisphère droit, qui devient dominant. Les recherches que nous avons menées avec le Dr Erik Hoffman et le Dr Leonid Goldstein de l'université Rutgers ont démontré qu'une normalisation et un meilleur équilibre intervenaient entre les deux hémisphères au bout d'un an de thérapie primale [7]. Selon Erik Hoffman, « les amplitudes bilatérales sont devenues plus symétriques au cours de la thérapie [8] ». Le cerveau devient plus harmonieux. Il semble que la souffrance engrammée provoque une asymétrie entre les hémisphères probablement due à la différence de pression des niveaux inférieurs, pression qui paraît plus forte du côté droit. La thérapie permet de rétablir la symétrie.

Les personnes dont le cerveau droit a été endommagé ont souvent un visage figé, sans expression, ou un air impassible. Il leur a sans doute manqué dans leur petite enfance une relation affectueuse, chaleureuse et spontanée avec leurs parents. Au fil du temps, une prédominance de l'hémisphère gauche s'est installée à mesure que les sentiments s'enfouissaient. Le cerveau gauche est celui de la pensée analytique qui décortique le monde extérieur dans ses moindres détails, alors que le droit organise la conscience de soi. Le gauche écoute les paroles et le droit la musique.

L'hémisphère droit est incriminé dans toutes sortes de psychopathologies, de l'autisme à la psychose et la dépression. Dans les crises d'angoisse, c'est lui qui est fortement activé. Se remémorer des souvenirs douloureux stimule le cerveau droit et ses contreparties limbiques [9]. Les enfants qui hurlent dès qu'ils sont séparés de leur mère montrent une plus grande activation de la zone frontale droite que ceux qui ne pleurent pas [10]. Et c'est aussi le cerveau droit qui est impliqué dans la schizophrénie, le cerveau gauche faisant probablement tout son possible pour repousser avec ses idées paranoïaques les sentiments venant du droit.

Il paraît logique que l'hémisphère droit, endommagé par le traumatisme précoce et le manque d'amour, soit à l'origine de troubles si nombreux et divers. Lorsqu'on revit ces souffrances du début de la vie, c'est cet hémisphère qui est fortement impliqué. Toute une série de maladies, mentales et physiques, ont pour cause initiale les problèmes de tabagisme ou de toxicomanie de la mère enceinte, les complications natales associées à de fortes doses d'anesthésiants, le fait de ne pas avoir été touché et caressé après la naissance, et les difficultés survenues pendant la petite enfance.

Les effets se poursuivent à l'âge adulte où peuvent persister des difficultés d'apprentissage comme la dyslexie. Une déficience du cerveau droit peut affecter la faculté de former des amitiés durables et d'établir de solides liens affectifs. Il n'est pas facile d'avoir une relation stable et chaleureuse avec un individu dont le cerveau droit est endommagé. Son côté gauche voit les choses plus rationnellement et va s'excuser, mais deux mois plus tard, une violente explosion du droit peut à nouveau se produire, comme s'il avait complètement oublié tout ce qu'avait dit le gauche. Dans un cerveau déconnecté, l'hémisphère gauche est incapable de contrôler le droit [11].

En règle générale, le cerveau droit ne s'intéresse pas aux mots ou, du moins, à leur signification complexe, ce qui paraît logique puisqu'on fait appel à lui pour traiter le traumatisme préverbal. Lorsque mes patients revivent des souvenirs très vifs du début de leur vie, ils ressentent généralement une forte émotion. Des substances neurochimiques comme la sérotonine ont bloqué le transfert de l'information de l'hémisphère droit à l'hémisphère gauche, ce qui empêche l'adulte d'accéder à ses émotions. Il croit alors tout ce qu'on lui dit parce qu'il n'a pas de sentiments pour le guider. Il existe de toute évidence une conscience du cerveau gauche et une conscience du cerveau droit, *mais la véritable conscience implique les deux.*

La mémoire émotionnelle (appelée *mémoire implicite*) dépend du cerveau droit, tandis que la mémoire des faits et des chiffres (appelée *mémoire explicite* ou *déclarative*) dépend du gauche. Quand mes patients régressent vers un niveau de conscience inférieur, ils empruntent sans doute les circuits de leur hémisphère droit pour descendre vers les structures limbiques, puis vers le tronc cérébral. Pendant ce temps, l'hémisphère gauche n'est que vaguement conscient de ce qui se passe dans le droit, mais cette progression vers les niveaux inférieurs du sentiment se terminera par une connexion à partir de laquelle il pourra commencer à expliquer les comportements antérieurs.

Le cerveau gauche analytique

Le cerveau gauche dissèque et déduit, et il ne peut se remémorer les choses que de manière abstraite. Essayer de se soigner avec une thérapie uniquement fondée sur ce genre d'*insights*, c'est entrer dans un labyrinthe de concepts n'ayant pas d'issue. Nous ne guérirons qu'à moitié : le cerveau gauche sera bien adapté tandis que le droit restera dans un état lamentable, à l'image de la vie affective. Le gauche saura se servir d'un ordinateur, aura de bonnes notes et réussira professionnellement, *mais il ne pourra faire le travail du cerveau droit.* On ne peut guérir la blessure qu'avec la partie du cerveau qui a été blessée.

À mesure que nous vieillissons, notre hémisphère gauche élabore des raisonnements plus sophistiqués à propos de nos sentiments. Nos idées vont peut-être changer, mais elles seront toujours limitées par les paramètres des empreintes. « Il ne faut faire confiance à personne » est la devise de ceux qui sont sur leurs gardes. Cette tendance à se méfier des autres découle directement de leur passé : leurs parents se sont sans doute montrés peu affectueux, peu sécurisants et n'ont jamais tenu parole. Nombre de mes patients ont vécu cette expérience. Ils avancent avec précaution et ne peuvent se livrer complètement dans une relation. Leur cerveau gauche exécute les ordres du droit et suit les instructions de ce maître invisible.

Le cerveau droit nous permet de ressentir les situations et de leur donner un sens. Les robots ne sentent rien ; ils ne réfléchissent pas à ce qu'ils font. Les gens qui ont une prédominance du cerveau gauche non plus. Le côté droit est conscient de notre état intérieur, de ce qui modifie notre humeur. Le gauche est conscient du monde qui l'entoure et cette focalisation extérieure lui permet de se tenir éloigné des sentiments. Ce qui l'intéresse, ce sont les scores de football, les résultats du box-office et les tendances économiques. Il peut aussi produire de superbes *insights* en psychothérapie sans jamais rien sentir, alors que les souvenirs du cerveau droit, quand on les retrouve, peuvent très bien se passer de mots et n'être constitués que de souffrance à l'état brut, l'hippocampe et l'amygdale envoyant secrètement leurs messages douloureux vers le cortex.

L'hémisphère gauche garde ses distances. Nous allons dire poliment : « Oh, comme c'est terrible ! » Mais pour sentir, compatir et « savoir » que quelque chose est vraiment terrible, nous avons besoin de la coopération et de l'assistance du cerveau droit.

C'est le côté droit de l'hippocampe qui retrouve le souvenir émotionnel et transmet les sentiments au cortex frontal pour les connecter. Nous avons besoin du cortex frontal pour être conscients de notre état intérieur. Il peut faire toutes sortes de choses avec les sentiments, y compris les symboliser et les recanaliser sous forme d'idées mystiques. « Dieu veille sur moi et il ne peut rien m'arriver de mal », va dire une personne qui en réalité ne s'est jamais sentie soutenue ou protégée au début de sa vie. Symboliquement comblé par la divinité, le besoin/

souffrance s'est métamorphosé en son contraire, et cette satisfaction lui fait croire qu'elle se sent protégée, alors que c'est l'inverse. Ce qui la sécurise, en fait, ce n'est pas la divinité, mais le mot « Dieu ». Les concepts élaborés par le cortex sont de très bons agents de refoulement.

La zone frontale lui donne l'impression de « se sentir mieux », car une sécrétion d'opiacés a été déclenchée par l'idée de « Dieu ». Et si nous mesurons la quantité libérée dans son organisme, nous constaterons que plus elle est élevée – plus l'inhibition ou le verrouillage est efficace –, mieux elle se sent, puisqu'elle ne sent rien. Ce genre de paradoxe s'appelle un oxymore : en ne sentant pas, on se sent mieux. Le cortex frontal est très ingénieux lorsqu'il s'agit de faire face au sentiment, et c'est ce qui déconcerte tant d'entre nous. Le cortex gauche peut décider que « l'amour est un mythe et qu'on peut très bien s'en passer », tandis que le côté droit le réclame. Ce cri silencieux finit par envahir l'organisme jusqu'à provoquer un ulcère hémorragique, une attaque ou une crise cardiaque. Il fait monter la tension artérielle parce que l'organisme se prépare en permanence à combattre un ennemi invisible – les sentiments catastrophiques.

Le réseau de fibres nerveuses à double sens qui relie le système limbique au cortex est plus important du côté droit. L'amour contribue au développement de cet hémisphère. Un enfant dont on s'occupe avec sollicitude montre davantage d'empathie et de compassion, est plus disposé à reconnaître et comprendre les sentiments des autres, et sera lui-même un jour un bon parent, car sa sensibilité s'est bien développée depuis sa naissance. L'amour que l'on porte à l'enfant forme littéralement son cerveau. Mais ne soyez pas désespéré ! On peut faire beaucoup de choses pour neutraliser les effets du traumatisme précoce, même si on ne peut l'effacer.

Le combat des idées et des sentiments

Les idées ne peuvent changer les sentiments engrammés. On ne peut aller à contre-courant de l'évolution ni inverser la logique. Le cerveau se conforme à son histoire : l'hémisphère droit du sentiment s'est développé et se développe avant le gauche. Ce sont les sentiments qui changent les idées, et non le contraire. Il y a beaucoup plus d'informations qui remontent des centres limbiques vers la zone frontale que d'informations qui descendent en sens inverse. Les sentiments précèdent le développement des idées et ont davantage de force, mais les sensations engrammées dans le tronc cérébral sont encore plus puissantes que la combinaison des sentiments et des idées car elles sont associées à la survie.

Quel trajet suivent nos sentiments ? Quand la souffrance émotionnelle de la zone limbique se dirige vers le cortex pour accéder à la conscience, elle est bloquée et détournée par de nombreuses structures, et notamment par le thalamus. Elle se déplace alors vers le cortex associatif où les sentiments sont neutralisés et redéfinis. « Je ne suis pas réellement jaloux. Je ne suis pas vraiment en colère. » Ils perdent leur caractère menaçant et, entre-temps, notre main a attrapé une cigarette pour que l'organisme se calme et puisse poursuivre le refoulement.

Dans une étude menée par des spécialistes de l'enfance, R. J. Harmon et Paula D. Riggs, on a prescrit de la clonidine (un bloqueur du tronc cérébral) à cinq enfants d'âge préscolaire ayant un syndrome de stress post-traumatique : ils se sont montrés moins agressifs, moins impulsifs, moins nerveux et ont mieux dormi [12]. Chez l'adulte, la clonidine est un traitement efficace contre l'angoisse ou les troubles obsessionnels parce que l'origine de l'anxiété se trouve dans les structures cérébrales primitives où se sont engrammées les empreintes d'un lointain passé. Ces faits semblent confirmer nos résultats cliniques : les traumatismes précoces affectent les sites du tronc cérébral et sont à l'origine d'un grand nombre de symptômes ultérieurs. Ceux-ci peuvent différer selon les patients, mais la rampe de lancement est la même.

Dans l'inquiétude obsessionnelle, il se peut que le système réticulé activateur et le côté droit du thalamus et de l'amygdale laissent trop d'*input* accéder aux centres supérieurs, et notamment à la zone frontale gauche, ce qui stimule l'activité corticale de la personne. Ce ne sont pas ses idées qui lui font perdre la raison, mais les sentiments qui lui donnent ces idées apparemment insensées. La peur provoquée par le traumatisme précoce se fraie un passage jusqu'au cortex frontal, où le verrouillage défectueux en laisse passer une partie. Il en résulte une anxiété permanente : « Que va-t-il se passer si j'ai un accident de voiture, s'il y a un tremblement de terre, ou si je perds mon travail ? » En fait, les catastrophes ont déjà eu lieu. Plus la souffrance est forte, plus les idées deviennent délirantes (« je suis sûr qu'il va y avoir prochainement un tremblement de terre qui fera basculer la Californie dans le Pacifique »).

Le cerveau est vraiment une structure fantastique : il nous protège contre tout ce qui peut nous faire mal et, dans la mesure où une moitié ne sait pas ce que fait l'autre, il nous offre un mécanisme de survie supplémentaire. Les neurones, qui sont remplis d'une sorte de gelée, sentent la souffrance approcher et rassemblent leurs forces pour la repousser. Cette gelée peut faire apparaître des images colorées et peut « dire » à une zone du cerveau de fabriquer des analgésiques. Ce n'est finalement qu'une petite portion de matière, mais dotée de pouvoirs extraordinaires !

Tant que nous ne serons pas descendus sous le cortex, nous aurons constamment besoin d'alcool, de drogue, de médicaments, et nous souffrirons de migraines, d'ulcères, etc. Le choix est simple : laisser les sentiments remonter pour effectuer une connexion associant les côtés droit et gauche du cerveau, ou les repousser en les ignorant, en les détournant, en les droguant, ou en nous persuadant qu'ils n'existent pas. Tel est le dilemme auquel doit se confronter toute psychothérapie. Ignorer la souffrance profonde revient à nier notre physiologie.

Mes collègues et moi-même avons mené une étude sur l'imipramine en 1984 à Londres, conjointement avec l'Open University et le St Bartholomew's Hospital. C'était une enquête en double aveugle dirigée par le professeur Steven Rose de l'Open University, avec le concours du professeur Bernard Watson de St Bartholomew's.

Nous avons mesuré la liaison de l'imipramine aux plaquettes sanguines, en partant du principe qu'elle s'effectuait de manière identique dans le système sanguin et dans le cerveau. L'imipramine est un inhibiteur de la recapture de la sérotonine ainsi qu'un inhibiteur de la noradrénaline. Cette terminologie est un peu compliquée, mais il suffit de savoir qu'il y a ainsi davantage de sérotonine et d'adrénaline dans les synapses, ce qui améliore le refoulement ou l'inhibition. Lorsque nous parlons d'imipramine, nous devons penser « sérotonine » (ou encore plus simplement « Prozac »). La liaison de l'imipramine est plus basse chez les dépressifs.

Sur le plan biochimique, les plaquettes sanguines ressemblent aux neurones, car elles disposent de sites de recapture et de fixation des neurotransmetteurs. Or les niveaux sont remontés avec notre thérapie :

la liaison de l'imipramine aux plaquettes, pourtant plus basse chez les dépressifs, s'est normalisée, ce qui améliore le fonctionnement du système de refoulement et donne au patient une meilleure résistance à la souffrance et à l'angoisse.

Voici les conclusions du professeur Steven Rose :

1. Les individus entrant volontairement en psychothérapie ont un niveau de liaison maximal de l'imipramine 3H aux plaquettes sanguines équivalent à la moitié environ de celui des sujets d'un groupe de contrôle qui se définissent eux-mêmes comme normaux et ne sont pas en thérapie.

2. Six mois après le début de la thérapie primale, leur niveau moyen de liaison de l'imipramine a augmenté au point de ne pouvoir se différencier des niveaux de référence, et cette augmentation s'est maintenue au cours des six mois suivants.

3. Onze sujets sur douze ont vu progresser leur score sur une échelle d'évaluation psychique au cours de cette période, ce qui suggère une corrélation positive entre ces progrès et l'amélioration de la liaison de l'imipramine.

Ce qui me paraît le plus important dans cette expérience, c'est que les patients débutants, souvent extrêmement angoissés et qui ont un niveau de liaison très bas, voient celui-ci se normaliser en poursuivant leur thérapie primale. Résoudre leurs sentiments améliore l'efficacité de leur système de refoulement. Ils souffrent donc moins et se sentent mieux, comme nous l'avons constaté avec notre questionnaire.

À notre connaissance, cette étude représente la première tentative d'évaluation d'un traitement psychothérapeutique à l'aide d'une mesure biochimique couramment utilisée en psychiatrie biologique. Ce résultat positif devrait encourager les études expérimentales et théoriques sur les marqueurs biochimiques en psychothérapie.

Nombre d'entre nous considèrent qu'ils vont très bien. Qui pourrait leur prouver le contraire ? Tout simplement leur corps, qui va peut-être mourir d'une crise cardiaque, d'un ulcère ou d'une attaque à cause de cet aveuglement. Nous voulons continuer à fumer quoi qu'en dise la recherche, et notre cortex va trouver d'excellentes raisons pour le faire. Nous allons nous justifier en disant qu'un fumeur en Russie a vécu jusqu'à cent dix ans, et nous allons nous persuader qu'il est possible d'échapper à la nocivité du tabac. Le besoin de soulager notre souffrance est irrépressible ; personne ne peut y résister. C'est une question de survie. N'oublions pas que cet aveuglement est un système défensif, exactement comme le délire du paranoïaque. Il n'a pas de limites et fait partie de la condition humaine.

Nolan

« Je suis venu d'Australie suivre une thérapie primale à Venice, en Californie, parce que j'ai été toute ma vie angoissé, malheureux, très seul et complètement replié sur moi-même. J'étais incapable de changer. J'ai beaucoup bu pendant dix-huit ans pour me consoler et me donner le courage d'approcher les autres. Mais les sentiments de culpabilité et les horribles gueules de bois qu'entraînait ce comportement ont fini par devenir insupportables. Je suis allé voir les Alcooliques anonymes et j'ai suivi leur programme. Au bout de neuf ans d'abstinence et après avoir consulté de nombreux thérapeutes, j'étais toujours aussi désespéré. La lecture des livres du Dr Janov m'a redonné espoir. J'étais furieux contre mes parents. Avec mes économies d'onze ans de travail, je suis venu jusqu'ici – ce qui semble incroyable pour quelqu'un comme moi qui avais si peur de me déplacer tout seul. L'espoir d'améliorer ma vie comptait plus que tout pour moi et a été décisif. Je suis là depuis deux ans maintenant et cette thérapie m'a appris beaucoup de choses sur moi-même.

Aussi étonnant que cela puisse paraître, je ne me rendais pas compte que j'étais anxieux et déprimé. J'ai passé des années à essayer de résoudre tous mes problèmes par la réflexion. C'était une défense pour ne pas sentir combien je souffrais. J'ai toujours été en conflit avec les autres et n'ai jamais su comment m'y prendre avec les sentiments. Soit je me sentais blessé et je m'en allais, soit je bondissais de rage et piquais des crises de colère. À présent, quand un événement de ma vie actuelle me fait mal, je ressens cette souffrance et je peux comprendre son origine en retrouvant une blessure similaire dans mon passé. J'ai pu ainsi me rapprocher des autres. L'une des personnes avec qui j'habite ici m'a dit par exemple que j'étais son ami et qu'elle m'aimait bien – des mots magiques pour moi. Je suis si heureux qu'on puisse m'aimer et m'apprécier.

Nous sommes devenus amis, mais j'ai peu à peu compris que notre relation ne lui servait qu'à combler ses propres besoins. Qu'elle m'avait dit tout ça pour que je m'occupe d'elle et que mes sentiments lui importaient peu. J'ai fini par exploser dans une séance de groupe où j'ai ressenti toute ma frustration et ma colère. Je voulais qu'elle soit là quand j'avais besoin d'elle comme je l'étais pour elle quand elle avait besoin de moi. Cette relation m'a permis de retrouver des souvenirs d'enfance et de ressentir le manque d'amour de ma mère : elle disait les mots qu'il fallait, mais ne s'intéressait pas vraiment à moi. J'ai revécu toute cette souffrance de ne pas avoir été un enfant désiré et tous ces efforts que j'avais faits en vain pour qu'elle m'aime.

Ce qui a été le plus dur dans cette thérapie, c'est de sentir que je voulais aimer mes parents et que j'avais besoin qu'ils le sachent, alors qu'ils ne se souciaient pas de moi. Leur indifférence a affecté toutes mes relations. Sentir qu'on ne veut pas de moi me donne envie de mourir. Récemment, j'ai revécu le désir que j'avais eu d'aller vivre avec ma tante Maisie. J'ai pleuré en me rappelant cet épisode. Je l'aimais beaucoup et je sentais qu'elle s'intéressait vraiment à moi. Je n'avais que trois ans et je savais déjà que mes parents ne voulaient pas de moi. Je n'ai connu dans ma vie que malheur et désespoir, mais retourner dans mon passé pour revivre l'horreur de mon enfance m'a redonné espoir pour l'avenir. Mon père s'est suicidé – je crois que c'est ce que j'aurais fini par faire, moi aussi. Plus je ressens mes sentiments, plus je me rapproche de mes enfants. Avant la thérapie, j'avais beaucoup de mal à les supporter car cela réveillait ma souffrance. Maintenant que j'ai connecté ces sentiments à la relation avec mon propre père, je peux aimer mes enfants tels qu'ils sont et leur prêter davantage d'attention.

Je voudrais être un père affectueux et aimant, contrairement au mien qui avait l'air de me détester. Au point de m'éviter le plus possible. Cela me démoralisait complètement. Un jour, dans une séance de groupe, je me suis mis à parler de mes enfants et je n'arrêtais pas de leur demander pardon. J'avais dans la tête une image où je les voyais souffrir, même quand ils étaient dans mes bras. Et j'ai réalisé que c'était moi qui leur faisais du mal. J'ai éclaté en sanglots. Puis je me suis revu bébé, tout seul dans mon parc. Mes parents étaient partis après avoir fermé la porte. Je pleurais et je les appelais en les suppliant de ne pas me laisser tout seul – « je ferai tout ce que vous voudrez, revenez, je vous en prie ! » Je ne supportais pas qu'on ne veuille pas de moi – tout mais pas ça.

Après m'être reposé, j'ai senti le soulagement que m'avait apporté ce revécu et j'ai eu quelques *insights* : savoir que mes enfants ont besoin de moi fait remonter mon propre besoin de mes parents, et je m'enfuis exactement comme ils le faisaient. Ressentir cette souffrance m'a permis d'être plus sensible à celle de mes enfants.

Il est très difficile pour moi d'aller de l'avant. Je préfère attendre. J'apprends à être plus en contact avec mon corps, à avancer à mon propre rythme. Avant, je niais l'envie que j'avais d'abandonner. Je me sentais toujours pressé et ne pouvais jamais me détendre. Je n'en faisais jamais assez pour essayer de plaire à mon père. J'ai à présent compris que j'en faisais beaucoup trop. Je commence à demander de l'aide – à accepter l'idée que j'en ai besoin. On m'a appris très tôt à ne rien demander – à être fort et ne jamais montrer le moindre signe de faiblesse. C'est un tel soulagement de pouvoir enfin être humain. De pouvoir pleurer et sangloter sur toutes mes souffrances.

La thérapie primale m'a permis de faire la connexion entre mon passé et mon comportement actuel. Quel merveilleux réconfort de pouvoir se dire : « Ah, voilà pourquoi j'agis comme ça ! » J'ai peu à peu compris pourquoi j'ai si peur des gens en revivant la terreur que m'inspirait mon père. J'avais honte d'être aussi inhibé, mais j'étais sous l'emprise de cette angoisse qui me paralysait et je n'y pouvais rien. Je sais à présent que je peux fonctionner même si j'ai peur, car je connais ces sentiments. Je sais d'où ils viennent et comment ils m'affectent. Ce n'est pas très facile, mais j'y arrive peu à peu.

Si je poursuis ma thérapie primale, c'est parce que je veux pouvoir ressentir pleinement les choses. Avant je survivais, je ne vivais pas. J'ai l'impression d'avoir été congelé et de me dégeler peu à peu. Après des années de tâtonnements, j'ai enfin trouvé ma voie.

Roger

Pourquoi la thérapie primale ? La réponse me semble si évidente que je n'y ai jamais vraiment réfléchi. Pourquoi revivre toute cette souffrance ? Ne nous a-t-elle pas fait assez mal la première fois ? Pourquoi l'exhumer ? En quoi est-ce bénéfique ? Je vais essayer de répondre à toutes ces questions par écrit.

Je vais d'abord vous raconter ma dernière séance. Je vous rappelle que je suis en thérapie depuis environ seize mois, et j'ai vraiment vécu une incroyable odyssée.

Séance du 20 avril

J'ai commencé par raconter au groupe les problèmes que j'ai eus à mon travail. J'ai trouvé ma directrice très malhonnête la semaine dernière. Elle dit à tout le monde qu'elle traite très bien son personnel, et je l'ai crue sur parole. Mais j'ai appris qu'elle allait me retirer un travail qu'elle m'avait confié et cette nouvelle m'a obsédé toute la matinée. Je n'avais rien fait de mal et cela me paraissait parfaitement injuste. Pourquoi ne me faisait-elle plus confiance ? Elle avait déjà voulu, quelques jours plus tôt, me faire une retenue sur salaire pour une erreur dont je n'étais pas responsable. Je lui ai tenu tête, mais je me sentais coupable, comme si j'avais mal agi. J'aurais vraiment voulu lui dire qu'elle se trompait et qu'elle me fiche la paix. La thérapeute m'a encouragé et je me suis aussitôt mis dans une colère terrible. Une rage incroyable qui a déferlé de mon ventre dans mes bras et mes jambes. Je voulais simplement qu'elle s'arrête. Puis je me suis calmé et une pensée m'a traversé l'esprit : toute ma vie j'avais voulu me mettre ainsi en colère et me sentir puissant face aux autres.

J'ai réalisé que je m'étais toujours senti coupable quand j'étais mis en cause par l'autorité, même si je n'avais rien fait de mal. On a dû m'inculquer cet état d'esprit dans mon enfance. La rage et la frustration sont revenues. J'avais envie de tout mettre en pièces. Je me suis mis à respirer très fort sans pouvoir me maîtriser, et je me suis laissé aller. Cette frustration allait me tuer. Mon corps s'est courbé, puis raidi, et j'ai eu l'impression d'étouffer. J'ai eu alors de violentes quintes de toux qui m'ont secoué jusqu'au bas du ventre.

Quand ça s'est arrêté, je me suis senti un peu moins oppressé. Tout m'était si familier ! J'étais tout petit et on me disait que j'avais mal agi et que j'étais méchant. Puis une ombre a traversé mon esprit et j'ai pensé : « C'est comme quand mon père me battait. » J'ai eu honte et ne voulais pas en parler. Je me suis recroquevillé et me suis mis à pleurer. « Non, papa, s'il te plaît, je t'en prie. Pardon, papa, pardon. » Je me sentais très mal. J'ai alors compris combien j'étais attaché à mon père. J'aurais fait n'importe quoi pour lui. Il était immense. Il était tout. Je l'aimais tellement. En fait, je n'avais rien fait de mal – peut-être juste un peu trop de bruit. Quand il se réveillait de sa sieste l'après-midi, il se précipitait sur nous comme un fou et giflait le premier qui passait à sa portée. Je me suis revu en train de regarder mon frère être battu avec une expression de souffrance atroce sur le visage. Je savais que ça allait être mon tour et je me préparais au pire. Je suppliais mon père – « Pardon, papa ! » – et je me suis roulé en boule pour me protéger.

Pourquoi personne ne l'empêchait de me faire mal ? J'ai pensé à ma mère. Elle ne me protégeait pas. Elle aussi avait peur de mon père. Je n'arrivais pas à le croire. Pourquoi n'était-elle pas intervenue ? C'était ma mère quand même ! Je ne comprenais pas. Je me suis arrêté de pleurer un moment et je suis simplement resté allongé. Puis j'ai dit à ma thérapeute : « Je me sens très triste. » Et je lui ai demandé de me prendre dans ses bras. Je me suis laissé aller et j'ai sombré dans une terrible solitude.

J'ai encore pleuré, puis j'ai parlé calmement de ce qui s'était passé avec ma directrice. Je savais qu'il fallait que je lui tienne tête à l'avenir. Cela me semblait toujours aussi difficile – comme d'admettre que je ne pouvais pas la changer –, mais j'allais le faire.

Comment le fait de revivre ces sentiments m'a-t-il aidé ? Eh bien, j'ai cessé de ressasser les contrariétés de mon travail et je me suis senti relativement à l'aise quand j'ai revu la directrice. Je sais bien que tout n'est pas réglé. On ne peut pas changer le schéma de toute une vie en une seule séance. Je suis sûr que, la prochaine fois, ce sera un peu plus facile. Connaître les causes d'un comportement ne suffit pas à le changer. Quand je n'arrivais pas à tenir tête à ma directrice, la dernière chose à laquelle je pensais était bien l'attitude de mes parents à mon égard. Sur le moment, je n'aurais jamais pu faire le lien. Mais cette thérapie me permet de partir du sentiment présent pour retrouver sa véritable origine dans mon passé. Je peux alors faire la connexion et exprimer en pleurant et en criant toute la souffrance qui m'empêchait de répondre normalement à ma directrice. Avant la thérapie, je savais bien sûr que mon père me battait et que ma mère était faible, mais cela ne changeait rien à l'impuissance que je ressentais face à l'autorité. Je connaissais les faits – mais la vérité m'échappait. Seule la connexion de ces sentiments a fait la différence.

Je découvre également tout ce que j'ignorais sur mon propre compte. J'avais l'air tout à fait normal et la plupart de mes amis n'ont pas compris pourquoi je voulais faire une thérapie. Je paraissais bien adapté et mon mariage semblait solide. Mais tout cela n'était qu'une comédie, un cinéma auquel je croyais presque moi-même. Ils ne voyaient jamais mes crises de fureur. Quand je donnais mes cours, je perdais brusquement patience avec mes élèves et piquais une colère, le déclic étant généralement la remise en cause de mon autorité par l'un d'eux. La situation me semblait intenable et je finissais par craquer. Je n'avais à ce moment aucune idée que tous ces problèmes étaient liés à mon enfance. Et je n'aurais jamais pensé à les associer aux difficultés de ma naissance.

Quand j'étais petit, je me souviens, j'étais fasciné par les bandes dessinées dont le héros était une sorte de surhomme. Je voulais moi aussi être fort et j'étais obsédé par le développement de mes muscles. Mais je ne me sentais jamais assez costaud. On pouvait me faire mal. À la fin de l'adolescence, j'ai lu des livres expliquant comment se faire des amis et avoir de l'ascendant sur les autres. J'ai développé ma personnalité adulte en repoussant peu à peu les douloureux souvenirs de mon enfance. C'est seulement au cours de ces derniers mois que j'ai eu envie de réintégrer mes parents dans ma vie – d'admettre que j'ai encore besoin d'eux et que je les aime. Le regard que je pose sur eux est plus lucide. Je sais qu'il faudrait que je leur pose des questions. Je voudrais savoir, par exemple, pourquoi ils ont divorcé. Ils ne m'en ont jamais parlé. Je peux maintenant prendre le risque de faire ce qui m'était impossible à l'époque.

Avant ma thérapie, je m'accrochais à l'espoir que tout changerait un jour miraculeusement. Je voulais qu'on le fasse à ma place et je le déjouais dans mes relations. Et j'ai abordé ma thérapie dans ce même esprit : c'était le ressenti de mon désespoir qui allait changer les choses. Tout cela me ramène à ma naissance, où il a fallu que « quelqu'un le fasse pour moi » et m'aide à venir au monde. Je n'y arrivais pas tout seul. Revivre la sensation d'être paralysé par les médicaments qui imprégnaient l'organisme de ma mère, alors que j'avais lutté de toutes mes forces pour naître, m'a en quelque sorte libéré et je peux désormais agir par moi-même. Pleurer et crier en réclamant de l'aide m'a permis de commencer à m'occuper de moi. Je sais que personne ne le fera à ma place. C'est le début de la maturité. Le début de la liberté.

Je sens en ce moment un nouvel élan de créativité. J'ai fait de la peinture et pendant des années je me suis battu avec mon art. Il y avait des jours où j'avais l'impression d'être Picasso, et d'autres où je me trouvais complètement nul. Revivre les hauts et les bas de ma naissance a atténué ce conflit. Je voulais prouver à mes parents que j'étais quelqu'un d'exceptionnel. J'ai beaucoup pleuré et crié à ce propos. Je voulais qu'ils reconnaissent ma valeur – être aimé sans avoir à le quémander. Pour la première fois de ma vie, j'ai l'impression que je peux faire les choses sans me reprocher que ce n'est pas assez bien. Que je ne suis pas assez bien. Je peux même écrire ce texte sans être paralysé à l'idée de ne pas trouver le ton juste. C'est un sentiment formidable. Il y a une vraie logique dans cette thérapie – plus je ressens le passé, plus je peux agir dans le présent.

Donc pourquoi la thérapie primale ? Pourquoi exhumer ces vieux sentiments ? Je suppose que c'est tout simplement parce que je peux désormais vraiment « ressentir ». Avant, je n'avais aucune idée de ce que cela voulait dire. Je ne vis plus dans ma tête, ni dans les terribles sensations de mon corps. Et je peux avoir de bons rapports avec les gens, bien meilleurs qu'avant.

L'enchaînement de la souffrance

De longs circuits nerveux relient le tronc cérébral et le système limbique au cortex frontal. Lorsqu'un événement présent active un souvenir traumatisant du passé, notre cerveau ne sait faire que deux choses : transmettre le message ou le bloquer. Chez une personne qui se sent critiquée et éprouve une forte angoisse, le sentiment sous-jacent est peut-être : « Je suis mauvaise et on ne peut m'aimer (mes parents). »

On ne peut faire disparaître une sensation brute engrammée dans la zone du tronc cérébral qu'en la reconnaissant, la nommant et l'intégrant – c'est-à-dire en l'expérimentant. Il ne s'agit pas de la *reexpérimenter*, mais de l'expérimenter pour la première fois. Il arrive souvent qu'un souvenir d'une clarté parfaite soit conservé dans le cortex, alors que sa composante douloureuse, enregistrée dans la zone sous-corticale, n'a été que partiellement ressentie. Quand un bleu dû à un coup reçu à l'âge de six ans réapparaît sur le corps du patient adulte, on comprend que le souvenir est toujours intact des années plus tard, même si certains de ses aspects peuvent demeurer cachés pendant toute une vie. (Une photo d'une ecchymose de ce genre se trouve dans mon ouvrage précédent.) La mémoire est bien autre chose qu'une collection de souvenirs intellectuels.

Dès qu'un souvenir remonte, il semble exhumer des profondeurs du cerveau tous les traumatismes qui lui sont associés et la personne se sent submergée. Le cortex ne parvient pas à les trier et à réagir à chacun par ordre chronologique. Nous administrons parfois des tranquillisants pour adoucir les aspects profonds de cet enchaînement de souffrance, afin que le patient puisse ressentir et intégrer les blessures les moins traumatisantes. Ces médicaments sont utilisés occasionnellement comme un adjuvant sur la voie de la guérison, pour donner à la thérapie toutes les chances de succès. Mais ils ne constituent pas la thérapie et ne sont pas une fin en eux-mêmes. Ils compensent le manque de soins et de toucher au début de la vie. Ils remplacent l'amour que la personne aurait dû recevoir dans son enfance et ont le même effet sur la chimie cérébrale.

Au bout d'un an environ de thérapie primale, une de mes patientes a commencé à se sentir mal au cours de sa séance. Elle qui ne cessait de s'agiter dans la vie pouvait maintenant à peine bouger, à peine respirer. Elle a tout d'abord revécu un sentiment de son enfance : elle faisait tout son possible pour se faire aimer de sa mère, mais en vain. Deux heures plus tard, elle a complètement sombré dans l'état de faiblesse et d'impuissance qu'elle avait expérimenté lors de sa naissance, car l'anesthésie de sa mère l'avait rendue incapable de faire quoi que ce soit pour s'en sortir. Nous l'avons encouragée à laisser cette sensation d'épuisement la submerger totalement.

Son activité constante avait pour but de l'empêcher de ressentir sa vulnérabilité. Tous ses projets lui permettaient de rester en mouvement et de tenir à distance son sentiment d'impuissance – « je ne peux rien faire pour améliorer la situation ».

La sensation de faiblesse qu'elle éprouvait avait été renforcée par sa relation avec sa mère. Son père était parti après sa naissance et sa mère avait dû travailler pour subvenir aux besoins de sa famille. Elle passait sa colère sur ses enfants et leur reprochait tout ce qui allait mal. Dès le début, ma patiente avait eu l'impression de gêner, et ce sentiment avait persisté. À l'âge adulte, elle se tenait toujours en retrait dans les groupes et ne cessait de s'excuser pour tout ce qu'elle disait ou faisait.

Elle luttait si fort *pour être aimée* qu'elle n'avait en fait jamais ressenti son sentiment profond de *ne pas être aimée*. Son comportement était une course effrénée pour s'éloigner de ses sentiments. Au cours de ses séances, elle s'efforçait d'être une patiente « parfaite », mais nous l'en avons empêchée afin que puisse remonter à la surface sa peur qu'on ne veuille pas d'elle.

Le processus est le suivant : comme les sensations traumatisantes initiales sont élaborées dans les centres limbiques du sentiment avant d'être représentées dans le cortex frontal, nous partons de la sensation de la faiblesse dans la vie actuelle pour que le patient puisse ensuite se laisser complètement engloutir par son sentiment de fatigue et de lassitude, et enfin dans l'impuissance et l'épuisement associés au traumatisme initial. S'il commence à ressentir une extrême fatigue, nous pouvons être sûrs que le tronc cérébral est impliqué. Nous l'aidons alors à trouver son chemin pour descendre vers des niveaux de plus en plus profonds. (Ce processus n'est pas aussi simple qu'on pourrait le croire ; il prend des heures et des heures et s'étale sur de nombreuses séances.)

L'organisme ne peut réagir qu'à une certaine quantité de souffrance à la fois, au-delà de laquelle il se ferme. Nous devons donc la doser en n'en laissant passer qu'une petite partie à chaque séance et en poursuivant le processus lors de la séance suivante. L'ampleur de la souffrance associée à ces traumatismes est indicible, littéralement terrifiante. Je n'avais rien vu de la sorte lorsque j'étais un thérapeute conventionnel.

Après avoir atteint le niveau des simples sensations, ma patiente a directement accédé à l'épuisement et l'impuissance associés à sa naissance. Sans prononcer la moindre parole, elle a arqué son dos et s'est tapée la tête contre le mur capitonné pendant plus de quarante minutes. Elle avait l'air d'étouffer. Quand elle est finalement revenue au niveau du sentiment, puis au cortex, elle a pu alors crier : « J'abandonne ! De toute manière, tu ne m'aimeras jamais ! » La fatigue lui faisait dire : « Je n'en peux plus. Ne me force pas. » Ce sentiment était si pesant et stressant qu'elle a dû le revivre des douzaines de fois au cours des nombreuses séances qui ont suivi.

À la fin de leur séance, les patients restent généralement étendus sans bouger pendant un moment, puis ils clignent des yeux avant de les ouvrir complètement. Tous déclarent qu'ils reviennent de loin. On dirait qu'ils se réveillent, ce qui dans un sens est vrai. Ils quittent le cerveau du rêve pour entrer dans l'état d'éveil préfrontal – exactement comme s'ils venaient de voir le jour. Quelques minutes plus tard, les *insights* et l'intégration commencent. La séance a duré le temps nécessaire – fini les séances minutées, les « heures » de cinquante minutes ! Je ne pourrais imaginer lui mettre un terme alors que le patient pleure et ne se sent pas bien.

Cette plongée dans les événements d'un passé profond et éloigné ne peut et ne doit pas se produire dans les premières semaines de la thérapie. Lorsqu'un patient accède de suite à ces sentiments, c'est habituellement un indice de troubles profonds et de verrouillage inefficace : le niveau de souffrance est extrêmement élevé et le système de refoulement est défectueux. Il y a sans doute dans le tronc cérébral des empreintes de forte valence, et ce sont ces souvenirs qui prédominent.

Quand ils surgissent prématurément en thérapie, nous utilisons des tranquillisants. Ces médicaments renforcent le verrouillage que le cerveau tout seul ne parvient pas à maintenir.

Notre cortex préfrontal est focalisé sur le présent. Ceux qui sont déconnectés de leur passé agissent comme si le vieux traumatisme se déroulait dans leur vie actuelle et ils accusent leur entourage. Ils ne peuvent le désactiver qu'en l'expérimentant à nouveau, en l'identifiant sur le plan cortical et en intégrant les sensations et les sentiments du début de leur vie, afin de les replacer dans leur contexte historique.

Les sensations (l'impression d'être comprimé, d'étouffer, de suffoquer) remontent des profondeurs du cerveau jusqu'au cortex frontal droit où elles sont exprimées par de simples mots ou de courtes phrases. Le patient peut alors crier : « J'abandonne ! Je me noie ! Je n'en peux plus ! » Il exprime son découragement face à toutes ces tentatives qui ont échoué et se sont terminées par un renoncement complet – le syndrome « lutte-échec ». La connexion entre le tronc cérébral et le cortex s'effectue surtout du côté droit, là où les phrases sont extrêmement simples, brèves et précises, et émanent directement des empreintes profondes. C'est le cerveau gauche qui complique les choses et déforme la réalité avec ses idées alambiquées et sa syntaxe élaborée.

Récapitulons ce que nous avons vu jusqu'ici : manipuler, toucher et caresser un nouveau-né, juste après sa naissance et dans les mois qui suivent, active le développement de son cerveau. On l'aide ainsi à bâtir le système inhibiteur de la sérotonine qui lui permettra de se sentir à l'aise et détendu. On augmente et on améliore les circuits de son cortex frontal, qui est chargé de la fermeture en cas de surcharge d'*input* extérieur ainsi que de l'organisation des sentiments, de la pensée et de la réflexion, et qui doit surtout inhiber les sensations et les sentiments qui remontent des profondeurs du cerveau. Les enfants qui ne peuvent limiter l'*input* extérieur présentent ce qu'on appelle le trouble déficitaire de l'attention : ils ne parviennent pas à se concentrer ni à focaliser leur attention et se laissent facilement distraire.

Lorsqu'on a été aimé au début de sa vie, les forces activantes provenant du tronc cérébral sont bien modulées par le cortex frontal. Mais le manque d'amour et la faiblesse consécutive de la zone frontale provoquent une activation frénétique impossible à maîtriser. Les neurones ne se développent pas correctement. Un cortex frontal vigoureux modère les sentiments du système limbique ; un cortex affaibli engendre l'hyperactivité. C'est le même traumatisme précoce qui endommage le cortex frontal, puis provoque l'hyperactivité. Les impulsions qui ne cessent de remonter obligent l'enfant, puis l'adulte, à constamment s'agiter.

La transformation des sentiments en symptômes

Par le biais de connexions directes reliant le cortex frontal à l'hypothalamus, le stress peut se transformer en symptômes physiques. L'hypothalamus « ordonne » à l'hypophyse de sécréter certaines hormones, y compris celles du stress. La zone frontale ne peut fabriquer les catécholamines, mais elle peut demander à d'autres structures cérébrales de les produire. Le cortex frontal amortit l'activation des niveaux inférieurs grâce aux idées et aux croyances. Des réseaux de fibres nerveuses à double sens relient le tronc cérébral à la zone frontale, afin de retenir les impulsions et de stimuler le cortex si nécessaire. La zone frontale peut même être activée inutilement, comme dans le cas du mental agité d'une personne qui a du mal à s'endormir.

Le cortex frontal envoie des substances chimiques activantes à l'amygdale, ce qui nous permet de sentir que nous pensons et vice versa. Chacun des centres limbiques du sentiment dispose de réseaux ascendants et descendants. Lorsqu'ils sont bloqués, la pression monte dans notre organisme. Nous avons vu que le bien-être émotionnel dans la petite enfance contribue à édifier le cortex frontal intégrateur. La plupart des thérapies conventionnelles cherchent à renforcer cette zone frontale contre les impulsions des niveaux inférieurs. C'est effectivement ce qu'il faut faire si l'on veut simplement les contrôler. La thérapie primale, elle, vise à les intégrer. Elle doit d'abord les adoucir pour que le cortex frontal ne soit pas submergé. Même si les sentiments ont leur contrepartie dans le cortex frontal, les structures profondes où ils ont pris naissance se sont développées plus tôt. C'est pourquoi nous devons redescendre jusqu'au cerveau du bébé pour revivre les expériences qui l'ont marqué bien avant qu'il ait la faculté de penser. Ce n'est qu'après avoir ressenti cette souffrance que nos pensées deviennent importantes : elles nous aident à comprendre les traumatismes que nous avons subis et la manière dont ils nous ont transformés au début de notre vie.

Le manque d'amour met notre organisme en danger. Notre cerveau inquiet diffuse des hormones de stress et, si cette sécrétion se prolonge, elle affecte la croissance des centres limbiques et du cortex frontal et entrave le fonctionnement du système immunitaire en réduisant le nombre des lymphocytes chargés de surveiller et de tuer les bactéries indésirables. Si la majorité des détenus se sont drogués avant leur incarcération, c'est parce qu'ils ont souffert de carence émotionnelle juste après leur naissance et au cours de leurs deux premières années. Ils se tournent vers la drogue pour échapper à cette souffrance. C'est parce que le manque d'amour de leur enfance défavorisée a endommagé leurs centres de contrôle corticaux qu'ils ne peuvent contrôler leurs pulsions ni leurs accès de colère et sont incapables de prendre le temps de réfléchir aux conséquences de leurs actes. Il faut avoir un cortex frontal vigoureux pour résister à la force de ces impulsions.

Une de mes patientes ne pouvait s'empêcher d'exaspérer son mari, tout en sachant qu'il allait la frapper. Le seul contact physique et émotionnel qu'elle avait eu avec son père, c'étaient les fessées qu'il lui donnait à main nue après l'avoir coincée sur ses genoux. Elle avait besoin de retrouver ces sensations et ne pouvait s'empêcher de les rechercher, même si elle s'estimait « anormale ».

Suzanne

Le texte qui suit est la transcription partielle de deux séances où Suzanne décrit la tentative d'avortement qu'a faite sa mère à l'aide de substances caustiques au cours du troisième mois de sa grossesse. Nous avons pu le vérifier par la suite. Pendant sa séance primale, Suzanne s'était roulée en boule en se faisant la plus petite possible dans un coin de la pièce. Le thérapeute avait tout d'abord pensé qu'il s'agissait d'un primal de naissance, mais comme elle n'avait pas la position caractéristique des bras et des pieds, il s'est méfié et a cherché à comprendre ce qui se passait. Après son primal, elle a raconté en pleurant ce que tout cela signifiait pour elle, et le thérapeute a dû laisser tomber la plupart de ses techniques. Le déjouement de Suzanne avait toujours été d'essayer de vivre dans une atmosphère non polluée et de la créer autour d'elle : d'abord parce que sa vie familiale était « toxique », mais aussi à cause de la tentative d'avortement de sa mère. Elle était en quête d'un environnement protecteur. Elle a fini par découvrir l'origine de cette sensation de toxicité et par comprendre qu'elle la projetait sur son environnement. Le prototype de repli face au danger s'était constitué bien avant sa naissance. Nous reculons tous face au danger mais, dans son cas, ses réactions étaient démesurées et souvent inadéquates. Cela me rappelle les photos de ces fœtus qui se recroquevillent et grimacent quand on les pique avec une aiguille.

Première séance

Je dois vous avouer que j'ai dû me remettre à fumer, parce que, pendant la semaine où j'ai arrêté, j'ai remarqué que les choses remontaient si vite que je n'arrivais pas à y faire face. J'avais doublé ma dose de Zyban, mon médicament antitabac, mais ça n'a pas suffit, et le cinquième jour, le sixième et le septième, ça remontait si fort que je me sentais devenir cinglée avec toutes ces émotions. Alors je me suis remise à la nicotine.

Ces deux dernières semaines, depuis que je suis ici et que j'ai arrêté de fumer, je me réveille tous les matins avec des nausées. J'ai horriblement mal au cœur. L'impression de ne pas avoir envie de vivre. Tous les matins. Ça commence vraiment à m'épuiser. Tout ce que je voudrais, c'est me réveiller un matin contente... heureuse de vivre... en pensant par exemple « quelle belle journée ! ». Et il y a en plus ce sentiment de peur. Ce que je voudrais qui meure, c'est cette envie de mourir. Mais elle ne me laisse pas tranquille. Elle a une telle emprise sur moi. Elle a brisé ma volonté. (Sa mère a essayé d'avorter avec une solution saline très forte additionnée d'une substance caustique.)

Ce sont tous ces produits chimiques partout dans mon corps qui me rendent malade. Je crois que ça explique beaucoup de mes problèmes. Avoir peur. Être intoxiquée. Surtout ne plus bouger. Cette envie de vomir. Je suis couchée dans mon lit, il est cinq heures du matin, et je me roule en boule pour que cette sensation s'en aille. Je déteste commencer la journée comme ça. Cela me fait toujours fondre en larmes. Je ne pouvais plus le supporter, c'est tout, et j'ai tendu la main pour attraper le paquet de cigarettes parce que ça m'aide à me calmer. Il faut que je puisse fonctionner et j'étais trop submergée par ce désir de mourir. Je n'ai pas envie de vivre si c'est ce que je dois ressentir. C'est un gros problème pour Janis (sa fille) car elle vit dans cette ambiance extrêmement toxique. Combien de temps va-t-elle le supporter ? Je ne m'occupe pas bien d'elle et elle doit se débrouiller avec une maman qui pleure tout le temps.

Tout est faussé dans ma vie. Le matin quand je me réveille, mes mains sont brûlantes et mes pieds aussi, tout mon corps est brûlant. Ça ne me lâche pas d'un pouce. Mais je ne peux pas me laisser aller à le ressentir parce que je ne sais pas où ça va me mener. Je suis si soulagée quand cette sensation disparaît.

LE THÉRAPEUTE : *Tu peux me la décrire plus précisément ?*

SUZANNE : C'est une sorte de nausée. Je ne peux pas voir la moindre beauté dans la vie. Il y a quelque chose en moi qui ne cesse de remonter. (Pleurs et sanglots.)

Je déteste ça...

Je déteste ça...

Je veux que ça s'arrête. Je ne veux plus sentir ce truc. Il ne veut pas me laisser tranquille. Ça me retourne l'estomac. Je me sens affreusement mal, voilà ce que ça me fait. Je voudrais vomir, ça me soulève le cœur. C'est si fort (elle vomit et se roule en boule).

Je crois que j'avais vingt et un ans quand j'ai quitté New York pour venir en Californie. Ce qui est bizarre, c'est ce sentiment que j'avais d'avoir peur de la vie, peur de moi-même. Je l'ai ressenti toute ma vie et je n'ai jamais compris ce que c'était. Et qu'est-ce qui me faisait peur ? C'était ce foutu souvenir.

Je pleure parce que j'en ai horreur. Il me rend malade. Et il ne me quitte pas d'une semelle. Il m'engloutit. Je le sens dans tout mon corps, et cette sensation m'empêche de vivre le présent. Je ne veux pas devenir un légume. Et ce sentiment déteint sur tous les autres. Je ne peux pas me l'enlever de la tête.

Il y a tellement de choses qui me font pleurer. Janis m'a dit aujourd'hui qu'elle allait me surveiller pour les cigarettes et elle a fait un petit calendrier. Elle m'a demandé combien j'en fumais par jour et elle l'a noté. Puis elle m'a dit : « Pourquoi tu t'es remise à fumer, maman ? » Je lui ai répondu que c'est parce que je souffrais trop et que les cigarettes me soulagent. Mais elle a insisté : « Je voudrais vraiment que tu t'arrêtes de fumer, maman. » Alors j'ai dit : « Tu veux dire que tu préférerais me voir pleurer plutôt que fumer des cigarettes ? » Elle m'a répondu : « Ouais. » Je lui ai demandé si elle était sûre de pouvoir le supporter et elle m'a affirmé que oui. Je crois vraiment que j'ai un effet toxique sur elle. Elle a une maman qui doit vivre tout ça et nous ne sommes pas à 100 % ensemble. Je me sens si coupable, parce que j'ai repensé cette semaine que, quand j'étais petite, ma mère avait de l'asthme et je détestais qu'elle tombe malade. Je sais ce que Janis doit ressentir. Et je trouve ça injuste.

C'est ça que je sens quand le sentiment remonte : je suis malade. Je m'en sortirai pas, ça va m'engloutir. Et ça me colle toute la journée. Je suis complètement fichue. J'ai pas envie de bouger, pas envie de sortir, pas envie de parler. L'empreinte est trop forte ! C'est comme une torture.

J'ai une drôle d'impression à l'intérieur de mon corps. Quelque chose de frénétique. Je ne veux pas que ça m'étouffe. Ça change vraiment les choses de savoir d'où vient ce sentiment (elle a eu le primal de sa vie intra-utérine le jour précédent). Ça m'a vraiment aidée pendant ces deux semaines, chaque fois que le sentiment remontait le matin, de savoir d'où il venait.

J'ai toujours eu un côté naïf et innocent, et je vois maintenant qu'il m'a été utile. Si j'avais vraiment réalisé tout ce qui m'est arrivé, je ne l'aurais jamais supporté. Je crois que cette inconscience m'a permis de ne pas trop y penser. Janis assiste à tout ça, elle voit tous les hauts et les bas. Ça me fait horreur, je me sens si coupable. Je lui ai expliqué que ça ne serait pas pareil pour elle puisqu'elle a été désirée, puisqu'elle a été aimée dès le départ. (Elle pleure encore.) Toutes les nuits, il y a cette fièvre qui monte vers quatre ou cinq heures du matin, et mes pieds sont brûlants et mes mains aussi. C'est comme si mon esprit essayait de faire sortir de moi toutes ces choses en les brûlant.

Deuxième séance

Ça m'a semblé très intéressant, tout ce qui s'est passé hier. J'étais contente quand je suis partie d'ici. Cette joie d'avoir plongé dans le souvenir de l'avortement. Je me sentais plus vivante, heureuse d'accomplir tout ce processus et de voir l'intensité de ses effets. Je suis vraiment soulagée de savoir qu'il y a ce souvenir qui explique tout et que je ne suis pas folle. C'est vrai, quand on ne sait pas d'où viennent ces sentiments horribles, on finit par penser qu'on est timbré. Et mon corps est content de pouvoir enfin s'exprimer.

J'ai bien dormi, mais je me suis réveillée vers quatre heures et demie ou cinq heures du matin, et je me suis aperçue que mon mal au cœur n'était pas aussi intense. Il est quand même venu et, plus je restais dans mon lit sans bouger, plus il empirait. Vers six heures, j'ai pensé, tiens, voilà encore cette sensation de nausée qui remonte. Je la sens bien maintenant. J'étais couchée dans mon lit et j'essayais de dormir. À six heures et demie, elle était vraiment forte. J'avais envie de me contracter, de me rouler en boule. Ça y est, elle est là, vraiment là, très très forte. Le mieux est de ne plus bouger. Je me suis levée, je me suis assise sur le canapé dans ma chambre d'hôtel, et je n'ai plus bougé. Je pourrais passer toute la journée comme ça si je voulais. La seule chose qui me remet sur les rails, c'est le mouvement, l'action, mais ce sentiment me paralyse. Je ne peux plus faire ce que je veux. C'est comme si quelqu'un me harcelait tout le temps et ne me laissait jamais tranquille.

(Elle ne cesse de crier : « Laisse-moi tranquille ! ».)

C'est comme mon beau-père. Mais lui me harcelait sur le plan sexuel et je voulais qu'il me fiche la paix. Je me sens parfois si traumatisée que j'ai juste envie de me cacher dans un coin. Je crois que j'ai besoin qu'on me touche. Qu'on pose gentiment la main sur mon épaule. Je n'en demande pas beaucoup. J'aurais voulu pouvoir sentir quelque chose. Mais mon corps est sur des charbons ardents. C'est comme si je cherchais une sorte de contact. (« Prends-moi dans tes bras, maman, s'il te plaît, je t'en prie, prends-moi... » Elle pleure très fort pendant un long moment et tend les bras d'un air suppliant.)

(Retour au présent.)

Il y a des moments, c'est comme si je dansais. Comme si tout allait bien. Ça s'arrête de me faire mal et il y a un souffle d'air frais. Alors je me sens mieux. Je sens que je n'ai plus mal. C'est comme ça, je crois, que je pourrais retrouver mon optimisme et ma joie de vivre. Ces petites fenêtres quand plus rien ne me fait souffrir, et cette impression fantastique.

Je pense beaucoup à ce qui s'est passé quand j'avais quatorze ans, quand j'ai eu ce que j'appelle mon « grand trip à l'acide ». Je vois clairement les similitudes, je crois que j'ai revécu ma naissance, non, pas ma naissance... Ce qui s'est passé, c'est que je suis restée à la même place pendant plus de dix heures parce que j'avais trop peur de bouger. Tout mon corps était si sensible. J'avais l'impression de pouvoir entendre à travers les murs, de pouvoir tout sentir, mais je pouvais pas bouger. Il fallait que je reste là. Je comprends maintenant que je revivais toute l'histoire. « Ne bouge pas. Tout ira bien si tu ne bouges pas. » Mon corps était extrêmement sensible, comme si mes nerfs étaient à vif. Et c'est après cette expérience que je me suis mise à prendre des barbituriques et des tranquillisants, parce que c'était la seule chose qui atténuait cette impression d'avoir les nerfs à vif, la seule chose qui me soulageait. J'ai commencé avec les barbituriques et je prenais du Tuanol et du Quaalude. Juste parce que la sensation était trop forte. Mais il a fallu que je m'arrête car je suis devenue accro et j'en prenais trop. Je suis allée voir un médecin et je lui ai raconté ce qui se passait. Je croyais qu'il comprendrait et m'aiderait à comprendre. Ça n'a pas marché.

Je sais maintenant pourquoi je réagis comme ça dans la vie quand je ressens trop les choses ou quand il y a trop d'*input*. Je bats en retraite. C'est ça, mon empreinte, reculer devant ce qui essaie de me tuer. Jusqu'à présent, je n'ai jamais pu cacher ce que je ressentais. Mes sentiments étaient visibles. Je ne mentais pas. Ce que j'éprouvais était là, comme un livre ouvert que tout le monde pouvait lire. Et je naviguais dans la vie en suivant mes sentiments. Si je me sentais en sécurité, j'avançais, mais dès que je me sentais en danger, je m'en allais.

Il me semble qu'une des conséquences de cette expérience, l'effet qu'elle a eu sur moi, a été d'abîmer mon système nerveux ; d'exacerber ma sensibilité. Je suis très réceptive à ce que ressent mon entourage. Mon système nerveux était surchargé et il exagérait tout. Alors j'avais l'impression que je ne le supporterais pas. Dans le ventre de ma mère, ma réaction a été de me couper de tout, de reculer et de me recroqueviller pour me faire la plus petite possible. Et je le fais encore. Je suppose que c'est ce que le Dr Janov appelle le prototype. C'est comme si j'étais préprogrammée. Il faut que je sois forte, même si tout va mal. Je veux dire que toute ma vie, dans les pires situations, j'ai survécu en trouvant quelque chose de bon, un truc que je peux apprendre et qui me rend plus sage et plus forte.

C'est ça qui t'a sauvé la vie.

J'ai toujours eu cet optimisme. C'est lui qui m'aide à vivre. Je suis sûre que je n'aurais pas survécu autrement. C'est pour ça que je m'y accroche. Ces petites fenêtres. Et je m'efforce sans cesse d'y revenir. C'est normal, parce que c'est là que la souffrance s'arrête. Aussi intense qu'elle soit, quand j'arrive à me propulser au pôle opposé, le plaisir de ne plus la sentir est toujours très fort. J'ai l'impression de danser sur les toits, de déborder de joie, et c'est vraiment prodigieux.

Il n’y a rien de tel que de ne rien vouloir ; seulement apprécier la beauté d’une journée, la magie de regarder une fleur, de voir le soleil briller. C’est tellement simple en fait. Ne pas avoir d’ambition, rien d’autre que l’envie de respirer. Il fallait que je vous le dise, c’est ça que je trouve passionnant. Mais quel soulagement de savoir d’où vient ma souffrance et comment trouver cet optimisme !

7

LA NOTION DE PÉRIODES CRITIQUES

Les événements s'engramment dans le système nerveux pendant la période dite « critique ». Ceux qui se produisent hors de cette période n'ont pas des conséquences aussi graves. La perte d'un des parents dans un accident d'automobile à l'âge de huit ans peut s'engrammer avec la même force qu'un événement traumatisant survenu au cours des six premiers mois de la vie, mais elle n'aura pas le même effet sur le développement neurologique.

Pour qu'une empreinte se forme, une forte stimulation est nécessaire ; autrement dit, un état d'urgence qui met l'organisme en alerte. La structure cérébrale commence alors à se modifier. Elle peut enregistrer aussi bien « amour » que « manque d'amour », et si l'amour est là, les neurones se développent et arment le cerveau contre l'adversité ultérieure. Le nombre de ses synapses augmente, il devient plus fort et il a davantage de cellules nerveuses inhibitrices pour maintenir l'angoisse à distance.

Ce qui est le plus néfaste dans la carence affective, c'est le manque de toucher et de caresses au tout début de la vie. L'absence de contacts physiques déclenche chez le bébé une sécrétion de cortisol – l'hormone de stress –, ce qui finit par rendre toxique l'environnement cérébral et peut endommager certaines structures du système limbique impliquées dans le sentiment.

À propos de toxicité, nous venons de voir le cas de cette patiente qui avait des sensations de nausée et d'inflammation au cours de ses séances et qui a finalement revécu un traumatisme associé au tronc cérébral, où elle a senti une terrible brûlure envahir tout son organisme.

Sa mère avait essayé d'avorter avec une substance très caustique, sans y parvenir. Hantée par la peur de vivre dans un environnement toxique, cette patiente menait un juste combat contre la pollution, et elle a fini par déménager pour s'installer dans une petite ville plus propre et plus salubre. Sa lutte contre la pollution était parfaitement justifiée, mais sa motivation profonde se fondait sur l'expérience d'une forte toxicité vécue dans la matrice à la fin du troisième mois de gestation. Ce mobile ne diminuait en rien la valeur de ses idées sur la question ; il expliquait simplement leur origine.

Il y a des moments où nous avons besoin d'amour pour nous développer correctement, et d'autres où son importance est moindre pour le cerveau. Les chercheurs ont constaté qu'il existe au cours de la gestation des « périodes critiques » où des changements définitifs peuvent affecter les structures cérébrales. De nombreuses expériences ont été faites avec les animaux, et certaines de ces recherches ont des implications pour les êtres humains. On a par exemple constaté chez les animaux traumatisés qu'un déficit provoqué par une carence précoce ne pouvait se combler [1]. C'est bien le trait caractéristique de la période critique : ce qui s'y produit *ne peut être compensé*. Les dommages subis par un animal que l'on a pas touché après sa naissance ne peuvent effectivement être réparés. Mais ne vous affolez pas ! Les choses ne sont peut-être pas aussi tragiques !

La synaptogenèse

Au cours des dix-huit premiers mois ou des deux premières années de la vie, les synapses se forment entre les neurones corticaux, les renforçant ou les affaiblissant selon l'ampleur du traumatisme. Une stimulation suffisante, simplement fondée sur le toucher, augmente la densité des synapses dans le cortex et renforce les circuits qui édifient la faculté d'intégration. Le traumatisme peut se définir comme un *input* qui ne peut s'intégrer facilement dans le système. Il intervient lorsque des besoins restent insatisfaits pendant un certain temps. La nécessité d'un toucher optimal juste après la naissance et pendant les mois qui suivent a été clairement démontrée. Des parents aimants connaissent la dose de toucher dont a besoin leur enfant, une dose qui ne doit pas être excessive pour ne pas trop le stimuler, mais suffisante pour satisfaire ses besoins. En cas de carence, le corps l'exprime par des allergies, des maladies de peau, des infections et de l'hyperactivité. Il est possible de régresser dans ce cerveau de deux ans et de se souvenir de ce qui échappe complètement au cortex adulte. Et quand ce cerveau crie et pleure, ce sont les cris et les pleurs d'un tout petit enfant qui souffre le martyre à cause du manque de contacts physiques et de caresses. Un manque dont nous avons peut-être été allègrement inconscients toute notre vie.

L'être humain a besoin d'amour pour constituer les synapses qui vont renforcer son cerveau et lui permettre de neutraliser la souffrance. Un bébé a besoin de parents qui le regardent dans les yeux, qui réagissent à ses humeurs, qui sont sensibles à son inconfort et qui peuvent soulager sa souffrance. C'est ça, l'amour. Un regard compatissant de la mère peut véritablement réguler le flux sanguin parvenant au cortex de l'enfant et influer sur son développement. Il le fait en déclenchant la sécrétion de dopamine qui stimule la croissance des neurones corticaux [2]. Cette projection vers le cortex frontal de cellules modifiées par la dopamine le transforme. Plus le flux sanguin est abondant, plus grande est la quantité de substances nutritives et d'oxygène acheminée dans cette partie du cerveau, et plus les cellules sont en bonne santé. On peut mesurer l'activité et l'efficacité d'une aire cérébrale par la circulation sanguine. Dans le trouble déficitaire de l'attention, par exemple, les zones préfrontales sont moins bien irriguées. Le cerveau a du mal à traiter les nouvelles informations et ne parvient plus à filtrer et éliminer les stimuli excédentaires.

Le manque d'amour sculpte donc un nouveau cortex en abaissant le taux de dopamine. Et ce n'est pas seulement le cortex qui est modifié, mais aussi l'hippocampe, qui est particulièrement vulnérable au stress précoce et dont les cellules peuvent s'atrophier en cas de traumatisme prolongé [3]. Il n'y a pas que les coups sur la tête qui abîment le cerveau : un simple manque de soins peut également le faire. Les singes qui vivent en cage et sont maltraités par leurs congénères ont des lésions cérébrales dans l'hippocampe qui ne sont pas dues aux coups, mais à la souffrance. Les individus qui sont incapables de conceptualiser les relations spatiales, comme l'architecture d'une maison ou la disposition d'une pièce, ou ceux qui ont une mauvaise mémoire des dates et des lieux, devraient inspecter leur hippocampe pour voir ce que lui a fait le manque d'amour du début de leur vie [4].

Au cours de cette période clé du développement cérébral – appelée *synaptogenèse* –, plus forte est la densité des synapses, plus grande est la quantité d'informations que peut traiter le cerveau. L'empreinte d'un traumatisme peut se graver sur le plan physiologique par une diminution du nombre de synapses qui nous donne moins de cellules cérébrales pour faire face à l'adversité. Cet engramme peut être un simple événement significatif qui résume des mois d'interaction avec les parents, culminant dans le sentiment qu' « ils ne veulent pas de moi ». L'instant où l'enfant réalise qu'il n'a personne vers qui se tourner est véritablement tragique. Cette prise de conscience se produit la plupart du temps au moment où ses besoins sont les plus forts, où le cerveau réclame leur satisfaction, où les synapses crépitent en faisant de nouvelles connexions et en édifiant de nouveaux réseaux neuronaux. Cette frustration se transforme en souffrance, une souffrance qui est particulièrement intense au cours de la période critique parce qu'il s'agit de nécessités biologiques : l'organisme a besoin de ces satisfactions pour se développer correctement.

La rapidité de la synaptogenèse est un indice de période critique. Toute carence grave entrave ce processus. L'autopsie des animaux ayant subi un traumatisme a révélé qu'ils avaient moins de synapses cérébrales. Dans ces moments clés, une expérience pénible, comme celle d'avoir une mère qui fume et qui boit, peut affecter le cerveau du bébé. Celui-ci aura par la suite des structures cérébrales moins bien développées pour affronter les difficultés. Certaines tendances génétiques – hypertension artérielle, migraine et allergies – pourront se manifester dans cet organisme affaibli, alors qu'un cerveau solide ayant de bonnes connexions synaptiques aurait pu les neutraliser. Une réduction du nombre de synapses présage également de futurs problèmes d'apprentissage. Et tout cela peut se passer quand le bébé n'est encore qu'un fœtus qui n'a pas encore quitté le ventre maternel.

Ce qui aggrave le problème, c'est que l'enfant n'en a pas conscience. On dit simplement de lui qu'il n'est « pas très éveillé ». Cette inconscience ne diminue en rien l'impact de l'empreinte qui, je le rappelle, n'est pas un simple souvenir mental, mais une déficience cérébrale. Le souvenir *est* cette déficience, qui pourrait tout aussi bien être une accélération chronique du rythme cardiaque due à un traumatisme engrammé au cours de la vie intra-utérine. C'est de cette façon que le cœur « se souvient ». Certains d'entre nous ont un rythme cardiaque au repos de soixante pulsations par minute alors que d'autres dépassent les quatre-vingts. Nous connaissons désormais l'origine de ces différences, une origine qui se situe dans la vie prénatale. Le véritable souvenir n'a rien à voir avec la faculté de « se rappeler », de verbaliser et de conceptualiser les événements de la petite enfance. Il est bien antérieur à l'apparition des mots. Un rythme cardiaque rapide est peut-être associé au souvenir d'un événement terrifiant qui a accéléré les battements du cœur. Il s'est produit il y a très longtemps, mais la peur qu'il a inspirée demeure ; elle est gravée dans l'organisme sous la forme de cette accélération chronique du rythme cardiaque. Le cœur ne peut pas dire : « Je me rappelle que j'étais terrorisé par les colères que piquaient mon père chaque fois que je pleurais. » Mais il l'exprime vigoureusement par la vitesse de ses battements. Il ne s'agit pas d'un souvenir mental abstrait, car c'est le corps qui active le souvenir.

La *période critique* est ce stade de développement où le bébé est le plus vulnérable au traumatisme. Un enfant qui a été aimé au début de sa vie et qui s'est retrouvé tout seul et a dû subvenir à ses besoins à huit ans n'aura pas engrammé en lui le même sentiment de solitude et d'abandon qu'un bébé qui a été privé d'amour et de soins au cours des semaines suivant sa naissance. À huit ans, on peut se nourrir soi-même, se faire des relations ou des amis, et peut-être trouver un parent de substitution chez un professeur. Un nourrisson ne peut rien faire et toutes les fibres de son être ont besoin de réconfort et de contact physique. Un adolescent de quinze ans que ses parents ne touchent plus et ne prennent plus dans leurs bras peut en souffrir, mais il n'aura pas les déficiences cérébrales d'un bébé que l'on n'a jamais pris dans les bras. C'est toute la différence entre avoir de la peine et subir de graves dommages physiologiques. Prendre cet enfant tous les jours dans les bras à partir de quinze ans n'effacera jamais l'empreinte de la période critique.

Ce n'est pas parce que notre fils Joe a de mauvaises fréquentations qu'il s'est mis à l'héroïne. Il fréquente en fait ceux qui sont dans la même situation que lui, une situation difficile due au manque d'analgésiques internes dans un organisme surchargé de pulsions. Joe prend des drogues dures parce que sa souffrance est dure, et cette souffrance date du tout début de sa vie, bien avant qu'il ait rencontré le moindre copain. En règle générale, plus l'empreinte est profonde et ancienne, et plus elle a de force.

La clé de voûte de la période critique : la production de dopamine

La période critique la plus importante est celle de la formation du cerveau au cours de la gestation. L'angoisse ou la dépression d'une mère qui boit et qui fume peut se diffuser dans l'organisme du fœtus et y faire des ravages. Modifier la quantité d'un neurotransmetteur au cours du développement fœtal aura une incidence sur le nombre des neurones concernés. Si l'on diminue la quantité de dopamine (qui aide l'information à circuler le long des trajets nerveux) au niveau du site de fixation, le développement des récepteurs sera bloqué et leur nombre sera inférieur après la naissance [5]. La dopamine est un neurotransmetteur stimulant qui nous met sur le qui-vive et nous rend vigilants. C'est un « accélérateur » qui pousse le message vers la connexion, contrairement à la sérotonine et aux endorphines qui le bloquent (tout en donnant une impression de satisfaction et de bien-être). La dopamine est le médiateur chimique de ceux qui « s'accrochent », un facteur clé de la ténacité chez les êtres humains. Modifier les taux de dopamine au cours de la gestation produit des effets définitifs sur le cerveau : la personne renonce facilement, ne mène pas ses projets à terme et ne parvient pas à surmonter les obstacles. Mon but n'est pas d'inquiéter inutilement les parents, mais de simplement leur faire comprendre les conséquences à long terme des premiers moments de la vie. Si un seul verre ne fait pas de mal au fœtus, une femme enceinte qui boit continuellement lui fait un tort considérable. Ce ne sont pas des faits négligeables.

Lorsque la production de dopamine a été réduite par un traumatisme précoce (ce qui inclut toujours un manque d'amour), on peut trouver par la suite des taux plus faibles dans l'hémisphère droit, celui qui s'occupe des sentiments. Si tel est bien le cas, la personne n'a pas les moyens neurochimiques de persister dans les tâches ardues ou les relations difficiles : elle est passive et apathique, et elle abandonne facilement parce qu'il lui manque le médiateur chimique de la ténacité. La personnalité commence donc à se former *in utero* autour d'événements clés qui modifient l'équilibre hormonal. Car ce qui rend « critique » la période critique, c'est que ses effets persistent.

Je vais citer de nombreuses recherches qui confirment ce point et ne se limitent pas à la dopamine. Il semble s'agir d'une loi biologique : les événements traumatisants survenant au cours de la vie prénatale peuvent s'avérer extrêmement préjudiciables et les dommages ne peuvent être compensés par la suite. Voilà pourquoi, par exemple, de légères modifications des sécrétions thyroïdiennes peuvent entraîner chez l'enfant une hypothyroïdie ou une carence en insuline. C'est dans l'utérus que s'effectuent toutes sortes de réglages qui peuvent provoquer de légers écarts, indécelables sur le plan clinique, dont les conséquences n'apparaîtront sans doute que des dizaines d'années plus tard.

En cas de traumatisme au cours de la vie intra-utérine, les taux de dopamine vont se régler à un niveau supérieur ou inférieur à la normale. Une insuffisance de stimulation par la dopamine, qui va affecter le système intégrateur du cortex, pourra se traduire par une tendance à se laisser déborder et par une moindre résistance à l'adversité. Il n'est pas impossible par ailleurs que les maladies de Parkinson et d'Alzheimer soient les conséquences tardives d'une souffrance prénatale. Un excès de dopamine peut affaiblir le système de verrouillage en le surmenant et l'épuisant. Janet Giler, une psychologue qui écrit dans *California Psychologist*, fait remarquer que certaines personnes peuvent se concentrer quand la stimulation extérieure est faible, alors qu'elles n'y parviennent pas dans une pièce bondée et bruyante. Voici ce qu'elle dit : « De nouvelles recherches montrent que cette impossibilité de bloquer ou limiter l'information sensorielle (ce qui est l'une des fonctions du verrouillage) peut être due à des taux élevés de dopamine [6]. » L'augmentation de la dopamine n'est évidemment pas la *cause* du problème, mais la conséquence d'une expérience précoce.

Lorsqu'une trop grande souffrance provoque une sécrétion excessive de dopamine (ce qui hausse le réglage), le cortex frontal risque de se fragmenter sous l'effet de cette activation : « Suite à l'administration prénatale d'agents pharmacologiques affectant l'approvisionnement des récepteurs de dopamine en formation, on a constaté que le nombre de ces récepteurs pouvait se modifier [7]. » Quand le nombre de récepteurs est réduit, la stimulation est sans doute insuffisante pour maintenir un bon niveau de vigilance et d'activité dans le cortex frontal. Le « mental » préfrontal ne peut plus intégrer correctement l'information et se sent rapidement submergé et confus. À l'inverse, un excès de dopamine peut surmener la zone frontale qui devient incapable de se concentrer. Une mère enceinte qui prend des drogues ou des tranquillisants peut affecter la production de dopamine de son enfant pour la vie.

La perte de la faculté d'adaptation

Les chercheurs que je viens de citer ont donc démontré que modifier l'approvisionnement en dopamine des récepteurs concernés au cours de la vie intra-utérine augmente ou diminue définitivement leur nombre. *S'ils l'avaient fait après la naissance, l'organisme aurait compensé en normalisant le nombre et la densité des récepteurs ; mais si cela se produit au cours de la gestation, il n'y aura pas de compensation !* Bref, les dés sont jetés *in utero* et, après la naissance, on ne peut rien faire d'autre qu'essayer de limiter les dégâts. Mon hypothèse est que ce paradigme s'applique à beaucoup d'autres facteurs biochimiques et neurochimiques. Les événements de la vie prénatale semblent pouvoir provoquer des changements majeurs et définitifs dans les taux hormonaux, le système immunitaire, les neurotransmetteurs et les circuits nerveux. Ce n'est d'ailleurs plus une simple hypothèse, comme nous allons le voir, car la recherche nous en a donné les preuves. Mais l'important, c'est qu'il n'est pas besoin d'injecter une substance chimique pour susciter ces changements. Une trop grande nervosité de la mère, par exemple, peut provoquer les mêmes modifications physiologiques. La stimulation excessive du fœtus peut subtilement affecter le développement de son néocortex, qui commence à peine son existence.

Voici ce que disent A. J. Friedhoff et J. C. Miller qui ont mené des recherches approfondies sur le fonctionnement des récepteurs : « Quand une cellule dotée de récepteurs de dopamine sent, au cours de sa formation, qu'il y a peu de cette substance dans son environnement, le système s'adapte en limitant le nombre de récepteurs pour qu'il corresponde à l'approvisionnement en neurotransmetteur [8]. » Les cellules s'adaptent à leur milieu afin que la demande physiologique soit conforme aux quantités disponibles.

Si l'on prescrit à une mère de fortes doses de tranquillisants – comme du Haldol – au cours de sa grossesse, les taux des neurotransmetteurs seront définitivement modifiés chez son enfant qui, à l'âge adulte, n'ira probablement jamais « très bien ». Son mécanisme de refoulement sera défectueux et il sera quelqu'un de nerveux, d'hyperactif, qui ne tient pas en place et ne cesse de s'agiter intérieurement et extérieurement. Il se peut que cette empreinte l'oblige à prendre lui aussi des tranquillisants, précisément parce que sa mère l'a fait quand elle était enceinte. L'excès de tranquillisants au cours de la gestation incite l'organisme du fœtus à en produire moins puisqu'il est déjà saturé. Mais à l'âge adulte, sa faculté de refouler la souffrance sera défaillante et il devra prendre des médicaments pour la renforcer.

Ce ne sont pas de simples hypothèses qui m'ont convaincu des effets à long terme de l'expérience précoce. Je l'observe chez mes patients depuis des dizaines d'années et j'ai abondamment écrit sur le sujet. Or d'autres me rejoignent à présent dans l'arène. A. J. Friedhoff et J. C. Miller ont réaffirmé qu'une exposition prénatale aux drogues et aux médicaments peut provoquer dans l'organisme fœtal des changements persistants qui dureront toute la vie. Les médicaments que prend une mère psychotique affectent la sensibilité des systèmes de récepteurs du fœtus et les rend plus vulnérables [9]. Et ce qui est encore plus important, H. Rosengarten, E. Friedman et A. J. Friedhoff déclarent : « Il est tout à fait concevable que les neuropeptides maternels, les hormones maternelles (résultant d'états psychologiques) et les substances chimiques transmises par l'environnement maternel puissent provoquer ces altérations [10]. » Les modifications chimiques intervenant dans l'organisme de la mère enceinte à cause de son humeur – par exemple dépressive – engendrent des changements correspondants chez le fœtus. Quand une mère est déprimée, son bébé l'est sans doute aussi. Plus tard, cette mère continuellement dépressive va refroidir les sentiments de l'enfant, dont l'exubérance se heurte à un manque de réactions maternelles appropriées. Un simple état émotionnel – le « cafard » de sa mère – peut finir par l'inhiber complètement.

Le fœtus ressent l'angoisse de sa mère. Il n'en est pas conscient au sens cérébral du terme, mais il l'éprouve plutôt sous forme de malaise, de gêne et de vague tension, dans le langage des fluctuations hormonales et du débit sanguin. L'état de la mère peut inquiéter le bébé et cette peur peut s'engrammer définitivement. Les mêmes processus physiologiques peuvent se dérouler avant et après la naissance. Nombre des tranquillisants que l'on utilise couramment pour soigner les femmes nerveusement perturbées modifient les taux de sérotonine et de dopamine du fœtus, et peuvent le prédisposer plus tard à la maladie mentale. De même, une femme enceinte qui fume ou boit continuellement pendant sa grossesse peut interrompre la production de ces neurotransmetteurs dans l'organisme de son enfant.

Deuxième partie

VIE INTRA-UTÉRINE, MÉMOIRE ET EMPREINTE

8

L'ENREGISTREMENT DU SOUVENIR

J'utilise le terme *engrammer* pour qualifier la manière dont les événements se gravent définitivement dans le système nerveux en provoquant des effets qui sont ressentis dans l'ensemble du corps. Des substances chimiques activantes telles que les catécholamines, et en particulier la dopamine, fournissent la « colle » qui fixe cette empreinte. Le système limbique et le tronc cérébral, où sont engrammés les traumatismes extrêmement précoces, sont particulièrement riches en dopamine, surtout là où l'hémisphère droit se connecte aux structures inférieures – comme le locus coeruleus du tronc cérébral. Le cerveau a besoin de dopamine pour développer ses synapses. La carence de cette hormone affaiblit certaines facultés cérébrales : mémoire, motricité, coordination, etc. Or il semble qu'un haut niveau de stress « brûle » les cellules de la dopamine au fil du temps.

L'empreinte peut s'engrammer dans le système nerveux encore intact du fœtus pendant toute la phase qui suit les premiers mois de gestation, mais elle le fait généralement au cours de la *période critique*, au moment où les cellules nerveuses du cerveau se développent à toute allure et où certains besoins doivent être satisfaits [1]. Elle provoque d'importantes modifications dans de nombreux systèmes vitaux, dont le rythme cardiaque, la tension artérielle, la température corporelle et la sécrétion d'analgésiques cérébraux tels que la sérotonine. L'enfant peut souffrir dans le ventre de sa mère : il s'agite comme s'il pleurait, son visage se crispe et grimace s'il se sent agressé, et cette souffrance va s'enfouir en lui à jamais sous forme de souvenir inconscient.

Les expériences décisives ainsi engrammées au début de la vie vont rayonner pour englober toutes les formes de réactions : viscérales, musculaires, vasculaires, etc. L'empreinte est la conséquence d'un « big bang » qui s'est produit avant ou lors de la naissance, et les séquelles de cette explosion douloureuse peuvent se retrouver quarante ans plus tard sous forme de tension dans la nuque, de taux élevés d'hormones de stress, de problèmes affectant les vaisseaux sanguins ou d'anomalies de la sécrétion d'acide gastrique. Nous pouvons traiter les suites lointaines de cette explosion – par des manipulations physiques sur la tension des mâchoires, par exemple –, mais sa force explosive est toujours au cœur de l'organisme qui doit alors lui trouver une autre issue. Une fois que le patient a revécu le big bang initial (son traumatisme le plus grave), on observe généralement une baisse permanente du taux de cortisol. Cela montre bien que les répercussions du traumatisme précoce durent toute la vie, et qu'il est la cause de la tension et du stress que l'on ressent des dizaines d'années plus tard.

L'empreinte se grave en modifiant le nombre de connexions synaptiques, en suscitant la croissance de certains neurones et en favorisant le développement des dendrites (qui reçoivent les messages des autres cellules nerveuses). Une trace mnésique se forme à mesure qu'elle étend ses tentacules dans tout le cerveau. La force ou la valence du traumatisme conditionne celle de l'empreinte, et c'est cette énergie qui la pousse à se propager partout. L'événement s'est imprimé dans certains neurones qui se sont connectés à d'autres pour former des circuits fixes. Ils ont dès lors une sorte de « complicité » : ils se comprennent mutuellement et communiquent mieux entre eux qu'avec les autres cellules cérébrales. Ils se déclenchent ensemble car ils connaissent le code qui les relie. Et quand un événement similaire se produira par la suite – un air dégoûté sur le visage d'un proche, une certaine froideur de la part d'un ami –, les neurones codés réagiront à nouveau en provoquant peur et angoisse. Ils le feront chaque fois que des sentiments analogues seront évoqués et susciteront souvent des réactions disproportionnées à l'importance de l'événement.

Voici ce que déclare à ce sujet dans le *Brain-Mind Bulletin* le psychiatre William Gray du Newton Center dans le Massachusetts : « Dans la petite enfance, nous expérimentons une gamme de sentiments élémentaires comme le contentement, le refus, la colère et la peur. Et de même que les couleurs rouge, jaune et bleu se mêlent pour donner un nombre infini de nuances, ces émotions primaires se différencient avec l'expérience en d'innombrables tonalités de sentiment[2]. » Ces émotions relient tous les éléments et les scènes similaires, puis les codent sous forme de courbes d'ondes neuroélectriques qui réapparaissent chaque fois que de nouvelles expériences suscitent des fréquences comparables. La personne ressent alors la même sensation ou le même sentiment qui déclenche tout l'enchaînement du traumatisme en remontant jusqu'à la naissance et la vie intra-utérine. Voilà comment se réveillent et se retrouvent les traces mnésiques. Les tonalités de sentiment sont selon lui « engrangées dans le système limbique », où des myriades d'expériences disparates sont associées, codées et classées sous diverses rubriques. Or nous savons maintenant déchiffrer ce code.

L'empreinte est associée à une forte augmentation du débit sanguin, de la sécrétion d'hormones de stress, de la production de dopamine, et de l'activité métabolique du cortex préfrontal. Tout se conjugue pour engrammer le sentiment et nous l'inculquer pour la vie. Prenons l'exemple d'un enfant qui découvre un beau jour qu'on ne l'aime pas, qu'on l'évite et qu'on le trouve encombrant. Ce sentiment s'imprime en lui sans que des pensées soient nécessairement formulées. Il ne doit pas faire de bruit ni rien demander à ses parents qui en fait ne voulaient pas d'enfant. Il n'a même pas besoin d'y réfléchir : l'empreinte lui dicte ce qu'il doit faire. Il sait simplement qu'ils ne veulent pas de lui, qu'il ne leur plaît pas et qu'il est pour eux une entrave.

Un enfant sent qu'il n'est pas aimé. Il le devine dans l'attitude de ses parents, dans leur manque de chaleur quand ils s'adressent à lui, dans leur impatience, leur irritabilité, et dans le fait qu'ils ne le regardent jamais dans les yeux. Ceux-ci peuvent en être aussi inconscients que lui. À trois ans, son subconscient perçoit le rejet et il sait déjà comment réagir, sans avoir raisonné, mais en se basant sur la réaction initiale, surtout si elle lui a sauvé la vie. Malheureusement, ce manque d'amour va gravement affecter le développement et le fonctionnement de son cerveau.

La longue histoire du souvenir

Engrammer veut dire imprimer un souvenir dans tous les aspects de notre être : dans nos vaisseaux sanguins, nos muscles, nos cellules nerveuses et nos hormones. Chaque système enregistre le souvenir à sa manière – en modifiant les plaquettes sanguines, en réduisant le nombre de cellules sécrétant la sérotonine, etc. Intégrer cette notion de souvenir engrammé va transformer la psychothérapie qui ne traitera plus les *apparences* (le phénotype), mais les *origines* (le génotype). Toutes ses techniques ou presque devront changer. Cette nouvelle conception implique que le souvenir subsiste, qu'il exerce un effet durable sur notre neurobiologie et qu'il peut affecter notre comportement ultérieur. L'approche médicale devrait changer radicalement, puisque ce n'est plus seulement le stress actuel qui peut expliquer une crise cardiaque, mais aussi celui de l'enfance.

C'est l'empreinte précoce qui déforme la perception et canalise les expériences ultérieures. Après la naissance de leur enfant, certains maris se mettent à voir dans leur femme une mère plutôt qu'une épouse ou une partenaire amoureuse. De plus en plus frustrée face à ce changement d'attitude, celle-ci peut décider de rompre, et ils se retrouvent sans « mère » comme avant leur mariage. Un homme qui se fait arrêter pour exhibitionnisme en public se comporte ainsi parce qu'il veut susciter les réactions émotionnelles qu'il n'a pas perçues, enfant, chez ses parents : « Regarde-moi ! » « Réagis face à moi ! » « Montre-moi tes sentiments ! » Choquer lui permet de susciter des réactions. Il vit dans le passé ; son histoire et ses souvenirs le forcent à déjouer des besoins infantiles restés insatisfaits au début de sa vie. Son empreinte le tient sous sa coupe, de même que la plupart d'entre nous. C'est un point crucial pour bien comprendre la nature de nos symptômes. Sans ce concept de l'empreinte, nous les traitons comme s'ils constituaient la maladie, ce qui n'est généralement pas le cas.

Deux hormones nous empêchent d'accéder à l'empreinte et aux sentiments refoulés : l'adrénaline et la noradrénaline (les catécholamines). Elles affectent le cortex intégrateur, la partie du cerveau qui pense, et contribuent à réguler le niveau d'attention ou de vigilance du cortex frontal. Lorsque l'*input* est excessif, le cortex travaille d'arrache-pied pour le repousser. L'analogie hydraulique proposée par Sigmund Freud (ce que vous repoussez ici ressort là-bas) a été critiquée au début de la psychanalyse, mais il s'avère qu'elle était assez pertinente. La pression exercée par l'empreinte s'exerce continuellement et doit trouver une issue. Son énergie s'introduit dans le cortex frontal où elle active l'idéation et se diffuse par l'intermédiaire de l'hypothalamus dans tout le corps, où elle provoque entre autres des palpitations : cela nous donne une personne hyperactive et mystique qui souffre de symptômes cardiaques. Quand une quantité suffisante de cette énergie est « somatisée », les troubles mentaux sont moins graves. La personne va consulter un cardiologue pour ses palpitations et un psychologue pour ses troubles obsessionnels-compulsifs, alors que les deux pourraient être soignés avec le même médicament : un analgésique, qui permet au patient de calmer sa souffrance et de reconstruire ses défenses. Ce n'est pas un véritable remède, mais un palliatif, qui sera néanmoins efficace parce qu'il normalisera le système de verrouillage et refoulement défectueux qui est à l'origine des deux maladies.

On a récemment parlé dans les journaux d'un délinquant sexuel en liberté conditionnelle qui intentait un procès à l'État parce qu'on avait refusé de lui prescrire les tranquillisants qui l'aidaient à réfréner son penchant pour les petites filles. Si l'État recommande ce genre de médicaments pour contrôler les pulsions sexuelles, c'est implicitement parce qu'elles sont suscitées par la souffrance, et parce que la soulager permet de les bloquer ou de les maîtriser. Il est pourtant rarement admis que la souffrance puisse pousser quelqu'un à passer à l'acte. Et ce que l'État n'a pas encore compris, c'est qu'il ne suffit pas de contrôler la souffrance : il faut l'éliminer. C'est la petite différence qui change tout.

Une de mes patientes prenait des médicaments contre l'hypertension artérielle ainsi que des analgésiques : sa tension baissait, mais le lendemain, elle avait une migraine. Cela me fait penser au « Rendez-vous de Sumara ». (C'est une très vieille légende racontant l'histoire d'un homme qui, s'étant enfui à Sumara pour éviter de rencontrer la Mort, s'aperçoit que c'est justement là qu'elle lui a donné rendez-vous.) Où que nous allions, la douleur nous attend. Si nous la repoussons ici, elle resurgit un peu plus loin. Nous nous précipitons en Europe pour fuir tous nos problèmes et nous les retrouvons là-bas. Nous allons à la montagne pour nous ressourcer et qu'y rencontrons-nous ? Notre souffrance. Ou si notre système de défense fonctionne bien, des idées mystiques qui la soulagent. Nous croyons alors vivre un moment magique et nous nous sentons beaucoup mieux.

Il y a trois facteurs cruciaux dans la création d'une empreinte : la quantité d'*input*, les réactions qu'il suscite et le moment où cela se produit. Ils se conjuguent pour constituer un souvenir durable qui modifie notre neurophysiologie. N'oublions pas que les conséquences qu'elle provoque font partie de l'empreinte, et qu'elles vont subsister.

La souffrance et les réactions qu'elle engendre forment une unité dialectique qui va déterminer de nombreux aspects du comportement ultérieur : l'obstination de ceux qui continuent à ergoter sur un incident qui devrait être clos depuis longtemps, l'attitude paranoïaque ou obsessionnelle de ceux qui sont extrêmement jaloux, l'acharnement de ceux qui sont incapables de supporter la douleur du rejet et qui luttent sans cesse pour se faire accepter et/ou aimer ; et le plus fréquent, l'insistance de ceux qui sont incapables d'admettre qu'ils ont tort.

Lorsqu'un traumatisme s'engramme au tout début de la vie ou avant la naissance, c'est le tronc cérébral qui est concerné. Il se manifeste de la même manière que l'événement initial – par les mouvements de torsion et de retournement qu'implique, par exemple, un accouchement par le siège. À mesure que le cerveau et le système limbique vont se développer, ce souvenir précis, mal verrouillé en raison de la forte valence de la souffrance, va faire une percée et s'introduire dans le système limbique où il va revêtir un déguisement symbolique. La personne se met alors à faire des cauchemars où elle est tournée et retournée dans une machine à laver (un cauchemar récurrent que faisait réellement l'un de mes patients jusqu'à ce qu'il revive le traumatisme initial.) L'empreinte physiologique et viscérale s'est maintenant transformée en images, mais c'est le même souvenir, et il a la même force que l'empreinte du tronc cérébral. Voilà pourquoi ce genre de cauchemar a un impact aussi puissant. En règle générale, quand une pensée ou un rêve récurrents incluent une sensation – pression, écrasement, étouffement, etc. –, nous pouvons être sûrs que le tronc cérébral est impliqué.

Les réactions engrammées à la suite d'un manque d'amour dans la petite enfance vont persister parce qu'elles constituent un modèle de comportement pour l'avenir, notamment en cas de stress. Un de mes patients, un homme ambitieux, avait répondu à un appel d'offres concernant la construction d'un complexe thermal et sportif. Il a essuyé un échec lorsqu'il est passé devant le conseil municipal et, au lieu de comprendre qu'il ne servait à rien d'insister, il a persévéré en faisant appel plusieurs fois, ce qui n'a donné aucun résultat et lui a coûté très cher. Ses réactions provenaient de son passé et il n'était pas conscient de la situation car il refusait de la voir. Tout ce qu'il savait, c'est qu'une lutte opiniâtre lui avait un jour sauvé la vie. L'expérience vécue à sa naissance avait opéré des modifications définitives dans son appareil perceptuel et dans son système de neurotransmetteurs. Il aurait dû faire une pause, réfléchir au problème et envisager les conséquences de ses actes, mais il ne pouvait le faire en raison de ce *pattern* établi à sa naissance qui lui disait : « Ne t'arrête surtout pas si tu veux vivre. Continue à avancer, quels que soient les obstacles, parce que la mort te talonne. » Tel était le principe qui sous-tendait sa conduite. S'arrêter et renoncer, c'était mourir. Cette empreinte lui dictait son comportement.

Il est peut-être difficile d'assimiler ces notions avant que j'aie totalement expliqué le traumatisme de naissance, et je vous demande encore un peu de patience.

Lorsque l'engramme s'enregistre, les zones du cerveau qui ne sont pas concernées se réduisent et dégénèrent au fil du temps. En augmentant le nombre de synapses là où c'est nécessaire, l'empreinte oriente le développement cérébral et édifie en fait un cerveau différent. Quand un patient revit une scène du début de sa vie, il s'y replonge complètement et ses ondes cérébrales sont les mêmes que lors de l'événement initial.

Une empreinte d'anoxie à la naissance peut subsister à l'âge adulte et nous dicter en permanence notre comportement. L'attention et la vigilance sont des facultés d'adaptation naturelles qui nous permettent de fonctionner correctement, mais le problème, c'est qu'une impression constante de menace intérieure nous inquiète inutilement. Nous voyons alors le danger là où il n'existe pas, ou nous l'exagérons parce que la peur nous met sur le qui-vive.

En cas de traumatisme majeur, l'hypothalamus est impliqué. Il est la « voie de dégagement » habituelle menant aux organes internes et il traduit le manque d'amour en symptômes physiques. Il contribue à l'enregistrement de l'empreinte en libérant de la corticotrophine, une hormone de stress qui active le système nerveux sympathique. Cette stimulation permet de sceller l'empreinte et ces hormones sont en quelque sorte la colle qui fixe le souvenir. Elles fournissent une énergie qui ancre le sentiment dans les structures cérébrales, en leur donnant un « choc » qui les force à y prêter attention et à en conserver la trace. Mais les hormones de stress déclenchent aussi la sécrétion de substances analogues à la morphine pour nous défendre contre la prise de conscience du sentiment (« ils ne m'aimeront jamais »). Nous fabriquons donc simultanément des hormones de stress qui sonnent l'alerte et nous mobilisent, et des opiacés qui régulent et freinent cette mobilisation, afin d'éviter que cette activation ne s'emballe sans que rien ne vienne l'atténuer.

Nous avons des systèmes de sauvegarde pour sauvegarder nos systèmes de sauvegarde, tout cela dans le but de maintenir notre équilibre physiologique – température corporelle, tension artérielle, etc. – et mental. Ces mécanismes de sécurité nous garantissent que des réactions démesurées ne viendront pas menacer notre survie.

Une des empreintes les plus courantes est celle qui nous incite à trouver une personne manifestant une certaine froideur émotionnelle, puis à lutter pour la rendre aimante et chaleureuse. Cela ne peut marcher que si elle a un côté maternel. Sinon, la rupture est inévitable, et tout le processus s'accomplit inconsciemment parce que le besoin et l'empreinte ne sont pas conscients.

Un autre traumatisme universel, le manque d'oxygène à la naissance, est associé aux méthodes d'accouchement pratiquées dans notre monde occidental moderne. Il peut paraître surprenant d'assimiler l'anoxie à un manque d'amour, mais cela s'explique puisque l'apport d'oxygène est indispensable au développement cérébral. Un enfant peut se passer d'eau pendant une journée, alors qu'il survit seulement quelques minutes sans oxygène. Or il est possible de revivre cette anoxie et ce processus peut avoir un effet radical : disparition des migraines, baisse de la tension artérielle et atténuation du besoin de drogue ou de médicaments.

Une empreinte qui s'engramme au cours de la phase critique devient définitive. Ce qui se fixe pendant cette période est inaltérable, car rien ne pourra compenser ce qui s'est passé. Nous savons heureusement maintenant annuler sa charge et certaines de ses conséquences. Période critique et empreinte sont vraiment les leitmotiv de ce livre. Tout ce qui nous arrivera par la suite sera moins important pour le développement de notre personnalité que ce qui s'est produit au cours de la phase critique de formation du cerveau. La négliger est une lourde erreur ; si nous ne comprenons pas son importance, nous ne connaîtrons peut-être jamais l'origine des crises cardiaques, des attaques d'apoplexie, de la maladie d'Alzheimer et d'autres troubles graves. Période critique et empreinte sont la source invisible de nombre de nos difficultés ultérieures, car le traumatisme précoce modifie notre biologie dont le réglage est alors définitivement faussé : trop d'hormones de stress, pas assez de sécrétions thyroïdiennes, trop de sérotonine, etc.

De plus, la période critique marche dans les deux sens. Une mère qui ne peut jouer son rôle maternel au moment voulu aura du mal à être une bonne mère par la suite. Si l'on sépare un chevreau de sa mère avant qu'elle ne le lèche et si on le lui rend ensuite, elle a l'air déconcerté et paraît « n'avoir aucune idée de ce qu'elle doit faire pour s'occuper de lui [3] ».

Michael Odent raconte une autre expérience du même genre pour insister sur ce point : si l'on sépare à la naissance des agneaux de leur mère pendant plus de quatre heures, la moitié des mères ne prendront plus soin de leur petit quand on le leur rendra. *Mais* si cette séparation a lieu le jour suivant, le problème ne se pose plus. La période critique qui suit immédiatement la naissance est passée. Et lorsqu'on fait à ces brebis une anesthésie péridurale pour les aider à accoucher, elles ne s'occupent pas non plus de leur petit. Les mères ont aussi besoin de leur bébé pendant la période critique. Si elles ne peuvent l'aimer au cours de cette phase, elles semblent perdre en partie leur faculté de l'aimer par la suite. Bref, une mère peut enregistrer cet engramme qui lui donne ou non la faculté d'aimer, et si elle ne peut jouer son rôle le moment venu, il existe des mécanismes biologiques qui l'empêcheront de le jouer ultérieurement. On peut tirer de ces expériences de précieux enseignements.

9

LE DÉCODAGE DU SOUVENIR

La faculté cérébrale de percevoir et coder la souffrance s'acquiert juste après le troisième mois de gestation, dès qu'il existe un système nerveux primitif. Ce qui distingue l'accès à une empreinte codée d'une simple remémoration verbale, c'est que la personne se retrouve exactement dans le même état neurophysiologique que lors de l'expérience initiale. Ce genre de souvenir ne peut être simulé. Il est sans doute codé sous forme de fréquences électriques et de combinaisons chimiques. Les neurones de diverses parties du cerveau connaissent ce code et réagissent ensemble en formant des réseaux nerveux, alors que les zones cérébrales non impliquées dans la réaction au traumatisme vont peu à peu dépérir et s'atrophier. Le souvenir devient ainsi un « mécanisme » qui déclenche une série de réactions chaque fois que se produit un événement ayant la moindre connotation émotionnelle. La plupart de nos sentiments courants, si ce n'est tous, s'élaborent à partir de ces sensations primitives logées dans les profondeurs de notre cerveau. L'engramme n'implique pas seulement la création de nouvelles synapses, mais aussi l'élagage de celles qui ne servent à rien. L'utilisation continuelle du même circuit le renforce et nous incite à répéter ce comportement, notre personnalité se formant autour de ces réactions récurrentes. Sur le plan clinique, j'ai toujours observé que ceux qui ont souffert d'un manque d'amour au tout début de leur existence – en étant par exemple hospitalisés pendant des semaines – rencontrent des difficultés dans leur vie sociale et ne se lient pas facilement sur le plan affectif. Ces traits de caractère peuvent se mettre en place longtemps avant que l'enfant n'utilise le langage. On peut très bien être un brillant psychiatre tout en étant incapable d'avoir de bons rapports avec autrui, ou en étant attiré par ceux qui, comme lui, ne ressentent rien et ne peuvent réellement aimer.

Chez les patients qui revivent des scènes de leur enfance, c'est toute la panoplie du souvenir qui est réveillée : les odeurs qu'ils ont senties, les choses qu'ils ont vues, le ton et le contenu des paroles qu'on leur a adressées. Le tout resurgit ensemble pour être connecté, et c'est cette expérience globale, et non simplement cérébrale, qui provoque de profonds changements.

Au cours d'un revécu, tous les aspects du souvenir sont réactivés et finalement connectés au cortex frontal. Il arrive cependant qu'un seul d'entre eux soit manifeste. S'il s'agit d'une accélération du cœur, la personne présente une anomalie des contractions cardiaques (extrasystole) ou souffre de brusques accès de palpitations dès que ses défenses faiblissent. Ces réactions, qui sont fragmentaires à cause du refoulement et de la déconnexion et qui concernent les fonctions de survie les plus primitives, font toujours partie d'un souvenir *global*. Le rythme cardiaque et la tension artérielle sont les aspects les plus élémentaires du souvenir.

Les taux élevés de catécholamines associés au « big bang » que constitue tout traumatisme précoce mettant l'existence en danger, comme celui de la naissance, contribuent à propager l'information jusqu'aux plus lointaines contrées du cerveau – dont le tronc cérébral. Une grande partie du cerveau se consacre alors à sa propre défense contre l'attaque du souvenir et de sa composante douloureuse, défense qui consiste à bloquer la conscience de la souffrance. Lorsque nous nous sentons blessés par un incident de notre vie actuelle, notre cerveau tout entier se mobilise en rassemblant les divers aspects du souvenir, et l'ensemble des neurones concernés retrouve l'empreinte enregistrée *in utero* et réagit en conséquence. Voilà pourquoi un simple regard légèrement agacé peut nous donner une migraine. Et si le traumatisme initial du tronc cérébral a été une sensation de totale impuissance face aux terribles difficultés rencontrées lors de la naissance – souvent associées à une forte anesthésie –, la même empreinte va resurgir chaque fois que l'individu se retrouvera dans une situation qui lui paraît désespérée. S'il se heurte, par exemple, à des règlements administratifs inflexibles – un événement qui en soi n'est pas si terrible –, le sentiment d'impuissance non verbalisé resurgira, s'accompagnant éventuellement de palpitations ou de migraine. La « blessure » est gravée dans les structures du tronc cérébral et, en remontant l'enchaînement de ses souffrances, il retombera sur la réaction initiale associée au premier traumatisme majeur, qui est dans ce cas la constriction et la dilatation des vaisseaux sanguins associées à l'anoxie de la naissance.

C'est ainsi qu'un médecin peut traiter chez un patient adulte une migraine dont l'origine remonte à plus de quarante ans. Il n'est pas étonnant que ses causes soient si difficiles à trouver ! Une personne extérieure ne peut retrouver cette origine ; seul celui qui souffre peut le faire. Et il ne peut le faire délibérément, car il est impossible d'utiliser le cortex pour accéder aux niveaux inférieurs.

Quand un médecin qui veut effectuer une analyse de sang sur un fœtus introduit une aiguille sous sa peau, la douleur fait aussitôt remonter les taux de catécholamines. Le fœtus souffre-t-il lorsqu'il réagit ainsi, même s'il ne peut le formuler avec des mots ? Évidemment. Son taux de cortisol augmente de près de 600 % après la piqûre de l'aiguille [1]. Et cette réaction va s'engrammer à jamais ! Sa réponse au stress est désormais définitivement codée et enregistrée. Les catécholamines catalysent l'empreinte avant même que le bébé ne soit né. Nous pouvons donc être marqués pour la vie avant de voir nos parents pour la première fois, et nos réactions face à eux dans notre petite enfance seront peut-être altérées, non pas à cause de leur comportement, mais à cause de notre vécu intra-utérin.

Comme l'a constaté la neurobiologiste Lise Eliot, un enfant dont la mère a subi un stress et a eu des taux de catécholamines élevés pendant sa grossesse risque davantage que d'autres d'avoir un bec-de-lièvre. Les catécholamines réduisent le flux sanguin parvenant au fœtus, ce qui diminue l'apport d'oxygène. Il est également possible qu'un taux de catécholamines chroniquement élevé chez la mère modifie le réglage du bébé, et ce pour le restant de ses jours. Il se montrera dès lors plus nerveux, irritable et impatient, et supportera moins bien la frustration. Et puisque le système endocrinien est un tout, je suis par ailleurs persuadé que, chez un bébé, des niveaux élevés de cortisol et de catécholamines peuvent affecter son taux de testostérone. Il est connu que le stress le diminue chez l'homme, mais je suis sûr qu'une mère stressée peut faire baisser celui de son fils, qui aura quelque chose de féminin. Ajoutez à cela un père lointain et distant, et le résultat est prévisible. (Voir le chapitre 18 pour une approche plus détaillée de ces problèmes.)

Lise Eliot a remarqué que les catécholamines provoquent des réactions différentes chez l'adulte et le bébé : « Les catécholamines mobilisent l'adulte et le préparent à l'action en accélérant le rythme cardiaque et en augmentant le flux sanguin vers les muscles, alors que chez le bébé, elles ralentissent le rythme cardiaque et l'activité cérébrale, et vont jusqu'à paralyser certains mouvements [2]. » Les bébés nés par césarienne ne connaissent pas la même hausse de catécholamines que ceux qui naissent par la voie vaginale, ce qui peut être une source de problèmes respiratoires par la suite. Selon Lise Eliot, l'accouchement par les voies naturelles laisse au bébé un plus grand sentiment de bien-être, peut-être dû à un métabolisme plus rapide.

Très récemment, un rapport sur les effets à long terme du traumatisme précoce a été présenté par des chercheurs de l'École de médecine de l'université de Washington qui ont travaillé avec le British Columbia Children's Hospital et l'Arkansas Children's Hospital [3]. Selon eux, « la souffrance et le stress provoquent des réactions physiologiques et comportementales chez les nouveau-nés, et même chez les prématurés. » Fran Lang Porter, qui dirige l'équipe de chercheurs, poursuit en disant : « Il est prouvé que non seulement ces événements du tout début de la vie provoquent des changements, mais qu'il peut en résulter *des modifications structurelles et fonctionnelles définitives* » (les italiques sont de moi). Si la recherche a mis une trentaine d'années à combler son retard sur nos observations cliniques, de plus en plus d'informations démontrent désormais que le traumatisme précoce entraîne réellement des changements durables dans notre organisme et notre cerveau. Ces chercheurs ont maintenant compris que les fœtus et les nourrissons peuvent percevoir la douleur, et que les bébés qui sont circoncis (une pratique à laquelle je suis opposé dans la petite enfance, car elle fait souffrir l'enfant pour un motif qu'il ne peut comprendre) ont besoin d'analgésiques. D'après eux, les prématurés ayant subi divers traumatismes au cours de la grossesse et de l'accouchement étaient à dix-huit mois des enfants moins éveillés et moins expansifs. Les petits garçons circoncis redoutaient plus que les autres la douleur des vaccinations. Et ils ont découvert le point sur lequel j'avais tant insisté : « Il est démontré que le souvenir de la douleur peut s'enregistrer sur le plan biologique [4]. » Ce qui veut dire que des événements peuvent s'engrammer sur le plan physiologique avant même que la mémorisation ne soit possible. Ces vulnérabilités qui remontent à la vie intra-utérine expliquent que certains d'entre nous réagissent vivement aux stimuli alors que d'autres restent indifférents. Une atonie engrammée à la naissance peut émousser toutes les réactions ultérieures. Cette *diminution de l'affect* que nous voyons chez certains patients très déprimés n'est généralement pas due à un manque de sensibilité, mais au refoulement de leurs sentiments.

À propos du stress chez le nourrisson, Allan Schore déclare : « Chez un nourrisson ayant subi un traumatisme précoce, ce mécanisme psychoneurologique peut provoquer l'enregistrement – au niveau sensori-affectif, moteur, émotionnel et instinctuel – de l'expérience qui s'engramme dans les *patterns* de neurotransmetteurs du système limbique. Il est possible que cela lui rende par la suite extrêmement difficile d'interpréter les émotions d'autrui [5]. » Autrement dit, on peut déceler le souvenir d'un traumatisme dans les changements affectant les systèmes de neurotransmetteurs du cerveau. L'empreinte modifie ces messagers qui facilitent ou ralentissent le cheminement d'importantes informations – comme la douleur – vers les zones corticales supérieures, celles qui nous donnent conscience de nos sentiments.

Elle peut également provoquer un dérèglement du cortex, ce qui suscitera par la suite des accès maniaques. Les états maniaque et dépressif impliquent tous deux un haut niveau d'énergie. La dépression exige en fait un effort pour veiller à l'efficacité du mécanisme de refoulement. L'excitation maniaque implique que le verrouillage défectueux « fuit » et suscite un besoin d'activité frénétique. Les accès maniaques et dépressifs ne sont pas des maladies distinctes car ils sont souvent associés à la même empreinte et alternent chez la personne. Lorsque le refoulement cède devant une force explosive, elle se met à écrire des romans à propos de rien, dépense sans compter et devient un vrai moulin à paroles. Cette « force explosive » peut provenir d'une anoxie associée à sa naissance.

Ces états donnent lieu à toutes sortes de diagnostics compliqués et sont qualifiés d'affection bipolaire, alors qu'il ne s'agit que de souffrance et de traumatisme. Mieux vaut s'intéresser à l'efficacité du système de verrouillage. Comme nous l'avons vu, les criminels ont des verrous défectueux et c'est ce qui explique leur impulsivité et leur passage à l'acte. Leur folie meurtrière peut parfois être assimilée à une sorte d'accès maniaque. Mais le comportement maniaque n'est pas une maladie ; c'est plutôt une manière de réagir à des problèmes vitaux.

Nous avons traité trop d'individus maniaques pour voir les choses autrement.

Dès que le poids de la souffrance s'allège, l'impulsivité et l'activité maniaque s'atténuent aussi. L'efficacité du verrouillage, que je traiterai au chapitre 14, dépend en grande partie des circonstances de la naissance. Une naissance de type lutte-échec où une forte anesthésie paralyse l'organisme du nouveau-né conduit généralement à la dépression – « je n'en peux plus, je renonce ». Le maniaque, en revanche, s'est sans doute battu de toutes ses forces pour sortir, et ses efforts ont été couronnés de succès. L'activité est dès lors considérée comme un mécanisme de survie. Depuis l'événement initial qui a mis ce mécanisme en marche, il essaie d'échapper à l'empreinte et se sauve en courant. Le verrouillage peut avoir été mis en place à la naissance, lorsque le traumatisme natal a entravé le développement des neurones de la zone préfrontale, ou bien au cours de la vie intra-utérine si la mère a pris, par exemple, une quantité excessive de Valium ou d'un autre analgésique. Comme nous l'avons vu, quand la physiologie du fœtus détecte les analgésiques introduits dans son organisme par l'intermédiaire de sa mère, elle « décide » de ne pas fabriquer les siens. Il peut en résulter une carence définitive de la production interne de ce type de substances.

Une réaction qui élève les taux d'hormones de stress peut modifier définitivement d'autres systèmes hormonaux. La probabilité de mourir brutalement d'un arrêt du cœur est augmentée de 600 % chez les hommes qui se plaignent d'angoisse chronique, et les individus déprimés meurent trois fois plus que les autres en cas de crise cardiaque [6]. Nous verrons que ces pathologies ont une origine extrêmement précoce, et c'est bien évidemment la même empreinte, celle d'où provient l'angoisse, qui provoquera l'arrêt cardiaque plus tard. Le cœur et les divers organes – comme l'estomac qui se serre – sont codés ensemble et ne sont pas atteints d'affections distinctes, mais du même syndrome. On ne peut être angoissé sans que le cœur ne s'en ressente.

La recherche semble avoir découvert comment s'effectue ce codage. Au cours d'une expérience sur la mémoire menée par B. J. Young et son équipe, on a pu observer individuellement des neurones de la région parahippocampique chez des rats de laboratoire, après leur avoir fait sentir des odeurs particulières. En présence de chacune d'elles, tous les neurones concernés se sont activés simultanément et le souvenir a été *encodé* et conservé dans la région parahippocampique. Les chercheurs ont alors émis l'hypothèse que les souvenirs s'enregistrent dans cette zone de manière différente que dans l'hippocampe, chaque neurone détenant une partie du code [7]. Être quitté par un conjoint à trente ans peut réveiller un vieux sentiment d'abandon ressenti à six mois. Il peut déclencher une peur et un malaise qui vont engendrer une dépression dont l'origine restera un mystère.

Il y a plusieurs dizaines d'années, un neurophysiologiste nommé Karl Lashley a essayé de déceler la trace de l'« engramme » du souvenir dans le cerveau. Ses efforts ont été globalement infructueux. Or il semble qu'une composante importante de cette trace mnésique se trouve dans le cervelet, la partie inférieure de l'arrière du cerveau qui ressemble à un cerveau miniature et dont on a récemment démontré l'importance dans le codage du souvenir.

Lorsque je dis que nos patients sont plutôt dans le « là-bas il y a très longtemps » que dans l'« ici et maintenant », j'entends qu'on ne peut distinguer passé et présent en termes de réactions du cerveau. La stimulation du cervelet produit parfois les mêmes *patterns* que si l'ancien événement traumatisant était en train de se produire. Il est clair que le souvenir est en partie conservé dans cette zone. Paul MacLean du National Institute of Mental Health a suggéré (dans une communication privée) que l'on devrait considérer cette structure comme un élément clé du problème. Quoi qu'il en soit, la meilleure arme contre la souffrance engrammée est le souvenir. Revivre le souvenir nous permet de distinguer le passé du présent et de ne plus constamment déjouer notre propre histoire dans notre vie quotidienne.

Le processus d'enregistrement de l'engramme ne peut être complètement inversé chez l'adulte, car les comportements déviants qui en résultent se répètent depuis tant d'années qu'ils sont incrustés dans l'organisme. Quand on a appris à jouer au tennis avec une mauvaise position du bras, il est ensuite extrêmement difficile de la corriger. Le code ne cesse d'assembler les mêmes cellules pour provoquer le même comportement déviant (la mauvaise position du bras), quelle que soit notre volonté d'agir autrement. L'empreinte a forgé des circuits nerveux définitifs. Comme Allan Schore l'a fait observer, « il est démontré que les expériences engrammées produisent des effets électrophysiologiques à long terme sur l'activité neuronale spontanée des diverses régions du cerveau [8] ».

Le réajustement de nos réglages biologiques

L'engramme peut également modifier à long terme le réglage de processus biologiques élémentaires – comme la sécrétion d'endorphines et de sérotonine et la vitesse du métabolisme de l'organisme. *Si, par exemple, des taux élevés d'hormones de stress font partie du code, cette réaction persiste comme si l'événement était en train de se produire.* Le souvenir maintient ce réglage et les processus biologiques sont scellés dans la mémoire. On peut dire que ces modifications constituent le mode d'enregistrement du souvenir. Alléger le souvenir engrammé devrait donc arrêter le flot d'énergie qui continue à dérégler certains processus, et nous savons comment le faire. Dans ma pratique, mes patients hypertendus voient leur tension artérielle baisser en moyenne de 2,4 points après environ huit mois de thérapie. La température moyenne de mes patients est de 36°4, et cette différence n'est pas négligeable car, selon la recherche, une baisse de trois dixièmes de degré pourrait correspondre à une dizaine d'années supplémentaires de vie. Pourquoi baisse-t-elle ainsi ? Parce que le souvenir s'est finalement connecté aux centres frontaux pour y être intégré. Pourquoi était-elle au départ plus élevée ? À cause du souvenir. Pour le refouler, le corps doit travailler davantage, ce qui produit de la chaleur. Il ne cesse de réagir à cette menace interne. Mais une fois qu'il a ressenti le danger, l'organisme n'a plus besoin d'y réagir. C'est ce qui explique la baisse systématique de nombreux signes vitaux.

Conserver les sentiments tout au fond de nous peut finir par ébranler notre santé. Le refoulement est une force constante qui épuise notre organisme et peut raccourcir la durée de notre existence. D'après mes observations, le profond refoulement d'une terrible souffrance précoce peut finir par provoquer une maladie tout aussi terrible, dont la moindre n'est pas le cancer. Certaines expériences préliminaires semblent montrer qu'un traumatisme subi *in utero* pourrait provoquer par la suite certains types de cancer. Un enfant dont la mère a beaucoup bu pendant sa grossesse risque davantage d'avoir un cancer. Plus tôt se grave l'empreinte, plus les conséquences seront désastreuses des années plus tard.

Un article paru dans le *New York Times* rallie la vague de nouvelles informations corrélant les maladies de l'adulte aux traumatismes prénatals. « Alors même que la recherche en est à ses débuts, un nombre croissant de preuves démontrent que les périodes situées avant et juste après la naissance, ainsi que l'enfance et le début de l'adolescence, jouent un rôle beaucoup plus important que l'on ne croyait dans le risque de cancer du sein », a déclaré le Dr Karin B. Michels, épidémiologiste à la Harvard Medical School [9]. La journaliste poursuit en disant qu'exposer un bébé à des substances nocives aussitôt après la naissance peut s'avérer déterminant pour l'apparition ultérieure d'une maladie.

Je venais juste d'expliquer pourquoi les sentiments doivent être exprimés quand je suis tombé sur un article du *London Sunday Times* [10] citant des statistiques prouvant qu'il vaut mieux *ne pas* exprimer ses sentiments – ce qui paraît très *british*. Selon eux, certaines expériences montrent que « décharger sa bile » augmente la tension nerveuse. C'est effectivement le cas s'il s'agit d'une abréaction, d'une simple décharge de l'énergie des sentiments qui n'a rien à voir avec leur expression. Les auteurs déclarent qu'il vaut mieux maîtriser sa colère en faisant quelque chose qui nous aide à garder notre calme. Dans un article de fond, le *Los Angeles Times* a soutenu un point de vue analogue, en considérant la colère comme une « habitude autodestructrice » créant la même dépendance que les autres formes de toxicomanie [11]. D'après le journaliste, des expériences ont démontré que la tension artérielle risquait d'augmenter quand on manifestait sa colère. C'est bien ce que nos propres recherches ont mis en évidence si la colère est un acte conscient et délibéré qui s'exprime hors de son contexte, sans accéder aux zones primitives du cerveau. Lorsque nos patients martèlent les murs de nos pièces capitonnées *dans le bon contexte*, leur tension artérielle diminue et leur rythme cardiaque ralentit. En cas de hausses et de baisses sporadiques des signes vitaux, nous savons de suite qu'il s'agit d'une abréaction. Et si les taux de sérotonine sont plus bas chez les personnes agressives [12], c'est parce qu'elles refoulent moins efficacement.

Damienne : le besoin de me remplir

Cette histoire de remplissage décrit une bonne partie de ma vie, car elle a pour moi un double sens très significatif qui correspond à la fois à mon alcoolisme et à la souffrance de n'avoir jamais reçu ce dont j'avais besoin.

J'ai été officiellement diagnostiquée alcoolique à l'âge de quinze ans. J'avais déjà été provisoirement renvoyée d'une école catholique à treize ans :

j'étais perpétuellement ivre et séchais les cours pour traîner dans les bars. J'avais même manqué l'école une semaine entière, ma mère étant partie, pour fréquenter les garçons du voisinage. Nous avons bu toute la semaine. L'année suivante (à quatorze ans), on m'a mise à la porte parce qu'on m'avait vue boire et fumer dans une soirée dansante organisée par l'école. J'ai passé ma quinzième année dans une pension des Adventistes du septième jour (ma mère disait que j'étais indomptable). Je faisais le mur la nuit pour aller boire avec des copains plus âgés et je sortais le soir en boîte en racontant à ma mère que j'allais au cinéma. Elle pensait que j'avais besoin de « discipline ». Elle avait tout essayé, me tabasser, me menacer de m'envoyer vivre avec mon « salaud de père » qui allait me dresser, mais ça ne marchait pas. Elle tentait de m'interdire de sortir pendant des semaines, et c'était en fin de compte complètement inefficace.

Cette année-là, je ne me suis pas fait d'amis. Je faisais partie des mauvais éléments, des « fauteurs de troubles ». Je parlais grossièrement, j'injuriais même l'église. Je cachais des bouteilles d'alcool et des paquets de cigarettes sous mon matelas et dans diverses planques, afin que ceux qui inspectaient les dortoirs ne tombent pas dessus au cours de leur visite hebdomadaire. J'avais trouvé un petit travail, le samedi matin, au centre d'équitation qui était à proximité, mais l'école m'a obligée à y renoncer au bout de trois semaines parce qu'il fallait que je respecte le sabbat. Cela m'a anéantie. C'était le seul endroit où je me sentais bien. À la fin du premier trimestre, j'ai eu un renvoi provisoire pour avoir bu et fumé dans le train qui me ramenait chez moi pour les vacances. Je me souviens encore de ma mère, debout dans la cuisine, qui me hurlait que je n'étais qu'une « petite garce d'ivrogne bonne à rien » en me giflant. Cela n'avait rien de nouveau, elle n'avait cessé de me le répéter pendant toute mon enfance et l'horreur que je lui inspirais sautait aux yeux, aussi loin que remontent mes souvenirs.

Je suis retournée à l'école pour le deuxième trimestre et j'ai été surprise par la police en train de bomber des graffiti sur le mur des toilettes publiques de la grand-place de la ville. Et j'ai commencé à emprunter la moto de l'exploitation agricole dépendant de l'école pour aller en douce le vendredi et le samedi soir traîner dans les pubs et les boîtes de la ville. Les autres gosses me trouvaient épouvantable. Pour aggraver les choses, je racontais à tout le monde que ma mère était méchante et brutale. Je suis allée un jour voir le surveillant du dortoir juste après que ma mère m'a donné une raclée dans ma chambre (lors d'une visite impromptue), et la seule chose qu'il a trouvé à me dire, c'est que je l'avais bien méritée. Malheureusement pour moi, je ne pouvais rentrer dans le moule de la « bonne petite chrétienne ». J'ai vraiment fait des efforts dans ce sens, sans jamais y parvenir.

Je suis revenue à la maison pour les cinq jours de vacances du milieu du trimestre. J'ai accepté d'aider le mari de la meilleure amie de ma mère à nettoyer son voilier et, cette nuit-là, je me suis complètement saoulée avec lui et il m'a violée. J'ai écrit une lettre à une des filles de l'école pour lui raconter que j'avais peur d'être enceinte, mais je ne l'ai pas envoyée et je suis retournée à la pension sans en avoir parlé à personne. J'avais trop honte. Un mois plus tard, ma mère m'a demandé de venir passer un week-end à la maison. J'étais très excitée à l'idée qu'elle veuille me voir. Elle m'a emmenée déjeuner dans un de ses snacks favoris et, à notre arrivée, l'amie de ma mère et mon beau-père étaient là. C'était un coup monté ; ma mère avait trouvé la lettre que je croyais avoir enfouie au fond d'un tiroir. Ils m'ont interrogée et m'ont tenue pour responsable de ce que m'avait fait cet homme de quarante ans : je m'étais saoulée et je l'avais provoqué. J'avais quinze ans. Je suis retournée à l'école et j'ai été renvoyée à la fin du deuxième trimestre, cette fois pour avoir tenté de me suicider. Je ne pouvais plus supporter la solitude et la souffrance qui me minaient. Personne ne m'aimait, personne ne me comprenait, personne ne m'écoutait. Et si par hasard on le faisait, on ne me croyait pas. Je ne voulais pas mourir, je voulais qu'on s'intéresse à moi et qu'on m'aide. Personne ne l'a fait. Le docteur n'arrivait pas à croire que ma mère n'était pas venue à l'hôpital. Elle lui a dit que je voulais juste me faire remarquer.

Je suis directement retournée de l'hôpital à la pension adventiste pour m'entendre dire par le directeur que l'école ne supporterait pas une minute de plus mon comportement perturbateur et que j'étais « une petite garce qui ne cherchait qu'à attirer l'attention ». Il ne savait pas ce que ma mère allait pouvoir faire de moi. Il était d'avis de « la mettre dans une institution spécialisée ».

Je suis rentrée à la maison chez ma mère. Ma vue lui faisait réellement horreur. Elle avait un nouvel homme dans sa vie, un de plus parmi tous ceux qui s'étaient succédé depuis la séparation de mes parents trois ans plus tôt. Je buvais de plus en plus. Comme je n'allais plus à l'école, j'étais toute la journée à la maison avec elle et la situation était intenable.

À seize ans, ma mère m'a fichue dehors parce que je buvais et fumais, et aussi parce qu'elle a trouvé un contraceptif dans mon tiroir. Je m'étais mise à prendre la pilule après le viol et j'avais une forte activité sexuelle. Une de mes amies m'a hébergée et j'ai habité chez elle, avec son père alcoolique, tout en fréquentant le lycée local. C'est là que mon père est venu me demander si je voulais vivre avec lui en essayant de continuer mes études.

J'ai déménagé chez lui et je suis allée au lycée du coin (mon quatrième lycée). J'emportais tous les jours en classe une Thermos de gin tonic ou de toute autre boisson alcoolisée sur laquelle je pouvais mettre la main. À l'heure du déjeuner, j'étais déjà généralement bien partie. Je vivais donc avec mon père et ma vie était un cauchemar. (Il « buvait comme un trou », comme disait ma mère.) Le week-end, j'allais au club de rugby local et je les regardais jouer ; puis je me saoulais et couchais avec les joueurs qui en avaient envie. L'attention qu'ils m'accordaient me faisait énormément de bien.

J'ai été provisoirement renvoyée, une fois de plus, pour avoir bu et introduit de l'alcool à l'intérieur de l'école, et mon père, auquel on venait en plus de raconter que je couchais avec n'importe qui, m'a donné une terrible raclée. Le docteur a cru que j'avais une fracture du crâne, mais heureusement, il s'est trompé. Je me suis enfuie de la maison et j'ai décidé d'essayer de trouver du travail pour me débrouiller toute seule. J'étais maintenant complètement livrée à moi-même et n'avais de comptes à rendre à personne. J'ai été embauchée et mise à la porte trois fois au cours des huit mois suivants – j'avais la gueule de bois et j'arrivais en retard, ou bien je n'y allais pas du tout.

Je vais vous raconter maintenant ce qui est pour moi le plus terrible, le prix que j'ai dû payer pour mon alcoolisme.

À dix-sept ans, je suis tombée enceinte, ce qui à l'époque ne voulait pas dire grand-chose pour moi. Je retrouvais le père tous les jours au bar du coin en sortant du boulot et nous buvions jusqu'à la fermeture. Le matin, au réveil, je prenais une bière pour me mettre en forme (pour soigner le mal par le mal, en quelque sorte), puis à l'heure du déjeuner, j'allais boire un verre au bar. Je fumais aussi deux à trois paquets de cigarettes par jour, et de la marijuana si j'en trouvais. Le père m'a envoyée balader quand j'étais enceinte de cinq mois et j'ai continué à me saouler à mort. Je ne me suis arrêtée que deux semaines avant la naissance. À dix-huit ans, j'ai mis au monde un petit garçon dont il fallait à présent s'occuper. Ma mère avait fait venir plusieurs personnes « riches » susceptibles de l'adopter, y compris un couple d'Australiens, mais j'ai refusé de l'abandonner.

Quand mon bébé avait trois mois – je buvais à nouveau énormément –, je suis allée à une soirée et je suis rentrée à la maison complètement saoule. Il pleurait et je l'ai pris pour le nourrir (je lui donnais encore le sein) ; j'ai traversé la moitié du salon et je l'ai laissé tomber de la hauteur de ma poitrine. Je l'ai enjambé, je me suis assise dans un fauteuil et je l'ai laissé pleurer par terre. J'étais complètement inconsciente de ce que je venais de faire. Heureusement, il n'a pas été blessé physiquement.

J'étais retournée chez ma mère juste avant la naissance et j'en suis partie quand mon fils avait sept mois. Ma mère avait raconté à notre médecin de famille que j'étais « irrécupérable », alors que j'étais allée le voir pour ma dépression et mon alcoolisme. Je lui ai raconté comment on me traitait à la maison. Je n'avais pas le droit de sortir. Je faisais la cuisine, le ménage et lavais le linge de toute la famille, tout en essayant de m'occuper de mon bébé et en payant 100 $ par semaine pour pouvoir rester à la maison. Je trouvais ma situation pire que celle de Cendrillon.

J'ai été admise dans un refuge pour femmes battues de l'Armée du Salut. Je laissais mon fils avec les autres mères et je sortais boire. Lorsqu'il a eu un an, je me suis à nouveau retrouvée enceinte. J'étais atterrée. Je n'arrivais déjà pas à m'occuper de cet enfant que je n'avais pas réellement voulu. Je ne voyais pas comment m'en sortir avec un autre. À dix-neuf ans, j'ai décidé de me faire avorter. Une fois ma décision prise et le rendez-vous fixé, je n'ai rien ressenti. Et quand le médecin furieux est venu me voir après l'intervention pour me dire que j'avais dépassé la limite des douze semaines et qu'il avait dû « le » retirer par morceaux, ça ne m'a rien fait. Le soir même, je suis allée en boîte et je me suis saoulée.

À mesure que mon fils grandissait, mon comportement autodestructeur empirait. Je le laissais tout seul à la maison la nuit et je sortais pour boire. Le matin, je n'arrivais pas à me réveiller ou à me tirer du lit pour m'occuper de lui. Il restait avec ses couches sales pendant des heures. Quand il réussissait à se les enlever tout seul, il en mettait partout et se traînait dedans.

Non seulement je buvais, mais j'avais des accès de colère et des crises de rage irrépressibles. À quatre ans, mon fils avait déjà été gravement maltraité physiquement et moralement. Une nuit, après avoir bu toute la soirée, je n'ai plus supporté ses demandes incessantes et je l'ai battu avec une batte de base-ball en plastique. J'ai fini par décrocher le téléphone pour appeler au secours.

J'ai suivi pendant quelques années une « psychothérapie intensive ». Je voyais une fois par semaine un psychothérapeute qui essayait de m'apprendre à classer mes souvenirs sur des étagères imaginaires, afin de comprendre qu'ils ne faisaient plus partie de ma vie actuelle. Je voyais également une fois par semaine un conseiller parental qui tentait de m'expliquer comment mieux remplir mon rôle de mère, sans faire vivre à mon fils ce que j'avais personnellement subi. Je suivais aussi une thérapie de groupe, un soir par semaine, où je reproduisais diverses situations sous forme de jeux de rôles, mais nous devions contenir nos sentiments pour ne pas trop perturber les autres. Je m'inscrivais régulièrement à des week-ends de travail sur la colère où l'on n'avait pas le droit de la laisser éclater. On devait se contrôler et apprendre à être gentille et positive, ce qui me mettait en fureur. Je continuais à y aller parce que je pensais qu'ils avaient raison et que c'était moi qui avais un problème.

Je me suis vraiment efforcée d'arrêter de boire. J'y suis parfois arrivée pendant quelques mois. Je pensais que j'allais mieux. Je prenais encore quelques verres plusieurs soirs par semaine, mais je ne me saoulais plus comme avant. Ce qui étais dur, c'est qu'après plusieurs mois d'abstinence, je me remettais à picoler de plus belle. Mon fils était alors placé dans des familles d'accueil pendant que je buvais vingt-quatre heures sur vingt-quatre, sept jours sur sept, au cours de périodes qui ont duré jusqu'à six mois. La thérapie empirait mon état. Après avoir essayé pendant trois ans de « tirer un trait sur mon passé » et avoir accumulé les échecs, j'ai littéralement explosé. J'ai tellement battu mon fils que j'ai dû appeler une ambulance. J'ai cru que je l'avais tué. Quand la police est arrivée, il jouait avec les gens du SAMU, couvert de bleus et très secoué, mais sans rien de cassé. J'avais maintenant déplacé ma rage contre les personnes qui essayaient de m'aider. Je n'avais aucune idée de ce qui se passait. Mon fils m'a été de nouveau retiré et j'ai recommencé à boire.

Toutes mes relations étaient brutales et se terminaient mal. J'ai eu d'innombrables aventures sans lendemain. Tout ce que je cherchais, c'était un peu d'attention. En fait, je me targuais d'être capable de boire davantage que les plus grands buveurs, ce qui faisait sensation.

Le 14 mai 1996, j'ai rencontré l'homme avec lequel je suis à présent mariée. C'est lui qui m'a fait connaître la thérapie primale. J'ai lu *Le Cri primal* en deux jours, de la première à la dernière page, et j'ai parcouru cette semaine-là deux autres livres du Dr Janov. J'ai aussitôt décidé de faire cette thérapie.

Je suis en thérapie primale depuis bientôt deux ans. À l'heure actuelle, je n'ai pas bu un seul verre d'alcool depuis dix mois, et encore il s'agit d'un accident d'une seule nuit avant lequel je n'avais rien bu pendant six mois.

Au cours des deux mois qui ont précédé le début de ma thérapie, j'ai pris des antidépresseurs parce que je n'en pouvais plus et, comme j'ai continué à boire, je ne sentais pas l'effet des médicaments. Je me suis alors retrouvée à l'hôpital avec ce qu'on appelle une pseudo-tumeur cérébrale (une surproduction de liquide céphalo-rachidien qui exerce une énorme pression sur le cerveau). Non seulement je n'arrivais plus à m'en sortir sur le plan émotionnel, mais mon corps réagissait maintenant à toute une vie de souffrance accumulée. J'étais au bout du rouleau.

Le neurologue m'a dit que je ne pourrais pas commencer ma thérapie avant un minimum de trois ou quatre mois, peut-être six. Cela m'a achevée. J'étais à l'autre bout du monde, très loin de chez moi, j'avais désespérément besoin d'aide, et on me la refusait. Je prenais toutes sortes de médicaments pour ma maladie et mon état nerveux tout en subissant une série de ponctions lombaires, et je me sentais complètement désespérée et impuissante. Mon mari allait entamer ses trois semaines de thérapie intensive au centre et j'ai dû renvoyer mon fils à la maison par avion parce que j'étais physiquement et moralement incapable de m'en occuper.

Pendant ces trois semaines, mon mari devait rester le plus isolé possible, ce qui du coup m'isolait moi aussi terriblement. J'ai cru que j'allais devenir folle. J'appelais le centre tous les jours ; ils me parlaient, parfois pendant des heures, et je me sentais moins seule. On m'avait à nouveau changé de médicaments et les doses avaient été augmentées, mais la nuit, toute seule dans ma chambre de motel, je continuais à boire les trois quarts d'une bouteille de gin pour me soulager. Heureusement, j'ai pu commencer ma thérapie le mois suivant.

Pendant les douze premiers mois, j'ai été gravement perturbée et ne pouvais plus fonctionner normalement. Je n'avais pas de système de verrouillage ni de défenses pour endiguer ou affronter le flot de souffrance qui me submergeait. Au début, j'ai dû prendre beaucoup de médicaments parce que je n'arrivais pas à interrompre mes ressentis. On m'a dit que si je continuais à boire, il faudrait me placer dans un établissement spécialisé. Ce mélange de médicaments et d'alcool risquait d'endommager mon cerveau. À ce moment-là, je prenais une combinaison d'Halopéridol, Valium, Témazépam (pour dormir) et Clonidine, et de temps à autre, j'avais encore besoin de boire. (D'après mon thérapeute, il aurait fallu moins de tranquillisants pour mettre un éléphant KO.) Ce n'est que grâce à une thérapie assidue et au prodigieux soutien du Primal Center que j'ai pu enfin comprendre et changer ma vie.

Les *insights* me sont venus en revivant de nombreux souvenirs concernant ma mère et la manière dont elle m'a traitée pendant toute mon enfance, ainsi que les événements associés à ma venue au monde. Cette naissance a été le début de l'enfer qu'a été mon existence. Ma mère a eu une césarienne après trente-six heures de travail : j'étais étranglée par le cordon ombilical et je me présentais par le siège. On m'a retirée de son ventre et on m'a directement placée dans une unité de soins intensifs car j'avais des difficultés respiratoires. Ma mère, elle, a fait une grave réaction à l'anesthésie de la césarienne et elle a également été placée en soins intensifs pour se rétablir.

Je me souviens être arrivée un jour au Primal Center pour une séance. Je me sentais nerveuse, agitée, irritable et vraiment mal à l'aise. Mon thérapeute a mesuré mes signes vitaux qui étaient particulièrement élevés : une tension artérielle à 16/11 et une température de 37°4. Une fois dans la pièce, j'ai commencé à raconter l'affreux casse-tête que représentait pour moi l'angoisse de ne pas réussir à me débrouiller pour vivre à Los Angeles. Je ne pouvais pas travailler ni fonctionner correctement parce que j'étais toujours en larmes ou en colère. Je devais aussi m'occuper de mon fils, alors que tout ce dont j'avais envie, c'était de le jeter contre un mur. Le thérapeute m'a demandé de parler de lui. J'étais furieuse de devoir m'en occuper car je n'avais pratiquement plus de temps pour moi. Personne ne s'était jamais occupé de moi. Pourquoi fallait-il que je m'occupe de lui ? Ce n'était pas juste et j'en avais ras le bol. Le thérapeute m'a demandé ce que je lui ferais s'il était là. Je me suis mise à marteler le mur avec mes poings, en hurlant et pleurant à la fois : « Je te déteste, je te déteste, je te déteste. » Puis j'ai commencé à pleurer très fort sans pouvoir me dominer et j'ai ressenti une douleur physique à l'estomac, tout en ayant l'impression que quelque chose me fouettait. Je me suis mise à agripper et griffer les murs en essayant de grimper, hurlant de terreur et cherchant à échapper à ma mère. J'ai revécu la scène et l'entendais me crier « sale petite garce ». Je pouvais sentir le tuyau de plastique me lacérer l'arrière des jambes à mesure qu'elle me frappait. Toujours en criant et en essayant de traverser le mur, j'ai senti subitement que je ne pouvais plus respirer et j'ai commencé à paniquer. Le thérapeute m'a encouragée et m'a dit de « m'accrocher ». J'ai alors revécu un épisode de ma naissance. J'étouffais et mon corps s'est arqué vers l'arrière. Mon cou ne cessait de s'allonger comme si on le tirait en arrière. Ils vont me tuer ! Je me suis évadée en retournant directement dans la terreur que m'inspirait ma mère. Le thérapeute m'a touché l'épaule et m'a rassurée en me disant que tout allait bien, que c'était du passé, qu'elle « ne pouvait plus me faire de mal maintenant ». Je me suis assise et je lui ai raconté le souvenir que je venais de revivre, en comprenant peu à peu comment il se reliait à l'ensemble de ma vie.

Ces connexions (les *insights*) sont l'aboutissement de tout le processus thérapeutique. Je suis partie de la colère que m'inspire mon fils, qui a besoin que je m'occupe de lui et me le demande. Dans mon corps, les signes vitaux élevés indiquaient que mon organisme se débattait entre le besoin d'exprimer les sentiments et les défenses qui l'en empêchent. Le thérapeute sait que, enfoui sous la colère que j'exprime actuellement, il y a quelque part dans mon passé le souvenir d'un besoin insatisfait qui explique le caractère excessif de mes réactions présentes. En m'encourageant et, ce qui est le plus important, en me laissant exprimer complètement cette réaction démesurée, il m'aide à retrouver l'époque où ce besoin n'a pas été comblé. J'ai réalisé au cours de cette séance que j'avais besoin d'aide pour empêcher ma mère de me faire du mal, mais j'étais toute seule et devais survivre à tous ses mauvais traitements. Je devais me battre pour exister, alors que j'avais simplement besoin qu'on me soutienne et me protège, ce que personne ne faisait. En remontant le temps, je suis descendue encore plus profondément jusqu'à ma naissance, et là aussi, j'ai eu des problèmes. Je ne pouvais pas respirer et les sensations d'étranglement étaient terrifiantes. J'avais besoin d'aide et je me sentais mourir. Je n'en peux plus d'avoir tant souffert et de devoir toujours me battre pour survivre. Et finalement, j'ai compris que la situation de mon fils était le reflet de la mienne, et qu'il a également besoin qu'on l'aide et qu'on s'occupe de lui, même si personne ne l'a jamais fait pour moi.

La thérapie primale a ouvert un passage reliant mon passé douloureux à mes actes et mes sentiments actuels. C'est cette connexion consciente qui peut me guérir, car les sentiments ressentis ne sont plus piégés dans mon organisme. J'ai pu le voir à la fin de la séance quand le thérapeute a repris ma tension et ma température, qui étaient respectivement de 13/8,5 et 36°7. Cette baisse substantielle montrait bien que la pression s'était allégée. C'est là que se situe la différence essentielle entre la thérapie primale et les autres pratiques. Le ressenti primal concerne l'ensemble de mon être : pleurs, souffrance et colère sur le plan émotionnel, auxquels s'ajoutent les sensations physiques des douleurs à l'estomac, des coups que j'ai reçus, et des difficultés de ma naissance. Ces souvenirs ont accédé à ma conscience, et je sais à présent que le « sentiment » est un état neurobiologique.

La thérapie primale a changé ma vie du tout au tout. J'ai désormais la possibilité de laisser libre cours à ma souffrance et mon chagrin, et d'expulser ces sentiments de mon organisme au lieu de les oublier et de faire semblant qu'ils n'existent pas. J'ai appris à revivre les traumatismes subis dans mon passé pour ressentir ce que mon organisme d'enfant ne pouvait supporter à l'époque. Éprouver une telle souffrance à cet âge-là aurait pu me tuer ou me rendre psychotique. Sachant tout cela, j'ai pu retrouver des souvenirs de mon enfance où ma mère me faisait du mal, et j'ai senti qu'elle me détestait ; je connais maintenant l'atroce souffrance que provoque une enfance solitaire, délaissée, où l'on n'a pas été aimé. À mesure que j'extrais de petits fragments de ces sentiments, j'ai davantage de place pour percevoir autre chose, comme entendre certaines personnes me dire qu'elles m'aiment bien et que je suis quelqu'un de généreux et de gentil. Je peux le sentir et convenir que c'est vrai. Je ne suis plus la petite fille solitaire que tout le monde détestait, ce qui atténue mon besoin permanent d'alcool, car je n'essaie plus de remplir mon vide intérieur ou de soulager mon horrible souffrance – puisqu'elle s'est en partie volatilisée.

Il est difficile de décrire l'impact d'un ressenti. Je pensais l'avoir compris après avoir lu les livres du Dr Janov, mais je me suis aperçue que je n'en avais pas la moindre idée jusqu'à ce que j'aie débuté ma thérapie. Mes sentiments se trouvent dans mon esprit, dans mon corps, dans ma personnalité, dans tout mon être, et c'est pourquoi pleurer et en parler n'est pas suffisant, contrairement à ce que prétendent les autres thérapies. Toute ma vie, je n'ai fait que réagir à mon passé. Je croyais réellement que j'étais quelqu'un d'horrible que personne ne pouvait aimer, une vraie garce terriblement agressive. Je ne réalisais pas que j'étais toujours cette petite fille terrifiée qui essayait seulement de se protéger en refusant de laisser quiconque lui faire du mal. Je ne me comporte plus comme un chien enragé qui ne veut pas qu'on l'approche et qui a des réactions excessives à la moindre menace. Je sais à présent faire la différence entre une simple remarque blessante et cette impression venant de ma mère que tout le monde veut me démolir. Je commence en fait ma vie de femme adulte et je ne laisse plus mon passé me dicter ma conduite.

Je peux aussi désormais percevoir les besoins de mon fils, et je peux écouter ses demandes et les satisfaire, ce que j'étais incapable de faire avant la thérapie. Il était devenu mon poteau de torture tout en comblant mon vide. Je suis maintenant heureuse de l'entendre rire et de le prendre dans mes bras quand il a peur. Je ne lui dis plus de se dépêcher de grandir parce que je ne peux pas m'en occuper. Je peux le laisser pleurer quand il est triste, sans lui crier de se taire parce que je ne veux pas l'entendre. C'est pour moi un vrai miracle.

J'ai acquis la capacité de « RESSENTIR » ce qui s'est mal passé il y a très longtemps et de guérir de l'intérieur. C'est la seule manière de le faire.

10

LE PROCESSUS DE DÉCLENCHEMENT

Joe, un de mes patients, a été un jour réveillé à sept heures du matin par un appel téléphonique. La personne au bout du fil lui a dit : « Excusez-moi, je me suis trompée de numéro. » Et elle a raccroché. Mon patient est alors tombé dans une dépression dont il ignorait la cause. Au cours de nos séances, je lui ai fait découvrir l'origine de cette dépression par un processus que j'appelle *ressentir un sentiment.* Et le sentiment qu'il a ressenti était : « Personne ne s'intéresse à moi. » Dans son esprit, la femme qui avait appelé avait aussitôt compris qu'il n'était pas celui qu'elle attendait, ce qui l'avait ramené à son enfance où une tragédie familiale et des difficultés financières avaient pris le pas sur ses propres besoins, lui donnant l'impression d'être complètement tenu à l'écart. Ses parents ne pensaient qu'à joindre les deux bouts et devaient faire face à la mort d'un proche. Il a réalisé qu'il avait été déprimé pendant la majeure partie de son adolescence pour la même raison.

L'erreur téléphonique avait réveillé cette souffrance, qui avait soudain jailli dans son cerveau et modifié sa perception : il croyait avoir été rejeté. Ce sentiment s'est heureusement en partie dissipé à mesure qu'il a pu le ressentir et le connecter au cortex frontal. Mais comment ces traumatismes s'engramment-ils dans notre organisme ? Pourquoi s'y incrustent-ils, et où ?

Lors de nos séances, Joe m'a raconté qu'il voulait se trouver une femme qui lui consacrerait toute son attention et ne s'intéresserait à personne d'autre. Ce besoin impossible à satisfaire expliquait la succession de ses échecs relationnels. Il voulait une « mère » attentionnée afin de ne plus jamais se sentir exclu, un rôle que personne n'aurait pu remplir hormis sa propre mère, maintenant décédée. Et encore aurait-il fallu qu'elle le comble au cours de la période critique.

Si elle revenait à présent et l'aimait de tout son cœur, il serait de toute manière trop tard. Cela ne pourrait qu'atténuer, et non supprimer l'empreinte. Il fallait que ce patient ressente en tant qu'adulte ce qu'il n'avait jamais vraiment ressenti dans son enfance : personne ne s'intéressait à lui car ses parents ne se souciaient que d'eux-mêmes et de leurs problèmes. En remontant le temps et en retrouvant un cerveau plus primitif, il pourrait expérimenter par son intermédiaire ce qu'il n'avait pu ressentir à l'époque.

Le déjouement de ce patient était cette recherche d'une femme jouant le rôle de mère. Et quand la personne lui avait raccroché au nez, cette simple méprise l'avait plongé dans les véritables sentiments qui l'avaient habité toute sa vie : personne ne voulait de lui. Mais au lieu de les ressentir (ma mère ne s'intéresse pas à moi), il les avait refoulés et avait fini par devenir dépressif, prenant toutes sortes de médicaments qui l'empêchaient d'en prendre conscience.

Étudier certains principes de fonctionnement du cerveau va nous aider à comprendre pourquoi nous faisons des dépressions, pourquoi nous sommes angoissés, pourquoi nous dormons mal ou ne parvenons pas à nous entendre avec les autres. Quel rôle joue le cerveau dans ces dysfonctionnements ? Peut-on guérir sans qu'il ne change ? Je ne crois pas. Il ne suffit pas pour se sentir mieux de simplement se débarrasser de douleurs lombaires ou musculaires. Il faut guérir partout, parce que le souvenir est partout. Nous avons tendance à morceler le patient et à le soigner au coup par coup. S'il souffre de migraine, d'hypertension et de phobie, nous traitons chacun de ces symptômes comme s'ils n'appartenaient pas à la même personne, et les experts que sont dans ce domaine les spécialistes négligent complètement les causes.

La psychothérapie conventionnelle est persuadée qu'un patient qui va mieux « dans sa tête » – dans le mental et la pensée logiques de son cortex préfrontal – peut recouvrer la santé. Je crois personnellement qu'il est impossible de guérir ainsi, comme le confirment certains principes neurologiques évidents. *Penser* que l'on est guéri n'est pas pareil qu'*être* guéri. Notre cerveau est tout à fait capable de nous mentir en nous disant que nous allons bien. D'ailleurs que veut dire « aller bien » ? S'il ne s'agissait que de notre conviction intime, toutes les conversions religieuses, les soi-disant révélations et les apparitions seraient aussi valables que les psychothérapies, et les prétendues guérisons que revendiquent de nombreuses sectes équivaudraient à celles de la psychothérapie.

Un patient m'a raconté qu'il avait été un enfant turbulent qui ne tenait pas en place à l'école et ne pouvait se concentrer. À huit ans, ses parents ont décidé de l'envoyer en pension pour qu'on lui enseigne la « discipline ». Il se souvenait qu'un jour, assis dans le bureau du directeur et n'ayant aucune idée de ce qu'il avait fait de mal, il avait vu les yeux courroucés de sa mère et aussitôt compris qu'il ne recevrait plus aucune aide de sa part. C'était un rejet définitif. Il n'avait pas conscience de son hyperactivité, parce que cette agitation incessante avait commencé au tout début de sa vie.

On l'avait alors envoyé chez un psychologue. Celui-ci lui avait présenté le test de Rorschach et, après chaque image, l'enfant voulait à tout prix savoir s'il avait bien donné la bonne réponse. Ne recevant aucune confirmation de la part du praticien, il était terrifié car il croyait que, s'il se trompait, on ne le laisserait plus jamais retourner à la maison. De fait, il n'est pas rentré chez lui pendant des années. Il ne pouvait même pas en exprimer le désir puisqu'il n'avait personne à qui s'adresser. Et il était très rare que ses parents lui rendent visite à la pension.

Plus tard, à l'âge adulte, il avait constamment besoin d'être rassuré par des marques d'attention. Chaque fois que sa femme sortait faire des courses, il était angoissé et se sentait rejeté. Il était convaincu qu'elle allait voir quelqu'un d'autre, et leur relation s'est soldée par un échec. (Le prix George Miller, une récompense prestigieuse de l'American Psychological Association, a été décerné en 1998 à une femme qui prétend que les événements de notre enfance impliquant nos parents n'ont aucune incidence sur notre vie adulte !)

Vous n'avez qu'à oublier tout ça !

Pourquoi cet homme ne pouvait-il tirer un trait sur son passé et mener une existence paisible ? Parce que sa mère lui avait tellement manqué que tout s'était déformé dans son esprit. Le cerveau devient-il vraiment bancal et est-ce réversible ? Oui. Ce que nous croyons être un héritage génétique provient peut-être en fait d'événements qui se sont produits au cours des neuf mois de notre gestation. Les expériences de notre vie intra-utérine peuvent sans doute expliquer beaucoup plus de choses que nous ne le pensons, de la toxicomanie et l'alcoolisme à la psychose et la déviance sexuelle. Je cite dans ce livre de nombreuses recherches qui confirment mes conclusions. Prenez le cas d'une femme enceinte qui est chroniquement angoissée, fume, boit quatre cafés par jour et ne cesse de s'agiter. Sa biologie accélérée peut affecter le fœtus en le submergeant d'impulsions, d'excitations et de stimulations dont l'accumulation menace le développement des centres intégrateurs de son cerveau. Par la suite, on charge la petite fille de nombreuses corvées sans lui laisser le temps de se reposer, tout en faisant pression sur elle pour qu'elle ait de bonnes notes à l'école. Elle se sent chroniquement submergée, non seulement par ce qu'on lui demande, mais aussi par toute la stimulation qu'elle a reçue pendant la gestation sur le plan biologique. C'est cet amoncellement qui lui donne la sensation d'être complètement dépassée face aux moindres tâches.

Ce processus résulte d'une empreinte physiologique située dans la partie inférieure du cerveau, que le cortex exprimera par la suite en disant qu'il en a « par-dessus la tête ». Tant que son cortex n'aura pas commencé son travail d'intégration, elle ne vivra qu'un interminable déjouement lui faisant croire qu'elle est incapable de faire quoi que ce soit de compliqué. Elle est forcée de déjouer pour équilibrer le système – comme le demande l'homéostasie –, car celui-ci ne peut accepter qu'une quantité limitée d'*input* et se sent toujours sur le point d'être dépassé. J'insiste néanmoins sur un aspect très important : les déjouements font partie du mécanisme homéostatique et l'on ne devrait pas y toucher sans connaître les forces sous-jacentes qui sont en jeu. Trop de thérapies actuelles, physiques et psychologiques, sont de véritables leurres qui veulent corriger les mécanismes compensateurs au lieu des forces qui doivent être compensées.

De nouveaux procédés photographiques par ultrasons nous ont permis de voir que le fœtus peut manifestement pleurer au cours de la dernière partie de la grossesse. C'est particulièrement évident chez les mères qui fument et dont le bébé souffre et pousse des cris silencieux. S'il est grognon après la naissance et s'il a des coliques, c'est parce qu'il vient de vivre neuf mois épouvantables. Imaginez que l'on vous force à rester assis sans bouger avec quelqu'un qui vous souffle la fumée au visage pendant neuf mois ! Ne seriez-vous pas terriblement traumatisé ? L'organisme n'a d'autre choix que de se fermer contre l'agression que constitue ce manque d'oxygène. De même que certaines plantes se protègent contre un excès de lumière solaire – j'en ai parlé au début du livre –, le refoulement ou l'inhibition doit se renforcer pour affronter la menace.

Il est rare qu'un homme se dise : « Je voudrais qu'on s'occupe de moi. » Ce besoin est en fait aussitôt déjoué sans qu'il en soit conscient. Il lui semble simplement « normal » qu'on prenne soin de lui ; son comportement, qui correspond bien à ce besoin inconscient, lui paraît logique. Son passé le conditionne. Il demande à sa femme : « Apporte-moi un stylo. » Elle répond : « Va le chercher toi-même. Je ne suis pas ta bonne. » Et la dispute commence. Elle réagit ainsi parce que son père ne cessait de lui donner des ordres. Il déjoue sa dépendance parce qu'il n'y avait personne à la maison, dans son enfance, pour s'occuper de lui. Son père et sa mère travaillaient à l'extérieur et leurs besoins étaient en conflit avec les siens. Ses problèmes ont sans doute démarré à la naissance, quand sa mère malade est restée à l'hôpital. Il s'est senti négligé, et ce sentiment s'est aggravé au cours de son enfance. Voilà pourquoi il a tellement besoin qu'on s'occupe de lui ; c'est la seule chose qui lui importe. Le plus terrible dans sa situation, c'est que si on lui explique ce qui se passe – « tu déjoues le besoin de l'aide que tes parents t'ont refusée à l'époque » –, il ne comprendra pas de quoi on lui parle.

Son besoin est toujours le même ; il a seulement changé de cible. Cet homme est prisonnier de son passé et il est furieux que sa femme ne veuille pas être sa mère. Son déjouement est aussi inconscient et automatique que le besoin qui l'inspire.

Vers l'âge de deux ans, le circuit du sentiment est achevé : tronc cérébral-système limbique-thalamus-cortex orbitofrontal. Quand tout va bien, c'est la voie qu'empruntent les sentiments. Mais la plupart du temps, ils ne suivent pas ce trajet et se retrouvent bloqués, tournant en rond notre vie durant dans une boucle neuronale fermée, et engendrant énurésie, angoisse chronique, dépression et compulsions sexuelles. Ce qui caractérise ce circuit réverbérant, c'est la facilité avec laquelle il s'enclenche. Les neurones concernés n'attendent qu'un simple déclic. Lors de l'erreur téléphonique dont je vous ai parlé, le faux numéro

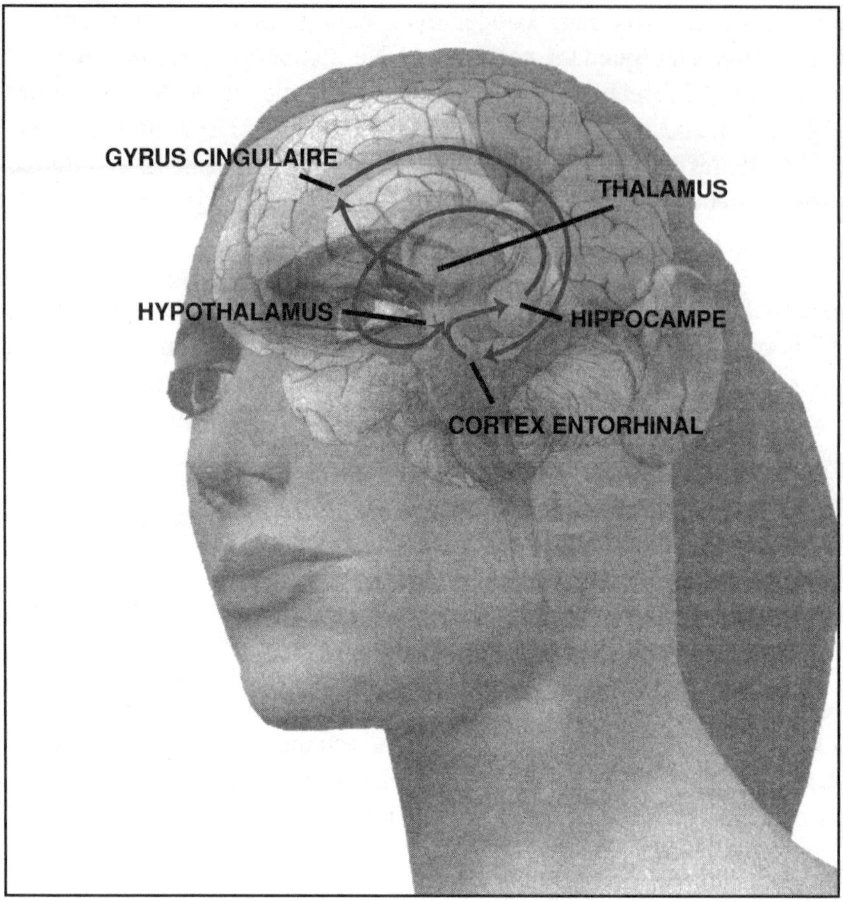

Exemple possible de circuit réverbérant du sentiment.

a provoqué une dépression parce que le sentiment en boucle était : « Personne ne s'intéresse à moi. » Ce sont la prise de conscience de ses véritables sentiments et le fait de revivre des scènes de son passé qui ont commencé à dissiper la dépression de cet homme. La connexion met un terme à la « réverbération » et dissipe les tendances dépressives. L'angoisse et la dépression ne sont pas de véritables maladies : ce sont de simples manières de traiter les sentiments. Un bon refoulement provoque une dépression. Un mauvais refoulement suscite de l'angoisse. La même peur de mourir (associée à l'anoxie) peut intervenir dans les deux cas, mais le dépressif s'immerge et se noie dans le sentiment, tandis que l'angoissé le fuit.

Les idées que je défends ne sont pas conformes aux théories psychologiques en cours, et il est important de les aborder sans aucun préjugé. La génétique tient un rôle de premier plan dans l'esprit de notre époque avec sa cour d'adorateurs. Si l'on ne tient pas compte des neuf mois de la gestation, du traumatisme de la naissance et des premiers mois de notre existence, on n'a évidemment d'autre choix que d'imputer les problèmes de l'adulte à la génétique, dont le message est simple : « Tout est prédéterminé et on ne peut rien y faire. » C'est faux ! Ou si notre vie est prédéterminée, ce n'est pas par la génétique, mais par l'empreinte. Et on peut y faire quelque chose.

La seule façon de traiter ces troubles dans notre monde actuel, c'est de discuter du problème. Essayer de se débarrasser d'une empreinte du tronc cérébral avec des idées revient à sauter des étapes de l'évolution – un travail interminable qui explique la durée des analyses.

La souffrance précoce se réverbère en circuit fermé et le sentiment piégé tourne indéfiniment en rond dans le cerveau. Il le fera jusqu'à ce qu'il soit connecté. Allan Schore a bien décrit la manière dont les sentiments forment une boucle dans le cerveau. Selon lui, il est possible qu'un circuit neuronal fermé ait pour effet de nous maintenir tendus et angoissés. Ce sont ces circuits qui encombrent notre inconscient et surmènent notre cerveau [1]. (Se reporter aux travaux de R. M. Post sur le sujet [2].)

Le processus de réverbération nous rappelle constamment que nous avons des problèmes à régler. De nombreuses recherches montrent que la répétition d'événements analogues au début de la vie, comme le manque de soins et d'attention, renforcent certains circuits grâce auxquels pourront se réveiller des années plus tard les sentiments qui y sont associés. Plus la personne est perturbée, plus ils sont chargés de souffrance, et moins il en faut pour les déclencher. Ces circuits en boucle entrent en action très facilement par le biais des incidents les plus bénins, et chez le psychotique, aucun stimulus n'est plus nécessaire. Un jour qu'il passait à pied devant la guérite du gardien d'un parking, un de mes patients gravement perturbé a cru que celui-ci se moquait de lui derrière son dos. Il mangeait un sandwich et s'est mis dans la tête que le gardien ne voulait pas qu'il mange en marchant !

Nous allons maintenant nous pencher sur la vie intra-utérine pour mieux cerner son importance. Je vais citer de nombreuses recherches pour appuyer mes dires, mais je tiens à préciser que je défends ces idées depuis des dizaines d'années, bien avant que les chercheurs ne m'aient rattrapé. L'observation des patients est en soi une forme de recherche dont la validité ne peut être contestée, du moment que les idées préconçues n'influencent pas les perceptions. J'ai simplement noté ce que j'observais, à partir de quoi j'ai développé une théorie. Je n'ai pas inventé de toutes pièces un système avant de le surimposer à mes observations.

L'anoxie : une empreinte qui dure toute la vie

Pour expliquer l'effet sur le cerveau du manque d'oxygène à la naissance, je vais partir des idées exposées dans mon précédent ouvrage, *Le corps se souvient*[3]. L'expérience dont je vais parler est la plus importante qui ait jamais été réalisée pour prouver l'existence du souvenir engrammé et son importance dans notre vie. Elle devrait changer notre conception de la psychothérapie.

Il s'agit d'une recherche portant sur les gaz du sang qui a été menée au Pulmonary Function Laboratory de l'université de Californie-Los Angeles (UCLA), en association avec son directeur, le Dr Donald Tashkin, et ses associés, le Dr Eric Kleerup et M.B. Dauphinee, des spécialistes de l'appareil pulmonaire. Elle a été filmée. Deux patients ont été équipés de capteurs mesurant toutes sortes de données et de cathéters permettant de leur faire de fréquentes prises de sang. Puis nous leur avons demandé de simuler un primal, et ils ont tous deux manifesté les vertiges et les « mains recroquevillées » qui sont typiques du syndrome d'hyperventilation.

Toutes les deux ou trois minutes et pendant une heure et demie, nous avons pu ainsi mesurer les taux d'oxygène et de gaz carbonique du sang, de même que la température corporelle, le rythme cardiaque et la tension artérielle, tant au cours des épisodes de revécu que pendant l'hyperventilation volontaire. La simulation et le revécu primal étaient très similaires en terme d'intense activité physique et de respiration profonde et accélérée.

Au cours de la simulation, les taux de gaz carbonique et d'oxygène dans le sang ont évolué comme prévu. Au bout de deux ou trois minutes de ce type de respiration, les manifestations classiques du syndrome d'hyperventilation ont fait leur apparition : vertiges, fourmillements des mains, rigidité des extrémités, bleuissement des lèvres, et une forte perte d'énergie laissant le sujet complètement épuisé.

Le revécu du manque d'oxygène à la naissance, en revanche, n'a provoqué aucun syndrome d'hyperventilation. Au bout de vingt ou trente minutes de respiration profonde et accélérée de type « locomotive », il n'y avait ni vertiges, ni bouche grimaçante, ni fourmis dans les mains. Ne trouvant aucune explication à l'absence de ce syndrome, les chercheurs de l'UCLA ont conclu qu'il devait y avoir « un autre facteur en jeu ». Je suis pour ma part convaincu qu'il s'agit du souvenir engrammé.

Pourquoi revivre ce souvenir de naissance a-t-il inhibé le syndrome d'hyperventilation, et en quoi est-ce important pour l'origine et la guérison de la souffrance humaine ? Nous savons que la respiration de type « locomotive » qui accompagne le primal s'organise au fond du tronc cérébral, vraisemblablement dans le bulbe rachidien. Elle fait sans doute partie du souvenir engrammé de l'anoxie ou de l'hypoxie. Il y a au cours de la naissance un terrible besoin de respirer impossible à satisfaire, et lorsque ce souvenir est déclenché plus tard dans la vie, la respiration qui lui a été initialement associée resurgit.

Lors de l'expérience de l'UCLA, nous avons presque directement accédé au bulbe rachidien et à d'autres parties du tronc cérébral – un événement sans précédent dans la littérature psychologique –, qui représente le « saint des saints » pour nombre de neurophysiologistes. Et l'une des preuves de cet accès aux niveaux inférieurs du cerveau est cette absence du syndrome d'hyperventilation, qui ne peut être évité qu'en revivant le souvenir.

Quand elle est produite par l'*acte de volonté* qu'est la simulation, cette forme de respiration est régulée par une structure cérébrale supérieure – le cortex. C'est une *décision* corticale, et non une empreinte des niveaux inférieurs. Baigner dans le souvenir engrammé, en revanche, rend la respiration profonde automatique et ne provoque pas l'épuisement associé à l'hyperventilation. Toutes les composantes corporelles et cérébrales se retrouvent dans le souvenir. Il ne s'agit pas d'une simple remémoration intellectuelle, mais d'une immersion totale.

Au cours d'une naissance difficile, les muscles dorsaux et abdominaux du fœtus travaillent d'arrache-pied et produisent une énergie considérable, ainsi qu'une grande quantité d'acide lactique. Or revivre cette expérience à l'âge adulte mobilise exactement les mêmes muscles et intensifie fortement la production de lactate. C'est ce que nous avons constaté, mes collègues et moi, lors de nos expériences au Pulmonary Laboratory de l'UCLA. Le souvenir est la copie conforme de l'événement initial, et lorsqu'on y accède dans un ressenti, on en retrouve toutes les caractéristiques psychophysiologiques.

Il existe aujourd'hui des techniques respiratoires, comme la respiration holotropique, qui prétendent résoudre toutes sortes de problèmes par des exercices de respiration profonde. C'est une résurgence de la pensée magique, qui élude la question du « pourquoi ? ». Elles peuvent provisoirement calmer la tension et soulager un symptôme, mais elles n'ont rien à voir avec le souvenir. En négligeant les causes, on retombe forcément dans des pratiques artificielles et illusoires.

L'expérience de l'UCLA montre clairement que l'organisme adulte continue à réagir aux cris des cellules qui réclamaient de l'oxygène plusieurs dizaines d'années auparavant. C'est le cri silencieux de notre corps qui continue à quémander de l'amour, même si nous avons à la maison une femme ou un mari qui nous aime.

Chaque fois qu'un souvenir est véritablement revécu, quand une patiente *revit*, par exemple, le traumatisme d'un inceste, il ne s'agit pas d'une simple *remémoration* corticale ; toutes les réactions psychophysiologiques initiales resurgissent, parfaitement intactes – ce qui nous permet de vérifier que le souvenir est bien réel. On peut se rappeler la scène simplement avec des mots et des idées, sous la forme d'un événement cortical. Mais s'en souvenir réellement, c'est découvrir au fond de soi une blessure muette et la réexpérimenter telle qu'elle s'est produite, avec les mêmes sécrétions d'hormone de stress et le même *pattern* d'ondes cérébrales. C'est toute la différence entre un état physiologique global et un exercice d'idéation limité au cortex préfrontal. La souffrance engrammée n'est pas une idée, mais une expérience.

Un inceste peut être lui aussi un souvenir non verbalisé, exactement comme une anoxie de naissance ou un manque de contact physique dans les premières semaines de la vie. Au cours d'une psychothérapie conventionnelle, il peut arriver que la personne n'ait aucun souvenir d'un inceste et, tant qu'elle n'aura pas accès à la blessure enregistrée dans les profondeurs de son cerveau, rien ne pourra l'en libérer. J'ai déjà évoqué le cas de cette patiente dont les mains s'étaient serrées dans le dos, comme attachées par les poignets, alors qu'elle revivait l'agression sexuelle dont elle avait été victime à onze ans de la part de l'ami de sa mère. Elle a revécu cette scène à de nombreuses reprises et, chaque fois, la position des poignets était la même.

Le manque d'oxygène et le stress de la lutte pour la vie

En cas de manque d'oxygène à la naissance, les taux d'hormones de stress – et notamment ceux des catécholamines (adrénaline et noradrénaline) – augmentent fortement chez le fœtus. Ces hormones préparent l'organisme à la réaction de fuite-ou-riposte face au danger. Le risque de mourir par anoxie se transforme par la suite en une menace équivalente, celle de la *prise de conscience* du danger initial. L'événement et la conscience de cet événement représentent exactement le même danger et provoquent les mêmes sécrétions hormonales et la même hausse des signes vitaux. Le cerveau traite le souvenir en mobilisant la réaction de fuite-ou-riposte, comme si l'événement était en train de se produire. Et d'une certaine manière, il resurgit intégralement, mais le patient est maintenant plus âgé et plus fort, et son cerveau ne se ferme pas immédiatement pour repousser l'expérience.

Les catécholamines accélèrent le rythme cardiaque et contribuent à détourner le sang de la périphérie pour le diriger sur des organes clés tels le cœur et les poumons ; l'organisme se prépare à combattre. En un éclair, le système immunitaire entre en action et fabrique les cellules tueuses, dites cellules NK (en anglais, *natural killer cell*), qui vont combattre le sentiment comme s'il était un virus mortel. Les hormones de stress ne sont pas seulement utiles au cours de la naissance, mais elles contribuent aussi à l'adaptation du nouveau-né après l'accouchement. Les catécholamines aident à résorber le liquide des poumons et à nettoyer les alvéoles, ces minuscules poches d'air qui doivent rester ouvertes. Les bébés nés par césarienne ont tendance à avoir davantage de problèmes respiratoires plus tard dans la vie parce qu'ils n'ont pas vécu la compression qui est normalement associée à la naissance.

Lorsqu'ils revivent leur naissance, certains patients vomissent une bonne tasse de liquide dès qu'ils entament le processus. Leurs mécanismes d'évacuation ont de toute évidence été défectueux à l'époque. Ces patients expliquent que tout se passe comme si une manette intérieure faisant jaillir le liquide était actionnée, et ils ont l'impression de se noyer. Chaque fois qu'ils revivent cet événement, le même phénomène se reproduit. Il fait manifestement partie intégrante de l'empreinte, et cette production de liquide est pour le corps un autre moyen de se souvenir. J'insiste encore : le souvenir n'a rien à voir avec une remémoration consciente et volontaire, où *l'expérience* est absente.

Nos recherches sur les hormones de stress montrent que les nouveaux patients semblent toujours réagir au traumatisme précoce engrammé. Lors d'investigations à l'aide d'appareils à infrarouge, une nette amélioration du débit sanguin a été constatée dans les vaisseaux périphériques au bout d'un an de thérapie.

Des expériences récentes ont montré que, chez le fœtus du mouton, l'hypoxie active les neurones du tronc cérébral (subcoeruleus). Cette hypoxie affecte la fonction respiratoire de ces animaux et peut être à l'origine de graves troubles ultérieurs tels que l'asthme [4]. Les implications de cette découverte sont évidentes pour les êtres humains puisqu'elles confirment l'enregistrement des empreintes dans le tronc cérébral.

Une autre expérience sur le fœtus du mouton a établi qu'une légère réduction d'oxygène finissait *au fil du temps* par provoquer des anomalies dans le développement de certaines structures cérébrales, comme l'hippocampe et le cortex. Il ne s'agissait pas d'un bref épisode d'insuffisance d'oxygène, mais d'une carence prolongée, analogue à celle qui peut se produire chez la femme enceinte qui fume beaucoup ou qui vit dans une atmosphère urbaine polluée. On constate aussi chez les rats que l'on n'a pas touchés à leur naissance une diminution du développement cellulaire dans l'hippocampe [5].

La croissance du cortex frontal se poursuit après la naissance, et l'anoxie entrave le développement cortical, ce qui peut affecter la production de catécholamines et engendrer chez la personne un mauvais contrôle des impulsions et/ou une tension et une angoisse qui vont perdurer toute sa vie. C'est ce que nous voyons en thérapie chez les patients qui ont des intrusions de première ligne en provenance du tronc cérébral, lorsqu'un aspect du traumatisme de naissance surgit au cours du revécu d'une scène de leur enfance. Le patient a des haut-le-cœur, il tousse, son dos s'arque et il a du mal à respirer. À mesure qu'il revit les événements de son enfance, les lignes de faille de son cerveau commencent à se révéler, d'où son mauvais contrôle sur ses souvenirs préverbaux.

Selon Allan Schore, un enfant qui est aimé a la faculté corticale de débrayer l'excitation du système sympathique en transférant les impulsions stimulantes vers un métabolisme parasympathique ralentisseur : il peut ainsi freiner l'accélération de son rythme cardiaque et mettre son organisme au repos [6]. Autrement dit, un nourrisson que l'on aime a un cerveau capable de calmer son agitation intérieure, de refouler son angoisse et de contrôler la cadence des battements de son cœur. Le cortex orbitofrontal participe à ce mécanisme de débrayage.

Selon un article du *Journal of the American Medical Association*, « les risques menaçant la vie du fœtus culminent pendant les quelques heures que dure l'accouchement. La naissance est *l'expérience la plus dangereuse à laquelle la majeure partie des individus sera jamais confrontée*. Même si elle s'effectue dans des conditions optimales et parfaitement contrôlées, elle est pour le fœtus un événement traumatisant qui peut lui laisser des séquelles [7] ».

Hugo Lagercrantz et Theodore Slotkin, deux chercheurs s'intéressant au processus natal, signalent que « presque tous les nouveau-nés ont un déficit en oxygène analogue à celui d'un sprinter après la course [8] ». Les catécholamines préparent l'organisme à combattre l'anoxie en facilitant la respiration. Elles accélèrent le métabolisme, comme le montre l'hyperactivité de l'enfant qui a été privé d'oxygène à la naissance. S'il pouvait expliquer à l'enseignant pourquoi il ne peut rester tranquille sur sa chaise, il lui dirait sans doute : « J'ai manqué d'oxygène dans le ventre de ma mère parce qu'elle fumait, et aussi à ma naissance parce qu'on l'a fortement anesthésiée. Mon organisme en souffre toujours actuellement et, si je me lève constamment de ma chaise, c'est parce qu'il s'active pour repousser le souvenir et continuer à lui échapper. Si vous le faisiez disparaître, je serais très content de pouvoir rester tranquillement assis à ma place. » Nous avons obtenu de bons résultats avec le petit nombre d'enfants que nous avons traités. Ils étaient beaucoup plus calmes après leur primal. Il n'en faut pas beaucoup pour les changer radicalement : leurs *patterns* ne se sont pas renforcés avec le temps et ils accèdent facilement à leur enfance puisqu'elle n'est pas terminée [9].

Au cours de certaines naissances à fort déficit en oxygène, les taux de catécholamines grimpent si haut (ils sont multipliés par 200) que si le nouveau-né était un adulte, il aurait vraisemblablement une attaque [10]. Après avoir vu l'énorme pression que révèle le revécu, je suis convaincu

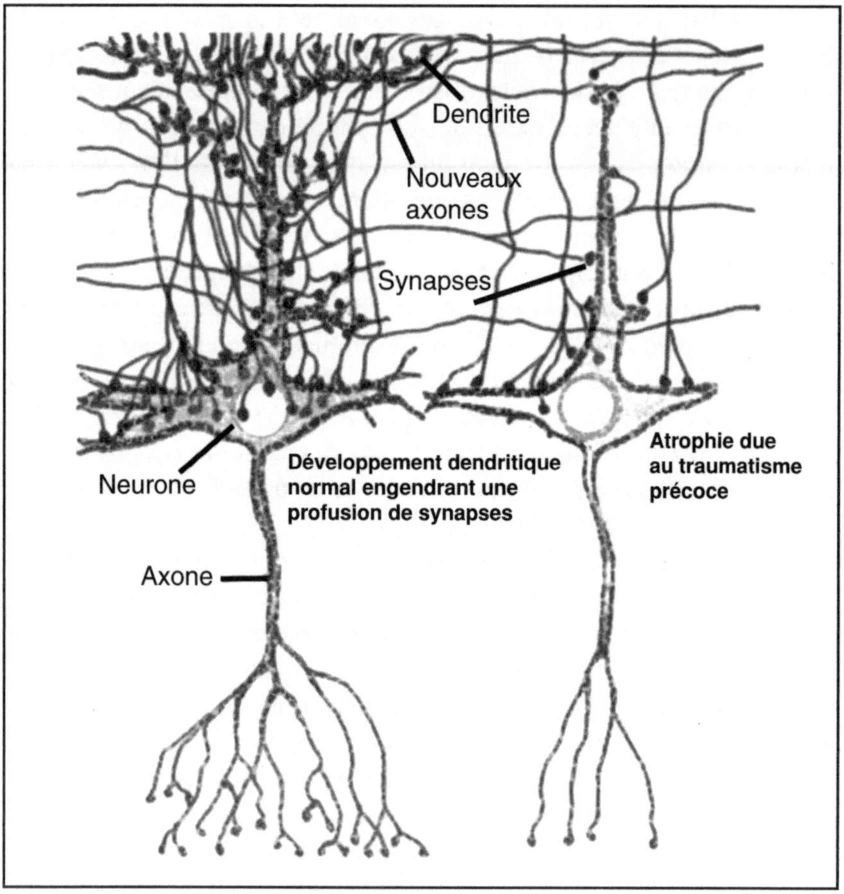

Atrophie des connexions cérébrales due au traumatisme précoce.

que l'empreinte de l'hypoxie peut jouer un rôle important dans une attaque cérébrale ultérieure. Si l'on admet que le souvenir du manque d'oxygène est encore là soixante ans plus tard, toujours aussi fort, ce sont les mêmes réactions, celles de sa naissance, qui vont provoquer cette attaque chez le sexagénaire.

Dans une enquête portant sur soixante-quinze nouveau-nés, on a constaté que la carence en oxygène au cours de la naissance n'avait pas d'incidence sur le cerveau s'il n'y avait pas eu de souffrance prénatale [11]. La souffrance fœtale était le facteur déterminant dans les lésions neurologiques. Il semble donc que le traumatisme natal n'explique pas tout. L'expérience cruciale des neuf mois de la gestation prépare le terrain et conditionne la manière de réagir à l'expérience de la naissance. Nier cette évidence, c'est nier le fait qu'un fœtus a un système nerveux qui peut coder, stocker et réagir aux stimuli.

Le nouveau-né a besoin d'oxygène et de substances nutritives pour former les axones, les tiges de connexion reliant les cellules nerveuses ; et il a besoin d'oxygène pour développer les dendrites, ces ramifications qui introduisent l'*input* dans les neurones. Le traumatisme précoce entrave tous ces processus et altère ses facultés cérébrales, ce qui le gênera pour affronter la vie par la suite. Lorsqu'on subit une anoxie à la naissance, ou même plus tard au cours d'une overdose de drogue ou d'une tentative de suicide aux barbituriques, c'est généralement l'hippocampe qui est endommagé, ainsi probablement que d'autres structures limbiques. Le refoulement devient inefficace et l'on souffre constamment.

Les patients qui souffrent de migraines ont presque toujours subi une anoxie à la naissance, et quand ils la revivent, ils deviennent parfois tout rouges et ont du mal à respirer. Mais à force de ressentir ce manque d'oxygène, leurs migraines s'atténuent ou finissent par disparaître [12]. Nombre de problèmes vasculaires impliquent également une carence en oxygène à la naissance ou dans les moments qui l'ont précédée ou suivie. Ce sont des exemples des multiples effets à long terme du « big bang » primal.

L'anoxie natale engramme dans l'organisme qui lutte pour vivre un sentiment d'urgence face à une menace de mort, un sentiment que l'on retrouve chez les consommateurs de drogue [13]. L'héroïne, notamment, est un excellent bloqueur du tronc cérébral, où se trouve précisément l'empreinte de la menace de mort. Il n'est donc pas surprenant qu'elle crée une dépendance. De fait, nombre des toxicomanes que nous avons traités avaient de fortes empreintes traumatiques dans le tronc cérébral. En compensant les carences en neurohormones inhibitrices provoquées par le traumatisme, l'héroïne leur permettait de normaliser les niveaux inférieurs de leur cerveau.

11

LA VIE INTRA-UTÉRINE, PRÉLUDE À LA VIE RÉELLE

La période la plus importante du développement de l'enfant est celle des neuf mois de la gestation. Les événements semblent avoir alors des effets définitifs parce qu'ils s'engramment dans un système nerveux tout neuf et très vulnérable [1]. Des recherches fondées sur l'autopsie de personnes psychotiques l'ont confirmé, et l'origine de nombre de symptômes et de déviations du comportement remonte sans doute à la vie fœtale.

La littérature psychologique actuelle tourne essentiellement autour de la nouvelle « psychologie de l'ego ». Les analystes ont abandonné la plongée dans les événements de l'enfance, dont les résultats étaient médiocres, pour orienter leur attention vers l'ici et maintenant. Ils prennent le symptôme tel qu'il se présente et le traitent séparément, comme s'il constituait LE problème. J'ai vu hier soir à la télévision un reportage sur une nouvelle approche appelée « thérapie de l'exposition ». Les individus obsessionnels, par exemple, qui croient vraiment rouler sur un cadavre quand leur voiture passe sur une bosse, sont traités en les faisant rouler sur des sacs d'ordures, accompagnés par un copilote thérapeute qui les rassure en leur expliquant qu'ils n'ont rien à craindre. Leur peur est pourtant justifiée, même si sa cause n'est pas évidente, car elle est associée à un traumatisme vécu à six mois et renforcé par de nombreuses expériences ultérieures. Tel est le genre d'absurdités, qualifiées de thérapie, que l'on se voit contraint de pratiquer si l'on néglige le passé. Quand l'un de mes cousins tombait de cheval, mon oncle le faisait aussitôt remonter en selle en lui disant : « Tu vois bien, il n'y a pas de quoi avoir peur. » Ce genre de « thérapie » suscite l'intérêt parce qu'elle ne demande pas beaucoup d'investigations. Elle est rapide, ne tourne pas autour du pot, et tous les parents la connaissent sans savoir qu'elle s'appelle « thérapie de l'exposition ».

La psychologie des profondeurs s'est désintéressée de l'enfance car elle n'obtenait pas de bons résultats. Or ce n'était pas cette démarche qui était en cause, mais le fait que le patient « parlait de » ou « pleurait sur » son passé au lieu de le revivre. Les nouvelles approches ne prennent pas en compte la neurologie et l'évolution. Elles ne mettent pas l'accent sur l'empreinte ou doutent de son existence. Elles ne comprennent pas que les événements du début de la vie sont codés et stockés dans le cerveau et ont besoin de se connecter grâce aux mécanismes frontaux intégrateurs. Leur ignorance leur fait adopter la même attitude que celle du patient qui, une fois qu'il a tout refoulé, se voit forcé de se focaliser sur le présent et de croire que le problème est à l'extérieur et non en lui. Quand sa patiente lui dit « mon mari m'empêche de respirer », le thérapeute prend cette phrase au pied de la lettre, sans comprendre qu'elle peut se relier à une anoxie à la naissance. Il est tout à fait possible que son mari ne la laisse pas respirer, mais son désir de divorcer est peut-être dû à une force irrépressible jaillissant des profondeurs de son cerveau. Comment imaginer, d'ailleurs, que cette déclaration faite par une personne de quarante ans puisse être en rapport avec sa naissance ou avec le tabagisme de sa mère pendant sa grossesse ? Sans les outils appropriés permettant ce genre d'exploration, il est compréhensible que ces faits restent ignorés. On ne peut découvrir ce qui se trouve au fond de la mer si l'on ne dispose pas d'un appareil d'exploration sous-marine. Or la thérapie primale est la seule à offrir cet « appareil d'exploration ».

L'amour dont a besoin l'enfant doit lui être prodigué dès la gestation. Avoir une alimentation saine, s'abstenir de fumer des cigarettes ou de boire de l'alcool, et mener une existence calme et régulière constitue non seulement la base d'un bon développement fœtal, *mais prépare aussi le terrain pour le reste de la vie.*

On ne peut découvrir ce qui s'est passé avant et pendant la naissance sans apprendre le langage du tronc cérébral, qui est la structure où sont enregistrées et conservées les circonstances de la vie prénatale et de la naissance. Nous devons en quelque sorte régresser au niveau de la salamandre, comme nous le montrent nos patients qui revivent ces événements avec la partie primitive de leur cerveau.

Les réseaux nerveux qui transmettent les signaux de douleur de la moelle épinière aux centres cérébraux inférieurs se constituent entre les deuxième et quatrième mois de la gestation et se mettent donc en place avant le complet développement des systèmes de neurotransmetteurs inhibiteurs – comme celui des endorphines – qui deviennent opérationnels vers le quatrième mois. K. S. Anand, qui a étudié la douleur fœtale, signale que « les réseaux nerveux acheminant les signaux de douleur de la moelle épinière aux centres inférieurs du cerveau sont presque entièrement développés entre la quinzième et la dix-septième semaines [2] ».

Selon Jean Lauder, dont les recherches portent sur le développement des cellules nerveuses et de leurs axones, « il se peut que des neurotransmetteurs soient libérés à l'extrémité des axones en formation et qu'ils sculptent la morphologie des axones voisins et des cellules cibles [3] ». Elle explique que les neurotransmetteurs peuvent être considérés comme des signaux morphogénétiques guidant le développement – une fonction apparue dans l'histoire de leur évolution. Pour éviter la mort, ils provoquent un changement structurel qui permet en retour de les réguler. Le message de souffrance qui se propage le long des voies nerveuses peut par conséquent modifier la structure des axones reliant entre eux les neurones, et cette modification nous sauve la vie en contrôlant la douleur et en maintenant l'intégrité globale du cerveau. C'est ce qu'on appelle un « déplacement de fonction ».

Une recherche menée par deux scientifiques finlandais, M. Huttunen et P. Niskanen, a porté sur des enfants dont le père était mort soit pendant la grossesse de la mère, soit au cours de leur première année [4]. Ils ont été suivis pendant trente-cinq ans avec documents à l'appui. Seuls ceux qui ont perdu leur père avant de naître présentaient un risque accru de maladie mentale, d'alcoolisme ou de criminalité. Il est clair que cet événement avait affecté l'état émotionnel de la mère enceinte, ce qui avait eu de graves conséquences pour l'enfant tout au long de sa vie. Les résultats de cette enquête suggèrent donc que les troubles émotionnels de la mère au cours de sa grossesse ont davantage d'effets à long terme pour l'enfant que ceux qui surviennent pendant l'année suivant la naissance.

Jean Lauder affirme que tout ce qui augmente de façon significative les taux de neurotransmetteurs – notamment ceux qui sont associés au stress chronique –, peut avoir une forte incidence sur le développement ultérieur du cerveau [5]. Les événements intra-utérins sont cruciaux pour la production des neurotransmetteurs et vont déterminer le niveau de notre souffrance émotionnelle plus tard dans la vie. Une femme enceinte qui est abandonnée par son partenaire ou son mari au cours des premiers mois de sa grossesse et qui souffre d'angoisse et de dépression peut le transmettre au fœtus par le biais de modifications hormonales.

Les changements hormonaux chez la mère affectent le développement des neurotransmetteurs du fœtus et, selon M. Huttunen et P. Niskanen, « déterminent l'organisation des circuits cérébraux ». Ils déclarent que ces « variations de la biochimie maternelle, fœtale et néonatale au cours de certaines périodes critiques (de développement) peuvent irrémédiablement modifier les circuits et donc le comportement postnatal des jeunes animaux [6] ».

Les circonstances de la vie intra-utérine conditionnent l'efficacité du comportement de l'enfant, puis de l'adulte, face aux obstacles et à l'adversité. Un système de refoulement affaibli ne peut repousser toutes les impulsions perturbantes qui remontent vers le cortex, et ces défaillances peuvent provoquer des insomnies, des difficultés de concentration, ou même le trouble déficitaire de l'attention. On ne peut focaliser son attention quand toutes sortes de vieux souvenirs ne cessent de remonter et d'interrompre les processus frontaux.

On a constaté que des taux élevés d'hormones de stress dans le sang de bébés animaux entravent le développement de nouvelles cellules cérébrales dans l'hippocampe adulte [7]. On peut en déduire que ce processus va affecter le fœtus *in utero* si son taux d'hormones de stress est élevé. Un mauvais développement de ses cellules hippocampiques entraînera par la suite des problèmes de mémoire, de refoulement et d'apprentissage. Bref, un système trop stimulé au début de la gestation ne pourra développer tranquillement les structures limbiques qui devront par la suite traiter les sentiments. C'est pourquoi une mère très angoissée peut avoir un bébé très angoissé, un bébé dont les mécanismes d'inhibition et de refoulement fonctionnent mal. Nous imputons généralement ces difficultés à la génétique, alors qu'il peut s'agir de conséquences d'interactions biochimiques entre la mère et l'enfant. Un fœtus et sa mère « s'entendent » si leur biochimie s'accorde.

Lorsqu'une mère éprouve un stress au cours de sa grossesse, il se produit dans son organisme une augmentation des hormones de stress stéroïdes (les glucocorticoïdes), ce qui a pour effet de diminuer le nombre de récepteurs dans l'hippocampe du fœtus. Le stress n'est pas favorable au sentiment. De nombreuses recherches, comme celles de A. Barbazanges, ont montré qu'une sécrétion prolongée de stéroïdes chez la mère est l'une des causes majeures des malformations cérébrales du fœtus et peut gravement perturber la sécrétion ultérieure d'hormones de stress du bébé [8]. Des problèmes de retard mental ou des troubles du sommeil peuvent en résulter. Les expériences sur les animaux montrent que ce genre de modification *in utero* altère la capacité d'affronter l'angoisse et le stress. Un hippocampe dont le réglage est bas peut provoquer des pertes de mémoire. Vos souvenirs d'enfance sont-ils très vagues ou inexistants ? Cherchez-vous souvent vos lunettes ? Avez-vous du mal à mémoriser les numéros de téléphone ? Éprouvez-vous des difficultés avec les concepts spatiaux ? Et surtout, êtes-vous facilement dépassé par les événements ? Avez-vous tendance à piquer des crises d'hystérie ou à vous replier sur vous-même sur le plan émotionnel ? Avez-vous peur de la vie ? Du changement ? Renseignez-vous sur ce qui s'est passé au cours de votre gestation ! Une sécrétion prolongée d'hormones de stress compromet le développement de l'hippocampe et peut engendrer toutes ces conséquences.

La maladie mentale commence *in utero*

Il semblerait que plusieurs graves maladies mentales aient pour origine une perturbation du développement du système limbique au cours de la vie prénatale. Chez les personnes âgées, par exemple, la maladie d'Alzheimer débute dans l'hippocampe et gagne ensuite les neurones corticaux correspondants. Une enquête sur les psychotiques a révélé que la cause de leurs troubles mentaux pouvait remonter au deuxième trimestre de la gestation.

Une recherche fondée sur l'autopsie de schizophrènes a mis en évidence un désordre et un déséquilibre des neurones de leur système limbique. Il n'est pas impossible qu'il ait été causé par une grave perturbation neurologique *in utero*. Autrement dit, des événements traumatisants survenant au début de la grossesse peuvent affecter l'agencement des cellules limbiques et ainsi altérer le développement psychologique de l'individu. On ne peut fonctionner normalement avec un système limbique incohérent. J'utilise fréquemment le terme

« déplacement », mais chez les schizophrènes, ce sont littéralement les neurones de leur cerveau qui se déplacent puisque ceux de leur hippocampe sont souvent désorganisés [9].

Homosexualité et vie intra-utérine

Une enquête préliminaire semblerait indiquer que la conformation des empreintes digitales se modifie selon les événements de la vie intra-utérine, en particulier chez les homosexuels. Une autre recherche a été menée sur des bébés huit semaines après leur naissance [10]. Le tracé des empreintes digitales commence à se former à partir du deuxième mois de gestation. Voici ce qu'en dit Peter W. Nathanielsz : « Si, au cours de la période critique du développement fœtal située vers la dixième semaine, la pulpe des doigts se met à enfler pour une quelconque raison (un traumatisme), les empreintes digitales vont s'étirer en formant des volutes circulaires ; lorsque le bout des doigts reste mince et plat, les empreintes ressemblent davantage à des arcs [11]. » Nous ne savons pas exactement pourquoi la pulpe des doigts se met à enfler, mais ces informations (ajoutées à celles que je vais évoquer au chapitre 18) sont une preuve supplémentaire des corrélations associant vie intra-utérine et homosexualité ultérieure. Comme la thérapie primale inverse parfois cette tendance, je ne pense pas qu'elle soit prédéterminée sur le plan génétique. Il me paraît plus vraisemblable que certains événements précoces – ceux qui modifient les empreintes digitales – aient une incidence sur les hormones sexuelles et engendrent cette prédisposition. Voilà pourquoi, dans certaines configurations familiales où la mère est absente, une petite fille ayant cette vulnérabilité peut manifester des tendances homosexuelles – le besoin d'être aimée par une femme. Je ne vois pas pourquoi le traumatisme prénatal ne modifierait que la pulpe des doigts sans affecter les systèmes hormonaux. Il semble indéniable qu'un taux élevé d'hormones de stress chez la mère peut altérer l'équilibre des hormones sexuelles du fœtus.

Incidences de la vie fœtale sur le développement et le comportement

J'expliquerai plus loin comment la maladie cardiaque de l'adulte peut se relier au traumatisme natal et à la vie intra-utérine, et comment une attaque terrassant un homme de cinquante ans peut constituer le dénouement logique d'événements survenus au cours du sixième mois de la gestation. Nous verrons que la taille du placenta à la naissance peut déterminer la longévité, et que l'attitude psychologique de la mère enceinte peut être à l'origine d'une grave maladie de son enfant devenu adulte. Selon Peter W. Nathanielsz, un très gros placenta peut être plus tard corrélé à une tension artérielle élevée.

On a constaté qu'un bébé ayant un abdomen de petite taille risquait d'avoir un taux élevé de cholestérol à l'âge adulte [12]. Voici ce qu'en dit Peter W. Nathanielsz : « Les bébés qui se développent dans un milieu utérin perturbé trouvent des ruses ingénieuses pour protéger le développement de leur cerveau. Si le placenta ne fonctionne pas correctement ou si la mère se nourrit mal, la quantité d'oxygène et de substances nutritives dans le sang du fœtus sera insuffisante. Il enverra donc davantage de sang au cerveau en réduisant l'irrigation de l'intestin et du foie [13]. » Résultat, il aura une tête de taille normale et un petit abdomen, son organisme ayant protégé l'essentiel – le cerveau.

J'insiste sur le fait qu'il ne s'agit pas d'un épisode ancien sans conséquence, mais d'un problème dont les séquelles vont persister toute la vie sur les plans physique, mental et émotionnel. Des études corrélatives ont révélé qu'un faible poids de naissance entraîne un risque nettement supérieur de crise cardiaque à l'âge adulte. Notre enfance joue un rôle essentiel, c'est vrai, mais certaines vulnérabilités s'installent longtemps avant notre venue au monde. Le faible poids de naissance n'est d'ailleurs pas la cause de la maladie, mais plutôt l'indice d'un traumatisme qui finira par affecter le système cardiaque.

Il semble que les troubles comportementaux soient systématiquement associés à des traumatismes prénatals et périnatals [14]. Et il est désormais évident que les événements intra-utérins ont une forte incidence sur notre existence adulte, sur de nombreux plans. E. Gold et L. Gordis, des chercheurs ayant travaillé sur le cancer de l'enfant, suggèrent que l'enchaînement des circonstances conduisant au cancer pourrait débuter au cours de la vie fœtale [15]. C'est ce que j'ai personnellement observé sur le plan clinique. Il n'est pas impossible que les anomalies cellulaires qui sont à l'origine du cancer débutent *in utero*, même si la maladie ne se déclare qu'à l'âge de cinquante ans. C'est pourquoi il n'est pas toujours facile de déceler la cause des maladies graves, une cause que nous devons pourtant comprendre si nous voulons essayer de les prévenir.

Dans une enquête effectuée au Danemark, on a demandé à trois mille femmes si elles avaient vécu un stress au cours de leur grossesse [16]. Soixante-dix d'entre elles ont déclaré avoir effectivement subi un stress et s'être senties très isolées, sans aucun soutien sur le plan social. Leurs enfants avaient à la naissance un tour de tête plus petit que la moyenne, ce qui pouvait indiquer un mauvais développement de leur cerveau. (Une corrélation a été établie entre la taille de la tête à la naissance et la maladie mentale ultérieure.) Leur poids de naissance était également plus faible.

Des recherches récentes menées par A. R. Hollenbeck, un autre spécialiste de la vie fœtale, montrent très clairement que tout médicament donné à la mère modifie les systèmes de neurotransmetteurs du fœtus, en particulier au cours de la période critique de leur formation. Il affirme que l'administration d'anesthésiques locaux comme la lidocaïne (censée faciliter le processus natal) au cours des périodes sensibles de la gestation peut provoquer des changements à long terme dans le comportement de la progéniture [17]. Les taux de sérotonine et de dopamine dans le cerveau peuvent être définitivement modifiés lorsque la naissance d'un animal s'effectue sous anesthésie locale. Et le système de verrouillage en sera évidemment affecté.

Une autre recherche menée par A. R. Hollenbeck a montré que les femmes ayant été anesthésiées au cours de leur grossesse mettaient au monde des bébés moins gros. Leur faible poids de naissance peut résulter de modifications physiologiques qui pourront affecter leur comportement par la suite [18]. Il a été amplement démontré que les anesthésiques locaux traversent la barrière placentaire et pénètrent dans l'organisme fœtal. Ces nouveau-nés sont ensuite plus lents et plus apathiques que les autres et trouvent moins vite le bout du sein, montrant les prémisses d'une personnalité passive. La névrose commence forcément quelque part.

Quand on modifie chez les animaux la production de neurotransmetteurs en introduisant de la cocaïne dans le milieu utérin, les sécrétions de neurotransmetteurs sont perturbées, ce qui affecte durablement leur cerveau. P. Levitt, B. Reinoso et L. Jones, qui ont étudié le développement des cellules cérébrales au cours de la vie fœtale, déclarent : « L'environnement cellulaire prénatal du système nerveux en cours de développement joue un rôle aussi crucial que les stimuli environnementaux qui, après la naissance, favorisent la croissance et le perfectionnement des synapses [19]. » L'environnement chimique au cours de la gestation est au moins aussi important – si ce n'est plus – que l'environnement social après la naissance.

Le travail d'autres scientifiques ayant effectué des recherches sur la vie fœtale, comme celui de J. M. Cermack et son équipe, a abouti au même résultat [20]. Des changements à long terme interviennent dans le système des neuroinhibiteurs lorsque le milieu utérin est modifié, ne serait-ce que par une seule substance. Il s'agissait dans ce cas de choline – l'effet étant une amélioration définitive de la mémoire de la progéniture. La choline, qui est un élément essentiel du processus de transmission interne des cellules et de leur activité inhibitrice, est indispensable au développement du cerveau.

Suicide et traumatisme natal

Des recherches récentes indiquent que le traumatisme natal joue un rôle majeur dans les tentatives de suicide à l'âge adulte. Lee Salk a beaucoup étudié le rapport entre les circonstances de la naissance et le suicide. Son travail à la Cornell University Medical School, ainsi que les recherches effectuées au Karolinska Medical Center à Stockholm, en Suède, ont confirmé l'influence du traumatisme natal sur le suicide [21]. Les difficultés de la naissance se gravent profondément dans le système nerveux et le tronc cérébral de certaines personnes, et continuent à peser sur leur comportement jusqu'à les pousser au suicide des décennies plus tard. Telle est la force de l'empreinte qui peut aller jusqu'à menacer notre vie.

Comment un traumatisme natal peut-il nous donner envie de mourir plus tard dans la vie ? Les sensations d'échec associées à la naissance se sont engrammées : si les efforts du fœtus n'ont pas abouti parce que les anesthésiques injectés à sa mère ont paralysé son organisme, une impression de défaite et de désespoir s'est gravée dans sa physiologie. Ces sentiments vont se renforcer si l'enfant se retrouve face à des difficultés insurmontables dues à l'extrême sévérité de ses parents. Et quand plus tard, à l'âge adulte, sa femme le quittera et ne voudra plus le voir, il sera complètement désespéré, persuadé qu'il ne peut rien faire pour améliorer la situation. C'est là qu'il deviendra suicidaire. Son désespoir est le même que celui de sa naissance : il ne peut voir aucune autre solution, car telle est l'empreinte du traumatisme initial. La dépression suicidaire surgit lorsque le découragement envahit les trois niveaux de fonctionnement cérébral : cortex frontal, système limbique et tronc cérébral. Une de mes patientes a tenté de se suicider parce que son mari ne l'avait pas laissée sortir avec ses amies. L'incident paraissait bénin, mais elle a compris au cours de sa thérapie que son impuissance à « sortir » lors de sa naissance, aggravée dans l'enfance par la tyrannie d'une mère autoritaire, s'était ancrée dans son organisme sous la forme d'une profonde dépression. Elle avait l'impression « de ne pas pouvoir faire le moindre mouvement » – une formule qui traduisait bien la sensation des trois niveaux.

La physiologie de la sensation de mort imminente s'engramme chez la personne sous la forme d'une empreinte disant que « la mort est une issue en cas d'atroce souffrance ». Le suicide (la mort) lui vient aussitôt à l'esprit dès qu'elle rencontre des problèmes car, dans la situation prototype, la mort pouvait constituer une solution immédiate. Le sentiment « tu dois mourir » est une transposition de l'empreinte « tu vas mourir ». La moindre situation difficile, comme une confrontation avec son employeur, est génératrice d'angoisse parce que l'hippocampe se rappelle le traumatisme initial et ses éventuelles conséquences fatales. Sans ce fondement primal, la perspective de cette confrontation ne susciterait probablement qu'une légère appréhension.

D'après les recherches de Lee Salk, la présence de problèmes respiratoires à la naissance est l'un des traumatismes majeurs qui peuvent jouer un rôle dans une tentative de suicide ultérieure. Parmi les sujets qu'il a étudiés, 60 % avaient connu trois facteurs de risque importants : absence de soins prénatals pendant les vingt premières semaines de la grossesse, détresse respiratoire à la naissance, et maladie chronique de la mère. Je suis certain que l'anoxie y tenait une part essentielle.

Les recherches menées par L. P. Lipsitt au Child Study Center à l'université Brown ont révélé une corrélation spectaculaire entre tendances suicidaires et problèmes à la naissance. C'est presque toujours l'empreinte parasympathique, associée à un réglage « bas », qui en est responsable. L'organisme est effectivement « au plus bas », déprimé et sans énergie ; l'individu se sent dépassé et les difficultés qu'il rencontre lui paraissent si insurmontables qu'il n'a d'autre choix que d'abandonner. C'est l'empreinte associée à la naissance et à la vie prénatale qui prépare le terrain de la future dépression, parce que le sentiment d'impuissance fait partie de l'engramme initial. Une mère qui boit, qui se drogue, ou qui prend de fortes doses de tranquillisants ou d'analgésiques outrepasse les facultés d'adaptation du fœtus. Son bébé a l'impression d'être submergé et se sent incapable de se battre pour sauver sa peau, ce qui plus tard le fera renoncer à la moindre difficulté.

Pour les mères qui avaient eu au moins deux problèmes lors de leur accouchement, le risque de suicide ultérieur de leur enfant était cinq fois supérieur. La conclusion essentielle de cette enquête est que le traumatisme engrammé nous poursuit tout au long de notre existence et peut nous affecter suffisamment pour nous donner envie de nous supprimer.

Je ne veux pas dire par là que nous sommes tous victimes de nos empreintes précoces, face auxquelles nous serions totalement impuissants. Tout l'intérêt de ce livre est précisément de prouver le contraire. Mieux les connaître peut nous aider à les combattre. Si nous ne pouvons les effacer par un acte de volonté, nous pouvons nous efforcer de les contrôler et de changer notre comportement. J'aimerais bien pouvoir dire autre chose, mais les empreintes sont incroyablement puissantes. Une personne qui se sent désespérée et résignée depuis sa naissance ne peut simplement décider un beau jour de se dérider et de reprendre espoir. On ne peut se forcer à « aller bien ». On ne peut ignorer sa physiologie ou ses circuits cérébraux. La zone frontale du cortex où se prennent les décisions n'a pas été conçue pour avoir la préséance sur les mécanismes de survie des niveaux inférieurs. Cette situation est-elle sans issue ? Non. Chacun de nous peut faire quelque chose s'il le veut. Si nous choisissons de rester comme nous sommes, c'est notre affaire. Je ne fais rien d'autre que proposer une autre possibilité, car rien ne nous oblige à être victimes de notre enfance.

Nous pouvons décider de ne plus consommer de drogue ou de chocolat, nous pouvons prendre des analgésiques et des médicaments contre l'hypertension artérielle, mais ce ne sont que des palliatifs qui ne peuvent nous guérir. La pratique actuelle de la psychothérapie est palliative, et nous devons la transformer.

Toxicomanie et vie intra-utérine

Des chercheurs suédois ont découvert que, lorsqu'on donnait à la mère des opiacés ou des barbituriques au cours son accouchement, le risque d'une addiction ultérieure aux amphétamines augmentait chez son enfant [22]. La recherche actuelle sur la toxicomanie ne s'intéresse généralement pas aux conditions de la naissance, alors que l'empreinte peut être associée à une personnalité apathique et passive qui aura sans doute besoin plus tard d'excitants, ou à un tempérament plus agressif et nerveux qui aura par la suite besoin de calmants [23]. On peut donc déduire des circonstances de la naissance une éventuelle addiction à la cocaïne ou aux analgésiques, de même que les tendances biologiques qui pousseront l'organisme à activer le système de la dopamine ou à renforcer le système inhibiteur de la sérotonine. Une baisse de réglage intervenant avant et pendant la naissance, due par exemple aux tranquillisants ingérés par la mère, peut engendrer une addiction au café ou au Coca-Cola à l'âge adulte. Tout au long de notre vie, notre corps continue à compenser l'intrusion de drogues ou de médicaments dans notre organisme au cours de notre gestation et il va constamment s'efforcer de normaliser les réglages faussés.

L'addiction aux somnifères ou au Quaalude peut directement freiner le système réticulé activateur. Cette réaction dépend de la nature *hyper* (sympathique) ou *hypo* (parasympathique) de la personnalité prototypique. Bref, l'ingestion de certains médicaments par la mère au début de sa grossesse peut avoir une action déterminante sur la personnalité. L'usage continuel de tranquillisants peut provoquer une addiction aux excitants plus tard chez son enfant, car le réglage effectué *in utero* est si bas qu'il aura constamment besoin d'être stimulé. Cela explique que l'on puisse boire trois Coca avant de se mettre au lit et dormir à poings fermés. À l'inverse, une mère hyperactive peut engrammer ce trait chez son enfant qui aura par la suite besoin de calmants pour se sentir « normal » et détendu.

J'ai cité toutes ces recherches pour montrer que certains de nos réglages biologiques sont établis au cours de la vie intra-utérine, mais je veux encore insister sur l'importance du manque d'oxygène au cours de la naissance, généralement associé à l'anesthésie de la mère. S'il devait exister un inconscient universel, ce serait l'hypoxie et l'anoxie que tant d'entre nous subissent au cours de leur naissance. C'est pour cela que tant de gens fument et boivent. Ceux de nos patients qui sont de grands fumeurs ont presque tous vécu cette expérience. Leur venue au monde leur a fait frôler la mort, et ce traumatisme s'est gravé avec une force incroyable dans leur organisme fragile et leur cerveau tout neuf. Il suffit pour le comprendre d'observer un patient qui revit sa naissance (ce revécu est souvent filmé) : il devient tout rouge, il a du mal à respirer, et on dirait vraiment qu'il va mourir. Ce n'est pas une théorie de mon invention, mais un phénomène que l'on peut observer tous les jours et qu'aucun pouvoir de suggestion ne pourrait provoquer.

Vie prénatale et maladies ultérieures

Notre vie prénatale est déterminante pour notre santé tout au long de notre existence. La déviation de l'axe hypothalamus-hypophyse-surrénales peut affecter le fonctionnement du système immunitaire et provoquer par la suite des déficiences sur ce plan. D'après M. Weinstock, qui a étudié cet axe, « les enfants qui ont été stressés au cours de leur vie prénatale rencontrent les problèmes suivants : troubles de l'attention, forte anxiété, comportement social perturbé, incapacité d'affronter les situations stressantes, ainsi qu'un dérèglement général de l'axe hypothalamus-hypophyse-surrénales [24] ».

J'insiste une fois de plus sur l'importance de la période critique, celle où le cerveau et ses synapses se développent rapidement. Boire du café procure habituellement à l'adulte une excitation agréable. Mais une femme enceinte qui boit quatre ou cinq tasses de café par jour au cours de la synaptogénèse du fœtus va sans doute graver en lui une empreinte modifiant son réglage pour sa vie entière. L'agitation engrammée dans l'organisme fœtal va persister. Cela peut, à mon avis, expliquer le syndrome de la mort subite du nourrisson chez un bébé qui reste au fond de lui terrifié par l'anoxie subie au cours de sa naissance. La peur d'être seul dans le noir associée aux réminiscences de sa terreur – située au niveau du tronc cérébral dans le locus coeruleus – peut être excessive pour son jeune cœur et, à six mois, il peut mourir d'une crise cardiaque ou d'une attaque.

On a découvert une forte corrélation entre un faible poids de naissance et une maladie cardiaque ultérieure [25]. David Leon, de la London School of Hygiene, a constaté que les bébés qui sont petits et menus à leur naissance risquent davantage d'être diabétiques plus tard dans la vie. Il se peut que les réglages de l'insuline et du glucose aient été modifiés par un traumatisme intra-utérin. Une mère soucieuse de son apparence qui, pour garder sa ligne, se prive de manger au cours de sa grossesse, peut gravement nuire à son enfant. Peut-être cette avalanche d'informations vous semble-t-elle « noyer le poisson », comme on dit en France, mais elles sont toutes focalisées sur un point essentiel qui est souvent négligé : l'enfant a dès la gestation des besoins qui doivent être satisfaits. Or il existe maintenant des techniques qui nous permettent de savoir s'ils l'ont été.

Il est possible que la souffrance engrammée au cours des premiers mois de la gestation provoque un dérèglement latent qui se manifestera après la naissance et dans l'enfance sous la forme d'affections somatiques (asthme, allergies) ou de traits psychologiques (maussaderie, agressivité, pleurs, agitation, hyperactivité). Un nouveau-né peut souffrir, même s'il n'en a pas conscience, et il ne peut le verbaliser.

Tout cela peut paraître désespérant, je le sais. Serions-nous tous névrosés ? Heureusement non ! Mais il est vrai que nombre d'entre nous n'ont aucune idée de ce qui se passe dans leur inconscient. Est-il important de le savoir ? On peut être tenté de répondre non si l'on est satisfait de son sort, alors que, sur un plan plus objectif, il vaut sans doute mieux s'en inquiéter à cause de la vulnérabilité de l'organisme à des maladies pouvant entraîner une mort prématurée. Il est en revanche particulièrement crucial de le savoir si vous avez constamment besoin de drogues et d'analgésiques ; ou si vous avez des compulsions que vous ne pouvez maîtriser ou des symptômes qui ne veulent pas disparaître. Aucune naissance n'est parfaite, aucune vie prénatale n'est idéale, et je mets effectivement l'accent sur ce qui a été négligé. Il ne s'agit pas d'être des parents modèles, mais de savoir quelles conséquences aura le fait de ne pas toucher ni prendre dans les bras son enfant. Une mère qui a été constamment dépressive pendant sa grossesse peut maintenant comprendre les effets de cette dépression sur son enfant, dont le comportement et les symptômes ne lui paraîtront plus aussi mystérieux. Je mets en place des repères signalant les endroits où il faut faire un détour. D'après mon expérience, un enfant qui a des parents affectueux et aimants part bien dans l'existence, même s'ils font des erreurs et se mettent à crier quand il se conduit mal. Contrairement à ceux qui sont persuadés que la gestation n'a aucune influence sur le nourrisson, je pense qu'il faut éviter de fumer et de boire pendant la grossesse. Quant aux médecins et aux thérapeutes qui sont souvent confrontés à de mystérieux symptômes chez leurs patients, peut-être comprendront-ils mieux désormais leurs causes.

Chez ceux qui souffrent de maladie cardiaque, de palpitations, d'irrégularités de rythme, d'athérosclérose, d'hypertension artérielle, de cancer, de maladies auto-immunes, de dépression, de phobies, ou de crises de panique ou d'angoisse, les graines de ces dysfonctionnements ont été semées bien avant qu'ils aient prononcé leur premier mot. Les souffrances que nous enregistrons sans les verbaliser sont probablement celles qui font le plus de dégâts par la suite. Plus le traumatisme est important, plus la maladie sera grave. Demander à un patient de parler d'un sentiment qu'il n'a pu verbaliser à l'époque ne fait que le repousser plus loin et va à l'encontre du but recherché.

Retrouver les secrets de notre vie intra-utérine

Si nous voulons comprendre et traiter tous ces troubles ultérieurs, nous devons connaître les secrets de la vie intra-utérine. Le traumatisme natal peut nous affecter toute notre vie, c'est vrai, mais nous devons considérer les événements prénatals comme encore plus déterminants pour le cours de notre existence. On ne peut ni « tirer un trait » sur eux, ni « les oublier avec le temps ».

Des expériences sur les animaux ont montré que, dans la dernière semaine ou quinzaine précédant la naissance, une mère stressée modifie la sécrétion de sérotonine de sa progéniture. Les effets persistants du stress précoce sur le développement ultérieur ont été décrits en détail par David Peters de l'université d'Ottawa, au Canada, assisté de Ross Ader, S. M. Barlow et R. Chapman [26]. David Peters a constaté que le stress affectait le développement ultérieur d'importants neurones inhibiteurs et entravait les connexions synaptiques. Selon lui, « ces expériences ont démontré que, chez les rongeurs, le comportement adulte peut être considérablement influencé par des événements prénatals [27] ». On peut en déduire que tout traumatisme subi par la mère provoque des changements chez le fœtus. Ces changements sont d'abord et avant tout une diminution des substances chimiques inhibitrices que produit le cerveau pour combattre la douleur et l'angoisse. Tout un faisceau de preuves confirme maintenant qu'une mère ayant souffert en fin de grossesse accouche d'un nouveau-né qui n'est pas « bien armé » dans la lutte pour la vie et qui deviendra un enfant tourmenté par la peur, facilement distrait, et incapable d'étudier correctement.

Refoulement et inhibition commencent dans l'utérus : la production de neurohormones inhibitrices débute environ douze semaines après la conception. Mais comment accéder à des souvenirs aussi précoces ? Nous ne pouvons le faire qu'en empruntant le véhicule des sentiments, puis celui des sensations qui les sous-tendent, jusqu'à leur terminus dans le tronc cérébral. Et comment saurons-nous que nous sommes arrivés ? Sur le moment, nous n'en saurons rien car nos sensations confuses et informes ne seront pas associées à des concepts ou à des scènes de notre passé. Mais l'observation clinique pourra nous le dire.

La sensation d'être submergé *in utero*

Une femme enceinte qui s'angoisse parce que son mari vient de perdre son travail peut être extrêmement nerveuse. Elle est constamment agitée, boit trois tasses de café par jour et fume énormément. Son fœtus est trop stimulé par tout ce remue-ménage, et il deviendra un adulte qui se sent submergé à la moindre sensation de stress. Prenons l'exemple d'une femme qui doit se préparer pour une soirée. Elle ne cesse de changer de vêtements et a du mal à se décider.

Lui : Arrête d'essayer toutes ces robes, je t'en prie, et dépêche-toi de boucler ta valise. C'est l'heure de partir.

Elle : Ne me bouscule pas ! Ça me donne envie de tout laisser tomber et de rester à la maison.

Lui : Je ne te bouscule pas ! Mais l'avion décolle dans une heure.

Elle (elle pleure) : Je n'y arrive pas ! Je n'en peux plus. Tu n'as qu'à me laisser à la maison.

Lui : Tu plaisantes ! Va donc voir ton psy.

Le thérapeute : Le fait de s'habiller n'a rien d'affolant. Nous allons examiner la question point par point. (En réalité, s'habiller pour une soirée a pu réveiller un vieux traumatisme intra-utérin dissimulé dans l'inconscient ; y voir une réaction excessive ou même névrotique, c'est se fourvoyer.)

Elle : Il ne me comprend pas. La moindre chose me submerge. Je suis fatiguée de toutes ces histoires.

Lui (à son médecin) : Elle ne comprend pas. Elle n'arrive à rien si je ne la bouscule pas. Et elle ne s'en sort pas non plus si je la bouscule, parce qu'elle se sent alors harcelée.

Le médecin : Voyons les choses autrement. Peut-être pourriez-vous vous montrer un peu plus patient ?

Ils parlent tous au présent d'un problème du passé. Le cortex essaie de dialoguer avec le tronc cérébral, une structure qui ne parle pas anglais, ni aucune autre langue d'ailleurs. Si elle décide de faire une thérapie primale, elle pourra enfin assimiler ce sentiment à une sensation particulière de son passé, celle qu'elle éprouvait en cas d'*input* excessif. Il n'est pas différent, sur le plan physiologique, de la pression que ressent un enfant auquel ses parents imposent trop d'exigences. L'*input* social et émotionnel n'a fait que renforcer l'expérience neurophysiologique de la naissance et de la vie intra-utérine, ce qui a encore aggravé les choses. C'est le sentiment d'être submergée *in utero* qui est en fait le substrat de son angoisse. Maintenant qu'elle est adulte, elle peut demander un diagnostic et lui donner un nom, mais il existe de toute manière, qu'on le nomme ou non. Le fait de s'habiller ne fait que le focaliser et n'est pas le problème central : elle se sent perpétuellement « débordée », jour après jour, par sa vie quotidienne.

Comme dans ces prédictions qui se vérifient d'elles-mêmes, chaque fois que cette femme entreprend quelque chose, elle a aussitôt envie de renoncer. Le sentiment d'échec a surgi lorsque sa mère a été anesthésiée au cours de l'accouchement. Le produit a envahi son organisme fœtal et l'a paralysée. Elle n'a pas eu le choix. Et c'est cette sensation de son passé, renforcée par l'attitude de ses parents qui l'ont surchargée de corvées, de devoirs et d'une multitude d'exigences, qui continue à hanter son présent. Comment allons-nous la traiter ? Nous allons partir de sa vie actuelle, en parlant de la valise et des robes ; puis nous retrouverons progressivement (cela ne peut se faire en une seule séance) les sentiments qu'éveillaient les exigences continuelles de sa mère ; et ensuite, des semaines ou des mois plus tard, elle retombera sur la séquence de sa naissance. Ce qui est délicat dans ce processus, c'est le *timing*. Comment être sûr qu'elle est prête à descendre plus profondément ? Nous surveillons les indices et laissons son corps décider.

La fatigue chronique commence *in utero*

Le nouveau patient arrive parfois épuisé. Le combat est trop dur. Une femme chez qui l'on avait diagnostiqué le syndrome de la fatigue chronique a revécu la véritable bataille qu'avait été sa naissance, et une grande partie de sa fatigue a disparu. Son cerveau luttait constamment pour repousser ce déferlement. Mais n'allez surtout pas imaginer que nos patients viennent nous voir, revivent un sentiment et repartent guéris ! Cela ne se passe pas ainsi. Dans le cas de cette femme, revivre cette bataille a pris plusieurs mois.

Au cours de sa séance, une autre de mes patientes a ressenti ce sentiment : « Lâche-moi la bride, papa ! Laisse-moi le temps de faire les choses, je t'en prie ! » Elle était débordée par l'attitude tendue, impatiente et exigeante de son père. Cela a duré une heure. Puis elle a glissé dans la simple sensation – non verbalisée – de l'anesthésie de sa naissance. Elle a pu enfin connecter sa souffrance et la ranger dans le passé auquel elle appartenait. La faire *parler* de ses sentiments était précisément ce que nous ne voulions pas faire, car elle se serait éloignée de ce souvenir préverbal. Nombre de thérapeutes croient pourtant pouvoir utiliser les mots pour y accéder. Ils travaillent sur le plan cortical, alors que la sensation est profondément enfouie dans les niveaux inférieurs du cerveau de leur patient. Ce dialogue ne peut se nouer parce que les interlocuteurs sont séparés par des millions d'années d'évolution.

Le cauchemar est l'un des signes qui montrent qu'un traumatisme préverbal commence à remonter ; le système limbique absorbe l'énergie et la terreur du tronc cérébral et ajoute à cette combinaison ses propres images, provoquant un rêve horrible où l'on est, par exemple, écrasé ou étouffé par un mystérieux inconnu. Toute cette énergie remonte ensuite au cortex frontal où les idées sont déformées pour s'adapter à l'empreinte. « Tout me semble si embrouillé, si incohérent. » Cette confusion surgit souvent en réaction à l'immersion dans des événements anciens qui ont été profondément enfouis car le cortex frontal n'était pas assez développé à l'époque pour pouvoir clarifier les choses. Elle devient dès lors la réaction prototype : face à une tâche compliquée, comme trouver une adresse dans un quartier inconnu ou se rappeler un numéro de téléphone, le mental se vide et tout se brouille. Et si le patient revit des événements vécus à un an, avant qu'il ne sache parler, il ne formulera certainement pas de phrases au cours de son revécu. Notre cerveau est d'une logique inflexible.

12

LE TRAUMATISME DE LA NAISSANCE ET SON INFLUENCE SUR NOTRE VIE

La notion de traumatisme natal peut sembler complètement fantaisiste, saugrenue ou ésotérique à ceux qui n'en ont jamais entendu parler. J'ai moi-même eu du mal à admettre son existence au début : il y a bien longtemps, j'ai même déclaré à un patient qui m'affirmait avoir revécu sa naissance que je refuserais de le recevoir s'il m'en reparlait. Il a fallu que je l'observe pendant deux ans chez mes patients avant de pouvoir l'accepter, principalement parce que j'en avais discuté avec des neurologues qui m'avaient assuré que la chose était impossible.

Revivre le traumatisme natal est une expérience authentique et mesurable. En raison de la forte valence de la souffrance qui y est associée, elle peut s'avérer extrêmement dangereuse lorsqu'elle s'effectue avec des praticiens inexpérimentés. Méfiez-vous des *rebirthers* * ! Si l'on ne tient pas compte de l'évolution du cerveau en sondant sa partie la plus ancienne bien avant que la personne ne soit prête, les souffrances qui vont émerger de ces profondeurs ne s'enchaîneront pas chronologiquement et submergeront son cortex, en engendrant des idées délirantes et des symptômes mystérieux. Elle en ressortira encore plus confuse.

---

* « Le *rebirthing*, ou *rebirth*, consiste en des exercices d'hyperventilation qui amènent le sujet à des états de régression psychique favorisant la reviviscence de traumatismes précoces et d'un matériel habituellement rangé dans la catégorie de l'irreprésentable. Le psychothérapeute se définit comme un accompagnateur et comme une aide à la verbalisation et à l'élaboration psychique de celle-ci. » D. Anzieu, *Dictionnaire de psychologie,* de R. Doron et F. Parot, PUF *(N.d.T.)*

À l'autre extrême, on trouve la thérapie verbale traditionnelle qui change la disposition des meubles tout en conservant au sous-sol un chaudron bouillonnant de sensations et de sentiments terriblement angoissants qui ne verront jamais la lumière du jour. On pourrait arguer que les patients pleurent souvent à chaudes larmes en psychanalyse ; ils le faisaient effectivement quand je pratiquais ce genre de thérapie. Mais c'est leur cortex adulte qui pleure « à propos de » quelque chose, et non le cerveau du bébé qui pleure comme un nourrisson. Le cerveau du bébé doit être impliqué, et même le cerveau fœtal. Pourquoi ? Pour faire *l'expérience* du passé et non simplement se le remémorer. J'insiste une fois de plus, on ne peut guérir que là où l'on est blessé. Si la blessure s'est produite à l'âge d'un an, c'est ce cerveau-là qui est concerné.

Quand une personne qui revit sa naissance se met à parler, ou même à pleurer comme un nourrisson, nous savons qu'il s'agit d'une expérience simulée. D'innombrables patients dans le monde entier ont revécu leur naissance et on ne les a jamais entendus prononcer un mot, ni vus se servir de leurs bras et leurs jambes. On ne doit rien leur suggérer et il n'existe aucun schéma directif : le phénomène se produit lorsque le patient est prêt. Les pleurs d'un enfant de dix ans n'ont rien à voir avec ceux d'un nouveau-né. Nous les distinguons facilement et il est clair qu'ils s'élaborent dans des zones différentes du cerveau. Le patient ne peut jamais les reproduire après la séance. Comme nous allons le voir, la connexion est indispensable à la guérison, ce que confirment d'excellents arguments neurologiques.

L'inconscient est-il dangereux ?

Malheureusement, les théories en cours estiment dangereux de sonder l'inconscient. C'est une retombée de la philosophie religieuse du XIXe siècle, selon laquelle nous étions tous habités par des démons qu'il ne fallait surtout pas libérer. Il n'y a pas de démons ! Nous sommes habités par de simples besoins et par la souffrance que provoque leur insatisfaction. Et l'on peut connaître ces besoins dont le tout premier, au début de la vie, est celui d'oxygène.

Plus on descend profondément dans les niveaux inférieurs du cerveau, moins il est malléable, car on a affaire à des fonctions élémentaires de survie. À l'inverse, plus on monte dans le cerveau, plus il est flexible et peut produire toutes sortes d'idées « délirantes » ou du moins bizarres. Notre tâche n'est pas de normaliser les idées, mais plutôt les sentiments irrépressibles qui peuvent leur donner une tournure paranoïaque. C'est bien sûr ce que font la plupart des psychiatres sans le savoir. Ils prescrivent des tranquillisants pour normaliser les sentiments du patient, puis parlent avec lui pour l'aider à examiner ses idées. « Vous savez très bien, aurait pu dire un médecin, que personne en Europe ne vous envoie de messages par la télévision pour vous couper les seins. » C'était le délire d'une de mes patientes ! Elle croyait dur comme fer qu'on lui adressait ces messages et rien ne pouvait l'en dissuader. Au cours de nos séances, nous ne nous sommes jamais intéressés à ses idées, mais à ses sentiments. « Ils veulent me mutiler pour que je me trouve laide », disait-elle, alors que le fondement de ses divagations était : « Je sens qu'on ne veut pas de moi, et c'est sûrement parce que je suis laide. » Les messages, pensait-elle, lui étaient envoyés pour qu'elle se sente laide et donc rejetée, ou rejetée et donc laide. Ils étaient évidemment reliés à la manière dont ses parent l'avaient traitée dans son enfance.

L'origine de sa paranoïa était le sentiment de ne pas être aimée. Lorsqu'une personne nous évite à longueur de temps, nous en concluons qu'elle ne nous aime pas et nous avons le sentiment de ne pas être aimés. S'il s'agit du seul être humain sur terre dont dépend notre vie et si cette personne est censée assurer notre subsistance, s'occuper de nous, nous protéger et nous aimer, le moindre rejet est catastrophique. Nous ne pouvons développer notre cerveau tous seuls. Nous avons besoin de l'*input* de la personne qui veille sur nous. Son amour est déterminant pour notre cerveau, et son rejet le déforme.

Nous avons suivi la piste du sentiment de rejet qu'éprouvait cette patiente jusqu'à sa naissance, où elle avait failli mourir étouffée – ce qu'elle avait interprété, à la lumière de l'attitude ultérieure de sa mère, comme « elle ne veut pas que je vive. » La froideur et l'indifférence parentales qu'elle avait affrontées pendant des années avaient évidemment renforcé ce sentiment. Mais la force qui mettait à si rude épreuve son cortex, c'était sa naissance. Il ne s'agit pas de simples suppositions : nous mesurons les ondes cérébrales et les signes vitaux des patients qui approchent du traumatisme natal, et les indications sur les cadrans montent en flèche. Les sensations du traumatisme natal sont brutes, et sa force est ensuite canalisée dans les traumatismes subis par la suite, ce qui donne lieu à diverses interprétations. Dans le cas de cette patiente, sa conclusion était : « Elle ne veut pas que je vive. »

Si les idées se complexifient, les sentiments restent identiques et sont beaucoup plus simples à traiter. Prenez l'exemple des chercheurs sur le cancer qui fument ou des médecins qui boivent. Quelles que soient les idées de leur cortex préfrontal, leurs sentiments et leurs besoins passent en premier. Chacun de nous doit avant tout trouver une manière de se sentir bien afin de pouvoir continuer à vivre. Le subconscient a des raisons que le cortex ne connaît pas. Les idées, elles, sont flexibles à l'infini, et le thérapeute conventionnel est obligé d'entrer dans un labyrinthe sans fin, celui des croyances de son patient. Puis il essaiera de le déprogrammer en le dissuadant de ses idées, ce qui est une démarche complètement inutile et inefficace.

Est-il vraiment nécessaire de réveiller une souffrance qui a déjà été éprouvée ? Pourquoi faut-il que le patient l'endure à nouveau ? Parce qu'elle n'a pas été complètement vécue. Le cerveau s'y est refusé. Il n'a pas voulu réagir au manque d'amour, par exemple, et seule une partie de l'événement a été ressentie. Le reste a été entreposé et occulté. C'est là que se trouve la clé du sentiment, dans ce blocage de la réactivité. Les réactions au sentiment perturbant ont été refoulées. Nous avons donc une instance intérieure qui limite notre réactivité, et ce pour deux raisons : d'une part pour empêcher les signes vitaux et les fonctions vitales – tension artérielle, rythme cardiaque, etc. – d'atteindre des niveaux dangereux ; et d'autre part pour éloigner du cortex la pression interne afin qu'il s'en dissocie et ne sente pas submergé. Ce que libèrent les *rebirthers* dans leur thérapie peut faire « dérailler » leurs patients qui, malheureusement, n'en sont pas conscients. Ils croient qu'ils ont des visions, qu'ils ont rejoint une conscience cosmique, comme s'ils avaient pris du LSD, cette drogue hallucinogène qui, elle aussi, libère des souffrances profondes et affaiblit la faculté d'intégration du cortex frontal, provoquant une idéation délirante qui est prise à tort pour une expérience mystique.

Comme pour de nombreux aspects du comportement humain, l'entrée est également la sortie : pour sortir de la souffrance, il faut y accéder. Néanmoins, la plupart des approches actuelles – de l'acupuncture au massage, de l'analyse des rêves à la bioénergie, de la thérapie comportementale à la prescription de vitamines et au « patch » antitabac

– s'efforcent de faire disparaître les symptômes sans faire souffrir le patient.

Qui pourrait refuser un traitement indolore contre la souffrance ? Personne, mais il ne peut exister, car il contredirait les lois biologiques. Il n'y a pas de recette magique. Nous avons vécu des expériences qui ont modifié notre neurobiologie, et nous devons leur faire face si nous voulons retrouver notre équilibre. Les taux de cortisol que nous mesurons dans la salive de nos patients baissent considérablement au bout de quelques mois de thérapie. Cela veut dire qu'ils sont moins stressés, que leur tension intérieure a diminué, et qu'ils ont retrouvé leur état normal.

Faut-il vraiment « réveiller le chat qui dort » ? Il ne s'agit pas en fait de le réveiller parce que, dans les profondeurs du cerveau, rien ne dort – comme le montrent les taux chroniquement élevés d'hormones de stress. Entre-temps, nous allons consulter un médecin pour divers symptômes : hypertension artérielle, allergies, hyperthyroïdie, colite ; et un autre spécialiste pour nos phobies, nos obsessions, nos perversions et notre alcoolisme. Il suffit pourtant souvent d'une simple pilule – un tranquillisant – pour traiter toutes ces affections. La souffrance est leur substrat commun. On doit tenir compte, bien sûr, des prédispositions génétiques, des problèmes environnementaux, etc., mais la souffrance ne doit pas être négligée, surtout celle qui s'est engrammée dans notre organisme avant notre venue au monde et notre première rencontre avec nos parents. Quel soulagement de ne plus avoir de migraine tous les trois jours, de ne pas se sentir forcé de dévorer, et de pouvoir contrôler ses pulsions sexuelles ! Quel bonheur de ne pas se sentir constamment angoissé et de ne plus être obligé de prendre des hypotenseurs, des tranquillisants ou des antidépresseurs ! On est envahi par un extraordinaire sentiment de bien-être, comme si l'on s'éveillait à la vie en *ressentant* ce qui a failli nous faire mourir. Le revécu de la souffrance est un faible prix à payer pour cette liberté. Et quand elle se dissipe, on se sent merveilleusement vivant – « vivant » puisque capable de *réagir*. Je ne vous parle pas d'idées utopiques, mais de faits observables.

Si nous sentons souvent que nous ne profitons pas complètement de la vie, c'est précisément parce qu'il nous est impossible de pleinement réagir. Tout a été émoussé en nous par le refoulement. Nous regardons les enfants qui sont si vivants et nous nous demandons pourquoi nous avons perdu cette faculté. Ce n'est pas parce que nous sommes adultes que nous n'avons plus cet enthousiasme, cette *joie de vivre* *. Nous les avons perdus au fil du temps en nous éloignant de nos sentiments.

Plus la souffrance est enfouie, plus le refoulement est profond, et plus forte sera l'impression de libération, comme en témoigne le cas de Dierdre. Son histoire montre bien que son sentiment de désespoir l'a peu à peu paralysée. Elle ne pouvait plus être autonome car son empreinte initiale avait été cette impossibilité de se prendre en main et de réagir. Elle se sentait « coincée » – une sensation qui lui était familière depuis sa naissance. Nous avons assisté à sa progression, des pleurs versés sur ses problèmes actuels jusqu'à l'intrusion de l'empreinte du tronc cérébral, quand elle s'est mise à tousser et à s'étrangler. Elle est alors entrée dans une sorte de « coma conscient », un état que décrivent de nombreux patients – « je suis dans la pièce sans y être vraiment. » Elle pleurait parce que sa maman lui manquait, parce qu'elle avait un besoin physique que celle-ci la touche. Puis il y a eu une période de silence et de mouvements ondulants rappelant ceux du dauphin. Elle respirait difficilement et avait l'impression de mourir. Et elle a finalement eu un *insight* : elle avait fait tout ce qu'elle avait pu, mais elle avait perdu tout espoir de chaleur et d'aide. Elle venait de ressentir l'origine de sa paralysie, de sa sensation de blocage et de son manque d'autonomie. Elle commençait à comprendre qu'elle avait toujours déjoué son désespoir en réagissant au lieu d'agir, car elle n'avait pu se battre au cours de sa naissance alors qu'elle sentait la mort approcher.

Dierdre

LE THÉRAPEUTE : *Que vous a apporté le revécu des sentiments primals ? Pourquoi avez-vous suivi tout ce processus ?*

DIERDRE : Un exemple pris dans ma propre vie depuis que je suis en thérapie va vous le faire comprendre. Je suis depuis sept ans la mère adoptive de deux enfants qui ont été placés chez moi, et j'ai été convoquée à un procès où le juge allait décider si les enfants devaient simplement rendre visite à leurs parents biologiques, ou s'ils devaient retourner vivre avec eux. Je me suis sentie affreusement mal. Les pensées se bousculaient dans

* En français dans le texte. *(N.d.T.)*

ma tête et j'étais complètement désespérée. J'avais l'impression qu'on allait me forcer à vivre une situation que je refusais, et je ne voyais pas d'autre issue que le suicide.

J'ai participé à une séance de groupe de thérapie primale, où j'ai raconté au thérapeute que j'avais perdu tout espoir et me sentais terriblement seule, car j'avais l'impression que personne ne pouvait me venir en aide. Mon cœur était brisé : j'allais perdre tout ce qui constituait ma vie et je ne pouvais rien y faire. J'étais de plus très en colère contre le juge et les services de l'administration qui s'occupaient des enfants.

Personne ne pouvait m'aider et je me sentais moi-même totalement impuissante. La situation était désespérée et je ne savais pas quoi faire. Je ne comprenais plus ce qui se passait. Je me suis mise à hurler et m'en suis prise à tout le monde. Comment osaient-ils seulement imaginer que ces parents qui avaient fait tant de mal à mes enfants adoptifs puissent voir les gamins, et *a fortiori* les reprendre ? J'ai éclaté en sanglots. J'étais accablée par un terrible sentiment d'échec. Mon corps était de plus en plus faible. Je me sentais désespérée. J'avais si peur de perdre les enfants. Il me semblait que tout ce que j'avais fait pour eux – que tout ce que j'avais pu faire tout au long de mon existence – était purement et simplement nié. Je pleurais de plus en plus fort et je me suis mise à tousser. Mes pleurs ont changé, comme s'ils venaient d'un niveau plus profond. Une terrible souffrance a envahi tout mon corps. Je toussais de plus en plus fort. J'ai alors éprouvé un besoin, le besoin d'être aidée. J'ai réclamé leur aide avec insistance et ma voix a changé. Elle est devenue plus aiguë.

Puis j'ai perdu conscience des thérapeutes, de la pièce où je me trouvais, et je me suis sentie à nouveau enfant. J'ai brusquement réalisé que tout mon espoir d'être aidée était centré sur ma mère. Je voulais qu'elle me prenne dans ses bras, qu'elle me console. J'ai suivi cette impulsion en allant dans les bras de mon thérapeute : ma maman me manquait et je pleurais très fort, comme quand j'étais petite. Et pendant que je pleurais, j'ai réalisé que ma mère n'était pas là, qu'elle n'était jamais là dans mon enfance ; je sentais monter en moi une énorme colère contre elle, associée à l'immense besoin que j'avais d'elle. Je lui ai demandé de m'aider à calmer ma souffrance, mais elle n'est pas venue. Tout en continuant à la supplier, j'ai compris que j'avais perdu tout espoir de la voir venir, et j'ai abandonné.

Des souvenirs ont afflué dans mon esprit – toutes ces situations de mon enfance où j'avais tant besoin d'elle et où ce besoin était resté insatisfait, jour après jour. Mon revécu s'est amplifié, tout mon corps étant impliqué.

J'ai à nouveau toussé, cette fois beaucoup plus fort. J'ai ressenti encore plus intensément que l'on me refusait cette aide et une terrible rage a envahi tout mon organisme. Et en même temps, j'avais horriblement besoin d'être consolée, de sentir mon corps contre celui de ma mère ; je voulais qu'elle me touche, qu'elle soit tout contre moi. Des cris de souffrance me sont naturellement sortis de la bouche, des cris d'une puissance inimaginable. Et j'ai compris qu'ils avaient toujours été là, même si je ne les avais jamais exprimés. J'avais la bouche ouverte, mais aucun son ne sortait plus de mes lèvres. Je ne pouvais plus du tout bouger mon corps. Puis il s'est mis à remuer, en silence, mais avec fureur. Il fallait que je me sorte de cette situation insupportable où je n'avais pas le réconfort et le soutien dont j'avais désespérément besoin.

J'avais eu l'impression d'être obligée de faire une chose que je n'avais pas envie de faire, juste pour survivre. J'ai perdu tout contrôle sur moi-même et j'ai complètement oublié ce que je voulais au départ (rester dans le bien-être et la chaleur de ma mère). Je sentais une pression qui m'empêchait d'avancer et de respirer et je me suis mise à lutter de toutes mes forces en ondulant comme un dauphin, sachant que je devais me battre pour ne pas mourir. Mes poumons me faisaient mal, tout mon corps était douloureux. Je me sentais complètement seule. On aurait dit que j'attendais quelque chose – une attente interminable. Il ne s'est rien passé. J'ai perdu tout espoir d'être aidée et de retrouver bien-être et chaleur. Et j'ai souffert le martyre parce que j'avais tout perdu.

Alors que je revivais ces sentiments associés à ma naissance et au moment qui l'avait immédiatement suivie – où j'avais fait tout mon possible pour survivre –, j'ai compris quelque chose qui m'a soulagée : c'étaient eux qui s'immisçaient dans ma réalité. Mon ressenti et mon mental ont commencé à se connecter : je voulais vivre, mais je sentais que j'avais tout perdu à cause de ça – ce désir d'être avec ma mère et cet espoir d'être soutenue.

J'avais donc cessé de demander de l'aide et j'avais vécu seule toute ma vie. Et si je voulais comprendre pourquoi je ne pouvais tendre la main pour obtenir ce dont j'avais besoin, il fallait que je revienne en arrière et ressente à nouveau la souffrance d'avoir perdu à jamais la chaleur de ma mère. Ce sentiment s'était renforcé car elle ne m'avait jamais soutenue pendant mon enfance dans les situations où j'aurais eu besoin d'elle, ce qui m'avait rendue très indépendante.

Tout au long de ma vie, ce sont ces sentiments qui m'ont guidée dans les moments difficiles et m'ont fait prendre de mauvaises décisions. J'ai pratiquement tout perdu parce que je déjouais toujours mon désespoir – celui qui m'avait envahie après avoir lutté de toutes mes forces pour naître, quand je n'avais pas obtenu ce dont j'avais besoin et y avais définitivement renoncé. Je peux désormais faire autre chose dans ce genre de situation : me battre pour ce qui me semble juste et demander de l'aide si je n'y arrive pas toute seule. Après mon primal, je n'ai plus jamais eu envie de me suicider. J'ai l'impression que quelque chose en moi me donne la force de me concentrer sur mes problèmes, au lieu de me laisser influencer par de vieux sentiments provenant du passé.

Au bout d'un long moment, j'ai commencé à leur expliquer comment ces sentiments associés à ma naissance ressemblaient à ce que j'éprouve dans ma vie actuelle. Lorsqu'on m'a informée du procès, j'ai eu très peur de perdre les enfants et d'être obligée de faire des choses que je ne voulais pas faire. C'était exactement la même impression. J'avais envie de me suicider parce que j'avais failli mourir à ma naissance et parce que j'avais senti mes besoins s'éteindre – et quand ils s'étaient éteints, j'étais morte avec eux. Et pendant que je parlais, je me suis mise à pleurer, mais comme une adulte. J'étais soulagée de savoir qu'on peut désormais m'aider. Je peux demander de l'aide à mes amis, à des avocats, à des employés des services sociaux, et je ne suis plus forcée de souffrir le martyre puisque je peux agir.

J'ai beaucoup changé. J'ai des amis et je tiens à ces amitiés. Je considère différemment ce que je fais et je suis même parfois contente de moi, ce qui ne m'arrivait jamais auparavant. J'ai une nouvelle relation avec un partenaire dont je peux pleinement apprécier la tendresse. Je m'accorde maintenant suffisamment d'importance pour choisir ce que je veux vraiment faire et pour me laisser le temps de réfléchir avant de prendre des décisions dans les moments difficiles. Je ne renonce pas immédiatement quand je n'obtiens pas d'emblée ce que je veux et j'écoute les conseils que me donnent les autres. J'ai confiance en mon avenir, un avenir que je suis impatiente de découvrir, car je sais que je ne suis plus sous l'emprise des traumatismes de ma naissance et de mon enfance. Je peux choisir et faire confiance à ma nature – je suis une personne active qui sait aussi se reposer. J'ai trouvé le moyen d'empêcher mon passé de faire de moi ce que je ne suis pas et j'attends impatiemment de rencontrer la personne que je vais devenir.

13

LE FACTEUR STRESS ET LA CONSTRUCTION D'UN CERVEAU DIFFÉRENT

Les rats adultes qui ont été vigoureusement léchés et nettoyés à leur naissance sont plus aventureux et curieux que ceux qui ne l'ont pas été [1]. Ils ont par ailleurs une « profusion de récepteurs cérébraux pour une catégorie de substances analgésiques et anxiolytiques que l'on appelle benzodiazépines [2] », ainsi que d'autres récepteurs concernant certains neuropeptides, dont l'ocytocine et la vasopressine, qui jouent un rôle dans les liens affectifs unissant parent et enfant. (J'en reparlerai plus en détail au chapitre 17.) Le point essentiel, sur lequel je ne cesse d'insister en raison de son importance, c'est que le toucher est indispensable au début de la vie pour le bon développement du cerveau [3]. Le manque d'amour modifie la chimie cérébrale et peut finir par changer la structure du cerveau. Comme un arbrisseau tordu dans son enfance, le cerveau poussera ensuite de travers.

Les rats ayant été stressés au cours de leur gestation manifestent une forte angoisse après leur naissance. Le stress *in utero* provoque un syndrome de stress après la naissance. Ces observations apparemment anodines ont d'énormes implications, car elles montrent que les circonstances de la vie intra-utérine influent durablement sur le comportement. Qui plus est, il semble que cette influence puisse être renforcée par des événements postnatals. Les rats que l'on caresse juste après leur naissance produisent moins d'hormones de stress – en l'occurrence, de corticostérone [4]. De nombreuses expériences démontrent que les hormones glucocorticostéroïdes jouent un rôle important dans l'apparition du syndrome de stress. On observe chez beaucoup d'animaux, comme la musaraigne arboricole, une réduction du nombre des récepteurs de la sérotonine en cas de stress [5]. Ces expériences révèlent que l'absence de la mère juste après la naissance provoque une augmentation des hormones de stress et endommage des cellules corticales ainsi que certaines zones hippocampiques. On peut en déduire que plus notre expérience de l'amour est précoce, plus nous sécrétons de sérotonine et d'endorphines, et mieux nous nous sentirons et nous comporterons par la suite. À l'inverse, le manque d'amour affaiblira notre système de refoulement et affectera notre capacité physiologique d'affronter le stress.

Lorsqu'il subit une carence affective, l'organisme reste constamment sous tension parce qu'un signal électrochimique disant « on ne m'aime pas » ne cesse de clignoter et de donner des ordres : sécréter telle substance chimique, arrêter telle autre, diminuer telle hormone, augmenter l'insuline, changer les plaquettes sanguines, modifier les cellules NK du système immunitaire [6]. Ce sont des mécanismes compensateurs qui se déclenchent en cas d'intrusion étrangère. L'ordre naturel des choses est l'amour. Face au manque d'amour, le besoin insatisfait sonne l'alarme et le corps réagit comme s'il s'agissait d'un virus.

Le syndrome du stress fœtal qu'ont décrit les chercheurs est analogue au syndrome de stress post-traumatique du soldat. Le bébé présente les mêmes symptômes : il est malheureux, ne dort pas bien et se sent mal. La seule différence, c'est que nous ne pouvons pas « voir » l'origine du stress chez le bébé comme chez le soldat. Le bébé a livré bataille tout seul, luttant de toutes ses forces pour sortir malgré l'étranglement du cordon. Il n'a pas encore de mots pour raconter son calvaire, et s'il l'exprime par des tremblements ou des sursauts de peur, peu d'adultes sauront interpréter correctement ces indices. Le fœtus qui étouffe et suffoque à cause de la fumée qu'inhale sa mère se bat lui aussi pour rester en vie. Et comment celui dont la mère ingère de l'alcool pourrait-il « aller bien » alors que le développement de son cerveau est compromis ?

Le stress de la mère enceinte provoque une sécrétion de cortisol qui, si elle se prolonge, finira par endommager l'hippocampe du bébé, cette structure qui est chargée d'enregistrer les nouveaux souvenirs. Résultat, il aura une mauvaise mémoire à l'âge adulte et sera incapable d'exprimer clairement ses sentiments [7]. Lorsque le désespoir s'installe au début de la vie – par exemple chez le bébé qui s'efforce de sortir et se sent paralysé –, les taux élevés de cortisol font des ravages et détruisent les cellules cérébrales.

14

LA THÉORIE DU VERROUILLAGE

En cas de forte souffrance précoce, notre système de verrouillage inverse cette sensation et l'on ne sent plus rien. Pour vous expliquer ce processus, je vais m'inspirer du livre du Dr Ronald Melzack, *The Puzzle of Pain* [1], ainsi que du travail du Dr Patrick Wall, qui a développé la théorie du verrouillage de la souffrance.

Ronald Melzack et Patrick Wall ont postulé l'existence d'un système de verrouillage dans le mésencéphale et ont validé leur théorie grâce à l'électroneurostimulation transcutanée. Ils ont implanté en haut de la moelle épinière un dispositif électronique que le patient peut actionner afin d'inonder la zone d'impulsions électriques, ce qui a pour effet de supprimer les fortes douleurs que peut provoquer, par exemple, le cancer. Ces impulsions sont neutres, mais elles transmettent au système de verrouillage une information lui demandant d'inhiber et de refouler les signaux de douleur. La stimulation d'un courant électrique puissant peut donc provoquer une fermeture ou un verrouillage sans rien véhiculer de particulier. Elle doit simplement être suffisamment forte pour dépasser le seuil au-delà duquel les neurones ne réagiront plus. Or il se passe exactement la même chose pour un *input* électrique ayant un contenu émotionnel – « ils ne m'aiment pas ». Si sa signification et les sentiments qu'il suscite sont exceptionnellement douloureux, le système se ferme automatiquement. Arroser d'impulsions électriques le système de verrouillage l'active et le déclenche. La douleur des niveaux inférieurs se déconnecte et n'est plus perçue par les niveaux supérieurs. Et si cette souffrance émotionnelle s'aggrave avec les années, ce mécanisme interne de verrouillage est conçu pour nous empêcher de trop souffrir.

Mais lorsqu'une quantité excessive de souffrance s'accumule au fil du temps, le système de verrouillage se détériore et nous avons besoin d'une aide extérieure. Il « se détériore » parce que les sécrétions chimiques neurohormonales sont insuffisantes pour maintenir le traumatisme précoce hors de la conscience. Les défenses sont inefficaces et la personne est alors submergée par la peur ou la rage, ce qui engendre des difficultés de concentration et un manque de détermination. Les électrochocs peuvent améliorer le verrouillage et le refoulement quand l'organisme ne produit plus assez de sérotonine – ainsi que d'autres analgésiques endogènes – pour repousser la souffrance. En faisant passer un courant électrique à travers le cerveau entre deux électrodes temporales, cette thérapie y introduit un énorme *input* qui provoque une augmentation des taux des neuroinhibiteurs chargés de contenir les sentiments. J'ai vu des patients revivre leurs électrochocs en serrant les dents sur le tuyau en caoutchouc qu'on leur avait glissé dans la bouche et en grimaçant exactement comme s'ils étaient réels (nous l'avons filmé). Tout ce qui entre doit finir par sortir, que les impulsions élec-

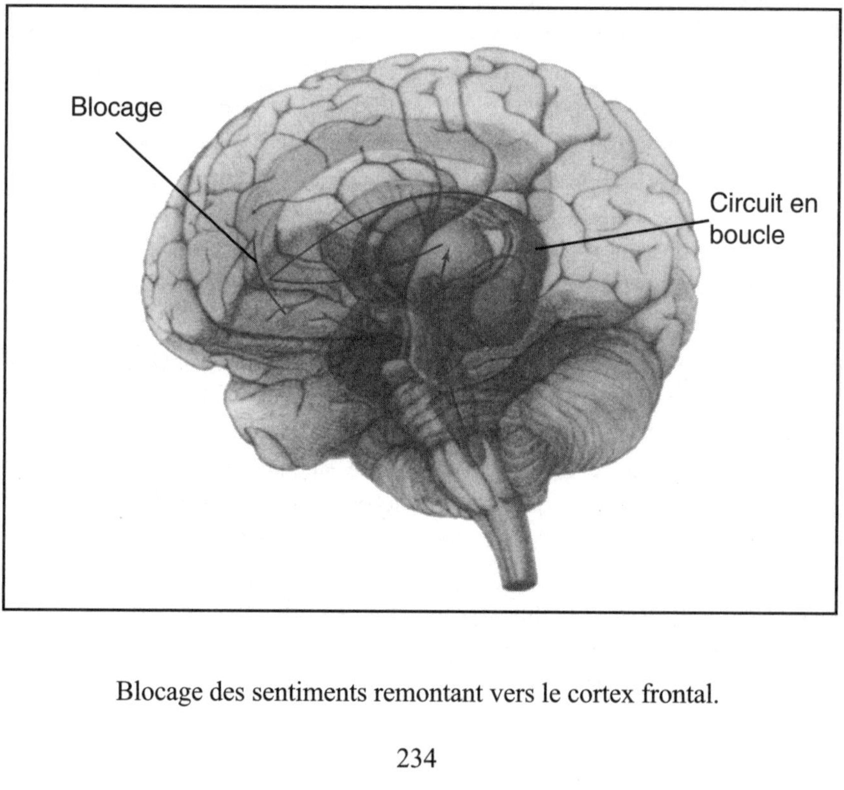

Blocage des sentiments remontant vers le cortex frontal.

triques proviennent d'une machine ou d'un traumatisme émotionnel. Ce choc prive la personne de son histoire et la coupe de son passé et, à cet égard, un accident d'automobile peut avoir les mêmes conséquences qu'un inceste subi par un enfant dans les premières années de sa vie.

La théorie du verrouillage a été récemment modifiée par Ronald Melzack, qui parle désormais de neuromodules, mais elle reste conforme à nos observations. Des marques de forceps sont apparues sur le front de patients revivant leur naissance. Elles n'étaient jamais ressorties auparavant parce qu'elles avaient été verrouillées et stockées sous forme de souvenir. J'ai vu et entendu pleurer comme un bébé des personnes de quarante ans qui revivaient un traumatisme précoce, ce style de pleurs ne pouvant être reproduit par la suite délibérément. Au cours d'un revécu, certains patients gardent la position fœtale près d'une heure durant. Toutes les tensions de notre corps sont dues au verrouillage d'énormes quantités d'énergie primale – que mes patients appellent le « carburant primal ».

Il y a de toute évidence de nombreux verrous dans le cerveau. Leur fermeture prend diverses formes – sécrétion d'endorphines et de sérotonine, silence des neurones qui ne transmettent pas le message, etc. – qui correspondent toutes à la mise sous clé de sentiments auxquels on ne peut plus accéder. La porte ne peut être ouverte par un simple acte de volonté, mais si nous avons les clés nous permettant d'entrer, nous pourrons nous glisser dans la pièce où sont cachés tous ces souvenirs. Une de ces clés est l'hippocampe qui semble pouvoir passer en revue notre histoire et nous aider à en retrouver certains épisodes.

Tous les traumatismes – avoir un parent envoyé en hôpital psychiatrique, perdre un frère ou une sœur dans un accident, être placé dans une famille d'accueil ou mis en pension très jeune, subir un inceste, etc. – inondent le cerveau d'impulsions électriques analogues à celles d'un électrochoc. Une autre surcharge d'information qui, elle, est cumulative, peut provenir de la stérilité quotidienne d'un foyer où les parents refusent les contacts physiques, ne prennent jamais leur enfant dans les bras et ne lui parlent pas. Nous avons vu que ce mécanisme de fermeture remonte à la vie végétale et date de centaines de millions d'années.

L'information n'est pas nécessairement verbalisée, notamment lorsque le traumatisme ou le manque d'amour intervient bien avant que nous ne sachions parler. Elle peut être véhiculée par des substances chimiques qui surchargent l'organisme de l'enfant, exactement comme le font d'incessantes remontrances ou de mauvais traitements. Le cortisol est une hormone qui, en cas de stress, se déverse dans le corps et provoque une stimulation excessive.

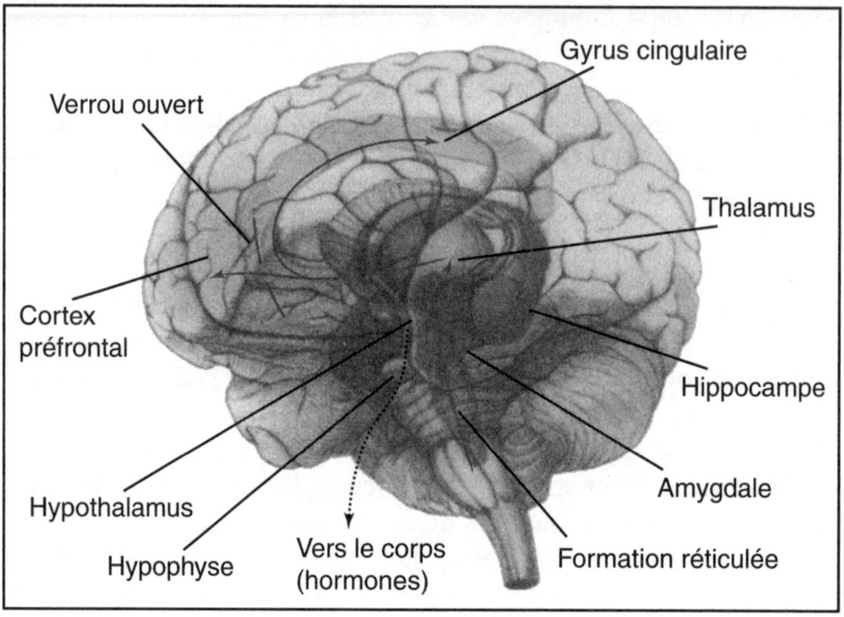

Vue d'ensemble des structures cérébrales clés concernant le sentiment.

La morphine, par exemple, a la capacité de déclencher ce mécanisme de verrouillage. Si l'on fait une injection de morphine à un patient qui souffre d'une crise cardiaque, il se sent aussitôt beaucoup mieux. Mais dès que l'effet de la drogue se dissipe, il a de nouveau mal. Nous fabriquons cette morphine dans notre cerveau pour nous « sentir bien », même si la souffrance et ses causes se dissimulent toujours dans les niveaux inférieurs. Morphée, le dieu grec du sommeil et des rêves, émousse notre sensibilité et la vie devient fade. Cette insensibilité à nous-mêmes nous rend insensibles aux autres. Nous ne voyons pas leur souffrance et ne pouvons comprendre ce qu'ils ressentent, ce qui nous empêche de ressentir de la compassion et d'avoir de la peine pour eux.

Dans la mesure où ils préservent notre réalité interne dans sa forme originale, les verrous sont utiles et font partie de nos mécanismes de survie. Nous ne sommes plus en contact avec cette réalité, mais elle n'est pas perdue et subsiste en nous. Et plus nous ressentirons ces émotions, plus nous deviendrons sensibles et humains, car les êtres humains sont doués de sensibilité. Perdre en partie cette faculté de ressentir, c'est perdre un peu de notre humanité.

Chaque palier du système de verrouillage semble avoir un seuil de tolérance spécifique. Si, par exemple, le verrou de « première ligne » – les récepteurs du tronc cérébral qui traitent le traumatisme – se situe à 10, les autres se limiteront à 5 ou 6 (ce qui veut dire que la densité de neuroinhibiteurs sera moindre dans ces zones). Un traumatisme précoce, comme la perte d'un parent pour un très jeune enfant, pourra submerger le verrou s'il a une valence de 7 ou 8. Le système de verrouillage des niveaux inférieurs semble manifestement prévu pour un *input* beaucoup plus puissant. Avec le temps, l'accumulation de souffrance peut également finir par affaiblir le verrouillage et par provoquer angoisse ou tension chroniques.

Nous voyons parfois chez nos patients une fragilisation du système de verrouillage due à une accumulation de souffrance tout au long de l'enfance. Ce genre de personne ne peut séparer ses sentiments. Elle commence sa thérapie en revivant une scène de son enfance qu'elle mélange aussitôt avec certains aspects de son traumatisme natal, et cet enchevêtrement l'empêche d'intégrer ses sentiments un par un. On doit alors recourir à des tranquillisants ou des analgésiques qui vont diminuer la forte valence de la souffrance et renforcer les verrous contre la stimulation du tronc cérébral, afin que la personne puisse connecter ses sentiments un par un, en commençant par les plus proches et les moins douloureux. Nous n'utilisons pas ces médicaments comme une fin en soi, mais comme un moyen d'aider la personne à ressentir, en accédant d'abord à la partie supérieure de son système nerveux. Les prescrire sans comprendre la dynamique du fonctionnement cérébral relève de la magie. Croire que des médicaments vont résoudre des problèmes émotionnels et qu'ils peuvent véritablement guérir un patient qui a manqué d'amour au début de sa vie, qui a passé son enfance dans une famille d'accueil indifférente, ou qui a eu un père alcoolique et violent, c'est leur attribuer des vertus magiques. Les médicaments ne font rien d'autre que nous maintenir *inconscients* de la réalité. *Ils ne sont pas et ne peuvent être une fin en soi.*

La peur de la mort

Un de mes patients a été tourmenté par une sensation de mort imminente pendant la majeure partie de sa vie adulte. L'expérience de sa naissance avait été terrible car il s'était retrouvé coincé dans le canal vaginal. Ses parents l'ont ensuite négligé et sa mère est devenue folle. Résultat, il n'a jamais pu édifier un bon système de défense ou de verrouillage. À chacun de ses primals, le sentiment de « mort » associé à sa naissance remontait et le faisait littéralement sauter sur ses pieds en quelques secondes. Il étouffait, devenait tout rouge, et se tenait la poitrine comme s'il allait avoir une crise cardiaque. Il avait l'impression de se noyer et le liquide épais qui emplissait ses poumons se répandait sur le tapis. Nous avons utilisé au début de petites doses de Zoloft (et parfois de clonidine) pour l'amener dans la zone du sentiment ; la clonidine empêche l'activation de l'empreinte du tronc cérébral, tandis que le Zoloft augmente le taux de sérotonine et améliore le verrouillage [2] (ce processus sera expliqué en détail au chapitre suivant). À force d'expérimenter ce sentiment au cours de nos séances, sa peur a commencé à diminuer. Le souvenir de cette « mort » avait hanté son subconscient pendant toute sa vie. Nous devons clairement comprendre ce que refoulent les médicaments que nous prescrivons.

Chez nombre de nos patients qui ont pris beaucoup de LSD, les verrous ont « volé en éclats ». Cette drogue hallucinogène a ouvert leur système de verrouillage qui n'a jamais pu se refermer complètement. L'un d'eux m'a raconté qu'après avoir pris de l'acide, il avait revécu une sorte de mort associée à sa naissance et qu'il était entré peu après dans une secte. Le premier souci de nombre de sectes est effectivement de proposer à leurs adeptes un ensemble d'idées sur la mort qui puisse remettre en place les verrous explosés. Dans la plupart d'entre elles, la mort est soit niée, soit bien accueillie puisqu'elle conduit à une « vie » meilleure. Après de nombreux mois de thérapie, ce patient a pu commencer à ressentir ce que le LSD avait libéré – l'expérience de mort imminente à la naissance – et il l'a peu à peu intégrée en la connectant au cortex frontal, ce qu'il n'avait pu faire avec le LSD.

Une patiente qui avait été victime d'inceste n'en a pris conscience qu'au bout de deux ans de thérapie primale. Elle s'était mise à parler tout haut dans la rue et sentait qu'elle « perdait les pédales ». Elle avait aussi l'impression qu'elle allait mourir. Dans son inconscient, ressentir ce sentiment équivalait à mourir, ce qui n'est pas faux si l'on considère qu'en s'approchant de la conscience, le souvenir du traumatisme fait grimper les signes vitaux à des niveaux dangereux. Cette femme avait débuté sa thérapie sans vraiment savoir ce qui n'allait pas. Elle a revécu certains aspects de cet inceste au bout de nombreux mois, jusqu'à ce qu'elle l'affronte un jour de plein fouet dans un paroxysme de souffrance. Les diverses parties du souvenir avaient été si bien verrouillées qu'elle ne pouvait accéder au début qu'à ses aspects les plus inoffensifs : la peur du noir dans son enfance, et la terreur d'entendre des bruits de pas remonter le couloir. Quelque temps plus tard, elle a vu une ombre menaçante se profiler dans la chambre ; par la suite, elle a éprouvé la sensation d'un objet se glissant entre ses jambes, et finalement, près d'un an plus tard, elle a hurlé : « Papa ! »

Le rôle de la sérotonine dans le verrouillage

Au cours des vingt dernières années, les chercheurs ont étudié les récepteurs, et notamment ceux de la sérotonine, sans comprendre que leur nombre augmente ou diminue selon l'ampleur du traumatisme. Ils n'ont considéré qu'une seule partie de l'équation et ne se sont pas demandé pourquoi la sécrétion de sérotonine se déclenchait ou diminuait. La sérotonine permet de contenir les impulsions engrammées, à moins qu'elles ne soient trop fortes. Il y a au minimum quatorze types de récepteurs de sérotonine, et l'on trouve ce neurotransmetteur chez les espèces animales les plus primitives, car il date de quelque cinq cents millions d'années [3]. Le traumatisme natal et les carences postnatales détériorent ce système et provoquent chez l'enfant impulsivité, hyperactivité et problèmes d'apprentissage [4].

Lorsque les chercheurs qui étudient une maladie découvrent une anomalie dans le taux de sérotonine, ils supposent aussitôt qu'il s'agit d'un problème génétique qui devient la « cause » de la maladie. Certains médicaments contre la migraine, par exemple, s'adressent aux récepteurs de la sérotonine. Mais la cause n'est pas toujours génétique et peut résider dans la vie intra-utérine dont l'importance a été négligée.

On a récemment avancé que la boulimie pourrait être due à un déficit d'origine génétique en L-tryptophane, l'acide aminé précurseur de la sérotonine [5]. « Ces résultats suggèrent qu'une baisse de la fonction sérotonine du cerveau pourrait déclencher certaines des caractéristiques cliniques de la boulimie nerveuse chez des personnes vulnérables à ce trouble », peut-on lire dans le *New York Times* [6]. Je pense personnellement qu'il faut être prudent et ne pas imputer à la génétique un symptôme qui peut avoir son origine dans la vie du patient, même s'il s'agit de ses tout premiers moments. Une empreinte peut baisser définitivement le taux de sérotonine et entraîner toutes sortes de symptômes ultérieurs. Dans le cas de la boulimie, l'empreinte peut être une souffrance que l'absorption de nourriture soulage momentanément.

Les endorphines, la sérotonine et l'acide gamma-aminobutyrique (GABA) agissent en fin de compte comme des neuroinhibiteurs. Le GABA est un véritable inhibiteur, alors que la sérotonine a d'autres fonctions, dont celle de nous donner une sensation de bien-être. Chacun à leur manière, ils aident le cortex à inhiber les messages d'excitation en provenance du système limbique. Mais si la souffrance se prolonge, les réserves en GABA paraissent s'épuiser, et elle se précipite vers la conscience corticale. Certains médicaments comme le Gabatril relancent le processus et la reverrouillent une fois de plus. Néanmoins, m'a dit le Dr Frank Wood, l'expert que j'ai consulté, « les sensations de satisfaction dans l'existence ne sont pas simplement dues à la suppression des désagréments, mais aussi à l'activation de sentiments positifs [7]. » Quoi qu'il en soit, mes patients se sentent mieux quand ils prennent des tranquillisants – ou même directement des analgésiques – pour ne plus souffrir.

Le Dr Laurence Tecott, un chercheur de l'université de Californie – San Francisco qui a effectué des recherches sur la sérotonine, a neutralisé le récepteur de son précurseur chez la souris. Terrorisés, les animaux se blottissaient les uns contre les autres le long des parois du labyrinthe, trop effrayés pour explorer de nouveaux objets [8]. La peur que manifestent les animaux en cas de baisse du taux de sérotonine a les mêmes caractéristiques que l'angoisse qu'éprouvent les êtres humains : elle semble provoquer paralysie et prudence, refroidit la curiosité, bloque la spontanéité et, dans le cas des êtres humains, peut les rendre boulimiques et/ou anorexiques.

L'expérimentation animale est extrêmement utile, comme le montre la recherche menée par J. Altman et G. D. Das du Massachusetts Institute of Technology (le MIT) [9]. Ils ont décrit la manière dont se sont développés de nouveaux neurones (ce qu'on appelle une neurogenèse) dans l'hippocampe de rats adultes et, en se fondant sur ce résultat, on a pu ensuite observer la même chose chez l'être humain. Étudier les animaux nous donne des indices sur le comportement humain, c'est évident, mais nous devons également étudier les êtres humains[10]. La recherche n'a pas le monopole de la vérité et peut se tromper, comme le montrent ses conclusions sur la boulimie que je viens de citer. Mes idées ne sont pas de simples conjectures sur la souffrance de l'enfance ou sur le traumatisme natal. Avec les bonnes techniques, on peut les observer et les mesurer sur le plan clinique. J'ai vu des milliers de fois mes patients revivre la souffrance de leur petite enfance, et personne ne pourra me persuader qu'elle n'existe pas.

Nous nous sentons parfois tristes, furieux, heureux, ravis, etc., et il est parfaitement normal, et même important, d'exprimer ces sentiments. Or les statistiques peuvent être manipulées pour dire n'importe quoi et contrecarrer cette tendance naturelle. Il existe une nouvelle thérapie qui prétend débarrasser le patient de son angoisse en agitant une baguette vers la droite et la gauche devant ses yeux (je ne plaisante pas). Ils ont accumulé une montagne de statistiques pour le « prouver », et quelques scientifiques connus leur ont apporté leur soutien. Croire que l'on peut chasser avec une baguette magique le sentiment d'abandon qui poursuit le patient depuis son enfance, ce patient qui toute sa vie s'est senti tout seul et sans amour, me semble une idée complètement mystique, pour ne pas dire une mystification. Pourtant, les statistiques sont là.

Dans une de ses recherches, Steven Locke a étudié comment un groupe d'individus affrontait les problèmes. Ceux qui « s'en sortaient bien » avaient une grande quantité de cellules NK, contrairement à ceux qui « s'en sortaient mal[11] ». Normalement, les sentinelles de la sérotonine empêchent le message de désespoir de remonter trop vite et trop facilement aux centres frontaux, et il reste cloîtré chez lui, si bien que les « voisins » (les neurones avoisinants) ne sont pas mis au courant. Mais les troupes finissent par diminuer quand la bataille se prolonge trop longtemps.

Tous les médiateurs chimiques qui empêchent l'information de remonter aux centres supérieurs ont pour effet de maintenir la souffrance hors de la conscience. Voilà pourquoi tant de nous se sentent « merveilleusement bien » alors que se dissimule en eux un insupportable poids de souffrance. Le cerveau humain est conçu pour nous en

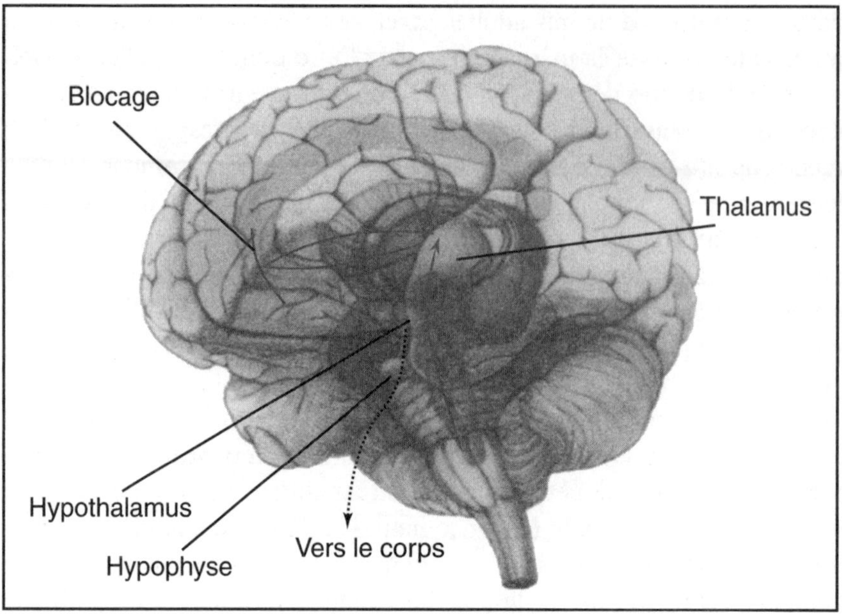

Les sentiments bloqués sont déviés par l'hypothalamus
vers les divers systèmes organiques.

préserver, afin que nous puissions continuer à vivre, ce qui serait impossible si nous nous roulions par terre de douleur à longueur de temps. C'est ce que font nos patients qui finissent par accéder à leur inconscient, mais nous nous assurons qu'ils souffrent uniquement pendant leur séance et nous veillons à ce qu'ils se restructurent avant de s'en aller. Dans les pseudo-thérapies primales, malheureusement, il arrive trop souvent que le patient fasse une abréaction et reparte en mille morceaux – ce que l'on nous reproche ensuite.

Comme nous allons le voir, le refoulement est universel et remonte aux temps les plus reculés de la phylogenèse. Même le poisson, semble-t-il, peut refouler, puisque sa réaction aux médicaments est identique à celle des mammifères. La faculté de bloquer des stimuli nocifs a donc une très longue histoire.

L'organisation des troupes neuronales

L'histoire du verrouillage et du refoulement remonte aux minuscules protozoaires et même à la flore qui les a précédés. L'évolution a favorisé l'utilisation de tout ce qui nous a permis de survivre pendant ces millions d'années. N'est-il pas surprenant que nous utilisions des dérivés de plantes comme le pavot (l'héroïne) pour soulager la souffrance ? Solomon Snyder et d'autres ont fait remarquer qu'il y a autant de liaisons opiacés chez les poissons primitifs et le requin que chez les singes et l'homme [12]. « Les récepteurs d'opiacés de ces poissons primitifs sont identiques à ceux des mammifères, ce qui indique que peu ou pas de changements se sont produits dans leur structure chimique au cours de l'évolution des vertébrés [13]. »

Depuis son apparition, le cerveau a fabriqué des récepteurs pour toutes sortes d'analgésiques et d'opiacés endogènes. Les répresseurs ou les inhibiteurs se fixent sur ces récepteurs et contribuent à verrouiller ou bloquer la souffrance et les sentiments. En cas de traumatisme très précoce, les récepteurs inutiles sont éliminés au profit de ceux qui sont activés, et les connexions entre circuits cérébraux sont modifiées. Le cerveau devient alors une vraie machine de guerre, utilisant toutes ses ressources pour combattre l'ennemi qui le menace.

Les cellules cérébrales sont engagées dans la lutte darwinienne pour la survie du plus fort. Les neurones les plus vigoureux survivent, de même que les analgésiques endogènes les plus efficaces, et les récepteurs se perfectionnent avec le temps. Et ceux-ci fonctionnent déjà avant la naissance puisqu'on en trouve dans le placenta.

La prolifération des récepteurs alpha et l'édification d'un cerveau différent

En 1996, je suis allé consulter le service de la douleur au John Hopkins Hospital de Baltimore, dans le Maryland, au sujet d'une intense douleur chronique à la gorge due à plusieurs opérations. Les médecins m'ont expliqué qu'il s'agissait sans doute d'une « douleur entretenue sur le plan sympathique ». En cas de lésions tissulaires, les cellules nerveuses concernées entament un processus que l'on appelle la prolifération alpha, une prolifération de minuscules récepteurs de la douleur qui traitent l'excès de souffrance et font partie d'un mécanisme de protection et de survie. Lorsque le corps est blessé, le système nerveux sympathique active des neurohormones – comme la noradrénaline – qui se fixent sur les récepteurs afin de ne pas interrompre la sensation de douleur, car celle-ci mobilise l'organisme et lui demande de se protéger. Une boucle rétroactive se forme là où les répresseurs de la douleur sont sécrétés et celle-ci est parfois plus forte que le refoulement.

Le principe de la prolifération alpha est crucial. Si, en cas de graves lésions physiques, l'organisme augmente le nombre de ses récepteurs alpha ou d'autres types de récepteurs de la douleur pour traiter l'excès, mon hypothèse est qu'il en va de même pour les divers types de traumatisme précoce. Nous savons par exemple que les récepteurs adrénergiques alpha 2 sont plus nombreux chez les dépressifs et les schizophrènes [14]. Les catécholamines, ces substances chimiques activantes, finissent par modifier le nombre et la réactivité des récepteurs alpha. Et comment calme-t-on ces récepteurs de la souffrance ? Avec les médicaments qui freinent la stimulation du tronc cérébral.

C'est le système nerveux sympathique qui traite le traumatisme, nous maintient en alerte et entretient la douleur. Et, en retour, c'est parce que nous souffrons que nous sommes sur le qui-vive, bien souvent de manière excessive, et que nous ne pouvons nous détendre. Mais dès que la souffrance primale stockée et engrammée est amenée à la conscience, les récepteurs excédentaires deviennent superflus. Nous ne ressentons plus l'angoisse qui stimulait notre vigilance car les verrous ont été ouverts et le traumatisme est désormais un simple souvenir parfaitement inoffensif.

Dès que la souffrance qui tournait en rond dans le système limbique et le tronc cérébral en essayant de trouver une issue est évacuée, le corps peut se reposer. C'est pourquoi les taux salivaires de cortisol (une hormone sécrétée en cas de stress) baissent considérablement au bout d'un an de thérapie primale. Lorsque l'événement ou les sentiments accèdent enfin au conscient, la personne peut y réagir pleinement et l'organisme peut ensuite se reposer.

Comme nous l'avons vu, les substances chimiques qui circulent entre les neurones ralentissent ou accélèrent la transmission des messages. Ceux-ci ne sont pas verbalisés tant qu'ils n'ont pas atteint le cortex frontal supérieur, ce qui ne peut se produire que de nombreux mois après la naissance, une fois que le cortex est bien développé. Si l'impulsion de souffrance est trop forte, les neurones diffusent un neurotransmetteur inhibiteur qui bloque le message. Le système nerveux « sait » déjà ce qu'il doit faire quand l'organisme n'en peut plus, et la souffrance du nourrisson peut être refoulée à l'âge de deux semaines ou même avant.

Sur le plan physiologique, la prolifération des récepteurs de la douleur semble proportionnelle à l'ampleur du traumatisme infligé aux tissus organiques [15]. Au cours de l'évolution, nos ancêtres ont développé la faculté de réagir rapidement face au danger pour pouvoir survivre, et notre capacité actuelle de nous couper de la souffrance est cruciale pour affronter le monde. Nous pouvons même anticiper et envisager la *possibilit*é d'une blessure. Mais trop souvent, notre vigilance pressent la venue d'un malheur qui est en fait déjà en nous, sans que nous puissions y accéder, et nous croyons à tort qu'il va surgir dans le monde extérieur.

Lorsqu'une sensation engrammée est très forte, son énergie se dirige vers le cortex frontal et, comme le refoulement l'empêche d'atteindre son but, elle se propage dans les zones associées au sentiment. La personne va alors s'exclamer : « Il faut que je sorte de cette maison » ou « il faut que je me sorte de ce mariage. » Elle sent qu'il faut que « ça sorte », c'est tout. Malheureusement, la connexion ne peut se faire à cause de l'ampleur de la souffrance qu'elle provoquerait. L'impulsion initiale de convictions comme « personne ne veut m'aider » et « tout ce qu'ils veulent, c'est me faire du mal » peut remonter à la naissance. Et si par la suite les parents n'ont pas vraiment aidé leur enfant, le sentiment est renforcé. Voilà pourquoi des décennies plus tard, quand son mari ne lui offrira pas de porter les provisions, la colère de cette femme sera démesurée. « Tu ne veux jamais m'aider ! »

Lorsque nous apprenons la mort brutale et inattendue d'un ami, nous ne pouvons pas l'intégrer. Elle ne peut entrer en nous car le système de verrouillage limite la quantité d'information douloureuse accédant à la conscience. Plus tard, nous commencerons progressivement à accepter cette perte. C'est encore plus vrai pour un nourrisson qui n'a pas l'intellect lui permettant de comprendre ce qui se passe dans sa famille.

Le verrouillage peut expliquer les différences de personnalités entre frères et sœurs. Prenons l'exemple de deux petits garçons que leurs parents prennent dans leurs bras et embrassent pareillement, mais dont l'un a éprouvé une forte souffrance au début de sa vie – comme une période de manque d'attention parentale – qui a provoqué un refoulement de même ampleur. Ce fils est plus difficile à approcher, plus distant, alors que son frère paraît plus sûr de lui, plus ouvert, et se sent mieux accepté par les autres. Leurs naissances ayant été différentes, ils n'ont pas le même prototype, et celui qui est plus extraverti est vraisemblablement sorti plus facilement. Voilà pourquoi il se laisse aisément prendre dans les bras et embrasser.

On peut mesurer la force du verrouillage en observant l'action des tranquillisants sur le patient. Combien doit-il en prendre pour se sentir à l'aise et détendu et de quelle force doivent-ils être ? Si des sédatifs très puissants tels que l'alcool ou des stimulants comme le café ne lui font aucun effet, il est probable que les verrous sont si solides qu'ils ne laissent rien passer, même pas la caféine. Nous trouvons bizarre que certains puissent boire un café bien fort avant de s'endormir, mais cela peut se comprendre. Il s'agit sans doute de personnes parasympathiques dont le réglage est bas, ou dont les défenses sont si bonnes que le café ne peut agir normalement – en les mettant sur le qui-vive. Pour ceux dont le réglage est bas et qui ont besoin d'être stimulés, le café peut être un facteur normalisant. Quant à ceux qui « tiennent bien l'alcool », ce puissant anesthésique ne peut ni les saouler ni leur donner sommeil car très peu d'informations accèdent à leur conscience.

Voilà pourquoi certains de mes patients, auparavant suicidaires, pouvaient prendre sans même s'endormir des quantités d'analgésiques qui auraient tué un cheval. Leur cerveau était si activé par la souffrance qu'il en fallait une énorme dose pour simplement les calmer. Nos recherches sur les ondes cérébrales ont mis en évidence cette activation [16]. Peut-être est-il désormais possible de commencer à comprendre ce que la médecine appelle les « réactions paradoxales », où les effets d'un médicament sont inverses à ceux que l'on attend. On a récemment intenté une action en justice contre un laboratoire pharmaceutique parce que, selon les plaignants, leur tranquillisant a poussé quelqu'un à se suicider. Ils affirment que ce médicament est dangereux et peut provoquer un comportement autodestructeur. Or ce n'est pas lui qui est en cause mais la réaction qu'il provoque, et celle-ci dépend du passé du patient. Des médicaments comme le Prozac peuvent, dans certains cas, faire descendre la personne dans la zone primale où elle va ressentir un très vieux chagrin. Toutes ses souffrances vont remonter avec le désespoir qui les accompagne, et la personne n'aura aucune idée de ce qui se passe. Son enfance va prendre le pas sur sa vie actuelle et, comme elle ne parvient pas à s'en dissocier, elle va devenir suicidaire. On ne peut cataloguer un médicament comme « mauvais » sans prendre en considération l'organisme dans lequel il pénètre.

Voici maintenant l'histoire de Samantha. Elle montre bien le soulagement que ressentent ceux qui souffrent d'angoisse quand ils comprennent qu'ils peuvent rechercher et découvrir ses causes. Élucider ce mystère est en soi déjà bénéfique. On ne se sent plus attaqué par des démons inconnus qui nous tourmentent sans raison apparente. On n'est plus submergé par une dépression qui semble surgir de nulle part, cet état que les psychologues qualifient de « dépression endogène ». Ils veulent dire par là qu'elle émerge de l'intérieur, ce qui ne nous avance pas à grand-chose s'ils n'ont rien d'autre à nous apprendre.

Samantha

J'ai décidé de faire une thérapie primale parce que j'étais extrêmement angoissée. J'avais continuellement l'impression que quelque chose n'allait pas chez moi, mais je ne savais pas quoi. Chaque fois que je devais faire quelque chose de nouveau ou de difficile dans mon travail, je devenais très nerveuse et j'avais peur, une peur irrationnelle que quelque chose de terrible ne se produise. Je me sentais complètement impuissante et j'étais devenue très dépendante de mon mari auquel je demandais sans cesse son aide et ses conseils sans jamais me sentir complètement rassurée. Et la nuit je ne dormais pas, obsédée et tourmentée par ce que je devais faire le lendemain au travail.

Mes sentiments paraissaient toujours disproportionnés à la situation et j'avais souvent l'impression qu'une catastrophe était imminente. Je commençais aussi à réaliser que je n'avais jamais eu la force d'affronter la réalité de la mort de ma sœur Gloria. L'année de mes douze ans, nous avions eu un horrible accident de voiture où elle avait été tuée. Nous étions très proches et nous partagions la même chambre. Je m'étais alors brusquement retrouvée toute seule. Le choc avait été si rude que j'étais incapable de réellement ressentir l'impact de ce qui m'était arrivé et de pleurer ma sœur. Je sentais que mes réactions face à ce drame avaient été bizarres, et il me semblait entendre en moi le tic-tac d'une bombe à retardement.

Depuis que j'ai commencé ma thérapie, j'ai pu enfin pleurer et véritablement éprouver le terrible chagrin de la mort de Gloria. J'ai revécu la terreur de me retrouver seule après sa disparition. Ressentir cette souffrance – cette souffrance secrète si bien gardée – m'a énormément soulagée. Avant, je n'avais personne à qui en parler. La seule manière de conserver un lien avec ma sœur, c'était de tout verrouiller en moi. Comme je ne pouvais raconter ce qui s'était passé et ce que je ressentais, on aurait dit qu'elle n'avait pas vraiment existé. J'en ai brutalement pris conscience un jour où j'ai essayé de parler d'elle dans un groupe. Tous ces gens m'intimidaient et je voulais pas leur donner la moindre information. Il me semblait que je ne la perdrais pas si je la gardais en moi. J'ai fini par leur en parler et j'ai pleuré. Je me suis alors rendu compte que je ne voulais pas la laisser partir.

J'ai eu ensuite une autre séance où je me suis souvenue que ma mère avait pris l'habitude de venir la nuit dans ma chambre après la mort de Gloria. Elle me parlait d'elle et nous pleurions ensemble, mais c'était toujours très difficile pour moi. Je me sentais mal à l'aise, presque coupable, parce qu'elle ramenait tout à elle. Cela me paraissait injuste et je n'ai plus pleuré. Par la suite, j'ai fait semblant de dormir pour qu'elle n'entre pas. Je me revois terrorisée dans mon lit, simulant une respiration profonde, pendant que ma mère ouvrait la porte et me regardait. Le seul moyen de garder ma sœur toute à moi était de refouler mes larmes et de rester seule.

J'ai pu aussi revivre la terreur que j'avais éprouvée en reprenant connaissance à l'arrière de la voiture après l'accident. À l'époque, je m'étais sentie complètement tétanisée et incapable de réagir. Mais au cours d'une séance, j'ai pu affronter la réalité dans toute son horreur – me retrouver enfermée dans une voiture accidentée avec du verre brisé partout. Ma mère hurlait et je voyais bien que ma sœur allait mal. J'ai pu enfin bouger, crier et ressentir le terrible sentiment qui m'avait alors envahie – la certitude que je l'avais perdue. Et toute la peur et la solitude que j'avais ressenties après sa mort étaient renforcées par des sentiments similaires remontant à ma naissance. Voilà pourquoi je me suis toujours sentie paralysée par des sentiments comme « je n'y arrive pas » et « je vais mourir ».

Ces impressions ne pouvaient s'expliquer par les circonstances de ma vie adulte. C'est la thérapie primale qui m'a permis de retrouver leur origine et qui a soulagé ma souffrance. Je comprends à présent ce qui s'est passé. Mes parents m'ont dit que, lors de ma naissance, l'accouchement s'était déroulé naturellement, sans anesthésie, et que le travail avait duré environ huit heures. Mais j'ai pu véritablement ressentir la terreur de me sentir coincée et complètement seule. Je poussais, poussais pour sortir, et j'avais beaucoup de mal à respirer. Ma mère ne m'aidait pas. J'ai revécu le désespoir et la panique de ces moments difficiles. J'avais l'impression que je ne réussirais jamais à sortir. Je commence souvent mes séances en disant « je n'y arrive pas » ou « je ne sais pas quoi faire » face aux problèmes que je rencontre dans mes relations et mon existence quotidienne.

Maintenant que j'ai revécu ma naissance, je sais d'où viennent ces sentiments et je comprends comment ils affectent ma vie. Ressentir cette souffrance m'a apporté un énorme soulagement et je peux faire beaucoup plus de choses qu'avant. Je ne passe plus des nuits blanches à me faire du souci pour le lendemain. Je comprends mieux qui je suis et ce que je veux. Je sais que je peux faire les choses toute seule. Et ce qui change tout pour moi désormais, c'est que, quand ça ne va pas, je sais que je dois plonger dans cette sensation pour trouver d'où elle vient : je suis très vite soulagée et me sens nettement mieux.

Verrouillage et refoulement

Le placenta n'est pas une véritable « barrière » ; il s'ouvre pour laisser entrer de nouveaux éléments qui peuvent modifier le développement du fœtus. Une mère qui prend des tranquillisants pendant sa grossesse peut endommager les récepteurs de son bébé. La manière dont ses gènes s'exprimeront par la suite sera affectée par cet *input* du tout début de sa vie. L'enfant – et plus tard l'adulte – aura du mal à refouler, ce qui se traduira par une anxiété chronique, une tendance à l'insomnie et une incapacité de se concentrer et de fonctionner normalement. Pourquoi ? Parce qu'avec cet afflux de tranquillisants – des doses beaucoup trop fortes pour un si petit organisme –, son environnement lui a ordonné de ne pas fabriquer ses propres tranquillisants. Il en résultera un déficit définitif, le réglage effectué *in utero* ayant été modifié pour la vie. Et à l'âge adulte, il ne produira pas suffisamment de substances endogènes et sera obligé de prendre des médicaments. D'où l'importance de cette période critique, celle où s'effectue le réglage de la sérotonine et des autres répresseurs/inhibiteurs.

Comme l'a écrit P. Levitt, « les recherches expérimentales sur les modèles animaux révèlent que les influences environnementales *in utero* peuvent moduler le choix du rôle de la cellule et le développement des neurones. Une modification de ces facteurs déterminants peut avoir des conséquences à long terme ». L'environnement prénatal des cellules « joue un rôle aussi crucial que les stimuli environnementaux qui, après la naissance, favorisent la croissance des synapses [17] ». La sensibilité du cerveau dépend d'un réglage qui s'effectue au cours de la vie intra-utérine.

Offrir à un enfant une bonne naissance (n'impliquant si possible aucune anesthésie de la mère [18]) et trois premières années heureuses – en particulier les trois premiers mois – est le plus beau cadeau qu'on puisse lui faire. Pourquoi ? Parce que son cerveau disposera des médiateurs chimiques qui l'aideront à affronter l'adversité. Malheureusement, certains parents ne sont pas suffisamment aimants ou attentionnés pour donner dès la gestation toutes ses chances à leur bébé, et ils ne cesseront d'aggraver sa souffrance, année après année. L'enfant n'aura jamais les ressources chimiques nécessaires pour supporter cette carence affective et, à l'âge adulte, il souffrira. Cette négligence parentale est parfois uniquement due à un manque d'information. Ils ne savent pas que certains comportements sont nocifs pour la santé du bébé. Celui-ci se sent inquiet face à l'agression que représente une mère qui fume ou qui suit un régime draconien pour rester mince et séduisante. Son environnement lui paraît dangereux et ce sentiment le poursuivra toute sa vie, même inconsciemment.

Une fois adulte, il verra cette peur sous-jacente réapparaître sous diverses formes – crises d'angoisse, phobies, peur de la nouveauté, etc. Une mère qui boit fait vivre son bébé dans un monde dangereux ; ce n'est pour lui qu'une impression non verbalisée qui s'exprimera éventuellement plus tard par des réactions démesurées à l'approche de l'an 2000. Cette date réveillera en lui le sentiment que « le monde est dangereux », initialement éprouvé *in utero*. Ce genre de souvenir donne l'impression d'être constamment menacé par une catastrophe imminente ; une catastrophe qui en fait tourne en rond dans les niveaux inférieurs du cerveau et s'efforce de remonter vers le cortex, mais qui est projetée sur le monde extérieur.

Ce monde redoutable correspond à l'environnement fœtal qui était effectivement dangereux. Cette impression s'est ensuite aggravée au cours d'une enfance chaotique où la personne ne s'est jamais sentie en sécurité, bien à l'abri et protégée. Une fois adulte, elle sera hantée par toutes sortes de peurs profondément ancrées, dont la plus forte sera celle de mourir : tout ressemble à la fin du monde pour ceux qui ont eu ce mauvais départ. Un de mes patients, qui était auparavant psychotique, avait condamné les portes de son appartement du côté de son voisin parce qu'il se sentait menacé. Il a eu une enfance terrible : son père est parti et sa mère buvait du matin au soir. Il a fini par délirer et voir le danger partout. On peut se demander pourquoi certains enfants arrivent à supporter le divorce et l'alcoolisme de leurs parents, et d'autres non. La réponse se trouve peut-être dans une peur sous-jacente qui, tout au fond du système nerveux, crée une fragilité.

Une bonne naissance implique certaines conditions : la mère ne doit pas être anesthésiée au cours du travail, l'accouchement doit se passer dans une pièce où la température est tiède et les lumières tamisées, le bébé doit être immédiatement posé sur le ventre de sa mère, et le cordon ne doit pas être coupé trop tôt – car il y a encore beaucoup d'oxygène dans ce cordon qui bat. Le nouveau-né débarque sur une nouvelle planète : il voit et entend toutes sortes de choses inconnues, et rien ne peut le rassurer davantage que le contact de sa mère. Elle est pour lui le monde entier, comme l'était sa matrice auparavant. Elle lui a donné un bon départ en prenant bien soin d'elle-même au cours de sa grossesse et elle continue maintenant en le gardant contre elle et en le caressant doucement. Elle doit le faire pendant des mois et des années pour que son enfant se sente en sécurité et soit sûr d'être aimé. Cette présence et ce contact physiques sont également la condition *sine qua non* d'un bon développement du cerveau.

Si les compagnies d'assurance et la médecine préventive voulaient économiser beaucoup d'argent et mettre un terme à la souffrance humaine, elles lanceraient des campagnes publicitaires pour la méthode Leboyer. Un grand nombre de maladies ultérieures très coûteuses pourrait être évité avec des méthodes d'accouchement correctes, sans parler de tous les troubles mentaux et de leurs frais d'hospitalisation et de psychothérapie.

La division du cerveau en trois parties joue un rôle important dans les diagnostics de nos patients, diagnostics qui n'ont rien à voir avec ceux de la médecine conventionnelle. Les thérapeutes se contentent la plupart du temps de nommer l'anomalie comportementale, et c'est ce nom qui constitue le diagnostic. Prenez l'exemple de la névrose obsessionnelle. Le patient raconte qu'il vérifie constamment que tout est bien fermé et le thérapeute lui annonce qu'il s'agit d'un trouble « obsessionnel-compulsif ». En fait, une simple description de comportements quotidiens a été traduite en jargon psy, sans aucune avancée dans le diagnostic. Mais fonder celui-ci sur le fonctionnement cérébral et trouver les causes profondes de ce comportement va faire toute la différence pour le traitement. Le diagnostic analytique habituel ne change pas grand-chose à la thérapie qui n'est, de toute manière, qu'une suite de prises de conscience purement intellectuelles – seuls les médicaments prescrits étant éventuellement différents.

Le cas de Rita est très instructif et montre bien la relation qui existe entre signes vitaux et états psychologiques.

Le cas de Rita

Ce matin, j'ai vu une patiente dont la température corporelle était à son arrivée de 35°2 et j'ai pensé que notre thermomètre était défectueux. Nous en avons utilisé un autre, qui a donné la même indication. Ce simple fait m'a fourni un cadre de référence pour la thérapie, car il impliquait selon moi un profond désespoir, avec une dominance du système parasympathique. Au début de la séance, Rita était complètement découragée et trouvait sa vie désespérante : pas de mère pendant des mois après sa naissance, un père coléreux et distant, un frère et une sœur qui n'avaient pas du tout apprécié sa venue au monde. Elle avait eu ces derniers temps deux accidents de voiture et elle n'en pouvait plus. Tout au long de son existence courait le fil du désespoir de n'avoir jamais été aimée. Elle avait l'impression que personne ne s'intéresserait jamais à elle, parce qu'elle n'était pas « aimable ». À aucun moment nous ne lui avons suggéré ce qu'elle devait ressentir. Quoi qu'il en soit, j'ai rarement vu une personne profondément déprimée, au bord du désespoir, avoir une température corporelle élevée. Deux heures plus tard, cette patiente est repartie avec une température de 36°4. Pourquoi celle-ci était-elle remontée ? Parce qu'elle a ressenti le désespoir qui l'avait envahie lorsqu'elle était un nourrisson – un désespoir qui, au départ, était physiologique, bien avant de devenir une idée. Ressentir ce sentiment engrammé qui ne la quitte jamais a été libérateur : c'est toujours la même dialectique, éprouver le désespoir pour retrouver l'espoir. Pourquoi ? Parce que, comme elle l'a dit ensuite : « Je l'ai rangé à sa place, dans le contexte de ma petite enfance. Il n'a plus lieu d'être maintenant. » Le ressenti lui a permis de le faire. Son désespoir actuel l'a guidée vers ce qu'elle éprouvait dans son berceau, toute seule dans le noir, quand personne ne venait la voir, avec ce père coléreux qui hurlait dès qu'elle se mettait à pleurer. Il n'y avait personne nulle part à qui tendre les bras, et elle se sentait complètement impuissante. Plus tard, tout au long de sa vie, elle avait simplement survécu, de plus en plus démoralisée par ses difficultés à l'école, ses échecs professionnels, et ses ruptures à répétition. Son empreinte précoce s'était ainsi renforcée d'année en année.

À l'aide d'un thermomètre électronique placé dans le rectum, nous avons mesuré (et filmé) le désespoir d'un patient au cours d'un ressenti où sa température est passée de 37°1 à 34°9 en une vingtaine de minutes – alors même qu'il était physiquement actif. Cela montre bien qu'un revécu ne peut être simulé. Non seulement la température corporelle n'est pas modifiée volontairement, mais le patient ne sait pas qu'elle baisse. Il ne saurait pas le faire intentionnellement et personne ne lui en parle avant la fin de la séance.

La terreur associée au traumatisme que provoque un inceste augmente la sécrétion d'adrénaline, accélère le rythme cardiaque et fait monter la tension artérielle, tout en libérant une importante quantité de cortisol. Tout cela provoque un déséquilibre dans le cerveau, et plus précisément dans l'hippocampe, qui peut se traduire par des pertes de mémoire, de l'anxiété, une incapacité de contrôler ses réactions émotionnelles, et peut même entraîner une pathologie comme le trouble déficitaire de l'attention, où le refoulement frontal est incapable de distinguer les souffrances provenant du traumatisme précoce. Martin Teicher, du département de psychiatrie de la Harvard Medical School, déclare dans un article sur les enfants traumatisés qu'ils ont moins de connexions entre les cellules nerveuses de leur hémisphère gauche, ce qui affaiblit le refoulement et le contrôle des neurones du cortex gauche. Dès qu'on donne à ces enfants un médicament qui bloque l'activation du tronc cérébral, ils vont beaucoup mieux, car l'activité inhibitrice est moins sollicitée. Le travail de Martin Teicher démontre donc que le traumatisme précoce peut affecter les processus physiologiques de la partie gauche du cortex et ainsi diminuer le nombre des connexions cérébrales qui nous permettent de contrôler nos impulsions.

Les sensations de première ligne sont les moins accessibles et les plus douloureuses. Lorsque nous éprouvons une sensation d'étranglement ou lorsque nous avons l'impression d'avoir un énorme poids sur la poitrine, nous pouvons rechercher dans notre passé les sensations initiales du traumatisme précoce de première ligne qui ont été verrouillées. Mais ce sont les souvenirs les plus difficiles à retrouver, et le patient en thérapie les atteint généralement en dernier. Le style des pleurs, les sanglots sporadiques et le souffle court indiquent que le tronc cérébral est impliqué, et nous savons alors que la scène revécue concerne ce niveau ou qu'il s'agit d'une intrusion de première ligne. Le langage du corps nous le dit clairement : dos arqué, position fœtale et apparition du « faciès fœtal ».

Le corps du fœtus est bien armé pour pouvoir affronter l'éventuel traumatisme d'une naissance difficile, comme en témoigne l'énorme production d'analgésiques qui l'accompagne. Ses taux d'opiacés reviennent ensuite à la normale, dès le cinquième ou sixième jour de sa vie sur terre.

Revivre un traumatisme de première ligne peut stabiliser les sécrétions hormonales. Nous savons que la thyroxine, qui est sécrétée par la glande thyroïde, commence à être fabriquée vers la vingtième semaine du fœtus [19]. En cas de stress transmis par la mère, de légères modifications peuvent intervenir dans le réglage de cette hormone qui provoqueront plus tard, au cours de l'enfance ou à l'âge adulte, l'apparition d'une hyper ou d'une hypothyroïdie. Les patients souffrant d'hypothyroïdie – qui sont sans ressort et sans énergie et prennent facilement du poids – vont souvent nettement mieux sur ce plan après avoir revécu et connecté leurs traumatismes de première ligne. Je prescris même parfois de faibles doses d'hormones thyroïdiennes à mes patients « normaux » (s'ils sont à la limite inférieure de la normalité) pour les aider à stabiliser leurs émotions. L'hormone thyroïdienne se comporte comme une neurohormone, et c'est dans le locus coeruleus qu'elle se transforme et devient une substance active. Plus on sécrète d'adrénaline, plus la quantité transformée est importante. Dans la dépression, où le taux de noradrénaline est bas, on observe également une baisse de production d'hormone thyroïdienne, dont les symptômes sont l'apathie, la résignation, ainsi que la diminution de la température corporelle. La glande thyroïde joue un rôle déterminant dans la température corporelle, et elle est en étroite relation avec le système de la noradrénaline. Elles partagent l'information et il n'est pas impossible qu'une souffrance engrammée puisse directement affecter le système thyroïdien, ce qui expliquerait que la prescription d'hormone thyroïdienne puisse parfois soulager la dépression.

Pour le commun des mortels, la notion de première ligne peut paraître inventée de toutes pièces. Il s'agit pourtant d'événements physiologiques susceptibles d'être mesurés. Pendant des années, dès que je me réveillais le matin, je sortais prendre un café – un acte apparemment normal. Mais au cours de mon propre primal de naissance, j'ai reconnu le sentiment d'urgence et la vague angoisse que j'éprouvais tous les matins et que, seul, le fait de « sortir » soulageait.

Une autre habitude s'est dissipée grâce à mon primal : je détestais « revenir » quand j'avais oublié mes clés ou autre chose quelque part. Je devais vraiment fournir un effort pour faire demi-tour. Le sentiment que je ressentais – « je vais mourir si je retourne à ce supplice » – provenait d'une empreinte d'anoxie à la naissance. Si nos impulsions sont aussi fortes, c'est parce que le système de contrôle refoulant les sentiments est souvent défectueux. L'anoxie à la naissance peut rompre la connexion entre le cortex et le bulbe rachidien et affecter la respiration. J'insiste beaucoup sur les conséquences de l'anoxie car nombre d'accouchements se font sous anesthésie, une pratique que je déconseille fortement – dans la mesure évidemment où c'est possible –, puisqu'elle prive le nouveau-né d'oxygène. Les médicaments que l'on donne à la mère traversent la barrière placentaire et sont cent fois trop puissants pour le bébé, si bien que ni l'un ni l'autre ne peuvent avoir les réactions normales qui facilitent le processus natal.

L'accouchement sous anesthésie et ses effets nocifs sur le bébé

Quand la mère est anesthésiée, les contractions de l'utérus deviennent moins fréquentes et plus faibles. Mais il y a plus grave : les médicaments bloquent d'importants messages neuronaux, ce qui perturbe l'enchaînement des contractions qui propulsent le bébé vers l'avant. Sa sortie s'effectue plus difficilement, avec moins de douceur. La plupart du temps, il est comprimé par des contractions désordonnées – un peu comme s'il passait dans un « compacteur » – et se sent écrasé, sans les pressions rythmiques qui le pousseraient doucement vers la sortie.

La tête du bébé ne peut non plus s'aligner correctement tout en haut du canal. Fortement comprimé par les contractions, le liquide amniotique pénètre dans sa bouche, ses poumons, sa trachée et son estomac. Non seulement il est écrasé et asphyxié, mais en fait il se noie. Qui plus est, l'anesthésie ayant affaibli son système respiratoire, il n'a pas la force musculaire de se mettre dans la position qui lui fait le moins mal – la position favorable à la naissance.

Un bébé qui n'est pas drogué, lui, agit instinctivement pour faciliter sa propre naissance. Il peut bander ses muscles et se propulser vers la sortie, un peu comme une torpille, avec un élan maximal. Son corps fait bloc, au lieu d'avoir cette attitude « avachie » et désarticulée qui va lui faire se coincer les mains et les bras. Le bébé qui est en mauvaise posture commence alors à manquer d'oxygène, comme nous le voyons si souvent chez nos patients qui deviennent tout rouges pendant plus d'une demi-heure quand ils revivent leur naissance. Lors de cette anoxie, le cœur de l'enfant peut battre irrégulièrement, sa tension artérielle peut monter ou baisser fortement et, à sa manière, il a une petite attaque dont il va rapidement se remettre. Mais elle peut lui laisser les séquelles cérébrales qui provoqueront plus tard une véritable attaque.

Le fœtus avale le liquide amniotique dans la poche placentaire, et celui-ci est réabsorbé dans son intestin. Si ce processus est entravé – lorsque la mère prend, par exemple, des tranquillisants ou des analgésiques –, il peut vivre une sorte de noyade. J'ai vu d'innombrables patients qui semblaient se noyer en revivant leur naissance.

Ken

J'ai décidé de faire une thérapie primale car je ne pouvais plus supporter la souffrance incessante qui me torturait jour après jour. L'histoire du début de ma vie révèle les sources de ce supplice intérieur.

On y retrouve les événements habituels : une naissance pénible ; la séparation immédiate de ma mère pour être placé dans une couveuse pendant plusieurs semaines ; un sevrage du sein maternel au bout de quinze jours ; des maladies infantiles, et notamment des allergies ; la prise de nombreux médicaments très tôt dans la vie ; des corrections à coups de ceinture ; et pas le moindre contact physique avec mon père à partir du deuxième mois. Tout cela me rongeait de l'intérieur sans que j'en aie vraiment conscience et remontait en bouillonnant sous forme d'hyperintellectualisation, de rêvasseries, de dépression, d'angoisse, et parfois de pensées suicidaires.

J'ai passé mes sept premières années avec mon père, ma mère et ma petite sœur. Vus de l'extérieur, nous formions une famille typiquement américaine. Mon père travaillait dans le bâtiment et nous déménagions environ une fois par an pour suivre les chantiers de son entreprise. Il était nerveux, ambitieux, agressif et coléreux, tout le contraire de ma mère qui était une personne douce, apathique, sans énergie et extrêmement peu stimulante. Leurs personnalités étaient complètement opposées. Ils m'ont fait beaucoup de mal tous les deux : mon père, en me maltraitant, et ma mère, en me négligeant.

Mon père a quitté ma mère quand j'avais sept ans. Il est parti travailler à l'étranger et je l'ai très peu revu pendant dix ans. Son départ a été un grand soulagement. Tout ce que j'avais jamais reçu de lui, c'étaient des critiques, de la froideur et des coups de ceinture. Même si ma mère me négligeait, elle ne me faisait pas souffrir consciemment et délibérément. Je me suis retrouvé livré à moi-même, avec très peu de contraintes. Ma vie ne ressemblait pas à grand-chose, mais elle n'était plus l'enfer que j'avais connu jusque-là.

La souffrance dont j'étais le plus conscient concernait mes relations avec les gens, comme les professeurs et les élèves de ma nouvelle école. Ma mère avait déménagé après sa séparation dans la ville où j'ai passé le reste de mon enfance. Au CE1, j'ai eu une maîtresse qui ne pouvait pas me voir. J'avais de gros problèmes de concentration et d'attention. Je m'ennuyais en classe et je passais la plus grande partie de la journée à rêvasser, constamment dans la lune. S'est-elle sentie froissée ou blessée par mon évident manque d'intérêt ? Je n'en sais rien. Mais ce dont je suis sûr, c'est qu'elle s'en prenait toujours à moi, ne cessant de hurler et de me critiquer vertement, ce qui me faisait honte. J'étais sans doute catalogué comme un cas désespéré, ou peut-être simplement comme un mauvais élève stupide et paresseux. Quoi qu'il en soit, cette maîtresse du CE1 fut mon premier contact avec l'école publique. J'étais timide, introverti et incapable de me défendre. Je ne savais pas riposter et je me contentais d'encaisser – de tout encaisser. La majorité de la classe (tous ces bons petits garçons et ces gentilles petites filles) ne voulaient rien avoir à faire avec moi. À part quelques autres parias, j'étais seul. Cette honte m'a poursuivi toute ma vie. Les gens me prenaient pour un bon à rien, et j'étais persuadé qu'ils avaient raison.

Mes professeurs me réprimandaient et m'humiliaient. Les autres enfants me harcelaient et me malmenaient, enfin quand ils s'intéressaient à moi. Je me sentais foncièrement indésirable, anormal et inintéressant. Être moi, c'était mal, ce qui voulait dire que J'ÉTAIS MAUVAIS.

J'ai vécu mon adolescence avec toute cette ignominie en moi. On trouvait généralement que j'étais un gosse intelligent, mais je ne ramenais jamais de notes convenables à la maison. À force de m'entendre dire que j'étais paresseux, que je ne m'appliquais pas, que je me tenais mal, que je pouvais mieux faire, et que je serais un raté, je l'ai cru, et j'ai fini par laisser tomber le lycée à la fin de la troisième.

À seize ans, j'ai eu une illumination. J'ai brusquement réalisé que c'était tout qui allait mal – et pas seulement moi. Ma mère venait de se séparer de son second mari parce qu'il buvait, comme mon père. Tous les hommes que j'avais connus étaient alcooliques. Je croyais que l'odeur de l'alcool était celle des hommes ! J'ai brutalement compris que ma mère avait fait une grave erreur qui avait fichu en l'air plusieurs années de sa vie et de la mienne. Avant sa rupture, j'avais toujours eu confiance en son jugement. Mais en y repensant, je me suis aperçu que je m'étais trompé et je me suis mis à me demander ce qu'elle avait bien pu bousiller d'autre ; alors la lumière s'est faite dans ma tête et je me suis réveillé. Du jour au lendemain, le monde a basculé et ma vie a changé du tout au tout.

C'est en lisant les bibliographies de livres de psychologie que j'ai finalement trouvé la trace du *Nouveau Cri primal*. Arrivé à la moitié du livre, je savais déjà que, d'une manière ou d'une autre, je ferais cette thérapie. J'avais lu pas mal de choses en psychologie, des bouquins fascinants et d'autres plus ennuyeux, mais celui-là m'a fait un choc. Il a éclipsé tout le reste et cinq ans plus tard, à vingt-deux ans, j'avais suffisamment économisé pour aller à Venice, en Californie, commencer ma thérapie primale.

LE THÉRAPEUTE : *Que s'est-il passé pour vous quand vous avez revécu ces sentiments ?*

KEN : Un des premiers sentiments que j'ai ressentis au cours de mes trois semaines de thérapie intensive s'est manifesté quand j'ai dit : « Je suis un vilain garçon. » Jusqu'à ce que j'aie vraiment prononcé cette phrase à voix haute, je n'avais jamais réalisé que je la croyais. J'avais toujours lutté pour chasser ce sentiment de ma conscience. Un vilain garçon n'est pas digne d'être aimé. Je voyais bien qu'on ne pouvais pas m'aimer puisque personne ne m'aimait – et ça me faisait MAL !

J'ai pleuré en pensant : « Papa ne m'aime pas et je ne sais pas quoi faire. » Ce sentiment a atteint son paroxysme il y a quelque temps, au cours d'une séance où j'ai hurlé que je détestais mon père pour tout ce qu'il m'avait fait. J'ai continué à m'égosiller sans m'arrêter – « tu m'as fait trop mal ! » – jusqu'à ce que ma voix flanche. J'ai fait tout mon possible pour que ça sorte et j'ai fini complètement épuisé. Ça m'a fait beaucoup de bien.

J'ai ressenti un tel soulagement ! Et à la fin, j'ai eu un *insight* : je n'avais pas eu de papa. Bien sûr, j'ai son sang en moi, mais c'est tout ce qu'il m'a donné, et encore en rechignant. Il n'a jamais fait pour moi ce que les autres pères font pour leur fils. Il ne voulait pas de moi. Je peux enfin renoncer à me battre pour obtenir son amour. Je n'ai plus besoin de lutter pour qu'il m'aime. Et surtout, je n'ai plus besoin de lutter pour AVOIR un père, ni de déjouer cette histoire avec mes patrons et d'autres. La réalité, c'est que je n'ai pas de père et que je n'en aurai jamais. Ce n'est pas une vérité très agréable, mais c'est la *mienne* et je le sais maintenant.

J'ai également revécu quelques scènes de l'enfance morne et insipide que j'ai passée avec ma mère. Je trouve plus difficile de ressentir la souffrance associée à sa négligence et son indifférence à mon égard. Lorsqu'on vous frappe ou vous maltraite, vous savez ce qui ne va pas, mais quand votre vie est depuis toujours terne et sans intérêt, vous ne voyez pas ce qui vous fait défaut. Il est très difficile de mettre le doigt sur quelque chose d'aussi général. Si le puits a toujours été vide, comment le goût de son eau pourrait-il vous manquer ?

Je suis arrivé ici la tête farcie de lectures et d'idées primales, et d'une certaine manière, la « théorie primale » était devenue ma religion. Cela m'a permis de ne pas m'effondrer, de garder espoir jusqu'à ma thérapie et, de cela, je suis reconnaissant. Mais je n'ai plus besoin désormais de cette « religion » qui m'a redonné espoir. Ce qui compte à présent, c'est d'entrevoir le jour où je ne serai plus forcé de souffrir. Ma souffrance n'est plus la même. J'ai de bons jours et d'autres vraiment abominables. Et quand elle remonte et commence à me rendre fou, je peux la ressentir et poursuivre mon chemin, ou en tout cas me sentir soulagé. Avant, je ne pouvais rien faire d'autre que l'endurer. La théorie primale ne m'intéresse plus maintenant. Ce sont mes sentiments qui importent. C'est ça, la thérapie primale. L'expression « thérapie primale » n'est qu'une étiquette, mais voilà ce qu'elle signifie pour moi : vivre ma vie en faisant confiance à mes sentiments. C'est ce qu'elle m'a appris à faire. Je ne m'inquiète plus du jour où ma souffrance aura disparu. Le mieux pour moi, je crois, c'est de vivre le présent et de ne pas me soucier du fameux moment magique où je serai « guéri ». D'ailleurs, qu'implique en fait ce mot « guéri » ? Qu'il y a quelque chose qui cloche chez moi, quelque chose qu'il faut arranger ; que quelque chose est défectueux en moi et que je suis mauvais. C'est faux, parce que rien ne clochait chez moi. Je MÉRITAIS qu'on m'aime, qu'on m'accepte, qu'on s'occupe de moi, qu'on m'écoute et qu'on me laisse

ÊTRE moi-même. Je n'attends plus de guérison. Je veux juste SENTIR, aller mieux et progresser chaque jour de ma vie. Je veux vivre cette vie avec passion, avec créativité, en trouvant le courage d'aborder ma souffrance de front. Je sens que c'est ce que j'aurais dû faire depuis toujours. Quand j'étais très jeune, j'avais peut-être pris cette voie. Je n'en suis pas sûr. Mais dans ce cas, j'ai perdu ma route. Affronter ma souffrance me permet de ne plus me battre contre mes sentiments – contre moi-même – et m'aide à retrouver mon chemin.

Le mot « courage » est très important. Cette thérapie m'a semblé parfois très facile, aussi simple que de respirer. Et à d'autres moments, elle a été l'une des entreprises les plus difficiles de ma vie – un processus effrayant, frustrant, épuisant et terriblement éprouvant sur le plan physique. Je me souviens de séances de groupe où je me tordais par terre en suffoquant, cherchant à aspirer la première goulée d'air de ma vie. Cela devenait parfois si violent que j'avais vraiment peur de m'étouffer avec les liquides que rejetait mon corps. Pour la plupart d'entre nous, fouiller dans les profondes ténèbres de nos plus lointains souvenirs veut dire refaire l'expérience de l'atroce terreur de la mort. Et c'est pourtant là que se trouve la plus grande récompense, même s'il me paraît injuste de devoir le vivre deux fois dans mon existence.

C'EST injuste. Mais, malheureusement, c'est la seule manière que je connaisse de vaincre le refoulement et tout ce qu'il entraîne – y compris sa perpétuation de la souffrance non résolue et inconsciente. Avant de commencer ma thérapie primale, je ne cessais d'en parler à mes amis et certains m'ont demandé : « Pourquoi te donner tout ce mal ? Tu es sûr que tu ne ferais pas mieux de t'en foutre ? » Il faut subir un véritable martyre au nom du sentiment, et je suppose que je n'ai gratté que la surface de la souffrance que je vais rencontrer. Il est difficile d'exprimer avec des mots tout ce que je viens de dire pour qu'une personne n'ayant pas ce type d'expérience puisse le comprendre. Les sentiments restent si souvent non verbalisés. Je vais donc m'en tenir là : ressentir les sentiments, revivre toutes les souffrances non ressenties, et affronter tant de besoins insatisfaits et de vérités si longtemps niées est parfois une torture indescriptible. Cela met à nu mon vrai moi, dans ses aspects les plus vulnérables. Je dois faire face à des choses qui me terrifient. Je dois livrer sur moi des secrets dont j'ai affreusement honte. Et quand je le fais, vous ne pouvez pas savoir comme ça me fait du bien ! Ce n'est pas toujours le cas, mais chacune de mes larmes me rapproche un peu de moi-même. Pourquoi endurer toute cette souffrance, ce véritable supplice ? Est-ce que je suis masochiste ? Non. Toute cette boue dans laquelle je rampe me libère. JE SUIS EN VIE ! JE SUIS VIVANT ! JE SUIS UN ÊTRE HUMAIN QUI PROGRESSE ! Il y a deux ans, j'étais mort à l'intérieur. Et le pire, c'est que je ne m'en rendais pas compte. Voilà pourquoi je sais que j'ai remporté une victoire : j'étais mort, et maintenant je vis, et je peux ressentir ! C'est tout ce qui compte.

TROISIÈME PARTIE

LE POUVOIR DE L'AMOUR

15

QUE DÉSIGNE EXACTEMENT LE MOT AMOUR ?

Nous avons vu que notre passé intra-utérin pouvait avoir des conséquences affectant toute notre vie et qu'un manque d'amour envers le fœtus constitue déjà une carence affective. Puis il y a l'amour qu'il doit ressentir après sa naissance et que menace toute insatisfaction prolongée d'un besoin. Autrement dit, aimer ses enfants, c'est satisfaire leurs besoins fondamentaux, *même avant leur venue au monde.*

Dans la nouvelle littérature biologique, l'amour se cache derrière toutes sortes de dénominations. L'harmonisation de l'humeur des parents sur celle de l'enfant est une expression de l'amour. Une mère déprimée, et donc indifférente, n'est pas au diapason de la vitalité joyeuse de son bébé, auquel cette dissonance donne l'impression de ne pas être aimé.

L'amour implique la satisfaction des besoins du bébé. Pendant la gestation, la mère doit avoir une bonne alimentation, ne pas boire d'alcool, ne pas fumer ni se droguer. Au cours de l'accouchement, il faut éviter de le priver d'oxygène en ne pratiquant pas d'anesthésie inutile. On doit ensuite le nourrir correctement au sein, le prendre dans les bras et le manipuler avec tendresse, ce qui ne peut se faire que si les parents ont eux-mêmes la capacité de ressentir et d'aimer. Ils vont regarder leur bébé dans les yeux avec affection, le serrer contre eux, le câliner, le protéger, le tenir au chaud, lui parler gentiment d'une voix douce et calme, et lui prodiguer ainsi toutes les manifestations naturelles d'un sentiment d'amour. L'expression de cette sollicitude diffère selon les gens, mais les principes généraux sont identiques : on doit prendre le bébé dans ses bras, le cajoler, lui parler, le préserver du danger, faire en sorte qu'il se sente en sécurité, se synchroniser sur son humeur pour qu'il se sente compris, et ne pas constamment exiger de lui des performances pour la galerie – « Montre-nous comment tu parles, fais-nous voir comme tu sais bien compter », etc. On ne doit pas harceler son enfant en lui demandant de se développer plus vite qu'il n'a envie de le faire. Tout en le stimulant au mieux pour que ses aptitudes puissent s'épanouir, il est important, par exemple, de le laisser marcher lorsqu'il le décidera, sans l'obliger à le faire à un âge prédéterminé. Il faut enfin passer du temps avec lui, le regarder jouer et lui faire sentir que vous êtes là, venir le voir quand il se fait mal et compatir s'il s'est écorché les genoux, afin qu'il sache que vous le comprenez. Ce sont des réactions naturelles pour des parents aimants et sensibles.

Un père angoissé et de mauvaise humeur parle vite, d'une voix forte et énervée, et son bébé le sent, ce qui va affecter le développement de son cerveau en inhibant la production des neurones du refoulement et en modifiant ceux de l'excitation. Un nourrisson qu'on laisse pleurer « tant qu'il en a envie » n'est pas aimé. Personne ne pleure sans raison. Ses cris vous font part d'un événement douloureux, et si vous ne comprenez pas ce qui lui arrive, vous pouvez du moins essayer de le consoler. Les médecins rassurent les parents qui s'inquiètent : « Si votre bébé n'est pas mouillé et s'il a l'air bien installé, il n'a aucune raison de pleurer. » C'est faux. La raison n'a peut-être rien à voir avec les circonstances présentes et peut concerner ce qui s'est passé avant sa naissance. Le fœtus est un être humain qui a un cerveau, qui peut ressentir la douleur et qui, nous le savons maintenant, peut même pleurer *in utero*. Un bébé ne peut exprimer ses mauvais souvenirs avec des mots, mais seulement avec des larmes. Écoutez vos sentiments et prenez-le dans vos bras chaque fois qu'il pleure. Aimez votre enfant et traitez-le comme un être sensible dès le début de sa vie. Ce n'est pas un simple « enfant », c'est un être humain.

Nous avons vu que l'amour implique de prendre soin de soi au cours de la grossesse, quand les neurones se multiplient très rapidement dans le cerveau du fœtus. La mère ne doit rien faire qui menace le développement du bébé, comme ingérer de l'alcool ou des tranquillisants qui vont pénétrer dans son organisme. Il est par ailleurs important que le bébé soit désiré. Un enfant dont la mère ne voulait pas aura davantage de problèmes de santé que les autres, sur les plans physique et psychologique. Mais avant tout, une femme enceinte ne doit pas fumer. Le fœtus le sent et peut littéralement suffoquer *in utero*.

Une mère qui fume et qui boit peut endommager les systèmes d'alerte du cerveau fœtal qui sont activés par la dopamine. Si elle y associe certains médicaments vendus sans ordonnance et une mauvaise alimentation, elle aura rassemblé pour son enfant tous les ingrédients d'un déficit permanent en dopamine.

L'importance du toucher

D'innombrables expériences démontrent que « le contact physique provoque chez le nouveau-né des changements physiologiques et comportementaux qui persistent à l'âge adulte. » Chez les animaux, le toucher est une manière d'exprimer et de ressentir l'amour. Les chercheurs ont constaté que les rats qui avaient été caressés résistaient mieux par la suite au stress que ceux qui n'avaient pas été touchés [1].

Nous pouvons en déduire que non seulement caresser un nouveau-né l'aide à produire les neurotransmetteurs et à mettre en place les récepteurs qui lui seront nécessaires pour affronter plus tard l'adversité, mais aussi que le plaisir de ce contact persistera chez lui sous forme d'empreinte positive. En revanche, les traumatismes et le manque d'amour au début de la vie diminuent la sécrétion de sérotonine, et la personne aura plus tard besoin de tranquillisants pour augmenter son taux artificiellement. Le cerveau ressent ce manque et désire le combler, ce qui explique qu'on puisse se sentir pour la première fois « normal » après avoir pris du Prozac.

Les auteurs de ces recherches déclarent : « D'autres structures cérébrales, et notamment (...) le néocortex, siège de la pensée rationnelle, doivent poursuivre leur développement. (... Elles) enregistrent une série de leçons émotionnelles fondées sur l'harmonie ou la discordance des contacts entre le nourrisson et la personne qui prend soin de lui », qui deviennent « des prototypes préverbaux de sa vie affective [2] ». Les « leçons émotionnelles » ainsi enseignées vont donc perdurer toute sa vie.

Le manque de synchronisation entre l'humeur de la mère et celle du nourrisson équivaut à un manque d'amour et affecte son développement cérébral. Quand il est joyeux, sa mère ne montre aucune réaction, et quand il est triste, elle reste distante et indifférente. Il pleure pour qu'on le console et elle est énervée et furieuse. À trois ans, l'enfant n'a aucun recours pour exprimer ses sentiments et ses besoins. Ce n'est pas que sa mère refuse carrément de les satisfaire ; elle est seulement « absente » et ne le soutient pas. Je ne parle pas d'un accès momentané de mauvaise humeur, mais d'un comportement chronique qui, jour après jour, reste négatif.

Les animaux ne peuvent exprimer par la parole leur sentiment de ne pas être aimés et ils le manifestent par leur agressivité, leur hyperactivité, leur manque de curiosité, leur incapacité à faire bon ménage avec d'autres animaux, etc. Les êtres humains l'expriment de la même manière, mais ils peuvent également en parler. Lorsque mes patients crient pendant un ressenti, ils commencent par hurler : « Prends-moi dans tes bras ! Viens près de moi. » Puis leurs besoins deviennent plus spécifiques : « Regarde-moi ! Intéresse-toi à moi ! Joue avec moi ! » Et enfin : « Aime-moi, je t'en supplie ! » « Aie l'air content de me voir ! » Cette dernière demande est si révélatrice ! Les parents considèrent trop souvent leurs enfants comme faisant partie du décor : ils ne sont « là » que pour obéir.

Tels sont les besoins que l'on nous exprime tous les jours, assortis des souffrances que provoque leur insatisfaction. « Joue avec moi » ne semble pas impliquer de carence grave, mais les parents sont généralement trop affairés et préoccupés pour prendre le temps de jouer avec leur enfant, alors que c'est l'un des constituants de l'amour. L'important n'est d'ailleurs pas seulement ce que l'on fait, mais aussi ce que l'on est : un parent surmené, nerveux et impatient, ou bien un parent calme et détendu, qui peut éduquer et écouter son enfant avec patience et amour ? Certains parents qui adorent leur enfant exigent pourtant trop de lui. Les enfants récitent volontiers l'alphabet pour qu'on les félicite, mais il vaudrait mieux qu'ils se sentent aimés pour eux-mêmes et non pour leurs performances.

L'amour implique une stimulation optimale – ni trop, ni trop peu. Le cerveau et l'organisme ne peuvent se développer correctement en cas de traumatisme ou de forte carence affective au début de la vie. Les enfants placés en institution ont des poussées de croissance si on les confie à une famille d'accueil chaleureuse et hospitalière. Les gestes de tendresse stimulent l'hypothalamus, qui active à son tour l'hypophyse et sa sécrétion d'hormone de croissance. À l'inverse, un manque d'amour freine le développement de l'enfant. C'est pour le corps une façon de dire qu'il ne peut grandir sans amour.

Lorsqu'un enfant est aimé, en particulier au cours de ses dix-huit premiers mois, son organisme tolère bien la stimulation et n'a pas tendance à se surexciter. C'est une période où l'amour est crucial, où il faut prendre le bébé dans les bras quand il pleure. Ceux qui adoptent un enfant ayant passé ses premiers mois dans un orphelinat doivent savoir qu'il aura probablement des problèmes par la suite. Des parents adoptifs aimants peuvent atténuer cette souffrance, mais non la faire disparaître. N'oubliez pas que les niveaux inférieurs du cerveau se développent beaucoup plus tôt que les zones corticales. Les premières expériences d'un enfant s'y enregistrent bien avant l'apparition du langage. Or nous savons à présent comment accéder à ces niveaux et nous avons compris ce qui s'y trouve.

Sans amour ni stimulation, on ne peut avoir un cerveau bien constitué ni vivre une existence normale. Le cortex préfrontal et la zone orbitofrontale sont d'un incroyable aveuglement. Si un dentiste donne un placebo (une pilule vide ou une substance neutre) à son patient en lui disant qu'il s'agit d'un puissant anesthésique, celui-ci ne sentira pas la roulette toucher le nerf. La zone frontale l'empêchera de ressentir la terrible douleur que provoque cette expérience sensorielle. La dent souffrira horriblement, mais pas lui – « lui » étant son cortex qui évalue et comprend. Et si on lui dit l'inverse, le patient souffrira-t-il ? Oui. Si le dentiste le prévient que « ça va lui faire mal », il grimacera et se tordra de douleur. Cela nous montre que le cortex peut se couper des centres sous-corticaux et ainsi avoir des idées contraires à la réalité.

Examinons maintenant les effets d'un manque d'amour sur le cerveau, et en particulier sur le système qui transmet les sentiments aux centres supérieurs afin que nous en prenions conscience et les comprenions. J'utilise le terme « amour », mais je pourrais tout aussi bien le remplacer par « satisfaction des besoins ». J'ai choisi « amour » pour abréger, et ce mot n'est pas pour moi une vague notion mystique ou éthérée, mais une réalité concrète et précise. Ce qui me paraît en revanche plus difficile à bien définir, c'est le ressenti du sentiment – une expérience qualitative qui ne se mesure pas aisément. Si les gestes que l'on fait pour prendre soin d'un bébé sont accomplis mécaniquement, sans affection, il le sent parce qu'il est avant tout un organisme sensible dont les fenêtres sensorielles sont grande ouvertes, plus ouvertes qu'elles le seront jamais par la suite. Un de mes patients avait eu un père attentif qui posait toutes les bonnes questions à son fils, s'intéressait à lui, mais ne le touchait jamais. Il ne pouvait le faire puisque lui-même avait été privé de contacts physiques dans son enfance. Le système sensoriel du bébé l'avait capté, et il avait conservé en lui ce besoin insatisfait jusqu'à l'adolescence, où le contact d'un homme plus âgé l'avait attiré. Telle était la cause de son homosexualité. Rien de ce genre ne se serait produit si son père l'avait câliné : ce contact physique au tout début de la vie l'aurait orienté vers l'hétérosexualité. Les contacts ultérieurs, en revanche, ne pouvaient le faire, car ils intervenaient beaucoup trop tard, longtemps après la période critique, et tenaient lieu de satisfaction symbolique. Cette inclination qui lui semblait naturelle était en fait une satisfaction de substitution qui comblait un ancien besoin. J'ai traité plusieurs centaines d'homosexuels depuis plus de vingt ans et je suis sûr de ce que j'avance. Je ne cherche pas à simplifier une question complexe, mais j'affirme que ces circonstances sont une donnée essentielle du problème, même si d'autres éléments – peur des femmes, haine du sexe opposé, etc. –, peuvent également jouer.

Comment aime-t-on un cerveau ?

Si l'éducation des enfants implique tant de subtilités, c'est parce que les sentiments sont subtils. On peut savoir si les sentiments d'un individu sont refoulés, s'il n'y a pas accès, mais on ne peut empoigner l'un d'eux et dire : « Le voilà ! » Le plus important est de comprendre que la manière dont on traite un bébé est cruciale pour le bon développement de son cerveau. Une mère inattentive et distraite peut engrammer chez son enfant la même distractivité. Il deviendra inattentif à cause de la souffrance que provoque le manque d'attention de sa mère. Cette blessure stimule son cortex, et cette activation lui interdit toute concentration. Il sera un adulte maniaque et hyperactif, dont le cortex frontal aura été perturbé par le comportement maniaque et hyperactif de sa mère qui ne pouvait rester tranquillement auprès de son nourrisson.

Comment aime-t-on un cerveau ? En épanouissant les fonctions que gère le cerveau, et en aimant vraiment l'enfant qui le possède. Un animal auquel on bande les yeux au cours de ses premiers mois ne pourra développer les circuits cérébraux de la vue et sera de ce fait aveugle. Aucune stimulation visuelle, aussi intense soit-elle, ne pourra par la suite arranger les choses. Il en va de même pour l'amour. Un manque de contacts humains au début de l'existence peut définitivement perturber la vie relationnelle. Les psychopathes ont généralement été privés d'intimité émotionnelle dans leur petite enfance. D'après mon expérience clinique, quelle que soit la quantité d'amour qu'ils recevront à l'âge adulte, rien ne pourra les changer. Ils ont depuis longtemps dépassé la période critique où l'amour aurait joué son rôle dans la construction du cerveau. Ils ont l'air d'un être humain normal, font parfois preuve d'une sorte de charme très séduisant, mais il n'y a pas d'« humanité » en eux. La plupart des thérapies sont démunies face à cette pathologie.

Une mère qui se met à boire quand son enfant a huit ans ne lui fera pas autant de mal que si elle avait bu pendant sa grossesse. Cet alcoolisme précoce est l'une des causes essentielles de l'arriération mentale. Il peut modifier le rythme cardiaque et le fonctionnement des systèmes organiques du bébé. Il peut provoquer un cancer. Il peut donner une prédisposition à l'hypertension artérielle plus tard dans la vie et faire éventuellement mourir la personne d'une attaque à la cinquantaine. L'alcoolisme chronique de la mère diminue la quantité de sang et d'oxygène qui irrigue le cerveau du fœtus. Et si en outre elle fume, l'apport d'oxygène sera encore réduit, ce qui entraînera de subtiles lésions cérébrales. Hier, j'ai vu dans *VSD*, un magazine français, la photo d'un mannequin qui annonçait sa grossesse. Elle avait une cigarette à la main. Si seulement elle savait ! Le fait que la mère boive et fume au cours de sa grossesse crée déjà une vulnérabilité et, si l'accouchement se pratique sous anesthésie, le nouveau-né aura un double traumatisme. Le manque d'oxygène provoqué par l'anesthésie viendra renforcer le traumatisme prénatal que constitue le tabagisme maternel.

Le manque de contacts physiques et de caresses au tout début de la vie génère un stress qui déclenche la sécrétion de cortisol. Or une quantité excessive de cette hormone peut produire un environnement cérébral toxique susceptible d'endommager certaines structures du cerveau.

Le cortisol est une hormone qui est sécrétée en réaction à la souffrance. Elle nous prévient du danger. Quand nos besoins ne sont pas comblés – même s'ils sont inconscients –, nous sommes inquiets et sur le qui-vive, et cette hormone nous prépare à combattre un ennemi invisible. Notre cerveau sécrète ces substances chimiques inhibitrices pour empêcher le message douloureux de franchir la synapse. La menace ne peut alors accéder à notre conscience. De plus, le manque d'amour peut endommager la faculté de produire certains neurotransmetteurs inhibiteurs essentiels, comme la sérotonine, si bien que nous n'aurons pas ensuite les ressources suffisantes pour combattre le traumatisme. Le stress persiste parce que le danger est maintenant en nous. La sécrétion chronique de cortisol réduit notre vigilance : nous avons moins d'énergie combative et devenons défaitiste. Et le syndrome de stress nous maintient sur le qui-vive et nous empêche de dormir.

Nombre de mes nouveaux patients ont des taux de cortisol élevés. Pourquoi sont-ils ainsi stressés et inquiets ? Le danger qui les guette est le manque d'amour qui tourne en rond dans leurs structures cérébrales inférieures. Tout leur organisme est constamment en alerte face à une menace qui date de plusieurs décennies. Pour le cortex frontal supérieur, connaître intellectuellement l'existence de cette souffrance est une chose, mais en être pleinement conscient – en se connectant aux niveaux cérébraux plus profonds – en est une autre, parce que cela implique de souffrir.

Nous devons amener à la surface cette souffrance qui nous mine. Et si le message contient la pire des nouvelles – « je ne suis pas aimé et ne le serai jamais, la situation est sans espoir » –, il sera éventuellement remplacé par une fausse information – « ils m'aiment vraiment mais ne peuvent pas me le montrer ». Le mécanisme de refoulement est conçu pour empêcher le cortex frontal de prendre conscience de cette situation désespérée. Les termes *refoulement* et *inhibition* veulent dire la même chose : le blocage des impulsions et des messages qui proviennent des profondeurs du cerveau. L'organisme empêche l'information de remonter, car s'il en prend vraiment connaissance, il sera forcé de réagir ! Et c'est cette réaction qui est dangereuse, à la fois pour le corps et pour le cerveau. Le cortex risque de perdre sa faculté de concentration si un trop grand nombre d'impulsions ou une impulsion trop forte parviennent brutalement dans la zone frontale et dispersent l'attention. Et tout cela se produit parce que l'enfant n'a pas été suffisamment touché et pris dans les bras à six semaines et parce qu'il va passer sa vie à refouler la pleine compréhension de ce qui lui est arrivé dans sa petite enfance.

En thérapie primale, nos patients peuvent mettre des mois à prendre conscience de ce genre de messages à cause de leurs effets dévastateurs. Nous commençons par simplement les isoler pendant quelques jours, ce qui leur donne le sentiment de débuter leur voyage vers les niveaux inférieurs de leur cerveau. Tout seuls dans leur chambre d'hôtel, certains se mettent à pleurer sans raison apparente et d'autres se sentent simplement submergés. Comme s'ils se dégelaient, les messages remontent, et à mesure que l'inconscient devient conscient, la souffrance fait irruption. « Je n'avais jamais réalisé que j'étais si seul dans mon enfance », se plaint un patient au cours de ses premières séances. « Je me suis battu toute ma vie contre ce sentiment d'impuissance », se lamente un autre. Mais tant que cela ne sera pas ressenti, tant que cela restera au niveau du cortex, il n'y aura pas de véritable compréhension.

Les médiateurs chimiques du refoulement

Les médiateurs chimiques comme la sérotonine et les endorphines – ces opiacés que produit le corps – sont des analgésiques qui bloquent le message pour que l'enfant ne souffre pas. Le résultat est paradoxal : l'organisme, qui s'est mis sur le qui-vive à cause du manque d'amour, va définitivement rester en alerte face à la menace de la prise de *conscience* du traumatisme. De plus, certains patients ne peuvent se souvenir d'avoir été rejetés par leurs parents parce qu'ils ne l'ont jamais vraiment été, parce que rien de marquant ne s'est produit. Ils ont simplement vécu jour après jour dans un désert affectif, glacial et stérile.

L'amour n'est pas seulement recommandé ; il est la condition *sine qua non* du développement de l'enfant – et en particulier de son cerveau. Si leur narcissisme empêche les parents d'accorder toute leur attention au bébé, si leur propre besoin d'attention prime tout, cet enfant souffre. Un père jaloux qui ne supporte pas de voir sa femme s'occuper du bébé lui fait du mal, car celle-ci va devoir l'abandonner pour rassurer son autre grand bébé. Il réagit ainsi parce que ses propres besoins n'ont pas été satisfaits dans son enfance. Une mère qui doit constamment calmer un mari coléreux et agressif va sans doute négliger son bébé. Elle est incapable de lui assurer la protection dont il a désespérément besoin quand il entend la voix exaspérée du père, et elle n'est finalement qu'une autre enfant dans la maison, une enfant qui n'ose pas se rebeller contre « papa ».

Le pouvoir de l'amour

L'amour est un paramètre essentiel dans la construction d'une personnalité énergique et résistante. Il active la sécrétion de médiateurs chimiques comme la dopamine qui nous mobilisent, nous rendent combatifs, et nous aident à poursuivre nos objectifs et à nous défendre. C'est lui qui nous donne la force d'accomplir les choses et la confiance en soi – la certitude que « je peux le faire. » C'est son absence, en revanche, qui amène plus tard l'adulte à se droguer : la cocaïne, par exemple, accomplit ce qu'aurait dû faire la dopamine si la sécrétion avait été suffisante – si l'amour avait été suffisant. La plupart du temps, la toxicomanie est une tentative de normalisation d'un système déséquilibré. Et lorsque le système inhibiteur de la sérotonine est défectueux, c'est une dépendance envers les analgésiques qui s'installera plus tard.

La carence affective et le manque d'intimité physique juste après la naissance réduit le nombre de récepteurs de sérotonine qui participent au mécanisme de verrouillage contre la souffrance. Or un excès de souffrance précoce ne se contente pas de stimuler le système inhibiteur, mais le détériore. Des recherches ont démontré qu'il peut en résulter certains traits de personnalité – tendance à l'introversion, incapacité d'exprimer ses sentiments, mauvaise opinion de soi et manque de contrôle émotionnel – qui révèlent un dysfonctionnement permanent du cerveau.

La sollicitude témoignée par la personne qui s'occupe du bébé inhibe la production d'hormones de stress, ce qui le rend plus solide sur le plan émotionnel : il ne se laisse pas facilement abattre, n'a pas de réactions excessives et gère mieux le stress que les enfants qui n'ont pas connu cet amour au début de leur vie. Il fera facilement ses devoirs et pourra se concentrer sur ses études.

Le manque d'amour dans la petite enfance affecte le côté droit du cerveau et peut l'endommager définitivement. L'hémisphère droit – celui qui gouverne les émotions et les interactions humaines – est davantage concerné par les sécrétions de cortisol, et c'est lui qui subit les plus gros dégâts en cas de souffrance précoce. Et comme le cerveau droit se développe avant le gauche, c'est lui qui absorbe l'impact du traumatisme préverbal engrammé dans le tronc cérébral, qu'il survienne avant, pendant ou juste après la naissance.

Les personnes dont la sécrétion de dopamine est insuffisante pour protéger le cortex frontal, sont souvent confuses et très émotives, ont des crises d'angoisse et des accès de panique, et souffrent du trouble déficitaire de l'attention. Les nourrissons de mères dépressives présentent une asymétrie frontale droite, car la partie du cerveau qui travaille trop en pâtit. L'effet dévastateur du traumatisme intra-utérin s'exerce plus particulièrement sur l'hémisphère droit du cerveau, ce qui pourrait expliquer que nous devenions plus tard des intellectuels dont le cortex gauche élabore idées et concepts pour combattre les sentiments du droit – ce cerveau droit qui a dû mettre les bouchées doubles pour traiter la souffrance du manque d'amour. Le cerveau gauche de l'idéation a dû également travailler d'arrache-pied par la suite pour endiguer la souffrance et la maintenir hors de la conscience. Et si les circonstances s'y prêtent, cette hyperactivité fera de l'individu un « cérébral » qui se perdra dans les idées et la philosophie, et qui utilisera son intellect pour se défendre contre le sentiment.

La recherche a aussi mis en évidence un déséquilibre de la dopamine dans l'amygdale. Les enfants privés de leurs parents au cours des premiers mois de leur existence ont moins de récepteurs de dopamine dans la zone limbique. Selon Allan Schore, on peut retrouver l'origine de presque toutes les pathologies psychologiques dans la carence maternelle précoce après la naissance.

Si l'amour est absent, l'organisme s'appauvrit et ne développe pas les bons « récepteurs d'amour ». La faculté d'aimer et d'être aimé s'en trouvera réduite la vie durant. Voilà pourquoi l'amour n'est pas une abstraction, mais un ensemble d'événements neurochimiques concrets. Chez l'enfant qui n'en est pas privé, la sécrétion de sérotonine s'intensifie et lui donne un sentiment de bien-être et de contentement. Quand on le prend dans les bras, son taux de dopamine augmente, et il se « sent bien ». Ces médiateurs chimiques assurent la transmission physiologique de l'amour. Mais nous allons voir qu'il existe de véritables « hormones de l'amour », des hormones qui, d'une certaine manière, nous aident à aimer. Lorsque leurs taux sont bas, notre faculté de recevoir ou de donner de l'amour est réduite. La plupart d'entre nous sont « accros » à l'amour, à ce besoin qui les obsède, et cette dépendance peut se transformer en boulimie ou en alcoolisme, car il s'agit en fait d'une addiction aux substances chimiques que produit notre cerveau afin que nous nous sentions mieux.

Dans ma pratique clinique, je prends la main de certains patients très perturbés au moment où ils accèdent à leur souffrance précoce. Je fais ce que ferait le Prozac, mais sans les effets secondaires. Je sais aussi quand arrêter pour ne pas les entraîner sous la zone du sentiment, là où ils seraient si détendus qu'ils ne sentiraient plus rien. Certaines thérapies de groupe encouragent les contacts physiques et les démonstrations de tendresse en croyant que l'amour peut dissiper la souffrance. Ce genre d'approche ignore l'existence de la période critique, ce moment où l'amour est absolument crucial pour le développement du cerveau. Être pris dans les bras et embrassé à partir de dix ans ne peut compenser ce qui s'est produit juste après la naissance, comme en témoignent les nombreux enfants qui ont vécu dans des familles d'accueil ou qui ont été adoptés [3]. Leur souffrance ne disparaît pas et ils deviennent des adultes qui boivent, fument, prennent des tranquillisants et dorment mal. Leurs verrous chimiques sont faibles et « fuient » à cause de cette carence affective précoce. On utilise trop souvent les tranquillisants en psychothérapie pour renforcer le verrouillage et refouler les sentiments. Si les patients pouvaient exprimer leurs besoins – « Prends-moi dans tes bras, maman ! Ne t'en va pas ! » –, si chacun d'entre nous pouvait pousser ces cris de souffrance, on prescrirait moins de tranquillisants. Si les toxicomanes pouvaient ressentir leurs frustrations – « Prends-moi dans tes bras, papa ! » – ils n'auraient plus besoin de les refouler avec des drogues. C'est ce que confirme l'observation de nombreux patients : accéder aux profondeurs de leur être leur a donné la force de ne plus prendre de drogues ou de médicaments, comme l'a incidemment démontré notre recherche sur le cortisol salivaire chez nos patients. Au bout d'un an de thérapie, les taux avaient systématiquement baissé, ce qui veut dire que ces personnes étaient moins stressées et n'avaient plus besoin des substances qui soulageaient auparavant leur tension. Nous avons traité tous les cas de toxicomanie, de ceux qui s'injectent de l'héroïne à ceux qui inhalent de la colle, en obtenant toujours le même résultat : aucune personne normale (ou normalisée) ne veut introduire dans son organisme ces produits qui altèrent l'esprit.

Puisque nous ne connaissons pas la sensation que procure ce que nous ne pouvons ressentir, nous ne sommes généralement pas conscients de l'indigence de notre faculté d'aimer et de notre sensibilité. Et quand notre besoin d'amour nous tourmente, nous nous trompons et prenons pour de l'amour tout ce qui ressemble à de la chaleur.

Le traumatisme de l'enfant non désiré

Une de mes patientes, une endocrinologue, a passé son enfance dans plusieurs familles d'accueil. Elle a fini par faire des études de médecine, qu'elle a brillamment réussies. Mais elle avait des problèmes de sommeil et ne parvenait pas à se détendre. Les adultes qui ont eu ce type d'enfance souffrent davantage que les autres parce qu'ils ont été négligés avant et après leur naissance. Le père a probablement laissé tomber la mère qui, incapable de s'en sortir, a elle-même abandonné son enfant. Quelles que soient les circonstances, il en a résulté une carence affective qui a définitivement détérioré le verrouillage permettant de refouler les sentiments. Le problème a été aggravé par le fait que l'enfant n'était pas désiré et en a souffert. Le chercheur finlandais A. Myhrman a constaté que le sentiment de « rejet » qu'éprouve la mère envers l'enfant qui est dans son ventre peut « agir, directement ou indirectement, comme un stress psychosocial au cours du développement de l'enfant, ce qui le prédispose à la schizophrénie ou peut provoquer des comportements à risques, soit chez la mère soit chez l'enfant ». Les enfants non désirés sont d'abord affectés par la physiologie de la mère avant de l'être par son attitude négligente ou indifférente [4]. Autrement dit, le sentiment de rejet et l'*absence* d'intérêt de la mère peuvent s'engrammer sur le plan biochimique dans l'organisme du fœtus et avoir sur lui un impact négatif, même s'ils sont enregistrés inconsciemment. La mère subit le stress de devoir affronter seule cette naissance, sans aucune aide, et ses hormones de stress affectent le fœtus qui, ainsi mis sur le qui-vive, deviendra sans doute un bébé hyperactif qu'on ne peut jamais câliner.

Nombre de naissances sont considérées comme « accidentelles » ou « inopportunes », et beaucoup de parents ne sont pas heureux d'avoir un enfant. Or il s'avère que les enfants non désirés ont davantage de problèmes de santé par la suite. L'attitude de la mère pendant sa grossesse est intériorisée par le bébé pour le restant de ses jours et change sa neurophysiologie. Cet enfant, qui a déjà engrammé désespoir et défaitisme sur le plan physiologique et dont les réglages sont bas à cause de l'anesthésie pratiquée lors de l'accouchement, va se retrouver avec une mère stressée et constamment déprimée, qui restera distante sur le plan émotionnel au moment même où il a besoin de toute son attention pour que le développement de son cortex frontal et de son cerveau limbique s'effectue dans de bonnes conditions.

Deux de mes patientes, qui souffraient de dépression chronique, n'avaient ni l'une ni l'autre été désirées par leurs mères. Celles-ci avaient été déprimées pendant des mois au cours de leur grossesse, et les changements intervenant dans leur physiologie avaient dû provoquer des modifications similaires chez leur bébé, qui avait lui aussi manifesté par la suite des tendances dépressives : humeur maussade et propension à l'introversion, à l'introspection et à la réflexion – autrement dit un réglage bas. « À quoi bon ? » se disaient ces personnes à l'âge adulte, « Inutile d'essayer, c'est sans espoir. » Ces pensées étaient les représentations verbales de sentiments engrammés tout au fond de leur cerveau. Elles traduisaient les sensations de désespoir, et peut-être même de mort imminente, qui s'étaient gravées dans leur neurophysiologie et reflétaient des événements survenus au tout début de leur vie. Ces *idées* de désespoir et d'échec sont l'aboutissement de l'évolution d'un système cérébral vieux de centaines de millions d'années.

Le simple fait que la future mère boive et inonde d'alcool le cerveau déboussolé du fœtus peut lui laisser une sensation *physiologique* de confusion. Et comme il ne peut pas changer cette situation, il n'a d'autre choix que de la supporter. Rien n'est encore verbalisé. Mais s'il grandit dans une famille autoritaire où on ne lui laisse aucune initiative, la sensation et le sentiment fusionneront pour former une empreinte puissante. Et lorsqu'elle sera activée plus tard par le départ de sa femme qui le quittera pour un autre, il aura alors une réaction complètement défaitiste – « je ne peux rien y faire » – et d'éventuelles pensées suicidaires. Ce désespoir provient d'un traumatisme non verbalisé localisé dans le tronc cérébral, et c'est l'irruption de cette vieille sensation qui aggrave sa tristesse et le rend suicidaire.

Pourquoi sa réaction est-elle aussi radicale ? Sans doute à cause d'une expérience intra-utérine de mort imminente – un étranglement par le cordon ombilical où la mort semblait le seul moyen de mettre un terme au supplice. Elle s'est donc engrammée dans l'organisme comme une issue, et cette empreinte se renforcera en cas de négligence ou d'indifférence parentale. Et au départ de sa femme, c'est le souvenir de la désertion maternelle qui sera activé.

La peur de l'abandon que ressent cet homme ne peut parvenir au cortex frontal sous sa forme initiale – en particulier du côté gauche – à cause de la souffrance qui y est associée et du verrouillage qui la bloque. N'ayant plus accès à son passé, il se voit contraint de chercher les raisons expliquant son désespoir dans le présent et va s'accrocher de toutes ses forces à celle qui est partie. C'est le déjouement du comportement « collant » et dépendant qui refuse l'idée du rejet d'autrui. Les neurotransmetteurs inhibiteurs envahissent les synapses : les catécholamines, par exemple, sont des substances endogènes stimulantes qui empêchent la souffrance remontant des niveaux inférieurs d'accéder au cortex préfrontal, tout en affolant l'organisme. La connexion ne pouvant se faire, le sentiment est symbolisé dans le cortex associatif et la pensée qui en résulte – « on ne veut plus de moi » – est effectivement bien fondée, la seule erreur étant dans la personne visée. Aller voir un conseiller qui se focalise sur les circonstances actuelles ne fera qu'aggraver le problème en l'éloignant de son passé. Tant qu'il se concentrera sur sa vie présente, ses tendances suicidaires subsisteront. Elles sont loin d'être irrationnelles, mais peuvent le paraître hors de leur contexte initial.

Telles peuvent être les conséquences d'une grossesse non désirée. Les modifications physiologiques induites par la mère seront renforcées si le bébé ne se sent pas davantage aimé après sa venue au monde, et son traumatisme sera encore plus grave s'il est abandonné à la naissance et doit attendre plusieurs semaines avant d'être adopté.

Dans une enquête effectuée par A. Myhrman, les enfants de grossesses non désirées ont été revus à l'âge de trente ans, et l'on a constaté que « leur adaptation psychosociale était moins bonne [5] ». Une enquête finlandaise portant sur onze mille individus a révélé que les bébés non désirés risquaient davantage de devenir schizophrènes [6]. Des chercheurs en Irlande ont découvert que les problèmes obstétriques à la naissance augmentaient fortement la probabilité que l'enfant devienne plus tard psychotique. Mais le plus important, c'est qu'ils ont déclaré que les difficultés de l'accouchement pouvaient être secondaires en comparaison d'événements plus précoces, survenus au cours de la gestation : « Un nombre croissant de preuves suggèrent que les anomalies affectant les futurs schizophrènes se développent avant la naissance. Ils sont probablement déjà plus fragiles avant même que l'accouchement ne commence [7]. »

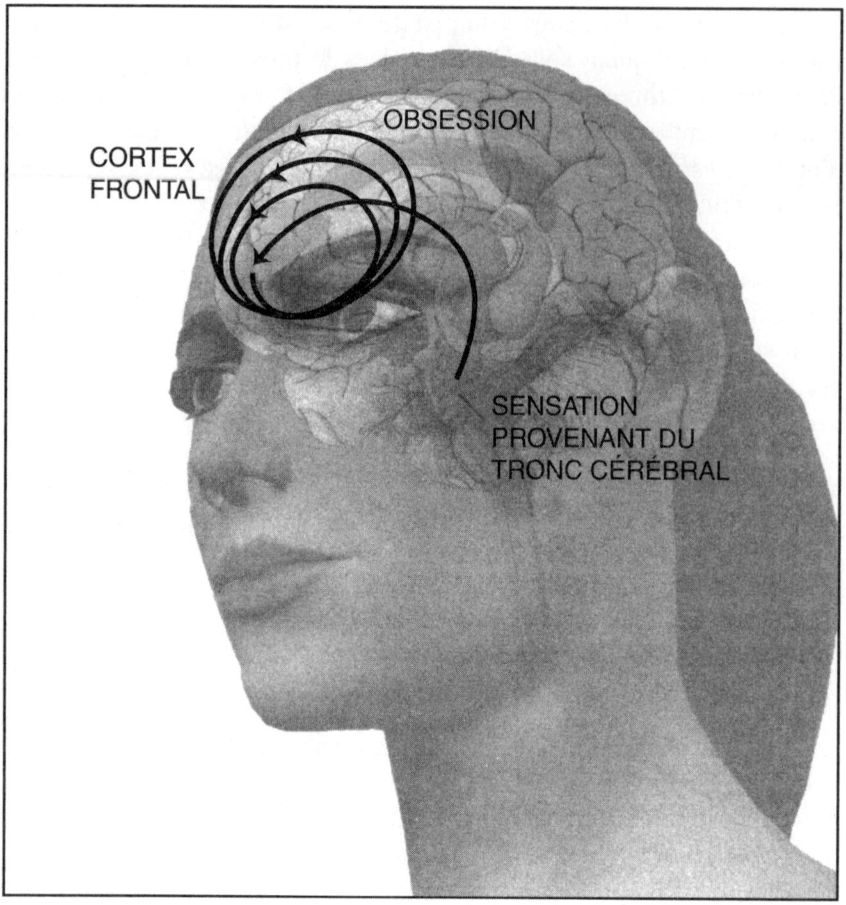

Les sentiments refoulés peuvent inciter le cortex frontal à produire des idées obsessionnelles et paranoïdes.

Les troubles du sommeil de mes patients sont souvent causés par l'empreinte laissée par un manque d'amour au début de leur vie. Aussi vagues qu'ils soient, ces souvenirs peuvent être revécus dans un ressenti. Des affections chroniques comme l'hypothyroïdie, dans laquelle les sécrétions thyroïdiennes sont insuffisantes, semblent parfois se normaliser après un revécu. Le réglage des sécrétions hormonales s'effectue très tôt au cours de la gestation, et le traumatisme le perturbe.

L'échec des traitements conventionnels

Les tranquillisants peuvent neutraliser les effets du traumatisme engrammé en réduisant la sécrétion de cortisol et en baissant la tension artérielle. D'un côté, la souffrance nous met sur le qui-vive : « Attention ! Il y a un danger qui s'approche. Prépare-toi ! » Et de l'autre, les médicaments qui agissent sur le tronc cérébral nous disent : « Calme-toi. Il n'y a aucune raison de t'exciter ! » Il y a bien une raison, mais les systèmes d'alerte sont engourdis. Ces médicaments nous permettent de nous mentir à nous-mêmes. Ils nous rassurent par une fausse accalmie au moment où le danger nous guette. Certains tranquillisants peuvent ainsi être néfastes pour notre survie, puisqu'ils nous donnent l'impression que tout va bien alors que nous devrions être sur nos gardes. Le problème, c'est qu'une vigilance constante finit par devenir dangereuse. Un organisme en alerte perpétuelle ne peut que s'effondrer. Nous devons donc choisir entre deux maux – être soit mobilisé et sur le qui-vive, soit inconscient et détendu –, et nous serons finalement terrassés par cette irréalité. Toute anomalie chronique dans notre organisme peut finir par provoquer une maladie : à long terme, par exemple, l'hypertension peut provoquer une attaque, car la même empreinte est à l'origine des deux.

Le danger qui nous guette, c'est bien sûr le souvenir et les réactions qu'il provoquera dans l'organisme s'il est revécu : notre cerveau et notre corps ne peuvent supporter de longues périodes d'hypertension artérielle, d'accélération du rythme cardiaque ou de sécrétion d'hormones de stress. Nous devons être vigilants, mais si nous le restons trop longtemps, nous ne tenons pas le coup. C'est une double contrainte (un *double bind*), une situation véritablement insoluble. Et nous tomberons malades à cause de cette hypertension ou de cet excès d'hormones de stress – qui peuvent, par ailleurs, provoquer des naissances prématurées.

Un article paru le 22 février 1999 dans le *Los Angeles Times* parle d'un nouveau traitement pour le trouble obsessionnel-compulsif – une intervention chirurgicale sur une zone du cortex orbitofrontal [8]. Selon les médecins, cette psychochirurgie a été pratiquée avec succès au Karolinska Hospital en Suède. Enlever la partie du cerveau qui est obsessionnelle supprime peut-être les obsessions, mais certainement pas leur cause, et je me demande quels seront les effets à long terme de cette intervention sur les facultés cérébrales de réflexion, de planification et d'intégration du patient.

La chirurgie est un traitement radical qui pourrait sans doute être évité avec une thérapie qui sonde en profondeur les sentiments. La pression qu'exerce le système limbique et le tronc cérébral contre le cortex orbitofrontal est probablement à l'origine de ces obsessions. Si nous parvenons à l'éliminer, l'ablation ne sera plus nécessaire. De toute manière, même si les chirurgiens croient avoir localisé la zone où surgissent les pensées obsessionnelles, supprimer cette zone ne les supprimera pas automatiquement, car l'empreinte se déplacera tout simplement ailleurs.

La biologie ne fait rien au hasard. Si votre corps contient trop d'acide chlorhydrique, il faut chercher, au-delà des considérations alimentaires, la cause de cet excès d'acidité. Cette sécrétion surabondante ne se produit pas sans raison. Les souvenirs de sentiments similaires ont pu s'accumuler («je meurs de faim », « j'ai besoin de ma mère », « prends-moi dans tes bras », « sortir de ce ventre est une vraie torture »), et les réactions sont proportionnelles à la menace. Le tout est de découvrir la nature de cette menace.

Par inadvertance ou par erreur, les psychothérapeutes conventionnels renforcent le système de verrouillage de leurs patients en utilisant les outils que sont l'intérêt, l'écoute, l'attention, les recommandations et les conseils. La thérapie devient alors un déjouement pour le patient qui obtient inconsciemment ce qu'il veut (une satisfaction symbolique) et non ce dont il a besoin (ressentir le *manque* et l'insatisfaction de son enfance). Le thérapeute bien intentionné croit qu'il peut chasser la névrose par l'amour. Si tous ces moyens échouent, il a recours à une méthode plus radicale en prescrivant à son patient des tranquillisants qui vont calmer sa souffrance et sa frustration. Un thérapeute qui essaie de renforcer l'estime de soi de son patient – en lui disant : « Vous êtes quelqu'un de bien, je vous assure ! » – l'encourage en réalité à refouler son *véritable* sentiment : « Je suis nul. Les gens ne n'aiment pas parce que je ne suis bon à rien. » Le thérapeute qui s'efforce d'éliminer la souffrance en se montrant « gentil » se bat contre la réalité et contribue au verrouillage cérébral de son patient. Le but de la thérapie primale est d'ouvrir tous les verrous et de laisser entrer l'amour, la beauté et la vie, ce qui ne peut se faire sans prendre conscience des véritables sentiments qui sont : « Personne ne m'aime, je ne suis pas "aimable", c'est sans espoir », etc.

J'insiste encore sur ce point essentiel : hors de la période critique, tout manifestation d'amour est agréable, nous fait du bien et nous détend, mais ne peut effectuer de modifications permanentes dans notre système neurobiologique. On peut devenir « accro » à ce type d'amour – le côté rassurant et chaleureux du thérapeute – car il n'est rien d'autre qu'une satisfaction de substitution. Le patient doit finir par ressentir l'absence d'amour qu'il a connu dans son enfance. La sollicitude qu'on lui manifeste tient l'amour à distance parce que le refoulement reste identique. Seule la souffrance éprouvée en ressentant le manque peut neutraliser le refoulement et laisser entrer l'amour. Si l'on veut agir dans l'intérêt du patient, la meilleure façon de l'aimer et de s'intéresser à lui est de lui faire ressentir l'insatisfaction du passé, et non d'essayer de la compenser dans sa vie présente. Paradoxalement, l'amour qu'on lui témoigne maintenant renforce les verrous et l'empêche de ressentir la carence initiale.

Bien évidemment, le patient se sent mieux pendant quelque temps et devient dépendant du thérapeute puisque celui-ci lui donne ce qui lui a manqué dans son enfance. Mais la seule manière d'« effacer » une empreinte, à supposer que ce soit possible, c'est de faire remonter le traumatisme vers la zone préfrontale pour l'intégrer. N'oubliez pas que c'est la composante douloureuse enfouie qui le maintient « en vie ». Et dès que la souffrance est ressentie, la force du traumatisme diminue et la pression se relâche.

Je suis toujours amusé d'entendre les thérapeutes parler de traiter les patients narcissiques en se focalisant uniquement et totalement sur eux à chacune de leurs séances. Du moment que son thérapeute s'intéresse à lui, un narcissique ne peut que l'aimer et penser qu'il est merveilleux. Tous les patients – tous les êtres humains – sont narcissiques tant que cela satisfait un besoin.

La nature du sentiment

La sentiment est ce qui fait de nous un être humain, et ressentir, c'est expérimenter la totalité de soi-même. Cela implique que nous ne soyons pas coupés de certaines zones cérébrales, et notamment des structures qui sont le siège du sentiment. Ceux qui n'ont pas un cerveau parfaitement normal ne peuvent ressentir à 100 %. Même si le sentiment n'est pas une idée, il est associé à l'idéation et peut porter un nom, comme la tristesse. Mais il peut exister sans être nommé. Le sentiment n'est pas la décharge d'énergie qui nous fait crier ou pleurer, car ces manifestations émotionnelles diminuent la pression sans impliquer de connexion au passé ni de contrepartie idéationnelle. Accéder au sentiment, c'est accéder à tous les niveaux du fonctionnement cérébral, y compris aux plus profonds. C'est ce que montre le processus que suivent nos patients. Les blocages du sentiment sont dus aux neurohormones inhibitrices du refoulement dont la sécrétion est déclenchée en réaction à la souffrance engrammée résultant du manque d'amour ou des traumatismes physiques subis avant et après la naissance. C'est l'énergie bloquée du traumatisme précoce qui s'attaque aux systèmes organiques et fait des ravages. « Prends-moi dans tes bras, maman » est un exemple de besoin inconscient dont l'énergie peut affecter le système circulatoire en provoquant de l'hypertension. Mais si le patient ressent ce besoin jusqu'au tréfonds de lui-même, il verra sa tension artérielle baisser et revenir à la normale.

L'amour nous est indispensable pour développer notre cerveau, pour progresser dans l'existence, pour apprendre, créer, aimer les autres et être en bonne santé. La souffrance est un signal d'alarme nous prévenant que l'organisme est en danger. Moins il y a de souffrance engrammée dans l'organisme, plus il est facile d'accéder aux niveaux inférieurs. Et cet accès nous procure harmonie, équilibre et bien-être. Nous menons alors une vie détendue, heureuse, et connaissons la joie, l'enthousiasme, mais aussi la tristesse, parfois, selon les circonstances. Nous n'avons plus de symptômes inexpliqués ou de pulsions irrépressibles, plus de boulimies irrésistibles. Nous n'avons plus constamment besoin de rapports sexuels qui sont à peine plus qu'une simple décharge de tension. Nous n'avons plus besoin de courir par monts et par vaux pour tel ou tel projet, telle ou telle réunion, plus besoin de téléphoner pour échapper à notre solitude, plus besoin de changer sans cesse de domicile ou de travail parce que rester tranquillement sur place nous rend anxieux. Nous ne sommes plus tourmentés par la jalousie ou par l'envie puisque notre existence nous plaît, et nous sommes capables de faire les choses calmement, sans nous angoisser, capables de finir ce que nous avons commencé et de persister dans les projets difficiles, et surtout capables de ne rien faire, d'« être » tout simplement, et aussi d'être là pour notre enfant. Car tout ce qui compte, en définitive, c'est d'être nous-mêmes.

Les manuels qui vous expliquent « comment faire » ceci ou cela peuvent changer ce que vous faites, mais pas ce que vous êtes. Les enfants ont une sensibilité qui leur permet, avant même de parler, de savoir qui nous sommes : ils savent s'ils peuvent exprimer leur colère devant nous, s'ils peuvent montrer de la tristesse ou de la joie, et surtout s'ils peuvent avoir confiance en nous. À cinq ou six ans, nombre de mes patients savaient parfaitement qu'ils ne pouvaient se confier à leurs parents. Cela ne leur serait jamais venu à l'idée. Ils le « sentaient ». Les enfants savent d'instinct, sans y réfléchir, si leurs parents s'intéressent vraiment à eux ou non. Ils n'ont pas encore le bagage intellectuel qui pourrait les aveugler – cet aveuglement devenant par la suite une issue leur permettant de continuer à vivre malgré la souffrance intérieure.

Un enfant auquel ses parents ne témoignent aucune affection adapte son comportement sans en prendre clairement conscience. Il les évite et devient timide et réservé. À l'âge adulte, il se comportera comme si personne ne s'intéressait à lui, en déjouant ce qu'il a appris. Il n'invente rien et n'est pas victime de son imagination, même si ses idées peuvent sembler irrationnelles : elles sont justes, mais ne sont pas dans le bon contexte. Le sentiment *personne ne s'intéresse à moi* s'est engrammé dans son enfance, et plus tard, en thérapie, cette idée apparemment irrationnelle pourra s'expliquer si on l'associe à son passé. Le cerveau droit de cet homme sait déjà tout, mais il ne connaît pas les subtilités du langage qui lui permettraient de transmettre ce message à l'hémisphère gauche.

Nombre d'entre nous passent toute leur enfance en « sachant » que quelque chose ne va pas sans pouvoir le formuler. Tout ce qu'ils savent, c'est qu'ils ne se sentent pas bien. Personnellement, je ne m'étais jamais rendu compte que je souffrais d'angoisse chronique jusqu'à l'apparition des antihistaminiques. J'ai pris deux cachets, et ma mère a dû appeler le médecin parce que j'ai eu aussitôt des symptômes inquiétants – une sorte de « décontraction » que je n'avais jamais éprouvée et qui me donnait vraiment l'impression d'être malade. Un peu de chaleur de la part d'un étranger m'aurait sans doute fait le même effet que ce médicament. Beaucoup d'enfants ont l'impression qu'on les aime ou qu'on les approuve quand ils n'expriment pas leurs besoins. Les parents ne veulent pas être dérangés, et leurs enfants sont récompensés s'ils ne demandent rien, se tiennent tranquilles, jouent tout seuls et restent dans leur coin. Leurs besoins sont niés. Être un bon petit garçon, une gentille petite fille, c'est ne pas avoir de besoins. On entend fréquemment dire que céder aux caprices d'un enfant fait de lui un enfant gâté, qui exigera toujours davantage. C'est précisément le contraire. Satisfaire un besoin n'est pas céder à un caprice et, une fois que ses besoins sont satisfaits, il n'y a aucune raison pour qu'il ait d'autres exigences exorbitantes. C'est la logique même. Personne ne veut davantage que ce dont il a besoin, à moins bien sûr qu'on ne cherche à remplir le puits sans fond d'une carence précoce. Un enfant demande qu'on le prenne dans les bras le temps de satisfaire son besoin et pas davantage. Il arrive d'ailleurs que ce soit les parents qui veuillent le câliner trop souvent, peut-être pour compenser leur propre manque d'amour au début de leur vie.

Être en bonne santé, c'est avoir des besoins. Quand un enfant ne les exprime pas clairement et pleurniche, les parents réagissent habituellement en disant : « Arrête de pleurer pour rien et va jouer dans ta chambre. » Si ses besoins étaient satisfaits, il serait en train d'y jouer.

Notre aveuglement n'a pas de limites. Il nous empêche de réaliser que nos parents sont incapables nous aimer, de prendre soin de nous et de s'intéresser à nous. C'est une mesure de survie, une défense indispensable face à la réalité. Ôter aux gens leurs illusions n'est pas nécessairement une bonne chose car elles ont souvent un rôle protecteur. Celles des psychotiques, par exemple, leur sont certainement très utiles.

Beaucoup de parents ont l'impression d'avoir raté l'éducation de leur enfant. Ils ont beau faire tous leurs efforts, ils ne parviennent à rien. Mais, même s'ils l'aiment et s'occupent de lui avec sollicitude, il est possible qu'il soit déjà bloqué à cause d'un traumatisme très précoce, d'un traumatisme qui n'a peut-être rien à voir avec leur comportement. Peut-être la mère a-t-elle été hospitalisée quelque temps après la naissance et l'enfant confié à des tiers parce que le père devait retourner travailler ? Il s'est alors senti négligé et a manqué d'amour, et comme il ne peut formuler ses sentiments, il se contente de mouiller son lit, de bégayer ou d'avoir des tics.

Cette carence précoce affecte sa pensée, son orientation spatiale, sa coordination, sa perception, sa faculté de se lier avec les autres et de comprendre ce qu'ils ressentent, ainsi que tous ses processus cognitifs. Les traumatismes survenant avant, pendant et juste après la naissance sont des événements décisifs qui ont été négligés dans la littérature concernée. De nombreuses études, par exemple, ont révélé que des jumeaux séparés à la naissance avaient un nombre surprenant de traits en commun lorsqu'ils se retrouvaient des années plus tard. Le chercheurs ont imputé ce fait à la génétique, sans prendre en compte les neuf mois cruciaux de la vie intra-utérine que les jumeaux ont partagée et qui les a façonnés de manière irréversible. Ces neuf mois sont plus importants que toute autre période de leur existence. Un traumatisme subi à douze ans ne change pas grand-chose sur le plan cérébral, alors qu'un traumatisme intra-utérin a de graves conséquences pour le cerveau.

L'organisme qui ressent la souffrance réagit, et c'est cette réaction que j'appelle le *sentiment*. Il ne peut apparaître si on la refoule. La plupart des sentiments de l'adulte sont associés à des besoins. La frustration qui résulte d'une carence précoce peut engendrer de la colère, mais le fond du problème n'est pas cette colère : c'est le besoin. Nos patients la dépassent une fois qu'ils l'ont manifestée – souvent très violemment, en martelant les murs capitonnés – et ils expriment ensuite des sentiments : « Arrête de me faire du mal. Dis-moi que tu m'aimes. Cesse de tout le temps me critiquer. Regarde-moi ! Prends-moi dans tes bras, juste une fois ! » Si l'on bloque le processus dès que surgit la colère, il n'y a pas de guérison possible.

Nous sommes nos sentiments

Nos sentiments restent gravés en nous parce qu'ils font partie de notre cytoarchitectonie – notre architecture cellulaire. *Nous sommes nos sentiments*. Ils demeurent en nous pour que nous puissions les réintégrer et être nous-mêmes. Tel est le véritable sens de l'expression « se trouver ». S'apercevoir que l'on n'était pas aimé à quatre ans, c'est découvrir son vrai moi, et le but de toute thérapie est de rendre au patient son véritable moi. Aucune thérapie ne peut faire davantage. La descente dans le subconscient, disent mes patients, est un incroyable voyage qui leur permet d'explorer tous les recoins secrets de leur cerveau, afin de retrouver des éléments de leur vie qui ont été mis sous clé pendant des dizaines d'années.

Notre corps n'est qu'une partie d'un tout. Quand il se sent réprimé, *quelle que soit la cause*, il se ferme et s'efforce de verrouiller en lui les sentiments, y compris l'amour. Aucune intention, aucune volonté ne peuvent changer ce fait. Ressentir la sensation de ne pas être aimé fait disparaître le refoulement et surtout allège la surcharge. Les verrous s'ouvrent alors partiellement et peuvent laisser entrer l'amour que nous témoigne autrui. *Une personne qui n'a pas été aimée dans sa petite enfance par ses parents sentira toujours ce manque quelque part dans son organisme, consciemment ou non, et elle souffrira. C'est cette souffrance que la plupart des gens essaient d'apaiser en buvant de l'alcool, en se tuant au travail ou en prenant des drogues.* Pourquoi certains d'entre nous boivent-ils alors qu'ils ont maintenant une famille qui les aime ? À cause de leur passé.

Un adulte privé d'amour dans son enfance peut finir par prendre du Prozac pour que ce médicament fasse – littéralement – ce que l'amour aurait dû faire. Le Prozac rétablit le taux normal de sérotonine dans la synapse, exactement comme l'aurait fait la tendresse de ses parents. Les gestes d'affection évitent la médication. Regarder son enfant tendrement, le serrer dans ses bras et l'embrasser très souvent pendant les trois premières années de sa vie crée un rempart chimique si résistant qu'il n'aura jamais besoin de ce genre de médicament. En thérapie primale, tenir la main d'un patient surchargé de pensées incohérentes et confuses peut l'aider à descendre dans la zone du sentiment, une zone qui a des paramètres neurobiologiques bien définis. Si on lui prend la main trop longtemps ou trop tôt, il la dépassera et le sentiment restera refoulé. Le toucher a la même fonction qu'une injection de Demerol, mais il doit être modulé : pas trop fort afin de ne pas bloquer le sentiment, mais suffisant pour expulser du tronc cérébral un peu de cette insupportable souffrance.

Nos besoins sont légitimes et personne ne peut nous en dissuader. Nous sommes sous leur emprise et ce sont eux qui nous incitent à nous replier sur toutes sortes d'exutoires. Leur frustration peut provoquer une rage qui éclate dès qu'on refuse de céder à nos exigences. Un mari qui veut que sa femme reste constamment avec lui et lui obéisse au doigt et à l'œil entre en fureur si elle ne le fait pas. Il déjoue inconsciemment sa souffrance, sans comprendre que sa femme est également une personne qui a ses propres besoins.

Il n'existe pas de besoin inné de gloire, de richesse ou de pouvoir. Ces besoins ne sont pas programmés. Ce sont en réalité des satisfactions symboliques qui compensent de vrais besoins restés insatisfaits. Mais ils peuvent être aussi contraignants car les besoins réels sont canalisés par leur intermédiaire. Ceux qui recherchent ces satisfactions de substitution font fausse route, puisqu'elles sont de simples canaux de dérivation pour les véritables besoins. Ils n'ont pas été aimés par leurs parents et s'efforcent d'obtenir des succédanés de l'amour. De même, certaines personnes mangent trop ou s'impatientent au restaurant quand le service est un peu long. Ce n'est pas qu'elles meurent de faim, mais c'est ainsi que se travestit leur besoin désespéré d'amour.

16

LE MANQUE D'OXYGÈNE EST UN MANQUE D'AMOUR

Au Pulmonary Laboratory de l'UCLA, nous avons filmé au ralenti, mon équipe et moi, deux patients qui, au cours d'un revécu de naissance spontané, se sont mis à remuer exactement comme une salamandre pendant une demi-heure chacun. Nos patients ne peuvent approcher les empreintes profondes, celles du tronc cérébral et de l'hypoxie de la naissance, qu'après plusieurs mois de thérapie. À en juger par les changements spectaculaires qui se produisent chez ceux qui ont entièrement revécu leur naissance (ce qui peut prendre des mois ou des années), nous pouvons en déduire que le traumatisme initial a profondément modifié leur neurophysiologie. Revivre sa naissance ne fait jamais appel au langage, mais se manifeste par des mouvements et des positions fœtaux, par des grognements et non des pleurs, et par des ondoiements de dauphin qui durent plus d'une heure – que le patient ne pourrait simuler sans être complètement épuisé. Il maintient également une respiration très profonde pendant un bon moment, parfois une demi-heure : dans des circonstances normales, il perdrait connaissance ou aurait la tête qui tourne, ce qui ne se produit jamais au cours d'un revécu. Je sais bien que je parle de processus qui sont inconnus dans le monde de la psychologie. Le lecteur doit donc « se familiariser » patiemment avec ces notions à mesure que je les lui expose. Vu la manière dont mes patients remuent au cours d'un primal, il est évident que personne, ni même eux, ne pourrait refaire ces mouvements volontairement, et à plus forte raison pendant une demi-heure. Ils seraient exténués. Or ils ne le sont pas. Étudier ce qu'ils vivent peut nous permettre de mieux comprendre notre développement phylogénétique, et inversement.

Lorsqu'un patient revit l'anoxie ou l'hypoxie qu'il a vécue au cours de sa naissance, son organisme réagit à cet événement de son passé en étouffant et en suffoquant, alors qu'il y a évidemment tout l'oxygène voulu dans la pièce où se passe sa séance. Et s'il revit un manque d'amour précoce, ses réactions seront tout aussi fortes, même s'il est actuellement aimé par sa famille. Dans ma syntaxe, un manque d'oxygène à la naissance équivaut à un manque d'amour. Tous deux nous font souffrir et affectent notre développement.

La souffrance est la fidèle compagne du besoin. Si notre corps ne reçoit pas d'oxygène alors qu'il en a besoin, il souffre. Priver un nouveau-né d'oxygène, c'est comme priver un enfant de deux ans de tendresse. Dans les deux cas, c'est un manque d'amour, car leurs besoins sont insatisfaits. Ce que nous appelons amour – et peu importe en fait le nom qu'on lui donne – n'est autre que la satisfaction de besoins fondamentaux. Il est clair qu'un enfant qu'on laisse mourir de faim n'est pas aimé.

Pour découvrir ce qui s'est passé pendant votre gestation et votre naissance, vous devez parler le langage du tronc cérébral et redevenir une salamandre – je ne dis pas ça au figuré – comme le montrent les mouvements de mes patients qui revivent leur naissance.

Si elle se sent menacée, la salamandre se sauve en suivant son instinct, sans réfléchir à ce qu'elle pense ni même à ce qu'elle ressent. Quand la terreur remonte vers la conscience sans pouvoir se connecter, elle prend la forme d'une angoisse dont la cause est pour le moins obscure – le souvenir d'avoir frôlé la mort à la naissance, par exemple, mais privé de son contexte. Pour « guérir » cette terreur instinctuelle qui se manifeste par des crises d'angoisse et de panique, nous devons nous en approcher en lui parlant son propre langage et en faisant appel au cerveau primitif d'où elle provient. Ce n'est pas avec des mots qu'on peut le faire, mais avec réactions plus viscérales : en se tordant par terre, en étouffant, en toussant et en arquant le dos. Tel est le langage de ce vieux cerveau, et nous savons maintenant lui parler. Nous sommes capables de lui poser les bonnes questions et d'obtenir les bonnes réponses. Nous l'abordons à son propre niveau et nous communiquons avec lui dans le langage du mouvement, dans le langage des réactions viscérales.

Ce cerveau de salamandre est installé dans notre disque dur et la thérapie primale fournit le logiciel permettant d'y avoir accès. Le terme *accès* est essentiel. C'est un processus complexe et il faut des années pour former les thérapeutes qui souhaitent apprendre ces techniques. La thérapie primale diffère de toutes les autres thérapies parce qu'elle prend en compte l'évolution du cerveau. Le patient commence sa thérapie dans le présent, en se focalisant sur le cortex préfrontal et les événements actuels. Puis nous l'aidons à accéder aux sentiments situés dans le système limbique. Et enfin nous l'amenons à revivre des événements bien antérieurs aux sentiments ou aux pensées – ceux du tronc cérébral. La formulation des traumatismes de l'enfance ne doit pas employer une syntaxe compliquée ou un vocabulaire adulte. Pour ceux du tout début de la vie et de la petite enfance, les pleurs doivent être ceux d'un nourrisson et non ceux d'un adulte. Nous avons toutes sortes d'astuces pour guider le patient et nos répliques concernent toutes le sentiment. Nous ne nous servons pas de phrases ou de mots compliqués quand il approche de ses souvenirs d'enfance. Nous guettons certains signes – un changement dans le rythme respiratoire, un raclement de gorge, un tremblement, un battement de paupière, etc. Les pièces où s'effectuent la thérapie sont entièrement capitonnées et insonorisées. Le thérapeute est assis sur le tapis derrière le patient. Le dialogue est réduit au minimum. La séance moyenne dure entre deux et trois heures, et ce sont les sentiments du patient qui fixent son terme.

La thérapie primale n'est pas une thérapie verbale. Elle consiste à revivre des événements qui se sont logés dans le cerveau longtemps avant que celui-ci puisse les « comprendre ». C'est pourquoi les prises de conscience succèdent aux sentiments et ne peuvent les précéder. Aucune étape neurologique ne doit être sautée, contrairement à ce que font souvent les *rebirthers*, qui plongent leurs patients dans les empreintes du tronc cérébral sans les faire passer par les souvenirs des niveaux supérieurs. Les résultats sont presque toujours désastreux. Nous respectons les divers niveaux de fonctionnement du cerveau et suivons les étapes de l'évolution pour ne pas plonger le patient dans les événements engrammés dans le tronc cérébral avant qu'il ne soit prêt à le faire. Nous pouvons d'ailleurs savoir si un patient est très perturbé en observant ses premiers primals. S'il a des attitudes associées à la naissance en début de thérapie, nous sommes pratiquement sûrs que le système de verrouillage qui sépare ses niveaux de conscience est défectueux.

Seul le passé détient la vérité. Il est essentiel pour le patient de régresser jusqu'aux lointaines contrées de son cerveau, jusqu'à l'époque où son cortex frontal n'était pas pleinement opérationnel. Cela ne peut se faire avec des paroles et des explications. On ne peut utiliser le cortex pour sonder les niveaux inférieurs qui l'ont précédé. On ne peut accéder verbalement à des événements préverbaux. Si le patient se contente de *parler* de ses sensations (« Quelque chose m'écrase. J'ai l'impression de suffoquer. J'ai mal au cœur. Je sens un poids sur ma poitrine »), il n'obtiendra aucun soulagement durable de sa souffrance. Il suffit parfois d'une simple pression physique ici ou là pour réveiller un souvenir précoce précis. La description chargée d'émotions que fait le patient d'une scène de son enfance peut l'aider à accéder au sentiment qui y est associé. Le langage du tronc cérébral est l'instinct et la sensation. Le thérapeute doit être en phase avec les sensations que décrit le patient et doit l'accompagner dans le voyage qui le ramène à leur origine. C'est ce que nous faisons.

18

L'OCYTOCINE ET LA VASOPRESSINE : LES HORMONES DE L'AMOUR

(Les deux personnes sont couchées dans leur lit.)

ELLE : Tu m'aimes ?

LUI : Bien sûr.

ELLE : Tu m'aimes comment ?

LUI : Je t'aime énormément. Aïe ! Qu'est-ce que tu fais ?

ELLE : Je te fais une petite prise de sang pour en être sûre. Attends-moi, je reviens.

(Vingt minutes plus tard.)

ELLE : Désolée. Tu ne m'aimes pas autant que tu le crois. Ton taux d'ocytocine est faible.

LUI : Quoi ?

ELLE : Ton cortex pense peut-être que tu m'aimes, mais ton corps me dit autre chose.

LUI : Mais c'est quoi, l'ocytocine ? Et le cortex aussi, d'ailleurs ?

ELLE : Je te l'expliquerai, mais je vais d'abord t'offrir un pulvérisateur nasal d'ocytocine. Ça va nous rapprocher.

LUI : Non merci, pas question.

ELLE : Je t'en prie, juste une petite bouffée d'amour !

L'ocytocine pourrait être l'hormone de l'amour. D'une certaine manière, on peut la considérer comme un neurotransmetteur assurant la liaison avec les centres limbiques du sentiment. Le rôle que jouent les neurotransmetteurs inhibiteurs – et notamment la sérotonine – dans l'amour a été démontrée par la recherche : quand deux singes talapoins se retrouvent après avoir été séparés, ils s'épouillent mutuellement avec enthousiasme et leur taux de sérotonine grimpe en flèche [1]. L'amour nous apaise, exactement comme les médiateurs chimiques du cerveau qui calment la souffrance. Ou disons, pour être plus précis, que l'amour met fin à la souffrance et nous détend grâce à la sécrétion de certains neurotransmetteurs. Et celui que l'on nous témoigne au début de la vie le fait définitivement.

Lorsque quelqu'un nous manque, c'est peut-être parce que nos réserves de sérotonine diminuent à cause de la souffrance de la séparation. Nous ne pouvons plus nous passer de lui et devenons dépendants car nous en avons besoin pour redevenir normal. Voilà comment on devient « accro » à un proche. Quand les taux sont faibles, il y a moins d'attachement émotionnel, moins de sociabilité et de gentillesse, moins de toucher et de caresses... bref, moins d'amour. Quand ils sont élevés, il y a détente, repos, croissance, réparation et guérison, démonstrations d'affection et attachement. Cela n'existe que chez les mammifères. Il semble que l'amour et la sollicitude, quelle que soit leur forme, aient été des ingrédients indispensables dans l'histoire des organismes ; le si crucial développement du cerveau au cours des âges n'aurait pu se produire sans eux. On ne peut appréhender la nature fondamentale de l'être humain sans prendre en compte le rôle essentiel qu'a joué l'amour dans l'évolution. L'ocytocine nous apaise comme si l'on nous prenait dans les bras. Elle accélère la naissance et on donne de l'ocytocine d'origine synthétique aux mères qui en ont besoin pour stimuler leurs contractions au cours de l'accouchement. L'avenir nous apprendra sans doute qu'elle a bien d'autres utilisations possibles. Il se pourrait bien qu'on puisse un jour « injecter de l'amour », ou du moins injecter une substance qui l'encourage, qui nous incite à nouer les liens avec autrui et à nous attacher à notre partenaire, et qui nous permette de nous sentir proches des autres, de ressentir et de comprendre leurs sentiments et leur souffrance [2].

Cette éventualité n'est pas aussi farfelue qu'elle le paraît. Des scientifiques ont récemment injecté à des souris – des mâles solitaires – un gène associé à la vasopressine (dont je vais parler ensuite). Ce gène a été prélevé sur un campagnol, rongeur connu pour être sociable et fidèle en amour. Résultat : ces mâles sont devenus plus sociables, plus affectueux avec leur partenaire avec qui ils ont passé davantage de temps, et sur un plan général, ils se sont montrés beaucoup plus « gentils [3] ».

Cette expérience me semble très prometteuse. Imaginez son importance pour celui qui est au bord du divorce : il va chez le médecin se faire faire une piqûre et sauve son mariage ! Ou pour ces va-t-en-guerre chauvins et belliqueux qui pourraient ainsi se radoucir et devenir plus humains !

Les liens affectifs sont des attachements émotionnels puissants qui nous donnent le désir d'être ensemble, de s'aider, de se protéger l'un l'autre et de se toucher mutuellement. Ce sont les relations humaines les plus positives, les plus bienveillantes et les plus généreuses. Ceux qui n'ont pas eu ce genre de rapports avec leurs parents dans leur enfance sont apparemment condamnés à ne connaître, tout au long de leur vie, que des relations difficiles, fragiles, précaires et inabouties. Cette situation est peut-être due à un déficit en ocytocine, qui a lui même sans doute pour origine l'attitude distante et l'indifférence glaciale des parents. Car on peut se demander qu'est-ce qui est intervenu en premier : est-ce le faible taux d'ocytocine qui a entraîné l'incapacité d'aimer et de nouer des liens affectifs ? Ou est-ce le manque d'amour dans la petite enfance qui a baissé le réglage de l'ocytocine ? Je suis prêt à parier que c'est la souffrance qui est responsable de tout.

La notion de *compulsion de répétition* – le déjouement des traumatismes de l'enfance sans cesse répété dans l'espoir d'être aimé – a fait son apparition avec Freud qui a élaboré une théorie très compliquée pour l'expliquer. Il se peut que les personnes n'ayant pas été assez proches de leurs parents dans leur petite enfance manquent tout simplement d'ocytocine, et que cette carence les empêche de se rapprocher des autres et de vivre une relation durable. Ceux qui enchaînent des liaisons superficielles, piégés dans cette fameuse « compulsion de répétition », n'ont probablement pas les ressources chimiques nécessaires pour se lier intimement à un autre être humain.

Aussi simple que cela paraisse, nous apprenons à nouer des liens affectifs au tout début de notre vie grâce à ceux qui s'établissent avec nos parents. Il ne s'agit évidemment pas d'un apprentissage de type scolaire et on ne peut nous l'enseigner ! Encore moins à l'âge adulte. C'est un état émotionnel associé à des sentiments ressentis très tôt dans l'existence. Chez certains rongeurs, comme les campagnols de montagne qui mènent une vie très isolée (contrairement au campagnol de prairie), une injection d'ocytocine les incite à se rapprocher de leurs congénères et à s'accoupler. Une série d'injections a un effet calmant antistress qui persiste longtemps. Les êtres humains qui adhèrent à un groupe de soutien ont un taux d'ocytocine plus élevé et réagissent moins à la souffrance. Ceux qui n'ont pas eu de bons rapports avec leurs parents ont généralement des relations sporadiques, et ce comportement est avant tout lié à l'absence ou à la faiblesse des ressources chimiques indispensables pour s'attacher aux autres.

Le contact physique des parents est essentiel pour le bien-être de l'enfant. Thomas Insel, un neurobiologiste qui travaille au Center for Behavioral Neuroscience à l'université Emory, a déclaré pour sa part que « nombre des liens d'affection du bébé envers sa mère existant après la naissance ont pu se former au cours de l'expérience prénatale [4] ». Je suis de son avis. Même le son de la voix maternelle a une influence sur le fœtus. Toutes sortes de preuves démontrent que les rythmes cardiaques et respiratoires du nouveau-né, ainsi que sa température corporelle, sont déterminés par la mère. Les sentiments maternels exercent une action positive sur le bébé et règlent parfaitement les battements de son cœur et sa tension artérielle. Leur absence peut avoir un effet négatif et traumatisant qui provoquera plus tard une tendance à l'hypertension ou des problèmes cardiaques. Le manque d'intérêt de la mère a modifié la biochimie du bébé, peut-être définitivement.

La période postnatale n'est finalement qu'un prolongement de la vie prénatale. Les sentiments d'amour sont d'abord transmis au fœtus par le biais de la biochimie et des taux d'ocytocine maternels, et ils s'expriment ensuite, après la naissance, par le contact physique – les effets physiologiques de la tendresse maternelle sur le nourrisson étant identiques [5].

L'homme est un animal sociable. Nous avons tous besoin de liens affectifs. Mais si nous n'avons pas été aimés, regardés, touchés, écoutés, câlinés et chéris au début de notre existence, certaines modifications biologiques, aussi subtiles soient-elles, vont se produire dans notre corps et nous poursuivre toute notre vie, jusqu'à ce que leur pression continuelle provoque une détérioration physique et mentale. Les traumatismes subis *in utero* (comme une dépression chronique de la mère) et au cours de la naissance et de la prime enfance vont envahir et submerger l'organisme, tout en déréglant les systèmes de la sérotonine et de l'ocytocine. Et les réserves de ces médiateurs biochimiques vont s'épuiser dans la lutte pour refouler la souffrance associée à la carence affective.

Beaucoup d'entre nous font tout leur possible pour éviter de prendre conscience de sentiments trop douloureux car bien souvent, quoi qu'ils en pensent, ils n'ont pas été aimés dans leur enfance. Ils vont sans doute affirmer le contraire à leur thérapeute, alors que leur taux d'ocytocine est extrêmement bas. Mais s'ils ont effectivement été aimés après leur naissance, ils ont alors probablement subi de graves traumatismes *in utero* pendant la gestation. Le corps et la physiologie ne mentent pas. Le manque d'amour précoce laisse une empreinte, et cette empreinte est neurochimique. Je suis sûr que les mères qui ont besoin d'ocytocine pour les aider à accoucher ont un passé douloureux qui complique leur accouchement. Quant à celles qui doivent subir une césarienne, elles ont certainement de très faibles taux d'ocytocine.

Ce qui compte le plus, ce n'est pas le nombre de fois où l'on regarde le bébé, le nombre de fois où on le prend dans les bras, mais l'amour que l'on éprouve en le faisant. Il ne suffit pas de faire le geste. Il doit y avoir un sentiment qui le sous-tend, et ce sentiment est constitué de neurones et de substances biochimiques. Il implique des taux adéquats de ces hormones de l'amour et une faible quantité d'hormones de stress dans l'organisme. Chez les animaux, l'ocytocine inhibe la sécrétion des hormones de stress (les glucocorticoïdes) [6]. Quand l'organisme est sur le qui-vive, le taux d'ocytocine baisse et ceux des médiateurs de l'angoisse remontent. « Aimer » a de toute évidence une composante chimique, et l'on peut supposer que plus le sentiment d'amour est intense, plus le taux d'ocytocine est élevé, l'inverse étant également vrai : plus le taux d'ocytocine est élevé et plus il y a d'amour à donner. Cette manière de voir a une implication : vous aurez beau jurer à quelqu'un que vous l'aimez, votre biochimie peut vous limiter et indiquer que votre faculté d'aimer n'est pas aussi forte que vous croyez. Il semble par ailleurs que le stress et l'ambition soient peu favorables à l'amour. Les gens ambitieux ne sont pas très affectueux : ils ont toujours quelque chose à faire, ils doivent toujours aller quelque part.

L'amour de sa mère constitue pour le bébé une base sécurisante pour aborder la vie : il n'aura pas peur, sera curieux et ne craindra pas d'explorer le monde qui l'entoure. C'est la présence sous-jacente de la peur qui réduit la curiosité et rend le bébé apathique, indifférent à son environnement. Quand le parent qui devrait le protéger devient lui-même une menace, comme dans l'inceste ou dans la tyrannie qu'exerce un père coléreux et irritable, l'enfant n'a plus cette base sécurisante et se retrouve dans une situation épouvantable, n'ayant personne vers qui se tourner, personne pour le soutenir, et ne sachant que faire de ses sentiments. Il doit tout refouler. Or la sécrétion d'ocytocine est souvent associée à celle de sérotonine et elles semblent agir de concert pour refouler la souffrance [7].

Chez les animaux qui ont le ventre plein, le taux d'ocytocine monte et la tension artérielle baisse. Et surtout le système parasympathique prend le pas sur le sympathique, favorisant la détente, le repos et la réparation qui sont nécessaires à la survie et à la santé. On a longtemps pensé que le système de la vigilance et de l'agressivité – le sympathique – était celui de la survie, puisque, grâce à la vasopressine, il détectait le danger et pouvait le fuir ou le combattre. Nous savons maintenant que, si la vigilance s'exacerbe, le système peut se fermer, et c'est cette fermeture qui en fin de compte assure la survie. Autrement dit, l'excès de stimulation est dangereux pour l'organisme : il peut morceler le processus de la pensée et provoquer distraction, manque de concentration et dispersion de l'attention. De son côté, la température corporelle basse qui est associée au parasympathique contribue à favoriser la longévité, et elle est bien un indice de survie.

Nous avons donc établi deux points essentiels : premièrement, la constitution de liens affectifs au tout début de notre vie – contact, toucher et attachement – a sur nous un effet calmant qui persistera et nous donnera plus tard la capacité d'aimer. J'y inclus le sentiment maternel chez la femme, ainsi que la faculté d'allaiter correctement son enfant et de bien s'occuper de lui. Deuxièmement, les expériences précoces – notamment celles de la vie intra-utérine – laissent des souvenirs indélébiles en modifiant le taux d'ocytocine. Et leur empreinte réactivera les mêmes processus physiologiques que ceux de l'expérience initiale, prolongeant ainsi ses conséquences à long terme. Bref, notre faculté d'aimer est un souvenir neurophysiologique. Si vous avez été aimé, le souvenir est là ; sinon, vous ne pourrez aimer avec la même force. Lorsqu'un traumatisme prénatal a fait chuter le taux d'ocytocine, cette baisse peut être réactivée au moment de la naissance ou juste après, cette hormone faisant cruellement défaut. On a besoin de calme intérieur pour éprouver de l'amour, et cet amour ressenti au départ semble effectivement normaliser à long terme la tension artérielle et le rythme cardiaque. Les personnes qui ont été aimées non seulement guérissent plus vite, mais poursuivent leur développement jusqu'au bout et manifestent pleinement leur potentiel génétique, alors que celles qui ont manqué d'amour se rétablissent moins vite et ne concrétisent pas toutes leurs potentialités.

Nous disposons maintenant de techniques nous permettant de mesurer la quantité d'amour qu'un adulte a reçu dans sa petite enfance. Ce n'est pas un hasard si tous nos nouveaux patients ont à leur arrivée des taux d'hormones de stress élevés [8]. La carence affective précoce a mis leur organisme en alerte. Certains individus frustrés deviennent ambitieux et recherchent des satisfactions symboliques comme les applaudissements du public ou les profits financiers. D'autres deviennent obsessionnels et se précipitent sur la nourriture et/ou le sexe. Ces déviations se produisent quand le besoin d'amour n'a pas été comblé et reste insatisfait. La force de ce genre d'obsessions est identique à celle du besoin initial ayant été déplacé, et la quantité n'est jamais suffisante puisqu'il s'agit d'une satisfaction momentanée qui n'est qu'un substitut de ce que l'on désire vraiment. Pour compenser le manque, nous décidons de nous faire masser, et notre taux d'ocytocine remonte. Dans quelques heures, il redescendra. Nous faisons une affaire lucrative et il grimpe à nouveau, puis se remet à baisser. Il nous faut sans cesse trouver autre chose...

Notre comportement est sous-tendu par un substrat neuroendocrinien constitué de médiateurs chimiques et de sécrétions hormonales. Le taux d'ocytocine, dont le réglage dépend de l'amour reçu au début de notre vie, y joue un rôle important et influe sur notre existence. Cette hormone nous empêche de nous tuer au travail, d'être toujours par monts et par vaux, de sans cesse prévoir de nouvelles activités et de nouveaux déplacements – tout cela parce que nous sommes sur le qui-vive à cause de notre carence affective, et parce que nous ne voulons surtout pas en prendre conscience, de peur de conséquences désastreuses. Ce genre d'empreinte – « on ne veut pas de moi, on ne m'aime pas et on ne m'aimera jamais, inutile d'essayer » – ne peut être comprise et assimilée par un bébé. Son besoin d'amour sera dévié vers d'autres satisfactions – des satisfactions symboliques – et sa faculté de donner et de recevoir de l'amour s'en trouvera réduite. Même à l'adolescence, il sera trop tard pour recevoir l'amour qui lui a manqué dans sa petite enfance, la période critique étant depuis longtemps dépassée. Et il n'aura d'autre choix que d'éviter de prendre conscience de la souffrance associée à ce manque et de s'efforcer de trouver des satisfactions annexes comme le succès. Pour ceux qui n'ont pas été aimés, les besoins de substitution semblent parfaitement naturels, et la réussite peut facilement remplacer l'amour.

Les sentiments et les réglages physiologiques associés au manque d'amour initial vont persister et finir par créer un cercle vicieux : ceux qui n'ont pas été aimés agissent inconsciemment de manière à ce qu'on les rejette – d'où leurs échecs relationnels, leurs mariages ratés, etc., qui les confortent dans leur désespoir. Il peuvent tomber en dépression, avoir des pensées suicidaires, ou même tenter de se supprimer. Pourquoi ? Parce que l'empreinte du manque d'amour les rend exigeants, irritables, distants, renfermés, coléreux, froids et peu démonstratifs. Leur partenaire finit par en avoir assez et s'en va car lui (ou elle) aussi a des besoins qui ne sont pas satisfaits.

Le manque d'amour n'est pas seulement une source de stress ; il provoque également un puissant refoulement. Nous sommes bien souvent persuadés que nous éprouvons de l'amour, alors qu'il nous est en fait impossible de le ressentir. Intellectuellement, nous avons l'impression d'être sensibles et d'aimer, alors que nous sommes peut-être handicapés sur le plan émotionnel et ne faisons rien d'autre que déjouer nos besoins. Notre faculté d'aimer a été détériorée sur le plan physiologique par une insuffisance d'amour au début de l'existence. Notre corps et notre cerveau conservent ce souvenir qui ne hante pas seulement notre vie, mais le passé de toute vie humaine. S'il s'agit d'une souffrance précoce excessive et chronique – celle d'un bébé qu'on a laissé pleurer dans son berceau, qu'on a négligé ou qu'on n'a cessé de gronder –, notre taux d'ocytocine est sans doute très bas. Nos réserves de cette hormone qui apaise l'angoisse et la souffrance sont limitées, et le comble, c'est qu'elles s'épuisent quand nous souffrons sur le plan émotionnel, au moment même où nous en aurions le plus besoin. On trouve des récepteurs d'ocytocine dans tout le système limbique du sentiment. L'hypophyse et l'hypothalamus l'envoient aux autres sites cérébraux importants, et surtout au tronc cérébral où sont engrammés les traumatismes précoces. Le bon fonctionnement des hormones dépend de leur aptitude à se fixer sur leurs récepteurs, qui peuvent eux-mêmes se modifier et/ou se déplacer selon l'état de stress de l'organisme.

L'amour et la survie

L'amour n'est pas un simple moyen d'éviter la souffrance. Il est indispensable à notre survie. Quand les parents négligent leur bébé en ne le regardant et ne l'écoutant pas, en ne calquant pas leur humeur sur la sienne (une mère déprimée va vite faire comprendre à son enfant que l'exubérance est *non grata*), celui-ci souffre. Et le pire, c'est le danger que représente la prise de conscience de cette souffrance, qui menace l'intégrité du système cérébral, et en particulier du néocortex intégrateur. Son cerveau et son corps vont tout faire pour la tenir à distance. Tel est le but du refoulement : maintenir les véritables sentiments hors de la conscience. L'organisme doit constamment se mobiliser pour assurer cette censure et il fait appel à certaines substances chimiques, comme l'ocytocine, pour l'y aider. Quand la souffrance est trop forte, trop précoce, et se prolonge trop longtemps, le système de refoulement se détériore, ce qui finit par provoquer des crises d'angoisse et de panique. Elles se produisent chaque fois que le sentiment traumatisant refoulé s'approche de la conscience et active le signal du danger.

L'un des agents de cette détérioration est sans doute la vasopressine. Cette neurohormone, qui est aussi un neurotransmetteur, est une proche cousine de l'ocytocine et peut se fixer sur les mêmes récepteurs. Mais elle est davantage associée à l'excitation, l'agressivité et la défense du territoire contre l'envahisseur. En association avec l'ocytocine, elle peut rétablir certains trajets neuronaux bouleversés par le stress et rééquilibrer le système. La vasopressine et l'ocytocine peuvent être régulées par les hormones de stress. Lorsqu'elles agissent de concert, la sociabilité est améliorée [9]. Il est également possible que la vasopressine puisse neutraliser la faculté qu'a l'ocytocine de calmer l'organisme quand le stress est exceptionnellement élevé dans l'enfance. Je reviendrai sur la vasopressine au cours de ce chapitre.

On guérit plus vite si l'on a des taux élevés d'ocytocine. Elle concerne donc bien la survie, puisqu'une infection dont on ne guérit pas peut nous tuer. La survie n'est pas une simple question de fuite ou de riposte face au danger ; elle ne consiste pas uniquement à se défendre, car elle dépend aussi de facteurs positifs tels que l'amour.

Certains psychopathes qui ont l'air sensible ne peuvent établir de relation d'amour avec personne et laissent une traînée de malheureux dans leur sillage. Ils ne se lient que par intérêt et savent manipuler les autres, car leur charme factice leur permet parfois de faire illusion. Ils ont été victimes de la cruauté et de l'indifférence de leurs parents dans leur enfance. Leur apparence séduisante est une coquille vide. S'intéresser à eux ne sert à rien parce qu'ils ne peuvent rien ressentir et en veulent toujours plus.

Amour et allaitement : la transmission de l'amour par le sein

La lactation est inhibée par le stress comme nombre de nos fonctions naturelles – élimination, nutrition, sexualité, etc. Il n'est pas impossible que la souffrance précoce fasse baisser le taux d'ocytocine et engramme ce réglage dans la physiologie, ce qui pourrait déterminer si la mère aura ou non suffisamment de lait pour nourrir ses enfants plus tard. La prolactine est l'hormone responsable de la sécrétion lactée, alors que l'ocytocine est chargée de la plupart des mécanismes d'éjection, dont ceux du lait maternel donné à l'enfant. La prolactine est l'une des hormones qui contribuent aux sentiments maternels, mais je ne vais pas toutes les passer en revue dans ce chapitre. Il suffit de savoir qu'elles existent et ont été bien décrites [10].

L'apparition des sentiments maternels est facilitée par les injections d'ocytocine que l'amour parental reçu au début de la vie rend bien sûr inutiles. À l'inverse, le blocage de l'ocytocine refrène l'instinct maternel [11]. Si l'on injecte cette hormone à une brebis, elle cherche à adopter d'autre petits pour leur servir de mère et devient une sorte de « mère nourricière » qui a tendance à « aimer tout le monde ». Sans cette hormone, en revanche, elle rejette les petits qui ne sont pas les siens. Les singes rhésus auxquels on donne de l'ocytocine touchent, embrassent et surveillent davantage leurs petits. Les recherches sur les primates sont très importantes car leur cerveau et leur comportement sont plus proches des nôtres que ceux des rats.

Si l'on interrompt la production d'ocytocine chez le petit d'un animal, la préférence envers la mère et le besoin d'être auprès d'elle disparaissent. Les liens affectifs ne se forment pas. Or un bébé privé de cette intimité souffre et souffrira sans doute toute sa vie. L'attachement est un besoin fondamental qui s'exerce dans les deux sens. Une baisse de l'ocytocine chez le bébé l'empêche de se sentir proche de ses parents : il n'aime pas être câliné et se tortille quand on le prend dans les bras. Quant à la mère, ce taux grimpe en flèche lors de son accouchement, ce qui lui permet d'aimer profondément son nouveau-né. Celui-ci le sent. La biochimie nous dit que l'amour est essentiel, et celui que la mère éprouve pour son enfant lui est déjà transmis dans son ventre. Or cet amour que reçoit le bébé qui n'est pas encore né a un substrat chimique. Oui, le bébé peut se sentir aimé *in utero*, sur un plan qui n'est pas perceptuel, mais biologique. Voilà pourquoi la biologie peut nous fournir des informations précieuses, même si elles contredisent nos processus de pensée, qui se sont mis en place beaucoup plus tard pour nier certaines réalités intérieures. Peut-être pourrons-nous un jour faire des « piqûres d'instinct maternel » aux personnes qui en sont dépourvues afin d'en faire des mères aimantes et affectueuses.

Comment imaginer qu'on puisse injecter de l'amour ? C'est pourtant ce que montre la recherche sur les animaux qui, ne l'oublions pas, partagent avec l'homme la plupart des hormones. Si l'on injecte de l'ocytocine à des femelles vierges, elles adoptent un comportement maternel en moins de trente minutes. Oui, on peut injecter de l'amour, ou du moins les manifestations caractéristiques de l'amour : l'attachement, le toucher, l'intérêt, la protection et la sollicitude. C'est ce que semble confirmer la recherche sur les primates, et les trajets qu'il emprunte partent apparemment des centres hypothalamiques où s'organisent nos sentiments.

Le stress provoque souvent une baisse de production du lait maternel. L'organisme se prépare au combat et délaisse ses fonctions naturelles. Il est possible que de l'ocytocine soit libérée en cas de stress afin de calmer la personne qui ne doit pas se laisser submerger. Cette hormone s'associe à d'autres agents inhibiteurs comme la sérotonine pour refouler la souffrance. Une injection d'ocytocine peut normaliser la production de lait maternel. Toutes sortes de preuves confirment le rôle du stress dans les problèmes de lactation, et l'idée qu'un long stress engrammé puisse la bloquer n'a rien de saugrenu. La souffrance précoce baisse le réglage de l'ocytocine, décrétant ainsi à l'avance que la personne n'aura pas suffisamment de lait plus tard et que son bébé sera privé de l'intimité associée à l'allaitement, uniquement parce qu'elle n'a pas connu cet attachement au début de sa vie. Le simple fait qu'une mère n'ait pas elle-même été allaitée au sein peut motiver sa propre incapacité d'allaiter vingt ans plus tard [12]. Peut-être cela explique-t-il la fixation que font certains hommes sur la poitrine féminine : leur excitation pourrait bien être une sorte de régression fondée sur le besoin de récupérer les réserves d'ocytocine perdues depuis leur enfance, besoin qui s'est érotisé à l'âge adulte, mais reste toujours aussi fondamentalement excitant, stimulant et attrayant.

Le lait maternel contient un taux élevé d'ocytocine. C'est l'une des raisons qui justifient l'importance de l'allaitement au sein pour l'enfant. Envoyée directement au cerveau de l'enfant qui tète, cette hormone lui procure détente et bien-être. Les petits des animaux ont de forts taux d'ocytocine quand ils tètent. On a par ailleurs constaté que les mères qui allaitent sont plus calmes, plus sociables, supportent mieux le stress et la routine, et mettent davantage en contact leur peau avec celle de leur bébé. Au cours d'une expérience, on a encouragé des femmes à mettre leur bébé au sein juste après la naissance : plus tôt s'établissait le contact, plus la mère touchait ensuite son nouveau-né et lui parlait. Autrement dit, il y avait davantage d'amour entre eux. La lactation et l'allaitement sont une manière d'exprimer son amour au bébé, et il est évident que la meilleure prévention des maladies physiques et mentales, c'est l'amour et ses hormones.

Il est difficile d'être une bonne mère, une mère aimante, lorsqu'on a en soi un stress engrammé chronique. On ne peut se montrer tendre et affectueuse si les réserves d'ocytocine se sont épuisées dans le long combat intérieur des sentiments contre le refoulement. J'insiste une fois de plus : l'amour ressenti au début de la vie devient un souvenir physiologique indélébile qui peut par la suite éviter la maladie, prévenir l'anxiété, éliminer les phobies et donner à la personne la faculté d'aimer.

L'exemple de la lactation nous montre que la plupart de nos pulsions naturelles peuvent être bloquées par le stress. Prenons l'exemple apparemment banal de la faim. Nombre de mes patients qui ont fini par ne plus pleurer dans leur berceau quand personne ne venait les nourrir ne se rendent même pas compte maintenant qu'ils ont faim. Ils doivent attendre de se sentir brusquement affamés, des heures plus tard, pour réaliser qu'ils ont oublié de manger. Ce n'est évidemment pas leur stress *actuel* qui est en cause puisque ce problème a persisté toute leur vie.

La lactation diminue les symptômes obsessionnels chez les mères qui allaitent. Les obsessions, qui sont des défenses contre la souffrance et l'angoisse, tentent d'absorber l'énergie qui remonte des sentiments refoulés. Elles sont provoquées par une hypervigilance qui mobilise le cortex cérébral, la partie pensante du cerveau, et lui fait élaborer des rituels et des idées fixes susceptibles de refouler la souffrance. Une peur latente, par exemple, comme la terreur suscitée par des parents coléreux et violents, peut en remontant se transformer en besoin de vérifier les verrous dix fois par jour, pour se sentir en sécurité et ne plus rien redouter. D'innombrables expériences effectuées par la recherche démontrent l'effet calmant de l'ocytocine. K. Uvnas-Moberg a mis en évidence l'action persistante de plusieurs injections de cette hormone chez les animaux [13]. Le taux d'ocytocine peut être modifié par une expérience précoce ou même prénatale. Pour autant que nous le sachions, c'est l'ingrédient clé des liens affectifs entre deux personnes.

Les mères qui n'ont pas été aimées dans leur enfance, qui ont eu très peu de contacts physiques avec leurs parents, et qui se sont senties la plupart du temps délaissées, ont sans doute une faible sécrétion d'ocytocine. Leur souffrance et leur stress engrammés peuvent les empêcher d'être maternelles. Elles croient ne pas avoir cette prédisposition naturelle parce qu'elles n'ont pas envie d'avoir d'enfants ni de s'occuper d'eux. Leur instinct maternel a été étouffé par l'indifférence et la froideur que leur ont témoignées leurs parents au début de leur vie. J'envisage de faire une recherche consistant à mesurer et comparer les taux d'ocytocine de femmes adultes ayant été nourries au biberon ou au sein. Je voudrais aussi vérifier si la durée de l'allaitement affecte les taux d'ocytocine. Et comme j'affirme que revivre dans un primal le manque d'amour éprouvé dans l'enfance peut nous aider à aimer, je voudrais mesurer les taux d'ocytocine de nos patients avant de commencer leur thérapie, six mois plus tard, et au bout d'un an. Ils devraient remonter.

On ne peut inverser par des substances chimiques les effets calmants de l'ocytocine, ce qui revient à dire que, si l'enfant a été vraiment aimé, le calme intérieur qui s'est installé ne peut se dissiper.

La recherche s'est beaucoup intéressée aux états de panique et d'angoisse. Je suis sûr, pour ma part, que ces troubles ne peuvent apparaître s'il n'y a pas eu de traumatisme prénatal ou natal, et si beaucoup d'amour a été donné après la naissance. Il est difficile de faire le lien entre le traumatisme de naissance et les troubles obsessionnels d'un adulte de trente-cinq ans, mais mes patients le font pour moi. Ils revivent leur souffrance précoce et leurs symptômes disparaissent.

Amour et contacts physiques

Un bébé qui n'est pas pris dans les bras et câliné, un bébé dont les besoins fondamentaux ne sont pas satisfaits, est par définition sous stress. Il a besoin d'amour autant que de lait. Quand il se sent négligé, son organisme émet des signaux d'alarme informant du danger. L'un d'eux, nous l'avons vu, est la sécrétion de cortisol. Si on lui fait brusquement découvrir l'amour et le toucher, il y a une libération d'ocytocine et une réaction générale d'apaisement. Mais en l'absence de tout geste de tendresse et de sollicitude, cette alerte peut avoir pour effet d'installer un déficit définitif en ocytocine. Puisque j'ai redéfini l'amour parental comme la satisfaction des besoins fondamentaux de l'enfant, nous pourrons peut-être un jour le quantifier en mesurant ses taux d'ocytocine. Une personne qui sera sûre d'avoir été aimée se verra détrompée par le faible taux de cette hormone. Et l'on pourra de même mesurer le succès de la thérapie.

Même s'il est intellectuellement de bon ton de prétendre que les choses ne peuvent être aussi simples, il ne me paraît pas invraisemblable qu'un peu d'amour ici et là puisse changer la structure du cerveau et empêcher par la suite l'apparition de troubles obsessionnels-compulsifs, de crises d'angoisse et d'accès de dépression ! D'ailleurs l'amour est loin d'être simple, et vu la profusion des carences affectives, il est sans doute ce qu'il y a de plus difficile au monde !

Chaque fois que nous voyons le mot stress dans la littérature, nous ne devons jamais oublier que la plupart du stress est engrammé et peut remonter à la vie intra-utérine, ce qui explique qu'il soit si difficile à comprendre. Et il peut bien sûr être exacerbé par un stress actuel – par la perte d'un conjoint ou d'un travail, par des soucis financiers, etc. Je suis pour ma part persuadé que si les taux d'ocytocine sont chroniquement bas chez certains individus, c'est parce qu'elle est utilisée pour combattre l'empreinte. Il serait par exemple intéressant de savoir si ceux qui ont vécu un inceste dans leur enfance ont également des taux très bas comparés à un groupe témoin. Et si ceux qui l'ont subi très jeunes ont des taux plus faibles que ceux qui l'ont vécu à l'adolescence.

Quand on injecte des stéroïdes et des hormones de stress à la femelle du campagnol de prairie aussitôt après sa naissance, elle se masculinise par la suite et monte les autres femelles [14]. Les êtres humains n'ont pas besoin d'injections d'hormones de stress, et le stress vécu *in utero* et juste après la naissance peut effectivement masculiniser les femmes. Les mêmes processus chimiques que ceux qui sont provoqués par l'injection peuvent se produire naturellement, comme le confirment certaines expériences : pour faire monter le taux d'ocytocine chez un animal, on peut soit lui injecter ce produit, soit le masser. Un stress a sur une femme enceinte le même effet qu'une injection de stéroïdes, et l'injection psychologique ne diffère pas de celle que l'on fait avec une seringue. Une mère affectueuse fait monter le taux de sérotonine de son enfant, qui pourra ainsi mieux supporter l'adversité, et un médecin peut faire à un patient une injection de sérotonine qui va momentanément le calmer, exactement comme le regard aimant d'une mère.

La mère « injecte » de l'ocytocine à son bébé en l'allaitant, mais une mère chroniquement angoissée peut provoquer chez son enfant une baisse de cette hormone qui pourra le gêner par la suite pour nouer des liens affectifs et s'attacher aux autres. (Ce sont bien sûr des hypothèses que je propose comme sujets de recherche.) Échecs relationnels et divorces sont une source de souffrance pour les enfants délaissés sur qui retombent des problèmes remontant à la petite enfance de la mère [15].

Sue Carter, qui a effectué de nombreuses recherches en neuroendocrinologie, a suggéré que la sécrétion d'ocytocine est affectée « par l'histoire du développement de l'organisme [16] ». Des taux élevés de stéroïdes dans l'utérus dus au stress de la mère enceinte peuvent perturber le développement du fœtus et faire chuter son taux d'ocytocine. Et des années plus tard, une mère n'aura pas de lait pour allaiter son nouveau-né et personne ne comprendra pourquoi. Ou elle insistera pour retourner travailler aussitôt après la naissance, en le justifiant sur le plan professionnel et sans savoir que son ambition a inhibé la sécrétion des hormones de l'amour maternel. Son attitude, ses intérêts et ses pensées ne sont peut-être que des rationalisations de son état physiologique et endocrinien. Elle n'a pas les ressources biochimiques qui donnent envie d'être maternelle, et ce depuis son enfance, car sa propre mère, dénuée elle aussi d'instinct maternel, a eu peu de contacts physiques avec son bébé et a fait baisser les taux hormonaux de sa fille. Voilà pourquoi celle-ci, qui a maintenant un enfant, veut le laisser pour retourner travailler. Elle n'est pas heureuse d'être mère et il va le sentir. Son faible taux d'ocytocine a sans doute déjà affecté *in utero* le fœtus qui, selon mon hypothèse, aura dès sa naissance une déficience sur le plan de l'amour. Comme nous l'avons vu, le traumatisme prénatal fait baisser le taux de sérotonine, et il semble logique qu'il en soit de même pour l'ocytocine. Il est vrai, par ailleurs, que certaines mères qui ne veulent pas se séparer de leurs enfants, agissent ainsi uniquement parce qu'elles veulent obtenir de leur part l'amour qui leur a manqué.

Amour et addiction : on peut être « accro » à l'amour

Tout semble prouver que l'ocytocine et la dopamine s'associent pour engendrer un sentiment de bien-être. Or c'est ce sentiment et ses caractéristiques hormonales qui installent définitivement la dépendance dans les addictions. La dopamine potentialise l'ocytocine en favorisant sa fixation sur les récepteurs. L'ocytocine inhibe l'apparition de l'accoutumance aux drogues telles que la morphine et supprime les symptômes de manque en cas de sevrage. Les rats qui peuvent s'administrer des analgésiques en appuyant sur une manette ne le font pas lorsqu'on leur donne de l'ocytocine [17]. Autrement dit, l'amour maternel ou son équivalent chimique peuvent prévenir l'addiction, le premier étant bien sûr préférable.

L'action analgésique des opiacés est augmentée quand on fait à l'animal des injections d'ocytocine [18]. Les rats auxquels on donne de la cocaïne deviennent des « sniffeurs » assidus, mais l'ocytocine atténue ce comportement. Les toxicomanes qui prennent de l'ocytocine ne voient pas leurs besoins augmenter. Ils ingèrent en quelque sorte de l'amour, ce qui diminue leur besoin d'analgésiques, car l'ocytocine contrebalance le sentiment de ne pas être aimé et la souffrance qui l'accompagne. Les drogués et les alcooliques voudraient se sentir aimés. C'est le flash et la sensation de chaleur qu'ils éprouvent au moment où la drogue ou l'alcool font effet qui les poussent à en prendre de plus en plus. La sensation est celle d'une caresse maternelle, et ils la décrivent habituellement comme une onde de chaleur qui les détend complètement [19].

Tout cela va donner matière à réflexion aux philosophes. Celui qui se drogue est-il responsable de ses actes ? Répondre « non » revient à dire qu'aucun de nous n'a de libre arbitre : nous serions tous victimes de notre enfance. Je suis personnellement convaincu qu'on ne peut tout simplement nier une vie entière de carences affectives. Ce n'est pas une question de volonté. Chacun de nous est bien sûr responsable de ses actes, mais nous avons souvent besoin d'aide. Une personne qui a depuis son enfance un déficit chronique en sérotonine a vraiment besoin d'être aidée sur le plan chimique afin de moins souffrir et de se normaliser. Mais c'est elle qui doit décider de prendre sa vie en main et nous n'avons pas tous cette force ou cette détermination. Il n'est pas toujours facile de se montrer tolérant face à la faiblesse. Un rescapé du désert qui meurt de soif a besoin d'énormes quantités d'eau. Le problème, c'est que nous ne pouvons pas voir le désert affectif que certains d'entre nous ont traversé dans leur enfance. Comment savoir si une personne est responsable ou victime de sa situation ? C'est un problème complexe que l'on retrouve constamment en philosophie et en psychologie.

Le degré d'addiction se mesure à la gravité des symptômes de manque quand on arrête de se droguer. Or l'ocytocine atténue ces symptômes. L'amour aussi, mais moins vite. Une injection d'ocytocine ressemble à une injection d'amour maternel et, à sa manière, l'héroïne fait la même chose : la seringue est pour le drogué une maman qui l'apaise, le calme et le détend.

Le démarrage de l'addiction

Le traumatisme précoce, prénatal ou natal, est particulièrement important pour la zone corticale. C'est là que les graines de la toxicomanie peuvent être semées, car le dérèglement du cortex frontal affecte ses connexions avec le système limbique et le tronc cérébral. L'individu doit alors constamment affronter sa souffrance. Prenons l'exemple d'une personne qui se casse la jambe et prend beaucoup d'analgésiques. Une fois guérie, elle s'apercevra peut-être qu'elle en a encore besoin, parce que la véritable douleur dont elle souffre, qui est cachée et date de plus de quarante ans, a toujours besoin d'être calmée. Elle n'est donc pas toxicomane. Cette vieille souffrance existe, même si elle n'est pas visible, et il a fallu que cette personne goûte au médicament pour savoir qu'elle en avait besoin. Comme la méthadone pour les héroïnomanes qui souffrent du manque, les analgésiques ralentissent ou bloquent chez les personnes angoissées la transmission du message douloureux. Ce message n'est pas aussi clair que la douleur de la jambe cassée, car c'est le « cœur » de cette personne qui a été brisé dans sa petite enfance. S'il faut des mois pour que sa fracture guérisse, tout le monde trouvera normal qu'elle prenne des calmants contre la douleur. Il n'y aura pas de diagnostic d'*addiction* assorti de la réprobation qui l'accompagne. N'est-il pas étrange de se voir infligé une étiquette péjorative parce qu'on a besoin d'atténuer sa souffrance ? Celui qui souffre atrocement d'une empreinte datant de sa petite enfance qui est tout aussi réelle et douloureuse qu'une jambe cassée est considéré comme un toxicomane, alors qu'il ne cherche qu'à soulager la douleur d'une blessure qu'il a subi à l'âge de deux semaines.

Nous avons gardé la mentalité des pionniers – ne jamais se plaindre et tenir bon. Après tout, être « accro » aux analgésiques veut dire qu'on a mal, ou qu'on pense avoir mal. Ce n'est pas un crime ! C'est un acte de survie. Personne n'introduirait d'énormes quantités d'analgésiques dans son organisme s'il ne souffrait pas, et ces doses seraient fatales s'il n'y avait pas de souffrance engrammée.

Chez l'adulte, l'amour ne peut exercer d'action durable. Une fois que les faibles taux d'ocytocine ou les taux élevés d'hormones de stress sont enregistrés tout au début de l'enfance, il est très difficile de rétablir des valeurs normales. Le besoin de cocaïne, par exemple, surgit lorsque les ressources de dopamine sont chroniquement épuisées, car cette drogue augmente artificiellement son taux dans les synapses. Ceux qui en consomment le font pour se sentir plus combatifs, pour faire la fête et jouir davantage de la vie, pour avoir plus d'assurance et de meilleurs rapports avec les autres. L'amour parental aurait fait la même chose. La cocaïne diminue nettement notre peur – momentanément. C'est pour cela que l'on y revient ensuite et ne peut plus s'en passer. Mais son action ne dure pas, contrairement à l'amour de la mère dont les effets persistent. Ce sont les parents qui fixent définitivement les divers réglages de l'enfant. Ils ne peuvent décider de l'aimer à partir de quatorze ans pour compenser le fait qu'ils s'en sont mal occupés quand il était bébé. Ce traumatisme est gravé dans sa physiologie.

Pourquoi ceux qui sont malheureux se refuseraient-ils ces substances qui leur donnent des sensations si merveilleuses ? Tout ce qu'ils veulent, c'est redevenir normal, reconstituer ce qui leur a manqué et leur manque toujours depuis les premiers jours de leur existence, retrouver la chaleur et la douceur dans laquelle ils baignaient. Ils veulent se sentir détendus et bien dans leur peau. Je doute fortement qu'une personne ayant des taux normaux d'ocytocine et de sérotonine puisse devenir toxicomane, et je suggère que des recherches soient entreprises à ce sujet. (Je projette pour ma part de vérifier les niveaux d'ocytocine de mes patients avant et après leur thérapie.)

Que font la plupart des thérapies *new age* ? Elles calment momentanément l'addiction provoquée par le manque d'amour en élevant le taux d'ocytocine et en ayant un effet apaisant. Le massage, le rolfing, et les idées mystiques agissent exactement comme le regard attentif, bienveillant et intéressé du thérapeute. Il n'y a rien de mal à se sentir bien, même temporairement. Mais nous pouvons devenir « accros » à toutes ces techniques et ces praticiens qui font remonter nos taux d'ocytocine et de dopamine, car le soulagement qu'ils nous procurent est éphémère.

En ce qui concerne le traitement de la toxicomanie, j'espère que la recherche se penchera un jour sur l'utilisation de l'ocytocine associée à des médicaments bloquant le tronc cérébral et la première ligne, tels que la clonidine et/ou le Tégrétol, un anticonvulsivant aux propriétés sédatives. Cette combinaison devrait à mon avis être efficace contre la toxicomanie et les crises d'angoisse et de panique. La souffrance précoce semble galvaniser l'organisme et le rendre hyperactif, alors que l'ocytocine est associée à l'hypoactivité parasympathique. Quant à la thérapie primale, elle a une action fondamentalement équilibrante qui normalise ceux qui sont « hypo » ou « hyper ». Nous faisons ce qu'aurait fait la nature si le traumatisme n'était pas intervenu.

La vasopressine

Nous avons vu que le système nerveux autonome, qui gouverne les fonctions automatiques, se divisait en deux branches, le parasympathique et le sympathique. Le premier est activé par l'ocytocine, alors que le second est davantage associé à la vasopressine. Certains les qualifient de « yin » et de « yang », mais je préfère pour ma part y voir une « dialectique » qui régit le développement humain. Chacun de nous trouve un équilibre entre les systèmes sympathique et parasympathique. La vasopressine a un aspect plus combatif qui nous met sur le qui-vive et nous fait surveiller les intrus, une attitude associée au système nerveux sympathique. Comme je l'ai dit, le traumatisme natal peut, selon sa nature, engendrer la prédominance de l'un ou l'autre de ces systèmes : une forte anesthésie de la mère, par exemple, engramme généralement une empreinte parasympathique chez le nouveau-né. Les deux systèmes sont des modes de survie, mais le traumatisme précoce rompt leur équilibre, ainsi que celui de l'ocytocine et de la vasopressine dont l'une prend le pas sur l'autre. Le comportement obsessionnel-compulsif est souvent associé à une empreinte sympathique et, chose intéressante, on observe alors une prédominance de la vasopressine – que l'on mesure dans le liquide céphalo-rachidien [20].

Lorsqu'on injecte de la vasopressine dans une zone du cerveau de campagnols mâles, ils passent plus de temps avec leurs petits et deviennent des pères affectueux. Mais si on la bloque, leur comportement redevient aussitôt indifférent. Par ailleurs, la vasopressine contrebalance l'ocytocine et rend les animaux plus agressifs sur la défense de leur territoire (une attitude que commande le système nerveux sympathique de l'alerte et de la mobilisation). Tout ce que vous ressentez – votre attitude envers l'amour, l'éducation des enfants, les liens affectifs – pourrait bien vous être dicté par l'état de votre système endocrinien, sachant que le réglage de vos taux hormonaux s'est effectué lors d'expériences remontant à votre vie intra-utérine. Vous pouvez changer d'attitude devant l'insistance d'autrui, mais il vous sera impossible de modifier définitivement vos taux hormonaux. La vasopressine et l'ocytocine sont toutes deux élaborées par les neurones et semblent jouer un rôle dans la maturation du cerveau. Celle-ci devrait donc être affectée en cas de traumatisme précoce ou même prénatal et, d'une certaine manière, la personne n'aura pas « toute sa tête ». Son cerveau sera différent à cause de ces modifications hormonales. Au moment où les synapses s'organisent et où les réseaux neuronaux se constituent, il est crucial que ces deux neurohormones soient bien équilibrées afin de faciliter ces processus.

La vasopressine et l'ocytocine sont capables de modifier la vitesse d'activation de certains neurones, et les anomalies de leur taux peuvent fabriquer un cerveau différent avant même que le bébé n'ait vu le jour – une différence qui pourra se traduire par une diminution ultérieure de la sensibilité et de la sociabilité. Nous disons souvent : « Untel est bien le fils de son père (ou de sa mère). Il lui ressemble trait pour trait ! » Mais c'est peut-être parce que son père, ayant vécu les mêmes traumatismes, n'a pu avoir de contacts physiques avec lui dans son enfance, ou parce que l'état dépressif chronique de sa mère au cours de sa grossesse a eu un impact défavorable sur sa vie prénatale.

La vasopressine et l'ocytocine sont apparues chez les êtres vivants il y a des millions d'années. On peut en déduire que l'amour, l'attachement ou les liens affectifs ont joué un rôle important au cours de l'évolution et sont indispensables à la survie. Il n'est guère étonnant que ces hormones soient également associées à la sexualité et à la reproduction. Le taux de vasopressine atteint son maximum dans l'excitation sexuelle, alors que l'ocytocine le fait au cours de l'éjaculation. Les cellules de la vasopressine sont concentrées dans l'amygdale, dans les centres cérébraux du sentiment. Le fait que l'activité sexuelle fasse monter le taux d'ocytocine explique peut-être qu'après avoir fait l'amour – le contact physique le plus fort que l'on puisse avoir, le corps de l'un pénétrant le corps de l'autre –, on demande souvent à son partenaire : « Tu m'aimes vraiment ? » C'est l'amour qui nous pousse à nous reproduire. Quand il n'y a pas d'attachement, il n'y a pas d'amour, et quand il y a peu d'ocytocine, il n'y a pas d'attachement. Le manque d'amour est une menace pour notre survie. La sexualité et l'attachement émotionnel mobilisent les mêmes hormones, et notamment l'ocytocine. On peut donc facilement les confondre. L'amour nous donne la force de nous occuper de notre progéniture. Et la sexualité, qui nous permet d'avoir des enfants, est l'aboutissement naturel de l'amour. Mais on confond aussi très facilement amour et besoin. Ceux dont les besoins n'ont jamais été satisfaits dans l'enfance continuent à rechercher cette satisfaction et croient aimer la personne qui les aide ou les protège.

Les rats mâles auxquels on injecte de la vasopressine au cours de la première semaine de leur vie sont par la suite plus agressifs face aux étrangers. La vasopressine qui est sécrétée en cas de stress peut être contrée par l'ocytocine, ce qui est malgré tout curieux puisque leur structure moléculaire est si proche qu'elles utilisent les mêmes récepteurs. Il semble qu'elles forment une unité dialectique faisant partie d'un système global plus vaste qui gouverne à la fois les réactions de stress et de détente. En effet, non seulement les sentiments sont associés à ces deux neurohormones, mais ils dépendent d'un enchaînement de réactions endocriniennes qui peuvent être mesurées et sont régies par l'hypothalamus, l'hypophyse et d'autres centres limbiques.

La vasopressine joue un rôle dans le choix du partenaire et, chez certains animaux, elle est un facteur essentiel de l'union monogame et donne une préférence pour une femelle particulière. Elle est par ailleurs associée à la testostérone – qui augmente le taux de vasopressine. Dans certains cas, elle joue le rôle d'un neurotransmetteur [21]. Enfermée dans les vésicules synaptiques, elle est ensuite mise en circulation pour activer d'autres neurones qui soit facilitent, soit inhibent la transmission de messages concernant généralement la douleur.

Il serait absurde de se focaliser sur une hormone ou sur une substance chimique en croyant qu'on peut tout lui imputer, car elles font presque toujours partie d'un système plus vaste – celui qui chapeaute l'ensemble étant la plupart du temps le sentiment humain. La clonidine, que j'ai utilisée expérimentalement avec mes patients parce qu'elle agit sur de nombreuses structures et notamment sur le tronc cérébral, s'est avérée très efficace pour calmer leur angoisse et les aider à dormir. Elle a également atténué le besoin de cigarettes en diminuant l'agitation du tronc cérébral. N'oubliez pas que de nombreuses addictions, dont le tabagisme, sont suscitées par des empreintes de première ligne. Or les traumatismes extrêmement précoces enregistrés dans le tronc cérébral et le locus coeruleus réagissent bien à la clonidine et à sa cousine, l'ocytocine. Autrement dit, l'anxiété et les troubles post-traumatiques succédant à un stress (nous en souffrons presque tous puisque nombre d'entre nous ont subi un traumatisme à la naissance ou un manque d'amour au début de leur vie) peuvent être partiellement dus à une baisse du taux d'ocytocine. On a par ailleurs constaté que les œstrogènes jouent un rôle majeur dans la régulation du nombre des récepteurs d'ocytocine dans certains noyaux clés du cerveau. Il est clair que l'ocytocine n'explique pas tout, mais elle joue un rôle très important.

Voici donc la thèse que je soutiens : le sentiment est le principe organisateur central du comportement humain et on peut le « quantifier » dans le cerveau, dans la biochimie humaine, dans le lait maternel, dans la salive, et dans le liquide rachidien – en mesurant les taux de sérotonine, d'ocytocine, de vasopressine et de dopamine. Le sentiment englobe tout – l'amour étant bien évidemment la clé des relations humaines, et on peut le trouver dans tout l'organisme. Nous sommes d'abord et avant tout des êtres qui ressentent.

Je me suis appuyé sur certaines avancées de la recherche en biochimie pour exposer mes conceptions sur le comportement humain, mais j'aurais pu tout aussi bien choisir d'autres médiateurs chimiques. Le système hormonal interagit avec un grand nombre d'autres systèmes, dont le moindre n'est pas le cerveau et son développement. Ce qui fait la différence entre un cerveau qui va bien et un cerveau qui va mal, c'est la présence ou l'absence d'amour au début de la vie. On peut passer des années à étudier la biochimie sans jamais parvenir à comprendre pourquoi certains ont des taux faibles ou élevés de certaines hormones, et pourquoi d'autres souffrent d'hypertension ou ont un rythme cardiaque rapide. Il faut pour cela enquêter sur cette présence ou cette absence d'amour dans l'enfance. Nous ne l'avons pas suffisamment pris en compte parce qu'il s'agit d'un sentiment qu'il est plus difficile de quantifier et de mesurer, et parce que c'est un monde inconnu pour ceux qui sont coupés de leurs sentiments et ne fonctionnent que sur le plan cognitif. Introduire l'amour et le sentiment dans l'équation peut nous permettre de résoudre certains des problèmes biochimiques cruciaux de notre temps, alors que nous n'arriverons à rien si nous continuons à les négliger.

18

SEXUALITÉ, HOMOSEXUALITÉ ET PULSIONS IRRÉPRESSIBLES

Une enquête auprès de mères d'homosexuels a révélé que deux tiers d'entre elles pouvaient se remémorer des événements stressants au cours de leur grossesse, contre un tiers chez les mères d'hétérosexuels. D'autres recherches similaires ont mis en évidence un traumatisme précoce important chez les mères dont l'enfant est devenu homosexuel [1]. Je ne porte pas de jugement de valeur. Mon expérience clinique m'a démontré pendant de nombreuses années que la vie intra-utérine joue un rôle essentiel dans le développement de la personnalité, ainsi que dans la sexualité et son orientation [2]. Si je qualifie l'homosexualité d'« aberration », c'est parce qu'il s'agit d'une déviation fondamentale du système hormonal due au traumatisme de la mère.

Mes patients homosexuels m'ont raconté à d'innombrables reprises qu'ils s'étaient sentis « différents » à partir de cinq ou six ans. C'était sans doute une réaction aux modifications fondamentales de la biochimie et des circuits nerveux intervenues au cours des premiers mois suivant leur conception. Ces altérations peuvent induire un comportement « aberrant », surtout quand elles sont renforcées par des circonstances familiales, comme l'absence du père ou la tyrannie de la mère. L'organisme d'une mère très angoissée au cours de sa grossesse subit toutes sortes de modifications hormonales, qui peuvent par la suite avoir un effet décisif sur le fonctionnement endocrinien et sexuel de son enfant [3].

Il y a quelques années, Gunther Dorner, de l'Institut d'endocrinologie de l'université Humboldt en Allemagne, a étudié les rapports entre les modifications hormonales *in utero* et l'orientation sexuelle ultérieure. En observant des rats femelles gravides que l'on avait artificiellement privés d'hormones sexuelles, il a remarqué un changement permanent dans le cerveau des fœtus, et plus précisément dans leur hypothalamus. Et il a constaté que, lorsqu'il était suffisamment radical, il provoquait dans certains cas l'homosexualité de la progéniture. Gunther Dorner a ainsi démontré que la sexualité ultérieure dépendait de l'empreinte de taux hormonaux. Selon lui, ce genre de modifications s'inscrit définitivement dans l'organisme, déterminant la manière dont le petit garçon ou la petite fille vont réagir au virage hormonal de la puberté [4]. Cela paraît logique puisque c'est dans les deux ou trois premiers mois de la gestation que s'effectue la différenciation du sexe. Perturber ce processus hormonal peut inverser l'orientation sexuelle. On a constaté, par exemple, que si l'on donne des hormones mâles pendant leur grossesse à des singes rhésus femelles, leur progéniture femelle sera plus agressive, aura des jeux brutaux et cherchera à monter ses congénères. Les choses sont sans doute plus complexes chez les êtres humains, mais les principes fondamentaux sont clairs. Le stress de la mère enceinte influe sur les taux d'hormones sexuelles et peut fausser le réglage du fœtus. Un événement hormonal de ce type associé à un parent absent ou violent peut laisser présager une homosexualité ultérieure dont l'origine sera si précoce qu'elle aura l'air génétique et semblera parfaitement « naturelle » à l'homosexuel.

Le *Los Angeles Times* du 8 février 1999 a publié les résultats d'une enquête sur les problèmes sexuels des Américains, révélant que 80 millions d'hommes et de femmes adultes se plaignaient d'un dysfonctionnement sexuel. De nombreuses jeunes femmes âgées de dix-huit à vingt-cinq ans avaient une faible libido, de même que des hommes plus âgés. Or je pense que les problèmes sexuels ont souvent une origine lointaine et précoce. Une mère qui fume et qui a été fortement anesthésiée lors de son accouchement peut en quelque sorte « baisser le réglage » de son nouveau-né, ce qui se traduira plus tard par une diminution de son énergie sexuelle.

La confluence de trois traumatismes – avant, pendant et juste après la naissance – provoque une forte tension cardiaque chez l'enfant terrorisé. Il survivra sans doute mais, submergé d'impulsions douloureuses provenant du tronc cérébral, il souffrira d'incontinence nocturne et aura des accès d'agressivité et de soudaines compulsions sexuelles. Ses problèmes pourront s'expliquer par la force de cette combinaison de souffrances, mais ils seront peut-être également associés à une détérioration du cortex frontal due au traumatisme intra-utérin. En cas de dysfonctionnement du refoulement cortical, l'enfant se contrôle moins bien et ses défenses s'affaiblissent dès qu'il s'endort. La pression monte à partir du tronc cérébral, et elle s'évacue en mouillant le lit. À l'adolescence, ce mécanisme se transformera en hyperactivité sexuelle, le pénis devenant le déversoir de la tension. Et si l'enfance s'est mal passée, cette hyperactivité se métamorphosera en perversion sexuelle irrépressible, faisant de lui un pédophile ou un violeur. L'empreinte de première ligne donnera une force irrésistible à ses pulsions. Voilà pourquoi toutes les formes d'assistance psychologique sont inefficaces pour les problèmes sexuels graves : un individu dont le développement s'est interrompu à la puberté ne peut réagir à de simples conseils, aussi pertinents qu'ils soient.

Peter W. Nathanielsz, qui a étudié la vie fœtale, a rapporté dans ses écrits une expérience concernant la sexualité : « En Californie, des chercheurs ont montré que chez le rat, les fœtus mâles qui se développent pendant le dernier tiers de la gestation dans un environnement pauvre en oxygène – la moitié environ de la quantité habituelle présente dans le sang de la mère – ont des problèmes de comportement sexuel une fois adultes [5]. » C'est une expérience très importante car elle confirme que le manque d'oxygène *in utero* affecte le fonctionnement sexuel ultérieur. Je suis personnellement convaincu que les causes de ce dysfonctionnement ne se limitent pas au manque d'oxygène, mais incluent également le traumatisme prénatal. La vie intra-utérine peut affecter la sexualité, et si nous voulons réellement comprendre les problèmes sexuels, nous devons chercher leur origine hors du domaine sexuel.

Les problèmes sexuels ne sont pas uniquement sexuels. Le corps réagit dans son intégralité et le refoulement d'une souffrance précoce, de quelque nature qu'elle soit, est un processus général qui inclut la sexualité. La conversion de la souffrance engrammée en augmentation ou diminution de la pulsion sexuelle s'effectue dans l'hypothalamus et les autres structures limbiques.

Le petit garçon perdu

J'ai déjà parlé de ce patient qui avait perdu sa sœur jumelle à neuf ans dans une explosion. Ils avaient une relation très intime et très forte. Cette mort avait été si brutale et si violente que la perte s'était engrammée inconsciemment. Au cours d'une de nos séances, immergé dans ses sentiments, il a supplié sa sœur de ne pas le quitter. Il a réalisé ensuite qu'il cherchait cette sœur dans toutes les femmes qu'il avait rencontrées jusqu'alors.

Il avait avec une amie une relation qui s'était très bien passée pendant quelque temps. Mais un soir, après qu'ils se soient longuement étreints et beaucoup embrassés, elle avait enlevé son pull et son soutien-gorge et l'avait attiré sur le canapé. Il avait aussitôt été extrêmement choqué et dégoûté : ce qu'elle venait de faire l'entraînait au-delà de l'affection et de la tendresse qu'il partageait avec sa sœur. Il avait eu effectivement une demi-douzaine de relations qui avaient mal tourné dès qu'elles menaçaient de devenir sexuelles. Son déjouement était de chercher une compagne féminine pour ensuite la rejeter. Il était encore le petit garçon qui voulait que sa sœur le console et le protège quand sa mère était méchante.

L'angoisse est un signal nous prévenant que l'événement ou le sentiment initial s'approche de la conscience. Tous les systèmes se mettent immédiatement en alerte pour empêcher la connexion. L'énergie remonte jusqu'à la zone frontale pour l'avertir du danger, mais le cortex ne peut entendre ce message inquiétant qui est renvoyé par le thalamus et l'hypothalamus dans les centres cérébraux inférieurs où ses turbulences vont modifier notre sexualité. Si l'angoisse est un symptôme « flou », c'est parce que ses origines le sont aussi. Sa source est un malaise physique que le bébé a ressenti longtemps avant d'avoir la capacité cérébrale de lui donner un nom. Son traitement habituel est une médication qui est également peu précise, à large spectre, fondée sur les tranquillisants qui calment l'agitation sous toutes ses formes. Il y a une sorte de contradiction entre le sentiment, qui est une réaction globale de l'ensemble du corps, et la force sous-jacente de la terreur qui est associée à un ou plusieurs événements précis. Nous devons donc discerner dans le flou du symptôme une cause spécifique qui, d'après mon expérience, n'est pas un héritage génétique. Elle est associée à un événement dont nous devons découvrir la nature si nous voulons éviter de céder à la facilité en prenant toutes sortes de tranquillisants avec l'espoir qu'ils agiront. L'angoisse n'est pas un mystère, mais un souvenir !

Face à la colère des autres, ceux qui ont eu un père tyrannique sentent fréquemment remonter une vieille angoisse qui est complètement disproportionnée à la situation. L'empreinte de la peur est activée et les rend incapables d'affronter leur interlocuteur. Il n'est pas besoin d'un grand nombre de « chut » irrités et de regards courroucés pour solidement cimenter la peur d'un petit enfant. Nous avons tendance à l'oublier une fois adultes.

Pourquoi restons-nous paralysés et menons-nous une existence aussi morne ? Parce que l'empreinte cachée dans la jungle de nos neurones entretient notre engourdissement. Nous nous contentons bien souvent de « faire le mort », alors que ressentir cet apathie mortelle nous ramènerait à la vie en nous restituant notre sensibilité.

La rage et le harcèlement des pulsions

La rage est un bon exemple de ces sentiments engrammés que l'on ne peut faire disparaître par de simples conseils. Certaines thérapies vous apprennent à la maîtriser, mais elles ne peuvent l'éradiquer, ce qui implique qu'elle sera toujours là et devra être contrôlée indéfiniment. De fait, si le patient ne peut ni hurler ni marteler des murs capitonnés en revivant les sévices d'un père brutal et cruel ou la frustration de se sentir bloqué lors de sa naissance, elle subsistera comme une sorte d'infirmité à laquelle il doit se résigner.

De nombreuses enquêtes ont démontré que les personnes ayant été maltraitées dans leur enfance avaient elles-mêmes par la suite une propension à la violence. C'est peut-être parce que le traumatisme précoce modifie la chimie du cerveau : le système de la sérotonine perd de son efficacité, ce qui diminue le refoulement des pulsions agressives [6].

De multiples recherches ont mis en évidence de faibles taux de sérotonine chez les individus qui se suicident, qui commettent un homicide, qui souffrent de troubles obsessionnels, etc. Les chercheurs en concluent généralement qu'il s'agit d'un déséquilibre génétique, et on prescrit à ce genre de malade des pilules qui vont faire remonter ce taux, en croyant que c'est une excellente thérapie puisqu'elle rééquilibre le système. Or ce qui rééquilibrerait véritablement le système serait de s'intéresser aux traumatismes précoces qui l'ont au départ déstabilisé.

Pourquoi le déséquilibre persiste-t-il pendant des décennies après le traumatisme initial ? À cause de l'empreinte. Ce sont les individus harcelés par leurs pulsions (chez qui les taux de neurotransmetteurs inhibiteurs sont faibles) qui commettent des homicides ou des suicides, et ces pulsions ont pour origine les souffrances non verbalisées de première ligne en provenance du tronc cérébral.

Les personnes ayant subi un traumatisme natal suivi d'une carence affective dans leur petite enfance risquent six fois plus de perpétrer des actes criminels violents que ceux qui n'ont pas vécu ce type d'expérience traumatisante. Comme le font remarquer les auteurs de l'enquête, Adrian Raine, Patricia Brennan et Sarnoff Mednick, « un seul de ces facteurs n'augmente pas beaucoup les risques, mais l'association des deux provoque une sorte de réaction chimique [7] ». Cette étude met en lumière la relation entre le traumatisme précoce aggravé et la maladie mentale ou le comportement asocial ultérieurs. Elle a établi que le traumatisme natal aussitôt suivi du rejet maternel pouvait amener l'individu à commettre des agressions violentes vers l'âge de dix-huit ans – ce qui n'était pas le cas de ceux qui avaient souffert d'un rejet maternel sans avoir subi de traumatisme natal [8]. Si nous voulons voir baisser dans notre société les taux élevés de suicides et d'homicides, nous ferions bien de nous intéresser à la vie prénatale et aux méthodes d'accouchement. Les améliorer supprimerait un grand nombre de morts inutiles, sans parler des décès provoqués par l'alcoolisme et le tabagisme chroniques. Les cigarettes sont un excellent inhibiteur de la première ligne et favorisent la sécrétion d'analgésiques endogènes.

Le souvenir d'une réaction du tronc cérébral – comme une respiration profonde ou superficielle due à une anoxie précoce – ne peut être qu'une réaction du tronc cérébral qui se produit là où il était logé, et qui persistera toute la vie en devenant un *pattern* associé à ces niveaux inférieurs. Chaque partie du corps se souvient à sa manière, à son niveau : le système limbique, par exemple, se souvient sous forme de sentiments.

L'accélération du rythme cardiaque est souvent la composante de première ligne d'un sentiment. Faire un exposé à l'école ne devrait pas, normalement, faire grimper le rythme cardiaque à 180 pulsations par minute, mais c'est l'événement dont le souvenir est activé – la terreur de se retrouver seul après la naissance – qui provoque cette accélération. Une hypertension artérielle peut ainsi être associée au souvenir d'un traumatisme précoce engrammé dans les structures du tronc cérébral et, de fait, les médicaments bloquant le tronc cérébral normalisent la tension artérielle. L'accélération du rythme cardiaque, les palpitations et l'hypertension font toutes partie d'un souvenir dont il manque juste le contexte. Traiter le symptôme cardiaque comme une véritable maladie est une erreur qui ne nous laisse d'autre choix qu'utiliser indéfiniment des palliatifs, dont la caractéristique essentielle est de ne pouvoir guérir le patient.

On ne devrait pas dissuader de leurs craintes ceux qui ont peur de monter dans un ascenseur, mais plutôt les amener à ressentir cette peur dans son contexte. Elle n'est pas apparue sans raison. S'ils s'efforcent de la vaincre, ils s'en font une ennemie, alors qu'elle est en réalité une amie qui leur parle de leur passé, des expériences qu'ils ont oubliées et de la souffrance qu'ils ont enfouie au fond d'eux. Elle détient la clé de leur liberté et pour la trouver, ils doivent d'abord fouiller les archives de leur histoire personnelle et découvrir ce qu'elles recèlent.

Au cours d'un ressenti, une patiente a brusquement saisi la main d'un de mes thérapeutes et celui-ci l'a retirée. C'était une erreur, car même si la patiente ne pouvait le formuler, son sentiment était : « Je vais mourir si je ne trouve rien à quoi me raccrocher. » Elle avait besoin de ce contact pour apaiser sa terreur.

Les apnées du sommeil, dans lesquelles la respiration s'interrompt momentanément, sont peut-être une réaction à une anoxie de naissance. Notre passé explique tout. Traiter le patient « ici et maintenant » ne le fait pas progresser parce qu'il est en fait « là-bas il y a très longtemps ». Seuls ses symptômes sont actuels.

Sur des photographies parues dans mon livre précédent, on peut voir sur les chevilles d'une patiente la trace des empreintes digitales du médecin qui l'a mise au monde. La première fois que j'ai assisté à ce phénomène, j'ai été sceptique comme, j'en suis sûr, le sont de nombreux lecteurs. Mais il s'est reproduit et n'a rien d'accidentel. Ce genre de manifestation physique accompagne le souvenir. Si le corps a subi une torsion du cou à la naissance, il est possible qu'une douleur persiste toute la vie à ce niveau ou que le port de tête reste incliné. Certains de mes patients m'ont dit qu'ils ont une sensation de coupure au bout du pénis quand ils sont témoins d'un accident ou lisent une histoire d'agression au couteau. Elle est sans doute due à leur circoncision, et je pense qu'un enfant ne devrait pas être circoncis (à supposer qu'il doive l'être) tant qu'il n'est pas assez grand pour comprendre et décider lui-même. Cette intervention peut être traumatisante pour un bébé qui n'en voit pas la nécessité. Elle a gravement perturbé un de mes patients homosexuel. Cette agression subie par son pénis fait partie des raisons qui l'ont détourné de la sexualité pendant très longtemps car il avait assimilé sa circoncision à une punition condamnant ses pulsions sexuelles.

Toutes les routes mènent à la souffrance, mais ce n'est pas le but de la thérapie primale : ce qu'elle vise, c'est le plaisir et le contentement que procure une vie épanouie. La souffrance n'est que le moyen d'y accéder. Comme le raconte une de mes patientes, Sarah, il est réconfortant de savoir que le soulagement nous attend une fois que nous l'avons ressentie.

Sarah

Je me suis réveillée ce matin à 4 h 45 avec une crise d'angoisse, comme presque tous les jours cette semaine. Je ressens alors une terrible peur, une peur que j'ai éprouvée toute ma vie sans jamais savoir ce qu'elle concernait. Je le sais maintenant, et quand je me réveille terrifiée, un dialogue intérieur débute aussitôt : « Tu connais ce sentiment, Sarah. Ce sont les souvenirs de ta vie intra-utérine et de ta naissance qui remontent vers ta conscience. Tout va bien. »

Le comprendre change tout, car c'est l'incompréhension qui me rendait folle. Je peux affronter un sentiment qui a une cause, mais une angoisse qui surgit sans raison me perturbe profondément l'esprit et le cœur. Tout commence par une sensation de panique, puis je me mets à avoir mal au cœur et les nausées se succèdent par vagues. Je suis forcée de me lever et de marcher de long en large, afin que mon corps puisse se calmer et chasser ce sentiment. Si je le garde en moi et ne sors pas du lit, il ne fait que s'intensifier. Le haut de mes épaules et mon cou commencent à me faire mal, puis mon visage lui aussi me fait souffrir.

Ressentir ce sentiment est une épreuve pénible que je ne veux pas vivre toute seule à la maison. Quelque chose me dit que je vais vomir quand je me laisserai finalement aller à le ressentir. Je ne peux pas dire que j'attends cette expérience avec impatience, mais le soulagement qu'elle m'apportera compensera largement ses inconvénients. Le savoir me donne le courage d'affronter les sentiments les plus angoissants puisque le soulagement et la liberté auxquels j'ai aspiré toute ma vie m'attendent de l'autre côté.

19

LE RÔLE DE L'AMOUR

Quel est donc le rôle de l'amour ? Comment agit-il sur le cerveau ? L'amour n'est pas un simple concept – une idée qui nous vient en tête et des mots que nous prononçons. Il imprègne tout notre corps – nos tissus, nos hormones et nos systèmes organiques. Notre cerveau le fabrique lorsque nos besoins fondamentaux sont satisfaits et la joie qu'il nous procure envahit tout notre organisme. Il contrôle les hormones de stress et les neurotransmetteurs stimulants pour simplement nous maintenir conscients et vigilants. Quand l'amour ne manque pas – quand l'enfant a eu une vie intra-utérine paisible, une bonne oxygénation à la naissance, et quand il est traité avec sollicitude et sensibilité, pris dans les bras, touché, écouté, félicité et encouragé –, l'organisme se régule tout seul. Pour éviter par la suite les problèmes de toxicomanie et d'alcoolisme, il faut un cerveau qui refoule efficacement, c'est-à-dire un cerveau que l'on aime. Son taux de sérotonine sera normal s'il a été suffisamment aimé au départ ; mais il sera trop faible dans le cas contraire, et même si la personne ne se drogue pas, elle ne pourra échapper aux effets de sa neurobiologie.

Nous devons élargir l'expression de l'amour, car nous n'avons pas simplement besoin de mots tendres. Nous devons éviter d'anesthésier la mère et son nouveau-né, afin que l'impuissance et le désespoir ne restent pas gravés en lui sa vie durant et n'affectent pas le développement de son cerveau. Nous devons organiser des campagnes contre le tabagisme et l'alcoolisme de la femme enceinte. La mère fume, le fœtus tousse. La mère boit, le fœtus trinque. Imaginez ce qu'éprouve un fœtus imprégné d'alcool qui ne peut comprendre ce qui lui arrive ?

Et ce n'est pas un hasard si les femmes qui fument donnent souvent naissance à des enfants qui ont des troubles du comportement ou de l'apprentissage. Leur cerveau est déjà abîmé.

Les adversaires de l'avortement militent pour le droit à la vie et exigent que les femmes qui ont été violées et/ou qui ne veulent vraiment pas de leur enfant n'aient pas le droit d'avorter. La recherche montre pourtant que les enfants non désirés ont nettement moins de chances de mener une existence normale. Ils veulent donc obliger ces femmes à mettre au monde des handicapés mentaux. Le droit à la vie devrait vouloir dire le droit à une vie normale et heureuse. Une grossesse non désirée met la mère en état de stress. Ses taux de cortisol sont perpétuellement élevés, ce qui pourra provoquer un accouchement prématuré et toutes les complications associées à un mauvais développement du cerveau. Aimer un bébé, c'est faire passer ses droits en premier. Une femme enceinte qui a envie de boire un verre d'alcool doit d'abord penser à l'effet qu'il va avoir sur son enfant. Avant de faire un régime pour garder la ligne, elle doit réfléchir à la malnutrition du fœtus et aux dégâts qu'elle va faire dans son cerveau. La santé de l'enfant doit être une priorité, même s'il est difficile de faire passer quelqu'un d'autre en premier quand on a soi-même des besoins désespérés.

Si nous voulons produire de nouveaux êtres humains dotés d'un cerveau robuste, nous devons changer nos méthodes d'accouchement et suivre les recommandations du Dr Leboyer et du Dr Odent. Nous devons prêter une grande attention à la vie prénatale et aux premiers mois après la naissance. Cette période de l'existence, où notre cerveau forme de nouvelles synapses et dendrites et où son système de communication se développe, va conditionner nos compétences dans de nombreux domaines – physique, artistique et intellectuel. Je connais des enfants dont les mères ont été pleines de sollicitude et d'amour au cours de leur gestation, de leur naissance et, bien sûr, de leur enfance. Ces enfants sont différents. Ils ne sont jamais malades, ne pleurnichent pas, et sont vifs, intelligents, précoces sur le plan physique, créatifs, affectueux et câlins. Que souhaiter de plus ? Ils ont tous les atouts dans leur jeu. Voilà pourquoi j'ai écrit ce livre – pour expliquer à la société qu'on peut créer un nouveau type d'être humain, davantage concerné par ses semblables. Ce n'est pas difficile, croyez-moi, et l'on pourrait ainsi éradiquer l'alcoolisme, la toxicomanie, la criminalité et les psychoses.

Cela me paraît tellement simple à réaliser, tellement plus facile que de construire des prisons et des hôpitaux psychiatriques pour éponger les erreurs que nous commettons envers nos enfants. La plupart des thérapies ne visent qu'à réparer des mécanismes qui compensent le manque d'amour du début de la vie – migraines, toxicomanie, voyeurisme, viol, hypertension, accès de colère, dépressions, etc.

Nous devons retrouver les causes des anomalies du développement cérébral qui engendrent les déviations du comportement. Nous devons comprendre l'origine obscure et viscérale de cette réaction primitive qu'est l'angoisse, qui concerne des zones très profondes du cerveau. Certains essaient de la combattre avec des conseils, des leçons de morale, des thérapies verbales ou des médicaments, mais ne vaudrait-il pas mieux accéder à ces profondeurs et en extirper la cause ? Nous savons maintenant le faire. D'abord et avant tout, nous devons changer nos méthodes d'accouchement et ne plus droguer les mères. Tous mes patients qui ont été de gros fumeurs ou de gros buveurs ont subi un traumatisme à la naissance.

Une équipe de télévision a interviewé hier certains de mes patients et on leur a demandé : « Vous n'avez pas peur de faire cette thérapie ? » Ils ont tous répondu la même chose : non, ce qui nous fait peur, ce serait plutôt de ne pas la faire, puisque nous serions sûrs alors de souffrir toute notre vie. Ils attendent impatiemment leurs séances, ont-ils ajouté, parce qu'elles leur apportent un soulagement.

Je n'ai pas inventé de toutes pièces une théorie de l'empreinte. J'ai vu jour après jour les effets du manque d'amour sur mes semblables, persistant dans leur organisme pendant quarante ou cinquante ans. J'ai vu leurs traumatismes précoces se conserver, parfaitement intacts, après des décennies d'expérience. Je les entends tous les jours dans les pleurs et les cris de mes patients qui expriment enfin leurs véritables besoins à leurs parents : « Prends-moi dans tes bras. Ne me rejette pas. Écoute-moi. Félicite-moi. Guide-moi. Intéresse-toi à moi. » Ce qu'ils ne peuvent dire avec des mots, ils le revivent en ressentant à nouveau leurs terribles souffrances préverbales, sans prononcer la moindre parole. C'est leur corps qui exprime leur angoisse et leur malaise. Nous devons changer de perspective et comprendre que notre corps s'exprime dans son propre langage : avec l'hypertension artérielle qui dit « je suis sous pression », avec les migraines qui disent « mes vaisseaux sanguins se resserrent et se dilatent à cause du manque d'oxygène à ma naissance ».

Comment agit la thérapie primale face au manque d'amour précoce ? Il semble que revivre cette terrible souffrance permet au cerveau de trouver le repos et de récupérer. L'observation de mes patients avancés montre qu'un cerveau qui n'est plus surchargé de souffrance s'en sort très bien. Même si on ne peut réparer tous les dégâts dus au traumatisme précoce, ces patients pourront désormais mener une vie plus heureuse et plus riche. Nous suivons leur évolution et les voyons, par exemple, renoncer à la drogue et à l'alcool. Mais nous n'abordons jamais ces problèmes directement : nous nous occupons de la souffrance, et le reste suit. Nous devons bien sûr examiner les symptômes, mais ce ne sont pas eux qu'il faut traiter.

Tels sont les principes fondamentaux qui doivent être adoptés pour soigner les problèmes physiques ou mentaux. Les traitements qui visent à soulager les symptômes et se fient aux apparences ont des effets qui sont au mieux éphémères. Ce sont des thérapies de soutien qui se contentent de contenir et repousser les démons que sont les empreintes précoces. Elles ne peuvent par définition avoir une action durable puisque l'empreinte est toujours là pour rappeler à la personne qu'elle a des problèmes à régler. L'empreinte est un mécanisme de *survie* qui nous permet de retourner dans notre passé et de retrouver l'époque où, à six mois ou un an, personne ne nous touchait. Nous pouvons alors la revivre en criant nos besoins, en tendant les bras vers maman, en l'implorant, en la suppliant (avec le cortex qui s'est développé ensuite) et en cessant de refouler ce besoin que l'insatisfaction a transformé en souffrance.

Je suis de plus en plus convaincu que mes patients qui revivent le traumatisme de leur naissance y incluent les événements de leur vie prénatale, car il semble bien que leur ressenti englobe les deux expériences. Chaque étape du développement cérébral contient la précédente. L'effet que provoquent les modifications hormonales d'une mère dépressive sur un fœtus de cinq mois peut être aggravé à sa naissance par une forte anesthésie qu'il va aborder avec un cerveau légèrement moins développé, et ces deux événements – associés à d'autres – vont engrammer définitivement un réglage bas. Ce n'est pas parce que l'enfant ne peut verbaliser sa souffrance précoce qu'elle n'existe pas. Elle est codée et stockée – et elle peut être remémorée – à son propre niveau de conscience. Il devra sans doute attendre des décennies pour mettre un nom sur ces sentiments, mais il pourra le faire.

On retombe toujours sur ce vieux débat philosophique : ceux qui croient être heureux, ceux qui pensent être guéris, le sont-ils vraiment ? Non ! On est guéri quand le corps le déclare avec son propre langage constitué de substances chimiques. Nous ne sommes pas un simple cortex ; nous sommes aussi un système biochimique. Et même si nous croyons aller bien, un taux élevé d'hormones de stress dans notre organisme va le démentir : « Non, tu ne vas pas bien. »

Si notre cortex frontal s'est tant développé, c'est entre autres pour maintenir à distance les vérités inacceptables. Le codage et le stockage du sentiment expliquent beaucoup de choses et peuvent nous aider à comprendre le développement humain. Notre thérapie suit les étapes de l'évolution du cerveau et nous permet d'aller beaucoup plus loin, contrairement à celles qui n'en tiennent pas compte et mettent l'accent sur le présent – sur le comportement et les symptômes.

Sans parler de leurs autres implications, les expériences sur l'oxygène réalisées à l'UCLA ont mis en évidence la persistance, la résistance et la puissance du souvenir précoce et nous ont donné une autre perspective sur la remémoration du souvenir. Nous n'augmentons pas la souffrance de nos patients en refusant de croire à leurs histoires de maltraitance – dont nous avons les moyens de vérifier l'authenticité. Nous ne leur faisons pas de leçons de morale et laissons de côté nos convictions personnelles. Notre travail consiste à retrouver la réalité historique, quelle qu'elle soit. Certains thérapeutes prétendent que leur patient est un simulateur, qu'il invente ses traumatismes, qu'il est hystérique, etc. Mais tant qu'ils n'auront pas accès aux zones profondes de son cerveau, ils ne pourront juger de la véracité de ses dires et lui feront beaucoup de tort avec cette attitude critique. En thérapie primale, nous pouvons vérifier la sincérité du patient qui doit revivre et non raconter son traumatisme : le revivre produit exactement les mêmes modifications des signes vitaux que lors de l'événement traumatisant du début de sa vie.

Un indice essentiel nous permet de contrôler l'exactitude de l'épisode revécu et l'existence de l'empreinte. Quand une personne est totalement immergée dans le souvenir, corps et âme, et revit un manque d'oxygène à la naissance, son organisme réagit comme s'il avait terriblement besoin d'oxygène et adopte une respiration profonde et haletante, qui n'engendre cependant pas les symptômes de l'hyperventilation. À l'inverse, un patient qui *pense* simplement à ce manque d'oxygène et installe volontairement une respiration rapide et profonde manifeste le syndrome d'hyperventilation. Voilà pourquoi le souvenir complet guérit, alors que la simple remémoration, même avec des larmes, ne sert à rien. C'est toute la différence entre pleurer *sur* le souvenir et pleurer parce qu'on est *dans* le souvenir.

Nous avons vu (et filmé) les niveaux inférieurs du cerveau se manifester à d'innombrables reprises et de toutes sortes de manières. Au cours de la séance, les pieds du patient peuvent vibrer – plus de cent oscillations par minute – pendant trente-cinq minutes, chose qu'il ne pourrait refaire volontairement par la suite. Mais, allez-vous penser, on peut en dire autant de l'hypnose ? Vous avez raison. Ce phénomène est proche de l'hypnose qui se branche sur les niveaux inférieurs du cerveau et nous éloigne de la pensée corticale critique par le biais de la suggestion. Dans nos séances, le corps est sous pilote automatique et réagit instinctivement. Sinon, cette vibration dont je viens de parler ne pourrait se produire. Qu'est-ce qui l'a provoquée ? Une terreur du tout début de la vie que le patient n'a pu ressentir qu'en descendant au fond du tronc cérébral où l'attendaient les souvenirs douloureux de sa naissance.

Certains d'entre nous sont-ils des monstres enragés et d'autres de doux petits agneaux ? Nous ne sommes ni l'un ni l'autre, ou les deux à la fois. Nous naissons avec des facultés qui datent de millions d'années. Si notre organisme se sent aimé et ne subit pas de traumatisme, nous serons gentils et généreux, et non odieux et agressifs. Un petit enfant constamment frustré devient coléreux et le restera. Cette colère est une réaction à sa souffrance, une souffrance que l'on ne peut lui demander de nier.

C'est la connexion qui guérit. La blessure que nous guérissons est celle du manque d'amour et notre méthode implique d'expérimenter consciemment ce manque. Dès l'instant où nous sommes blessés, notre organisme fait tout son possible pour guérir. Quand nous nous coupons, un processus reconstituant notre épiderme se met aussitôt en place pour refermer la plaie. Si la blessure est émotionnelle, ce sont d'abord les forces du refoulement qui vont entrer en action pour nous permettre de garder notre calme et de continuer à fonctionner. Puis la souffrance engrammée s'efforcera constamment d'accéder à la conscience frontale afin que nous puissions guérir. Notre organisme sait ce qu'il doit faire pour guérir. Toutes les mesures que nous effectuons chez nos patients démontrent que la connexion guérit – que cela se traduise par une baisse permanente de la tension artérielle ou par une diminution des taux d'hormones de stress. La souffrance est bénéfique, car la revivre met en marche les forces de guérison. *Pour ressentir l'amour, vous devez d'abord ressentir le manque d'amour*, afin que votre organisme puisse s'ouvrir et le recevoir.

Paradoxalement, sentir que l'on n'a pas été aimé ouvre la porte à l'amour en supprimant le refoulement. Tant qu'elle n'a pas été revécue, la souffrance de ne pas avoir été aimé imprègne tout notre être. Et dès qu'un ami ne nous téléphone pas, un déclic nous persuade aussitôt qu'il ne veut pas nous parler et ne nous aime pas.

Ces extrapolations psychologiques sont dues à l'empreinte qui nous aveugle et nous empêche de comprendre que cet ami ne nous a pas appelés parce qu'il était tout simplement trop occupé. Si mon expérience me dit que « personne ne veut de moi », il est facile ensuite de mal interpréter cette histoire de téléphone. Le thérapeute qui tente de me convaincre que je me trompe se bat contre la réalité. Il ferait mieux de ne pas se focaliser sur les idées et de plutôt se concentrer sur ce qui les a perturbées.

Si la blessure s'est produite à l'âge d'une semaine, quand le cortex frontal ne pouvait encore rien comprendre, pourquoi faudrait-il utiliser cette partie du cerveau qui s'est développée par la suite pour l'expliquer et essayer de la guérir ? Il est vrai que l'information provenant du cerveau primitif se transmet grâce à l'ontogenèse jusqu'aux niveaux supérieurs du cerveau où elle est conceptualisée, mais nous ne devons pas confondre cette conceptualisation avec l'origine de la blessure. Aucun niveau cérébral ne peut faire le travail d'un autre. Nous ne demandons pas au tronc cérébral de faire du calcul intégral ! Alors ne réservons pas au seul cortex frontal la tâche de sentir et comprendre les sentiments.

J'insiste une fois de plus : il y a au cœur des symptômes et des comportements déviants un noyau de souffrances primales – et peu importe qu'il s'agisse d'un manque de toucher au début de la vie, d'une circoncision, ou du sentiment d'avoir été critiqué, humilié, dénigré ou ignoré par ses parents. Tout cela se transforme en souffrance. C'est pourquoi les médicaments agissent sur un large gamme de symptômes. Prenez un tranquillisant et vous dormirez mieux, vous n'aurez plus de migraines, vous ne déjouerez plus, vous ne vous sentirez plus angoissé, vous serez moins agressif, moins dépressif, vous ne souffrirez plus d'incontinence nocturne ou d'éjaculation précoce, et vous ne consommerez plus d'alcool ni de drogues ! *La même pilule contre la souffrance peut avoir cette polyvalence.* Autrement dit, la souffrance reste la souffrance, quelle que soit l'étiquette qu'on lui appose. Ce n'est pas moi qui ai inventé tout cela, mais c'est ce que nous ont montré tous nos patients – de vingt-quatre pays différents – en exprimant leur frustration et leur souffrance sans aucune directive de notre part. Il suffit de voir ce qu'on appelle les douleurs du membre fantôme, celles que l'on ressent dans un pied qui a pourtant été amputé deux ans auparavant, pour comprendre qu'on peut souffrir d'un *souvenir* !

L'inconscience fait partie de notre héritage génétique, d'un héritage que nous nous transmettons de génération en génération. Nous venons au monde équipés d'un système qui, heureusement, nous permet de rester inconscients. Ce que Freud a dénommé névrose n'est rien d'autre que de l'inconscience. Ce sont les neurotransmetteurs qui effectuent ce processus inconscient : c'est leur raison d'être. On aura beau nous donner toutes les informations voulues, on ne peut nous forcer à devenir réellement conscients. La véritable conscience ne peut être manipulée, ni obtenue par un acte de volonté.

Une fois que le patient a fait cette prise de conscience, nous n'avons pas à lui expliquer ce qu'il doit faire ni comment il doit mener sa vie. La connexion le libère de son passé, et nous devons lui faire confiance et le laisser choisir seul son chemin. Lui expliquer comment il doit vivre laisserait entendre que nous le savons mieux que lui. Les thérapeutes n'ont pas à être omniscients ou omnipotents.

L'intelligence n'a jamais empêché personne de faire de sa vie un véritable gâchis. Je suis sûr que nos patients sauront très bien s'y prendre dès qu'ils ne seront plus sous l'emprise de forces inconscientes. Décider par soi-même est primordial. Les gens qui ont besoin d'être conseillés pour leurs problèmes affectifs sont habituellement ceux qui ne ressentent rien. Et s'ils lisent tous ces manuels de psychologie qui sont censés leur apprendre à vivre, ces approches montreront très vite leurs limites puisque, le plus souvent, ils finiront par retomber dans leurs schémas comportementaux habituels.

Une fois libérés de leur souffrance, les êtres humains traitent leurs enfants et leurs amis avec empathie et gentillesse. Toute leur hostilité a disparu, y compris envers eux-mêmes, et ils ne sont plus forcés de refouler leurs sentiments à l'aide de cigarettes et d'alcool. De plus, ils respectent leur environnement, parce que le contact avec leur propre nature leur permet d'apprécier pleinement la Nature.

Avoir des pensées saines ne suffit pas ; il faut avoir un cerveau sain. Or un cerveau qui n'a pas été aimé n'est pas en bonne santé. Ce n'est pas une simple affaire de neurones, de dopamine ou de sérotonine, car tout cela appartient à un être humain. Je veux dire par là que, à chaque étape, l'amour influe sur notre développement et notre personnalité. Le manque d'une hormone au cours de la gestation peut provoquer chez le bébé un déficit qui durera toute sa vie, et nous lui imputerons alors tel ou tel syndrome. Mais ce déficit n'est pas nécessairement la *cause* de la maladie. Ils vont généralement de pair, c'est tout.

Madonna dit dans sa chanson *Drowned World* : « J'ai échangé la gloire contre l'amour. » Elle raconte ce à quoi elle a renoncé par amour. Elle s'est aperçue que la célébrité était un piètre substitut : « C'est comme une drogue. Elle vous monte tellement à la tête que vous perdez pied », a-t-elle déclaré dans un interview en première page du *London Sunday Times* du 1er mars 1998. Ce n'est pas *comme* une drogue. C'est une drogue ! Une drogue qui dissimule la souffrance de n'avoir pas été aimé. Le problème, c'est qu'il en faut toujours davantage. « Et brusquement, vous vous retrouvez dans un stade devant cent mille personnes qui hurlent votre nom, et vous ne vous êtes jamais sentie aussi seule. » Que dire de plus !

20

LA PSYCHOTHÉRAPIE ET LE CERVEAU

Le but de la thérapie primale est de restituer au patient sa capacité de ressentir, et pour cela, nous devons faire confiance à la biologie qui est un système extraordinairement rationnel. Une personne qui revit sa naissance, par exemple, ne se sert jamais de ses bras ou de ses jambes. Nous devons faire confiance à nos patients dont la neurobiologie connaît le déroulement du processus qui est gouverné par l'empreinte. Nous courons tous par monts et par vaux pour lui échapper, mais elle nous rattrape toujours. C'est elle qui fait la loi. Un père très pris par son travail, qui s'active pour fuir le harcèlement de sa propre souffrance, ne peut être le père attentif dont un jeune enfant a besoin. Il va se justifier en disant qu'il doit subvenir aux besoins de sa famille. Mais le stress du bébé va s'amplifier parce qu'il a besoin d'un papa, et il deviendra lui aussi un adulte surmené, sans cesse sur la brèche – à cause de son taux chroniquement élevé d'hormones de stress. Sinon la pression s'exercera à l'intérieur, dans son organisme, et il aura une crise cardiaque ou une attaque. La mort nous attend, de quelque côté que nous nous tournions, à l'extérieur ou à l'intérieur. J'ai évoqué l'histoire du « rendez-vous de Sumara ». Ce sont les sentiments qui sont au rendez-vous. Où que nous nous dirigions, où que nous fuyions, ils nous y attendent. Si nous les ignorons, ils nous rendent malades. Si nous les droguons, ils reviennent en force dès que nous arrêtons. Nous les déjouons jusqu'à épuisement. Ils ne nous laissent pas de sursis, pas de répit, et sont impitoyables. C'est un système fasciste, qui ne relâche jamais sa pression, qui ne satisfait nos besoins que sur le plan symbolique, qui domine toute notre vie, toutes nos relations, et ne nous laisse aucune issue ni alternative. C'est une prison que nous construisons pour nous y enfermer avec notre souffrance, afin de tenir à distance les sentiments et les besoins qui nous font peur.

Au cours d'un ressenti, le cortex frontal cède du terrain à mesure que les processus des niveaux inférieurs prennent le dessus. Le cerveau s'active frénétiquement, un nombre croissant de neurones se mobilisant pour combattre l'empreinte. C'est cette activation de neurones supplémentaires qui augmente l'amplitude des ondes cérébrales, comme nous le voyons chez un patient qui est sur le point de ressentir, quand le sentiment pousse de toutes ses forces pour accéder à la conscience. Une fois la connexion effectuée, l'amplitude retombe aussitôt, ce qui nous permet également de vérifier l'authenticité du revécu. Au lieu de fuir l'empreinte, le patient peut alors l'accueillir, la ressentir et surtout y *réagir*.

La réactivité joue un rôle capital car, au moment du traumatisme initial, elle a été bloquée et déviée. Si, par exemple, le fait de voir constamment vos parents se disputer pendant votre enfance n'a cessé de menacer votre sécurité, vous devrez le ressentir pendant des mois et des mois en thérapie pour pouvoir complètement y réagir. Vous aviez sans doute le sentiment que la famille pouvait à tout moment éclater et que vous n'auriez plus de foyer où vivre avec vos parents. Vous avez grandi dans l'inquiétude et l'angoisse, redoutant cet événement cataclysmique – le divorce des parents, la mort de la famille. C'est un scénario très courant dont les effets sont dévastateurs. Le père menace continuellement de quitter la mère, et l'enfant pense : « Je n'aurais plus de papa. » Il devient un adulte qui a peur de la vie, et surtout de la mort, parce qu'il n'a jamais eu personne qui le rassure, l'apaise, l'encourage et le soutienne. Il a grandi tout nu face à la vie, sans le rempart de l'amour pour le protéger, sans cet amour qui lui aurait permis d'édifier dans sa petite enfance un cortex frontal capable d'affronter les aléas de l'existence, de ressentir et d'intégrer les sentiments, et de s'entendre avec autrui.

Nous ne devons plus négliger les événements intra-utérins car on ne peut comprendre le développement de la personnalité sans se focaliser sur l'environnement où elle s'est formée. Nos cellules cérébrales sont elles aussi soumises depuis des millions d'années à la sélection naturelle et participent à la lutte pour la vie qui élimine les plus faibles et les moins utiles. C'est pourquoi je suis convaincu que le cerveau humain est très efficace et devrait fonctionner correctement dans des conditions normales. Ce sont les meilleurs neurones qui ont survécu, et les analgésiques endogènes les plus efficaces qui ont été sélectionnés. À mesure que de nouveaux traumatismes frappaient l'organisme humain au cours du temps, ses récepteurs se sont perfectionnés. Ils entrent en action avant même la naissance et sont également présents dans le placenta. Je conteste souvent le rôle de l'hérédité car les nombreux traumatismes que nous subissons, et ce dès notre vie intra-utérine, peuvent expliquer la plupart de nos symptômes ainsi que les déviances de nos comportements.

Comme l'a constaté Peter W. Nathanielsz, ceux qui naissent avec de gros placentas sont davantage sujets à l'hypertension et peuvent avoir plus tard une attaque. Le placenta cherche à compenser les difficultés qui se présentent au cours de la gestation, et peut-être a-t-il grossi pour pallier une mauvaise nutrition. Ou bien alors il s'est développé parce qu'il devait travailler plus dur pour lutter contre la sécrétion prolongée d'hormones de stress par le fœtus. Malheureusement, il arrive un moment où le stress met à trop rude épreuve les mécanismes compensatoires. Le placenta n'est pas un simple sac, mais une substance vivante qui fabrique des analgésiques, car le fœtus a lui aussi besoin d'atténuer la douleur, même quand il ressemble encore à un petit bout de protoplasme et n'a pas de mots pour exprimer quoi que ce soit.

Le manque d'oxygène a tendance à fragiliser les vaisseaux sanguins, et ce qui paraît une difficulté minuscule *in utero* peut se transformer en graves problèmes cardiaques ou en diabète à l'âge adulte. N'oublions pas que le placenta est le principal fournisseur d'oxygène du fœtus. Une femme enceinte qui fume et/ou qui boit diminue l'oxygénation de son enfant ; le placenta compense en grossissant pour lui en fournir davantage. Les reins et le foie du fœtus peuvent souffrir, même très légèrement, de l'effort que demande à son organisme l'approvisionnement en oxygène de son cerveau. Mais les conséquences, en revanche, seront beaucoup plus lourdes quand d'autres traumatismes auront plus tard aggravé cette petite anomalie.

En cas de traumatisme, le fœtus produit des hormones de stress pour se galvaniser face au danger. Une sécrétion prolongée de cortisol, par exemple, pourra expliquer une hypertension artérielle survenant par la suite [1], et l'origine des attaques précoces (celles qui sont dues à l'hypertension) se situe selon moi dans l'utérus maternel.

L'embonpoint ou la maigreur peuvent dépendre non seulement de l'hérédité (dont je ne nie pas les effets), mais aussi de la nutrition de la mère pendant et après sa grossesse. Si la mère est sous-alimentée pendant la première moitié de sa grossesse, il y a de fortes chances pour que son enfant soit par la suite obèse[2]. Il semble que l'organisme essaie ainsi de compenser indéfiniment les carences de la vie intra-utérine, le réglage de la sensation de satiété s'étant effectué au cours de la première partie de la grossesse. De même, si les poumons ne se développent pas correctement *in utero*, il peut en résulter une obstruction chronique de l'écoulement de l'air qui persistera toute la vie.

La malnutrition au cours de la grossesse peut diminuer la longévité de l'enfant, alors que la sous-alimentation du nourrisson *après* la naissance n'affecte pas la durée de son existence. L'observation clinique nous montre continuellement que le traumatisme prénatal modifie des réglages qu'il est ensuite très difficile de normaliser, si tant est que ce soit possible. Le traumatisme postnatal a également des effets durables, mais pas aussi persistants que ceux des expériences intra-utérines. Nous ne devons jamais oublier la période critique. Tout semble démontrer – mon point de vue clinique et de multiples recherches récentes – que nombre des difficultés et des souffrances que nous endurons à l'âge adulte résultent sans doute d'événements prénatals.

Nous devons garder en mémoire les principes dialectiques qui régissent la biologie. Si nous stimulons le fœtus avec du café et si nous le stressons avec nos angoisses, il devra plus tard prendre des tranquillisants pour se sentir normal. Si nous l'abrutissons avec des médicaments et de l'alcool, il aura plus tard besoin d'excitants, de café, de sucre et peut-être de cocaïne. Notre corps passe sa vie à essayer de compenser ce qui s'est passé *in utero*, quand le réglage s'est définitivement modifié. Nous aurons par exemple besoin d'hormones thyroïdiennes à quarante ans pour compenser le mauvais fonctionnement de la thyroïde de notre mère pendant sa grossesse. Lorsqu'une femme enceinte subit un stress, sa thyroïde et celle de son bébé peuvent en être affectées. Or les hormones thyroïdiennes sont essentielles pour l'alimentation des neurones et l'entretien de leurs connexions dendritiques. Le fœtus commence à fabriquer les siennes vers le quatrième mois de gestation, mais celles qui sont sécrétées par la thyroïde de sa mère continuent à pénétrer dans son organisme et influent sur sa production. Quand la mère a des taux très bas, le bébé peut souffrir d'arriération mentale ; les neurones sont tout simplement en nombre insuffisant pour leur tâche. Qu'essayons-nous de faire en prenant toutes ces drogues et ces médicaments (tranquillisants, hormones thyroïdiennes, insuline, héroïne, pilules pour faire baisser la tension artérielle et ralentir le cœur, vasoconstricteurs contre la migraine, etc.) ? Nous nous efforçons de revenir à la normale [3].

Pour enrayer la toxicomanie et l'alcoolisme, on utilise souvent les substances qui font remonter la sérotonine, comme le Prozac, le Zoloft et le Paxil. Qu'essaient de faire l'alcoolique et le toxicomane ? Ils essaient de redevenir normaux – d'augmenter le plus possible leurs taux d'analgésiques endogènes pour ne pas sentir le manque d'amour de leur enfance. Les médicaments leurrent le corps qui se sent mieux et va assimiler cette sensation de confort à l'amour, en croyant un moment qu'il est aimé. Et les médecins qui prescrivent le même médicament pour toute une série de troubles qui vont de la dépression à l'anxiété, de la boulimie aux idées suicidaires, essaient, consciemment ou non, de normaliser l'organisme de leur patient. Paradoxalement, le traumatisme précoce fait baisser la production de sérotonine, dont nous avons précisément besoin pour le refouler. Une personne dont la vie prénatale et la naissance ont été éprouvantes, mais qui a eu une enfance choyée, est peut-être encore capable de rassembler ses forces pour étouffer la souffrance. Si, en revanche, une carence affective et un sentiment de rejet s'ajoutent dans sa petite enfance à ses traumatismes prénatal et natal, cette accumulation de souffrance mettra son système inhibiteur à trop rude épreuve.

L'existence de la criminalité et le fait que tant de criminels se droguent s'expliquent, selon moi, par les carences de leur petite enfance et par la souffrance qui est verrouillée en eux. Nos prisons regorgent de toxicomanes qui devraient être traités pour leur manque d'amour – je ne parle pas, bien sûr, de ceux qui les exploitent en leur vendant de la drogue. Les abreuver de conseils ne sert à rien : il faut s'occuper de leur souffrance, et la soulager doit être une priorité. Ils ont beau jurer qu'ils vont abandonner la drogue, renonçant ainsi inconsciemment à normaliser leur organisme, c'est leur physiologie qui commande. Le cortex frontal ne peut prendre les devants ; il suit en dernier, exactement comme dans l'évolution – d'abord le tronc cérébral, puis le système limbique et enfin le cortex frontal. Nous devons travailler dans le sens de l'évolution, et non en sens inverse.

Quand on songe à ce que coûtent à la société les criminels, certaines informations peuvent alimenter notre réflexion. La moitié des femmes qui sont en prison aux États-Unis ont été victimes de maltraitance physique ou de sévices sexuels dans leur enfance (cette étude a fait l'objet d'un rapport [4]). Si nombre d'entre elles ont commis des actes violents, c'est parce qu'elles ont elles-mêmes été agressées au début de leur vie, et elles risquent davantage que d'autres de devenir toxicomanes ou alcooliques. Or on peut traiter ces victimes, on peut les aider à éviter la violence, non par de simples exhortations, mais par une psychothérapie scientifique qui permet à leur rage et leur frustration de s'exprimer *dans leur contexte*, dans une pièce capitonnée et insonorisée. Nous avons traités une centaine de cas d'inceste dont nous avons vu les terribles effets destructeurs, la toxicomanie n'étant pas le pire quand on voit les crimes que ce genre d'addiction pousse à commettre. On peut faire quelque chose pour aider toutes ces victimes à s'en sortir : leur faire revivre les crimes qu'ont perpétrés leurs parents contre leur propre enfant, sachant que leurs sentiments les guideront là où elles doivent aller.

Mais pourquoi faut-il ressentir cette terrible souffrance ? Faut-il vraiment « réveiller le chat qui dort » ? Nous devons la ressentir parce que, dans les profondeurs de notre cerveau, nous la ressentons *tout le temps*, même si nous n'en sommes pas conscients. Et si nous ne faisons rien, elle ne cessera de faire des ravages. Nous sommes « dénormalisés » et nous essayons constamment de revenir à la normale. Notre tronc cérébral nous inonde continuellement de substances stimulantes pour nous maintenir sur la brèche, sans le moindre répit, à longueur de temps. Nous allons voir le médecin pour tel ou tel symptôme – hypertension artérielle, pédophilie, colite ou manie du jeu – et nous consultons toutes sortes de spécialistes qui nous soignent tous de manière identique, en nous prescrivant la plupart du temps des tranquillisants, comme s'ils comprenaient inconsciemment qu'une souffrance sous-tend tous ces symptômes.

Les circuits reliant le système limbique au cortex frontal étant beaucoup plus nombreux que ceux qui vont en sens inverse, nos sentiments ont davantage d'influence sur notre pensée que celle-ci n'en a sur eux, comme on peut s'y attendre au vu de l'évolution. Et pour que le patient puisse ressentir ses sentiments, il doit pouvoir se laisser complètement aller dans un environnement adapté, afin de s'immerger dans sa souffrance en se remettant *dans le contexte*. (Avant que je les fasse capitonner, nos murs étaient tout abîmés.) Son cerveau aura ainsi moins de choses à contrôler.

S'il revit un souvenir très ancien, une scène de son enfance, par exemple, où son père s'était mis en colère et avait hurlé toute la journée, sa propre rage va remonter. Mais il doit la ressentir avec son cerveau de bébé, et non se contenter d'y penser avec son cortex frontal d'adulte. Ceux qui ont cette rage en eux doivent en connaître les limites, car beaucoup d'entre eux ont peur d'eux-mêmes et de ce qu'ils pourraient faire s'ils ne se maîtrisaient plus. Voilà pourquoi il est préférable de se laisser aller dans une pièce capitonnée où l'on peut apprendre à découvrir ces limites.

Notre mémoire n'est jamais approximative ; elle est extrêmement précise. Trop souvent, comme j'en ai été le témoin d'innombrables fois, la rage surgit à la naissance, quand le nouveau-né se sent tourné dans tous les sens, puis brusquement tiré par le forceps. Nous ne sommes pas partis d'une théorie pour établir l'existence de cette rage ; nous la voyons surgir tous les jours. Mes thérapeutes ne font aucune suggestion au patient et ne l'encouragent pas dans ce sens. Ce n'est qu'en retrouvant le contexte que le patient peut exprimer cette rage engrammée dans son organisme – il ne pourrait le faire sur l'ordre du thérapeute.

De nombreux thérapeutes disent à leurs patients : « Laissez sortir le petit enfant qui est en vous », « Dites à votre papa que vous le détestez », etc. Il n'y a pas de petit enfant en vous. Il n'y a que des souvenirs qui doivent être connectés. La grande erreur de ces pseudo-thérapeutes est de dicter au patient ce qu'il doit faire : « Dites à votre mère qu'elle vous fait du mal ! », « Hurlez votre colère à votre père ! » Ces incitations impliquent un manque de confiance et retirent le pouvoir au patient. Voilà pourquoi ma thérapie ne s'appelle pas thérapie du cri primal, mais thérapie primale. On ne demande à personne de crier.

Une vraie thérapie prend du temps. Les séminaires de week-end sont dangereux, et prendre des médicaments pour essayer d'aller plus vite est une grave erreur. La souffrance impose une certaine progression, et nous devons respecter les paramètres biologiques si nous voulons réussir. Hurler de rage et se rouler par terre ne sert absolument à rien si l'on n'est pas dans le contexte initial. Cette connexion est une condition *sine qua non.*

À certains égards, la psychothérapie conventionnelle est une sorte de pacte inconscient impliquant que le thérapeute en sait plus sur le patient que lui-même. C'est d'autant plus vrai quand il s'intéresse à son patient et se montre chaleureux, attentif, protecteur et amical – tout ce que ses parents n'étaient pas. Celui-ci éprouve alors un grand soulagement, mais il doit poursuivre sa thérapie pendant des années car elle n'est qu'un palliatif qui le rend dépendant. Il croit que ce sont les *insights* qui l'aident, mais cette aide est minime. C'est la gentillesse et la bienveillance du thérapeute qui fait la différence. Si ces *insights* lui étaient communiqués par un robot, il manquerait la sollicitude qui les accompagne. Le thérapeute panse les plaies de l'ego qui souffre. Il lui offre ce qu'il veut, et non ce dont il a besoin – ressentir les souffrances de sa petite enfance qui subsistent au fond de son cerveau. La thérapie conventionnelle se fonde sur cette relation qui dépend du système limbique de deuxième ligne et n'est en fait qu'un déjouement du patient. Il se sent mieux parce qu'on lui donne ce dont il avait besoin à deux ans, mais il est trop tard, et c'est pour cela qu'il devient « accro » : les effets sont de courte durée et il doit sans cesse revenir. Il s'agit toujours du même déjouement, qu'il s'agisse d'une situation thérapeutique ou non. Tout ce qui se passe au cours des premières années de notre vie nous semble de notre faute puisque nous n'avons pas d'autre cadre de référence pour comprendre les choses.

La relation entre le thérapeute et son patient joue un rôle essentiel ; il doit être chaleureux et réconfortant, mais, comme un speaker qui commente un match, il ne doit pas oublier que la partie se joue en bas sur le terrain et non dans la cabine. L'important n'est pas d'être brillant. C'est l'empathie qui compte. Les *insights* du patient sont déjà dans son cortex frontal. Il n'a pas besoin de celui d'un autre pour lui venir en aide. Aussi géniales qu'elles soient, ces explications ne pourraient pénétrer dans son amygdale ou son bulbe rachidien, ni dans son locus coeruleus, son hypothalamus ou son thalamus. On ne peut convaincre ou dissuader l'amygdale. Elle est parfaitement indifférente. Aucun conseil, aucune recommandation, aucune exhortation n'y changeront rien. Elle ne connaît que les sentiments qu'elle contient et garde en elle. Tout ce que peuvent faire les conseils, c'est réaménager le cortex frontal afin que la personne se sente mieux, l'information cruciale restant cachée dans les structures inférieures.

La thérapie conventionnelle ne nous ramène pas au début de notre vie et ne nous fait généralement rien ressentir, éludant ainsi l'essence même de notre humanité. Certaines thérapies dynamiques explorent le passé, c'est vrai, mais pas avec le vieux cerveau de l'époque, celui qui pleure comme un enfant de trois ans. *Le patient pleure comme un adulte, et non comme le petit enfant malheureux qu'il a été – et qu'il est toujours au fond de lui.* Voilà pourquoi les thérapeutes n'ont pas découvert les profondeurs du sentiment. Nous n'essayons pas simplement de rendre les gens plus intelligents ; nous voulons qu'ils se sentent mieux, plus heureux, plus sensibles ; qu'ils ne souffrent plus de symptômes inexplicables ou de pulsions irrépressibles.

En n'assimilant plus les symptômes au problème, on peut pénétrer dans les profondeurs du cerveau et parvenir à des niveaux dont on ne soupçonnait pas l'existence. Il faut pour cela une pièce capitonnée, sombre et silencieuse, et bien sûr des techniques appropriées [5]. Ne pas s'occuper des empreintes, c'est panser les plaies et les laisser suppurer en croyant qu'on a fait le nécessaire pour traiter le problème. Pour la thérapie primale, le cerveau humain n'a rien de mystérieux. C'est un mécanisme remarquable qui garde notre passé en sécurité, bien caché, jusqu'à ce que nous soyons capables de le retrouver.

Un thérapeute peut nous rassurer en nous disant que nous sommes merveilleux, excellents, importants, etc. Mais ce n'est pas à ce niveau que se situent notre impression de ne rien valoir et notre manque de confiance. L'amygdale ne connaît que ce que nos parents nous ont fait comprendre par leur comportement distant et indifférent, en nous ignorant, en ne nous demandant jamais notre avis ni même ce que nous voulions manger, en ne croisant pratiquement jamais notre regard. C'est cette réalité qui s'est engrammée dans notre cerveau – le cerveau vulnérable d'un nourrisson ou d'un petit enfant –, sans doute au cours de la période critique. Mais cette période critique est passée, et ce qui est fait est fait. Le bébé et l'enfant avaient besoin que ses parents l'aiment, le félicitent et l'encouragent – ce qui implique une abondance de contacts physiques. L'amygdale conserve cette vérité, cette certitude, et personne ne pourra jamais la convaincre du contraire. Jamais ! Elle ne peut pas l'entendre ! Et les idées ne pourront l'étouffer que momentanément. Un enfant doit être serré dans les bras dès la première minute de sa vie, nuit et jour, et pendant les six années qui suivent ; pas à longueur de temps, bien sûr, mais selon ses besoins.

Je me souviens d'une de mes patientes dont la mère était tuberculeuse et qui n'avait jamais reçu d'amour ; elle en gardait le sentiment de n'avoir aucune valeur, aucune importance, de ne pas mériter qu'on lui témoigne la moindre gentillesse. Cette mauvaise opinion d'elle-même n'était pas une simple *idée* ; elle était gravée dans sa circulation sanguine et dans ses cellules cérébrales. Avoir été négligée à deux semaines avait complètement infléchi le cours de sa vie.

Dans un article du *New York Times,* des professionnels ont affirmé que la plupart des psychothérapies devraient agir rapidement [6]. Les thérapies à long terme sont suspectes et peuvent même être considérées comme contraires à la déontologie. Ce décret de cette nouvelle psychologie de l'ego arrange bien les compagnies d'assurances qui ne veulent pas rembourser des thérapies trop longues. La profession semble donc avoir renoncé à la transformation profonde pour exercer la simple fonction de conseiller. Malgré son apparente profondeur et son dynamisme, la thérapie freudienne est mal vue depuis quelque temps, car elle s'est avérée décevante sur le plan des résultats. L'analyse laborieuse et interminable n'est plus en vogue, et elle ne peut selon moi provoquer de transformation profonde parce que sa théorie est erronée. Or ce n'est pas le fait de profondément creuser dans la psyché qui est en cause : c'est la manière de le faire. Le moment venu, cette exploration doit être entreprise, mais avec les techniques appropriées. Pourquoi nous accrocher à des idées qui ont près de cent ans ? Existe-t-il une autre branche de la médecine qui aurait conservé des méthodes vieilles d'un siècle ? Bien sûr que non. Nous reviendrons forcément aux thérapies longues, car il est évident qu'un changement profond, qui modifie des habitudes enracinées, ne peut s'effectuer en quelques séances – comme essaie de le faire en France la méthode lacanienne[7].

Pourquoi la psychothérapie s'est-elle ainsi égarée ? Parce que le refoulement des émotions engendré par la sophistication intellectuelle des praticiens les empêche de percevoir la valeur du sentiment ; parce que les idées freudiennes ont eu une telle emprise qu'il était très difficile de les ébranler ; et enfin parce que les connaissances neurologiques étaient insuffisantes pour démontrer aux psychothérapeutes qu'ils devaient prendre en compte le fonctionnement du cerveau. Trop d'entre eux prennent l'abréaction – qui consiste, par exemple, à se mettre en colère contre un membre du groupe de thérapie, à exprimer de l'amour envers un autre, etc. – pour une véritable thérapie. Des sentiments qui ne se situent pas dans leur contexte historique ne sont ni curatifs ni thérapeutiques. Ils peuvent nous aider, c'est vrai, mais le vaudou aussi. Personne ne peut guérir sans revivre le passé, qu'il s'agisse de maladies physiques ou mentales. Oui, nous pouvons traiter le cancer avec succès ; mais tant que nous n'aurons pas perçu la force terrifiante de la souffrance de première ligne, nous ne pourrons comprendre comment les cellules peuvent ainsi se détériorer et se dénaturer.

Ni la visualisation dirigée ni les thérapies faisant appel à l'imagination ne peuvent nous emmener là où nous avons besoin d'aller. Ce sont des actes volontaires et délibérés effectués sous la direction d'autrui, alors que nous devons nous contenter de suivre ce que nous dicte notre système nerveux. Nous pouvons très bien nous imaginer que nous sommes détendus et nous sentir voguer sur un nuage toute la journée tout en ayant une angoisse qui bouillonne au fond du tronc cérébral et du système limbique. C'est tout simplement une illusion, et ce genre d'illusion ne peut traiter la souffrance associée au traumatisme précoce.

Pourquoi notre système nerveux devrait-il nous dicter ses ordres ? Parce qu'il le fait tout le temps. Toutes les thérapies qui font appel à l'imagination sont un jeu de l'esprit qui ne nous oriente pas vers la réalité des empreintes neurologiques. Bien au contraire, elles nous en éloignent. Seul le passé est curatif. Nous aurons beau visualiser l'ascenseur comme un lieu paisible, où l'on a l'impression de flotter tout en filant vers les étages supérieurs, notre tronc cérébral le trouvera terrifiant car il réveille une très vieille peur, celle que nous avons ressentie au début de notre vie dans notre couveuse.

Une thérapie où le pouvoir n'appartient pas au patient ne peut réussir. Elle peut l'informer, l'orienter, le conseiller, mais non le transformer en profondeur. Ce pouvoir est déjà en nous ; il nous suffit de l'exploiter. Tout ce que nous devons apprendre est inscrit dans nos circuits cérébraux. Nous devons rendre « le pouvoir au peuple », comme dit le slogan. C'est le patient qui doit décider quand il vient, c'est lui qui sent quand sa séance est terminée, et c'est lui qui saura quand arrêter définitivement sa thérapie. C'est lui qui a des *insights* après avoir ressenti. C'est lui qui est intelligent et qui découvre des choses importantes, parce que sa curiosité a été éveillée.

Sigmund Freud a enraciné en nous l'idée qu'il serait dangereux d'ouvrir les portes de notre psyché. J'ai constaté le contraire. Ouvrir notre psyché et percevoir tous les niveaux de fonctionnement cérébral est le seul moyen d'éliminer nos schémas comportementaux ou nos symptômes enracinés. Un simple *insight* ne peut le faire. Notre souffrance n'est pas due à un manque d'*insights*, car ces prises de conscience ne servent qu'à justifier le comportement du patient, ce qui a pour effet de renforcer ses défenses. Les *insights* qui ne sont pas précédés d'un ressenti sont de simples hypothèses. Comment un thérapeute pourrait-il vous dire ce que contient votre amygdale, alors que vous-même ne le savez pas ? Il s'agit de *votre* amygdale.

Le fait que la psychothérapie soit davantage associée au problème qu'à la solution peut s'expliquer : elle éloigne le subconscient du patient de son cortex préfrontal et traite le « mental » comme s'il était distinct du reste du corps. La psyché lui paraît une sorte d'objet flottant dans l'espace que l'on peut remodeler et reconstruire. La *maladie mentale* n'existe pas ! Ce n'est pas de *psycho*thérapie dont nous avons besoin, mais d'une thérapie fondée sur l'expérience. La souffrance est dans le sang, dans les tissus, dans le cerveau et dans les muscles. Elle est dans les cellules immunitaires et les hormones. Elle est partout et nulle part. Elle ne peut être localisée dans un endroit précis car elle est diffuse. Nous pouvons soigner séparément le sang, le cerveau, les muscles ou le système immunitaire, mais tant que nous ne soignerons pas l'être humain comme un tout, ces traitements seront sans effet.

Une thérapie peut-elle nous aider si nous y croyons ? Oui. Beaucoup de choses peuvent ainsi nous aider, dont la moindre n'est pas la religion. Mais un placebo qui améliore l'état du patient prouve-t-il l'inefficacité des tranquillisants ? Il améliore notre état parce qu'il provoque la sécrétion de substances identiques à celles que contiennent les tranquillisants. Beaucoup de routes mènent à Rome. Le fait que nous nous sentions mieux en prenant un placebo ne veut pas dire que le médicament n'est pas valable. Il montre simplement que nos croyances et les espoirs qu'elles suscitent favorisent la production de tranquillisants endogènes.

Sans la pierre angulaire du besoin, aucune thérapie ne peut produire le moindre changement permanent. Traiter les mécanismes compensateurs est une démarche réformiste qui maintient le système en ne soignant que ses déformations. Nous avons besoin d'une révolution : nous devons transformer le système afin que la santé puisse surgir naturellement. Je suis convaincu que nous avons trouvé l'origine de toutes les compensations, et le mécanisme cérébral qui les orchestre. Chacun de nous aura besoin de compenser tant qu'il n'aura pas trouvé le chef d'orchestre. Et cette compensation consiste simplement à s'efforcer de remplir le puits sans fond qu'ont creusé nos besoins insatisfaits.

La mémoire fœtale existe-t-elle ? Oui, en termes de neurochimie. Gardons-nous des souvenirs de cette époque de notre vie ? Oui, mais sous forme de modifications neurochimiques, et non de scènes, de mots ou de sentiments. Les souvenirs des niveaux cérébraux inférieurs sont indélébiles. Nous devons simplement faire en sorte d'y accéder.

Sigmund Freud croyait que le chemin menant à l'inconscient passait par le langage, comme dans la libre association. Il se trompait. On ne peut retrouver la santé en *pensant*. On ne peut descendre au niveau du sentiment qu'en *ressentant des sentiments* ; et au niveau de la souffrance viscérale qu'en *éprouvant des sensations*. Chacun de ces niveaux doit contribuer à la connexion, et c'est cette complète intégration qui peut nous guérir. Telle est la démarche qui peut nous permettre de retrouver notre véritable moi. Mais nous devons le chercher là où sa présence semble le plus improbable. Et le paradoxe, c'est que nous ne cessons d'éviter la seule chose qui pourrait nous libérer.

Comme je vous l'ai dit dans l'introduction, nous devons naviguer dans des eaux inexplorées et bien orienter notre compas pour effectuer ce périple extraordinaire dans les ténèbres de l'inconscient et atteindre les profondeurs de notre cerveau. Et quand nous y parviendrons, nous découvrirons qu'elles ne sont pas aussi sombres qu'on le croit, et elles se rempliront de lumière et de paix à mesure que nous libérerons tous les souvenirs qui s'y cachent. J'ai cartographié une partie du trajet. Le reste est du domaine de la science. Comprendre ce qui nous a manqué dans la vie nous évitera de faire les mêmes erreurs avec nos enfants, et nous créerons ainsi de nouveaux êtres humains. Nous pouvons faire ce choix, parce que nous avons compris les mécanismes qui sont en jeu. Et tout cela porte un seul et unique nom : l'amour.

GLOSSAIRE

Abréaction. Décharge de l'énergie du sentiment, sans réelle connexion avec un souvenir passé, dont les manifestations peuvent être confondues avec celles d'un primal

Acétylcholine. Important neurotransmetteur du cortex cérébral, également impliqué dans la transmission des impulsions des cellules nerveuses au muscle cardiaque, aux muscles lisses et à certaines glandes, ainsi que dans celle des neurones moteurs aux muscles du squelette.

Adrénaline. Hormone du système nerveux sympathique (« fuite-ou-riposte ») sécrétée par les glandes surrénales.

Amygdale. L'amygdale est formée par deux petites structures en amande situées dans les lobes temporaux, à l'avant de l'hippocampe. Elle surveille l'*input* sensoriel. Chaque fois qu'elle détecte une menace, elle alerte la conscience dont elle focalise l'attention, tout en préparant le corps à la fuite ou à la riposte via l'hypothalamus. L'amygdale est opérationnelle dès la naissance et elle est impliquée dans tous les souvenirs contenant peur, terreur et rage. Elle est responsable du ressenti du sentiment.

Anoxie. Absence d'oxygène. Voir Hypoxie.

Antipodes. Au sens littéral, lieux diamétralement opposés sur le globe terrestre. Dans un sens métaphorique, parties du cerveau difficilement accessibles recelant des souvenirs inconscients.

Athérosclérose. Altération dégénérative des vaisseaux sanguins dans laquelle des dépôts lipidiques s'agglutinent sur les parois artérielles et rétrécissent le conduit. Elle peut provoquer une crise d'angine de poitrine s'il s'agit des artères coronaires, ou bien une cardiopathie ischémique transitoire (une mini-attaque) si ce sont les artères cérébrales qui sont affectées. Qu'elle soit due à une constriction, à un caillot sanguin ou à une plaque lipidique, l'obstruction des artères peut provoquer une crise cardiaque, une attaque ou une phlébite.

Catécholamines. Ce sont les neurotransmetteurs de la stimulation, dérivés de la tyrosine (qui est un acide aminé) : adrénaline, noradrénaline et dopamine.

Circuits neuronaux en boucle. D'innombrables circuits en boucle se forment dans le réseau des interconnexions des dendrites et des axones du cerveau. Il se peut que les souvenirs refoulés tournent en rond dans certains d'entre eux, modifiant les paramètres physiologiques sans jamais atteindre la conscience. Les sentiments de malaise que l'on éprouve parfois sans cause apparente pourraient être la partie émergée d'un traumatisme refoulé que perçoivent nos sens.

Circuit réverbérant. Dès que le souvenir d'un traumatisme approche de la conscience, certaines substances neurochimiques sont sécrétées pour le refouler et ainsi protéger l'intégrité de celle-ci, ce qui lui laisse néanmoins le temps d'affecter la physiologie en élevant, par exemple, la tension artérielle. Chaque fois qu'une nouvelle expérience le réveillera, il remontera à nouveau vers le cortex et redéclenchera le processus de refoulement. Il tourne donc en circuit fermé sans jamais atteindre la conscience.

Connexion, connecté, déconnecté. La *connexion* est le lien conscient que le sujet établit entre un traumatisme ancien et son comportement actuel, ou entre un souvenir du passé et un symptôme présent. Un sentiment *connect*é est un sentiment conscient ressenti dans son contexte initial précis. Un sentiment *déconnect*é est un sentiment inconscient qui pousse le sujet à reproduire dans le présent les réactions du passé.

Cortex orbitofrontal. Partie du cortex située derrière le front, au-dessus des orbites oculaires, où les sentiments se transforment en pensées rationnelles.

Cortex préfrontal. Partie avant du cortex frontal, responsable de l'intégration des sentiments, de l'ambition, des projets et de la pensée abstraite.

Corticostérone. Hormone sécrétée par les glandes surrénales qui, comme la cortisone, aide notre corps à s'adapter au stress, qu'il soit d'origine psychologique ou physique.

Cortisol. Hormone sécrétée par les glandes surrénales qui prépare l'organisme à affronter le stress, qu'il soit d'origine psychologique ou physique.

Cytoarchitectonie. Agencement particulier des cellules dans les tissus. Terme souvent employé pour qualifier l'agencement des corps cellulaires dans le cerveau, et plus particulièrement dans le cortex cérébral.

Déjouement, déjouer. Le déjouement est le comportement symbolique par lequel le névrosé cherche une satisfaction de substitution pour tenter de combler un besoin de son enfance demeuré insatisfait.

Dopamine. Neurotransmetteur élaboré dans la *substantia nigra* du tronc cérébral (et diffusé dans tout le cerveau par les axones des neurones de la *substantia nigra*) dont l'action est associée à la stimulation et au plaisir. Toutes les substances qui créent une dépendance activent la sécrétion de dopamine.

Élagage. Processus de renforcement s'effectuant au cours des premiers mois de la vie, dans lequel les trajets neuronaux les plus utilisés sont renforcés, alors que les neurones peu stimulés finissent par mourir.

Empreinte, engramme, engrammé. Une empreinte est un souvenir refoulé de traumatisme précoce, toujours présent dans l'organisme, où il provoque des dysfonctionnements organiques et psychologiques. Engrammé signifie gravé sous forme d'empreinte.

Endogène. Provenant de l'intérieur d'un organe ou d'un organisme.

Énurésie. Émission involontaire et inconsciente d'urine.

Glucocorticoïdes. Hormones sécrétées par les glandes surrénales – corticostérone, cortisol et cortisone – qui agissent essentiellement sur le métabolisme des protéines et des glucides en cas de stress.

Hippocampe. Circonvolution corticale, située sur la face interne du lobe temporal, dont la coupe transversale ressemble au poisson du même nom. Cette structure est impliquée dans l'enregistrement et la remémoration du souvenir dans son contexte. L'hippocampe termine son développement vers la fin de la troisième année de notre vie, ce qui peut expliquer les difficultés que nous éprouvons à nous souvenir d'événements de notre petite enfance. Cette partie du cerveau n'est pas aussi ancienne que l'amygdale qui, elle, est opérationnelle avant la naissance.

Hypophyse. Située au-dessus de la voûte du palais, l'hypophyse est une glande endocrine qui contrôle les sécrétions de nombreuses hormones clés sur les ordres de l'hypothalamus auquel elle est reliée.

Hypothalamus. Situé sous le thalamus, l'hypothalamus est le centre cérébral de l'homéostasie – régulation de la température, de la tension artérielle, etc. Il est en étroite relation avec le système limbique, et en particulier avec l'amygdale et l'hypophyse. C'est la structure par laquelle transitent généralement les sentiments avant de se traduire en symptômes physiques.

Hypoxie. Diminution de l'apport d'oxygène aux tissus organiques.

Input. Toute donnée ou information qui entre dans un système, en l'occurrence dans le cerveau.

Insight. Ce terme anglais n'a pas de réel équivalent français. Il désigne un brusque éclair de compréhension globale, une illumination permettant d'expliquer et de comprendre l'ensemble d'une situation donnée. En thérapie primale, l'*insight* ne doit pas résulter d'une analyse intellectuelle, mais d'une expérience authentique de la souffrance précoce. Il participe alors à la guérison.

Lobes temporaux. Lobes cérébraux situés au-dessus des oreilles, siège de l'hippocampe et de l'amygdale.

Locus coeruleus. (En latin, « zone bleue ».) C'est dans cette structure du tronc cérébral, considérée comme le site de la peur, qu'est sécrétée la noradrénaline. Les axones partant du locus coeruleus diffusent la noradrénaline vers les structures limbiques et sous-corticales du cerveau.

Lymphocytes. Les lymphocytes sont généralement produits par les tissus lymphoïdes du corps – rate et ganglions lymphatiques. Ils ont une double fonction : migrer vers le tissu conjonctif pour aider à élaborer des anticorps contre les bactéries et les virus, et repérer les élément étrangers à l'organisme.

Neurones. Les neurones sont les composants fondamentaux du cerveau et du système nerveux. Ils sont constitués d'un corps cellulaire prolongé par des dendrites qui leur transmettent les messages provenant d'autres neurones, ainsi que par un axone qui achemine leurs propres signaux vers les autres neurones. La taille des axones peut aller de quelques millimètres à plus d'un mètre. La communication entre les neurones s'effectue par les synapses qui sont de minuscules fentes entre les dendrites et les axones, ou entre les axones et les corps cellulaires. Un neurone peut ainsi être relié à des milliers d'autres neurones, ce qui fait du cerveau un réseau neuronal d'une incroyable complexité. L'impulsion nerveuse qui se propage le long des dendrites et des axones est à la fois une transaction chimique et une « onde de dépolarisation » électrique, alors que le signal franchit la synapse par l'intermédiaire d'un neurotransmetteur comme la sérotonine ou la noradrénaline.

Neuropeptides. Petites protéines telles que les endorphines, l'insuline et l'ocytocine (dont l'une des nombreuses fonctions est de provoquer les contractions de l'accouchement), qui transmettent l'information entre les cellules de l'organisme. On a découvert que plus d'une centaine de ces protéines avaient des récepteurs dans le cerveau – ce qui explique le nom qu'on leur a donné.

Neurotransmetteurs. Substances chimiques cérébrales qui permettent aux neurones de communiquer, en faisant franchir à l'impulsion nerveuse la synapse, cette minuscule fente entre l'axone d'un neurone et la dendrite ou le corps cellulaire de son voisin. Certains neurotransmetteurs comme la dopamine et la noradrénaline sont stimulants et ont tendance à activer le neurone suivant, alors que d'autres comme la sérotonine sont inhibiteurs.

Noradrénaline. Neurotransmetteur stimulant du groupe des catécholamines. Les taux de noradrénaline dans le cerveau atteignent leur maximum en cours d'après-midi quand ceux de sérotonine sont au plus bas, et ils baissent la nuit quand la sérotonine remonte.

Ocytocine. Neuropeptide (également produit par les ovaires) qui stimule les contractions du muscle utérin lors de l'accouchement et au cours de l'orgasme. La recherche animale a montré que l'ocytocine fabriquée par l'hypothalamus semble encourager l'instinct maternel chez la femelle et la monogamie chez le mâle.

Ontogenèse. Développement de l'organisme individuel, de la conception à la maturité. Selon la formule « l'ontogenèse récapitule la phylogenèse », le fœtus passe, au cours de son développement, par les mêmes stades que l'évolution des espèces.

Opioïdes. Toute substance de la famille des peptides analgésiques, comme la morphine, qui est extraite à partir du pavot, et les endorphines, qui sont des molécules endogènes analogues à celles de la morphine.

Palpitations. Accélération ou irrégularité incontrôlables du rythme cardiaque, constituant un symptôme souvent associé à l'angoisse.

Phylogenèse. Développement des espèces au cours de l'évolution. Selon la formule « l'ontogenèse récapitule la phylogenèse », le fœtus passe, au cours de son développement, par les mêmes stades que l'évolution des espèces.

Précoce. Concernant la naissance ou la petite enfance (souffrance précoce, traumatisme précoce).

Présentation du siège. À la naissance, présentation du fœtus par son extrémité pelvienne et non par la tête. En cas d'accouchement par le siège, le fœtus risque de souffrir d'anoxie.

Primal. Événement émotionnel profond consistant à revivre un traumatisme précoce dans son contexte initial et dans lequel des souvenirs refoulés sont amenés à la conscience.

Prototype. Empreinte inconsciente de la réaction initiale ayant permis de survivre face au traumatisme précoce.

Région parahippocampique. Région de transition du lobe temporal jouxtant l'hippocampe qui a pour fonction de corréler les informations provenant des zones corticales qui traitent les données sensorielles. Cette structure code les souvenirs pour les conserver définitivement en mémoire.

Régulation homéostatique. Étroit contrôle exercé par l'organisme sur les paramètres physiologiques comme la température corporelle et la tension artérielle. On peut dire par analogie qu'un thermostat assure la « régulation homéostatique » de la température dans une maison.

Renforcement. Processus dans lequel un traumatisme plus ancien est aggravé par un traumatisme ultérieur.

Respiration holotropique. Modalité thérapeutique proposée par Stanislav Grof dans laquelle une respiration accélérée est associée à de la musique dans un cadre apaisant, provoquant « un état de conscience non ordinaire qui active le processus intérieur de guérison naturel de la psyché individuelle ».

Ressentir, ressenti. Le verbe anglais *to feel* signifie normalement expérimenter le contenu sensoriel et émotionnel de son vécu. Le langage primal lui donne une autre dimension, plus proche de son étymologie : revivre un sentiment ancien dans son contexte initial.

Revécu. Expérience consistant à revivre un événement douloureux de son passé sous la forme d'un primal.

Sentiment. *Feeling*, terme clé du langage primal, se rapporte à l'expérience de la dimension sensorielle et émotionnelle du vécu. Il est parfois employé comme un raccourci de l'expression « revécu du sentiment ».

Sérotonine. Neurotransmetteur apaisant ayant une action inverse à celle de la noradrénaline dans le système limbique. Les taux de sérotonine dans le cerveau atteignent leur maximum pendant le sommeil. La sérotonine est une neurohormone inhibitrice qui joue un rôle très important.

Signes vitaux. Rythme cardiaque, tension artérielle et température du corps.

Stéroïdes. Les stéroïdes hormonaux sont synthétisés à partir du cholestérol de l'organisme dans le cortex surrénalien, les testicules, les ovaires et le placenta. De même que les hormones sexuelles sont nécessaires à la reproduction, les hormones corticosurrénales provenant des glandes surrénales sont indispensables à la vie. Les glucocorticoïdes (comme la cortisone) agissent sur le métabolisme des glucides et des protéines, alors que les hormones minéralocorticoïdes (comme l'aldostérone) régulent principalement l'équilibre de la salinité hydrique.

Système nerveux autonome (ou neurovégétatif). Le fonctionnement inconscient de l'organisme est assuré par les deux branches du système nerveux autonome : le système nerveux sympathique de « fuite-ou-riposte », qui donne l'alerte, et le système nerveux parasympathique de « repos-et-réparation ». Pendant le sommeil et l'inactivité, le système parasympathique est dominant et son principal neurotransmetteur, la sérotonine, est abondant. Dès que la personne s'éveille et s'agite, le système sympathique prend le relais et c'est la noradrénaline qui prédomine.

Système nerveux sympathique. Voir système nerveux autonome.

Système nerveux parasympathique. Voir système nerveux autonome.

Système réticulé activateur. Structure du tronc cérébral qui évalue l'activité du cortex et la quantité d'information sensorielle afin d'ajuster le niveau de vigilance du cerveau.

Tachycardie. Rythme cardiaque trop rapide.

Terminaison axonale. Voir Synapse.

Thalamus. Sorte de « relais » situé en haut du tronc cérébral par lequel passent les données sensorielles allant au cortex et les impulsions motrices qui en proviennent. Souvent qualifié de « standard » du cerveau, le thalamus est particulièrement vulnérable en cas d'anoxie au cours de la naissance, et la mort de ses cellules peut provoquer par la suite un appauvrissement du cortex.

Théorie du verrouillage. Théorie supposant l'existence de « verrous » qui contrôlent la circulation de l'information dans le cerveau et constituent le mécanisme du refoulement psychologique. Ces verrous n'ont pas été localisés, mais la présence de récepteurs d'endorphines sur le trajet des signaux sensoriels qui défilent dans le cerveau suggère que nos opioïdes endogènes pourraient effectuer ce verrouillage.

Valence. Qualifie la force ou la puissance d'un sentiment refoulé. Un traumatisme précoce grave a une valence élevée.

Vasopressine. Neuropeptide hypophysaire dont l'une des fonctions est de contrôler la production d'urine. Dans le cerveau, elle semble être associée à nos sentiments de bienveillance envers nos semblables. La vasopressine influe sur les sentiments paternels qu'éprouve un père pour ses enfants, alors que l'ocytocine fait de même pour la mère.

NOTES

Chapitre 1 : La structure du cerveau

1. Le locus coeruleus active la noradrénaline et module les réactions corticales au stress ou au plaisir. Je me concentrerai pour ma part sur le stress. Voir N. Singewald et A. Philippu, « Neuro-anatomie de la douleur et des circuits la modulant », *Progress in Neurobiology* 56, n° 2 (octobre 1998), pp. 237-267.

2. Voir K. H. Pribram et D. Mcguiness, « Excitation, activation et effort sont des systèmes neuraux séparés », *Psychological Review* 82, n° 2 (mars 1975), pp. 116-149.

3. Joseph LeDoux, *The Emotional Brain* (New York : Simon & Schuster, 1996), p. 163.

4. C. H. Foyer et Graham Noctor, « Les feuilles qui sont à l'ombre voient la lumière », *Science* 284, n° 5414 (23 avril 1999), p. 599.

5. *Ibid.*

6. A. Barbazanges, « La sécrétion maternelle de glucocorticoïdes induit les effets à long terme du stress prénatal », *Journal of Neuroscience* 16 (15 juin 1996), pp. 3943-3949.

Chapitre 2 : Le cortex frontal

1. Allan Schore décrit ainsi le processus de réverbération : « Cette boucle (cortex postérieur, cortex préfrontal, zone limbique sous-corticale, cortex préfrontal, cortex postérieur) constitue sans doute un circuit réverbérant (se réactivant tout seul) qui assure le fonctionnement de la mémoire à long terme. » Allan Schore, *Affect Regulation and the Origin of the Self : The Neurobiology of Emotional Development* (Hillsdale, N.J. : Lawrence Erlbaum and Associates, 1994), p. 297.

2. J. W. Smyth et al., « L'interaction entre le stress prénatal et le maniement néonatal sur les latences de réaction nociceptive chez le rat mâle et femelle », *Physiology and Behavior* 55, n° 5 (mai 1994), p. 973.

3. J. W. Smyth, W. B. Rowe, et M. J. Meaney ; « Le maniement néonatal modifie le renouvellement de la sérotonine (5HT) et sa fixation sur les récepteurs

dans certaines régions du cerveau », *Developmental Brain Research* 80 (15 février 1994), pp. 183-189.

4. D. Peters et al., « Effets du stress maternel au cours de diverses périodes de la gestation sur le système sérotonergique de la progéniture du rat devenue adulte », *Pharmacology, Biochemestry and Behavior* 31 (1989), pp. 839-843.

5. *Ibid.*

6. M. J. Meaney et al., « La régulation environnementale précoce de l'expression du gène récepteur glucocorticoïde et ses implications pour les réactions corticosurrénales au stress », *Developmental Neuroscience* (Montréal, Canada) 18 (1996), pp. 49-72.

7. Les prénoms des patients ont été changés par souci de discrétion.

8. Daniel Goleman, *Emotional Intelligence* (New York : Bantam, 1995). Traduit en français sous le titre *L'Intelligence émotionnelle* (éd. Laffont).

9. B. Dalens, « La douleur aiguë de l'enfant et son traitement », *Annales françaises d'anesthésie et de réanimation* (Paris) 10 (1981), pp. 40-41.

10. W. J. H. Nauta et Michael Feirtag, « L'organisation du cerveau », *Scientific American* 241, n° 3 (septembre 1979), pp. 88-98.

11. Nous avons mené cette recherche au St Bartholomew's Hospital à Londres, en Grande-Bretagne.

12. Voir le *Time* du 5 mai 1997, p. 78, pour un résumé de ces recherches.

13. M. Weinstock, « Le stress prénatal amplifie les comportements associés à l'angoisse et modifie la latéralisation cérébrale de l'activité de la dopamine », *Life Sciences* 42 (1988), pp. 1059-1065.

14. Je précise cependant que les neurotransmetteurs agissent différemment selon les parties du cerveau. Ainsi la dopamine peut être inhibitrice dans certaines zones inférieures, ainsi que dans le cortex où elle stimule la zone frontale pour la rendre plus efficace.

15. « Un cas de dépression suscité par choc électrique », *Science News* 154, n° 22 (28 novembre 1998), p. 344.

16. Voir notre propre recherche dans *The New Primal Scream*, traduit en français sous le titre *Le Nouveau Cri primal* (éd. Presses de la Renaissance).

17. Traduit en français sous le titre *Le Sentiment même de soi* (éd. Odile Jacob). Voir p. 51.

18. Correspondance personnelle, 1er janvier 2000.

19. R. Gagin, E. Cohen et Y. Shavit, « L'exposition prénatale à la morphine féminise le comportement sexuel des mâles chez le rat adulte », *Pharmacology, Biochemestry ans Behavior* 38 (1997), p. 345.

20. H. Van Praag et al., « Courir accroît la neurogenèse et améliore l'apprentissage et la potentialisation à long terme chez la souris », *Proceedings of the National Academy of Science* USA 96, n° 23 (9 novembre 1999) ; G. Kempermann, H. G. Kuh et F. H. Cage, « Augmentation des neurones hippocampiques chez la souris vivant dans un environnement plus stimulant », *Nature* 386, n° 6624 (3 avril 1997), pp. 493-495.

21. Voir l'article de Stephen Plotkin, de l'université de Californie (Irvine), dans le numéro du 16 mai 1996 de la revue *Outlook.*

22. Paul MacLean, *The Triune Brain in Evolution : Role in Paleocerebral Functions* (New York : Plenum Press, 1990).

23. La publication de nos techniques fera l'objet d'un autre livre. Il faut six ans pour les apprendre, et en les divulguant, nous risquons de les voir mal utilisées.

24. Dans la terminologie primale, la *première ligne* est le premier niveau cérébral apparu au cours de l'évolution, associé aux instincts et à la régulation des fonctions vitales.

Chapitre 3 : La sonnette d'alarme : le système réticulé activateur

1. M. Huttunen et P. Niskanen, « Perte prénatale du père et troubles psychiatriques », *Archives of General Psychiatry* 35 (1978), pp. 429-431.

2. Voir S. L. Foote et al., « Le noyau du locus coeruleus : nouvelles preuves de spécificité anatomique et physiologique », *Physiological Reviews* 63 (juillet 1983), p. 868.

3. Bruce Perry, « La clonidine atténue les symptômes de l'hyperstimulation physiologique chez les enfants traumatisés », communication à l'*American Academy of Child and Adolescent Psychiatry* (17 février 1996), p. 313.

4. *Ibid.*, p. 314.

Chapitre 4 : L'hypothalamus

1. H. O. Besedovsky, « Interactions immuno-neuro-endocriniennes : faits et hypothèses », *Endocrinology Review* 17, n° 1 (février 1996), pp. 64-102.

Chapitre 5 : Le sympathique et le parasympathique

1. Voir le *New York Times* du 19 janvier 1994. Le sous-titre de l'article déclare : « Quand la mère boit, le bébé trinque. »

2. E. Cantor-Grace, « Complications de la grossesse, anomalies physiques mineures chez les jumeaux monozygotes, et schizophrénie » *American Journal of Psychiatry* 151, n° 8 (août 1994), p. 11.

3. R. Gagin, E. Cohen et Y. Shavit, « L'exposition prénatale à la morphine féminise le comportement sexuel du rat adulte mâle », *Pharmacology, Biochemistry and Behavior* 38 (1997), p. 345.

4. Bruce Brower, *Science News* 153 (25 avril 1998), p. 263.

Chapitre 6 : Les trois niveaux de conscience

1. Y. Ito et al., « Augmentation de la fréquence des anomalies électrophysiologiques chez les enfants victimes de sévices psychologiques, physiques et sexuels », *Journal of Neuropsychiatry* 5, n° 4 (automne 1993), pp. 401-407.

2. Y. Ito, « Augmentation de la fréquence des anomalies électrophysiologiques chez les enfants victimes de sévices psychologiques, physiques et sexuels », p. 401.

3. Les signes vitaux de tous nos patients sont mesurés avant et après chaque séance. La physiologie donne de nombreux indices sur les sentiments que revit le patient.
4. Arthur Janov, *Why You Get Sick and How You Get Well* (West Hollywood, Californie : Dove Books, 1996). Traduit en français sous le titre *Le Corps se souvient* (éd. du Rocher).
5. R. J. Davidson et N. A. Fox, « Asymétrie du cerveau frontal et réaction du nourrisson à la séparation maternelle », *Journal of Abnormal Psychology* 98, n° 2 (mai 1989), pp. 127-131.
6. Allan Schore, dans *Brain and Values*, éd. Karl Pribram (New Jersey : Lawrence Erlbaum, 1998), p. 342.
7. Voir : Erik Hoffman, « Le mécanisme cérébral du refoulement », présenté au congrès annuel de l'Association psychologique de Californie en février 1995. Voir aussi E. Hoffman, « L'électroencéphalogramme quantitatif hémisphérique se modifie selon les réactions émotionnelles chez les patients névrosés », *Acta Psychiatrica Scandinavica* 63 (1981), pp. 153-164.
8. *Ibid.*, p. 153.
9. S. L. Rauch et al., « Une étude concernant les troubles post-traumatiques liés au stress, fondée sur la provocation de symptômes et utilisant la tomographie par émission de positons et la visualisation dirigée par un texte », *Archives of General Psychiatry* 53 (1996), pp. 380-387.
10. Davidson et Fox, « Asymétrie du cerveau frontal et réaction du nourrisson à la séparation maternelle ».
11. Voir D. Derryberry et D. M. Tucker, « Mécanismes neuraux de l'émotion », *Journal of Consulting and Clinical Psychology* 60, n° 3 (juin 1992), pp. 329-338.
12. R. J. Harmon et P. D. Riggs, « La clonidine dans les troubles post-traumatiques chez les enfants d'âge préscolaire », *Journal of American Academy of Child and Adolescent Psychiatry* 35 (septembre 1996), pp. 1247-1249.

Chapitre 7 : La notion de périodes critiques

1. A. J. Friedhoff et J. C. Miller, « Programmation prénatale par les neurotransmetteurs du fonctionnement postnatal des récepteurs », dans *Progress in Brain Research* (Amsterdam, Pays-Bas) 73 (1988), pp. 509-522.
2. Je me demande si donner de petites doses de Deprenyl – dopamine – aux patients parasympathiques dépressifs qui ont sans doute des taux très bas de dopamine ne pourrait pas les aider à remonter leur niveau d'énergie et soigner leur dépression. Nous le vérifierons dans un proche avenir.
3. H. Uno et al., « Neurotoxicité des glucocorticoïdes pour le cerveau du primate », *Hormones and Behavior* 28, n° 4 (décembre 1994), pp. 336-348.
4. B. S. McEwen, « Nouvelle hypothèse sur les mécanismes de l'atrophie de l'hippocampe humain », *Molecular Psychiatry* 2, n° 3 (mai 1997), pp. 255-262.
5. H. Rosengarten, E. Friedman et A. J. Friedhoff, « Périodes sensibles à l'effet neuroleptique de l'halopéridol et réduction des récepteurs de dopamine », dans

Nervous System Regeneration, éd. A. M. Guiffrid-Stella (New York : Alan Liss, 1983), pp. 511-513.

6. Janet Giler, « Le trouble déficitaire de l'attention et l'hyperactivité », *California Psychologist* (novembre/décembre 1999), p. 52.

7. Rosengarten, Friedman et Friedhoff, « Périodes sensibles à l'effet neuroleptique de l'halopéridol et réduction des récepteurs de dopamine ».

8. Friedhoff et Miller, « Programmation prénatale par les neurotransmetteurs du fonctionnement postnatal des récepteurs », p. 519.

9. *Ibid.*

10. Rosengarten, Friedman et Friedhoff, « Périodes sensibles à l'effet neuroleptique de l'halopéridol et réduction des récepteurs de dopamine ».

Chapitre 8 : L'enregistrement du souvenir

1. B. Bolon et St. Omer, « Corrélations biochimiques concernant les déficits comportementaux induits par l'acide D sécalonique dans le développement de la souris », *Neuroscience and Biobehavioral Reviews* 16 (1992), pp. 171-175.

2. William Gray, « Une nouvelle théorie sur le codage et l'organisation des sentiments », *Brain-Mind Bulletin* (8 mars 1982), p. 1.

3. Michael Odent, *The Scientification of Love* (Londres : Free Association Books, 1999), p. 7.

Chapitre 9 : Le décodage du souvenir

1. « Modifications des taux de cortisol et de bêta-endorphine du plasma fœtal en réaction à la piqûre intra-utérine », *Lancet* 344 (9 juillet 1994), pp. 77-81.

2. Lise Eliot, *What's Going on in There ?* (New York : Bantam Books, 1999), p. 99. Je recommande fortement la lecture de ce livre.

3. « La souffrance du nourrisson peut avoir des effets à long terme », *Medical News and Alerts* (16 août 1999).

4. *Ibid.*, p. 3.

5. Allan Schore, *Affect Regulation and the Origin of the Self* (New Jersey : Lawrence E. Erlbaum, 1994).

6. Voir à ce sujet le travail d'Ichiro Kawachi de la Harvard School of Public Health.

7. B. J. Young et al., « Représentation mnésique dans la région parahippocampique », *Journal of Neuroscience* 17, n° 13 (1er juillet 1997), pp. 5183-5195.

8. A. Schore, *Affect Regulation and the Origin of the Self*, p. 180.

9. Jane Brody, « Le risque de cancer peut commencer dès la vie intra-utérine », *New York Times*, 21 décembre 1999, p. D1.

10. S. Farrar et Y. Membery, « Réprimer ses émotions est meilleur pour la santé », *London Sunday Times*, 9 mai 1999, p. 5.

11. « Nous vivons dans un monde complètement fou », *Los Angeles Times*, 7 juin 1999, p. S1.

12. R. A. Clarke, D. L. Murphy, et J. N. Constantino, « La sérotonine et

l'extériorisation chez les jeunes enfants », *Psychiatry Research* 86, n° 1 (19 avril 1999), pp. 29-40.

Chapitre 10 : Le processus de déclenchement

1. Allan Schore, *Affect Regulation and the Origin of the Self* (New Jersey : Lawrence E. Erlbaum, 1994), p. 297.

2. R. M. Post, « Transduction du stress psychosocial dans la neurobiologie du trouble affectif courant », *American Journal of Psychiatry* 149 (1992), pp. 999-1010.

3. Arthur Janov, *Why You Get Sick and How You Get Well* (West Hollywood, Californie : Dove Books, 1996). Traduit en français sous le titre *Le Corps se souvient* (éd. du Rocher).

4. S. Breen, Sandra Rees et D. Walker, « Identification des neurones du tronc cérébral réagissant à l'hypoxie chez le mouton fœtal et nouveau-né », *Brain Research* 748 (1997), pp. 119-120.

5. Voir A. Barbazanges et al., « La sécrétion maternelle de glucocorticoïdes induit les effets à long terme du stress prénatal », *Journal of Neuroscience* 16 (1996), pp. 3943-3949. Voir aussi : T. J. McDonald et P. W. Nathanielsz, « La destruction bilatérale des noyaux paraventriculaires du fœtus prolonge la gestation chez le mouton », *American Journal of Obstetrics and Gynecology* 165 (1991), pp. 764-770.

6. « Un système cortical préfrontal en phase avec le milieu ambiant, qui peut rapidement débrayer l'excitation et interrompre l'accélération cardiaque sympathique (activante) en mettant en marche la décélération cardiaque parasympathique (ralentissante) [...] agit comme un système cortical régulant les réactions autonomes aux signaux affectifs (émotionnels). » Allan Schore, *Affect Regulation and the Origin of the Self* (New Jersey : Lawrence E. Erlbaum, 1994), p. 225.

7. Abraham Towbin, « Causes organiques du dysfonctionnement cérébral léger », *Journal of the American Medical Association* 217, n° 9 (30 août 1971), p. 1213. Les italiques dans la citation sont de moi.

8. Hugo Lagercrantz et Theodore Slotkin, « Le stress de la naissance », *Scientific American* 254, n° 4 (avril 1986), p. 100.

9. Nous avons entre autres traité un enfant de quatre ans qui a revécu son abandon par sa mère à l'âge de deux ans.

10. Lagercrantz et Slotkin, « Le stress de la naissance », pp. 100-107.

11. Hanns C. Haesslein et Kenneth R. Niswander, « Détresse fœtale dans les grossesses à terme », *American Journal of Obstetrics and Gynecology* 137 (1980), pp. 245-251.

12. La preuve biologique peut se combiner avec les résultats statistiques et neurologiques. Nous avons observé les cerveaux de nos patients qui se mobilisent pour refouler la souffrance. Lorsque celle-ci est supprimée par notre thérapie, l'activité du cerveau diminue, les ondes cérébrales ayant des fréquences plus lentes et des amplitudes plus basses (voir mon livre *Le Corps se souvient* où j'analyse les résultats de cette étude).

13. A. Barbazanges et al., « La sécrétion maternelle de glucocorticoïdes induit les effets à long terme du stress prénatal », p. 3943.

Chapitre 11 : La vie intra-utérine, prélude à la vie réelle

1. E. G. Jones, « Les scientifiques relient l'ordonnance défectueuse de certaines cellules cérébrales à la schizophrénie », *Los Angeles Times*, 16 mai 1996, p. B2.

2. K. S. Anand, « La sensation de douleur chez le nourrisson », *Insight* (8 février 1988), pp. 52-53.

3. J. M. Lauder, « Les neurotransmetteurs et la morphogenèse », *Progress in Brain Research* (Amsterdam, Pays-Bas) 73 (1988), pp. 365-388.

4. M. Huttunen et P. Niskanen, « Perte prénatale du père et troubles psychiatriques », *Archives of General Psychiatry* 35 (1978), pp. 429-431.

5. Lauder, « Les neurotransmetteurs et la morphogenèse ».

6. Huttunen et Niskanen, « Perte prénatale du père et troubles psychiatriques », p. 171.

7. G. Kempermann et F. H. Gage, « De nouvelles cellules nerveuses pour le cerveau adulte », *Scientific American* 280, n° 5 (mai 1999), p. 52.

8. A. Barbazanges et al., « La sécrétion maternelle de glucocorticoïdes induit les effets à long terme du stress prénatal », *Journal of Neuroscience* 16 (15 juin 1996), pp. 3943-3949.

9. La schizophrénie est un sujet complexe que je ne peux traiter ici, mais je voudrais évoquer un point intéressant : certaines recherches concernant des psychotiques ont montré que leur hémisphère gauche était moins dense que le droit, et l'on pense que la schizophrénie est associée à un dysfonctionnement de l'hémisphère gauche. Voir : E. Cantor-Grace et al., « Complications de la grossesse, anomalies physiques mineures chez les jumeaux monozygotes, et schizophrénie », *American Journal of Psychiatry* 151, n° 8 (août 1994), pp. 1188-1193.

10. Voir Peter W. Nathanielsz, *Life in the Womb* (Ithaca, N.Y. : Promethean Press, 1999), p. 14.

11. *Ibid.*

12. Voir les comptes rendus de recherche de David Barker, ainsi que son livre *Mothers, Babies and Health in Later Life* (Churchill Livingstone, 1998).

13. Voir Peter W. Nathanielsz, *Life in the Womb* (Ithaca, N.Y. : Promethean Press, 1999), pp. 11-12.

14. Je fais allusion à des recherches de très grande ampleur menées par B. Pasamanick sur les troubles du comportement (voir B. Pasamanick, « Un enfant est battu », *American Journal of Orthopsychiatry* 41, n° 4 (juillet 1971), pp. 540-556 ; *idem*, « La lettre : Nutrition maternelle et faible poids de naissance », *Lancet* 2, n° 7937 (11 octobre 1975), pp. 704-705 ; *idem*, « La lettre : Mauvaise santé et maltraitance de l'enfant », *Lancet* 2, n° 7934 (20 septembre 1975), p. 550. À propos du cancer, du lymphome et du diabète, voir « Les tumeurs cérébrales chez les enfants dont la mère a pris des barbituriques au cours de la grossesse », ainsi que le travail de E. Gold et L. Gordis. Voir également G. T. Livezey et al.,

« Le diazépam prénatal : angoisse chronique et réduction des récepteurs cérébraux chez les rats âgés d'un an », *Brain Research* 334 (1985), pp. 361-367.

15. E. Gold et L. Gordis, « Augmentation du risque de tumeurs cérébrales chez les enfants exposés aux barbituriques », *Journal of the National Cancer Institute* 61 (1978), pp. 1031-1034.

16. H. C. Lou et al., « Le stress prénatal affecte le développement du cerveau fœtal humain », *Developmental Medicine and Child Neurology* 36, n° 9 (septembre 1994), pp. 826-832.

17. A. R. Hollenbeck et al., « L'exposition du fœtus à l'anesthésie suggère de futurs problèmes de santé », *Science* 16, n° 2 (1985), pp. 126-134.

18. *Ibid.*

19. P. Levitt, B. Reinoso, et L. Jones, « L'impact crucial de l'environnement cellulaire précoce sur le développement neuronal », *Preventive Medicine* 27, n° 2 (mars-avril 1998), pp. 180-183.

20. J. M. Cermak et al., « L'apport prénatal de choline modifie le développement du système cholinergique hippocampique », *Faseb Journal* 12 n° 3 (mars 1998), pp. 349-357.

21. Voir l'article sur Lee Salk dans le *Lancet* du 16 mars 1985.

22. K. Nyberg, « L'addiction aux opiacés de l'adulte peut-elle provenir du traitement obstétrique de sa mère ? », *Acta Obstetrica et Gynecologia Scandinavica* 301 (1990), pp. 1067-1070. Autre lecture sur le sujet : B. Jacobson et al., « Médication de la douleur obstétrique et éventuelle addiction aux amphétamines chez l'enfant devenu adulte », *Acta Obstetrica et Gynecologia Scandinavica* 67 (1988), pp. 677-678.

23. J'en parle au chapitre 5 à propos des systèmes nerveux sympathique et parasympathique.

24. M. Weinstock, « Le stress prénatal affecte-t-il le fonctionnement et la régulation de l'axe hypothalamus-hypophyse-surrénales ? », résumé, *UCLA Louise M. Darling Library Biomedical Neuroscience and Behavioral Reviews* 21, n° 1 (janvier 1997), pp. 1-10.

25. Voir le travail de David Barker, de l'université de Southampton (Grande-Bretagne), qui a effectué des recherches approfondies sur ce sujet.

26. D. Peters et al., « Effets du stress maternel au cours des diverses périodes de gestation sur le système sérotonergique de la progéniture devenue adulte chez le rat », *Pharmacology, Biochemestry and Behavior* 31 (1989), pp. 839-843.

27. Voir également A. J. Friedhoff et J. C. Miller, « Programmation prénatale par les neurotransmetteurs des fonctions réceptrices postnatales », *Progress in Brain Research* (Amsterdam, Pays-Bas) 73 (1988), p. 518.

Chapitre 13 : Le facteur stress et la construction d'un cerveau différent

1. « Les violences sexuelles sur les enfants laissent des marques sur leur cerveau », *Science News* 147 (3 juin 1995), p. 340.

2. *Ibid.*, p. 167.

3. Voir : C. S. Carter, « La neurobiologie intégrative de l'affiliation », *Annals*

of the New York Academy of Sciences 8070 (15 janvier 1997), pp. xiii-xviii.
4. Monique Vallee et al., « Le stress prénatal augmente l'angoisse, alors que le maniement postnatal la diminue chez la progéniture devenue adulte », *Journal of Neuroscience* 17, n° 7 (1 avril 1997), pp. 2626-2636.
5. G. Flugge, « Dynamiques des récepteurs 5HTIA du système nerveux central en cas de stress psychosocial », *Journal of Neurocience* 15, n° 11 (novembre 1995), pp. 7132-7140.
6. Voir aussi : T. R. Insel, « Base neurobiologique de l'attachement social », *American Journal of Psychiatry* 154, n° 6 (juin 1997), pp. 726-735.
7. Voir M. A. Smith et al., « Le stress et les glucocorticoïdes affectent l'expression du BDNF (brain-derived neurotrophic factor) et de la neurotrophine – 3 mRNAs dans l'hippocampe », *Journal of Neuroscience* 15 (1995), pp. 1768-1772.

Chapitre 14 : La théorie du verrouillage

1. Ronald Melzack, *The Puzzle of Pain* (New York : Basic Books, 1973).
2. La clonidine est un vieux médicament contre l'hypertension, ce qui met une fois de plus en évidence la relation entre la stimulation du tronc cérébral et la tension artérielle.
3. Voir T. J. Sejnowski, « Un grand moment de l'évolution », *Science* 283, n° 19 (février 1999), p. 1121.
4. Certaines recherches actuelles semblent néanmoins impliquer la génétique dans certaines formes de dyslexie où l'enfant ne peut apprendre à lire, par exemple.
5. « La boulimie serait-elle due à un dysfonctionnement chimique du cerveau ? », *New York Times*, Science section, 16 février 1999, p. D8.
6. *Ibid.*
7. Communication personnelle, novembre 1998.
8. « Les souris face à la menace », *Los Angeles Times*, 11 février 1999, Science File, p. B2.
9. Voir G. Kempermann et Fred Gage, « De nouvelles cellules nerveuses pour le cerveau adulte », *Scientific American* 280, n° 5 (mai 1999), p. 49.
10. *Ibid.*, p. 48.
11. Steven Locke, *Science News*, 11 mars 1978, p. 151. Cette recherche a été menée avec le St Bartholomew's Hospital de Londres et l'Open University, Milton Keynes, en Grande-Bretagne.
12. Solomon Snyder, « Récepteurs d'opiacés et opiacés endogènes », *Scientific American* 236, n° 3 (mars 1977), pp. 44-67.
13. *Ibid.*, p. 49.
14. Voir l'article de N. Ghanshyam Pandey et al. dans *Psychiatric Research* 28 (avril 1989), pp. 73-88.
15. S. M. Pearl, S. D. Glick et I. M. Maisonneuve, « Preuves du rôle des opioïdes kappa et des récepteurs NMDA dans le mode d'action de l'ibogaine », *Brain Research* 749, n° 2, 28 février 1997, pp. 340-343. De nombreuses autres recherches de S. M. Pearl sur le sujet peuvent être trouvées à la Biomed Library de l'UCLA.

16. Pour un exposé détaillé de nos recherches sur le cerveau, voir Arthur Janov, *Why You Get Sick and How You Get Well* (West Hollywood, Calif. : Dove Books, 1996). Traduit en français sous le titre *Le Corps se souvient* (éd. du Rocher).

17. P. Levitt, B. Reinoso, et L. Jones, « L'impact crucial de l'environnement cellulaire précoce sur le développement neuronal », *Preventive Medicine* 27, n° 2 (mars-avril 1998), pp. 180-183.

18. Voir à ce sujet les ouvrages du Dr Frederic Leboyer et du Dr Michael Odent.

19. Voir Peter W. Nathanielsz, *Life in the Womb : The Origin of Health and Desease* (Ithaca, N.Y. : Promethean Press, 1999).

Chapitre 15 : Que désigne exactement le mot amour ?

1. J. W. Smyth et al., « L'interaction entre le stress prénatal et le maniement néonatal sur les latences de réaction nociceptive chez les rats mâle et femelle », *Physiology and Behavior* 55, n° 5 (mai 1994), pp. 971-974.

2. *Ibid.*

3. Je suggérerais de faire une simple enquête sur la longévité des enfants élevés dans des institutions ou des familles d'accueil. La carence précoce raccourcit-elle la vie et comment ?

4. A. Myhrman et al. « Grossesse non désirée et schizophrénie de l'enfant », *British Journal of Psychiatry* 169 (1996), pp. 637-640.

5. Myhrman et al., « Grossesse non désirée et schizophrénie de l'enfant ». Voir aussi L. Kubicka et al., « Enfants de grossesses non désirées nés à Prague et revus trente ans plus tard en République tchèque », *Acta Psychiatrica Scandinavica* 91 (1995), pp. 361-369.

6. T. Forsen et al., « Maladie coronarienne, poids au cours de la gestation et poids à la naissance », *British Medical Journal* 315 (1997), pp. 837-840.

7. E. O'Callaghan et al., « Saison de naissance et schizophrénie », *British Journal of Psychiatry* 158 (1991), pp. 764-774.

8. Thomas H. Maugh II, « Les patients souffrant de troubles obsessionnels compulsifs peuvent être soulagés par un nouveau traitement », *Los Angeles Times*, 22 février 1999, p. S1.

Chapitre 17 : L'ocytocine et la vasopressine : les hormones de l'amour

1. Voir le travail de Barry Keverne de l'université de Cambridge.

2. Thomas Insel, « Un fondement neurobiologique de l'attachement social », *American Journal of Psychiatry* 1554 (6 juin 1997).

3. Université Emory à Atlanta, cité dans « La transplantation d'un gène transforme des souris en créatures sociables », *International Herald Tribune*, 20 août 1999.

4. Insel, « Un fondement neurobiologique de l'attachement social », p. 732.

5. K. Uvnas-Moberg et al., « L'ocytocine favorise-t-elle les interactions sociales et les émotions positives ? », *Psychoneuroendocrinology* 23, n° 8 (1998), p. 825.

6. K. Uvnas-Moberg et al., « L'ocytocine est-elle un médiateur d'effets antidépresseurs induits par le SSRI ? », *Psychopharmacology* 142, n° 1 (février 1999), pp. 95-101.

7. *Ibid.*

8. Voir nos recherches effectuées en 1984 avec le St Bartholomew's Hospital à Londres.

9. Uvnas-Moberg et al., « L'ocytocine favorise-t-elle les interactions sociales et les émotions positives ? », p. 825.

10. Voir le travail de Michael Odent, *Birth Reborn* (New York : Pantheon, 1984).

11. Insel, « Un fondement neurobiologique de l'attachement social ».

12. C. S. Carter et M. Altemus, « Fonctions intégratives des hormones de la lactation dans le comportement social et la gestion du stress », *Annals of the New York Academy of Science.*

13. Uvnas-Moberg et al., « L'ocytocine est-elle un médiateur d'effets antidépresseurs induits par le SSRI ? ».

14. Thomas Insel a fait des recherches approfondies sur le campagnol de prairie. Voir « Les campagnols sont "accros" à l'amour », *Science News* 154 (5 décembre 1998), p. 367.

15. Carter et Altemus, « Fonctions intégratives des hormones de la lactation dans le comportement social et la gestion du stress ».

16. *Ibid.*

17. G. L. Kovacs, Z. Sarnyai et Gyula Szabo, « Ocytocine et addiction : bilan », *Psychoneuroendocrinology* 23, n° 8 (1998), pp. 945-962.

18. *Ibid.*

19. *Ibid.*

20. K. Uvnas-Moberg, « L'ocytocine a des effets antistress et favorise la détente et la croissance ».

21. C. Barberis et Elaine Tribollet, « Les récepteurs de vasopressine et d'ocytocine dans le système nerveux central », *Critical Reviews in Neurobiology* 10, n° 1 (1996), pp. 119-154.

Chapitre 18 : Sexualité, homosexualité et pulsions irrépressibles

1. Voir D. F. Swaab et M. A. Hoffman, « La différenciation sexuelle de l'hypothalamus humain et son influence sur l'orientation sexuelle », *Trends in Neurosciences* 18 (1995), pp. 264-270.

2. Voir G. Dorner et al., « Les événements stressants de la vie prénatale chez les hommes bisexuels et homosexuels », *Experimental and Clinical Endocrinology* 81 (1983), pp. 83-87.

3. I. L. Ward, « Le stress prénatal féminise et démasculinise le comportement des mâles », *Science* 175 (1972), pp. 82-84.

4. Dorner et al., « Les événements stressants de la vie prénatale chez les hommes bisexuels et homosexuels ».

5. Voir les expériences menées par R. H. M. Hermans et al., « Modification du comportement sexuel chez le rat mâle adulte suite à une hypoxie prénatale chronique », *Neurotoxicology and Teratology* 15 (1993), pp. 353-363.

6. Voir le *Science News* du 27 juin 1995.

7. A. Raine, P. Brennan et S. A. Mednick, « L'interaction entre les complications de la naissance et le rejet maternel précoce dans la prédisposition des individus à la violence adulte », *American Journal of Psychiatry* 154, n° 9 (septembre 1997), pp. 1265-1271.

8. *Ibid.*

Chapitre 20 : La psychothérapie et le cerveau

1. Peter W. Nathanielsz, *Life in the Womb : The Origin of Health and Desease* (Ithaca, N.Y. : Promethean Press, 1999), pp. 146-47.

2. R. S. Strauss, « Les effets de l'environnement intra-utérin sur le développement de l'enfant », *British Medical Bulletin* 53, n° 1 (janvier 1997), pp. 81-95.

3. Voir l'ouvrage de Peter W. Nathanielsz, *Life in the Womb*, pour de plus amples détails.

4. « Un rapport affirme que la moitié des femmes qui sont en prison ont été victimes de violences physiques ou sexuelles », *Los Angeles Times*, 12 avril 1999.

5. Nous proposons une formation à tous les professionnels de la santé mentale.

6. « Combien de temps doit durer une thérapie ? », *New York Times*, 24 novembre 1998.

7. Henri Lacan, aujourd'hui décédé, a exercé une forte influence en France dans les années soixante-dix avec son analyse rapide qui devait tout régler en quelques séances.

AVERTISSEMENT

La plupart des cliniques qui font actuellement leur publicité en se recommandant de mes méthodes n'ont en réalité aucun lien avec moi. Comme je me suis rendu compte qu'il existait d'énormes besoins en matière de thérapie, j'ai fondé un centre de formation de thérapeutes. J'ai l'espoir que ceux et celles qui sont en train de suivre cette formation, et qui sont originaires de nombreux pays du monde, seront bientôt capables d'exercer et il est possible qu'à la parution de ce livre, je sois déjà en mesure de recommander des praticiens qui auront terminé leur formation. Dans le cadre de ce programme de formation continue, nous acceptons actuellement des candidatures, dans l'espoir d'étendre le réseau de la thérapie primale.

Je tiens à souligner que ce n'est pas moi qui ai inventé les sentiments : cela fait des milliers d'années qu'ils existent. Ce que j'ai découvert, c'est un moyen de les faire resurgir, une fois qu'ils sont devenus souterrains. Il est sûr que, même sans suivre la thérapie primale, il y a pas mal de choses qu'on peut faire et qui vont dans le bon sens. C'est sans doute un bon point de départ que de pouvoir se confier à un ami compréhensif et compatissant, auprès de qui on peut se permettre de se laisser aller, de pleurer, voire de crier, même si l'ami en question ne sait pas très bien ce qui se passe (à vrai dire, il peut être utile de lui donner une petite explication préalable). Quoi qu'il en soit, un véritable ami ne vous jugera pas et ne vous critiquera pas. Il se contentera de vous soutenir par sa présence. De toute façon, même si vous ne faisiez que parler à votre ami de ce que vous ressentez, sans crier ni pleurer tout votre saoul, ce serait déjà un pas important dans la bonne direction. Tout ce qui contribue à favoriser l'expression du sentiment est une bonne chose.

Quant à ceux qui n'ont pas d'amis capables de les comprendre, ils peuvent toujours crier et pleurer tout seuls, ne serait-ce que pour évacuer la pression. Après tout, c'est de sensibilité dont il est question, et personne n'en détient le monopole. Cependant, il est sûr qu'un thérapeute compétent reste le meilleur choix possible mais, comme il n'y en a pas assez pour tout le monde, on est parfois obligé d'improviser avec les moyens du bord.

Ce n'est déjà pas mal de se rendre compte qu'on a des sentiments, et c'est encore mieux, bien sûr, de savoir lesquels. Il y a en effet pas mal de gens qui n'ont toujours pas compris que les sentiments sont le moteur de notre vie, que ce sont eux qui nous guident et qui sont cause de nos symptômes, de nos cauchemars et de nos maux physiques.

Certains s'inquiètent du peu d'importance que je semble accorder aux systèmes de valeurs, aux aspects cognitifs et spirituels de la question. J'estime quant à moi que les valeurs coulent de source, quand on jouit de toute sa sensibilité, sans qu'on ait besoin de les apprendre par ailleurs. Ainsi, celui qui a ressenti ses besoins d'enfant saura sentir ce dont son propre enfant a besoin. Une mère n'a pas besoin d'une liste répertoriant la valeur de chacun des actes nécessaires pour élever un enfant ; elle saura prendre un enfant qui pleure dans ses bras, le cajoler et le consoler s'il est tombé, sans qu'on ait à le lui enseigner. Pas besoin non plus de lui apprendre qu'il est important d'être à l'écoute des sentiments d'un enfant : elle connaît trop bien elle-même la profondeur d'un tel besoin.

Un conjoint n'a pas besoin d'apprendre la valeur de la tendresse dans un couple, c'est une chose tellement évidente. Je ne cherche pas à nier l'importance des valeurs, d'une certaine qualité de conscience, ou de certaines idéologies. Ce que j'ai constaté, cependant, c'est que les valeurs correspondent à une évolution naturelle chez ceux qui jouissent de toute leur sensibilité. Loin de moi l'idée que les gens devraient être des espèces de zombies décérébrés, incapables de réfléchir ou de réagir. J'estime au contraire qu'il est terriblement nécessaire d'inculquer des valeurs à ceux qui sont incapables de ressentir, et qui ne sont pas naturellement capables de compatir avec les autres, de partager leurs sentiments et de les comprendre. Il y a trop de gens parmi nous dont la vie est un désespoir silencieux, peuplé de rêves brisés et de secrètes compromissions. Des compromissions qu'il a fallu faire pour arriver à vivre. Mais il est possible de recouvrer ce moi compromis.

Y a-t-il quelque chose de plus spirituel que d'apprécier la valeur de la vie humaine et de l'esprit humain ? Et pourtant, il semble que la valeur de la vie humaine ne compte guère aux yeux des grands refoulés. Quel homme normalement doué de sensibilité pourrait faire des milliers de kilomètres et endosser un uniforme spécial pour aller tuer un autre homme qu'il ne connaît ni d'Ève ni d'Adam, au nom de quelque idée aussi abstraite que « l'honneur » ? De même, quand on a profondément ressenti sa propre nature et qu'on en a découvert la grande beauté, on est incapable de détruire la nature qui est autour de soi, par simple amour du profit. Quand on respecte sa propre nature, on n'a pas besoin d'apprendre à respecter la nature : c'est automatique.

Fruits d'une évolution plus tardive du cortex cérébral, les valeurs sont donc postérieures aux sentiments que, trop souvent, elles ont remplacés. Ce sont les sentiments qui ont existé en premier. Or, les valeurs sont inhérentes aux sentiments ; si nous accordons de la valeur à la vie et à tout ce qui concourt à la rendre belle et bonne, c'est parce que nous avons ressenti toute la merveilleuse beauté de la vie en nous.

LA THÉRAPIE PRIMALE N'EST PAS UNE THÉRAPIE « DU CRI PRIMAL »

La thérapie primale, ce n'est pas juste faire crier les gens. Le « cri primal », c'était un titre de livre, mais je n'ai jamais parlé de « thérapie du cri primal ». Ceux qui ont lu ce livre savent que ce cri est celui qu'il arrive à certaines personnes de pousser lorsqu'elles souffrent. D'autres se contentent de sangloter ou de pleurer. Ce qui nous intéressait, c'était la souffrance que traduisait ce cri et pas de faire pratiquer aux gens des exercices mécaniques du genre taper sur les murs en hurlant « maman ! ». La thérapie primale a fait une science de ce qui était initialement un art.

On trouve des centaines de thérapeutes qui pratiquent ce qu'ils appellent la « thérapie primale », sans avoir reçu ne serait-ce qu'une seule journée de formation. Nombre de patients qui l'ignoraient sont sortis de leurs mains en piteux état, alors qu'ils croyaient être venus suivre une véritable thérapie primale. Je tiens à souligner que cette thérapie est dangereuse entre des mains inexpérimentées. Il est donc important d'en vérifier l'authenticité en prenant contact avec nous.

Sur les centaines de cliniques un peu partout dans le monde qui se servent de mon nom, et où les praticiens prétendent faussement avoir été formés chez moi, il n'y a personne qui pratique cette thérapie correctement. Nous passons près d'un tiers de notre temps à soigner des patients sortis des mains de ces pseudo-spécialistes de la thérapie primale.

Pendant des années, nous avons consacré une bonne part de notre budget à la recherche, et j'espérais que d'autres centres médicaux prolongeraient ces travaux sur la thérapie primale, mais tel n'a pas été le cas.

À l'heure actuelle, il m'est honnêtement impossible de recommander un autre centre pratiquant la thérapie primale que celui auquel je suis associé, le Primal Center de Venice, en Californie, aux États-Unis. Pour compliquer encore un peu le problème, il y a certains thérapeutes qui sont venus faire un brin de formation avec moi et qui se sont ensuite installés pour pratiquer la thérapie.

J'aimerais pouvoir offrir la thérapie primale au monde entier. Elle marche, et les patients le savent. Et j'espère que ce livre le fera savoir à tous ceux qui souffrent.

TABLE

Deuxième partie
VIE INTRA-UTÉRINE, MÉMOIRE ET EMPREINTE

Troisième partie
LE POUVOIR DE L'AMOUR

Edition exclusivement réservée
aux adhérents du Club
Le Grand Livre du Mois
15, rue des Sablons
75116 Paris

Achevé d'imprimer en mai 2001
sur les presses de Normandie Roto Impression s.a.
à Lonrai (Orne)
N° d'imprimeur : 011218

Dépôt légal : mai 2001

Imprimé en France